Informatik-Fachberichte 254

Herausgeber: W. Brauer
im Auftrag der Gesellschaft für Informatik (GI)

W0246532

Veranstalter

DAGM: Deutsche Arbeitsgemeinschaft für Mustererkennung

Tagungsleitung

R. Großkopf, Forschung Elektronik-Informatik
Carl Zeiss Oberkochen

Programmkomitee

H. Burkhardt	Hamburg
E. Dorrer	München
W. Förstner	Bonn
R. Großkopf	Oberkochen
W. G. Kropatsch	Wien
M. Kuhn	Hamburg
H. H. Nagel	Karlsruhe
H. Niemann	Erlangen
S. J. Pöppl	Neuherberg
D. P. Pretschner	Hildesheim
B. Schleifenbaum	Wetzlar
W. von Seelen	Bochum
P. Seitz	Zürich

DAGM   Deutsche Arbeitsgemeinschaft
                          für Musterkennung

Die DAGM veranstaltet seit 1978 jährlich an verschiedenen Orten ein wissenschaftliches Symposium mit dem Ziel, Aufgabenstellungen, Denkweisen und Forschungsergebnisse aus verschiedenen Gebieten der Musterkennung vorzustellen, den Erfahrungs- und Ideenaustausch zwischen den Fachleuten anzuregen und den Nachwuchs zu fördern. Die DAGM wird durch folgende wissenschaftliche Trägergesellschaften gebildet:

DGaO	Deutsche Gesellschaft für angewandte Optik
GMDS	Deutsche Gesellschaft für medizinische Dokumentation, Informatik und Statistik
GI	Gesellschaft für Informatik
ITG	Informationstechnische Gesellschaft
DGNM	Deutsche Gesellschaft für Nuklearmedizin
IEEE	The Institute of Electrical and Electronic Engineers, Deutsche Sektion
DGPF	Deutsche Gesellschaft für Photogrammetrie und Fernerkundung

Die DAGM ist Mitglied der International Association for Pattern Recognition (IAPR).

Zum Geleit

Die Deutsche Arbeitsgemeinschaft für Mustererkennung veranstaltet nunmehr das 12. DAGM-Symposium Mustererkennung. Die Trägerversammlung der DAGM hat in ihrer Vorbereitungssitzung im September 1989 auf den Themenschwerpunkt Sensorik besonderen Wert gelegt und damit Herrn Dr.-Ing. Rudolf Grosskopf einstimmig zum Tagungsleiter des 12. DAGM-Symposiums gewählt.

Besonders erfreulich war auch der Beschluß, den DAGM-Preis für eine herausragende Arbeit nun künftig mit DM 5000,- zu dotieren, sowie weiterhin 5 Preise zu je DM 1000,- vorzugsweise für Nachwuchswissenschaftler auszusetzen.

In Anerkennung ihrer wissenschaftlichen Arbeiten wurden entsprechend der Satzung der DAGM Herr Prof. Dr. rer. nat. K.-H. Höhne, Universität Hamburg, sowie Herr Prof. Dr.-Ing. E. Paulus, TU Braunschweig einstimmig als sachkundige Persönlichkeiten in die Trägerversammlung der DAGM - gebunden an die Amtszeit des Vorsitzenden - gewählt.

Mein besonderer Dank gilt Herrn Kollegen Dr.-Ing. R. Grosskopf für seine Kooperationsbereitschaft und seinen Einsatz bei der Vorbereitung und der Durchführung dieses Symposiums. In diesen Dank möchte ich auch die Mitarbeiter der Firma Carl Zeiss, Oberkochen miteinschließen.

Ich wünsche allen Teilnehmern einen angenehmen Aufenthalt und fruchtbaren, wissenschaftlichen Erfahrungsaustausch beim 12. DAGM-Symposium in Oberkochen.

Neuherberg, 24. Juli 1990

Prof. Dr.-Ing. Dr. S. J. Pöppl

Vorsitzender der DAGM

Der mit 1000 DM dotierte

DAGM-Preis 1989

wurde

B. Lang

TU Hamburg-Harburg, Technische Informatik I

für den folgenden Beitrag verliehen:

Ein paralleles Transputersystem zur digitalen Bildverarbeitung mit schneller Pipelinekopplung

---

Der mit 1000 DM dotierte

DAGM-Preis 1989

wurde

M. Sester und W. Förstner

Universität Stuttgart, Institut für Photogrammetrie

für den folgenden Beitrag verliehen:

Object Location Based on Uncertain Models

Weitere Preise für das Jahr 1989 wurden verliehen an

G. Wiebecke, M. Bomans,
U. Tiede, K. H. Höhne

Universitäts-Krankenhaus Eppendorf,
Institut für Mathematik und
Datenverarbeitung in der Medizin

3D-Visualisierung von schwer
segmentierbaren tomographischen
Volumendaten

J. Dengler, M. Cop

Deutsches Krebsforschungszentrum,
Heidelberg,
Abt. Med. und Biol. Informatik

Ein Mehrgitterverfahren zur
Korrespondenzfindung bei der 3D-
Rekonstruktion von
Elektronenmikroskop-Kippserien

H. Müller

Universität der Bundeswehr Hamburg
Lehrstuhl für Allgemeine
Nachrichtentechnik

Objekterkennung durch Monomorphie von
Anordnungsgraphen

U. Müssigmann

Fraunhofer Institut für
Produktionstechnik und
Automatisierung, Stuttgart

Texturanalyse, Fraktale und Scale
Space Filtering

R. Ogniewicz, O. Kübler,
F. Klein, U. Kienholz

ETH-Zentrum, Zürich, Institut für
Kommunikationstechnik, Fachgruppe
Bildwissenschaft

Lage- und skalierungsinvariante
Skelette zur robusten Beschreibung
und Erkennung binärer Formen

Vorwort

Mustererkennung entspricht dem englischen 'pattern matching', ein im Angel-
sächsischen umgangssprachlich eingebürgerter Ausdruck. Konrad Lorenz wid-
met in seinem Buch 'Die Rückseite des Spiegels' diesem Begriff eine ausführliche Erläuterung und stellt dar, daß ein Großteil aller Erkenntnis vom einfachen
Wiedererkennen eines Gegenstandes bis zur Verifikation einer wissenschaftlichen Hypothese durch Mustererkennung in diesem Sinne zustande kommt. Vergleicht man die aufeinanderfolgenden Informatikfachberichte des DAGM-Symposiums, so fällt der wachsende Einsatz auch äußerst rechenaufwendiger
Algorithmen auf, der durch die Fortschritte der Rechnertechnik möglich
geworden ist und sich in den nächsten Jahren fortsetzen wird. Möge die Tagung
beitragen, diese technologischen Möglichkeiten der wissenschaftlichen Forschung und der praktischen Anwendung zu erschließen.

Die 41 Vorträge und 37 Plakatpräsentationen des vorliegenden Bandes bilden
zusammen mit drei eingeladenen Vorträgen einen Einblick in den gegenwärtigen
Stand der Forschungsarbeiten auf dem Gebiet Mustererkennung vorwiegend im
deutschsprachigen Raum. Neben grundlegenden Ergebnissen ist ein hoher
Anteil anwendungsrelevanter Arbeiten zu verzeichnen. Dies mag auch ein Grund
gewesen sein, weshalb die DAGM-Leitung für das 12. DAGM-Symposium erstmals das "Umfeld" eines Industrieunternehmens zur Ausrichtung gewählt hat.

Bleibt mir, dem 12. DAGM-Symposium einen erfolgreichen Verlauf zu wünschen
und den Einsendern der Beiträge und meinen Kolleginnen und Kollegen bei
Zeiss, die bei der Organisation geholfen haben, für Ihre Arbeit herzlich zu
danken.

Oberkochen, im Juli 1990

Rudolf E. Großkopf

Inhalt

Sensorgestaltung für Zwecke der Mustererkennung

Plakate

Wissen, Neuronale Netze

Plakate

Spracherkennung, Sprachverstehen

Plakat

Grundlagen der Mustererkennung

Plakate

Signalverarbeitung und Mustererkennung angepaßt an gegebene Sensoreigenschaften

Plakate

Plakate

Industrielle Anwendungen

Plakate

Bildfolgen, Mehrfachbilder, Computervision

Plakate

Farbabbildungen

Beitrag von H. Frey (S. 328)

Bild 2: Berechnetes Farbbild, mit dem Winkel ändert sich der Buntton, mit dem Radius die Sättigung.

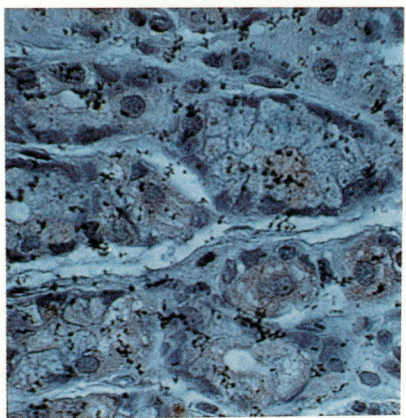

Bild 9: Histologischer Schnitt.

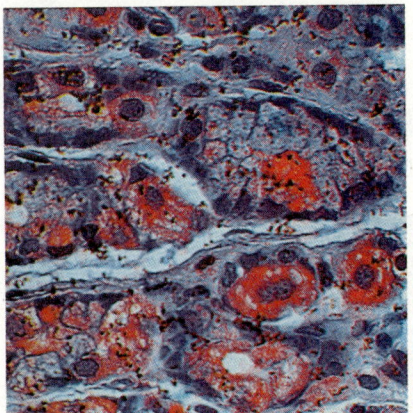

Bild 10: Histologischer Schnitt nach Erhöhung des Farbkontrastes.

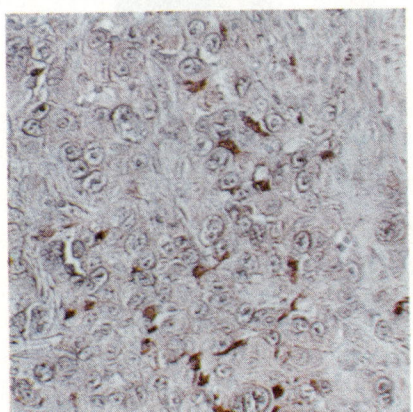

Bild 12: Immunhistologischer Schnitt eines Hauttumors.

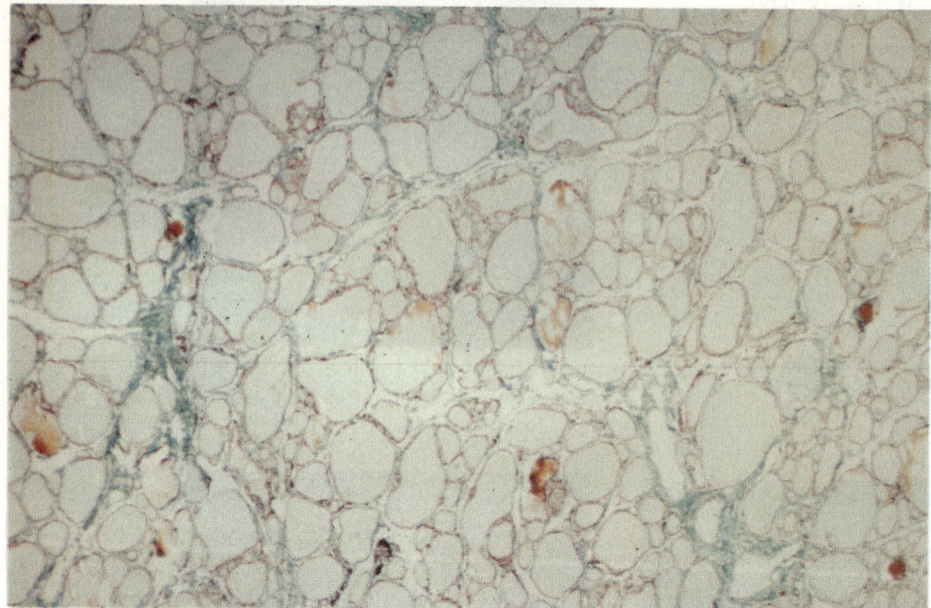

Abb. 14: Histologischer Schnitt

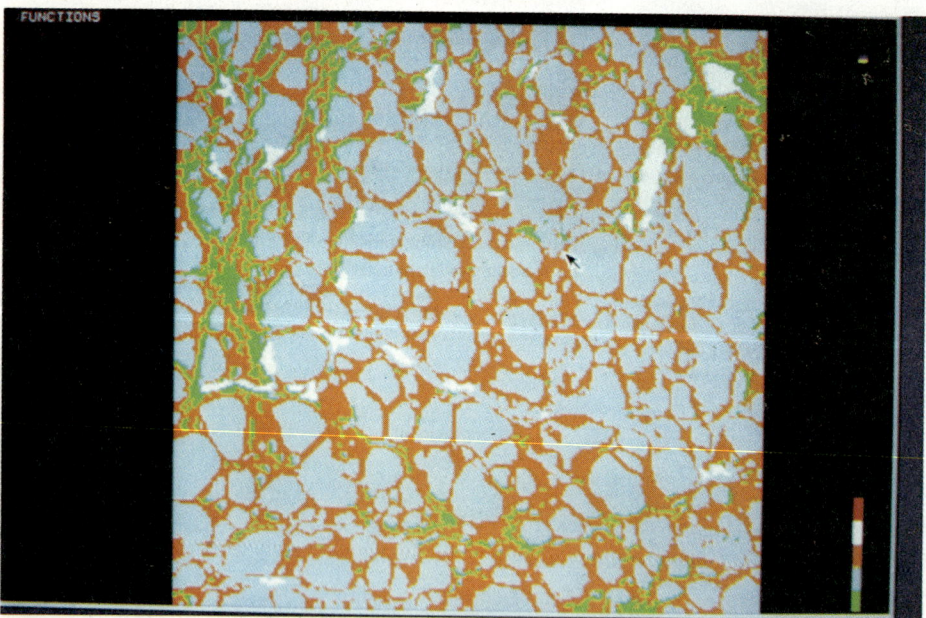

Abb. 15: Segmentiertes und klassifiziertes Ergebnisbild

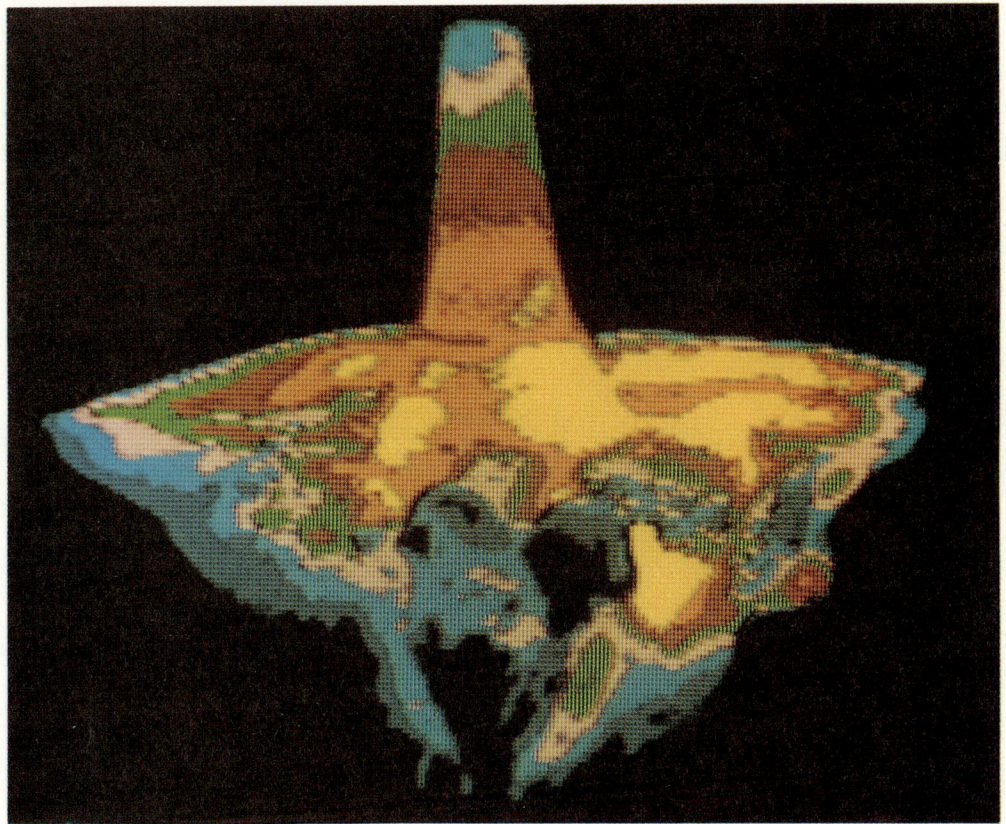

Abb. 11: PKW-Achsschenkel - Farbdifferenziertes Thermogramm

Abb. 1. Von zwei Seiten Deutliche und undeutliche Determinanten.

Modelle intelligenter Bildsensoren und ihre Qualität

Wolfgang Förstner
Institut für Photogrammetrie, Universität Bonn
5300 Bonn, Nußallee 15

Zusammenfassung:

Die Miniaturisierung von Sensor- und Rechnerelementen erlaubt die Verzahnung von Meßwertaufnahme und -analyse. Damit lassen sich Sensoren realisieren, die über die Vorverarbeitung der Signale hinaus, komplexe Aufgaben autonom übernehmen können und so eine gewisse Intelligenz aufweisen. Die Qualität dieser Sensoren wird daher primär durch die Software und damit durch die den Auswertealgorithmen zugrundeliegenden Modelle bestimmt. Der Beitrag diskutiert die zur Verfügung stehenden und erprobten Verfahren zur Qualitätsbeurteilung. Er geht dabei insbesondere auf die Bewertung von Bildanalyseverfahren ein und behandelt u. a. Fragen der geometrischen Präzision, der Sensitivität der Ergebnisse gegen Modellfehler und der Zulässigkeit von Interpretationen.

0. Zum Thema

Sensoren messen physikalische Zustände, mechanische, elektrische, optische etc. und dienen dazu, Aspekte eines Objekts zu erfassen, um auf Änderungen, u. U. in Regelkreisen, reagieren zu können. Modelle entscheiden darüber, was gemessen werden kann; in fast allen Fällen sind die Sensoren auch auf der Basis von Modellvorstellungen konzipiert und realisiert. Die Kalibrierung von Sensoren ist ein Nachfassen zur Präzisierung von Modellparametern, um die Mängel des Fertigungsprozesses auszugleichen und das Genauigkeitspotential des gefertigten Sensors ausnutzen zu können. Damit entscheidet letztendlich nicht die Qualität der Beobachtungstechnik oder der Hardware sondern die Qualität des Modells und so die Auswertetechnik über die Qualität des Sensors. Schon der Astronom Flamsteed hat sich wegen der Korrekturen, die Newton an seinen guten Beobachtungen anbrachte, um sie seinen Modellen anzupassen, mit ihm überworfen (vgl. Lakatos 1978, S.45). Dies kann und soll die bewundernswerte Leistung früherer und heutiger Beobachter und Hardwarehersteller in keiner Weise schmälern. Im Gegenteil, die Miniaturisierung der Sensor- wie der Auswerte-, d. h. Rechenelemente hat dazu geführt, daß die **Auswertung** eng **mit dem Sensor gekoppelt** wird (vgl. Brasche/Sonntag 1989). Die Leistungsfähigkeit der auf diese Weise mit der Analyse integrierten Sensoren wird dadurch erheblich vergrößert und läßt sich im Prinzip fast beliebig steigern. Insbesondere sind nun nicht mehr nur signalverarbeitende Schritte, wie Filter, sondern auch Entscheidungsprozesse realisierbar. Die Bezeichnung "intelligenter" Sensor meint hier einen im weitesten Sinne zu Entscheidungen fähigen Sensor. Der Übergang von, aus heutiger Sicht, einfachen Systemen, wie die Blendenautomatik

einer Kamera zu komplexeren Systemen, wie einer automatischen Bremsmechanik
oder einer Alarmanlage in einem Chemiebetrieb, sind fließend.

Die dicht gepackte **Integration gleichartiger Sensoren** ist ein mindestens
ebenso entscheidender Schritt zur Erhöhung der Leistungsfähigkeit von Sensorsystemen. Nicht von ungefähr ist die Koppelung von lichtempfindlichen Sensoren
als erste in der uns bekannten Perfektion gelungen, nutzen sie doch die leich-
testen Energieträger, die Photonen. Es erscheint von daher als Beigabe, daß
man mit den Bildsensoren gleichzeitig ein extrem schnelles und berührungsfrei
messendes Instrumentarium zur Verfügung hat, das eine Vielzahl von Anwendungen
eröffnet.

Die anhaltende Miniaturisierung und Integration von Sensor- und Rechenele-
menten verschärft nun in gleichem Maße die konzeptionellen Anforderungen an
die Modelle der damit realisierbaren Sensorsysteme. Schon die Kürze der hinter
uns liegenden Entwicklungszeit von wenigen Jahrzehnten erlaubte im Grunde
keine der Komplexität der Sensoren angepaßte Weiterentwicklung der Modelle,
geschweige denn eine verfeinerte Ausarbeitung, wie sie im Bereich der Physik
der Sensoren typisch ist. Die Schere zwischen Hardware einerseits und Auswertetechnik andererseits wird sich aller Voraussicht nach weiter öffnen: Die
Terabytes aus Bildfolgen oder satellitengestützten Fernerkundungsdaten, etwa,
lassen sich wohl erfassen und speichern, aber die Konzepte, um diese Daten in
vergleichbaren Raten auszuwerten, sind noch kaum vorhanden. Die Datenreduktion
um mehrere Größenordnungen, die das menschliche Sehsystem leistet, ist nicht
nur sinnvoll, sondern auch notwendig, läßt, wie Feynmann (1985, S. 60 ff.)
beobachtet, Raum für präzises Träumen, und zeigt, daß auch unser Modell der
Wirklichkeit viel stärker zu sein scheint als die Zahl der an den Nervenzellen
ankommenden Signale vermuten läßt, wenn man nicht so weit gehen will und die
Realität als vom Gehirn konstruiert ansehen will (vgl. v. Foerster 1985).

Integrierte und mit Entscheidungsfähigkeit ausgestattete intelligente
Sensoren müssen daher präzise modelliert werden, um den an sie gestellten
Anforderungen gerecht zu werden. Nun zielen fast alle Entwicklungen im Bereich
der Bildanalyse auf eine automatische Interpretation der Bildinformation, also
- möglicherweise unausgesprochen - auf die Entwicklung von intelligenten
Sensoren. Die Modellbildung, die die Qualität der Ergebnisse garantieren soll,
reicht aber in vielen Fällen nicht aus, um die Leistungsfähigkeit der Algorithmen vorherzusagen. Damit sind sie für eine Übernahme, etwa in einen Pro-
duktionsprozeß, kaum geeignet. Im folgenden sollen daher vor allem Modelle
diskutiert werden, die eine Qualitätsbewertung der Auswertealgorihmen erlauben. Gemeinsame Grundlage aller im folgenden diskutierten Qualitätsmaße sind
die Methoden der Wahrscheinlichkeitstheorie und der Statistik. Das Potential
dieser Methoden für die Beurteilung von Bildanalyseprozessen erscheint noch
nicht ausgeschöpft. Fragen der Sensor- oder Rechnerarchitektur, der Geschwindigkeit oder des Preis-Leistungsverhältnisses bleiben dagegen bewußt ausge-
klammert. Die damit verbundene Einschränkung ist sinnvoll, da es primär um
eine theoretische Durchdringung der Verfahren geht. Insbesondere werden Verfahren - zumindest vorläufig - ausgeschlossen, bei denen eine strenge Formali-
sierung der Unsicherheit des Modellwissens derzeit nicht möglich ist.

In Abschnitt 1 werden zunächst die Verfahrensschritte bei Bildanalyseme-
thoden und der hier verwendete Begriff des intelligenten Bildsensors eingeordnet. Die Abschnitte 2 und 3 behandeln ausgewählte Fragen der Qualitätsbeurteilung insbesondere der Präzision und der Sensitivität von Klassifikationen
und Parameterschätzungen. Die Bewertung von Interpretationen, speziell die
Identifikation generischer Modelle, wird in Abschnitt 4 diskutiert.

1. Charakterisierung intelligenter Bildsensoren

Intelligente Bildsensoren vereinen die Meßwertaufnahme mit der Bildanalyse. Damit liefert ein solcher Sensor nicht nur vorverarbeitete Bilder sondern
bereits extrahierte Bildprimitive, wie Punkte, verknüpfte Kanten, relationale
Bildbeschreibungen oder schon die Position und Orientierung vorgegebener
bekannter Objekte (vgl. Jain/Jain 1990).

Wir wollen die verschiedenen Verfahrensschritte der Bildanalyse in einem
vereinfachten Schema mit drei Prozeßebenen skizzieren, um die verschiedenartigen Modellstrukturen einzuordnen (vgl. Fig. 1.1):

1. In der untersten Stufe der Auswertung geht es um die Vorverarbeitung
der Bilder mit dem Ziel, die für die Analyse wesentlichen Merkmale zu extrahieren. Wesentliches Kennzeichen dieses Prozesses ist, daß das Ergebnis wieder
eine ikonische Darstellung ist, also die gleiche Rasterform aufweist wie das
Bild selbst. Beispiele für diesen "low-level vision" genannten Verarbeitungsschritt sind Bildrestaurierungsverfahren, Kantenfilter, Schätzung des optischen Flusses u.a. Diese klassischen Aufgaben der digitalen Bildverarbeitung
sind unter allen Schritten der Bildanalyse diejenigen, die derzeit am besten
verstanden und theoretisch durchgearbeitet sind, und für die es daher auch
leistungsfähige Hardware gibt.

2. In der zweiten Stufe der Auswertung geht es um die Extraktion der Bild-
strukturen und damit um den wichtigen Schritt der Datenreduktion. Wesentliches
Merkmal dieses Schrittes ist, daß die Ergebnisse Strukturen, d. h. symbolische
Beschreibungen des Bildes sind, also z. B. Listen, Graphen oder Relationen.
Typische Aufgaben dieser Stufe ("mid-level vision") sind etwa die Extraktion
von markanten Punkten, geraden Kanten, Linien, eine Segmentierung oder die
Suche eines Polygons vorgegebener Geometrie. Gegenüber der dritten Stufe
spielt die Bedeutung der Strukturen, im Sinne einer Anwendung, noch keine
Rolle. Auch kann der Prozeß selbst in mehreren Stufen ablaufen, wenn z. B.
eine Segmentierung auf einer vorherigen Kantenextraktion beruht oder die
Lokalisierung von Rechtecken (für die spätere Interpretation von Gebäuden) auf
eine zuvor erstellte Liste anti-paralleler gerader Kanten zurückgreift. Die
Vielzahl unterschiedlicher Verfahren der Mustererkennung in diesem Bereich
belegt den Mangel an allgemein akzeptierten Prinzipien sowohl zur Extraktion
der symbolische Bildbeschreibungen selbst als auch zur Repräsentation der
Qualität dieser Beschreibungen.

3. Die Zuweisung von Bedeutung zu den extrahierten Strukturen, d. h. die
Bildinterpretation setzt eine Wissensbasis der Objekte mit ihrer Bedeutung als
auch ihrer aus den Bildern extrahierbaren idealisierten Struktur voraus.
Obwohl technisch gesehen, die gleichen Zuordnungsverfahren verwendet werden

können wie in der vorigen Stufe, ist die Bedeutung der Objekte charakteristisch für diese dritte Stufe der Analyse ("high-level vision"). Offensichtlich sind die theoretischen Grundlagen für das Design und die Analyse dieser Methoden noch am wenigsten weit entwickelt.

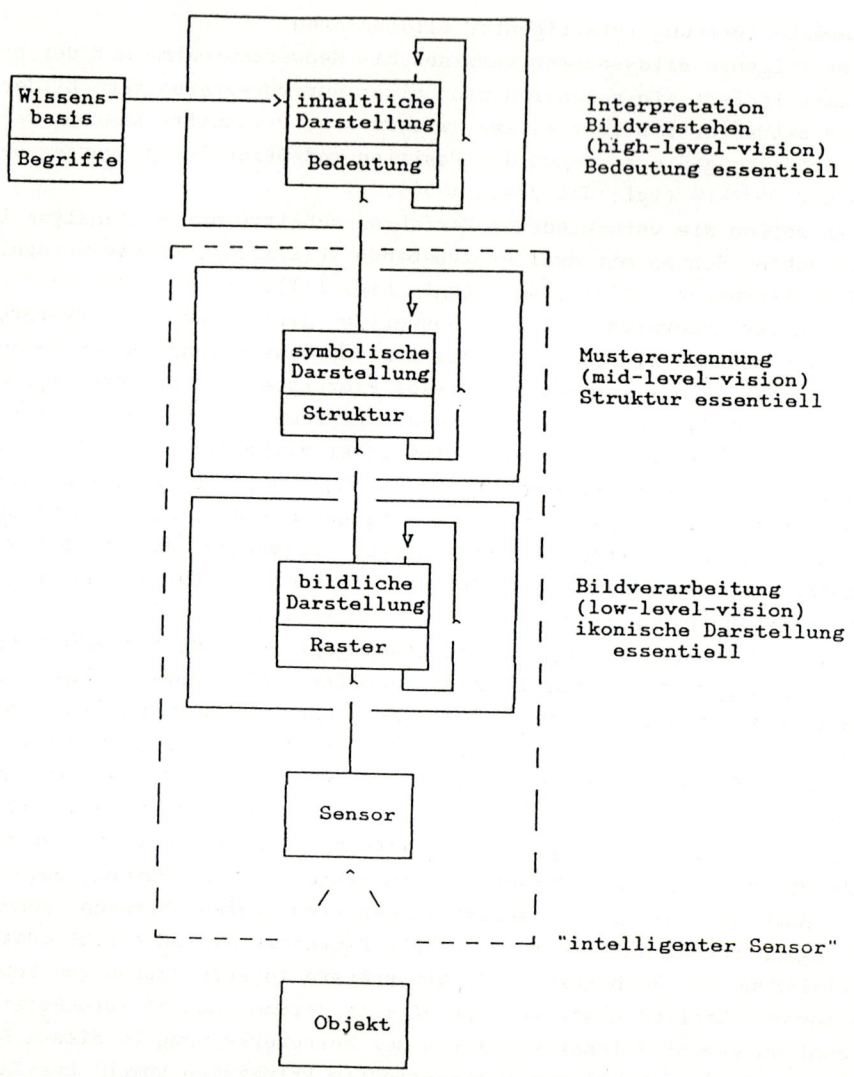

Fig. 1-1   Eine Struktur zur Beschreibung des Prozesses der automatischen Bildanlyse

Sensor, low-level- und mid-level-vison können zu "intelligentem Sensor" zusammengefaßt werden, der die Vorverarbeitung für die Interpretation der Bilder übernimmt

Da die daten-gesteurte Auswertung, die diese Beschreibung des Analysepro-
zesses suggeriert, nicht effizient zum Ziel führen kann, wird praktisch bereits die Vorverarbeitung - etwa über statistische Bildmodelle oder die Vorgabe der Extraktion gerader Kantenstücke - durch die Kenntnis der Objektstruktur
und damit vom Modell gesteuert. Dies bestätigt, daß das Modell, in der Form
eines Ziels, die Analyse bestimmt. Die knappe Darstellung verdeutlicht auch
die zunächst schwer zu ziehende Grenze zwischen Verfahren, deren Bewertung
durch klassische Theorien (etwa die lineare Systemtheorie oder die Statistik)
möglich ist und solchen, deren Leistungsfähigkeit nur durch empirische Tests
an simulierten oder realem Datenmaterial gemessen werden kann.

Die Schwäche fast aller Verfahren liegt bereits beim Übergang von der
ikonischen zur symbolischen Darstellung, da die statistischen Eigenschaften
der symbolischen Repräsentation nicht oder nur sehr unzulänglich aus den
statistischen Eigenschaften der ikonischen Bildmerkmale abgeleitet werden
können. Wenigestens zwei Gründe sind hierfür maßgebend:
- die Schwierigkeit, Störungen oder Hintergrund effizient zu modellieren und
- die Schwierigkeit, die Wirkung von Entscheidungssequenzen vorherzusagen, die bei der zweiten "Diskretisierung" (Symbolisierung) der Bildinformation erforderlich sind.

Nun sollten Algorithmen ihre eigenen Grenzen kennen (vgl. Pregibon 1985) -
ein wesentliches Kriterium für intelligentes Verhalten. Solche Grenzen lassen
sich jedoch nur auf der Basis eines leistungsfähigen theoretischen Modells der
Szene (Objekt und Hintergrund) und der Algorithmen definieren. Daher reagieren
Algorithmen der mittleren und höheren Prozeßebene in unvorhergesehenen, (d. h.
nicht modellierten) Situationen oft unkontrolliert oder falsch, verlangen
daher die Interaktion mit einem Spezialisten und sind nur bedingt für eine
Automatisierung oder für eine Integration in einem Sensor geeignet. Die damit
implizierten hohen Ansprüche an die Modellierung sind begründet in den hohen
Kosten oder den u. U. nicht tragbaren Folgen, die Fehlfunktionen, d. h. eben
hier auch unerkannte Fehlentscheidungen, solcher Sensoren verursachen können.

2. Präzision von geometrischen Bildprimitiven

In vielen Anwendungen steht die geometrische Analyse des Bildinhalts an
erster Stelle, etwa zur Objektlokalisierung in der Robotik, zur Objektrekonstruktion in der Photogrammetrie, zur sichtgestützten Navigation oder zur
Formkontrolle in der Fertigung. Die Präzision, mit der die Lage von Objekten
im Bild und damit auch im Raum erfaßt werden kann, ist oft entscheidend für
die Auswahl eines Meßverfahrens. Daher benötigt man zuverlässige Aussagen über
die Genauigkeit, mit der man geometrische Größen aus Bildern ableiten kann.
Hier sollen zwei Fragen diskutiert werden:
a) Wo liegt die obere Grenze für die wegen der Rasterstruktur begrenzte
   Genauigkeit?
b) Von welchen Parametern hängt die unter realen Bedingungen erreichbare
   Genauigkeit ab?

2.1 Lokalisierung in rauschfreien Binärbildern

Am einfachsten läßt sich die im günstigsten Fall erreichbare Genauigkeit noch anhand der Lage gerader Kanten in rauschfreien Binärbildern analysieren. Die Position von Geraden in Binärbildern hängt offensichtlich von der Richtung der Geraden ab: der Schlupf d von Geraden parallel zum Gitter ist 1 Δx (Pixel) gemessen quer zu Geraden oder parallel zur anderen Gitterrichtung. Nimmt man alle Positionen zwischen zwei Pixeln als gleich wahrscheinlich an und schätzt die Position der Geraden optimal, so kann man die Unsicherheit auch durch den dabei entstehenden Rundungsfehler mit einer Streuung von $\sigma = \sqrt{1/12}\ \Delta x \approx 0.3\ \Delta x$ angeben. Eine entsprechende Analyse für andere Richtungen (vgl. Fig. 2.1a) ergibt eine Streuung, gemessen _parallel_ zu einer Koordinatenrichtung, die von der Höhe der Geraden und dem Tangens des Neigungswinkels in komplizierter Weise abhängt (Dorst/Duin 1985, Förstner 1986, vgl. Fig. 2.1b). Eine Mittelung aller Richtungen ergibt eine Abschätzung für die horizontale Position der Gerade in Abhängigkeit von der Zahl der geschnittenen Linien.

$$\sigma_x = 1\ /\ \sqrt{12\ n}\ \bullet\ \Delta x \qquad\qquad (2.1)$$

Der maximale Schlupf hängt ebenfalls von der Richtung ab, über alle Richtungen bleibt er aber 1 pixel.

Eine Simulationsstudie für die Position von Kreisen in rauschfreien Binärbildern ergab entsprechend

$$\sigma_x = 1\ /\ \sqrt{12\ r}\ \bullet\ \Delta x \qquad\qquad (2.2)$$

wobei r den Radius des Kreises in Pixeln angibt. Das bedeutet, daß in rauschfreien Binärbildern Kanten der "Höhe" n = 6 bzw. Kreise mit dem Radius r = 6 Δx mit einer Genauigkeit von bestenfalls $\sigma = 0.12\ \Delta x$ lokalisierbar sind.

Die Aussagen für gerade Kanten gelten analog auch für Rampen in Intensitätsprofilen. Eine Rampe etwa mit der Höhe von n = 48 Intensitätswerten läßt sich demnach höchstens mit einer Genauigkeit von $1/\sqrt{12 \bullet 48}\ \bullet\ \Delta x \approx 1/24\ \Delta x$ lokalisieren.

Die Bedeutung dieser theoretischen Abschätzung liegt darin, daß die Begrenzung der Lokalisierungsgenauigkeit durch das Raster vor allem bei kleinen geometrischen Details transparent wird. Bereits in diesem einfachen Beispiel hat das Modellwissen, nämlich die Geradlinigkeit der Kante, den entscheidenden Einfluß auf das insgesamt gute Ergebnis.

Die für diese Analyse der Geradenpositionierung von Dorst und Duin entwickelte "Spirographentheorie" nutzt starke Konzepte aus der Zahlentheorie und läßt deshalb keine unmittelbare Erweiterung auf die Analyse verrauschter Signale zu. Die folgenden Ergebnisse bedienen sich daher statistischer Verfahren.

2.2 Lokalisierung in verrauschten Grauwertbildern

Zur Lokalisierung geometrischer Objekte existiert eine große Anzahl von Verfahren. In diesem Zusammenhang geht es nicht um die Methode zur Detektion

Fig. 2.1 (aus Förstner 1985)

a. Digitalisierte Kante der Höhe 3 in Binärbild mit Schlupfbereichen d_i. Bei vorgegebener Neigung kann die Kante innerhalb von Bereichen der Breite d_i verschoben werden, ohne daß dies der jeweiligen Digitalisierung widerspricht. Die angegebene schraffierte Fläche ist derjenige Schlupfbereich, der durch die Neigung und die Bilddaten (s/w Punkte) festgelegt ist.

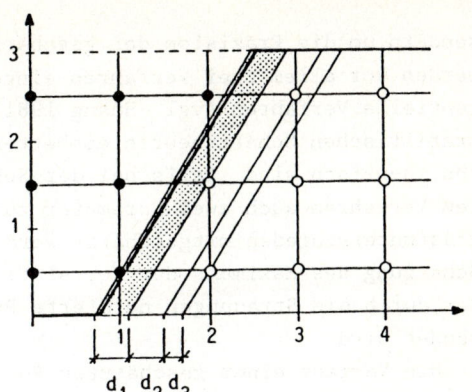

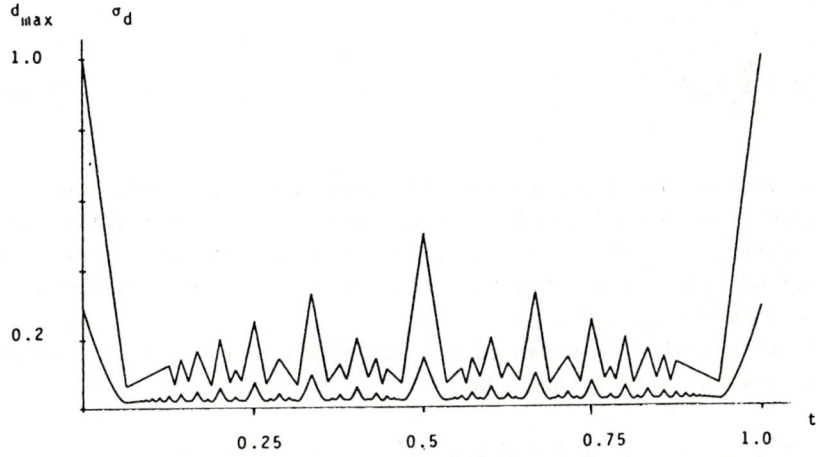

b. Maximale Fehler (oben) und Streuungen (unten) in Pixeleinheiten bei der Lokalisierung einer ideal abgetasteten Kante der Höhe 16 in Abhängigkeit von der Neigung.

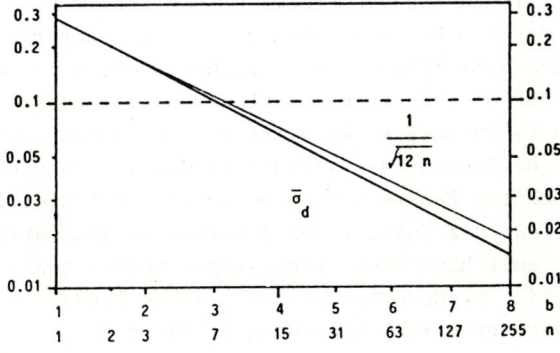

c. Genauigkeit der Positionierung einer digitalisierten Rampe in Abhängigkeit von der Zahl N der Quantisierungsstufen in Pixeln, $N = n+1 = 2^b$

7

sondern um die Präzision der geschätzten Position oder Orientierung. Dafür werden vor allem zwei Verfahren eingesetzt: Korrelationsverfahren und differentielle Verfahren (vgl. Huang 1981). Beide lassen sich in den Rahmen der statistischen Schätztheorie einbetten. Es läßt sich zeigen, daß beide Verfahren identisch sind, falls bei der Schätzung der Position mit den differentiellen Verfahren auch zwei Parameter zur Kompensation von Helligkeits- und Kontrastunterschieden mitgeschätzt werden und bei den Korrelationsverfahren eine Schätzung des Maximums der Korrelationsfunktion auf Subpixel vorgenommen und der durch die Streuungen normierte Produktmomentenkorrelationskoeffizient verwendet wird.

Die Varianz einer geschätzten Position eines Signals f in einem verrauschten Signal g ist gegeben durch (Förstner 1982)

$$\sigma_x^2 = \sigma_n^2 \;/\; \sum_{i=1}^{m} f_{xi}^2 \qquad (2.3)$$

worin σ_n^2 die Varianz des als unkorreliert angenommenen Rauschens, m die Zahl der beteiligten Bildelemente und f_{xi} der Gradient von f an der i-ten Stelle ist. Schon für eine einfache Rampe, z. B. f = (10, 10, 10, 20, 30, 40, 50, 50) erhält man mit Gl. (2.3) bei einem Rauschen von $\sigma_n = 2$ eine Positionsgenauigkeit von $\sigma_x = 2/\sqrt{400} \cdot \Delta x = 0.1 \, \Delta x$.

Bei zweidimensionalen Signalen gilt entsprechend für die Kovarianzmatrix der Schätzungen x und y (Förstner 1984):

$$C = \begin{bmatrix} \sigma_x^2 & \sigma_{xy} \\ \sigma_{xy} & \sigma_y^2 \end{bmatrix} = \sigma_n^2 \begin{bmatrix} \Sigma f_x^2 & \Sigma f_x f_y \\ \Sigma f_x f_y & \Sigma f_y^2 \end{bmatrix}^{-1} = \sigma_n^2 \; (\sum_{i=1}^{m} \nabla f_i \; \nabla f_i^T)^{-1} \qquad (2.4)$$

In beiden Fällen ist neben der Rauschvarianz und der Fenstergröße der quadratische Gradient entscheidend für die Präzision: je größer die Gradienten im verwendeten Fenster, desto höher die Genauigkeit. Bei ausgerichteter Textur wird die 2x2-Matrix des gemittelten quadratischen Gradienten (fast) singulär, was darauf hinweist, daß eine Schätzung entlang der Texturrichtung nur ungenau möglich ist. An Ecken im Intensitätsbild ist die 2x2-Matrix groß und besitzt (näherungsweise) gleiche Eigenwerte, garantiert daher hohe Genauigkeit und kann so zur Suche markanter Punkte herangezogen werden (Paderes et. al. 1984, Förstner/Gülch 1986). Auf die Nutzung des gemittelten quadratischen Gradienten bei der Texturanalyse soll hier nicht eingegangen werden (vgl. z. B. Tou 1980/1, Kass/Witkin 1987, Bigün/Granlund 1987, Jähne 1989).

Für Korrelationsverfahren kann Gleichung (2.3) in

$$\sigma_x^2 = \frac{1}{m} \cdot \frac{1 - \rho_o}{\rho_o} \cdot \frac{\Delta x^2}{-\rho_- + 2 \rho_o - \rho_+} \qquad (2.5)$$

8

umgeformt werden, worin ρ_o der maximale Korrelationskoeffizient und ρ_- und ρ_+ die linken und rechten Nachbarn der Korrelationsfunktion sind. Offensichtlich ist neben der Korrelation die Anzahl der beteiligten Bildelemente und vor allem die Krümmung der Korrelationsfunktion für die Präzision der Lokalisierung von Bedeutung. Für die Bestimmung der Kovarianzmatrix C ist in der Gleichung (2.5) die negative Krümmung $(-\rho_- + 2 \rho_o - \rho_+)$ durch die Inverse der Hessematrix der 2-D-Korrelationsfunktion zu ersetzen.

Die Bedeutung dieser Beziehungen liegt nicht nur in ihrer einfachen und einleuchtenden Struktur, sondern vor allem darin, daß damit ein lückenloser Übergang von der Genauigkeit der Originalmeßwerte, den Intensitäten, zur Genauigkeit der geometrischen Position eines beliebigen Objekts erreicht ist.

Das Ergebnis ist insofern repräsentativ, als man für die Lokalisierung von Ecken (im Bild) dieselbe Kovarianzmatrix Gl. (2.4) erhält. Darüber hinaus ist die Repräsentation der Genauigkeit mit Hilfe von Varianzen bzw. Kovarianzmatrizen der Einstieg in alle Arten der Parameterschätzung, etwa auch der Kalman-Filter (vgl. etwa Smith et. al. 1987). Mehr noch, da sich die den differentiellen Verfahren zugrunde liegende Schätzung als Maximum Likelihood (ML) Schäzung interpretieren läßt, ist eine Modellbeurteilung mit Hilfe von Hypothesentests unmittelbar möglich. Etwa deutet die Ableitung des Tests der empirischen Rauschvarianz $\hat{\sigma}_n^2$ auf Modellfehler hin, die dann durch speziellere Tests gefunden werden müssen (s. Abschn. 3).

Die hohen Genauigkeiten der Lokalisierung von Objekten konnte empirisch belegt werden. Vosselmann (1986) etwa erreichte unter Laborbedingungen Genauigkeiten für die Lokalisierung von kontrastreichen Signalen Streuungen für die Koordinaten von 1/30 Pixel über den gesamten Bereich einer CCD-Kamera, was bei 256 Pixel Seitenlänge auf Relativgenauigkeiten bis zu 1:5000 schließen läßt. Dies bestätigt die Untersuchungen von Lenz (1988), wonach die "Geometriefehler von CCD-Kameras unter $1/100 \Delta x$ liegen müssen". Im System INDUSURF der Fa. Zeiss Oberkochen (vgl. Förstner/Schewe 1986), wird die hohe geometrische Stabilität analoger Meßbilder zusammen mit einer digitalen Bildzuordnung genutzt, um Karosserieflächen von Automodellen mit einer Toleranz < 0.4 mm automatisch zu vermessen. Dies bedeutet, daß auch unter Produktionsbedingungen - das System ist seit über 4 Jahren bei der Fa. Volkswagen im Einsatz - mit automatischen Bildanalyseverfahren Genauigkeiten von ca. 1/5 pixel erreicht werden können.

3. Sensitivität der Ergebnisse

Die im vorigen Abschnitt diskutierten Qualitätsmaße betreffen den Einfluß zufälliger Fehler auf das Ergebnis. Bei komplexeren Objekten sind mehrere Bildprimitive, Punkte oder Kanten, zu gruppieren und bestimmen gemeinsam die Orientierung oder die Form des Objekts. Die dafür verwendeten Verfahren können i. a. die richtige Gruppierung oder Zuordnung nicht garantieren. Die innerhalb der Verfahren zu treffenden Entscheidungen sind im Prinzip unsicher, so daß sich die Frage nach dem Einfluß von Fehlentscheidungen auf das Gesamtergebnis stellt. Bei Klassifizierungsaufgaben dienen die Wahrscheinlichkeiten für Fehlentscheidungen üblicherweise als Gütekriterium. Die dabei anfallende

Diskussion über die Art der Fehlentscheidungen spiegelt sich in den Fehlern 1., 2. und 3. Art bei Hypothesentests in linearen oder linearisierten Modellen wider (vgl. Kreyszig 1965, Hawkins 1980). Beide Bereiche, Klassifizierung und Hypothesentests, haben sich weitgehend unabhängig entwickelt. Darüber hinaus ermöglicht die Parametrisierung der Hypothesen bei der Prüfung von Schätzergebnissen zusätzliche Qualitätsbeurteilungen. Obwohl in beiden Fällen die Wahrscheinlichkeiten für Fehlentscheidungen den Ausgangspunkt für die Bewertung bilden, lassen sich doch im einzelnen deutlich verschiedenartige Fragestellungen in Bezug auf die Qualitätsanalyse bearbeiten. Im folgenden sollen die Möglichkeiten der Modellbewertung beleuchtet und in Hinblick auf ihre Nutzung in Bildsensoren diskutiert werden.

3.1 Bedeutung der Hypothesen

Sowohl bei der Klassifizierung als auch bei Hypothesentests werden einer Hypothese H_o eine Gruppe von Hypothesen $\{H_i\}$ gegenübergestellt. Beide Verfahren behandeln H_o und $\{H_i\}$ unsymmetrisch.

Hypothesentests gehen von der Nullhypothese H_o aus, bestimmen Annahmebereiche A_i bzw. Verwerfungsbereiche V_i bzgl. der Alternativhypothesen H_i und zielen auf eine Ablehnung von H_o zugunsten einer der Alternativen H_i. Damit sind Hypothesentests konservativ bzgl. H_o, da im günstigen Fall - nämlich des Zutreffens von H_o - nur nachgewiesen ist, daß kein Grund besteht H_o zu verwerfen, im ungünstigen Fall dagegen aber H_i nur vermutet werden kann. Daher sind Hypothesentests dazu geeignet, Modellverfeinerungen auf ihre Eignung hin zu prüfen, da bei Nichtablehnung das Vertrauen in die Modellverfeinerung wächst. Das Vertrauen kann etwa durch die mit zunehmender Zahl von Prüfung sinkende Streuung der Modellparameter beschrieben werden. Eine Bestätigung von Hypothesen ist dagegen grundsätzlich nicht möglich.

Eine Ablehnung der Nullhypothese gibt keinen Hinweis darauf, in welcher Weise H_o zu verändern ist. Eine Prüfung gegen verschiedene Alternativen H_i kann zu einer Entscheidung verwendet werden, indem diejenige Alternative gewählt wird, die am nächsten an den Beobachtungen e (Evidenz) liegt. Diese Entscheidung kann als Vorschlag für eine danach unabhängig zu prüfende Modellverfeinerung verwendet werden. Damit wird bei Ablehnung von H_o das Verfahren zur Klassifikation.

Bei **Klassifikationsaufgaben** werden unmittelbar Annahmebereiche A_i für die Klassen H_i gebildet und bei Überlappung, etwa nach dem Maximum-Likelihood (ML) Prinzip die i. a. nichlinearen, Klassengrenzen bestimmt (Fukunaga 1972). Falls das zu prüfende Objekt in einen der Annahmebereiche fällt, wird die zugehörige Hypothese angenommen, d. h. als richtig vermutet. Eine entsprechende Formulierung der Aussage wie bei Hypothesentests erfolgt i. a. nicht, etwa, daß kein Grund besteht, H_i zu verwerfen, obwohl dies im wesentlichen gemeint ist. Die Nullhypothese, d. h. die Nichtklassifizierbarkeit spielt eine untergeordnete Rolle. Offensichtlich wird der Bereich, der zur Annahme der Nullhypothese führt, bei der Klassifizierung indirekt über die Annahmebereiche A_i bestimmt.

Technisch unterscheiden sich Klassifikation und Hypothesentests in der Modellstruktur: Klassen werden i. a. durch die im Prinzip beliebige Verteilung

charakterisiert. Oft werden sie durch Mittelwert und Kovarianzmatrix vereinfacht repräsentiert. Dadurch wird implizit eine Normalverteilung als Modell
angenommen. Dagegen lassen sich innerhalb von Hypothesentests noch unbekannte
Parameter bestimmen. In Fig. 3.1 sind H_i und H_j ein-parametrige Hypothesen,
weshalb die Verwerfungsbereiche V_i und V_j nicht zusammenhängend sind. Diese
Erweiterungsmöglichkeit ist die Grundlage für eine sehr leistungsfähige Bewer-

Fig. 3.1   Anahme- und Verwerfungsbereiche

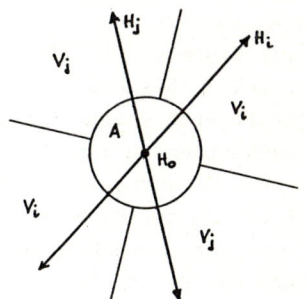

a. Nullhypothese H_o und zwei ein-parametrige
   Alternativhypothesen H_i und H_j.
   Annahmebereich A für H_o zur Prüfung gegen eine
   lineare Kombination von H_i und H_j. Verwerfungsbereiche V_i und V_j zur Prüfung gegen H_i und H_j

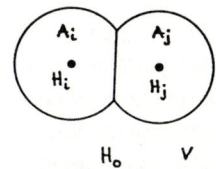

b. Annahmebereiche A_i und A_j für zwei Klassen H_i
   und H_j.
   Der Verwerfungsbereich V ergibt sich als Kom-
   plement.

tung der Sensitivität der Modelle. Sie setzt zwar lineare oder linearisierte
Hypothesen und praktisch immer eine Normalverteilung für die Beobachtungen
voraus, läßt sich aber bei allen parametrisierbaren Problemen nahezu ohne
weitere Einschränkung verwenden. Wichtigste Beispiele für Parameterschätzpro-
bleme, bei denen Hypothesentests zur Modellprüfung eine entscheidendee Rolle
spielen, sind die Bildrestaurierung, die Objektlokalisierung, die Objektrekonstruktion oder die sichtgestützte Navigation.

3.2 Fehlentscheidungen

   Bei Klassifikationen und Hypothesentests treten im Prinzip 3 Typen von
Fehlentscheidungen auf, die im folgenden, wie bei Hypothesentests üblich,
Fehler 1., 2. und 3. Art genannt werden.
   Der **Fehler 1. Art**, d. h. H_o fälschlicherweise abzulehnen, wird bei Hypothesentests durch die Wahl des Signifikanzniveaus des Tests bestimmt: Falls
ein optimaler Test angestrebt wird, richtet sich nach Neymann und Pearson
(1933) die Form des Annahmebereichs von H_o nach der jeweiligen Alternativhypothese, gegen die getestet wird. I. a. existiert kein für alle Alternativen
optimaler Annahmebereich. Der in Fig. 3.1 als Kreis dargestellte Annahmebereich A ist optimal bzgl. einer linearen Kombination beider Hypothesen H_i und
H_j. Bei Klassifikationen besteht ein Fehler 1. Art darin, ein nicht klassifi-
zierbares Objekt fälschlicherweise einer Klasse zuzuordnen, und wird daher
selten angegeben.

11

Fehler 2. Art bedeuten bei Klassifizierungen ein Objekt fälschlicherweise als nichtklssifizierbar zu kennzeichnen. Die Wahrscheinlichkeit für diese Art der Fehlentscheidung wird i. a. zur Beurteilung angegeben. Dagegen ist es bei Hypothesentests meist nicht üblich, die Wahrscheinlichkeit $1-\beta(\delta_i)$ dafür anzugegeben, mit der eine zutreffende Alternative H_i nicht nachgewiesen werden kann. Das liegt daran, daß diese Wahrscheinlichkeit vom normierten Abstand δ_i (bzw. dem Nichtzentralitätsparameter λ_i) der parametrisierten Alternative H_i von H_o abhängt und dieser Abstand i. a. nicht bekannt ist. Die Funktion $1-\beta(\delta_i)$, die sog. Operationscharakteristik (vgl. Kreyszig 1965) ist dagegen ein sehr gebräuchliches Hilfsmittel der Qualitätskontrolle, um die Wirksamkeit von Testverfahren nachzuweisen. Die Macht β_i des Tests, eine bestimmte Hypothese H_i nachweisen zu können, hängt darüber hinaus von der Genauigkeit und bei mehreren Meßwerten von der Meßanordnung insbesondere vom Grad der Überbestimmung ab. Um die Macht von Hypothesentests für die Beurteilung von Meßanordnungen nutzbar zu machen, hat Baarda (1967, 1968) vorgeschlagen, eine untere Grenze für die Macht eines Tests vorzugeben und daraus den Mindestabstand zwischen H_i und H_o abzuleiten, der mit einem Testverfahren und bei einer bestimmten Meßanordnung gerade noch nachweisbar ist. Je kleiner dieser nachweisbare Abstand von H_i und H_o ist, umso besser ist die Meßanordnung. Dieser Mindestabstand mißt bei der Prüfung auf grobe Meßfehler die **Kontrollierbarkeit** der Beobachtungen und bei Modellverfeinerungen die **Bestimmbarkeit** oder die **Prüfbarkeit** der zusätzlich angesetzten Parameter. Etwa kann man zeigen, daß unter bestimmten Voraussetzungen grobe Fehler in den Intensitätswerten innerhalb der o. a. Rampe (nach Gl. 2.5) mindestens das 8-fache der Streuung des Rauschens sein müssen, um entdeckbar zu sein. Auch der Einfluß nicht erkennbarer Modellfehler ist so unmittelbar meßbar. Er gibt Auskunft über die **Sensitivität** der Parameterschätzung und damit der Meßanordnung des Sensorsystems.

Fehler 3. Art bedeuten Fehlklassifikation. Ihre Wahrscheinlichkeit dient bei Klassifikationsaufgaben als wichtigstes Qualitätsmaß. Bei Hypothesentests ist eine solche Angabe unüblich. Sie wäre aber außerordentlich wertvoll: Sie gibt an mit welcher Wahrscheinlichkeit γ_{ij} eine Hypothese H_j fälschlicherweise zu gunsten einer anderen H_i gewählt wird (vgl. Hawkins 1980). Die Wahrscheinlichkeit für eine solche Fehlentscheidung kann zur Bewertung der **Trennbarkeit** parametrisierbarer Modelle auf der Basis von Beobachtungen verwendet werden. Auch sie wird bestimmt durch die Genauigkeit der Beobachtungen und wesentlich durch die Meßanordnung bzw. die Verteilung der Meßwerte. Für lineare eindimensionale Hypothesen hängt die Trennbarkeit vom Korrelationskoeffizient der beteiligten Testgrößen ab, und ist in der normierten Darstellung der Fig. 3.1 identisch mit dem cosinus des Winkels zwischen den Richtungen, die H_i und H_j repräsentieren: hohe Korrelationen führen daher zu schlechter Trennbarkeit von Hypothesen (vgl. Förstner 1983, Li 1985).

Die für die Beurteilung der Ergebnisse von Hypothesentests genannten Qualitätsmaße sind gerade für die Bewertung von Bildsensorsystemen von besonderer Bedeutung:
1. Kontrollierbarkeit, Bestimmbarkeit, Sensitivität und Trennbarkeit lassen sich für die Planung d. h. zum Design von Sensorsystemen einsetzen.

2. Die nun objektive Bewertung der Sensoren erlaubt einen unmittelbaren Leistungsvergleich.

3. Intelligente Sensoren sollten diese Analysen selbständig durchführen und über das Ergebnis der Schätzungen hinaus die Qualitätsangaben mitliefern. Dies führt zu einem gewissen Maß zu einer Selbstdiagnose, da ein Vergleich mit eintsprechenden Toleranzen automatisch erfolgen kann und so unbrauchbare Ergebnisse zurückgehalten werden.

4. Intelligente Sensoren können schließlich die Analyse der Meßanordnung, d. i. bei Bildsensoren etwa die Verteilung der Bildprimitive über das Objekt, dazu nutzen, weitere Messungen einzuholen, die bzgl. einer vorgegebenen Aufgabenstellung zur geforderten Qualität führen. Bei Bildsensoren würde man dann von "aktivem Sehen" sprechen können (Bajcsy 1985). Die dabei notwendigen Planungsprozesse können die genannten Bewertungsmaße bei der Suche nach einer optimalen Meßstrategie als Heuristik verwenden.

5. Die Qualitätsmaße lassen sich auf Klassifizierungsaufgaben übertragen, falls eine entsprechende Paramterisierung, etwa der Mittelwerte oder der Verteilung erreicht werden kann.

6. Vorwissen kann in allen Fällen nach Bayes eingebracht werden. Es ist dann vom selben Typ wie die eigentlichen Beobachtungen und kann daher ebenfalls beurteilt werden: Man kann dann grob falsche (a priori) Annahmen aufdecken, ihre Prüfbarkeit bestimmen oder den Einfluß nicht erkennbarer Fehler in den Modellannahmen auf das Ergebnis abschätzen, etwa um nachzuweisen, daß das Ergebnis insensitiv gegen zu vermutende Modellfehler ist. Ein Beispiel für eine solche Sensitivitätsanalyse bei der Klassifizierung gibt Spiegelhalter (1985, S. 37), dort mit dem Ziel zu zeigen, daß auch fehlendes Wissen innerhalb des statistischen Konzepts repräsentierbar ist.

7. Die Angabe der Wahscheinlichkeiten für Fehler 2. und 3. Art und die darauf aufbauenden Qualitätsmaße beziehen sich immer auf einen Satz vorgegebener wohldefinierter (Alternativ-) Hypothesen. Daher ist eine Modellierung von Störungen aller Art, für eine Bewertung unbedingt erforderlich. Der Hintergrund von Objekten, die Approximationen in den Algorithmen, die Unzulänglichkeiten von Extraktions-, Gruppierungs-, Segmentierungs- oder Zuordnungsverfahren sollten daher soweit irgend möglich explizit modelliert werden, um zu einer objektiven Bewertung der Ergebnisse zu gelangen und eine intelligente Reaktion bzw. Planung von Aktionen zu ermöglichen (vgl. z. B. Chen/Mulgaonkar 1990). Dies ist zwar oft nur unvollständig möglich. Da aber die Modellannahmen und ihre Wirkung durchgreifend prüfbar sind, ist eine schwache Modellierung in jedem Fall besser als der Verzicht auf eine Sensitivitätsanalyse.

Insgesamt liegt damit ein fast komplettes System für die Bewertung von Klassifizierungen und Parameterschätzungen vor. Vor allem lassen sich in allen Fällen, in denen eine geometrisch, physikalische Parametrisierung möglich ist, durchgreifende Qualitätskontrollen einsetzen, die ein Selbstdiagnose der Ergebnisse durch die Sensorsysteme selbst erlauben.

Ein Beispiel für eine Objektlokalisierung auf der Basis von geraden Kantenelementen ist in Fig. 3.2 dargestellt (vgl. Sester/Förstner 1989). Die Loka lisierung des Giebelpunktes A des nach Breite und Neigung parametrisierten Daches wird zunächst über die Standardabweichung σ_p geprüft. Die empirische Sensitivität gibt an, um welchen Betrag der Giebelpunkt A sich maximal verändert, wenn eine der Zuordnungen x_i wegfiele, gemessen in Einheiten von σ_p. In sie geht die Qualität der tatsächlichen Beobachtungen, hier der extrahierten Kanten ein. Die theoretische Sensitivität gibt an, um welchen Betrag A sich maximal veränderte, wenn eine falsche Zuordnung trotz Hypothesentest unerkannt bliebe (vgl. Förstner 1987). Hier spielt lediglich die Genauigkeit und die Verteilung der gefundenen Kanten in bezug auf das Modell eine Rolle. Große Sensitivitätswerte deuten auf **mangelnde Information** für die zuverlässige Bestimmung des Giebels hin, wie der künstlich reduzierte Beobachtungssatz b. zeigt. Die Vorinfomation über die Breite und die Neigung des Dachs wird auf die gleiche Weise bewertet: Im Fall b. hat die möglicherweise falsche Vorgabe der Dachneigung von 45 ° maximal einen Einfluß von $5 \cdot \sigma_p$ auf die Position des Giebelpunktes. Der tatsächliche Einfluß der zugeordneten Kanten bleibt dagegen unter σ_p.

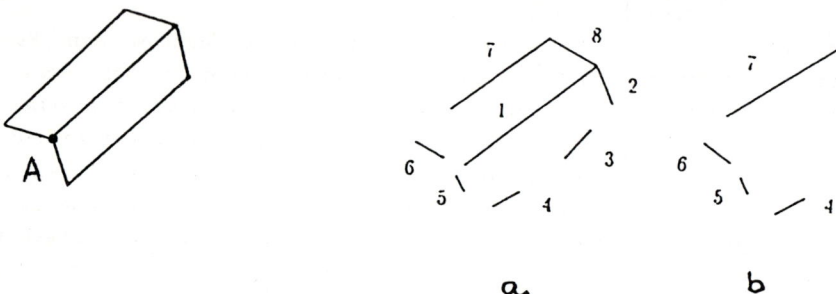

case	precision	sensitivity	x_1	x_2	x_3	x_4	x_5	x_6	x_7	x_8	width	slope
(a)	$\sigma_p = 25.9\mu m$	empirical	0.5	1.1	1.0	1.1	1.6	1.3	1.3	1.0	0.01	0.05
		theoretical	3.1	2.9	2.7	1.4	3.4	3.6	4.9	3.2	0.11	0.79
(b)	$\sigma_p = 81.5\mu m$	empirical	–	–	–	7.0	0.6	0.3	4.0	–	0.8	0.09
		theoretical	–	–	–	14.5	2.9	3.1	14.3	–	1.4	5.0

3.2 Beurteilung einer Objektlokalisierung: Bestimmung des Giebelpunktes A (aus Sester/Förstner 1989)

 Modell der Projektion eines Gebäudedachs mit 8 Freiheitsgraden darunter Breite und Neigung

a. selektierte und zugeordnete Bildkanten

b. künstlich reduzierter Satz von zugeordneten Bildkanten

 Die Qualität des Giebelpunktes wird durch die Streuung σ_p und die Sensitivitätsfaktoren quantifiziert. Die Zuordnung a. kann akzeptiert werden. Auch wenn bei b. die Präzision ausreichen würde, der Einfluß nicht erkennbarer Modellfehler auf den Giebelpunkt ist mit $14.5 \cdot \sigma_p$ zu groß. Auch der Einfluß der Vorinformation über Breite und Neigung auf die Position von A kann bewertet werden und ist hier maximal $5 \cdot \sigma_p$.

4. Bewertung von Interpretationen

Die Interpretation eines Bildes besteht in der Zuweisung einer Bedeutung auf der Basis eines Vergleichs von Bild- und Objekt- bzw. Modellstrukturen. Die Bewertung wird sich einerseits auf die Ähnlichkeit zwischen Bild- und Modellstruktur beziehen, zum anderen die Einfachheit der gewählten Interpretation miteinbeziehen. Während Klassifikation und Parameterschätzung - evtl. nur implizit - ein Ähnlichkeitsmaß, etwa die Wahrscheinlichkeit oder ihren Logarithmus, verwenden, das sich zumindest prinzipiell auf Strukturen übertragen läßt, liegt eine Bewertung der Komplexität von Modellen nicht unmittelbar auf der Hand.

Das Problem liegt im Aufbau generischer Modelle. Sie spezifizieren das Objekt durch seine Struktur, etwa durch relationale Beschreibungen, wobei durch Regeln die Struktur eingeschränkt ist. Die so in ihrer Anzahl nicht festgelegten Attribute, sprich Parameter, sind zusätzlich unbekannt oder zumindest nur teilweise bekannt. Ein Beispiel sind künstliche Objekte in einem Luftbild, die als homogene Bereiche mit einem Polygon begrenzt sind, das nur rechte Winkel aufweist (vgl. Fua/Hanson 1988). Dies Beispiel zeigt, daß generische Modelle photometrische mit geometrischen Größen also meßbare Größen mit abstrakten Konzepten verbinden können. Die Beurteilung muß daher in diesem speziellen Fall Objekte mit wenig Eckpunkten und solche, die den Intensitäten entsprechen, bevorzugen. Damit sind innerhalb des Bewertungsmaßes numerische Größen (etwa Intensitäten) und symbolische Größen (z.B. Anzahlen und Strukturgrößen) zu integrieren, ein Problem das bei der Zuordnung attributierter Relationengebilde immer auftritt.

Eine Basis bietet auch hier eine statistische Betrachtungsweise, die in ihrer ursprünglichen Darstellung von Georgeff und Wallace (1984) und Rissanen (1987) auf das Prinzip der kürzesten Beschreibungslänge (minimum description length) führt. Das Prinzip wählt dasjenige Modell aus, das zur Codierung der Daten <u>und</u> des Modells am wenigsten Bits benötigt mit der Motivation, daß eine kürzere Erklärung der Daten besser ist als eine lange. Die Erläuterung und die Implementierung verwendet die Information $I(a = w_i)$ eines zufälligen Ereignisses $(a = w_i)$ und leitet sich daher unmittelbar aus dessen Wahrscheinlichkeit $P(a = w_i)$ ab: $I(w_i) = -lb\ P(w_i)$. Formal wird über die Modelle $M = \{m_i\}$ und ihre Parameter $x = \{x_i\}$, strukturelle oder numerische, getrennt entschieden. Wenn e die Beobachtungen sind, ist das Ziel der Interpretation die Wahl desjenigen Modells m_i und der zugehörigen Parameter x_i, bei dem

$$P(e,\ x_i,\ m_i)\ \text{-> max}$$

maximiert wird oder bei dem die Information

$$I(e,\ x_i,\ m_i)\ \text{-> min}$$

minimiert wird. Dies ist äquivalent zur Minimierung von

$$I(e|x_i,\ m_i) + I(x_i|m_i) + I(m_i)\ \text{-> min}$$

Hierin gibt $I(m_i)$ die Zahl der Bits an, die notwendig sind, um den Namen des Modells zu spezifizieren; $I(x_i | m_i)$ ist die Zahl der Bits zur Spezifizierung der optimalen freien Parameter in diesem Modell und $I(e | x_i, m_i)$ gibt an, wieviel Bits noch notwendig sind, um die Beobachtungen zu beschreiben.

Ein Beispiel soll dies erläutern. Gegeben sind die beiden Punkthaufen der Figur 4.1. Sie sollen interpretiert werden. Mögliche gleichwahrscheinliche Modelle seien m_o = "zufälliger Punkthaufen", m_1 = "eine Gerade und Ausreißer" oder, zusammenfassend, m_i = "i Geraden und Ausreißer".

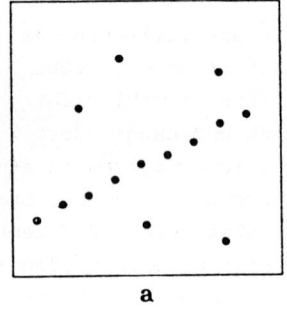
a

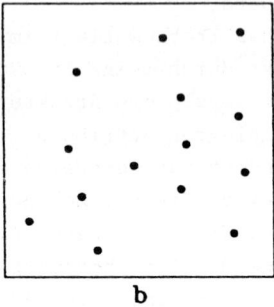
b

Fig. 4.1   Zu interpretierende Punkthaufen mit 14 Punkten

Alternativen: m_o = "zufälliger Punkthaufen"
                m_1 = "1 gerade und Ausreißer"
Beschreibungslänge, falls m_o gilt: 224 Bits
a. wahrscheinlichste Interpretation: 9 Punkte auf einer Geraden
                                        5 Ausreißer (Modell m_1)
   Beschreibungslänge, falls m_1 gilt: 210 Bits
b. wahrscheinlichste Interpretation: zufälliger Punkthaufen
                                        (Modell m_o)
   Beschreibungslänge, falls m_1 gilt: 230 Bits

Falls die Koordinaten mit einer Auflösung von ϵ, z. B. 1 Pixel, gegeben sind und in einem Bereich R, z.B. 256, liegen, sind $lb(R/\epsilon)$ Bits zur Spezifizierung einer Koordinate nötig. Für n_o Punkte benötigt man daher $\Phi_o = I(e | x_i, m_i) + I(m_o) = n_o \cdot 2 \cdot lb(R/\epsilon) + 1$ Bits, also bei $n_o = 14$ insgesamt 225 Bits. In diesem Fall ergibt sich $I(x_i | m_i) = 0$. Wegen $P(m_o) = P(m_1) = 1/2$ gilt $I(m_o) = I(m_1) = 1$.
Falls nun n Punkte auf einer Geraden liegen und die übrigen $n' = n_o - n$ anderen Ausreißer sind, benötigt man (ohne Beweis, vgl. Förstner/1989)

$$\begin{aligned}
\Phi_1 &= I(e | x_i, m_1) + I(x_i | m_1) + I(m_1) \\
&= n_o + 2\, n'\, lb(R/\epsilon) + [n\, lb(R/\epsilon) + a\, \Sigma_i\, (v_i/\sigma)^2 + lb(\sigma/\epsilon) + \tfrac{1}{2}\, lb2\pi] \\
&\quad + 2\, lb(R/\epsilon) \\
&\quad + 1 \text{ Bits,}
\end{aligned}$$

mit a = 1/(2 ln2). Die ersten drei Terme bilden $I(e|x_i, m_1)$. Der erste Term
repräsentiert die n_0 Bits zur Spezifizierung, ob ein Punkt auf der Gerade
liegt oder nicht, der zweite Term ist die Anzahl der Bits zur Beschreibung der
Ausreißer und der dritte Term ist die Zahl der Bits zur Beschreibung der Geradenpunkte. Man beachte, daß er wegen der Annahme der Normalverteilung die
Quadratsumme der Abweichungen v_i von der Geraden enthält. Der vierte Term,
$I(x_i|m_i)$, dient zur Beschreibung der beiden Geradenparameter. Für Figur 4.1a
erhält man $\Phi_1 = 210$ Bits, während sich für Figur 4.1b $\Phi_1 = 230$ Bits ergibt,
wenn man die Gerade an gleicher Position durch die 5 Punkte annimmt. Offensichtlich führt die Geradeninterpretation in Fig. 4.1a auf die kürzeste Beschreibung, während sie bei 4.1b keine Erklärung der Daten darstellt.

Die Streuung σ der Geradenpunkte wurde als vom her Modell bekannt angenommen. Die Entscheidung, ob ein Punkt zur Gerade gehört, hängt im Beispiel davon
ab, ob für seine Beschreibung dann weniger Bits benötigt werden. Der kritische
Wert $k = \sqrt{[2 \ln(R/(\sqrt{2\pi}\,\sigma)]}$ hängt nicht von einem frei wählbaren Signifikanzniveau ab sondern von den vom Modell vorgegebenen Größen. Die mit dem Prinzip
der kürzesten Beschreibungslänge implizierte Optimierungs- d. h. Minimierungs-
funktion hat die Form der Fig. 4.2. Sie ist charakteristisch für Robuste

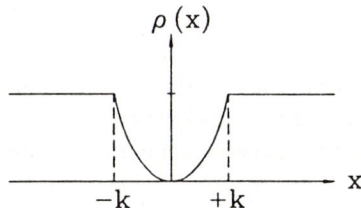

Fig. 4.2   Optimierungsfunktion $\rho(x)$ zur Bestimmung der
           kürzesten Beschreibungslänge

Schätzer (Huber 1981), für das Modell der "schwachen Saite" (Blake/Zissermann
1987) zur Bildkonstruktion, läßt sich in guter Näherung als Basis für die ML-
Schätzung bei der Hough-Transformation darstellen und reduziert sich schließlich bei bereinigten Daten auf das Prinzip der kleinsten Quadrate.

Das Beispiel legt einige wichtige Eigenschaften des Prinzips der kürzesten
Beschreibungslänge offen:

• Es ist geeignet, Erklärungen und Interpretationen verschiedener Strukturen zu vergleichen

• Es ist in der Lage, Hintergrunddaten (spurious data) zu bewerten. Jede
Erklärung dieser Hintergrunddaten mit Hilfe eines geeigneten, d. h. genügend
einfachen Modells - etwa bei Schattenbildungen - würde die Beschreibung ver-
kürzen.

• Die Entscheidungskriterien über die Zugehörigkeit von Daten zum Modell
hängen nicht von einem frei wählbaren Schwellwert ab.

• Eine Entscheidung über die Zulässigkeit einer Interpretation ist möglich, da zu komplizierte Erklärungen objektiv abgelehnt werden - eine außerordentlich nützliche und auch notwendige Komponente einer Theorie zur Bewertung von Interpretationen.

• Schließlich läßt sich das Prinzip bei fester Modellstruktur auf das Maximum-Likelihood-Prinzip und - bei Annahme von Normalverteilungen - auf das Kleinste-Quadrate-Prinzip spezialisieren.

Das Bewertungsverfahren ist objektiv bei gegebener Modell-Welt, die auch die Wahrscheinlichkeiten für das Auftreten bestimmter Interpretationen enthält. Es ist subjektiv insofern als dieses Vorwissen frei "wählbar" ist. Das Ergebnis hängt somit unmittelbar vom Vorwissen ab. So hätte etwa die Vorgabe $P(m_o) = 0.001$ und $P(m_1) = 0.999$ dazu geführt, daß auch in Fig. 4.1b eine Gerade gesehen wird, da $I(m_o) = -lb\ 0.001 \approx 10$ zusätzliche Bits notwendig wären, um das Modell "zufällige Punkthaufen" zu spezifizieren, ein Phänomen, das aus der ML-Klassifikation mit stark unterschiedlichen a priori-Wahrscheinlichkeiten bekannt ist.

Fua und Hanson (1988) verwenden das Prinzip der kürzesten Beschreibungslänge zur Bewertung von automatisch erstellten Hypothesen über künstliche oder natürliche Objekte, Leclerc (1988) begründet damit sein Verfahren zur Ableitung stabiler Bildbeschreibungen.

5. Diskussion

Der Beitrag befaßt sich mit der Qualität von Modellen für die automatische Analyse von Bildern mit dem Ziel einer objektiven Beurteilung der Ergebnisse, die sog. intelligente Bildsensoren liefern können. Die dabei anfallenden Aufgaben der Klassifikation und der Parameterschätzung lassen sich nicht nur innerhalb desselben statistischen Rahmens darstellen und bewerten. Vielmehr lassen sie sich auch innerhalb von typischen Bildinterpretationsaufgaben vereinigen, solange nur eine statistische Modellierung möglich ist.

Eine Reihe wichtiger Einzelergebnisse über die Qualität intelligenter Bildsensoren sind festzuhalten:

1. Die hohe geometrische Präzision von bis unter 1/20 Pixel wurde nicht nur empirisch bestätigt. Ihre Abhängigkeit vom Meßprozeß wird auch theoretisch beherrscht, erlaubt eine automatische Beurteilung von Meßergebnissen und eine zuverlässige Planung von Meßanordnungen. Damit ist ein Übergang von den physikalischen Beobachtungen, den Intensitäten, zu geometrischen Bildprimitiven kontrolliert möglich.

2. Die im Bereich der Meßtechnik übliche Repräsentation der Unsicherheit durch 1. und 2. Momente (Mittelwert und Kovarianzmatrix) garantiert die Einbindung in alle geometrisch-physikalischen Schlußfolgerungsprozesse, insbesondere an die Parameterschätzungsverfahren. Damit steht ein reichhaltiges Arsenal von Qualitätsmaßen zur Verfügung, sind - über Kalman-Filter - lernende Systeme realisierbar und steht einer Integration verschiedenartiger Sensoren unter einem einheitlichen Modell konzeptionell nichts im Wege.

3. Die bei Klassifikationen und Hypothesentests möglichen Fehlentscheidungen lassen, trotz im einzelnen unterschiedlicher Techniken, eine gemeinsame Betrachtungsweise zu. Insbesondere ist die Theorie für die Beurteilung von

Tests mehrerer Alternativhypothesen ausgearbeitet und erlaubt Aussagen über die Erkennbarkeit von Modellfehlern, über die Sensitivität gegen Modellannahmen oder über die Trennbarkeit parametrisierter Hypothesen auf der Basis von Beobachtungen. Die damit verbundene Einschränkung auf eine (Quasi-) Normalverteilung wird durch die freie Modellierbarkeit mehr als wettgemacht.

4. Die Identifizierung von Objekten, die durch generische Modell spezifiziert sind, enthält Klassifikations- und Schätzaufgaben. Das Prinzip der kürzesten Beschreibungslänge, einbettbar in die Verfahren der Bayes-Schätzung, erlaubt nicht nur zwischen strukturell verschiedenen Modellen zu entscheiden, sondern auch zu komplizierte Modelle als unzulässig zurückzuweisen.

Damit ist für einen großen Prozentsatz von Aufgaben, die durch intelligente Bildsensoren gelöst werden sollen, eine Grundlage für die Qualitätsbewertung gegeben.

Während die Prüfung von Modellen oder Hypothesen ausführlich behandelt wurde, blieb völlig offen, wie solche Modelle oder Hypothesen automatisch gefunden werden können. Die dazu verwendeten robusten Schätz- oder Suchverfahren erlauben i. a. keine unmittelbare Bewertung der Ergebnisse, da die hierzu erforderlichen Transformationen der Verteilungen technisch zu aufwendig sind. Aus diesem Grund bietet sich eine zweigeteilte Vorgehensweise an:

a. Finden von Hypothesen.

Dabei können alle zur Verfügung stehenden Algorithmen und Verfahren genutzt werden. Die Auswahl der Verfahren kann sich an Zweckmäßigkeitsgründen orientieren, etwa an der algorithmischen Komplexität, dem zu erwartenden Programmieraufwand oder der zur Verfügung stehenden Hardware. Die dabei verwendeten, i. a. suboptimalen Kriterien sollten konservativ sein, so daß die Lösung in der Nähe der optimalen liegt oder die optimale Lösung nicht ausgeschlossen ist.

b. Beurteilen der Hypothesen.

Dieser Schritt kann als unabhängig vom ersten gesehen werden und z. B. die in diesem Beitrag diskutierten Kriterien verwenden. Dazu ist es allerdings notwendig, daß die vorläufige Lösung des ersten Schrittes lokal nach strengen Kriterien optimiert, d. h. nachgebessert wird, etwa durch eine ML-Schätzung oder eine lokale Suche im Suchraum unter Verwendung optimaler Bewertungskriterien.

Einige Fragen bleiben zukünftigen Entwicklungen vorbehalten:
• Wie lassen sich suboptimale Verfahren beurteilen? Hier sollte eine Standardisierung von Vereinfachungen erreicht werden.
• Wie läßt sich die Unsicherheit der Qualitätsmaße bestimmen und bei der Bewertung berücksichtigen? Der etwa mit einem Verfolgen der Verteilung von Wahrscheinlichkeiten verbundene Aufwand dürfte im Vergleich zu dem Gewinn an Transparenz vernachlässigbar sein.
• Wie lassen sich die Qualitätsmaße zur Reduktion der algorithmische Komplexität einsetzen, etwa zur Steuerung in Suchverfahren oder als Abbruchkriterium?
• Welche Teilaufgaben der Bildanalyse, insbesondere welche Verfahren zur Extraktion von Bildprimitiven lassen eine standardisierte Bewertung zu, so daß die Qualitätsmaße in den Folgeschritten, vor allem der Interpretation weiter-

verwendet werden können?

Die Entwicklung eines Verfahrens oder eines Sensorsystems wird durch die wegen der Qualitätsbewertung notwendige feinere Modellierung nur scheinbar verlangsamt. In Wirklichkeit werden Umwege durch theoretische Argumente ausgeschlossen und damit nicht nur eine Beschleunigung der Entwicklung erreicht, sondern die Wirkungsweise der Verfahren transparent und vor allem die Grenzen intelligenter Sensoren offengelegt.

Literatur:

Baarda, W. (1967): Statistical Concepts in Geodesy, Publ. in Geodesy, Vol. 2, No. 4, Netherlands Geodedic Commission, Delft, 1967

Baarda, W. (1968): A Testing Procedure for Use in Geodetic Networks, Publ. in Geodesy, Vol. 2, No. 5, Netherlands Geodedic Commission, Delft, 1968

Bajcsy, R. (1985): Active Perception vs. Passive Perception, Workshop on Computer Vision, Bellaire, 1985

Bigün, J.; Granlund, G. H. (1987): Optimal Orientation Detection of Linear Symmetry, ICCV, London, 1987, pp. 433-438

Blake, A.; Zissermann (1987): Visual Reconstruction, Cambridge, MA, MIT-Press, 1987

Brasche, U.; Sonntag, P. (1989): Intelligent Sensors - Technology, Applications and European Markets, VDE-Verlag, Berlin/Offenbach, 1989

Chen, C.; Mulgaonkar P. G. (1990): Robust Vision-Programs based on Statistical Feature Measures, submitted to Workshop on Robust Computer Vision, Seattle, 1990

Dorst, L.; Duin, R. P. (1984): Spirograph Theory: A Framework for Calculations on Digitized Straight Lines, IEEE T-PAMI 6, 5, 1984, pp. 632-639

Feynmann, R. (1985): Sie belieben wohl zu scherzen, Mr. Feynmann, Piper, München, 1985

Foerster, H. v. (1985): Das Konstruieren einer Wirklichkeit, in Watzlawick 1985, S. 39

Förstner, W. (1982): On the Precision of Digital Correlation, Int. Arch. of Photogr. and Remote Sensing, 24-III, Helsinki, 1982, pp. 176-189

Förstner, W. (1983): Reliability and Discernability of Extended Gauß-Markov-Models, Deutsche Geod. Kommission, A 98, München, 1983, pp. 79-103

Förstner, W. (1984) Quality Assessment of Object Location and Point Transfer using Digital Image Correlation Techniques, Int. Arch. of Photogr. remote Sens., 25 A3a, Rio de Janeiro, 1984, pp. 197-219

Förstner, W. (1985): Prinzip und Leistungsfähigkeit der Korrelation und Zuordnung digitaler Bilder, Schriftenr. d. Inst. f. Photogrammetrie., 11, Stuttgart, 1986, S. 69-90

Förstner, W. (1987): Reliability Analysis of Parameter Estimation in Linear Models with Applications to Mensuration Problems in Computer Vision, CVGIP, 40, 1987

Förstner, W.; Gülch, E. (1986): A Fast Interest Operator for Detection and Precise Location of Distinct Points, Corners and Centres of Circular Features, Proc. of Intercomm. Conference on Fast Processing of Photogrammetric Data, Interlaken, 1987. pp. 281-252

Fua, P.; Hanson, A. J. (1988): Generic Feature Extraction Using Probabity-based Objective Functions, submitted to IJCV

Fukunaga, K. (1972): Introduction for Statistical Pattern Recognition, Academic press, NY, 1972

Gale W. A. (1985, Ed.): Artificial Intelligence and Statistics, Addison-Wesley, 1986

Georgeff, M. P.; Wallace, C. S. (1984): A General Selection Criterion for Inductive Inference, Proc. of Advances in Artificial Intelligence, Italy Sept. 1984, T. O'Shea (Ed.), North Holland, Amsterdam, 1984

Havelock, D. (1984): Geometric Precision in Digital Images, Int. Arch. of. Photogr. and remote Sens., 25 A3a, Rio de Janeiro, 1984, pp. 373-380

Hawkins, D. M. (1980): Identification of Outliers, Chapman & Hall, London/NY, 1980

Huang, T. (Ed. 1981): Image Sequence Analysis, Springer, 1981

Huber, P. J. (1981): Robust Statistics, Wiley, NY, 1981

Jähne, B. (1989): Digitale Bildverarbeitung, Springer, 1989

Jain, R. C.; Jain, A. K. (1990): Analysis and Interpretation of Range Images, Springer, 1990

Kass, M.; Witkin, A. (1987): Analysing oriented Patterns, CVGIP, 37, 1987, pp. 362-385

Kreyszig, E. (1965): Statistische Methoden und ihre Anwendungen, Vandenhoeck & Ruprecht, Göttingen, 1965

Lakatos, I. (1978): Die Methodologie der wissenschaftlichen Forschungsprogramme, Vieweg, Braunschweig, 1978

Leclerc, Y. G. (1988): Image Partitioning for Constructing Stable Descriptions, Proc. of Image Understanding Workshop Cambridge, MA, 1988

Lenz, R. (1988): Zur Genauigkeit der Viedometrie mit CCD-Sensoren, Inf.-Fachber. 180, Springer, 1988

Li, D. (1985): Theorie und Untersuchung der Trennbarkeit von groben Paßpunktfehlern und systematischen Fehlern bei der photogrammetrischen Punktebestimmung, Deutsche Geod. Kommission, C 324, München 1985

Neyman, J.; Pearson, E. S. (1933): On the problem of the most efficient test of statistical hypothesis, Phil. Trans. R. Soc. A, 231, 1933, p. 289

Paderes, F. C., Mikhail, E. M., Förstner, W. (1984): Rectification of Single and Multiple Frames of Satellite Scanner Imagery Using Points and Edges as Control, NASA Symp. on Mathematical Pattern recognition and Image Analysis, Houston, 1984

Pregibon, D. (1986): A DIY-Guide to Statistical Stratgy, in gale 1986, pp. 389-400

Rissanen, I. (1987): Minimum Description-Length Principle, In Encyclopedia of Statistical Sciences, 5, 1987, pp. 523-527

Rosenfeld, A. (1980/1): Image Modeling, Academic Press, 1980/1

Sester, M.; Förstner, W. (1989): Object Location Based on Uncertain Models, Inf. Fachberichte, 219, Springer 1989

Smith, R.; Self, M.; Cheeseman, P. (1987): Estimating Uncertain Spatial Relationships in Robotics, Uncertainty in Artificial Intelligence, Vol. 2, North-Holland, 1987

Spiegelhalter, D. J. (1985): A Statistical View of Uncertainty in Expert Systems, in Gale 1986, pp. 17-55

Tou, J. T. (1980/1): Pictorial Feature Extraction and Recognition via Image Modeling, in Rosenfeld 1980/1, pp.391-422

Vosselman, G.; Förstner, W. (1988): On the Precision of a Digital Camera, Int. Arch. of Photogr. and Remote Sensing, 27 B, Kyoto, 1988

Watzlawick, P. (1985, Ed.): Die erfundene Wirklichkeit, Piper, 1985

INTEGRIERTER 3D-SENSOR FUER DIE TIEFENBILD-ERFASSUNG IN ECHTZEIT

J. KRAMER und P. SEITZ
Paul Scherrer Institut
Badenerstrasse 569
CH-8048 Zürich

H. BALTES
Eidgenössische Technische Hochschule
Hönggerberg
CH-8093 Zürich

Zusammenfassung

Ein optisches Triangulationssystem zur räumlichen Erfassung von Oberflächen wurde demonstriert, das mit einem Minimum an Datenverarbeitung auskommmt und sich deshalb gut für Echtzeitanwendungen eignet. Kernstück der Anordnung ist eine kommerziell erhältliche Photodiodenzeile, die in unserem Labor nachträglich mit einer Streifenmaske versehen wurde. Die erreichte Tiefenauflösung liegt bei etwa 1% des erfassbaren Messbereichs. Die durchgeführten Experimente waren noch nicht auf Videogeschwindigkeit ausgelegt, aber es wird diskutiert, auf welchem Weg wir dieses Ziel zu erreichen versuchen.

1. Einleitung

Für viele Aufgaben in Medizin und Industrie reicht eine zweidimensionale Beschreibung von Objektoberflächen, wie sie durch normale Intensitätsbilder von Photo-, Film- oder Videokameras geliefert wird, nicht aus. Soll zum Beispiel ein Gegenstand auf Fertigungsfehler untersucht werden oder ein Roboter sich in seiner Umgebung zurechtfinden, ist eine dreidimensionale Datenerfassung nötig. Zudem ist es gerade in den beiden obgenannten Fällen oft wichtig, dass Aufnahme und Auswertung der Daten schnell erfolgen, damit fehlerhafte Objekte in einem automatisierten Herstellungsprozess rechtzeitig aussortiert werden können, respektive der Roboter sich in seinen Handlungen sofort den Gegebenheiten anpassen kann. Ein naheliegendes Ziel ist dabei Datenaufnahme und -verarbeitung in Video-Echtzeit, d. h. 20 Millisekunden pro Bild und eine maximale Verzögerung im selben Bereich. Der optische Teil des Systems bietet in dieser Hinsicht natürlich keinerlei Probleme, wohl aber der elektronische. Wir haben uns deshalb für eine Anordnung entschieden, die durch Verwendung von wohldefinierter aktiver Beleuchtung und optischer Vorverarbeitung der Signale auf dem Sensor die Anforderungen an die Elektronik klein hält. Realisiert wurde bis anhin ein Prototypsystem, anhand dessen unter geringem Aufwand Funktionsfähigkeit und Grenzen des Messprinzips erörtert werden konnten; Betrieb mit Videogeschwindigkeit wurde noch nicht implementiert.

2. Messprinzip

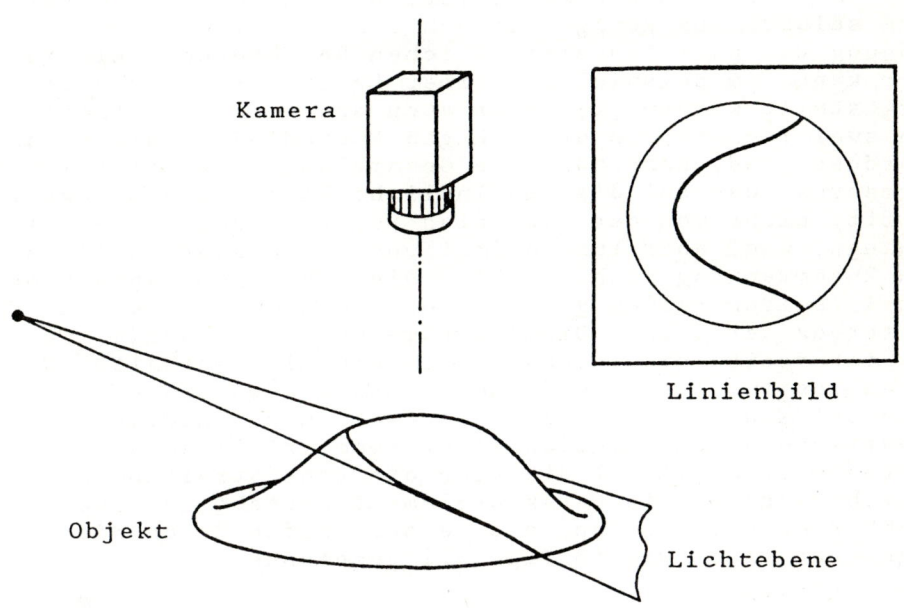

Fig. 2.1   Prinzip der Lichtschnitt-Triangulation

Wir verwenden ein sogenanntes Lichtschnitt-Triangulationsverfahren (Fig. 2.1), das im folgenden kurz erläutert werden soll: Das Testobjekt wird mit einer Lichtebene beleuchtet und in eine Richtung ausserhalb dieser Ebene abgebildet. Das Bild besteht aus einer Profillinie, die bei gegebener Beleuchtungs- und Abbildungsgeometrie die Information über die Lage der beobachteten Objektoberflächenpunkte enthält. Zwei Raumkoordinaten ergeben sich dabei aus der zweidimensionalen Struktur des Linienbildes und die dritte ist durch die Lage der Beleuchtungsebene vorgegeben und allen diesen Punkten gemeinsam. Durch Abtastung des Objektes mit der Lichtebene in einer Dimension, d. h. Variation dieser dritten Koordinate, kann somit die ganze Oberfläche — oder je nach Objektstruktur und Versuchsanordnung wenigstens ein grosser Teil davon — erfasst werden.

3. Liniensensor für sie optische Schwerpunktsbestimmung

Normalerweise wird in einem Lichtschnitt-System eine Videokamera verwendet, also nur eine Linie pro Videozyklus aufgenommen. Damit ist die Kamera allerdings schlecht ausgenutzt, denn die Erfassung einer Profillinie erfordert keinen zweidimensionalen Bildsensor, weil in der einen Dimension lediglich nach dem Schwerpunkt einer Intensitätsverteilung gefragt ist, nicht nach der Verteilung selbst. Es genügt demnach eine eindimensionale Anordnung von positionsempfindlichen Detektoren. Ein solcher kann zum Beispiel aus einer Lateraleffekt-Photodiode hergestellt werden [1], oder auch aus einer Kombination von zwei identischen dreieckigen Photodioden, die so angeordnet sind, dass zwar die Gesamtlänge des Lichtliniensegmentes, das auf die empfindliche Fläche des Detektors trifft, nicht von der lateralen Position des Segmentes abhängt, wohl aber ihre Aufteilung mit dieser in linearem Zusammenhang steht [2,3]. Die Schwerpunktsposition ist in beiden Fällen gegeben durch den Quotienten aus der Differenz der beiden Diodenströme und deren Summe, welche ihrerseits die Intensitätsinformation enthält. Wir haben uns für letztere Methode entschieden und gezeigt, dass es dazu keiner speziell entworfenen Sensoranordnung bedarf, sondern lediglich einer kommerziell erhältlichen Photodiodenzeile, auf die eine einfache Streifenmaske geklebt wurde. Ein Detektorelement besteht aus zwei benachbarten Photodioden, die je zur Hälfte durch die Maske abgedeckt sind, wie in Fig. 3.1 gezeichnet.

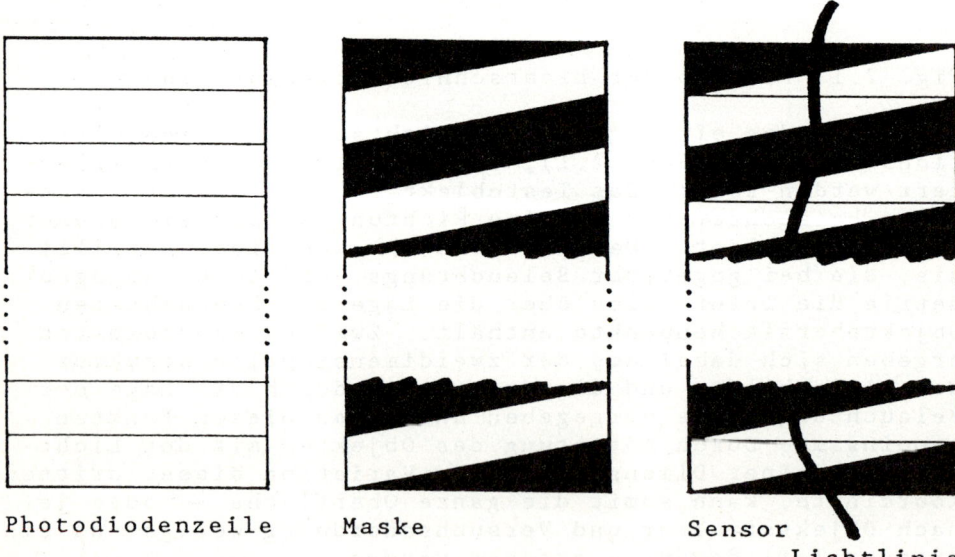

Photodiodenzeile   Maske   Sensor
                                                 Lichtlinie

Fig. 3.1   Herstellung einer eindimensionalen Anordnung
            von positionsempfindlichen Detektoren aus einer
            Photodiodenzeile und einer Streifenmaske

4. Experimenteller Aufbau

Experimente wurden durchgeführt mit verschiedenen Lichtquellen — einem Helium-Neon-Laser, einer Leuchtdiode und
einem Diaprojektor — und verschiedenen Triangulations-
winkeln (Winkel zwischen Lichtebene und Beobachtungsrichtung). Der Sensor besteht aus 128 linear angeordneten Photodioden, liefert in dieser Anwendung also eine
Auflösung von 64 Bildpunkten. Seine Längsachse war immer
parallel zur Lichtebene und senkrecht zur optischen Achse
des abbildenden Objektivs ausgerichtet und definiert die
y-Richtung in dem kartesischen Koordinatensystem, das wir
im folgenden verwenden wollen. Abtastung des Objektes
erfolgte durch manuelle Verschiebung desselben in einer
Richtung senkrecht zur Lichtebene, von nun an als x-Richtung bezeichnet. Die z-Richtung schliesslich sei senkrecht zu x- und y-Richtung. Als Testobjekt diente uns
eine weisse Plastikmaske eines menschlichen Gesichts mit
Front in z-Richtung und Augenachse in x-Richtung. Die
Ausgangssignale der zum Sensor gehörigen Elektronik wurden via Datenerfassungskarte in einen PC geführt und von
einem einfachen Programm verarbeitet.

5. Resultate und Messgenauigkeit

Der beste Triangulationswinkel zur Erfassung der ganzen
Objektoberfläche (Frontseite) lag bei etwa 15° bis 20°,
da bei grösseren Winkeln Teile derselben dem Sensor verdeckt blieben, mit kleiner werdendem Winkel aber die Auflösung in z-Richtung sich verschlechtert. Die Oberfläche
erwies sich einerseits als so rauh, dass das Speckle-
Rauschen bei Verwendung eines Helium-Neon-Lasers keine
brauchbaren Messresultate zuliess, andererseits als so
glatt, dass manchmal im Linienbild durch Spiegelrefle-
xionen erzeugte helle Punkte erschienen. Unser Messprinzip setzt aber voraus, dass die Intensität des Bild-
segmentes auf zwei benachbarten Dioden, die zusammen ein
Detektorelement bilden, in guter Näherung konstant ist.
Um diese Probleme zu lösen, verwendeten wir fortan nur
noch die Leuchtdiode und den Diaprojektor als Lichtquellen und sandstrahlten das Objekt; eine leichte Defokussierung des Bildes verbesserte das Resultat ausserdem
beträchtlich. Das Oberflächenbild in Fig. 5.1 wurde mit
Hilfe eines Diaprojektors unter einem Triangulationswinkel von 22.5° aufgenommen. Es besteht aus 67 Linien,
also 4288 Bildpunkten. Die Breite der Lichtlinie auf dem
Objekt betrug je nach Position zwischen 1 und 2 mm, die
x-Auflösung 2 mm, gegeben durch die Objektverschiebung
zwischen zwei Aufnahmen, die y-Auflösung etwa 1.7 mm, der
Bildausschnitt also rund 14 cm x 11 cm. Die Messgenauig-
keit in z-Richtung war im allgemeinen ungefähr 2 mm, entsprechend 1% des maximal erfassbaren z-Bereiches von 20 cm

bei der verwendeten Aufnahmegeometrie; die Tiefenausdehnung des Objekts betrug allerdings nur 6 cm. Ungenauere Messwerte ergaben sich an Stellen, wo nur wenig Licht in Beobachtungsrichtung gestreut wurde, starke Mehrfachreflexionen auftraten oder die Oberfläche scharfe Kanten aufwies. Die Berechnung der Oberflächenpunkte durch das Computerprogramm war limitiert auf eine maximale Rate von 1.4 kHz oder 22 Linienprofile pro Sekunde.

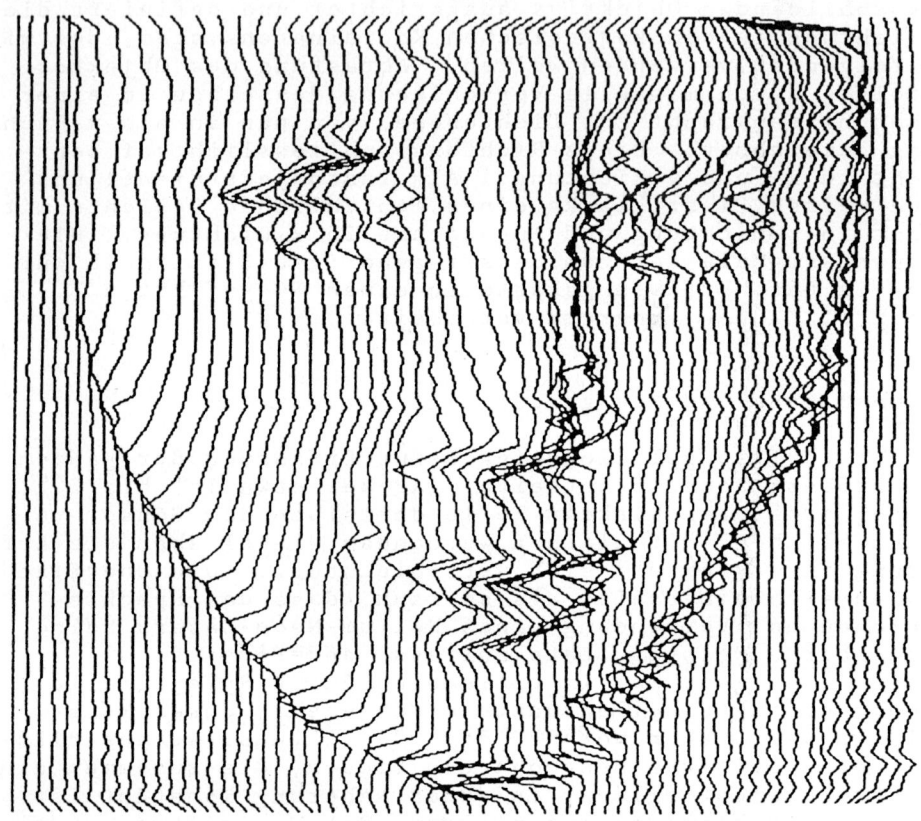

Fig. 5.1   Perspektivische Darstellung der Objektoberfläche
           aus 67 x 64 gemessenen Punkten

6. Erweiterungen für den Betrieb in Video-Echtzeit

Zur Steigerung der Geschwindigkeit bedarf es entweder eines leistungsfähigeren Computers oder aber der Implementation der Signalverarbeitung in die Ansteuerungselektronik des Sensors. Die Schaltung, die dazu benötigt wird, entspricht etwa derjenigen, die in herkömmlichen positionsempfindlichen Detektoren Verwendung findet. Nach

einer derartigen Modifikation wäre der Informationsfluss
durch die Datenerfassungskarte begrenzt, in unserem Fall
auf 100 kHz oder 24 Oberflächenbilder aus 64 x 64 Punkten
pro Sekunde. Der Computer dient dann nur noch zur Abspeicherung der Daten und zu einer allfälligen Weiterverarbeitung; zur visuellen Darstellung könnten die Span-
nungssignale direkt auf einem Monitor in Grauwertbilder
umgesetzt werden. Die minimale Integrationszeit unseres
Liniensensors beträgt 64 Mikrosekunden, also eine Fern-
sehlinienperiode. Mit einer entsprechenden Anpassung der
Elektronik sollte also ein Betrieb in Video-Echtzeit möglich sein. Die Abtastung des Objektes in x-Richtung mit
einer Frequenz von 50 Hz kann von einem Galvanometer-
Scanner bewerkstelligt werden. Ausserdem wird eine stärkere Lichtquelle benötigt, die zur Vermeidung von Speckle-
Rauschen nicht allzu kohärent sein sollte, aber idealerweise relativ schmalbandig, damit das Umgebungslicht
herausgefiltert werden kann. Eine Laserdiode oder eine
Kurzbogenlampe wären da wohl am ehesten in Betracht zu
ziehen. Das Problem mit der Lichtmenge taucht in allen
Echtzeitverfahren gleichermassen auf und hängt im wesentlichen nicht davon ab, wieviele Oberflächenpunkte simultan auf dem Sensor abgebildet werden, wenn man annimmt,
dass die Lichtquelle in allen Verfahren etwa gleich gut
ausgenutzt werden kann und somit der auf den Sensor tref-
treffende Lichtstrom auch etwa gleich ist. Wird das ganze Bild parallel aufgenommen, beträgt die Integrationszeit zwar ganze 20 ms, das Licht muss dann aber auch auf
viel mehr Detektorelemente verteilt werden. Was vor allem eine Rolle spielt, sind der Füllfaktor des Sensors
(der relative lichtempfindliche Anteil an dessen Gesamtfläche), der in unserem Fall 50% beträgt, und die Quan-
tenausbeute, die unter Silizium-Photodioden nicht stark
differiert. Zu beachten gilt es auch die durch unsere
kurzen Integrationszeiten bedingten hohen Lichtintensi-
täten, die einerseits das Testobjekt oder — bei inkor-
rekter Handhabung des Geräts — auch andere Objekte be-
schädigen kann, insbesondere Augen, und andererseits die
Verwendung von Bildverstärkern erschwert.

7. Diskussion

In einer herkömmlichen optischen Abbildung einer Objektoberfläche im Raum auf eine lichtempfindliche Ebene ver-
mischt sich die Information über eine Raumkoordinate, die
Tiefe, mit derjenigen über Reflektivitäts- und Beleuch-
tungsverteilung auf der Oberfläche. Meist können dann
anhand des Bildes die Daten nicht vollständig getrennt
und somit für die Auswertung unbrauchbar werden. Es ist
deshalb wünschenswert und in vielen Anwendungen unerlässlich, diese Parameter getrennt zu erfassen. Zur Erkennung und Ueberprüfung von Objekten ist vor allem die
Tiefeninformation nützlich. Diesem Zweck dienen 3D-Sen-

soren, die infolge zunehmender Automatisierung in der Industrie ständig an Bedeutung gewinnen. Es hat sich gezeigt, dass stereometrische Methoden, wie sie von den meisten Lebewesen verwendet werden, für technische Anwendungen nicht sehr geeignet sind, da sie einen enormen Aufwand an Datenverarbeitung erfordern, und deshalb nur dort verwendet werden sollten, wo eine kontrollierte Beleuchtung der Szene schwierig oder unmöglich ist. Es muss deshalb nach anderen Verfahren gesucht werden, wobei Geschwindigkeit und Präzision die wichtigsten Spezifikationsparameter sind. Das von uns vorgeschlagene System ist in erster Linie auf hohe Geschwindigkeit ausgerichtet und eignet sich deshalb beispielsweise zum Einsatz in Robotern, wo es hauptsächlich um Erkennung von Objekten und deren Orientierung geht.

8. Literaturnachweis

[1] A. Kawasaki et al., Transducers '89, 5th Int. Conf. on Solid-State Sensors and Actuators, Abstracts, 184-185.
[2] G. Häusler und H. Weissmann, Physikalisches Institut der Universität Erlangen, Angewandte Optik, Annual Report 1987, 14.
[3] P.R. Haugen und C. Bocchi, SPIE 1005 (1988) 145-152.

Messung der Übertragungseigenschaften
einer hochauflösenden Farbkamera mit CCD-Flächensensor

Reimar Lenz, Lehrstuhl für Nachrichtentechnik
Technische Universität München, Arcisstraße 21, 8000 München 2

Udo Lenz, CCD - Videometrie
Fastlingerring 114, 8044 Unterschleißheim

Zusammenfassung: In diesem Artikel werden einige neuartige Methoden zur quantitativen Bestimmung der Übertragungseigenschaften abtastender Bildsensoren vorgestellt. Eine zur direkten Ermittlung der Modulations-Übertragungsfunktion und chromatischen Aberrationen des gesamten Systems einschließlich abbildender Optik nahezu ideal geeignete Bildvorlage ist die Fresnel'sche Zonenplatte, deren Eigenschaften und kohärent-optische Herstellung beschrieben werden. Angewandt werden diese Methoden beispielhaft auf die am Lehrstuhl für Nachrichtentechnik entwickelte digitale Charge Coupled Device (CCD)-Farbkamera ProgRes 3000, die durch piezogesteuerte Aperturverschiebung eine programmierbare Auflösung von bis zu 3000 x 2300 Bildelementen (Pel) je Farbkanal erzielt. Dies entspricht der Qualität eines hochwertigen 35mm-Diapositivs, mit sogar noch verbessertem Signal-zu-Rausch-Verhältnis.
Weiterhin werden Methoden beschrieben zur Quantifizierung der geometrischen Genauigkeit der vorgenannten Kamera. Es handelt sich dabei um überbestimmte Verschiebungsschätzungen nach dem Gradientenverfahren mit lokal quadratisch modelliertem Grauwertverlauf, wobei die Ausgleichsrechnung durch Lösung der diskreten Laplacegleichung auf einem Torus erfolgt. Die typischen Restfehler der Piezoverschiebung von weniger als 200 Nanometer (RMSE) lassen sich erforderlichenfalls wegen der bedingt durch Aperturüberlappung praktisch aliasfreien Bildgewinnung und der extrem genauen Verschiebungsschätzung ($\approx$10nm) durch Resampling im Idealraster systemtheoretisch korrekt noch um ungefähr eine Größenordnung reduzieren.

Einleitung und Stand der Technik

Die quantitative Auswertung von elektronisch gewonnenen, digitalen Bilddaten für Meßzwecke (Videometrie) erfordert eine genaue Modellierung des Vorgangs der Bildgewinnung. Neben den geometrischen Modellparametern, die den Übergang vom räumlichen Objektkoordinatensystem in Bildspeicherindizes beschreiben [LENZ 87], ist die aus der linearen Systemtheorie und der Optik her bekannte Modulations-Übertragungs-Funktion (MÜF) von besonderer Bedeutung. Ähnlich wie der Frequenzgang - beispielsweise eines Audioverstärkers - gibt die MÜF den Übertragungsfaktor eines optischen Systems als Funktion der Ortsfrequenz, gemessen in Linienpaaren pro mm (Lp/mm) in der Bildebene, an.

Zur Messung des Frequenzgangs in der Elektroakustik wird als "Testmuster" üblicherweise ein Wobbelgenerator verwendet, d.h. ein Sinustongenerator mit langsam steigender Frequenz und konstanter Signalamplitude. Der Übertragungsfaktor für eine gewisse Tonhöhe ergibt sich aus dem Verhältnis aus Ausgangs- und Eingangsamplitude des Systems und wird aus Dimensionsgründen üblicherweise noch auf den Faktor bei der Frequenz 1kHz normiert.

Bei optischen Systemen ist es zur Messung der (zweidimensionalen) MÜF eine gängige Methode, die Antwort auf einen Sprung (Messerschneide) zu differenzieren und in den Frequenzbereich zu transformieren. Die Normierung erfolgt dabei auf die Ortsfrequenz "null", wobei man den Streulichtanteil oft vernachlässigt. Die MÜF ist im allg. ortsabhängig: die Übertragungseigenschaften in der Nähe der optischen Achse sind meist besser als am Rande des Bildfeldes. Diese Eigenschaft wird jedoch im folgenden nicht weiter berücksichtigt..

In diesem Aufsatz wird nun vorgeschlagen, zur Messung der MÜF im Zusammenhang mit CCD-Bildsensoren einen "zweidimensionalen Wobbelgenerator", die sogen. Zonenplatte, zu verwenden. Ihre Eigenschaften und Herstellung sind im nächsten Absatz beschrieben.

Die Zonenplatte: Eigenschaften und Herstellung

Bild 1 zeigt einen Teil einer Zonenplatte. Es handelt sich um eine zweidimensionale, rotationssymmetrische Transmissions- bzw. Reflexionsfunktion mit sinusförmigem Profil. Eine ideale Zonenplatte hat folgenden, nur vom Radius r abhängigen Transmissionsgrad T zwischen 0 und 1:

$$T = [1 + \cos(\pi k r^2 + \varphi_0)] / 2 = [1 + \cos(\pi k x^2 + \pi k y^2 + \varphi_0)] / 2 \qquad (1)$$

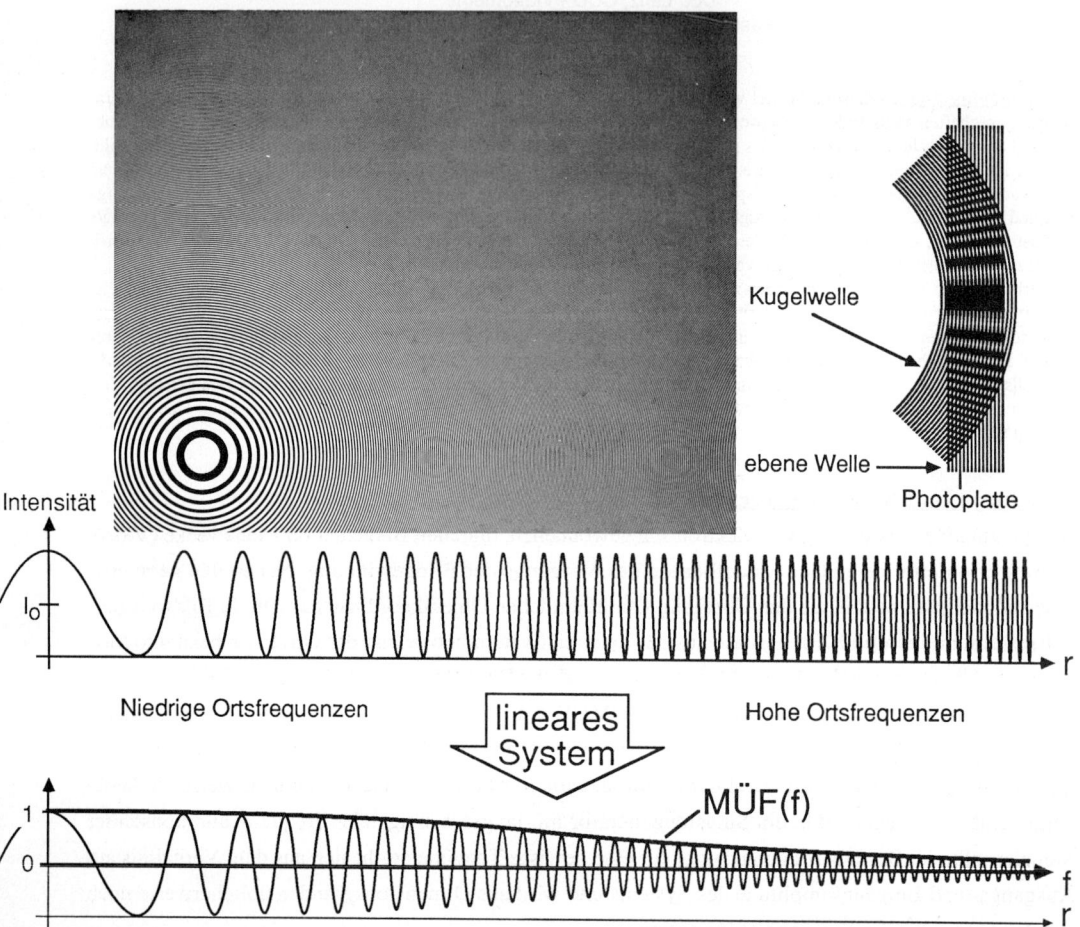

Bild 1: Zentraler Bereich einer Zonenplatte, entstanden durch optische Überlagerung zweier kohärenter Kugelwellen mit unterschiedlichem Radius (rechts im Bild, ein Radius = ∞). Darunter ist schematisch der Reflexionsgrad entlang eines Radialstrahls dargestellt. Nach Durchlaufen eines linearen Systems stellt die Hüllkurve des Ausgangssignals unmittelbar einen Schnitt durch die MÜF dar.

Die partiellen Ableitungen der "quadratischen Phase" im Argument der Kosinusfunktion nach den Ortskoordinaten x und y ergeben die Augenblicks- oder lokalen Ortskreisfrequenzen ω_x und ω_y bzw. die lokalen Ortsfrequenzen

$$f_x = kx \qquad\qquad f_y = ky \qquad\qquad f_r = kr \qquad\qquad (2)$$

Die Zonenplatte hat somit die Eigenschaft, daß der lokale Ortsfrequenzvektor (f_x, f_y) direkt proportional zum vom Zentrum aus gemessenen Ortsvektor ist. Bildet man eine solche Zonenplatte ab, kann die Modulations-Übertragungsfunktion (als Funktion der Ortsfrequenz) direkt als Funktion des Ortes beobachtet werden. Beispielsweise ergibt die Hüllkurve eines Zeilenschnitts durch das Plattenzentrum im digital abgespeicherten Bild unmittelbar die MÜF(f_x), siehe Bild 1.

Die Herstellung einer nahezu idealen Zonenplatte bis zu sehr hohen Ortsfrequenzen ohne die typischen Abtastartefakte digitaler Ausgabegeräte ist mit analog-optischen Methoden möglich [MOLOCHER 90]. Durch die kohärente on-axis Überlagerung zweier Kugelwellen mit unterschiedlichem Radius ergibt sich die Intensitätsverteilung nach (1), da die Phase einer Kugelwelle im interessierenden Bereich in sehr guter Näherung der geforderten quadratischen Phase eines Rotationsparaboloids entspricht. Bild 1 zeigt rechts die Überlagerung aus einer Kugelwelle und einer ebenen Welle (Radius unendlich). Auf einer zu den ebenen Wellenfronten parallelen Photoplatte ensteht die Fresnel'sche Zonenplatte.

Messung der MÜF im abgetasteten Bild

Da die ideale Zonenplatte nur vier freie Parameter hat (Lage des Ursprungs, Anfangsphase φ_0 und Skalierungsfaktor k in (1)) und die MÜF als langsam variierende Funktion (z.B. Spline mit wenigen Parametern) modelliert werden kann, ist zur Schätzung der Hüllkurve die abgetastete Version des Ausgangssignals in Bild 1 ausreichend. Aufgrund des Vorwissens über den Signalverlauf braucht dabei nicht einmal das Abtasttheorem erfüllt zu sein. Es gelingt beispielsweise, unter Verwendung eines CCD-Sensors mit einem Sensorelement(Sel)-Abstand von $s_x = 34\mu m$ und einer geeigneten Zonenplatte, die optische MÜF bis zu Ortsfrequenzen von 250Linienpaaren/mm auszumessen, obwohl aufgrund des Abtasttheorems eigentlich nur Ortfrequenzen bis $1/(2s_x) \approx 15 Lp/mm$ korrekt aufgelöst werden können. Für die hochauflösende CCD-Kamera ProgRes 3000 ergab sich mit einem 25mm-CCTV-Objektiv von Fujinon bei Blende 2.8 die erste Nullstelle der MÜF bei $\approx 185 Lp/mm$, was bei einer Sensorbreite von 8.5mm einer Auflösung von ≈ 3150 Pels entspricht. Dies ist in guter Übereinstimmung mit der Sel-Aperturbreite $l_x \approx 5.5\mu m$ des eingesetzten Spezialsensors, die gemäß der linearen Systemtheorie eine Auflösung von $1/l_x \approx 182 Lp/mm$ erlauben würde (erste Nullstelle der Sel-MTF) [LENZ 88].

Bei Kenntnis der Sel-Aperturfunktion kann mit CCD-Sensoren die MÜF der optischen Abbildung isoliert bestimmt werden, indem die gemessene Hüllkurvenfunktion durch die sin(x)/x-förmige Übertragungsfunktion der Sel-Apertur dividiert wird. Eine Messung bis zu etwa dem anderthalbfachen der Ortsfrequenz der ersten Nullstelle ist möglich, wobei natürlich in der Nähe der Nullstelle der sinc-Funktion erhebliche Meßungenauigkeiten auftreten.

Das Herabmischen hoher Ortsfrequenzen durch die Sel-Abtastung auf niedrige Ortsfrequenzen erlaubt die qualitative Bewertung der MÜF durch bloßen Augenschein des Fernsehbildes, ohne daß besondere Anforderungen an das Auflösungsvermögen des Monitors oder an die elektrische Bandbreite der Video-Übertragungskette gestellt werden. Direkt beobachtbar ist auch der Einfluß der Lichtpolarisation auf die in einige CCD-Kameras eingebauten optischen Tiefpaßfilter, deren Alias-unterdrückende Funktion auf doppelbrechenden Quarzgläsern beruht [GREIVENKAMP 90].

Des weiteren kann auch ohne Kenntnis des Abbildungsmaßstabs die Ortsfrequenzachse problemlos skaliert werden, da sich durch die Abtastung periodisch fortgesetzte Ringsysteme ergeben (Bild 2), wobei die Periodenlänge gerade der Abtastfrequenz entspricht (im obigen Beispiel $1/s_x \approx 29 Lp/mm$).

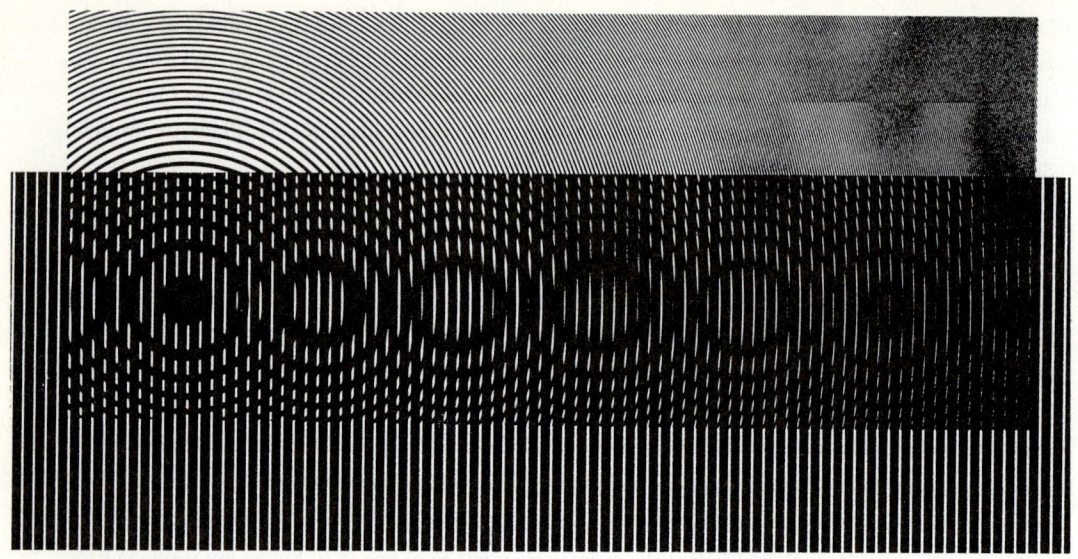

Bild 2: Beim Abtasten einer Zonenplatte ergibt sich durch Heruntermischen hoher Ortsfrequenzen ein periodisch fortgesetztes System weiterer Zonenplatten, wobei der Abstand ihrer jeweiligen Zentren ganzzahligen Vielfachen der Abtastortsfrequenz entspricht. Die zu den höheren Ordnungen hin abnehmende Modulationstiefe gibt die Tiefpaßcharakteristik der Fouriertransformierten der Breite des abtastenden Spaltes wieder.

Chromatische Aberrationen

Bei Verwendung eines CCD-Sensors mit Farbmosaikmaske ergibt sich ein interessanter Effekt: Werden Ortsfrequenzen der Zonenplatte abgebildet, die einem ganzzahligen Vielfachen der Abtastfrequenz des äquivalenten Schwarz-Weiß-Sensors entsprechen, so müßte eigentlich das Zentrum des dabei entstehenden Ringsystems unbunt erscheinen. Durch chromatische Aberrationen oder Farbvergrößerungsdifferenzen des Objektivs werden jedoch die einzelnen Farbauszüge phasenversetzt auf dem Sensor abgebildet und rufen eine Färbung der inneren Ringe hervor, so daß wiederum durch bloßen Augenschein qualitativ die diesbezügliche Güte bewertet und ein unmittelbarer Vergleich verschiedener Objektive vorgenommen werden kann. Es zeigte sich, daß die billigeren CCTV-Objektive zwar durchaus in der Lage sind, im Zentrum bis über 250Lp/mm aufzulösen, jedoch im Gegensatz bspw. zum 35mm-Xenoplan Objektiv von Schneider oder dem 50mm-Makroobjektiv von Canon erhebliche Farbfehler am Bildrand aufweisen.

Kalibrierung und Genauigkeit der piezo-mechanischen Verschiebung

Das hohe Auflösungsvermögen der untersuchten Kamera ProgRes 3000 resultiert aus dem Zusammenwirken extrem kleiner Sel-Aperturen und der computergesteuerten, zweidimensionalen Verschiebung des Sensors um Bruchteile des Sel-Abstands zur sukzessiven Gewinnung der ineinander verschachtelten Teilbilder [LENZ 89]. Zur korrekten Bildabtastung ist es erforderlich, den Sensor in einem äußerst regelmäßigen Raster zu positionieren. Bei der höchsten, optisch noch sinnvollerweise zu programmierenden Auflösung von $\approx$3000x2300 Pels wird der Abstand farblich korrespondierender Sels $s_x = 34\mu m$ und $s_y = 44\mu m$ in $n = 12$ bzw. $m = 16$ gleiche Teile unterteilt. Aus den resultierenden 192 Positionen (diese Zahl halbiert sich bei Verwendung beider Sensor-Halbbilder) mit den Indizes $j = 1..12$ und $k = 1..16$ ergibt sich ein nahezu quadratisches Pel-Abtastraster von $p_x \approx 2.83\mu m$ und $p_y \approx 2.75\mu m$, das - wie für die praktisch aliasfreie Bildgewinnung gefordert - ungefähr der halben Aperturbreite entspricht. Bekanntermaßen haben ungeregelte Piezo-Stellglieder sowohl starke Nichtlinearitäten als auch Hysterese, die Positionierfehler im Bereich mehrerer μm hervorrufen würden. Gefordert sind jedoch Genauigkeiten im Bereich weniger hundert Nanometer (nm). Somit ergibt sich die Notwendigkeit zur Kalibrierung der Piezo-Stellglieder. Die Vorgehensweise ist folgende: Der Kamera wird ein gradientenreiches Testmuster (Schachbrettmuster mit Hilfslinien zur gezielten Defokussierung) vorgelegt und relativ stark defokussiert. Weiterhin wird ein Steuerdatensatz für die über eine serielle Schnittstelle bedienbare Piezoverschiebung angelegt und entsprechend der gewünschten Auflösung initialisiert, zunächst ohne Berücksichtigung von Hysterese und Nichtlinearitäten. Die danach erfolgende Kalibrierung ist iterativ:

1) Mit dem vorliegenden Steuerdatensatz wird das oben beschriebene Bild eingezogen.

2) Daraus werden die Ist-Positionen der einzelnen Teilbilder ermittelt.

3) Durch Vergleich mit den Soll-Positionen (äquidistantes Raster) werden die Steuerdaten korrigiert.

Normalerweise sind 3 bis 6 Iterationen erforderlich, um eine Genauigkeit von unter 200nm RMSE zu erreichen. Bestenfalls erreichbar wäre ein Restfehler von 70nm RMSE, der sich aus der technisch bedingten Quantisierung der Piezo-Steuerspannungen ergibt.

Von besonderem Interesse und Gegenstand der folgenden Ausführungen ist Schritt 2) der Iterationsschleife. Mit einem vereinfachten Gradientenverfahren unter Zuhilfenahme der Auto- und Kreuzsubtraktionsfunktion [LENZ 86], das den Helligkeitsverlauf in den (durch Defokussierung tiefpaßgefilterten) Teilbildern als quadratische Funktion des Ortes approximiert, wird zunächst der Verschiebungsvektor zwischen jedem Teilbild und seinen vier Positions-Nachbarn rechts, links, oben und unten geschätzt (Indexdifferenz von j oder k gleich eins). Die Nachbarschaftsbeziehung wird horizontal und vertikal zyklisch erweitert. Bspw. gelten die am weitesten links liegenden Teilbilder (j = 1) als rechte Nachbarn der am weitestens rechts liegenden Teilbilder (j = m), wobei sie um einen Sel-Abstand zueinander versetzt indiziert werden. Neben einer völligen Symmetrierung des Problems wird auf diese Weise erzwungen, daß der äquidistant zu unterteilende Sel-Abstand automatisch mit in die Berechnung eingeht und daß das zur leichten Überschätzung der Verschiebungsvektoren neigende Gradientenverfahren bei der im folgenden beschriebenen Ausgleichsrechnung einer korrigierenden Skalierung unterworfen wird.

Zur Veranschaulichung läßt sich das vorliegende, für die Komponenten x_{jk} und y_{jk} der Teilbildpositionen getrennt lösbare Ausgleichsproblem in ein Beispiel der Landesvermessung überführen: In einem zweidimensionalen, regelmäßigen Raster von Punkten über der Erdoberfläche sollen die Höhendaten z_{jk} ermittelt werden. Dazu werden von einem Punkt aus die Höhendifferenzen Δz zu seinen jeweils vier Nachbarpunkten gemessen (dies entspräche bspw. der x-Komponente der Verschiebungsvektoren). Bei einem Feld von $n \cdot m$ Rasterpunkten (z.B. $12 \cdot 16$) erhält man bei zyklischer Verknüpfung $2 \cdot n \cdot m$ Höhendifferenzmessungen Δz_{xjk}, Δz_{yjk} (nicht $4 \cdot n \cdot m$, da die Messung zwischen je zwei Nachbarn nicht doppelt gezählt wird). Die Zahl der unbekannten Höhenwerte z_{jk} ist $n \cdot m$, von denen noch einer frei gewählt werden kann, da nur relative Höhenmessungen vorgenommen wurden und damit die absolute Höhe des gesamten Gebildes unbestimmt ist. Das sich ergebende überbestimmte Gleichungssystem enthält die mit den Elementen +1 und -1 dünnbesetzte Matrix $A \in R^{nm \cdot 2nm}$, die die gesuchten Höhenwerte $z \in R^{nm}$ mit den beobachteten (meßfehlerbehafteten) Höhendifferenzen $\Delta z \in R^{2nm}$ verknüpft (3). Zur Lösung wird noch ein Vektor mit den Beobachtungsfehlern $\mathbf{v} \in \mathbf{R}^{2nm}$ eingeführt:

$$\mathbf{A}\mathbf{z} = \Delta\mathbf{z} + \mathbf{v} \qquad\qquad \text{mit} \quad |\mathbf{v}|^2 = \min. \qquad\qquad (3)$$

Die Minimierung von $\mathbf{v}$ mit den Standardmethoden der Ausgleichsrechnung [GOTTHARD 68] ergibt:

$$\mathbf{z} = (\mathbf{A}^T\mathbf{A})^{-1*}\, \mathbf{A}^T \Delta\mathbf{z} \qquad\qquad \text{oder} \qquad\qquad \mathbf{z} = \mathbf{B}\Delta\mathbf{z} \qquad\qquad (4)$$

Die Gewichtskoeffizienten-Matrix $\mathbf{B}$ mit den Elementen b_{uvxjk} und b_{uvyjk} ergibt den unmittelbaren Zusammenhang zwischen den Beobachtungen Δz_{xjk}, Δz_{yjk} und den gesuchten Höhen z_{jk} (hier z_{uv}). $\mathbf{B}$ ist dicht besetzt, d.h. jedes Element von $\mathbf{z}$ hängt i.allg. von jeder Beobachtung $\Delta\mathbf{z}$ ab. Da $\mathbf{B}$ nur von $\mathbf{A}$ und nicht von den Beobachtungen abhängt, beschreibt $\mathbf{B}$ implizit die durch die gewählten Auflösungsstufen n und m vorgegebene toroidale Topologie und braucht nur einmal berechnet zu werden.

Wegen des oben erwähnten Rangdefekts von eins der Matrix $\mathbf{A}^T\mathbf{A}$ müßte zur Bestimmung von $\mathbf{B}$ entweder deren Pseudoinverse $(\mathbf{A}^T\mathbf{A})^{-1*}$ gebildet werden, was bei deart großen Matrizen umständlich ist, oder aber eine Nebenbedingung eingebracht werden, die jedoch die Symmetrie des Problems zerstört. Neben der Ästhetik ginge damit auch die Möglichkeit verloren, die im Symmetriefall doppelt-blockzirkulante (modulo n und m) Matrix $\mathbf{B}$ mit dem Koeffizientensatz nur einer ihrer Zeilen abzuspeichern.

Eine elegante Möglichkeit zur direkten Berechnung einer Zeile der blockzirkulanten Gewichtsmatrix $\mathbf{B}$ mit einfachen Mitteln ergibt eine Analogie aus der Elektrotechnik, ein endgültiger Beweis steht noch aus: Die Gewichtskoeffizienten b_{11xjk}, $j = 1..n$, $k = 1..m$ der ersten Hälfte der ersten Zeile von $\mathbf{B}$, die den Beitrag aller gemessenen Verschiebungsvektoren Δz_{xjk} zwischen horizontal benachbarten Sensorpositionen ($\Delta j = \pm1$) auf die erste Sensorposition in der ersten Rasterzeile angeben ($u = v = 1$), sind identisch mit der diskreten Potentialverteilung auf einem zyklisch geschlossenen Feld der Größe $n \cdot m$. Elektrisch kann dies modelliert werden durch ein aus $n \cdot m$ Knoten bestehendes Netzwerk mit lauter gleichen Widerständen als Maschen, das zu einem Torus zusammengelötet wird. Prägt man an zwei benachbarten Knoten entgegengesetzte Ströme ein, entsprechen die an den Knoten entstehenden elektrischen Potentiale den Gewichtskoeffizienten b_{11xjk}. Numerisch werden sie bestimmt durch iterative Lösung der diskreten Laplacegleichung

$$
\begin{aligned}
4b_{11xjk} - b_{11xj(k-1)} - b_{11x(j-1)k} - b_{11x(j+1)k} - b_{11xj(k+1)} &= 1 && \text{für } j=1 \text{ u. } k=1 \\
4b_{11xjk} - b_{11xj(k-1)} - b_{11x(j-1)k} - b_{11x(j+1)k} - b_{11xj(k+1)} &= -1 && \text{für } j=n \text{ u. } k=1 \quad (5) \\
4b_{11xjk} - b_{11xj(k-1)} - b_{11x(j-1)k} - b_{11x(j+1)k} - b_{11xj(k+1)} &= 0 && \text{sonst}
\end{aligned}
$$

Die Koeffizienten b_{11yjk} der zweiten Hälfte der ersten Zeile zur Gewichtung der vertikal gemessenen Verschiebungsvektoren ergeben sich analog, indem die Dipol-Singularität in (5) bei $j=1, k=1$ und $j=1$, $k=m$ angesetzt wird. Die restlichen Zeilen von $\mathbf{B}$ ergeben sich durch doppelt-zyklische Permutation der ersten Zeile. Damit wurde das Problem der Ordnung $(m \cdot n)^2$ aus (4) auf ein Problem der Ordnung $m \cdot n$ in (5) reduziert. Bei dieser zu der Bestimmung der Pseudoinversen äquivalenten Vorgehensweise ergibt sich implizit als Nebenbedingung, daß die Summe über die Elemente des Lösungsvektors $\mathbf{z}$ zu null wird.

Die Berechnung der diskreten Potentialverteilung kann in wenigen Programmzeilen kodiert werden und wird mit Erfolg bei der Kalibrierung der Piezo-Stellglieder eingesetzt. Die Meßgenauigkeit für die Ist-Positionen x_{jk}, y_{jk} (bzw. z_{jk} in der benutzten Analogie) liegt in der Größenordnung von 10nm.

Korrektur der Verschiebungs-Restfehler

Für die meisten Anwendungen dürfte die mit dem beschriebenen Kalibrierverfahren erreichbare Positioniergenauigkeit vollkommen ausreichend sein. Hat sich jedoch während der Aufnahme, die bei den höchstaufgelösten Bildern mindestens acht Sekunden dauert, das Objekt relativ zur Kamera geringfügig bewegt, etwa durch Instabilitäten des Kamerastativs oder durch Erschütterungen, kann das entstandene Bild durch nachträgliches rechnerisches Verschieben der Teilbildpositionen geometrisch korrigiert werden. Dies ist möglich, da (zumindest bei der höchsten Auflösungsstufe) das Abtasttheorem in guter Näherung erfüllt ist und, im theoretischen, rauschfreien Fall bei streng erfülltem Abtasttheorem, nur eine genügende Zahl von Abtastwerten, nicht jedoch ein äquidistantes Abtastraster Bedingung für die exakte Rekonstruktion des Originalsignals ist [BEUTLER 66]. Dies gilt nicht für den pathologischen Fall, daß an einem Ort mehrfach abgetastet wird - dies würde nämlich effektiv die Zahl der Abtastwerte verringern. Für die mit Rauschen behaftete Praxis gilt (die Binsenweisheit), daß die Rekonstruktion des äquidistant abgetasteten Signals umso besser gelingt, je weniger die Ist-Abtastpositionen von den äquidistanten Soll-Positionen der Teilbilder abweichen. Mathematisch gesehen liegt dies daran, daß das zur Rekonstruktion erforderliche Gleichungssystem umso schlechter konditioniert wird, je größer die Abweichungen sind und das (zu allem orthogonale) Rauschen dementsprechend mehr verstärkt wird.

Rechnerisch einfach und dennoch außerordentlich effektiv wird zur geometrischen Nachkorrektur der Bilder für jedes Teilbild ein Korrektur-Verschiebungsvektor angesetzt, der sich aus einer Minimierung der "Laplacenorm" ergibt, also der quadratischen Summe der Abweichung der Intensität eines Pels vom Mittelwert seiner vier Nachbarn. Mit diesen n•m Korrekturvektoren erfolgt ein re-sampling des Bildes mittels bilinearer Interpolation.

Es ist jedoch zu betonen, daß selbst für photogrammetrische Anwendungen diese Nachkorrektur im allgemeinen nicht erforderlich ist. Bei Messungen im Testfeld des Lehrstuhls für Photogrammetrie in Braunschweig wurde bereits ohne Nachkorrektur eine Punktbestimmungsgenauigkeit von 3/100 Pel festgestellt, bezogen auf das hochaufgelöste Bild mit 3000x2300 Pels [BÖSEMANN 90]. Ein ähnliches Ergebnis (3/100 Pel) wurde erzielt mit der Megaplus-Kamera von Videk mit stationärem Sensor, bezogen allerdings auf ihre vergleichsweise kleine Anzahl von 1320x1035 Bildelementen.

Literaturhinweise:

BEUTLER, J., 1966: Error-free recovery of signals from irregular spaced samples, *SIAM Rev.*, vol. 8, pp. 328-335, July

GOTTHARD, E., 1968: Einführung in die Ausgleichsrechnung, *Herbert Wichmann Verlag Karlsruhe*, Hrsg. H. Draheim

GREIVENKAMP, J., 1990: Color dependent optical prefilter for the suppression of aliasing artifacts, *Applied Optics*, Vol. 29, No. 5, pp. 676-684, February

LENZ, R., 1986: Ein Verfahren zur Schätzung der Parameter geometrischer Bildtransformationen, *Dissertation am Lehrstuhl für Nachrichtentechnik der Technischen Universität München*

LENZ, R., 1987: Linsenfehlerkorrigierte Eichung von Halbleiterkameras mit Standardobjektiven für hochgenaue 3D-Messungen in Echtzeit, *Informatik-Fachberichte 149, Proc. 9. DAGM-Symposium 1987*, Braunschweig, Sep. 29 - Oct. 1, Springer Berlin ISBN 3-540-18375-2, pp. 212-216

LENZ, R., 1988: Zur Genauigkeit der Videometrie mit CCD-Sensoren, *Informatik-Fachberichte 180, Proc. 10. DAGM-Symposium 1988*, Zürich, Sept. 27 - 29, Springer Berlin ISBN 3-540-50280-7, pp. 179-189

LENZ, R., 1989: Digitale Kamera mit CCD-Flächensensor und programmierbarer Auflösung bis zu 2994x2320 Bildpunkten pro Farbkanal, *Informatik-Fachberichte 219, Proc. 11. DAGM- Symposium 1989*, Hamburg, Okt. 2 - 4, Springer Berlin ISBN 3-540-51748-0, pp. 411-415

MOLOCHER, B., 1990: Bestimmung der Modulations-Übertragungsfunktion optischer Systeme mittels Fresnel'scher Zonenplatten. To appear in: *Proc. 7. Aachener Symposium für Signaltheorie*, RWTH Aachen, Sept. 12-15

BÖSEMANN, W., 1990: Photogrammetric investigation of CCD cameras. To appear in: *Close Range Photogrammetry meets Machine Vision, Proc. ISPRS Symposium 1990*, Zurich, Sept. 3-7

Logische Sensoren und Aktoren, ein Ansatz zur Entwicklung von Multisensoranwendungen für Fertigungsumgebungen

Ernst Hagg

Institut für Informatik

Technische Universität München

Tel.: 089 48095 258

e-mail: hagg@lan.informatik.tu-muenchen.dbp.de

Kurzfassung:

Um die hohen Kosten bei der Entwicklung von Multisensoranwendungen in automatisierten Fertigungsumgebungen zu senken, werden Sensorsysteme durch funktionale Abstraktion in Teilstrukturen, Logische Sensoren und Aktoren, zerlegt. Dadurch können bei formalisierter Verbindungsstruktur logischer Sensorbausteine der Kontroll- und Datenfluß innerhalb einer Sensorapplikation, algorithmische Komponenten, zeitliche Randbedingungen und die wissensbasierte Verwaltung von lokalen und globalen Umweltmodellen getrennt behandelt werden. Ein Basissystem für Sensorbausteine unterstützt deren prozedurale und regelbasierte Realisierung, erlaubt ihre Verteilung auf ein heterogenes Netz von Prozessoren und gibt einen wiederverwendbaren Rahmen ab, der systemunterstützt an modifizierte Umgebungen angepaßt werden kann.

1 Einführung

1.1 Einleitung

Sensorsysteme, speziell Multisensorsysteme, haben im industriellen Einsatz nicht die erwartete Verbreitung gefunden. Dies gilt, obwohl die Sensorik in den letzten Jahren einen raschen Fortschritt zu verzeichnen hat, der zur Entwicklung immer leistungsfähigerer und gleichzeitig billigerer Sensorsysteme führt (vgl. z.B. (Vietze 89) und (Colins 89)). Jedoch wurden in erster Linie Hardware-Komponenten von Sensorsystemen und die direkte Ansteuerung von Sensoren durch Steuerungssysteme weiterentwickelt. Für weitere Schritte der Sensordatenverarbeitung, für die Komprimierung der Daten, ihre Filterung, den Aufbau von Objektmodellen etc. existieren kaum einheitliche Vorgehensweisen. Die entsprechenden Programmodule werden jeweils unter entsprechend hohem Kostenaufwand spezifisch für einzelne Anwendungen erstellt.

Betrachtet man Sensorapplikationen aus dem Fertigungsbereich, so ist festzustellen, daß dort Umweltstruktur, geometrische oder andere für einen Sensor relevante Eigenschaften aller Komponenten und deren Ort und Orientierung bekannt sind (Rowland 89). Diese Daten sind in der Regel nicht ausreichend genau für die Ausführung geforderter Aufgaben; es ist jedoch nicht notwendig, sich durch Auswertung von Sensorinformation eine Beschreibung der Umgebung zu beschaffen.

Inkonsistenzen zwischen Modell und realer Umwelt ergeben sich z.B. aus den rauhen Rahmenbedingungen der Fertigung oder durch die begrenzte Genauigkeit der Steuerungssysteme von Robotern und Werkzeugmaschinen. Sie können nur durch den Einsatz von Sensorik kompensiert werden, dem dadurch die Aufgabe zufällt, vorhandenes Wissen zu validieren und zu präzisieren.

Eine automatisierte Fertigung ist auch dadurch geprägt, daß komplexe Produktionsprozesse durch Planungssysteme in Einzelaufgaben aufgelöst und grob terminiert werden. Eine anschließende Aktionsplanung teilt die Aufgaben auf autonom arbeitende Einheiten auf, löst temporale und kausale Abhängigkeiten zwischen Abläufen und bestimmt Zeitintervalle für die Ausführung von Einzelaktionen (Fischer K. 89). Zu diesen Aktionen zählt die Aktivierung von Sensorsystemen. Die Schnittstelle zwischen Sensorschicht und Planungssystem soll wegen geringer Losgrössen und häufiger Wechsel von Werkstücken und Abläufen Werkstückabhängigkeiten nur auf Parameterpositionen enthalten und möglichst hohe, implizite Dienste aufweisen.

1.2 Problemstellung

Sensorapplikationen im industriellen Bereich integrieren nach (Rowland 89) in naher Zukunft eine Vielzahl unterschiedlicher Sensoren: induktive Näherungssensoren geben z.B. die Existenz eines Objekts an; ein Bildverarbeitungssystem liefert Pixelmatrizen. Die Sensorschicht soll Planungssystemen eine einheitliche Schnittstelle anbieten, muß aber beim Ansteuern von Geräten unterschiedliche physikalische Parameter und Protokolle der Schnittstellen berücksichtigen.

Für die Sensorschicht können neben der Ansteuerung von Sensorgeräten weitere Grundfunktionen angegeben werden. Eine Auswahl davon ist in jeder Sensoranwendung zu realisieren:

- Filterung: Dabei sind nicht nur Sensordaten zu filtern, sondern auch abstrakte, aus Sensordaten ermittelte Größen. Oft wird Umweltwissen herangezogen, um Sollwerte für Sensorergebnisse zu berechnen und stark abweichende Daten als Störungen zu interpretieren.
- Überwachung: Durch die Auswertung von Prädikaten über permanent ermittelten Sensordaten soll ein störungsfreier Ablauf garantiert bzw. eine Fehlersituation erkannt werden.
- Fusion: Durch eine gewichtete Kombination der Ergebnisse aus Sensorteilsystemen können sich ergänzende Objektbeschreibungen zusammengeführt werden.
- Identifikation von Objekten: Sie erfolgt durch Abgleich einer aus Sensordaten ermittelten Objektbeschreibung mit einem Umweltmodell.
- Lokalisierung von Objekten: Für das Greifen oder andere Manipulationen von Objekten muß eine Stellungsangabe aus dem Umweltmodell durch Sensordaten verfeinert werden.
- Aktualisieren des Umweltmodells: Anhand von Sensordaten aktualisierte Objektbeschreibungen werden durch Eintrag in das Umweltmodell allgemein verfügbar.
- Lokale Sensoreinsatzplanung: In Abhängigkeit von sensorischen Ereignissen (z.B. Fehler, Alarme) werden Sensorteilsysteme aktiviert und angehalten.
- Agieren: Dazu zählen die Bedienung der Geräteschnittstelle an aktive Einheiten (Roboter, Werkzeugmaschinen, FTS etc.) und die Modifikation von Plänen zur Bedienung der Einheiten.

Bei der Ausführung von Sensorfunktionen ist immer der Zeitaspekt zu berücksichtigen. Die zeitlichen Randbedingungen für Sensormodule sind umso schärfer, je näher am Sensorgerät oder an aktiven Einheiten der Modul angesiedelt ist. Für Regelungszwecke ist es beispielsweise notwendig, den Regelalgorithmus regelmäßig, in einem konstanten Takt auszuführen. Zur Realisierung von Fehlerbehandlungen ist die Verzögerungszeit bis zum Erkennen eines Alarms abzuschätzen. Für die Fusion von Sensordaten aus unterschiedlichen Quellen muß der Zeitpunkt, zu dem Sensordaten entstehen, festgehalten werden.

1.3 Zielsetzung

Es ist das prinzipielle Ziel dieser Arbeit, einen Ansatz zu entwickeln, der es erlaubt, Sensoranwendungen kostengünstiger zu entwickeln und sie so zu strukturieren, daß sie in modifizierten Umgebungen wiederverwendet werden können. Dazu ist es notwendig,

- eine modulare Struktur der Sensordatenverarbeitung zu finden, um Änderungen auf der Basis von Teilsystemen einer Sensoranwendung vornehmen zu können.
- die Festlegung von Schnittstellen zwischen Sensorteilsystemen zu formalisieren, um z.B. unter Beibehaltung der Schnittstelle zur Planungsschicht Anpassungen auf Geräteebene durchführen zu können. Die Schnittstelle an höhere Schichten der Sensordatenverarbeitung muß unabhängig von den Besonderheiten der Geräteansteuerung formulierbar sein.
- zwischen Zeitvorgaben für den Ablauf einer Sensorapplikation und deren algorithmischen Komponenten zu differenzieren, da i.d.R. diese Bereiche getrennt behandelt werden können.

Außerdem sollen Sensorapplikationen auf die Einhaltung zeitlicher Randbedingungen hin überprüft werden.

Nach dieser Einführung wird nun in Kapitel 2 untersucht, wie ein Multisensorsystem so zerlegt werden kann, daß die vorgestellten Ziele erreicht werden (2.1). Es werden in Abschnitt 2.2 und 2.3 die ermittelten Grundstrukturen, Logische Sensoren und Aktoren, vorgestellt und in 2.4 der sich aus ihrer Verbindungsstruktur ergebende Graph eingeführt. Abschnitt 2.5 beschäftigt sich mit der Modellierung von Teilsystemen und ihrer zeitlichen Abhängigkeiten. In Kapitel 3 wird dargelegt, wie ein Sensorsystem mit diesem Ansatz realisiert wird. Nach dem Zeitmanagement (3.1) und der Verwaltung eines Umweltmodells (3.2) wird in 3.3 ein Basissystem mit Grunddiensten für Logische Einheiten vorgestellt. Kapitel 4 zeigt Vorarbeiten und Implementierungen zu diesem Konzept; in Kapitel 5 wird als Ausblick seine Weiterentwicklung zu einer Programmierumgebung skizziert.

2   Logische Sensoren und Aktoren

2.1 Funktionale Zerlegung von Multisensoranwendungen

(Henderson 85) und später (Rowland 89) unternahmen bereits den Versuch, nicht nur Sensorgeräte über ihr Ergebnis zu charakterisieren, sondern diesen Ansatz auf Programmsysteme zur Sensordatenverarbeitung zu übertragen. Ein Programmodul, das beispielsweise aus Bilddaten einer Kamera den Schwerpunkt eines Objektbildes berechnet, wird - analog zur Kamera - als virtueller Sensor aufgefaßt, der als Sensordatum Schwerpunktkoordinaten liefert.

Eine Analyse neuerer Sensorapplikationen wie (Colins 89), (Vietze 89) zeigt, daß diese vom Sensorgerät her entwickelten Anwendungen zwar ebenfalls zunehmend komplexere Datenschnittstellen anbieten. Zusätzlich werden aber abstrakte oder höhere Dienste zur Verfügung gestellt, die basierend auf der Auswertung von Sensordaten weitere Geräte, z.B. Fahrzeuge, steuern (vgl. auch die entsprechende Grundfunktion aus 1.2). Außerdem wird zur Interpretation der sensorischen Information immer stärker ein Modell der jeweiligen Umwelt herangezogen. In den Programmeinheiten, in die Sensorsysteme aufgeteilt werden, wird deshalb der Zugriff auf ein globales und u.U. ein lokales Umweltmodell vorgesehen.

Durch die Konzentration auf Ergebnisse von Sensorteilsystemen wird die Sensordatenverarbeitung zu einem hierarchischen Prozeß, durch den Sensordaten über verschiedene Stufen gefiltert, transformiert und in immer komplexere Ebenen eines Umweltmodells eingeordnet werden. In diesen Prozeß werden aktive Einheiten zur Rückkopplung sensorischer Information auf die Geräteebene eingefügt. Jede Einheit nimmt aus tieferen Schichten virtuelle oder reale Sensorergebnisse auf und wandelt sie um in Dienstaufrufe von aktiven Geräten bzw. transformiert sie in ein abstrakteres Ergebnis, das weitergegeben wird. Für jede Einheit ist festgelegt, auf welche sensorischen Informationen aus tieferen Schichten gewartet wird, bevor ein Ergebnis berechnet wird.

Dadurch gibt es zwei Möglichkeiten für den Anstoß dieser Berechnung: Er findet datengetrieben statt, wenn bei Auswertung in einer beauftragten Schicht Sensordaten vordefinierten Bedingungen genügen und weitergeleitet werden. Sensorteilsysteme können dadurch ereignisabhängig aktiviert oder fortgeschaltet werden. Andernfalls erfolgt er taktgetrieben; Sensorteilsysteme erhalten ihre Eingangsdaten zeitabhängig, in einem vorgegebenen Systemtakt. Regelungsalgorithmen oder Module zur regelmäßigen Überwachung von Sensorinformation benötigen diesen Modus.

2.2 Logische Sensoren

In Erweiterung des Ansatzes aus (Henderson 85) werden "Logische Sensoren" als Programmeinheiten definiert, die als Dienstleistung ein sie kennzeichnendes Ergebnis liefern. Der Ergebnistyp wird syntaktisch beschrieben als ein aus höheren prozeduralen Programmiersprachen wie beispielsweise Pascal bekannter Verbund, d.h. als geschachtelte Zusammensetzung von Elementen vorgegebener Basistypen.

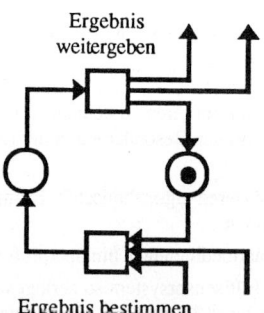

Ergebnis weitergeben

Ergebnis bestimmen

Bild 1: Ablaufstruktur eines Logischen Sensors

Zur Bestimmung seines Resultates erhält jeder Logische Sensor Ergebnisse von weiteren Logischen Sensoren oder von Sensorgeräten. Der Typ des übermittelten Ergebnisses und die Art der Übertragung (mit/ohne Warten des Empfängers, mit/ohne Überschreiben etc.) sind für jeden Logischen Sensor statisch vorgegeben und Teil seiner formalen Beschreibung. Die Verbindung zu beauftragten Logischen Sensoren wird bei der ersten Aktivierung aufgenommen.

Berechnete Resultate werden an alle interessierten Auftraggeber weitergeleitet. Die permanente, aus den Ereignissen "Ergebnis bestimmen" und "Ergebnis weitergeben" bestehende Schleife, die ein Logischer Sensor durchläuft, ist in Bild 1) als Petri-Netz dargestellt. Die ankommenden Übergänge zeigen die Abhängigkeit des Logischen Sensors von (2) beauftragten Modulen; die abgehenden stehen für die Weitergabe des Ergebnisses an Auftraggeber.

Zur Realisierung der taktgetriebenen Arbeitsweise Logischer Sensoren wurden spezielle Sensoren als Taktgeber eingeführt. Logische Sensoren liefern damit die Grunddienste zur Zeitverwaltung und stellen eine einheitliche Schnittstelle an Sensorgeräte zur Verfügung. Der in ihrer algorithmischen Komponente festgelegte Transformationsschritt realisiert die Grundfunktionen Filterung, Überwachung, Fusion, Identifikation und Lokalisierung von Objekten.

2.3 Logische Aktoren

Logische Aktoren wurden eingeführt, um die Rückführung sensorischer Information auf die aktiven Komponenten einer Fertigungsumgebung modellieren zu können. Logische Aktoren übernehmen die Ergebnisse Logischer Sensoren und setzen sie in Aktionen um. Sie liefern kein "virtuelles" Sensorergebnis ab, melden aber Statusinformationen an Auftraggeber zurück. Unter der Aktion eines Logischen Aktors ist nicht nur die Ansteuerung von Geräten zu verstehen, sondern es fallen darüber hinaus sämtliche Vorgänge darunter, die Einfluß nehmen auf das Modell einer Umwelt und auf Pläne für Aktivierungen von Geräten. Für Logische Aktoren werden drei Funktionsklassen unterschieden, die Grundfunktionen aus 1.2 entsprechen:

1) Geräteansteuerung: die Ansteuerung von aktiven Elementen der Fertigung durch Logische Aktoren ergibt zusammen mit den Logischen Sensoren eine einheitliche Schnittstelle an jede Art von Geräten und Maschinen. Logische Aktoren realisieren beispielsweise diskrete Regler, die permanent Abläufe in Aktorgeräten modifizieren. Zur Erfüllung ihrer Aufgabe greifen Logische Aktoren auf geeignet festgelegte Schnittstellen der Aktorgeräte zu. Durch (Heidel 89) wurde eine solche, im Rahmen dieser Arbeit definierte Schnittstelle implementiert, die einen an einen Leitrechner angekoppelten Industrieroboter (PUMA 560 von Unimation) mit allen seinen Bewegungsmöglichkeiten zur Verfügung stellt.

2) Aktualisieren des Umweltmodells: Logische Aktoren setzen die Ergebnisse Logischer Sensoren in Aktualisierungen eines jeder Anwendung zugrundeliegenden Umweltmodells um.

3) Ablaufplanung: Logischen Aktoren fällt außerdem die Aufgabe zu, dynamisch eine lokale Sensoreinsatzplanung durchzuführen. Es ist allerdings nicht daran gedacht, Funktionen der Planungsschicht zu übernehmen. Die statische Auftragsstruktur eines Logischen Sensors und von Logischen Aktoren der bereits aufgeführten zwei Funktionsklassen bewirkt aber, daß diese Logischen Einheiten nach ihrer Aktivierung Verbindung zu Auftragnehmern aufbauen und diese Auftragsstruktur bis zu ihrer Inaktivierung nicht mehr verändern. Für eine Alarm- oder Fehlerbehandlung oder zur Festlegung einer Folge von sensorüberwachten Teilaktionen müssen dagegen - in Logischen Aktoren dieser Funktionsklasse - dynamisch Verbindungen zu Logischen Einheiten aufgenommen und abgebrochen werden.

Zur Spezifikation dieser Logischen Aktoren werden leicht modifizierte Übergangsgraphen aus (Bocionek 90a) eingesetzt. Bocionek entwickelte sie als Teil seines Konzepts zur Modularisierung von Regelprogrammen. Darin legen Übergangsgraphen fest, welche Aufträge an Module erteilt werden und wie auf mögliche Antworten reagiert wird. Logische Aktoren zur Ablaufplanung können als Spezialisierung dieser Module interpretiert werden.

2.4 LSA-Netz

Durch Zusammenfassen aller Logischen Einheiten einer Sensorapplikation zur Knotenmenge und der von allen Einheiten ausgehenden Auftragsbeziehungen zur Kantenmenge entsteht ein gerichteter, hierarchischer Graph, das "LSA-Netz". An den Blättern des Graphen finden sich Logische Sensoren, die Sensorgeräte ansteuern. Jeder Logische Sensor kann von beliebig vielen Logischen Einheiten beauftragt werden, ihnen sein Ergebnis zu übermitteln. Er kann seinerseits Ergebnisse von beliebig vielen Logischen Sensoren beziehen. Letzteres gilt auch für Logische Aktoren, die jedoch nur durch Logische Aktoren aktiviert werden.

Als "LSA-Netz-Oberfläche" wird die Menge der Knoten des LSA-Netzes bezeichnet, die aus der Planungsschicht heraus angestoßen werden. Dazu zählen natürlich alle Wurzeln des LSA-Netzes, aber - wenn benötigt - auch tiefer liegende Knoten. Die durch diese Knoten repräsentierten Ergebnisse und Abläufe, die durch das Versenden von Aktivierungsnachrichten an diese Knoten berechnet bzw. angestoßen werden, bilden für die Planungsschicht die Menge der Elementaroperationen.

Die hierarchische Struktur und damit die Zyklenfreiheit eines LSA-Netzes folgt daraus, daß der aufsteigende Informationsfluß im LSA-Graphen einem steigenden Abstraktionsniveau der Ergebnisse entspricht und in der Struktur des LSA-Netzes nur die aus Transformationsschritten resultierenden Ergebnisse modelliert werden, nicht die Algorithmen für die Transformationen. In letzteren sind rekursive Strukturen erlaubt.

Bild 2) zeigt ein einfaches Beispiel aus (Scherer 90) für ein LSA-Netz. Als Sensorausstattung wird ein Robotergreifer vorausgesetzt, der mit zwei taktilen Arrays (vgl. (Schmid 88)) in den Greiferbacken ausgerüstet ist. Es wird ein Teil der Annäherungsphase beim zentrierenden Greifen modelliert. Die Ergebnisse der Sensorgeräte, binäre Taxelmatrizen, werden zuerst zur Unterdrückung von Störungen durch einen Rauschfilter bearbeitet, von dem zwei Inkarnationen existieren. Aus den gefilterten Daten wird wieder in zwei Inkarnationen eines Logischen Sensors auf den Kontakt einer Greiferbacke mit einem Objekt geschlossen. Ein Aktor reagiert auf einseitigen Greifkontakt, indem er einen den Greifer führenden Roboter inkrementell in oder gegen die Richtung der Effektor-X-Achse bewegt, um einen beidseitigen Greifkontakt zu erzielen. Letzterer wird von einem weiteren Logischen

Sensor an übergeordnete Einheiten gemeldet. Der Logische Aktor "zentrierendes Greifen" und der Sensor "beidseitiger Kontakt" bilden die Schnittstelle an dieses LSA-Netz.

Sensorsysteme in der Fertigung weisen, wie auch (Rowland 89) beschreibt, nicht wie im Beispiel nur zwei, sondern u.U. viele und verschiedenartige Sensoren auf; die Sensoren werden in der bekannten Umwelt aber nicht permanent, sondern nur zu bestimmten Zeitpunkten ausgewertet. Beispielsweise wird die Stellung eines Objektes nur vor der Greifphase präzise bestimmt. Es muß daher die zeitliche Abhängigkeit des Datenflusses in Sensorsystemen untersucht werden; die statische und globale Betrachtung der Auftragstruktur im LSA-Netz allein genügt nicht.

2.5 LSA-Funktionsgraph

Die Planungsschicht erteilt der Sensorschicht Aufträge, indem sie Logische Einheiten der LSA-Netz-Oberfläche aktiviert. Jede aktivierte Einheit startet, falls nötig, alle von ihr beauftragten Einheiten (aus der Beschreibung einer Logischen Einheit ist bekannt, welche dies sind) und baut entsprechende Kommunikationsverbindungen auf, die i.d.R. nicht mehr verändert werden. Nur Logische Aktoren der Funktionsklasse 3 (Ablaufplanung) nehmen Änderungen im Verbindungsnetz beauftragter Logischer Einheiten vor. Daneben weisen Logische Aktoren der Funktionsklasse 1 (Geräteansteuerung) keine statische Verbindungsstruktur auf. Sie führen in Abhängigkeit von Sensordaten Teilfunktionen aus und erreichen dabei u.U. einen in der algorithmischen Komponente vorgegebenen Zielzustand. In Bild 2) erreicht der Logische Aktor "zentrierendes Greifen" seinen Zielzustand, wenn beide taktilen Sensoren Kontakt mit dem Objekt melden. In diesem Fall bricht ein Logischer Aktor die Verbindungen zu Auftragnehmern ab, informiert seinen Auftraggeber durch eine Statusmeldung über das Erreichen des Zieles und tritt bis zur nächsten Aktivierung in einen Wartezustand ein.

Die Beschreibung dieser Zeitabhängigkeiten von Verbindungsstrukturen in einem LSA-Netz ist ein Ziel, das mit der Einführung des Begriffs "LSA-Funktionsgraph" verfolgt wird. Daneben wird dadurch die Konzentration auf Verbindungsstrukturen für Teilfunktionen einer Sensoranwendung ermöglicht: Der LSA-Funktionsgraph umfaßt zu jedem Zeitpunkt t während der Ausführung einer Sensorfunktion alle die Knoten und Kanten eines LSA-Netzes, die für das Erbringen der Funktion benötigt werden.

Da Dienste der Sensorschicht im LSA-Netz durch Logische Einheiten repräsentiert werden, entspricht ein LSA-Funktionsgraph im Zeitintervall Δt seiner Aktivierung einer Logischen Einheit U zusammen mit der Unterstruktur des zugehörigen LSA-Netzes, die in Δt direkt oder indirekt von U beauftragt sind. Jede von einer einzigen Wurzel aktivierte Unterstruktur eines LSA-Funktionsgraphen ist wieder ein LSA-Funktionsgraph. In Bild 2) sind als (zeitunabhängige) LSA-Funktionsgraphen mit maximaler Tiefe der Logische Aktor "zentrierendes Greifen" und der Logische Sensor zur Feststellung des beidseitigen Greifkontakts enthalten. Das Beispiel zeigt auch, daß LSA-Funktionsgraphen nicht disjunkt sein müssen.

Zeitabhängigkeiten existieren nur für solche LSA-Funktionsgraphen, die als Knoten Logische Aktoren der Funktionsklasse 3 (Ablaufplanung) enthalten. Dort muß statt der Unterstruktur dieses Aktors für jedes geeignet gewählte Δt' ein Element der Potenzmenge aller direkt beauftragen LSA-Funktionsgraphen betrachtet werden. Starke Einschränkungen dieser Mengen ergeben sich aber aus der Analyse der i.d.R. einfachen Übergangsgraphen für diese Logischen Aktoren.

3 Realisierung von Multisensorapplikationen

In diesem Kapitel soll dargestellt werden, wie aufbauend auf dem Konzept der Logischen Sensoren und Aktoren Multisensoranwendungen entwickelt werden. Dabei zeigt sich, daß mit diesem Ansatz eine getrennte Behandlung der algorithmischen Komponente eines Sensorsystems, der Zeitverwaltung, der Aktualisierung des Umweltmodells und der Festlegung des Kontrollflusses möglich ist.

3.1 Zeitverwaltung

Um in einer Sensorapplikation die Verwaltung der Zeit losgelöst von algorithmischen Bestandteilen betrachten zu können, muß sie auf der Ebene Logischer Einheiten behandelt werden. Deshalb werden Zeitgeber durch Logische Sensoren modelliert, die auf Anforderung oder in einem vorgegebenen Takt die aktuelle Systemzeit als Ergebnis liefern. Dadurch wird die taktgetriebene Arbeitsweise Logischer Einheiten realisiert und es kann außerdem jedes Sensordatum durch Kombination mit dem Ergebnis des Zeitsensors um einen Zeitstempel mit seiner Entstehungszeit ergänzt werden.

Eine Analyse der Ausbreitungswege von sensorischer Information in LSA-Funktionsgraphen erlaubt statische Aussagen über die Einhaltung von Echtzeitbedingungen. Unter Berücksichtigung der Parameter für die Kommunikation (mit/ohne Warten, Überschreiben) kann die Ausbreitung von Abtasttakten verfolgt und die Auswerte-häufigkeit für Logische Einheiten festgestellt werden. Werden durch Messung oder Schätzung Verarbeitungs-dauern für Logischen Einheiten und Übertragungswege bestimmt, können zusätzlich Verzögerungs- und Reak-tionszeiten bis zur Bestimmung eines Faktums bzw. bis zur Antwort ermittelt werden.

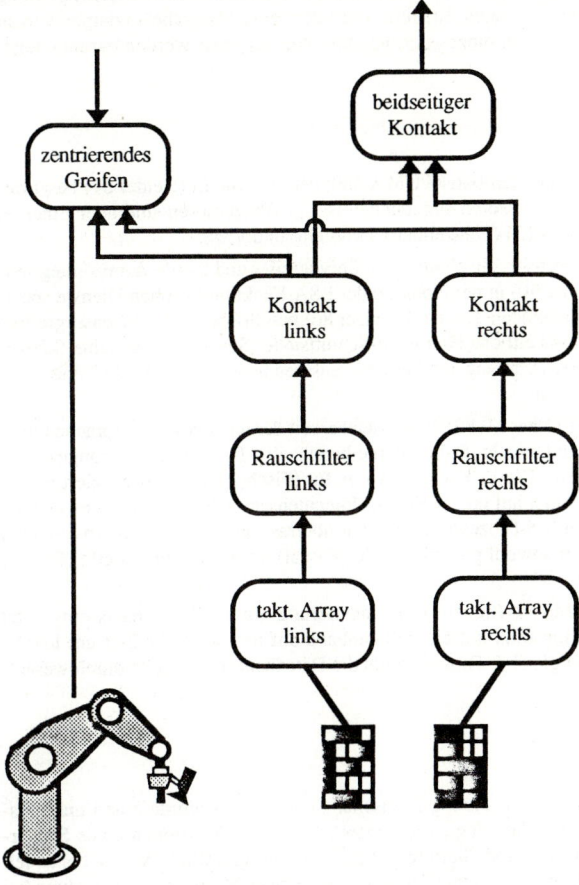

Bild 2: LSA-Netz für die Annäherungs-phase beim Greifvorgang

3.2 Umweltmodellierung

Das mit der funktionalen Abstraktion verbundene Konzept zur Umweltmodel-lierung nutzt die Möglichkeiten einer aktiven Wissensbasis wie sie z.B. in (Bocionek 88) beschrieben sind. Dabei wird von einer globalen oder Referenz-Wissensbasis zur Modellierung der Fer-tigungsumgebung und von lokalen (prozessorspezifischen) Wissensbasen für Teilsysteme ausgegangen. Aktive Ele-mente, die Dämonen, unterstützen eine konsistente Verwaltung der verteilten Datenhaltung.

Jede Logische Einheit benötigt eine eigene Sicht auf das globale Umwelt-modell oder baut ein eigenes Modell auf. Die Sichtweisen unterscheiden sich im jeweils erforderlichen Detaillierungsgrad eines hierarchischen Modells, im für die Logische Einheit interessanten Ausschnitt und in der Darstellungsform für Objekte. So kann beispielsweise ein geometrisches Objekt in der Wissensbasis über seine Begrenzungsflächen modelliert werden, während für die algorithmische Kompo-nente einer Logischen Einheit eine Kan-tendarstellung als geeigneter herangezogen wird.

Erforderliche Modellwechsel können, da in der Fertigungsumgebung sowohl Objekte als auch Abläufe als bekannt vorausgesetzt werden, vorberechnet und die Ergebnisse in der Wissensbasis gespeichert werden. Alternativ bieten sich die aktiven Elemente der Wissensbasis dazu an, Umwandlungen zur Laufzeit in der Wissensbasis vorzunehmen. Daneben gibt es zur Ausführung lokaler Transformationen in Logischen Einheiten eine eigene Komponente, die Modellanpassung. Kriterien für eine Auswahl aus diesen Möglichkeiten sind Zugriffshäufigkeit, Dauer eines Zugriffs auf die Wissensbasis, Speicher-bedarf in der Wissensbasis bzw. Dauer einer Berechnung zur Laufzeit und Prozessorbelastung durch die Berech-nung.

Schreibende Zugriffe auf das Umweltmodell sollen, wie die Zeitverwaltung, vom algorithmischen Bereich einer Sensorapplikation separiert werden. Deshalb wird die Aktualisierung des Modells in den Logischen Aktoren der Funktionsklasse 2 vorgenommen.

3.3 Basissystem für Multisensorapplikationen

Bei der Entwicklung eines Implementierungskonzepts für Logische Einheiten wurden diese in für sich erstell-bare und modifizierbare Teilstrukturen aufgespalten. Aufbauend auf dieser Zerlegung ist ein Rahmen aus mehrfach verwendbaren Bestandteilen Logischer Einheiten festgelegt, in den zur Realisierung eines Sensorsystems nur noch algorithmische Komponenten eingehängt werden. Dieses Basissystem sieht die Verteilung einer Sensoranwen-dung auf ein heterogenes Netz von Prozessoren vor und umfaßt als Grundfunktionen Verbindungsaufbau und

Auftragsabwicklung zwischen Logischen Einheiten, einfache Dienste zur Fehlerbehandlung und den Zugriff auf eine Wissensbasis.

Ein Logischer Sensor durchläuft im wesentlichen (vgl. Bild 1) eine Schleife, in der über sogenannte "Konnektor"-Komponenten Ergebnisse von beauftragten Logischen Sensoren (mit oder ohne Warten) übernommen werden. Eine algorithmische Komponente (die "Transformation") führt mit Unterstützung der Modellanpassung (vgl. 3.2) den Transformationsschritt durch; das berechnete Ergebnis wird über eine "Ausgabe"-Komponente an interessierte Auftraggeber übermittelt. Anforderungen eines oder mehrerer Auftraggeber werden parallel abgewickelt.

4   Implementierung

Als Basis unserer Entwicklungen dient ein Industrieroboter PUMA 560, der über die in (Heidel 89) beschriebene Schnittstelle an ein Netz aus MicroVAX-Prozessoren angebunden ist. Die Prozessoren sind über Ethernet verbunden und laufen unter den Betriebssystemen ELN (Echtzeitbetriebssystem) und VMS.

An Sensorik sind bisher ein Kraft-/Momentensensor, ein elektrischer Servogreifer und taktile Arrays integriert. Daneben sind durch (Scherer 90) und (Bachthaler 90) in der Notation der LSA-Funktionsgraphen Dienste spezifiziert und implementiert, die sich an den Möglichkeiten des in (Hirzinger 86) beschriebenen Multisensorgreifers orientieren. Der Multisensorgreifer stellt eine einheitliche Hardware-Schnittstelle (Sensorbus) an seine Sensorgeräte zur Verfügung. Er erweitert unsere Sensorausstattung um Abstandssensoren in den Greiferbacken und einen Laserscanner zur Ermittlung von Tiefeninformation.

Als Vorstudie für das Basissystem wurde in (Fischer M. 89) die Einsetzbarkeit der regelbasierten Sprache OPS5 für die Implementierung von Sensorsystemen untersucht. Dabei wurde bereits eine Entwicklung herangezogen, die parallele OPS5-Prozesse zur Verfügung stellt. Dieses Konzept wurde für (Fischer K. 89) spezifiziert und in (Weikert 89) implementiert. Durch Verteilung einer auf einem Kraft-/Momentensensor basierenden Anwendung auf ein System unterschiedlich priorisierter OPS 5-Prozesse konnte ein überraschend gutes Antwortverhalten erzielt werden. Deshalb werden im Basissystem sowohl prozedurale (C, Pascal) als auch regelbasierte (OPS5-) Realisierungen Logischer Einheiten unterstützt.

Bereits in (Fischer M. 89) ist eine unter VMS verfügbare Implementierung einer Wissensbasis eingesetzt worden (Bocionek 90b). Diese (globale) Version setzt auf einer Datenbank auf und wird zur Zeit um lokale, speicherresidente Wissensbasen ergänzt, die bei gleicher Funktionalität die Datenbankschnittstelle durch wesentlich schnellere Hash-Verfahren realisieren.

5   Ausblick

Die Kapitel 3 und 4 beschäftigten sich mit der Realisierung Logischer Einheiten. Es wurde eine Funktionsbibliothek für Logische Einheiten vorgestellt und dargelegt, wie generell benötigte Funktionen eines Sensorsystems wie das Zeitmanagement oder die Umweltmodellierung mit dem hier vorgestellten Ansatz behandelt werden. Als nächster Schritt soll eine Entwicklungsumgebung für den Aufbau einer Multisensoranwendung bei Vorgabe einer Diensteschnittstelle an die Planungsschicht bereitgestellt werden.

Das Konzept der Logischen Sensoren und Aktoren trennt ein Sensorsystem in Teilsysteme wie das Zeitmanagement, die Entwicklung des Kontrollflusses etc. auf. Dadurch wird die Systemunterstützung für die Analyse eines Sensorsystems bezüglich der Anforderungen an Teilsysteme erleichtert.

Beim Zeitmanagement und der Verwaltung eines Umweltmodells können die in Abschnitt 3.1 und 3.2 vorgestellten Untersuchungen von Abtasthäufigkeiten und Verzögerungszeiten in die Entwicklungsumgebung integriert werden. Es kann dann auch systemunterstützt die Verteilung eines Sensorsystems über ein Multiprozessorsystem so vorgenommen werden, daß geforderte Abtastfrequenzen eingehalten werden.

Ein graphischer Editor erleichtert die formale Spezifikation Logischer Einheiten und ihrer Auftragsbeziehungen. Aus dieser Spezifikation kann bereits ein Grobskelett für die Ablaufstruktur einer Logischen Einheit abgeleitet werden, das nur noch um den spezifischen, algorithmischen Anteil ergänzt werden muß. Durch Analyse des Kontrollflusses können LSA-Funktionsgraphen auf Zyklen und Verklemmung hin untersucht werden.

Die Entwicklung generischer Logischer Einheiten erlaubt es, mehrfach benötigte Algorithmen in verschiedenen Umgebungen einzusetzen.

6   Zusammenfassung

Nach der Formulierung von Anforderungen an Multisensorsysteme in Fertigungsumgebungen wurden Logische Sensoren und Aktoren und ihre Verbindungsstruktur eingeführt. Sie erlauben eine Zerlegung von Sensorsystemen durch funktionale Abstraktion und die getrennte Behandlung algorithmischer Komponenten, der Zeitverwaltung, der Aktualisierung des Umweltmodells und der Definition des Kontrollflusses. Ein System von mehrfach verwendbaren Basisdiensten für Logische Einheiten sieht die Verteilung einer Sensoranwendung auf ein heterogenes Netz von Prozessoren vor, stellt Grundfunktionen für den Zugriff auf eine Wissensbasis zur Umweltmodellierung zur Verfügung und unterstützt sowohl prozedurale als auch regelbasierte Implementierungen Logischer Einheiten.

Literatur

Bachthaler G. (1990). Analyse der Funktionalität und Struktur eines Systems zur wissensbasierten Verarbeitung der Daten entfernungsmessender Sensoren. Diplomarbeit, Institut für Informatik, TU München - in Vorbereitung.

Bocionek S., R. Meyfarth (1988). Aktive Wissensbasen und Dämonenkonzepte. Report Nr. TUM I8811, Institut für Informatik, TU München.

Bocionek S. (1990a). Modulare Regelprogrammierung. Vieweg-Verlag.

Bocionek S., R. Meyfarth, J. Schweiger (1990b). SFB 331, Teilprojekt A4 - Handbuch zur Wissensbasis-Shell. Interner Bericht, Institut für Informatik, TU München.

Colins A., C. Merritt (1989). Pose Determination of Known Objects from Sparse Range Images. in T. Kanade, F.C.A. Groen, L.O. Hertzberger (Eds.): Intelligent Autonomous Systems 2, Amsterdam.

Fischer K. (1989). Knowledge-Based Task Planning for Autonomous Robot Systems. in T. Kanade, F.C.A. Groen, L.O. Hertzberger (Eds.): Intelligent Autonomous Systems 2, Amsterdam.

Fischer M. (1989). Untersuchung des Einsatzes von Regelprogrammen zur sensorgesteuerten Umweltmodellierung. Diplomarbeit, Institut für Informatik, TU München.

Heidel P., W. Kern (1989). Implementierung einer kartesischen Echtzeitschnittstelle zur Ankopplung eines Industrieroboters an einen Leitrechner. Fortgeschrittenenpraktikum, Institut für Informatik, TU München.

Henderson T.C. (1985). The Specification of Logical Sensors. in A. Saridis, A. Meystel (Eds.): Workshop on Intelligent Control, Troy, New York.

Hirzinger G., J. Dietrich (1986). Multisensory Feedback including Cooperative Robots. in P. Dario (Ed.): Sensors and Sensory Systems for Advanced Robots, Maratea.

Rowland J.J., H.R. Nicholls (1989). A Modular Approach to Sensor Integration in Robotic Assembly. 6th Symposium on Information Control Problems in Manufacturing Technology (INCOM'89), Madrid.

Scherer C. (1990). Einsatz eines taktilen Arrays zur wissensbasierten Objekterkennung beim Greifvorgang. Diplomarbeit, Institut für Informatik, TU München.

Schmid D., H. Hardter, E. Michalak (1988). Taktile Sensoren für adaptive multisensorielle Greifsysteme. Bd. 4, Robotersysteme.

Vietze L., I. Hartmann (1989). An Ultrasonic Phased-Array-Sensor for Robot Environment Modelling and Fast Detection of Collision Possibility. 6th Symposium on Information Control Problems in Manufacturing Technology (INCOM'89), Madrid.

Weikert P. (1989). Parallelisierung von OPS 5 Regelprogrammen durch Nachrichtenübermittlung. Diplomarbeit, Institut für Informatik, TU München.

Automatische Bestimmung der Trajektorien von sich bewegenden Objekten aus einer Bildfolge

D. Bister, K. Rohr, C. Schnörr

Fraunhofer-Institut für Informations- und Datenverarbeitung (IITB)
Fraunhoferstr. 1, 7500 Karlsruhe 1
und
Institut für Algorithmen und Kognitive Systeme
Fakultät für Informatik der Universität Karlsruhe (TH)
Postfach 6980, 7500 Karlsruhe 1

Kurzfassung

Im vorliegenden Beitrag wird ein Verfahren vorgestellt, um bei stationärer Kamera aus einer Bildfolge automatisch sich bewegende Objekte zu detektieren, zu beschreiben und zu verfolgen. Das Verfahren wird anhand einer 8 Sekunden langen Realweltbildfolge demonstriert, bei der unter realistischen Bedingungen (Sonnenschein und damit deutlicher Schattenwurf, Überlappungen) eine belebte Kreuzung aufgenommen wurde, auf welcher sich Autos, Radfahrer und Fußgänger bewegen.

1 Einleitung

Bei der Auswertung zeitlicher Bildfolgen mit dem Ziel, Bewegungsabläufe automatisch durch natürliche Sprache zu beschreiben, sind unter anderem Ansätze notwendig, mit denen sich bewegende Objekte in der aufgenommenen Szene detektiert und die Trajektorien dieser Objekte bestimmt werden können (siehe [2, 6]).

Das für diesen Zweck entwickelte ACTIONS-System (siehe [13, 14]) liefert unter der Annahme, daß die sich bewegenden Objekte starr sind, Trajektorien und umschließende Rechtecke der abgebildeten Objekte. Durch Zuordnung lokaler Bildmerkmale werden zunächst Verschiebungsvektoren bestimmt, aus denen man durch Ballung ähnlicher Vektoren Kandidaten für Bilder bewegter Objekte erhält. Trajektorien werden nun dadurch gewonnen, daß diese Objektkandidaten selbst wiederum in aufeinanderfolgenden Bildern zugeordnet werden. Das Verfahren benötigt relativ wenig Rechenzeit, jedoch ist die geometrische Beschreibung der Objektkandidaten recht grob.

Im Vergleich zum eben beschriebenen System benötigt der hier vorgestellte Ansatz zwar einen größeren Rechenaufwand, allerdings können damit genauere geometrische Beschreibungen der Objektkandidaten ermittelt werden, die sich für eine anschließende Klassifikation von Objekten nutzen lassen sollten. Da auf den Bildern detektierter Objekte dichte Geschwindigkeitsvektorfelder berechnet und diese Information sowohl bei der Zuordnung von Objektkandidaten als auch bei der Trennung überlappter Objektkandidaten ausgenutzt werden kann, ist außerdem die Zuordnung und damit die Bestimmung der Trajektorien (im Prinzip) relativ einfach.

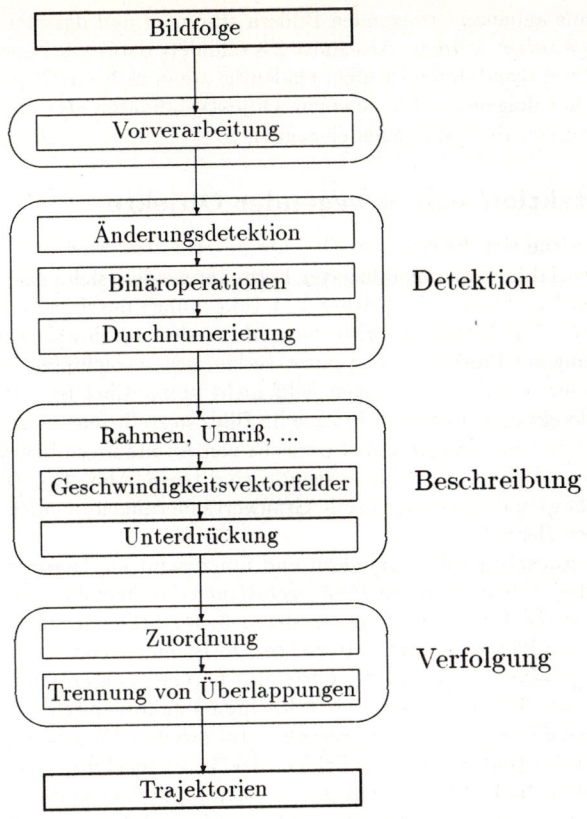

Abbildung 1: Reihenfolge der Verfahrensschritte

2 Bestimmung der Trajektorien

Abbildung 1 zeigt eine Übersicht über das hier vorgestellte Verfahren zur Bestimmung von Trajektorien. Das gesamte Verfahren wird vollständig, d.h. ohne interaktive Unterstützung durch den Menschen, von einem Rechner durchgeführt.

Die zu untersuchende Szene wird mit einer stationären Videokamera aufgenommen und die erhaltenen Bilder *vorverarbeitet* (siehe [10]).

In Abschnitt 2.1 wird beschrieben, wie Bildbereiche von sich bewegenden Objekten detektiert werden. Zunächst wird zwischen je zwei aufeinanderfolgenden Bildern eine *Änderungsdetektion* durchgeführt. Dabei werden Bildpunkte, in deren Umgebung sich der Grauwertverlauf signifikant verändert hat, in einem Binärbild markiert. Durch *Binäroperationen* wird die Qualität dieser Binärbilder verbessert. Benachbarte markierte Punkte werden anschließend zu größeren Bereichen — den sogenannten *Objektkandidaten* — zusammengefaßt und *durchnumeriert*.

Für die einzelnen Objektkandidaten werden nun *Beschreibungen* wie z.B. Fläche, Rahmen und Umriß bestimmt (siehe Abschnitt 2.2). Danach wird ein Geschwindigkeitsvektorfeld für jeden Objektkandidaten berechnet. Daraus lassen sich weitere Beschreibungen wie z.B. Bewegungsrichtung und Geschwindigkeit ermitteln. Mit Hilfe dieser Beschreibungen können Objektkandidaten, die keine Bildbereiche bewegter Objekte zeigen, *unterdrückt* werden.

Um Trajektorien von Objektkandidaten in der Bildebene zu gewinnen, müssen Objektkandidaten, die aus aufeinanderfolgenden Bildern stammen und dasselbe Objekt der Szene darstellen, einander *zugeordnet* werden. Abschnitt 2.3 schildert dafür ein Zuordnungsverfahren. Die Zuordnung von Objektkandidaten ist nicht eindeutig, wenn mehrere Objektkandidaten aus dem aktuellen Bild im nachfolgenden Bild zu einem Objektkandidaten *überlappen*. Daher wird zusätzlich auf die Trennung von Überlappungen eingegangen.

2.1 Detektion sich bewegender Objekte

Um Bildbereiche sich bewegender Objekte zu erhalten, wird das *Änderungsdetektions*verfahren nach [7] bzw. [4] in etwas modifizierter Form verwendet (siehe [9]). Dabei wird die Bildfunktion lokal in einer 5×5-Umgebung (bisher 3×4-Umgebung) durch ein bivariates Polynom 2. Ordnung approximiert. Ein Bildpunkt wird dann als Änderungshinweis angesehen (markiert), wenn in der Umgebung des Punktes der Grauwertverlauf des betrachteten Bildes entweder mit dem nachfolgenden oder mit dem vorherigen Bild nicht kompatibel ist. Betrachtet man die durch die Änderungsdetektion gefundenen Punkte im Bild, so stellt man zum einen fest, daß etliche Punkte isoliert sind, und zum anderen, daß Bereiche von Abbildungen bewegter Objekte nicht immer zusammenhängend und vollständig ausgefüllt sind (siehe Abb. 4b). Gründe hierfür sind Störungen (z.B. Rauschen) und zu geringe lokale Grauwertänderungen in aufeinanderfolgenden Bildern (z.B. in homogenen Bereichen).

Um den Rauscheinfluß zu mindern und um zusammenhängende Gebiete zu erhalten, werden deshalb in drei Arbeitsschritten *Binäroperationen* durchgeführt. Im ersten Arbeitsschritt werden solche markierten Punkte entfernt, in deren 3×3-Nachbarschaft die Anzahl der nicht markierten Punkte eine Minimalanzahl unterschreitet. Ist ein solcher isolierter Punkt gefunden worden, wird dieser gelöscht. Aufgrund der durch das Löschen neu entstandenen Nachbarschaftsstruktur wird nun in der 3×3-Umgebung des gelöschten Punktes durch einen rekursiven Prozeduraufruf nach weiteren isolierten Punkten gesucht. Im zweiten Verarbeitungsschritt werden nicht markierte Stellen im Bild betrachtet. Falls in der 3×3-Umgebung eines solchen Punktes die Anzahl der markierten Punkte mindestens gleich einer Minimalanzahl ist, wird dieser Punkt markiert. Wie im ersten Verarbeitungsschritt wird nun aufgrund der neuen Nachbarschaftsbeziehungen die 3×3-Umgebung des markierten Punktes auf neu zu markierende Punkte untersucht. Im letzten Verarbeitungsschritt werden Löcher — also nicht markierte Bereiche, die vollständig von markierten Punkten umgeben sind — ausgefüllt. In Abbildung 4c ist das Ergebnis dieser Binäroperationen — angewendet auf das in Abbildung 4b gezeigte Binärbild — dargestellt.

Die einzelnen aufgrund einer 4er-Nachbarschaft zusammenhängenden markierten Punkte werden nun zu *Objektkandidaten* zusammengefaßt. (Ein 4er-Nachbar eines Punktes P ist ein Punkt, der unmittelbar oberhalb, unterhalb, links oder rechts von P liegt.) Dies geschieht dadurch, daß die Bildpunkte *durchnumeriert* werden. Nicht markierte Punkte erhalten die Nummer 0; Punkten, die zum selben Objektkandidaten gehören, wird die gleiche Nummer zugewiesen; Punkten verschiedener Objektkandidaten hingegen werden unterschiedliche Nummern zugeordnet (siehe [5]).

2.2 Beschreibung von Objektkandidaten

Nachdem die einzelnen Objektkandidaten im Bild bestimmt worden sind, werden Eigenschaften der Objektkandidaten ermittelt (siehe [1]).

Zunächst werden Fläche (Anzahl der Pixel) und Schwerpunkt jedes Objektkandidaten berechnet. Weiterhin wird um jeden Objektkandidaten ein rechteckiger Rahmen gelegt. Der *Umriß* eines Objektkandidaten $\mathcal{O}$ wird als die Menge aller derjenigen Punkte P von $\mathcal{O}$ definiert, die mindestens einen 4er-Nachbarn besitzen, der nicht zu $\mathcal{O}$ gehört. Der Umriß eines Objektkandidaten wird mit

Hilfe einer Kettenkodierung durch einen Startpunkt und eine Folge von Richtungen beschrieben. Abbildung 4d zeigt die Umrisse der Objektkandidaten aus Abbildung 4c.

Als nächstes wird für jedes Gebiet $\Omega \subset \mathrm{R}^2$ eines Objektkandidaten in der Bildebene ein *Geschwindigkeitsvektorfeld* $u = (u1, u2)^T$ als Lösung des von Horn und Schunck [3] vorgeschlagenen Minimierungsproblems berechnet (Abb. 4e):

Finde $u \in \mathcal{H}$, so daß

$$J(u) = \inf J(v) \quad , \quad v \in \mathcal{H} \, ,$$

wobei $\mathcal{H}$ einen geeignet gewählten linearen Raum von Funktionen bezeichnet und

$$J(v) = \int_\Omega \left\{ (\nabla g \cdot v + g_t)^2 + \lambda^2 (|\nabla v1|^2 + |\nabla v2|^2) \right\} dx \, . \tag{1}$$

Unter schwachen Voraussetzungen an den Grauwertgradienten ∇g kann gezeigt werden (siehe [10, 11]), daß dieses Problem eine wohldefinierte Lösung besitzt.

Die Diskretisierung erfolgt mit Finiten Elementen (linearer Ansatz im Dreieck). Um das Verfahren effizient zu halten, wird dabei ein dem Pixelraster entsprechendes gleichförmiges Gitter zur Triangulation des Gebietes benutzt. Die Form des Gebietes wird automatisch geglättet, falls durch einen zu irregulären Verlauf des Gebietsrandes die Triangulation zu ungünstig ausfällt (spitze Innenwinkel, einspringende Ecken).

Zur numerischen Berechnung einer Näherungslösung ist ein lineares Gleichungssystem mit einer sehr dünn besetzten, symmetrischen und positiv definiten Matrix zu lösen. Wegen der geringen Bandbreite der Matrix ist diese Aufgabe hochgradig parallelisierbar.

Die Schätzung der partiellen Ableitungen g_x, g_y an den innerhalb Ω gelegenen Pixelpositionen erfolgt durch die Anpassung eines Polynoms zweiten Grades innerhalb eines 5×5-Pixel großen Fensters. Für g_t wird der zentrale Differenzenquotient genommen.

Aus dem Geschwindigkeitsvektorfeld lassen sich weitere Beschreibungen ermitteln. Für jeden Objektkandidaten werden der mittlere Betrag, der mittlere Vektor und die Spur der Kovarianzmatrix der Geschwindigkeitsvektoren sowie ein entsprechend dem mittleren Vektor orientierter Rahmen berechnet.

Gleichzeitig wird für jeden Objektkandidaten ein Verbund angelegt, der alle diese Beschreibungen speichert (Abb. 4f). Diese Verbunde werden in einer Objektliste, in der jedes Element einen Objektkandidaten repräsentiert, eingetragen.

Mit Hilfe dieser Beschreibungen können Objektkandidaten, die keine bewegten Objekte der Szene darstellen, *unterdrückt* werden. Dazu werden Objektkandidaten mit folgenden Eigenschaften aus der Objektliste entfernt:

- Objektkandidaten, deren Fläche eine festgelegte Schwelle unterschreitet,

- Objektkandidaten, deren mittlerer Betrag der Geschwindigkeitsvektoren eine festgelegte Schwelle unterschreitet,

- Objektkandidaten, deren Schwerpunkt in einem vorher festgelegten Bildbereich liegt. (Dies ist z.B. dann sinnvoll, wenn in den Bildern einer Bildfolge stets die zugehörige Bildnummer eingeblendet ist.)

2.3 Verfolgung von Objektkandidaten

Das nächste Ziel besteht darin, Objektkandidaten, die aus aufeinanderfolgenden Bildern stammen und dasselbe Objekt der Szene zeigen, einander zuzuordnen.

Zwei Objektkandidaten aus aufeinanderfolgenden Bildern werden genau dann zugeordnet, wenn bei Überlagerung des aktuellen Bildes mit dem nachfolgenden Bild der Schnitt der Bildbereiche der beiden Objektkandidaten nicht leer ist. Algorithmisch wurde diese Zuordnungsbedingung

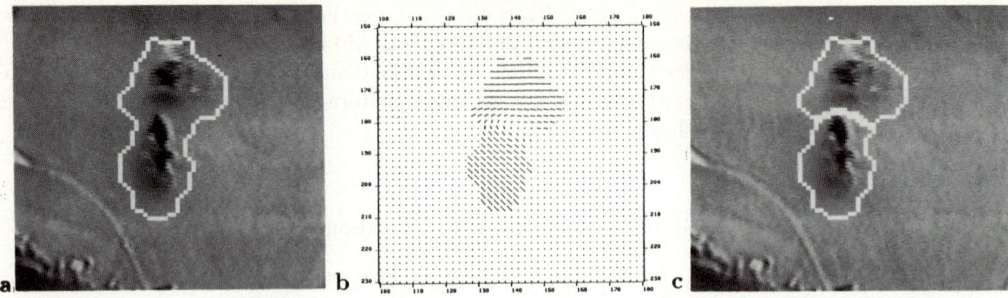

Abbildung 2: (a) Überlappter Objektkandidat, der Bildbereiche zweier Radfahrer umfaßt,
(b) das für den Objektkandidaten aus (a) berechnete Geschwindigkeitsvektorfeld,
(c) Trennung durch Segmentierung des Geschwindigkeitsvektorfeldes.

so realisiert, daß beim Durchlaufen des Umrisses jedes Objektkandidaten aus dem aktuellen Bild geprüft wird, ob im nachfolgenden Bild das gerade durchlaufene Pixel zu einem Objektkandidaten gehört. Falls ja, so erfolgt eine Zuordnung.

Um Rechenaufwand zu sparen, kann alternativ die Detektion und Beschreibung der Objektkandidaten nur für (beispielsweise) jedes 10. Bild der Bildfolge durchgeführt werden. Da sich jedoch der Bildbereich eines Objektes im nachfolgenden Bild dann so weit verschoben haben kann, daß der Schnitt des Bildbereiches aus dem aktuellen Bild mit dem aus dem nachfolgenden Bild leer ist, wird in diesem Falle jeder Objektkandidat aus dem aktuellen Bild vor der Zuordnung um das 10fache des mittleren Vektors seiner Geschwindigkeitsvektoren verschoben.

Die Zuordnung von Objektkandidaten ist notwendigerweise nicht mehr eindeutig, wenn mehrere Objektkandidaten aus einem Bild im nachfolgenden Bild zu *einem* Objektkandidaten *überlappen*. Dieser Fall tritt dann ein, wenn die Bildbereiche mehrerer Objekte überlappen oder eng beinanderliegen. In Abbildung 2a ist der Umriß und in Abbildung 2b das berechnete Geschwindigkeitsvektorfeld solch eines überlappten Objektkandidaten, der Bildbereiche von zwei Radfahrern umfaßt, dargestellt. Bei unterschiedlicher Bewegungsrichtung der Objekte weist die Spur der Kovarianzmatrix der berechneten Geschwindigkeitsvektoren bei einem überlappten Objektkandidaten einen signifikant höheren Wert als bei einem nicht überlappten Objektkandidaten auf (bei der hier verwendeten Bildfolge etwa Faktor 10). Ein Objektkandidat wird daher als überlappt betrachtet, wenn ihm mindestens zwei Objektkandidaten aus dem vorangehenden Bild zugeordnet worden sind und die Spur der Kovarianzmatrix seiner Geschwindigkeitsvektoren eine festgelegte Schwelle überschreitet. In diesem Falle wird eine Segmentierung des Geschwindigkeitsvektorfeldes durchgeführt. Abbildung 2c zeigt die aus dem Objektkandidaten aus Abbildung 2a erhaltenen zwei Segmente.

3 Experimentelle Ergebnisse

Abbildung 4a zeigt ein Grauwertbild aus einer Bildfolge, die vom 6. Stock eines Hochhauses des Karlsruher Universitätsgeländes aufgenommen worden ist und in der sich Autos, Radfahrer und Fußgänger bewegen. In Abbildung 4b sind zusätzlich die durch die Änderungsdetektion markierten Pixel eingetragen. Nach Anwendung der Binäroperationen erhält man die in Abbildung 4c dargestellten Objektkandidaten, deren Umriß in Abbildung 4d eingezeichnet wurde.

In Abbildung 4e sind die berechneten Geschwindigkeitsvektoren für vier Objektkandidaten wiedergegeben. Abbildung 4f zeigt einen Ausschnitt aus der Objektliste, in der für jeden Objektkandidaten seine Beschreibungen, aber auch seine zugeordneten Vorgänger und Nachfolger

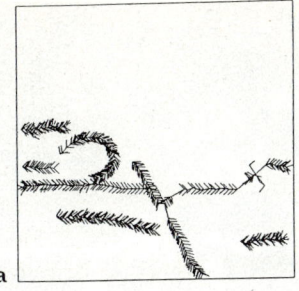 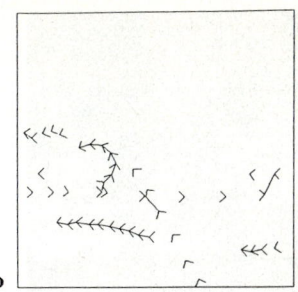

Abbildung 3: (a) Trajektorien ohne Trennung von Überlappungen.
(b) Zuordnung von Objektkandidaten ohne Verschieben.

enthalten sind.

Schließlich sind unten in Abbildung 4 die für die Bildfolge ermittelten Trajektorien dargestellt. In Abbildung 4g wurde die Detektion der Objektkandidaten für jedes Bild, in Abbildung 4h nur für jedes 10. Bild der Bildfolge vorgenommen. Die Schwerpunkte von zugeordneten Objektkandidaten wurden durch eine Strecke miteinander verbunden. Weiterhin wurden die resultierenden Trajektorien mit Pfeilen markiert, die in Richtung des mittleren Vektors der Geschwindigkeitsvektoren des betreffenden Objektkandidaten weisen.

In Abbildung 3a sind die Trajektorien wiedergegeben, die man erhält, wenn man im Gegensatz zu Abbildung 4g keine Trennung von Überlappungen durchführt. In Abbildung 3b wurden im Gegensatz zu Abbildung 4h die Objektkandidaten vor der Zuordnung nicht verschoben (siehe Abschnitt 2.3). In beiden Fällen sind die berechneten Trajektorien nicht zufriedenstellend.

4 Zusammenfassung und Ausblick

Mit Blick auf die automatische Erzeugung von natürlichsprachlichen Beschreibungen realer Bewegungsabläufe wurde im vorliegenden Beitrag der Ansatz eines Verfahrens vorgestellt, mit dem bei stationärer Kamera aus einer Bildfolge automatisch die Trajektorien sich bewegender Objekte in der Bildebene ermittelt werden.

Der vorgestellte Ansatz zeichnet sich dadurch aus, daß neben der zuverlässigen Verfolgung der Objektkandidaten eine Vielzahl von Informationen über die Bildbereiche der Objekte ermittelt wird (geometrische Eigenschaften des entsprechenden Bildbereiches, Verschiebungsrichtung, Verschiebungsgeschwindigkeit). Dadurch konnten überlappte Objektkandidaten bei der hier verwendeten Szene zuverlässig getrennt werden. Weiterhin sollten sich die Beschreibungen zu einer Klassifikation der Objekte nutzen lassen (siehe z.B. [8]).

Das Verfahren ist prinzipiell echtzeitfähig, da sämtliche Verfahrensschritte hochgradig parallelisierbar sind.

Die Berechnung eines Geschwindigkeitsvektorfeldes für einen Objektkandidaten ist unabhängig von der Berechnung für die anderen Objektkandidaten. Deshalb kann dieser Schritt gleichzeitig für alle Objektkandidaten vorgenommen werden. Weiter kann überprüft werden, inwieweit sich der Aufwand durch eine gezielte Aufweitung der Gitterweite nochmals drastisch reduzieren läßt.

Es ist denkbar, daß man die Änderungsdetektion zur Ermittlung der Objektkandidaten durch andere Techniken ersetzt, um das Verfahren gegen Bewegungen der Kamera robust zu machen (vgl. [12]).

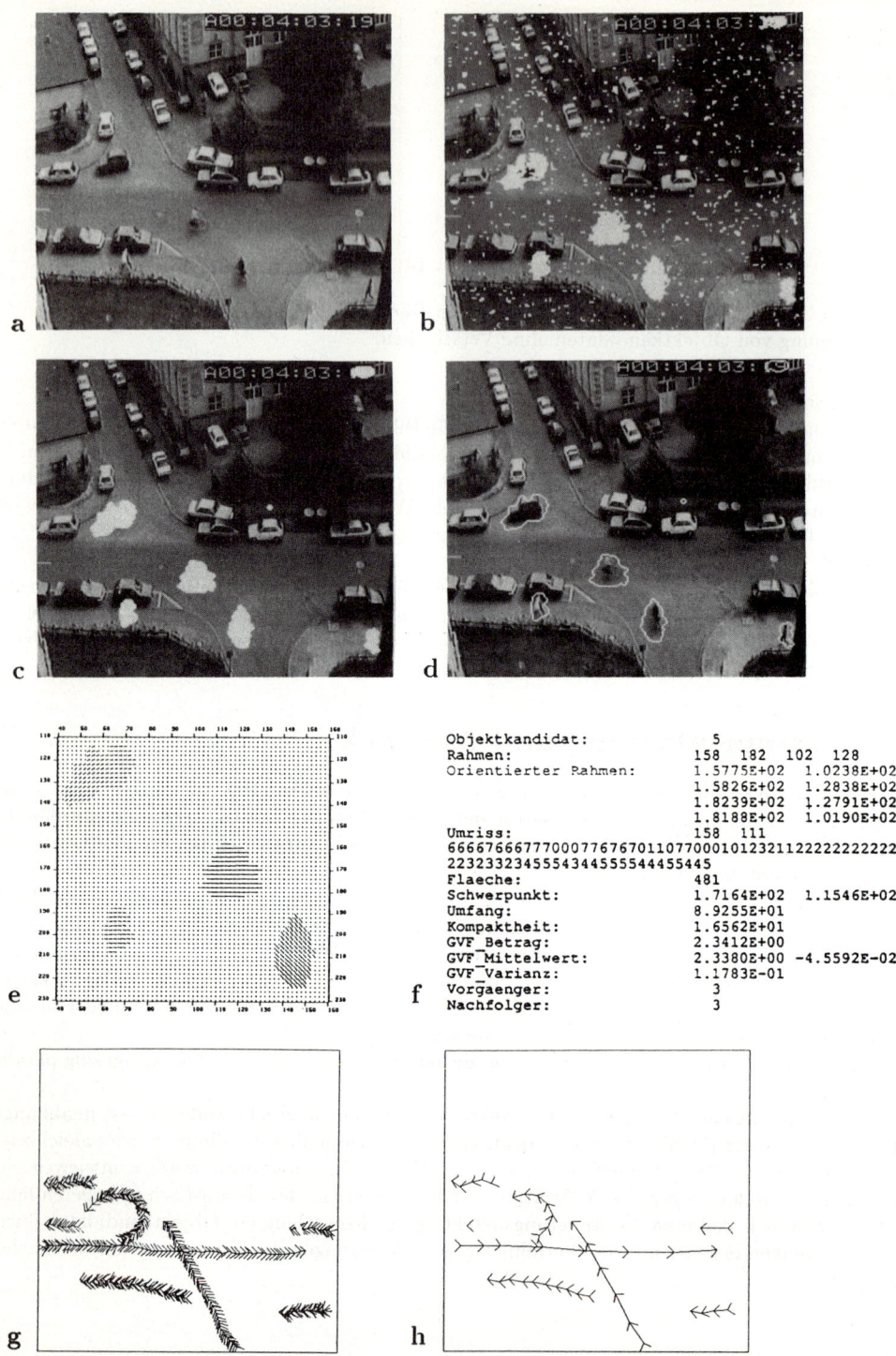

Abbildung 4: Experimentelle Ergebnisse (siehe Abschnitt 3).

50

5 Dank

Herrn Prof. Dr. H.-H. Nagel danken wir für eine kritische Durchsicht dieses Beitrages.

Literatur

[1] D. Bister, *Entwicklung eines Verfahrens zur automatischen Bestimmung und Beschreibung von Bildbereichen zur Ermittlung der Trajektorien von mehreren sich bewegenden Objekten aus einer monokularen Bildfolge*, Studienarbeit am Fraunhofer-Institut für Informations- und Datenverarbeitung (IITB) Karlsruhe, Oktober 1989

[2] G. Herzog, C.-K. Sung, E. André, W. Enkelmann, H.-H. Nagel, T. Rist, W. Wahlster, G. Zimmermann, *Incremental Natural Language Description of Dynamic Imagery* in „Wissensbasierte Systeme", Informatik-Fachberichte 227, W. Brauer, C. Freksa (Hrsg.), Springer-Verlag Berlin Heidelberg 1989, 153–162

[3] B.K.P. Horn, B.G. Schunck, „Determining optical flow", *Artificial Intelligence* **17** (1981) 185–203

[4] Y.Z. Hsu, H.-H. Nagel, G. Rekers, „New Likelihood Test Methods for Change Detection in Image Sequences", *Computer Vision, Graphics, and Image Processing* **26** (1984) 73–106

[5] A.F. Lochovsky, „Algorithms for realtime component labelling of images", *Image and Vision Computing* **6** (1988) 21–27

[6] H.-H. Nagel, „From image sequences towards conceptual descriptions", *Image and Vision Computing* **6** (1988) 59–74

[7] H.-H. Nagel, G. Rekers, *Moving object masks based on an improved likelihood test*, Proc. 6th International Conference on Pattern Recognition, München 1982, 1140–1142

[8] K. Rohr, *Auf dem Wege zu modellgestütztem Erkennen von bewegten nicht-starren Körpern in Realweltbildfolgen*, 11. DAGM - Symposium Mustererkennung 1989, Hamburg, Informatik-Fachberichte 219, H. Burkhardt, K.H. Höhne, B. Neumann (Hrsg.), Springer-Verlag Berlin Heidelberg 1989, 324–328

[9] K. Rohr, C. Schnörr, *Ein Ansatz zur Entwicklung eines Verfahrens zur automatischen Ermittlung der Trajektorien sich bewegender Objekte bei stationärer Kamera*, Hausbericht 10174, Fraunhofer-Institut für Informations- und Datenverarbeitung (IITB) Karlsruhe, Juni 1989

[10] C. Schnörr, *Zur Schätzung von Geschwindigkeitsvektorfeldern in Bildfolgen mit einer richtungsabhängigen Glattheitsforderung*, 11. DAGM - Symposium Mustererkennung 1989, Hamburg, Informatik-Fachberichte 219, H. Burkhardt, K.H. Höhne, B. Neumann (Hrsg.), Springer-Verlag Berlin Heidelberg 1989, 294–301

[11] C. Schnörr, *Determining Optical Flow for Irregular Domains by Minimizing Quadratic Functionals of a Certain Class*, Hausbericht Snr-10210, Fraunhofer-Institut für Informations- und Datenverarbeitung (IITB) Karlsruhe, Januar 1990 (angenommen zur Veröffentlichung im *Int. J. of Comp. Vision*)

[12] C. Schnörr, *Computation of Discontinuous Optical Flow by Domain Decomposition and Shape Optimization*, erscheint bei der British Machine Vision Conference BMVC-90, Oxford/England 1990

[13] C.-K. Sung, *Extraktion von typischen und komplexen Vorgängen aus einer langen Bildfolge einer Verkehrsszene*, 10. DAGM - Symposium Mustererkennung 1988, Zürich, Informatik-Fachberichte 180, H. Bunke, O. Kübler, P. Stucki (Hrsg.), Springer-Verlag Berlin Heidelberg 1988, 90–96

[14] G. Zimmermann, C.-K. Sung, *Bewegungsgesteuertes Einlernen und Wiedererkennen von Objekten in Bildfolgen*, 9. DAGM - Symposium Mustererkennung 1987, Braunschweig, Informatik-Fachberichte 149, E. Paulus (Hrsg.), Springer-Verlag Berlin Heidelberg 1987, 289

Modellgestützte Bestimmung des Bewegungszustandes von Fußgängern in Realweltbildfolgen

K. Rohr und H.-H. Nagel

Institut für Algorithmen und Kognitive Systeme
Fakultät für Informatik der Universität Karlsruhe (TH)
Postfach 6980, 7500 Karlsruhe 1
und
Fraunhofer-Institut für Informations- und Datenverarbeitung (IITB)
Fraunhoferstr. 1, 7500 Karlsruhe 1

Kurzfassung

Der hier beschriebene wissensbasierte Ansatz zur Bestimmung des Bewegungszustandes von Fußgängern setzt voraus, daß sowohl ein Körpermodell als auch ein Bewegungsmodell des menschlichen Gehens rechnerintern vorhanden ist. Die Ermittlung des Bewegungszustandes beruht auf einem Vergleich zwischen den projizierten Kanten dieses Fußgängermodells und den aus Bildfolgen gewonnenen Grauwertkanten.

1 Einleitung

Die automatische Analyse mit einer Kamera aufgenommener menschlicher Bewegungsabläufe besitzt ein breites Spektrum an Anwendungen. Beispielsweise können in der Zahnmedizin kinematische Analysen des menschlichen Unterkiefers beim Kauvorgang die Funktionsdiagnostik und die Therapiebegleitung entscheidend verbessern (siehe z.B. *[Boenick 90]*). In der Arbeitsmedizin ist es bei der Gestaltung von Arbeitsplätzen aufgrund gemessener Bewegungsmuster möglich, die Arbeitsvorgänge besser an den Menschen anzupassen. Die Optimierung menschlicher Bewegungsabläufe durch biomechanische Analysen steht beim (Leistungs-) Sport im Vordergrund.

Großes Interesse an objektiven Messungen und Interpretationen von Bewegungen besteht innerhalb der Medizin in der Neurologie und Orthopädie. Durch Gangbildanalyse soll die menschliche Gehfunktion quantitativ und qualitativ erfaßt werden, um Bewegungsstörungen gezielter zu diagnostizieren und die Therapie zu unterstützen. Ein wesentliches Kriterium für den Einsatz automatischer Analysesysteme ist dabei die Handhabbarkeit und der zur Analyse erforderliche Zeitaufwand. Um die Charakteristiken des menschlichen Gehens zu ermitteln, werden in den meisten Systemen Marken an den Körpergelenken angebracht, die während des Gehvorgangs zu verfolgen sind (z.B. *[Elsner & Baumann 88]*).

Versucht man jedoch, wie in der vorliegenden Arbeit, gehende Menschen in Straßenverkehrsszenen (Fußgänger) zu erkennen, so kann man nicht davon ausgehen, daß die Körpergelenke durch derartige Marken hervorgehoben sind. Deshalb sind hier Verfahren nötig, die ohne solche zusätzlichen Maßnahmen auskommen. Das hier verfolgte Ziel besteht darin, sowohl die Bewegung von solchen nicht-starren Körpern aus Realweltbildfolgen automatisch zu erkennen als auch mit Hilfe eines sprachverstehenden Systems Bewegungsabläufe durch natürliche Sprache zu beschreiben (*[Nagel 88]* , *[Herzog et al. 89]*).

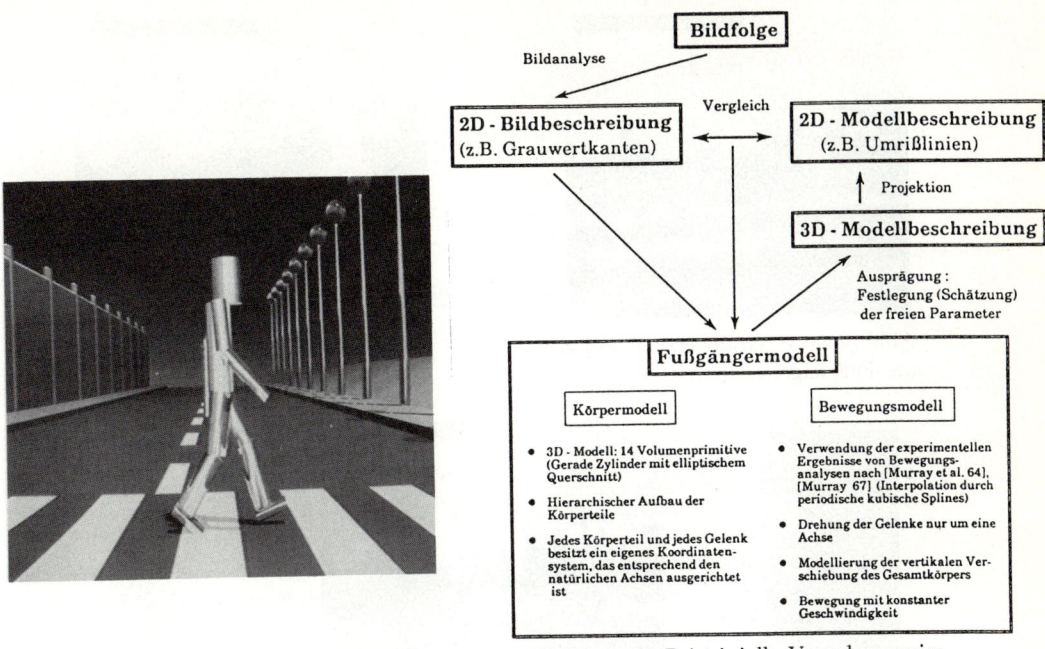

Abbildung 1: Modell eines Fußgängers

Abbildung 2: Prinzipielle Vorgehensweise

2   Prinzipielle Vorgehensweise

Der in *[Rohr 89]* beschriebene wissensbasierte Ansatz zur Bewegungserkennung von Fußgängern setzt voraus, daß sowohl ein Körpermodell als auch ein Bewegungsmodell des menschlichen Gehens rechnerintern vorhanden ist. Als Köpermodell wird dabei das in *[Marr & Nishihara 78]* vorgeschlagene 3D-Modell verwendet, das aus Zylinderprimitiven aufgebaut ist. Der Modellierung der Gehbewegung liegen Meßdaten aus medizinischen Bewegungsanalysen nach *[Murray et al. 64]* und *[Murray 67]* zugrunde. Ein Bild aus dem Bewegungsablauf des hier verwendeten "Zylindermännchens" ist in Abb. 1 wiedergegeben. Die prinzipielle Vorgehensweise des modellgestützten Ansatzes ist entsprechend dem Interpretationszyklus in *[Nagel 89a,b]* in Abb. 2 zusammengefaßt.

Aufgrund von Bildbereichshinweisen (z.B. Bewegungsinformation, Grauwertkanten) sollen zunächst die zur Ausprägung des Fußgängermodells nötigen Parameter grob geschätzt werden. Durch Projektion des ausgeprägten 3D-Modells in die Bildebene kann eine 2D-Modellbeschreibung gewonnen werden, die z.B. die sichtbaren Umrißlinien der Zylinder des Fußgängermodells umfaßt. Der Vergleich zwischen dieser Modellbeschreibung und der aus den Bildern gewonnenen Information (2D-Bildbeschreibung) sollte einen Hinweis darauf geben, wie die grob geschätzten Parameter des 3D-Modells angepaßt werden müssen, um den Unterschied zwischen den beiden 2D-Beschreibungen zu verringern. Dieser Interpretationszyklus wird solange durchlaufen, bis die Übereinstimmung genügend gut ist. Durch die so geschätzten Parameter und aufgrund des Bewegungsmodells kann nun eine Voraussage für die im Folgebild erwartete Modellausprägung gemacht werden, um ein erneutes Durchlaufen des Interpretationszyklus für dieses Folgebild zu ermöglichen.

Im weiteren wird ein Ansatz beschrieben, um zunächst für ein einzelnes Bild den Bewegungszustand eines Fußgängers zu bestimmen. Bestandteil dieses Ansatzes ist ein Vergleich zwischen Grauwertkanten (2D-Bildbeschreibung) und Modellkanten (2D-Modellbeschreibung).

Abbildung 3: Grauwertbild aus einer Fußgängerszene

Abbildung 4: Bearbeitete Änderungsbereiche für Abb. 3

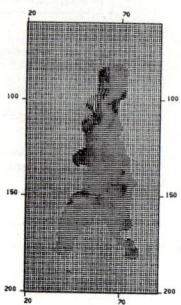

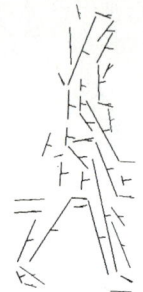

Abbildung 5: Geschwindigkeitsvektorfeld für den Änderungsbereich des Fußgängers in Abb. 4

Abbildung 6: Grauwertkanten innerhalb des Rahmens

Abbildung 7: Aufgrund der Bewegungsinformation hervorgehobene Grauwertkanten

3 Vergleich zwischen Modell- und Grauwertkanten

Durch Ausnutzung von Bewegungsinformation wird im folgenden der Suchbereich innerhalb des Bildes eingeschränkt, so daß es genügt, den Vergleich zwischen Modell- und Grauwertkanten nur auf diesem Bereich durchzuführen.

3.1 Ableitung von Bewegungsinformation

Setzt man voraus, daß die Kamera während der Bildaufnahme ruht, können sich bewegende Objekte mit einem Änderungsdetektionsverfahren detektiert werden. Dazu wurde das Änderungsdetektionsverfahren nach *[Hsu et al. 84]* etwas modifiziert (*[Rohr & Schnörr 89]*). Um isolierte Bildpunkte zu unterdrücken und um zusammenhängende Gebiete (Objektkandidaten) zu erhalten, werden anschließend Binäroperationen durchgeführt. Die auf diese Weise gefundenen Bereiche stimmen gut mit den abgebildeten Objekten in der Szene überein (siehe Abb. 3, 4). Innerhalb dieser bearbeiteten Änderungsbereiche werden dichte Geschwindigkeitsvektorfelder berechnet (*[Schnörr 90]* , Abb. 5) und zusätzlich Eigenschaften der Objektkandidaten, z.B. Verlauf der Objektkontur, Rahmen und mittlerer Geschwindigkeitsvektor, ermittelt (*[Bister 89]*).

3.2 Ermittlung der Grauwertkanten

Da die aus dem Fußgängermodell abgeleiteten (sichtbaren) Umrißlinien der Zylinder Geradenstücke sind, liegt es nahe, nach Geradenstücken im Grauwertbild zu suchen. Damit wird außerdem die Anzahl der extrahierten Merkmale im Vergleich zu einzelnen Kantenpunkten reduziert und der Rauscheinfluß vermindert. Innerhalb des durch Änderungsdetektion und

Binärbildverarbeitung ermittelten Rahmens werden zunächst mit dem Verfahren nach *[Korn 88]* Kantenpunkte bestimmt. Diese Kantenpunkte werden zu Kantenzügen verkettet und mit Hilfe eines Eigenvektorverfahrens nach *[Duda & Hart 73]* durch Geradenstücke approximiert (siehe Abb. 6). Im Unterschied hierzu werden in *[Hogg 83]* die einzelnen Kantenpunkte weiter verwendet und verdeckte Modellkanten nicht unterdrückt.

Für jede approximierte Grauwertkante wird ein über die zughörigen Kantenpunkte gemittelter Grauwertgradient bestimmt und aus dem Geschwindigkeitsvektorfeld ein über die Kantenpunkte gemittelter Geschwindigkeitsvektor berechnet. Abb. 7 zeigt eine Darstellung, in der die gefundenen Geradenstücke in Abhängigkeit vom Betrag ihres Geschwindigkeitsvektors hervorgehoben sind und die Richtung dieses Vektors eingezeichnet ist. Man sieht, daß die hinzugenommene Bewegungsinformation i.a. die für die Erkennung des Fußgängers notwendigen Kanten hervorhebt.

3.3 Ähnlichkeitsmaß

Zur Durchführung des Vergleichs zwischen Modell- und Grauwertkanten wird im folgenden ein Ähnlichkeitsmaß eingeführt, das angibt, wie groß die Ähnlichkeit zwischen einer Modellkante und einer Grauwertkante ist. Eine Grauwertkante, die den (in Abhängigkeit von der Richtung und der Länge der betrachteten Modellkante) festgelegten Suchrahmen überlappt, wird zunächst auf den Abschnitt, der sich innerhalb des Suchrahmens befindet, gekürzt (siehe Abb. 8).

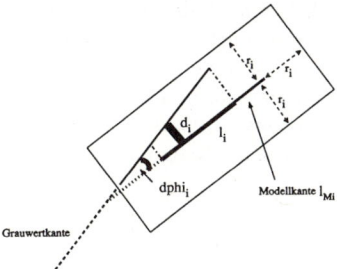

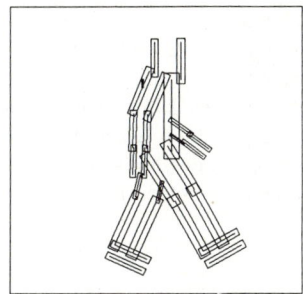

Abbildung 8: Vergleich zwischen Modell- und Grauwertkante

Abbildung 9: Modellkanten und Suchrahmen des Fußgängermodells

Zwischen diesem Geradenabschnitt und der Modellkante werden drei geometrische Größen bestimmt. Die Größe l_i gibt dabei die Projektion des Geradenabschnitts auf die Modellkante der Länge l_{Mi} an. Dazu sind die Anfangs- und Endpunkte des Geradenabschnitts auf die Modellgerade zu projizieren und mit den Anfangs- und Endpunkten der Modellgeraden zu vergleichen. Die Projektion eines Punktes $\vec{q_i}$ auf eine Gerade, die durch die Punkte $\vec{q_1}$ und $\vec{q_2}$ geht, ist wie folgt gegeben:

$$\vec{q}_{i,proj} = \vec{q_1} + ((\vec{q_i} - \vec{q_1})\vec{e})\vec{e} \qquad mit \quad \vec{e} = \frac{\vec{q_2} - \vec{q_1}}{|\vec{q_2} - \vec{q_1}|} \tag{1}$$

Die zweite geometrische Größe ist der Abstand d_i zwischen dem Mittelpunkt des Grauwertgeradenabschnitts und dessen Projektion auf die Modellgerade. Die dritte Größe gibt den Winkel $\Delta\varphi_i$ zwischen beiden Geraden wieder.

Je größer l_i und je kleiner $(l_{Mi} - l_i)$, d_i und $\Delta\varphi_i$, desto ähnlicher sind die beiden Geradenstücke. Als Ähnlichkeitswert dient nun folgender Ausdruck:

$$s_i = l_i\, e^{-\frac{(l_{Mi} - l_i)^2}{2\sigma_l^2}}\, e^{-\frac{d_i^2}{2\sigma_d^2}}\, e^{-\frac{\Delta\varphi_i^2}{2\sigma_{\Delta\varphi}^2}} \tag{2}$$

Bei konstantem l_i ist der Ähnlichkeitswert s_i maximal, falls $l_i = l_{Mi}$, $d_i = 0$ und $\Delta\varphi_i = 0$. Die Parameter σ_l und σ_d werden in Abhängigkeit von der aktuellen Länge der Modellkante bestimmt. Überlappen mehrere Grauwertkanten den Suchbereich, so wird diejenige Grauwertkante ausgewählt, die den größten Wert nach (2) besitzt.

In vielen Zuordnungsverfahren wird der Abstand zwischen den Mittelpunkten der (ungekürzten) Grauwertgerade und der Modellgerade oder die Abstände zwischen den jeweiligen Anfangs- und Endpunkten ausgewertet. Dies setzt die Annahme voraus, daß die zu vergleichenden Grauwert- und Modellkanten nahezu gleich lang sind (z.B. *[Lowe 87]*). In der vorliegenden Untersuchung ist eine solche Annahme nicht gerechtfertigt. Man denke dabei beispielsweise an die Grauwertkanten, die sich für ein Bein ergeben (Bewegung parallel zur Bildebene; keine Verdeckungen). Bei gebeugtem Knie und genügend starkem Kontrast zwischen Fußgänger und Hintergrund wird man für den Ober- und Unterschenkel jeweils zwei Grauwertgeraden erwarten, die tatsächlich nahezu die gleiche Länge besitzen wie die zugehörigen Modellkanten. Ist der Fußgänger jedoch in einer Köperstellung, in der das Knie gestreckt ist, so werden sich für Ober- und Unterschenkel insgesamt nur zwei Grauwertgeraden ergeben. Ein Vergleich zwischen den Mittelpunkten oder Anfangs- und Endpunkten der jeweiligen Modellgeraden und diesen Grauwertgeraden würde eine große Diskrepanz ergeben. Deshalb werden hier die Grauwertkanten zuerst gekürzt und die oben eingeführten geometrischen Größen verwendet.

Ein Beispiel für die Suchrahmen des Fußgängermodells in einem bestimmten Bewegungszustand ist in Abb. 9 wiedergegeben. Für jede der sichtbaren Modellkanten wird ein Ähnlichkeitswert s_i nach (2) berechnet, der durch den normierten mittleren Betrag des jeweiligen Grauwergradienten w_{Gi} und des Geschwindigkeitsvektors w_{Vi} der betrachteten Grauwertgeraden gewichtet werden kann. Durch einen zusätzlichen Gewichtsfaktor w_{Ki} ist es möglich, die Bedeutung der einzelnen Körperteile für den Erkennnungsprozeß zu variieren. Die Summe über alle n Modellkanten des Fußgängermodells ergibt das Gesamtähnlichkeitsmaß s in Abhängigkeit von den Modellparametern $\vec{p}$:

$$s(\vec{p}) = \frac{1}{n} \sum_{i=1}^{n} w_{Gi}\, w_{Vi}\, w_{Ki}\, s_i \qquad (3)$$

4 Bestimmung des Bewegungszustandes

Wie in Abschnitt 2 erläutert, sollen die zur Ausprägung des 3D-Modells benötigten Parameter $\vec{p}$ so bestimmt werden, daß die Ähnlichkeit zwischen der 2D-Bildbeschreibung und der 2D-Modellbeschreibung möglichst groß wird, d.h.

$$s(\vec{p}) \longrightarrow max \qquad (4)$$

Zur Bestimmung des Bewegungszustandes des Fußgängers in Abb. 3 soll vorerst angenommen werden, daß eine grobe Schätzung für die Position des Fußgängers in der 3D-Szene vorliegt und daß seine Orientierung relativ zur Kamera näherungsweise bekannt ist. Variiert man dann den Parameter, der den Bewegungszustand angibt, innerhalb des gesamten Gehzyklus (zwischen 0 und 1; siehe *[Rohr 89]*) und berechnet für jede Überlagerung ein Ähnlichkeitsmaß nach (3), so ergibt sich der in Abb. 10 dargestellte Verlauf der Ähnlichkeitsfunktion.

Berechnet man das Fußgängermodell in dem Bewegungszustand, für den die gezeigte Kurve ihren größten Wert besitzt (ungefähr in der Mitte des Zyklus) und projiziert dieses Modell in das Originalbild, so ergibt sich eine recht gute Übereinstimmung zwischen Modell und Originalbild (siehe Abb. 11). Allerdings ist dieses Maximum nicht besonders stark ausgeprägt und es gibt viele Nebenmaxima. Im weiteren werden deshalb Möglichkeiten zu untersuchen sein, die den gesuchten Bewegungszustand innerhalb der Ähnlichkeitskurve deutlicher hervortreten lassen.

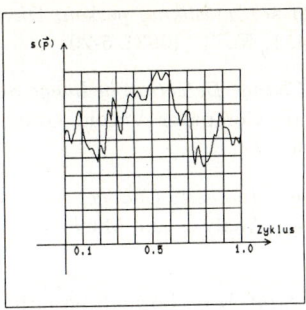

Abbildung 10: Ähnlichkeitsfunktion für einen vollständigen Gehzyklus

Abbildung 11: Dem Originalbild überlagertes Fußgängermodell

Dazu wird es notwendig sein, den Einfluß der einzelnen Körperteile für den Erkennungsprozeß zu untersuchen und mehrere aufeinanderfolgende Bilder einzubeziehen.

Dank

Diese Arbeit wird von der DFG im Rahmen des Sonderforschungsbereiches 314 "Künstliche Intelligenz - Wissensbasierte Systeme" gefördert. Einer der Autoren (K. Rohr) dankt C. Schnörr für Diskussionen und W. Leister, A. Stößer und C. Bregler für ihre Hilfe bei der Anfertigung von Abbildungen.

Literatur

[Bister 89]   *Entwicklung eines Verfahrens zur automatischen Bestimmung und Beschreibung von Bildbereichen zur Ermittlung der Trajektorien von mehreren sich bewegenden Objekten aus einer monokularen Bildfolge*, D. Bister, Studienarbeit, Inst. für Algorithmen und Kognitive Systeme, Fakultät für Informatik der Universität Karlsruhe (TH), Oktober 1989

[Boenick 90]   Internationales Symposium *Gangbildanalyse* - Stand der Meßtechnik und Bedeutung für die Orthopädie-Technik, 2./3. Februar 1990, Berlin, Kurzfassungen, U. Boenick (Leitung), Institut für Biomedizintechnik, Technische Universität Berlin

[Duda & Hart 73]   *Pattern classification and scene analysis*, R.O. Duda, P.E. Hart, Wiley New York, 1973

[Elsner & Baumann 88] *Markenverfolgung in 3D-Sequenzen am Beispiel der Ganganalyse bei neurogenen Bewegungsstörungen*, T. Elsner, J.U. Baumann, 10. DAGM - Symposium Mustererkennung 1988, Zürich, 27.-29.9.1988, Informatik-Fachberichte 180, H. Bunke, O. Kübler, P. Stucki (Hrsg.), Springer-Verlag, Berlin Heidelberg 1988, 46-52

[Herzog et al. 89] *Incremental Natural Language Description of Dynamic Imagery*, G. Herzog, C.-K. Sung, E. André, W. Enkelmann, H.-H. Nagel, T. Rist, W. Wahlster, G. Zimmermann, in "Wissensbasierte Systeme", Informatik-Fachberichte 227, W. Brauer, C. Freksa (Hrsg.), Springer-Verlag Berlin Heidelberg 1989, 153-162

[Hogg 83]   *Model based vision: a program to see a walking person,* David Hogg, Image and Vision Computing, Vol. 1, No. 1 (1983), 5-20

[Hsu et al. 84]   *New Likelihood Test Methods for Change Detection in Image Sequences,* Y.Z. Hsu, H.-H. Nagel, G. Rekers, Computer Vision, Graphics, and Image Processing 26 (1984) 73-106

[Korn 88]   *Towards a Symbolic Representation of Intensity Changes in Images,* A.F. Korn, IEEE Transactions on Pattern Analysis and Machine Intelligence 10 (1988) 610-625

[Lowe 87]   *The Viewpoint Consistency Constraint,* D.G. Lowe, International Journal of Computer Vision 1 (1987) 57-72

[Marr & Nishihara 78] *Representation and recognition of the spatial organization of three-dimensional shapes,* D. Marr, H.K. Nishihara, Proc. R. Soc. Lond. B 200 (1978) 269-294

[Murray 67]   *Gait as a total pattern of movement,* M.P. Murray, American Journal of Physical Medicine, Vol. 46, No. 1 (1967), 290-332

[Murray et al. 64]   *Walking Patterns of Normal Men,* M.P. Murray, A.B. Drought, R.C. Kory, The Journal of Bone and Joint Surgery, Vol. 46-A, No. 2 (March 1964), 335-36

[Nagel 88]   *From image sequences towards conceptual descriptions,* H.-H. Nagel, Image and Vision Computing, Vol. 6, No. 2 (May 1988), 59-74

[Nagel 89a]   *Zur Erkennung von Situationen durch Auswertung von Bildfolgen,* H.-H. Nagel, Fraunhofer-Gesellschaft Bericht 1/1989, 25-33

[Nagel 89b]   *A Perspective on Machine Vision,* H.-H. Nagel, zur Veröffentlichung eingereicht

[Rohr 89]   *Auf dem Wege zu modellgestütztem Erkennen von bewegten nicht-starren Körpern in Realweltbildfolgen,* K. Rohr, 11. DAGM - Symposium Mustererkennung, 2.-4. Oktober 1989, Hamburg, Informatik-Fachberichte 219, H. Burkhardt, K.H. Höhne, B. Neumann (Hrsg.), Springer-Verlag Berlin Heidelberg 1989, 324-328

[Rohr & Schnörr 89]   *Ein Ansatz zur Entwicklung eines Verfahrens zur automatischen Ermittlung der Trajektorien sich bewegender Objekte bei stationärer Kamera,* K. Rohr, C. Schnörr, Hausbericht Nr. 10174, Fraunhofer-Institut für Informations- und Datenverarbeitung (IITB), Karlsruhe, Juni 1989

[Schnörr 90]   *Determining Optical Flow for Irregular Domains by Minimizing Quadratic Functionals of a Certain Class,* C. Schnörr, accepted for publication, International Journal of Computer Vision

Pixelsynchrone Bildaufnahme mit CCD-Kamera für Meßzwecke

Richard Ameling
Carl Zeiss
Zentralbereich Forschung
7082 Oberkochen

Einleitung

Die Firma Carl Zeiss produziert seit vielen Jahren Gittermaßstäbe und Teilkreise höchster Präzision. Innerhalb der weitgehend automatisierten Fertigung wird durch eine sorgfältige Prozeßkontrolle und frühzeitige Mängelbeseitigung für eine gleichbleibende Qualität der Produkte gesorgt. Die zeitaufwendige visuelle Prüfung durch den Menschen, die zudem nicht frei von subjektiven Einflüssen ist, konnte durch eine automatische Prüfeinrichtung ersetzt werden. Ein bildverarbeitendes System mit seinen vielfältigen Möglichkeiten zur Identifikation, Inspektion und Vermessung von Oberflächenmerkmalen fand hier seinen Einsatz. Nachfolgend wird ein spezielles Verfahren der optischen Meßtechnik mit CCD-Kameras behandelt: die pixelsynchrone Bildaufnahme.

1. CCD-Meßsystem-Aufbau

Ein System zur optischen Geometrieerfassung mit CCD-Kameras besteht in der Regel aus folgenden Komponenten (Bild 1):

- Beleuchtungseinrichtung
   Durchlicht, Auflicht
- Abbildungsoptik
   Mikroskop-Objektiv, Kleinbild-Objektiv, Repro-Objektiv
- CCD-Kamera
   Zeilenkamera, Matrixkamera
- Spannungsversorgung und Steuergerät für CCD-Kamera
- Kamerainterface mit Bildspeicher
- Rechner
   PC, Workstation
- Software
   hardwareorientierte Grundsoftware
   problemorientierte Standardsoftware
   problemspezifische Applikationssoftware

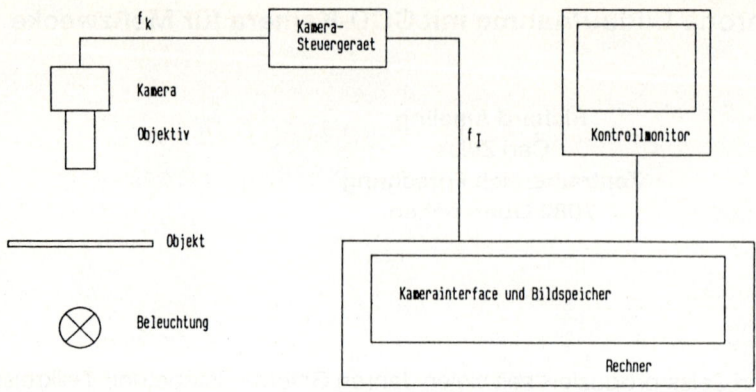

Bild 1 CCD-Meßsystem-Aufbau

2. Funktionsweise der Bildaufnahme

Im Kamerasteuergerät werden die einzelnen Sensorelemente der Kamera mit einer Frequenz f_K (z. B. 10 MHz) abgetastet und in ein analoges Videosignal nach CCIR- oder RS170-Norm umgewandelt.

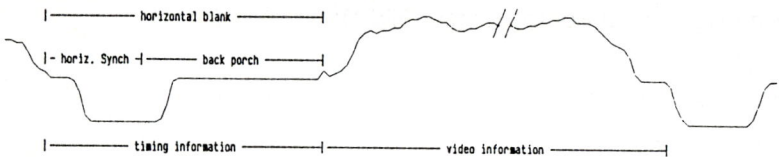

Bild 2 Videosignal der CCD-Kamera

Das Videosignal wird im Kamerainterface mit einer Frequenz f_I abgetastet, digitalisiert und pixelweise abgespeichert. Da in vielen Fällen die Taktfrequenz f_K des Kamerasteuergerätes nicht mit übertragen wird, muß im Kamerainterface ein Takt mit der Frequenz f_I erzeugt werden. Zur Synchronisation des Wandlertaktes f_I mit dem Videosignal wird im allgemeinen der Horizontal-Synch-Impuls am Anfang jeder Zeile benutzt.

3. Zuordnung der Sensorelemente zum Bildspeicherpixel

Für die Meßtechnik mit CCD-Systemen ist von entscheidender Bedeutung, daß die Zuordnung zwischen dem Helligkeitswert und dem Ort jedes Sensorelementes im Bildspeicherpixel weder verfälscht wird noch verlorengeht.

Die Synchronisation der Abtastfrequenz f_l mit dem Horizontal-Synch-Impuls führt im Bildspeicher zur zeilenweisen Abspeicherung der Sensorelemente. Die vertikale Zuordnung der Sensorelemente zum Bildspeicherpixel ist somit gegeben.

Die horizontale Zuordnung (Bildspeicherpixel innerhalb einer Zeile) beinhaltet zwei Fehlerquellen [Lenz 88]:

a) Der Synchronisationsfehler des Oscillators f_l mit dem Horizontal-Synch-Impuls führt zu einem Jitter von Zeile zu Zeile.

b) Die Regelschwingungen in der PLL-Schaltung des Oszillators f_l führen zu einem Jitter innerhalb einer Bildspeicherzeile

4. Messungen zur Fehlerbestimmung [Luh 87]

Der Meßaufbau bestand aus folgenden Komponenten:

>CCD-Kamera mit Valvo NXA 1010 Array
>ZEISS-Mikroskopobjektiv
>kalibrierte Präzisionsgitterplatte
>Image Technology PCVISION Bildspeicher

Die Lage eines Linienpunktes einer Gitterlinie innerhalb des Bildspeichers wurde über einen Zeitraum von 2 Sekunden mehrfach (25 Messungen/s) vermessen.

Die Meßergebnisse (Bild 3,4) zeigen, daß der Linienpunkt innerhalb einer Videozeile einen Jitter von ca. 0,4 Pixel bzw. innerhalb einer Videospalte von ca. 0,1 Pixel aufweist.

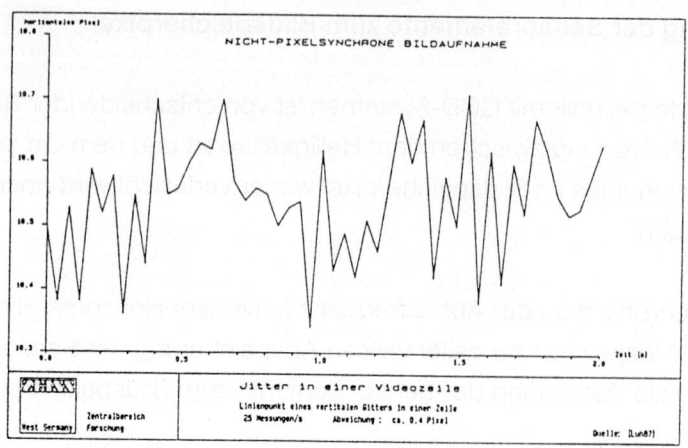

Bild 3 Jitter in einer Zeile bei Mehrfachmessung (25 Messungen/s)
Linienpunkt einer vertikalen Gitterlinie in einer Videozeile
Abweichung: ca. 0,4 Pixel (peak to peak)

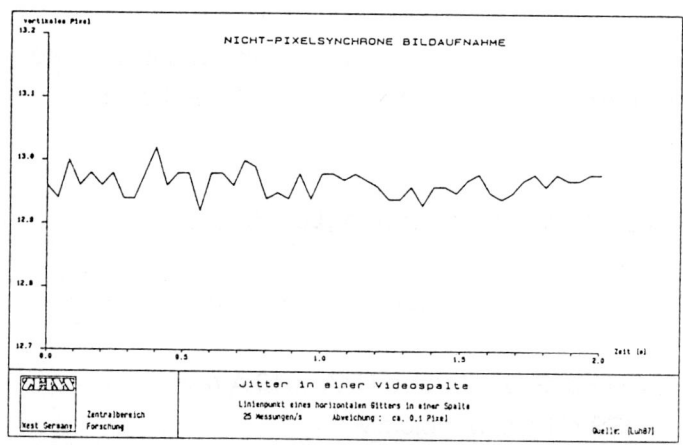

Bild 4 Jitter in einer Spalte bei Mehrfachmessung (25 Messungen/s)
Linienpunkt einer horizontalen Gitterlinie in einer Videospalte
Abweichung: ca. 0,1 Pixel (peak to peak)

5. Möglichkeiten zur Fehlerbeseitigung

a) Optische Zeilensynchronisation durch Auswertung vertikaler Referenzlinien in jedem Bild [Luh]

b) Elektronische Zeilensynchronisation durch Übertragung der digitalen Synch-Signale der Kamera zum Kamerainterface (pixelsynchrone Bildaufnahme) [Lenz 88]

6. Meßergebnisse bei pixelsynchroner Bildaufnahme durch Übertragung der digitalen Synch-Signale der CCD-Kamera

Meßaufbau:

CCD-5000/1 Matrixkamera, Fairchild Weston [Fair 89]
CCU-M Bildspeicher, Nanosystems [Nan 88]
ZEISS-Mikroskopobjektiv
Präzisionsgitterplatte

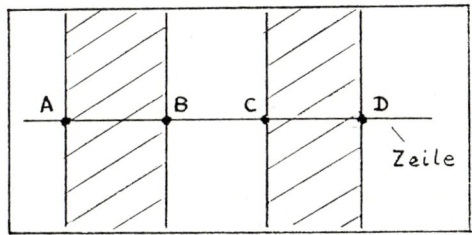

A, B, C, D = Hell-Dunkel-Übergänge im Bild
● = Linienpunkte, an denen die Kanten der Präzisionsgitterplatte detektiert wurden

Skizze 1 Meßaufgabe

Zur Messung des Jitters in einer Zeile bzw. Spalte wurde ein Linienpunkt einer Gitterlinie in einer Videozeile (-Spalte) mehrfach bestimmt. Die Bilder 5 und 6 zeigen die Meßergebnisse.

Ein Vergleich mit den Meßergebnissen der Bilder 3 und 4 zeigt, daß durch die pixelsynchrone Bildaufnahme der Zeilenjitter von 0,4 Pixel auf 0,05 Pixel verringert werden konnte.

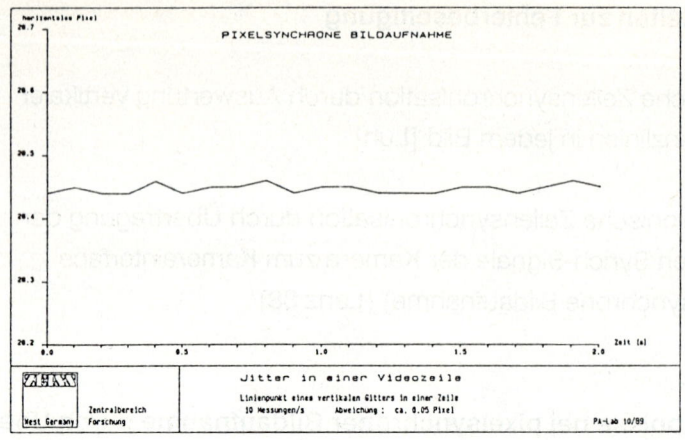

Bild 5 Jitter in einer Zeile bei Mehrfachmessung (10 Messungen/s)
Linienpunkt einer vertikalen Gitterlinie in einer Videozeile.
Abweichung: 0,05 Pixel (peak to peak)

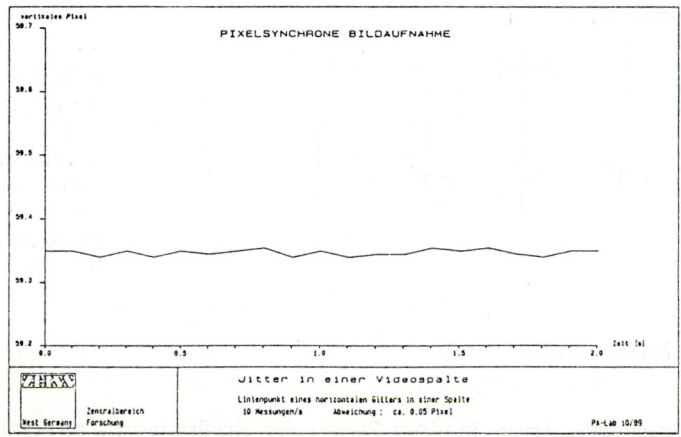

Bild 6 Jitter in einer Spalte bei Mehrfachmessung (10 Messungen/s)
Linienpunkt einer horizontalen Gitterlinie in einer Videospalte.
Abweichung: 0,05 Pixel (peak to peak)

7. Abschätzung des aufgrund des Kamerarauschens erwarteten Jitters
[Knup]

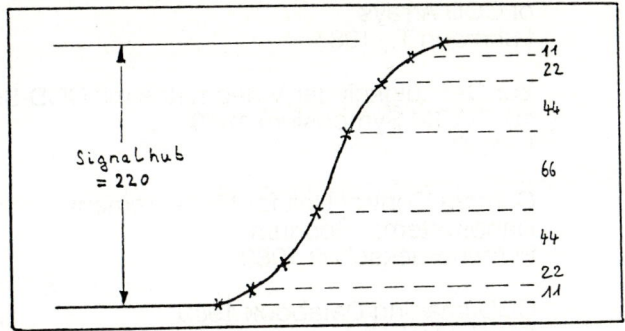

Skizze 2 typische Signalform der detektierten Kante

$$\text{geschätzter Fehler} = \text{Standardabweichung} \quad s = \frac{\text{Rauschen (effektiv)}}{\sqrt{\int\limits_{\text{Objekt}} (\text{Ableitung})^2 d_{\text{ort}}}}$$

angenommenes Kamerarauschen $\ = 2\ \text{Grauwertstufen}_{\text{eff}}$

$$\text{damit} \quad S/N = \frac{\text{Grauwerthub}}{\text{Rauschen}_{\text{eff}}} = \frac{256}{2} \; \hat{=} \; 42dB$$

$$\int\limits_{\text{Objekt}} (\text{Ableitung})^2 d_{\text{ort}} = 11^2 + 22^2 + 44^2 + 66^2 + 44^2 + 22^2 + 11^2 = 9438$$

$$\text{Standardabweichung:} \quad s = \frac{2}{\sqrt{9438}} \approx 0,02\ \text{Pixel}$$

Der gemessene Jitter in der Videozeile bei pixelsynchroner Bildaufnahme liegt bei 0,05 Pixel (peak to peak), was praktisch dem vorgenannten Wert s = 0,02 Pixel entspricht. Der verbliebene Jitter nach Bild 5 ist also im wesentlichen bereits durch das Rauschen der Kamera zu begründen.

8. Zusammenfassung

Durch die pixelsynchrone Bildaufnahme kann der Zeilenjitter deutlich reduziert werden. Diese Aufnahmetechnik gewinnt in der optischen Meßtechnik um so mehr an Bedeutung, wenn Interpolationsverfahren wie das "Subpixeling" zum Einsatz kommen.

9. Literatur

[Luh 87]   On Geometric Calibration of Digitized Video Images
                of CCD Arrays
                Luhmann T., 1987

[Lenz 88]   Zur Genauigkeit der Videometrie mit CCD-Sensoren
                10. DAGM Symposium 1988
                Lenz R.

[Nan 88]   Camera Control Unit for Measurement
                Nanosystems, Bochum
                Firmendruckschrift 1988

[Fair 89]   CCD Imaging Databook 1989
                Fairchild Weston

[Knup 90]   Dr. K. Knupfer, Carl Zeiss Oberkochen
                Interner Bericht

An Active Vision System for Task-Specific Information Processing*)

E.R. Schulze, S. Bohrer, M. Dose & S. Fuhrmann
Institut für Neuroinformatik
Ruhr-Universität Bochum

ABSTRACT

We present the fusion of an active stereo camera system together with a mobile robot having the capability of orientating and navigating. This performance is achieved by realizing a task-specific hierarchy of visual, biologically motivated information processing modules. The claimed behavioural complexity depends on a task-specific combination of simple but versatile units and additionally from an active vision concept. This concept is able to solve basic vision problems in a much more efficient way than a passive one [5]. We describe the basic ideas how such a hierarchy of capabilities can be achieved. In a second step the structure of the utilized mechanical system and the underlying software concept are presented. Finally, an obstacle detection scheme is presented as a basic module in the field of low-level tasks. It deals as an example of actually developed "evolvable" modules combining biological principles in order to realize a basic task in visually guided behaviour.

1. INTRODUCTION

The objective of the project is to build up a complex information processing system which combines a number of relevant features of the nervous system. In our working field information processing means processing data coming from a pair of video cameras up to a level of behaviour. The "visual system" is mounted on a small moving platform and has as its main purpose the exploration of its environment. This environment has initially a limited complexity and will later be elaborated to the complexity of our natural world. The autonomous platform is used as a testbed to implement principles of neural structures. We use Active Vision for reducing the incoming data flow with its inherent parallel structure and vast amount of these data.

Some global design principles are:

- The structure of the system is based on a task hierarchy and is always coupled with the complex visual environment. Because of the complexity of each single task the different levels are to be handled in parallel.

- The partial solutions have to be "evolvable", i.e. they have to be structured in such a way, that new solutions for more complex problems emerge by using combination, duplication and increase of the quality.

- The two video cameras establishing the optical sensor are an active system, which is controlled in dependence on optical information flow and a specific task.

Some realizations are based on procedures, which have been "translated" from the visual cortex of vertebrates. They may be interpreted as elements of a Neural Instruction Set. In detail we analyze and use the following principles:

1. Processing of the images takes place by using two dimensional spatial temporal operations.

2. In many cases image operations are coupled with coordinate transforms (mapping).

3. Combinations of different representations may be accomplished

a. in layered spatial temporal filter

b. by locally discrete interlacing within a plane

---

*) This project is supported by the German Fed. Dep. of Research and Technology (BMFT), Grant No. ITR8800K4

The camera system has to solve the following low level problems, built up on elementary tasks like acquisition, adjusting focus and zoom:
- *Attention*, to detect a task specific region of interest (ROI).
- *Fovealization*, means two things: centre the view onto the ROI and use the best optical resolution for the size of the interesting object.
- *Fusion* of the images and/or objects is not always necessary and possible but sometimes well suited for triangulation.

2. A HIERARCHICAL STRUCTURE OF CAPABILITIES

Starting from elementary capabilities we want to add step by step further ones so that the system will be able to execute more and more complex tasks. Thus we achieve a hierarchy of capabilities with corresponding tasks. In the following we want to describe this hierarchy including visible behaviour of the system corresponding to each level.

On the hierarchical lowest level the system is merely able to acquire visual information from natural environment in the form of pictures. No further image processing takes place at this stage. The only visible behaviour may consist in sensor motion. On the following level the input pictures are analysed in order to be able to perceive objects as obstacles in the environment. Thus we get a low-level object definition by regarding all those objects as obstacles having a vertical component. This definition becomes more differentiate if we distinguish between fixed and mobile objects. Adding next the ability of contemplating/tracking stationary/mobile objects, the system is now able to observe objects. Up to now we have regarded our vehicle as a fixed system without the ability of self motion. By adding motion abilities as well as a strategy for obstacle avoidance the vehicle can move collision free in its environment. These motion capabilities together with an exploration strategy are used to build up a model of the environment. Such a representation enforces a more elaborated object description including for example object position, size, etc.. On the next level we use a path planning algorithm in connection with the world model for navigation. By finally adding a grip arm the system is capable of grasping and manipulating objects. This behaviour enforces an object definition containing features like a surface description or an attribut 'graspable'. Obviously this hierarchical structure is not definitely determined because adding a grip arm can be also be done on a lower level. The following figure shows this described hierarchy of capabilities with corresponding levels of given tasks and resulting behaviour.

	TASKS	==> CAPABILITIES	==> BEHAVIOUR
6	reach a goal;mani- pulate objects	active intervention into the environment	free navigation & action
5	move to a goal	path planning (using the world model)	navigation
4	build up a re- presentation of the environment	planning & storing trajectories; storing object descriptions	exploration
3	move without collisions	strategy for obstacle avoidance	aimless walk
2	perceive & watch objects	detection of static & dynamic objects (track- ing objects)	observation
1	aquire pictures	capability to acquire visual information	sensor movements

In our group we are presently concerned with the levels 2. to 5. of the hierarchy. For object perception we are developing several modules working independently from each other. Thus the overall system becomes more robust towards failures of single modules and safer in the perception of environmental objects.

3. THE TOTAL SYSTEM ELEMENTS

For realization of the hierarchy the following system architecture has been developed:
The upper processing level is formed by a SUN-workstation on which the entire non real-time software is implemented. The output of these programs are high level control sequences for the active stereo camera system and vehicle for free action and navigation in a natural environment. A M68020 processor system takes over the analysis and interpretation of the high level control sequences translating these into low level motion commands. Incorrect control sequences and time-outs will be echoed back. The low level commands serve for controlling the active stereo camera system and the vehicle. The actual system state will be sent to the SUN-station via the M68020 processor system.

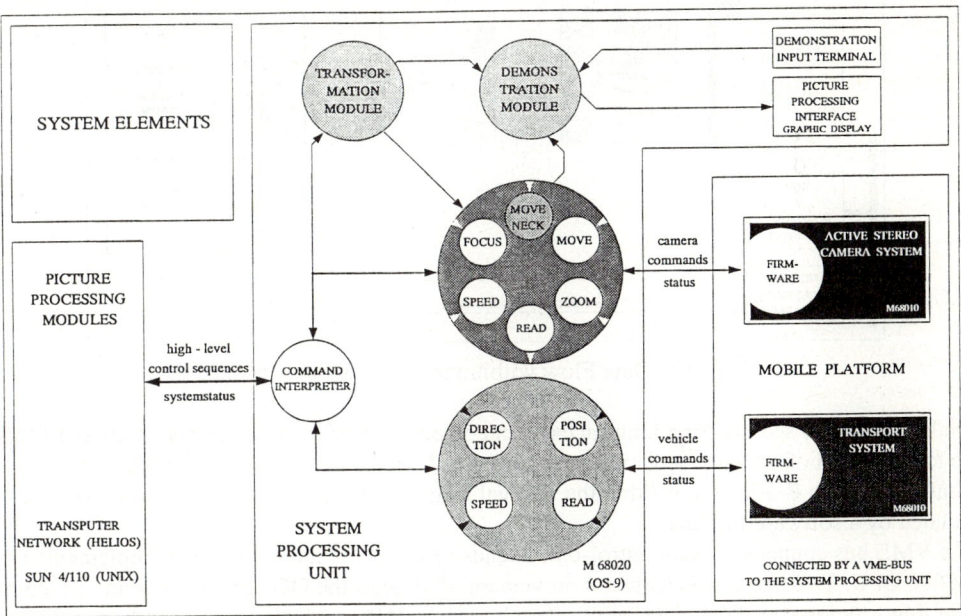

The implementation of the demonstration tool has several modes. It simulates the reaction of the camera system in effect of object related commands. Normally it shows a wire frame model of both cameras and abstracted floor from the view of a free mobile virtual observer. It is also possible to simulate the view of one or both cameras. On the other handside there is a module which shows the complete status of the mechanical and optical system on a terminal text display. For faster access and reaction of the physical camera system the graphic simulation can be switched off at any time.

4. THE BASIC IDEA OF THE CAMERA SYSTEM

An elementary idea in planing the optical sensor is to scan the field of view with an active moving camera system, where foveating and movement of the camera are coupled very closely. The specifications for the visual sensor system may be formulated shortly as follows:
Design of a stereo camera system with two CCD - video cameras modeled on the capabilities of the structure of the human eyes.

4.1 Physical Characteristics of the Camera System

In the following we describe some technical details of the chosen hardware.

4.1.1 The mechanical Structure of the Active Stereo System

- Horizontal as well as vertical rotations can be performed spanning more then 90 degree respectively. In contrast to a human eye the rotational axis intersects the principal point of lens for a typical focal length. Thus the perspective does not change while the direction of the view changes.

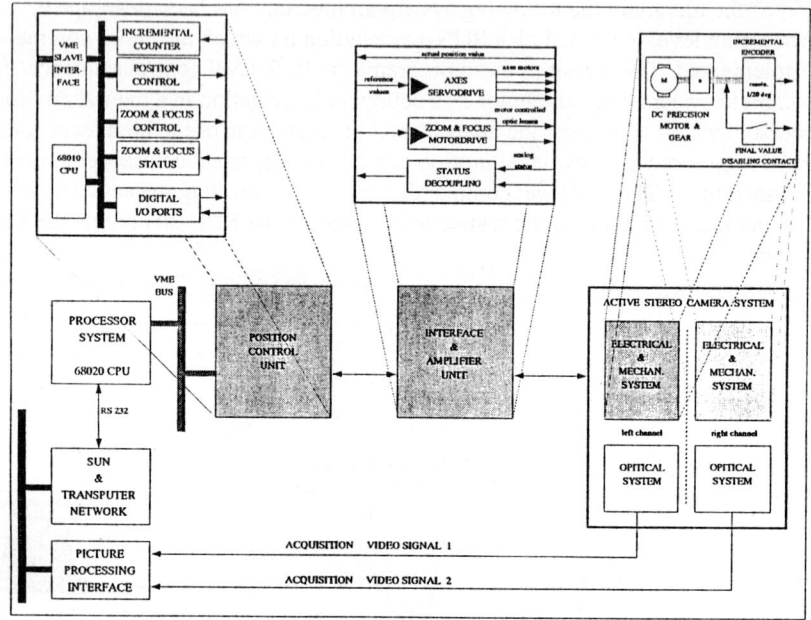

Fig. 4.1: Data Flow within the active optical system.

- It takes about 1/4 second for a long saccade and objects can be tracked at a speed up to 90°/sec. Due to resolution of optical encoders the precision of both axes is about +/-3 minutes of an arc.
- Limit of rotation is 300°/sec. Within the interval from 5°/sec up to 150o/sec the rotation can be regulated by a software module.
- The VME bus connected axis-control-unit attends to a PID regulation network implemented on a M68010 CPU. To force an independent movement of all axes the DC-servomotors are driven by using four rotation speed control circuits attending to an I*R compensation method.
- The distance of both optical axes is adjustable in the range of 25cm to 65cm.

4.1.2 The Optical System of the Camera

- The sensor itself consists of two conventional CCD-video cameras with 512*512 pixel each. The external synchronized picture acquisition carried out at a frequency of 25 Hz using the CCIR standard.
- Both motor driven zoom lenses have a focal length of 12.5mm - 75mm (which is approx. 50-8 angle of view) with a maximum setting time of 4 sec.
- Depending on image processing the focus can be regulated at a maximum setting time of 5sec within a range of 1m to Ø.
- The iris range is 1.8 to 360, which is suitable for an illumination range of 1 : 40000. It is exclusively controled by video signal of the corresponding camera.

4.2 The Servodrive Software

Firmware (FW): All processes and functions of motoric and sensoric hardware, except the image acquisition, are controled via a single VME-board. It includes a firmware with command primitives. They can be activated via a bus protocol for a multiprocessor system.

Bus Interface Protocol (BIP): The commands using this protocol are able to read and write to the ADC/DAC converters and manipulate parameters for positioning and regulating. There is no direct access to the hardware, but some system parameters may be read and written via a dual ported memory segment bypassing the slower BIP.

Elementary Control Commands (ECC): The firmware commands have been built up as C-routines creating a transparent access to these functions without the need of knowing the hardware protocol. Some of these C-functions use the direct memory access fast reaction. The functions of this level are independent of specific tasks.

Simple Camera Related Commands (SCRC): Using the EC-commands the level of the SCR-commands is oriented on tasks of the total system and checks the feasibility. Each can control a single degree of freedom.

Complex Camera Related Commands (CCRC): The CCR-commands mainly use the level of the SCRC. They control multiple degrees of freedom simultaneously and include coherent command sequences as a unit.

All of these commands are related to the coordinates of the camera system. Some of them are working as an autonomous process.

Coordinate Transformation and Demonstration Tools (CTDT): Upon the level of the simple and complex commands the transformations between the coordinates of the object world and the visual system are made. At this level there is additionaly built an autonomous and interactive overall control, graphic simulation and demonstration tool to coordinate task primitives via macros. The developed mathematical model of the imaging cameras visualizes the performance of the stereo camera system. Using the concept of the homogeneous matrix representation, the homogeneous rotation-, translation and perspective imaging transformations can be multiplied together, to obtain a composite homogeneous transformation matrix.

Object Structured Commands (OSC): The input of the last level is a whole status information, related to the object world (or part of them). At this level for example a stereo saccade with a new focal length and a new distance to the target object can be carried out as a single command.

5. A MONOCULAR MOTION-BASED OBSTACLE DETECTION SCHEME

An obstacle detection algorithm based on a stereo image pair and topographic mapping was presented by [6] on the DAGM 1988. Here we illustrate a modified monocular variation of it:
In this section an obstacle detection scheme is presented which integrates a coordinate transform together with a correlation-based motion detection scheme in a two step criterion. This approach was motivated by the ecological idea of extracting only minimally required information from the optical flow which is generated on the retina of an observer by objects moving relative to the observer. The task of obstacle detection here is defined by making use of motion discontinuities in the mapped image sequence. This approach together with the paradigm of an observer moving within a horizontal plane reduces the 2D search in complete motion detection to a 1D problem. The mapped motion field is strictly of first order for planar surface patches and for translations and rotations in the plane [3], which is a big advantage for all optical flow algorithms using regularization. Furthermore, the space-variance of the optical flow is included in the preliminary mapping stage.

5.1 First Step: "Inverse Perspective Mapping"

The term "inverse perspective mapping" was introduced by Mallot et al.[2,3] and does not correspond to an actual inversion of perspective which is of course mathematically impossible in general.

The inversion can be realized under the additional constraint that inversely mapped points should lie on the horizontal plane. This paradigm of an observer moving with two translatory and one rotatory degree of freedom within a horizontal plane is the typical case for an industrial mobile robot. For a void plane a fixed relationship between an image point and the distance to the corresponding point on the plane from the observer exists. This does not hold for all elevated points having a height component where the mapping results in a distortion and magnification where objects are scaled in a body-scaled fashion (Figure 5.2). Inverse perspective mapping undoes the perspective foreshortening for all points lying witin the plane (Figure 5.1). Since the operation is a pure point-to-point coordinate transform, parts of the scene that are occluded in the perspective image are occluded likewise in the mapped image.

In this way an obstacle is minimally defined as anything rising above the floor which is producing systematic errors in the mapping step. No additional information about the nature of the object is required. In an image sequence of a pure translatory movement all velocity vectors in the image become unidirectional for all stationary points in the scene. So no information about the focus of expansion is required and the objects (obstacles) stand out from the image motion motion field in a body-scaled fashion. The segmentation of the scene is realized by making use of the motion discontinuities produced in this manner.

Furthermore, textures on the horizontal plane and cast shadows pose no problem and expectations about surfaces in the outside world can be represented in variations of the map.

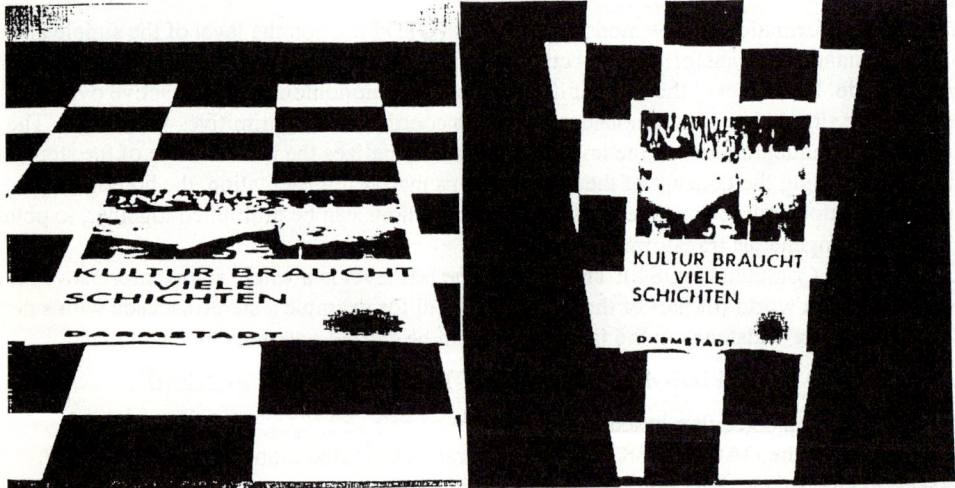

Figure 5.1: A perspective and the mapped inverse perspective view of a horizontal plane with a poster on the floor. The chequered pattern is rectified correctly . In the same way the distortions of the poster vanish by magnifying all the parts of the image depicting distant points and compressing those parts depicting close points.

5.2 Second Step: Motion Detection by Correlation and Voting

The described optical flow scheme was published recently by Bülthoff et al.[1]. The estimation of the flow field is realized by a local voting over the outputs of correlation-type motion detectors. The algorithm consists of patch-wise correlation of image features between sequences of images and the motion vector is chosen corresponding to the peak of correlation over the patch around the pixel under consideration. In this implementation, the correlation is established by comparing the absolute value of the differences of the amounts between the intensity values of two time-depending image sequences. It is presumed that a) each pixel has a unique velocity (uniqueness), b) that surfaces are locally smooth (continuity) and c) that the optical flow is locally constant [1]. This property allows the application of a space-invariant motion detection scheme over the complete image sequence. The voting algorithm is not subject to the so-called weak aperture problem [4]. The motion scheme can be described by the following three steps:

Shift and Compare
For all pixel (x, y) in the image of time t all permissible displacements in the image of time $t + D_t$ are scanned sequentially and for each possible combination a comparison function $\phi(a,b)$ is evaluated. The maximum permitted displacement space D_m is defined as:

$$\mathcal{D}_m = \{(dh, dv)|(dh, dv) \in [-\Delta h, +\Delta h] \times [-\Delta v, +\Delta v]\}$$

For each pixel an array of $(2 * D_h + 2 * D_v)$ matching strengths corresponding to the different displacements is represented:

$$
\begin{aligned}
m(x, y, dh, dv) &= \Phi(I_t(x, y), I_{t+\Delta t}(x + dh, y + dv)) \\
&= |I_t(x, y) - I_{t+\Delta t}(x + dh, y + dv)|
\end{aligned}
$$

Local Summation
For each pixel (x, y) the correlation values m for corresponding displacements of pixel in a defined neighbourhood D_M are accumulated. This computation proceeds in a parallel way through all layers. The output of this step is a combined matching strength over the local support area which, again, is a point wise function:

$$M(x, y, dh, dv) = \sum_{(x,y) \in \mathcal{D}_M} m(x, y, dh, dv)$$

The space of the local support area is defined as:

$$\mathcal{D}_M = \{(ch, cv)|ch^2 + cv^2 \leq r^2\}$$

Voting, Winner-Take-All
Finally, the maximum excitation of the evaluated array M is assigned as the true displacement (velocity together with the time sequence) $V(x, y)$ of the regarded pixel. This is a winner-take-all scheme which satisfies the following condition:

$$V(x, y) = \max_{(dh, dv)} M$$

5.3 Implementation and Experimental Results
The combined scheme is implemented in a serial version on SUN-SparcStation 1. The external and internal parameters of the camera are deduced from a preliminary camera calibration step. Fortunately it turned out that the prior inverse perspective mapping transform does not presume a very high precision of these parameters. The position of the intersection point of the optical axis with the target can vary within a domain of +/- 10 pixels and the rotational component allows an error of up to 2 degrees. Figure 5.2 shows an computation example of an indoor laboratory scene. The resolution of the images is 256*256 pixels of 8 Bit greylevel depth. The computation time for a vertical displacement area of +/- 10 pixels and a square voting area of +/- 10 pixels was 1 minute.

Figure 5.2: (a) Excerpt of a perspective image sequence of a laboratory scene with an obstacle on the floor. (b) The mapping leads to a wanted magnification of the book. (c) Needle-Plot of the whole region where motion was detected. (d) Corresponding needle-plot after the segmentation of the image due to motion discontinuities (only those vectors are considered, which have a motion component above a certain threshold).

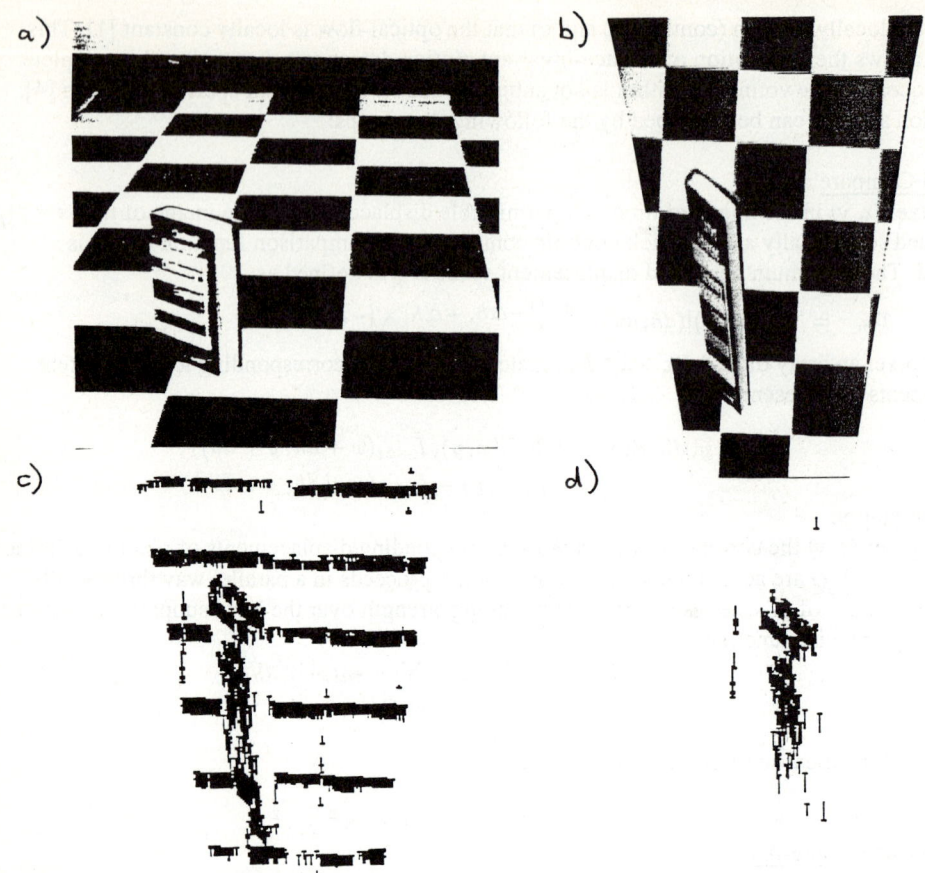

6. CONCLUSIONS AND FUTURE WORK

Starting from the point of having integrated the visually guided obstacle detection scheme on the mobile platform, a dynamic obstacle representation will be evaluated from sequences of frames. This is the initial step in building up a knowledge representation of the natural environment in which we will navigate. Additionally, a hierarchy of behavioural modules will be integrated in a common data base in order to realize complex navigation tasks. The complexity of the achieved capabilities is derived from the combination of simple, biologically motivated modules.

7. REFERENCES

[1] H.H.Bülthoff, J.J.Little, and T.Poggio. A parallel algorithm for real-time computation of optical flow. Nature, 337:549, 1989

[2] H.A.Mallot, E.Schulze, and K.Storjohann. Neural Network strategies for robot navigation. In G. Dreyfus and L. Personnaz, editors, nEuro 88, Paris

[3] H.A.Mallot, H.H.Bülthoff, and J.J.Little. Neural Architecture for optical flow computation. Artific. Intell. Memo. 1067, Massachusetts Institute of Technology, 1989

[4] S.Bohrer, H.H.Bülthoff, H.A.Mallot. Adaptation of a parallel correlation-based optical flow scheme. In Proceedings of INNC-90-PARIS, 1990

[5] J.Y.Aloimonos, A.Bandyopadhyay: Active Vision, In Proceedings of ICCV, London, 35:52, 1987

[6] K.Storjohann, E.Schulze, Segmentierung dreidimensionaler Szenen mittels perspektiver Kartierungen, In Proceedings of 10. DAGM-Symposium, Zürich 1988 (Springerverlag)

Polynomklassifikator versus Multilayer–Perzeptron

U. Kreßel   J. Franke   J. Schürmann

Daimler–Benz AG,   Forschungsinstitut Ulm
Wilhelm–Runge–Str. 11,   7900 Ulm/Donau

Kurzfassung

In diesem Beitrag werden verschiedene Zusammenhänge zwischen dem Polynomklassifikator [9] und dem Multilayer–Perzeptron [8] aufgezeigt. Ausgehend von dem entscheidungstheoretischen Lösungsansatz für die Klassifikation von Mustern, werden beide Methoden als Approximation der Rückschlußwahrscheinlichkeiten diskutiert. Neben dem theoretischen Vergleich werden auch erste Ergebnisse für eine wirklichkeitsnahe Aufgabenstellung der Mustererkennung — nämlich die Klassifikation von handgeschriebenen Ziffern [1] — angegeben.

Einleitung

Die Klassifikation von Mustern mit numerischen Merkmalen kann allgemein als eine Transformation f des Merkmalsraumes $\mathcal{X}$ in den Entscheidungsraum $\mathcal{D}$ angesehen werden (siehe z.B. [6]):

$$f: \quad \mathcal{X} \to \mathcal{D} \qquad \mathcal{X} = I\!R^N, \ \mathcal{D} = I\!R^K \ .$$

Die Aufgabe der Klassifikation ist somit identisch mit dem Ansatz, die beste Abbildung f bezüglich eines geeigneten Optimalitätskriteriums zu finden. Meist wird als Kriterium die Methode der kleinsten Fehlerquadrate gewählt:

$$E\left\{|\mathbf{y} - \mathbf{d}|^2\right\} \ \overset{!}{=} \ \min_{f} \ ,$$

wobei $E\{\cdots\}$ der Erwartungswertbildung entspricht, $\mathbf{d} \in I\!R^K$ das Ergebnis der Klassifikationsfunktion und $\mathbf{y} \in I\!R^K$ der gewünschte Sollwert ist.

Betrachtet man nun die Mustergenerierung als einen stochastischen Prozess, so führt obiges Optimalitätskriterium auf eine eindeutige Lösung für die Entscheidungsfunktion f. Mit Hilfe der Variationsrechnung kann man zeigen, daß gilt:

$$f: \quad \mathbf{d}_{opt}(\mathbf{x}) \ = \ E\{\mathbf{y}|\mathbf{x}\} \ .$$

Diese bedingten Erwartungswerte $E\{y|x\}$ sind jedoch gewöhnlich weder bekannt, noch können sie einfach durch Wahrscheinlichkeiten modelliert werden — für Handschriften z.B. müssen sowohl individuelle Schreibstile als auch Fehlerquellen beim Schreib– und beim Lesevorgang berücksichtigt werden. Als Ausweg bleibt, die Entscheidungsfunktionen mit Hilfe vieler Beispiele aus dem gegebenen stochastischen Prozess zu approximieren. Die Musterklassifikation wird somit identisch zu der Regressionsanalyse in der Statistik.

In den folgenden beiden Abschnitten wollen wir zwei Ansätze — Polynomklassifikator und Multilayer–Perzeptron — vorstellen, um die Vektorfunktion f zu approximieren. Unterschiede bestehen dabei einerseits in den Randbedingungen der verwendeten Approximationsfunktionen und andererseits in der Ermittlung bzw. der Einstellung der freien Parameter.

Polynomklassifikator

Bei dem Polynomklassifikator sind die Entscheidungsfunktionen eingeschränkt auf Linearkombinationen von beliebigen (einschließlich nichtlinearen) Funktionen $b(x)$ der gegebenen Merkmale x (siehe Bild 1):

$$d_i(x) \quad = \quad \sum_j a_{ji} \cdot b_j(x) \quad = \quad a_i^T \cdot b(x) \ ,$$

oder als Matrix geschrieben

$$d(x) \quad = \quad A^T \quad \cdot \quad b(x) \, .$$

Diese (Basis–) Funktionen b_j ermöglichen es, den ursprünglichen Merkmalsraum $\mathcal{X} \in \mathbb{R}^N$ nichtlinear zu erweitern und anschließend bezüglich der erweiterten Basis linear zu separieren. Häufig werden für die Funktionen b_j die Merkmale direkt und quadratische (und höhere) Kombinationen der Merkmale verwendet, wodurch auch der Name 'Polynom'–Klassifikator begründet ist.

Die erfolgreiche Anwendung des Polynomklassifikators (oder exakter Funktionalklassifikator) beruht auf der Tatsache, daß die Koeffizienten der Separierungsmatrix A direkt aus einem gegebenen Lernset bestimmt werden können:

$$E\left\{b(x)\,b^T(x)\right\} \cdot A \quad = \quad E\left\{b(x)\,y^T\right\} \, .$$

Es genügt, den Erwartungswert für die Kreuzkorrelationsmatrix $E\left\{b(x)\,y^T\right\}$ und die Momentenmatrix der erweiterten Merkmale bezüglich des Lernsets zu bestimmen und anschließend einen geeigneten Matrixinversionsalgorithmus anzuwenden, der etwaige lineare Abhängigkeiten in $E\left\{b(x)\,b^T(x)\right\}$ berücksichtigt.

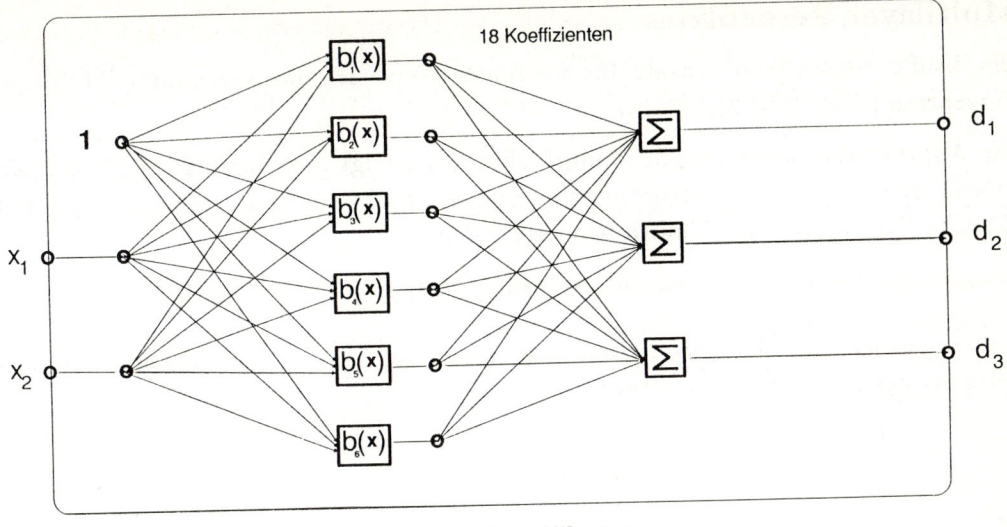

Bild 1:   **Polynomklassifikator**

Interessant ist auch der Zusammenhang zwischen der obigen Ableitung und der Lösung von überbestimmten Gleichungssystemen mit Hilfe der sogenannten Pseudoinversen. Jedes Lernmuster $^{(i)}\mathbf{x}$, versehen mit einer Kennzeichnung $^{(i)}\mathbf{y}$, stellt einen Satz von Gleichungen für die Koeffizientenmatrix $\mathbf{A}$ dar: $\mathbf{b}^T(^{(i)}\mathbf{x}) \cdot \mathbf{A} = {}^{(i)}\mathbf{y}^T$. Da die Matrix $\mathbf{A}$ insgesamt $M \cdot K$ freie Parameter besitzt (M: Anzahl der Basisfunktionen, K: Anzahl der Klassen), folgt sofort, daß, falls weniger als M Lernmuster zur Verfügung stehen, das Gleichungssystem nicht überbestimmt ist und exakt (mit Lösungsvielfachheiten) gelöst werden kann. Andererseits kann man daraus ableiten, daß deutlich mehr als M unabhängige Lernbeispiele benötigt werden, um das bekannte Problem der Überadaption (Reklassifikation versus Generalisation) zu verhindern.

Neben der direkten Lösung für die Koeffizientenmatix $\mathbf{A}$, die gleichzeitig die globale Optimalität aufzeigt, kann man auch einen iterativen Algorithmus angeben:

$$\mathbf{A}_I = \mathbf{A}_{I-1} + \alpha\, \mathbf{b}(\mathbf{x}_I) \cdot (\mathbf{y}_I - \mathbf{d}_I)^T .$$

Dieser Ansatz entspricht einem Gradientenabstiegsverfahren und konvergiert für alle Werte $\alpha < \frac{1}{|\mathbf{x}_I|^2}$.

Abschließend bleibt noch anzumerken, daß die Polynomklassifikatoren in jüngster Zeit als 'high order (single layer) neural nets' [4] und als 'functional–link nets' [7] in der Literatur über neuronale Netze wiederentdeckt und untersucht wurden.

Multilayer Perzeptron

Ein häufig verwendeter Ansatz für neuronale Netze ist das sogenannte Multilayer-Perzeptron (siehe Bild 2).

Die Approximation der Entscheidungsfunktionen erfolgt hier durch Perzeptrons (Neuronen), die in Schichten angeordnet sind und nur strikt vorwärts verkettet sind. Jedes einzelne Neuron wird gewöhnlich wie folgt definiert:

$$o \;=\; s\left(\sum_j a_j\, i_j \right),$$

wobei s meist eine Sigmoidfunktion (z.B. $\frac{1}{1+e^{-x}}$) ist und i_j die Eingänge und o den Ausgang des Neurons kennzeichnen.

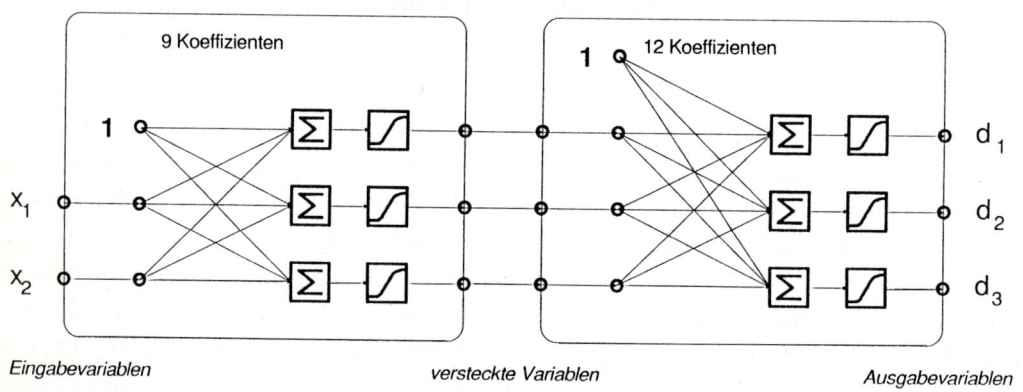

Bild 2:   **Multilayer - Perzeptron**

Der Ursprung dieses Ansatzes stammt aus Versuchen in der Neurobiologie, einfache Modelle für die Struktur des menschlichen Gehirnes zu entwickeln. Zwischenzeitlich hat dieser Ansatz jedoch einen unabhängigen Platz als Modell für hochgradig parallele Verarbeitung mit verteilter Information (z. B. in der Mustererkennung) gefunden.

Da aber keine analytische Lösung für das Multilayer-Perzeptron existiert, muß ein iteratives Gradientenverfahren benutzt werden. Diese Lösungsmethode ist unter dem Schlagwort 'error backpropagation' bekannt und führt auf folgende Gleichungen für die iterative Berechnung der Gewichte (für $s(u) = \frac{1}{1+e^{-u}}$):

$$
\begin{aligned}
a_{ij}(I) &= a_{ij}(I-1) + \alpha \cdot o_i \cdot o_j \cdot (1 - o_j) \cdot \delta_j \\
\delta_j &= y_j - o_j && \text{für die Ausgabevariablen} \\
\delta_j &= \sum_k \delta_k \cdot a_{jk} && \text{für Variablen in inneren Schichten .}
\end{aligned}
$$

Kürzlich wurde bewiesen [5], daß bereits eine versteckte Schicht genügt, um beliebige stetige Funktionen zu approximieren, was bekanntlich auch für den Polynomklassifikator gilt (Weierstraßscher Approximationssatz).

Vergleich und Zusammenfassung

Aus der obigen Gegenüberstellung wird deutlich, daß beide Ansätze leistungsstarke Approximationen für die Rückschlußwahrscheinlichkeiten darstellen — vorausgesetzt, das Lernset ist nicht zu groß. Da weiterhin beide Ansätze Nichtlinearitäten enthalten, scheint kein grundsätzlicher Unterschied für die Musterklassifikation zu bestehen. Das XOR–Problem zum Beispiel kann sowohl mit dem Polynomklassifikator direkt gelöst werden (bei Verwendung der zusätzlichen Kombination $x_1 \cdot x_2$), als auch mit einem Multilayer–Perzeptron mit einer versteckten Schicht.

Beide Methoden beruhen fast ausschließlich auf der Berechnung von Skalarprodukten ($\sum_i a_i x_i$), die parallel ausgeführt werden kann. Daher unterstützen spezielle (analoge oder digitale) Hardwareimplementationen des Skalarproduktes, die momentan für neuronale Netze entwickelt werden, beide Ansätze und ermöglichen somit extrem hohe Verarbeitungsgeschwindigkeiten für die Mustererkennung.

Der Vorteil des Polynomklassifikators ist jedoch, daß wegen seiner speziellen Struktur (nichtlineare Basisfunktionen/lineare Separierung) eine direkte Lösung mit globalem Optimum existiert. Dieser Ansatz erlaubt ferner eine gezielte Überwachung der Erzeugung eines Klassifikators durch Pivotstrategien und Rangordnung von Merkmalen.

Für die Erkennung von handgeschriebenen Ziffern sind die Vergleichsergebnisse in Bild 3 angegeben. Dabei wurden für den Polynomklassifikator einerseits ein unvollständiger, quadratischer Ansatz mit 1075 Basisfunktionen (Merkmale direkt und ausgewählte, quadratische Kombinationen) und andererseits ein vollständig linearer Ansatz mit 257 Basisfunktionen (Merkmale und konstanter Term) ausgewählt. Das Multilayer–Perzeptron hatte 40 Neuronen in der versteckten Schicht und wurde nach 150 Iterationen über das gesamte Lernset von jeweils 10000 Ziffern gestoppt.

Die numerischen Ergebnisse bestätigen die Ähnlichkeit beider Ansätze, wobei die Fragestellung 'Reklassifikation versus Generalisation' noch weiterer Untersuchungen bedarf. (Polynomklassifikator: 0.6% versus 2.2%; Multilayer–Perzeptron: 0% versus 4.6%). Es bleibt anzumerken, daß das Ergebnis des Multilayer–Perzeptrons bei der Reklassifikation durch den Einstellalgorithmus bedingt ist, der falsch erkannte Zeichen solange nachiteriert, bis sie richtig klassifiziert werden. Dies hat jedoch kaum Einfluß auf die Generalisationsfähigkeit des Multilayer–Perzeptrons. Nach 100 Iterationen lag die Fehlerrate für das Lernset bei 0.4% und für das Testset bei 4.6%. Ein ähnliche Nachiteration ist auch beim Polynomklassifikator möglich, indem man falsch und schlecht erkannte Zeichen dem ursprünglichen Lernset mehrfach beimischt.

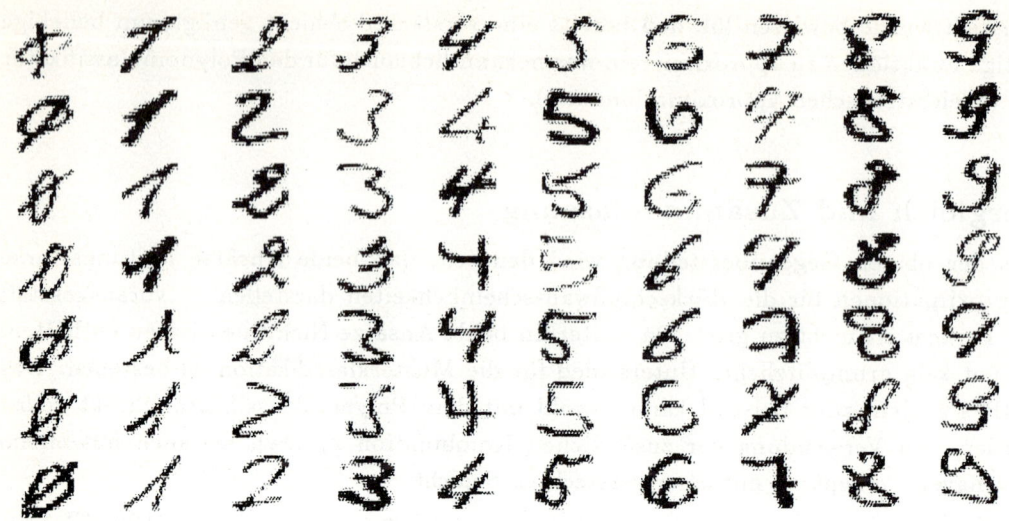

Bild 3:	• Lern– und Testset: jeweils 1000 Muster pro Ziffer
	• Auflösung: 16*16 Matrix mit 8 Bit Quantisierung
	• Ziffern normiert nach Höhe und Breite

Klassifikator:	Polynomklassifikator	linearer Ansatz	Multilayer–Perzeptron
Komplexität:	ausgewählt quadratisch	Merkmale direkt	40 versteckte Neuronen
Lösung:	direkt und iterativ		backpropagation
Koeffizienten:	10750	2570	10690
Lernset:	0.6% errors	8.6% errors	0% errors
Testset:	2.2% errors	10.2% errors	4.6% errors

Interessant ist auch noch ein Vergleich mit Untersuchungen von handgeschriebenen ZIP–Codes bei AT&T – Bell Laboratories, die mit speziell getrimmten Multilayer–Perzeptrons vergleichbare Ergebnisse erzielten [3, 2].

Literatur

[1] AEG Electrocom: *Automatische Anschriftenleser.* Konstanz, 1990.

[2] Y. Cun et al.: *Handwritten digit recognition with a back–propagation network.* NIPS 1989, Denver.

[3] J. Denker et al.: *Neural network recognizer for hand–written ZIP code digits.* NIPS 1988, Denver.

[4] C. Giles and T. Maxwell: *Learning, invariance, and generalization in high–order neural networks.* Applied Optics, 1987.

[5] K. Hornik, M. Stinchcombe, and H. White: *Multilayer feedforward networks are universal approximators.* Neural Networks, 1989.

[6] N. Nilsson: *Learning machines.* McGraw–Hill, 1965.

[7] Y. Pao: *Adaptive pattern recognition and neural networks.* Addison–Wesley, 1989.

[8] D. Rumelhart and J. McClelland: *Parallel distributed processing.* MIT Press, 1986.

[9] J. Schürmann: *Polynomklassifikatoren für die Zeichenerkennung.* Oldenbourg, 1977.

A KNOWLEDGE BASED SYSTEM
FOR TRAFFIC SIGN RECOGNITION

Reinhard E. Gämlich, Werner Ritter
Daimler Benz AG, Research Institute Ulm
Wilhelm-Runge-Str.11, 7900 Ulm, FRG

1. Introduction

A computer vision task is considered consisting of the analysis of coloured outdoor image sequences acquired by a car mounted camera. The images have to be analysed with respect to the occurence of traffic signs. The signs appearing in the visual field of the optical sensor have to be detected and recognized, text and symbols should be interpreted.

To solve this problem a system is under development, using methods of iconic and symbolic image analysis. The system has to cope with colour information and image sequences.

The analysis procedures for traffic sign recognition and interpretation are organized in a stepwise manner. One characteristic feature of our approach is the fast determination of regions of interest, based on the pixel-classification method. The procedural steps determine these regions are explained in the 2. chapter of this paper.

To distiguish the large number of traffic sign types, occuring on West-German roads (about 400, defined in the german traffic regulations), an extensive a priori knowledge is needed. For the representation of this knowledge an environment is under development supporting the use of frame oriented networks. The design and realization of this knowledge representation environment, applied to the task of traffic sign recognition, is explained subsequently.

2. Components of the traffic sign recognition system

The system architecture, shown in *Fig. 1*, follows the approach of model based image analysis systems (e.g. /1/,/2/,/3/). These systems are characterized by components for iconic and

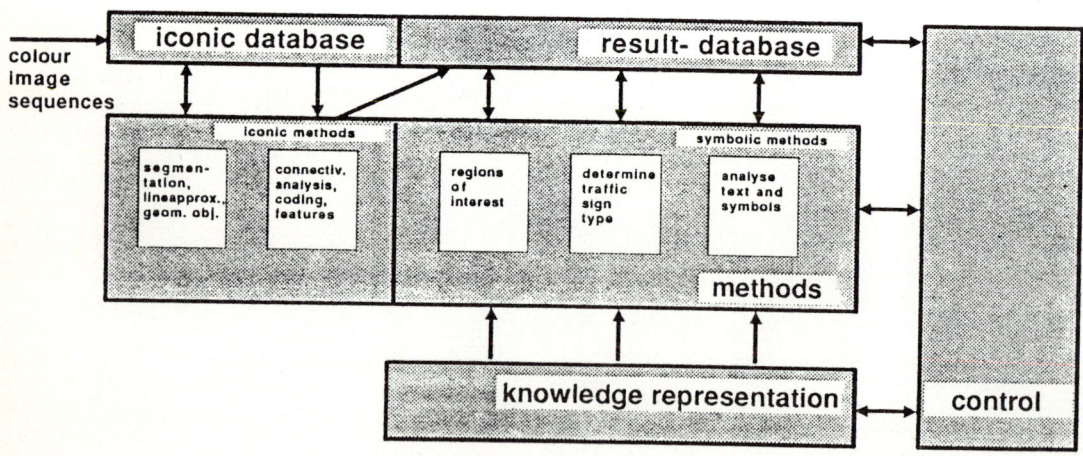

Fig. 1: System architecture

symbolic image processing, each module concerned with a particular task. Especially for the symbolic analysis knowledge representation and processing tools for object modelling and matching are crucial.

The most important components and their functions, as well as algorithms on which the modules are based, are explained in more detail.

The **system input** are colour image sequences with a sufficient resolution. These images are recorded with three channels (RGB images (Red-, Green-, Blue-channel)). The images, and all other image data (e.g. results of preprocessing) are stored in the **iconic data base**. The data base is designed for multidimensional images (e.g. RGB). Storing and retrieving functions are independent of the number of channels belonging to the actual image.

The module **methods** is to be designed as a toolbox and divided into the two parts *iconic image processing methods* and *symbolic image processing methods*.

The first part contains modules that operate only on the iconic data base. One pool of algorithms is concerned with *preprocessing operations*, like filters, thresholding, etc., another section deals with *segmentation*. One of the methods suitable for colour segmentation is the pixel-classification method /4/. It is a special algorithm, where every pixel is described by a feature-vector. In a training-phase a set of representative samples has to be collected, and all regions, that represent a special class (e.g. a part of a traffic sign with its colour and texture features) have to be labelled interactively. Based on this sample set discriminant functions are calculated, which assign every feature vector one of N classes.

In our system the pixel-classification method is used as a fast preliminary segmentation procedure. The result of this procedure are the *regions of attention*, characterized as regions with the same local features (e.g. colour, variance,...) as traffic signs locally possess. We use this result as first hint to the appearance of traffic signs or parts of them in the scene. Later we determine from these regions the *regions of interest*.

For the first approach we build a classifier which separates the scene in the four classes red, yellow or blue traffic sign regions and the background class. Investigations with different colour spaces have shown, that with a combination of the RGB and HSI colour space a feature-set has been found that allows a good and stable separation in attention and nonattention regions (see *Fig. 2 b*).

 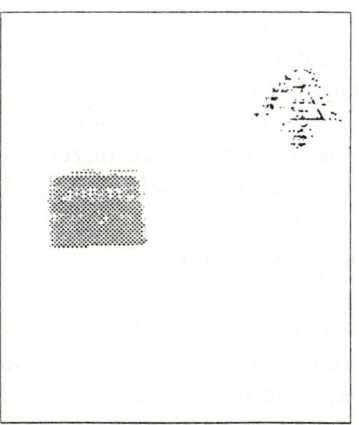 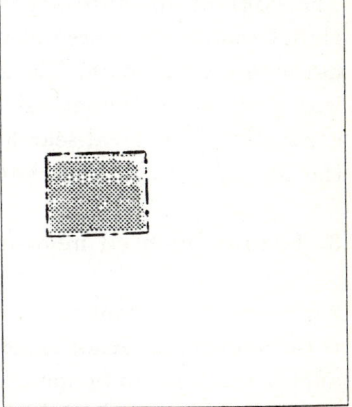

Fig. 2:(a) Original image, (b) regions of attention with
parts of a roof in the background, (c) region of interest

Connectivity analysis /5/ is applied to the segmented image to determine a complete description for every region. The region borderline codes and object features (e.g. area, center of gravity, etc.) are stored in the **result database**. This part of the system contains all values computed by activated image processing methods during the analysis process, e.g. list of connected regions, positions of hypothetical areas, etc.

The *symbolic image processing methods* are modules generally operating on the symbolic information stored in the result database. Methods for contour approximation, applied to the results of the connectivity analysis, deliver a more abstract description of the computed regions with lines and arcs. Methods for the fast determination of the object shape (e.g. circle, triangle, etc) are also integrated in this part of the method module.

With these results the *regions of interest* can be determined from the so far computed *regions of attention* features like colour, shape, area, coordinates of gravity center etc. Based on this information *regions of interest* are those candidate-areas, that have a high probabilty for representing a traffic sign (see *Fig. 2 c*). In the next step the *type of the traffic sign* has to be determined. To perform this task the hypotheses (regions of interest) must be examined in more detail (top down approach). The last step is the *traffic sign interpretation*. The text and the symbols (e.g. arrows, junction symbol, etc.) on the traffic signs are analysed.

The automatic analysis must be guided by problem specific knowledge (e.g. model of sign locations, visual appearance of a traffic sign model), represented by means of a frame oriented network (**knowledge representation**). The declarative part describes objects (e.g. traffic signs and their parts) and meanings (e.g. meanings according to traffic regulations). The nodes of the network are frames describing objects by name, attributes and attribute constraints. Attribute constraints form the links to the procedural part of the knowledge base, a set of routines. A special semantic is assigned to the edges of the network. They are restricted to two different types:

  ▷ *'HAS-PART'*, defining a physical partition of a frame
  ▷ *'CLASS'*, linking special frames to more general ones (IS-A link)

For generating and processing the network structure, a network environment, described in the next paragraph, is used.

The **control module** activates programs with suited parameter values according to the global knowledge, stored in the knowledge base and the data already calculated and stored in the result data base. The generation of candidates works bottom-up, while the verification works top-down (hypothesis/test). For every hypothesis a 'local search space' has to be generated. This local search space must contain instances, that are generated as copies of the corresponding frame, but filled with the actual image data.

3. Frame oriented network environment

All information about road scenes and traffic signs has to be stored in the module **knowledge representation**. Knowledge about the geometric objects and their parts (e.g. triangle, lines, angles, etc.) has to be modelled. Additional references to methods, performing special tasks (procedural knowledge), have to be integrated.

Beside the acquisition and storing of knowledge, the retrieval of data, answering queries and the possibility of inferences has to be available to calling programs or interactive users.

For solving these problems commercial systems like KEE, ART or Knowledge Craft (e.g. /6/,/7/) are available. Investigations showed, that these products are not applicable for the intended application. The great functionality and corresponding overhead of these systems leads to high demands on storage and computation time. On the other side the flexibility of the network structure is limited (e.g. KEE supports only ISA links - for the modelling of e.g. geometric objects it is necessary to define special link types, like FIRST, LAST and NEXT, to describe the relations of lines, these objects are built of). Another reason for the development of a special knowledge system was, that all components of the system for traffic sign recognition must be implemented within the same computer environment.

Refering to design of the knowledge system possible variations concerning the demands of different applications have to be considered. For every task it is important that the knowledge about the field of problems is modelled in an adequate manner. For a lot of problems a frame oriented network is an appropriate schema (/8/,/9/,/10/).

Error detection and the maintenance of the knowledge consistence, especially during knowledge acquisition, have to be ensured. To meet these requirements a modular system (see *Fig. 3*) was designed, that offers the possibility to define the network structure depending on a special application. The main parts are *network structure definition*, *knowledge acquisition* and *knowledge processing*.

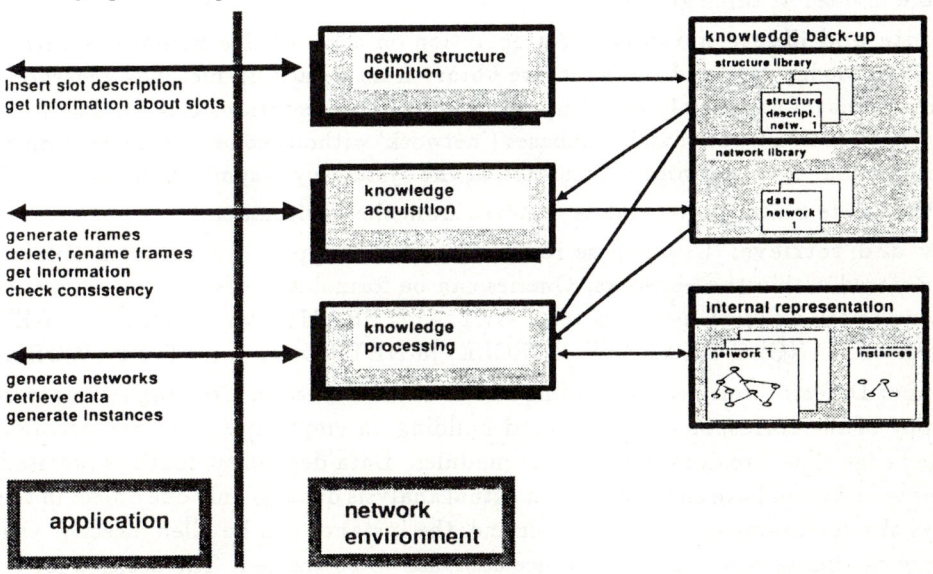

Fig. 3: System for manipulation frame oriented networks

To support a free *network structure definition* it is necessary to add information to the network data. These data, that are called *structural description*, describe every slot. Routines for knowledge acquisition and processing are controlled by this information. The advantage of this approach is the easy handling of errors, caused by the user and the free definition of various types of slots. Since edges in a network are represented by slots, their number and type is not limited.

The items of the structural description contain information about the semantic of the slots, the type of the slot value, its range, defaults, etc. The connection between a slot and its description is given by the slot identifier, that has to be unique in one network. The structural description is stored in a database (*structure library*) for every network. An editor was implemented to generate the structural description.

During the *knowledge acquisition* phase frames have to be put together from the previously defined slots and the relations between these frames have to be build up. For this purpose a **network editor** was implemented. With this editor the knowledge, held in the networks, can be added, deleted or changed. The editor was developed as an interactive system with the main purpose that it is impossible to violate the net consistency. This means, errors caused by the user must be detected.

All functions of the network editor are guided by the entries of the structure library. For the generation of a frame it is possible to choose a subset of the slots defined in the library. The advantage is here, that the number of slots is not fixed, like in other systems (e.g. ERNEST /11/). For every knowledge item (object, event, etc.) those slots suited best for modelling are chosen interactivly by the model designer.

In the *knowledge processing* part of the system functions are collected that operate on the knowledge inserted and modified by the knowledge acquisition routines. These methods are implemented as a tool box and can be invoked by application programs, e.g. the control module.

They are divided in three groups:

Generate and delete networks: An operation on a knowledge base starts with loading the real knowledge data and the structure library from a back-up file. The generate routine transforms this information to the computer internal representation. It is possible to generate a great number of networks and databases ('network' without edges) in the environment for one application. Each network is identified in the system by a symbolic name.

With the delete routine a network is removed from the environment.

Query and retrieve: Using these routines a user or application program obtains information stored within the networks. Queries can be formulated with logical expressions and can be valid for different networks (e.g. GET ALL FRAMES with COLOUR=RED AND (SHAPE=TRIANGLE OR SHAPE=CIRCLE) in NETWORK A AND NETWORK B).

Instance: Different routines for building instances are available. Creating an empty instance as a copy of the corresponding frame and building an empty instance tree, according to a specified edge type, are data independent modules. Data dependent routines are used, when the empty instances have to be filled with actual analysis data. If only one object in the image satisfies the conditions specified in the frame, the instance can be filled directly. Otherwise for every candidate object a new instance copy has to be created. The decision for the valid instance is made by the application module (e.g. control module).

All routines establish the edges between the instances. The generated instance network has the same construction as the corresponding part of the frame network.

4. Modelling traffic signs with the frame oriented network

In West-Germany about 400 different types of traffic signs have to be distinguished. All information about these signs can be obtained from the German traffic regulations ('Deutsche Straßenverkehrsordnung')/12/. This information includes range, shape, size and colour of the signs and their relative location to the road. The type of the text and the set of symbols on the signs are defined here, too.

According to these regulations the signs can be ordered in the following main categories: danger signs, regulatory signs, information signs and additional signs. Each class consists of several subclasses. This leads to a hierarchy with the real signs on the bottom. Based on this class tree the semantic of the signs can be derived.

All traffic signs can be described by a set of primitive objects. This set contains geometric primitives like circles, rectangles, etc., special symbols like arrows and textblocks. With these primitives and their geometric interrelation it is possible to model the signs. To complete the model of all traffic signs it is neccessary to consider that most of the signs occur in various types (e.g. guide signs differ, depending on the direction).

In a first approach we have modelled a small set of different traffic signs. *Fig. 4* shows a part of the network we built with the knowledge acquisition module. In this part geometric objects are represented on a high level of abstraction. Object parts like lines, linesegments etc. are neglected.

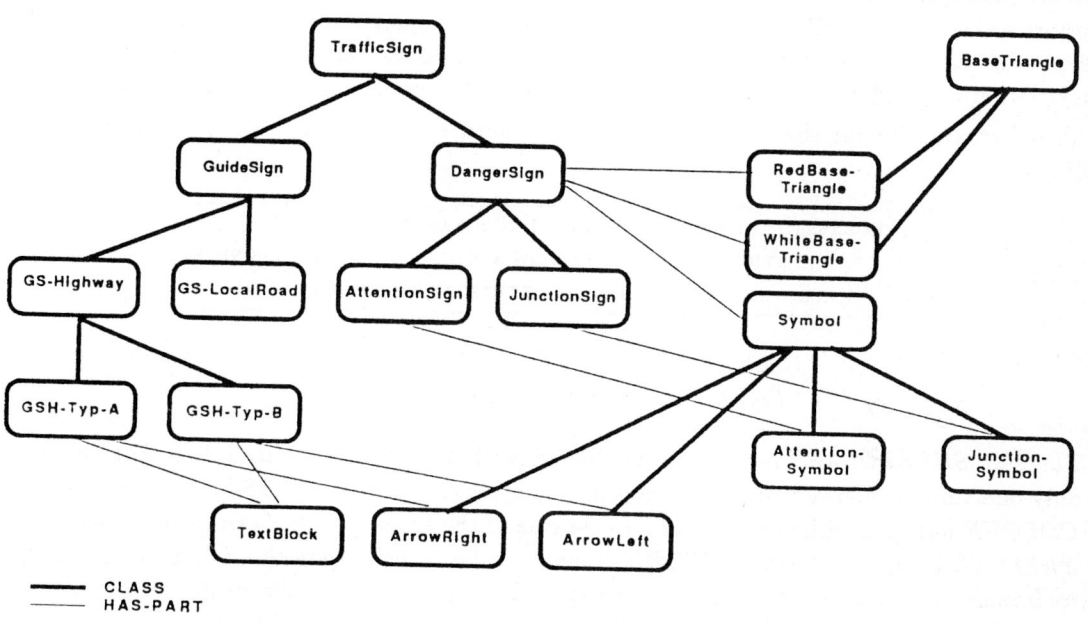

Fig. 4: Part of the traffic sign network

The frames in the network have a various number of slots with various types. *Fig. 5* shows an example.

ID:TrafficSign	ID:RedBaseTriangle
DESCRIP:RootNode	DESCRIP:Triangle ....
SUBCLASS:GuideSign$DangerSign	SUPERCLASS:Triangle
	PART-OF:DangerSign
	COLOUR:Red
	COORDINATES:-1.0$-1.0
	TEST:BaseTriangle

Fig. 5: Different frame structures

Both frames contain an identifier (ID) and a description (DESCRIP). For the frame *TrafficSign*, defining the root of the traffic sign hierarchy, only one additional slot is necessary. This slot represents the CLASS-edges to the frames *GuideSign* and *DangerSign*. For the frame *RedBaseTriangle* other data are important. Slots for the colour and coordinates (a priori unknown, but filled when instantiated) of the object have to be generated for the frame as well as a slot representing a link to the procedure *BaseTriangle*. This procedure tests whether the object under investigation has the shape *TriangleStandingOnTheBase*.

All information about the slots is held in the structure library. *Fig. 6* shows a part of this library.

```
SUPERCLASS:NIL:1:STRING:NIL:EDGE:NIL:SUBCLASS:NIL

COLOUR:NIL:1:STRING:RED BLUE YELLOW:ATTRIBUTE:SUPERCLASS:NIL:NIL

COORDINATES:-1.0$-1.0:2:REAL:0.0-512.0:ATTRIBUTE:NIL:NIL:NIL
```

Fig. 6: Sentences of the structure library

The slot *SUPERCLASS* represents an *EDGE* with the inverse *SUBCLASS*. For this slot only one value is allowed to guarantee the tree structure in the CLASS-hierarchie. The slot *COLOUR* has to be filled with a *STRING*-value of the three possible values RED, BLUE or YELLOW. It represents an *ATTRIBUTE* and can be inherited via the *SUPERCLASS*-edge to frames on lower levels of this hierarchy. The coordinates of the center of gravity are represented by the slot *COORDINATES*. Two values of the type *REAL* have to be inserted. The default is *-1.0$-1.0*, e.g. the coordinates are unknown. This slot will be filled with actual data when the frame is instantiated.

5. Conclusion

An image analysis system for traffic sign recognition has been presented. This system copes with colour information and image sequences. It includes the main modules *methods, results, knowledge representation* and *control*. The first steps of the system toward a fast traffic sign recognition have been outlined. For modelling the field of traffic sign recognition a frame oriented network environment was developed that allows an efficient and problem adequate implementing of the needed knowledge. The structure of the frames and the networks is free definable, and can be adapted easily to other applications. Routines for knowledge acquisition and processing, independent of the application and the network structure, are provided in the environment.

The iconic database and the tool box containing the methods were implemented in "C", the network environment, as described in chapter 3 was implemented in MODULA-2 on a VAX 8550 computer.

Future research for enhancing the applicable methods will concentrate on colour tools supporting the generation of a colour map or the stable detection of regions from black and white parts of traffic signs. Future research for the knowledge component will concentrate on the development of a suitable control algorithm, working on the knowledge processing part of the network environment.

Acknowledgement

This work has been performed within the PROMETHEUS project. PROMETHEUS (PROgraMme for a European Traffic with Highest Efficiency and Unprecendented Safety), is an european research programme to develop new technical concepts concerning the modern traffic. The aim is a system design leading to substantially increase with respect to traffic safety and efficiency.

References

/1/ Ballard, D.H., Brown, C.M., *Computer Vision*, Prentice-Hall, Inc. 1982

/2/ Hanson, A.R., Riseman, E.M., *Computer Vision Systems*, Academic Press, 1978

/3/ Niemann, H., *Pattern Analysis*, Springer Verlag, 1981

/4/ Blanz, W.E., *Bildsegmentation durch Texturanalyse*, Dissertation, Universität Stuttgart, 1983

/5/ Bartneck, N., *Ein Verfahren zur Umsetzung der ikonischen Bildinformation digitalisierter Bilder in Datenstrukturen zur Bildauswertung*, Dissertation, Techn. Universität Braunschweig, 1987

/6/ Intelli Corp., *KEE, Vers. 3.2. - Software Development System*, Manuals, 1987

/7/ Ferranti Computer Systems Ltd., *ART*, Manuals, 1985

/8/ Brachman, R.J., Schmolze, J.G., *An overview of the KL-ONE knowledge representation system*, Cognitive science 9, 1985

/9/ Richter, M., *Prinzipien der künstlichen Intelligenz*, B.G. Teubner, 1989

/10/ Winston, P.H., *Artifical Intelligence*, Addison-Wesley, 1984

/11/ Kummert, F; Niemann, H.; Sagerer, G; Schröder, S, *Werzeuge zur modellgesteuerten Bildanalyse und Wissensakquisition - Das System ERNEST-* In Paul, M. (Editor): Computerintegrierter Arbeitsplatz im Büro; Springer-Verlag, 1987

/12/ *Deutsche Straßenverkehrsordnung*, 1988

Eine Meta–Kontrolle für wissensbasierte Interpretation von Bildfolgen

Włodzimierz Kasprzak

Bayerisches Forschungszentrum für Wissensbasierte Systeme
FG Wissensverarbeitung, Leiter: Prof. Dr. H.Niemann
Am Weichselgarten 7, 8520 Erlangen

Zusammenfassung

Momentan verfügbare Expertensystem–Entwicklungsumgebungen stellen bereit entweder je einen fest vorgegebenen Kontrollalgorithmus oder eine Klasse von Strategien, die als Programmkode vorliegen. Komplexe Strategien müssen dann durch den Anwender in prozeduraler Form hinzugefügt werden. In diesem Beitrag wird eine zweistufige Inferenzkomponente vorgestellt, mit der eine homogene Repräsentation von Kontrollstrategien von Problem–Wissen korrespondiert. Als Basisstufe dient eine System Shell ERNEST, die auf der Wissensrepräsentationsform der Semantischen Netze aufbaut. Die Meta–Stufe wird am Beispiel einer Strategie zur Interpretation von Bildfolgen erläutert. Neben der Modularität solcher Architektur, bildet sie eine Voraussetzung für die Lernfähigkeit und Adaptierbarkeit von Kontrollstrategien.

1 Einführung

Ein *Expertensystem* für wissensbasierte Signalinterpretation besteht aus folgenden Modulen [1]: *Methoden, Wissensbasis, Kontrolle*. Die *Wissensbasis* enthält explizites Wissen über Problemgebiete, die überwiegend Schlußfolgerungen, Beurteilungen und Bewertungen anstelle von Berechnungen brauchen. Das Wissen ist in viele elementare Wissenstücke gegliedert. Es wird zwischen a priori Wissen, d.h. dem *Modell* (Objekte, Ereignisse, Kontrollwissen) und a posteriori Wissen, d.h. den *Daten* (Signal–Beschreibung und –Interpretation) unterschieden. *Methoden* beinhalten implizites (prozedurales) Wissen für berechnungsorientierte Funktionen der 'Low–level' Signalverarbeitung. Das Modul *Kontrolle* determiniert das Systemverhalten indem es entsprechende Komponente mit relevanten Daten zu entsprechendem Zeitpunkt aktiviert. Es enthält u.a. die *Inferenzkomponente* die aus allgemeinen Strategien zur Abarbeitung der einzelnen Wissenstücke besteht. Der Verarbeitungsablauf ist nicht fest vorgegeben – der Lösungsweg wird auf der Basis der zugrundeliegenden Wissenstücke gesucht.

Bei der Wissensverarbeitung haben wir es überwiegend mit Problemen zu tun, für die eine *streng algorithmische* Lösung nicht gefunden werden kann. Deswegen wird der sog. *Zustandsraum (Problemraum)* als fundamentale Organisationsform aller zielorientierten symbolischen Aktivitäten angenommen. Er besteht aus einer Menge von Zuständen und Umformungsschritten. Der aktuelle Zustand ist eine Sammlung von Fakten und Zwischenergebnissen. Die Umformungsschritte sind Anwendungen von *Operatoren* z.B. der Regeln in einem Regel–basiertem System. Wir können auch von Bereichen im Zustandsraum und von Operatoren zwischen Bereichen sprechen. Diese werden impliziert durch Modell–bedingte Beschränkungen bzw. durch Model–gesteuerte Verbreitung von Beschränkungen.
Die Lösung eines Problems entspricht einer Bewegungsstrategie innerhalb des Problemraumes, die einen Anfangszustand mit einem Zielzustand verbindet. Es gibt unterschiedliche *Problemlösungsstrategien*, z.B.: die Vorwärtsstrategie, die Rückwärtsstrategie, 'Hypothetisiere–and–Teste'. Die Entscheidungen die während des Ablaufes einer Strategie getroffen werden, können als Suche nach einem Pfad (Weg) im *Entscheidungsraum (Suchraum)* gesehen werden (Abb. 1). Im Gegensatz zu Spiel–, Puzzle–Problemen usw. haben Wir es bei der Signalinterpretation mit einem impliziten Zustandsraum zu tun. Der aktuelle Zustand bzw. der aktuelle Bereich im Zustandsraum der sich durch die Anwendung einer Operatorenfolge ergibt, wird durch die erzeugte Datenmenge spezifiziert und diese wird im aktuellen Suchraumknoten referiert.

2 Repräsentation von Kontrollstrategien

Effiziente Kontrollstrategien können sehr komplex sein. Eine Implementierung solcher Strategien in Programmiersprachen erfordert gute Programmierkenntnisse. Deswegen auch die Tendenz den Entwurf der

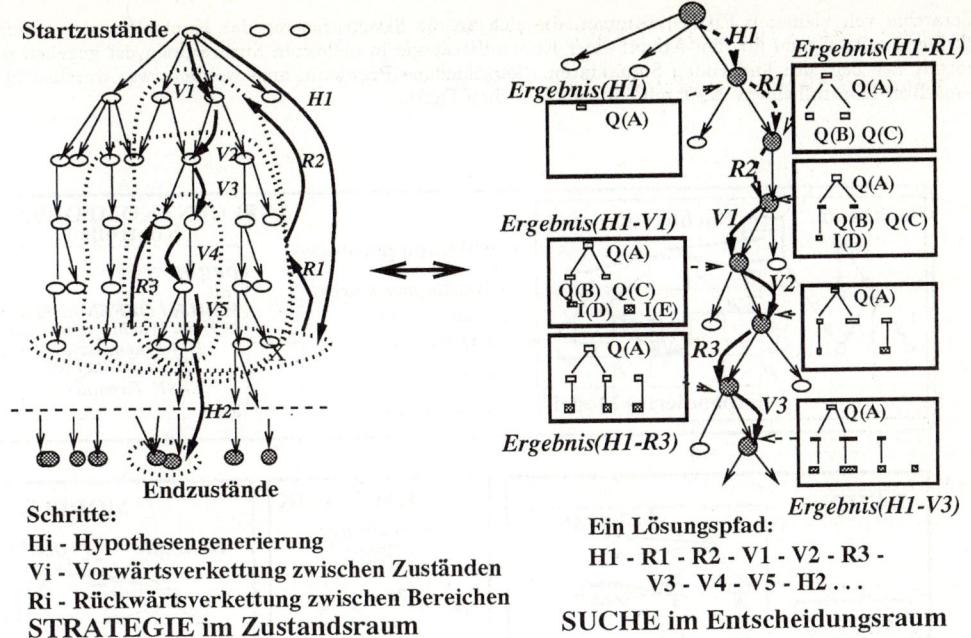

Startzustände

V1 *H1*
V2 *R2*
V3
V4 *R1*
R3 *V5*

H2

Endzustände

Schritte:
Hi - Hypothesengenerierung
Vi - Vorwärtsverkettung zwischen Zuständen
Ri - Rückwärtsverkettung zwischen Bereichen
STRATEGIE im Zustandsraum

H1
Ergebnis(H1)   *Ergebnis(H1-R1)*
Q(A)   Q(A)
                  Q(B) Q(C)
R1
R2
Q(A)
Q(B) Q(C)
I(D)
Ergebnis(H1-V1) *V1*
Q(A)   Q(A)
Q(B) Q(C)
I(D) I(E)
                   V2
Q(A)   Q(A)
R3
V3
Q(A)
Ergebnis(H1-R3)
Ergebnis(H1-V3)

Ein Lösungspfad:
H1 - R1 - R2 - V1 - V2 - R3 -
V3 - V4 - V5 - H2 ...

SUCHE im Entscheidungsraum

Abbildung 1: Das Zustandsraum–Paradigma

Kontrollstrategie ausschließlich dem KI–Experten zu überlassen. Die daraus resultierende strenge Trennung von Wissensbasis und Inferenzkomponente gesehen. erlaubt u.a einen Austausch kompletter Wissensbasen und damit eine Systemanwendung auf verwandten Gebieten. Der gleiche Schlussfolgerungsmechanismus wird bei anderen Aufgabestellungen benutzt ohne daß dieser stets neu zu entwickeln ist. Es werden Programmierumgebungen wie auch *System Shells* angeboten, die bis auf die fertig entwickelte Wissensbasis alle Komponenten eines Expertensystems enthalten. Zur Fertigstellung eines bestimmten Expertensystem ist vom Entwickler in eigener Arbeit noch die Wissensbasis mit dem aufgabenspezifischen Wissen aufzubauen und ggf. auch anwendungsabhängige Elemente der Inferenz–Komponente zu definieren.

Andererseits erfordert die Komplexität der Signalinterpretation Kontrollstrategien, die and das zu lösende Problem angepaßt sind. Deswegen ist es wichtig dem Benutzer das Hinzufügen seines Kontrollwissens zu ermöglichen.
Effiziente Kontrollstrategien sind selten zu Beginn des Systementwurfs bekannt und müssen erst schrittweise entwickelt werden. Man benötigt daher Formalismen, in denen Kontrollstrategien schnell und einfach spezifiziert und geändert werden können. Wie aber kann Kontrollwissen, daß als Menge von elementaren *Methoden* vorliegt und in Form von Prozeduren kodiert ist leicht modifiziert werden? Wie kann man in Programmiersprachen die Methoden identifizieren die durch das neu erworbene Wissen modifiziert sein können und sie auch modifizieren? Wie können zwei Methoden kombiniert werden, die als wichtig für die Lösung einer Aufgabe empfunden werden? In beiden Fällen wird meistens eine neue Prozedur geschrieben, welche das neu erworbene Wissen bzw. das Wissen von beiden enthält.

Wenn wir darüber hinaus eine Adaptierbarkeit und Lernfähigkeit der Systems fordern, wird die Frage nach geeigneter Repräsentationsform umso bedeutender. Für ein intelligentes System ist eine deklarative Repräsentationsform der Strategie wichtig, weil es immer neues Wissen dazulernt bzw. schon vorhandenes Wissen modifiziert.

Eine Möglichkeit der Handhabung von besonders großen Problemräumen ist deren Aufteilung in eine

Hierarchie von kleineren Problemräumen, die sich an die Strukturierung des Kontrollwissens orientiert [2]. Der zweite Grund für den Ablauf einer Kontrollstrategie in mehreren Suchräumen, ist gegeben durch die mit der Zeit sich ändernden Signaldaten. Verschiedene Problemräume werden zwar durchsucht mit demselben Kontrollwissen, aber mit unterschiedlichen Fakten.

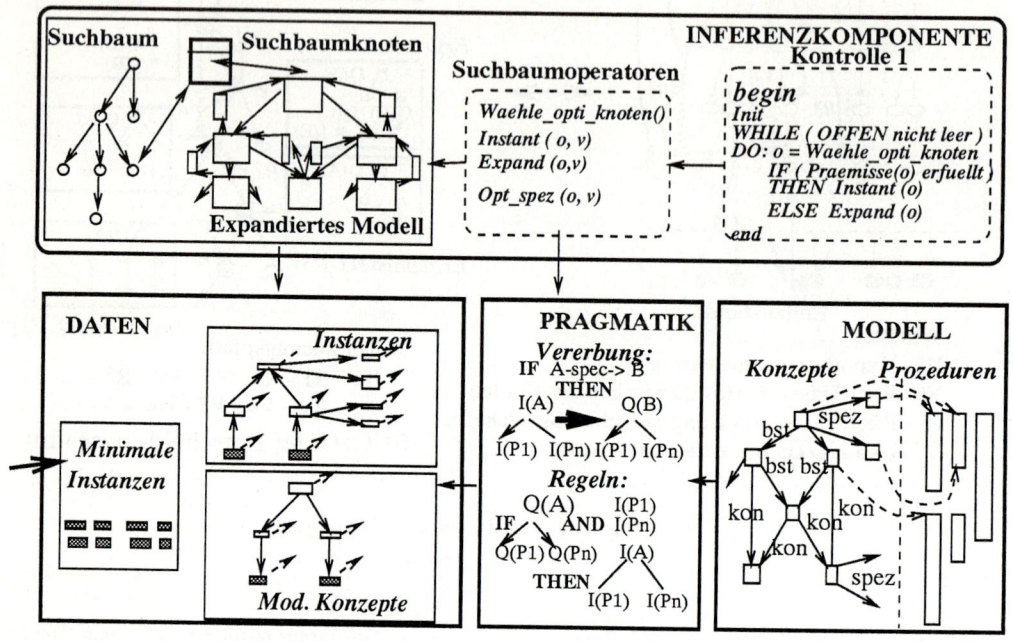

Abbildung 2: Die Architektur des Basissystems

3 Das Basissystem

Als Basis–System wird die Wissensbasis und Inferenz–Komponente der System Shell ERNEST [3] übernommen (Abb. 2).

3.1 Die Wissensbasis

Das Modell ist eine Implementierung der Prozeduralen Semantischen Netzwerke in Form von sogenannten deklarativen Konzepten und mit Ihnen verbundenen Prozeduren.

Eine benutzerunabhängige Pragmatik der Wissensrepräsentation (Aktivierungsregeln) bedeutet die Existenz von 6 Regeln zur Aktivierung der Wissensbasis–Konzepte, die syntaktisch orientiert sind, sowohl Top–Down wie auch Bottom–Up arbeiten und für das gesamte Netzwerk gelten. Als Ergebnis der Verknüpfung von Modell–Elementen mit Daten–Elementen werden neue Zwischenergebnisse erzeugt (Instanzen, modifizierte Konzepte).

Die Teile eines Konzepts sind in konkurrierende *Modalitätsmengen* zusammengeführt, so daß im Laufe der Analyse Strukturvergleiche zwischen Untermodellen in Form von Attributierten UND/ODER Graphen und den Daten stattfinden.

Benutzerabhängiges Kontrollwissen wird eingebracht durch die Strukturierung des Modells (Prioritäten von Konzepten im Netzwerk und Modalitäten eines Konzepts) und durch die Bewertungsfunktionen.

3.2 Die Basis–Inferenzkomponente

Die Inferenzkomponente besteht aus einer Problemlösungsstrategie, die im Zustandsraum der partiellen Signalbeschreibungen zwischen Vorwärtsverkettung und Rückwärtsverkettung alterniert (determinieren von neuen Zielkonzepten und Model–gesteuerter Strukturvergleich dieser Ziele mit Daten) (Abb. 3). Der Entscheidungsfluß wird als optimale Baumsuche implementiert. Das Schema dieser Strategie (Tab. 1) besteht

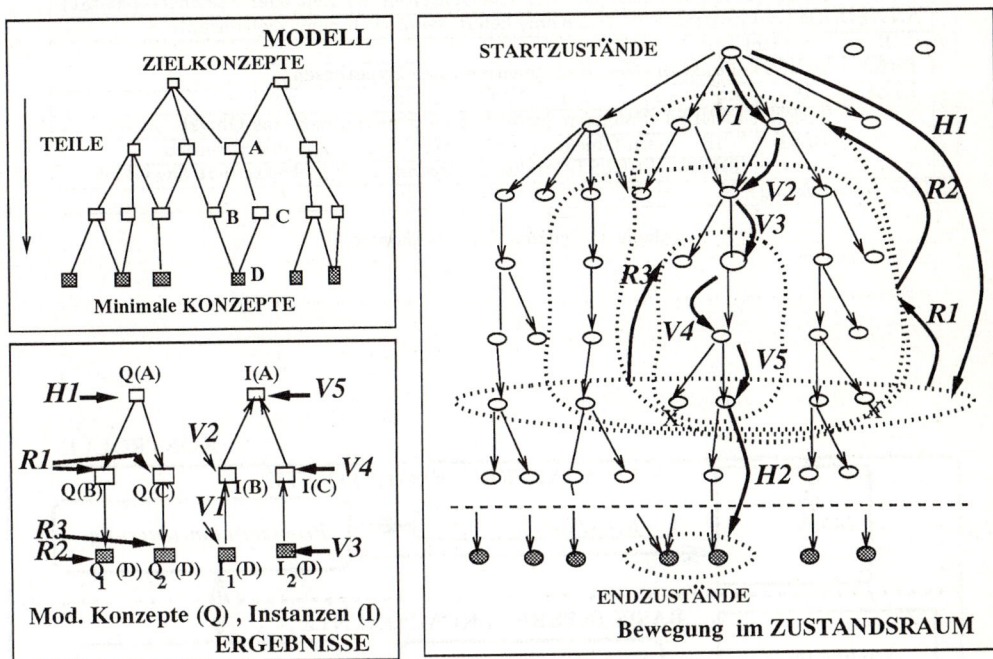

Abbildung 3: Die Alternierende Kontrollstrategie

aus IF THEN ELSE und WHILE Konstruktionen in denen entsprechende Suchbaumoperatoren aufgerufen werden. Diese sind teilweise anwendungsabhängig, teilweise werden sie durch die ERNEST Shell zur Verfügung gestellt.

4 Die Meta–Stufe

In diesem Abschnitt beschreiben wir einen Vorgang, in dem die komplexen Problemlösungsstrategien in Form von Semantischen Netzen beschrieben und als Kontrollwissen in der Wissensbasis gespeichert werden. Eine Strategie wird homogen zum Problemwissen repräsentiert und unter der Kontrolle derselben Basis–Inferenzkomponente abgearbeitet. Indem die Strategie selbst als eine Aufgabe für ein wissensbasiertes System betrachtet wird, sprechen wir von einer *Metastufe* im Unterschied zu der *Basisstufe* d.h. dem Abarbeiten von Problemwissen (Abb. 4) [4].

Gegeben: ANWENDUNGs–Funktion *Ziele*; liefert eine Liste von Zielkonzepten			
ANWENDUNGs–Funktion *Parameter*; gibt anwendungsbezogene Parameter			
ERNEST–Funktion *Init*; initialisiert den aktuellen Suchbaum			
WHILE es gibt offene Suchbaumknoten DO:			
ERNEST–Funktion *Waehle_Knoten*; wählt den bestbewerteten Knoten N			
IF	ANWENDUNGs–Funktion *Ende* entscheidet über Ende der Analyse		
THEN	STOP (Erfolg der Analyse oder Überschreiten der Zeit oder Speicherkapazität)		
ANWENDUNGs–Funktion S = *Ziel_Konz*; liefert womöglich neue Zielkonzepte S			
IF	S is nicht leer		
THEN	ERNEST–Funktion *Gen_Ziel*; generiert Ziel–Hypothesen		
ELSE	IF	ein Objekt $o_l \in$ DATEN(N) kann instantiiert werden	
	THEN	ERNEST–Funktion *Instant*(o_l, N); instantiiert das Objekt	
	ELSE	IF	ein Objekt $o_l \in$ DATA(N) kann expandiert werden
		THEN	ERNEST–Funktion *Expand*(o_l, N); ekspandiert das Objekt
STOP (ohne Erfolg)			

Tabelle 1: Schema der Basiskontrolle

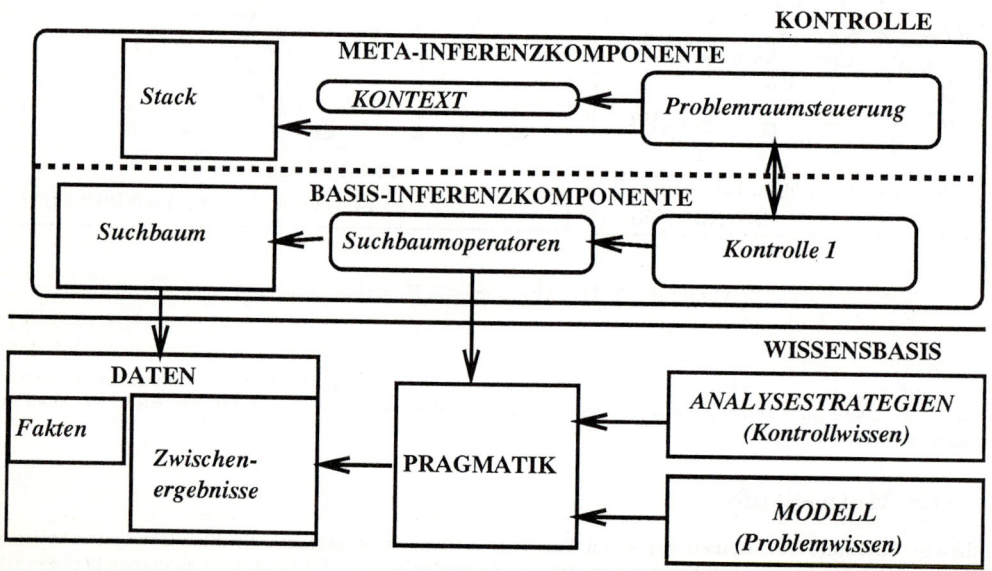

Abbildung 4: Die Meta–Architektur

4.1 Kodieren der elementaren Analysestrategien

Das Kontrollwissen wird aktiviert durch dieselben Regeln wie das Problemwissen. Der Unterschied liegt in der Bearbeitung von minimalen (d.h terminalen) Konzepten.
Diese stehen jetzt nicht länger für Klassen von möglichen Fakten, d.h. für Ergebnisse der Anwendung von *Methoden*, sondern sie können Berechnungen bzw. Unterproblemräume aufrufen.

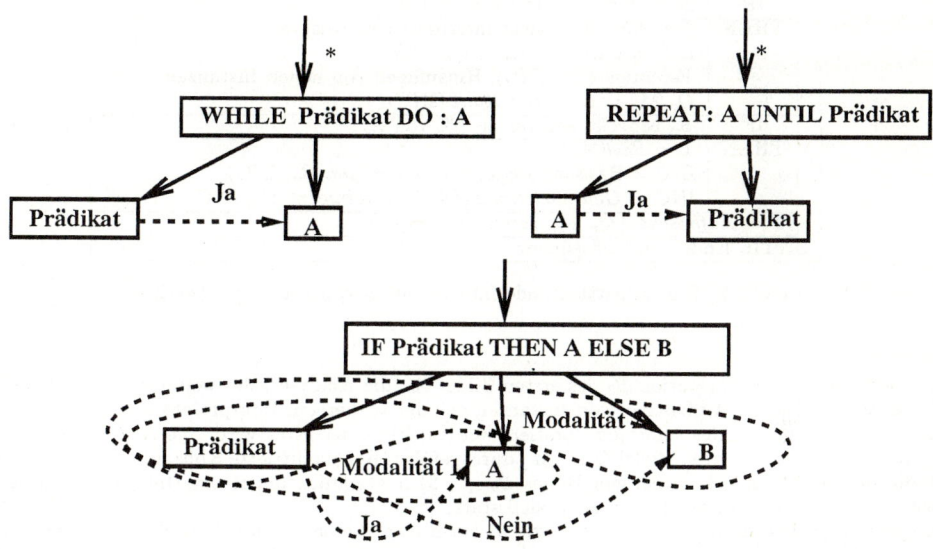

Abbildung 5: Die Elemente des Kontrollwissens

Für *Prädikate* werden eigene Konzepte angelegt (Abb. 5). Eine 'IF *Prädikat* THEN *A* ELSE *B*' – Konstruktion wird durch vier Konzepte dargestellt. Dabei enthält das übergeordnete Konzept die Spezifizierung von zwei Modalitätsmengen. Die erste Modalität entspricht der Tatsache, daß das Prädikat erfüllt ist, die zweite, daß es nicht zutrifft. Die Loop–Konstruktionen werden durch sogenannte Kanten mit 'unendlicher Dimension' (*) dargestellt. Iterationen sind durch den Mechanismus der Unterräume definiert, weil ein minimales Konzept des aktuellen Modells ein neues Modell (womöglich dasselbe) aufrufen kann.

4.2 Die Meta–Inferenzkomponente

Die Meta–Inferenzkomponente koordiniert die Suchprozesse in untergeordneten Problemräumen. Sie initialisiert den aktuellen Problemraum indem Sie das Unter–Netz des Modells vorgibt, die relevanten Fakten bzw. Zwischenergebnisse festlegt und die Basiskontrolle unter Berücksichtigung der problembezogenen Elemente definiert und aufruft. Der aktuelle Stand der Analyse wird in der Registermenge KONTEXT vermerkt. Alle früher aufgerufene und wartende Suchprozesse werden in einem Notizspeicher STACK referiert.

Diese Meta–Architektur gewinnt an Bedeutung, falls die Analyse in mehreren Unterräumen parallel ablaufen kann. In solchem Fall nachdem eine erste Lösung eines Problems gefunden wäre, würde der Prozess nach weiteren Lösungen suchen und zugleich könnte die Suche im übergeordnetem Problemraum mit der ersten Lösung fortfahren.

5 Beispiel

In der Tabelle 2 wird eine schritthaltende Strategie zur Interpretation von Bildfolgen gegeben [5]. Sie enthält Aufrufe von berechnungsorientierten Prozeduren wie auch mehrere Aufrufe der Basisanalyse.

Gegeben: Modell M, Sequenz von Bildbeschreibungen A_τ
$B_0 = $ *Basisanalyse*(A_0, M) $Q_0(M) = $ *Gen_mod_Konz*(B_0); Generierung von modifizierten Konzepten für alle Instanzen aus B_0
REPEAT für $\tau = 1,2,...$
$B_\tau = $ *Auffrischen*$(B_{\tau-1})$
Eliminieren$(B_\tau, Q_{\tau-1}(M))$; von längst verschwunden Objekten
IF B_τ bedeckt weniger als p% von A_τ
THEN T = *Rest*(A_τ); nicht interpretierte Objekte INC = *Basisanalyse*$(T, Q_{\tau-1}(M))$ *Vereinigen*(B_τ, INC); Hinzufügen von neuen Instanzen $Q_\tau(M) = $ *Gen_mod_Konz* (INC)
IF B_τ bedeckt weniger als p% von A_τ
THEN T = *Rest*(A_τ) INC = *Basisanalyse*(T, M); *Vereinigen*(B_τ, INC) INC = *Gen_mod_Konz* (INC); *Vereinigen*(Q_τ, INC)
T = *Auffrischen*$(Q_{\tau-1})$; *Vereinigen*(Q_τ, T)
UNTIL Ende von Bildsequenz

Tabelle 2: Eine schritthaltende Interpretation von Bildfolgen (nach [5])

Nach einer initialen Interpretation B_0 des ersten Bildes A_0, die Analyse jedes weiteren Bildes A_τ erfolgt in drei Schritten: 1) durch Auffrischen von Instanzen aus der vorherigen Interpretation $B_{\tau-1}$ kann u.U. der größte Teil des neuen Bildes sofort interpretiert werden; 2) als nächstes wird eine Analyse der restlichen Bildobjekte für ein begrenztes Model $Q_{\tau-1}(M)$ durchgeführt, daß modifzierte Konzepte enthält die relevant sind zur Interpretation des vorherigen Bildes $B_{\tau-1}$; 3) letztendlich findet eine Interpretation der noch verbleibenden Bildobjekte für das ganze Modell statt.
Eine generelle Repräsentation dieser Strategie in Form eines Semantischen Netzes folgt in Abb. 6. Die Minimalen Konzepte stehen für Aufrufe von Prozeduren, die übergeordneten Konzepte geben den Verarbeitungsfluß wieder. Beim Abarbeiten des Modells mit dem 'Wurzelkonzept' BILDFOLGEINTERPRETATION wird die Basiskontrolle die Suche mit einem der vorläufigen und konkurrierenden Zielkonzepte aus der Menge der STRATEGIEN beginnen und das Unternetz dann in einer Top-Down gerichteten Tiefensuche durchlaufen. Beim erreichen der minimalen Konzepte wird entweder ein Berechnungs- bzw. ein Datenverwaltungsprozess oder eine Version der Basiskontrolle aufgerufen. Falls die Basiskontrolle einen pfadenübergreifenden Informationsfluß erlaubt, kann u.U. die Analyse des nächsten Bildes mit einer konkurrierenden Strategie durchgeführt werden unter Beibehaltung der bisherigen Interpretationen.

6 Ausblick

In diesem Beitrag wurde eine zweistufige Kontrolle für wissensbasierte Signalanalyse vorgestellt. Die verwendete Repräsentationsform reicht aus um Planungs–ähnliche Strategien strukturiert darzustellen. Das Behandeln von Kontrollstrategien als eine Art Wissen ermöglicht dem Anwender modulare, selbstdokumentierende und erklärungsfähige Strategien aufzubauen. Darüber hinaus erfüllt es die Voraussetzungen für Maschinen–gestützte Akquisition von Strategien [6].

Offen bleibt in wieweit diese Architektur es dem System ermöglicht seine Schlußfolgerungsweise den Erfordernissen anzupassen. und seine Wissensbasis oder den Inferenzmechanismus zu erweitern.

Dank: Die Arbeit wurde zum Teil durch ein Forschungsstipendium der Alexander von Humboldt–Stiftung zu Bonn gefördert.

Literatur

[1] Niemann H.: **Pattern Analysis and Understanding.** *Springer Series in Information Sciences, Vol. 4,* Springer-Vg., Berlin, 1989.

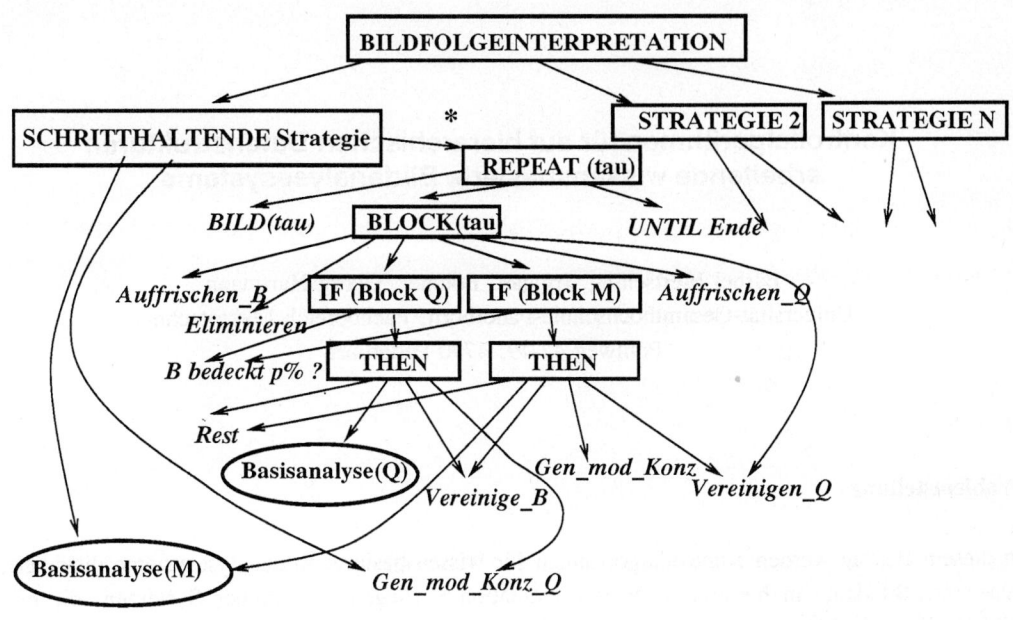

Abbildung 6: Die Repräsentation der schritthaltenden Strategie im Semantischen Netz

[2] Laird J., Rosenbloom P., Newell A.: **Universal Subgoaling und Chunking. The Automatic Generation and Learning of Goal Hierarchies.** Kluwer Academic Pub., Boston 1987.

[3] Niemann H., Sagerer G., Schröder S., Kummert F. : *ERNEST: A Semantic Network System for Pattern Understanding.* **IEEE Trans Patt Anal Mach Intell**, PAMI–12(1990), (in Druck).

[4] Davis R.: *Meta–Rules: Reasoning about Control.* **Artificial Intelligence**, 15(1980), 179–222.

[5] Niemann H., Sagerer G.: **Semantic Networks for Signal Analysis**, Plenum Press, New York (in Vorbereitung).

[6] Gruber T.R.: **The Acquisition of Strategic Knowledge.** *Perspectives in Artificial Intelligence, vol. 4*, Academic Press, London, 1989.

Kontrollalgorithmen für auf hierarchischen Datenstrukturen arbeitende wissensbasierte Bildanalysesysteme

Bärbel Mertsching, Irmgard Böhmer, Georg Hartmann
Universität-Gesamthochschule-Paderborn, Fachbereich Elektotechnik
Pohlweg 47-49, 4790 Paderborn

Problemstellung

In diesem Beitrag werden Kontrollalgorithmen für wissensbasierte Bildanalysesysteme diskutiert, bei denen die Bilddaten in hierarchischer Repräsentation vorliegen. Gegenüber Systemen, die nur mit Bildern einer Auflösungsstufe arbeiten, ergeben sich Vorteile bei der Modellierung von Objekten und Szenen, vor allem aber bei dem Entwurf von Kontrollalgorithmen. Es können Strategien angegeben werden, die abhängig vom vorliegenden Bild einen gezielten Einstieg in die Auswertung und eine Strukturierung der weiteren Verarbeitung ermöglichen. Im folgenden werden zuerst allgemeine Anforderungen an Kontrollalgorithmen besprochen, die dann im weiteren für eine bestimmte hierarchische Datenstruktur konkretisiert werden. Zum Abschluß werden Ergebnisse der Realisierung von Kontrollstrukturen vorgestellt.

Allgemeine Anforderungen an Kontrollalgorithmen

Die Kontrolle eines wissensbasierten Bildanalysesystems muß die Auswertung z. B. eines Grauwertbildes unter Zugriff auf das im Modell gespeicherte Wissen derart steuern, daß eine geeignete Aktivierung des prozeduralen Teils des Modells sowie der Methoden zur Extraktion elementarer Bildbestandteile erfolgt. Da Bilder eine erhebliche Variabilität besitzen und von stochastischen Störungen überlagert sein können, kann in der Regel keine fest vorgegebene Reihenfolge von Verarbeitungsschritten durchgeführt werden. Vielmehr ist anzustreben, daß die Kontrolle sich an das auszuwertende Bild adaptieren kann, um eine optimale Verarbeitung zu erreichen. Es ist nicht möglich, daß zu jedem Zeitpunkt der Auswertung eine eindeutige Teilinterpretation des Bildes vorliegt: Zwischenergebnisse können mehr als eine Hypothese über möglicherweise vorliegende Objekte zulassen. Die Kontrolle muß dieses berücksichtigen, indem eine Bewertung und Auswahl der generierten Hypothesen durchgeführt wird.

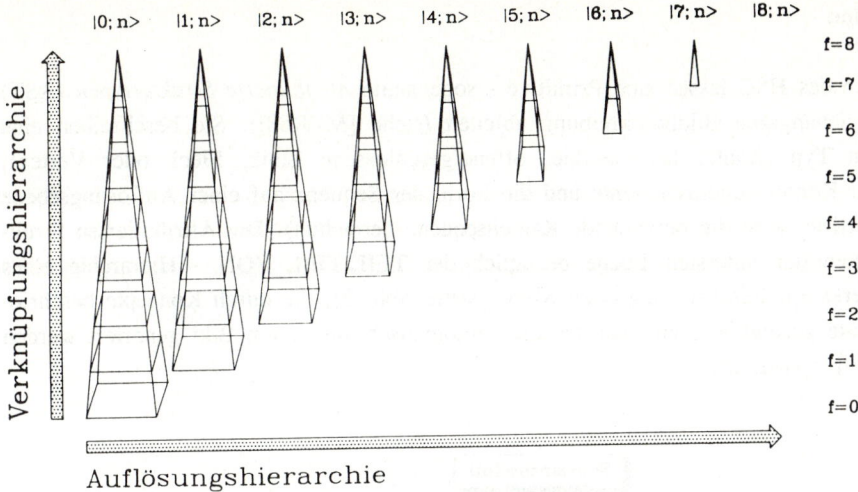

Abb. 1   Doppelte-hierarchische Datenstruktur des HSC

Hierarchische Bilddatenstruktur

Dem Bildanalysesystem auf der Grundlage des Hierarchischen Strukturcodes (HSC) stehen die Bilddaten in einer doppelt hierarchischen Datenstruktur zur Verfügung. Aus einem Grauwertbild wird eine Grauwertpyramide erzeugt (vgl. [BUR84]), in deren Ebenen Strukturelemente (Kanten-, Linien- und Flächenelemente) detektiert werden (siehe [HAR87]). Da die Generierung von Auflösungsebenen eine Bandpaßfilterung darstellt, wird dadurch eine Aufteilung nach der Größe der Bildstrukturen vorgenommen, die die Auswertung des Bildes erleichtert. Während feine dünne Strukturen in Ebenen hoher Auflösung k auftreten, werden dicke Linien und große Flächen in Ebenen niedriger Auflösungsebene codiert. Die sich anschließenden Bildverarbeitungsoperationen können optimal in der richtigen Auflösungsebene durchgeführt werden; das ist die Ebene, in der die betreffende Struktur in der höchsten Auflösung vorliegt. In jeder Detektorebene k werden nun die Strukturelemente auf Kontinuität geprüft, verknüpft und durch eine Schablonenoperation verallgemeinert; für jede Bildstruktur entsteht so ein Codebaum T(t;k) vom Strukturtyp t, dessen Spitze als Wurzelknoten bezeichnet wird. Die Höhe eines Codebaumes gibt Auskunft über die Ausdehnung der codierten Struktur. Die Kontrolle kann Operationen zur Auswertung der Bilddaten derart steuern, daß vorrangig dominante Strukturen analysiert und kleine, evtl. auf Störungen beruhende Strukturen unterdrückt werden. Eine graphische Darstellung der Doppelhierarchie des HSC zeigt Abb. 1.

Wissensrepräsentation

Aus den Codebäumen des HSC lassen sich Primitive - sogenannte *Attributierte Strukturtypen* (AST) - zur anwendungsunabhängigen Bildbeschreibung ableiten (siehe [MER88]). Sie beschreiben eine Struktur durch ihren Typ (Kante; helle/dunkle, offene/geschlossene Linie, Fleck oder Vertex), durch die Anzahl der Kontursequenzelemente und die Form der Sequenz auf einer Auflösungsebene (bei Flecken und Vertizes wird die berandende Kantensequenz betrachtet). Die Attributierten Strukturtypen bilden Knoten der untersten Ebene bezüglich der TEIL/TEIL_VON - Hierarchie eines semantischen Netzwerks zur Beschreibung einer Szene (siehe Abb. 2), die durch Konzepte beschrieben werden. Es konnte gezeigt werden, daß sie auch automatisch aus einem Bild generiert werden können (vgl. [MER89], [AME90]).

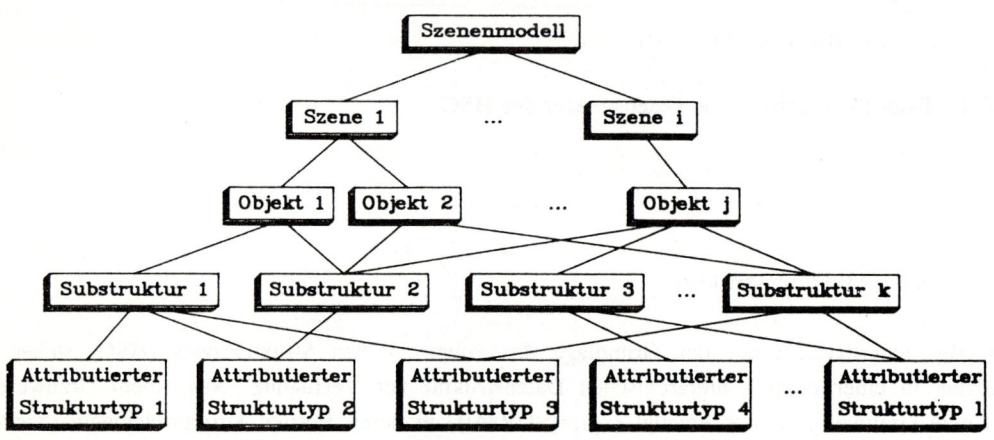

Abb. 2   TEIL/TEIL_VON-Hierarchie eines semantischen HSC-Netzwerks

Die Attributierten Strukturtypen sind diskursbereichsunabhängige Bestandteile von Substrukturen (SST), die wiederum Bestandteile von Objekten sind. Objekte werden als Teile von Szenen modelliert. Neben den Standardrelationen TEIL/TEIL_VON sind weitere Relationen möglich, auf deren Beschreibung hier verzichtet wird. Für das semantische HSC-Netzwerk ist eine Wissensrepräsentationssprache definiert, die eine syntaktische Definition von Knoten- und Kantentypen und deren Bedeutung (Semantik) umfaßt (ausführliche Darstellung in [MER90]). Auf dem Netzwerk sind nun Inferenzprozesse zu realisieren, die das Netzwerk auswerten können und dabei die hierarchische Struktur der Bilddaten berücksichtigen.

Allgemeine Kontrollstrategie

Das Ziel der Auswertung eines semantischen Netzwerks besteht darin, ein bestimmtes Konzept A zu instanziieren. Das Netzwerk dient hierbei als allgemeine Wissensbasis, von der in einem Analysevorgang typischerweise nur ein bestimmter Ausschnitt relevant ist. Die allgemeine Vorgehensweise ist wie folgt: Das Zielkonzept A wird top-down solange expandiert, bis ein primitives Konzept (hier: ein AST) erreicht ist. Nun wird versucht, bottom-up Instanzen zu generieren. Die Expansion ist notwendig, da die Attributwerte eines Konzepts erst dann berechnet werden können, wenn auch die Konzepte, auf die über Standardrelationen verwiesen wird, instanziiert sind. Die benötigten Konzepte besitzen ihrerseits abhängige Konzepte usw. Abb. 3 zeigt den prinzipiellen Ablauf eines Analysevorgangs. Es wird vorerst davon ausgegangen, daß keine konkurrierenden Instanzen entstehen und daß jedes Konzept instanziierbar ist. Zur Steuerung der Abarbeitung werden zwei Listen verwendet: OFFEN enthält alle Konzepte (Zielkonzept und bei der Expansion ermittelte Konzepte), die noch nicht instanziiert worden sind, und GESCHLOSSEN die abgearbeiteten Konzepte des Netzwerks. Ein Suchgraph wird angelegt, in dem jeder Knoten des Netzwerks, der während der Abarbeitung angetroffen wird, eingetragen wird. Jeder Knoten kann einen von drei Zuständen annehmen: noch zu instanziieren, instanziiert über Pfad x, nicht instanziierbar über Pfad x.

```
begin
  Initialisierung des Suchgraphen mit Zielkonzept A;
  Initialisierung einer Liste OFFEN mit A;
  Initialisierung einer Liste GESCHLOSSEN mit NIL;
  while (OFFEN nicht leer) do
    Entnahme eines Konzepts K aus OFFEN;
    if (K ist kein AST) and
       (K ist nicht vollständig expandiert)
    then Expansion des Konzepts K;
         Eintrag der Tochterkonzepte in OFFEN;
         Eintrag der Tochterkonzepte im Suchgraph als 'noch zu instanziieren';
    if (K ist AST)
    then Instanziierung des Konzeps K;
         Entfernung von K aus OFFEN;
         Eintragung von K in GESCHLOSSEN;
         Markierung von K im Suchgraph als 'instanziiert über Pfad x';
    if (K ist kein AST) and
       (alle Tochterkonzepte sind instanziiert)
    then Instanziierung des Konzepts K;
         Eintrag von K in GESCHLOSSEN;
         Entfernung von K aus OFFEN;
         Markierung von K im Suchgraph als 'instanziiert über Pfad x';
  end while;
end;
```

Abb. 3 Prinzipieller Analyseverlauf: top-down Expansion und bottom-up Instanziierung.

Heuristische Suchstrategien durch hierarchische Bilddatenstruktur

Die top-down Expansion und bottom-up Instanziierung stellen die Grundaufgaben für einen Kontrollalgorithmus zur Auswertung eines semantischen Netzwerks dar. Treten konkurrierende Instanzen von Konzepten auf, so kann beim Verfolgen aller sich ergebenden Kombinationen eine kombinatorische Explosion entstehen, wenn nicht zusätzliche heuristische Suchstrategien eingeführt werden.

Eine Einschränkung des Suchaufwandes ergibt sich durch die Idee, Teilstrukturen eines Objekts nicht völlig unabhängig voneinander zu modellieren, sondern ihre Größe relativ zum gesamten Objekt und ihrer Lage zueinander zu berücksichtigen. Hier kommt die hierarchische Bilddatenstruktur vorteilhaft zum Tragen. Die Gesamtstruktur eines beispielsweise dunklen Objekts auf hellem Hintergrund wird in bestimmten Ebenen des dunklen geschlossenen Codes (Linie, Fleck oder Vertex) codiert. In der bestauflösenden dieser Ebenen wird es maximal häufig verknüpft. Da das Objekt als Ganzes eine größere Ausdehnung als seine Teile besitzt, ist auch die Formelementgröße f (Summe aus Auflösungsebene k und Verknüpfungsebene n) seines Wurzelknotens größer. Vor der Auswertung eines semantischen HSC-Netzes kann nun der Wurzelknoten der Gesamtstruktur durch eine top-down Suche in der doppelt-hierarchischen HSC-Datenstruktur einfach aus dem Bild extrahiert werden. Seine Auflösungsebene k wird nun als Bezugsebene für den Aufbau des gesamten Modells des Objekts eingesetzt und daher als *Level Of Interest* k_{LOI} bezeichnet. Die Teilstrukturen des Objekts stehen in einem festen, vergleichbaren Größenverhältnis zur Gesamtstruktur. Bei der Modellbildung von Attributierten Strukturtypen kann nun ein Operationsgebiet berücksichtigt werden, welches angibt, in welchen Ebenen, relativ zur Bezugsebene k_{LOI}, diese codiert sein müssen. Für die Kontrolle bedeutet dies, daß aus allen zur Verfügung stehenden Ebenen der doppelt-hierarchischen Datenstruktur ein räumliches Fenster (*Volume Of Interest*) herausgeschnitten werden kann, auf das eingegrenzt die Suche nach den Teilstrukturen erfolgen kann. Die Anzahl alternativer Instanzen der Konzepte von Attributierten Strukturtypen kann so erheblich eingeschränkt werden.

Eine weitere Reduktion des Suchaufwandes resultiert aus der Unterscheidung von kontextfreien und kontextabhängigen Attributierten Strukturtypen. Besitzt eine Substruktur mehrere Attributierte Strukturtypen, so wird derjenige, der die größte Formelementgröße aufweist, als kontextfrei betrachtet, d.h. als Operand für die Suche seines Wurzelknotens wird der gesamte HSC zugelassen, lediglich eingeschränkt auf ein Operationsgebiet. Die weiteren Attributierten Strukturtypen einer Substruktur werden bei der Auswertung des Netzwerks erst dann gesucht, wenn das Konzept des kontextfreien Attributierten Strukturtyps bereits instanziiert ist. Diese Instanz enthält einen Zeiger auf den Wurzelknoten, der als formales Ergebnis in einen Ergebnisspeicher eingetragen ist. Die kontextabhängigen Attributierten Strukturtypen erhalten als Operanden das formale Ergebnis aus der Instanz des kontextfreien Attributierten Strukturtyps. Für die Kontrolle folgt daraus, daß das Suchgebiet weiter eingegrenzt werden kann.

Behandlung konkurrierender Instanzen

Bis jetzt wurde davon ausgegangen, daß jedes Konzept genau eine Instanz besitzt. Trotz der eingeführten Heuristiken ist es aber möglich, daß Alternativen bei der Instanziierung von Konzepten auftreten. Für die Instanziierung eines Attributierten Strukturtypen heißt dies konkret, daß mehrere Wurzelknoten gefunden werden können, über deren Bedeutung erst im Laufe der Instanziierung weiterer Attributierter Strukturtypen entschieden werden kann. Zur Lösung dieses Problems bieten sich zwei Varianten der Kontrolle an: der erste Ansatz besteht in einer Art Verzweige- und Begrenze - Algorithmus, dem *A*- Algorithmus*, und der andere in einem speziell auf die hierarchische Datenstruktur zugeschnittenen Suchalgorithmus.

Modifizierte Verzweige- und Begrenze - Suche

Bei diesem Verfahren werden für ein Konzept zunächst alle alternativen Instanziierungsmöglichkeiten (verschiedene formale Ergebnisse) generiert und getrennt bewertet. Mit der bestbewerteten Instanz wird dann zuerst fortgefahren. Hierbei wird immer eine optimale Instanziierung eines Zielkonzeptes berechnet, und der Suchalgorithmus ist im Gegensatz zum zweiten Ansatz problemunabhängig. Es kann aber ein erhöhter Aufwand entstehen, wenn mehrere Instanzen eines Konzepts gleich optimal sind. So kann es passieren, daß für eine Substruktur alle Attributierten Strukturtypen mehrfach instanziiert werden müssen, ehe eine abschließende Bewertung die Kombination auswählt, die weiterverfolgt werden soll. Da die Operationen zur Extraktion von Wurzelknoten, zur Entwicklung von Sequenzen und zur Formbeschreibung im Verhältnis zur reinen Netzwerkauswertung sehr zeitaufwendig sind, werden durch die parallele Verfolgung alternativer Instanzen u. U. mehr Strukturen betrachtet als notwendig ist. Darüberhinaus muß für die Generierung jeder Alternative die gesamte Bilddatenbasis zur Verfügung stehen, so daß Bildstrukturen u. U. mehrfach gefunden werden und in konkurrierenden Kombinationen von Attributierten Strukturtypen auftreten. Diese Redundanz bei der Instanziierung soll durch den zweiten Ansatz für einen Kontrollalgorithmus vermieden werden.

HSC-spezifische Kontrolle

Im Gegensatz zum ersten Verfahren wird hier für jeden Pfad im Suchgraph nur eine Instanz pro Konzept erzeugt und mit dieser solange weitergearbeitet, bis ein Folgekonzept nicht mehr instanziiert werden kann. Unter einer Instanz wird in diesem Zusammenhang eine positive Ausprägung der generischen Größe 'Konzept' verstanden, d. h., alle Attributwerte liegen innerhalb der Attributdefinition des Konzepts. Dieses pragmatische Vorgehen macht eine Bewertung von Konzepten zumindest auf der Ebene der Attributierten Strukturtypen überflüssig, da davon ausgegangen wird, daß nur Bildstukturen, die innerhalb der Definitionsbereiche von Attributierten Strukturtypen liegen, groß genug sind, um in der weiteren Auswertung berücksichtigt zu werden. Abb. 4 zeigt den Algorithmus zur Instanziierung eines kontextfreien Attributierten Strukturtyps. Der Algorithmus wird, wenn keine Instanz generiert werden kann, solange rekursiv erneut aufgerufen, bis das Operationsgebiet für die Suche des Wurzelknotens der Struktur abgearbeitet ist.

Sobald eine Bildstruktur zur Instanziierung eines Konzepts verwendet wird, wird sie in eine Meta-Datenbasis als abgearbeitet markiert eingetragen. Vor einem erneuten Zugriff auf die Bild-Datenbasis wird nun in der Meta-Datenbasis gelesen, ob an einer bestimmten Koordinate bereits ein Eintrag vorhanden ist und damit verhindert, daß eine Struktur mehrfach betrachtet wird. Führen Attributwerte nicht zu einer vollständigen Instanz oder können z. B. Substrukturen nicht instanziiert werden, obwohl die Tochterkonzepte instanziiert worden sind, so werden die Attributwerte in einen Meta-Speicher und die Instanzen in einen Instanzenspeicher temporär abgelegt. Bevor nun Attributwerte eines weiteren Konzepts durch Zugriff auf die Bilddaten berechnet werden, wird versucht, bereits erzeugte Instanzen oder Attributwerte zur Instanziierung zu verwenden. Kann ein Substruktur-Konzept nicht instanziiert werden, der Instanzenspeicher enthält aber Instanzen von Attributier-

```
begin
  instanziierbar : = false;
  zwecklos      : = false;
  while not(instanziierbar) and not(zwecklos) do
    Berechnung des 1. Attributwerts;   /* Suche nach Wurzelknoten */
    if kein passender Wurzelknoten im Op.-Gebiet
      then zwecklos : = true
    else Eintrag des realen und (wenn vorhanden) der virtuellen Wurzelknoten mit ihren
            Teilcodebäumen in die Meta-Datenbasis;
         Eintrag des realen und (wenn vorhanden) der virtuellen Wurzelknoten in den Meta-
            Speicher;
         Berechnung des 2. Attributwerts;   /* Entwicklung der Kontursequenz aus Wurzelknoten */
         Eintrag der Sequenzelemente in Meta-Speicher;
         if Elementzahl der Sequenz im Wertebereich
           then Berechnung des 3. Attributwerts;   /* Formbeschreibung */
                if Form im Wertebereich
                  then instanziierbar : = true;
  end while;
  Entfernung des Konzepts aus OFFEN;
  Eintrag des Konzepts in GESCHLOSSEN;
  if instanziierbar
    then Markierung des Konzepts als 'instanziierbar über Pfad x' im Suchgraph;
         Umspeicherung der formalen Ergebnisse aus Meta- in Ergebnisspeicher;
         Erzeugung der Instanz;
  if zwecklos
    then Markierung des Konzepts als 'nicht instanziierbar über Pfad x' im Suchgraph;
end;
```

Abb. 4   Instanziierung eines kontextfreien Attributierten Strukturtyps

ten Strukturtypen, so wird für die weitere Auswertung der feste Ablauf der top–down Expansion und
bottom-up Instanziierung durchbrochen und für ein bereits instanziiertes Konzept eines Attributierten
Strukturtyps bottom-up ein weiteres, noch nicht instanziiertes Substruktur-Konzept gesucht (über
Einträge der TEIL_VON/ GENERALISIERUNG-Relation im Konzept). Somit wird datengetrieben
die Abarbeitung des Netzwerks gesteuert.

Stand der Realisierungen

Ein auf eine modifizierte Verzweige- und Begrenze - Suche, den A*-Algorithmus, aufbauendes
Musteranalysesystem (ERNEST - Erlanger semantisches Netzwerksystem) wurde in die HSC-Bilder-
kennung eingebunden, wobei Operationen zur Extraktion von Bildmerkmalen zunächst simuliert
werden (siehe [BÖH90]). Ein Prototyp eines Bildanalysesystems, welches einen HSC-spezifischen
Kontrollalgorithmus enthält, wurde bereits erstellt (vgl. [BUS89]). Das System wird zur Zeit für
Erkennungsversuche von Szenen aus dem Werkstattbereich eingesetzt und erweitert.

Literatur

[AME90]   Ameur, Foued: Aufbau einer automatischen Wissensaquisitionskomponente für ein wissensbasiertes Bildanalysesystem. Diplomarbeit (unveröffentlicht). Paderborn 1990

[BÖH90]   Böhmer, Irmgard: Kopplung von HSC-Operationen an ERNEST (Erlanger semantisches Netzwerksystem) zum Aufbau eines wissensbasierten Bildanalysesystems. Diplomarbeit (unveröffentlicht). Paderborn 1990

[BUR84]   Burt, P.J.: The Pyramid as a Structure for Efficient Computation. In: Rosenfeld, A. (Hg.): Multiresolution Image Processing and Analysis. Berlin u. a. (Springer-Verlag) 1984, 6-35

[BUS89]   Busemann, Martin: Implementierung eines Kontrollalgorithmus zur Auswertung eines semantischen HSC-Netzwerks. Diplomarbeit (unveröffentlicht). Paderborn 1989

[HAR87]   Hartmann, Georg: Recognition of Hierarchically Encoded Images by Technical and Biological Systems. In: Biological Cybernetics 56, 1987, 593-604

[MER88]   Mertsching, Bärbel; Hartmann, Georg: Modulare Modellierung von hierarchisch-strukturcodierten Objekten und Szenen durch ein semantisches Netzwerk. In: Bunke, H. (Hg.): Mustererkennung 1988. Informatik-Fachberichte 180. Berlin u. a. (Springer-Verlag) 1988, 158-164

[MER89]   Mertsching, Bärbel; Hartmann, Georg: Automatischer Wissenserwerb für ein Bildanalysesystem auf der Basis des Hierarchischen Strukturcodes. In: Burckhardt, H. u. a. (Hg.): Mustererkennung 1989. Informatik-Fachberichte 219. Berlin u. a. (Springer-Verlag) 1989, 341-348

[MER90]   Mertsching, Bärbel: Lernfähiges, wissensbasiertes Bildanalysesystem auf der Grundlage des Hierarchischen Strukturcodes. Dissertation (in Vorbereitung). Paderborn 1990

[SCH90]   Schröder, Stefan: Integration einer Wissenserwerbskomponente in eine Systemumgebung für die Musteranalyse. Dissertation. Erlangen 1990

Der elektronische Pförtner: Automatisches Erkennen und Identifizieren von menschlichen Gesichtern

Martin Bichsel und Peter Seitz
Paul Scherrer Institute c/o Laboratories RCA Ltd.
Badenerstrasse 569
CH – 8048 Zürich
Schweiz

Abstract

Ein schwieriges Objekt-Erkennungs-Problem, das Erkennen und Identifizieren von menschlichen Gesichtern, wurde in eine konkrete Lösung umgesetzt. Die Kombination von Wissen aus Bildverarbeitung, Psychologie und Kriminologie erlaubte die Realisierung eines vollautomatischen Personen-Identifikations-Systems.

Das Gesichtsbild einer unbekannten Person wird eingelesen, lokalisiert und so gedreht dass die Augenbrauen horizontal liegen. Auf tiefer Auflösungstufe wird das unbekannte Gesicht mit den Gesichtern in der Datenbasis verglichen und eine Liste der möglichen Personen erstellt. Basierend auf einer Methode, die vom französischen Kriminologen Bertillon entwickelt wurde, werden danach einzelne Gesichtsteile genau lokalisiert und damit die Geometrie des Gesichtes vermessen. Die Person in der Liste der möglichen Personen, welche die beste geometrische Ähnlichkeit besitzt wird ausgewählt. So wird eine Person, deren Gesicht mit einer Videokamera neu aufgenommen wird, in 98% der Fälle korrekt identifiziert, wenn die Datenbasis insgesamt 10 Personen enthält.

Einleitung

Die Gesichter von Mitmenschen rasch und zuverlässig zu erkennen ist für uns eine Ueberlebensnotwendigkeit. Eine Verwechslung von Vorgesetztem/Untergebenem, Mann/Frau oder Freund/Feind kann verheerende Folgen haben. Deshalb ist die Fähigkeit, Gesichter erkennen und identifizieren zu können, bei uns Menschen bis zu einem hohen Perfektionsgrad entwickelt. Was für komplexe Probleme dabei gelösst werden müssen, wird uns erst bewusst, wenn wir versuchen diese Aufgabe einem Computer zu übertragen. Die wesentlichen Merkmale, die jedes Gesicht einmalig machen, müssen unabhangig von Kopflage, Beleuchtung und Mimik gefunden werden. Diese Schwierigkeiten sind der Grund, dass die Aufgabe, menschliche Gesichter zu erkennen und zu identifizieren, erst von wenigen ernsthaft angepackt worden ist, siehe z.B. [1].

Den Schwierigkeiten gegenüber stehen aber eine Reihe von interessanten Anwendungen:

- Liftsteuerung: Der Computer zählt die Personen die in den einzelnen Etagen warten und benützt diese Information um die Fahrgäste optimal zu bedienen.

- Foto-Printer: Der grösste Teil der Fotos wird heute automatisch mit sog. Foto-Printern produziert. Häufig werden aber Gesichter, die uns am meisten interessieren würden, unter- oder überbelichtet, da die Belichtungsautomatik nicht zwischen interessanten Objekten und Hintergrund unterscheiden kann. Ein automatisches Erkennen von Gesichtern auf den Foto-Negativen würde solche Fehler elliminieren.

- Automatischer Portier: Zutrittskontrollen werden in vielen Industriebetrieben und Banken als Schutz gegen Spionage und Sabotage eingesetzt. Ein menschlicher Portier ist teuer und kann daher meist nur an *einer* Schlüsselstelle eingesetzt werden. Alternativen, wie das Verteilen von Schlüsseln oder Magnetkarten an die berechtigten Personen, bieten aber nur beschränkten Schutz, insbesondere wenn das Identifikationsmittel verloren wird. Hier könnte eine zusätzliche automatische Prüfung der Gesichter der eintretenden Personen eine grosse Lücke schliessen.

Welches sind die charakteristischen Gesichtsmerkmale?

Psychologen beschäftigen sich schon seit längerer Zeit mit der Frage, welches für uns Menschen die Merkmale sind, die das Erkennen eines Gesichtes möglich machen. Sie haben gefunden, dass Kontur, Augenregion, Mundregion und Nase (geordnet nach absteigender Wichtigkeit) für eine korrekte Identifikation gebraucht werden [2].

Robuste Objekterkennung: Lokale Orientierung und Bild-Pyramide

Gesichter sollen unabhängig von Bildhelligkeit und Kontrast erkannt werden. Zusätzlich soll das Erkennungsverfahren möglichst unbeeinflusst von lokalen Helligkeitsänderungen infolge variierender Beleuchtungsverhältnisse, sowie geometrischen Verzerrungen infolge von Kopfdrehungen sein. Die Verwendung von lokaler Orientierung, statt Grauwerten oder Kanten, als Bildprimitive hat sich als besonders robust erwiesen [3]. Die lokale Orientierung kann auf viele verschiedene Arten berechnet werden. Als einfachste Möglichkeit wird die lokale Richtung des Helligkeitsgradienten verwendet (Fig. 1). Der Gradient wird mit einem Roberts-Operator in einem 2*2 Fenster berechnet. Für jeden Bildpunkt wird der lokale Grauwert durch den lokalen normierten Gradienten ersetzt.

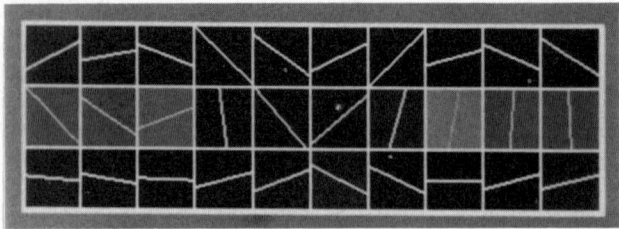

Figur 1: Lokale Orientierung als robuste Bild-Primitive: Die Augenpartie.

Um die einzelnen Gesichtsteile zu lokalisieren, wird die normierte Kreuzkorrelation auf den lokalen Orientierungsbildern verwendet. Jeder Gesichtsteil wird auf der tiefstmöglichen Auflösungsstufe gesucht, um Invarianz gegenüber geometrischen Variationen auf kleiner Skala zu erreichen (Fig. 2). Effizienter als mit Tiefpass-gefilterten Bildern wird mit einer Bild-Pyramide gearbeitet. Neben einer Einsparung von Speicherplatz hat dies einen gewaltigen Einfluss auf die Anzahl Rechenoperationen, die ausgeführt werden müssen. Eine Reduktion beider Bilddimension um einen Faktor 2 bringt eine Reduktion der Anzahl Rechenoperation um einen Faktor $2^4 = 16$, da auch das Muster (Template) entsprechend verkleinert werden kann.

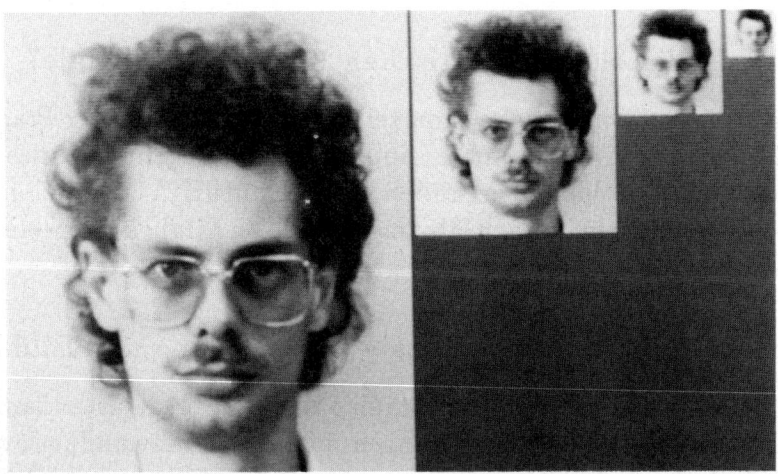

Figur 2: Bild-Pyramide: Tiefe Auflösung-Stufe bedeutet kurze Rechenzeiten und Invarianz gegenüber Variationen auf kleiner Skala (z.B. eine Brille ist bei tiefer Auflösung nicht mehr sichtbar).

Ein Gesicht wird normiert

Das Gesicht der Person, die es zu erkennen gilt, wird mit einer Standard-Videokamera und einem 512*512 Bildspeicher digitalisiert. Die Beleuchtung wird so gewählt, dass die wichtigen Gesichtsteile nicht in Schatten verschwinden, und dass sie in vernünftigem Kontrast auf dem digitalisierten Bild erscheinen. Dazu hat es sich bewährt, zwei diffuse Lichtquellen links und rechts, leicht oberhalb des Gesichtes zu verwenden. Dass sich die Person bei der Bildaufnahme nicht in der identischen Lage befindet wie bei den Aufnahmen für die Erstellung der Datenbasis, macht das Erkennungsproblem schwieriger (sehr robuste Erkennungsalgorithmen werden benötigt), aber auch realistischer.

Das digitalisierte Gesicht wird dann lokalisiert, indem auf niedriger Auflösung (32*32) nach einem Augenpaar oberhalb von einer Nasenspitze gesucht wird. Als Muster werden die entsprechenden Gesichtsteile, gemittelt über 50 Trainingsgesichter, verwendet. Die Verwendung von einem Muster mit den gemittelten Gesichtsteilen (entsprechend einem neuronalen Netzwerk mit einem Neuron in einer Schicht) liefert gleich gute Resultate wie ein optimales neuronales Netzwerk [4] mit 3 Schichten, ist aber um ein Vielfaches schneller.

Nach der Bestimmung der Kopfposition wird die seitliche Neigung des Gesichtes bestimmt, indem die beiden Augenbrauen lokalisiert werden. Das Gesicht wird dann auf eine Standard-Position bewegt und so gedreht, dass die Augenbrauen horizontal liegen (Fig. 3). Dieses Vorgehen macht die nachfolgenden Erkennungsschritte invariant gegenüber seitlichen Kopfbewegungen und seitlichen Kopfneigungen.

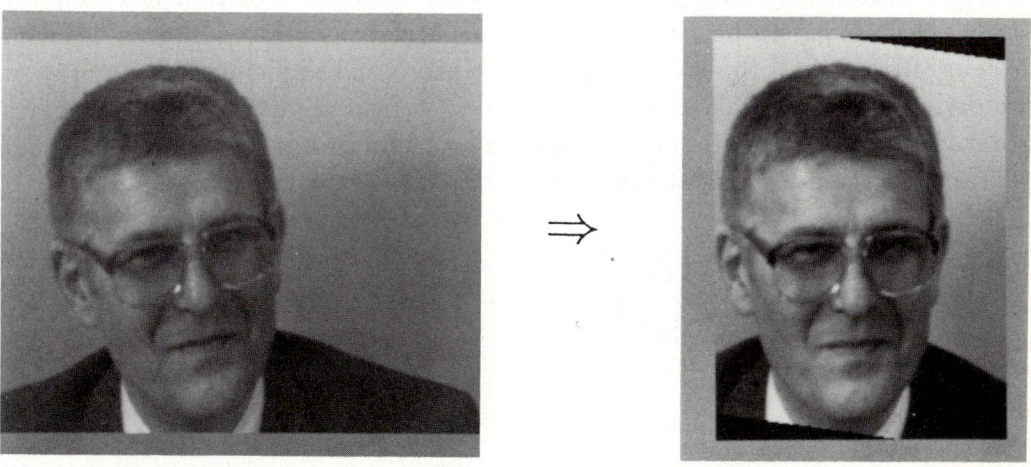

Figur 3: Das Gesicht wird in Standardposition und Standardlage gebracht.

Grob-Identifikation

Die Kopfkontur und der Haaransatz bilden wichtige Identifikations-Merkmale. Daher wird das unbekannte normierte Gesicht zuerst auf niedriger Auflösungstufe (16*16 Pixel) als Ganzes mit Gesichtern in der Datenbasis verglichen, wiederum indem normierte Kreuzkorrelationen auf den Orientierungsbildern berechnet werden. Jede abgespeicherte Person ist in der Datenbasis durch vier Bilder mit unterschiedlichen Kopfpositionen repräsentiert. Falls eines dieser Bilder einen Korrelations-Wert oberhalb eines fixen Schwellwertes liefert, wird die zugehörige Person in eine Liste der möglichen Personen aufgenommen. Falls dies für keine der Personen in der Datenbasis der Fall ist, wird die Person als unbekannt zurückgewiesen.

Fein-Identifikation

Basierend auf der Idee des französischen Kriminologen Bertillon, der so am Ende des 19. Jahrhunderts Verbrecher identifizierte, werden die Position von einzelnen Gesichtsteilen (Augenecken, Nasenflügel, Ohren, Mundwinkel, ...) genau vermessen (Bild 4). Die Gesichtsteile werden in Fenstern gesucht, deren Grösse und Position automatisch gewählt wird. Wieder wird dabei die normierte Kreuzkorrelation auf den Orientierungsbildern verwendet, und zusätzlich wird die Information über die Gesichtsteile, die schon gefunden wurden, ausgenutzt. Die Gesichtsteile werden zuerst auf niedriger Auflösungstufe grob gesucht, dann wird die Position auf höherer Auflösungstufe genau bestimmt. Dieses hierarchische Suchverfahren hat sich als sehr effizient und robust erwiesen [5]. Unter den möglichen Personen wird nun diejenige ausgewählt, deren Geometrie am besten mit der Geometrie des unbekannten Gesichts übereinstimmt, indem eine minimale euklidische Distanz im Raum der Gesichtsdimensionen berechnet wird.

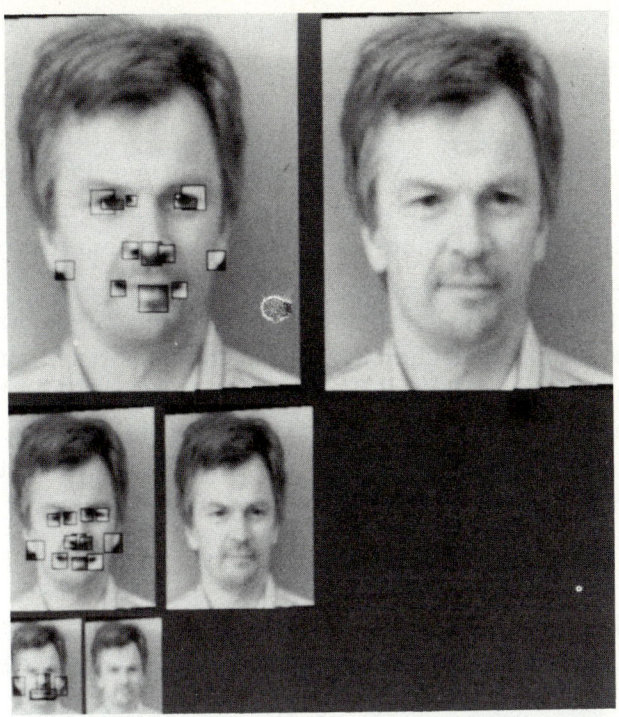

Figur 4: Einzelne Gesichtsteile werden genau lokalisiert.

Resultate und Diskussion

Unser automatisches Erkennungs- und Identifiaktions-System wurde mit über 100 Bildern, die nicht für den Aufbau der Datenbasis verwendet worden waren, getestet. Bei einer Datenbasis von 22 verschiedenen Personen wurden 95% der Bilder korrekt identifiziert. Dies entspricht 98% Korrekt-Identifikationen für eine Datenbasis von 10 Personen oder 50% für eine Datenbasis von 300 Personen.

Diese Resultate eines vollautomatischen Gesichtserkennung-Algorithmus' sind schon sehr gut, besonders wenn man berücksichtigt, dass nicht abgespeicherte Gesichter wieder-erkannt werden mussten, sondern dass das Gesicht der zu erkennenden Person für den Erkennungsprozess "neu" aufgenommen wurde, mit allen praktischen Problemen die sich dabei ergeben, wie etwa kleine Verzerrungen bei verschiedener Kopfdrehung, Wandern der Schatten, leicht verschiedene Mimik, etc.

Der Gesichtserkennungs-Algorithmus ist vollständig in FORTRAN geschrieben. Die Rechenzeit auf einer MicroVAX II beträgt 70 sec. Die Übertragung der Software auf einen MAP-4000, einen schnellen Arithmetik-Prozessor, hat es uns ermöglicht ein Gesicht in weniger als 10 sec. zu erkennen. Zusammen mit dem Auslesen des Bildspeichers in die MicroVAX und der Daten-Übertragung auf den MAP-4000 werden ca. 12 sec. für den vollständigen Erkennungsprozess benötigt. Zwar ist das noch langsamer (und natürlich auch noch unzuverlässiger) als Menschen Gesichter erkennen können, aber die ersten praktischen Tests haben es uns ermöglicht die prinzipielle Leistungsfähigkeit des beschriebenen Verfahrens zu demonstrieren und Verbesserungsmöglichkeiten aufzuzeigen.

Die ermutigenden Resultate der bisherigen Auswertungen haben uns dazu bewogen, einen vollautomatischen elektronischen Pförtner zu bauen, wobei Kamera, Beleuchtung und Bildspeicher in einer Box von 80cm*100cm*220cm untergebracht wurden. Dieses automatische System, das die ca. 50 Mitarbeiter unseres Labors erkennen soll, ist kürzlich fertiggestellt worden (Fig. 5 und 6) und wird bald für ausgedehnte Tests zur Verfügung stehen.

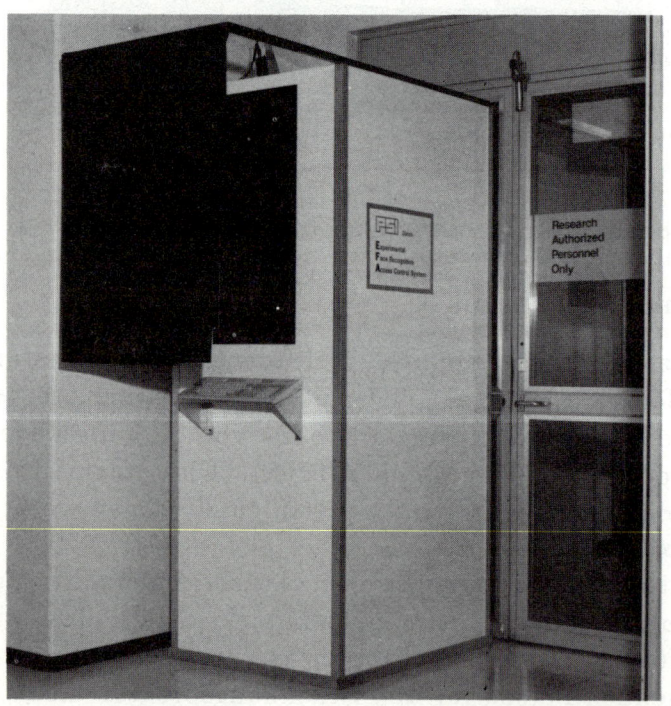

Figur 5: Praktische Realisierung eines elektronischen Pförtners (Aussenansicht).

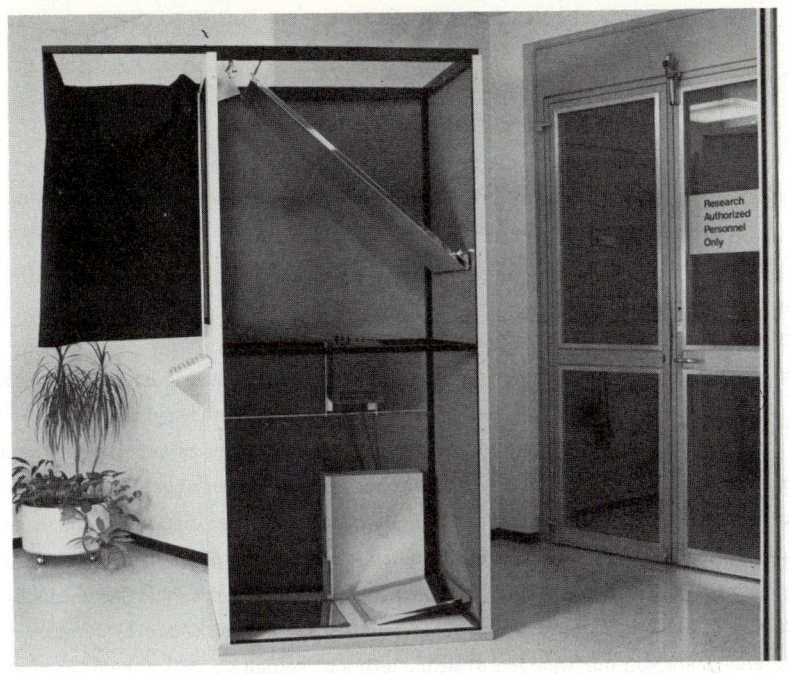

Figur 6: Blick in den elektronischen Pförtner. Die Kamera (linke obere Ecke) schaut über einen kleinen Spiegel (links, am Boden) und einen grossen Spiegel (oben) durch ein Fenster (links) auf die zu erkennende Person. Eine Halogenlampe beleuchtet die Person über einen kleinen Spiegel (rechts, am Boden) und den grossen Spiegel (oben).

Literatur

[1] R. J. Baron, "Mechanisms of human facial recognition", Int. J. Man-Machine Studies $\underline{15}$, 137 (1981)

[2] L. D. Harmon, "The Recognition of Faces", Scientific American, Nov. 1973

[3] P. Seitz, "The robust recognition of object primitives using local axes of symmetry", Signal Processing $\underline{18}$, 89 (1989)

[4] M. Bichsel und P. Seitz, "Minimum Class Entropy: A Maximum Information Approach to Layered Networks", Neural Networks $\underline{2}$, (1989)

[5] P. J. Burt, "Smart Sensing within a Pyramid Vision Machine", Proceedings of the IEEE, $\underline{76}$, 1006 (1988).

AUTOMATISCHE SICHTPRÜFUNG VON OBERFLÄCHEN
MIT NEURONALEN NETZEN

U.Schramm, H.Schramm
Fraunhofer-Arbeitsgruppe für Integrierte Schaltungen
Wetterkreuz 13, 8520 Erlangen

Automatische Sichtprüfung

Das wichtigste Einsatzgebiet von Bildverarbeitungssystemen in der Industrie ist die automatische Sicht-prüfung /1/. Eine komplexe Applikation stellt die Sichtprüfung von Bremszylindergehäusen dar /2/. Ne-ben anderen Prüfaufgaben sind die Innenwände von Tieflochbohrungen zu beurteilen. Bisher werden die Bohrungen über ein Endoskop und eine TV-Kamera auf einem Monitor abgebildet und von einem Prü-fer visuell bewertet. In den Bohrungen dieser Gußteile treten als Fehler einerseits Lunker auf, die beim Aufbohren von Lufteinschlüssen im Material entstehen, andererseits kommt es bei unsauberer Oberflä-chenbearbeitung zu Kratzern. Lunker sind i.a. starke Vertiefungen in der Oberfläche, die durch eine ge-eignete Dunkelfeldbeleuchtung kontrastreich dargestellt werden können (Abb.1a). Kratzer dagegen wei-sen manchmal eine Tiefe von nur wenigen Mikrometern auf, so daß sie sich nur mit geringem Kontrast vom Hintergrund abheben (Abb.1b). Andererseits kann eine fehlerfreie Oberfläche Pigmentierungen be-sitzen, die vom Kontrast im Bereich der Kratzer liegen (Abb.1c).

Im folgenden wird über ein Prüfsystem berichtet, das eine Automatisierung dieser Sichtprüfung in meh-reren Stufen durchführt. In einer ersten Stufe wird ein teilautomatisiertes System zur Unterstützung des menschlichen Prüfers eingesetzt. Das System detektiert alle Unregelmäßigkeiten in der zu prüfenden Oberfläche. Hierunter fallen Lunker und Kratzer, aber manchmal auch der pigmentierte Hintergrund. Diese fehlerverdächtigen Stellen werden dem Prüfer auf einem Kontrollmonitor gezeigt und müssen von ihm bewertet werden. In einer zweiten Stufe wird eine vollautomatische Sichtprüfung angestrebt. Dazu werden die Fehlergebiete mit lokalen Merkmalen beschrieben, um anschließend mit einem Neuronalen-Netz-Klassifikator eine genauere Trennung der Gut-und Schlechtteile zu erzielen und um die Fehler fei-ner klassifizieren zu können.

Detektion von Unregelmäßigkeiten

Eine Reihe von Gründen spricht für den Einsatz von Personal Computern in der Fertigung. Wesentlich sind die Tauglichkeit in der rauhen, industriellen Umgebung, die Integration in die innerbetriebliche Da-tenverarbeitung und das Preis-/Leistungs-Verhältnis. Ein wesentliches Kriterium für den Einsatz eines Systems zur automatischen Sichtprüfung in der Industrie ist das Schritthalten der Prüfung mit dem Takt der Fertigung. Die hohe Datenrate erfordert sehr hohe Verarbeitungsleistungen, die derzeit auch von den leistungsfähigsten PC's nicht erbracht werden können. Für den industriellen Einsatz muß ein PC mit weiterer Hardware zur Bildvorverarbeitung und Bildauswertung ausgerüstet werden. Aufbauend auf diesem Konzept werden bei der Fraunhofer-Arbeitsgruppe für Integrierte Schaltungen Hardwaremodule als Erweiterungskarten für IBM/AT-kompatible PC's entwickelt /3/. Andere Applikationsbeispiele für den Einsatz von PC's mit spezieller Bildverarbeitungshardware werden in /4/ beschrieben.

Abb.2 zeigt eine Übersicht für ein Prüfsystem zur Inspektion von Bohrungen. In das System integriert sind **Handhabungskomponenten**, eine **Bildaufnahmeeinheit**, bestehend aus Endoskop, Glasfaserbeleuchtung und Zeilenkamera, und eine **Bildauswerteeinheit**, bestehend aus einem PC mit speziellem Hardwaremodul (ZMS-Karte). Die ZMS-Karte bildet die Schnittstelle zwischen dem von der Zeilenkamera gelieferten Analogsignal und dem PC. Das Zeilenkamerasignal wird zunächst digitalisiert. Anschließend wird es durch Vergleich mit einem Referenzsignal auf Abweichungen untersucht. Durch die Wahl eines adaptiven Referenzwertes können Änderungen in der Beleuchtung oder Oberflächenbeschaffenheit ausgeglichen werden. Pro Kamerasignal liefert die ZMS-Karte ein Gütemerkmal an den PC, der dann mit schnellen Verfahren der Signalverarbeitung alle Unregelmäßigkeiten in der zu prüfenden Oberfläche detektiert. Nur diese Unregelmäßigkeiten werden in der zweiten Stufe mit komplexeren Verfahren der Bildverarbeitung näher analysiert. Während die Hard- und Softwaremodule zur Bildgewinnung, Bildvorverarbeitung, Datenreduktion und Signalauswertung bereits bei Prüfsystemen in der Fertigung eingesetzt werden, befinden sich die im folgenden beschriebenen Verfahren zur Merkmalsextraktion und Klassifikation im Entwicklungs- und Erprobungsstadium. Hierzu wurde während des laufenden Prüfbetriebs eine Sammlung von Fehlerbildern erstellt (die Abb.1a-c zeigen einige Beispiele; die Grauwertbilder entstanden durch Zusammensetzen von Zeilenkamerasignale in einem Bildspeicher).

Merkmale zur Klassifikation von Oberflächenfehlern

Die Analyse der lokalen Grauwertunterschiede des Kratzers (Abb.1b) zeigen, daß der Grauwert eines Bildpunktes alleine nicht ausreicht, um diesen kontrastschwachen Kratzer vom Hintergrund zu trennen. Andererseits kann das angelernte Prüfpersonal auch Kratzer mit geringem Kontrast aus dem Grauwertbild ohne Probleme erkennen. Der menschliche Prüfer bezieht in seine Beurteilung nicht nur den lokalen Kontrast, sondern eine Vielzahl weiterer lokaler Eigenschaften ein. Viele Modelle der ersten Verarbeitungsstufen ("preattentive vision") des visuellen Systems beim Menschen stützen sich auf Merkmale, die auf Änderungen der Bildstrukturen in Größe und Orientierung reagieren /5/. Über die lokalen Merkmale hinaus kann der Prüfer auf das in der Anlernphase gesammelte Vorwissen über die globale Struktur der zu erkennenden Fehler zurückgreifen.

Bei unserem Ansatz zur vollständigen Automatisierung wird deshalb versucht, mehr Information pro Bildpunkt dadurch zu gewinnen, daß eine Reihe von lokalen Eigenschaften einbezogen wird. In Anlehnung an /6/ wird jeder Bildpunkt durch einen Merkmalsvektor beschrieben. Als Merkmale werden statistische Kenngrößen in einer lokalen Nachbarschaft berechnet, wie z.B. der Mittelwert, der Median, die Streuung, die partiellen Ableitungen in verschiedenen Richtungen und die Differenz aus maximalem und minimalem Grauwert.

Zunächst wurde anhand von Merkmalsbildern die Fenstergröße der betrachteten lokalen Nachbarschaft eingestellt. Ein Merkmalsbild wird gewonnen, indem für jeden Bildpunkt des Grauwertbildes das entsprechende Merkmal berechnet und wieder als Grauwertbild dargestellt wird. Abb.3 zeigt das Merkmalsbild für die partielle Ableitung in x-Richtung des Kratzers von Abb.1b. Anhand dieser Merkmalsbilder wurde eine lokale Umgebung von 9 x 9 Bildpunkten gewählt. Nach der Einstellung der Parameter wurden die einzelnen Merkmale bewertet. Hierzu wurden aus den Fehlerbildern jeweils 500 typische Bildpunkte der Klassen "Lunker", "Kratzer" sowie "Hintergrund" ausgewählt, die entsprechenden Merkmalsvektoren berechnet und in klassenspezifischen Stichproben abgelegt. Zur Beurteilung der Merkmale wurden die klassenbedingten Verteilungen der einzelnen Merkmale bestimmt. Abb.4a,b zeigen z.B. die Verteilungen des Merkmals Varianz für die beiden Klassen "Lunker" und "Kratzer". Zur weiteren Bewertung wurde für jedes Merkmal ein Beurteilungsmaß nach /6/ berechnet. Mit diesem Beurteilungsmaß wird der Median am besten bewertet, gefolgt von der Differenz aus maximalem und minimalem Grauwert, dem Mittelwert, der Streuung, dem eigentlichen Grauwert und den Richtungsableitungen. Insgesamt bleibt festzuhalten, daß die drei Klassen "Lunker", "Kratzer" und "Hintergrund" nicht durch einfache Schwellwertverfahren mit einem Merkmal oder einigen wenigen Merkmalen zu trennen sind. Eine einfache Klassifikation mit Hilfe von Entscheidungsbäumen scheidet deshalb von vornherein aus. Stattdessen müssen aufwendigere Verfahren eingesetzt werden.

Neuronaler-Netz-Klassifikator

Vor allem neuronale Netze werden in letzter Zeit verstärkt für Klassifikationsaufgaben eingesetzt /7//8//9//10/. Ein neuronales Netz besteht aus vielen einfachen Verarbeitungselementen, die über eine komplexe Verbindungsstruktur miteinander kommunizieren. Die Verarbeitungselemente werden in dem Netzwerk als Knoten dargestellt, die durch gewichtete Kanten miteinander verbunden sind. Für die Wahl eines Neuronalen-Netz-Klassifikators spricht, daß sie gegenüber einem statistischen Klassifikator weniger restriktive Annahmen über die Eigenschaften der Eingangssignale verlangen. Ein weiterer Vorteil ist die Verfügbarkeit von Lernalgorithmen auch für mehrstufige Netze /11/, so daß ein, bei Anwendungen in der automatischen Sichtprüfung wünschenswertes "learning-by-example" möglich erscheint.

Bei der vorliegenden Klassifikationsaufgabe aus dem Bereich der industriellen Bildverarbeitung sollten Bildpunkte der Bohrungsoberflächen, die mit lokalen Merkmalen beschrieben werden, den Klassen "Hintergrund", "Lunker" und "Kratzer" zugeordnet werden. Die zur Klassifikation eingesetzten neuronalen Netze wurden mit dem Simulationspaket PLEXI auf einer Symbolics entwickelt. In Abb.5 ist die Topologie eines zweischichtigen Netzes skizziert. Die maximal 20 lokalen Merkmale bilden die Eingangsebene ("input layer") des Netzes. Die Ausgaben dieser Elemente gehen zur weiteren Verarbeitung in eine Zwischenebene ("hidden layer") mit 10 Verarbeitungselementen ein. Diese Zwischenschicht ist zur Erzeugung von geeigneten Entscheidungsgebieten im Merkmalsraum notwendig. Die Ausgaben der Zwischenschicht gehen in die Ausgangsschicht ("output layer"), deren Verarbeitungselemente dann die Klassifikationsergebnisse berechnen. Jedes Element einer Schicht kann nur von Elementen der darunter liegenden Schicht über gewichtete Verbindungen beeinflußt werden, es handelt sich um ein sogenanntes "feed-forward-net". Jedes einzelne Verarbeitungselement bildet die gewichtete Summe seiner Eingänge und berechnet über eine Sigmoid-Funktion seine Ausgabe.

Für die Experimente zur Klassifikation wurden erweiterte Stichproben mit jeweils 1549 typischen Merkmalsvektoren der Klassen "Lunker", "Kratzer" sowie "Hintergrund" erstellt. Zum Einlernen des Netzes wurden 1000 Merkmalsvektoren aus jeder Stichprobe zufällig ausgewählt und damit das Netz trainiert. Ein Lernschritt besteht im Anbieten der gesamten Lernstichprobe, der Durchführung der Klassifikation mit anschließender Änderung der Gewichte. Abb.6a zeigt die Abnahme des Klassifikationsfehlers in Abhängigkeit von der Anzahl der durchgeführten Lernschritte. Die restlichen 549 Merkmalsvektoren jeder Klasse wurden als Teststichprobe verwendet. Alle diese Vektoren wurden nach jedem Lernschritt mit den aktuell eingestellten Gewichten klassifiziert; so ergeben sich die Kurvenverläufe in Abb.6b, die die Fähigkeit des Netzes zur Klassifikation von unbekanntem Datenmaterial in Abhängigkeit von den Lernschritten zeigt. Diese Experimente zum Einlernen und Klassifizieren wurden mit unterschiedlicher Auswahl von Lern- und Teststichprobe mehrmals durchgeführt. In Tab.1 sind die Fehlerraten nach 500, 1000, 1700 Lernschritten für drei verschiedene Experimente aufgelistet. Die Ergebnisse sind vergleichbar; nach 1700 Lernschritten wird ein Fehlerrate von 9% für die Lernstichprobe und 12% für die Teststichprobe erzielt. Genauere Aufschlüsse über die Fehlklassifikationen geben die Vertauschungsmatrizen in Tab.2. Es zeigt sich, daß die Merkmalsvektoren von Lunkern und vom Hintergrund sehr gut klassifiziert werden können. Die Klassengrenze von Hintergrund zu Kratzer ist fließend, so daß hier einige Fehlklassifikationen auftreten. Andererseits weisen einige Kratzer Strukturen auf, die bei der Beschreibung nur mit lokalen Merkmalen keine Unterscheidung von Lunkern erlauben.

Ausblick

In weiteren Experimenten stehen folgende Fragen im Mittelpunkt: Welche Merkmale sind zur Beschreibung der vorliegenden Fehler am besten geeignet? Wie können die Merkmale unabhängig von der Klassifikation beurteilt werden? Mit welchen neuronalen Netzen sind die besten Klassifikationsergebnisse zu erzielen? Können die Merkmale aufgrund der Gewichtungen in neuronalen Netz bewertet werden? Welche Ergebnisse können im Vergleich zu konventionellen Klassifikatoren erzielt werden? Wie können die beschriebenen Ansätze in das bisherige Systemkonzept integriert werden?

Andere Merkmale aus dem Bereich der Texturanalyse, wie z.B. Cooccurrence- oder Grauwertdifferenz-Matrizen, können die Oberflächenfehler eventuell besser charakterisieren als die bisher verwendeten lokalen Merkmale. Weiterhin sind Modelle für texturbeschreibende Merkmale aus dem Bereich der Neurophysiologie von Interesse. In ersten Experimenten wurde der Marr-Hildreth-Operator untersucht. Andere interessante Ansätze sind Merkmale im Frequenzbereich, wie sie in /12/ vorgeschlagen werden. Bisher wurden ausführliche Experimente mit einem zweistufigen Netz beschrieben. Erste Untersuchungen an einem dreistufigen Netz lassen eine weitere Steigerung bezüglich der Klassifikationsergebnisse erwarten. Wichtig erscheint auch das Einbeziehen von globalen Eigenschaften der Fehler.

Literatur

/1/ Wallace,A.M. "Industrial application of computer vision since 1982", IEE Proceedings, vol.135, no.3 (May 1988), pp.117-136

/2/ Schramm,U. "Automatische Inspektion von Zylinderbohrungen", Proc. IDENT/VISION '89, S.201-206

/3/ Spinnler,K., Bloss,H., Schramm,U. "Schnelles optisches Prüfsystem mit algorithmusspezifischem Coprozessor", Chip Nr.5 (Mai 1989, Sonderheft Sensoren), S.16-18

/4/ Kröger,S. "Bildverarbeitung", Chip Nr.2 (1988), S.193-199

/5/ Mueller,P., Spiro,P., Blackman,D., Furman,R.E. "Neural computation of visual images", IEEE First Int. Conf. on Neural Networks (June 1987), vol.4, pp.75-88

/6/ Straub,B. "Lernendes Verfahren zur Segmentierung industrieller Szenen", Mustererkennung 1986, Informatik Fachberichte 125, S.24-28

/7/ Lippmann,.R.P. "An introduction to computing with neural nets" IEEE ASSP Magazine (April 1987), pp.4-22

/8/ Burr,D.J. "Experiments with a connectionist text reader", IEEE First Int. Conf. on Neural Networks, vol.4, pp.717-724

/9/ Gorman,R.P., Sejnowski,T.J. "Learned classification of sonar targets using a parallel network", IEEE Trans. ASSP, vol.36, no.7 (July 1988)

/10/ Mesrobian,E., Skrzypek,J. "Discrimination of natural textures: a neural network architecture", IEEE First Int. Conf. on Neural Networks (June 1987), vol.4, pp.247-255

/11/ Rummelhart,D.E., McClelland,J.L. "Parallel distributed processing: exploration in the microstructure of cognition", MIT Press (1986)

/12/ Walford, A.E., Jernigan, M.E. "Cortical representation of texture primitives", Proc. Graphics/Vision - Interface (1986), pp.325-330

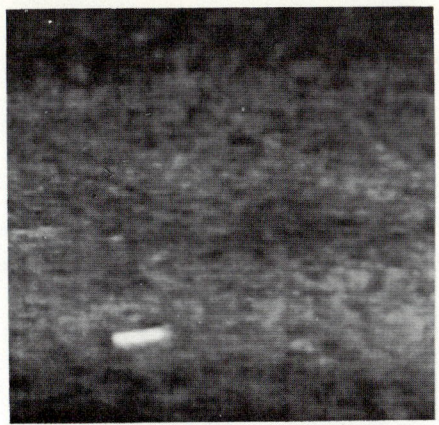

Abb.1a: Lunker

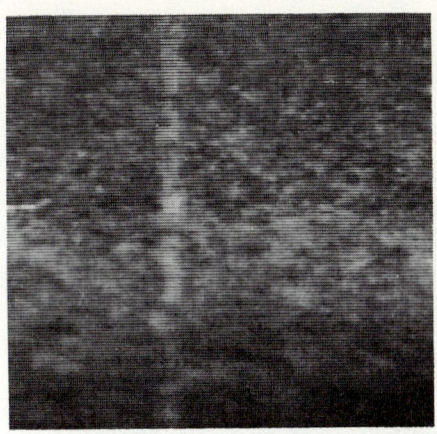

Abb.1b: Kratzer

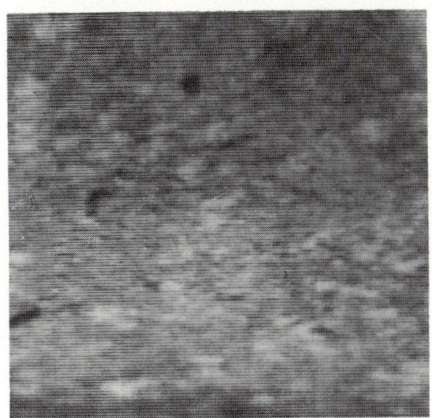

Abb.1c: Pigmentierte Oberfläche

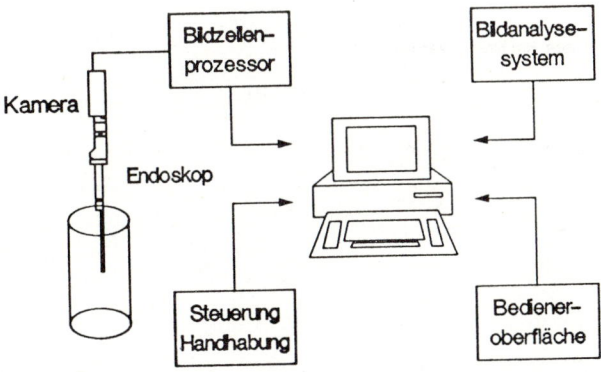

Abb.2: Prüfsystem im Überblick

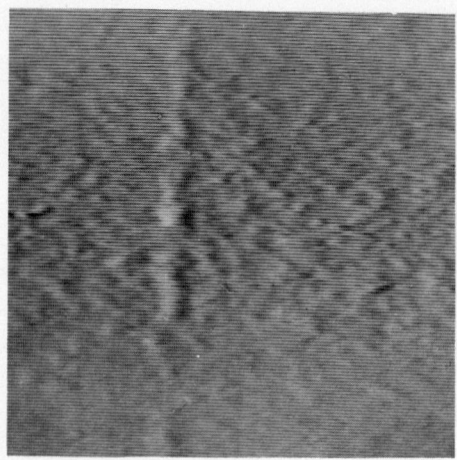

Abb.3: Partielle Ableitung des Kratzers in x-Richtung

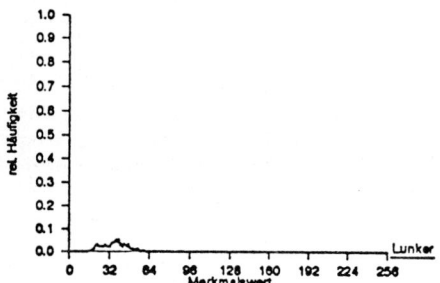

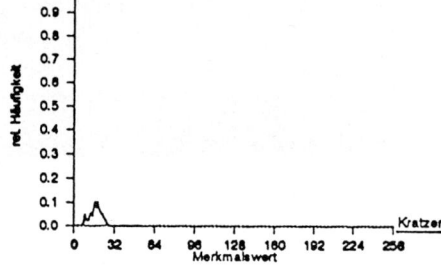

Abb.4: Klassenbedingte Verteilungen des Merkmals Varianz

     a. Lunker   b. Kratzer

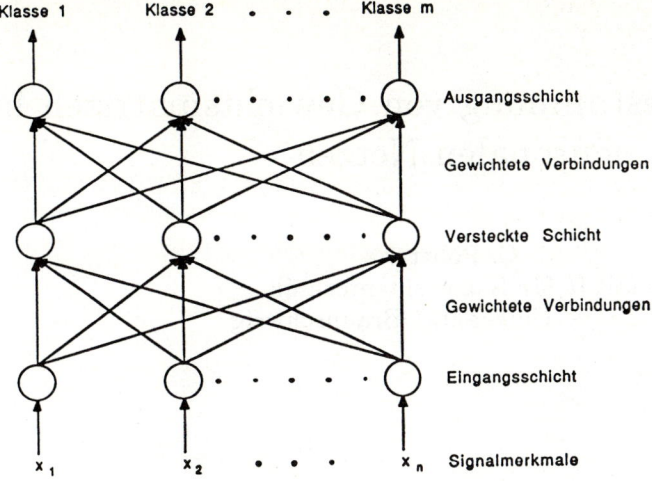

Klasse 1   Klasse 2   •   •   •   Klasse m

Ausgangsschicht

Gewichtete Verbindungen

Versteckte Schicht

Gewichtete Verbindungen

Eingangsschicht

x_1 x_2 •   •   • x_n Signalmerkmale

Abb.5: Topologie eines zweischichtigen Netzes

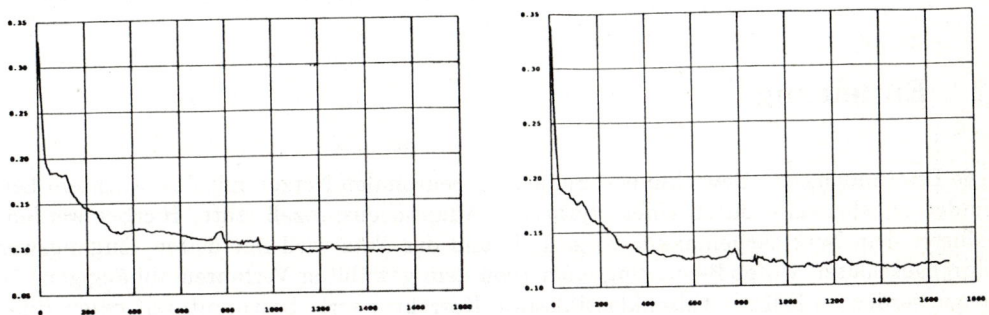

Abb.6: Klassifikationsfehler in Abhängigkeit von den Lernschritten

    a. Lernstichprobe   b. Teststichprobe

Stichprobe	1	2	3
Lernzyklen			
500	11.8/13.6	12.6/14.7	11.9/12.8
1000	10.7/12.9	10.7/13.3	9.9/11.7
1700		9.4/12.8	9.3/12.0

	Lunker	Kratzer	Hintergr.
Lunker	979/530	21/17	0/2
Kratzer	127/79	810/425	63/45
Hintergr.	11/8	56/46	933/495

Tab.1: Fehlerraten Lernen/Testen (in%)

Tab.2: Vertauschungsmatrix Lernen/Testen

Verfahren zur Bestimmung von Gewichtsmatrizen bei neuronalen Netzen

C. Politt
Institut für Nachrichtentechnik
Technische Universität Braunschweig

1 Übersicht

Im folgenden Artikel wird ein Algorithmus zur Berechnung von dreilagigen neuronalen Netzen angegeben. Im Unterschied zu den iterativen Lernverfahren werden hier die Gewichte fortlaufend aus den Mustern aus der Lernstichprobe berechnet, so daß bereits nach einmaliger Präsentation alle Gewichte der drei Schichten vollständig bekannt sind.

2 Einleitung

Die Bestimmung der Gewichte bei dreilagigen neuronalen Netzen mit überwachtem Lernen findet üblicherweise durch einen iterativen Adaptationsprozeß statt. Hierbei werden die Muster dem Netz nacheinander vorgestellt und das Netz wird mit diesen Eingangswerten durchgeschaltet. Unter Benutzung einer (von dem gewählten Verfahren abhängigen) Lernregel werden im Fall der Falschklassifikation Korrekturwerte bestimmt, mit deren Hilfe die neuronalen Gewichte adaptiert werden.

Diese Verfahren der Netzadaptation besitzten im allgemeinen folgende Nachteile :

- Das Optimum der Schrittweite, mit der die Korrektur vorgenommen wird, kann für den allgemeinen Fall nicht angegeben werden, da es sich widersprechenden Anforderungen gleichzeitig genügen muß : Befindet man sich in großer Entfernung vom Fehlerminimum, so ist eine relativ große Schrittweite wünschenswert, damit die Gewichte schnell konvergieren; nahe am Minimum dagegen eine kleine, damit eine Überkompensation des Fehlers verhindert wird. Zahlreiche Literaturstellen beschäftigen sich mit der Einstellung einer sinnvollen Schrittweite (siehe [1]).

- Damit das Lernverfahren konvergiert, bedarf es im Regelfall sehr vieler Durchläufe, d.h. es werden dem Algorithmus alle Muster mehrfach als Eingangswerte zum Lernen vorgelegt. Es läßt sich dabei oft nicht feststellen, wann der Lernvorgang sinnvollerweise abzubrechen ist, d.h. wann das Minimum des Fehlers erreicht ist. Da es außer

dem absoluten Fehlerminimum in der Fehlerebene oft auch noch mehrere Nebenminima (relative Minima) gibt, kann man das Erreichen des absoluten Minimums
außerdem oft nicht vom Erreichen eines relativen Minimums sicher unterscheiden.
Das "Hängenbleiben" in Nebenminima ist übrigens eng mit dem Problem der Schrittweite verkoppelt.

• Es ist beim Entwurf eines neuronalen Klassifikatornetzes zunächst unbekannt, wieviele Neuronen in jeder Schicht für eine erfolgreiche Klassifikation das Netz benötigt.
In der Praxis stellt sich die (für technische Anwendungen oft wünschenswerte) Mi-
nimalgröße des Netzes erst nach mehreren Versuchen mit unterschiedlich großen
Netzen heraus.

Die beiden ersten der oben genannten Probleme treten nicht bei Verfahren auf, die in
der Lage sind, die Gewichtsmatrizen ohne iterative Vorstellung der Muster zu bestimmen.
Dazu gehört auch das hier vorgestellte Verfahren. Mit der theoretisch minimal möglichen
Anzahl von Neuronen kommt es jedoch im allgemeinen Fall nicht aus. Allerdings zeigen
die durchgeführten Versuche, daß die gefundene Anzahl in der Regel nur unwesentlich
darüber liegt. Sie kann außerdem durch eine Nachbehandlung noch reduziert werden. Die
minimal mögliche Anzahl von Neuronen oder von neuronalen Gewichten ist im übrigen bei
der Bestimmung eines neuronalen Netzes keinesfall immer erwünscht. Eine oft geschätzte
Eigenschaft von neuronalen Netzen, und zwar die gute Funktionsfähigkeit auch noch nach
Ausfall einzelner synaptischer Verbindungen ("graceful degredation"), hängt nämlich von
einer gewissen Großzügigkeit bei der Dimensionierung ab. Sie wird im allgemeinen mit
abnehmender Zahl neuronaler Verbindungen ebenfalls schlechter. Soll besonders von der
hohen Ausfallsicherheit eines neuronalen Netzes Gebrauch gemacht werden, so ist der
Einsatz des beschriebenen Verfahrens zur Bestimmung der Gewichtsmatrizen nur sehr
bedingt zu empfehlen.

Das vorgestellte Adaptationsverfahren zur Bestimmung der neuronalen Gewichte lehnt sich
nicht an biologische Vorbilder an und versucht auch nicht, die Lernvorgänge in natürlichen
Systemen zu simulieren oder zu beschreiben. Es dient ausschließlich dazu, die Gewichtsmatrizen für technische Systeme möglichst effektiv zu ermitteln. Der vorgeschlagene Algorithmus eignet sich in der angegebenen Form zur Berechnung dreischichtiger neuronaler
Perceptron-Netze für Musterklassifikationsaufgaben.

3 Funktionsweise eines dreilagigen neuronalen Klassifika-
tornetzes

In [3] wird gezeigt, daß bei neuronalen Netzen prinzipiell drei Schichten für Klassifikationsaufgaben ausreichen. Dies kann anhand diverser Modelle leicht gezeigt werden.
Der beschriebene Algorithmus basiert dabei auf folgender oft zur Erklärung herangezoge-
ner Vorstellung (siehe [2]) : Die n-dimensionalen Muster spannen einen n-dimensionalen
Merkmalraum auf. Dieser Raum wird von Hyperebenen der Dimension (n-1) in mehrere
abgeschlossene oder zum Rand hin offene Unterräume geteilt. Jede dieser Hyperebenen
wird durch ein Neuron in der ersten Schicht des neuronalen Netzes gebildet. Der binäre
Ausgangswert des Neurons gibt dabei an, auf welcher Seite der zugehörigen Ebene ein

bestimmtes Muster liegt. Durch die konjunktive Verknüpfung mehrerer Ausgänge dieser Neuronen zu Produkttermen wird somit ein konvexes Gebiet im Merkmalraum festgelegt. Diese Verknüpfungen geschehen durch die zweite neuronale Schicht des Netzwerks. Die Neuronen der dritten Schicht liefern für jedes selektierte konvexe Gebiet (d.h. für jedes aktivierte Neuron der zweiten Schicht) den zu diesem Muster gehörigen Ausgangscode.

Die erforderliche Anzahl der Neuronen in der ersten Schicht (N1) bestimmt sich durch die Lage der zu trennenden konvexen Gebiete im Merkmalraum. Hierbei sind je nach "Geschick" des eingesetzten Algorithmus' beim Plazieren der Trennebenen unterschiedlich viele Neuronen nötig. Die Neuronenzahl in der zweiten Schicht (N2) entspricht der Zahl der im Merkmalraum zu trennenden konvexen Gebiete. Die gewünschte Codierung für die erkannten Muster legt die Anzahl der Neuronen in der Ausgangsschicht (N3) fest. Je nach gewünschtem Code ist eine hinreichende Anzahl von Ausgangsneuronen in der dritten Schicht des neuronalen Netzes bereitzustellen.

4   Beschreibung des Klassifizierungsverfahrens

Das beschriebene Verfahren benutzt in der ersten Schicht Neuronen mit einem einstellbaren Schwellwert, deren Ausgänge im aktiven Zustand eine "+1" und sonst eine "-1" liefern (siehe Fig. 1).

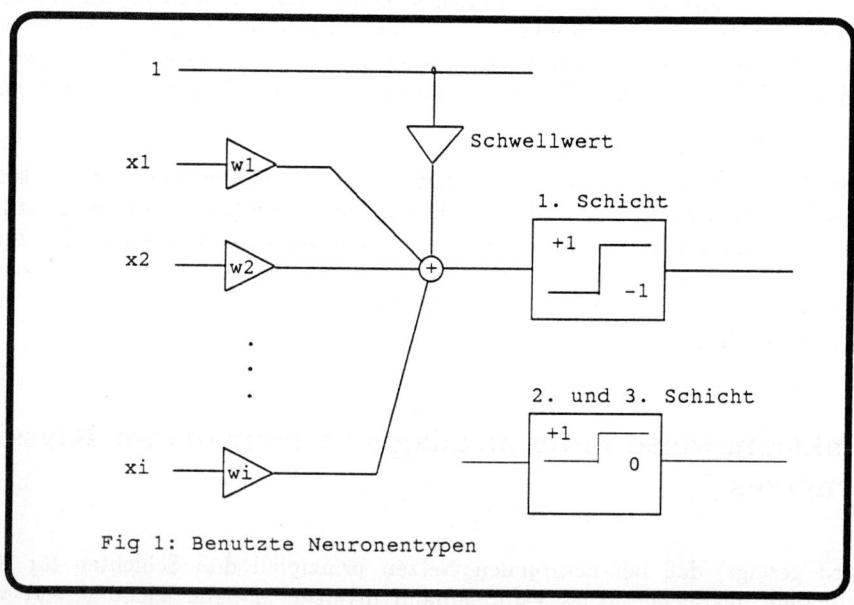

Fig 1: Benutzte Neuronentypen

Die Neuronen der beiden folgenden Schichten liefern dagegen eine "+1" oder "0" als Ausgangswert. Dieses bedeutet jedoch keine Beschränkung in der Allgemeinheit des Verfahrens, da sich die benutzten Neuronentypen leicht ineinander umrechnen lassen. Der hier vorgestellte Algorithmus zur Klassifikation ist in Fig.2 als Flußdiagramm dargestellt. Zu Beginn wird von den ersten beiden Trainingsmustern ausgegangen.

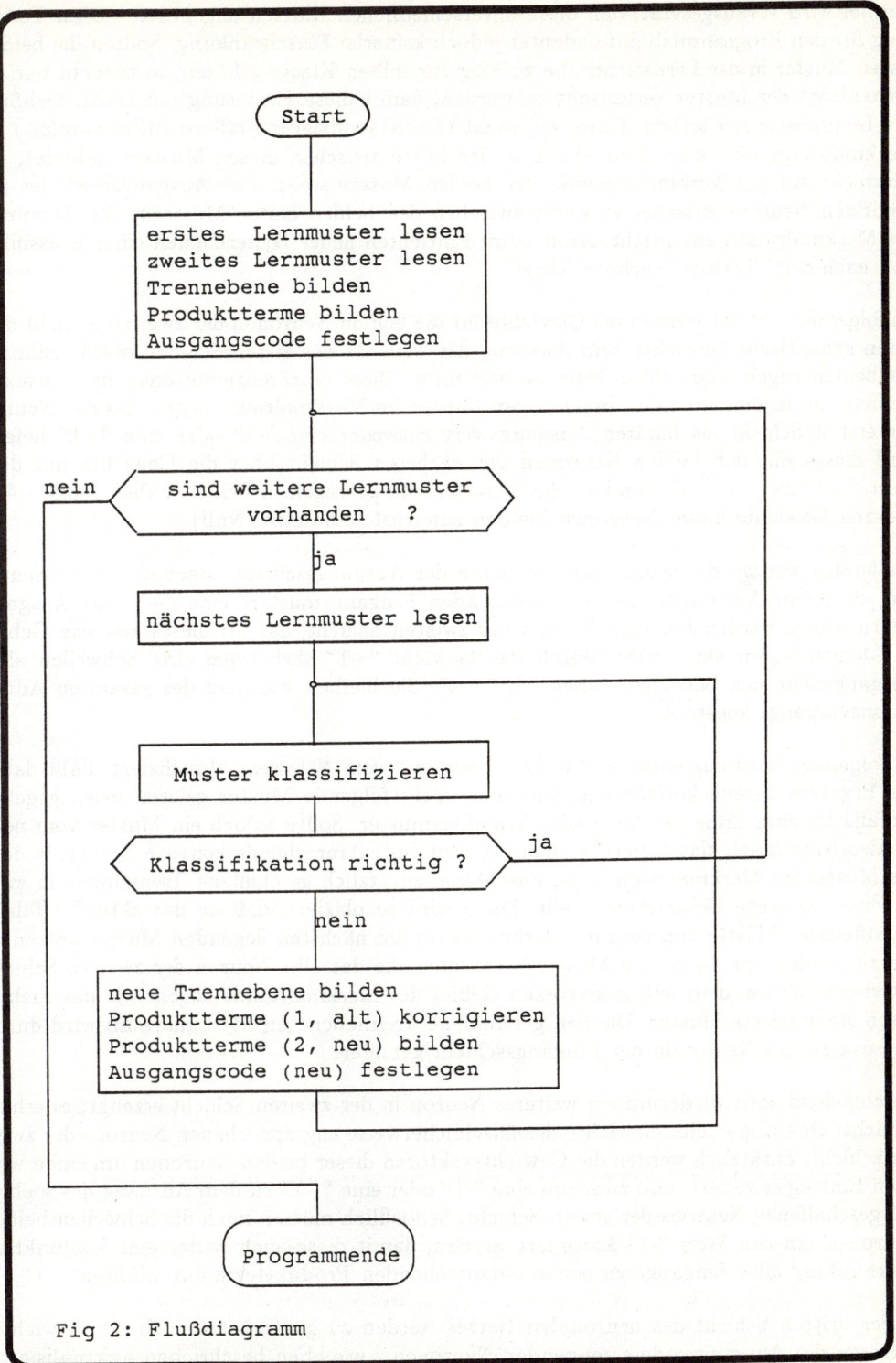

Fig 2: Flußdiagramm

Hierbei wird vorausgesetzt, daß diese unterschiedlichen Klassen angehören. (Diese Forderung für den Programmablauf bedeutet jedoch keinerlei Einschränkung. Sollten die beiden ersten Muster in der Lernstichprobe zufällig zur selben Klasse gehören, so braucht nur die Reihenfolge der Muster vertauscht zu werden, damit diese Forderung erfüllt ist. Gehören alle Lernmuster der selben Klasse an, so ist eine Klassifizierung offensichtlich sinnlos.) Im Merkmalraum wird eine Trennebene in der Mitte zwischen diesen Mustern gebildet, die senkrecht auf der Verbindungslinie der beiden Muster steht. Der Ausgangswert des zugehörigen Neurons entscheidet somit zwischen den beiden ersten Mustern. Die Trennung des Merkmalraums entspricht damit beim Einrichten neuer Hyperebenen einer Klassifikation nach der "Nächste-Nachbar-Regel".

Im folgenden Schritt werden die Gewichte für die beiden Neuronen der zweiten Schicht d.h. deren synaptische Gewichte zum Ausgang des Neurons der ersten Schicht zwecks Bildung der beiden zugehörigen Produktterme bestimmt. Diese repräsentieren dann die konvexen Gebiete, in denen die beiden zugehörigen Muster im Merkmalraum liegen. Da das Neuron der ersten Schicht als binären Ausgangswert entweder eine "-1" oder eine "+1" liefert, wird dieses mit den beiden Neuronen der nächsten Schicht über die Gewichte mit dem Wert "-1" bzw. "+1" verbunden, die Schwellwerte betragen in beiden Fällen "-0.5". Alle anderen Gewichte dieser Neuronen bleiben zunächst unbesetzt (Null).

Als letztes werden die neuronalen Gewichte der Ausgangsschicht angepaßt : Alle Neuronen, die beim Auftreten eines entsprechenden Eingangsmusters eine "+1" als Ausgang liefern sollen, werden mit dem Neuron der zweiten Schicht, das für dieses konvexe Gebiet im Merkmalraum aktiv wird, durch das Gewicht "+1" verbunden. Die Schwellen aller Ausgangsneuronen betragen einheitlich "-0.5". Sie bleiben während des gesamten Adaptationsvorgangs konstant.

Im folgenden wird das nächste Muster gelesen und vom Netzwerk klassifiziert. Fällt dabei das Ergebnis bereits korrekt aus, wird das nächstfolgende Muster gelesen usw., gegebenenfalls bis zum Ende der Liste aller Trainingsmuster. Sollte jedoch ein Muster vom neuronalen Netz falsch klassifiziert werden, so wird das entsprechende konvexe Gebiet, in dem das Muster im Merkmalraum liegt, durch eine zusätzlich geschaffene Trennebene in zwei getrennte konvexe Gebiete unterteilt. Diese wird so plaziert, daß sie das aktuelle (falsch klassifizierte) Muster von dem im Merkmalraum am nächsten liegenden Muster abtrennt. Hierzu werden nur diejenigen Muster betrachtet, die dasselbe Neuron der zweiten Schicht aktivieren, also in dem selben konvexen Gebiet des Merkmalraums liegen, wie das soeben falsch klassifizierte Muster. Die neu geschaffene Trennebene im Merkmalraum wird durch ein zusätzliches Neuron in der Eingangsschicht gebildet.

Anschließend wird wiederum ein weiteres Neuron in der zweiten Schicht erzeugt; es erhält zunächst eine Kopie aller Gewichte des fälschlicherweise angesprochenen Neurons der zweiten Schicht. Zusätzlich werden die Gewichtsvektoren dieser beiden Neuronen um einen weiteren Eintrag erweitert, und zwar um eine "-1" oder eine "+1" zu dem Ausgang des soeben neu geschaffenen Neurons der ersten Schicht. Schließlich müssen noch die Schwellen beider Neuronen um den Wert "-1" korrigiert werden, damit diese auch weiter eine konjunktive Verknüpfung aller Eingänge zu einem entsprechenden Produktterm durchführen.

In der dritten Schicht des neuronalen Netzes werden zu guter Letzt noch die Gewichtsvektoren der Ausgangscode-erzeugenden Neuronen - wie oben beschrieben - aktualisiert.

Die zweite und dritte Schicht funktionieren durch diese Art der Gewichtsbestimmung wie ein adressierbarer Speicher. Die Ausgänge der ersten Schicht bilden dabei quasi die Adresse des aktivierten Speicherplatzes. Die Neuronen der zweiten Schicht bilden UND-Gatter, sie verknüpfen die anliegenden Eingangswerte (Speicheradressen) zu Produkttermen. Sie sind nur dann aktiv, wenn alle Eingänge mit den Kopplungen "-1" ebenfalls eine "-1" als Eingangswert haben und alle Eingänge mit den Gewichten "+1" eine "+1".

Die Neuronen der Ausgangsschicht funktionieren als ODER-Gatter und liefern (quasi als Speicherinhalt) den Ausgangscode. Da ihre Schwellwerte fest auf "-0.5" eingestellt sind, werden sie bereits dann aktiv, wenn an einem Eingang eine "+1" liegt.

Bei dem vorgestellten Verfahren kommt es in bestimmten Fällen zu einem Fehler, der hier, ohne dabei die Allgemeingültigkeit einzuschränken, anhand eines zweidimensionalen Beispiels (siehe Fig. 3) erläutert werden soll : Wenn in dem durch Trennebenen begrenzten konvexen Gebiet des Merkmalraums bereits mehrere Muster derselben Klasse liegen und jetzt ein neues Muster eingelesen wird, das zwar einer anderen Klasse angehört, jedoch zunächst in demselben Gebiet liegt, kann es passieren, daß die neue Trennebene so angeordnet wird, daß einige bis dahin richtig klassifizierte Muster anschließend einem falschen, nämlich dem neu gebildeten konvexen Gebiet, zugeordnet werden, da sie sich nach der Teilung dieses Gebiets in dem falschen Untergebiet befinden.

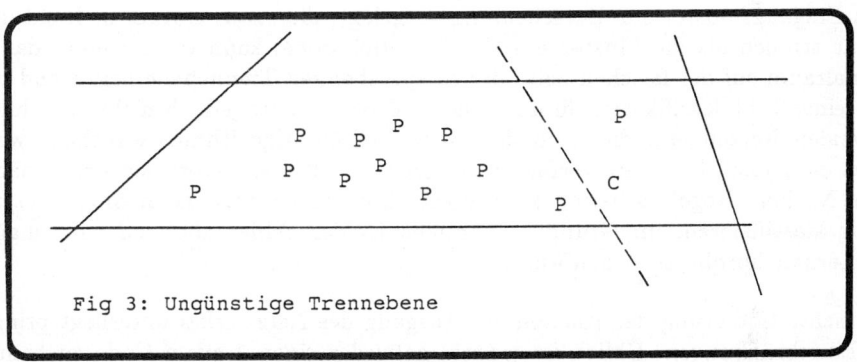

Fig 3: Ungünstige Trennebene

Im Beispiel ist die neue Trennebene gestrichelt dargestellt. Sie ordnet ein zunächst richtig bestimmtes Muster der Klasse "P" nach Einfügen des Neurons in der Eingangsschicht fälschlicherweise der Klasse "C" zu. Daher muß das soeben geschaffene konvexe Gebiet nochmals durch eine weitere Ebene unterteilt werden. Es ist dabei unerheblich, ob dieser Fall durch die Wahl einer geschickter plazierten Trennebene vermeidbar gewesen wäre, oder ob es keine Trennebene gibt, die den Merkmalraum so teilt, daß alle bis dahin bekannten Lernmuster auch nach Einfügen der neuen Trennebene weiterhin korrekt klassifiziert werden. Deshalb ist es nach Einfügen neuer Neuronen in der ersten Schicht nötig, zu überprüfen, ob auch anschließend bei allen bisher vorgestellten Mustern noch eine richtige Erkennung stattfindet. Sollte dies nicht der Fall sein, müssen nach dem oben beschriebenen Verfahren so lange zusätzliche Trennebenen (Neuronen) eingefügt werden, bis wieder eine fehlerfreie Klassifikation aller bis dahin behandelten Lernmuster erfolgt!

5 Ergebnisse

Der vorgeschlagene Algorithmus zur Erzeugung eines neuronalen Netzes unter Vermeidung iterativen Lernens ist an mehreren Klassifikationsaufgaben für kontinuierliche und für diskrete (auch binäre) Muster getestet worden. Dabei lassen die bisher erprobten Klassifikationsaufgaben die Vermutung zu, daß das vorgestellte Verfahren zur Bestimmung von Gewichtsmatrizen bei neuronalen Netzen gut geeignet ist und im Vergleich mit anderen bekannten Verfahren zu durchaus ebenbürtigen Ergebnissen kommt. Die benötigte Rechenzeit ist dabei deutlich kürzer. Allerdings werden die Trennebenen, abhängig von der Reihenfolge, in der die Muster der Lernstichprobe dem Netz zur Klassifikation vorgestellt werden, mitunter etwas ungünstig gewählt : Beim Einrichten einer neuen Trennebene gemäß dem oben angegebenen Algorithmus wird diese so bestimmt, daß das neuronale Netz bezüglich dieser Ebene nach der Entscheidungsregel eines "Nächsten-Nachbar-Klassifikators" arbeitet. Wird jedoch eines der folgenden Muster auf Anhieb richtig klassifiziert, so wird in keinem Fall eine Verschiebung der Ebene vorgenommen; auch dann nicht, wenn es im Merkmalraum dichter an einer Entscheidungsebene liegt als das Muster, für das diese Ebene eingefügt worden ist. Daher passiert es durchaus, daß einige Lernmuster im Merkmalraum relativ dicht an den Trennflächen der einzelnen konvexen Gebiete - und somit recht ungünstig - liegen. Wird dann nach dem Abschluß der Adaptation der Gewichte das neuronale Netz zur Klassifikation eingesetzt und werden dabei dem Netz Eingangsmuster zur Entscheidung vorgelegt, die etwas stärker in Richtung der Trennebene streuen als die Muster aus der Lernstichprobe, kann es passieren, daß diese im Merkmalraum auf der falschen Seite der entsprechenden Trennebene liegen und infolge dessen zu einer Fehlklassifikation führen. Dieses Problem tritt jedoch nicht ausschließlich bei neuronalen Netzen auf, die nach dem vorgestellten Algorithmus errechnet wurden, sondern ist prinzipiell bei allen Verfahren möglich. Ein Klassifikator, der streng nach der "Nächsten-Nachbar-Regel" arbeitet, könnte jedoch möglicherweise noch einige dieser Muster richtig klassifizieren. Im Grunde genommen ist der Fehler aber auf eine ungünstig gewählte Lernstichprobe zurückzuführen.

Die gewünschte Codierung der Klassen am Ausgang des Netzwerkes unterliegt prinzipiell keinerlei Einschränkungen. Üblich ist jedoch, entweder einen 1-aus-n-Code zu benutzen, (d.h. für jedes Muster ist genau ein Ausgangsneuron aktiv,) oder die Ausgangsklassen binär codiert anzugeben. Beim Einsatz der Klassifikation zur Schrifterkennung ist außerdem die Angabe der Klasse im ASCII-Code sinnvoll.

Wird ein 1-aus-n Code gewünscht, so ist (bei K vorkommenden Klassen)

$$N3 = K. \tag{1}$$

Im Fall von binär codierten Ausgangsmustern bestimmt sich die Anzahl der erforderlichen Ausgangsneuronen zu

$$N3 = < ldK >, \tag{2}$$

das heißt die Anzahl der Neuronen in der dritten Schicht ist gleich dem dyadischen Logarithmus aller vorkommenden Klassen, aufgerundet auf die nächste ganze Zahl. Soll die Ausgangsklasse im ASCII-Code erfolgen, so ergibt sich

$$N3 = 8. \tag{3}$$

Die Neuronenzahl in der zweiten Schicht hängt unmittelbar von der Neuronenzahl der ersten Schicht ab. Es gilt :

$$N2 = N1 + 1. \tag{4}$$

Das liegt daran, daß jeweils nach dem Einrichten einer zusätzlichen Trennebene im Merkmalraum auch ein neues Neuron in der zweiten Schicht gebildet wird; ausgenommen bei der Bildung der ersten Trennfläche, hier werden in der zweiten Schicht gleich zwei Neuronen gebildet. Eine derart strenge Kopplung der Neuronenzahl in der ersten und zweiten Schicht ist von anderen Verfahren nicht bekannt. Üblicherweise wird die Anzahl der Neuronen in den einzelnen Schichten vom Benutzer vorgegeben. Nur sehr wenige Verfahren sind überhaupt dazu in der Lage, während des Trainingsvorganges des Netzes zusätzliche Neuronen in einzelne Schichten einzufügen, wenn sich die vorgewählte Zahl für die angestrebte Klassifizierungsaufgabe als unzureichend erweist. Mit diesem festen Zusammenhang ist auch ein Nachteil des hier vorgestellten Verfahrens eng verknüpft : Oft könnte durch Verschieben einzelner Trennebenen (statt des Einrichtens einer zusätzlichen) dieselbe Wirkung bezüglich der Klassifikation erzielt werden. Es werden deshalb unter Umständen mehr Neuronen in der ersten Schicht gebildet, als dies zur Erreichung der speziellen Klassifikationsaufgabe nötig wäre. Dies hat wegen der festen Kopplung der Anzahl der Neuronen in der ersten Schicht auch eine unnötig hohe Neuronenzahl in der zweiten neuronalen Schicht zur Folge. Dieser Effekt erhöht jedoch im allgemeinen die Anzahl der Neuronen in der ersten und zweiten Schicht, abhängig von dem Klassifizierungsproblem sowie von der Reihenfolge, in der dem Netz die Muster der Lernstichprobe präsentiert werden, nur geringfügig. Außerdem läßt er sich durch eine gezielte Nachbearbeitung des gesamten neuronalen Netzes nach Abschluß des Trainings relativ leicht korrigieren.

Da die Neuronen in der zweiten neuronalen Schicht ausschließlich logische UND-Funktionen bilden, nehmen die entsprechenden Gewichte - abgesehen von den Schwellwerten - nur zwei verschiedene Größen an, und zwar "-1" und "+1". Die neuronalen Gewichte in der dritten Schicht haben - ebenfalls ohne Schwellwerte - sogar alle den selben Wert. Die Größe der Schwellen beträgt dabei einheitlich "-0.5". Dies ist für eine geplante Hardware-Realisierung eines neuronalen Netzes sicherlich vorteilhaft.

6 Literaturangaben

- Lit. 1: D. E. Rumelhart, G. E. Hinton, R. J. Williams: "Learning Internal Representations by Error Propagation" in D. E. Rumelhart, J. L. McCelland (Eds.), Parallel distributed Processings, Volume I: Foundations, MIT Press (1986).

- Lit. 2: R. P. Lippmann: "An Introduction with neural Nets", IEEE ASSP-Magazine, Vol. 4, April 1987.

- Lit. 3: G. G. Lorenz: "The 13-th Problem of Hilbert", Proceedings of Symposia in Pure Mathematics, Vol. 28, 1976.

Ein kontext-restriktiver Ansatz zur Texterkennung

FRANK HÖNES, ANDREAS DENGEL

Deutsches Forschungszentrum für Künstliche Intelligenz GmbH
Postfach 2080
D-6750 Kaiserslautern, West Germany

Mail Address: dengel@uklirb.uucp.
Telefon: (0631) 205-3215
Fax: (0631) 205-3210

1 EINFÜHRUNG

Der Bedarf an Informationen in unserer Gesellschaft wächst von Jahr zu Jahr. Eine Ursache für diesen Umstand ist die rasche Verbreitung von Arbeitsplatzrechnern sowie deren Vernetzung untereinander. Der Mensch ist dadurch überhaupt erst in der Lage, solche riesigen Informationsmengen, wie sie heutzutage in Form von Datenbanken existieren, zu verwalten und zu nutzen.

Gleichermaßen wie der Informationsbedarf wächst auch die Produktion von Informationen. Aus bestehenden Datenbeständen werden neue Informationen erzeugt, die von verschiedenen Instanzen benötigt und daher übermittelt werden müssen. Mit Beginn der kommerziellen Nutzung von EDV-Anlagen wurde die Notwendigkeit deutlich, geeignete Hilfsmittel für einen Informationsaustausch zwischen Rechensystemen zu schaffen. Es wurden hierfür spezielle Informationsträger entwickelt, die ausschließlich für den Computer nutzbar sind: Magnetbänder, Disketten und neuerdings optische Speicherplatten (CD´s). Ein Medium, das momentan starke Verbreitung findet, sind Wide Area Networks (WAN). Durch spezielle Netzdienste wie Mailing können elektronische Dokumente versandt und somit Informationen übermittelt werden.

Der Hauptnachteil dieser Medien ist allerdings, daß der Mensch sie nur über Umwege, d.h. über Rechenanlagen nutzen kann. Beim Informationsträger Papier entfällt dies, allerdings kann hier der Rechner nicht direkt auf die enthaltenen Informationen zugreifen. Er benötigt die Unterstützung des Menschen.

Bedenkt man, daß in der Bundesrepublik Deutschland jährlich ca. 170 Billionen(!) Seiten Papier produziert werden, so fragt man sich, warum kein geeignetes und leistungsfähiges Hilfsmittel existiert, das Rechnern ermöglicht, papiergebundene Information zu verstehen und zu nutzen wie elektronische Informationen. Papier könnte somit ein gemeinsam verarbeitbares Informationsmedium von Menschen und Rechneranlagen darstellen.

Hauptproblem bei der Nutzung des Papiers als Informationsträger für Rechenanlagen besteht in der Art und Weise, wie Informationen auf ihm dargestellt sind. Im Gegensatz zu den elektronischen Medien gibt es für den Datenträger Papier keinen standartisierten Aufbau, d.h. die Anordung und Darstellung von Informationen unterscheiden sich je nach Verfasser bzgl.
* dem Aufbau (z.B. ein- oder mehrspaltiger Text)
* dem Umfang (z.B. mit Graphik)
* der Schriftart (z.B. Kursiv, Script, mit und ohne Serifen)
* der Zeichenabstände (Zeichen/Zoll, Proportionalschrift)

* der Zeichenbreite und -höhe
* der Zeilenabstände
...

Es gibt Systeme, die textuelle Informationen von Papierdokumenten in eine rechnerverständliche Form (z.B. ASCII-Code) transformieren. Einige von ihnen können sehr gute Ergebnisse erreichen, sind allerdings auf bestimmte Schriftarten trainiert oder funktionieren nur bei sehr guten Druckvorlagen.

Der Bereich der Texterkennungssysteme läßt sich grob in zwei unterschiedliche Klassen unterteilen [Ullman, 1982]: die Klasse der **Zeichenerkennungssysteme**, die einen Text durch die isolierte Betrachtung einzelner Zeichen erkennen und die Klasse der **Worterkennungssysteme**, die ganze Wörter identifizieren.

Die erste Erkennungsmethode zerteilt einen Text in einzelne Buchstaben und versucht anschließend, diese zu identifizieren. Solange die Separierung von Wörtern in Einzelzeichen vorgenommen werden kann, arbeiten diese Systeme recht zuverlässig [Schürmann, 1987]. Allerdings treten erhebliche Probleme auf, wenn sie auf nicht bekannte Fonts oder auf schlechte Druckvorlagen treffen bzw. Wörter nicht in ihre Einzelzeichen zerlegt werden können.

Die zweite, allgemeinere Methode versucht, ganze Worte anhand von Referenzmustern zu erkennen. Die Vorgehensweise bietet sich bei Druckvorlagen an, die nicht oder nur sehr schwer eine Zerlegung von Wörter in einzelne Zeichen zuläßt. Als Beispiel können hierfür die kursive Schriftarten [Farag, 1979] und handgeschriebene Texte genannt werden.

Das Erkennen von ganzen Wörtern setzt allerdings das Erfassen und die Verwaltung von einer Vielzahl verschiedener Vergleichsmuster voraus, während Zeichenerkennungssysteme lediglich für Buchstaben solche Muster benötigen. Sollte aber im Anschluß an die Texterkennung eine inhaltliche Analyse des Textes vorgenommen werden (was durchaus sinnvoll ist), so ist es sowieso unumgänglich, Wörter mit ihren zugehörigen Bedeutungen abzuspeichern. In der Praxis konzentrieren sich dennoch mit Ausnahme von wenigen Anwendungen (z.B. [Schürmann, 1978; Srihari, 1987]) alle Systeme auf die Erkennung von Einzelzeichen.

2 DAS SYSTEM KONTUR

Der Ansatz, den wir vorschlagen, stellt eine Verflechtung aus Zeichen- und Worterkennungstechniken dar, der Chaincodes [Samet, 1980] von Textbasisbausteinen (Buchstaben, Ziffern) als Grundlage für eine Erkennung verwendet. Das Ziel dieses Ansatzes besteht darin, Textbasisbausteine derart zu klassifizieren, daß sie einer bestimmten Zeichenklasse zugeordnet werden können. Jede Klasse wird durch einen zugehörigen Repräsentanten (Nichtterminal) identifiziert. Ausgehend von diesen Nichtterminalen erzeugt das System eine Menge von Worthypothesen, indem jedes Nichtterminal gezielt durch in Frage kommende Buchstaben oder Ziffern ersetzt wird. Da jeder Repräsentant stellvertretend für eine Menge von Buchstaben oder Ziffern stehen kann, ist die Worterkennung nicht eindeutig, d.h. es werden mehrere Hypothesen erzeugt. Um dennoch eine eindeutige Wortfolge zu generieren, werden logische Wörterbücher, die für bestimmte Kontexte existieren sowie einige Grammatikregeln verwendet und somit schon während der Hypothesenerzeugung das Generieren von unlogischen Wortkandidaten weitestgehend vermieden.

Das System *KONTUR* stellt ein Experimentalsystem für stark einschränkbare Kontexte dar, das untersuchen sollte, inwieweit Worterkennungstechniken für eine Texterkennung nutzbar sind und welche Vor- und Nachteile dabei bestehen. *KONTUR* ist daher weniger als Stand-Alone-System gedacht, sondern vielmehr als ein Subsystem, das von einer übergeordneten Instanz entsprechende Kontextinformationen erhält und darauf aufbauend eine Transformation von Pixelinformationen in textuelle Informationen vornimmt.

Die Vorgehensweise dieses Ansatzes stützt sich auf die Fähigkeit des Menschen, typische Bereiche, z.B. Absender oder Adressat eines Geschäftsbriefes, zu identifizieren, und diese mit Hilfe einer starken Erwartungshaltung zu lesen. In diesem Umfeld besitzt das System die Fähigkeit, Wörter innerhalb eines eingeschränkten Kontextes (z.B. Empfängerbereich eines Geschäftsbriefes) zu erkennen. Diese Annahme gilt nicht allgemein für das gesamte Dokument, sondern nur für einzelne Teile, deren Inhalt eingeschränkt werden kann.

In Abbildung 1 wird die Systemarchitektur von *KONTUR* graphisch dargestellt. Die drei dem System zugrundeliegenden Verarbeitungschritte werden in den folgenden Abschnitten kurz beschrieben.

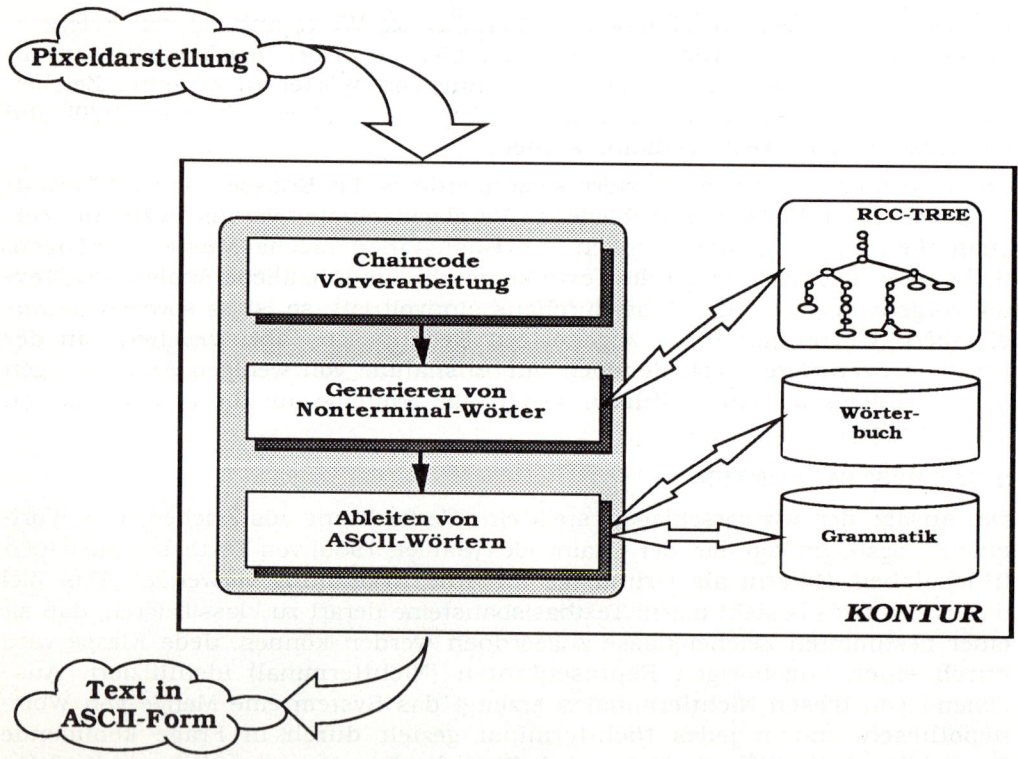

Abbildung 1: Systemarchitektur von *KONTUR*.

2.1 CHAINCODE VORVERARBEITUNG

Nach dem Einlesen eines Dokumentes über einen Blattleser und der anschließenden Segmentierung [Dengel, 1990] kann mit der eigentlichen Texterkennung begonnen werden. Insgesamt stehen für die Identifizierung eines Textbasisbausteins durch die Ergebnisse des Segmentierungsprozesses Informationen über seine Position, seine Abmessungen in x- und y-Richtung, den zugehörigen 8-Punkte Chaincode und die Anzahl der Innenränder (Gebiete, wobei Bereiche von weißen Pixeln vollständig von schwarzen Pixeln umgeben sind) zur Verfügung. Es werden allerdings nur der Chaincode und das Innenrandmerkmal für eine Texterkennung verwendet.

Ein Chaincode stellt eine Konturbeschreibung eines bestimmten Objektes dar. In unserem Falle beschreibt er die Kontur einer Gruppe von Schwarzpixeln, die als Basis-Layoutkomponenten textueller Informationen bezeichnet werden [Scherl, 1982]. Geht man von dem am weitesten links unten liegenden Pixel einer Schwarzpixelgruppe aus, so wird ein Chaincode erzeugt, indem man der äußeren Kontur dieser Pixelmenge folgt. Jeder Pixelübergang wird unter Berücksichtigung seiner jeweiligen Richtung protokolliert. Hierzu stehen acht verschiedene Richtungen zur Verfügung, die durch die Ziffern 0 bis 7 repräsentiert sind. Die Ziffern 0, 2, 4 und 6 entsprechen den Richtungen Osten, Norden, Westen und Süden. In Abbildung 2 wird ein Schwarzpixelbereich des Buchstabens "a" mit dem zugehörigen Chaincode dargestellt und beschrieben.

Ausgangspunkt ➤   Chaincode: $2^5 1 0^6 2^3 4^4 5 4 3 2 1 0^7 7^2 6^7 7 6 4^{10}$

Abbildung 2: Chaincode-Beschreibung des Buchstaben "a". Die Exponenten geben die Anzahl der Pixelübergänge für eine Richtung an.

Das Ziel unseres Ansatzes besteht darin, anhand von möglichst allgemeinen Merkmalen die verschiedenen Buchstaben und Ziffern in unterschiedliche Klassen zu gruppieren, die denselben bzw. einen ähnlichen Chaincode besitzen. Aus diesem Grund reduzieren wir schrittweise den ursprünglichen Chaincode, bis dieser nur noch die wesentlichsten Charakteristika enthält. Mit dieser Reduzierung ist allerdings auch ein Informationsverlust verbunden, den wir mithilfe von Kontext- und Wortinformationen ausgleichen.

Ein wichtiges Ziel der Texterkennung ist die Unabhängigkeit des Erkennungsprozesses von verschiedenen Fonts und Schriftgrößen. Ebenso dürfen Schmutzpartikel oder unsaubere Druckvorlagen nicht zu sehr die Erkennungsgenauigkeit beeinflussen. Da aber das Ergebnis eines Blattlesers in Form eines allgemeinen Richtungscodes diese Eigenschaften nicht erfüllt, muß eine dementsprechende Vorverarbeitung erfolgen, die diese Nachteile beseitigt bzw. zumindest abschwächt. Das System *KONTUR* versucht, dies durch ein Glättungsverfahren und durch eine gezielte Reduktion des Chaincode in eine normierte Darstellung zu erreichen.

Eine Größenunabhängigkeit des Chaincodes erhält man relativ einfach, indem alle mehrfach aufeinanderfolgenden Richtungen durch einen Repräsentanten dargestellt werden. Diese Darstellung ist zwar somit unabhängig von der Schrifthöhe und -breite, aber durch den Informationsverlust treten evtl. Mehrdeutigkeiten auf. Zum Beispiel können die beiden Buchstaben "O" und "o" nicht mehr unterschieden werden. Diese Mehrdeutigkeiten können aber meist recht einfach durch Einbeziehen von grammatikalischem Wissen aufgelöst werden.

Das Problem der Fontabhängigkeit läßt sich allerdings nicht ganz so einfach lösen. Der Chaincode beschreibt oftmals einen Zeichenumriß, der unseren idealisierten Vorstellungen nicht entspricht. Zu oft sind die Schriftkonturen zu schwach und unklar. Abbildung 3 zeigt den Buchstaben "a" als idealisiertes und als real gescanntes Bild.

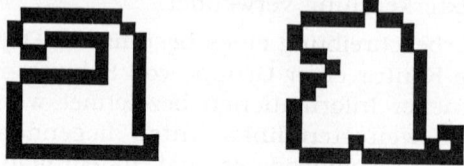

Abbildung 3: Idealisierte und reale Randbeschreibung des Buchstabens "a".

Für den Erkennungsvorgang sollte der Chaincode nur die gröbste Form eines Zeichens wiedergeben; nur die wesentlichsten Eigenschaften bzgl. des Umrisses enthalten. Um diese Darstellung zu erreichen, wird der ursprüngliche Chaincode in einen Richtungcode mit nur 4 Richtungen transformiert. Dieser enthält nur vertikale (Nord, Süd) und horizontale (Ost, West) Richtungen. Dieser modifizierte Chaincode gibt somit eine kantige Umschreibung eines Buchstaben oder einer Ziffer wieder. Die resultierende, modifizierte Umschreibung des Buchstabens "a" wird in Abbildung 4 dargestellt. Der zugehörige RCC-Code (**R**eduzierter **C**hainCode) lautet "20242064".

Abbildung 4: Modifizierter und geglätteter Chaincode für den Buchstaben "a".

Um von dem tatsächlichen Chaincode zu dem RCC-Code zu gelangen, sind allerdings mehrere Schritte nötig:

In einem ersten Glättungsschritt werden alle diagonal verlaufenden Richtungen in ihre rechtwinkligen Komponenten zerlegt. In einem zweiten Schritt werden alle einzeln vorkommenden Richtungen eliminiert, sofern dadurch keine 180°-Knicke entstehen. Im dritten Schritt werden alle 180°-Knicke innerhalb des Chaincodes beseitigt. Diese Knicke sind unangenehm, da bei niedriger Auflösung des Scannvorgangs dünne Linien anders interpretiert werden als dicke und somit unterschiedliche Chaincodes erzeugt werden. Ein einfacher Strich ("|") würde evtl. nicht durch den Chaincode "4222222222066666666" dargestellt werden, sondern durch "2222222266666666". Durch das Einfügen des passenden Richtungsvektors werden diese Schwierigkeiten beseitigt. Abbildung 5 beschreibt die einzelnen Glättungs- und Modifizierungsschritte am Beispiel des Buchstabens "a".

Abbildung 5: Glättungsstufen des Buchstabens "a".

Der resultierende Chaincode ist größenunabhängig und mit Einschränkungen auch fontunabhängig. Er toleriert kursive Schriften und in gewissen Grenzen unvollständige Druckbilder [Hönes, 1989].

2.2 GENERIEREN VON NICHTTERMINAL-WÖRTERN

Unter Verwendung der Ergebnisse der Chaincode Vorverarbeitung können unterschiedliche Klassen von Zeichen ermittelt werden. Für jede Zeichenbeschreibung wird versucht, eine entsprechende Zeichenklasse zu finden sowie sie durch ein Nichtterminal zu ersetzen. Aus einer Folge von Zeichenbeschreibungen entsteht somit eine Folge von Nichtterminalen. Falls eine solche Zuordnung unmöglich ist, kann das Zeichen nicht erkannt werden, und wird daher einer speziellen Klasse - die Klasse der Nicht-Identifizierbaren - zugeordnet. Das zugehörige Nichtterminal dient lediglich als Platzhalter, deren Buchstabe durch Wortzusammenhänge herleitbar ist.

Um eine effiziente Buchstabenklassifizierung vornehmen zu können, werden die Klassenbeschreibungen in einer baumartigen Struktur (RCC-Baum) gespeichert. Die Knoten des Baumes enthalten mögliche Richtungsvektoren der Randbeschreibung, wobei alle Wege durch den Baum RCC-Beschreibungen für Nicht-Terminale darstellen. Abbildung 6 zeigt ein Beispiel eines RCC-Baumes für die Nichtterminale d, a, c, e, o und l.

Die Blätter eines RCC-Baumes beinhalten zusätzliche Informationen über die Existenz von Innenrändern. Da aber Innenränder nur bedingt zu einer Klassenidentifikation herangezogen werden können (z.B. bei zerteilten oder verschmierten Buchstaben), wird eine Fehlerregulierung verwendet, die evtl. auftretende Probleme beseitigt [Hönes, 1989].

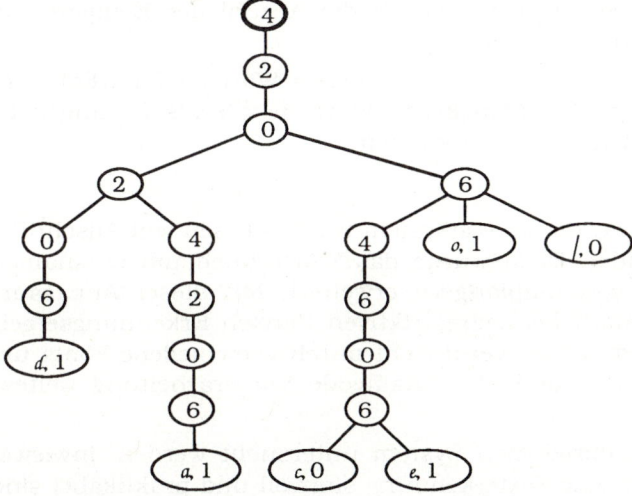

Abbildung 6: Beispiel eines RCC-Baumes.

Durch die Anwendung einer geeigneten Suchstrategie, die evtl. fehlerhafte Chaincodeziffern überspringt bzw. Lücken im Chaincode überbrückt, können Nichtterminal-Wörter generiert werden. Nichtterminal-Wörter sind Wörter, die nur aus Klassenvertretern (Nichtterminalen) bestehen, z.B. $c o d e$.

2.3 ABLEITEN VON ASCII-WÖRTERN

Jedes Nichtterminal kann zu einer Menge von Terminalen abgeleitet werden. Deshalb wird in *KONTUR* eine spezielle kontextfreie Grammatik ohne Zyklen verwendet, die Ableitungsregeln nach folgenden Mustern enthält:

o -> "o" u -> "u" c -> "c"

o -> "O" u -> "U" c -> "C"

o -> "0" u -> "v" c -> "("

o -> "D" u -> "V" c -> e

o -> "B"

o -> "8"

Jede Ableitung enthält zusätzlich eine Prioritätsstufe, die die Abarbeitungsfolge innerhalb der Hypothesengenerierung steuert. Die Prioritätsstufen wurden aufgrund von statistischen Tests und Buchstabenhäufigkeiten erstellt und verbessern somit die Abarbeitungsgeschwindigkeit des Systems erheblich.

Um nun ein reales Wort ableiten zu können, wird das Nichtterminal-Wort von links nach rechts abgeleitet. Nach jedem Ableitungsschritt erfolgen Zugriffe auf ein Wörterbuch, um die Ableitung nicht existenter bzw. nicht in den Kontext passender Wörter zu verhindern. Die Ableitung einer inadequaten Hypothese wird zum baldmöglichsten Zeitpunkt abgebrochen, um unnötige Verarbeitungsschritte zu vermeiden. Auf diese Weise wird ein Ableitungsbaum generiert, dessen Wurzel das Nichtterminal-Wort darstellt. Die Knoten innerhalb des Baumes stellen Strings aus Terminalen (im Falle eines Ergebnisses) oder Strings aus Terminalen und Nichtterminalen dar, die man durch Anwendung einer Ableitungsregel auf den Vaterknoten erzeugt. Die Tiefe des Baumes ist von der Anzahl der Ableitungen abhängig, die auf einen Nichtterminal-String angewendet werden. Die maximale Verzweigung wird durch die Anzahl der Elemente bestimmt, die eine Buchstabenklasse bilden.

KONTUR liefert als Ergebnis im Idealfall ein einzelnes Wort oder im Falle von Mehrdeutigkeiten eine beschränkte Menge von Wörtern, die als Lösungen für eine Chaincode-Sequenz in Frage kommen können.

3. ERGEBNISSE

Das hier vorgestellte System wurde als Testsystem für das Lesen von Anschriften auf Geschäftsbriefen verwendet. Dazu wurde das Wörterbuch um Ortsnamen, Straßennamen und Namen von Empfängern erweitert. Mit dieser Anpassung erzielte *KONTUR* in diesem stark kontextrestriktiven Bereich Erkennungsergebnisse, die über 90% liegen. Probleme, verursacht durch verschiedene Fonts und verklebte Buchstaben konnten durch die Chaincode Vorverarbeitung weitestgehend vermieden werden.

Allgemein sollte mit dem beschriebenen System untersucht werden, inwieweit Worterkennungstechniken für eine Texterkennung sinnvoll und praktikabel sind. Wir erhoffen uns von Worterkennungsverfahren den Vorteil, daß Textlesesysteme robuster bzgl. schlechten Druckvorlagen und der Vielfalt vorhandener Schriftarten werden. Die Einbeziehung redundanter Wortinformationen, die durch Zeichenzusammenhänge eines Wortes sowie durch die zugehörige Bedeutung gegeben sind, ermöglichen diese Verbesserungen gegenüber monentanen OCR (Optical Character Recognition) Verfahren.

Die in *KONTUR* verwendeten Techniken sollen in einem integrierten Dokumentanalysesystem angewendet werden, das versucht, allgemeine Geschäftsbriefe zu lesen und im eingeschränkten Sinne auch zu verstehen. Dieses System, das innerhalb des Projektes ALV am DFKI realisiert wird, unterteilt in einem ersten Verarbeitungsschritt einen Geschäftsbrief in sogenannte logische Objekte wie z.B. Absender, Adressat und Fußzeile. Die Vorgehensweise stützt sich dabei ausschließlich auf geometrische Merkmale von Gruppen von Schwarzpixelmengen (Blöcke, Abschnitte) [Dengel und Barth, 1988]. Die daraus resultierenden Ergebnisse liefern eine Erwartungshaltung, die die weiteren Analysephasen steuern. Die zweite Phase nimmt auf der Basis der Worterkennung eine Transformation von Pixelinformation in ASCII-Code vor, wobei jedes logische Objekt spezifische und angepaßte logische Wörterbücher besitzt (z.B. Empfängerdaten, Datumsangaben). In der dritten und letzten Phase erfolgt eine partielle inhaltliche Analyse des erkannten Textes, die die wesentlichsten Aussagen eines Briefes erfassen soll. Dazu werden abhängig von den logischen Objekten unterschiedliche Verfahren verwendet, die von einfachen syntaktischen Analysen bishin zu partiellen Textanalysetechniken gehen. Es ist auch daran gedacht, mithilfe dieser inhaltlichen Untersuchungen die Ergebnisse der Texterkennung zu überprüfen und gegebenenfalls Mehrdeutigkeiten zu eliminieren.

LITERATUR

[Dengel und Barth, 1988]
    A. Dengel and G. Barth, *High Level Document Analysis Guided by Geometric Aspects*, Internat. Journal on Pattern Recognition and AI, Vol. 2, No. 4, Dec. 1988, pp. 641-656

[Dengel, 1990]
    A. Dengel, *A Step Towards Understanding Paper Documents*, DFKI Research Report RR-90-08, 24 Pages, Kaiserslautern, June 1990

[Farag, 1979]
    R. F. H. Farag, *Word-Level Recognition of Cursive Script*, IEEE Trans. Computers, Vol. 28, 1979, pp. 172-175.

[Hönes, 1989]
    F. Hönes, *Möglichkeiten der visuellen Erkennung von Worten mit Hilfe von geometrischen Eigenschaften der enthaltenen Zusammenhangskomponenten*, Bachalor Thesis, CS Department, Universiy of Stuttgart, 1988

[Scherl et al, 1982]
    W. Scherl, F. Wahl and H. Fuchsberg, *Automatic Separation of Text, Graphic and Picture Segments in Printed Material*, in: Pattern Recognition in Practice, Ed: Gelsema und Kanal, Amsterdam 1982, p. 213

[Schürmann, 1978]
    J. Scürmann, *A Multifont Word Recognition System for Postal Adress Reading*, IEEE Transactions on Computers, Vol. C-27, No. 8, Aug. 1978

[Schürmann, 1987]
    J. Schürmann, *Stand und Entwicklung der optischen Zeichenerkennung*, Münchner Messe- und Austellungsges., Proc. of the Symposa of the Systems ´87, Oct. 1987, p.98

[Srihari et al, 1987]
    S. N. Srihari, C.-H. Wang, P. W. Palumbo and J. Hull, *Recognizing Address Blocks on Mail Pieces: Specialized Tools and Problem-Solving Architecture*, AI Magazine, Vol. 8 No. 4, Winter 1987, p. 25

[Ullman, 1982]
    J. R. Ullman, *Advances in Character Recognition*, in Applications of Pattern Recognition, K. S. Fu, ed., CRC Press, Boca Raton, FL, 1982, pp. 197-236

Eine schnelle Sprecheradaption für verschiedenartige Spracherkennungssysteme

F. Class   P. Regel

DaimlerBenz AG, Forschungszentrum Ulm

Zusammenfassung

Dieser Beitrag beschreibt ein Sprecheradaptionsverfahren, das es ermöglicht, neue und unbekannte Sprecher automatisch in einer kurzen Trainingsphase an ein voradaptiertes Erkennungssystem zu adaptieren. Das Adaptionsverfahren beruht auf einer Transformation der Merkmalsvektoren und wird optimiert mit Hilfe des minimalen mittleren quadratischen Fehler - Kriteriums (MQF) unter Berücksichtigung zusätzlicher Nebenbedingungen. Die Experimente an zwei verschiedenartigen Erkennungssystemen (HMM und DTW - Erkenner) sowie mit unterschiedlichen Merkmalen (spektralen und cepstralen) zeigen, daß das Verfahren sowohl in unterschiedlichen Erkennungssystemen als auch bei verschiedenen Merkmalssätzen ohne Modifikation eingesetzt werden kann. Es läßt sich damit nahezu die sprecherabhängige Fehlerrate erreichen.

1   Einleitung

Eine schnelle Sprecheradaption gewinnt zunehmend an Bedeutung für Spracherkennungssysteme mit sehr großem Vokabular. Der traditionelle Weg, das System auf jeden einzelnen Sprecher in einer Grundadaption zu trainieren (sprecherabhängiges System) durch ein- oder mehrmaliges Vorsprechen jedes Wortes des Vokabulars ist dann nicht mehr praktikabel. Weiterhin benötigen die heutzutage verstärkt eingesetzten Klassifikationsschemata, wie z.B. Hidden Markov Modelle (HMM) oder Neuronale Netze, einen hohen Aufwand an Trainingsdaten.

Deswegen werden neue Methoden angewandt, um ein System an einen neuen Sprecher zu adaptieren. Das Erkennungssystem wird einmalig mit Trainingsdaten eines oder mehrerer Referenzsprecher trainiert. Dieser primäre Trainingsaufwand kann dabei sehr hoch sein. In der Anwendungssituation wird das System dann an einen neuen, unbekannten Sprecher adaptiert, indem dieser nur wenige Worte oder Phrasen in einer

---

*Diese Arbeit wurde teilweise durch das Bundesministerium für Forschung und Technologie gefördert (ITM 8801). Allein die Autoren sind für den Inhalt verantwortlich.

kurzen Lernphase vorspricht.

Zwei Strategien wurden dabei in den letzten Jahren verfolgt: die Adaption der vortrainierten Klassifikationsparameter [1-3] und die Adaption durch Transformation der Merkmalsvektoren [4-7]. Wir verfolgen hier die zweite Strategie, wobei das Problem besteht, eine brauchbare Transformation zu finden. Der Vorteil dabei ist die weitgehende Entkopplung vom Klassifikationsprinzip. Dadurch kann diese Methode in verschiedenartigen Erkennungssystemen eingesetzt werden.

In [8,9] werden mehrere Algorithmen zur Bestimmung einer geeigneten Transformation beschrieben. Die beiden grundsätzlich verwendeten Ansätze sind das *Kriterium des minimalen mittleren quadratischen Fehlers* und die *Quantisierung des Merkmalsraums mit Hilfe eines Codebuchs*. Der Ablauf der Sprecheradaption ist dabei immer derselbe: ein neuer, dem System unbekannter Sprecher spricht einige vorgegebene Wörter nach. Mit Hilfe derselben Wörter, vom Referenzsprecher gesprochen und im System gespeichert, wird die benötigte Transformation berechnet. Anschließend kann der neue Sprecher mit dem Erkennungssystem arbeiten, wobei die anfallenden Merkmalsvektoren entsprechend transformiert werden.

In diesem Beitrag wird zuerst das beste Verfahren aus [8] ausführlich beschrieben (Kapitel 2). Dieses Verfahren wird anschließend mit zwei verschiedenartigen Erkennungssystemen getestet: dem zeitnormierenden Abstandsklassifikator (dynamic time warping, DTW) und dem HMM - Erkenner (Kapitel 3). Beide Erkenner werden außerdem noch mit jeweils zwei unterschiedlichen Merkmalssätzen betrieben: den MFC - Merkmalen (mel-frequency-coefficients) und den MCC - Merkmalen (mel-cepstral-coefficients). Die Experimente und Ergebnisse werden in Kapitel 4 beschrieben.

2   Abbildung in gemeinsamen Merkmalsraum durch zweiseitige Transformation

Mit diesem Ansatz zur Sprecheradaption sollen die Spektralcharakteristiken zweier Sprecher aneinander angepaßt werden. Da spektrale Sprecherunterschiede zum größten Teil in den einzelnen Merkmalsvektoren in Erscheinung treten, soll eine Sprecheranpassung durch Transformation der Merkmalsvektoren erreicht werden. Der Ansatz besteht darin, die Merkmalsvektoren **beider** Sprecher – des neuen Sprechers (X) **und** des Referenzsprechers (Y); deshalb 'zweiseitig' – mit Hilfe linearer Transformationen $\mathbf{x} = \mathcal{P}_L \cdot \mathbf{X}$, $\mathbf{y} = \mathcal{P}_R \cdot \mathbf{Y}$ in einen neuen, gemeinsamen Merkmalsraum zu transformieren, wie es Bild 1 zeigt. Die Transformationsmatrizen $\mathcal{P}_L$ und $\mathcal{P}_R$ müssen so bestimmt werden, daß der Abstand **korrespondierender** Punkte im neuen Merkmalsraum (= **transformierte** Vektoren $\mathbf{x}$ und $\mathbf{y}$) minimal wird. Dazu wird das Kriterium des kleinsten mittleren quadratischen Fehlers herangezogen:

$$D = E\left[(\mathcal{P}_L \cdot \mathbf{X} - \mathcal{P}_R \cdot \mathbf{Y})^T (\mathcal{P}_L \cdot \mathbf{X} - \mathcal{P}_R \cdot \mathbf{Y})\right] \tag{1}$$

Für diese Minimierung werden nur korrespondierende Vektoren der beiden Sprecher verwendet. Die Gewinnung dieser korrespondierenden Vektoren wird in Abschnitt 2.4

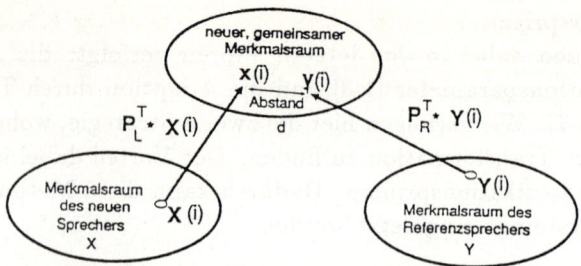

Bild 1: Schematische Darstellung der Transformation der Merkmalsvektoren in einen neuen, gemeinsamen Merkmalsraum

beschrieben.

Um den trivialen Fall $\mathcal{P}_R = \mathcal{P}_L = 0$ auszuschließen, wird die zusätzliche Nebenbedingung

$$E\left[x_k^2\right] = E\left[y_k^2\right] = 1 \tag{2}$$

eingeführt (k=1 ... K; K=Komponentenzahl eines Merkmalsvektors); d.h. die Varianz der Komponenten der transformierten Vektoren soll gleich sein. Mit dieser Normierung kann das Minimierungsproblem komponentenweise geschrieben werden als

$$D_k = E\left[(x_k - y_k)^2\right] = 2\left(1 - E\left[x_k y_k\right]\right) \stackrel{!}{=} min. \tag{3}$$

Daraus ist zu sehen, daß D_k minimal wird, wenn die Komponenten x_k und y_k der Zielvektoren x und y maximal korreliert sind, d.h. $E[x_k y_k]$ maximal wird.

2.1 Lösung der Maximierungsaufgabe mit der Canonical Correlation Analysis

Die Aufgabe besteht darin, für jede Komponente der korrespondierenden Vektoren **X** und **Y** eine Transformation der Form $x = \mathbf{a}^T\mathbf{X}$, $y = \mathbf{b}^T\mathbf{Y}$ zu bestimmen, wobei a und b Transformationsvektoren sind, die obige Bedingungen erfüllen. Die Lösung dieser Aufgabe erfolgt mit der sog. 'Canonical Correlation Analysis' [10]. Obige Bedingungen können dann geschrieben werden als

$$
\begin{aligned}
E\left[xy\right] &= \mathbf{a}^T \cdot E\left[\mathbf{X}\mathbf{Y}^T\right] \cdot \mathbf{b} = max \\
E\left[x^2\right] &= \mathbf{a}^T \cdot E\left[\mathbf{X}\mathbf{X}^T\right] \cdot \mathbf{a} = 1 \\
E\left[y^2\right] &= \mathbf{b}^T \cdot E\left[\mathbf{Y}\mathbf{Y}^T\right] \cdot \mathbf{b} = 1.
\end{aligned}
\tag{4}
$$

Mit Hilfe der Lagrange-Funktion wird diese Extremwertaufgabe geschlossen formuliert als

$$F = \mathbf{a}^T E\left[\mathbf{X}\mathbf{Y}^T\right]\mathbf{b} - \kappa\mathbf{a}^T E\left[\mathbf{X}\mathbf{X}^T\right]\mathbf{a} - \mu\mathbf{b}^T E\left[\mathbf{Y}\mathbf{Y}^T\right]\mathbf{b}. \tag{5}$$

Die Extrema dieser Funktion erhält man durch Nullsetzen der partiellen Ableitungen:

$$
\begin{aligned}
\frac{\delta F}{\delta \mathbf{a}} &= E\left[\mathbf{X}\mathbf{Y}^T\right]\mathbf{b} - 2\kappa E\left[\mathbf{X}\mathbf{X}^T\right]\mathbf{a} = 0 \\
\frac{\delta F}{\delta \mathbf{b}} &= E\left[\mathbf{Y}\mathbf{X}^T\right]\mathbf{a} - 2\mu E\left[\mathbf{Y}\mathbf{Y}^T\right]\mathbf{b} = 0
\end{aligned}
\tag{6}
$$

Durch linksseitige Multiplikation von Gl. 6 mit $\mathbf{a}^T$ und $\mathbf{b}^T$ zeigt sich, daß die Lagrange-Parameter κ und μ gleich sind. Damit läßt sich Gl. 6 schreiben als

$$\begin{bmatrix} 0 & E\begin{bmatrix} \mathbf{XY}^T \end{bmatrix} \\ E\begin{bmatrix} \mathbf{YX}^T \end{bmatrix} & 0 \end{bmatrix} \begin{bmatrix} \mathbf{a} \\ \mathbf{b} \end{bmatrix} = \lambda \cdot \begin{bmatrix} E\begin{bmatrix} \mathbf{XX}^T \end{bmatrix} & 0 \\ 0 & E\begin{bmatrix} \mathbf{YY}^T \end{bmatrix} \end{bmatrix} \begin{bmatrix} \mathbf{a} \\ \mathbf{b} \end{bmatrix} \tag{7}$$

Gl. 7 kann als ein verallgemeinertes Eigenwertproblem der Form $\mathcal{A}\mathbf{u}_k = \lambda_k \mathcal{B}\mathbf{u}_k$ für alle $k = 1, \cdots, K$ interpretiert werden. Die Faktoren λ_k geben direkt die Korrelation zwischen den transformierten Vektorkomponenten ($E[x_\xi y_\xi] = a_\xi^T \cdot E[XY^T] \cdot b_\xi$, s. Gl. 4)an. Mit a_ξ und b_ξ (ξ so, daß $\lambda_\xi = max$) ist jeweils eine Spalte der Transformationsmatrizen bekannt. Mit der zusätzlichen Bedingung $E[x_\mu x_\nu] = 0$ für $\mu \neq \nu$, also der Unkorreliertheit der transformierten Vektorkomponenten, werden die weiteren Komponenten bestimmt. Es kann gezeigt werden, daß die Eigenvektoren von Gl. 7 dieser Bedingung genügen. Die gesuchten Transformationsmatrizen $\mathcal{P}_L$ und $\mathcal{P}_R$ können damit zusammengesetzt werden aus den Eigenvektoren, die zu den K größten Eigenwerten gehören. Die Matrix $\mathcal{P}_L$ besteht also aus der ersten Hälfte (a) der Eigenvektoren, $\mathcal{P}_R$ aus der zweiten (b), siehe [8].

2.1.1 Vereinfachte Berechnung der Transformationsmatrizen durch Umformung des Eigenwertproblems

Das verallgemeinerte Eigenwertproblem läßt sich durch einige Manipulationen umformen und vereinfachen [8]. Dadurch wird eine Implementierung der Adaptionsalgorithmen auf einem schnellen Signalprozessor wesentlich erleichtert.
Da die Kovarianzmatrizen $E(\mathbf{XX}^T)$ und $E(\mathbf{YY}^T)$ symmetrisch und positiv definit sind, können sie mit Hilfe der Cholesky-Zerlegung in Produkte einer unteren Dreiecksmatrix und ihrer Transponierten zerlegt werden:

$$\begin{aligned} E\begin{bmatrix} \mathbf{XX}^T \end{bmatrix} &= \mathcal{R}_1 \mathcal{R}_1^T \\ E\begin{bmatrix} \mathbf{YY}^T \end{bmatrix} &= \mathcal{R}_2 \mathcal{R}_2^T \end{aligned} \tag{8}$$

Mit den Abkürzungen $\mathbf{a}' = \mathcal{R}_1^T \mathbf{a}$, $\mathbf{b}' = \mathcal{R}_2^T \mathbf{b}$ und

$$\Omega = \mathcal{R}_1^{-1} \cdot E\begin{bmatrix} \mathbf{XY}^T \end{bmatrix} \cdot \left(\mathcal{R}_2^{-1} \right)^T \tag{9}$$

kann Gl. 7 geschrieben werden als

$$\Omega \mathbf{b}' = \lambda \mathbf{a}', \quad \Omega^T \mathbf{a}' = \lambda \mathbf{b}'. \tag{10}$$

Durch linksseitige Multiplikation von Gl. 10 mit Ω^T bzw. Ω reduziert sich das Eigenwertproblem auf die einfachere Form

$$\begin{aligned} \Omega^T \Omega \cdot \mathbf{b}' &= \lambda^2 \cdot \mathbf{b}' \\ \Omega \Omega^T \cdot \mathbf{a}' &= \lambda^2 \cdot \mathbf{a}' \end{aligned} \tag{11}$$

$\mathbf{a}'$ und $\mathbf{b}'$ sind die Eigenvektoren von $\Omega \Omega^T$ bzw. $\Omega^T \Omega$. Diese lassen sich mit Hilfe der 'Singular Value Decomposition' (SVD) einer Matrix bestimmen [11]. Die gesuchten

Transformationsvektoren, aus denen wiederum die Transformationsmatrizen aufgebaut werden, erhält man aus

$$\mathbf{a} = \left(\mathcal{R}_1^{-1}\right)^T \mathbf{a}', \quad \mathbf{b} = \left(\mathcal{R}_2^{-1}\right)^T \mathbf{b}'. \tag{12}$$

Zusammenfassend sollen hier nochmals die Berechnungsschritte zur Bestimmung der Transformationsmatrizen angegeben werden:

- Der zu adaptierende (neue) Sprecher spricht vorgegebene Wörter bzw. Phrasen vor. Mit Hilfe der DTW werden korrespondierende Vektoren $\{\mathbf{X}, \mathbf{Y}\}$ bestimmt aus der eingesprochenen Phrase und der entsprechenden Referenz-Phrase.

- Mit Hilfe dieser Vektorpaare werden die Kovarianzmatrizen $E[\mathbf{X}\mathbf{X}^T]$, $E[\mathbf{Y}\mathbf{Y}^T]$ und $E[\mathbf{X}\mathbf{Y}^T]$ berechnet.

- Am Ende der 'Lernphase' lassen sich über die Cholesky-Zerlegung die Dreiecksmatrizen $\mathcal{R}_1$ und $\mathcal{R}_2$ (Gl. 8) und damit die Matrix Ω (Gl. 9) berechnen.

- Die SVD von Ω liefert die Eigenvektoren $\mathbf{a}'$ und $\mathbf{b}'$

- Über die Transformationen $\mathbf{a} = R_1^{-T} \cdot \mathbf{a}'$ und $\mathbf{b} = \mathcal{R}_2^{-T} \cdot \mathbf{b}'$ erhält man die Spaltenvektoren der gesuchten Transformationsmatrizen $\mathcal{P}_L$ und $\mathcal{P}_R$.

2.2 Einseitiges Transformationsverfahren

Eine modifizierte Version des obigen Verfahrens ist, die beiden Matrizen $\mathcal{P}_L$ und $\mathcal{P}_R$ zu einer einzigen zusammenzufassen, um den Rechenaufwand für die Merkmalsvektortransformation des neuen Sprechers während der Anwendungsphase zu vermeiden. Es werden dann nur die im System gespeicherten Merkmalsvektoren des Referenzsprechers einmalig nach der Trainingsphase transformiert. Die Vorschrift dafür lautet:

$$\tilde{\mathbf{y}} = \mathcal{P}_L^{-T} \cdot \mathcal{P}_R^T \cdot \mathbf{Y} = \left(\mathcal{P}_R \cdot \mathcal{P}_L^{-1}\right)^T \cdot \mathbf{Y} \tag{13}$$

2.3 Nichtlinear erweiterte Merkmalsvektoren

Eine lineare Transformation hat nur eine begrenzte Leistungsfähigkeit, sie bietet jedoch den Vorteil einer geschlossenen Lösung. Dagegen ist zu vermuten, daß mit einer nichtlinearen Transformation noch bessere Ergebnisse zu erzielen sind. Man kann beides verbinden durch Anwendung der linearen Technik auf nichtlinear erweiterte Merkmalsvektoren. Das Verfahren wird im folgenden **GRE_Q** genannt. Ein primärer Merkmalsvektor $\mathbf{v} = (v_1, v_2, \cdots, v_K)$ wird dabei zu einem Polynomvektor zweiten Grades erweitert durch Bildung quadratischer Verknüpfungen der Komponenten: $\mathbf{v}_Q = (v_1, v_2, \cdots, v_K, v_1^2, v_1 v_2, \cdots, v_K^2)$. Diese Erweiterung wird sowohl für die Merkmalsvektoren des neuen als auch des Referenzsprechers durchgeführt. Für die Berechnung der Transformationsmatrizen kann dasselbe Verfahren wie oben beschrieben angewendet werden.

Es wird in [8] durch Experimente gezeigt, daß dieses Verfahren erst optimal ist, wenn in der Anwendungsphase nach der Transformation nur K Komponenten des transformierten Merkmalsvektors weiterverwendet werden, wobei K die Dimension des primären Merkmalsvektors ist.

2.4 Bestimmung korrespondierender Merkmalsvektoren

Für die Gewinnung der Matrix Ω (Gl. 9) und damit zur Berechnung der Transformationsmatrizen sind die Kovarianzmatrizen $E[\mathbf{X}\mathbf{X}^T]$, $E[\mathbf{Y}\mathbf{Y}^T]$ und $E[\mathbf{X}\mathbf{Y}^T]$ erforderlich, die wiederum aus Merkmalsvektoren des neuen, zu adaptierenden Sprechers X und des Referenzsprechers Y abgeschätzt werden müssen.
Es macht nun wenig Sinn, eine Minimierung des Vektorabstands im neuen Merkmalsraum vorzunehmen unter Einbeziehung aller möglichen Vektorkombinationen $\{\mathbf{X}, \mathbf{Y}\}$. Es dürfen vielmehr nur solche Vektoren dafür herangezogen werden, die in einer gewissen Beziehung zueinander stehen (z.B. zum selben Laut gehören). Zur Abschätzung der Kovarianzmatrizen dürfen deshalb nur **korrespondierende** Vektoren der beiden Sprecher verwendet werden. Als sehr effiziente Methode zur Bestimmung dieser korrespondierenden Vektoren hat sich die dynamische Zeitnormierung (dynamic time warping, DTW) erwiesen [8]. Damit läßt sich eine optimale Abbildungsfunktion (auch Pfad genannt) für jedes Musterpaar berechnen. Über diesen Pfad erhält man eine Zuordnung der Vektoren $\mathbf{X}$ und $\mathbf{Y}$ und damit die gesuchten korrespondierenden Vektoren als Vektorpaare entlang des Abbildungspfades.

3 Die untersuchten Erkennungssysteme

Wesentliche Parameter eines Spracherkennungssystems sind die Art der verwendeten Merkmale und das Klassifikationsprinzip. Eine Sprecheradaption, die auf der Transformation der Merkmalsvektoren basiert, sollte möglichst ohne Modifikationen für alle Arten von Merkmalen und bei verschiedenen Klassifikationsprinzipien einsetzbar sein. Das oben beschriebene Sprecheradaptionsverfahren wurde deshalb an zwei verschiedenen Merkmalsarten und zwei unterschiedlichen Klassifikationsschemata getestet. Es sei hier angemerkt, daß die beiden Erkennungssysteme nicht optimiert waren bezüglich minimaler Fehlerrate, da hier nur Vergleiche interessieren und nicht quantitativ minimale Fehlerraten.

3.1 MFC- und MCC- Merkmale

Die erste Stufe eines Spracherkennungssystems ist die Gewinnung signifikanter digitaler Merkmale aus dem analogen Sprachsignal. Es werden heute zwei Arten von Merkmalen sehr häufig verwendet: spektrale und daraus abgeleitete cepstrale Merkmale.
Das Mikrofonsignal wird auf 5.6 kHz bandbegrenzt und mit 12 kHz abgetastet. Anschließend erfolgen Hamming-Fensterung und FFT an jeweils 256 Abtastwerten (= 1

'frame'). Die frame-rate beträgt 10 msec, d.h. jeweils um 120 Abtastwerte verschoben erfolgt die nächste FFT. Für die Berechnung sog. 'mel - frequency - coefficients', **MFC's**, werden die FFT-Koeffizienten entsprechend der mel-Skala zusammengefaßt und gewichtet. Die mel-Skala bedeutet eine nichtlineare Unterteilung des Frequenzbereiches von 180 Hz bis 5.6 kHz in 18 Bänder. Dadurch entsteht pro frame ein Merkmalsvektor aus 18 Koeffizienten, wobei jeder dieser Koeffizienten die Leistung eines bestimmten Frequenzbandes repräsentiert. Ein Sprachmuster wird dadurch als sog. Zeit-Frequenz-Matrix dargestellt, d.h. als äquidistante Folge von Merkmalsvektoren im 10 msec Abstand.

Aus den MFC-Merkmalen werden durch Logarithmierung und cos-Transformation cepstrale Merkmale abgeleitet (mel-cepstral-coefficients, **MCC's**). Die cos-Transformation hat große Ähnlichkeit mit der Hauptachsentransformation. Sie ordnet die Koeffizienten nach fallender Varianz. Es hat sich gezeigt, daß die Koeffizienten mit hohem Index ohne merklichen Einfluß auf die Erkennungsleistung weggelassen werden können. Wir benutzen deshalb bei den Untersuchungen 18 Koeffizienten bei MFC- und 10 Koeffizienten bei MCC - Merkmalen.

Beide Arten von Merkmalen werden noch einigen Normierungsoperationen unterworfen, um schon vor dem Klassifikator gewisse Mustervariabilität zu eliminieren. Die Merkmalsgewinnung und Normierung ist ausführlich in [8] beschrieben.

3.2   Der zeitnormierende Abstandsklassifikator

Dieses Klassifikationsprinzip beruht auf einer Abstandsmessung bei gleichzeitiger Berücksichtigung zeitlicher Musterunterschiede (dynamic time warping; DTW) [8]. Das DTW-Prinzip ist relativ einfach und schnell zu implementieren und wird außerdem zur Bestimmung korrespondierender Vektoren benötigt. Es bietet sich deshalb an, die Sprecheradaptionsverfahren damit zu optimieren und zu testen.

Der Klassifikator besteht aus diskreten Mustern für jede zu erkennende Klasse. Bei den in Kap. 4 beschriebenen Experimenten wurde nur 1 Referenzmuster pro Klasse verwendet (kein Mittelungsverfahren). Für die Anwendung der Sprecheradaption sind sowohl die Muster (Merkmalsvektoren) des Referenz- als auch des neuen Sprechers zu transformieren. Die Referenzmuster werden aus pragmatischen Gründen direkt im Anschluß an die Berechnung der Transformationsmatrizen transformiert (off-line). Dadurch fällt der Rechenaufwand nur einmal an. Die Muster (Vektoren) des neuen Sprechers werden on-line während der Anwendungsphase laufend transformiert.

3.3   Der HMM - Erkenner

Das zweite Spracherkennungssystem, mit dem die Sprecheradaption getestet wurde, basiert auf Hidden-Markov-Modellen. Im folgenden sind die Eigenschaften des Erkenners stichpunktartig beschrieben. Detaillierte Informationen sind in [6] zu finden.

- Der Erkenner benutzt *Hidden-Markov-Modelle für Wortuntereinheiten*.

- Die Wortmodelle werden automatisch aus der *orthografischen Form* generiert.

  - Mit Methoden der Sprach-Vollsynthese erfolgt zuerst eine Umsetzung aus der orthografischen in die phonetische Beschreibung.

  - Mit Regeln werden *Aussprachevarianten* erzeugt.

  - Mit Hilfe eines weiteren Regelsatzes wird ein Graph erzeugt, dessen Knoten Wortuntereinheiten darstellen.

  - Wir verwenden z.Z. *Phone, Diphone und Lautübergänge* als Wortuntereinheiten. Die Auswahl erfolgt aus phonetischer Sicht und im Hinblick auf die Trainierbarkeit mit der zur Verfügung stehenden Stichprobe. Die hier beschriebenen Tests erfolgten mit 140 unterschiedlichen Wortuntereinheiten.

  - Das Hidden-Markov-Modell einer Wortuntereinheit hat Knoten mit gemeinsamer Emissionswahrscheinlichkeit zur verbesserten Modellierung der Dauer. Die Struktur ist abhängig vom Typ der Wortuntereinheit.

  - Für das Forward-Backward-Training werden die Wortgraphen benutzt. Bei der Erkennung werden die Wortgraphen aller Wörter in einem *Lexikonbaum* zusammengefaßt.

- Als Merkmale bei der Erkennung dienen MFC-Merkmale oder MCC-Merkmale zusammen mit einem Maß für die Lautstärke. Dynamische Merkmale wurden bei den Experimenten zur schnellen Sprecheradaption bisher nicht berücksichtigt.

- Wir setzen Hidden-Markov-Modelle mit diskreten Emissionswahrscheinlichkeiten ein. Bei den MCC-Merkmalen werden zwei Codebücher, die als statistisch unabhängig angenommen werden, verwendet — ein Codebuch für die Cepstralvektoren (128 Symbole) und eines für die Lautstärke (3 Symbole). Bei den MFC-Merkmalen genügt ein Codebuch (128 Symbole).

Das Training der Modellparameter erfolgt an einem relativ großen Wortschatz — ca. 1000 vielsilbige Wörter —, der unabhängig vom Anwendungsvokabular ist.

Der HMM-Erkenner und das zweiseitige Adaptionsverfahren

Der DTW-Erkenner entscheidet die Klassenzugehörigkeit anhand des minimalen Abstandes zu Referenzmustern. Die Transformation der Referenzmuster für die schnelle Sprecheradaption bietet dort somit keine Schwierigkeiten. Der HMM-Erkenner basiert dagegen auf statistischen Modellen, deren Parameter aus der Lernstichprobe abgeschätzt werden. Eine mögliche Vorgehensweise wäre die folgende:

- Bestimmung der Transformationsmatrizen anhand der Adaptionsstichproben.

- Transformation der Lernstichprobe des HMM-Erkenners mit $\mathcal{P}_R$.

- Erstellung eines Codebuchs für die Vektorquantisierung an der transformierten Lernstichprobe.

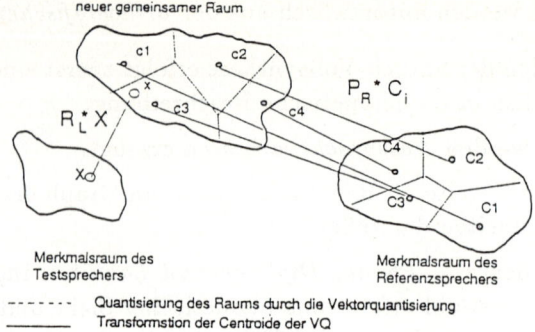

neuer gemeinsamer Raum

$R_L^* \, X$

$P_R^* \, C_i$

Merkmalsraum des
Testsprechers

Merkmalsraum des
Referenzsprechers

-------- Quantisierung des Raums durch die Vektorquantisierung
———— Transformstion der Centroide der VQ

Bild 2: Zweiseitige Sprecheradaption (GRE_Q) bei HMM mit Vektorquantisierung

- Training der Hidden-Markov-Modelle mit dem Forward-Backward-Training an der transformierten, vektorquantisierten Lernstichprobe.

Diese Vorgehensweise ist sehr aufwendig bzgl. Rechenzeit und Speicherplatz. In einer realen Anwendung ist dies nicht akzeptabel.

Bild 2 zeigt einen anderen Weg, bei dem ein bereits trainiertes Erkennungssystem einsetzt wird. Anstelle der gesamten Lernstichprobe des Referenzsprechers werden nur die Vektoren (Centroide c_i) des vorhandenen Codebuchs mit P_R transformiert. Die Transformation des Codebuchs ergibt eine Quantisierung des neuen gemeinsamen Merkmalsraums, wobei die Zuordnung der Quantisierungsbereiche zur Quantisierung des Orginalraums (Referenzsprecher) gegeben ist. Dies entspricht einer Adaption des Codebuchs.

4 Experimente und Ergebnisse

Die Experimente zur Überprüfung der Sprecheradaption wurden in folgender Testumgebung durchgeführt:
Das Testvokabular bestand aus 100 gebräuchlichen, phonetisch zum Teil sehr ähnlichen deutschen Wörtern [8]. Es lagen Stichproben von fünf Sprechern vor, vier männlichen (A,B,C,D) und einem weiblichen (E). Von jedem Sprecher gab es zwei Stichproben (S1 und S2) mit je 100 Wörtern, aufgenommen an verschiedenen Tagen.
Weiterhin war eine Stichprobe von 1000 häufigen deutschen Wörtern vorhanden ($\approx$ 15 min. Sprache), gesprochen von Sprecher A. Diese diente zu Codebuchgenerierung und Training des HMM-Erkenners. Deshalb wurde Sprecher A als Referenzsprecher definiert und die übrigen vier als neue, zu adaptierende Sprecher.

Die Qualität der Adaption wird getestet durch Vergleich der sprecherabhängigen Fehlerrate (sa), der sprecher-adaptiven Fehlerrate und der Fehlerrate ohne irgendwelche Adaption (oA). sa wird beim DTW - Erkenner gemessen unter Benutzung von S1 und S2 jedes Sprechers als Test- bzw. Referenzstichprobe. Die sprecherabhängige Fehlerrate für den HMM - Erkenner ist bei den hier durchgeführten Untersuchungen nur für den

Sprecher A bekannt, da dieser Erkenner an relativ umfangreichem Datenmaterial trainiert werden muß und nur von Sprecher A dieses Material zur Verfügung stand. Eine statistisch signifikante Aussage über sa des HMM - Erkenners ist deshalb nicht möglich. Für Sprecher A beträgt sie 3%, gemessen an S1 und S2.

Die Fehlerrate ohne Adaption (oA) wird gemessen durch Klassifizierung der Stichprobe S2 der Sprecher B, C, D, E gegen den Klassifikator des Referenzsprechers A. Dieser Klassifikator besteht beim DTW-Erkenner aus der Stichprobe S1 von A, beim HMM - Erkenner aus den an der großen Trainingsstichprobe erzeugten Modellparametern.

Eingesetzt wird das Sprecheradaptionsverfahren nach Kap. 2.3 . Die sprecher-adaptive Fehlerrate wird für jedes Sprecherpaar gemessen. Für die Adaption von B auf A z.B. werden zuerst die erforderlichen Transformationsmatrizen an der Stichprobe S1 der beiden Sprecher berechnet. Anschließend wird – nach Transformation der entsprechenden Stichproben (S2 von Sprecher B und S1 von A beim DTW - Erkenner bzw. Codebuch-centroide beim HMM - Erkenner) – die Teststichprobe S2 von B klassifiziert.

1. Experiment:

Das erste Ziel der Sprecheradaption ist es, etwa die sprecherabhängige Fehlerrate zu erreichen. Dieses Experiment soll zeigen, daß dies mit dem beschriebenen Adaptions-verfahren für beide Erkenner und beide Merkmalsarten möglich ist. Tabelle 1 zeigt die Ergebnisse. Die Berechnung der Transformationsmatrizen erfolgte jeweils an allen 100 Wörtern der Stichprobe S1 beider Sprecher. Auffallend ist, daß die Fehlerrate ohne Ad-

Sprecher	MFC-Merkmale					MCC-Merkmale				
	DTW-Erkenner			HMM-Erkenner		DTW-Erkenner			HMM-Erkenner	
	oA	GRE_Q	sa	oA	GRE_Q	oA	GRE_Q	sa	oA	GRE_Q
B	14	7	3	14	10	32	9	7	30	11
C	6	4	1	11	7	20	4	5	20	6
D	6	2	2	18	1	67	5	2	21	2
E	10	8	5	11	6	52	9	6	17	10
μ	9.0	5.3	2.8	13.5	6.0	42.7	6.7	5	22	7.2

Tabelle 1: Fehlerraten in [%] für DTW- und HMM - Erkenner und beide Merkmalsarten. Berechnung der Transformationsmatrizen an 100 Wörtern.

aption bei den MCC - Merkmalen wesentlich höher liegt als bei den MFC - Merkmalen. Der Grund liegt darin, daß bei den MFC - Merkmalen eine aufwendige Vorverarbeitung eingesetzt werden kann (siehe [8]), mit der schon vor der Klassifikation wesentliche Anteile der Mustervariabilität am einzelnen Sprachmuster beseitigt werden können. Die Sprecheradaption muß deshalb bei den MCC - Merkmalen wesentlich mehr leisten als bei den MFC - Merkmalen, um auf dieselben Fehlerraten zu kommen. Daß dies mit dem beschriebenen Verfahren möglich ist, zeigt die Tabelle. Mit beiden Erkennern und beiden Merkmalsarten erreicht man unter Einsatz der Sprecheradaption etwa dieselbe Fehlerrate.

2. Experiment:

Das zweite Ziel beim Einsatz einer Sprecheradaption ist es, mit **möglichst geringem Aufwand** für den neuen Sprecher auszukommen. Um zu untersuchen, wieviele Lernmuster mindestens notwendig sind, wurde die Lernmusteranzahl variiert, d.h. es wurden die ersten n ($0 \leq n \leq 100$) Wörter von S1 in der Lernphase verwendet. $n = 0$ stellt den Fall ohne Adaption dar. Bild 3 zeigt die Ergebnisse des DTW - und HMM - Erkenners für MCC - Merkmale. Darin ist zu erkennen, daß etwa 40 Lernmuster ausreichen. Die

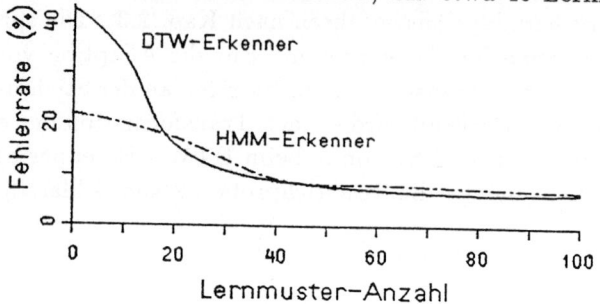

Bild 3: Mittlere Fehlerrate in [%] bei verschiedener Lernmusteranzahl; **MCC** - Merkmale.

Lernmusteranzahl ist natürlich auch vom Lernvokabular abhängig. Es ist zu vermuten, daß mit einem phonetisch ausgewogenen Lernvokabular die Lernphase noch weiter reduziert werden kann. Entsprechende Untersuchungen sind im Gange.

3. Experiment:

Eine noch stärkere Verkürzung der Lernphase für den neuen, zu adaptierenden Sprecher wurde in [8] für ein anderes Adaptionsverfahren erreicht durch Vervielfachung der Referenzmusteranzahl des entsprechenden Lernvokabulars; d.h. der Referenzsprecher spricht bei der Grundadaption des Erkennungssystems das spätere Adaptionsvokabular mehrmals vor. Ein entsprechender Versuch mit einfacher und doppelter Referenzmusterzahl wurde hier für den HMM - Erkenner und MCC - Merkmale unternommen. Bild 4 zeigt die Ergebnisse. Darin ist zu erkennen, daß man z.B. bei einem Adaptions-

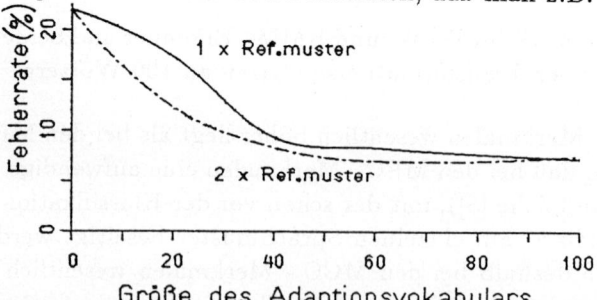

Bild 4: Mittlere Fehlerrate in Abhängigkeit von der Größe des Adaptionsvokabulars und der Anzahl Wiederholungen durch den Referenzsprecher; **HMM** - Erkenner mit **MCC** - Merkmalen.

vokabular von 20 Wörtern und doppelter Referenzmusterzahl (2 mal diese 20 Wörter) etwa dieselbe Fehlerrate erreicht wie bei einem Adaptionsvokabular von 35 Wörtern, von beiden Sprechern je einmal gesprochen. Für den neuen Sprecher bedeutet dies eine deutliche Reduzierung der Lernphase!

4. Experiment:

Mit einem letzten Experiment wurde das einseitige Adaptionsverfahren nach Kap. 2.2 untersucht. Beim HMM-Erkenner mit MCC - Merkmalen ergab sich eine mittlere Fehlerrate von 11.3 % (gegenüber 7.2 % beim zweiseitigen). Wie zu erwarten war, ist die einseitige Transformation wesentlich schlechter als die zweiseitige.

Literaturverzeichnis

[1] H. Bonneau et al.: Vector Quantization for Speaker Adaptation. ICASSP87, Dallas, pp. 1434-1437.
[2] M. Nishimura et al.: Speaker Adaptation Method for HHM-Based Speech Recognition. ICASSP88, New York, pp. 207-210.
[3] M. Feng et al.: Iterative Normalization for Speaker-Adaptive Training in Continuous Speech Recognition. ICASSP89, Glasgow, pp. 612-615.
[4] K. Shikano et al. : Speaker Adaptation Through Vector Quantization. ICASSP86, Tokyo, pp. 2643-2646.
[5] K.CHOUKRI, G.CHOLLET, Y.GRENIER: Spectral Transformations through Canonical Correlation Analysis for Speaker Adaptation in ASR. ICASSP86, Tokyo, pp. 2659-2662.
[6] F.Class, A.Kaltenmeier, P.Regel: Speaker Adaptive Word Verification Using Hidden Markov Models of Sound Units for a Recognition System with large Vocabulary. Proc. of 7th FASE Symposium SPEECH 88, Edinburgh, pp. 23-30.
[7] F. Class et al.:Speaker Adaptation for Recognition Systems with a Large Vocabulary. Proc. of MELECON 89, April 1989, Lissabon, pp. 241-244.
[8] F. Class: Standardisierung von Sprachmustern durch vokabular-invariante Abbildungen zur Anpassung an Spracherkennungssysteme. VDI-Verlag, Fortschrittberichte Reihe 10, Nr. 131.
[9] F. Class, A. Kaltenmeier, P. Regel, K. Trottler: Fast Speaker Adaptation for Speech Recognition Systems. ICASSP90, Albuquerque, New Mexiko.
[10] T.W. ANDERSON: An Introduction to Multivariate Statistical Analysis. J.Wiley & Sons, New York, 1958.
[11] G.H.Golub, C.Reinsch: Singular value decomposition and least squares solutions. Numerische Mathematik, vol. 14, 1970, pp.403-420.

Parametrische Bestimmung der Pitchkontur gestörter Sprachsignale in der forensischen Sprecheridentifikation

Luis Arévalo
Arbeitsgruppe Digitale Signalverarbeitung
Ruhr-Universität Bochum

Zusammenfassung

Dieser Beitrag befaßt sich mit dem Problem der forensischen Sprechererkennung durch Stimmvergleich auf der Grundlage der Pitchkontur. Es wird ein neuartiges Verfahren zur Pitchextraktion vorgestellt. Dabei werden enge theoretische Verwandschaften mit dem klassischen SIFT-Algorithmus hergeleitet. Mit dem vorgestellten Verfahren gelingt eine beträchtliche Erhöhung der Robustheit und Störfestigkeit bei der Pitchbestimmung derart, daß die Erkennungsaufgabe auch bei extrem niedrigen Signal-zu-Rausch-Verhältnissen durchgeführt werden kann.

1 Einleitung

Die Ahndung von Straftaten, bei denen die menschliche Stimme eine Rolle als Tatwerkzeug spielt, ist eine wichtige Aufgabe in der modernen Kriminalistik. Im Falle erpresserischer oder obszöner Anrufe müssen Polizeibehörden durch einen Vergleich der Stimmen bekannter, verdächtiger Personen mit der nach Zuschaltung aufgezeichneten Stimme des Täters auf dessen Identität schließen und diese vor Gericht nachweisen [1].

Zu diesem Zweck müssen aus den jeweiligen Sprachsignalen geeignete sprecherspezifische Merkmale extrahiert werden, um anschließend ein Maß für deren Abweichung zu bestimmen. Als ein sprecherspezifisches Merkmal gilt der zeitliche Verlauf der Stimmbandgrundfrequenz (Pitchfrequenz) f_p, also des Kehrwertes der Abstände zwischen je zwei glottalen Erregungsimpulsen [2] [3]. Daraus lassen sich durch Berechnung von Mittelwert $\bar{f}_p$ und Streuung σ_f Aussagen über Tonhöhe und Satzmelodie treffen.

In der Praxis erfolgt die Messung der Contour jedoch nicht pitchsynchron, sondern durch Analyse kurzer, als stimmhaft erkannter Signalabschnitte , in denen die „Pitchperiode" als konstant angenommen wird. Die Dauer T_A solcher Analyseabschnitte beträgt zwischen 10 und 40 $msec$. Abb.1 zeigt ein Beispiel.

Zur Bestimmung der Pitchfrequenz werden meistens Algorithmen verwendet, die auf der herkömmlichen Kurzzeitspektralanalyse basieren [4]. Die Schätzung der mittleren Pitchperiode wird dabei aus der Lage eines ausgeprägten Maximums in einem eingeschränkten Bereich einer geeigneten Transformierten des untersuchten Sprachsignalabschnittes gewonnen. Verwendet werden z.B.

- das Cepstrum,

- die Autokorrelation nach linearer Vorverarbeitung (SIFT-Algorithmus),

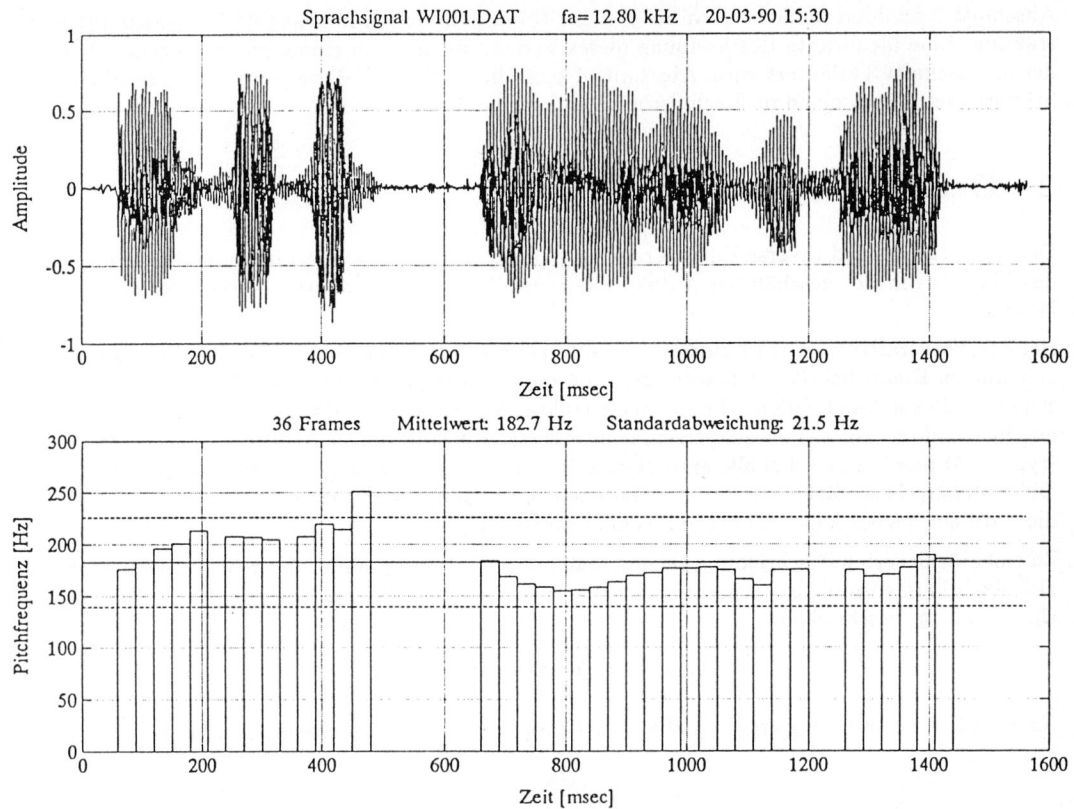

Abbildung 1: Sprachsignal und zugehörige Pitchkontur ($T_A = 20$ $msec$)

- die Autokorrelation nach nichtlinearer Verzerrung (Centerclipping).

Für diese Verfahren stehen heute leistungsfähige gerätetechnische Realisierungen zur Verfügung, die eine Analyse unter nahezu Realzeitbedingungen gestatten.

Die Sprachsignale, die im kriminalistischen Bereich auftreten, sind jedoch durch den bandpaßartigen Frequenzgang des Telefonkanales verzerrt. Zusammen mit der oft nicht erfüllten Stationarität innerhalb der Analyseintervalle, die in der starren Rasterung begründet ist, führen diese Verzerrungen bereits zu einer verminderten Robustheit, mit groben Pitchfehlerraten in der Größenordnung von 5%. Bei additiv überlagerten Übertragungs- oder Hintergrundgeräuschen nimmt die Zuverlässigkeit der Messungen durch die auftretenden Ausreisser sehr schnell ab, so daß bei niedrigem Signal-zu-Rausch Verhältnis der Stimmenvergleich unmöglich wird.

Diese Umstände sowie die Empfindlichkeit der Aufgabenstellung an sich motivieren die Suche nach einer robusteren Pitchextraktion. Ein Lösungsansatz hierzu bieten die Methoden der parametrischen, modellorientierten Spektralanalyse, insbesondere die Verfahren zur Bestimmung von Linienspektren, die sich durch die Fähigkeit auszeichnen, Frequenzen sinusförmiger Signalgemische auch bei starken Rauschstörungen mit hoher Genauigkeit zu extrahieren [6].

Abschnitt 2 schildert zunächst den SIFT-Algorithmus, ein herkömmliches Verfahren zur Pitchex-traktion. Eine idealisierte Beschreibung dieses Verfahrens führt zu einem parametrischen Ansatz, der in Abschnitt 3 erläutert wird. Abschnitt 4 zeigt die erreichte Verbesserung der Robustheit und Störfestigkeit durch einen meßtechnischen Vergleich beider Ansätze.

2 Der SIFT-Algorithmus

Der SIFT (Simplified Inverse Filter Tracking)-Algorithmus schätzt die Pitchperiode aus der Lage des Maximums in der geschätzten Autokorrelationsfolge des linear vorverarbeiteten Sprachsignales [4] [5].

Bei der Vorverarbeitung wird zunächst eine Dezimation auf eine Bandbreite von ca. $1\,kHz$ vor-genommen. Dieser Schritt ist berechtigt, denn die Pitchfrequenz und einige Harmonische werden sicher in dieses Band fallen. Die Formantstruktur im Spektrum des dezimierten Signales wird anschließend mit Hilfe eines adaptiven, nichtrekursiven Prädiktionsfehlerfilters niedriger Ordnung (typisch 5) beseitigt, so daß alle enthaltenen Spektrallinien nahezu gleiche Amplitude bekommen. Die Autokorrelationsfolge des somit erhaltenen Restsignales wird geschätzt, interpoliert und auf die Lage eines ausgeprägten Maximums hin untersucht.

Zu einer idealisierten Beschreibung gelangt man mit Hilfe des sog. sinusoidalen Modells der Sprache. Dabei wird ein stimmhafter Abschnitt als Überlagerung von q Sinusschwingungen der Frequenzen Ω_i, $i = 1 \ldots q$, beschrieben:

$$x_{STH}(k) = \sum_{\nu=1}^{q} \hat{c}_\nu \sin(\Omega_\nu k + \Phi_\nu). \qquad (1)$$

Nach LPC-Inversfilterung erhalten alle Signalkomponenten idealerweise die gleiche Amplitude:

$$x_r(k) = \hat{C} \cdot \sum_{\nu=1}^{q} \sin(\Omega_\nu k + \Psi_\nu). \qquad (2)$$

Betrachtet man die Phasen Ψ_ν als im Intervall $[-\pi, \pi]$ gleichverteilte Zufallsgrößen, so erhält man für die Autokorrelationsfolge von $x_r(k)$ nach (2)

$$R_{x_r x_r}(\lambda) = \hat{C}^2 \cdot \sum_{\nu=1}^{q} \cos(\Omega_\nu \lambda). \qquad (3)$$

Bei streng harmonischer Struktur, d.h., wenn $\Omega_\nu = \nu \cdot \Omega_p$ gilt, weist diese Funktion scharfe lokale Maxima der Höhe $\hat{C}^2 q$ an den Stellen $\lambda_{p,i} = (\frac{2\pi}{\Omega_p}) \cdot i$ auf, die den Vielfachen der Pitchperiode entsprechen.

3 Parametrische Pitchfrequenzbestimmung

Die idelisierte Beschreibung des SIFT-Algorithmus ist der Ausgangspunkt für ein parametrisches Verfahren. Dabei wird nicht die Autokorrelationsfunktion des Restsignales geschätzt, sondern le-diglich deren Parameter, also die Frequenzen Ω_ν, weil die Struktur aus Gln. (3) a priori bekannt ist. Das Verfahren besteht daher aus zwei Schritten:

1. Berechnung der im Signal vorhandenen Linienstruktur, d.h., Extraktion der Frequenzen Ω_ν $\nu = 1 \ldots q$

2. Bildung der „kohärenten Überlagerung"

$$h(t) = \sum_{\nu=1}^{q} \cos(\Omega_\nu t) \tag{4}$$

mit beliebig feiner t-Rasterung und Bestimmung von $\hat{T}_p$, der Lage des Maximums im Intervall $t \in [\frac{1}{f_{p,max}}, \frac{1}{f_{p,min}}]$

Die Signalfrequenzen können z.B. mit Hilfe eines autoregressiven (AR) Modells geschätzt werden [6]. Dabei wird zu einem Signal $x(k)$, $k = 0 \ldots N - 1$, ein im allgemeinen hochgradiges Allpol-Modellfilter $H_A(z)$ berechnet. Dieses hat idealerweise Pole auf dem Einheitskreis mit Winkeln, die mit den Frequenzen Ω_ν identisch sind.

Unter Berücksichtigung des sinusoidalen Modells aus Gln. (1) muß die Modellordnung $p \geq 2q$ gewählt werden. Die größte Robustheit [8] erhält man, wenn die Koeffizienten des zugehörigen Prädiktionsfehlerfilters

$$A(z) = \frac{1}{H_A(z)} = \sum_{i=0}^{p} a_i z^{-i}, \; a_0 = 1 \tag{5}$$

derart bestimmt werden, daß die gemittelte Vorwärts- und Rückwärtsprädiktionsfehlerleistung

$$\epsilon_{FB} = \frac{1}{2} \left(\sum_{k=p}^{N-1} \left(\sum_{i=0}^{p} a_i \cdot x(k-i) \right)^2 + \sum_{k=0}^{N-p-1} \left(\sum_{i=0}^{p} a_i \cdot x(k+i) \right)^2 \right) \longrightarrow MIN \tag{6}$$

minimiert wird ($FBLP$-Ansatz). Die Forderung nach Gln. (6) führt zu einem linearen Gleichungs-system für die Koeffizienten a_i in den Signaldaten $x(k)$. Es kann mit Hilfe einer effizienten Rekursion gelöst werden.

Bei niedrigem Signal-zu-Rausch-Verhältnis und/oder hohen Modellordnungen kann die Robustheit durch eine Rangreduktion im Gleichungssystem erhöht werden, d.h., die Lösung $\{a_1 \ldots a_p\}$ wird ausschließlich aus den $M < p$ Eigenvektoren gebildet, die zu den „dominanten" Eigenwerten der Systemmatrix gehören [7].

Bei Dezimation des Sprachsignales auf eine Bandbreite von $1\,kHz$ und einer minimal detektier-baren Pitchfrequenz von $80\,Hz$ folgt für die Modellordnung $p \geq 26$. Aufgrund nichtidealer Sig-naleigenschaften werden im allgemeinen lediglich $L < p$ Pole des Modellfilters in der Nähe de Einheitskreises lokalisiert sein. Zur Bildung der kohärenten Überlagerung nach (4) werden daher nur die Pole herangezogen, für deren Radien ρ_i

$$1 - \epsilon \leq \rho_i \leq 1 + \epsilon \tag{7}$$

gilt. Eine gute Wahl von ϵ liegt bei $\epsilon = 0.02$. Abbildung 2 zeigt die Wirkungsweise bei einem Voll-rangmodell 41. Ordnung und einem Sprecher niedriger Pitchfrequenz. Das telefonbandbegrenzte Sprachsignal wurde mit additivem weißen Rauschen ($SNR = 0\,dB$) gestört. Von den 41 Polen des Modellfilters $H_A(z)$ liegen 29 in der gewählten ϵ-Umgebung. Die Spitze in der Überlagerungsfunk-tion ist deutlich ausgeprägt und weicht nur geringfügig vom „idealen" Wert ($= 14$) ab.

Bestimmt man die Modellparameter a_i nach dem Hauptkomponentenverfahren, so muß bei der Wahl des reduzierten Ranges M bedacht werden, daß selbst bei ungestörten Sprachsignalen eine

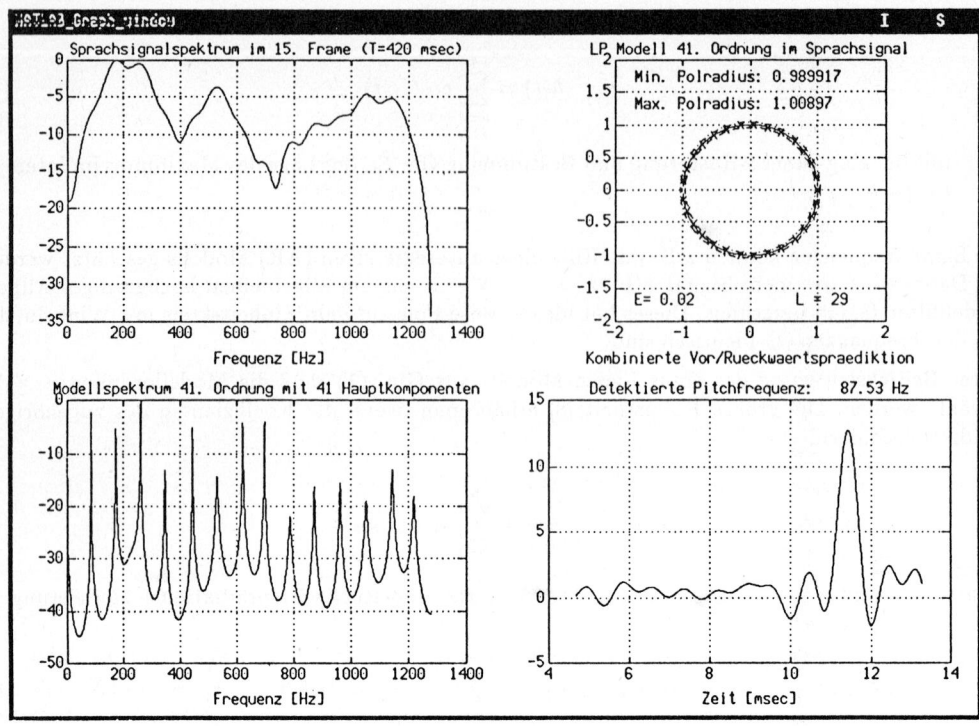

Abbildung 2: Wirkungsweise des Parametrischen Verfahrens

reine „Beobachtung" der Größe der Eigenwerte keinen Schluß auf die Anzahl der tatsächlich vorhandenen Spektrallinien erlaubt. Abbildung 3 zeigt eine typische Eigenwertverteilung bei einem Modell 41. Ordnung, gewonnen aus einem deutlich stimmhaften Abschnitt.

Eine Korrelation zwischen L, der Anzahl der Pole in der ϵ-Umgebung, und M, dem reduzierten Rang der Lösung, konnte bislang nicht beobachtet werden. Vielmehr haben Meßergebnisse gezeigt, daß eine globale Rangreduktion, z.B. $M = 12$ bei $p = 41$, ausreichend für eine markante Erhöhung der Robustheit ist.

4 Meßergebnisse

Zur Beurteilung der Güte und Robustheit des hier vorgestellten Ansatzes sind statistische Untersuchungen des Pitch-Schätzfehlers durchgeführt worden [10].

Das Testmaterial bestand aus 20 kurzen Sätzen (Dauer ca. $4\,sec$ je Satz), die von männlichen und weiblichen Personen gesprochen wurden. Den telefonbandbegrenzten Sprachsignalen wurden unterschiedliche Störungen (weißes Rauschen, Autobahngeräusch, Motorgeräusch) bei verschiedenen Signal-zu-Rausch-Verhältnissen additiv überlagert. Als Referenz dienten „handvermessene" Pitchkonturen, die mit Hilfe eines interaktiven Meßplatzes Abschnitt für Abschnitt gewonnen wurden [9].

Als wichtigstes Gütekriterium wurde die Grobfehlerrate herangezogen, wobei ein Grobfehler dann vorlag, wenn bezüglich der Referenz eine Abweichung der Pitchfrequenz $\Delta f_p \geq 20\,Hz$ auftrat.

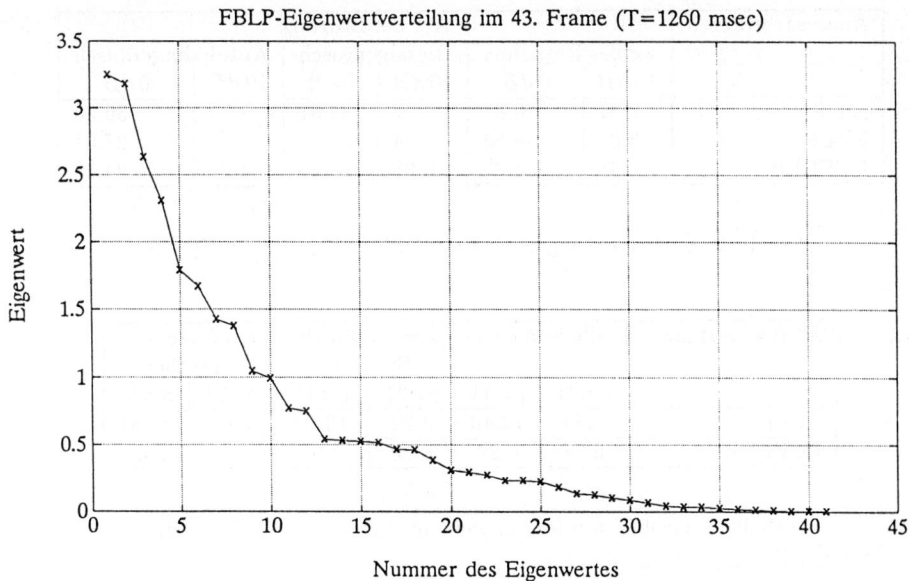

Abbildung 3: Eigenwertverteilung bei einem Modell 41. Ordnung

Analyseverfahren	alle Sprecher		nur männliche Sprecher		nur weibliche Sprecher	
	p=21	p=41	p=21	p=41	p=21	p=41
FBLP	3.44	5.10	6.35	2.06	0.98	6.32
SIFT	3.40		3.44		3.37	

Tabelle 1: Statistik der groben Pitchfehler bei ungestörter Sprache

Tabelle 1 zeigt die Ergebnisse bei Telefonsprache ohne überlagerte Störungen. Dabei bezeichnen FBLP die Vollranglösung und PCFBLP die Ergebnisse der Hauptkomponentenanalyse mit einer **globalen** Rangreduktion auf $M = 12$.

Gemittelt über alle Sprecher sind die Ergebnisse kaum besser als die des SIFT-Algorithmus, der eine Grobfehlerrate von 3.4 % liefert. Unterscheidet man jedoch bei der Wahl der Modellordnung zwischen männlichen und weiblichen Sprechern derart, daß männliche Sprecher mit einer hohen Modellordnung von $p = 41$ und weibliche Sprecher mit $p = 21$ analysiert werden, so sind beträchtliche Verbesserungen der Fehlerrate auf Werte ≤ 1 % erreichbar.

Entscheidend ist also die Erkenntnis, daß bei tiefen Stimmen, die sich durch eine hohe Anzahl von Spektrallinien im Analyseband auszeichnen, eine Modellordnung von $p = 21$ nicht ausreicht, während bei hohen Stimmen eine höhere Wahl von p nicht sinnvoll ist.

Bei additiv überlagerten Störungen kommen die Vorteile des Verfahrens viel deutlicher zum Tragen. Tabelle 2 zeigt Ergebnisse für unterschiedliche Arten von Störungen und globale Signal-zu-Rausch Verhältnissen von 10 und 0 dB, zunächst bei identischer Wahl der Modellordnung ($p = 21$) für männliche und weibliche Sprecher. Die Störfestigkeit des parametrischen Ansatzes oberhalb einer SNR-Schwelle zeigt sich z.B. bei 10 dB, wo die Fehlerrate etwa die Werte annimmt, die der SIFT-

Analyseverfahren	Art der Störung					
	weißes Rauschen		Dieselgeräusch		Autobahngeräusch	
	10 dB	0 dB	10 dB	0 dB	10 dB	0 dB
SIFT	7.87	16.81	9.07	34.51	9.71	35.35
FBLP	3.87	6.84	3.54	23.20	3.61	27.01
PCFBLP	3.45	6.27	3.98	25.26	4.31	24.58

Tabelle 2: Statistik der groben Pitchfehler bei gestörter Sprache

Analyseverfahren	alle Sprecher		nur männliche Sprecher		nur weibliche Sprecher	
	p=21	p=41	p=21	p=41	p=21	p=41
FBLP	6.84	19.46	8.22	13.69	5.44	25.51
PCFBLP	6.27	6.29	8.50	3.07	4.01	9.68

Tabelle 3: Grobfehlerrate bei weißem Rauschen ($SNR = 0\,dB$)

Algorithmus im störfreien Fall liefert.

Tabelle 3 zeigt sichließlich am Beispiel des weißen Rauschens bei einem SNR von 0 dB die Verbesserungen, die eine unterschiedliche Wahl der Modellordnung bei männlichen und weiblichen Sprechern ermöglicht. Das Hauptkomponentenverfahren liefert in diesem Fall Grobfehlerraten zwischen 3 und 4 %, während beim $SIFT$-Algorithmus Werte um 17 % erreicht werden.

5 Zusammenfassung und Ausblick

Es wurde ein Verfahren zur Pitchdetektion vorgestellt, bei dem die Linienstruktur des Sprachsignales mit Hilfe eines autoregressiven Ansatzes bestimmt wird. Die Extraktion der Pitchfrequenz erfolgt mit Hilfe der kohärenten Überlagerung aller detektierten Schwingungen. Eine erhebliche Erhöhung der Robustheit bzw. Störfestigkeit gelingt, wenn

- die AR-Parameter nach dem $FBLP$-Ansatz bestimmt werden,
- bei der Wahl der Modellordnung zwischen hohen und tiefen Stimmen unterschieden wird,
- nur die Pole des AR-Modells betrachtet werden, die in einer ϵ-Umgebung des Einheitskreises liegen,
- bei hohen Modellordnungen bzw. starken Störungen eine globale Rangreduktion vorgenommen wird.

Ziel laufender Untersuchungen ist die Adaption der Modellordung an die momentane Linienstruktur.[11] [12]. Dabei wird die Rekursion zur Bestimmung der AR-Parameter um einen algebraischen Stabilitätstest erweitert, der prüft, ob bei der aktuellen Ordnung eine bestimmte, vorgebbare Anzahl von Polen in der ebenfalls vorgebbaren ϵ-Umgebung des Einheitskreises liegt.

Das Testergebnis wird als Abbruchkriterium verwendet. Erste Ergebnisse zeigen, daß damit nicht nur eine erhebliche Reduktion des Rechenaufwandes (Nullstellensuche !) möglich ist, sondern daß gleichzeitig eine deutliche Steigerung der Robustheit (Grobfehlerraten < 1%) einhergeht.

Literatur

[1] Künzel, H."Sprechererkennung: Grundzüge forensischer Sprachverarbeitung", Kriminalistik Verlag, Heidelberg, 1987

[2] Atal, B. "Speaker Recognition Based on Pitch Contours", Journal of the Acoustical Society of America, Band 52, 1972

[3] Atal, B. "Recognition of Speakers from their Voices", Proceedings of the IEEE, Band 64, 1976

[4] Hess, W. "Pitch Determination of Speech Signals", Springer Verlag, Berlin, 1983

[5] Markel, J.G. "The SIFT Algorithm for Fundamental Frequency Estimation", IEEE Transactions on Audio and Electroacoustics, Band 20, 1972

[6] Kay, S. "Modern Spectral Estimation: Theory and Application", Prentice Hall, Englewood Cliffs, 1988

[7] Kumaresan, T. und Tufts, D. "Estimation of Frequencies of Multiple Sinusoids: Making Linear Prediction Perform like Maximum Likelihood", Proceeding of the IEEE, Band 70, 1982

[8] Arevalo, L. "Contributions to Robustness and Accuracy of Parametric Frequency Estimation Methods", Proceedings of URSI-ISSSE, Erlangen,1989

[9] Rabiner, L. et al, "A Comparative Study of Several Pitch Detection Algorithms", IEEE Transctions on ASSP, Band 24, 1976

[10] Dungs, M. "Linear-prädiktive Sprachgrundfrequenz-Erkennung", Diplomarbeit an der AG Digitale Signalverarbeitung, Ruhr-Universität, Bochum, 1989

[11] Engelsberg, A. "Untersuchungen zur Pitchbestimmung mit parametrischen Modellverfahren", Diplomarbeit an der AG Digitale Signalverarbeitung, Ruhr-Universität, Bochum, 1990

[12] Arevalo, L. "Linear Predictive, Eigenvalue-Oriented Pitch-Contour Measurement For Forensic Voice Identification", Proceedings of the 5. IEEE Workshop on Spectrum estimation and Modeling, Rochester NY, 1990

Ein automatisch gesteuertes Mikrofonarray für Freisprecheinrichtungen

Martin Schlang

TU München und Siemens AG, Zentrale Aufgaben Informationstechnik

1. Einleitung

Für eine zuverlässige automatische Spracherkennung bei Freisprechen in Büroräumen oder bei Videokonferenzen muß ein möglichst großer Signal/Störabstand eingehalten werden. Diese Forderung kann bei ortsungebundener Spracheingabe nicht immer erfüllt werden. Eine mögliche Maßnahme zur Verbesserung der Aufnahmequalität besteht in der Reduktion von Fremdgeräuschen und Nachhall, indem die Hauptkeule eines schwenkbaren Mikrofons mit Richtcharakteristik auf den Sprecher ausgerichtet wird (Abb. 1.1). Über eine derartige Lösung berichtet der vorliegende Beitrag.

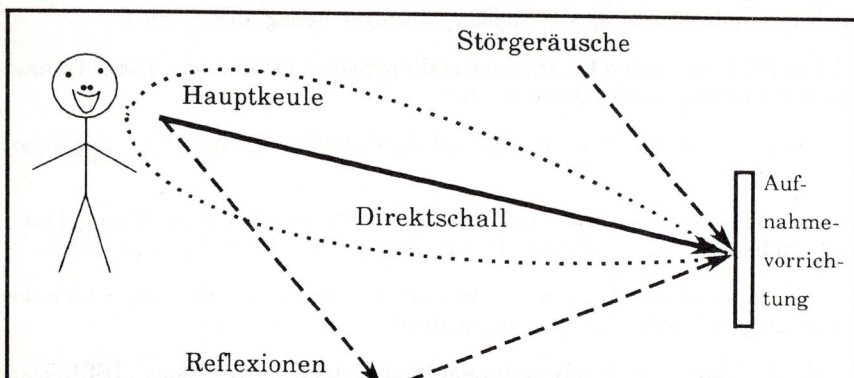

Abb. 1.1:
Die Anordnung zum Freisprechen. Dem Direktschall werden an der Aufnahmevorrichtung auch unerwünschte Signalanteile wie Störgeräusche und Nachhall überlagert.

Zur Durchführung des Verfahrens wird zunächst die aktuelle Position des Sprechers ermittelt. In diese Richtung wird dann eine richtempfindliche Aufnahmevorrichtung fokussiert. Sie wird durch ein statisches lineares Array aus acht Einzelmikrofonen realisiert, deren Signale so kombiniert werden, daß sich eine elektronisch steuerbare Richtcharakteristik einstellt. Somit bietet sich an, die Sprecherortung nicht mit Ultraschall bzw. Infrarot, sondern akustisch mit einem Teil der Mikrofone des Arrays durchzuführen.

2. Ein Verfahren zur Specherortung

Blauert /Bla 74/ beschreibt drei wesentliche Mechanismen, die es dem Menschen binaural ermöglichen, den Ort eines akustischen Ereignisses zu ermitteln (Abb. 2.1). In dem hier beschriebenen System wird nur die Auswertung interauraler Trägerverschiebungen vorgenommen, d.h. es werden Laufzeitunterschiede der Signalfeinstruktur ausgewertet. Ausgehend von einem Modell nach Jeffres /Jef 48/, das im Prinzip aus einer Kreuzkorrelation zwischen den beiden Ohrsignalen besteht, führte Lindemann /Lin 86/ einen Inhibitionsmechanismus ein, der den Ortungsvorgang zu bestimmten Zeitpunkten unterdrückt. Dieses Modell, das starke Nichtlinearitäten enthält, wurde für den vorliegenden Fall der interauralen Trägerverschiebungen stark vereinfacht. Anstatt mehrerer paralleler Kanäle mit fortlaufender Korrelationsberechnung wird die Kreuzkorrelationsfunktion zwischen zwei Mikrofonsignalen nur zu bestimmten Zeitabschnitten berechnet. Beim Detektieren dieser Abschnitte wird das Gesetz der ersten Wellenfront berücksichtigt.

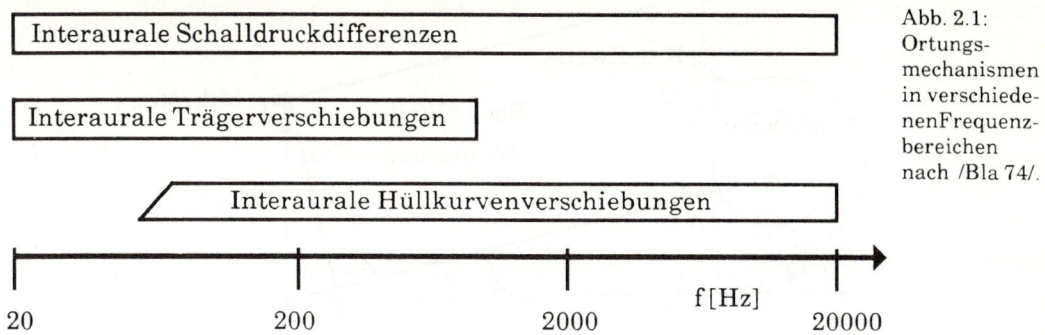

Abb. 2.1:
Ortungs-
mechanismen
in verschiede-
nenFrequenz-
bereichen
nach /Bla 74/.

Praktische Realisierung der Sprecherortung

Aus den Laufzeitunterschieden der Zeitsignale eines Stereomikrofons wird der Winkel Θ zwischen Sprecherposition und Hauptachse der Mikrofonanordnung ermittelt (Abb. 2.2). Unter der Annahme, daß die vom Sprecher ausgehende Kugelwelle als ebene Welle auf die Mikrofone trifft, kann mit Hilfe einfacher Geometriebetrachtungen aus dem Laufzeitunterschied Δt zwischen den beiden Mikrofonsignalen die Verzögerungsstrecke Δs ermittelt werden /Sch 88/.

Die beiden Mikrofone besitzen Kugelcharakteristik und sind in einem Abstand x von ca. 30 cm angeordnet. Vergrößert man diese Entfernung, so ist die Kreuzkorrelation nicht mehr eindeutig, die Näherung der ebenen Welle ist nicht mehr gültig und die Raumübertragungsfunktionen der beiden Signalpfade Sprecher/Mikrofon1 bzw. Sprecher/Mikrofon2 sind in Näherung nicht mehr identisch. Für kleine Abstände x wird die Richtungsauflösung zu ungenau. Hinter den Mikrofonen wurde zur Abschirmung von Reflexionen, die von der Rückseite der Aufnahmevorrichtung kommen, akustisches Dämpfungsmaterial angebracht.

Die Ausgangssignale der Mikrofone werden verstärkt, gefiltert und mit einer Abtastrate von 12 kHz digitalisiert. Es folgt eine Bandbegrenzung auf 100 bis 1500 Hz und Prä-emphasenfilterung, um bei der anschließenden Korrelationsberechnung eindeutige Hauptmaxima zu erhalten. Im Anschluß werden die beiden Zeitsignale mit einem Rechteckfenster von 16 ms Dauer gewichtet. Die Länge des Fensters wurde als Kompromiß gewählt. Ein zu großes Fenster "verschmiert" die Ortung, da sich der Sprecher innerhalb der Zeitdauer einer Korrelationsberechnung deutlich bewegen kann. Andererseits muß eine Mindestgröße vorausgesetzt werden, damit die Fensterfunktion nicht störend wirkt und Rauschen oder andere unerwünschte Signalanteile wegkorreliert werden. Danach wird die Kreuzkorrelationsfunktion (KKF) der beiden Zeitsignale in den später beschriebenen Zeitabschnitten berechnet. Der Ort des Maximums dieser Funktion verhält sich direkt proportional zur Laufzeitdifferenz der beiden Signale.

Die Ortung liefert nur dann richtige Ergebnisse, wenn Anhall oder eine erste Wellenfront vorliegen. Ansonsten würde nur die Einfallsrichtung von dominierenden Reflexionen an den Raumbegrenzungen oder sonstigen Hindernissen detektiert werden. Die Bereiche, in denen erste Wellenfronten vorhanden sind, wurden in Abb. 2.3. durch die Ziffern 1 bis 5 gekennzeichnet. Es wurde der Satz 'Morgen ist Mittwoch' gesprochen. Der Sprecher befand sich in diesem Beispiel auf der Hauptachse der Mikrofonanordnung (Θ = 0); in der Abbildung sind oben das Zeitsignal und unten die zugehörigen Kreuzkorrelationsfunktionen dargestellt. Man kann erkennen, daß sich die Maxima der KKF in den genannten Bereichen zur Zeitverschiebung Null einstellen. Die im Bild markier-

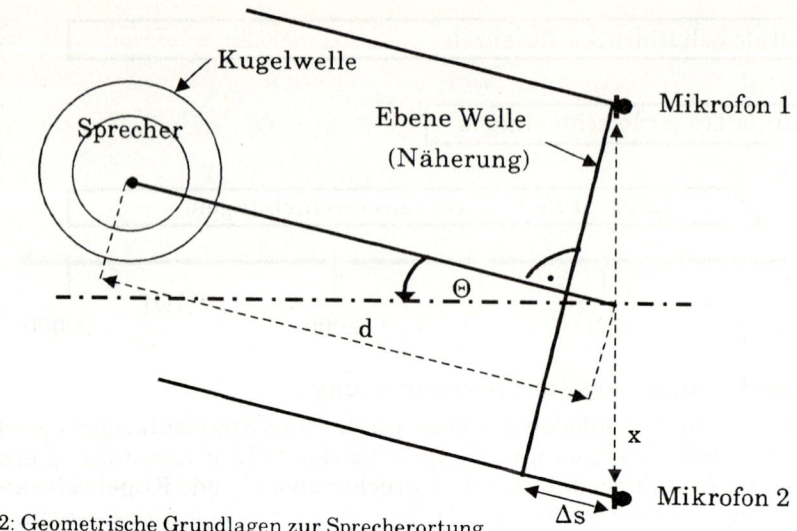

Kugelwelle

Sprecher

Ebene Welle
(Näherung)

Mikrofon 1

Θ

d

x

Δs

Mikrofon 2

Abb. 2.2: Geometrische Grundlagen zur Sprecherortung

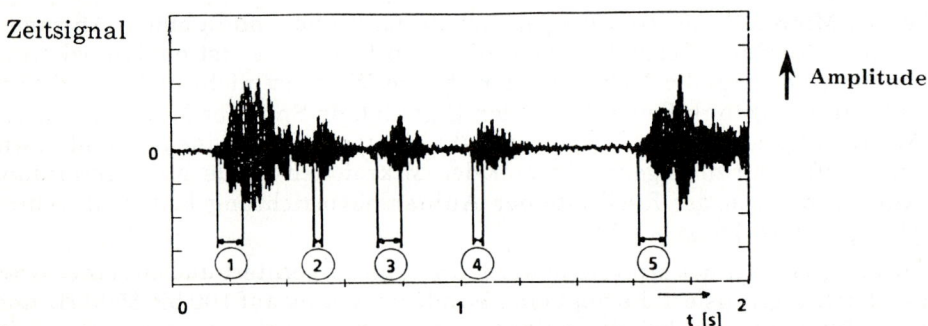

Zeitsignal

Amplitude

0

① ② ③ ④ ⑤

0   1   2

t [s]

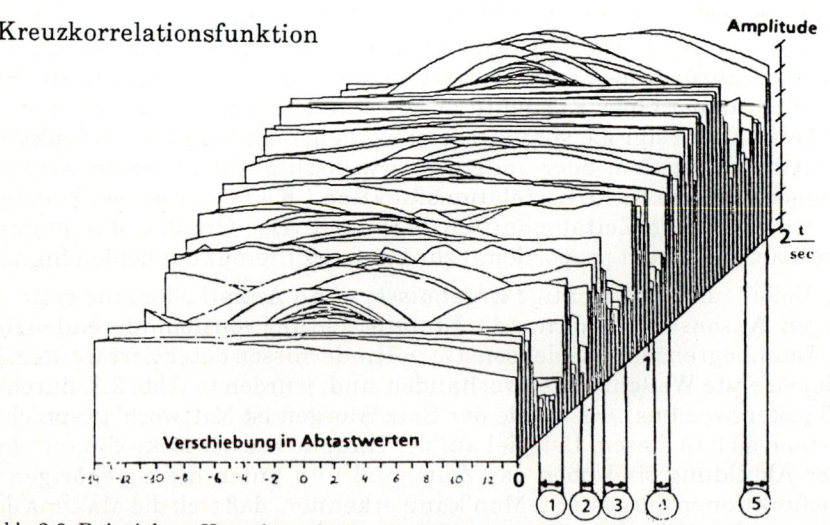

Kreuzkorrelationsfunktion

Amplitude

$\frac{t}{sec}$

Verschiebung in Abtastwerten

-14 -12 -10 -8 -6 -4 -2 0 2 4 6 8 10 12   0

① ② ③ ④   ⑤

Abb. 2.3: Beispiel zur Kreuzkorrelationsfunktion

ten Abschnitte werden in Lindemann /Lin 86/ durch den erwähnten Inhibitionsmechanismus gewichtet.

Zur Detektion dieser Abschnitte wurde in dieser Arbeit ein anderer Ansatz gewählt, der in Abb. 2.4 oben skizziert ist. Solange die geglättete Energie des Zeitsignals eines

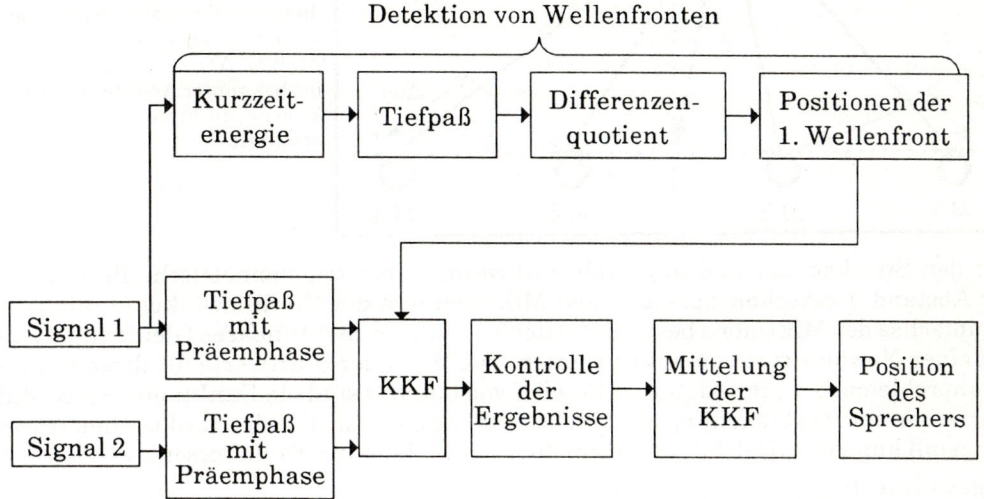

Abb. 2.4: Realisierung der Sprecherortung

der beiden Mikrofone einen bestimmten Wert überschreitet und der Differenzenquotient dieser Energie für eine Mindestzeit positiv ist, kann davon ausgegangen werden, daß das Zeitsignal sich im Anhallbereich befindet. Eine erste Wellenfront wird detektiert, wenn der Differenzenquotient eine bestimmte Schwelle übersteigt.

Zu den Zeitpunkten, die als erste Wellenfront bzw. Anhall markiert wurden, wird die Kreuzkorrelationsfunktion zwischen den beiden vorverarbeiteten Mikrofonsignalen gebildet. Falls diese Bereiche eine bestimmte Zeitdauer überschreiten, wird, um Redundanz und Rechenzeit zu vermindern, die Berechnung der KKF nur in einem Raster von 5 ms durchgeführt. Somit werden in unregelmäßigen Zeitintervallen neue Daten über die momentane Sprecherposition ermittelt.

In der nachfolgenden Stufe werden diese vorläufigen Ortungsergebnisse weiter verarbeitet. Zuerst wird die momentan berechnete Sprecherposition mit einem gleitenden Mittelwert der bisherigen Ortungsergebnisse verglichen. Weicht sie zu sehr von diesem Mittelwert ab, so wird diese Messung verworfen, da sich der Sprecher nur mit begrenzter Geschwindigkeit bewegen kann. Die verbleibenden Kreuzkorrelationsfunktionen aus einem Zeitintervall von 400 ms werden anschließend linear gemittelt. Aus dem Ort des Maximums dieser Funktion ergibt sich die relative Position des Sprechers. Diese Position wird alle 400 ms aktualisiert und dient dann zur automatischen Ausrichtung des Richtmikrofons.

Berücksichtigung der spärischen Wellenausbreitung

Da die Annahme der ebenen Wellenfront am Ort der Aufnahmevorrichtung für kleine Abstände zwischen Sprecher und Mikrofon nicht mehr erfüllt wird, wird nun die Ortung auf zwei Dimensionen erweitert. Dies hat zur Folge, daß nicht nur der relative Winkel Θ, in dem sich der Specher befindet, sondern auch die Entfernung d ermittelt werden muß (Abb. 2.5).

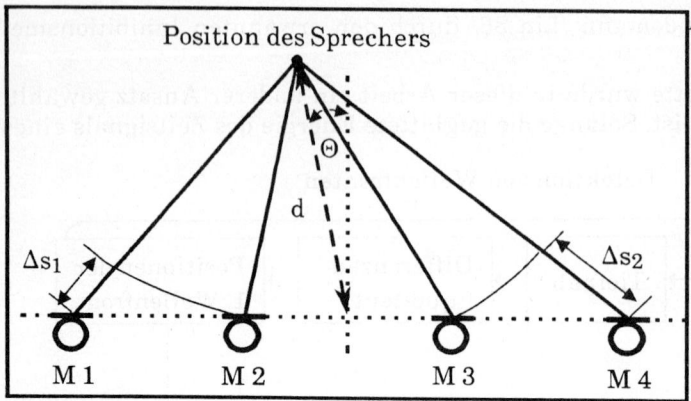

Position des Sprechers

M 1　　　M 2　　　M 3　　M 4

Abb. 2.5:
Geometrie der zweidimensionalen
Sprecherortung. Es werden die
KKF zwischen den Mikrofonpaa-
ren M1 und M2 bzw. M3 und M4
berechnet. Der Ort des Maximums
dieser Funktionen entspricht dann
wiederum den Laufzeitdifferenzen
Δt_1 bzw. Δt_2. Aus diesen werden,
bei bekannter Anordnung der Mi-
krofone, die Strecken Δs_1 und Δs_2
ermittelt.

Aus den Strecken Δs_1 und Δs_2 (Abb. 2.5) werden über trigonometrische Beziehungen der Abstand d zwischen Sprecher und Mikrofon und der Einfallswinkel Θ relativ zur Hauptachse des Mikrofons bestimmt. Hierfür muß ein nichtlineares Gleichungssystem mit einer Newton-Iteration gelöst werden. Die Wahl der Startwerte für diese Iteration ist unproblematisch, im erlaubten Bereich von d und Θ sind die Funktionen stetig diffe-renzierbar und das Gleichungssystem ist eindeutig lösbar. Für den praktischen Anwen-dungsfall kann das Gleichungssystem durch eine "Look-up Table" ersetzt werden.

Ergebnisse der Sprecherortung

Gemessene Werte zur Wirkung des Ortungssystems können Abb. 2.6 entnommen wer-den. Das vorgestellte Ortungsverfahren liefert in *95%* aller Fälle korrekte Ortungser-

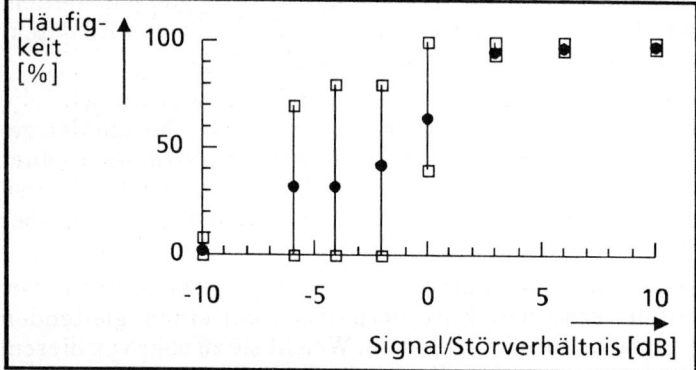

Abb. 2.6:
Häufigkeit der richtigen Ortun-
gen in Büroumgebung. Eine Ortung wird als richtig angenommen, wenn vom automatischen
Ortungssystem der Winkel Θ
auf $\pm 5°$ und die Entfernung d
auf $\pm 20\%$ genau geschätzt
wird. Die Mittelwerte der Ein-
zelmessungen sind durch Punkte, die Extremwerte durch Quadrate gekennzeichnet.

gebnisse, sofern das Signal/Störverhältnis besser als *4 dB* ist. Dabei liegt die durch-schnittliche Lateralisationsgenauigkeit bei etwa $\pm 5°$, wenig mehr als die des mensch-lichen Gehörs mit einer Lateralisationsgenauigkeit von ungefähr $\pm 3.5°$. Diese Genau-igkeit wird auch dann erzielt, wenn der Abstand zwischen dem Sprecher und den Mi-krofonen größer als der Hallradius ist.

3. Das steuerbare Richtmikrofon

Das elektronisch steuerbare Richtmikrofonarray besteht aus acht Elektret-Kondensatormikrofonen mit Kugelcharakteristik. Sie wurden aus der Serienproduk-tion ohne besondere Selektierung entnommen und sind auf einer Geraden angeordnet. Vier dieser Mikrofone werden auch zur Ortung herangezogen. Die einzelnen Mikrofon-

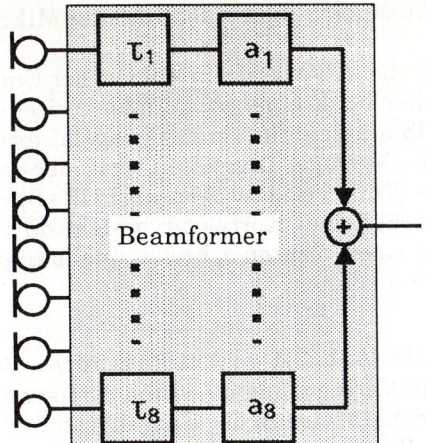

Abb. 3.1:

Prinzip des Mikrofonarrays. Die Technik des "Beamformings" wird auch in der Antennentechnik verwendet. Die Verzögerungszeiten τ_i werden so gewählt, daß sich die Signale, die aus der gewünschten Einfallsrichtung kommen, phasengleich addieren. Die Signale aus anderen Einfallsrichtungen addieren sich mit unterschiedlichen Phasen, so daß eine Abschwächung erfolgt. Mit Hilfe der Verstärkungsfaktoren a_i wird die Anordnung der Mikrofone virtuell verschmälert (a_i zum Mittelpunkt des Arrays hin größer werdend) bzw. verbreitert (a_i zum Mittelpunkt des Arrays hin kleiner werdend).

signale werden um gewisse Laufzeiten τ_i so verzögert, daß unterschiedlich lange Signallaufwege kompensiert werden. Dadurch kann die Gesamtanordnung virtuell geschwenkt werden (Abb. 3.1). Danach werden sie mit den Verstärkungsfaktoren a_1 bis a_8 multipliziert und zu einem einzigen Ausgangssignal addiert. Die einzelnen Mikrofone sind nicht äquidistant plaziert. Die Anordnung der Mikrofone und die Verstärkungsfaktoren a_i können durch ein Optimierungsverfahren bestimmt werden. Die Auslenkung der Richtcharakteristik des Arrays wird durch Veränderung der Koeffizienten a_i und der Verzögerungszeiten τ_i erreicht.

Optimierung der Richtcharakteristik

Die Richtcharakteristik der Gesamtanordnung ist eine Funktion der Frequenz, der Verzögerungszeiten τ_i, der Verstärkungsfaktoren a_i und der Mikrofonabstände. Ein guter Kompromiß zwischen der Breite der Hauptkeule und einer hohen Sperrdämpfung bei großer Bandbreite läßt sich mit den Optimierungsverfahren erzielen, die von Silverman /Sil 87/ vorgestellt wurden.

Bei Vorversuchen zeigte sich, daß eine grobe Modellierung der Richtcharakteristik durch die Geometrie des Array festgelegt wird. Mit den Verstärkungsfaktoren können störende Nebenmaxima nur bedingt unterdrückt werden. Deshalb wird hier ein zweistufiges Optimierungsverfahren vorgeschlagen. Im *ersten Optimierungsdurchlauf* wird für einen möglichst großen Frequenzbereich zunächst nur die Anzahl und die Abstände der Mikrofone zueinander festgelegt, wobei die Verstärkungsfaktoren konstant zu eins gesetzt werden. Die Randbedingung, daß vier Einzelmikrofone einen für die Sprecherortung geeigneten Abstand einnehmen, muß dabei berücksichtigt werden. Im Frequenzbereich zwischen 0.6 und 5 kHz ergibt sich eine symmetrische Anordnung mit folgendem Abstand der Mikrofone relativ zum Mittelpunkt: 0,04, 0,13, 0,21 und 0,4 [m]. Die nicht äquidistante Anordnung der Mikrofone bedingt eine aperiodische Richtcharakteristik des Array.

Eine Feinabstimmung der Richtcharakteristik kann im *zweiten Optimierungsdurchlauf* durch die Wahl der Verstärkungsfaktoren erzielt werden. Jedes Mikrofonsignal wird in vier Frequenzbänder aufgeteilt. Für jedes Band werden dann die Verstärkungsfaktoren getrennt optimiert. Für verschiedene Auslenkungen der Hauptkeule werden unterschiedliche a_i festgelegt. Bei den beiden tieffrequenten Kanälen streben bestimmte Verstärkungsfaktoren gegen Null. Dies bedeutet, daß im untersten Frequenzkanal nur die beiden äußeren und im folgenden Kanal zusätzlich die beiden inneren Mikrofonsignale weiterverarbeitet werden müssen.

Das verwendete Optimierungsverfahren setzt eine ebene Wellenfront am Ort der Empfangseinrichtung voraus. Diese Näherung wird aber bei kleinen Abständen zwischen Sprecher und Mikrofon nicht mehr erfüllt. Deshalb müssen die Verstärkungsfaktoren a_i mit dem $1/r^2$-Gesetz für die Signalenergie und die Verzögerungszeiten τ_i mit der entsprechenden Laufzeitdifferenz für unterschiedliche Winkel und Entfernungen des Sprechers korrigiert werden. Der Vorteil dieser nachträglichen Korrektur besteht darin, daß die für jeden Steuerwinkel Θ unterschiedlichen Koeffizienten a_i bzw. τ_i unabhängig von der Entfernung d des Sprechers optimiert werden können.

Das realisierte Richtmikrofon

Für eine reale Anwendung muß das Blockschaltbild (Abb. 3.1) erweitert werden. Bei einer Abtastrate von 12 kHz entspricht nämlich die Verzögerung um einen Abtastwert bereits einem Laufweg des Schalles von 2,8 cm. Deshalb wird in der Eingangsstufe die Abtastrate der Mikrofonsignale verdoppelt (Abb. 3.2). Das erforderliche Interpolationsfilter und die Bandpässe zur Signalaufteilung werden nicht direkt in die Mikrofon-

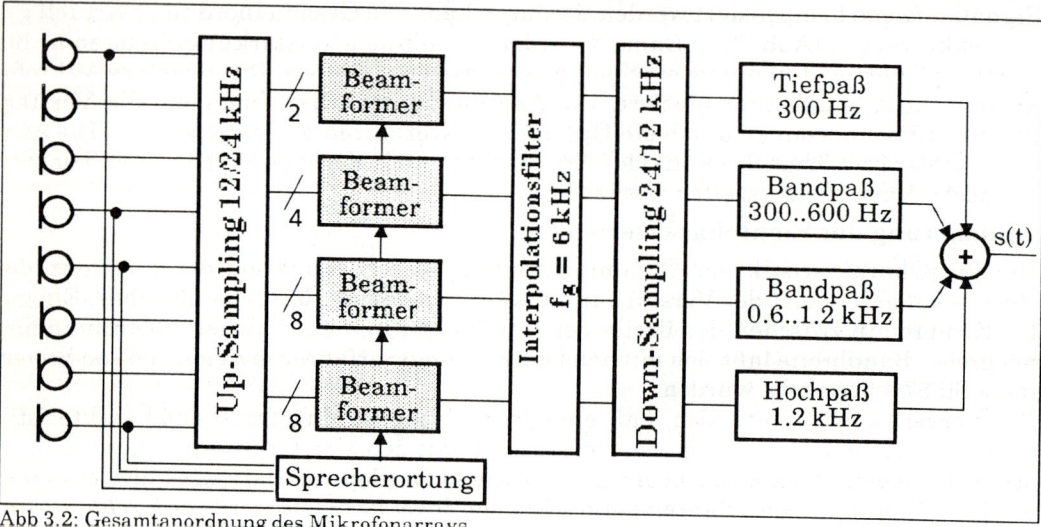

Abb 3.2: Gesamtanordnung des Mikrofonarrays.

kanäle, sondern erst hinter den Beamformern eingefügt. Die Systemtheorie erlaubt diese Vertauschung, da die Beamformer nur lineare Operationen durchführen. Somit können 32 Filter eingespart werden /Pri 78/.

Die charakteristischen Größen a_i und τ_i werden den Beamformern, je nach der Position des Sprechers, durch das Modul ”Sprecherortung” vorgegeben.

Gemessene Richtdiagramme

In Abb. 3.3 sind gemessene Richtcharakteristiken bei terzbreitem Rauschen mit der Mittenfrequenz von 1 kHz und bei sprachsimulierendem Rauschen dargestellt. Zum Vergleich ist beim schmalbandigen Rauschen die theoretisch berechnete Funktion mit einer gestrichelten Linie eingezeichnet. Die Verschlechterung der gemessenen Richtcharakteristik gegenüber der berechneten für Winkel größer 25° kann durch die Sperrdämpfung von nur 15 dB des Tiefpasses zur Bandaufteilung (der Beamformer für den Frequenzkanal <300 Hz besitzt für ca. 30° bereits ein Nebenmaximum) in Abb. 3.2

und durch die endliche Abtastrate (Laufzeiten werden nicht exakt kompensiert) erklärt werden.

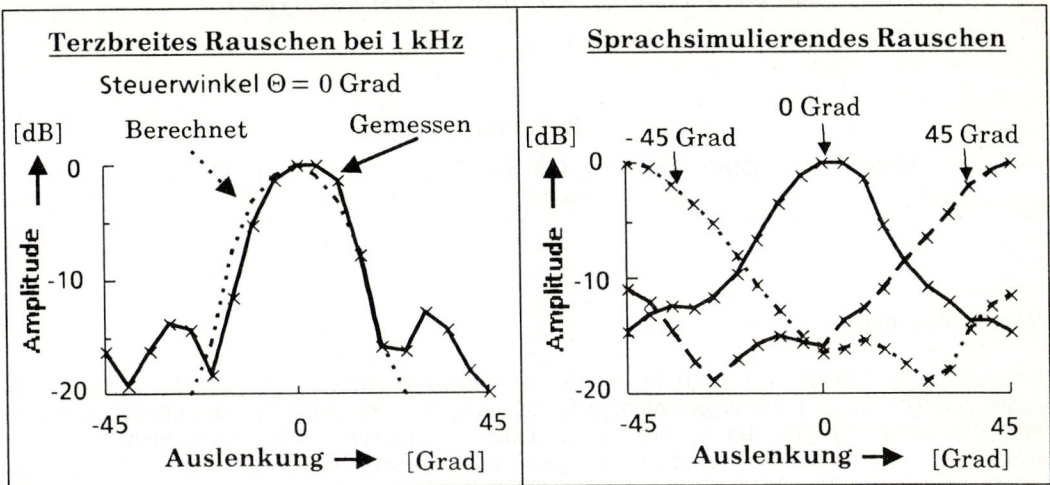

Abb. 3.3: Im reflexionsarmen Raum gemessene Richtcharakteristiken.

Die Messungen zeigen, daß bei einer Sprecherposition von null Grad und einer Störerposition von 45 Grad der Signal/Störabstand um ca. 14 [dB] verbessert werden kann. Diese Verbesserung kann auch subjektiv wahrgenommen werden, die Sprache klingt nach der Verarbeitung wesentlich präsenter, Störgeräusche werden deutlich unterdrückt.

4. Zusammenfassung

Mit der vorgestellten Anordnung aus automatischer Sprecherortung und der Steuerung eines sich automatisch fokussierenden Mikrofonarrays kann in Büroumgebung das Signal/Störverhältnis deutlich verbessert werden. Die Sprecherortung arbeitet zuverlässig, wenn ein Signal/Störabstand von ca. 4 dB eingehalten wird. Dabei wird nicht nur der Winkel, unter dem sich der Sprecher befindet, sondern auch seine Entfernung ermittelt.

Mit Hilfe des vorgestellten zweistufigen Optimierungsverfahrens kann das Mikrofonarray in kurzer Zeit den jeweiligen Anforderungen entsprechend angepasst werden. Dank der Berücksichtigung der sphärischen Wellenausbreitung des Schalles ist die Richtcharakteristik nahezu unabhängig von der Entfernung zwischen Sprecher und Mikrofonanordnung. Durch die Bündelungswirkung der Mikrofonanordnung wird auch ein eventuell vorhandener störender Nachhall hörbar verkleinert.

5. Literatur

/Sch 88/ Schlang, M.: Ein Verfahren zur automatischen Ermittlung der Sprecherposition bei Freisprechen, ITG-Fachbericht 105, VDE Verlag, Berlin Oldenburg 1988, S. 69 - 73.

/Sil 87/ Silverman, H.: Some Analysis of Microphone Arrays for Speech Data Acquisition, IEEE ASSP Vol 12, Dec. 1987, S. 1699 - 1712.

/Pri 78/ Pridham, R., Mucci, R.: A novel approach to digital beamforming, Journ. Acoust. Soc. Am. 63(2), Feb. 1978, S. 425 - 434.

/Bla 74/ Blauert, J.: Räumliches Hören, Hirzel Verlag, Stuttgart 1974, Ergänzungen, Stuttgart 1985.

/Jef 48/ Jeffres,L.A.: A Place Theory Of Sound Localisation, Journ. of Comparative Physiology Psychology 41, 1948, S. 35 - 39.

/Lin 86/ Lindemann, W.: Extension of a binaural cross-correlation model by contralateral inhibition, Journ. Acoust. Soc. Am. 80(6), 1986, S. 1608.- 1630.

Ein sprachverstehendes Dialogsystem zur Datenbankabfrage - die Realisierung des SPICOS II-Prototypen

B. LITTEL

Siemens AG, Zentralabteilung Forschung und Entwicklung, München

Zusammenfassung

Im Rahmen des Projektes SPICOS II [1] wurde ein sprachverstehendes Dialogsystem realisiert. Die Eingabe geschieht durch fließend gesprochene Sprache, die Ausgabe durch Sprachsynthese. Das workstation–basierende System, das optional sprecheradaptiv betrieben werden kann, enthält dedizierte Hardware zur akustischen Vorverarbeitung. Anwendungskontext ist die interaktive Abfrage einer Dokumentdatenbank über das Projekt selbst. — Erste Schritte zur Evaluierung des Systems konnten bereits unternommen werden.

1. Einleitung

SPICOS II ist ein seit 1988 laufendes Forschungsprojekt mit Inhalten, die sich um das Problemfeld eines sprachverstehenden Dialogsystems zentrieren. Im Rahmen einer Kooperation (SPICOS: Siemens-Philips-IPO Continuous Speech Understanding and Dialogue) wurden Themen wie die Erkennung fließend gesprochener Sprache, Sprecheradaption, Sprachverstehen, Verarbeitung natürlicher Sprache, Dialogsteuerung und Sprachsynthese behandelt.

Ein prototypisches Dialogsystem, das als Anwendung die interaktive Abfrage von Datenbankeinträgen gestattet, wurde Anfang 1990 fertiggestellt. Die Datenbank enthält Dokumente und Daten zum Projekt selbst (z. B. Veröffentlichungen). Das System leistet die Erkennung fließend gesprochener deutscher Sprache über einem Wortschatz von 1157 Wörtern.

Zur Erstellung des Prototypen wurde einerseits Software völlig neu entworfen, andererseits wurden vorhandene Softwaremodule auf die gewählte Hardwarearchitektur adaptiert. Bei der Implementierung wurde besonderes Gewicht auf eine beschleunigte Abarbeitung des Dialogablaufs gelegt.

Im internationalen Vergleich ist der SPICOS II-Prototyp in den Leistungsbereich von sprachverstehenden Systemen wie VOYAGER (MIT), SLS (BBN), MINDS (CMU) und EVAR (Univ. Erlangen) einzuordnen.

2. Typische Dialogsequenz

Bei der Entwicklung des Dialogs geht die Initiative ganz vom Benutzer aus, wobei die Anfragen frei formuliert werden können (siehe nachfolgender Beispieldialog).

U1: hat Höge einen Brief über das Projekt SPICOS geschrieben?
S1: ja, Höge hat einen Brief über das Projekt SPICOS geschrieben.
U2: hat er diesen Brief an Ney geschickt?
S2: ja, er hat diesen Brief an Ney geschickt.

U3: hat er ihn erhalten?
S3: ja, Ney hat diesen Brief erhalten.
U4: bei welcher Firma ist er beschäftigt?
S4: meinen Sie mit ‚er‘ Höge oder Ney?
U5: Höge.
S5: Höge ist bei Siemens beschäftigt.

U: Benutzereingabe, *S: Systemausgabe*

Typisch für einen Dialog ist die Rückbeziehung auf vorher Gesagtes („diesen Brief" in U2). Dies wird durch die Gedächtnisfunktion des Systems ermöglicht. Bei inhaltlichen Unklarheiten erfolgt die Rückfrage des Systems (S4). Das gleiche tritt ein, wenn aus der akustischen Verarbeitung kein syntaktisch korrekter Satz resultiert.

3. Interne Funktionseinheiten

Der Dialogzustand wird durch den übergreifenden ‚Dialog-Handler‘ verwaltet, der die einzelnen Komponenten des Systems in der entsprechenden Reihenfolge aktiviert. Stichpunktartig wird der Ablauf für einen Frage/Antwort-Zyklus skizziert (siehe Bild 1):

* Über eine LPC-basierende Diphon-Sprachsynthese (8 kHz od. 16 kHz Abtastrate) wird die Aufforderung ausgegeben, die nächste Frage zu sprechen.

* Die eingesprochene Äußerung wird analog/digital-gewandelt (Abtastrate 16 kHz, Auflösung 12 Bit). — Im sprecherabhängigen Fall wird FFT-transformiert im 10 msec-Raster und auf die MEL-Frequenzskala abgebildet [2]. Im sprecheradaptiven Fall (der das Sprechen eines Adaptionssatzes vor dem ersten Dialog erforderlich macht) erfolgt eine Analyse nach dem Verfahren des akustischen Merkmalsvektors (AMV) [3], das im 10 msec-Raster einen Schätzvektor zur Charakterisierung von Artikulationsart und -stelle erzeugt.

* Weiterhin erfolgt die Berechnung der Emissionswahrscheinlichkeit von Phonemabschnitten, den sogenannten Segmenten. Jedes Phonem (aus einem Inventar von 44 Symbolen) wird nach dem Verfahren der Hidden Markov Modellierung (HMM) durch drei quasistationäre Segmente ‚continuous mixture density‘ modelliert [2].

* Eine Viterbi-Dekodierung über die gesamte Äußerung (globale Suche) leistet die Generierung von vier Satzhypothesen mit abfallender Gewichtung (d. h. abnehmender Wahrscheinlichkeit). Der Suchraum wird eingeschränkt durch ein statistisches Bigram-Sprachmodell, das die Übergangswahrscheinlichkeit zwischen Wortpaaren einbringt. Nach dem Verfahren des Fast Look-Ahead (Auswertung des groben phonetischen Verlaufs der nächsten 400 msec) [4] werden unwahrscheinliche Wortkandidaten ausgeschieden.

* Mit abfallender Gewichtung fortschreitend werden die generierten Satzhypothesen einer syntaktisch/semantischen Analyse, basierend auf einer augmentierten Phrasenstrukturgrammatik und einem semantischen Netzwerk, unterworfen [1]. Die erste syntaktisch korrekte Satzhypothese (falls vorhanden) wird als ‚erkannte Äußerung‘ ausgewählt. Bezüge auf Inhalte vorheriger Äußerungen (siehe Satz U2 des Beispieldialogs) werden nun durch die sog. Anaphernresolution hergestellt. Nach der semantischen Repräsentation in Form eines ELF-Ausdrucks („formale Repräsentation" [5]) erfolgt die Übersetzung in einen ELR-Ausdruck („referentielle Repräsentation"), der den Datenbankzugriff gestattet. Die aus der Datenbankinformation erzeugte Systemantwort wird schließlich vermittels Sprachsynthese ausgegeben.

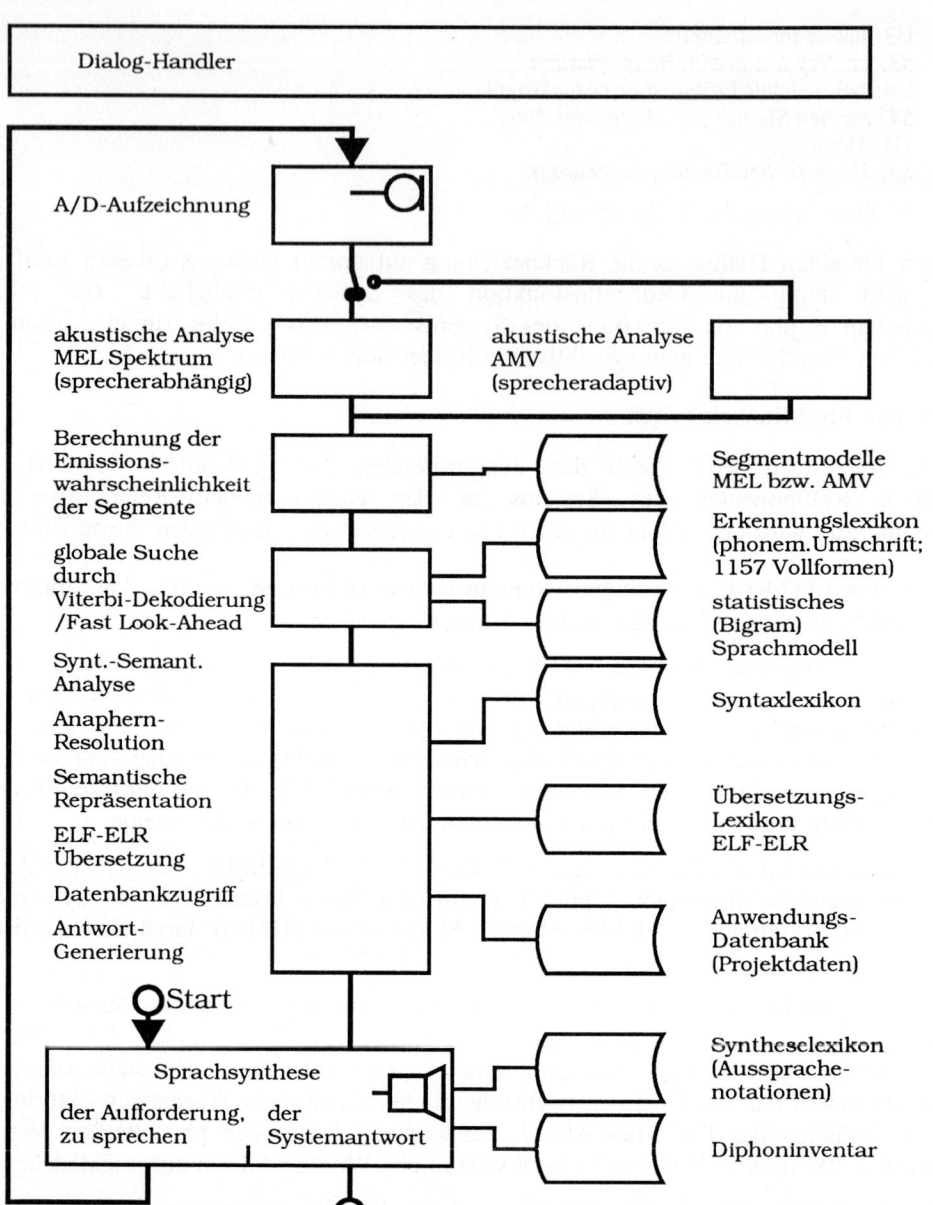

Bild 1: Funktionseinheiten des Prototypen. Dargestellt ist der Ablauf eines Frage/Antwort-Zyklus (ohne Verzweigungen, z. B. für Rückfragen wegen Unklarheiten)

4. Hardware- und Software-Integration

Der Prototyp ist aus drei Workstations aufgebaut (TI Explorer LX, Sun-4/280 und Sun-3/260), wobei an der Sun-3/260-Workstation noch dedizierte Hardware eingesetzt wird (siehe Bild 2). Die Aufteilung des Gesamtsystems auf die drei Rechner ergibt sich aus deren Eignung für die jeweiligen Teilaufgaben.

Die gesamte linguistisch/semantische Verarbeitung einschließlich Dialog-Handler, Datenbank-zugriff und Antwortgenerierung (Implementationssprachen LISP und Prolog) erfolgt auf der TI Explorer LX-Workstation, die LISP sehr effektiv abarbeitet.

Auf der Sun-4/280-Workstation läuft die globale Suche und die Sprachsynthese ab; die gesamte akustische Vorverarbeitung wird auf der Sun-3/260-Workstation ausgeführt (jeweils in der Sprache C geschrieben). Die Sun-Workstations haben sich für diese numerischen und pointerintensiven Aufgaben recht gut bewährt. An der Sun-3/260 werden zwei von Siemens entwickelte VMEbus-Einschübe betrieben [6]: die AKUFE-Master-Platine (AKUFE: akustisches Front/End) dient zur A/D- und D/A-Wandlung; die Berechnung der Emissionswahr-scheinlichkeit der Segmente wird durch den Vektorquantisierprozessor der AKUFE-Slave-Platine erheblich beschleunigt.

Der spracheradaptive AMV-Algorithmus ist auf Sun-3/260 als eigener Prozeß implementiert, der mit dem ‚parent'-Prozeß durch eine bidirektionale Pipe verbunden ist.

Zur Rechnerkopplung auf Ethernet-Basis wird zwischen Sun-4/280 und Sun-3/260 das RPC-Protokoll (Remote Procedure Call) eingesetzt, wobei parallele Abarbeitung möglich ist. — Die Workstations TI Explorer LX und Sun-4/280 sind ‚socket'-basierend verbunden (TCP/IP); der Ablauf ist hier rein sequentiell (keine Parallelität).

5. Evaluierung des Prototypen

Folgend sind die ersten Schritte zur Evaluierung des Prototypen skizziert.

Ein Vergleich zwischen dem spracherabhängigen und dem spracheradaptiven Modus wurde über die Schätzung der jeweiligen Worterkennungsraten hergestellt. Dazu wird die bestge-wichtete Satzhypothese der globalen Suche untersucht. Als Testmaterial stand ein Korpus von 200 Sätzen bei einem Wortschatz von 917 Wörtern zur Verfügung (Datenbankanfragen, die nicht in einen Dialog eingebettet sind), gesprochen je von einem männlichen und einem weiblichen Sprecher. Das dazu passendes Bigram-Sprachmodell, das unterschiedlich von dem der Dialoganwendung ist, hat eine Perplexität von 124. Ein Erkennungsexperiment ohne Einschaltung des Fast Look-Ahead, der die Erkennung geringfügig verschlechtert, ergab für den spracheradaptiven Fall eine durchschnittliche Worterkennungsrate von 90,8 %; für den spracherabhängigen Fall ergaben sich 93,9 %.

Die Gesamtheit von akustischer Analyse und globaler Suche nimmt die Abarbeitung in 14,6-facher Echtzeit vor (spracherabhängig/mit Einschaltung des Fast Look-Ahead). Der Echtzeitfaktor der Sprachsynthese bei 8 kHz Abtastrate ist 2,8.

Um einen Eindruck von der Gesamt-Reaktionszeit des Prototypen zu gewinnen, wurde eine Zeitmessung anhand einer exemplarisch ausgewählten Dialogsequenz vorgenommen. Es ergab sich eine durchschnittliche Abarbeitungsdauer von 106 Sekunden für einen Frage/Antwort – Zyklus des Dialogs im spracherabhängigen Modus.

6. Ausblick

Ansatzpunkte für zukünftige Weiterentwicklungen sehen wir einerseits algorithmisch, wie z. B. den Einbau von linguistischen Wissensquellen bei der globalen Suche (linguistische Prädiktion), als auch auf der Hardware-Seite, so z. B. den Einsatz von Spezialhardware für Aufgaben der Suche und der Linguistik.

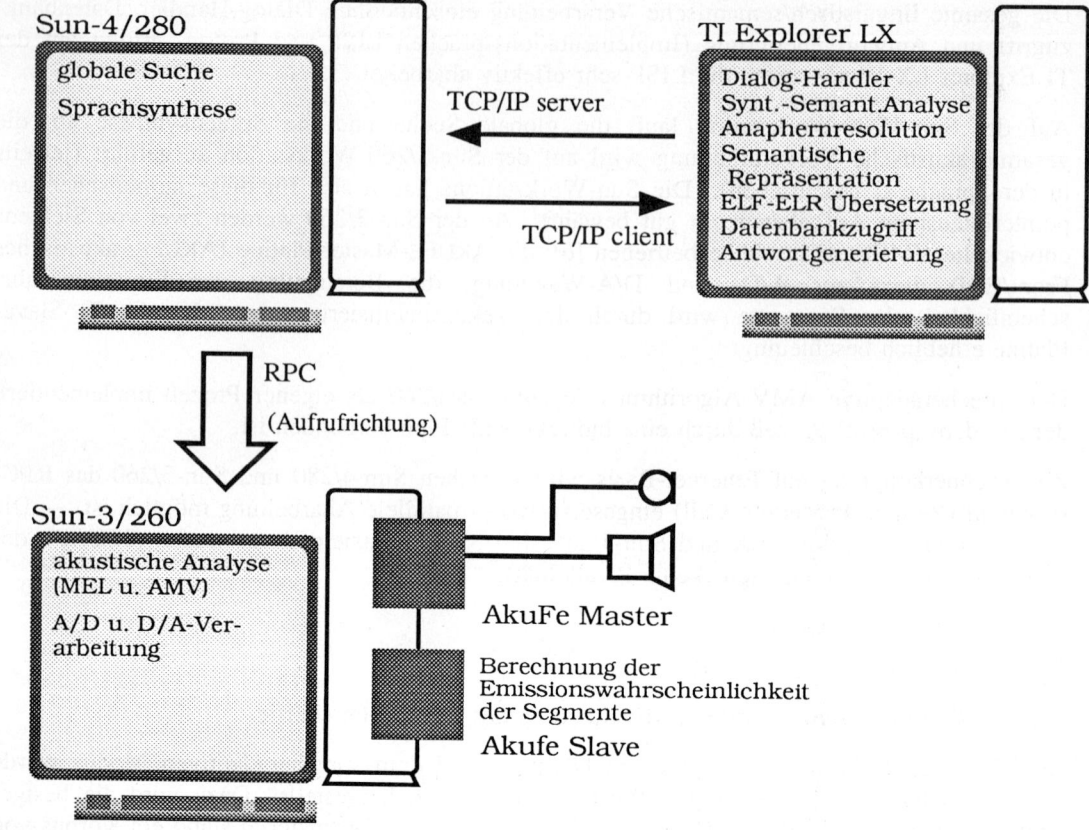

Bild 2: Hardware- und Softwareintegration

Das Projekt wird unter Förderungskennzeichen ITM 8801 vom BMFT gefördert. Die Verantwortung für den Inhalt dieses Beitrags liegt ausschließlich beim Autor.

Literatur

1. G. Th. Niedermair, "Datenbankdialog in gesprochener Sprache - Linguistische Analyse in SPICOS II," *Informationstechnik it 31*, pp. 382-391 R. Oldenbourg Verlag, (6/1989).

2. A. Paeseler, V. Steinbiss, and A. Noll, "Phoneme-Based Continuous-Speech Recognition in the SPICOS-II System," *Informationstechnik it 31*, pp. 392-399 R. Oldenbourg Verlag, (6/1989).

3. O. Schmidbauer, "Robust Statistic Modelling of Systematic Variabilities in Continuous Speech Incorporating Acoustic-Articulatory Relations," *Proc. ICASSP*, pp. 616-619 (1989).

4. X. L. Aubert, "Fast Look-Ahead Pruning Strategies in Continuous Speech Recognition," *Proc. ICASSP*, pp. 659-662 (1989).

5. H. Bunt, "On-line Interpretation in Speech Understanding and Dialogue Systems," pp. 349-395 in *Recent Advances in Speech Understanding and Dialog Systems*, ed. H. Niemann et al.,Springer-Verlag, Berlin Heidelberg (1988).

6. A. Aktas and H. Höge, "Multi-DSP and VQ-ASIC Based Acoustic Front-End for Real-Time Speech Processing Tasks," *Proc. European Conf. on Speech Communication and Technology (Eurospeech)*, pp. 586-589 (1989).

PHYSICALLY-BASED DYNAMICAL MODELS FOR IMAGE PROCESSING AND RECOGNITION

Alex Pentland

Vision and Modeling Group, The Media Laboratory
Massachusetts Institute of Technology
Room E15-387, 20 Ames St., Cambridge, MA 02138

ABSTRACT

Surface interpolation techniques provide a method of integrating and interpolating visual information, and have therefore been the focus of much research in computer vision. I show that the finite element method (FEM) may be used to derive closed-form optimal RMS error estimates of surface shape and velocity. By posing the interpolation problem using *wavelets* as eigenvectors of the system of equations this closed-form solution may be computed by use of recursive application of separable quadrature mirror filters (QMF's) to form a *QMF pyramid*. This solution requires only $O(n \log n)$ operations and $O(n)$ storage locations per image. Similar solutions are available for three dimensional objects.

1 Introduction

During the last decade a great deal of effort has focused on surface interpolation methods as a means of integrating disparate and noisy visual information, and as a means of filling in missing data. The general regularization framework [4] and specific instances such as thin-plate and membrane interpolation [5, 1] are among the best-known of these formulations.

In this paper I will show the finite element method (FEM), which is the standard engineering technique for analyzing shape and dynamic behavior, may be used to solve the surface interploation problem for both single images and for image sequences. Posing the surface interpolation problem in terms of the FEM formulation offers several advantages:

- The FEM provides an accurate physical interpretation of the interploation process. Thus, for instance, a *priori* knowledge of material properties, external forces, and so forth can easily be incorporated into the interpolation process. I will show that for static imagery these properties allow it to function as an optimal estimator of surface shape.

- The FEM is an intrinsicly *dynamic* analysis method, and is therefore ideally suited for integration of information over time as well as space. I will show that for image sequences this dynamic character allows it to function as the optimal estimator for surface position and velocity.

- The FEM is an extremely well understood technique used in all branches of engineering analysis. Thus many sophisticated mathematical tools, optimized computer codes, and even special-purpose hardware are available for support of research within the FEM framework.

I will also show that regularization-based approaches to surface interpolation may be viewed as a special application of the static FEM interpolation method.

Using the FEM formulation of the surface interpolation problem I will derive a closed-form solution that is based on the *free vibration modes* of the system of equations. I will then show that an $O(n \log n)$ implementation of this solution can be constructed using a basis set of *wavelet* functions, calcuated by use of a quadrature mirror filter (QMF) pyramid. Finally, I will then show how to use this approach to construct optimal RMS error estimators for both static and time-varying surface interpolation problems.

The FEM formulation presented here is based on the presentation by Bathe [10] and the concepts of FEM from [11]. The wavelet and QMF pyramid formulation presented here is based on the presentation by Adelson and Simoncelli [23, 15]. The notations used are compatible, to the extent possible, with Bathe and with Adelson and Simoncelli rather than with the notation used in the regularization literature. Additional detail concerning computation of wavelet basis functions using QMF pyramids can be found in Appendix A.

2   Introduction to the Finite Element Method

The finite element method (FEM) which is the standard technique for simulating the dynamic behavior of a surface or 3-D object. A simple version of the FEM was first suggested for use in vision by Terzopoulos [1]. Perhaps the key idea behind using the FEM is that it provides a natural way for the physical properties of real materials to be used as constraints in solving the inverse problems encountered in vision. Another advantage to using the FEM is that the intrinsic dynamic behavior of the model can be used to solve fitting, interpolation, or correspondence problems.

In the FEM shape is described in terms of *nodal points*, and then energy equations (or functionals) are derived in terms of nodal point displacements $\mathbf{U}$ and the resulting set of simultaneous equations is iterated to solve for displacements as a function of impinging loads $\mathbf{R}$:

$$\mathbf{M}\ddot{\mathbf{U}} + \mathbf{C}\dot{\mathbf{U}} + \mathbf{K}\mathbf{U} = \mathbf{R} \tag{1}$$

where $\mathbf{U}$ is a 3n x 1 vector of the $(\Delta x, \Delta y, \Delta z)$ displacements of the n nodal points relative to the objects' center of mass, $\mathbf{M}$, $\mathbf{C}$ and $\mathbf{K}$ are 3n by 3n matrices describing the mass, damping, and material stiffness between each point within the body, and $\mathbf{R}$ is a 3n x 1 vector describing the x, y, and z components of the loads acting on the body. In the surface interpolation problem nodal displacements in x and y are generally neglected, so that $\mathbf{U}$ and $\mathbf{R}$ are n x 1 vectors, and $\mathbf{M}$, $\mathbf{C}$ and $\mathbf{K}$ are n by n matrices.

Equation 1 may be interpreted as assigning a certain mass to each nodal point and a certain material stiffness between nodal points, with damping being accounted for by dashpots attached between the nodal points. Intertial and centrifugal effects are accounted for by adding appropriate off-diagonal terms to the mass matrix.

2.1   Relation of Regularization to the Finite Element Method

The regularization approach to surface interpolation is also formulated as a discrete minimization defined over a set of n nodes which typically form a two-dimensional mesh that is initially flat. In most implementations the nodes may be displaced in the z coordinate only, so that the nodal positions may be defined by an n x 1 displacement vector $\mathbf{U}$.[1] Sensor data provides constraints on the nodal positions via a penalty term $\mathbf{P}$, a n x 1 vector whose elements p_i are typically either the squared difference between the sensor-derived nodal position d_i and the current nodal displacement u_i (when sensor data exists for that node) or zero,

$$p_i = \begin{cases} (u_i - d_i)^2 & \text{sensor data exists for node } i \\ 0 & \text{no sensor data exists.} \end{cases} \tag{2}$$

Because the sensor data may be incomplete or noisy, a regularizing or interpolating term $\mathbf{S(U)}$ is introduced, to form the following energy functional:

$$\mathbf{E(U)} = \mathbf{S(U)} + \mathbf{P(U)} \tag{3}$$

where $\mathbf{E(U)}$ is the error functional to be minimized over all possible nodal displacements $\mathbf{U}$. Normally a scalar constant λ is introduced to control the effect of the regularizing term relative to the penalty term, e.g.,

$$\mathbf{E(U)} = \lambda \mathbf{S(U)} + \mathbf{P(U)} \tag{4}$$

Minimization of this functional is accomplished by taking the variational derivative δ_u, to obtain

$$\lambda \delta_u \mathbf{S(U)} + \delta_u \mathbf{P(U)} = 0 \tag{5}$$

---

[1]In some applications $\mathbf{U}$ may consist of the x, y, and z displacements of the nodal points, so that it becomes a 3n x 1 vector and $\mathbf{M}$, $\mathbf{C}$, and $\mathbf{K}$ become 3n x 3n matrices. Similarly, the penalty term $\mathbf{P}$ is often considerably more elaborate. Such generalizations, however, do not affect the following arguments.

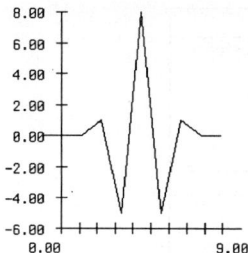 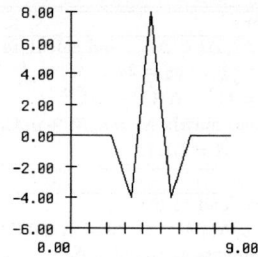 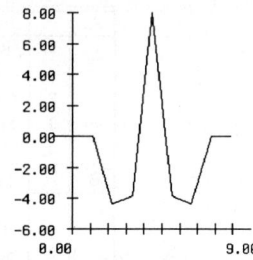

Figure 1: Comparision of one row of various stiffness matrices for a 1-D problem (a) the thin-plate regularizer, (b) two-node finite element, (c) three-node finite element. It can be seen that the regularizing terms often used in computer vision are quite similar to the stiffness matrices used in the finite element method.

After discretization the regularization term is $S_\delta U = \delta_u S(U)$ where S_δ is an n x n matrix that relates each nodes displacement to the displacements of the surrounding nodes, and the penalty term $P_\delta(U) = \delta_u P(U)$ is an n x 1 vector

$$p_i = \begin{cases} d_i - u_i & \text{sensor data exists for node } i \\ 0 & \text{no sensor data exists.} \end{cases} \tag{6}$$

Thus the final system of equations to be solved is:

$$\lambda S_\delta U - P_\delta = 0 \tag{7}$$

The equilibrium case of the finite element method (FEM) is based on a similar set of equations, with

$$K = S_\delta \qquad R = P_\delta \tag{8}$$

With this notational change, and including the scalar parameter λ into the load vector R, the regularization problem given by Equation (7) may be written

$$KU = R \tag{9}$$

This equation is known as the *equilibrium governing equation* in the FEM. The most important difference between this equilibrium equation and the regularization problem of Equation (7) is that in the equilibrium FEM the load vector R is normally interpreted as static function of the initial nodal positions U rather than as varying with U. Thus when there is only scattered data available a few iterations Equation (9) with different loadings R determined by the succesive solutions U is required to obtain the regularization solution. When data is available for all nodal points, however, the static-load solution to Equation (9) may be used to derive the regularization solution directly. This will be discussed further in subsequent sections.

In the FEM the calculation of K is accomplished by integrating material properties over a set of nodes using smooth interpolant functions. For the simplest elements, the FEM stiffness matrices are very similar to the regularization matrices used in computer vision. Figure 1(a) shows a row of a thin-plate regularization matrix S_δ for a 1-D problem. Figure 1(b) shows a row of the stiffness matrix calculated using a two-node 1-D finite element, and Figure 1(c) shows a row of the stiffness matrix calculated using a three-node 1-D finite element. It can be seen that the thin-plate regularizing term is very similar to the stiffness matrices used in the finite element method.

2.2   Surface Interpolation Using The FEM

The close relation between the FEM equilibrium equation, Equation (9), and the regularization equation, Equation (7), demonstrates that the FEM equilibrium solution U may be interpreted as a surface interpolated from sensor measurements R. Moreover, the similarity of common regularizing terms S_δ to FEM stiffness matrices K indicates that the FEM equilibrium solution will be close to or exactly equivalent to the regularization solution.

A.		Initial Calculations
	1.	Select time step $\Delta t, \Delta t < \Delta t_{cr}$, and calculate integration constants: $a_0 = \frac{1}{\Delta t^2}; \quad a_1 = \frac{1}{2\Delta t}; \quad a_2 = 2a_0; \quad a_3 = \frac{1}{a_2}$
	2.	Calculate $\mathbf{U}^{-\Delta t} = \mathbf{U}^0 - \Delta t \dot{\mathbf{U}}^0 + a_3 \ddot{\mathbf{U}}^0$.
	3.	Form effective mass matrix $\hat{\mathbf{M}} = a_0 \mathbf{M} + a_1 \mathbf{C}$.
	4.	Triangularize $\hat{\mathbf{M}} : \hat{\mathbf{M}} = \mathbf{LDL}^T$.
B.		For each step
	1.	Calculate effective load at time t; $\hat{\mathbf{R}}^t = \mathbf{R}^t - (\mathbf{K} - a_2\mathbf{M})\mathbf{U}^t - (a_0\mathbf{M} - a_1\mathbf{C})\mathbf{U}^{t-\Delta t}$
	2.	Solve for displacements at time $t + \Delta t$: $\mathbf{LDL}^T \mathbf{U}^{t+\Delta t} = \hat{\mathbf{R}}^t$.

Table 1: Step by step solution using central difference method, where $\mathbf{U}^t$ is $\mathbf{U}$ at time t

There are many ways to solve Equation (9), however because of the large size of the $\mathbf{K}$ matrix direct integration methods are preferred. In the computer vision literature a first-order iterative solution technique is most commonly used:

$$\mathbf{U}^{t+1} = \mathbf{U}^t - \frac{\Delta t}{c}(\mathbf{K}\mathbf{U}^t \overset{.}{-} \mathbf{R}) \tag{10}$$

where Δt is the integration time step and c is the system damping factor. This solution is equivalent to direct integration of

$$\mathbf{C}\dot{\mathbf{U}} + \mathbf{K}\mathbf{U} = \mathbf{R} \tag{11}$$

where $\mathbf{C}$ is a diagonal *damping matrix* whose entries are the damping factor c.

A far more efficient approach to solving Equation (9) is to employ a second-order solution technique, such as the central difference method shown in Table 1. Note that this solution method is quite simple to implement when both $\mathbf{M}$ and $\mathbf{C}$ are diagonal. Such a second order solution technique is equivalent to direct integration of

$$\mathbf{M}\ddot{\mathbf{U}} + \mathbf{C}\dot{\mathbf{U}} + \mathbf{K}\mathbf{U} = \mathbf{R} \tag{12}$$

for some n x n matrices $\mathbf{M}$ and $\mathbf{C}$. Equation (12) is known as the *governing equation* in the FEM.

In the following sections I will show that $\mathbf{K}$ can be chosen so that the solution to the FEM equilibrium governing equation is an optimal RMS error estimator of the surface shape. I will also show that for an image sequence $\mathbf{M}$ and $\mathbf{K}$ can be chosen so that the solution to the *dynamic* governing equation is an optimal RMS error estimator of both surface shape and velocity. Finally, I will show that these solutions may be obtained by a closed form $O(n \log n)$ algorithm that utilizes wavelet basis functions.

3 Closed-Form Solution Via Modal Analysis

The previous section demonstrated that the common interpolation methods found in the computer vision literature are specific instances of the finite element method. In the remainder of this paper, therefore, I will discuss only the more general FEM formulation of the surface interpolation problem, given by Equation (9), so that I may derive solutions for both the static (single image) and dynamic (image sequence) cases.

In this section I will develop a closed-form solution for the interpolation problem using the *free vibration modes* of the system of equations as a basis set. In following sections I will then demonstrate that a *wavelets* also form a suitable basis set for closed-form solution of the interpolation problem, and show that they have several attractive characteristics that may make them the preferred basis for surface interpolation problems.

The governing equation for a system of finite elements is

$$\mathbf{M}\ddot{\mathbf{U}} + \mathbf{C}\dot{\mathbf{U}} + \mathbf{K}\mathbf{U} = \mathbf{R} \tag{13}$$

To obtain an equilibrium solution $\mathbf{U}$ one integrates Equation (13) using an iterative numerical procedure (such as CDM) at a cost of roughly $3nm_k$ operations per time step, where n is the order of the stiffness matrix and m_k is its half bandwidth [2] Thus there is a need for a method which transforms the Equation (13) into a form which leads to a less costly solution. Since the number of operations is proportional to the half bandwidth m_k of the stiffness matrix, a reduction in m_k will greatly reduce the cost of step-by-step solution [10]. [3]

To accomplish this goal a linear transformation of the nodal point displacements $\mathbf{U}$ can be used:

$$\mathbf{U} = \mathbf{P}\tilde{\mathbf{U}} \tag{14}$$

where $\mathbf{P}$ is a square orthogonal transformation matrix and $\tilde{\mathbf{U}}$ is a vector of generalized displacements. Substituting Equation (14) into Equation (13) and premultipling by $\mathbf{P}^T$ yields:

$$\tilde{\mathbf{M}}\ddot{\tilde{\mathbf{U}}} + \tilde{\mathbf{C}}\dot{\tilde{\mathbf{U}}} + \tilde{\mathbf{K}}\tilde{\mathbf{U}} = \tilde{\mathbf{R}} \tag{15}$$

where

$$\tilde{\mathbf{M}} = \mathbf{P}^T\mathbf{M}\mathbf{P}; \quad \tilde{\mathbf{C}} = \mathbf{P}^T\mathbf{C}\mathbf{P}; \quad \tilde{\mathbf{K}} = \mathbf{P}^T\mathbf{K}\mathbf{P}; \quad \tilde{\mathbf{R}} = \mathbf{P}^T\mathbf{R} \tag{16}$$

With this transformation of basis set a new system of stiffness, mass and damping matrices can be obtained which has a smaller bandwidth then the original system. Szeliski [2] has recently avocated a similar approach, using a transformation based on hierarchical basis functions.

3.1 Use of Free Vibration Modes

I will show, however, that the optimal transformation matrix is derived from the free vibration modes of the equilibrium equation. Beginning with the governing equation, an eigenvalue problem can be derived which will determine an optimal transformation basis set ϕ:

$$\mathbf{K}\phi = \omega^2\phi\mathbf{M} \tag{17}$$

The eigenvalue problem in Equation (17) yields n eigensolutions

$$(\omega_1^2, \phi_1), (\omega_2^2, \phi_2), \ldots, (\omega_n^2, \phi_n)$$

where all the eigenvectors are $\mathbf{M}$-orthonormalized. Hence

$$\phi_i^T\mathbf{M}\phi_j \begin{cases} = 1; & i = j \\ = 0; & i \neq j \end{cases} \tag{18}$$

and

$$0 \leq \omega_1^2 \leq \omega_2^2 \leq \omega_3^2 \leq \ldots \leq \omega_n^2 \tag{19}$$

The vector ϕ_i is the ith mode shape vector and ω_i is the corresponding frequency of vibration. Now I define a transformation matrix $\boldsymbol{\Phi}$, which has for its columns the eigenvectors ϕ_i, and a diagonal matrix $\boldsymbol{\Omega}^2$, with the eigenvalues ω_i^2 on its diagonal:

$$\boldsymbol{\Phi} = [\phi_1, \ \phi_2, \ \phi_3, \ \ldots, \ \phi_n] \tag{20}$$

$$\boldsymbol{\Omega}^2 = \begin{bmatrix} \omega_1^2 & & & \\ & \omega_2^2 & & \\ & & \ddots & \\ & & & \omega_n^2 \end{bmatrix} \tag{21}$$

Using (21) Equation (17) can now be written as:

$$\mathbf{K}\boldsymbol{\Phi} = \boldsymbol{\Omega}^2\boldsymbol{\Phi}\mathbf{M} \tag{22}$$

---

[2] See Bathe[10] Appendix A.2.2 and Segerlind [11] for complete discussion on bandwidth of a stiffness matrix.
[3] Further efficiency gains, of up to several orders of magnitude, can be had with little loss of accuracy by use of a reduced basis set. This approach is the basis for the ThingWorld Modeling System's [14, 12] dynamic simulation capabilities.

and since the eigenvectors are **M**-orthonormal:

$$\begin{aligned}
\boldsymbol{\Phi}^T \mathbf{K} \boldsymbol{\Phi} &= \boldsymbol{\Omega}^2 \\
\boldsymbol{\Phi}^T \mathbf{M} \boldsymbol{\Phi} &= \mathbf{I}
\end{aligned} \tag{23}$$

From the above formulations it becomes apparent that matrix $\boldsymbol{\Phi}$ is the optimal transformation matrix $\mathbf{P}$ for systems in which damping effects are negligible. However the damping matrix $\mathbf{C}$ will not in general be diagonalized by $\boldsymbol{\Phi}$, and must therefore be restricted to a special form.

A damping matrix with the desired properties may be obtained by using the *Caughey series* [10],

$$\mathbf{C} = \mathbf{M} \sum_{k=0}^{p-1} a_k \left[\mathbf{M}^{-1} \mathbf{K} \right]^k \tag{24}$$

Restriction to this form is equivalent to the assumption that damping, which describes the overall energy dissipation during the system response, is proportional to system response. At $p = 2$ Equation (24) reduces to *Rayleigh damping* ($\mathbf{C} = a_0 \mathbf{M} + a_1 \mathbf{K}$). If $p > 2$ then matrix $\mathbf{C}$ is in general a full matrix, which severely increases the cost of computation. Consequently Rayliegh damping, with $p = 2$, is normally assumed in the finite element method.

Under the assumption of Rayleigh damping the eigenvectors ϕ_i are $\mathbf{C}$-orthogonal and can now be used to obtain the desired result. The general equation of equilibrium given by Equation (15) is reduced to

$$\ddot{\tilde{\mathbf{U}}} + (a_0 \mathbf{I} + a_1 \boldsymbol{\Omega}^2) \dot{\tilde{\mathbf{U}}} + \boldsymbol{\Omega}^2 \tilde{\mathbf{U}} = \boldsymbol{\Phi}^T \mathbf{R}(\mathbf{t}) \tag{25}$$

or equivalently to n independent and individual equations of the form

$$\ddot{\tilde{u}}_i(t) + \xi_i \dot{\tilde{u}}_i(t) + \omega_i^2 \tilde{u}_i(t) = \tilde{r}_i(t) \tag{26}$$

where ξ_i are modal damping parameters and $\tilde{r}_i(t) = \phi_i^T \mathbf{R}(t)$ for $i = 1, 2, 3, \ldots, n$. Thus the matrix $\boldsymbol{\Phi}$ is the optimal transformation for both damped and undamped systems, given that Rayliegh damping is assumed.

In summary, then, I have shown that the general finite element governing equation is decoupled when using a transformation matrix $\mathbf{P}$ whose columns are the free vibration mode shapes of the FEM system [10, 14, 12]. These decoupled equations may then be integrated numerically (as was done in the ThingWorld modeling system [14, 12]) or solved in closed form by use of a Duhamel integral (see [12]).

3.2 Application to Surface Interpolation

I will now give an example of applying these results to a typical interpolation problem: derive the optimal surface $\mathbf{U}$ given a single set of observations $\mathbf{R}$. Because this is a static problem, we are not concerned with the dynamic properties of the solution. Thus $\mathbf{M}$ and $\mathbf{C}$, the mass and damping matrices, can be entirely neglected, and the stiffness matrix $\mathbf{K}$ is chosen to be some regularizing term $\mathbf{S}_\delta$. The problem to be solved, therefore, is to find the nodal displacements $\mathbf{U}$ that satisfy the equilibrium governing equation:

$$\mathbf{K} \mathbf{U} = \mathbf{R} \tag{27}$$

The results of the previous sections can now be used to obtain a closed-form solution. The first step is to solve Equation (22) to determine $\boldsymbol{\Phi}$ and $\boldsymbol{\Omega}^2$. Note that for any fixed grid of nodes $\boldsymbol{\Phi}$ and $\boldsymbol{\Omega}^2$ can be *precomputed*, so that although solution of such a large eigenvalue problem is expensive it does not pose an overwhelming problem.

Using the substitution $\mathbf{U} = \boldsymbol{\Phi} \tilde{\mathbf{U}}$ and premultiplying by $\boldsymbol{\Phi}^T$ converts Equation (27) to

$$\boldsymbol{\Omega}^2 \tilde{\mathbf{U}} = \boldsymbol{\Phi}^T \mathbf{R} \tag{28}$$

As $\boldsymbol{\Omega}^2$ is diagonal its inverse is trivial to compute, and thus also to compute

$$\tilde{\mathbf{U}} = \boldsymbol{\Omega}^{-2} \boldsymbol{\Phi}^T \mathbf{R} \tag{29}$$

Finally, by use of the transformation $\mathbf{U} = \boldsymbol{\Phi} \tilde{\mathbf{U}}$, the desired solution is obtained:

$$\mathbf{U} = \boldsymbol{\Phi} \boldsymbol{\Omega}^{-2} \boldsymbol{\Phi}^T \mathbf{R} \tag{30}$$

Note that the surface interpolation matrix

$$\mathbf{W} = \mathbf{\Phi}\mathbf{\Omega}^{-2}\mathbf{\Phi}^T \tag{31}$$

is constant for any fixed grid and regularizing term, and thus can be precomputed. Thus the interpolated surface displacements $\mathbf{U}$ can be computed by multiplying the precomputed matrix $\mathbf{W}$ times the load (data) vector $\mathbf{R}$. This multiplication requires a total of $O(n^2)$ operations, a significant improvement over the $O(n^3)$ operations required by direct integration methods. In both the direct integration and modal solution methods the choice of stiffness matrix (regularizing term) can lead to sparse matrices and consequently great increases in efficiency.

3.2.1 Solution to the Regularization Problem

In the case that data is available for each node, the solution to the finite element equilibrium equation may be extended to the regularization problem. In this case the regularization problem is

$$\lambda\mathbf{K}\mathbf{U} + \mathbf{U} = \mathbf{R} \tag{32}$$

Substituting $\mathbf{U} = \mathbf{\Phi}\tilde{\mathbf{U}}$ and premultiplying by $\mathbf{\Phi}^T$ converts Equation (32) to

$$\lambda\mathbf{\Phi}^T\mathbf{K}\mathbf{\Phi}\tilde{\mathbf{U}} + \mathbf{\Phi}^T\mathbf{\Phi}\tilde{\mathbf{U}} = \mathbf{\Phi}^T\mathbf{R} \tag{33}$$

or equivalently

$$(\lambda\tilde{\mathbf{K}} + \mathbf{I})\tilde{\mathbf{U}} = \mathbf{\Phi}^T\mathbf{R} \tag{34}$$

where $\tilde{\mathbf{K}}$ is a diagonal matrix. The regularized solution $\mathbf{U}$ is therefore

$$\mathbf{U} = \mathbf{\Phi}\tilde{\mathbf{K}}_{+\mathbf{I}}^{-1}\mathbf{\Phi}^T\mathbf{R} \tag{35}$$

where

$$\tilde{\mathbf{K}}_{+\mathbf{I}}^{-1} = \begin{bmatrix} 1/(\lambda\omega_1^2 + 1) & & & \\ & 1/(\lambda\omega_2^2 + 1) & & \\ & & \cdot & \\ & & & \cdot \\ & & & & 1/(\lambda\omega_n^2 + 1) \end{bmatrix} \tag{36}$$

In the case that data is not available for all nodes the regularization solution can be obtained by a few iterations of recalculating $\mathbf{R}$ and reappling $\mathbf{W}$.

4 Wavelets as Basis Functions

In the previous sections I have shown that the surface interpolation techniques most commonly used in computer vision are special instances of the finite element method, and that they have a closed form solution. The solution, however, is still far from ideal. First, it requires a very substantial amount of precomputation. More seriously, however, whenever discontinuities are introduced into the system the interpolation matrix $\mathbf{W}$ must be recomputed. Even if perturbation methods are employed to recompute $\mathbf{W}$, the computational costs can be significant. It is desirable, therefore, to find a simpler, more efficient method of calculating $\mathbf{W}$, of performing the multiplication of $\mathbf{W}$ and $\mathbf{R}$, and of compensating for the introduction of discontinuities.

A class of bases that provides the desired properties are certain members of the class of the *wavelets* [6, 7, 13]. Wavelets are orthonormal basis sets that are localized in both space and frequency and can also be localized in orientation [23, 15]. A 1-D example of such a basis set $\mathbf{\Phi}_w$ together with the Fourier power spectrum of each element is shown in Figure 2.

The particular properties of wavelets that are important for our application are:

- Wavelets form an orthonormal basis set $\mathbf{\Phi}_w$ (e.g., $\mathbf{I} = \mathbf{\Phi}_w^T\mathbf{\Phi}_w$.)

- As a consequence of their orthonormality, the basis $\mathbf{\Phi}_w$ are the eigenvectors for a positive definite symmetric stiffness matrix,

$$\mathbf{K}_w = \mathbf{\Phi}_w\mathbf{\Omega}^2\mathbf{\Phi}_w^T \tag{37}$$

where $\mathbf{\Omega}^2$ is diagonal with positive entries.

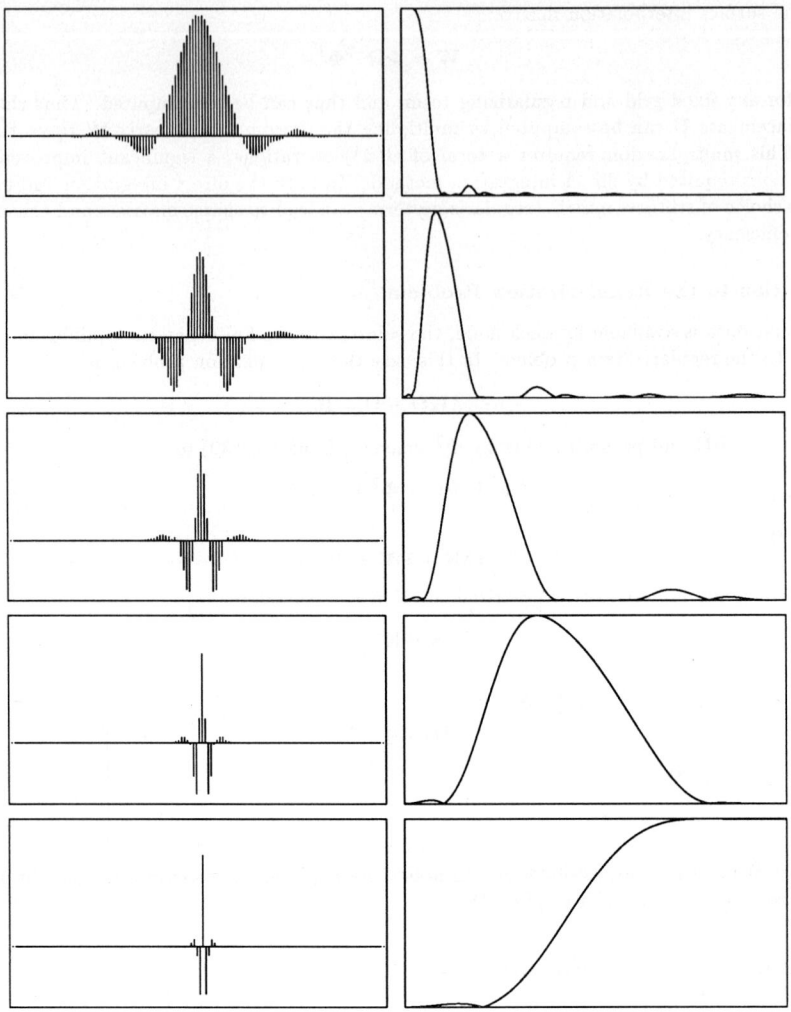

Figure 2: Five elements of a wavelet basis set and their Fourier power spectra. These elements were constructed by use of a five-level pyramid based on a 9-tap QMF set. Power spectra magnitudes are plotted on a linear scale (From [15]).

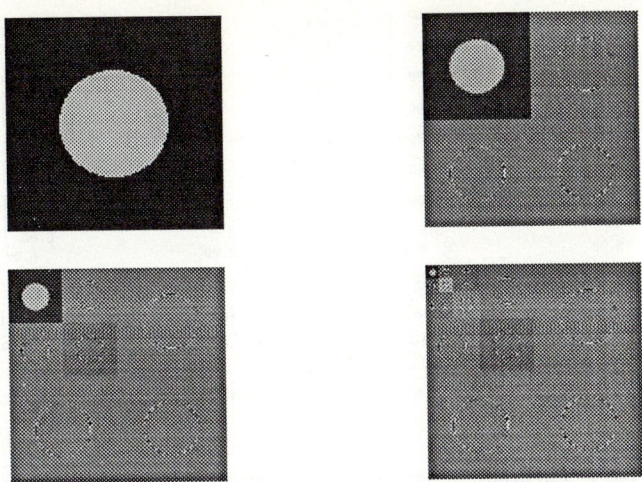

Figure 3: Top left: A 128 x 128 input image $\mathbf{R}$, Top right: subbands comprising the first level of the QMF pyramid, which are the product of the highest frequency members of $\mathbf{\Phi}_w^T$ and the input image $\mathbf{R}$, Bottom left: another level of subbands is added, Bottom right: the final pyramid whose entries are the product of $\mathbf{\Phi}_w^T$ and the input $\mathbf{R}$. Bottom row, left: The full QMF pyramid, which is then scaled and Total execution time: 1.7 seconds on a Sun 4.

- The multiplication of the wavelet basis matrix $\mathbf{\Phi}_w$ with a vector (or image) $\mathbf{R}$ may be computed by recursive application of quadrature mirror filters (QMF) within an image pyramid data structure [23, 15, 13]. Thus the computation of

$$\mathbf{U} = \mathbf{\Phi}_w \mathbf{\Omega}^{-2} \mathbf{\Phi}_w^T \mathbf{R} \qquad (38)$$

  requires only $O(n \log n)$ operations and $O(n)$ storage locations for a problem of n nodes.

- Because the bases $\mathbf{\Phi}_w$ are localized in space and orientation the introduction of discontinuities has a minimal effect. This will be discussed further in the following section.

4.1 Illustration of the QMF Pyramid Computation

Figure 3 illustrates the process of computing a QMF pyramid. Figure 3 shows a disk image whose values will be the loads $\mathbf{R}$ input to the computation. This image is then convolved and subsampled in the x and y directions using the small 9-tap filter shown in Figure 2. This results in the four subbands shown at the top right of Figure 3. These subbands contain the vertical high-pass energy (top right), the diagonal high-pass energy (lower right), the vertical high-pass energy (lower left), and the low-pass energy (top left). These high-pass subbands are the product of the highest-frequency components of $\mathbf{\Phi}_w^T$ and the input image $\mathbf{R}$.

The remainder of the the product of $\mathbf{\Phi}_w^T$ and $\mathbf{R}$ is obtained by recursively convolving and subsampling the low-pass band using the same 9-tap filter. Each iteration results in an additional set of subbands as is shown in the bottom row of Figure 3. The subbands produced by the ith iteration are product of the input image $\mathbf{R}$ with i^{th} member of the family of wavelets shown in Figure 2.

To obtain the equilibrium solution $\mathbf{U} = \mathbf{\Phi}_w^T \mathbf{\Omega}^{-2} \mathbf{\Phi}_w \mathbf{R}$, which is the interpolated surface, the values in the various subbands are multiplied by the corresponding ω_i^{-2} and the pyramid collapsed by recursively upsampling and adding the subbands starting from lowest frequency to highest frequency. Details of the QMF pyramid computation can be found in Appendix A.

4.1.1 Validity and Meaningfulness of $\mathbf{K}_w$

The wavelet basis $\mathbf{\Phi}_w$ provides an $O(n \log n)$ closed-form solution to the surface interpolation problem using the stiffness matrix (regularizer) $\mathbf{K}_w$. It remains, however, to verify that $\mathbf{K}_w$ is a valid and physically

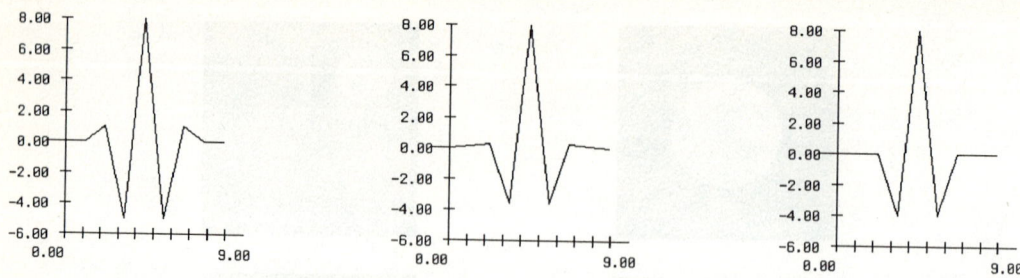

Figure 4: Comparision of one row of various stiffness matrices for a 1-D problem: (a) the thin-plate regularizer, (b) the wavelet stiffness matrix $\mathbf{K}_w$, and (c) a two-node finite element stiffness matrix. It can be seen that the wavelet-derived stiffness matrix is approximately the average of the thin-plate regularizing matrix used in computer vision and the two-node stiffness matrix used in the finite element method.

meaningful stiffness matrix.

To determine if $\mathbf{K}_w$ is physically meaningful the distribution of nodal stress must be examined. A physically meaningful stiffness matrix will distribute stress from one node to the surrounding nodes in a smooth fashion. As higher order elements are used, the distribution of stress becomes smoother, and consequently the computation of the final equilibrium state $\mathbf{U}$ becomes more accurate. The distribution of stress can be examined by starting with the equilibrium equation

$$\mathbf{K}_w \mathbf{U} = \mathbf{R} \tag{39}$$

and perturbing a single node u_i to produce a loading $\mathbf{R}$ on the surrounding nodes. Figure 4 shows the loading distribution obtained for a 1-D problem using (a) a thin-plate regularizing matrix, (b) the stiffness matrix $\mathbf{K}_w$ constructed using the 9-tap QMF shown in Figure 2, and (c) a standard stiffness matrix computed using a two-node finite element. It can be seen that the three loading distributions are quite similar, with the stiffness matrix $\mathbf{K}_w$ being approximately the average of the thin-plate regularizer and the two-node stiffness matrix. This similarity indicates that $\mathbf{K}_w$ is a *physically meaningful* stiffness matrix.

The most significant difference between these load distributions is that the loading obtained with $\mathbf{K}_w$ extends smoothly across a large number of nodes, while the thin-plate and two-node stiffness matrices truncate sharply after just a few nodes. The smooth distribution of load over a large number of nodes generally leads to greater accuracy in the estimation of internal stresses.

A final check on the appropriateness of $\mathbf{K}_w$ is the extent to which its eigenvectors, $\mathbf{\Phi}_w$, also diagonalize conventional stiffness matrices. Figure 5 shows a row from $\tilde{\mathbf{K}}_{thin\ plate} = \mathbf{\Phi}_w^T \mathbf{K}_{thin\ plate} \mathbf{\Phi}$ and from $\tilde{\mathbf{K}}_{three\ node} = \mathbf{\Phi}_w^T \mathbf{K}_{three\ node} \mathbf{\Phi}$, where $\mathbf{K}_{thin\ plate}$ is a thin-plate stiffness matrix, and $\mathbf{K}_{three\ node}$ is a three-node finite element stiffness matrix. It can be seen that $\mathbf{\Phi}_w$ is effective at diagonalizing both of these stiffness matrices[1]. A measure of how well $\mathbf{\Phi}_w$ diagonalizes these stiffness matrices is the magnitude of the off-diagonal terms divided by the diagonal terms, e.g.,

$$d = \frac{\sum_{i\neq j}(\tilde{\mathbf{K}}_{i,j} - \mathbf{I}_{i,j})^2}{\sum_{i=j}(\tilde{\mathbf{K}}_{i,j} - \mathbf{I}_{i,j})^2} \tag{40}$$

For the thin-plate stiffness matrix this ratio is approximately 0.0625, and for the three-node stiffness matrix this ratio is approximately 0.0382. In consequence we can expect that the equilibrium solutions for $\mathbf{K}_{thin\ plate} \mathbf{U} = \mathbf{R}$, $\mathbf{K}_{three\ node} \mathbf{U} = \mathbf{R}$, and $\mathbf{K}_w \mathbf{U} = \mathbf{R}$ will all be within a few percent of each other.

4.2   An Example

Figure 6 illustrates the wavelet-based surface interpolation process. The top row shows an analytic surface $z = \sin(x) + \sin(y)$ and a sparse, noisy sampling $\mathbf{R}$ of that surface on a 128 x 128 node grid with a signal-to-noise ratio of 2 : 1. A separable QMF pyramid was then computed from this sampling, as shown at the bottom left of Figure 6, to obtain $\tilde{\mathbf{R}} = \mathbf{\Phi}^T \mathbf{R}$.

---

[1] The small variations on the left-hand side are due to edge effects and were not included in calculating the diagonalizing measure d discussed next

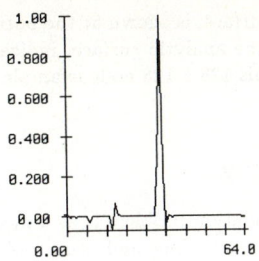 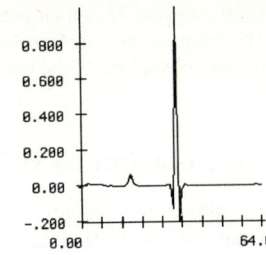

Figure 5: Results obtained using Φ_w to diagonalize a thin-plate stiffness matrix and a three-node finite element stiffness matrix.

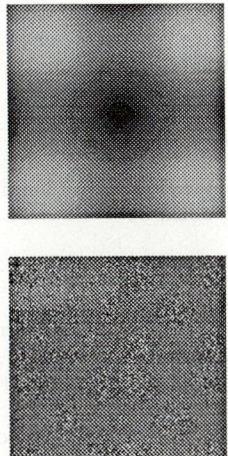 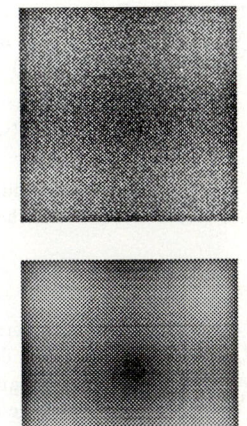

Figure 6: Top row: An analytic surface $z = \sin(x) + \sin(y)$ and a 128 x 128 pixel sampling $\mathbf{R}$ of that surface with a signal-to-noise ratio of 2 : 1 Bottom row: The QMF pyramid which when scaled and collapsed results in the surface interpolation shown on the right. Total execution time: 3.96 seconds on a Sun 4.

The final equilibrium solution **U**, which is the interpolated surface, is shown at the bottom left of Figure 6. As can be seen, the interpolated surface is very similar to the analytic surface, indicating that a good estimate of the surface was obtained. Total execution time for this 128 x 128 node example was 3.96 seconds on a Sun 4 computer.

5 Surface Interpolation as Wiener Filtering

Perhaps the primary justification for study of the surface interpolation problem is as a means of estimating the shape an underlying surface **U** that has been corrupted by sampling and other noise processes n to produce observed surface measurements **R**

$$\mathbf{R} = \mathbf{U} + n \tag{41}$$

where n is a n x 1 vector.

Given a frequency domain characterization of **U** and n, the optimal RMS error estimator $\hat{\mathbf{U}}$ of the surface is obtained by constructing a Weiner filter **W**,

$$\hat{\mathbf{U}} = \mathbf{W}\mathbf{R} \tag{42}$$

where **W** is an n x n matrix.

In the frequency domain the Weiner filter is given by

$$W(\omega) = \frac{\|H(\omega)\|^2}{H(\omega)} \left[\|H(\omega)\|^2 + \frac{\|N(\omega)\|}{\|U(\omega)\|} \right]^{-1} \tag{43}$$

where $N(\omega)$ and $U(\omega)$ are the Fourier transforms of the noise and surface respectively, $H(\omega)$ is the transfer function relating $R(\omega)$ to $U(\omega)$, and $\| \cdot \|$ indicates magnitude. In a surface interpolation problem where nodal positions are observed directly $H(\omega) = 1$, so that Equation (43) reduces to

$$W(\omega) = \frac{\|U(\omega)\|}{\|U(\omega)\| + \|N(\omega)\|} \tag{44}$$

If, for instance, **S** had a power spectrum with magnitude proportional to ω^{-4} and the noise came from random uniform sampling of the surface, then the Weiner filter would be

$$W(\omega) = \frac{1}{1 + \omega^2} \tag{45}$$

In this case, therefore, the optimal RMS error filter is exactly the thin-plate regularizer. Similarly, if the surface had a power spectrum with magnitude proportional to ω^{-2} then the membrane regularizer is optimal [3]. The observation that the standard regularizing terms are optimal estimators for certain surfaces has often been cited as an important advantage of the regularization approach.

Unfortunately, few surfaces have power spectra with magnitudes proportional to either ω^{-2} or ω^{-4}. Most real surfaces and their images are in between these two extremes[8], e.g., their power spectrum $P(\omega)$ is proportional to $\omega^{-\beta}$ with $2 \leq \beta \leq 4$. Surfaces with such a power spectrum are *fractal Brownian surfaces*. Similarly, few noises have a constant frequency response, most show a least some local correlation. As a consequence neither the thin-plate nor the membrane regularizers (nor combinations of them) can produce optimal estimates of the underlying surface.

We can, however, produce near-optimal estimators using the stiffness matrix $\mathbf{K}_w$ produced by the wavelet basis set $\mathbf{\Phi}_w$. Because the basis elements of $\mathbf{\Phi}_w$ are extremely frequency-selective, the frequency response of $\mathbf{K}_w^{-1}$ can be shaped to closely approximate that of the Weiner filter **W** by correct choice of the eigenvalues ω_i. Therefore given a priori knowledge about $P_U(\omega)$, the power spectrum of the underlying surface **U**, and about $P_N(\omega)$, the power spectrum of the sampling and noise processes, eigenvalues ω_i can be chosen to maximize the accuracy of the solution **U**.

If, for example, we assume that the power spectra of the surface **U** and the noise n have a magnitude proportional to $a_U \omega^{-\beta}$ and $a_N \omega^{-\gamma}$ respectively, the then Wiener filter becomes

$$W(\omega) = \frac{1}{1 + (a_U/a_N)\omega^{\beta/2}\omega^{-\gamma/2}} \tag{46}$$

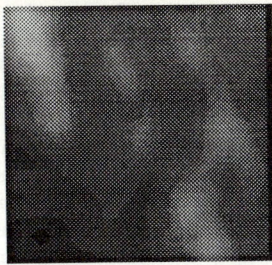 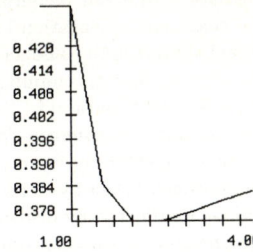

Figure 7: A DTM of a region outside of Phoenix, and the error in interpolation as a function of the stiffness matrices spectral characteristics.

Consequently by choosing $\omega_i = 1 + (a_U/a_N)\omega^{\beta/2}\omega^{-\gamma/2}$, the frequency response of $\mathbf{K}_w^{-1}$ closely approximates that of the Weiner filter, and so the equilibrium solution $\hat{\mathbf{U}}$ will be the optimal estimator of $\mathbf{U}$. The exception is when the Weiner filter's frequency response varies too rapidly to be accurately approximated by combinations of the wavelet basis set.

Figure 7 illustrates this point. At the top left of Figure 7 is a digital terrain map (DTM) of a region outside of Phoenix, Arizona. The power spectrum of this surface was measured and found have a magnitude proportional to $\omega^{-3.5}$, equivalent to a fractal dimension of 2.25.

This surface was then randomly sampled by the function

$$r_i = \begin{cases} s_i & \text{with probability } p \\ 0 & \text{with probability } 1-p. \end{cases} \tag{47}$$

where the (x, y) position of the sample points r_i had a power spectrum proportional to $\omega^{-1.0}$, to produce $\mathbf{R}$. The optimal RMS error estimator of the underlying surface[5] is therefore

$$W(\omega) = \frac{1}{1 + \omega^{1.75-0.5}} \tag{48}$$

The sampled image $\mathbf{R}$ was then interpolated using $\mathbf{K}_w$ with eigenvalues $\omega_i^{-2} = 1 + \omega^{-\beta}$ for $\beta = 1.0, 1.5, 2.0, 2.5, 3.0, 3.5, 4.0$. Interpolants with $\beta = 2.0$ and $\beta = 4.0$ correspond to the membrane and thin-plate interpolants respectively. The accuracy of each interpolation was then measured by comparing the interpolated surface to the original surface, and calculating the normalized variance of the error:

$$e = \frac{\sigma_{z-\hat{z}}^2}{\sigma_z^2} \tag{49}$$

where σ_z^2 is variance of the original surface z and $\sigma_{z-\hat{z}}^2$ is the variance of the difference between z and the interpolated surface $\hat{z}$.

The graph at the right of Figure 7 shows a plot of the interpolation error e as a function of the stiffness matrices spectral falloff β. It can be seen that the interpolation accuracy is at a maximum near the predicted value of $\beta = 2.5$.

6   Discontinuities

Discontinuities are a major problem in both the FEM and computer vision literature [1, 4]. The most common approach to treating discontinuities is to monitor the local strain (amount of local stretching) and whenever the strain exceeds some threshold a discontinuity is introduced into the nodal grid, and the stiffness matrix $\mathbf{K}$ is recomputed. Use of a modal solution technique requires that the interpolation matrix $\mathbf{W}$ must also be recomputed. Even if perturbation methods are employed to recompute $\mathbf{W}$, the computational costs can quickly become prohibitive.

---

[5]The overall variance of the DTM was scaled so that $a_N = a_U$

It is desirable, therefore, to avoid recomputing $\mathbf{W}$ even if some of the efficiency of the modal solution technique is lost. The space and orientation localization properties of $\mathbf{\Phi}_w$ are important in this application, for as a consequence each discontinuity affects only a few of the $\mathbf{\Phi}_w$. The affected ϕ_i are those whose support includes the discontinuity, so that the number of ϕ_i affected by a single point of discontinuity is equal to the number of levels in the QMF pyramid.

The most efficient method of accounting for the affected ϕ_i is simply to halt the recursive low-pass band splitting used to construct the QMF pyramid whenever one of the resulting bases would cover a discontinuity. This is similar to the approach taken by Terzopoulos [1]. The result is a basis set that diagonalizes the true stiffness matrix in regions unaffected by discontinuities, and which partially diagonalizes the stiffness matrix in regions near to discontinuities. In consequence the solution using this modified $\mathbf{\Phi}_w$ is not exact, and so must be iterated to obtain the correct equilibrium solution. The number of iterations is a function of the extent to which $\mathbf{\Phi}_w$ fails to diagonalize the stiffness matrix. In practice we have found that only one or two iterations are sufficient to achieve a good solution.

6.1 Discontinuity Detection and Localization

Several approximate measures of stress, such as zero-crossings of the Laplacian of $\mathbf{U}$, have been proposed for detection and localization of discontinuities. In the computer vision literature the detection of discontinuities occurs continuously during the interpolation process, raising the possibility that that transient peaks in the stress distribution will cause spurious discontinuities.

In the finite element method stress is measured as follows. The stress τ is defined as:

$$\tau = \mathbf{E}\epsilon \tag{50}$$

where ϵ is the strain

$$\epsilon^T = \left[\frac{du_x}{dx}, \frac{du_y}{dy}, \frac{du_z}{dz}, \frac{du_x}{dy}+\frac{du_y}{dx}, \frac{du_x}{dz}+\frac{du_z}{dx}, \frac{du_y}{dz}+\frac{du_z}{dy} \right] , \tag{51}$$

u_x, u_y, and u_z are displacements in x, y and z respectively [6], and $\mathbf{E}$ is the elasticity matrix relating strain (deformation) to stress in the x, y, z, and the three diagonal directions. In three dimensions the elasticity matrix is

$$\mathbf{E} = \frac{E(1-\nu)}{(1+\nu)(1-2\nu)} \begin{bmatrix} 1 & \frac{\nu}{1-\nu} & \frac{\nu}{1-\nu} & 0 & 0 & 0 \\ \frac{\nu}{1-\nu} & 1 & \frac{\nu}{1-\nu} & 0 & 0 & 0 \\ \frac{\nu}{1-\nu} & \frac{\nu}{1-\nu} & 1 & 0 & 0 & 0 \\ 0 & 0 & 0 & \frac{1-2\nu}{2(1-\nu)} & 0 & 0 \\ 0 & 0 & 0 & 0 & \frac{1-2\nu}{2(1-\nu)} & 0 \\ 0 & 0 & 0 & 0 & 0 & \frac{1-2\nu}{2(1-\nu)} \end{bmatrix} \tag{52}$$

where E is the Young's modulus and ν the Poisson's ratio for the material (for additional details see Appendix A).

In the surface interpolation problem (as normally defined in computer vision) displacement in x and y is generally neglected, so that the strain is simply

$$\epsilon^T = \left[\frac{du}{dx}, \frac{du}{dy} \right] \tag{53}$$

and the stress is

$$\tau^T = \frac{E}{2(1+\nu)} \left[\frac{du}{dx}, \frac{du}{dy} \right] \tag{54}$$

and the magnitude of the stress is

$$\|\tau\| = \frac{E}{2(1+\nu)} \left((\frac{du}{dx})^2 + (\frac{du}{dy})^2 \right)^{-1/2} \tag{55}$$

If we assume that the surface is locally developable [7] then maxima of the stress distribution occur when

$$\frac{\partial u}{\partial x}\frac{\partial^2 u}{\partial x^2} + (\frac{\partial u}{\partial x}+\frac{\partial u}{\partial y})\frac{\partial^2 u}{\partial x \partial y} + \frac{\partial u}{\partial y}\frac{\partial^2 u}{\partial y^2} = 0 \tag{56}$$

---

[6] in Appendix A u_x, u_y, and u_z are written as u, v and w
[7] as is standard in computer vision edge detection schemes

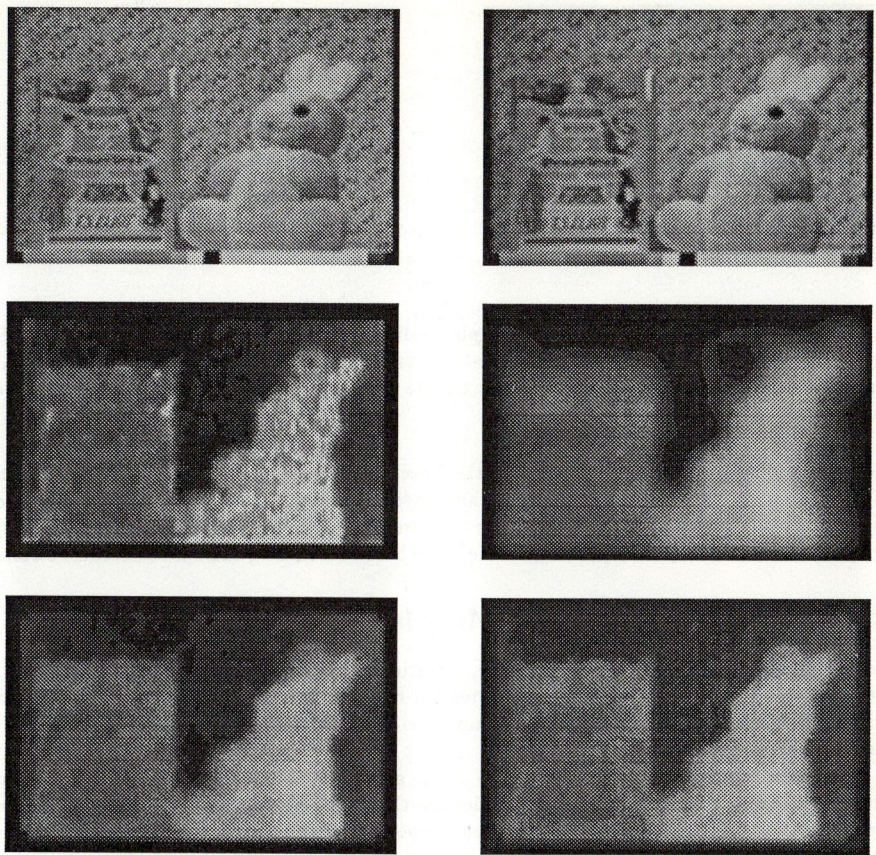

Figure 8: Top Row: two photographs of a scene taken with long and short depth of field, Middle Row: Range extracted as described in Pentland [9], first iteration of interpolation, Bottom Row: Second and third iterations of interpolation with breaking. Total time: approximately 15 seconds on a Sun 4 computer.

Zeros of Equation (56) can be used to introduce discontinuities in the equilibrium solution (the interpolated surface), and then a new equilibrium solution that includes these discontinuities can be calculated. This is the approach adopted in the following example.

6.2 An Example

Figure 8 illustrates an example of using the wavelet bases in the presence of discontinuities. Shown in the top row are two images of the same scene taken with different apertures, thus varying the depth of field. By comparing the amount of blur present in these two images depth estimates can be extracted, as described in Pentland [9]. The resulting depth estimates are shown in the second row, together with the first iteration of the wavelet-based surface interpolation process. Point and line breaks were introduced into this interpolated surface based on examination of the local surface stress, and the interpolation process repeated for two additional iterations. The final interpolated surface (after a total of three interations) is shown at the bottom right of Figure 8. Execution time is approximately 15 seconds on a Sun 4 computer.

The left-hand side of Figure 9 shows the discontinuities found by use of Equation 56 in the final image of Figure 8. Note that discontinuities have been introduced not only along the bounding contours, but also along the internal occluding contours formed by the rabbit's arm and leg. On the right-hand side of Figure 9 are shown the discontinuities found using zero-crossings of the Laplacian of $\mathbf{U}$, with the threshold adjusted

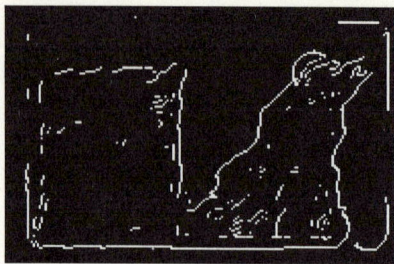 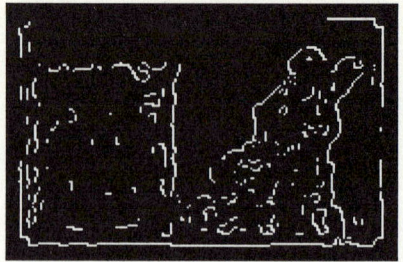

Figure 9: Left: discontinuities found using the physically-correct stress computation given by Equation (56). Right: discontinuities found using zero-crossings of the Laplacian of **U**. After adjusting thresholds to equalize arclength along occluding contours, it can be seen that Equation (56) produces fewer spurious internal discontinuities.

so that both techniques produce the same arclength of occluding contour. It can be seen that Equation (56) produces fewer spurious internal discontinuities, and performs better at detecting the occluding contours formed by the rabbit's arm and leg. It therefore appears that discontinuity detection via the physically-corrrect stress calculation may be preferable to methods based on finding maxima of surface strain.

7   Extention to Time and 3-D Models

The same techniques may be extended into time, resulting in a Kalman filter for the estimation of both velocity and surface shape. They may also be extended to three-dimensional bodies rather than applying to surfaces only. Due to space limitations, however, I will only present one example of three-dimensional surface interpolation across time.

For a three-dimensional body the eigenvectors of the governing equations are called *vibration* or *deformation modes*. The lowest frequency of these modes are the rigid body modes, with the next highest being size and aspect ratio. Higher frequency deformation modes correspond natural language deformation names such as shearing, tapering, bending, pinching, and so forth. By projecting any rigid or non-rigid motion onto these deformation modes all object motions may be decomposed into a linear sum of n independent motions. This is illustrated by Figure 7.

Because of the intrinsic elastic properties of real materials, it can be shown that the high-frequency modes in this representation rarely have significant amplitude, so that they may be discarded without adversely affecting description accuracy. The result is a representation for both rigid and non-rigid motion that has greatly reduced dimensionality, thus capturing the intuition that non-rigid motion has limited variablity.

The reduction in dimensionality allows recovery of *overconstrained* and yet accurate estimates of both rigid and non-rigid motion. The minimum RMS error estimator for both rigid and non-rigid motion is again obtained by the simple matrix multiplication of Equation (30), and is both stable and efficient.

Figure 7 shows an example of recovering non-rigid motion from optical flow data. The figure shows six frames of transmission X-ray data, from which the rigid and non-rigid motion of the heart ventricle was determined. The illustrated example started with an initial 3-D model of the ventricle, and a computation of the 2-D optical flow by use of the Horn-Shunck optical flow algorithm. From this initial data the rigid and non-rigid motion of the ventricle was estimated by use the projected 2-D optical flow data using Equation (30). Execution time is approximately one second per frame on a Sun 4.

8   Summary

I have shown that the finite element method (FEM) may be used to solve the surface interpolation problem, and may also be used to obtain the standard regularization solution for surface interpolation. Using the FEM formulation of the interpolation problem I have derived a closed-form solution that is based on the *free vibration modes* of the system of equations. I then showed that this solution can be computed in $O(n \log n)$ operations and $O(n)$ storage locations by use of a modal basis set and corresponding stiffness matrix based

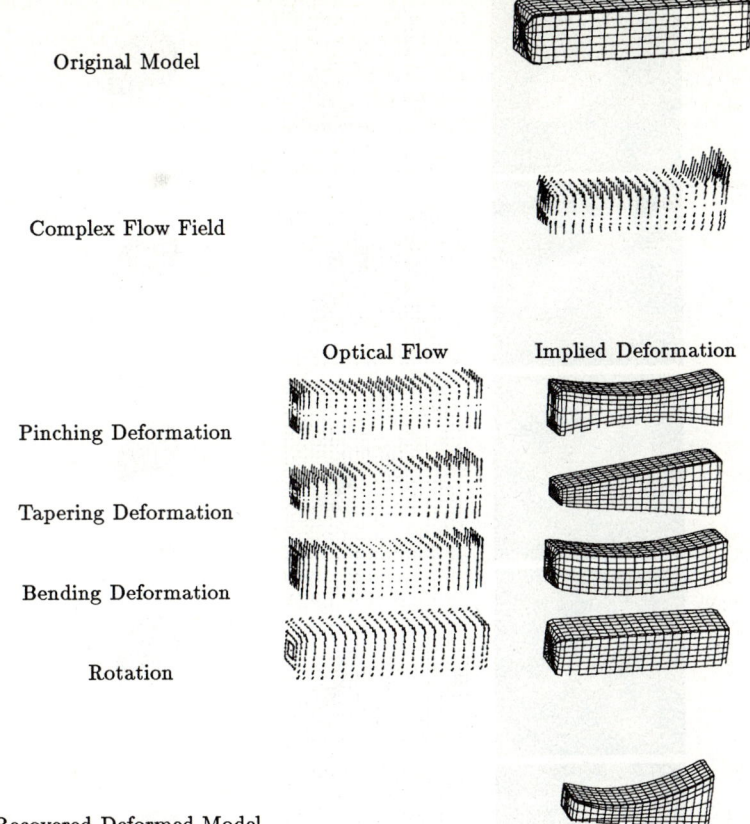

Original Model

Complex Flow Field

Optical Flow   Implied Deformation

Pinching Deformation

Tapering Deformation

Bending Deformation

Rotation

Recovered Deformed Model

Figure 10: All motions, including complex non-rigid motions, can be decomposed into the linear sum of a set of orthogonal basis motions. These basis motions are the *free vibration modes* of the object, and may be given intuitive names such as translation, rotation, shear, bending, etc. In this example, a complex flow field is shown to be the sum of four of these vibration modes.

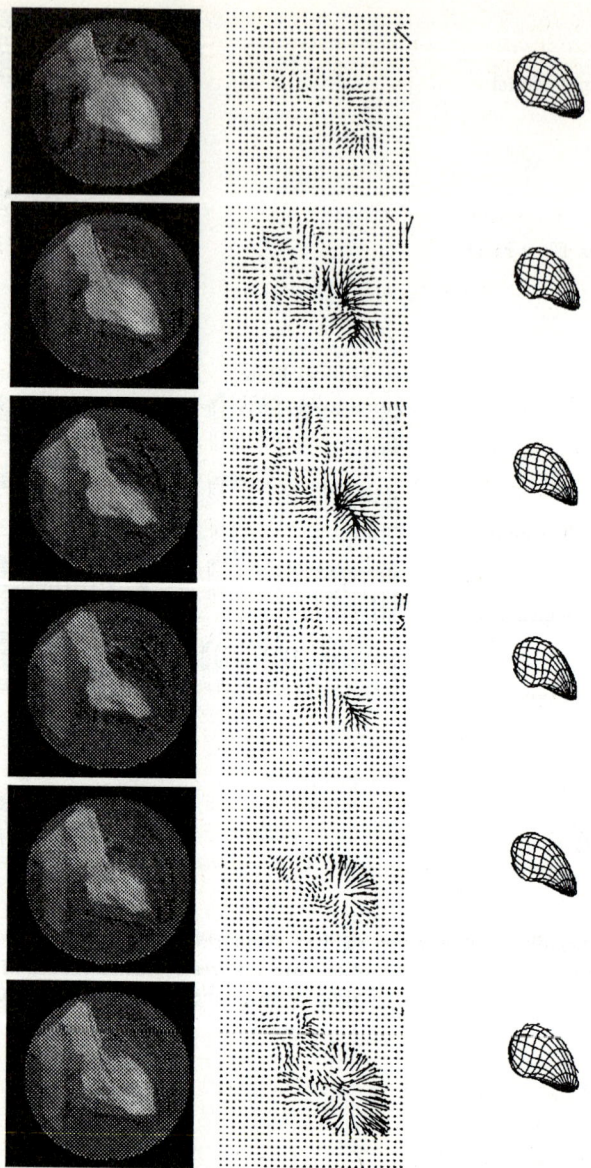

Figure 11: Recovery of the rigid and non-rigid motion of a human heart ventricle

on *wavelets* calculated by recursive application of quadrature mirror filters in a pyramid data structure. Finally, I have shown that the approach to surface interpolation can be tailored to produce and optimal estimates of shape and velocity for both two- and three-dimensional models.

References

[1] D. Terzopoulos, The Computation of visible surface representations. *IEEE Trans. PAMI*, 10(4):417–439, 1988.

[2] R. Szeliski. Fast surface interpolation using hierarchical basis functions. *IEEE Trans. PAMI*, 12(6):513–528, 1990.

[3] R. Szeliski. Regularization uses fractal priors. *AAAI '87*, 749–754, 1987.

[4] T. Poggio, V. Torre, and C. Koch. Computational vision and regularization theory. *Nature*, 317:314–319, Sept. 26, 1985.

[5] W. E. L. Grimson. An implementation of a computational theory of visual surface interpolation. *Computer Vision, Graphics, and Image Processing*, 22:39–69, 1983.

[6] A. Grossmann and J. Morlet. Decomposition of Hardy functions into square integrable wavelets of constant shape. *SIAM J. Math*, 15:723–736, 1984.

[7] Y. Meyer. Principe d'incertitude, bases hilbertiennes et algegres d'operateurs. *Bourbaki Seminar*, No. 662, 1985-1986.

[8] A. P. Pentland. Fractal-Based Description of Natural Scenes. *IEEE Trans. PAMI*, 6(6):661–674, 1984.

[9] A. P. Pentland. A New Sense for Depth of Field. *IEEE Trans. PAMI*, 9(4):523–531, 1987.

[10] Klaus-Jürgen Bathe. *Finite Element Procedures in Engineering Analysis*. Prentice-Hall, 1982.

[11] Larry J. Segerlind. *Applied Finite Element Analysis*. John Wiley and Sons, 1984.

[12] A. P. Pentland. Automatic Extraction of Part Deformable Models. *International Journal of Computer Vision*, 4:107–126, 1990.

[13] S. G. Mallat. *A theory for multiresolution signal decomposition: the wavelet representation. IEEE Trans. PAMI*, 11(7):674–693, 1987

[14] A. P. Pentland and J. R. Williams. Good Vibrations : Modal Dynamics for Graphics and Animation. *Computer Graphics*, 23(4):215–222, 1989.

[15] E. P. Simoncelli, E. H. Adelson, Non-Separable Extensions of Quadrature Mirror Filters to Multiple Dimensions *Proceedings of the IEEE*, 78(4):652–664, April 1990

[16] Bernard Friedland. *Control System Design*. McGraw-Hill, 1986.

[17] Masanao Aoki. *Optimization of Stochastic Systems: Topics in Discrete-Time Dynamics*. Academic Press, second edition, 1989.

[18] R. E. Kalman. A New Approach to Linear Filtering and Prediction Problems. *Transaction ASME (Journal of Basic Engineering)*, 82D(1):35–45, 1960.

[19] R. E. Kalman and R. S. Bucy. New Results in Linear Filtering and Prediction Theory. *Transaction ASME (Journal of Basic Engineering)*, 83D(1):95–108, 1961.

[20] A. Croisier, D. Esteban, and C. Galand. Perfect channel splitting by use of interpolation/decimation/tree decomposition techniques. In *International Conference on Information Sciences and Systems*, pages 443–446, Patras, August 1976.

[21] D. Esteban and C. Galand. Application of quadrature mirror filters to split band voice coding schemes. In *Proceedings ICASSP*, pages 191–195, 1977.

[22] Martin Vetterli. Multi-dimensional sub-band coding: some theory and algorithms. *Signal Processing*, 6(2):97–112, February 1984.

[23] Edward H. Adelson, Eero Simoncelli, and Rajesh Hingorani. Orthogonal pyramid transforms for image coding. In *Proceedings of SPIE*, October 1987.

[24] H. Gharavi and A. Tabatabai. Application of quadrature mirror filters to the coding of monochrome and color images. In *Proceedings ICASSP*, pages 32.8.1–32.8.4, 1987.

[25] Anh Tran, Kwun-Min Liu, Kou-Hu Tzou, and Eileen Vogel. An efficient pyramid image coding system. In *Proceedings ICASSP*, pages 18.6.1–18.6.4, 1987.

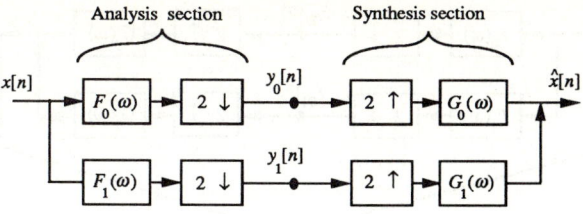

Figure 12: A two-band analysis/synthesis filter bank in one dimension.

A   Quadature Mirror Filter Pyramids

Quadrature Mirror Filters (QMF) are a one-dimensional orthogonal sub-band transform, which was intro-duced by Croisier and Esteban [20, 21], and is used in an analysis/synthesis system to decompose a signal into high-pass and low-pass frequency sub-bands. It is also well-suited for octave band splitting, as it can be applied recursively to split the low-pass sub-band. Vetterli was the first to propose the use of QMFs for image decomposition [22], and to show examples of both separable and non-separable non-oriented QMF decompositions in two dimensions. Several other authors have used QMF pyramid transforms for data compression [23, 24, 25] or for machine vision [13].

The QMF pyramid formulation presented here is based on the presentation by Adelson and Simoncelli [23, 15]. The notations used are compatible, to the extent possible, with that presentation.

A.1   Review of One Dimensional QMF Concepts

In this section, we give a brief review of Quadrature Mirror Filters in one dimension. The original QMF problem was formulated as a two-band critically sampled analysis/synthesis (A/S) filter bank problem, as illustrated in the schematic diagram in Figure 12. The purpose of the analysis section of the filter bank is to decompose the input sequence $x[n]$ into two half-density representation sequences $y_0[n]$ and $y_1[n]$. The synthesis section then recombines these sequences to form an approximation $\hat{x}[n]$ to the original sequence. The system is called "critically sampled" because the sample input rate is equal to the total sample rate of the intermediate sequences.

The notation used in this diagram is standard for digital signal processing. The boxes $\boxed{F_i(\omega)}$ indicate convolution of an input sequence with a filter with impulse response $f_i[n]$ and discrete time Fourier transform (DTFT)

$$F_i(\omega) = \sum_n f_i[n]e^{-j\omega n}$$

The boxes $\boxed{2 \downarrow}$ indicate that the sequence is subsampled by a factor of 2, and the boxes $\boxed{2 \uparrow}$ indicate that the sequence should be upsampled by inserting a zero between each sample.

Using the definition of the DTFT and some well known facts about the effects of upsampling and downsampling in the frequency domain, one can derive equations for the DTFT of the representation sequences $y_i[n]$:

$$Y_i(\omega) = \frac{1}{2}\left[F_i(\frac{\omega}{2})X(\frac{\omega}{2}) + F_i(\frac{\omega}{2} + \pi)X(\frac{\omega}{2} + \pi)\right] \tag{57}$$

and the A/S system output is

$$\hat{X}(\omega) = Y_0(2\omega)G_0(\omega) + Y_1(2\omega)G_1(\omega).$$

Combining these equations gives the overall system response of the filter bank:

$$\hat{X}(\omega) = \frac{1}{2}\left[F_0(\omega)G_0(\omega) + F_1(\omega)G_1(\omega)\right]X(\omega)$$

$$+ \frac{1}{2}\left[F_0(\omega + \pi)G_0(\omega) + F_1(\omega + \pi)G_1(\omega)\right]X(\omega + \pi). \tag{58}$$

The first term is a linear shift-invariant (LSI) system response, and the second is the system aliasing.

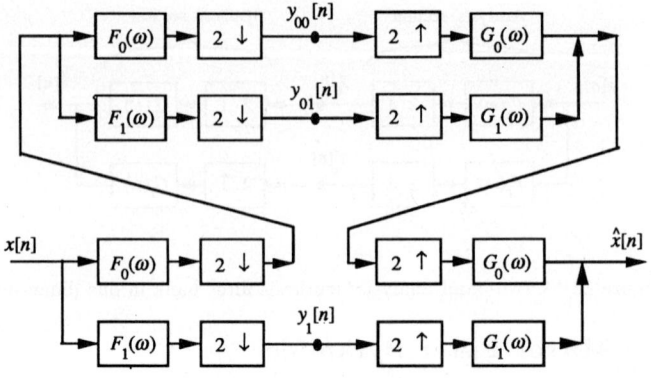

Figure 13: A non-uniformly cascaded analysis/synthesis filter bank.

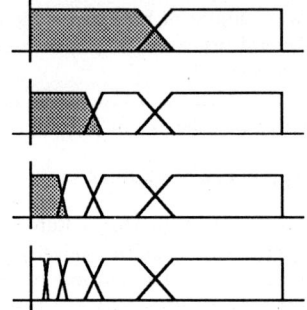

Figure 14: Octave band splitting produced by a four-level pyramid cascade of a two-band A/S system. The top picture represents the splitting of the two-band A/S system. Each successive picture shows the effect of reapplying the system to the lowpass sequence (indicated in grey) of the previous picture. The bottom picture gives the final four-level partition of the frequency domain. All frequency axes cover the range from 0 to π.

The term QMF refers to a clever choice of filters that are related by spatial shifting and frequency modulation. We define

$$
\begin{aligned}
F_0(\omega) &= G_0(-\omega) = H(\omega) \\
F_1(\omega) &= G_1(-\omega) = e^{j\omega} H(-\omega + \pi)
\end{aligned}
\tag{59}
$$

for $H(\omega)$ an arbitrary function of ω. This definition, which was proposed in [15], corresponds to the linear algebraic notion for an orthogonal transform.

With the choice of filters given in (59), equation (58) becomes

$$
\hat{X}(\omega) = \frac{1}{2}\Big[H(\omega)H(-\omega) + H(-\omega + \pi)H(\omega + \pi)\Big]X(\omega)
$$

$$
+ \frac{1}{2}\Big[H(\omega + \pi)H(-\omega) + e^{j\pi}H(-\omega)H(\omega + \pi)\Big]X(\omega + \pi).
\tag{60}
$$

The second (aliasing) term cancels, and the remaining LSI system response is

$$
\hat{X}(\omega) = \frac{1}{2}\Big[H(\omega)H(-\omega) + H(-\omega + \pi)H(\omega + \pi)\Big]X(\omega).
\tag{61}
$$

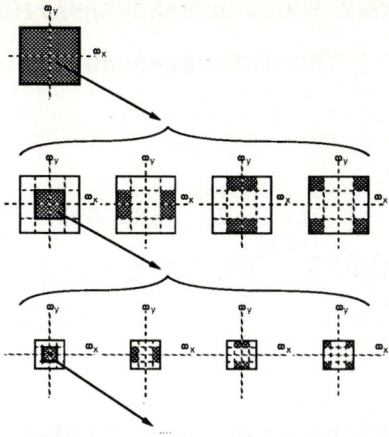

Figure 15: Idealized diagram of the partition of the frequency plane resulting from a four-level pyramid cascade of separable QMF filters. The top plot represents the frequency spectrum of the original image. This is divided into four sub-bands at the next level. On each subsequent level, the lowpass sub-band (outlined in bold) is sub-divided further.

Note that the aliasing cancellation is exact, independent of the choice of the function $H(\omega)$.

The design problem is now reduced to finding a filter with DTFT $H(\omega)$ that satisfies the constraint

$$\frac{1}{2}\Big[H(\omega)H(-\omega) + H(-\omega+\pi)H(\omega+\pi)\Big] = 1$$

or

$$\big|H(\omega)\big|^2 + \big|H(\omega+\pi)\big|^2 = 2. \tag{62}$$

An example of such a filter is the 9-tap filter illustrated in the main body of the text, whose coefficients are

$$f_0[n] = \begin{bmatrix} 0.02807382 \\ 0.060944743 \\ -0.073386624 \\ -0.41472545, \\ 0.7973934 \\ -0.41472545 \\ -0.073386624 \\ 0.060944743 \\ 0.02807382 \end{bmatrix} \qquad f_1[n] = \begin{bmatrix} 0.02807382 \\ -0.060944743 \\ -0.073386624 \\ 0.41472545, \\ 0.7973934 \\ 0.41472545 \\ -0.073386624 \\ -0.060944743 \\ 0.02807382 \end{bmatrix} \tag{63}$$

where $f_0[n]$ is the low-pass filter and $f_1[n]$ is the high-pass filter.

Once filters have been designed so that the overall system response is unity, the filter bank may be cascaded to form multiple-band systems. An example of non-uniform or "pyramid" cascading is illustrated in Figure 13. Such a pyramid cascade produces an octave-width sub-band decomposition, as illustrated in the idealized frequency diagram in Figure 14.

Most applications of QMFs to two or more dimensions have involved separable filters. A two-dimensional example is illustrated in Figure 15: the frequency spectrum is split into low-pass, horizontal high-pass, vertical high-pass, and diagonal high-pass sub-bands. The diagonal band contains the sum of the ± 45 degree diagonal orientations. In two dimensions the filters are constructed by Cartisian product of the one-dimensional high and low pass filters f_0 and f_1. The four two-dimensional filters are therefore $f_0[x] \otimes f_0[y]$ (the low-pass filter), $f_0[x] \otimes f_1[y]$ (the vertical high-pass filter), $f_1[x] \otimes f_0[y]$ (the horizontal high-pass filter), and $f_1[x] \otimes f_1[y]$ (the diagonal high-pass filter).

OPTISCHE FOURIERTRANSFORMATION ZUR

MUSTERERKENNUNG

G. Thorwirth
JENOPTIK JENA GmbH
Jena

Zusammenfassung

Mittels Beugung von Lichtstrahlen an Bildstrukturen kann auf optischem Wege eine zweidimensionale Fouriertransformation realisiert werden. Dieses physikalische Prinzip kann unter Verwendung
von **kohärenter** Laserstrahlung zur Mustererkennung ausgenutzt
werden. Darauf aufbauend wurde ein mit **inkohärenter** Strahlung
arbeitendes Verfahren entwickelt und an einigen Beispielen getestet.

Einleitung

Mehr als 90 % aller vom Menschen aufgenommenen und zu verarbeitenden Informationen sind bildhafter Natur. Ihr Anteil nimmt auf
vielen Gebieten (z.B. Mikroskopie, Medizin, Umweltschutz, Pro-
zeßautomatisierung, ...) weiter zu.

Bilder enthalten in der Regel sehr viel mehr Information, als
für eine bestimmte Auswertung erforderlich ist.

Mit Hilfe des Überganges aus dem Orts- in den Frequenzraum ist
eine Informationsreduktion im Sinne einer Bildvorverarbeitung um
mehrere Größenordnungen möglich. Der Grund dafür liegt dabei in
erster Linie in der Signifikanz von Ortsfrequenzen bzw. Ortsfre-
quenzbändern für unterschiedliche Muster (z.B. bei Objekten mit
starken Gestaltungsvarianzen innerhalb von Objektklassen) und in
der Translationsinvarianz von Ortsfrequenz-(Leistungs-)spektren
(Verschiebungssatz der Fouriertransformation).

Unter Ausnutzung der Beugung von Licht an Objektstrukturen kann
die zweidimensionale Fouriertransformation kostengünstig in
hoher Geschwindigkeit durchgeführt werden. Daraus resultieren
die internationalen Bemühungen, die optische Fouriertransformation zum Zwecke der Bildvorverarbeitung gerätetechnisch nutzbar
zu machen.

Grundlagen

Bild 1 gibt den genäherten formelmäßigen Zusammenhang zwischen
der Strahlungsamplitude im Meßpunkt a (P), der Blendenfläche B
mit ihrer Flächennormalen n und dem Flächenelement dδ, der
Punktlichtquelle Q mit der Wellenlänge und ihren gegenseitigen
Abständen r und r₀ an.

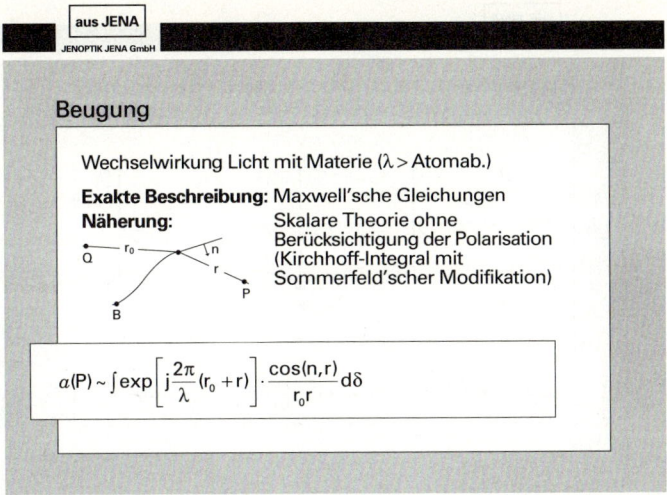

aus JENA

JENOPTIK JENA GmbH

Beugung

Wechselwirkung Licht mit Materie (λ > Atomab.)

Exakte Beschreibung: Maxwell'sche Gleichungen
Näherung: Skalare Theorie ohne
Berücksichtigung der Polarisation
(Kirchhoff-Integral mit
Sommerfeld'scher Modifikation)

$$a(P) \sim \int \exp\left[j\frac{2\pi}{\lambda}(r_0 + r) \right] \cdot \frac{\cos(n,r)}{r_0 r} d\delta$$

Bild 1

Unter den Näherungsbedingungen, daß

- der Abstand der Punktlichtquelle Q von der Blendenöffnung groß gegenüber der Blendenöffnung ist ($r_0 \to \infty$),
- der Abstand der Blendenöffnung vom Aufpunkt P groß gegenüber dem Variationsbereich des Aufpunktes ist ($r \to \infty$),
- der Variationsbereich des Aufpunktes auf einer Kugelschale liegt und
- außer der Punktlichtquelle Q keine weiteren Strahlungsquellen existieren

geht das Kirchhoff-Integral in das Fourier-Integral über.
Die optische Realisierung dieser Näherungen erfolgt zumeist in einer teleskopischen Anordnung speziell korrigierter optischer Systeme. Die in Bild 2 skizzierte Anordnung zeigt in Verbindung mit der Tabelle nach Bild 3 alle praktikablen Realisierungen auf.

Für experimentelle Arbeiten wurden in der JENOPTIK JENA GmbH zwei Typen speziell korrigierter, sogenannter Fouriertransformationsobjektive entwickelt:

Typ 1: Brennweite 126 mm
Öffnung 1:2,3
objektseitige Schnittweite 5 mm
bildseitige Schnittweite 5 mm
Entspiegelung für 633 nm

Typ 2: Brennweite 100 mm
Öffnung 1:1,7
objektseitige Schnittweite 80 mm
bildseitige Schnittweite 30 mm
Entspiegelung für 633 nm
Fassungselemente aus Titan

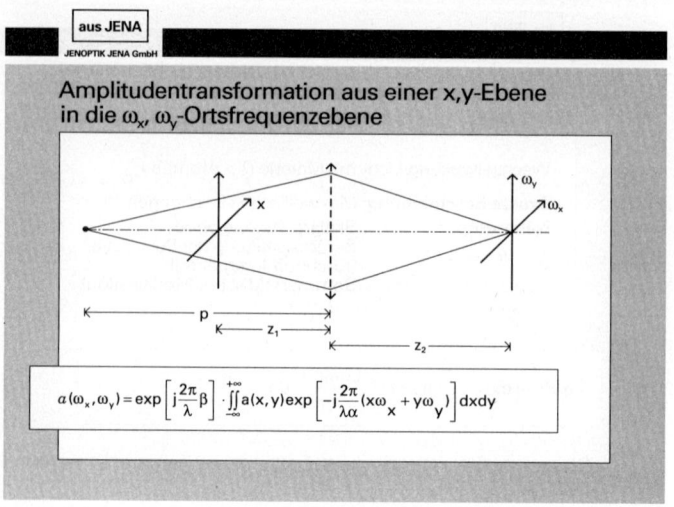

aus JENA
JENOPTIK JENA GmbH

Amplitudentransformation aus einer x,y-Ebene in die ω_x, ω_y-Ortsfrequenzebene

$$a(\omega_x, \omega_y) = \exp\left[j\frac{2\pi}{\lambda}\beta\right] \cdot \int\!\!\!\int_{-\infty}^{+\infty} a(x,y)\exp\left[-j\frac{2\pi}{\lambda\alpha}(x\omega_x + y\omega_y)\right]dxdy$$

Bild 2

aus JENA
JENOPTIK JENA GmbH

p	z_1	z_2	α	β
∞	f	f	f	0
∞	$\neq f$	f	f	$-\dfrac{z_1\omega^2}{2f}$
∞	0	f	f	$\dfrac{\omega^2}{2f}$
∞	< 0	f	$f - |z_1|$	$\dfrac{\omega^2}{2(f - |z_1|)}$
$< \infty$	0	$\dfrac{pf}{p-f}$	$\dfrac{pf}{p-f}$	$\dfrac{\omega^2}{2z_2}$
$< \infty$	z_1	$\dfrac{pf}{p-f}$	$\dfrac{z_2(f-z_1)+fz_1}{f}$	$\dfrac{\omega^2(f-z_1)}{2[z_2(f-z_1)+fz_1]}$

Bemerkung: $\omega \triangleq \sqrt{\omega_x^2 + \omega_y^2}$

Bild 3

Zur Mustererkennung können in dem, in der w_x -w_y -Ebene in Form der örtlichen Intensitätsverteilung vorliegendem Ortsfrequenz-spektrum verschiedene Flächenintegrale gebildet werden, die den in der x-y-Ebene angeordneten Bildstrukturen zugeordnet werden.

Als Integrationsgebiete haben sich meist ring- bzw. halbringför-mige und keilförmige Geometrien durchgesetzt (kohärente struk-turzonale Analyse bzw. Ortsfrequenzanalyse).

Die Integralwerte werden größtenteils in einem dem eigentlichen Mustererkennungsschritt vorangestellten teach-in-Verfahren zum Aufbau eines Klassifikators genutzt.

Inkohärente strukturzonale Analyse

Im Bild 4 ist der Übergang von der kohärenten zur inkohärenten strukturzonalen Analyse (Ortsfrequenzanalyse) symbolisch dargestellt. Dieser wird realisiert durch die Substitution der kohärenten Punktlichtquelle (Laser + Objektiv + Pinhole) durch einen schaltbaren inkohärenten Flächenstrahler (z.B. Elektroluminiszensdisplay) und durch Substitution des flächenhaften optoelektronischen Empfängers (z.B. "Ring-Keil-Empfänger") durch einen "punktförmigen" Empfänger auf der optischen Achse.

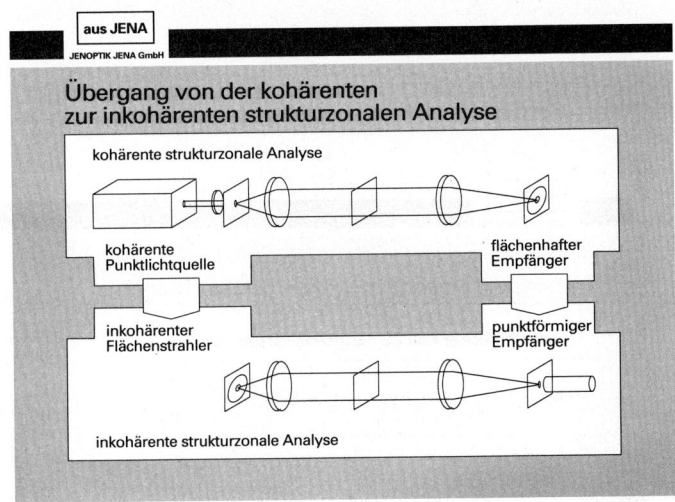

Bild 4

Im Bild 5 ist der formelmäßige Ausdruck für die Intensitätsverteilung in der w_x - w_y -Ebene für den Fall dargestellt, daß mehrere, örtlich gegeneinander versetzte Punktlichtquellen gleichzeitig wirksam werden. Es werden die zwei Fälle unterschieden, daß diese Punktlichtquellen zueinander kohärent bzw. inkohärent strahlen.

Bild 6 schließlich gibt den Ausdruck für den Wert der Strahlungsintensität auf der optischen Achse in der w_x - w_y -Ebene für den Fall wieder, daß die diskreten, zueinander inkohärent strahlenden Punktlichtquellen zu einer inkohärent strahlenden Fläche (S(w_x, w_y)) verschmelzen.

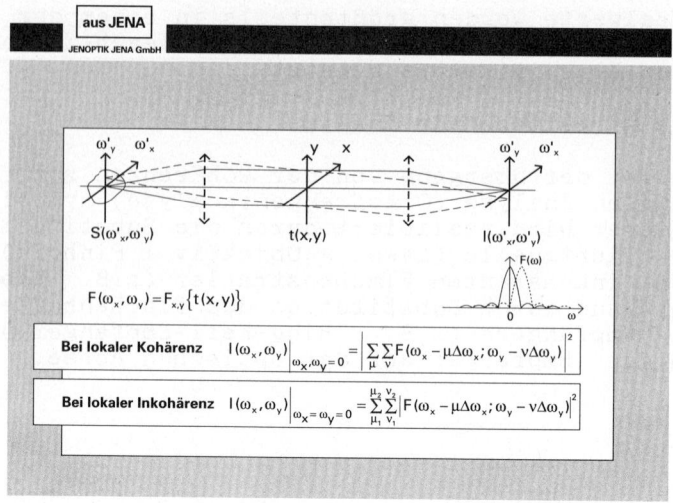

Bild 5

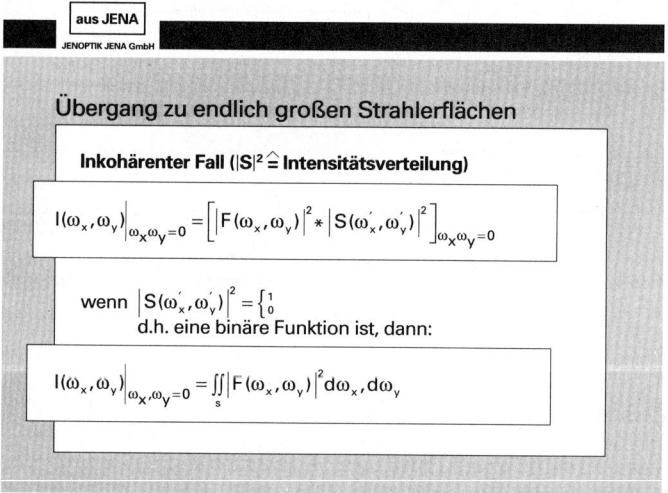

Bild 6

Dieser Ausdruck entspricht genau dem über das Gebiet S integrierten Ortsfrequenzspektrum bei der kohärentoptischen Ortsfrequenzanalyse. Der Vorteil dieser Methode gegenüber der kohärenten Arbeitsweise liegt zum ersten in der Vermeidung des kohärenten Rauschens und zum zweiten in dem geringeren operativen Aufwand.

Experimentelle Arbeiten

In der JENOPTIK JENA GmbH wurden bisher 2 Typen von Labormustern zur Mustererkennung auf Basis der inkohärenten strukturzonalen Analyse realisiert:

1) Im Bild 7 ist ein Laboraufbau zur Mikroskopbildanalyse gezeigt, bei dem die optischen Komponenten des Mikroskopes in die optische Anordnung zur inkohärenten strukturzonalen Analyse mit einbezogen sind.
   Der besondere Vorteil dieser Lösung liegt in der Tatsache begründet, daß auch starke Objektdefokusierungen keinen Einfluß auf die Klassifikationssicherheit haben.

2) Im Bild 8 ist ein kameraartiges Labormuster der Geräteentwicklung OBV 100 dargestellt. Durch die Verwendung eines "Echtzeit"-Bildwandlers auf optoelektronischer Basis ist dieses Bildverarbeitungssystem zur Objekterkennung universell einsetzbar. Diese kostengünstige Gerätelösung besitzt eine Reihe von Vorteilen, wie z.B.:

   - Durch die Lage der spektralen Empfindlichkeit um 1000 nm wirkt sich die in Labors, Werkstätten und Fabrikhallen häufig anzutreffende Neon- oder Quecksilberbeleuchtung nicht negativ aus.
   - Durch eine Vielzahl frei wählbarer Arbeitsparameter ist eine optimale Anpassung an die verschiedensten Aufgabenstellungen möglich.
   - hohe Verarbeitungsgeschwindigkeit

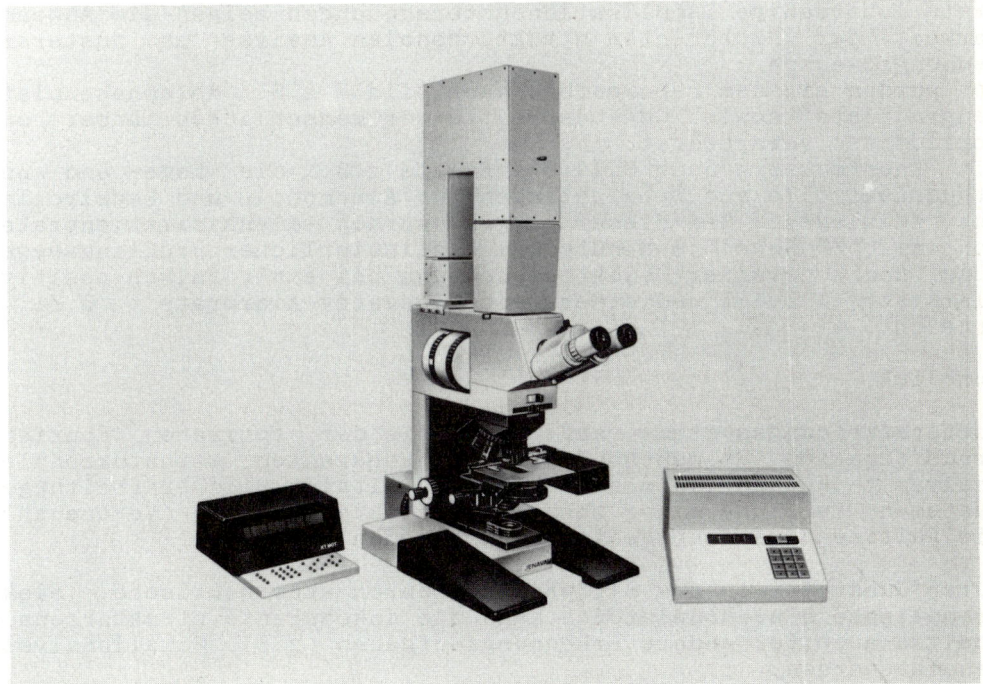

Bild 7

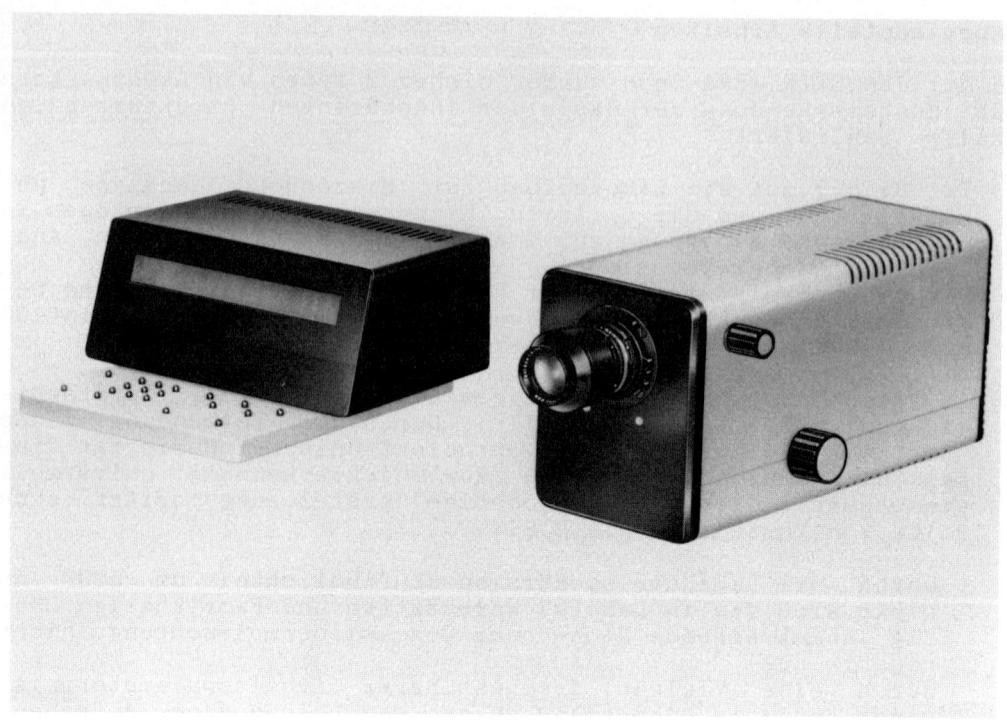

Bild 8

Erste labormäßige Applikationsuntersuchungen zeigen die Anwendbarkeit der inkohärenten strukturzonalen Analyse zu Musterer-
kennungszwecken.
So wurden mit dem Laboraufbau nach Bild 7 z.B. Metaphasenplat-
tenpräparate sowie Gewebeschnitte der menschlichen Leber und
Schilddrüse verarbeitet.
Mit Labormustern nach Bild 8 erfolgte z.B. die Lage- und Zu-
standskontrolle von Schaltstangen für Automobile und Kegelrollen
für Wälzlager. Bei dieser Aufgabe wurden Klassifikationsraten
von ca. 500 Kegel je Minute bei kontinuierlicher Prüflingsbewe-
gung und konstanter Objektbeleuchtung bei einer falsch-positiv-
Alarmrate < 0,1 % und einer falsch-negativ-Alarmrate < 0,01 %
erreicht.

Ausblick

Mustererkennungssysteme auf der Basis der optischen Fouriertransformation - insbesondere der inkohärenten strukturzonalen
Analyse - können in Verbindung mit digitalen Bildverarbeitungssystemen im Sinne einer schnellen Objekterkennung (Vorauswahl)
vielfältige Anwendungsgebiete erschließen.

Durch Substitution des Bildwandlers durch akustooptische, elek-
trooptische o.a. Modulatoren kann die inkohärente strukturzonale
Analyse auch für andere Erkennungsaufgaben (z.B. Schallanalyse)
genutzt werden.

An invertible rapid transform

Ming Fang and Gerd Häusler

Angewandte Optik im Physikalischen Institut
Universität Erlangen-Nürnberg
Staudtstr.7,   D-8520 Erlangen,   F.R.G.

Abstract:

The Rapid Transform (RT) is a fast transform which is useful for shift invariant signal classification and recognition. We modify the RT in such a manner that during the forward transformation a code matrix is generated which records the "phase information" of the input pattern. With this code matrix a one-to-one mapping of the transformed pattern to the original pattern with normalized (learned) position can be achieved. Numerical experiments show that nearly all information is stored in the code matrix, not in the RT. The Invertible Rapid Transform (IRT) can be used in shift invariant signal filtering and transform coding of image sequences.

1. Introduction

The Rapid Transform [1] (RT) is a fast shift invariant transform. However, the RT eliminates not only knowlege about position but also a lot of information about the original pattern itself. Hence, it is generally not possible to obtain the original pattern again, only from its RT.

We introduce an invertible fast shift invariant transform based on the RT [2]. This transform consists of a RT (supplies shift invariance) and a binary coding process which records the "phase-information" of the input pattern. With a code matrix generated during the forward transformation one can perform the inverse transformation very fast and unambiguously. In the following, we will quickly review the RT.

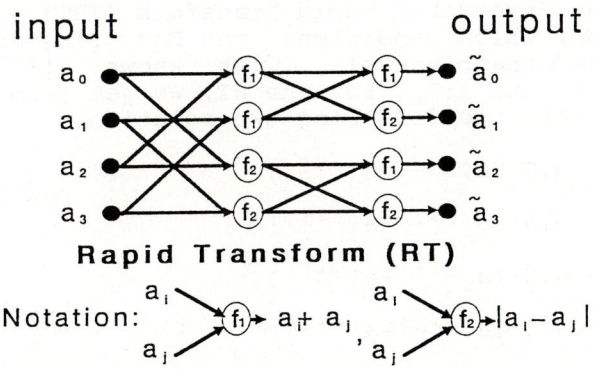

Fig. 1: Signal flow graph of the RT

Figure 1 is a four-point signal flow graph of the RT. The RT requires $N=2^M$ input pixels, where M is a positive integer. Each column in Fig. 1 corresponds to a particular computational step. M steps are required. In general the variables in any column $(r+1)$ are calculated from the variables in the preceding column (r) by

$$\begin{cases} a_i^{(r+1)} = (a_i^{(r)} + a_j^{(r)}) & \text{(1a)} \\ a_i^{(r+1)} = |a_i^{(r)} - a_j^{(r)}| & \text{(1b)} \end{cases}$$

with $M = \log_2 N$; $s = 2^{M-r-1}$; $t = 2^r$; $m = 0, \ldots, s-1$; $n = 0, \ldots, t-1$;
         $i = m + 2ns$; $j = m + (2n+1)s$.

2. The basic idea of the IRT

The amplitude spectrum of the Fourier transform is shift invariant and therefore useful for many applications in pattern recognition. In general, it is very difficult and only under certain conditions possible to get the original pattern back from its pure amplitude spectrum utilizing a time-consuming, recursive algorithm [3]. Therefore, such an algorithm should be used only if no phase information is available. Fortunately, the complete Fourier spectrum consists of an amplitude spectrum and a phase-spectrum. By use of the phase-information the original pattern can be retrieved very easily.

In comparison with the Fourier transform, the RT has only an "amplitude" spectrum, and is therefore not invertible, generally. However, if one could record the "phase-information" during the forward RT, retrieval of the original pattern from the transformed pattern should be possible. But what is the phase-information in the RT and how can we get it?

The RT is based on the following two commutative operators: "$a_i + a_j$" and "$|a_i - a_j|$" (see Eqs. 1a, 1b), where a_i and a_j are two pixels of the input pattern. After application of these two operators one does not know any more which of these two quantities a_i or a_j was larger, because the operators are noninvertible.

To realize an Invertible Rapid Transform (IRT), we should at first know under which conditions the Eqs. (1a) and (1b) of the RT can be solved unambiguously, with known $a_i^{(r+1)}$ and $a_j^{(r+1)}$ and unknown $a_i^{(r)}$ and $a_j^{(r)}$. For the RT, we get from the system of Eqs. (1a) and (1b) the following two solutions

$$\begin{cases} a_i^{(r)} = 0.5 \cdot (a_i^{(r+1)} + a_j^{(r+1)}) & \text{(2a)} \\ a_j^{(r)} = 0.5 \cdot |a_i^{(r+1)} - a_j^{(r+1)}| & \text{(2b)} \end{cases} \quad \text{for } a_i^{(r)} \geq a_j^{(r)}$$

$$\begin{cases} a_j^{(r)} = 0.5 \cdot (a_i^{(r+1)} + a_j^{(r+1)}) & \text{(2c)} \\ a_i^{(r)} = 0.5 \cdot |a_i^{(r+1)} - a_j^{(r+1)}| & \text{(2d)} \end{cases} \quad \text{for } a_i^{(r)} < a_j^{(r)}$$

If we know which of the pixels $a_i^{(r)}$ or $a_j^{(r)}$ is larger before the transformation, they can be retrieved from $a_i^{(r+1)}$ and $a_j^{(r+1)}$ unambiguously. We have to generate a binary code that indicates

which pixel of an operand is greater during the forward rapid
transformation. If a_i is greater than a_j for $i<j$, the element of
the code matrix equals zero, otherwise one:

$$\hat{C}(a_i,a_j)=\begin{cases} 0 \text{ , for } a_i>a_j \text{ and } i<j \\ 1 \text{ , otherwise} \end{cases}$$

It is sufficient to encode $N/2$ pixels in each layer of the flow
graph. The signal flow graph of the IRT is displayed in Fig. 2.
Because the RT for an input signal with N pixels needs $\log_2 N$
steps, a $(N/2)\cdot\log_2 N$ binary code matrix is generated by the
forward transformation.

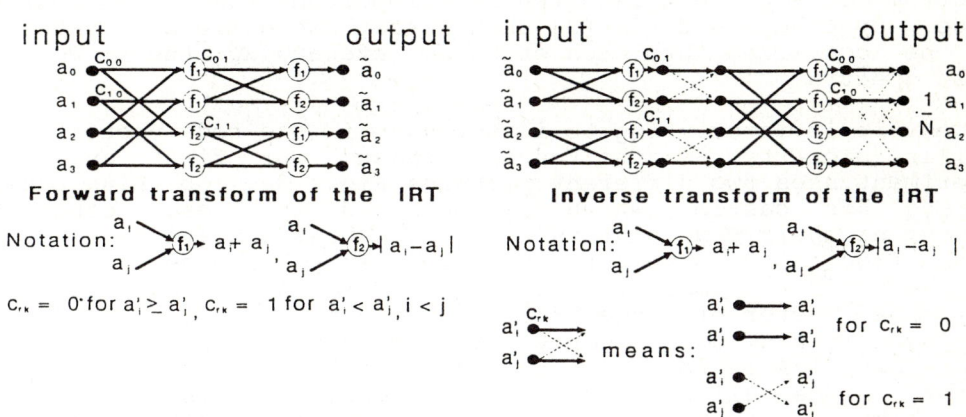

Fig. 2: Signal flow graph of the IRT

3. Computational considerations and complex representation of the spectrum of the IRT

The binary code matrix for a 1D input vector with N pixels has a
size of $N/2*\log_2(N)$. To make the best use of the available memory
capacity we store each binary element of the code matrix as one
bit of a "long-integer" (with 32 bits). This integer reprensents
one line of the code matrix, so we have an integer code vector
actually. This can be easily implemented by some computer
languages, such as C or Assembler. An extra BCD-encoding is not
necessary for both forward and inverse transformation. The long-
integer number may be applied for vectors up to a size of $N=2^{32}$.
For signals with smaller N, integers with 16 bits (for N up to
2^{16}) or bytes (for N up to 2^8) can be used. One needs totally $N/2$
integer numbers for the storage of the binary code matrix.

After the forward IRT we get the transformed vector of the RT and
an additional integer code vector with N/2 elements. In a complex
representation, the transformed vector of the RT and the integer
code vector can be seen as real part and imaginary part of the
transformed vector of the IRT, respectively. The real part
represents the shift invariant part of the spectrum, similar to
the amplitude-spectrum of the Fourier Transform, and the imagin-

ary part can be seen as the phase spectrum of the IRT. One can get the original vector unambiguously from the complex spectrum of the IRT. Certainly, the imaginary part (N/2) with half the size of the real part (N) can be completed with N/2 zeros formally.

4. Numerical experiments

Because the IRT is a fast and shift invariant transform, it is possible now to perform a fast shift invariant filtering process in the transform domain of the IRT. Both the transformed patterns and the code matrices can be manipulated in the transform domain.

It has been known for a long time that the Fourier amplitude spectrum of a pattern is often less important than the Fourier phase. Oppenheim and Lim [3] showed that two different patterns can be converted into each other by exchanging their Fourier phase spectra.

Hence, it is interesting to investigate if the code vector has a similar property as the Fourier phase. Our first numerical experiment uses two different pictures Fig. 3a, 3b (King Ludwig II and his castle) which are converted into each other by exchanging their code vectors. Fig. 3c shows the synthesis of an image from the code vector associated with the image of Fig. 3b and the RT of the image of Fig. 3a. The reconstructed image from the code vector of image of Fig. 3a and the RT of Fig. 3b is displayed in Fig. 3d. Clearly, in both cases, the reconstructed image most closely resembles the one with the corresponding code vector. Almost all details in the original pictures are retrieved, Although the two original pictures have quite different spatial frequencies and structure.

Fig. 3: (a) Original image A. (b) Original Image B. (c) Image synthesized from the transformed pattern of image A and the code vector of image B. (d) Image reconstructed from the transformed pattern of image B and the code vector of image A.

How can we explain the importance of the code matrix? The code matrix ensures that in the reconstructed object the (smaller/larger-) relations between the intensities of two operated pixels are correct, although the absolute values of these intensities are not correct, usually. Hence, we can reconstruct any learned object by only its code matrix - even with a completely wrong amplitude spectrum - if we offer all necessary grey values in the RT-spectrum: for example, an amplitude spectrum with white noise intensity distribution is sufficient, as shown in Fig. 4.

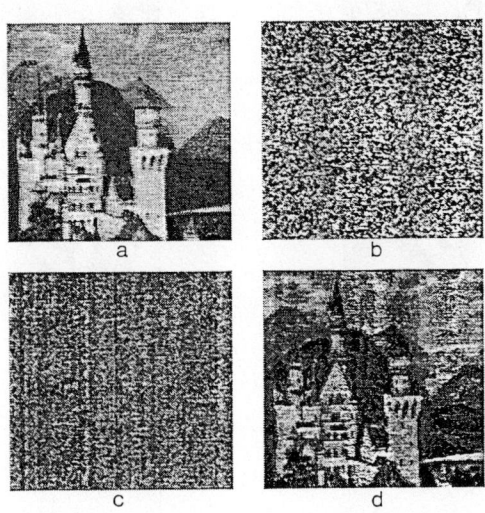

Fig. 4: (a) Original image A. (b) Noise image B. (c) Image synthesized from the transformed pattern of image A and the code vector of noise image B. (d) Image reconstructed from the transformed pattern of noise image B and the code vector of image A.

These two experiments demonstrate that in many contexts the code vector contains the essential "information" in a signal, just as the Fourier phase does. (However, the code vector of an image can be calculated much faster than the Fourier phase). In fact, the two numerical experiments above can also be seen as a special nonlinear filtering process operating on the code vector. In other words, through manipulations or filtering of the code vector the spatial information of a signal can be changed strongly.

Because the code vector of the IRT contains the "essential information" of a signal, it can be expected that an image sequence can be reconstructed only with the correct code vectors and an estimated "amplitude" (RT-spectrum). In a sequence of images, the main difference between the signal images is often just a shift of one or more details, whereas the background is nearly the same in all images in this sequence. We perform the transform coding of image sequences in such a manner that the RT of every image in a sequence would be replaced by the same estimate, say, the RT of the first image, and every image is reconstructed from its correct code vector and the estimated RT.

The results of the numerical experiment of transform coding of image sequences are demonstrated in Fig. 5.

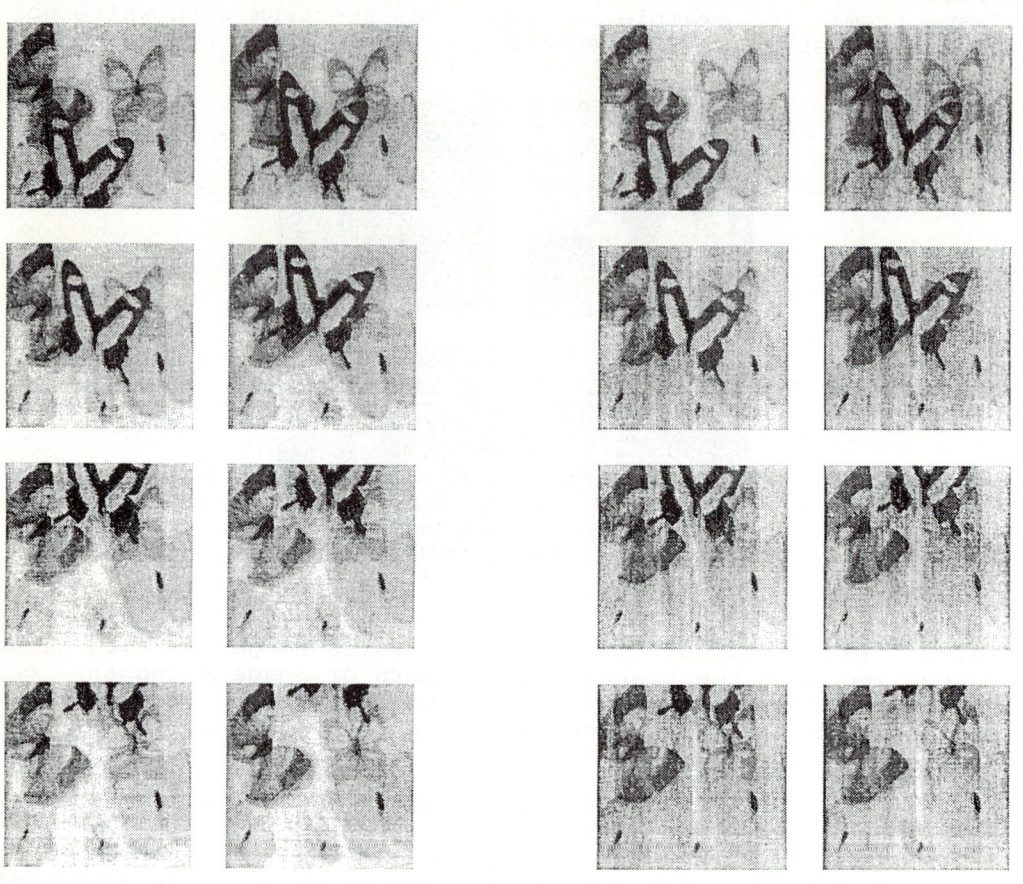

Fig. 5: (a) Original image sequence with 8 images. The object, a moving butterfly with some fixed butterflies as an inhomogeneous background. (b) Reconstructed image sequence ulitlizing the IRT with transformed pattern of the first original image (Fig. 5a, top left) and the corresponding code vector of each image in the sequence.

Now we will manipulate the RT ("amplitude") itself : We use a couple of the largest coefficients of the RT (all of the coefficients less than a given threshold are set to zero) and the correct code vector to reconstruct the original image. The reconstructed images of Fig. 6 show that the quality of the reconstruction is quite good, even if only 32 of the largest (from totally 128^2) coefficients are used for the inverse transform.

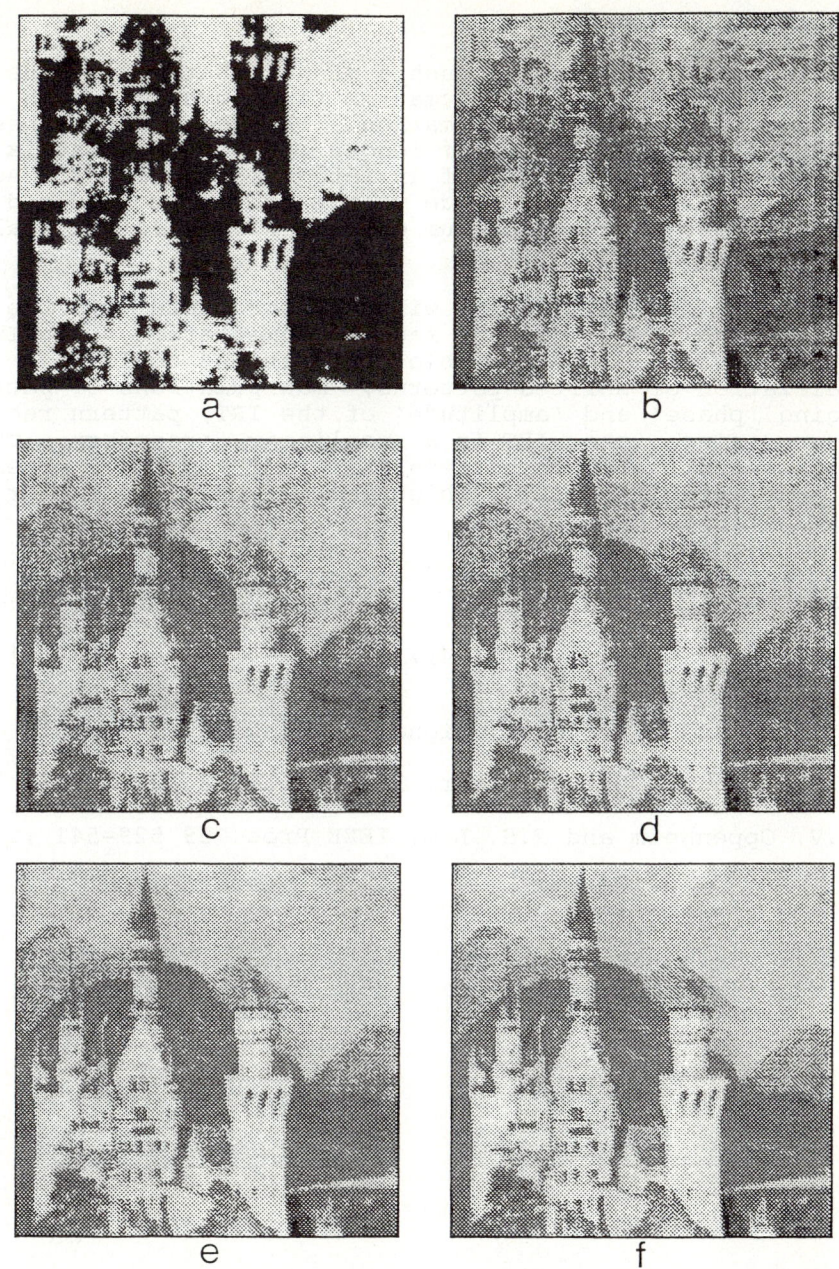

Fig. 6. Reconstructions from some largest transform coefficients
and the correct code vector. (a) only 2 largest coefficients are
used for the reconstruction (other coefficients are set to zero).
(b) 8, (c) 32, (d) 64, and (e) 256 largest coefficients are used
for the reconstruction, respectively. (f) all $128^2=16384$ are used
for the reconstruction. There is almost no differences between
the reconstruction with 256 and 16384 transform coefficients.

5. Summary and Conclusion

The GRT can be modified in such a manner that during the forward transformation a binary code matrix is generated, which allows an unambiguous inverse transformation. The code matrix has a size of $ldN \cdot N/2$. Each line (of length ldN) of the matrix can be considered as one element of an integer code vector. As in the Fourier transform this code vector can be considered as the imaginary part of the spectrum of the IRT, while the real part is the conventional RT.

Because of its similarity with the structure of the Fourier transform and its simple and fast implementation, the IRT might be quite useful. Some possible applications could be: position normalization of shifted patterns, manipulations of patterns by changing 'phase' and 'amplitude' of the IRT, pattern recognition. However, since the IRT is a nonlinear transform, there are significant differences between filtering via the Fourier transform and via the IRT, which leaves much room for further investigations.

References

1. H. Reitboeck and T.P. Brody, Information and Control **15**, 130-154 (1969)

2. M. Fang and G. Häusler, Signal Processing (accepted)

3. J.R. Fienup, Optics Letters **3** 27-29 (1978)

4. A.V. Oppenheim and J.S. Lim, IEEE Proc. **69** 529-541 (1981)

Erweiterung der Hough-Transformation für die Erkennung von Objekten, die nicht durch ihre Konturkurve charakterisiert werden können

Christian Evers, Siemens AG
Zentralbereich Forschung und Entwicklung, Bildverarbeitung
ZFE IS INF 11, Otto-Hahn-Ring 6, 8000 München 83

Zusammenfassung

Die Hough-Transformation ist eine robuste Methode zur Erkennung von Geraden und Kurven in digitalen Bildern. Objekte mit charakteristischer Konturkurve können mit der verallgemeinerten Hough-Transformation selbst in stark verrauschten Bildern detektiert werden. Wir zeigen, wie man mit der Hough-Transformation auch konturlose Objekte detektieren kann, sofern die Objektpunkte bestimmte Eigenschaften wie etwa Textur-merkmale aufweisen. Zudem wird gezeigt, daß diese erweiterte Transformation effizient durchgeführt werden kann, so daß Zeit- und Speicheraufwand nicht höher als beim konventionellen Hough-Algorithmus von Merlin und Farber sind.

1. Einleitung

Die Hough-Transformation (HT) hat sich als robuste Methode zur Mustererkennung in gestörten Bildern bewährt. Ihr Prinzip beruht auf der Transformation von Bilddaten in den Parameterraum der gesuchten Objekte, wobei sehr effizient Hinweise für das Vorhandensein der Objekte im Bild in einem Akkumulator aufsummiert werden. Damit wird das Problem der Detektion von Objekten im Bild reduziert auf eine Suche nach lokalen Maxima im Akku-mulator.

Ursprünglich wurde die Hough-Transformation [2, 3] für die Erkennung von Geraden und Kurven definiert. Später wurde sie von Merlin und Farber [6] verallgemeinert zur Detektion von Objekten, die durch ihre Konturkurve im binarisierten Kantenbild charakterisiert werden können. Stockman und Agrawala [9] und Sklansky [8] haben nachgewiesen, daß der Algorithmus von Merlin und Farber lediglich eine andere Methode zur Durchführung des Template Matching ist. Jedoch liegt die Bedeutung des Verfahrens in der Effizienz der Realisierung.
Kimme, Ballard und Sklansky [5] haben am Beispiel der Erkennung von Kreisen und Ellipsen gezeigt, wie man die Richtungsinformation des Gradientenfilters nutzen kann, um die Akkumulation zu beschleunigen und die Qualität der Transformation zu verbessern. Ballard [1] hat in seiner verallgemeinerten HT die Anwendung dieses Prinzips auf die Erkennung komplex geformter Objekte vorgestellt, die aus Teilobjekten zusammengesetzt sein können.
Einen ausführlichen Überblick über die Literatur zur Hough-Transformation gaben Illing-worth und Kittler [4].

Wir zeigen, daß die Hough-Transformation auch für die Erkennung von Objekten angewandt werden kann, deren Position nicht durch eine Konturkurve im Kantenbild erkennbar ist. Voraussetzung ist hierbei, daß die Objektpunkte bestimmte Eigenschaften wie etwa Texturmerkmale besitzen.

Die Anwendungen dieser erweiterten HT lassen sich in zwei Klassen einteilen:
• Suche nach texturierten Flächen bekannter Form, insbesondere auch dann, wenn verschieden texturierte Objekte im Bild gleiche Form haben.
  Beispiele:
  - Ein Feld auf einem Luftbild sei zu detektieren. Es zeichnet sich durch bestimmte Texturmerkmale innerhalb der bekannten Form des Feldes aus. Der Rand des Feldes ist lediglich als Rand eines texturierten Bereiches erkennbar,
  - Bei der Werkstückerkennung seien Objekte zu unterscheiden, die gleiche Form haben, die jedoch unterschiedlich bedruckt sind oder deren Oberflächen unterschiedlich behandelt wurden (Schleifspuren),
  - In medizinischen Bildern seien kranke Zellen von gesunden nicht durch die Zellform, sondern durch bestimmte Merkmale innerhalb des Zellkörpers zu unterscheiden.
• Detektion von Objekten, die in einer bekannten Gruppierung angeordnet sind.
  Beispiel:
  - Segmentierung von in Blechen eingestanzten Schriftzeichen, die auf einem Kreisbogen angeordnet sind.

In Abschnitt 3 wird ein effizienter Algorithmus für die Akkumulation bei der erweiterten HT vorgestellt. Dieser Algorithmus stellt sicher, daß weder Rechen- noch Speicherplatzaufwand höher sind als beim Verfahren von Merlin und Farber.
Der Abschnitt 4 enthält Anwendungsbeispiele.

Da bei gestörten Bilddaten die Interpretation des Akkumulators Schwierigkeiten bereiten kann, schlug Shapiro [7] ein Verfahren vor, in dem die Unschärfe der Vorlage nicht erst bei der Suche nach den lokalen Maxima des Akkumulators berücksichtigt wird, sondern schon bei der Transformation. Dabei ist jedoch ein höherer Akkumulationsaufwand nötig. In Abschnitt 5 zeigen wir, daß der von uns vorgestellte Akkumulations-Algorithmus auch für die Implementierung des Verfahrens von Shapiro wesentliche Vorteile bringt.

2. Erweiterung des Verfahrens von Merlin und Farber

Zunächst beschreiben wir die Transformation von Merlin et al. für Objektkonturen, die in binären Kantenbildern vorliegen.
Es wird vorausgesetzt, daß die Kontur nicht parametrisch, sondern als Menge von diskreten Punkten $C_1,...,C_n$ vorliegt. Man wählt einen *Referenzpunkt R* als Zentrum eines lokalen Koordinatensystems für die gesuchte Kontur (Fig. 1). Damit kann jede Position des gesuchten Objektes im Bild durch die Position des Referenzpunktes beschrieben werden.
Es sei zunächst zur Vereinfachung angenommen, daß das Objekt im Bild in beliebiger Position, jedoch ohne Drehung und Größenänderung enthalten sei. Der Parameterraum für die Akkumulation ist somit der Raum aller möglichen Positionen des Objektreferenzpunktes.
Ergebnis der Akkumulation für eine Position Q ist die Anzahl der Vordergrundpunkte im gegebenen binären Kantenbild, die mit Konturpunkten des Objektes in dieser Position zusammenfallen. Das Ergebnis entspricht damit dem Match der Referenzkontur mit dem Kantenbild in allen möglichen Positionen.

Der Akkumulationsalgorithmus nach Merlin und Farber lautet:
• Setze den Akkumulator A(Q):=0 für alle möglichen Positionen Q,
• Für alle Vordergrundpunkte P des binären Kantenbildes:
  erhöhe den Akkumulatorinhalt $A(Q_i)$ um 1 für alle $Q_i = P + (R - C_i)$.

Die Menge aller $P + (R - C_i)$ wird *Lösungsmenge von P* genannt. Sie gibt die Menge aller

Objektpositionen an derart, daß P auf der Objektkontur liegt (Fig. 2). Die Lösungsmenge ist punktsymmetrisch zur Objektkontur.

Wir nehmen nun an, daß sich das gesuchte Objekt nicht durch seine Kontur im Kantenbild auszeichnet, sondern durch bestimmte Merkmale in einer festen Form. Mit $C_1,...,C_n$ seien nicht mehr nur die Konturpunkte, sondern alle Objektpunkte bezeichnet. Das allen Objektpunkten gemeinsame Merkmal $F_C := F(C_1) = ... = F(C_n)$ kann etwa ein Grauwert, eine Gradientenrichtung oder ein Texturmerkmal sein. Gesucht ist derjenige Bereich entsprechender Form im vorgelegten Bild, in dem die meisten dieser Merkmale gefunden werden.

Zur Beschleunigung der Akkumulation wird ein Punkt des vorgelegten Bildes nur dann bei der Akkumulation berücksichtigt, wenn er das geforderte Merkmal in einem Mindestmaß μ bezüglich eines Distanzmaßes $d(,)$ trägt.

Die Akkumulationsvorschrift lautet somit:
• Setze den Akkumulator $A(Q):=0$ für alle möglichen Positionen Q,
• Für alle Punkte P des vorgelegten Bildes mit $d(F(P),F_C)<\mu$:
  erhöhe den Akkumulatorinhalt $A(Q_i)$ um 1 für alle $Q_i=P+(R-C_i)$.

Die Menge $P+(R-C_i)$ gibt hier wiederum die Lösungsmenge für den Punkt P an, also die Menge aller Objektpositionen derart, daß P im Objekt liegt. Es ist die punktgespiegelte Version der gesuchten Objektfläche.

Die Hough-Transformation bevorzugt große gegenüber kleinen Objekten. Sind in einem Bild mehrere Objekte mit gleichen Merkmalen, aber unterschiedlicher Form zu detektieren, so ist es notwendig, zunächst die großflächigen zu suchen. Bei der folgenden Suche nach kleineren Objekten wird der Akkumulator in den schon "vergebenen" Regionen des Bildes dann nicht mehr abgefragt.

3. Effiziente Realisierung der Akkumulation

Der Zeitaufwand für die Akkumulation ist abhängig von der Anzahl der C_i. Im Verfahren von Merlin und Farber entspricht dies der Anzahl der Konturpunkte, in dem hier vorgestellten Verfahren der Fläche des gesuchten Objektes. Der höhere Aufwand ergibt sich aus der Tatsache, daß im erweiterten Verfahren ein Template Match nicht mit der Objektkontur, sondern mit der gesamten Objektfläche ausgeführt wird. Dennoch kann die Akkumulation hier mit gleichem Zeit- und Speicheraufwand wie bei Merlin et al. duchgeführt werden.

Wir verwenden anstelle des Akkumulators $A(x,y)$ eine Matrix $D(x,y)$, in der die Differenz des Akkumulatorinhalts $A(x,y)$ zu $A(x-1,y)$ gespeichert wird. Wird später bei der Suche nach den lokalen Maxima des Akkumulators die Matrix zeilenweise gescant, so berechnet sich der Akkumulatorinhalt aus der Differenzenmatrix D dann wie folgt:
• Setze $A(x,y):=0$ am Beginn jeder Zeile,
• In jedem weiteren Punkt (x,y) der Zeile berechne $A(x,y):=A(x-1,y)+D(x,y)$.
Der Speicheraufwand bleibt unverändert, da für den Akkumulator A kein Platz mehr benötigt wird.

Anstatt bei jedem Akkumulationsschritt in allen Punkten der Lösungsmenge den Akkumulatorinhalt um 1 zu erhöhen, brauchen wir somit lediglich in einigen Konturpunkten die Differenzenmatrix zu verändern. Die Akkumulation benötigt hier also maximal so viel Zeit wie bei Merlin und Farber.

Die Akkumulationsvorschrift lautet:
- Codiere die gesuchte Objektfläche in Run-Length-Codierung.
  Speichere die Liste von Segment-Anfangspunkten G_i mit zugehörigen Segment-Endpunkten E_i (anstelle der Lauflängen),
- Setze die Differenzenmatrix $D(Q):=0$ für alle möglichen Positionen Q,
- Für alle Punkte P des vorgelegten Bildes mit $d(F(P),F_C)<\mu$:
  erhöhe die Differenzenmatrix D um 1 für alle $Q_i=P+(R-G_i)$ und
  subtrahiere 1 in allen $Q_i:=P+(R-E_i)$.

Ist das gesuchte Objekt im Bild gedreht oder mit unbekannter Größenskalierung enthalten, so muß der Akkumulatorraum in üblicher Weise vergrößert werden. Während bei möglicher Rotation mehrere run-length-codierte Templates der Objektfläche erstellt werden müssen, ergeben sich die Templates bei unbekannter Objektgröße aus einer einfachen Skalierung.

4. Anwendungsbeispiele

Figur 3 zeigt einige unterschiedlich texturierte Flächen. Gesucht wurde das schraffierte Rechteck in der Mitte einer gestörten Version dieses Bildes. Als notwendiges Merkmal der Bildpunkte für die Akkumulation wurde gefordert, daß die Gradientenstärke des Punktes über einem Schwellwert lag und die Gradientenrichtung senkrecht zur aufstrebende Diagonale war. Fig. 4 zeigt das zur Erkennung vorgelegte gestörte Bild. Der eingezeichnete Rahmen beschreibt die vom Verfahren detektierte optimale Position des Rechtecks.

Fig. 5 zeigt in ein Blech eingestanzte Schriftzeichen, die auf einem Kreisbogen angeordnet sind. Für die Produktionssteuerung sollen bei festem Abstand der Kamera vom Blech die Schriftzeichen lokalisiert und erkannt werden. Zur Segmentierung der Zeichen ist die Position eines Ringes mit bekanntem Innen- und Außenradius gesucht, in dem die Schriftzeichen liegen. Der Ring ist im Bild nur teilweise sichtbar und kann nicht anhand einer Konturkurve im Bild erkannt werden.

Die Schriftzeichen zeichnen sich bei unbekannter Beleuchtung dadurch aus, daß die Prägekanten starke Hell-Dunkel-Übergänge im Bild erzeugen. Wir fordern als Merkmal für die Akkumulation deshalb, daß ein Punkt Vordergrundpunkt im binarisierten Gradientenbild sein muß.

In Fig. 6 sind das auf 128^2 Pixel verkleinerte binäre Gradientenbild und der gesuchten Ring in der detektierten optimalen Position dargestellt. Als Referenzpunkt des gesuchten Ringes wurde sein Mittelpunkt definiert. Der Akkumulatorwert in einem Punkt Q enthält also die Anzahl der Vordergrundpunkte, die im Ring liegen, wenn sich sein Mittelpunkt im Punkt Q befindet.

Fig. 7 zeigt das Ergebnis der Akkumulation für alle möglichen Positionen des Ringes, wobei der Rahmen des vorgelegten Bildes mit eingezeichnet wurde. Dunkle Grauwerte entsprechen hohen Akkumulatorwerten.

5. Bedeutung für das Verfahren von Shapiro

In beiden Anwendungsbeispielen der erweiterten HT haben wir den Punkt mit maximalem Akkumulatorinhalt als optimale Position des Objektreferenzpunktes verwendet. Eine Clusterung im Akkumulator war nicht notwendig.

Da bei der Anwendung der konventionellen Hough-Transformation auf gestörte Bilddaten jedoch eine Clusterung im Akkumulator unverzichtbar ist, schlug Shapiro [7] vor, die Störungen schon bei der Transformation zu berücksichtigen.

Bezeichnet P einen Bildpunkt, so sei R(P) die Lösungsmenge von P, also die Menge aller Parameter der gesuchten Kurve derart, daß die Kurve den Punkt P enthält. Anstatt den Akkumulator in allen Punkten der Lösungsmenge zu inkrementieren, erhöht Shapiro die Akkumulatorwerte in einer vergrößerten Lösungsmenge SR(P). SR(P) enthält die Lösungsmengen R(Q) für alle Q aus einer Umgebung von P. Damit wird berücksichtigt, daß der gegebene Bildpunkt P eine gestörte Version eines unbekannten Punktes ist, dessen Position in einer Umgebung von P liegt. Da R(P) gewöhnlich keine einfache Kurve im Parameterraum mehr darstellt, sondern eine Region von Punkten, erhöht sich entsprechend der Aufwand bei der Akkumulation.

Man kann hier mit derselben Akkumulations-Strategie wie in Abschnitt 3 beschrieben eine wesentlich effizientere Realisierung erreichen. Die vergrößerte Lösungsmenge wird gemäß dem beschriebenen Verfahren codiert, und anstatt des Akkumulators wird eine Differenzenmatrix verwendet.

Literatur

1. D.H. Ballard, "Generalizing the Hough Transform to Detect Arbitrary Shapes", Pattern Recognition, Vol. 13, No. 2, 1981, pp. 111-122.
2. R.O. Duda, P.E. Hart, "Use of the Hough Transform to Detect Lines and Curves in Pictures", Comm. ACM, Vol. 15, No. 1,1972, pp. 11-15.
3. P.V.C. Hough, "Methods and Means for Recognizing Complex Patterns", U.S. Patent 3069654, 1962.
4. J. Illingworth, J. Kittler, "A Survey of the Hough Transform", Comp. Vision, Graph. and Image Proc., Vol. 44, 1988, pp. 87-116.
5. C. Kimme, D. Ballard, J. Sklansky, "Finding Circles by an Array of Accumulators", Comm. ACM, Vol. 18, No. 2, 1975, pp. 120-122.
6. P.M. Merlin, D.J. Farber, "A Parallel Mechanism for Detecting Curves in Pictures", IEEE Trans. on Computers, Vol. 24, 1975, pp. 96-98.
7. S.D. Shapiro, "Generalization of the Hough Transform for Curve Detection in Noisy Digital Pictures", Proc. 4th Int. Joint Conf. Pattern Recogn., Kyoto, Japan, 1978, pp.710-714.
8. J. Sklansky, "On the Hough Technique for Curve Detection", IEEE Trans. on Computers, Vol. 27, 1978, pp. 923-926.
9. G.C. Stockman, A.K. Agrawala, "Equivalence of the Hough Curve Detection to Template Matching", Comm. ACM, Vol. 20, 1977, pp. 820-822.

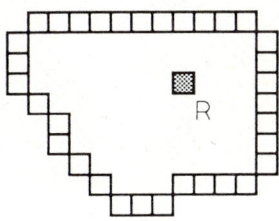

Figur 1

Die Kontur eines Objektes, gegeben durch die Menge der Konturpunkte C_i, sowie ein Referenzpunkt R.

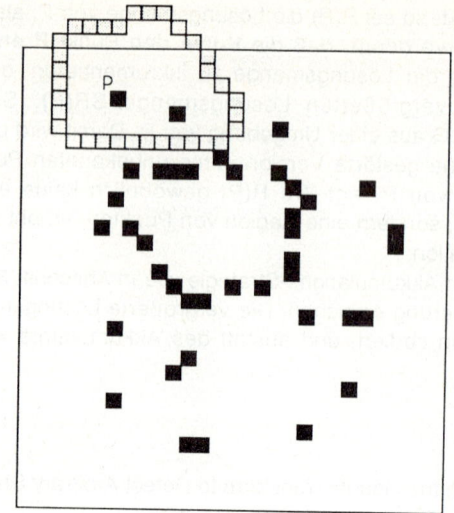

Figur 2

Eine binäres Gradientenbild, ein Vordergrundpunkt P und die Lösungsmenge zu P (graue Pixel) bzgl. dem Objekt von Fig. 1.

Figur 3

Geometrische Objekte mit Textureigenschaften. Detektiert werden soll das schraffierte Rechteck in der Mitte des Bildes.

Figur 4
Zur Erkennung vorgelegtes gestörtes Bild und berechnete optimale Position des gesuchten
Rechtecks.

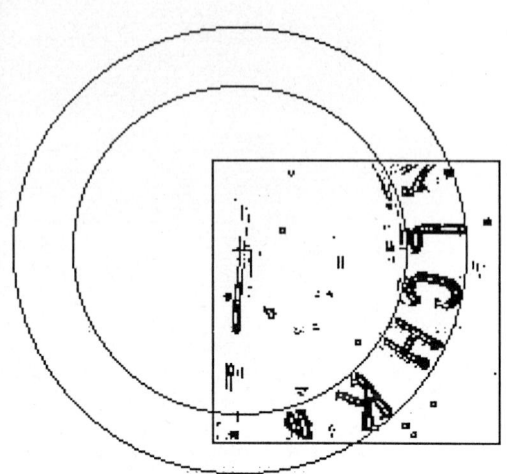

Figur 5
Blech mit eingestanzten Schriftzeichen,
die auf einem Kreisbogen angeordnet
sind.

Figur 6
Verkleinertes binarisiertes Gradientenbild
von Fig. 3 und detektierte optimale
Position des Ringes.

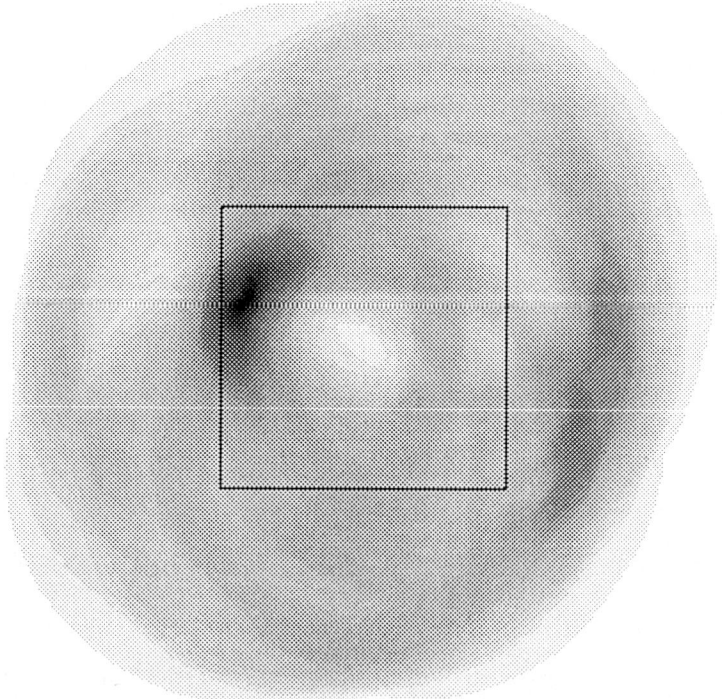

Figur 7
Akkumulationsergebnis für die möglichen Positionen des Mittelpunktes des Ringes. Dunkle
Grauwerte entsprechen hohe Akkumulatorwerten. Eingezeichnet ist außerdem der Rahmen
des vorgelegten Bildes.

Über die Modellierung und Identifikation charakteristischer Grauwertverläufe in Realweltbildern

Karl Rohr

Institut für Algorithmen und Kognitive Systeme
Fakultät für Informatik der Universität Karlsruhe (TH)
Postfach 6980, 7500 Karlsruhe 1

Kurzfassung

Vorgestellt wird ein Ansatz zur Modellierung und Identifikation charakteristischer Grauwertverläufe, die im wesentlichen Abbildungen von Polyedern sind. Die Modellierung dieser Grauwertverläufe geschieht mit Hilfe eines allgemeinen analytischen Modells, das aus der Superposition von Elementarmodellfunktionen besteht. Spezialfälle dieses allgemeinen Modells sind sowohl die Grauwertverläufe der Stufenkante, L-Verbindung (Grauwertecke), T-, Y-, und Pfeil-Verbindung, als auch die Grauwertverläufe aller anderen Verbindungstypen nach *[Waltz 75]*. Die Schätzung der frei wählbaren Parameter des Modells erfolgt durch Minimierung der Summe der quadratischen Differenzen zwischen dem Modell und den beobachteten Grauwerten. Getestet wurde das Verfahren an mehreren Beispielen realer Bilder.

1 Einleitung

Sowohl für die visuelle Wahrnehmung des Menschen als auch für die rechnergestützte Auswertung von Bildern ist die robuste und genaue Erkennung charakteristischer Grauwertverläufe, wie z.B. Ecken und T-Verbindungen, sehr wichtig. Je robuster und mit je höherer Genauigkeit charakteristische Grauwertstrukturen aus Bildern abgeleitet werden, desto zuverlässiger können aufgenommene Objekte beschrieben und erkannt werden, Verschiebungsvektoren ermittelt und letztendlich die aufgenommenen 3D-Szenen rekonstruiert werden.

In der vorliegenden Arbeit wird ein Ansatz vorgestellt, mit dem eine bestimmte Klasse von charakteristischen Grauwertverläufen modellgestützt erkannt werden sollen. Diese Klasse von Grauwertverläufen ist im wesentlichen dadurch gekennzeichnet, daß mehrere Ebenen konstanten Grauwertes (Grauwertplateaus) in einem ausgezeichneten Punkt zusammentreffen und daß die in diesem Punkt zusammenlaufenden Grauwertkonturen zumindest näherungsweise gerade sind, d.h. daß die Grauwertverläufe im wesentlichen Abbildungen von Polyedern darstellen. Weiterhin wird angenommen, daß die Grauwertübergänge zwischen 2 aneinandergrenzenden Grauwertebenen symmetrisch sind, d.h. die Grauwertübergänge sollen bezüglich der Linie maximalen Grauwertanstiegs nahezu symmetrisch verlaufen. Außerdem sollte der Grauwertverlauf genügend hoch aufgelöst sein, d.h. die Anzahl der Pixel, die die Umgebung des ausgezeichneten Punktes repräsentieren, sollte genügend groß sein.

Die Modellierung dieser Klasse von Grauwertverläufen geschieht mit Hilfe eines allgemeinen Modells. Es wird sich zeigen, daß im hier vorgestellten Modell sowohl die Grauwertverläufe der Stufenkante, L-Verbindung (Grauwertecke), T-,Y-, und Pfeil-Verbindung, als auch die Grauwertverläufe aller anderen Verbindungstypen nach *[Waltz 75]* als Spezialfälle enthalten sind. Das Modell wird dazu verwendet, um Grauwertverläufe in Realweltbildern zu identifizieren, d.h. die frei wählbaren Parameter des Modells aufgrund von Beobachtungen festzulegen.

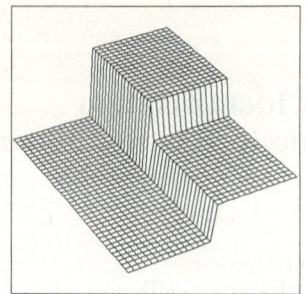

Abbildung 1: Ideale T-Verbindung

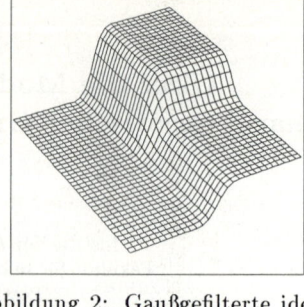

Abbildung 2: Gaußgefilterte ideale T-Verbindung

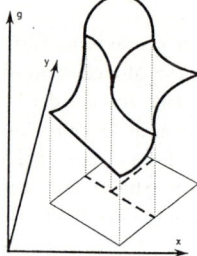

Abbildung 3: Zeichnung einer T-Verbindung in *[Nagel 87]*

Abbildung 4: Grauwertbild einer realen T-Verbindung

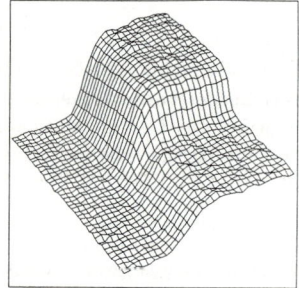

Abbildung 5: 3D-Darstellung der realen T-Verbindung aus Abb. 4

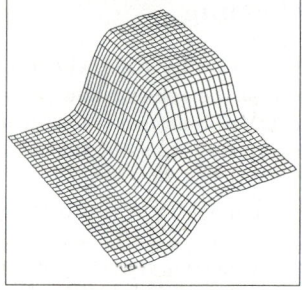

Abbildung 6: Gaußgefilterte reale T-Verbindung

2 Modellierung charakteristischer Grauwertverläufe

Bei der Aufnahme wird das Grauwertbild sowohl durch Rauschen gestört als auch durch die Aufnahmeapparatur bandbegrenzt. Sprunghafte Übergänge, z.B. an einer idealen Stufenkante werden dadurch etwas abgerundet. Filtert man diese aufgenommene Stufenkante mit einem Gaußfilter, so wird zum einen zwar das Rauschen geglättet, zum anderen aber auch die Kante noch weiter abgerundet (verschmiert). Ist das Signal-zu-Rauschverhältnis groß, kann man die gefilterte Stufenkante als Faltung einer idealen Stufenkante mit einem Gaußfilter auffassen. Diese Vorstellungsweise läßt sich auch auf andere Grauwertstrukturen im Bild übertragen.

2.1 Experimentelles Modell

Eine Grauwertecke läßt sich, ebenso wie die oben beschriebene Stufenkante, einfach dadurch modellieren, daß man eine keilförmige Grauwertstruktur (ideale Grauwertecke, "Kuchenstück") mit einer Gaußmaske faltet (z.B. *[Berzins 84]* , *[Bergholm 87]*). In *[Rohr 90]* wurde anhand von Abbildungen gezeigt, daß solch ein Modell mit dem von *[Nagel 83a]* vorgeschlagenen Modell einer Grauwertecke übereinstimmt.

Durch Aufbau keilförmiger Strukturen und anschließende Gaußfilterung lassen sich auch solche Grauwertverläufe modellieren, die aus 3 aneinandergrenzenden Flächen bestehen. Abb. 2 gibt eine auf diese Weise realisierte T-Verbindung wieder (Faltung von Abb. 1 mit einem Gaußfilter). Der Vergleich mit einer tatsächlich aufgenommenen T-Verbindung macht deutlich (Abb. 4, 5 zeigen das Originalbild, in Abb. 6 ist das gaußgefilterte Originalbild wiedergegeben), daß dieses Modell mit dem realen Grauwertverlauf gut übereinstimmmt. Abb. 5 legt außerdem die Vermutung nahe, daß der strukturelle Grauwertverlauf dieser T-Verbindung angemessener durch eine kontinuierliche Funktion beschrieben werden kann als durch diskrete Beschreibungselemente. Der qualitative Verlauf der realen T-Verbindung stimmt mit der Zeichnung einer T-Verbindung in *[Nagel 87]* überein (siehe Abb. 3).

2.2 Analytisches Modell

Im vorherigen Abschnitt 2.1 wurden Grauwertstrukturen durch 2 getrennte Schritte modelliert: Aufbau keilförmiger Strukturen und anschließende Filterung mit einem Gaußfilter. Diese beiden Schritte kann man jedoch auch durch einen einzigen analytischen Ausdruck zusammenfassen.

2.2.1 2 aneinandergrenzende Flächen (Stufenkante, L-Verbindung)

Eine ideale Grauwertecke $E(x, y)$ (keilförmige Struktur, "Kuchenstück") läßt sich, wie in Abb. 7 skizziert, durch einen Öffnungswinkel β, eine Amplitude a und einen Rotationswinkel α, um den die gesamte Struktur gegenüber der x-Achse gedreht ist, beschreiben. Das lokale Koordinatensystem (ξ, η) sei so ausgerichtet, daß der Sektor des Keils symmetrisch zur ξ-Achse liegt. Der Ursprung des Koordinatensystems (Eckpunkt, ausgezeichneter Punkt) sei der Punkt (x_0, y_0). Faltet man diese ideale Grauwertecke $E(x, y)$ mit einem Gaußfilter $G(x, y)$, so ergibt sich das hier verwendete Modell einer Grauwertecke (L-Verbindung) $g_{ML}(x, y) = g_{ML}(x, y, x_0, y_0, \alpha, \beta, a, \sigma)$:

$$g_{ML}(x, y) = E(x, y) * G(x, y)$$

Im folgenden wird zunächst ein analytischer Ausdruck für $g_{ML}(x, y, \beta, a, \sigma)$ ermittelt, d.h. $x_0 = y_0 = \alpha = 0$ gesetzt (Betrachtung im lokalen Koordinatensystem). Die Grauwertecke im absoluten Koordinatensystem $g_{ML}(x, y, x_0, y_0, \alpha, \beta, a, \sigma)$ folgt daraus dann durch Verschiebung des lokalen Koordinatensystems um (x_0, y_0) und Drehung um den Winkel α. Mit

$$G(x, y) = G(x, y, \sigma) = \frac{1}{2\pi\sigma^2} e^{-\frac{x^2 + y^2}{2\sigma^2}} \quad und \quad \phi(x) = \frac{1}{\sqrt{2\pi}} \int_{-\infty}^{x} e^{-\frac{\xi^2}{2}} d\xi$$

erhält man im lokalen Koordinatensystem :

$$g_{ML}(x, y, \beta, a, \sigma) = \frac{a}{\sqrt{2\pi}\,\sigma} \int_{\xi=0}^{\infty} \left[\phi\left(\frac{y + \tan(\beta/2)\xi}{\sigma} \right) - \phi\left(\frac{y - \tan(\beta/2)\xi}{\sigma} \right) \right] e^{-\frac{(x-\xi)^2}{2\sigma^2}} d\xi$$

Um Funktionswerte von $g_{ML}(x, y)$ zu berechnen, kann man die im Integranden stehenden ϕ-Funktionen auswerten und dann das Integral numerisch bestimmen. Rationale Approximationen der ϕ-Funktion findet man in *[Abramowitz & Stegun 65]* . Für die numerische Integration wird hier das Rombergverfahren nach *[Press et al. 88]* verwendet.

Ein synthetisches Bild einer Grauwertecke läßt sich nun durch Überlagerung der Modellfunktion der Grauwertecke $g_{ML}(x,y)$ mit einer Fläche konstanten Grauwertes a_0 erstellen. Ebenso kann man diesen vollständigen Grauwertverlauf aber auch als Überlagerung zweier Modellfunktionen mit Öffnungswinkel β und $360° - \beta$ auffassen:

$$g_{ML}(x,y,x_0,y_0,\alpha,\beta,a_0,a,\sigma) = g_{ML_1}(x,y) + g_{ML_2}(x,y)$$
$$= g_{ML}(x,y,x_0,y_0,\alpha,\beta,a,\sigma) + g_{ML}(x,y,x_0,y_0,\alpha+180°,360°-\beta,a_o,\sigma)$$

Für $\beta = 180°$ erhält man das Modell einer Stufenkante:

$$g_{MSK}(x,y,\beta,a,\sigma) = a\,\phi(\frac{x}{\sigma})$$

Der allgemeine Grauwertverlauf von 2 aneinandergrenzenden Flächen dieser Klasse von Grauwertstrukturen, der mit $g_{M2}(x,y)$ bezeichnet werden soll, läßt sich also durch die Modellfunktion der Stufenkante $g_{MSK}(x,y)$ und der L-Verbindung $g_{ML}(x,y)$ realisieren.

$$g_{M2}(x,y) = \sum_{i=1}^{2} g_{ML_i}(x,y) \quad mit \quad g_{ML}(x,y) = \begin{cases} g_{MSK}(x,y) & \text{falls } \beta = 180° \\ g_{ML}(x,y) & \text{falls } \beta \neq 180° \end{cases}$$

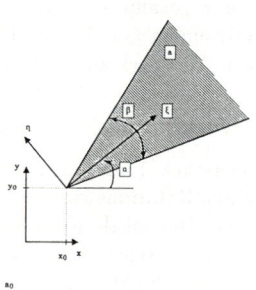

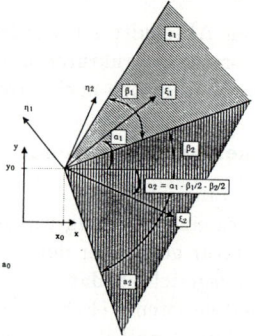

Abbildung 7: L-Verbindung im absoluten Koordinatensystem

Abbildung 8: 3 aneinandergrenzende Flächen im absoluten Koordinatensystem

2.2.2 3 aneinandergrenzende Flächen (T-, Y-, Pfeil-Verbindung)

Grauwertverläufe, die dadurch gekennzeichnet sind, daß 3 Grauwertplateaus aneinanderstoßen, lassen sich durch Überlagerung (Superposition) von Modellfunktionen $g_{ML}(x,y)$ der L-Verbindung aufbauen. Dies ist deshalb möglich, weil die Faltung mit der Gaußmaske eine lineare Operation darstellt und lineare Operationen dem Superpositionsprinzip gehorchen (*[Wolf 85]*). Eine mögliche Parametrisierung einer trihedralen Verbindung ist in Abb. 8 skizziert. In Analogie zur Realisierung synthetischer Bilder von Grauwertecken im vorherigen Abschnitt kann man den Grauwertverlauf dreier aneinanderstoßender Flächen $g_{M3}(x,y)$ durch Überlagerung von 3 Modellfunktionen $g_{ML}(x,y)$ modellieren (mit $\alpha = \alpha_1$).

$$g_{M3}(x,y,x_0,y_0,\alpha,\beta_1,\beta_2,a_0,a_1,a_2,\sigma) = \sum_{i=1}^{3} g_{ML_i}(x,y)$$

Bei spezieller Parameterwahl von $g_{M3}(x,y)$ ergeben sich die Grauwertverläufe der bekannten T-, Y- und Pfeil-Verbindung. Für die T-Verbindung gilt $\beta_1 + \beta_2 = 180°$. Für die Y- und Pfeil-Verbindung ist $\beta_1 + \beta_2 > 180°$ bzw. $\beta_1 + \beta_2 < 180°$, falls β_1 und β_2 die beiden kleineren Winkel sind.

2.2.3 n aneinandergrenzende Flächen

Aufgrund der Gültigkeit des Superpositionsprinzips lassen sich eine beliebige Anzahl n keilförmiger Grauwertstrukturen (Elementarkomponenten) zur Modellierung des gewünschten Grauwertverlaufs überlagern oder, umgekehrt ausgedrückt, kann man aus dem allgemeinen Fall von n aneinandergrenzenden Flächen $g_{Mn}(x, y)$ die Fälle für $n = 2$ und $n = 3$, die in den vorangegangenen Abschnitten eingeführt wurden, ableiten.

$$g_{Mn}(x, y) = \left(\sum_{i=1}^{n} E_i(x, y) \right) * G(x, y) = \sum_{i=1}^{n} (E_i(x, y) * G(x, y)) = \sum_{i=1}^{n} g_{ML_i}(x, y) \qquad , n \geq 2$$

Die Wahl $n = 2$ spezifiziert den Grauwertverlauf einer Stufenkante oder L-Verbindung. Für $n = 3$ erhält man T-, Y-, und Pfeil-Verbindungen. Im Fall $n = 4$ hat man die in *[Waltz 75]* bezeichneten Spitze-, K-, X-, Multi- und XX-Verbindungen und für $n = 5$ KA- und KX-Verbindungen. Ist $n \geq 6$, so führt dies zu noch komplexeren Grauwertverläufen. Die jeweilige Parameteranzahl der Modellgrauwertverläufe beträgt $m = 3 + 2\,n$. Als Beispiel ist in Abb. 9 die 3D-Darstellung einer K-Verbindung abgebildet.

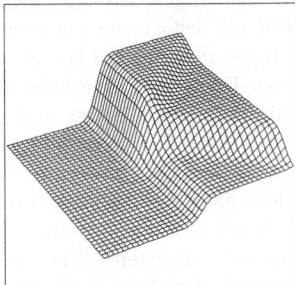

Abbildung 9: 3D-Darstellung einer analytischen K-Verbindung

3 Identifikation charakteristischer Grauwertverläufe

Das Ziel der Identifikation besteht darin, für ein reales Objekt eine geeignete Beschreibung zu finden. Zu ermitteln ist ein mathematisches Modell, das die interessierenden Eigenschaften (Kennwerte) des realen Objekts genügend genau widerspiegelt. Dazu ist es notwendig, zunächst die Modellklasse festzulegen und danach durch Bestimmung der freien Modellparameter einen Vertreter dieser Modellklasse zu wählen. Zur Identifikation charakteristischer Grauwertverläufe in realen Bildern wird nun als Modellklasse das in Abschnitt 2.2 vorgestellte analytische Modell verwendet.

Zur Vereinfachung der Schreibweise werden die Ortskoordinaten mit $\vec{x} = (x, y)$ bezeichnet und die übrigen gesuchten Modellparameter im Vektor $\vec{p} = (p_1, ..., p_m)$ zusammengefaßt. Die das Modell beschreibende Funktion $g_M(\vec{x}, \vec{p})$ soll nun so gewählt werden, daß die Übereinstimmung mit den Grauwerten im Bild $g(\vec{x})$ möglichst groß wird. In einer Umgebung um den Ursprung der Grauwertstruktur wird gefordert, daß die Summe der quadratischen Differenzen zwischen der Modellfunktion und den Grauwerten so klein wie möglich wird. Die zu minimierende nichtlineare Zielfunktion f in Abhängigkeit von den Parametern $\vec{p}$ lautet in einer diskreten Version:

$$f(\vec{p}) = \sum_i \left(g_M(\vec{x}_i, \vec{p}) - g(\vec{x}_i) \right)^2 \longrightarrow min$$

Zur Minimierung von $f(\vec{p})$ wird hier ein Abstiegsverfahren verwendet, das ausschließlich Funktionswerte benötigt und eine 1-dimensionale Suche entlang konjugierter Richtungen durchführt (*[Powell 64]*). Ausgehend von einem Startvektor $\vec{p}_0$ wird solange iteriert, bis die Differenz der

Funktionswerte $f(\vec{p}_k)$ in aufeinanderfolgenden Iterationsschritten, normiert auf die Absolutwerte der Funktionswerte, eine Schwelle unterschreitet.

4 Experimentelle Ergebnisse

Dieser Abschnitt demonstriert die Anwendbarkeit des geschilderten Ansatzes auf reale Daten. Abb. 10 zeigt das Grauwertbild einer Y-Verbindung (20x20-Ausschnitt), die mit einer HDTV-Kamera (1024x1024 Bildpunkte) aufgenommen wurde und nun identifiziert werden soll. Identifikationsergebnisse für eine Stufenkante und eine L-Verbindung sind in *[Rohr 90]* beschrieben.

4.1 Startwerte für das Optimierungsverfahren

Der Startvektor $\vec{p}_0$ für das Optimierungsverfahren könnte durch Verwendung von Prototypen, die bestimmte Grauwertverläufe repräsentieren, gewonnen werden. Diese Prototypen ließen sich mit dem analytischen Modell aus Abschnitt 2.2 aufbauen. Zunächst würde man mit diesen Prototypen einen groben Hinweis darauf bekommen, welcher Grauwertverlauf ungefähr vorläge. Danach könnte man die Grauwertanalyse durch das vorgestellte Optimierungsverfahren verfeinern, d.h. die optimalen Parameter bestimmen. Hier soll jedoch ein anderer Weg eingeschlagen werden. Zur Schätzung der Position des ausgezeichneten Punktes des Grauwertverlaufs wird ein lokales Verfahren verwendet, das Bildpunkte, in deren Umgebung eine hohe Grauwertvariation vorliegt, detektiert (*[Rohr 87]*). Ausgewertet wird hierbei eine aus ersten und zweiten partiellen Ableitungen der Bildfunktion bestehende Matrix $\underline{C}$ nach *[Nagel 83b]* . Als Stellen hoher Grauwertvariation werden solche Bildpunkte angesehen, die lokale Maxima der Determinante von $\underline{C}$ sind. Startwerte für diejenigen Parameter, die Winkel des Modells darstellen, werden durch ein Konturdetektionsverfahren bestimmt, das die Konturen im Bild durch Geraden approximiert. Die einzelnen Konturpunkte werden mit dem Verfahren nach *[Korn 88]* ermittelt. Eine Schätzung für die Grauwerte der jeweiligen Grauwertebenen erhält man durch Mittelung der Intensitäten in den einzelnen Sektoren (siehe Abb. 11).

4.2 Identifikationsergebnisse

Bei Anwendung des Optimierungsverfahrens auf das Originalbild der Y-Verbindung (Abb. 12 ist eine 3D-Darstellung von Abb. 10), ergibt sich das in Tabelle 1 wiedergegebene Identifikationsergebnis (siehe erste Zeile). Die mittlere Abweichung (positive Wurzel aus der mittleren quadratischen Abweichung) $\bar{e}$ ist 3.02. Das identifizierte Modell in Abb. 13 stimmt gut mit dem beobachteten Grauwertverlauf überein. Der optimale Parameterwert für σ (σ_{opt}) beträgt 1.42 und stellt ein Maß für die Breite des Grauwertübergangs dar.

Um den Rauscheinfluß zu mindern, wird nun das Originalbild vor der Optimierung zunächst mit einem Gaußfilter σ_F gefaltet. Mit $\sigma_F = 0.5, 1.0$ und 1.5 erhält man die in Tabelle 1 aufgeführten optimalen Parametervektoren. Mit zunehmender Glättung stimmt das Originalbild immer besser mit dem Modell überein. Man sieht außerdem, daß in Abhängigkeit von σ_F die gesuchten Parameter mit Ausnahme von σ_{opt} annähernd gleich bleiben. Die Zunahme des σ_{opt}-Wertes ist aber verständlich, da durch die Filterung des Originalbildes die Breite des Grauwertübergangs vergrößert wird. Den die Breite des Grauwertübergangs charakterisierenden Parameter σ_0 im Originalbild kann man aber durch

$$\sigma_0 = \sqrt{\sigma_{opt}^2 - \sigma_F^2}$$

berechnen. Betrachtet man daraufhin die Werte für σ im jeweiligen Parametervektor $\vec{p}_{opt}$, so sieht man, daß obiger Zusammenhang bestätigt wird (siehe letzte Spalte in Tabelle 1). Alle gesuchten Parameter sind damit nahezu unabhängig vom gewählten σ_F-Wert der Glättung des Originalbildes. Bei zu groß gewähltem σ_F dürften allerdings die Ungenauigkeiten der anderen Parameter im allgemeinen größer werden. Bemerkenswert ist, daß schon das ungefilterte Originalbild relativ gut mit dem hier vorgeschlagenen Modell übereinstimmt.

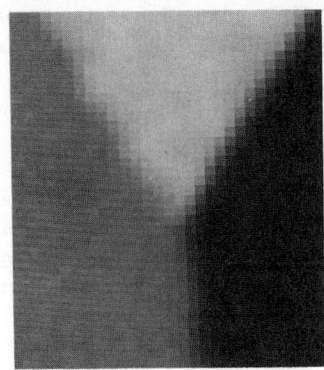

Abbildung 10: Grauwertbild einer Y-Verbindung

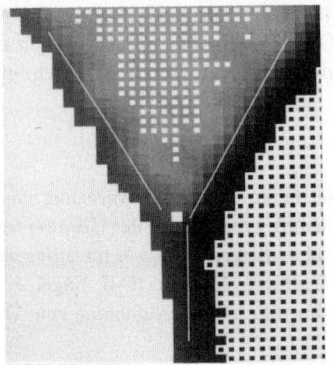

Abbildung 11: Illustration der Startwerte für die Y-Verbindung in Abb. 10

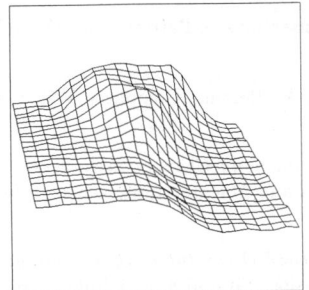

Abbildung 12: 3D-Darstellung der Y-Verbindung in Abb. 10

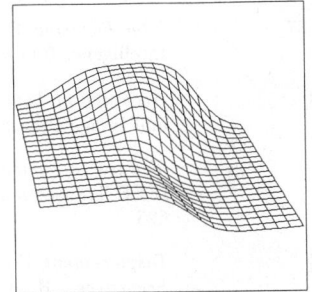

Abbildung 13: Identifizierte Modell-Y-Verbindung von Abb. 10

σ_F	x_0	y_0	α	β_1	β_2	a_0	a_1	a_2	σ	$\bar{e}$	σ_0
0.0	29.51	26.32	91.98	60.46	145.84	124.01	177.42	60.34	1.42	3.02	1.42
0.5	29.54	26.30	91.86	60.23	145.62	124.03	177.76	60.18	1.53	2.54	1.45
1.0	29.69	26.21	91.19	58.72	144.65	124.08	178.97	59.66	1.87	1.69	1.58
1.5	29.68	26.23	91.31	58.50	145.18	124.15	179.70	59.38	2.18	1.15	1.58

Tabelle 1: Identifikationsergebnisse der Y-Verbindung in Abb. 10

Die auf Subpixelgenauigkeit bestimmte Position des ausgezeichneten Punktes des Grauwertverlaufs wird (relativ) unabhängig von der Breite des Grauwertübergangs und (relativ) unabhängig von einer vorherigen Filterung ermittelt, da der optimale Parameter für die Position den Ursprungspunkt der idealen Grauwertstruktur angibt, d.h. für den Modellparameter $\sigma = 0$. Der Einfluß eines beispielsweise nicht genügend scharf eingestellten Objektivs oder (aufgrund des Abstands zur Kamera) unterschiedlich scharf aufgenommener Grauwertverläufe wird somit reduziert.

Ein Nachteil des Verfahrens ist die große Rechenzeit, die nötig ist, um die Modellparameter zu bestimmen. Dies liegt vorallem daran, daß der Grauwertverlauf durch relativ viele Bildpunkte dargestellt wird (ca. 20x20 Ausschnitt). Die Einbeziehung einer solch großen Umgebung ist jedoch gerade bei markanten Grauwertverläufen nötig, um die Kennwerte der Grauwertstrukturen genügend genau zu bestimmen. Eine Möglichkeit zur Reduzierung der Rechenzeit ist die Durchführung des Verfahrens innerhalb einer Bildpyramide. Die höhere Genauigkeit, die durch das hier vorgestellte Verfahren erzielt wird, sollte jedoch die Ermittlung von Eigenschaften der aufgenommenen dreidimensionalen Szene erleichtern und die Zuverlässigkeit dieser Ergebnisse erhöhen und damit den größeren Aufwand rechtfertigen.

Möglichkeiten zur Erweiterung des Modells ist z.B. die Verwendung linear ansteigender (fallender) Grauwertebenen anstelle konstanter Grauwertplateaus oder die Modellierung gekrümmt zulaufender Konturen zum ausgezeichneten Punkt des Grauwertverlaufs.

Dank

H.-H. Nagel danke ich für seine Anregung eine T-Verbindung mit einer hochauflösenden Kamera aufzunehmen und für seine Idee das Modell der Grauwertecke auf das Modell der T-Verbindung in Abb. 2 zu erweitern. C. Schnörr und J. Rieger danke ich für anregende Diskussionen und ihre Hilfe in vielerlei Hinsicht. Außerdem danke ich G. Hager, A. Korn, H.-H. Nagel, J. Rieger und C. Schnörr für eine kritische Durchsicht der Arbeit. C. Müller war mir bei der Aufnahme von Abb. 10 behilflich.

Literatur

[Abramowitz & Stegun 65] *Handbook of Mathematical Functions*, M. Abramowitz, I.A. Stegun, Dover Publications New York 1965

[Bergholm 87] *Edge Focusing*, F. Bergholm, IEEE Transactions on Pattern Analysis and Machine Intelligence 9 (1987) 726-741

[Berzins 84] *Accuracy of Laplacian Edge Detectors*, V. Berzins, Computer Vision, Graphics, and Image Processing 27 (1984) 195-210

[Korn 88] *Towards a Symbolic Representation of Intensity Changes in Images*, A.F. Korn, IEEE Transactions on Pattern Analysis and Machine Intelligence 10 (1988) 610-625

[Nagel 83a] *Displacement Vectors Derived from Second-Order Intensity Variations in Image Sequences*, H.-H. Nagel, Computer Vision, Graphics, and Image Processing 21 (1983) 85-117

[Nagel 83b] *Constraints for the Estimation of Displacement Vector Fields from Image Sequences*, H.-H. Nagel, Proc. IJCAI-83, Karlsruhe, 8.-12. August 1983, 945-951

[Nagel 87] *Principles of (Low-Level) Computer Vision*, in "Fundamentals in Computer Understanding: Speech and Vision", J.-P. Haton (ed.), Cambridge University Press, Cambridge/UK 1987, 113-139

[Powell 64] *An efficient method for finding the minimum of a function of several variables without calculating derivatives*, M.J.D. Powell, Computer Journal 7 (1964) 155-162

[Press et al. 88] *Numerical Recipes*, W.H. Press, B.P. Flannery, S.A. Teukolsky, W.T. Vetterling, Cambridge University Press, Cambridge New York 1988

[Rohr 87] *Untersuchung von grauwertabhängigen Transformationen zur Ermittlung des optischen Flusses in Bildfolgen*, K. Rohr, Diplomarbeit, Institut für Nachrichtensysteme, Universität Karlsruhe, 1987

[Rohr 90] *Modeling and Identification of Characteristic Intensity Variations in Real-World Images*, K. Rohr, Hausbericht Nr. 10211, Fraunhofer-Institut für Informations- und Datenverarbeitung (IITB), Karlsruhe, Januar 1990, zur Veröffentlichung eingereicht

[Waltz 75] *Understanding Line Drawings of Scenes with Shadows*, D. Waltz, in "The Psychology of Computer Vision", P.H. Winston (ed.), McGraw-Hill, New York 1975, 19-91

[Wolf 85] *Lineare Systeme und Netzwerke*, H. Wolf, Springer-Verlag, Berlin Heidelberg New York Tokyo 1985

Detektion von Symmetrien polyedrischer Objekte

X. Y. Jiang , H. Bunke
Institut für Informatik und angewandte Mathematik
Universität Bern, Länggassstraße 51, 3012 Bern, Schweiz

Zusammenfassung

In diesem Beitrag wird ein Algorithmus zur Bestimmung von Symmetrien polyedrischer Objekte vorgestellt. Der Algorithmus hat eine Zeitkomplexität von $O(m(n + m + h))$ wobei n, m und h jeweils die Anzahl Ecken, Kanten und Flächen des Objektes repräsentieren. Für ein Objekt mit c disjunkten Zusammenhangskomponenten erhöht sich die Zeitkomplexität auf $O(m(cn + m + h))$. Der Speicherbedarf beträgt $O(n + m + h)$. Die Symmetrieinformation kann zu unterschiedlichen Zwecken im Bereich des Bildverstehens verwendet werden, insbesondere zur Steigerung der Effizienz bei der Modelldarstellung und Objekterkennung.

1 Einführung

Im Bildverstehen kann Symmetrieinformation zu unterschiedlichen Zwecken eingesetzt werden. Ein interessanter Anwendungsbereich liegt in der effizienten Darstellung und Speicherung von symmetrischen Objekten [3, 11]. Bei der Erkennung und Lagebestimmung von symmetrischen Objekten durch Sichtsysteme ist eine Symmetrieanalyse ebenfalls vorteilhaft [3, 8, 9]. In [8, 9] wird die Symmetrieinformation beispielsweise in das zur Erkennung dienende Suchverfahren miteinbezogen, um die aus Symmetrie resultierenden äquivalenten Szeneninterpretationen zu vermeiden. Somit leistet Symmetrieinformation einen bedeutenden Beitrag zur Effizienzsteigerung des Erkennungsverfahrens.

Bei modellbasierten Ansätzen zur Objekterkennung verfügt ein Sichtsystem über eine Modellbeschreibung aller möglichen Objekte. Eine Methode zur Generierung der Modellbeschreibungen besteht darin, sie vollautomatisch aus CAD-Modellen abzuleiten [7]. Dieser Ansatz ist besonders dort vorteilhaft, wo die CAD-Modelle ohne zusätzlichen Aufwand aus der Konstruktionsphase der zu erkennenden Teile bereits zur Verfügung stehen, wie z.B. in industriellen Anwendungen. CAD-Modelle enthalten jedoch meistens keinerlei Symmetrieinformation. Information dieser Art muß erst aus den vorhandenen topologischen und geometrischen Daten gewonnen werden. In diesem Beitrag wird ein Verfahren zur Detektion von Symmetrien polyedrischer Objekte vorgestellt. Die Motivation liegt darin, die Vollautomatisierung der Modellgenerierung zu gewährleisten.

2 Problemstellung

Ein polyedrisches Objekt P mit n Ecken, m Kanten und h Flächen kann durch ein Tripel (V, E, F) mit

$$
\begin{aligned}
V &= \{v_1, v_2, \ldots, v_n\} \\
E &= \{e_k = (v_{k1}, v_{k2}) \mid k = 1, 2, \ldots, m\} \\
F &= \{f_k = (v_{k1}, v_{k2}, \ldots, v_{kl}) \mid k = 1, 2, \ldots, h\}^1
\end{aligned}
\tag{1}
$$

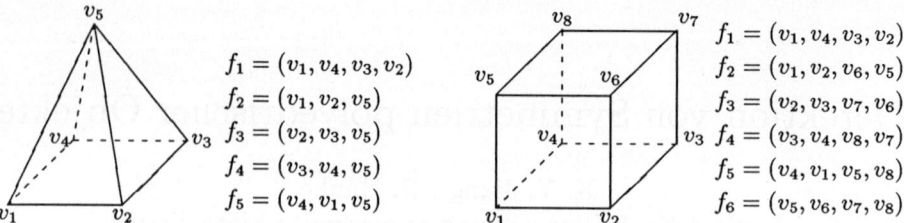

$$f_1 = (v_1, v_4, v_3, v_2)$$
$$f_2 = (v_1, v_2, v_5)$$
$$f_3 = (v_2, v_3, v_5)$$
$$f_4 = (v_3, v_4, v_5)$$
$$f_5 = (v_4, v_1, v_5)$$

$$f_1 = (v_1, v_4, v_3, v_2)$$
$$f_2 = (v_1, v_2, v_6, v_5)$$
$$f_3 = (v_2, v_3, v_7, v_6)$$
$$f_4 = (v_3, v_4, v_8, v_7)$$
$$f_5 = (v_4, v_1, v_5, v_8)$$
$$f_6 = (v_5, v_6, v_7, v_8)$$

Abbildung 1: Eine quadratische Pyramide und ein Würfel

definiert werden. Hierbei stellt V die Menge der Ecken dar. E ist die Menge der Kanten. Bei F handelt es sich um die Menge der orientierten Flächen, die hier durch ihren jeweiligen Eckenzug definiert sind. Ein Eckenzug ist im Gegenuhrzeigersinn geordnet, wobei die Fläche von außen betrachtet wird. In dieser Arbeit behandeln wir keine Spiegelungssymmetrie, sondern ausschließlich Rotationssymmetrie. Dies ist durch die in Abschnitt 1 erläuterte Motivation bedingt. Eine Rotationssymmetrie $Sym(\theta, R)$ liegt vor, falls eine bijektive Abbildung $\theta : V \to V$ sowie eine räumliche Rotation, repräsentiert durch eine 3×3 Rotationsmatrix R, existieren, so daß

1. $v_k \in V \implies R \cdot v_k = \theta(v_k)$.
2. $(v_k, v_j) \in E \implies (\theta(v_k), \theta(v_j)) \in E$. (2)
3. $f_k = (v_{k1}, v_{k2}, \ldots, v_{kl}) \in F \implies \theta(f_k) = (\theta(v_{k1}), \theta(v_{k2}), \ldots, \theta(v_{kl})) \in F$.

Unsere Aufgabe besteht darin, sämtliche bijektiven Abbildungen θ zu finden, die den Bedingungen 1-3 genügen.

3 Der Algorithmus

Als erster (naiver) Ansatz zur Bestimmung aller Rotationssymmetrien könnte die triviale generiere-und-teste Methode dienen. Man generiert hierbei alle bijektiven Abbildungen $\theta : V \to V$ und testet anschließend, ob Bedingungen 1–3 aus (2) erfüllt sind. Eine andere Variante wäre, alle Automorphismen des Ecken-Kanten-Graphen (V, E) zu bestimmen. Da ein Automorphismus neben der Bijektivität auch die Bedingung 2 erfüllt, bleiben hier nur noch die Bedingungen 1 und 3 zu testen. Diese beiden Ansätze sind jedoch von exponentieller Komplexität. Im folgenden werden wir einen verfeinerten Hypothese-und-Verifikation Ansatz vorstellen, der ein Verfahren von niedriger polynomialer Zeitkomplexität liefert. Aus allgemeiner Sicht beruht dieser Ansatz auf ähnlichen Ideen wie der in [4] vorgeschlagenen Methode zur Objekterkennung.

3.1 Datenstrukturen

Zuerst führen wir die vom Algorithmus verwendeten Datenstrukturen ein. Als erstes wird das Koordinatensystem so transformiert, daß der Schwerpunkt der Eckenmenge V der neue Ursprung O wird[2]. Wir verwenden zwei Listen: die Ecken- und Flächenliste. Jede Ecke v_k wird in der Eckenliste dargestellt durch seine Koordinaten und eine verkettete Liste, in welcher jede Nachbarecke v_j sowie die Kennzeichnung der links von der gerichteten Kante $\overline{v_k v_j}$ stehenden Fläche abgespeichert

---

[1]Der Index l, der die Anzahl der Ecken einer Fläche angibt, ist i.a. von k abhängig. Zur Vereinfachung der Notation wird diese Abhängigkeit hier nicht explizit dargestellt.

[2]Eigentlich sollte der neue Ursprung mit dem Massenmittelpunkt des Objektes übereinstimmen. Da Symmetrie der Eckenmenge eine notwendige Bedingung für die Symmetrie des Objektes darstellt, können wir hier den wesentlich einfacher zu berechnenden Schwerpunkt der Eckenmenge nehmen.

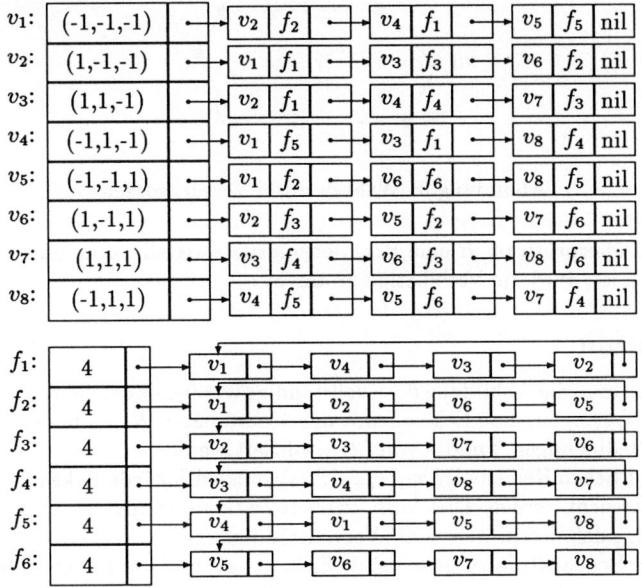

v_1:	(-1,-1,-1)		v_2	f_2		v_4	f_1		v_5	f_5	nil
v_2:	(1,-1,-1)		v_1	f_1		v_3	f_3		v_6	f_2	nil
v_3:	(1,1,-1)		v_2	f_1		v_4	f_4		v_7	f_3	nil
v_4:	(-1,1,-1)		v_1	f_5		v_3	f_1		v_8	f_4	nil
v_5:	(-1,-1,1)		v_1	f_2		v_6	f_6		v_8	f_5	nil
v_6:	(1,-1,1)		v_2	f_3		v_5	f_2		v_7	f_6	nil
v_7:	(1,1,1)		v_3	f_4		v_6	f_3		v_8	f_6	nil
v_8:	(-1,1,1)		v_4	f_5		v_5	f_6		v_7	f_4	nil

f_1:	4		v_1		v_4		v_3		v_2
f_2:	4		v_1		v_2		v_6		v_5
f_3:	4		v_2		v_3		v_7		v_6
f_4:	4		v_3		v_4		v_8		v_7
f_5:	4		v_4		v_1		v_5		v_8
f_6:	4		v_5		v_6		v_7		v_8

Abbildung 2: Datenstrukturen am Beispiel des Würfels

sind. Jede Fläche f_k wird repräsentiert durch die Anzahl Ecken sowie den Eckenzug in Form einer Ringliste. In Abb.2 wird diese Datenstruktur am Beispiel des Würfels veranschaulicht.

3.2 Bildung der Hypothesen

Aufgrund der Tatsache, daß drei Ecken und ihre rotierten Versionen die Rotation eindeutig bestimmen, kann die Hypothese-und-Verifikation Strategie wie folgt formuliert werden. Man bilde alle möglichen Abbildungen für drei Ecken v_{i1}, v_{i2}, v_{i3} und berechne daraus die Rotationsmatrix R (Hypothesenbildung). Nun können die Bilder der übrigen Ecken $v_{i4}, v_{i5}, \ldots, v_{in}$ in bezug auf θ eindeutig bestimmt werden, da das Bild von v_{ij}, $\theta(v_{ij})$, die Koordinaten $R \cdot v_{ij}$ haben muß. Nach der Vervollständigung von θ können dann die Bedingungen 2 und 3 überprüft werden (Verifikation).

Bei einer willkürlichen Wahl der Versuchsecken v_{i1}, v_{i2}, v_{i3}, wie z.B. v_1, v_2, v_3, ergeben sich $n(n-1)(n-2)$ Hypothesen. Mit einer anderen Auswahlstrategie kann diese Zahl jedoch stark verringert werden. Wir wählen nämlich drei aufeinanderfolgende Ecken eines Eckenzugs einer Fläche (siehe Abb.3). Um die Rotationsmatrix berechnen zu können, muß noch die Bedingung, daß die drei Vektoren $\overline{Ov_{i1}}$, $\overline{Ov_{i2}}$ und $\overline{Ov_{i3}}$ nicht koplanar sind, erfüllt sein[3]. Die Ecken v_{i1}, v_{i2}, v_{i3} können leicht mit einer Suche in der Datenstruktur von Abb.2 bestimmt werden. Insgesamt ergeben sich $2m$ verschiedene Hypothesen, die mit einer Zeitkomplexität von $O(m)$ gefunden werden.

Für alle $2m$ Möglichkeiten dreier aufeinanderfolgender Ecken eines Eckenzugs v_{j1}, v_{j2}, v_{j3} wird eine Hypothese: $\theta(v_{i1}) = v_{j1}$, $\theta(v_{i2}) = v_{j2}$, $\theta(v_{i3}) = v_{j3}$ gebildet. Die Transformationsmatrix R von v_{i1}, v_{i2}, v_{i3} nach v_{j1}, v_{j2}, v_{j3} wird wie folgt bestimmt

$$R = [v_{i1}\ v_{i2}\ v_{i3}]^{-1} \cdot [v_{j1}\ v_{j2}\ v_{j3}]$$

---

[3]Die Existenz drei entsprechender Ecken ist immer garantiert.

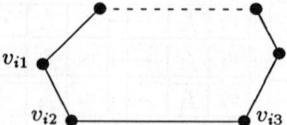

Abbildung 3: Wahl der drei Versuchsecken

Anschließend wird überprüft, ob R eine Rotationsmatrix darstellt, d.h. ob $RR^T = I_3$ gilt. Falls der Test erfolgreich ist, wird die Verifikation gestartet.

3.3 Verifikation

Für jede Hypothese muß die Abbildung θ vervollständigt werden, indem überprüft wird, ob sich für jede Ecke v_{ik}, $k = 4, 5, \ldots, n$, eine Ecke v_{jk} mit den Koordinaten $R \cdot v_{ik}$ finden läßt. Anschließend müssen noch die Bedingungen 2 und 3 von (2) verifiziert werden.

Bei einer willkürlichen Reihenfolge $v_{i4}, v_{i5}, \ldots, v_{in}$ müssen für jede Ecke v_{ik} jeweils alle verbleibenden Ecken untersucht werden. Dies führt zu einer Zeitkomplexität von $O(n^2)$. Wir werden eine spezielle Reihenfolge definieren, welche die Vervollständigung von θ in $O(n)$ Zeit ermöglicht. Dabei ist die folgende Beobachtung entscheidend. Falls v_{ik} mit v_{ij} $(j < k)$ benachbart ist, muß $\theta(v_{ik})$ aufgrund der Bedingung 2 Nachbar von $\theta(v_{ij})$ sein. Darum suchen wir eine Reihenfolge mit der Eigenschaft

$$\forall v_{ik} (\exists v_{ij} (1 \le j < k \land (v_{ik}, v_{ij}) \in E)).$$

Anders ausgedrückt, bei der Wahl einer neuen Ecke berücksichtigen wir nur solche Elemente v_{ik}, die mit mindestens einer Ecke v_{ij} der bisher ausgewählten benachbart ist. Diese spezielle Reihenfolge läßt sich mit dem in Abb.4 angegebenen Algorithmus finden. Dabei muß die Nachbarliste von $l < n$ Ecken durchlaufen werden. Somit hat dieser Algorithmus eine Zeitkomplexität von $O(m)$. Für den Würfel lautet diese Reihenfolge beispielsweise $v_1, v_2, v_6, v_5, v_7, v_3, v_8, v_4$ falls v_1, v_2, v_6 als die drei Versuchsecken ausgewählt werden. Mit dieser Reihenfolge müssen nun bei der Suche nach dem Bild von v_{ik} nicht mehr alle verbleibenden Ecken sondern nur noch die Nachbarn von $\theta(\text{vorgaenger}[v_{ik}])$ untersucht werden. Somit müssen insgesamt nur $O(n)$ Tests für jede Hypothese durchgeführt werden[4].

Eine erfolgreiche Vervollständigung von θ bedeutet, daß die Eckenmenge V rotationssymmetrisch ist. Ob das Objekt rotationssymmetrisch ist, muß noch anhand der Bedingungen 2 und 3 in (2) überprüft werden. Man beachte, daß die Bedingung 3 die Bedingung 2 impliziert, aber nicht umgekehrt. Somit reicht es aus, nur die dritte Bedingung von (2) zu überprüfen. Der entsprechende Algorithmus ist in Abb.5 angegeben. Für jede Fläche $f_k = (v_{k1}, v_{k2}, \ldots, v_{kl})$ wird nach einer Fläche $f_{k'}$ mit dem Eckenzug $\theta(f_k) = (\theta(v_{k1}), \theta(v_{k2}), \ldots, \theta(v_{kl}))$ gesucht. Dies geschieht folgendermassen. Falls $f_{k'}$ tatsächlich existiert, muß $\theta(v_{k2})$ in der Nachbarliste von $\theta(v_{k1})$ enthalten sein. Dort ist dann aber auch $f_{k'}$ gespeichert. Nun wird im Eckenzug der Fläche $f_{k'}$ nach $\theta(v_{k1})$ gesucht. Ab $\theta(v_{k1})$ wird der Eckenzug von $f_{k'}$ mit dem Eckenzug $\theta(f_k)$ verglichen. Die Bedingung 3 ist genau dann erfüllt wenn alle Flächen diesen Test bestehen. Sei $l_k, k = 1, 2, \ldots, h$, die Anzahl Ecken der Fläche f_k. Um $\theta(v_{k1})$ im Eckenzug von $f_{k'}$ zu finden, sind maximal $l_{k'} = l_k$ Vergleiche nötig. Die anschließende Gleichheitsprüfung zwischen $\theta(f_k)$ und $f_{k'}$ benötigt nochmals $l_{k'}$ Vergleiche. Insgesamt sind also maximal

$$2 \cdot \sum_{k=1}^{h} l_{k'} = 4m$$

---

[4]Wir gehen hier von der - bei praktischen Anwendungen immer gegebenen - Voraussetzung aus, daß die Anzahl der Nachbarn einer Ecke nach oben beschränkt ist.

```
for i := 1 to to n do vorgaenger_gefunden[$v_i$] := false;
vorgaenger_gefunden[$v_{i1}$] := true;
vorgaenger_gefunden[$v_{i2}$] := true;
vorgaenger_gefunden[$v_{i3}$] := true;
push(Stack,$v_{i1}$); push(Stack,$v_{i2}$); push(Stack,$v_{i3}$);
k := 4;
while k ≤ n do begin
    p := pop(Stack);
    forall q ∈ Nachbarschaft(p) do
        if not vorgaenger_gefunden[q] then begin
            $v_{ik}$ := q; vorgaenger[$v_{ik}$] := p;
            push(Stack,q);
            vorgaenger_gefunden[q] := true;
            k := k+1;
        end;
end;
```

Abbildung 4: Algorithmus zum Auffinden der Verifizierungsreihenfolge

```
bedingung3_erfuellt := false;
forall $f_k$ = ($v_{k1}, v_{k2}, \ldots, v_{kl}$) ∈ F do begin
    suche {$\theta(v_{k2}), f_{k'}$} in der Nachbarliste von $\theta(v_{k1})$;
    if not gefunden then exit ;
    if Anzahl_Ecken($f_k$) ≠ Anzahl_Ecken($f_{k'}$) then exit ;
    suche im Eckenzug von $f_{k'}$ bis $\theta(v_{k1})$ gefunden wird;
    if $\theta(f_k)$ ≠ Eckenzug der Fläche $f_{k'}$ then exit ;
end;
bedingung3_erfuellt := true;
```

Abbildung 5: Algorithmus zur Überprüfung der Bedingung 3

Vergleiche für diesen Schritt vonnöten. Falls die Verifikation erfolgreich verläuft, wird die gerade gefundene Symmetrie registriert.

Nun sind wir in der Lage, den gesamten Algorithmus zu formulieren (siehe Abb.6). Die ersten zwei Schritte erfolgen in $O(m)$ Zeit. Die Hauptschleife von Hypothesenbildung und Verifikation läuft $2m$-mal. Dabei benötigt die Vervollständigung von θ $O(n)$ Vergleiche, während der Test der Bedingung 3 $O(m)$ Vergleiche beansprucht. Die Registrierung der Symmetrie erfolgt in $O(n + h)$ Schritten. Somit hat der Algorithmus eine gesamte Zeitkomplexität von $O(m(n + m + h))$. Der Speicherbedarf beträgt $O(n + m + h)$.

4 Erweiterung für Polyeder mit disjunkten Komponenten

Die bisherige Diskussion ging von Polyedern aus, deren Ecken-Kanten-Graph zusammenhängend ist. Im Gegensatz dazu existieren auch Polyeder, deren Ecken-Kanten-Graph in mehrere disjunkte Zusammenhangskomponenten zerfällt. Ein Beispiel ist in Abb.7 gezeigt. Die Behandlung derartiger Polyeder soll im vorliegenden Abschnitt diskutiert werden. Wir erweitern die Defintion (1) um die Menge L der sog. Schleifen (engl. loop) zu (V, E, L, F) [5]. Die Fläche f_1 in Abb.7 hat beispielsweise eine externe Schleife $l_1 = (v_5, v_6, v_7, v_8)$ und eine interne Schleife $l_2 = (v_{16}, v_{15}, v_{14}, v_{13})$. Im folgenden werden wir die Erweiterung anhand dieses Beispiels erläutern.

Die disjunkten Zusammenhangskomponenten eines Objekts können mit einem einfachen Al-

finde die Versuchsecken v_{i1}, v_{i2}, v_{i3};
finde die Verifizierungsreihenfolge $v_{i4}, v_{i5}, \ldots, v_{in}$;
forall $2m$ Hypothesen $\theta(v_{i1}) = v_{j1} \wedge \theta(v_{i2}) = v_{j2} \wedge \theta(v_{i3}) = v_{j3}$ **do begin**
   berechne die Transformationsmatrix R; ($\star$ $R \cdot v_{ik} = v_{jk}, k = 1, 2, 3$ $\star$)
   if not Rotationsmatrix(R) **then goto** naechste_hypothese;
   for k := 4 to n **do** ($\star$ Vervollständigung von θ $\star$)
     if $\exists\, v_{jk}(v_{jk} \in$Nachbarschaft$(\theta($vorgaenger$[v_{ik}]))\wedge R \cdot v_{ik} = v_{jk})$
      then $\theta(v_{ik}) := v_{jk}$
      else goto naechste_hypothese;
   teste Bedingung 3; ($\star$ Siehe Abb.5 $\star$)
   if bedingung3_erfuellt **then** registriere $(v_k, \theta(v_k)), (f_k, \theta(f_k))$;
naechste_hypothese:
end;

Abbildung 6: Algorithmus zur Bestimmung der Rotationssymmetrien eines Polyeders

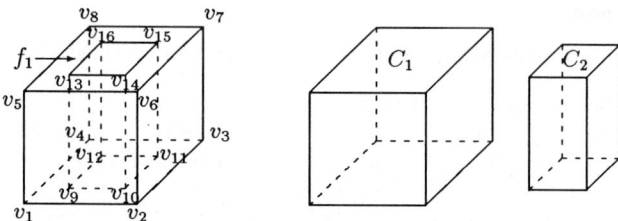

Abbildung 7: Ein Objekt mit einer Durchbohrung und dessen Zerlegung

gorithmus [6] gefunden werden. Das Beispielobjekt besitzt als Komponenten einen Würfel $C_1 = (V_1, E_1, F_1)$ und einen Quader $C_2 = (V_2, E_2, F_2)$. Offenbar ist das urprüngliche Objekt symmetrisch genau dann wenn das Pseudoobjekt $(V_1 \cup V_2, E_1 \cup E_2, F_1 \cup F_2)$ symmetrisch ist. Dazu kann der im letzten Abschnitt formulierte Algorithmus mit zwei kleinen Modifikationen eingesetzt werden. Nehmen wir an, daß v_1, v_2, v_6 als die drei Versuchsecken ausgewählt sind. Die Verifizierungsreihenfolge setzt sich mit v_5, v_7, v_3, v_8, v_4 fort (siehe Abschnitt 3.3). Da die Ecken in V_2 mit denjenigen in V_1 nicht benachbart sind, terminiert der Algorithmus zur Bestimmung der Verifizierungsreihenfolge. Nun muß getestet werden, ob weitere Komponenten existieren. Falls ja wird irgendeine Ecke einer weiteren Komponente ausgewählt und der Algorithmus fortgesetzt. Da eine solche Anfangsecke einer weiteren Komponente keinen benachbarten Vorgänger in der Verifizierungsreihenfolge besitzt, muß ihr Bild bei der Vervollständigung von θ aus sämtlichen Ecken von $V_1 \cup V_2$ ausgesucht werden. Falls es c Komponenten gibt, hat der modifizierte Algorithmus eine Zeitkomplexität von $O(m(cn + m + h))$.

5 Diskussion

Symmetrieanalyse hat verschiedene Anwendungen, auch im Bereich des Bildverstehens. Während in der Literatur hauptsächlich Symmetrie von Punktmengen [1] oder planaren Figuren [2] diskutiert wurde, haben wir in diesem Beitrag einen Algorithmus zur Detektion von Symmetrien polyedrischer Objekte vorgestellt. Der Algorithmus hat eine Zeitkomplexität von $O(m(cn + m + h))$. Der Speicherbedarf beträgt $O(n + m + h)$. Man beachte jedoch, daß diese Zeitkomplexität eine worst-case Analyse darstellt. Falls ein Objekt nicht hochgradig symmetrisch ist, wird es höchstwahrscheinlich der Fall sein, daß für viele Hypothesen sich die Abbildung θ nicht vervollständigen läßt. Somit kann die Vervollständigung frühzeitig abgebrochen werden. Der Test für die Bedingung 3 sowie die Registrierung der Symmetrie fällt auch weg. Darum ist die durchschnittliche Komplexität wesentlich kleiner als der worst-case.

Unser Algorithmus zeichnet sich durch seine Einfachheit und direkte Implementierbarkeit aus. Die in Abb.4, 5 und 6 angegebenen Programme in Pseudocode lassen sich in der Tat mit geringem Aufwand in eine Programmiersprache übersetzen. Unsere aktuelle Implementation wurde in Pascal geschrieben. Das komplette Programm besteht aus nur ca. 150 Zeilen.

Eine andere wichtige Eigenschaft des Algorithmus ist seine parallele Natur. Alle $2m$ Hypothesen können nämlich unabhängig voneinander verifiziert werden. Mit m Prozessoren erhalten wir einen parallelen Algorithmus mit einer Zeitkomplexität von $O(cn + m + h)$.

Unser Algorithmus ist von geometrischer Natur. Eine Alternative dazu bildet die symbolische Symmetrieanalyse [10]. Bei geeigneter Wahl der relationalen Beschreibung entsprechen die Symmetrietransformationen eines Objektes den Automorphismen seines Modells. Für die Klasse der symmetrietreuen Modelle kann ein allgemeines Verfahren zur symbolischen Symmetrieanalyse angegeben werden. Ohne diese Allgemeinheit zu beanspruchen ist unser Algorithmus geometrischer Natur jedoch wesentlich effizienter als das in [10] angegebene Verfahren.

Literaturverzeichnis

[1] H. Alt, et al. Congruence, similarity and symmetries of geometric objects, Discrete & Computational Geometry, Vol. 3, 237–256, 1988.

[2] M. J. Atallah, On symmetry detection, IEEE Trans. Computers, Vol. 34, 663–666, 1985.

[3] R. C. Bolles, R. A. Cain, Recognising and locating partially visible objects, Int. Journal of Robotics Research, Vol. 1, No. 3, 57–82, 1982.

[4] C. H. Chen, A. C. Kak, A robot vision system for recognizing 3-D objects in low-order polynomial time, IEEE Trans. on Systems, Man, and Cybernetics, Vol. 19, No. 6, 1535–1563, 1989.

[5] H. Chiyokura, Solid modelling with Designbase : theory and implementation, Addison-Wesley Publishing Company, 1988.

[6] L. De Floriani, E. Bruzzone, Decomposing a solid object into elementary features, in *Recent issues in pattern analysis and recognition* (V. Cantoni, et al. Eds.), Springer-Verlag, 226–237, 1989.

[7] T. Glauser, E. Gmür, X. Y. Jiang, H. Bunke, Deductive generation of vision representations from CAD-models, Proc. of 6th Scand. Conf. on Image Analysis, 645–651, Oulu, Finland, 1989.

[8] X. Y. Jiang, Ein modellbasiertes Erkennungssystem dreidimensionaler Objekte basierend auf Baumsuche und EGI-Vergleiche, PhD. Dissertation, Universität Bern, 1989.

[9] X. Y. Jiang, H. Bunke, Recognizing 3-D objects in needle maps, Proc. of 10th Int. Conf. on Pattern Recognition, 237–239, Atlantic City, New Jersey, 1990.

[10] B. Radig, C. Schlieder, Symbolische Symmetrieanalyse, in *Mustererkennung 1984* (W. Kropatsch, Ed.), Informatik-Fachberichte 87, Springer-Verlag, 283–289, 1984.

[11] M. Shneier, A compact relational structure representation, Proc. of 6th IJCAI, 818–826, Tokyo, 1979.

Erkennung natürlicher Bilder mit Hilfe
diskreter parametrischer Repräsentationen
und Assoziativspeichern[1]

H. Janßen, J. Kopecz, H. Mallot

Institut für Neuroinformatik
Lehrstuhl für Theoretische Biologie
der Ruhr Universität Bochum, 4630 Bochum, FRG

Abstract

We propose a pattern recognition system based on an architecture close to the one found in human visual cortex which is called Hypercolumns. We use this discrete parametric representation in connection with a sparsley coding associative memory. In principle the application of such a representation appears to be very well suited for data reduction and pattern recognition processes and is part of a *neural instruction set* [1].

1   Einleitung

Die Verarbeitung visueller Information im Nervensystem nutzt neben den Eigenschaften von Einzelzellen und einfachen neuronalen Netzen abstrakte Strukturprinzipien, die als evolutionäre Anpassung an die jeweilige Informationsverarbeitungsaufgabe aufgefaßt werden können. Beispiele solcher Struktur- und Verarbeitungsprinzipien sind etwa retinotopische Karten, Featuremaps, assoziative Speicherung oder Sensomotorik (*Active Vision*).

Angelehnt an solche Strukturen und Verarbeitungsprinzipien untersuchen wir einen *neuronalen Instruktionssatz*, der Datenverarbeitung in - verglichen mit herkömmlichen Rechnern - alternativen Strukturen ermöglichen soll.

Ein Beispiel dafür sind die bekannten *Hyperkolumnen* [2], ein im visuellen Cortex vorzufindendes Organisationsprinzip, in dem orientierungsselektive Zellen so angeordnet sind, daß eine diskrete parametrische Repräsentation entsteht, in der der Parameter Orientierung in den Ort kartiert wird. Die Grobstruktur erhält die topographischen Nachbarschaften des auf die Netzhaut gebrachten Bildes, während eine Mikrostruktur die Orientierungen in möglichst stetiger Weise für jeden Raumbereich beschreibt.

Im vorliegenden Beitrag wird am Beispiel der Mustererkennung gezeigt, wie sich eine solche Struktur auf natürliche Weise für eine massive Reduktion visueller Daten und der Wiedererkennung natürlicher Bilder und Szenen anbietet. Dabei zeigt sich, daß die diskrete Repräsentation als variabel und vielseitig verwendbare Struktur eine Grundlage für aufgaben- und wissensgesteuerte Bildverarbeitung bildet und damit in der Tat ein wesentliches Element neuronaler Informationsverarbeitung darstellt.

2   Theoretische Grundlagen der Kartierung und der assoziativen Bilderkennung

2.1   Erstellen der diskreten parametrischen Repräsentation

Im folgenden soll die diskrete parametrischen Repräsentation formal vorgestellt werden, sowie ihre Eigenschaften und mögliche Anwendungen kurz diskutiert werden.

---

[1] Unterstützt aus Mitteln des Bundesministeriums für Forschung und Technologie

Seien die Koordinaten $i \leq I, j \leq J \in \mathbb{N}$ eines 2- D Intervalls im Bildbereich, d.h. die Position einer Hyperkolumne (HK).

$u \leq U, v \leq V \in \mathbb{N}$ seien die Koordinaten innerhalb einer HK. Ein beliebiger Punkt auf der Cortexoberfläche ist somit durch 4 Koordinaten bezeichnet.

Eine diskrete parametrische Kartierung eines Bildintervalls i, j auf eine Hyperkolumne wird nun z.B. durch die Operation

$$h_{u,v}^{i,j} = \sum_{\nu,\mu} \left[\frac{f^{i,j}}{\|f^{i,j}\|} * g_{u,v} \right]^{\nu,\mu} \tag{1}$$

beschrieben.

Dabei ist

$h_{u,v}^{i,j} : \mathbb{R}^2 \to \mathbb{R}$ die Erregung einer Zelle an der Stelle u, v der HK i, j

$\nu, \mu \in \mathbb{N}$ die Pixelkoordinaten innerhalb eines gefalteten Bildintervalls i, j.

$\frac{f^{i,j}}{\|f^{i,j}\|}$ die normierte Grauwertfunktion im i, j- ten Bildsegment

$g_{u,v} : \mathbb{R}^2 \to \mathbb{R}$ die Menge von Gaborfunktionen mit K unterschiedlichen Orientierungen $(K = U \times V)$

$*$ sei durch eine Faltung realisiert.

d.h. die Erzeugung der HK läßt sich somit auffassen als die Anwendung einer $(I + U) \times (J + V)$ großen Filterbank auf ein Bild. Fig. (3) im nächsten Kapitel beschreibt diese Abbildung am Beispiel eines realen Bildes.

Die Größe der Datenreduktion, die in Fig.2 beispielhaft mit 20 angegeben wird, ist somit abhängig von

1. der Größe der Bildintervalle: je größer die Intervalle, desto größer die Reduktion (bei gleichzeitig hohem Informationsverlust)

2. der Zahl der orientierungsselektiven Zellen (d.h. der Filter)

Der Vorteil dieser Art diskreter Repräsentation z.B. verglichen mit der Hough Transformation, liegt darin, daß neben der Information über das Vorhandensein eines bestimmten Features, auch der Ort bekannt ist. Die Position im HK Raster codiert somit Orientierung und Ort, und zwar so, daß benachbarte Erregungen (weitgehend) ähnlichen Features an benachbarten Orten im Bild entsprechen, was die topographische Nachbarschaft dokumentiert, die für eine effiziente Codierung im Assoziativspeicher unverzichtbar ist. Man beachte, daß völlige Stetigkeit nicht erreichbar ist, da eine 3 dim. Struktur auf 2 Dimensionen abgebildet wurde. (Siehe dazu auch [3]).

Mit Hilfe dieser formalen Darstellung der Kartierung ist es nun möglich, Rechenoperationen auf diesem HK-Raster zu definieren, die z.B. der Regularisierung eines Vektorfeldes entsprechen.

2.2 Realisierung von Rechenoperationen im HK Raster

Durch lokale Bewertung der benachbarten Erregungen und Verschiebungen lassen sich so durch einfache geometrische Manipulationen z.B. durchgehende Linien oder Ecken im Bild verstärken, bzw Lücken zwischen Linien füllen, ein Effekt, der auch dem menschlichen visuellen System eigen ist.

Ziel der Regularisierung ist es, jedem ursprünglichen Bildsegment einen (Orientierungs-) Parameter zuzuordnen, der sich aus den Nachbarschaftsverhältnissen und den externen Anforderungen ("Wissen") ergibt. Betrachten wir im folgenden $\mathbf{h}^{i,j}$ als den Vektor, der die Gesamtheit aller orientierungsselektiven Zellen einer HK beschreibt; dann gelte für einen gegebenen Regularisierungsschritt:

$$\tilde{\mathbf{h}}^{i,j} = \mathbf{h}^{i,j} + \hat{W}_U \mathbf{h}^{U(i,j)} \tag{2}$$

wobei $U(i, j)$ die umgebenden Hyperkolumnen meint, speziell die nächsten Nachbarn.

$\hat{W}$ kann dabei als eine von der Nachbarschaft abhängige Wichtungsmatrix aufgefaßt werden, die allerdings zwei Eigenschaften hat:

1. Für jede Zelle einer HK, die auf die Präsentation einer Kante hin feuert, gibt $\hat{W}$ eine Verbindungsstärke zu allen Zellen derjenigen HK an, in deren Richtung die feuernde Zelle "zeigt". D.h. die Verknüpfung ist anisotrop und abhängig von der Struktur des präsentierten Bildes.

2. unabhängig davon kann je zwei Zellen in benachbarten Hyperkolumnen aufgrund ihrer relativen Orientierung zueinander eine Phasendifferenz zugeordnet werden, die, je nach Vorgabe einer Zwangsbedingung (siehe Abb. 1a) z.B. gleichorientierte Zellen bevorzugt und senkrecht zueinander stehende inhibiert. Diese Zwangsbedingung kann durch Assoziation des Assoziativspeichers auf die zu erwartenden Features bestimmt werden, was das Element des Vorwissens in die Datenverabeitung einbringt.

Diese Form der Wechselwirkung kann auch als Diffusions- Reaktionsgleichung mit anisotroper Diffusionskomponente aufgefaßt werden, was aber hier nicht weiter verfolgt werden soll.

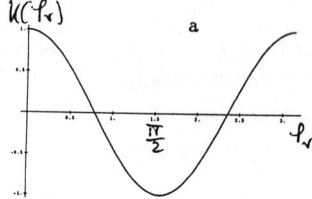
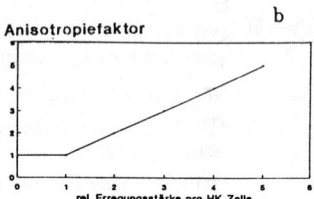

Abb. 1: *a: Zwangsbedingung k(φ_r), die die Beziehung zwischen Gewichtsfaktoren und relativen Phasen der HK- Zellen beschreibt. Gefordert ist hier die bestmögliche Fortsetzung von Geradenelementen; Signale, die relative Phasen von $\frac{\pi}{2}$ haben, werden inhibiert. b: Modellierung der Anisotropie in den Verknüpfungen; ihre Amplitude ist abhängig von der Erregungsstärke einer Zelle.*

2.3 Wissensrepräsentation in spärlich codierten Assoziativspeichern

Die hohe Datenreduktion, die bei einer Hyperkolumnenkartierung erzielt wird, wirft die Frage auf, welche (verhaltens-)relevante Information des Originalbildes erhalten bleibt und wie diese innerhalb eines komplexen Gesamtsystems genutzt werden kann. Ein Mustererkennungsverfahren auf der Basis der HK-Kartierung - wie es hier vorgestellt werden soll - bietet die Möglichkeit diese Frage näher zu untersuchen. Zudem ist es wegen der großen Informationsreduktion möglich, ein solches Verfahren mit praktikabler Geschwindigkeit und Speicherbedarf zu implementieren. Weitere Zielstellungen für das im folgenden skizzierte System sind Robustheit des Algorithmus und eine Fehlerabschätzung des Ergebnisses. Anzustreben sind ferner eine gewisse Translations- und Skalierungsinvarianz; eine grobe Positionierung des zu erkennenden Features soll jedoch von anderen Teilen des Systems sichergestellt werden.

Gegeben sei eine diskrete parametrische Repräsentation $\mathbf{x}$ mit $\mathbf{x} \in \mathbb{R}^m$, $m = I * J * K$. Im Fall der zuvor diskutierten Hyperkolumnenrepräsentation erhält man diese mit[2]

$$\mathbf{x} = (x)_M, \quad x_M = h_k^{i,j} \quad \text{mit} \quad M = k + i * K + j * I * K, \tag{3}$$

d.h. die dreidimensionale diskrete Erregungsverteilung wird zu einem eindimensionalen Vektor transformiert, wobei die topographische Nachbarschaft zerstört wird und nur die Orientierungsabfolge erhalten bleibt. Dieser Vektor $\mathbf{x}$ wird nun in einen binären Vektor[3]

$$\mathbf{p} = \hat{C}\mathbf{x} \quad \text{mit} \quad \mathbf{p} \in \mathbb{B}^m \tag{4}$$

codiert. Der Codierungsoperator $\hat{C}$ wird später ausführlich diskutiert werden, zunächst sei nur gefordert, daß gilt:

$$\sum_{i=1}^{m} p_i = w \quad \text{mit} \quad 0 \leq w \leq m \quad \text{für alle } \mathbf{p}. \tag{5}$$

---

[2]Die Indizes u, v sind im folgenden zu einem Index k für die Orientierungen in einer Hyperkolumne zusammengefaßt.

[3]Wenn hier und im folgenden von binären Vektoren gesprochen wird, sind darunter Elemente aus Vektorräumen über $\mathbb{R}$ zu verstehen, deren Elemente aus einer Teilmenge von $\mathbb{R}$, nämlich aus $\mathbb{B} = \{0,1\}$ stammen. Entsprechendes gilt für Matrizen.

Die transformierten und codierten Mustervektoren **p** sind also binäre Vektoren mit einer konstanten Zahl von Eins-Elementen. Diese Muster werden nun in einem Assoziativspeicher abgelegt. Das verwendete Modell ist ein spärlich codierter binärer Assoziativspeicher, wie er ähnlich von Palm [4,5] vorgeschlagen wurde.

Der Speicher selbst ist eine Matrix $\mathbf{S} = (s)_{i,j} \in \mathbb{B}^{m \times n}$, in die die zu lernenden Muster als Spaltenvektoren eingetragen werden. Es können also maximal n Muster gelernt werden. Bei einer Anfrage wird ein beliebiges Eingangsmuster $\mathbf{p}^k$, aus einem Mustersatz K mit der Speichermatrix multipliziert:

$$\mathbf{q}^{k^T} = \mathbf{p}^k \mathbf{S} \quad \text{mit } \mathbf{q}^k \in \mathbb{N}^n, \mathbf{p}^k \in \{0,1\}^m, k \in \mathbb{N}. \tag{6}$$

Ein Element q_i^k mit $i \in \{1, \ldots, n\}$ beinhaltet die Korrelation des Eingangsvekors $\mathbf{p}_k$ mit dem gespeicherten Vektor $\mathbf{p}_i$, und damit ein Maß für die Ähnlichkeit der beiden binären Muster.

Der hier verwendete Assoziativspeichertyp bietet neben Einfachheit den Vorteil einer effektiven Implementationsmöglichkeit auf herkömmlichen Rechnerarchitekturen sowie eine interessante mathematische Eigenschaft: Da in jedem Mustervektor **p** w Eins-Elemente enthalten sind, enthält die Matrix insgesamt $W = wn$ Eins-Elemente. Die Zahl der Eins-Elemente in einem Zeilenvektor j

$$z_j = \sum_{i=1}^{n} s_{ij} \tag{7}$$

ist aber ein Maß für die Qualität eines Features. Gilt nämlich

$$z_j \simeq W/m \quad \text{für alle } j \leq m, \tag{8}$$

so tragen alle Features in gleichem Maß zur Klassifikation der Pattern bei, während starkes Schwanken der Zeilensummen z_j auf eine ungünstige Auswahl des Features bezogen auf diesen Mustersatz hindeutet.

Ein erheblicher Geschwindigkeitsgewinn bei sequentieller Implementierung ergibt sich, wenn die Mustervektoren spärlich codiert werden, d.h. $u \ll m$. In diesem Fall braucht nicht die gesamte Matrix mit einem Anfragevektor multipliziert werden, sondern nur die wenigen Zeilen, deren korrespondierende Vektorelemente gleich Eins sind.

Nun soll näher untersucht werden, welche Codierungen geeignet sind, um die Korrelationen der binären Vektoren, in einer sinnvollen Art und Weise mit Musterähnlichkeiten realer Bilder in Beziehung zu setzen. Eine im Sinne der Klassifikationseigenschaften geeignete Codierung kann wegen der nicht exakt formulierbaren Eigenschaft 'Ähnlichkeit' nur auf heuristischem Wege erhalten werden. Wie in Abb. 5a zu sehen ist, ist die Erregungsverteilung innerhalb einer Hyperkolumne redundant: im wesentlichen enthält sie die Information, welche Orientierung vorherrschend ist (Position des Maximums), und die ungefähre Stärke der Kante (Amplitude der Erregungsverteilung). Diese beiden Parameter sollen nun grob codiert werden, so daß zwei in diesem Sinne ähnliche Muster eine hohe Korrelation aufweisen.

Die erste Möglichkeit ist, das Maximum der Erregungsverteilung in jeder Hyperkolumne als Bit-Pattern mit einer 1 für das Maximum der Erregung und 0 sonst zu codieren. Um auch bei leichter Drehung der Kante noch positive Korrelationswerte zu erhalten, müssen allerdings auch die Nachbarorientierungen quasi 'mitcodiert' werden. Entsprechend läßt sich auch eine grobe Codierung der Kantenstärke erreichen: eine größere Erregungsamplitude wird mit mehr Eins-Elementen codiert als ein wenig ausgeprägtes Histogramm.

Ein Problem dieses ersten Ansatzes ist die verschiedene Zahl von Eins-Elementen die für die Codierung einer Hyperkolumne benötigt wird. Wegen der Abschätzung der Featurequalitäten nach (8) und um die Korrelationswerte direkt als Ähnlichkeitsmaß verwenden zu können, sollte (5) eingehalten werden. Dies kann mit einer Zufallsverteilung der 'überschüssigen' Einsen erreicht werden; als Zwangsbedingung formuliert bedeutet das:

$$\forall_{r=0}^{m/h-1} \sum_{s=1}^{K} p_{s+r*K} = w/K \tag{9}$$

mit K als Anzahl der Orientierungen in einer Hyperkolumne. Es handelt sich also um eine erhebliche Verschärfung der Bedingung (5). Dieses Verfahren soll im folgenden einfach als *lokale Codierung* beizeichnet werden.

Auch die lokale Codierung löst aber das grundsätzliche Problem der bei realen Bildern sehr unterschiedlich ausgeprägten Erregungsverteilung nicht. Prinzipiell vorzuziehen ist daher der Ansatz, nicht lokal, d.h. in diesem Fall innerhalb einer Hyperkolumne, die Zahl der Eins-Elemente konstant zu halten, sondern dies lediglich global,

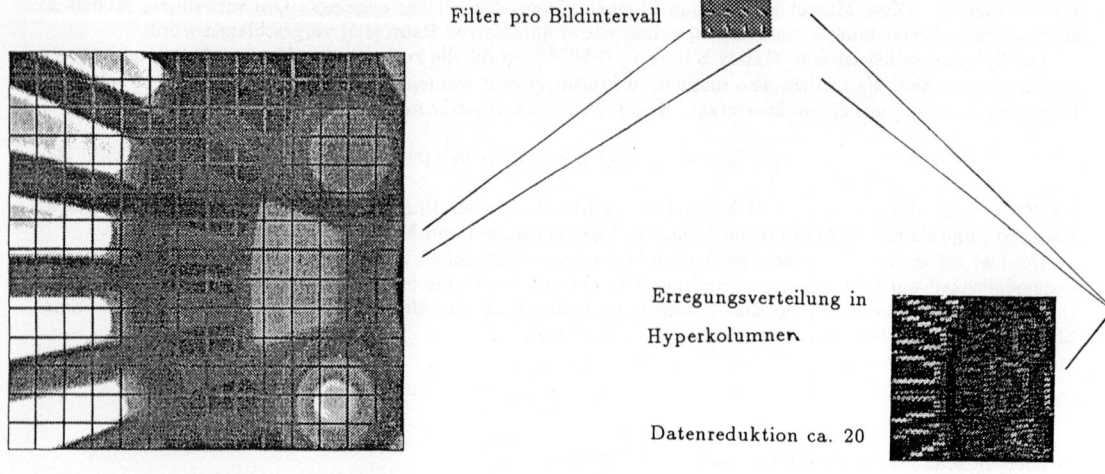

16 orientierungsselektive

Filter pro Bildintervall

Erregungsverteilung in

Hyperkolumnen

Datenreduktion ca. 20

Abb. 2: *Darstellung der diskreten Kartierung mit einem realen Bild. Der Faktor der Datenreduktion ergibt sich aus der Zahl der gewählten Orientierungen und der Größe der Bildintervalle.*

d.h. bezogen auf den ganzen Mustervektor zu tun. Dies kann erreicht werden, wenn man für alle Bilder eine konstante Zahl *relevanter* Features voraussetzt und außerdem eine einfache Beziehung zur Berechnung des Relevanzwertes fordert. Als sinnvolle Größe erweist sich hier wieder die Amplitude des Erregungshistogramms einer Hyperkolumne.

Formal läßt sich diese Codierung schreiben:

$$C(h_k^{ij}) = G(M(h_k)^{ij}, \mathbf{r}) \qquad \text{mit } M : \mathbb{R}^K \mapsto \{1, \ldots, K\} \times \mathbb{R} \tag{10}$$
$$\text{und } G : \{1, \ldots, K\}^{IJ} \times \mathbb{R}^{IJ} \mapsto \mathbb{B}^{IJK}.$$

Durch Anwendung von $\hat{M}(u, v, t)$ erhält man für jede Hyperkolumne die maximale Orientierung sowie die Erregungsamplitude. Durch Anwendung von $\hat{G}(i, j, \mathbf{r})$ erhält man aus den Orientierungsmaxima und Erregungsamplituden aller Hyperkolumnen den Codevektor. Dabei ist $\mathbf{r}$ ein Parametersatz, mit dem $\hat{G}$ in weitem Maße variiert werden kann: Unschärfe der Codierung, Gesamtzahl der mit Einsen zu codierenden HKs und evtl. mehrere Stufen der Codierungsstärke. Ein Beispiel für eine solche *globale Codierung* wird bei der Diskussion der Implementierung kurz vorgestellt werden.

3 Implementierung des Systems, Anwendung zur Erkennung natürlicher Bilder

3.1 Aufbau der diskreten Kartierung und Regularisierung

Die Realisierung der diskreten Kantendetektion geschieht momentan durch eine Faltung eines jeden Bildintervalles mit einer Sequenz modifizierter Gaborfilter und anschließender Summation, die als Ergebnis jeweils eine Zahl liefern, die die Güte jeder Orientierung im Bildintervall repräsentiert, bzw. als Erregung eines entsprechenden Neurons interpretiert werden kann.

Helligkeit und Position codieren damit eine spezifische Kante an einer gegebenen Position im Originalbild. Für jede HK kann das Ergebnis der Operation von Gl.1 durch ein Histogramm der Erregungen dargestellt werden, wie in Abb (3 a) gezeigt.

Interpretiert man das Maximum eines jeden Histogramms als die Orientierung innerhalb einer jeden HK, so erhält man das kantenhafte Bild der Abb. (3 b), das dann allerdings nicht die volle im HK Raster enthaltene Information widerspiegelt.

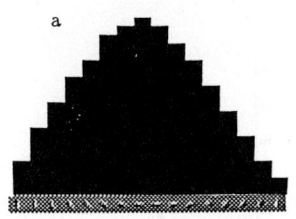

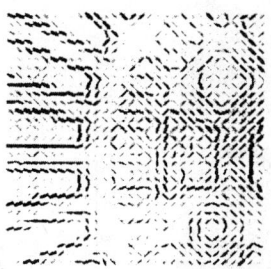

b

a

Abb. 3: *a. Histogramm einer Erregungsverteilung in einer HK. Dargestellt ist die Antwort aller HK Zellen auf eine horizontal verlaufende Kante. Das breite Tuning ist auch in biologischen Systemen zu finden. b.: kantenhafte Rekonstruktion des Bildes bei ausschließlicher Berücksichtigung des Maximums einer jeden HK.*

Abb. 4: *Kantenhafte Rekonstruktion des Bildes 1 analog zu Abb. (3 b) nach einigen Regularisierungsschritten. Gerade Linien wurden verstärkt, kleinere Muster unterdrückt.*

3.2 Implementierung des Mustererkennungssystems

Der Assoziativspeicher wurde implementiert[4] und mit einer Vielzahl von Codierungen bzw. Codierungsvarianten getestet. Für die beiden wichtigen Grundtypen, nämlich die einfache lokale Codierung und die globale spärliche Codierung wurden etwa 450 natürliche Bilder (im wesentlichen Laborszenen und Porträts) und etwa 2000 Zufallsbilder (weißes Rauschen) gespeichert[5]. Bei den natürlichen Bildern wurde darauf geachtet, auch Sequenzen von sehr ähnlichen Bildern aufzunehmen, um die Verallgemeinerungsfähigkeit des Mustererkennungssystems überprüfen zu können.

Die Ergebnisse zeigen, daß bereits die einfache lokale Codierung sehr gute Ergebnisse bei der Wiedererkennung der ungestörten natürlichen Bilder liefert. Mit dieser Codierung werden aber die Zufallsbilder als völlig verschieden codiert, da das Grauwertrauschen leichte Kanten in zufälligen Richtungen erzeugt und daher auch das entstehende binäre Muster im Rahmen der Bedingung (9) zufallsverteilt ist. Das dies ein Nachteil ist, zeigt die Überprüfung mit einem Satz von Testmustern, die aus einem natürlichen Bild durch Verrauschen mit verschiedener Intensität und Weglassen von Bildteilen (Grauwert gleich Null gesetzt) erzeugt wurden. Während das Weglassen von flächigen Bildteilen (z.B. gleichförmiger Hintergrund) kaum Einfluß auf die Wiedererkennung hat, verhindert Verrauschen von größeren Flächen im Bild wirkungsvoll die Wiedererkennung. Demgegenüber verbessert sich bei der globalen Codierung die Wiedererkennung bei wachsender Spärlichkeit (Abb.5). Da dies aber stark abhängig vom Bildinhalt ist (Flächenanteil), ist es u.E. sinnvoll dieses Codierungsverfahren mit einer Vorverarbeitung (Regularisierung) zu kombinieren (Abb.6).

4 Ausblick

In den bisherigen Arbeiten wurde erst ein kleiner Teil der grundsätzlichen Möglichkeiten der Mustererkennung auf der Basis diskreter parametrischer Repräsentationen untersucht. Zur Zeit gilt unser Hauptinteresse neben der Erprobung anderer Regularisierungs- und Codierungsverfahren der Rückkopplung vom Assoziativspeicher

---

[4] In allen hier aufgeführten Beispielen beträgt die Länge der Mustervektoren 3136 Bit; bei einer Speichergröße von 3136 Mustern (1,2 MByte Speichermatrix) ergeben sich auf einer Sun-4 Auswertungszeiten von ca. 1/10 Sekunde.

[5] Alle Bilder wurden mit einer Auflösung von 128 Quadratpixel bei 256 Graustufen erstellt, und in 14 mal 14 Segmenten mit einem Satz von 16 verschieden orientierten Gabors gefaltet. Um eine Kante zu codieren wurden bei allen Codierungen lokal 3 aus 16 Bits für die maximale Orientierung gesetzt, das entspricht einer Datenreduktion von insgesamt etwa 42:1.

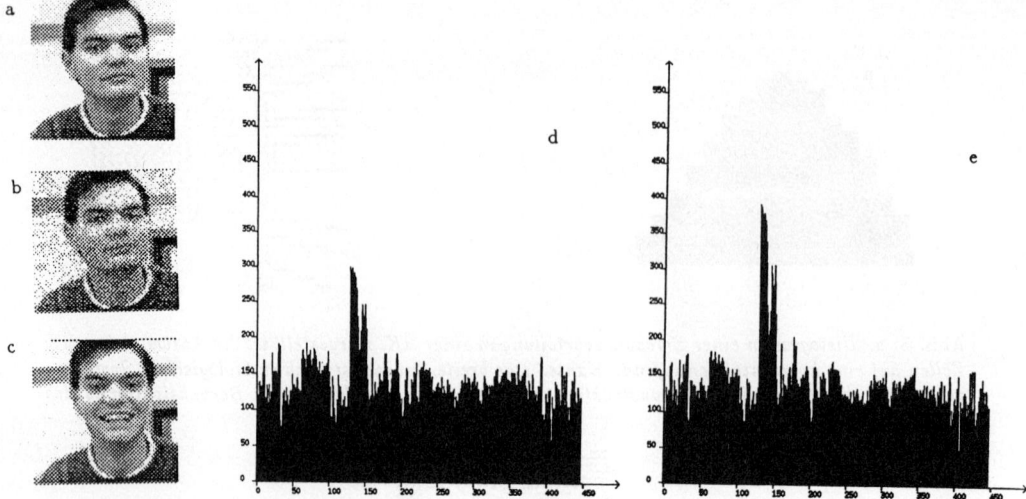

Abb. 5: *Einige Ergebnisse: aufgetragen ist die Korrelation verschiedener natürlicher Videobilder zum leicht verrauschten Bild 128. Die Bilder 128 bis 150 sind eine Sequenz untereinander sehr ähnlicher Bilder. a) Bild 128 a) gestörtes Bild 128 (Gaußrauschen mit $\sigma = 10\%$) c) Bild 150 d) Histogramm bei lokaler Codierung; maximal möglicher Korrelationswert ist 588, theoretische Codierungsmöglichkeiten $16^{196} \approx 1 \cdot 10^{236}$ e) Histogramm bei globaler Codierung; 2/3 der Bildsegmente sind codiert d.h. maximal möglicher Korrelationswert ist 390, theoretische Codierungsmöglichkeiten $16^{130} \cdot \binom{196}{66} \approx 5 \cdot 10^{209}$*

auf den Regularisierungs- und Codierungsprozess. Der Grundgedanke ist, daß die diskrete Repräsentation eines Bildes von einem Satz Parameter abhängt, die den Regularisierungsprozess steuern. In Abhängigkeit von diesen wenigen Parametern (z.B. einer für die relative Stärke der Wechselwirkung und einer für die Stärke der Anisotropie) können aus einer Hyperkolumnenkartierung über verschiedene Regularisierungen verschiedene Informationen gewonnen werden, z.B. die grobe Umrißstruktur eines Objektes oder Texturinformation. Dabei können für unterschiedliche Objekte unterschiedliche Repräsentationen als optimal bzw. typisch angesehen werden. Dies läßt sich nutzen, wenn nicht nur die Repräsentation eines Objektes, sondern auch der dazugehörige Parametersatz im Assoziativspeicher abgelegt werden und im Erkennungsprozess der Assoziativspeicher mittels verschiedener Parameter sozusagen verschiedene Fragen an die Hyperkolumnenkartierung stellt, um das ähnlichste Muster zu ermitteln.

Desweiteren arbeiten wir zur Zeit an einem Verfahren, das durch Aufbau eines Hyperkolumnen-Scale-Space und ein entsprechendes hierarchisches Suchverfahren die Mustererkennung in gewissem Umfang translations-

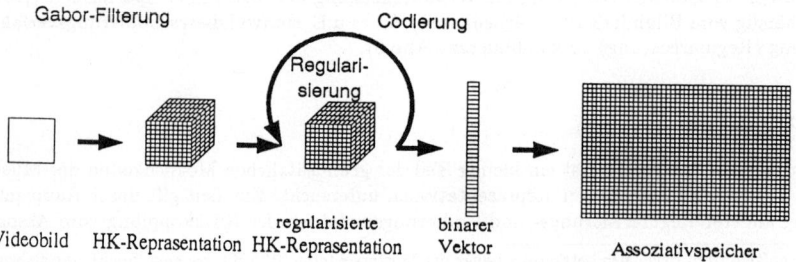

Abb. 6: *Gesamtprozess des Mustererkennungsverfahrens; der Schritt Regularisierung wurde in dieser Arbeit noch nicht integriert.*

und skalierungsinvariant macht[6].

Eine dritte Erweiterungsmöglichkeit ist der Ausbau des Systems hin zu dynamischen Mustern, für die sich kantenorientierte Repräsentationen bekanntlich besonders gut eignen.

Innerhalb des Gesamtkonzeptes eines Active-Vision-Systems mit neuronaler Architektur soll das hier vorgestellte Verfahren in nächster Zeit Bestandteil eines sowohl aufmerksamkeitsgesteuerten als auch wissensbasierten Systems werden, das in einer sich verändernden Umwelt auf neue Reize reagiert und bereits gesehene Objekte wiedererkennt[7]. Es handelt sich also um ein System, das Top-Down und Bottom-Up Ansätze integriert.

Literaturverzeichnis

[1] H. Mallot, W. v. Seelen; in Vorbereitung.

[2] Hubel and Wiesel (1977) *Functional Architecture of macaque visual cortex* Proc. R. Soc. London B 198:1-59

[3] R. Durbin and G. Mitchinson *A dimension reduction framework for understanding cortical maps* Letters to Nature Vol 343 Feb.1990.

[4] G. Palm: *On Associative Memory*. Biol. Cybern. 36, 19-31(1980)

[5] G. Palm: *On the storage capacity of an associative memory with randomly distributed storage Elements*. Biol. Cybern. 39, 125-127(1981)

---

[6]Im Rahmen des Gesamtsystems sind für das eigentliche Mustererkennungsverfahren nur eingeschränkt Invarianzen notwendig, außerdem gehen wir davon aus, daß Rotationsinvarianz keine Eigenschaft eines low-level Mustererkennungsverfahrens ist.

[7]Weitere Module innerhalb dieses Systems sind z.B. Fovealisierung, Saccadensteuerung und Tracking bewegter Objekte.

A new method for fast shift determination

M. Fang

Angewandte Optik im Physikalischen Institut
Universität Erlangen-Nürnberg
Staudtstr. 7, D-8520 Erlangen, F.R.G.

Abstract:

We describe a new, fast method for shift determination. The method is based on a binary code vector and a shift matrix in which all possible shifts of an input signal are stored. For determination of shifts of an 1D real signal with N pixels this method needs at first N/2 operations of comparison to get the binary code vector with N/2 components, and it will then be converted into N/m m-bit integer numbers which indicate where the correct shift is stored in the shift matrix. For N=256, one needs only about 6 ms by our host computer using a 68000 processor for the shift determination. In addition, this method is stable against the random noise and a loss of part of the signal. Furthermore, this method is invariant under the change of contrast $\beta \cdot \mathbf{a} + \mathbf{b}$, where $\mathbf{a}$ is an input signal, β is a positive amplification, and $\mathbf{b}$ a possible bias of the signal.

1. Introduction

For shift determination there are some standard methods [1]: Through the comparison of the phase of the Fourier spectra the shift of a signal against the original signal can be detected. The first order moment of a signal supplies also the information about the shift. However the performance of the FFT and the computing of the moment is relatively time-consuming. In addition, the moment-based method is not suitable, if a part of the signal is lost or the signal is disturbed strongly by noise.

We introduce a new method based on a binary code vector and a shift matrix for shift-determination of an input signal, and for shift invariant signal recognition.

2. The basic idea of the method

For introduction of the basic idea, we illustrate the algorithm for fast shift determination with a simple example for an input signal with only 8 pixels.

For a 1D input signal with 8 pixels $\mathbf{a}=\{a_0\ a_1\ a_2\ a_3\ a_4\ a_5\ a_6\ a_7\}$, we use the so-called code operator $\hat{C}$ to obtain a binary code vector $\mathbf{c}_0$ of $\mathbf{a}$, as follows:

$$c_j = \hat{C}(a_j, a_{j+4}) \text{ for } j=0,\ldots,3 \quad \text{with } \hat{C}(a_j, a_{j+4}) = \begin{cases} 0 & \text{if } a_j \geq a_{j+4}, \\ 1 & \text{if } a_j < a_{j+4}, \end{cases}$$

and $\quad \mathbf{c}_0 = \{\hat{C}(a_0, a_4)\ \hat{C}(a_1, a_5)\ \hat{C}(a_2, a_6)\ \hat{C}(a_3, a_7)\}.$

Now we investigate what happpens, if the signal **a** is cyclic shifted by one pixel to the right. We write down the shifted signal $a_1=\{a_7\ a_0\ a_1\ a_2\ a_3\ a_4\ a_5\ a_6\}$ and the corresponding code vector

$$\mathbf{c}_1 = \{\hat{C}(a_7,a_3)\ \hat{C}(a_0,a_4)\ \hat{C}(a_1,a_5)\ \hat{C}(a_2,a_6)\}$$

In comparison with $\mathbf{c}_0$ the code vector $\mathbf{c}_1$ is also cyclic shifted by one pixel to the right and the first element of $\mathbf{c}_1$ is negated. If we shift the signal $\mathbf{a}_1$ further by one pixel, the corresponding code vector $\mathbf{c}_2$ is again cyclic shifted by one pixel and first element is negated in comparison with $\mathbf{c}_1$. Hence, we can generate 8 code vectors for every possible shift of **a** simply by shifting the code vector and negating the first element. They can then be converted into eight 4-bit integers which indicate where the shifts should be stored in a so-called shift vector **s**. This last step can be explained more clearly in the following numerical example. Suppose we have an input signal with eight pixels

$$\mathbf{a} = \{\ 21\ 13\ 39\ 29\ 11\ 41\ 75\ 18\ \}.$$

We generate eight code vectors by using the code operator $\hat{C}$ for all possible shifts of the signal, and we then convert them into eight 4-bit integer numbers v:

$$
\begin{array}{llll}
\mathbf{c}_0 = \{\ 0\ 1\ 1\ 0\ \} & => 6 & \text{for} & \text{shift=0} \\
\mathbf{c}_1 = \{\ 1\ 0\ 1\ 1\ \} & => 11 & \text{for} & \text{shift=1} \\
\mathbf{c}_2 = \{\ 0\ 1\ 0\ 1\ \} & => 5 & \text{for} & \text{shift=2} \\
\mathbf{c}_3 = \{\ 0\ 0\ 1\ 0\ \} & => 2 & \text{for} & \text{shift=3} \\
\mathbf{c}_4 = \{\ 1\ 0\ 0\ 1\ \} & => 9 & \text{for} & \text{shift=4} \\
\mathbf{c}_5 = \{\ 0\ 1\ 0\ 0\ \} & => 8 & \text{for} & \text{shift=5} \\
\mathbf{c}_6 = \{\ 1\ 0\ 1\ 0\ \} & => 10 & \text{for} & \text{shift=6} \\
\mathbf{c}_7 = \{\ 1\ 1\ 0\ 1\ \} & => 13 & \text{for} & \text{shift=7} \\
\end{array}
$$

With 4 bits of **c** we can get 16 integers from 0 to 15; so as a next step, we generate a shift vector **s** with 16 elements in which all possible shifts of the signal can be stored. The position for storage of a certain shift in **s** depends on v. For example, for shift=2 we get $\mathbf{c}_2=\{\ 0\ 1\ 0\ 1\ \}=>5$, therefore the shift=2 should be stored in the 5-th element. Because not all elements of the **s** vector are occupied, we note the rest elements in **s** with *. Hier "*" indicates only that these elements are not occupied. For our example the **s** vector can be displayed as follows:

$$\mathbf{s} = \{\ *\ 3\ *\ *\ 2\ 0\ *\ 5\ 4\ 6\ 1\ *\ 7\ *\ *\ *\ \}.$$

Once this **s** vector is calculated, any shift between the input and the learned signal can be determined very fast. We need only 4 operations of comparison to get the code vector which will then be converted into a 4-bit integer. This integer indicates where the correct shift was stored in the **s** vector.

However two problems may appear in this Method. First, this method is sensitive against noise or loss of part of the input signal. For noisy data, a correct code vector is in general difficult to obtain. Second, if we have an input signal with 256 pixels, the code vector has a size of 128, and such a binary vector can usually not be directly converted into an integer. In the next section we discuss a solution for both problems.

3. Improvement of the basic idea

In fact, these two above-mentioned problems can be solved simultaneously, if we convert each code vector not into one integer but into some integers with, for example, 8-bits. Suppose we have a signal with 256 pixels, the code vector has a size of 128. We divide it into 16 groups of 8 binary pixels. Each group can then be converted into an 8-bit integer. In this case, we get for each code vector 16 8-bit integer numbers. If we calculate the code vectors for all possible, say, 256 shifts, we obtain in this case not one s vector with 256 components as discussed in the last section, but a shift matrix S with 16x256 elements. Each column of the matrix S corresponds to a shift vector s in the last section.

We summerize now the improved algorithm step by step as follows:

Step 1: Generation of the code vector $c_0=\{c_j\}$ from the input signal $a=\{a_j\}$ with N elements:

$$c_0=\{\hat{C}(a_0,a_{N/2})\ \hat{C}(a_1,a_{N/2+1})\ \cdots\ \hat{C}(a_{N/2-1},a_{N-1})\}$$

Step 2: Generation of the code vector c_k for the signal cyclic shifted by k elements to the right from c_{k-1} by shifting one element to the right and negating the first element of the shifted code vector, for k=1,...,N-1. A total of N code vectors for all possible shifts can be obtained:

shift=0: $c_0 = \{\ c_{0,0}\ c_{0,1}\ c_{0,2}\ \cdots\ c_{0,N/2}\ \}$
......
shift=k: $c_k = \{\ c_{k,0}\ c_{k,1}\ c_{k,2}\ \cdots\ c_{k,N/2}\ \}$
......

Step 3: Dividing each binary code vector c_k into N/2m groups with m components per group. Then, converting them into N/2m m-bit integers:

shift=0: $c_0=\{\ i_{0,0}\ i_{0,1}\ \cdots\ i_{0,j}\ \cdots\ i_{0,N/2m-1}\ \}$
......
shift=k: $c_k=\{\ i_{k,0}\ i_{k,1}\ \cdots\ i_{k,j}\ \cdots\ c_{k,N/2m-1}\ \}$
......

Step 4: Generation of the shift matrix with

$$S(i_{k,j},j) = k\quad \text{for k=0,...,N-1, j=0,...,N/2m-1.}$$

The integer element $i_{k,j}$ calculated in the step 3 indicates that the shift k should be stored in the $i_{k,j}$-th row and j-th column of the shift matrix S. That means, we set the matrix element $S(i_{k,j},$j-th) with the integer number k.

However, one problem may occur in this step. It is possible that the matrix element $(i_{k,j},j)$ may be already occupied by another shift k', because the condition $i_{k,j}=i_{k',j}=i$ could be satisfied accidently. In order to solve this problem, one can construct an expanded 3D shift matrix $S(i,j,h)$, in which all the shifts with identical integer numbers (i,j) can be stored one by one in the expanded dimension h with h=0,...,H-1. H denotes the maximal

242

number of the different shifts with identical index (i,j) for all possible i and j.

After these 4 steps the system is trained. For determination of shift, 4 steps are required.

Step 1: Generation of the code vector from the input signal.
Step 2: Converting the code vector into N/2m m-bit integers.
Step 3: From the calculated N/2m integers:

$$c_k = \{ i_{k,0} \; i_{k,1} \; \cdots \; i_{k,j} \; \cdots \; c_{k,N/2m-1} \}$$

all shifts can be looked up from the **S** matrix by using

$$\text{shift} = \mathbf{S}(i_{k,j}, j, h) \quad \text{for } j=1,\ldots,N/2m, \quad \text{and } h=0,\ldots,H-1.$$

If the signal is not disturbed, N/2m identical determined shifts and some other widely distributed uncorrelated shifts can be found. This corresponds to a N/2m times redundancy of information. Therefore, this method is robust against distortion and noise. Even if a part of the signal is lost, only the corresponding part of the code vector is disturbed. In this case, one can not get N/2m identical correct shifts anymore, but nevertheless some correct identical shifts.

Step 4: Determination of the number of the occurrence of each shift. The shift with the maximum number of the occurrence corresponds to the correct shift.

4. Signal recognition with the new algorithm

In this section we discuss a method based on the algorithm discussed in the preceding sections for fast shift invariant signal recognition. Because the algorithm for shift determination is very fast and robust against random noise, we hope that this algorithm can be expanded to fast shift invariant signal recognition.

Suppose we have L classes of signals with the same size N. In the training phase we calculate L shift matrices $\mathbf{S}_1(i,j,h)$ with $l=0,\ldots,L-1$. After this training, we can find out very fast, to which class an input signal (belonging to one of the L classes in the training set, but shifted and disturbed by noise) belongs and how it is shifted, as follows:

(1) Calculating the code vector of the input signal and converting it then in N/2m m-bit integers.

(2) Determination of L shifts and their largest occurrences from each shift matrix $\mathbf{S}_1(i,j,h)$ for $l=0,\ldots,L-1$ (This step corresponds to L iterations of the third and the fouth step for shift determination discussed in section 3).

(3) The absolute maximal occurrence among these L local maxima indicates to which class the signal belongs, and the shift with this maximal occurrence is the shift to be detected.

The relationship between our method and the conventional correlation techniques for signal classification and recognition will be discussed in the following section.

5. Some discussions about the algorithm

First, we want to discuss a useful invariant property of our new algorithm for shift determination and signal recognition. In fact, the first step of the algorithm, namely, the generation of the code vector, supplies the useful invariance under a change of contrast, as shown as follows:

For $\mathbf{a} = \{a_k\}$ with N pixels, we obtain: $c_k = \hat{C}(a_k, a_{k+N/2})$

If $\mathbf{a}$ is transformed to $\mathbf{a}'$ by $\mathbf{a}' = \hat{T}\{\mathbf{a}\} = \beta \cdot \mathbf{a} + \mathbf{b}$, with positive amplification factor β and a constant bias $\mathbf{b} = (b, \ldots, b)$, we get the following equation:

$$c_k' = \hat{C}(a_k', a_{k+N/2}') = \hat{C}(a_k, a_{k+N/2}) = c_k$$

That means: the code vector and therefore the total algorithm, is invariant under the transform $\hat{T}_c$. This invariance is very useful, because such a transform of signals (corresponding to a change of contrast) can usually be difficult to avoid by a practical system. By using this algorithm one does not need a preprocessing step for a normalization of intensity and bias anymore.

Second, we want to discuss the relationship between this method and the well-known correlation technique. In fact, our method works similar as the correlation. After the creation of the binary code vector, we generate a shift matrix in which all possible shifts are stored. By looking up the shift matrix, the maximum correlation coefficient between the code vectors of the learned signal and the input signal is calculated implicitly. While the usual correlation matches each pixel between two signals, our method matches each group of the code vector with m pixels. The number of identical determined shifts indicates, how many groups with m pixels in both code vectors are correlated.

Another aspect of our method is the possibility of data compression. By using the code operator one can get a binary code vector with a size of N/2 from a 16-bit signal with N pixels. One can furthermore apply the code operator to the code vector, and obtain a code vector from the code vector with N/4 binary pixels. After application of the code operator p times a binary code vector with only $N/2^p$ pixels can be generated. One can achieve a data compression factor of $\beta = (N \cdot 16)/(N/2^p) = 2^{p+4}$. Certainly, the greater p, the higher the loss of information about the original signal, and the more sentitive the method is against noise. For p=1, we get $\beta=32$.

It is important to point out that the usual correlation technique can not be used to code vectors directly, because a cyclic shift of the original signal does not only correspond to a usual cyclic shift of the code vector, but also to a negation of the first element, as discussed in section 3. Hence, we have to modify the usual correlation as follows: a <u>Modified Correlation for code vectors</u> (MC) means the inner products between the code vector of an input signal and the cyclic shifted and the first element negated (after each shift) code vector of a given signal for all possible shifts. Therefore, the MC can not be calculated in the Fourier domain now. But some fast correlation algorithms implemented in the time or space domain can be used after small modifications for the MC. Because the binary code vector has a size of N/2, we call the modified correlation for code vectors defined here the Modified Half-bit Correlation (MHC).

6. Computational considerations and numerical expriments

In section 3 we introduced the algorithm for calculation of the shift matrix. For a signal with N pixels, one needs an integer field with a size of $2^m \cdot (N/2m) \cdot H$ for the shift matrix $S(i,j,h)$, where m is the number of pixels in each subgroup of the code vector and H denotes the maximal number of different shifts with identical index (i,j) for all possible i and j.

If H is large, the most matrix elements are not occupied. In addition, H can be changed strongly for different signals with the same size. In order to reduce the storage capacity, and to use the same size of the shift matrix for all signals with the same size, we divided the shift matrix $S(i,j,h)$ into two 2D matrices: the index matrix $S_i(i,j)$ and the shift matrix $S_s(s,j)$.

Now, all possible shifts for each j are stored one after another in each column of the 2D shift matrix $S_s(s,j)$, instead of in the expanded 3D shift matrix $S(i,j,h)$. <u>Each element</u> of the index matrix consists of <u>two</u> integer numbers. The first one indicates the begining of a series of elements (shifts) which have the same indices $(i_{k,j},j)$, but different h, and the second represents the total number of shifts in this series in the shift matrix $S_s(s,j)$. The matrices $S_i(i,j)$ and $S_s(s,j)$ have now a fixed size of $(2 \cdot 2^m) \cdot (N/2m)$ and $(N) \cdot (N/2m)$, respectively. For example, suppose we get from the code vector of a signal $i_{k,j}=9$ and $j=4$. We may obtain then two integer numbers from the index matrix $S_i(9,4)=15,3$. These two numbers indicate where (from the 15-th element up) and how many (totally 3) shifts are stored in the shift matrix with the same indices $(i_{k,j},j)$, but different h.

In the following we discuss some results of numerical experiments. At first, we choose a random vector with N=256 components as the training signal. We generate then the code vectors and the matrices $S_i(i,j)$ and $S_s(s,j)$ for m=8 (i.a.: we divide each code vector into N/2m=256/(2x8)=16 groups, each group containing 8 components which are converted into 8-bit-integers). The random vector is then shifted by defined shifts (shift=0,...,255), and the algorithm should determine the shift of the signal with different noise levels, as shown in Fig. 1. The y-axis displays the average number of correctly determinted shifts from 20 detections. The maximum number of correctly determinated shifts in each detection (which corresponds to the case of shift determination without noise) equals the number of groups N/2m=16 in each code vector (For our experiment, N=256, and m=8).

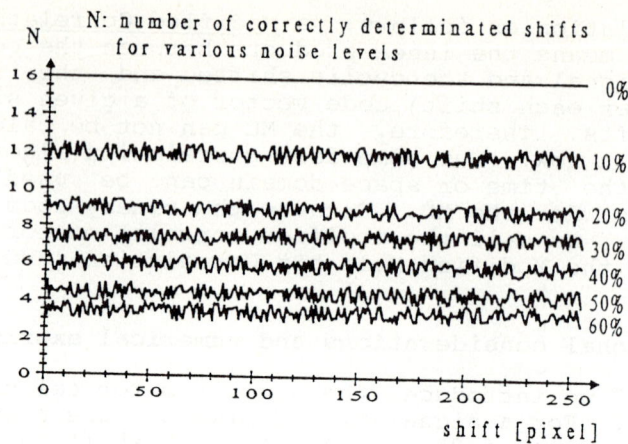

Fig. 1: Average number of correctly determined shifts with different amount of noise.

In order to demonstrate the capability of our method for shift invariant signal recognition we do the following numerical experiment shown in Figs. 2 and 3: We generate k=20 random vectors with N=128 components, and calculate 20 index and shift matrices for m=4. The maximal possible shift of the vectors is limited to 16 for calculation of the matrices. The 10-th vector will then be randomly shifted (shift≤16), with noise disturbed, or/and a part of the vector be set to zero (for simulation of loss of a part of signal). This experiment is repeated 20 times for the signal with different shifts and different noise or/and distortion (the noise- and distortion-level, however, are unchanged). The y-axis in both figures displays the average number of correctly determined shifts from the shift matrices of the 20 signals.

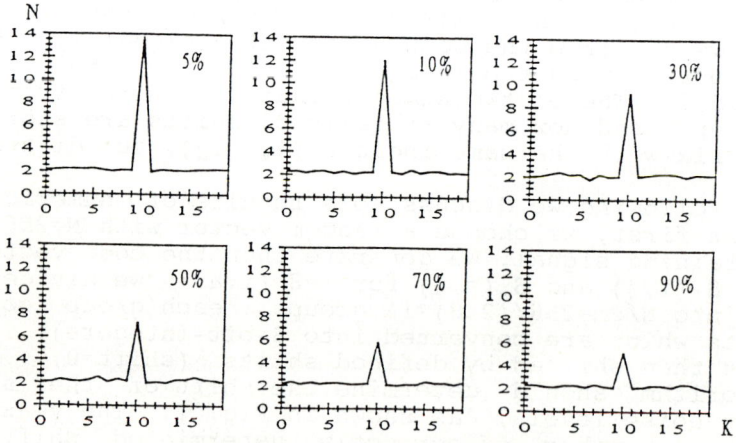

Fig. 2: Shift invariant signal recognition by using our algorithm described in section 4. The 10-th vector is shifted randomly, and disturbed with different noise levels.

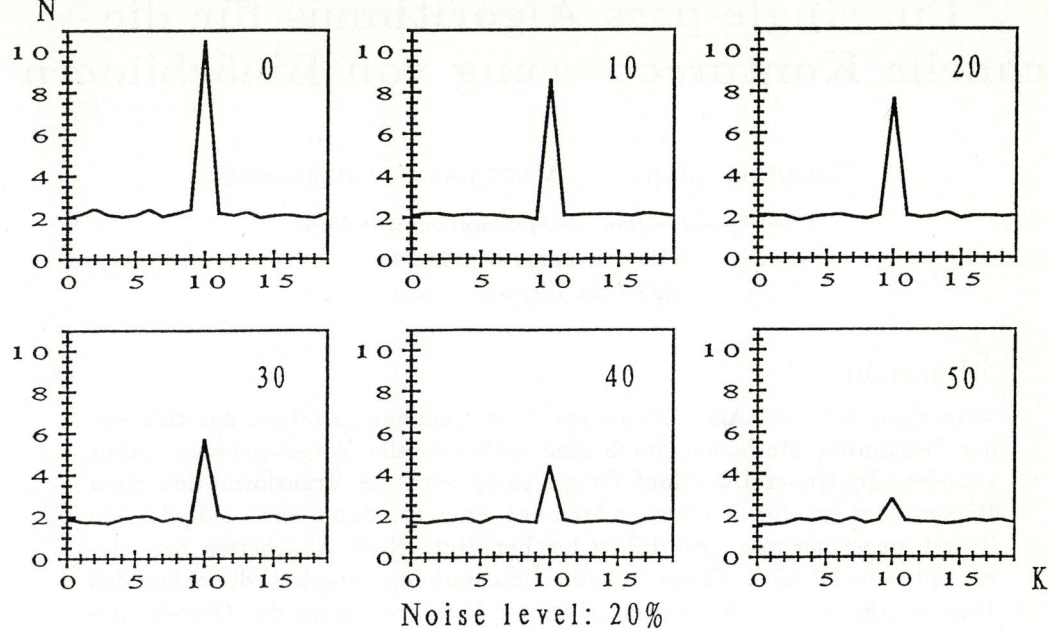

Noise level: 20%

Fig. 3: Shift invariant signal recognition ultilizing the method discussed in section 4. The signal is disturbed by 20% noise. In addition, M pixels are set to zero. M is indicated in each curve (top right).

From figures 1, 2, and 3 we can obtain the following results:

(1) The algorithm supplies 16 (maximal number of) correct shift, if the signal is not disturbed by noise.
(2) The algorithm offers at least 4 identical correct shifts (mean-value) up to 50% noise in the input signal. In this case the shift between the input and the learned signal can be determined.
(3) The algorithm can classify which learned class the input signal belongs to, even when the input signal is disturbed with noise and/or partly missing.

References:

1. H. Niemann, Mehtoden der Mustererkennung, Akademische Verlagsgesellschaft, Frankfurt/Main 1974

Ein single-pass Algorithmus für die schnelle Konturcodierung von Binärbildern

EBERHARD MANDLER, MATTHIAS F. OBERLÄNDER

Daimler-Benz Forschungsinstitut Ulm
Wilhelm-Runge-Straße 11
7900 Ulm West-Germany

Übersicht

Vorgestellt wird ein Algorithmus zur Zusammenhangsanalyse, der sich von den bekannten Methoden durch eine inkrementelle Vorgehensweise unterscheidet. In einem Durchlauf (single-pass) wird die Transformation eines Rasterbildes in eine Konturbeschreibung erreicht; dabei wird lediglich ein Zwischenspeicher von zwei Bildzeilen benötigt. Nach Abarbeiten der letzten Bildzeile ist auch die symbolische Beschreibung komplett, die neben den Konturcodes auch Informationen über die Verschachtelung der Gebiete umfaßt. Optional können weitere Merkmale wie Fläche und Umfang berechnet werden. Der Rechenzeitbedarf für die Konturverfolgung ist im wesentlichen durch die Anzahl der Ecken im Bild bestimmt.

Der single-pass Algorithmus, der hier anhand binärer Bilder erläutert wird, ist nicht auf diese beschränkt, sondern läßt sich systematisch auf die Zusammenhangsanalyse von mehrwertigen Rasterbildern erweitern [MaOb90].

1 Einleitung

Binärbilder stellen eine wichtige Eingangsgröße für viele automatisierbare Vorgänge dar; z.B. Zeichenerkennung, Dokumentanalyse, industrielle Szenen. Wie das Binärbild zustande gekommen ist, spielt für die weitere Verarbeitung keine Rolle. Das Binärbild wird als ein 2-dimensionales Feld aus binären Werten ($\{0,1\}$, $\{$weiß, schwarz$\}$) aufgefaßt. Es gibt verschiedene Kodierungsmöglichkeiten für ein solches Binärbild [BART87, FREE74, ROSE70]. Die hier zugrunde gelegte Vorstellung faßt das Binärbild als eine hierarchisch geschichtete Abfolge von Zusammenhangsgebieten alternierender Farbe auf. Das ganze Binärbild wird dabei auf eine einheitliche Hintergrundfarbe (weiß oder schwarz) gelegt. Jedem dieser Zusammenhangsgebiete kann genau eine Kontur, ein umschreibendes Rechteck, eine Fläche, ein Umfang und weitere Momente höherer Ordnung zugeordnet werden [BART87].

Das neue an diesem Verfahren ist der Weg, wie diese symbolische Beschreibung, aus der das Binärbild wieder voll rekonstruiert werden kann, erreicht wird. Das Binärbild wird Bildzeile für Bildzeile verarbeitet. Der Zwischenspeicheraufwand während der Analysephase bleibt auf zwei Zeilen des Binärbildes beschränkt. Jeder Bestandteil der Kontur wird so eingesetzt, daß er nie mehr verändert werden muß, d.h. simultan mit der zeilenweisen Auswertung erfolgt der Aufbau der symbolischen Beschreibung. Die Laufzeit des Verfahrens ist daher außerordentlich kurz. Es wird an keiner Stelle des Verfahrens eine Sortieroperation erforderlich.

Im Gegensatz zu Capson, der weiße Gebiete als Löcher in schwarzen Objekten auffaßt, sind sie hier gleichwertige Objekte [Caps84]. Diese Symmetrie führt zu einer hierarchisch geschichteten Folge von Objekten alternierender Farbe. Gleichzeitig ergibt sich ein kompakter Algorithmus.

2 Das Binärbild

Ein Binärbild ist ein 2-dimensionales Feld, dessen Werte einer binären Menge entnommen sind. Es bietet sich die Vorstellung einer Kachelwand an, bei der jeder Kachel ein Pixel im Bild entspricht. Dieser Wand wird eine Koordinatensystem hinterlegt, so daß der linken oberen Kachel das Wertepaar $(1,1)$ zugeordnet wird. Die rechte untere Kachel besitzt das Wertepaar (M, N), wobei M der Anzahl der Zeilen und N der Anzahl der Spalten des Binärbildes entspricht.

Unter einer Kontur in einem Binärbild wird die Abfolge der senkrechten und waagrechten Kanten entlang eines Zusammenhangsgebietes einer Farbe verstanden. In der Vorstellung verläuft die Kontur in den Fugen der Kachelwand. Da den Pixeln eine rechteckige Form in einem kartesischen Koordinatensystem zugeordnet wurde, kann der Konturverlauf nur senkrecht oder waagrecht sein, da er immer entlang einer Kachel verläuft. Eine Kontur in einem Binärbild ist immer geschlossen und beschreibt ein Zusammenhangsgebiet exakt. Der Umlaufsinn einer Kontur ist im Prinzip frei wählbar, doch es ist vorteilhaft, wenn schwarze Gebiete entgegengesetzt zu weißen Gebieten umlaufen werden. Die Richtung wird so festgelegt, daß in Laufrichtung das schwarze Gebiet links liegt.

Stößt in einem Binärbild eine waagrechte Kante auf eine senkrechte Kante, dann entsteht eine Ecke. Die Koordinaten einer Ecke sind im Koordinatensystem der Pixel nicht mit ganzen Zahlen darstellbar. Es empfiehlt sich, ein neues Koordinatensystem einzuführen, das um eine halbe Einheit nach unten und rechts verschoben ist. Die linke obere Ecke des Bildes hat damit die Koordinaten $(0,0)$ und die rechte untere Ecke des Bildes (M, N). Aus der Kenntnis der Lage der Eckpunkte und der Farbe lediglich eines Zusammenhangsgebietes läßt sich das Binärbild rekonstruieren.

Der Analysealgorithmus zieht die 2×2-Nachbarschaft für die Konturverfolgung heran. Anschaulich kann man sich die 2×2-Nachbarschaft als ein Fenster vorstellen, daß die Größe eines Pixels hat, und in dessen Zentrum sich die Kreuzung zweier Kachelfugen befindet. Es werden immer vier benachbarte Pixel untersucht, die an einem Punkt zusammenstoßen. Da es sich um Binärbilder handelt, können insgesamt 16 Zustände beobachtet werden (vgl. Tabelle 1).

Die ersten 6 Zustände des Analysefensters sind redundant und brauchen für die Konturcodierung nicht berücksichtigt zu werden. Lediglich in den verbleibenden 10 Fällen müssen Verfahrensschritte durchgeführt werden. Die letzten beiden Zeilen enthalten die beiden Diagonalelemente. Hier muß eine prinzipielle Entscheidung getroffen werden, wie die Konturen fortgesetzt werden. Wir betrachten die weiße Fläche als durchgängig. Damit kann die Diagonalecke ◪ in die rechte Ecke ⊟ direkt gefolgt von der linken Ecke ⬕

2×2 Fenster	Symbol	Bedeutung
		das Fenster liegt über einer weißen Fläche
		das Fenster liegt über einer schwarzen Fläche
		das Fenster liegt über einer horizontalen Kante
		das Fenster liegt über einer horizontalen Kante
		das Fenster liegt über einer vertikalen Kante
		das Fenster liegt über einer vertikalen Kante
		linke Ecke mit Richtungsänderung von *hoch* nach *rechts*
		rechte Ecke mit Richtungsänderung von *rechts* nach *unten*
		linke Ecke mit Richtungsänderung von *links* nach *unten*
		rechte Ecke mit Richtungsänderung von *hoch* nach *links*
		linke Ecke mit Richtungsänderung von *rechts* nach *hoch*
		rechte Ecke mit Richtungsänderung von *unten* nach *links*
		linke Ecke mit Richtungsänderung von *unten* nach *rechts*
		rechte Ecke mit Richtungsänderung von *rechts* nach *oben*
		Diagonalecke mit Richtungsänderungen von zwei Konturen: von *rechts* nach *oben* und von *links* nach *unten*
		Diagonalecke mit Richtungsänderungen von zwei Konturen: von *oben* nach *links* und von *unten* nach *rechts*

Tabelle: 1 2×2-Nachbarschaften im Binärbild

Eckenpaar	Symbol	Bedeutung
		Eckenpaar eröffnet neue Teilkontur; mögliches weißes Zusammenhangsgebiet
		Eckenpaar eröffnet neue Teilkontur; mögliches schwarzes Zusammenhangsgebiet
		Eckenpaar versetzt eine vertikale Kante nach links
		Eckenpaar versetzt eine vertikale Kante nach links
		Eckenpaar versetzt eine vertikale Kante nach rechts
		Eckenpaar versetzt eine vertikale Kante nach rechts
		Eckenpaar schließt eine Kontur (weißes Zusammenhangsgebiet) oder verschmilzt zwei Konturen
		Eckenpaar schließt eine Kontur (schwarzes Zusammenhangsgebiet) oder verschmilzt zwei Konturen

Tabelle: 2 Mögliche Eckenpaare

zerlegt werden. Für die komplementäre Diagonalecke gilt entsprechend: ▰ kann zerlegt werden in ▰ und ▱.

Da die Ecken immer das Ende und den Anfang zweier Kanten unterschiedlicher Orientierung (horizontal bzw. vertikal) markieren, gehören in einer Zeile bzw. einer Spalte immer zwei Ecken zu einem Paar zusammen. Setzt man eine Abarbeitungsrichtung des Bildes von oben nach unten voraus, dann werden die Ecken zeilenweise zu Eckenpaaren kombiniert. Es gibt insgesamt vier linke und vier rechte Eckentypen. Zu einer linken Ecke passen jeweils nur zwei mögliche rechte Ecken. Insgesamt entstehen somit acht mögliche Eckenpaare (vgl. Tabelle 2).

3   Die Eckendetektion

Bei der Verarbeitung eines Binärbildes werden immer zwei Zeilen parallel analysiert, bzw. es wird in dem Koordinatensystem der Ecken in einer Zeile entlang gefahren. Eine linke Ecke kommt immer vor einer rechten. Bei einer linken Ecke stimmen die Farben der beiden linken Pixel überein. Wendet man auf die beiden Binärbildzeilen eine XOR-Operation an, dann zeigt die erste 1 in der Ergebniszeile eine linke Ecke an. Die XOR-Operation läßt sich auch auf konventionellen Rechnern effizient ausführen. Das effiziente Auffinden der ersten 1 in einem Bitfeld, kann entweder über einen speziellen Hardware-Befehl oder einen Tabellenzugriff mit z.B. einem Byteintervall aus dem Feld durchgeführt werden.

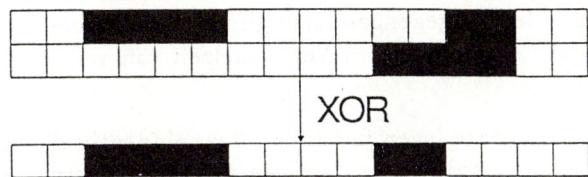

Abbildung: 1 XOR-Verknüpfung der Binärpixel

Nach jeder linken Ecke kommt in einer Zeile die korrespondierende rechte Ecke, und damit das Ende der horizontalen Kante. Allerdings muß hierbei beachtet werden, daß ein Diagonalelement in eine rechte Ecke gefolgt von einer linken Ecke aufgespalten wird (vgl. Tabelle 1). Es genügt daher nicht, das Ende der 1-Sequenz bzw. die nächste 0 zu finden, sondern es muß zwischen diesen Punkten zusätzlich geprüft werden, ob eine schon bekannte vertikale Kante nach unten geht. Wenn das der Fall ist, kann das nur bedeuten, daß sich zwei horizontale Kanten an diesem Punkt in einer Diagonalecke treffen, wobei die eine nach oben und die andere nach unten weiterführt. Offene vertikale Kanten werden deshalb aus Gründen der Effizienz in einem separaten Bitfeld registriert (siehe Abschnitt 4).

Liegt das Bild nicht in Pixelform sondern z.B. in run-length Codierung vor, ist dies kein Problem, da nur die Eckendetektion angepaßt werden muß. Die Ecken werden in diesem Fall durch den Vergleich von zwei run-length Codezeilen gefunden [Caps84]. Der run-length Code spart sogar einen Verarbeitungsschritt, da er schon die vertikalen Kanten in einer Zeile markiert.

4 Die Konturverfolgung auf Eckenpaaren

Die Eckenpaare sind die Grundbausteine, aus denen sich jede Gesamtkontur zusammensetzt. Z.B. beginnt ein Schwarzgebiet immer mit dem Eckenpaar ┌┐ Von nun an existieren zwei vertikale (offene) Kanten. Sie werden in der Folge vielleicht mehrmals verschoben, z.B. durch die Paare └┐, ┌┘, ┌┘ oder └┐, bis sie schließlich durch das Eckenpaar └┘ zusammengeführt werden. In der Reihe ihres Auftretens (aber trotzdem im Sinne des Umlaufs) werden die Eckenpaare miteinander verzeigert. Es wird dabei zunächst mit dynamischen Listen gearbeitet. Sobald eine Kontur geschlossen ist, kann der kompakte Konturcode nach [BART87] erzeugt werden. Von diesen dynamischen Listenelementen werden also viel weniger gebraucht, als auf dem Bild Eckenpaare vorhanden sind.

Neben dem Öffnen, Erweitern und Schließen von Konturelementlisten, kann auch das Verschmelzen zweier Listen erforderlich werden. Das kommt daher, weil man während der Analyse nicht im voraus sagen kann, ob etwa zwei Kamelhöcker schließlich zu *einem* Trampeltier oder zu *zwei* Dromedaren gehören. Auch kann es passieren, daß die Kontur eines vermeintlichen Weißgebietes in Wirklichkeit Teil der Kontur eines Schwarzgebietes ist. Solche Konturen werden als „Pseudokonturen" bezeichnet, weil sie irgendwann in eine andere Kontur aufgehen, mithin kein eigenständiges Gebiet repräsentieren. Dies macht den Algorithmus vom Verständnis her etwas kompliziert, nicht aber vom Verarbeitungsaufwand. Durch den entgegengesetzten Umlaufsinn vermeidet man das aufwendige Invertieren von Listen, das sonst beim Verschmelzen von verschiedenfarbigen Konturen unumgänglich wäre.

Die gefundenen Eckenpaare legen mit ihrem Typ eindeutig die zu ergreifenden Aktionen fest. Um von einem Spaltenindex auf die zugehörige Konturelementliste zugreifen zu können, werden zwei Hilfsfelder benötigt, DownEdge und UpEdge mit Zeigern auf die Listen. Diese Felder repräsentieren gleichzeitig das „Kantenprofil", also die aktuellen aufwärts- bzw. abwärtsführenden Kanten. Zu Anfang werden sie mit NIL initialisiert. Wenn in einem Feldelement ein Pointer eingetragen ist, dann verläuft an dieser Stelle im Binärbild eine vertikale Kante.

Ein Binärbild kann nur mit einem der beiden Eckenpaare ┌┐ oder ┌┐ beginnen. Jedesmal wenn ein Eckenpaar vom Typ ┌┐ detektiert wird, wird eine neue Kontur für ein Schwarzgebiet eröffnet. (Wir sprechen im folgenden von einer Schwarzkontur, obwohl genaugenommen eine Kontur keine Farbe besitzt, sondern nur das Gebiet, das sie begrenzt.) Ein Schwarzgebiet wird immer *gegen* den Uhrzeigersinn umlaufen. In das Feld DownEdge wird ein Pointer an der Stelle der linken Ecke eingetragen entsprechend erfolgt der Eintrag der rechten Ecke in das Feld UpEdge. Ein Eckenpaar vom Typ ┌┐ löst eine entsprechende Aktion aus. Es wird ein Weißgebiet eröffnet, das *im* Uhrzeigersinn durchlaufen wird, nur erfolgt der Eintrag der linken Ecken im Feld UpEdge und der rechten im Feld DownEdge.

Tritt eines der Paare ┌┘, ┌┘, └┐, └┐ auf, löst dies eine horizontalen Verschiebung der vertikalen Kante aus. Die betroffene Kontur kann direkt über den abgelegten Pointer in einem der beiden Felder gefunden werden. An die entsprechende Kontur wird das Eckenpaar angehängt, und das „Kantenprofil" entsprechend modifiziert. Da die Kontur mit einem Umlaufsinn versehen ist, muß das Anhängen entweder am Anfang (└┐, ┌┘) oder am Ende der Kontur (┌┘, └┐) erfolgen.

Bei den beiden Eckenpaaren ⌐⌐ und ⌐⌐ sind die Aktionen etwas komplizierter. Das Bild 2 veranschaulicht die verschiedenen Situationen. Die erforderlichen Aktionen können dem folgenden Pseudocode entnommen werden.

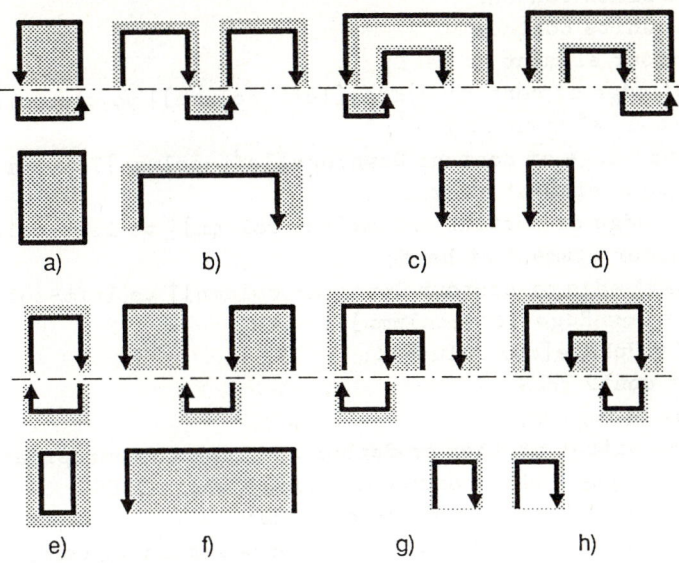

Abbildung: 2 Mögliche Situationen beim Abschluß einer Kontur

5 Bestimmung der Gebietshierarchie

Um Kenntnis über die Topologie der Gebiete zu erhalten, werden Angaben benötigt, welche Konturen innerhalb einer anderen liegen (die „Söhne"), bzw. welche Konturen noch von der gleichen äußeren Kontur umschlossen werden (die „Brüder"; vgl. Abb. 3).

Grundsätzlich gilt, daß erst beim Schließen einer Kontur dieselbe irgendwo als Sohn oder Bruder eingetragen wird, da erst ab diesem Zeitpunkt feststeht, daß es sich nicht um eine Pseudokontur handelt.

Es ist leicht, den Vater oder einen Bruder zu finden, wenn man die Felder DownEdge und UpEdge ausnutzt. Man ermittelt den nächsten Zeiger in einem der beiden Felder, der nicht NIL ist. Zeigt der Wert auf eine gleichfarbige Kontur, ist es ein Bruder — andernfalls der Vater. Man trägt den Verweis auf die eben geschlossene Kontur in die Bruder- bzw. Sohnliste ein, die folglich für jede (Teil-)Kontur geführt werden muß.

Beim Verschmelzen einer Pseudokontur muß man beachten, daß die schon angefallenen Verweise auf Söhne und Brüder nicht verloren gehen dürfen, sondern richtig weitergereicht werden müssen (Details siehe Pseudocode).

Wichtig ist noch der Hinweis, daß es immer eine allumfassende und zwar weiße Kontur gibt, die genau dem Bildrand entspricht. UpEdge[0] und DownEdge[N] verweisen zu allen Zeitpunkten auf sie. Damit ist gewährleistet, daß man immer zumindest den Vater findet.

```
PROCEDURE ProcessCornerPair( corner_pair )
  LET cur_column = corner_pair.right_column;
  CASE corner_pair.type IS
  ⌐: initialize black contour
  ⌐: initialize white contour
  ⌐: append contour element at tail;
      shift 'up' edge of contour UpEdge[left-column]↑ to cur_column;
  └: append contour element at head;
      shift 'down' edge of contour DownEdge[left-column]↑ to cur_column;
  └: append contour element at tail;
      shift 'up' edge of contour UpEdge[cur_column]↑ to left-column;
  ⌐: append contour element at head;
      shift 'down' edge of contour Down[cur_column]↑ to left-column;
  └: LET cont1 = DownEdge[left-column]↑;
      LET cont2 = UpEdge[cur_column]↑;
      IF cont1 = cont2 THEN
        close black region;
        determine either brother or father and link to appropriate list;
      ELSIF cont1.Type = white and cont2.Type = white THEN
        merge white contour into white contour;
        add pseudo contour's sons to sons of the remaining contour;
        add pseudo contour's brothers to remaining contour's brothers;
      ELSE
        merge white contour into black contour;
        add pseudo contour's sons to brothers of black contour;
        add pseudo contour's brothers to sons of black contour;
      END;
  └: LET cont1 = UpEdge[left-column]↑;
      LET cont2 = DownEdge[cur_column]↑;
      IF cont1 = cont2 THEN
        close white contour;
        determine either brother or father and link to appropriate list;
      ELSIF cont1.Type = black and cont2.Type = black THEN
        merge black contour into black contour;
        add pseudo contour's sons to sons of the remaining contour;
        add pseudo contour's brothers to remaining contour's brothers;
      ELSE
        merge black contour into white contour;
        add pseudo contour's sons to brothers of white contour;
        add pseudo contour's brothers to sons of white contour;
      END;
  END CASE;
END ProcessCornerPair;
```

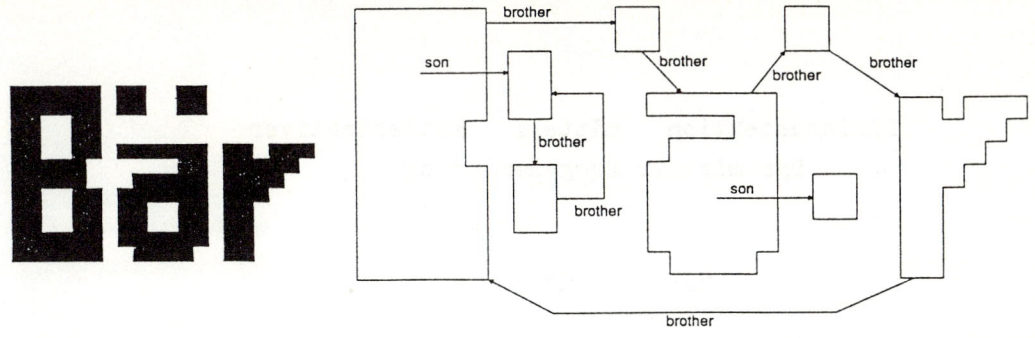

Abbildung: 3 Darstellung der gefundenen hierarchischen Beziehungen der Zusammenhangsgebiete

6 Schluß

Der vorgestellte Algorithmus wurde in Varianten auf den Rechnertypen VAX/VMS, PC/DOS und SUN/UNIX in den Programmiersprachen Modula-2 und C erfolgreich implementiert und stellt einen rechenzeit- und speicherplatzeffizienten Algorithmus zur Zusammenhangsanalyse dar. Für die Analyse von Textseiten mit einer Auflösung von 1728×2266 Pixeln ergibt sich auf einer VAX 8550 folgende Statistik:

Konturen	Ecken	CPU-Zeit	Listenelemente
2610	83048	3,3 sec	1248
42046	277780	9,0 sec	3218

Weiterhin ist die hier erläuterte Technik der inkrementellen Konturverfolgung Grundlage für einen single-pass Algorithmus zur Zusammenhangsanalyse auf farbigen bzw. mehrwertigen Bildern, der in [MaOb90] beschrieben ist.

7 Literaturverzeichnis

[Bart87]   N. Bartneck *Ein Verfahren zur Umwandlung der ikonischen Bildinformation digitalisierter Bilder in Datenstrukturen zur Bildauswertung* Dissertation TU Braunschweig, 1987

[Caps84]   D.W. Capson *An improved algorithm for the sequential extraction of boundaries from a raster scan* Computer Vision, Graphics and Image Processing 28, 1984, pp.109–125

[Free74]   H. Freeman *Computer Processing of Line Drawing Images* Computer Survey 6, 1974, 57–97

[MaOb90]   E. Mandler, M. Oberländer *One-pass Encoding of Connected Components in Multi-Valued Images* to be published in: Proc. of the 10th ICPR, Atlantic City, USA, Vol. II pp.64–69

[Rose70]   A. Rosenfeld *Connectivity in digital pictures* Journal of ACM, January 1970, 146–160

Liniendetektion mittels zeiteffektiver Dynamischer Programmierung

Herbert Süße

Wissenschaftsbereich Digitale Bildverarbeitung
Institut für Informatik
Friedrich-Schiller-Universität Jena
Ernst-Thälmann-Ring 32
DDR-6900 Jena

Kurzfassung

Die Dynamische Programmierung wird oft mit Erfolg in der Mustererkennung eingesetzt. In der vorliegenden Arbeit wird die Liniendetektion mittels Dynamischer Programmierung methodisch so aufbereitet, daß einige bereits in der Literatur bekannte Lösungen sich als Spezialfälle dieser einheitlichen Darstellung ergeben. Es werden ausschließlich deterministische Probleme betrachtet, folglich keinerlei Markovmodellansätze. Weiterhin werden die entsprechenden algorithmischen Probleme der Dynamischen Programmierung so aufgezeigt, daß sie als Anregungen für weitere Untersuchungen zur Liniendetektion dienen sollen.

1. Einleitung

Die Dynamische Programmierung, die besser "Rekursive Optimierung" heißen sollte, hat sich als Methodik in der Mustererkennung und Bildverarbeitung einen festen Platz erobert ([2,4,5,6,7]). Diese Methodik geht bereits auf Bellman [1] zurück und gestattet n-stufige stochastische oder deterministische Entscheidungsprozesse "effektiv" zu lösen. In der folgenden Arbeit werden ausschließlich deterministische Ansätze systematisch untersucht, so daß die Arbeiten von Montanari [4] und Ney [5,6]

hier einzuordnen sind. Aufgabe ist es, in einem gestörten Bild
Linien zu erkennen. Diese Störungen können durch Rauschen
verursacht sein, die Linien können aber auch stückweise
unterbrochen sein, wie es häufig in schlechten Gradientenbildern
der Fall ist. Damit die Dynamische Programmierung als
Lösungsmethodik eingesetzt werden kann, muß die Linienerkennung als
Optimierungsproblem mit Restriktionen und Zielfunktion formuliert
werden. Dieses Optimierungsproblem muß dann entsprechende
Anforderungen erfüllen, die die Anwendung der Dynamischen
Programmierung voraussetzt.

2. Dynamische Programmierung (deterministisch)

Gegeben sei ein N-stufiger, deterministischer
Entscheidungsprozess der Form:

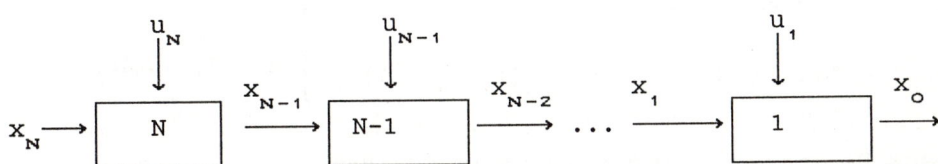

mit

$$x_{i-1} = f_i(x_i, u_i) \quad , \quad i = 1, 2, \ldots, N$$

$$x_i \in X_i \quad , \quad i = 0, 1, \ldots, N$$

$$u_i \in U_i \quad , \quad i = 1, \ldots, N$$

Prozeßgleichungen
Stufentransformationen

$$(1)$$

mit der Zielfunktion

$$z(g_N(x_N, u_N), g_{N-1}(x_{N-1}, u_{N-1}), \ldots, g_1(x_1, u_1)) = \max !$$

Als Voraussetzung an z wird die "monotone Separabilität" gefordert,
die z.B. erfüllt ist, wenn sich z additiv

$$z = \sum_{i=1}^{N} g_i(x_i, u_i)$$

aus den Bewertungen der einzelnen Stufen zusammensetzt.

Obiges Modell gibt die Flußrichtung von "links" nach "rechts" vor; wenn die inversen Stufentransformationen existieren, kann die Flußrichtung auch von "rechts" nach "links" erfolgen. Im ersten Fall ergeben sich Vorwärtsrekursionen bzw. Rückwärtsrechnungen, im zweiten Fall Rückwärtsrekursionen bzw. Vorwärtsrechnungen. Je nachdem, welche Flußrichtung möglich ist bzw. man bevorzugt, werden in der Literatur die Probleme durch Vorwärts- oder Rückwärtsrekursionen gelöst. Da obiges Problem durch Rückwärtsrechnung gelöst werden soll, ist die letzte Stufe die erste Stufe der Rechnung. Deshalb werden die Zustände x_i und die Entscheidungen u_i (Politik) mit anderen Indizes versehen als die Flußrichtung vorgibt. Um (1) zu lösen, werden die sogenannten Bellmanschen Funktionen berechnet:

$$(2)$$

$$W_1(x_1) = \max_{u_1} g_1(x_1, u_1)$$

$$W_n(x_n) = \max_{u_n} \{ g_n(x_n, u_n) + W_{n-1}(f_n(x_n, u_n)) \} \Bigg\} \quad n = 2, \ldots, N$$

Mit diesem Bellmanschen Optimalprinzip ist dann $W_n(x_N)$ optimale Lösung. Auf jeder Stufe n muß somit $W_n(x_n)$ für alle zulässigen Zustände x_n und die zugehörigen optimalen Entscheidungen u_n^* abgespeichert werden. Mit u_N^* beginnend kann dann durch eine Vorwärtsrechnung die optimale Politik $(u_N^*, u_{N-1}^*, \ldots, u_1^*)$ bestimmt werden. Ein enormer rechentechnischer Aufwand kann bei hochdimensionalen Problemen mit vielen Stufen entstehen, da auf jeder Stufe für jeden Zustand das Optimum und die optimale Entscheidung ermittelt und abgespeichert werden muß. Die sich anschließende Vorwärtsrechnung zur Bestimmung der optimalen Politik erfordert dagegen einen vergleichsweise geringen Aufwand.

3. Liniendetektion

Gegeben sei ein verrauschtes Bild und gesucht ist von einem festen Bildpunkt p_N ausgehender Weg $p_N, p_{N-1}, \ldots, p_1$ der Länge N mit der Bewertung:

$$z(p_N, \ldots, p_1) = \sum_{i=N}^{1} g(p_i) - \alpha \sum_{i=N}^{2} kr(p_{i+1}, p_i, p_{i-1}) = \max ! \quad (3)$$

$$\alpha > 0 .$$

Dabei sind $g(p_i)$ die Grauwerte, $kr(p_{i+1}, p_i, p_{i-1})$ die lokalen Krümmungen in p_i und α ist eine Bewertung für die globale Krümmung und damit ein Glättungsfaktor des zu bestimmenden Weges.

Entsprechend (1) erfüllt die Zielfunktion z die Voraussetzung der Additivität. Die Entscheidungsvariablen sind die FREEMAN-Richtungen und die Stufen korrespondieren mit den Teilweglängen. Den Bildpunkt p_{N+1} muß man sich zusätzlich vorgeben, um die Krümmung im Punkt p_N berechnen zu können.

Somit handelt es sich um ein vollständig diskretes Optimierungsproblem.

Um (3) zu lösen, müssen die Bellmannschen Funktionen angegeben werden:

$$W_j(p) = \max_{q \in NF(p)} \left\{ g(p) - \alpha \, kr(v, p, q) + W_{j-1}(q) \right\} \quad (4)$$

NF(p) sind die Nachfolgepunkte von p. Mit $W_o(q) = 0$ ist dann $W_N(p_N)$ Optimalwert.

Die Lösung der Extremalaufgabe (3) bedeutet, daß Liniendetektion mit der Idee des "Entlangschreitens auf dem Gipfel eines Grauwertgebirges identifiziert wird. Dabei kann das Gebirge durchaus durch Täler unterbrochen sein, diese Unterbrechungen dürfen jedoch nicht breiter als N Bildpunkte sein.

Nun ist es leider praktisch nicht so einfach, die Bellmanschen Funktionen exakt entsprechend (2) aufzuschreiben, denn in (4) gehen die Vorgänger v ein, so daß diese Bellmanschen Funktionen von v abhängen und damit mehrere Bellmansche Funktionen notwendig sind. Im folgenden sollen die Nachfolger von p systematisch untersucht werden. Eine Grundrichtung bedeutet dabei eine beliebige Vorgabe einer konstanten Richtung von p nach q_o, alle anderen Richtungen sind immer relativ zu dieser wählbaren Grundrichtung.

a) Folgende 3 Nachfolger und Vorgänger bez. einer Grundrichtung werden betrachtet:

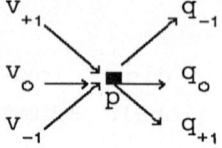

Die Bellmanschen Funktionen lauten:

$$W_j^k(p) = \max_{i \in \{-1,0,+1\}} \left\{ g(p) - \alpha\, kr(v_k, p, q_i) + W_{j-1}^i(q_i) \right\} \qquad (5)$$

$$k = +1, 0, -1 \; ; \quad j = N, \ldots, 2 \qquad .$$

Ohne Krümmung vereinfachen sich die Bellmanschen Funktionen zum klassischen Fall der Dynamischen Programmierung:

$$W_j(p) = \max_{i \in \{-1,0,+1\}} \left\{ W_{j-1}(q_i) \right\} \qquad j = N, \ldots, 2 \qquad (6)$$

Gibt es für die Fälle (5) und (6) eine stufeninvariante bzw. stationäre Lösung für $j \longrightarrow \infty$? Aus (5) und (6) werden:

$$W^k(p) = \max_{i \in \{-1,0,+1\}} \left\{ g(p) - \alpha\, kr(v_k, p, q_i) + W^i(q_i) \right\} \qquad (5a)$$

$$k = +1, 0, -1$$

$$W(p) = \max_{i \in \{-1,0,+1\}} \left\{ g(p) + W(q_i) \right\} \qquad (6a)$$

(5a) ist ein Funktionalgleichungssystem und (6a) eine Funktionalgleichung für die Funktionen W^k bzw. W über dem gesamten Bild als Definitionsbereich. Durch diesen Grenzübergang gibt es keinen festen Anfangspunkt mehr und die "Unendlichkeit" wird natürlich durch die Bildgröße eingeschränkt. Legt man z.B. als Grundrichtung die FREEMAN-Richtung Null fest, so beginnt die Rückwärtsrechnung bei der letzten Bildspalte und endet in der ersten Bildspalte. Zur Lösung dieses Extremalproblems muß für jeden

Bildpunkt der Bellmansche Extremalwert und die optimale Entscheidung abgespeichert werden.

Die Erprobung aller der in dieser Arbeit aufgezeigten Lösungsmöglichkeiten wurde mit dem Bildverarbeitungs-Softwaresystem AMBA [3] durchgeführt. Dieses gestattet ein Bild in Teilbilder so zu unterteilen, daß diese Teilbilder zur Speicherung der Extremalwerte und Entscheidungswerte effektiv genutzt werden können. Bildet man z.B. aus (5a) bzw. (6a) die Größen
max $W^o(p)$ bzw. max $W(p)$, wobei über die Bildpunkte p der ersten Bildspalte zu maximieren ist, erhält man eine detektierte Linie von der ersten zur letzten Bildspalte. Dies entspricht automatisch einer horizontalen Bildsegmentierung, wenn man das Gradientenbild verwendet. Analog könnte man vertikal oder diagonal segmentieren, wenn nur entsprechend die Grundrichtung gewählt wird.

b) Folgende 5 Nachfolger und Vorgänger bez. einer Grundrichtung werden betrachtet:

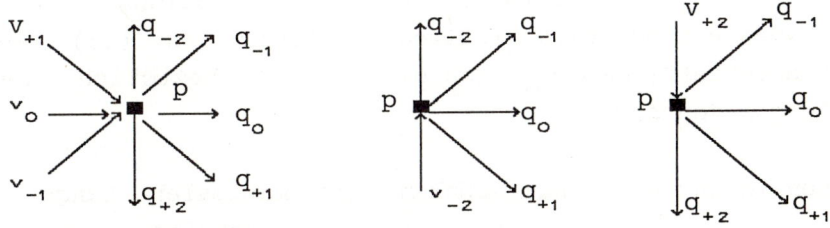

Damit lauten die Bellmanschen Funktionen:

$$W_j^k(p) = \max_{\substack{i \in \{-2,-1,o, \\ +1,+2\}}} \left\{ g(p) - \alpha\, kr(v_k, p, q_i) + W_{j-1}^i(q_i) \right\}, k=+1,0,-1$$

$$W_j^{-2}(p) = \max_{\substack{i \in \{-2,-1, \\ o,+1\}}} \left\{ g(p) - \alpha\, kr(v_{-2}, p, q_i) + W_{j-1}^i(q_i) \right\} \qquad (7)$$

$$W_j^{+2}(p) = \max_{\substack{i \in \{-1,o, \\ +1,+2\}}} \left\{ g(p) - \alpha\, kr(v_{+2}, p, q_i) + W_{j-1}^i(q_i) \right\}$$

Ohne Krümmung vereinfachen sich wieder die Bellmanschen Funktionen zu:

$$W_j(p) = g(p) + \max \left\{ W_{j-1}^{-2}(q_{-2}), W_{j-1}^{+2}(q_{+2}), \max_{i \in \{+1, o, -1\}} W_{j-1}(q_i) \right\}$$

$$W_j^{-2}(p) = g(p) + \max \left\{ W_{j-1}^{-2}(q_{-2}), \max_{i \in \{+1, o, -1\}} W_{j-1}(q_i) \right\} \quad (8)$$

$$W_j^{+2}(p) = g(p) + \max \left\{ W_{j-1}^{+2}(q_{+2}), \max_{i \in \{+1, o, -1\}} W_{j-1}(q_i) \right\}$$

Im Gegensatz zu (7) sind in (8) nur noch 3 Bellmansche Funktionen enthalten.Vergleicht man die Variabilität der Nachfolgepunkte von b) mit a), so wird diese mit einem enorm vergrößerten rechentechnischen Aufwand erkauft. Aus diesem Grundeist es angebracht, sich für große Weglängen auf suboptimale Wege in folgendem Sinne zu beschränken:

Ein Weg der Länge n heißt suboptimal, wenn für jeden Bildpunkt p_i i=1,...,n des Weges ein optimaler Teilweg (im Sinne von (3)) der Länge N derart existiert, daß p_{i+1} Nachfolger von p_i bezüglich des optimalen Teilweges von p_i ist.

In Linien können dann aber nur Lücken der maximalen Länge N überbrückt werden. Numerische Experimente haben gezeigt, daß es durchaus gerechtfertigt ist, sich auf suboptimale Wege zu beschränken. Schwierig ist dann allerdings die Wahl der Teilweglänge N, ebenso muß aus Erfahrung der Glättungsfaktor α gewählt werden.

Durch Grenzübergang $j \longrightarrow \infty$ soll für (7) bzw. (8) wieder eine stationäre oder stufeninvariante Lösung ermittelt werden. Aus (7) bzw. (8) werden:

$$W^k(p) = \max_{\substack{i \in \{-2,-1, \\ 0,+1,+2\}}} \left\{ g(p) - \alpha \, kr(v_k, p, q_i) + W^i(q_i) \right\} \quad k=+1,0,-1$$

$$W^{-2}(p) = \max_{\substack{i \in \{-2,-1, \\ 0,+1\}}} \left\{ g(p) - \alpha \, kr(v_{-2}, p, q_i) + W^i(q_i) \right\} \qquad (7a)$$

$$W^{+2}(p) = \max_{\substack{i \in \{-1,0, \\ +1,+2\}}} \left\{ g(p) - \alpha \, kr(v_{+2}, p, q_i) + W^i(q_i) \right\}$$

Ohne Krümmung vereinfachen sich wieder die Bellmanschen Funktionen zu:

$$W(p) = g(p) + \max \left\{ W^{-2}(q_{-2}), W^{+2}(q_{+2}), \max_{i \in \{+1,0,-1\}} W(q_i) \right\}$$

$$W^{-2}(p) = g(p) + \max \left\{ W^{-2}(q_{-2}), \max_{i \in \{+1,0,-1\}} W(q_i) \right\} \qquad (8a)$$

$$W^{+2}(p) = g(p) + \max \left\{ W^{+2}(q_{+2}), \max_{i \in \{+1,0,-1\}} W(q_i) \right\}$$

Die Formeln (7a) und (8a) stellen Funktionalgleichungen dar, wobei alle Bildpunkte des Bildes zum Definitionsbereich der Funktionen gehören. Da beim Grenzübergang $j \longrightarrow \infty$ bzw. als stufeninvariante Lösung der längste Weg sofort als Optimum ablesbar ist, ist für diesen Fall die Aufgabe (3) nur als Minimumaufgabe sinnvoll.

Die Aufgabe der Konturfindung bei Ney [5] ist damit ein Spezialfall der Aufgabe (3) und entspricht dem Funktionalgleichungssytem (8a), wobei die Grundrichtung die konstante FREEMAN-Richtung Null ist.

c) Es wird keine Grundrichtung vorgegeben und beliebige Nachfolger
   zugelassen:

In dieser allgemeinen Form ergibt diese Aufgabe keinen Sinn, da
z.B. ein alternierendes Verhalten zwischen zwei Bildpunkten
ausgeschlossen werden muß (analog b)). Ohne Grundrichtung müssen
somit Restriktionen an die Nachfolgepunkte gestellt werden. Dies
könnte z.B. wie bei Montanari [4] sein:

$$kr(v,p,q) \leq 1 \ . \tag{9}$$

Es wären aber auch eine Reihe weiterer Beschränkungen denkbar.
Die Restriktion (9) an die lokale Krümmung im Punkt p definiert die
Menge {q} aller zulässigen Nachfolgepunkte von p. Damit ergeben
sicht acht Relationen von v zu p und somit die entsprechende Menge
von Folgepunkten:

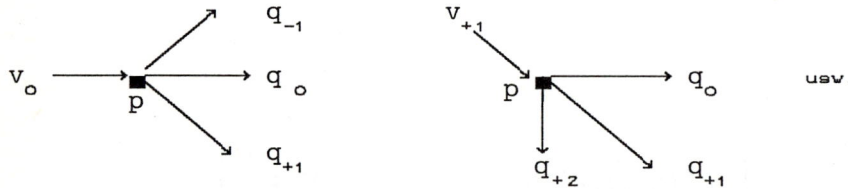

Folglich sind acht verschiedene Bellmansche Funktionen zu bilden:

$$W^k_j(p)= \max_{i\in\{k-1,k,k+1\}}\left\{ g(p) - \alpha\ kr(v_k,p,q_{i\ mod\ 8}) + W^{i\ mod\ 8}_{j-1}(q_{i\ mod\ 8}) \right\} \tag{10}$$

$$k=0,1,\ldots,7$$

Ohne Glättungsbewertung in der Zielfunktion vereinfachen sich
diesmal bis auf diesen Term die Bellmanschen Funktionen nicht, da
der Index $i\in\{k-1,k,k+1\}$ von k abhängt und folglich sind wieder
acht Funktionen zu berechnen. Bildet man formal in (10) den
Grenzübergang $j\longrightarrow\infty$, so erhält man:

$$W^k(p) = \max_{i\in\{k-1,k,k+1\}}\left\{ g(p) - \alpha\ kr(v_k,p,q_{i\ mod\ 8}) + W^{i\ mod\ 8}(q_{i\ mod\ 8}) \right\}$$

$$k=0,1,\ldots,7 \tag{10a}$$

für alle Punkte des Bildes.

Für das Funktionalgleichungssystem (10a) ist noch zu klären, ob dieses eine Lösung besitzt und ob diese sinnvoll zu interpretieren ist.

Die vorgestellten Aufgaben und Lösungen lassen sich nun noch auf die verschiedentsten Varianten von Aufgabenstellungen anwenden, z.B. auf Probleme mit festem Anfangs-und Endzustand :

Ein Weg ist gesucht $p_N, \ldots, p_1$ mit $p_N = p$ und $p_1 = q$, wobei N variabel und die Zielfunktion in Aufgabe (3) zu minimieren ist.

4. Zusammenfassung

Es wurde versucht, daß Problem der Liniendetektion mittels Dynamischer Programmierung mathematisch einheitlich darzustellen, wobei ausschließlich deterministische Ansätze berücksichtigt werden. Dabei spielen insbesondere die stationären oder stufeninvaianten Lösungen eine besondere Rolle. Für sehr lange Wege ist es infolge des enormen rechentechnischen Aufwandes günstig, sich auf suboptimale Lösungen zu beschränken.

Literatur

[1] R. Bellman, Dynamic Programming, Princeton University Press, Princeton. New Jersey 1957

[2] H. Burkhardt, Methoden der Digitalen Signalverarbeitung in der Bildverarbeitung und Mustererkennung, 6. DAGM Symposium "Mustererkennung" Paderborn 1986

[3] C. Hermann, R. Neubauer, W. Ortmann, M. Schubert, H. Süße, K. Voss, Softwaresystem AMBA auf Personalcomputer, Bild und Ton 42(1989), 11-14

[4] U. Montanari, On the Optimal Detection of Curves in Noisy Pictures, Comm. of the Ass. for Computing Machinery, Vol. 14, pp. 335-345, May 1971

[5] H. Ney, Dynamic Programming as a technique for pattern recognition, Proc. IEEE 6th International Conference on Pattern Recognition, pp. 1119-1125, Munich (1982)

[6] H. Ney, Konturbestimmung in Bildern mit dynamischer Programmierung, Proc. 1981 DAGM Symposium "Modelle und Strukturen", Hamburg Germany pp. 319-326, Oct. 1981

[7] L.L. Scharf, H. Elliott, Aspects of Dynamic Programming in Signal and Image Processing, IEEE Trans. on Automatic Control, Vol. AC-26 Okt. 1981, S. 1018-1029

Generierung von optimalen Falschfarben aus Echtfarbbildern mit Hilfe der Topologischen Karte

A. Springub, D. Scheppelmann, U. Engelmann,
H. P. Meinzer

Deutsches Krebsforschungszentrum Heidelberg
Abt.: Medizinische und Biologische Informatik
(Leiter: Prof. Dr. C. O. Köhler)

Zusammenfassung

Es wird ein Algorithmus vorgestellt, der in Echtfarbbildern die Anzahl der Farben von 16 Mill. auf 256 reduziert. Der Algorithmus ist so optimiert, daß mit dem Auge nur ein geringer Qualitätsverlust festgestellt werden kann. Das Verfahren lehnt sich vom Prinzip her an die Kohonen–Map an und gehört zur Klasse der neuronalen Netze. Die Kohonen–Map ist jedoch in wesentlichen Punkten erweitert und verändert worden. Die Anwendung der Topologische Karte ist nicht auf Farbreduzierung begrenzt, sondern sie läßt sich ebenso zur Klassifizierung von Grauwertbildern und damit zur Segmentierung einsetzen.

1   Einleitung

Für die Darstellung von Farbbildern hoher Qualität wird in der Regel die Echtfarbdarstellung benutzt. Das bedeutet, daß jeder Bildpunkt durch die drei Farbkomponenten Rot, Grün und Blau mit einer Auflösung von je 256 Helligkeitsstufen repräsentiert wird. Daraus ergibt sich die dreifache Datenmenge gegenüber einem Grauwertbild (3x8=24bit/pixel). Aus diesem Grund ist eine Datenreduktion von Echtfarbbildern wünschenswert. Bei der Datenreduktion werden aus den 16 Mill. Farben üblicherweise 256 ausgewählt, so daß man wieder mit 8 bit/pixel auskommt. Mit der 256-Farbendarstellung, auch Falschfarbendarstellung genannt, ist es außerdem möglich qualitativ hochwertige Farbbilder mit Hilfe der VGA-Grafikkarte auf dem PC darzustellen.

Die Falschfarbendarstellung arbeitet mit einer Farben Lookup-table (LUT), in der die 256 ausgewählten Farben abgespeichert sind, und dem Indexbild an Stelle des Farbbildes. Im Indexbild ist für jeden Bildpunkt die entsprechende Adresse in der LUT für die Farbe an dem jeweiligen Bildpunkt eingetragen.

Dieser Beitrag stellt einen Algorithmus vor, der aus den 16 Mill. möglichen Farben für jedes individuelle Bild die 256 wichtigsten Farben heraussucht, ohne die Qualität der Farbbilddarstellung sichtbar zu verringern. Das Ergebnis ist die individuelle Lookuptable und das Indexbild.

Im Anschluß daran wird das Verfahren mit bekannten anderen Farbreduzieralgorithmen wie dem Popularitätsalgorithmus oder dem Median-Cut Algorithmus [HECKB82] [SCHAL89] verglichen.

2   Der Farbreduzieralgorithmus 'Topologische Karte'

2.1   Das Eingangsbild (Echtfarbe)

Das Eingangsbild ist ein Echtfarbbild, d.h. für jeden Bildpunkt liegt je ein Wert für die drei Elementarfarben Rot, Grün und Blau vor. Jede Farbe ist in einer Ebene des dreidimensionalen Bildfarbraumes, auch *Merkmalsraum* genannt, abgelgt (siehe Bild 1). Jeder Bildpunkt ist somit kein Skalar wie im Grauwertbild, sondern ein dreidimensionaler Vektor.

Echtfarbbild (Merkmalraum)

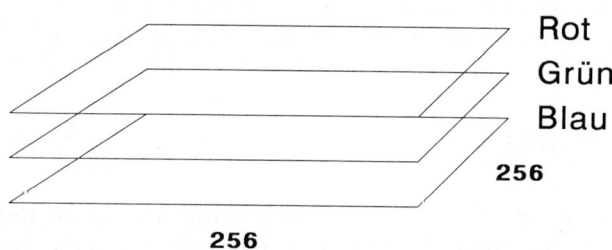

Abbildung 1: Das Eingangsbild für die Topologische Karte. Die drei Farben des Echtfarbbildes sind je in einer Ebene abgelegt.

2.2   Die Lookup-table (Colormap)

Nach Ablauf des Colormap-Algorithmus liegt eine Lookup-table vor, in der die 256 ausgewählten Farben abgespeichert sind. In diesem Fall ist die LUT als 16x16x3 Farbraum organisiert. Damit ist für jede Elementarfarbe (RGB), ähnlich wie im Merkmalsraum eine Ebene vorhanden (siehe Bild 2).

Colormap (Lookup-table)

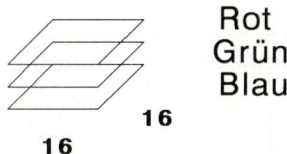

Rot
Grün
Blau

16

16

Abbildung 2: Das Ergebnis des Algorithmus ist die Lookup-table (Colormap)

Die Seitenlänge jeder Ebene beträgt 16, so daß genau 16x16=256 Positionen entstehen. Jede Position ist wieder ein dreidimensionaler Vektor. Die Lookup-table ist das Endergebnis des Algorithmus. Sie wird auch Colormap [HECKB82] genannt.

2.3   Der Ablauf des Algorithmus 'Topologische Karte'

2.3.1   Die Initialisierung der Colormap

Der Algorithmus beruht vom Prinzip her auf der Kohonen-Map von Teuvo Kohonen [KOHO89]. Es sind jedoch verschiedene Änderungen und Erweiterungen des Algorithmus vorgenommen worden. Der Ablauf ist in Bild 3 verdeutlicht.

Der Algorithmus beginnt mit einer auf die Größe 3x3x3 verkleinerten Colormap. Die neun Positionen der Colormap werden willkürlich mit Zufallszahlen initialisiert.

Anschließend erfolgt die Zuordnung der einzelnen Colormapvektoren (RGB) auf die einzelnen Farbbildvektoren des Echtfarbbildes. Das Kriterium für die Zuweisung ist die Euklidsche Distanz. Es wird so für jeden einzelnen Farbbildvektor derjenige Colormapvektor zugeordnet, für den die Euklidsche Distanz zwischen Farbbildvektor und Colormapvektor am geringsten ist. Auf diese Weise erhält man eine Matrix von der Größe einer Ebene des Eingangsbildes, in der für jedes Pixel die entsprechende Adresse des ähnlichsten Vektors in der Colormap eingetragen ist. Dies ist das erste Indexbild.

Nach der Initialisierung beginnt das 'Lernen' der Colormap. Die willkürlich gesetzten Farben in der Colormap werden während des Lernvorganges dem Farbbild angepaßt. Nach dem Lernen stehen die neun Farben in der Colormap, die das Echtfarbbild am besten repräsentieren.

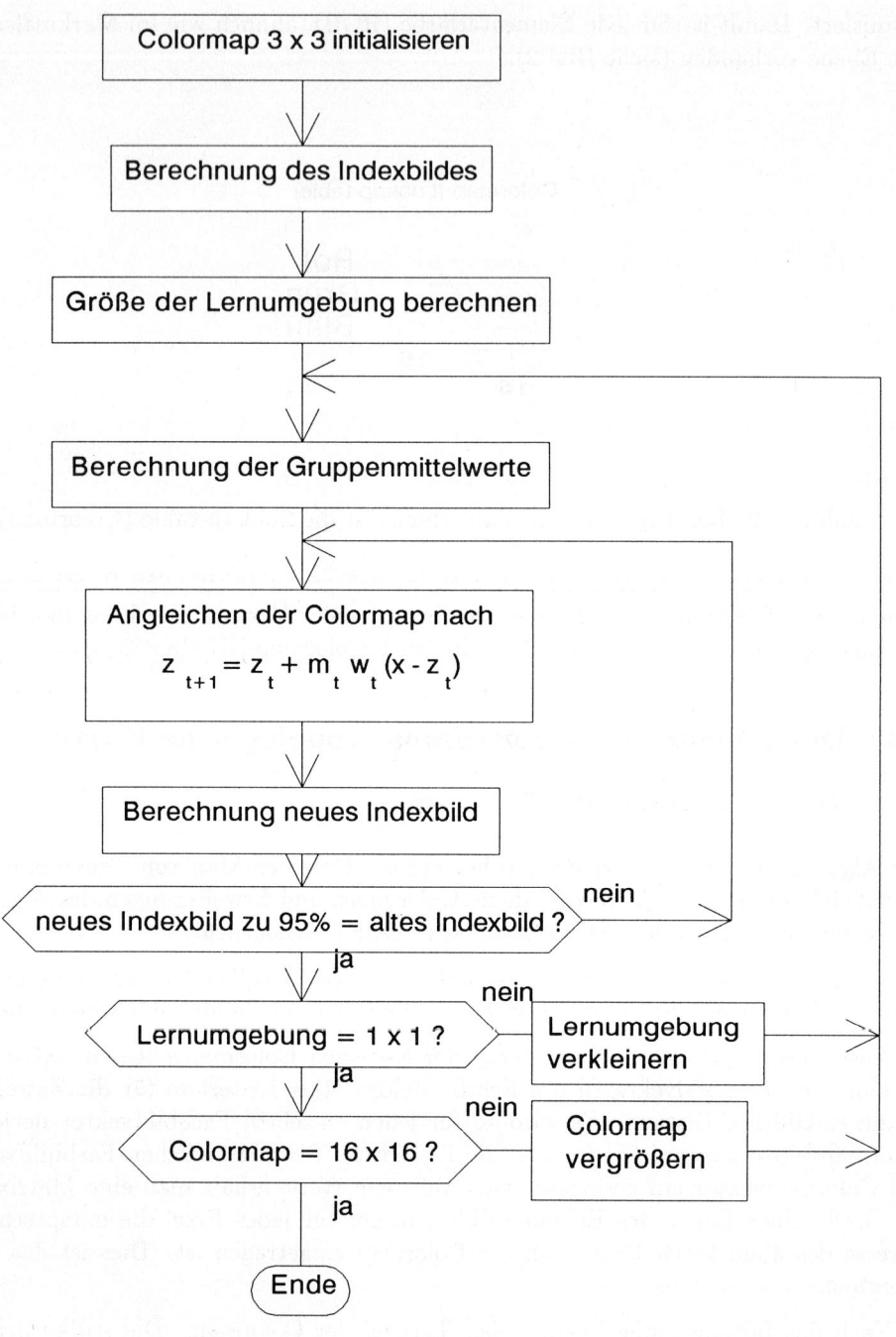

Abbildung 3: Der Ablauf des Algorithmus Colormap

Anschließend wird die Colormap von $3 \times 3 \times 3$ auf $n \times n \times 3$ vergrößert. Die neu entstehenden Farbpositionen in der Map werden interpoliert.

Der Lernvorgang wiederholt sich, um dann die Colormap wieder zu vergrößern, bis zum Schluß der letzte Lernvorgang mit einer $16 \times 16 \times 3$ Colormap erfolgt. Dies ist das Endergebnis des Algorithmus. Der Kern des Algorithmus ist der Lernvorgang. Er soll im folgenden näher erläutert werden.

2.3.2 Das Lernen der 'Colormap'

Das Lernen der Colormap läßt sich in mehrere Schritte aufteilen. Zunächst werden die Gruppenmittelwerte bestimmt.

Berechnung der Gruppenmittelwerte

Im Indexbild kommt jede Colormapadresse n-mal vor. Aus den Echtfarbbildvektoren mit der gleichen Adresse wird jeweils der Mittelwert gebildet. So erhält man für jede Colormapposition einen Mittelwertvektor. Diese Vektoren werden hier Gruppenmittelwerte genannt.

Berechnung der neuen Colormap

Die Vektoren der neuen Colormap werden aus der folgenden Formel mit Hilfe des Gruppenmittelwertes, der alten Colormap und der Anzahl der Treffer je Mapposition berechnet.

$$z_{t+1} = z_t + m_t w_t (x - z_t)$$

Dabei ist z_t der Vektor der alten Colormapposition, z_{t+1} der Vektor der neuen Colormap an derselben Position, x ist der Gruppenmittelwert, w_t das Gewicht und m_t die gaußgewichtete Lernumgebung.

Das Gewicht w_t berechnet sich aus der Formel:

$$w_t = \frac{aktuelle\ Treffer}{bisherige\ Treffer\ +\ aktuelle\ Treffer}$$

Durch das Gewicht w_t haben Farbvektoren, die oft im Echtfarbbild vorkommen, bei jedem Angleichvorgang einen geringeren Einfluß. Dies bewirkt, daß, im Gegensatz zu allen anderen Farbreduzieralgorithmen, häufig vorkommende Farben nicht bevorzugt werden.

Die Lernumgebung

Das Lernen der Colormap erfolgt nicht nur auf die betroffenen Farbvektoren, sondern auch auf die benachbarten Mappositionen in der Colormap. Die Größe der Lernumgebung m_t bestimmt die Anzahl der beeinflußten Nachbarvektoren, während die Gewichte der einzelnen Lernumgebungspositionen ein Maß für die Stärke des Einflusses ist.

0.25	0.5	0.25
0.5	1	0.5
0.25	0.5	0.25

Abbildung 4: Gaussgewichtete 3x3 Lernumgebung

Im beschriebenen Algorithmus ist die Gewichtung der Lernumgebung gaußverteilt, d.h. daß das Zentralpixel am stärksten an den treffenden Gruppenmittelwert angeglichen wird, während die Nachbarn mit zunehmendem Abstand schwächer beeinflußt werden. Eine 3x3 Lernumgebung ist in Abbildung 4 dargestellt.

Die Größe der Lernumgebung wird während des Lernvorgangs variiert. Begonnen wird mit einer Seitenlänge, die sich aus Colormapseitenlänge/3 berechnet. Ist der Lernvorgang mit dieser Lernumgebung abgeschlossen, so wird mit einem neuen Lernvorgang mit einer verkleinerten Lernumgebung fortgefahren. Dieser Vorgang wiederholt sich, bis das Lernen mit einer '1x1 Lernumgebung' abgeschlossen worden ist.

Bei einer Lernumgebung größer als 1x1 müssen für jede Mapposition n x n Vektoren berechnet werden. Zählt man alle Vektoren zusammen, die auf jede einzelne Mapposition berechnet werden, so ergibt sich die Anzahl $m \leq n \times n$. Der neue Vektor für die jeweilige Mapposition berechnet sich im Algorithmus 'Topologische Karte' aus dem Mittelwert dieser m Vektoren.

Das Abbruchkriterium des Lernens

Der Angleichvorgang der Colormapvektoren und der entsprechenden Lernumgebung wird so oft wiederholt, bis 95% des neuen Indexbildes mit dem vorher berechneten Indexbild übereinstimmt.

Hat die Colormap zu Ende gelernt, wird sie vergrößert und der Lernvorgang beginnt von Neuem. Dies wird solange wiederholt, bis eine 16 x 16 Colormap entstanden ist.

Die Colormap hat genau 256 Positionen für die 256 Farben. Linearisiert man die Colormap so erhält man die fertige Lookup-table. Das Indexbild erhält man wieder mit Hilfe der Euklidschen Distanz.

3   Ergebnisse

Die Colormap wurde in der Abteilung für Medizinische und Biologische Informatik am DKFZ in APL implementiert. Die Darstellung erfolgte mit Hilfe einer MVP PC-

Abbildung 5: Bildbeispiel Schwarz-Magent-Weiß-Grün Ebene aus dem RGB Raum. Farbreduktion mit 'Topologische Karte' (links) und Median-Cut (rechts)

Bildverarbeitungskarte, mit der Echtfarbdarstellungen im direkten Vergleich zu Falschfarbdarstellungen möglich sind.

Der Algorithmus wurde auf verschiedene Bilder angewendet. Zunächst wurden natürliche Farbbilder z.B. von Blumen etc. benutzt. Bei diesen Bildern war mit den Auge selbst bei direktem Vergleich mit dem Echtfarbbild kein Unterschied festzustellen. Als nächstes wurden künstliche Bilder getestet. Es wurde die Schwarz- Weiß- Magenta- Grün Ebene aus dem RGB-Farbraum mit 65536 verschiedenen Farben mit Hilfe des Algorithmus auf 256 Farben reduziert (Bild 5 links, leider ist hier nur eine Schwarz/Weiß Darstellung möglich). Das Ergebnis ist ein Falschfarbbild, auf dem 256 quasi wabenförmige Flächen von unterschiedlicher Größe zu erkennen sind. Ein Median-Cut Algorithmus [HECKB82] [SCHAL89] berechnet aus demselben Eingangsbild ein Falschfarbenbild mit 256 gleich großen Quadraten (Bild 5 rechts). Die Wabenform gibt jedoch einen besseren Eindruck der Wirklichkeit wieder. Das Optimum wären kreisförmige Farbflächen. Da diese jedoch nicht die Fläche ausfüllen, ist das Sechseck die optimale Form.

Ein extremes Testbild für einen Farbreduzieralgorithmus ist eine gleichmäßige Fläche mit ähnlichen Farben (z.B. Grün) und einem kleinen Gebiet im Vordergrund mit einer vom Hintergrund sehr verschiedenen Farbe (z.B. Rot). Ein Popularitätsalgorithmus [SCHAL89] [HECKB82] sucht sich die häufigsten 256 Farben aus dem Bild. Bei diesem Testbild würden alle 256 Farben im Hintergrund aufgebraucht werden. Infolgedessen bleibt keine Farbe für den roten Fleck im Vordergrund mehr übrig, und der Fleck bekommt die Hintergrundfarbe, die dem Rot am ähnlichsten ist.

Das Ergebnis der 'Topologischen Karte' für dieses Testbild ist genauso gut wie für das vorhergehende Bild. Der Hintergrund ist wabenförmig aufgeteilt, und der rote Fleck im Vordergrund wird auch in Rot dargestellt.

4 Weiterführende Anwendungen

Neben der Farbreduzierung von Echtfarbbildern auf 256 Farben ist es auch möglich ,mit der Topologischen Karte Grauwertbilder in wenige Regionen aufzuteilen. Als Eingangsbild verwendet man dazu einen Merkmalsraum mit mehreren Ebenen z.B. 1.Ebene das Grauwertbild, 2.Ebene ein lokales Texturmaß und 3. Ebene grauwertmorphologische Operatoren. Nach dem Lernen repräsentiert jede Mapposition eine Pixelklasse (siehe [SAUR89/1] [SAUR89/2]).

Die 'Topologische Karte' ist also ein Verfahren, mit dem Echtfarbbilder in Falschfarbbilder konvertiert werden können, mit der aber auch Grauwertbilder bei geschickter Wahl der Merkmalsebenen klassifiziert werden können.

Literatur

[HECKB82] Heckbert P.: Color image quantization for frame buffer display, Computer Graphics 16 (1982) 297-307

[SCHAL89] Schale M: Farbenlotto, C't 11 (1989) 166-178 Heise Verlag, Hannover

[KOHO82] Kohonen, T.: Self-Organized Formation of Topologically Correct Feature Maps, Biol. Cybern. vol43 (1982) 59-69

[KOHO89] Kohonen, T.: Self-Organization and Associative Memory. Berlin: Springer 1989.

[SAUR89/1] Saurbier, F.; Scheppelmann, D; Meinzer, H. P.: Segmentierung biologischer Objekte aus CT- und MR- Schnittserien ohne Vorwissen. Informatik Fachberichte 219 (1989) 210-215 Berlin: Springer 1989.

[BERTSCH89] Bertsch H.: Die selbstlernende topologische Merkmalskarte zur Bildsegmentierung und Klassifikation. Heidelberg: *DKFZ 1989 (DKFZ, Abteilung Medizinische und Biologische Informatik (MBI): Technical Report 23/1989)*.

[SAUR89/2] Saurbier F.: Automatische Segmentierung aus CT- und MR- Bildern mit Hilfe der topologischen Karte. Heidelberg: *DKFZ 1989 (DKFZ, Abteilung Medizinische und Biologische Informatik (MBI): Technical Report 28/1989)*.

The Pseudo-Logarithmic Transformation for Robust Displacement Estimation

Joachim Dengler*, Markus Schmidt**

* MIT-AI-Lab, Cambridge, MA, USA, on leave from:
Deutsches Krebsforschungszentrum, Heidelberg
** Alfred-Wegener-Institut für Polarforschung, Bremerhaven

Abstract

There is experimental evidence that the pseudo-logarithmic transformation of zero-mean images makes the displacement estimation more robust and consistent. This paper gives a mathematical analysis of this process and relates it to robust statistics.

1   Introduction

A major problem of determining stereo- or motion correspondence is the inherent statistical as well as systematical noise in the images, whenever real-world scenes are analyzed. The statistical noise may be due to camera-noise, whereas the systematic noise can be caused by an (unknown) change of lighting conditions or occlusion effects in the two images to be matched. In a biological application such as the alignment of electrophoresis-gels or autoradiographs the systematic noise is the effect that in one image some spots are present that are not in the other one. Typically also the contrast differs in the two images. In electron microscopy alignment the statistical noise can be in the same range as the signal, overlaid with the systematical noise due to the radiation damage of the specimen, changing its shape and contrast. In each of these cases the distortions can be so large, that a normal least squares minimization technique fails to produce consistent results.

Among other measures to deal with such noise, in particular linear or morphological filters, the "pseudo-logarithmic transformation"

$$PLN(x) = sgn(x) \cdot \frac{\ln(1 + \alpha \cdot |x|)}{\ln(1 + \alpha)}$$

has been successfully applied as a heuristics to—typically zero-mean—images before estimation of the displacement between them. This has been done for motion estimation [BYX83], stereo correspondence [Sch88], determination of alignment parameters of electron micrographs [Den89, DC89], as well as for matching of autoradiograph pairs [LDRW90]. As a special case of this transformation with $\alpha \to \infty$ the sign transformation has been applied in the PRISM system for stereo [Nis84] and in the motion estimation scheme of the Dynamic Pyramid [Den86, DS88].

Empirically the pseudo-logarithmic transformation had the effect of making the displacement estimate more stable or enabled a consistent estimate otherwise unobtainable. There has also been biological evidence that in the very early part of the human visual system a logarithmic transformation of the incoming optical signals takes place, with various interpretations of this phenomenon. Actually many synapses show a sigmoid-like pre-to-postsynaptic voltage transduction (e.g. [PG89]).

This paper deals with the question of how the pseudo-logarithmic transformation can be interpreted on a mathematical basis, and how it relates to statistical methods of robust estimation.

2   Displacement estimation with the Pseudo-Logarithmic Transformation

In order to make the essential point transparent, all complicating factors, for example about discontinuities, varying displacement vector fields, etc. are not considered here, and the simple model of a (possibly locally) constant displacement vector field in one dimension is applied. The generalizations to more complicated models and to higher dimensions are straightforward.

It is assumed that the image intensity of the first image $f^{(1)}(x)$ relates to $f^{(2)}(x)$, the intensity of the second image, by the symmetrical equation

$$f^{(1)}(x_i + \frac{u}{2}) = f^{(2)}(x_i - \frac{u}{2}) \ \forall i$$

with u being the constant displacement between the images or image patches. Furthermore the image intensities are locally expanded as first degree polynomials:

$$f^{(j)}(x_i + \frac{u}{2}) = f^{(j)}(x_i) + \frac{u}{2} \cdot f_x^{(j)}(x_i)$$

This is not a serious restriction, since it can be shown that for small displacements the displacement estimate is practically independent of the shape of f. An estimation of larger displacements typically requires 2 to 4 iterations. Interpreting

$$f_t(x) = f^{(1)}(x) - f^{(2)}(x)$$

as a "temporal" derivative, locally the continuity equation of the "Optical Flow" results [HS81]:

$$f_t(x_i) + u \cdot \overline{f}_x(x_i) = 0 \ \forall i$$

with

$$\overline{f}(x) = \frac{1}{2} \cdot (f^{(1)}(x) + f^{(2)}(x))$$

A global solution u to these individually underdetermined and usually inconsistent equations is achieved by the minimization of

$$\sum_i (f_t(x_i) + u \cdot \overline{f}_x(x_i))^2 \rightarrow min$$

with the solution

$$u = - \frac{\sum_i f_t(x_i) \cdot \overline{f}_x(x_i)}{\sum_i (\overline{f}_x(x_i))^2}$$

When the same formalism is applied to the pseudo-logarithmic transformed image pair

$$g^{(j)}(x_i) = sgn(f^{(j)}(x_i)) \cdot \frac{ln(1 + \alpha \cdot |f^{(j)}(x_i)|)}{ln(1 + \alpha)}$$

the temporal and spatial derivatives transform correspondingly:

$$g_t(x_i) = w(x_i) \cdot f_t(x_i)$$

$$\overline{g}_x(x_i) = w(x_i) \cdot \overline{f}_x(x_i)$$

with

$$w(x_i) = \frac{\alpha}{2(ln(1 + \alpha))} \cdot \left(\frac{1}{1 + \alpha \cdot |f^{(1)}(x_i)|} + \frac{1}{1 + \alpha \cdot |f^{(2)}(x_i)|} \right)$$

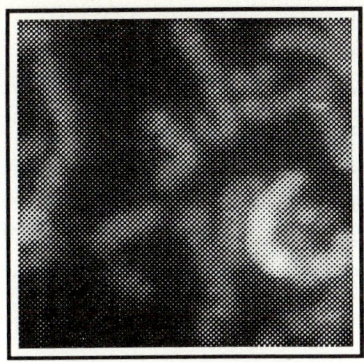 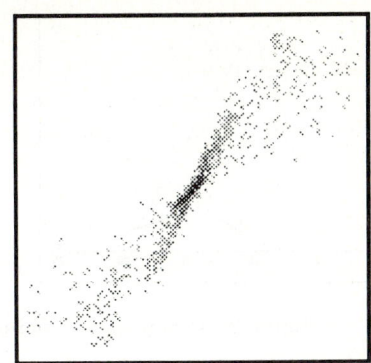

Figure 1: Biological image and the correlation between theoretical and measured weights

This derivation assumes infinitesimal x and t resolution, which is not the case in real images. But the error is small enough—it represents the discrepancy between two tangents and their averaging secant—that the approximation is valid. This is demonstrated at Fig. 1, where a biological image is shown and the correlations between the calculated weights and the measured ratio between its large-bandwidth Laplacian and the pseudologarithmic transformed one.

Estimating u from the $g^{(j)}$ therefore effectively results in:

$$u = -\frac{\sum_i w(x_i)^2 \cdot f_t(x_i) \cdot \overline{f}_x(x_i)}{\sum_i w(x_i)^2 \cdot (\overline{f}_x(x_i))^2}$$

This means that by the pseudo-logarithmic transformation in fact a weighted least squares solution is achieved with the weights $w(x_i)$.

3 Relation to robust estimation

The question arises in what way can this type of weighting function make the estimation more robust than the constant weighting function. It implies that the estimation error tends to be larger when the signal level ist higher. This leads to the question under which circumstances this is the case, and whether these occur in real images.

Before going into some examples, two situations have to be mentioned in order to clarify the conditions where the pseudo-logarithmic transformation will be effective.

The first case is when the two images to be matched are just rigidly geometrically transformed versions of each other, and when there is a significant amount of Gaussian noise. Obviously these are the ideal conditions for an equally weighted least squares fit, which will give the best results. The weights of pseudo-logarithmic transformation are by definition uncorrelated to the noise of the measurement, giving no justification for the introduction of this type of weighting. The estimate of the pseudo-logarithmically transformed image will usually deviate only marginally from the equally weighted least squares result, with the tendency to produce smaller displacement estimates as the noise increases. This "ideal" situation, however, rarely occurs in real-world situations, as will be discussed with the examples in the next section.

An important aspect of robustness is the robustness of design [F87]. This is typically measured by the redundancy numbers, which indicate how the redundancy of the overdetermined normal equations is distributed among the measured variables. As Förstner mentioned, a single step edge is a structure not particularly well designed for displacement estimation due to the relatively high sensitivity of the displacement to the grey value of the edge pixel. This is caused by the

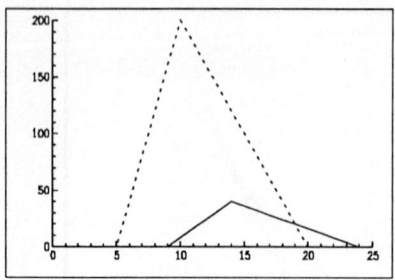 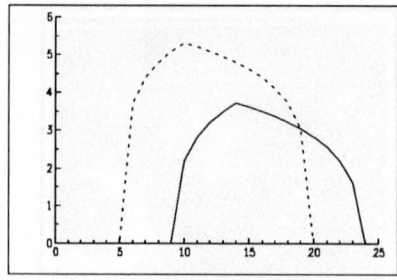

Figure 2: a) Signals of different contrast   b) ditto, ps. log. transformed

sharp maximum of the gradient. Now the pseudologarithmic transformation has the tendency to enhance edges, therefore actually emphasizing the edge pixel even more. For a single step edge this means that the design becomes less robust than with the unweighted least squares estimation. Of course an easy way to distribute the redundancy is to strongly smooth the edge to make it into a slope with more or less equal gradients within the range of measurement. If more than a single step edge is regarded, however, the situation is different. In a typical real-world image, the edge contrast values are distributed over a large range. Considerung now the fact that optical flow is most reliably estimated at edges, because only edges resp. point with high gradients represent stable structural image cues for matching [VP87], the concentration of the contribution numbers [F87] on the edges is a way to eliminate distorting effects, thus effectively making the estimation more robust. If in this context only significant edge points are taken into consideration—no matter how "significant" is defined exactly—among those the relative range of gradients is drastically reduced by the pseudologarithmic transformation. This has the consequence that the redundancy is much more evenly distributed among the significant edge points within the image after a pseudo-logarithmic transformation. The selection of "significant" gradients is in a way done by the least squares estimate itself, as it can be interpreted as a weighted sum of pointwise estimates, with the normalized squared gradients as weights.

4   Examples

To see the effect of the pseudologarithmic transformation in a qualitative way, two simple, but important examples are discussed.

4.1   Example 1: Contrast differences

A displaced shape in one image is the same as in the partner image, but with much smaller contrast (Fig. 2 a+b).

This is a case appearing very often in computer vision. Take a stereo scene where in one image the scene is illuminated by clear sunshine, whereas the other is taken under cloudy conditions. (This actually might apply to only parts of the image, thus making a global correction impossible.) The structures are still the same, but there is a considerable difference of contrast.

Evaluating the example, with such a difference in contrast, the normal least square fit tends to underestimate the displacement. It would be 0, if only a structure in one image is present. In the example (Fig. 2a) the measured displacement is 1.95 for a real displacement of 4.0. With the pseudologarithmic transformation (Fig. 2b, $\alpha = 1$) the measured displacement is 3.90, which is very close to the real displacement.

A typical "real-world" example of this was the evaluation of a pair of autoradiographs [LDRW90].

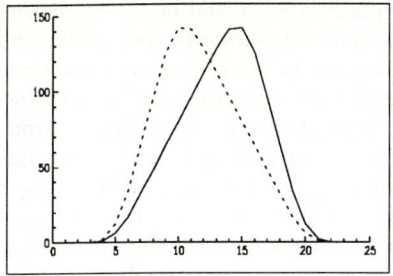 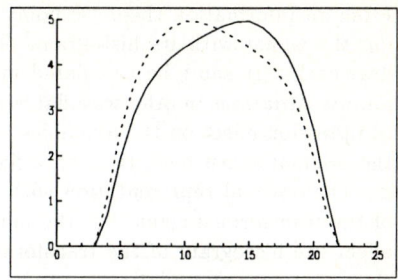

Figure 3: a) Signals of different shapes   b) ditto, ps. log. transformed

An alternative to deal with the contrast problem in the special case, where a global correction can be made, would be to include possible contrast and absolute grey value differences in the model, e.g. like

$$f^{(1)}(x) = a + b \cdot f^{(2)}(x) + u \cdot \overline{f}_x(x)$$

The problem here is that this model has an inherent ambiguity: in the ideal case of the optical flow model—a moving ramp—the difference of grey values can equally well be explained by a or by u or by a combination of both. Therefore usually too much of the variance is absorbed by a, and as a consequence u is underestimated.

4.2   Example 2: Distorted shapes

Two similar shapes at the same position are shown, but one of them "bends" to the right, whereas the other one to the left (Fig. 3a+b). The question, where the "real" position of such an object is, is answered by the fact that Laplacian filtering is applied before the transformation. Therefore the best estimates for the location of object boundaries are where the signal is zero. In this example only a positiv part of a signal is shown.

This situation is very likely to occur in stereo situations, where the identical geometrical shape results in different grey value distributions due to different lighting conditions.

The "induced" displacement by the equally weighted least squares estimation (Fig. 3a) is considerable (2.07). By the pseudologarithmic transformation the signals tend to become more similar (Fig. 3b), thus reducing the error greatly (0.73)—though not completely eliminating it.

Although in these examples the signals were not zero-mean, it is important to note that the pseudologarithmical transformation should be combined with a zero-mean representation like the Laplacian filtered image resp. the Laplacian pyramid [Bur84]. This ensures robustness towards global lighting effects, and it introduces a symmetry with regard to dark and light image features.

5   Minimum Coding Length

An interesting aspect which is relevant to practical implementations, especially when done in hardware, is the amount of storage needed for a given accuracy of a representation. It has been discussed in detail by Schmidt [Sch88], that the pseudologarithmic transformation with a suitable α minimizes the quantization error of a Laplacian filtered signal with a given number of bits. The Laplacian signal of a typical image has most of its energy close to zero, i.e. its histogram has a very sharp peak, but the high-contrast features induce rather large tails. Quantizing this signal at equally spaced levels necessarily leads to the loss of possibly important low-contrast features.

From an information theoretic point of view the optimal quantization would be by transforming the signal with its histogram. This "flattening" procedure has, however, two important drawbacks: It can't be calculated in parallel, and it is sensitive to noise by overemphasizing minute variations in otherwise flat regions. The pseudo-logarithmic transformation has a strong compression effect on the dynamics of the signal, and the shape ot the histogram changes from the original sharp peak through a flat triangle to the two peaks of sign-signal with increasing α. The optimal representation with respect to coding length is achieved when the histogram of the transformed signal has the maximum entropy. A variation of α by a factor of 2 doesn't affect the histogram of the transformed signal very much, so after a determination of α for a class of images no updating has to be done any more. For practical purposes the following "rule of thumb" suffices: With (natural) images ranging from 0 to 255, typically after application of the discrete Laplacian the signal's range is somewhere between -50 to 50 and -10 to 10. At this range the choice of $\alpha = 1$ leads to the desired flat distribution.

It has been pointed out (Woodward Yang, personal communication)that in an analog VLSI implementation such as a CCD design [YC89] the pseudo-logarithmic transform of a Laplacian signal can be most simply approximated by two antiparallel diodes, as their voltage is a logarithmic function of their current.

6   Discussion

The discussed examples indicate, that by the introduction of the pseudologarithmic transformation the old theme of grey level vs. feature matching is revisited. In fact, the transformation builds a kind of bridge between the two paradigms. By the choice of α the result of the transform is biased towards one or the other.

In the extreme case of $\alpha \to \infty$ the result is a binary image, showing essentially the sign of the signal, for example the sign of the Laplacian. As this representation is equivalent to the zerocrossing lines, this is clearly a feature representation. The price paid for these localized features is a loss in spatial resolution, indicated by the low redundancy numbers at the edge pixels.

The other case of $\alpha \to 0$ leads to just a linear transformation of the images, with no special effects on the matching behaviour.

In practical applications α will be chosen somewhere in between, exploiting both the robustness of feature matching, and the good (subpixel) resolution achieved by grey value based methods.

Because of the dependency of α on the particular image and its specific distortions, there is no exact way of determining α (yet). As mentioned in section 5, a certain heuristics can be obtained by analysis of the histogram, when Laplacian filtered images are transformed (see also [Sch88]. For the human observer the images look most structured and the coding length is optimized, when the histogram has a close to uniform distribution. As this can be measured by the entropy of the distribution, α is chosen such that it maximizes the entropy of the resulting histogram.

It will, however, be important, and it is subject to further work, to find out the optimal α from consistency criteria inherent in the matching process. Another aspect for future research is to exploit the information gained by the change of the displacements as a function of α.

Acknowledgements

This work was originally inspired by an interesting and challenging discussion with Wolfgang Förstner. The helpful comments from Berthold Horn are gratefully appreciated.

References

[Bur84]   P. Burt. The pyramid as a structure for efficient computation. In A. Rosenfeld, editor, *Multiresolution Image Processing and Analysis*. Springer, Berlin, 1984.

[BYX83]   P. Burt, C. Yen, and X. Xu. Multi-resolution flow through motion analysis. In *Proceedings IEEE Conf. on Computer Vision and Pattern Recognition*, pages 246–252, 1983.

[DC89]   J. Dengler and M. Cop. Ein Mehrgitterverfahren zur Korrespondenzfindung bei der 3D Rekonstruktion von Elektronenmikroskop Kippserien. In H. Burckhardt and K.-H. Höhne, editors, *Proc. 11. DAGM, Hamburg*. Springer, 1989.

[Den86]   J. Dengler. Local motion estimation with the dynamic pyramid. In *Proceedings Int. Conf. on Pattern Recognition*, pages 1289–1292. Proceedings of the IEEE, 1986.

[Den89]   J. Dengler. A multi-resolution approach to the 3D reconstruction from an electron microscope tilt series solving the alignment problem without gold particles. *Ultramicroscopy*, pages 337–348, 1989.

[DS88]   J. Dengler and M. Schmidt. The dynamic pyramid - a model for motion analysis with controlled continuity. *Int. Journal for Pattern Recognition and Artificial Intelligence*, 2(2):275–286, 1988.

[Foe87]   W. Förstner. Reliability analysis of parameter estimation in linear models with applications to mensuration problems in computer vision. *Computer Vision, Graphics, and Image Processing*, 40:273–310, 1987.

[HS81]   B.K.P. Horn and B.G. Schunck. Determining optical flow. *Artificial Intelligence*, 17:185–203, 1981.

[LDRW90]   X. Lu, J. Dengler, J. Rothbarth, and D. Werner. Differential screening of cdna librairies by means of in vitro transcripts of cell-cycle phase specific cdna librairies and digital image processing. *Gene*, 1990. in print.

[Nis84]   H.K. Nishihara. Practical real-time imaging stereo matcher. *Optical Engineering*, 23(5):536–545, 1984.

[PG89]   T. Poggio and F. Girosi. A theory for approximation and learning. MIT-AI-Memo 1140, Massachusetts Institute of Technology, Cambrigde, Mass, USA, 1989.

[Sch88]   M. Schmidt. *Mehrgitterverfahren zur 3D Rekonstruktion aus 2D Ansichten*. PhD thesis, Universität Heidelberg, 1988.

[VP87]   A. Verri and T. Poggio. Against quantitative optical flow. In *Proceedings of the International Conference on Computer Vision*, pages 171–180, London, England, June 1987. IEEE, Washington, DC.

[YC89]   W. Yang and A.M. Chiang. VLSI processor architectures for computer vision. In *Proceedings Image Understanding Workshop*, Palo Alto, CA, May 1989. Morgan Kaufmann, San Mateo, CA.

Ein kognitives Texturmodell

D. Scheppelmann[1], H.-P. Meinzer[1], A. Springub[2],
J. Klemstein[2]

[1] Deutsches Krebsforschungszentrum
Abt. Medizinische und Biologische Informatik
(Leiter: Prof. Dr. C.O. Köhler)
Im Neuenheimer Feld 280, D-6900 Heidelberg

[2] Neuropathologisches Histologielabor
Nervenklinik Spandau
Griesinger Straße 27-33, D-1000 Berlin

Zusammenfassung

Beim Einsatz der Texturanalyse zur Analyse von Röntgenbildern, Computer Tomographien und
Kernspintomographien hat sich gezeigt, daß die existierenden Texturparameter wenig geeignet
sind menschliche Sehempfindungen zu quantifizieren. Die für den Mediziner charakteristischen
Eigenschaften von unterschiedlichen Geweben lassen sich nicht ad hoc in Texturmaße überset-
zen. In diesem Artikel wird deshalb versucht, aufbauend auf der Texturdefinition von van Gool,
ein Modell von Textur zu entwickeln, das Experte und Maschine gleichermaßen zugänglich ist.
Im Modell werden die flächigen Eigenschaften der Textur in folgende Klassen eingeteilt:
Homogene, amorphe, isotrope, anisotrope, symmetrische, monotextonle und multitextonale
Texturen.

Einleitung

Obwohl die Texturanalyse durch den Computer prinzipiell dem menschlichen Textursehen überlegen
ist, bleiben die Erfolge bei der Klassifikation von Röntgenbildern und CTs eher bescheiden [1]. Dies
hat im wesentlichen fogende Ursachen:

*   Die bisher verwendeten Texturparameter [2 3] werden den medizinischen Fragestellungen nicht
    gerecht.

*   Bei der Diagnose durch den Menschen spielt die Textur gegenüber der Morphologie eine unter-
    geordnete Rolle.

*   Die Texturanalyse ist nicht an die spezielle Morphologie organischer Strukturen angepaßt.

Eine wissensbasierte Bildinterpretation auf der Grundlage solcher Texturparameter ist schwierig
anzugehen, da die Sprache der Experten (hier der Mediziner) nicht unmittelbar in Texturparameter
übersetzt werden kann. Die Texturanalyse orientiert sich zu sehr an der Frage 'was kann ich rechnen?'
und nicht 'was kann ich sehen?'.

Ein weiteres Handikap ist die mangelhafte Gruppierung der Texturparameter. Meist fehlt es an einem Texturmodell sowie an der Semantik der einzelnen Texturparameter [2]. In Zusammenhang mit der symbolischen Wissensverarbeitung muß man aber davon ausgehen, daß die Klassifikation nicht ausschließlich mit Methoden der Diskriminanzanalyse zu bewerkstelligen ist [4].

Das im folgenden vorgestellte Konzept der kognitiven Texturparameter ist kein textonales Modell. Es wird versucht nur solche Effekte zu erfassen, die auch vom Menschen als Eigenschaft einer Fläche gesehen werden, ohne einzelne Textone erkennen zu müßen.

Das Modell enthält nur strukturelle Eigenschaften der region of interest (ROI). Morphologische Aspekte und die Skalierung werden ausschließlich über die Form und Größe der verwendeten Masken festgelegt.

Definitionen

Bei der großen Zahl von Artikeln, die über Textur veröffentlicht wurden, ist bemerkenswert mit welcher Selbstverständlichkeit dieser Begriff ohne nähere Definition gebraucht wird. In Haralicks klassischem Artikel "Statistical and Structural Approaches to Texture" [2] finden wir eine ganzen Absatz von Umschreibungen und in Lehrbüchern i.a. die Erläuterung durch Abbildung typischer Texturen.

Für die Ableitung des Modells kognitiver Texturparameter sei die folgende Definition von van Gool et al. [3] herangezogen, die auf sprachlich prägnante Weise viele typische Textureigenschaften beinhaltet:

> "Texture is a structure composed of a large number of more or less ordered similar elements or patterns without one of these drawing special attention."

Wichtig herauszuheben sind hier die beihnahe Synonyme Textur-Structure-Pattern, ebenso wie die grundlegende Trennung der Analyse von Textonen gegenüber der Texturanalyse ohne Untersuchung einzelner Textone.

Desweiteren sollte ein Texturmodell bzw. die entsprechenden Parameter unabhängig von der Skalierung sein. Die häufig in der Literatur anzutreffende Unterscheidung von Micro- versus Macrotextur ist eine völlig willkürliche Trennlinie. Tatsächlich stellt dies keinen fundamentalen Unterschied dar, sondern ist lediglich Ausdruck verschiedener Auflösungen, die konzeptionell mit Pyramiden Ansätzen gelöst werden können [11].

Forderungen an andere Invarianzen [12] wie Rotations- und Translationsinvarianz sind hingegen mit Vorsicht zu geniesen, da es durchaus sein kann, daß zwei Texturen sich nur durch diese Eigenschaft unterscheiden wie in Bild 1.

Die Unterscheidung in globale und lokale Texturanalyse bedeutet keinen Unterschied für ein Texturmaß. Es ist lediglich die Art und Weise wie ein Texturmaß angewendet wird. Globale oder ROI-basierte Texturanalyse berechnet ein Texturmaß für eine geschloßene Fläche. Lokale Texturanalyse bedeutet die Messung des Texturparameters an allen Punkten eines Bildes unter Verschiebung der Maske, die zur Berechnung des Texturparameter herangezogen wird. Sie läßt sich (mit etwas Gück) durch eine Faltung oder faltungsähnliche Operation darstellen.

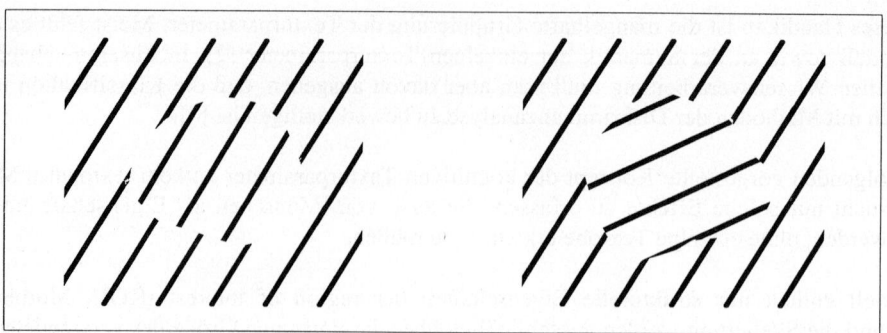

Bild 1

Ein Texturmodell

Das Texturmodell teilt die Texturen in sieben grundlegende Klassen ein, die nach dem Grad der Komplexität angeordnet sind. Diese Hierarchie kann von der symbolischen Wissensverarbeitung genutzt werden, indem man z.B. eine Suche nach isotropen Texturen aufgibt, weil es bereits unmöglich war, amorphe Texturen zu detektieren.

I) Homogene Texturparameter sind die primitivsten, die noch keinerlei Information über die Struktur in einer ROI geben. Sie spiegeln lediglich Effekte wie Helligkeit und Kontrast wieder, die Lage der Pixel zueinander ist irrelevant. Solche Texturen werden vollständig durch das lokale Histogramm beschrieben. Andere Texturparameter wie z.B. die Entropie sind darin implizit enthalten. Die Parametrisierung der lokalen Histogramme kann auf kognitiv vernünftige Weise durch die statistischen Momente [5] erfolgen.

II) Versuchen wir ein wenig Struktur in die Szene zu bringen ohne jedoch irgendwie eine erkennbare Ordnung zu erzeugen, landen wir bei den amorphen Texturen. Stellt man sich die Grauwerte eines solchen Bildes als physikalische Massen vor, so würde diese geringfügige Fluktuation von Grauwerten gegenüber dem homogenen Fall eine Änderung der Massenträgheitsmomente [6] verursachen. Wie die Experimente von Kenneth Laws [5] mit seinen allgemeineren 'spatial moments' zeigen, erweisen sich gerade nur die physikalischen Momente als relevant. Damit ist es also möglich, amorphe Texturen von homogenen zu trennen um sie der weiteren Texturanalyse zu unterziehen.

III) Die nächste Klasse umfaßt die isotropen Texturen, die erste Gesetzmäßigkeiten in ihrer Struktur aufweisen, die z.B. als Funktion des Radius geschrieben werden können, oder die sich in Symmetrien äußern. Die Texturen haben aber noch keine ausgezeichnete Richtung und die entsprechenden Texturparameter sind somit rotationsinvariant.

IV) Bei den anisotropen Texturen hingegen finden wir Vorzugsrichtungen, welche z.B. durch die Eigenwerte des Massenträgheitstensors [6] bestimmt werden können. Sollen auch anisotrope Texturen lageinvariant bestimmt werden, so muß dies explizit eingebaut werden, etwa durch mehrfache Messung unter verschiedenen Winkeln. Über die Vorzugsrichtung hinaus können diese Texturen auch noch eine Orientierung haben, was zu einem unsymmetrischen Verhalten längs der Hauptrichtung führt.

V) Eine weitere Steigerung der Komplexität ist die Einführung von Symmetrien. Das sind zum einen primitive Symmetrien wie Achsen- oder Rotationssymmetrie oder komplexere Symmetrien, die die Regelmäßigkeit der Anordnung der Textone wiederspiegeln. Solche Symmetrien sind im Dreidimensionalen durch die Bravaisgitter [7] beschrieben.

VI) Stimmen zwei Texturen in allen oben aufgeführten Texturklassen überein, kann man sie nur noch durch Analyse der einzelnen Textone unterscheiden. Eine Textur heißt monotextonal, wenn sie sich durch wiederholte Anordnung nur eines Textons konstruieren läßt.

VII) Demgegenüber stehen die multitextonalen Texturen, die sich nur aus verschiedenartigen Textonen konstruieren lassen. Reicht die Auflösung tatsächlich aus einzelne Textone auszumachen, sind wir vor das Problem gestellt diese zu finden und zu untersuchen. Dies kann einmal durch die mathemathische Morphologie [8] geschehen, aber auch durch eine erneute Suche nach Texturen mit allerdings erheblich verkleinerten Masken. Diese Texturen bezeichnet man dann i.a. als Mikrotexturen oder entsprechend der Definition von van Gool als "pattern".

Erste Ergebnisse

Ein Beispiel für einen kognitiven Texturparameter sind die (auf Grauwerte abstrahierten) Massenträgheitsmomente, die zur Trennung amorpher von homogenen Texturen dienen. Dabei hat sich gezeigt, daß die 'spatial moments' von Kenneth Laws allein noch kein kognitives Maß darstellen. Erst Summe und Differenz der Eigenwerte des Massenträgheitstensors, der drei 'spatial moments' von Laws enthält, erfüllen Eigenschaften wie Rotationsinvarianz und sind monoton korreliert mit menschlichen Sehempfindungen.

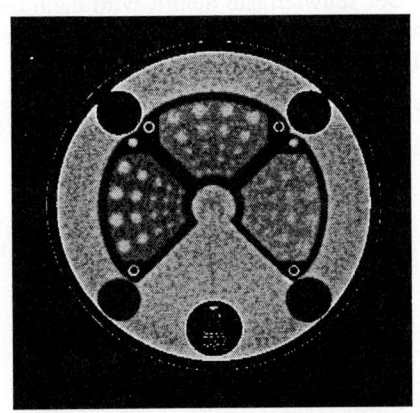

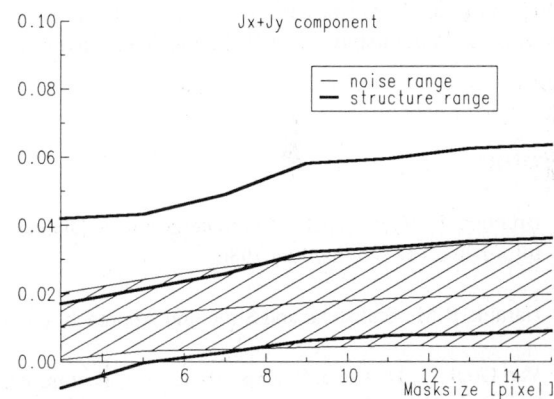

Bild 2 Phantom (CT)   Bild 3 Strukturmaß INERTIA

Bild 2 zeigt das Computertomogramm eines Phantoms. Die eingebrachten Strukturen unterscheiden sich vom umgebenden Material nur noch um wenige Hounsfieldeinheiten und sind auf dem Röntgenabzug nicht mehr vom Rauschen zu unterscheiden.

Von diesem Bild wurden nun die Trägheitsmomente in den vier verschiedenen Sektoren bestimmt. Der unterste Sektor, der keine Strukturen enthält dient dabei als Referenz um das Rauschen beurteilen zu können. In der Grafik in Bild 3 ist das Ergebnis der Texturanalyse für das Rauschgebiet schraffiert wiedergegeben. Es ist der Mittelwert +/- eine Standardabweichung aufgetragen. Alle amorphen Texturen deren Strukturmaß innerhalb dieses Bereiches liegt können also nicht vom Rauschen unterschieden werden.

Wie die Verteilung des Strukturmaßes für den rechten Sektor aber zeigt, unterscheidet sich die Textur des Phantoms noch von der des Röntgenrauschens und zwar signifikant ab Maskengrößen 9 x 9.

Investiert man weiteres Wissen über die Größe und Form der gesuchten Struktur, sind die Objekte im rechten Sektor vollständig segmentierbar.

Ausblick

Die Idee der kognitiven Texturparameter hat zum Ziel, sich selbst oder dem Experten die richtigen Fragen zu stellen, die selben Fragen aber auch an das Bild stellen zu können in Form einer Messung eines spezifischen Texturparameters. Die kognitiven Texturparameter stellen somit eine kleine Werkzeugkiste für die Verbindung zwischen symbolischer Wissensverarbeitung und der Texturanalyse dar.

Die zukünftige Arbeit ist die Ableitung weitere kognitiver Texturparameter auch für die komplexeren Texturklassen, sowie die Erprobung an Tomographiebildern. Der schwierigste Schritt wird dann die Formulierung des Expertenwissens (z.B. aus der Histologie) sein. Als letztes ist dann noch die Implementation der Wissensbasis in APLPROLOG [9,10] durchzuführen.

Literatur

[1]   Brünner, L.; Gorius, Ch.: Computergestützte Diagnose im Schädelbereich. Diplomarbeit. Fachbereich Informatik, FH Worms, Juni 1986.

[2]   Haralik, R.M.: Statistical and Structural Approaches to Texture. Proc. IEEE **67** 5 (1979) 786-804.

[3]   Van Gool, L.; Dewaele, P.; Oosterlinck, A.: Texture Analysis Anno 1983. In: Comp. Graph. Image Proc. **29** (1985) 336-357.

[4]   Gernert, D.: Advanced definitions of similarity and their use in classification and related fields. TU München. In Gaul, W.; Schader, M. (eds.): Classification as a tool of research. North-Holland: Elsevier Science Publisher B.V. 1986.

[5]   Laws, K.: Textured Image Segmentation. Technical Report, Jan 1980, USCIPI Report 940. Los Angeles, CA 90007: Image Processing Institute, University of Southern California.

[6]   Gerthsen, Ch.; Kneser, H.; Vogel, H.: Physik. Berlin: Springer 1977.

[7]   Kittel, Charles: Einführung in die Festkörperphysik (Introduction to solid state physics). 6.Aufl. München u.a.: Oldenburg 1983. ISBN 3-486-32766-6.

[8]   Serra, J.: Introduction to Mathematical Morphology. In: Comp. Graph. Image Proc. **35** (1986) 114-128.

[9]   Engelmann, U., Gerneth, Th., Meinzer, H.P.: Predicate Logic in APL2. APL Quote Quad (USA) **19** 4 (1989) 124-128.

[10]   Engelmann, U., Gerneth, Th., Meinzer, H.P.: Wissensbasierte Bildanalyse auf der Basis von Prädikatenlogik. Proceedings of 34th Annual Meeting of the GMDS.

[11]   Cano, D., Ha Minh, T., Kunt, M.: Texture Analysis and Synthesis. In Simon, J. C.: From Pixels to Features. Amsterdam: Elsevier 1989. S. 127-140.

[12]   Pfleiderer, J.: Ein quantitatives Strukturmaß in der digitalen Bildverarbeitung. Naturwissenschaften **76** (1989) 297-300.

Separierbarkeit zweidimensionaler Filter

Dietwald Schuster

KONTRON Elektronik GmbH, Geschäftsbereich Bildanalyse

Breslauerstr. 2, D-8057 Eching b. München

1. Einleitung

Separierbare zweidimensionale Filter können sehr effizient implementiert werden. Zu den bekanntesten Beispielen von separierbaren Kernen gehören die Gaußfunktion und ihre Ableitungen; insbesondere verwendet der Canny-Operator ([2]) separierbare Kerne. Es gibt jedoch auch andere Filter (z.B. Haralick [4]), die separierbar sind, was man nach Konstruktion der Filter zunächst nicht vermutet. Die Frage, wann ein zweidimensionales Filter separierbar ist, läßt sich mit Mitteln der linearen Algebra beantworten. Man kann einen einfachen Algorithmus angeben, der auf Separabilität testet und die Zerlegung bestimmt, falls diese existiert.

Weiterhin betrachten wir die folgende Verallgemeinerung: Wie läßt sich ein zweidimensionales Filter durch eine Summe separierbarer Filter optimal approximieren?

2. Ein Separierbarkeitstest

Unter einem zweidimensionalen diskreten Filter mit Kern $F = (f_{i,j}) \in \mathbf{R}^{m,n}$ verstehen wir einen diskreten Faltungsoperator

$$T : \mathbf{R}^{\mathbf{Z}^2} \to \mathbf{R}^{\mathbf{Z}^2}$$

$$B \mapsto B * F,$$

wobei

$$B * F(i,j) := \sum_{l=1}^{m} \sum_{k=1}^{n} b_{i-l,j-k}\, f_{l,k}.$$

Das Filter heißt *separierbar*, wenn es Spaltenvektoren $g := (g_i)$, $\quad h := (h_j)$ gibt, so daß für alle $i = 1, ..., m$ und $j = 1, ..., n$ gilt

$$f_{i,j} = g_i h_j.$$

Die Beziehung läßt sich auch als dyadisches Produkt (Matrixprodukt) der Vektoren g und h schreiben:

$$F = g h^T.$$

Für das Matrixprodukt ist g als Spaltenvektor, h^T als Zeilenvektor aufzufassen. Daraus ergibt sich, daß das Filter F genau dann separierbar ist, wenn die Matrix F den Rang 1 hat.

Der Test auf Separabilität kann mit dem ersten Schritt des Gaußschen Eliminationsverfahrens für die Auflösung linearer Gleichungssysteme durchgeführt werden; man erhält damit auch die Zerlegung, also die Vektoren g und h.

In der Matrix F bestimmt man in der ersten Spalte ein Element ungleich 0. Falls es kein solches Element gibt, also die ganze Spalte gleich 0 ist, so ist die Spalte wegzulassen. Aus Gründen der numerischen Stabilität wählt man das betragsmäßig größte Element. Es kann ohne Einschränkung dieses Element als $f_{1,1}$ vorausgesetzt werden (sonst Zeilenvertauschung!). Man subtrahiert nun von jeder Zeile ein geeignetes Vielfaches der 1. Zeile, so daß die erste Spalte der umgeformten Matrix Null wird. Es wird also eine neue Matrix $A = (a_{i,j})$ berechnet, so daß

$$a_{1,j} = f_{1,j} \quad (j = 1, \ldots n),$$

$$a_{i,j} = f_{i,j} - f_{1,j} f_{i,1} / f_{1,1} \quad (i = 2, \ldots, m; \quad j = 1, \ldots, n).$$

Die Bedingung an F den Rang 1 zu haben, lautet

$$a_{i,j} = 0 \quad (i = 2, \ldots, m; \quad j = 2, \ldots n).$$

Algorithmisch kann dies z.B. mit Hilfe der Prüfsumme

$$s := \sum_{i=2}^{m} \sum_{j=2}^{n} |a_{i,j}|$$

getestet werden, etwa mit der Bedingung $s \leq \epsilon$ für eine vorgegebene Toleranz $\epsilon \geq 0$. Die Zerlegung erhält man nun folgendermaßen:
$h_j = a_{1,j}$ für $j = 1, \ldots n$ und $g_i = f_{i,1} / f_{1,1}$ für $i = 1, \ldots, m$.

3. Entwicklung nach separierbaren Kernen

Der Marr-Hildreth-Operator zur Kantendetektion läßt sich als Summe zweier separierbarer Filter darstellen ([5], [3]). Wir wenden uns nun der allgemeinen Fragestellung zu, einen gegebenen Faltungskern als Summe von k separierbaren Kernen darzustellen bzw. durch eine solche Summe zu approximieren. Eine Antwort erhält man mit Hilfe der *Singulärwertzerlegung* einer Matrix (Bunse [1], 1.6). Sei $F \in \mathbf{R}^{m,n}$ eine beliebige $m \times n$-Matrix. Dann existieren orthogonale Matrizen $U \in \mathbf{R}^{m,m}$, $V \in \mathbf{R}^{n,n}$ und eine Matrix

$$\Sigma = \begin{pmatrix} \Sigma_r & 0 \\ 0 & 0 \end{pmatrix} \in \mathbf{R}^{m,n},$$

mit $\Sigma_r = diag(\sigma_1, \ldots, \sigma_r)$, so daß

$$F = U \Sigma V^T.$$

Bezeichnet man mit u^i die Spalten von U, mit v^i die Spalten von V, so läßt sich obige Beziehung auch schreiben als

$$F = \sum_{i=1}^{r} \sigma_i u^i (v^i)^T.$$

Die Zahlen σ_i heißen *singuläre Werte* der Matrix, sie sind positiv und seien in fallender Reihenfolge angeordnet. Ihre Anzahl r ist gleich dem Rang der Matrix. Die einzelnen Terme in obiger Summe sind Matrizen vom Rang 1, also separierbare Kerne. Man erhält die Aussage:

Jeder zweidimensionale Faltungskern vom Rang r läßt sich als Summe von r separierbaren Kernen schreiben, die durch die Singulärwertzerlegung bestimmt werden können.

Zur näherungsweisen Berechnung der Singulärwertzerlegung gibt es numerische Verfahren (Bunse [1], 4.8). In den bekannten Programmbibliotheken wie etwa IMSL oder NAG findet man Unterprogramme, ebenso in [6], 2.9. Als Approximation an einen Kern F kann die abgeschnittene Singulärwertzerlegung

$$\tilde{F}_k = \sum_{i=1}^{k} \sigma_i u^i (v^i)^T$$

mit $k \leq r$ gewählt werden. Da man F auch nach einer vorgegebenen separierten Orthonormalbasis, etwa nach Fourier entwickeln kann, stellt sich die Frage, welche Approximation "besser" ist. Für das Abstandsmaß zweier Matrizen sei die Spektralnorm gewählt. Eine Antwort gibt Satz 1.8.23 aus Bunse [1]. Danach gilt

$$\|F - X\|_2 \geq \sigma_{k+1}$$

für alle Matrizen $X \in \mathbf{R}^{m,n}$ mit Rang höchstens k. Die Gleichheit in der Abschätzung gilt für die abgeschnittene Singulärwertzerlegung. Sie ist also bezüglich der Spektralnorm eine beste Approximation aus der Menge der Matrizen vom Rang höchstens k, der Singulärwert σ_{k+1} mißt den Fehler.

4. Betrachungen zur Effizienz und Beispiele

Der Vorteil der Faltung einer Datenmatrix B (z.B. ein Bild) mit einem separierbaren Kern ergibt sich aus

$$\sum_l \sum_k b_{i-l,j-k} f_{l,k} = \sum_l (\sum_k b_{i-l,j-k} h_k) g_l = \sum_l w_{l,j} g_l.$$

Man kann also zuerst die Zeilen von B mit dem eindimensionalen Kern h falten, erhält als Zwischenergebnis die Matrix W, die dann spaltenweise ebenfalls eindimensional mit g zu falten ist. Bei einem quadratischen Kern der Größe m^2 beträgt der Rechenaufwand pro Bildpunkt bei obigem Berechnungsverfahren $2m$ Multiplikationen, während er bei zweidimensionaler Faltungsberechnung m^2 ist. Separierbare Faltung erfordert den zusätzlichen Speicher W.

Beispiele: Die folgenden Faltungskerne sind der Arbeit [4] entnommen, ihre Zerlegung wurde mit obigen Methoden gewonnen. Die Normierungsfaktoren wurden der Einfachheit halber weggelassen.

$$k_4 = \begin{pmatrix} 2 & 2 & 2 & 2 & 2 \\ -1 & -1 & -1 & -1 & -1 \\ -2 & -2 & -2 & -2 & -2 \\ -1 & -1 & -1 & -1 & -1 \\ 2 & 2 & 2 & 2 & 2 \end{pmatrix} = \begin{pmatrix} 2 \\ -1 \\ -2 \\ -1 \\ 2 \end{pmatrix} \begin{pmatrix} 1 & 1 & 1 & 1 & 1 \end{pmatrix}$$

$$k_5 = \begin{pmatrix} 4 & 2 & 0 & -2 & -4 \\ 2 & 1 & 0 & -1 & -2 \\ 0 & 0 & 0 & 0 & 0 \\ -2 & -1 & 0 & 1 & 2 \\ -4 & -2 & 0 & 2 & 4 \end{pmatrix} = \begin{pmatrix} 2 \\ 1 \\ 0 \\ -1 \\ -2 \end{pmatrix} (2 \quad 1 \quad 0 \quad -1 \quad -2)$$

Mit Hilfe der Singulärwertzerlegung [6] kann man den Kern k_3 als Summe zweier separierbarer Kerne darstellen, ebenso k_1, k_2. Mit r wird im folgenden Beispiel der durch numerische Rechnung und Rundung entstehende Fehler bezeichnet.

$$k_3 = \begin{pmatrix} 31 & -44 & 0 & 44 & -31 \\ -5 & -62 & 0 & 62 & 5 \\ -17 & -68 & 0 & 68 & 17 \\ -5 & -62 & 0 & 62 & 5 \\ 31 & -44 & 0 & 44 & -31 \end{pmatrix}$$

$$= \begin{pmatrix} 39.514 \\ -13.009 \\ -30.516 \\ -13.009 \\ 39.514 \end{pmatrix} (0.705 \quad 0.048 \quad 0.000 \quad -0.048 \quad -0.705)$$

$$+ \begin{pmatrix} 65.059 \\ 86.999 \\ 94.312 \\ 86.999 \\ 65.059 \end{pmatrix} (0.048 \quad -0.705 \quad 0.000 \quad 0.705 \quad -0.048) + r.$$

Literatur

1. Bunse, W. ; Bunse-Gerstner, A. :
   Numerische lineare Algebra
   Teubner 1985
2. Canny, J. :
   A Computational Approach to Edge Detection
   IEEE Trans. PAMI-8 (1986) 679-698
3. Chen, J. S. ; Huertas, A. ; Medioni, G. :
   Fast Convolution with Laplacian-of-Gaussian Masks
   IEEE Trans. PAMI-9 (1987) 584-590
4. Haralick, R. M. :
   Ridges and Valleys on Digital Images
   Computer Vision, Graphics, and Image Processing 22 (1983) 28-38
5. Marr, D.; Hildreth, E. : Theory of edge detection
   Proc. R. Soc. Lond. B 207, 187-217 (1980)
6. Press, W. H. et. al
   Numerical recipes
   The art of scientific computing
   Cambridge University Press 1986

Segmentation and Symbolic Description of Range Images

A. Ylä-Jääski and F. Ade
Institut für Kommunikationstechnik
Fachgruppe Bildwissenschaft
ETH–Zentrum
CH–8092 Zürich

Abstract

This paper describes a method to segment a range image of a scene containing simple objects and to generate a first symbolic description thereof. The most important underlying assumption is that of surface coherence, i.e. that the visible surfaces which make up the objects are piecewise smooth. Each such piece can thus be approximated to any desired degree by analytic functions, e.g. polynomials. The first step consists of clustering of surface normals through the iterative detection of peaks in histograms of surface normal components. The amount of tolerated deviation of normal directions in a cluster is made dependent on the noise level in the range image. The result is a set of patches which correspond to true planar surfaces or to small pieces of curved surfaces. A first region growing recovers points which were discarded because of large normal deviation but which are near to the fitting plane. Now a second order polynomial fit is computed for all patches. Curvature values for the mass centers of the patches are obtained from the polynomial fit surface and are used to recognize the surface type. Further region growing is now performed. Region merging based on surface type and numeric values of attributes is then done. Each region is described and relations between adjacent regions are assembled into an attributed graph. This graph will be used in object recognition.

1 Introduction

Our long term goal is to develop a workable system of 3D object recognition for an industrial robot. In this paper we describe the implemented and tested low level part of this system, i.e. a method to segment a range image of a scene and to produce a symbolic description of it. The overall system must fulfil the following requirements:

1. Adaptivity. The system should be able to work on images with different characteristics. The parameters that control the segmentation should be computable from the range image.
2. Completeness. The output of the system should contain enough information to enable a robot arm to grasp the recognized objects, i.e. position and orientation of the objects and grasp points on them.
3. Time-efficiency. The algorithms should be amenable to close to real time performance.
4. Adequacy. The algorithms should be adequate to recognize the kind of objects to be expected in pick-and-place tasks in an industrial environment.

In order to be able to meet these requirements we made the following design decisions:

1. Use of range data. These capture the shape of objects very directly and it is quite natural to use surface descriptions for object modeling and recognition (as opposed to volume or wireframe descriptions).
2. Homogeneity criterion. In view of the nature of the objects considered, a promising homogeneity criterion seems to be the approximation of a surface segment by an analytic function. This models surface coherence. A segmentation, then, is a collection of so described regions, which are separated by boundaries where these descriptions break down.

We have chosen a region based segmentation method and thus avoid the main difficulty in edge based methods which is the uncertainty of achieving closed contours to define regions, although good results with this method have been reported. [Fan, Medioni and Nevatia 1987].

Instead of computing curvatures in the beginning [Besl 1988], we perform a kind of clustering of normal vectors in the first phase of the segmentation process [Han, Volz and Mudge 1987]. Reasonable curvature estimates ask for range data with very little noise content or else for some preceding smoothing. Applying a surface based clustering to segment range images gives closed, homogeneous and meaningful areas [Hoffman and Jain 1987]. The discontinuity areas are also found and discarded before starting the clustering so that these areas cannot perturb the clustering process [Yokoya and Levine 1989]. The clustering result is improved with planar region growing.

In the second phase of segmentation a second-order polynomial fit is computed for the found small homogeneous regions for two purposes. First to enlarge the regions with a curved region growing and second to compute the main curvatures. We assume that the main curvatures describe the properties of the whole region and not only the properties of the region near the center point. An accurate 3-D description of the surface patches is generated.

The 3-D descriptions of adjacent surface patches are used to classify the boundary properties. The boundaries are classified with the symbolic information of the segmentation, not with an edge detection from the original range images. Each boundary is classified as one out of: jump, convex crease or concave crease. Information on boundary length, quality and the angle between the two adjacent regions is also computed. This combination of surface patch and boundary descriptions is the symbolic description of the range image. As soon as this symbolic description is available it is possible to proceed to safe region merging. After this the final symbolic description is generated.

2 Description of the Segmentation Method

2.1 Preprocessing of Range Images

The preprocessing stage performs the tasks of noise reduction, estimation of the input noise level, finding of discontinuities, base plane extraction and extraction of shadowed areas.

Noise reduction: A nearest neighbor smoothing filter was introduced in [Hurt and Rosenfeld 1984] for gray-valued images and for medical volume data. In these images edges separate regions each of which tends to have a constant value. The appropriateness of this filter for range images is questionable and should therfore be reexamined. A noise reduction of about 50 % was reported for range data though [Hoffman and Jain 1987].

We have chosen the nearest neighbor filter because it behaves well for low-quality range images (5-6 bits), the noise level is reduced by about 25-50 % and step edges are preserved.

Estimate of input noise level: This is important because we want to have an automatic segmentation process, which means that different range images should be segmented without tuning the control parameters. We estimate noise variance by:

$$\hat{\sigma}^2_{img} = \frac{1}{N^2} \sum_{i,j=1}^{N} (z_{ij} - \bar{z}_{ij})^2 \tag{1}$$

where i and j mean row and column coordinates, N is the image size, z_{ij} is the original center point value of the neighborhood and $\bar{z}_{ij}$ is the new assigned average value over the neighbors closest in value. Through experiments with synthetic range images with various amounts of noise, we could show that this noise estimate is a reasonable approximation to the more accurate estimate:

$$\sigma^2_{img} = \frac{1}{N^2} \sum_{i,j=1}^{N} (z_{ij} - \hat{z}_{ij})^2 \tag{2}$$

where $\hat{z}_{ij}$ is the approximation by a fit surface for the pixel z_{ij}.

This analysis was verified with some real range images.

Discontinuities: Our segmentation method is mainly based on the surface coherence assumption. This means that we try to model and approximate the surfaces, not the discontinuity areas. However, the discontinuities might disturb our clustering process, because they could introduce invalid data. A gradient image is computed with 5 x 5 mask size, and if a gradient value exceeds a threshold (8 levels/pixel has been used) then all pixels in this 5 x 5 area are classified as discontinuity pixels and they are excluded from the clustering.

Base plane: It is normally possible to extract the base plane before any further analysis.

Missing data: There tend to be pixels in most range images to which no range values were assigned. If the image is obtained with structured light, then there exists areas which were not illuminated by the light source and areas which were not seen by the light detector. These areas can vary in size from several pixels to hundreds of pixels. In addition, quantization errors cause missing data areas which are normally very small, only a couple of pixels. All these missing data areas are extracted and they, too, are excluded from the later clustering process.

2.2 Clustering of Normal Vectors

Clustering of normal vectors was selected due to its computational simplicity and suitability for range images [Han, Volz and Mudge 1987]. Two derivative images are computed from the filtered range images, one in the vertical direction and another in the horizontal direction. These images are called I_{dy} and I_{dx} respectively. The normal vector direction angles α_{dx}, α_{dy} can be computed from the derivative values. We define the clustering acceptance by an angular deviation $\Delta\delta$ around the most frequently found normal vector direction in the histograms. In our approach clustering proceeds iteratively through the following steps.

1. The histogram from image I_{dy} is computed and its peak value α_{dy}^{max} is found. Pixels with normal component direction in the range $\alpha_{dy}^{max} - \Delta\delta < \alpha_{dy} < \alpha_{dy}^{max} + \Delta\delta$ are labeled:
2. The histogram from image I_{dx} is computed for the labeled pixels found in step one. Again the peak value (α_{dx}^{max}) is determined. The labeled pixels in image I_{dx} which have a value close to this maximum value are selected for the next step.
3. Connected component labeling is used to find the largest four-connected area of the labeled pixels. Only this region is selected.
4. If the range image is not entirely segmented, then go back to step one.

A planar approximation $P_r(x,y) \equiv a_r x + b_r y + c_r z = d_r$ is extracted for each patch. Some of these regions are truly planar and some of them are curved in range images. For curved surfaces the extracted regions are smaller than the respective homogeneous areas, but they are large enough for further analysis. The clustering of the normals thus produces areas which have the important property of surface coherence.

Due to the tight constraints imposed when forming areas in clustering, there are still many pixels which can be merged into regions later.

The control parameter $\Delta\delta$, the acceptance angle for clustering, is very important for this analysis. It is possible to relate this value $\Delta\delta$ to the image quality measure $\hat{\sigma}_{img}$ which was computed in the preprocessing step. This relationship has been studied empirically with artificial range images with different levels of noise. The results confirm what one would expect: The more noise there is the more permissive (larger $\Delta\delta$ needed) one has to be and the more insensitive the system becomes with respect to the detection of creases in surfaces.

2.3 Geometrical Study of Regions

It is customary in segmentation work to dismiss very small regions. However there may also be regions with relatively large pixel numbers which nevertheless should be discarded on behalf of their unusual form. There may exist thin elongated areas or areas with very jagged outlines. It would be very unsafe to try to compute derivatives for these regions.

In order to be able to assess the unnormality of regions in this sense, two new geometrical measures are proposed. The Central Symmetry Measure (CSM) measures the symmetry and compactness of the region in the vicinity of its mass center. It is the size of the largest square around the mass center which is completely contained in the region.

The Global Symmetry Measure (GSM) on the other hand measures symmetry around the mass center without demanding compactness. It is the size of the largest 4-tupel of points belonging to the region in question and positioned symmetrically around the mass center in a star-like fashion. Both values have to be above a certain threshold for the region to be accepted.

2.4 Planar Region Growing

A planar region growing is performed in order to get larger regions for the next analysis step. It is reasonable to insert this step after clustering, because there can be unclassified, very small areas both inside the regions and between them. Planar region growing will merge some of these pixels into regions, namely pixels from holes in regions, which were formed by the intentionally tight limit value $\Delta\delta$ during clustering, and pixels from inhomogeneous areas, which were determined during the preprocessing e.g. pixels from windows which were found to be near discontinuities.

The distance d_0 of an unclassified pixel $z_0 = z(x_0, y_0)$ from the region plane equation $P_r \equiv a_r x + b_r y + c_r z = d_r$ is determined with the formula

$$d_0 = \frac{a_r x_0 + b_r y_0 + c_r z_0 - d_r}{\sqrt{a_r^2 + b_r^2 + c_r^2}} \tag{3}$$

An unclassified pixel z_0 is included into the region if the distance d_0 is less than a given limit Δd_{ij}^{lim} ($2\hat{\sigma}_{img}$ has been used).

2.5 Second-Order Polynomial Approximation

The second-order polynomial approximation is calculated for each region about the center point of the region. Our experience is that the absolute accuracy of the coefficients is already good enough with a resonable small mask size (maximum of 20 x 20 pixels have been used). This polynomial is used afterwards for region growing.

$$\hat{z}_r(x, y) = A_r x^2 + B_r xy + C_r y^2 + D_r x + E_r y + F_r \tag{4}$$

The coefficients are found as usual by the minimization of the sum of squares of deviations.

The clustering produced small support regions which fulfilled our planar homogeneity criterion. The regions are now approximated by second-order polynomials. These are not supposed to reconstruct the whole object surfaces in the case of curved regions but only partial surfaces. The approximations can never be exact for the spherical and for the cylindrical surfaces, but for a small surface patch they are good enough for the purpose of curved region growing. In addition, we will need these approximations to obtain the main curvatures via first order and second order partial derivatives of the approximation function.

The accuracy of the fit could be improved with a higher order polynomial, but in our case when we have small regions to be approximated the accuracy is good enough. It is much more important to be able to compute the approximation for a relatively unconstrained region form and region size.

2.6 Curved Region Growing

Another region growing step becomes possible after the second order polynomial approximation. The main purpose of this region growing is to get better boundary descriptions afterwards.

For the curved surfaces the planar region approximation is not sufficient and curved surfaces are therefore normally split into several "planar" parts. This is consistent with the logic of this segmentation method. If there is a gap between any two regions, these two regions are not considered to be neighboring regions. The false definition of adjacent regions would later disturb the boundary classification and the region merging processes.

In this region growing phase the same considerations about the assumption of the surface coherence in the 3-D distance variation d_0 from the surface approximation $\hat{z}_r(x, y)$ are valid as in the case of planar region growing. For curved surfaces the second-order polynomials give much better approximations in the z-direction and it is possible to merge new pixels into the regions. The distance limit Δd_{ij}^{lim} for the acceptance of an unclassified pixel is the same as the one used in the planar region growing.

This step-by-step surface approximation and region growing with planes and second-order polynomials has been chosen to have a safe segmentation. A false merging of two adjacent surfaces can be better avoided and regions do not grow over their respective surface boundaries so easily.

2.7 Region Analysis with Curvatures

The first-order derivatives f_u, f_v and the second-order derivatives f_{uu}, f_{uv}, f_{vv} of the second-order polynomial $\hat{z}(x, y) = A_r x^2 + B_r xy + C_r y^2 + D_r x + E_r y + F_r$ approximation are used further to compute the Gaussian curvature K_r and the mean curvature H_r for the center point of a region. Formulas to calculate K_r and H_r can be found in differential geometry textbooks or in [Besl 1988].

It has become standard to classify regions to be one of the eight viewpoint-invariant HK-sign surface types: peak surface, ridge surface, saddle ridge, flat surface, minimal surface, pit surface, valley surface,

	$K > 0$	$K = 0$	$K < 0$
$H < 0$	Peak	Ridge	Saddle Ridge
$H = 0$	(none)	Flat	Minimal surface
$H > 0$	Pit	Valley	Saddle valley

Figure 1: Surface type labels from surface curvature sign.

saddle valley. This classification is used later for region merging.

Our assumption is that the given label is not only valid for the center point but describes the geometrical property of the whole region. This is due to the first main assumption we introduced in our clustering process: homogeneous surface areas are to be extracted.

The principal curvatures $\kappa_{1,2}$ and their directions $\theta_{1,2}$ as well as the radii can also be computed. These values will be used later in region merging and in the symbolic region description.

2.8 Boundary Classification

The boundary classification is a two step analysis beginning with a search for the boundary points, and continuing with a boundary analysis. The number of common boundary points between any two adjacent regions is computed. The boundary is afterwards classified as one of the following: jump, convex or concave crease. Additional information on jump height and surface normal difference is determined and stored with the boundaries.

For each region the extreme points of the 2-D convex hull of the region contour are also computed as a starting approximation for the symbolic boundary line description.

One serious problem for the boundary classification is the possibility of a gap existing between two adjacent regions. A gap would cause a missing connection of the regions and would disturb the region merging and the high-level object recognition processes. Gaps can exist because of missing data and because of slight disturbances introduced by the smoothing near boundaries in the preprocessing. In most cases the gaps caused by these two reasons are not more than one or two pixels wide. This systematic error in the segmentation is corrected by introducing a region label expansion after all previous analysis steps but before the boundary classification.

2.9 Region Merging

Region merging is an important step in our segmentation method because some curved homogeneous surfaces are split into several regions in the planar clustering process. This region merging is a mixture between model driven and data driven region merging because the possible object surface characteristics and the segmentation description gained so far are both used to control the process. The segmentation description consists of the surface patch descriptions and the boundary descriptions together with the segmentation characteristics. The most important segmentation characteristics are the noise variance estimate $\hat{\sigma}^2$, the acceptance angle $\Delta\delta$ for clustering, and the smallest angle between two planar surfaces that can be detected, $\Delta\alpha_{min}$.

With these parameters it becomes possible to define thresholds for the region merging process. Two candidate regions are merged if the following conditions are satisfied:

- The number of common boundary points exceeds a certain threshold,
- The types of the regions are the same,
- The directions of the normal vectors near the common boundary are close to each other,
- The main curvature values are close to each other, and
- The 3-D positions of the surfaces are near to each other.

3 Experimental Results

We tested our method with synthetic and real range data taken from a variety of sources. The objects used had simple geometric forms, i.e. they had planar, cylindrical or spherical surfaces. We do not regard this as a strong limitation, because it has been reported that 85 % of industrial parts can be well approximated by patches of planes, cylinders and spheres [Hakala and Hillyard 1981].

We now illustrate the analysis process with one out of 15 range images analyzed with our method. This image was generated in our lab with an active structured light method. It is a 256x256 range image. The accuracy of each depth value is about 6-7 bits.

The progress of the segmentation can be followed in the image sequence below.

1. Input range image given as a shaded grey-value image. This range image contains one cylinder, one sphere and two planar surfaces. The small black spots which contain no range information can be clearly seen, the larger black areas are shadowed areas.

2. Labeled image after clustering. The planar surfaces are nearly completely extracted and the curved surfaces are divided into several subregions. The small black spots are now larger because the 5 x 5 neighborhod of each missing data pixel is labeled invalid. The grey 5 x 5 pixels are labeled to have too big gradient because of the missing range data pixels.

3. Labeled image after planar region growing. The regions grow into areas which were previously labeled invalid. The two planar regions are now completely described. Regions representing a part of a curved surface have expanded to the adjacent regions which were defined in the clustering. All regions are large enough to be classified by curvatures. The missing range data pixels are still left out of the regions.

4. Labeled image after curved region crowing. The planar regions remain unchanged. The curved regions expand further on the curved surfaces.

5. Labeled image after label expansion. A label expansion has been introduced to combine the missing data pixels into the regions. The white pixels are the extreme points of the 2-D convex hulls of the regions.

6. The segmentation result after region merging. The region merging has combined the four subregions of the cylinder surface and the four subregions of the spherical surface.

4 Summary

This paper describes a method to segment range images the basic idea of which is to use surface coherence to control the segmentation process. The goal of the segmentation is to provide a first symbolic description of range images to be used by a module for object recognition. There are two approximation steps: a planar and a second-order polynomial approximation both of which are followed by a region growing step. Means is provided to reject ill-formed regions from the analysis. In view of the range of ecxpected objects, main curvatures are used to characterize regions. Boundaries are classified and added to the symbolic description. Region label expansion and region merging conclude the analysis. We have shown that this segmentation algorithm provides results which satisfy the requirements formulated in the beginning.

References

1. P.J. Besl, *Surfaces in Range Image Understanding*, New-York: Springer-Verlag, (1988).
2. T.J. Fan, G. Medioni and R. Nevatia, *Segmented Descriptions of 3-D Surfaces*, IEEE Journal of Robotics and Automation, Vol. RA-3, No. 6, pp. 527-538, (1987).
3. D.G. Hakala, R.C. Hillyard, P. Malraison, and B.F. Nource, *Natural Quadrics in Mechanical Design*, SIGGRAPH/81, Seminar: Solid Modeling, (1981).
4. J. Han, R.A. Volz and T.N. Mudge, *Range Image Segmentation and Surface Parameter Extraction for 3-D Object Recognition of Industrial Parts*, Proc. IEEE Conf. Computer Vision and Pattern Recognition, pp. 380-386, (1987).
5. R. Hoffman and A.K Jain, *Segmentation and Classification of Range Images*, IEEE Transactions on Pattern Analysis and Machine Intelligence, Vol. PAMI-9, No. 5, pp. 608-620, (1987).
6. S.L. Hurt and A. Rosenfeld, *Noise Reduction in Three-Dimensional Digital Images*, Pattern Recognition, vol. 17, pp. 407-421, (1984).
7. N. Yokoya and M.D. Levine, *Range Image Segmentation Based on Differential Geometry: A Hybrid Approach*, IEEE Transactions on Pattern Analysis and Machine Intelligence, Vol. 11, No. 6, pp. 643-649, (1989).

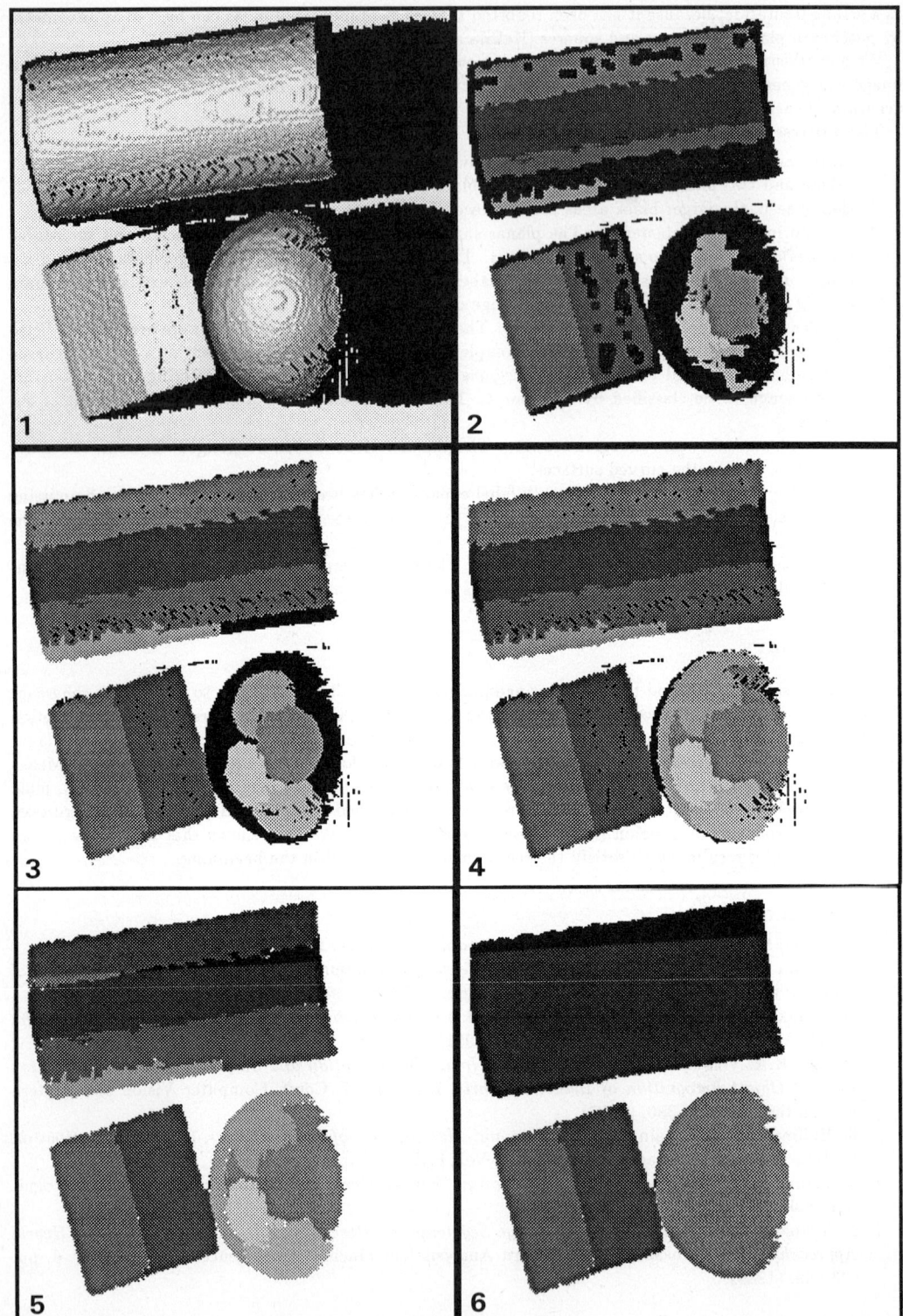

Randorientierte Methoden zur Verdünnung
- Ein Zugang zur Fuzzy Topologie

Ulrich Eckhardt
Institut für Angewandte
Mathematik
der Universität Hamburg

Eckart Hundt
Zentralbereich Forschung
und Entwicklung
Siemens AG, München

Zusammenfassung. Es wird eine neue Charakterisierung der einfachen Punkte einer digitalen Menge vorgestellt. Einfache Punkte sind solche, deren Elimination die topologischen Eigenschaften der digitalen Menge nicht ändert. Die hier gegebene Charakterisierung stützt sich auf das Konzept der perfekten Randpunkte. Damit ergibt sich eine neue Möglichkeit, topologische Methoden, wie etwa die Verdünnung von Binärbildern, ohne direkten Rückgriff auf topologische Begriffe zu begründen. Eine Anwendungsmöglichkeit ist die unscharfe (Fuzzy) Übertragung der Verdünnung auf Grauwertbilder.

1. Einleitung. Das von Rosenfeld (1974) eingehend untersuchte Nichtkompaktheitsmaß für digitale Mengen ist eine dimensionslose Maßzahl, die angibt, in welchem Maße sich die Form einer Menge von der "kompakten" Kreisform unterscheidet. In der gewöhnlichen Geometrie nimmt dieses Maß tatsächlich für einen Kreis ein Minimum an. Für praktische Anwendungen ist das Nichtkompaktheitsmaß eine sehr brauchbare und leicht zugängliche Meßgröße zur Beschreibung der Form eines binären Objekts, die beispielsweise in der industriellen Qualitätskontrolle Verwendung findet (vgl. etwa Christiansen 1987).

In ihren Arbeiten über Grauwertskelettierung durch "unscharfe" Übertragung der Binärbildskelettierung benutzten Pal und Rosenfeld das Nichtkompaktheitsmaß als ein Entscheidungskriterium für die Elimination eines Punktes (Pal und Rosenfeld 1988, Pal 1989). Dies legt die Frage nahe, welchen Einfluß allgemein die Elimination eines Punktes aus einer digitalen Menge auf deren Nichtkompaktheitsmaß hat.

Rosenfeld (1974) charakterisierte diejenigen Mengen, für die das Nichtkompaktheitsmaß ein lokales Minimum hat. Hier wird umgekehrt die Frage untersucht, inwieweit sich das Nichtkompaktheitsmaß einer

digitalen Menge verkleinert, wenn man einen Punkt aus dieser Menge
entfernt. Es ergibt sich die überraschende Aussage, daß sich die
Randlänge einer digitalen Menge bei Elimination eines sogenannten
"perfekten" Punktes (s. Eckhardt und Maderlechner 1989) genau dann
verkleinert, wenn dieser Punkt einfach ist im Sinne von Rosenfeld
(1979), das heißt, wenn seine Elimination die topologischen Eigenschaften der Menge nicht beeinflußt.

Damit hat man aber eine Charakterisierung der einfachen unter den
perfekten Punkten, die nur die Begriffe "perfekter Punkt" und Randlänge benutzt, also keine primär topologischen Begriffe. Das heißt
aber, daß sich diese Charakterisierung auf Situationen übertragen
läßt, in denen die Begriffe der digitalen Topologie nicht mehr voll
gültig sind, nämlich zum Beispiel auf Grauwertbilder, wenn man diese
als "unscharfe" Binärbilder interpretiert (Rosenfeld 1984).

2. Grundlegende Definitionen. Die *digitale Ebene* ist die Menge aller
Punkte der Ebene mit ganzzahligen Koordinaten. Eine *digitale Menge*
ist eine endliche Teilmenge der digitalen Ebene (eine umfassende
Darstellung der Eingeschaften digitaler Mengen findet man in dem
Buch von Voss 1988). Es sei P ein Punkt der digitalen Ebene mit
den Koordinaten (i,j). Die *Nachbarn* (oder 8-Nachbarn) von P sind
alle Punkte mit Koordinaten (k,ℓ) so daß

$$\max(|i - k|, |j - \ell|) = 1.$$

Die Menge aller Nachbarn von P bezeichnet man mit N(P). Unter den
Nachbarn von P zeichnet man die *direkten Nachbarn* (oder 4-Nachbarn)
aus, das sind alle diejenigen Nachbarn, für die gilt

$$|i - k| + |j - \ell| = 1.$$

Durch transitive Erweiterung der Nachbarschaftsrelation gelangt
man zu dem Begriff des 8- bzw. 4-*Zusammenhangs*. Wie üblich, unter-
stellen wir, daß die betrachteten digitalen Mengen 8-zusammenhän-
gend seien, ihre Komplemente 4-zusammenhängend.

Es sei S eine digitale Menge und P ein Punkt aus S. Die *Zusammenhangszahl* C(P) von P bezüglich S ist die Anzahl der mit P 4-zusam-
menhängenden Komponenten des Komplements von S in N(P). Ein *einfacher Punkt* ist ein Punkt aus S mit der Zusammenhangszahl 1.
Rosenfeld (1979) hat gezeigt, daß ein Punkt genau dann einfach ist,
wenn seine Zugehörigkeit zu der Menge S deren (zusammenhangs-) topologischen Eigenschaften nicht beeinflußt. Spezielle einfache Punk-

te sind *Endpunkte*, das sind Punkte aus S, die genau einen Nachbarn in S haben.

Ein Punkt P einer digitalen Menge S heißt *Randpunkt* von S, wenn mindestens einer seiner 4-Nachbarn zu S gehört. Ein Punkt aus S, der nicht Randpunkt ist, heißt *Innenpunkt* von S. Ein Randpunkt, der einem Innenpunkt 4-benachbart ist, heißt *innerer Randpunkt* (vgl. Eckhardt und Maderlechner 1989). Die Menge aller Randpunkte heißt der *Rand* bd S von S, die Menge aller inneren Randpunkte der *innere Rand* von S.

3. Fläche, Umfang und das Nichtkompaktheitsmaß.

Es sei S eine digitale Menge. Die *Fläche* von S ist die Anzahl der in S enthaltenen Punkte. Für den *Umfang* einer digitalen Menge hat man im wesentlichen zwei Definitionen (Rosenfeld 1974, die hier gegebene Definition des gewichteten Umfangs wurde leicht modifiziert): Der *einfache Umfang* von S ist die Anzahl der Randpunkte von S. Der *gewichtete Umfang* von S ist die Summe der Randpunkte von S, wobei jeder Randpunkt mit seiner Zusammenhangszahl gewichtet wird:

$$a(S) = \sum_{P \in S} 1 \qquad \text{Fläche}$$

$$p_s(S) = \sum_{P \in bd\ S} 1 \qquad \text{einfacher Umfang}$$

$$p_w(S) = \sum_{p \in bd\ S} C(P) = \sum_{P \in S} C(P) \qquad \text{gewichteter Umfang}$$

Zur Motivation des gewichteten Umfangs sei angemerkt, daß bei dieser Definition der Gesamtumfang einer Menge gleich der Summe der Längen der Randkomponenten ist.

Mit diesen Definitionen führt man die sogenannten *Nichtkompaktheitsmaße* ein (Rosenfeld 1974):

$$K_s(S) = (p_s(S))^2 / a(S),$$

$$K_w(S) = (p_w(S))^2 / a(S).$$

Für Beispiele und einfache Eingenschaften dieser Nichtkompaktheitsmaße sei auf die erwähnte Arbeit von Rosenfeld (1974) verwiesen.

4. Elimination von Punkten.

Die digitale Menge S' entstehe aus der Menge S durch Elimination des Punktes $P \in S$, das heißt, es ist $S' = S - \{P\}$. Sicher ist dann $a(S') = a(S) - 1$. Der Umfang von S ändert sich auf kompliziertere Weise. Wir nehmen an, es sei

$a(S) = a$, $p_{s/w}(S) = p$ und $p_{s/w}(S') = p - k$. Dann ist

$$K_{s/w}(S') - K_{s/w}(S) = \frac{1}{a \cdot (a - 1)} \cdot \left(p^2 - 2kpa + k^2 a \right).$$

Wird die Randlänge durch Elimination von P nicht verkleinert, dann ist $k \leq 0$ und der Ausdruck auf der rechten Seite ist (für nichtleeres S) positiv, das heißt, das Nichtkompaktheitsmaß vergrößert sich durch Elimination von P.

Im Falle $k = 1$ vergrößert sich das Nichtkompaktheitsmaß durch Elimination von P genau dann, wenn $p \geq 2 \cdot a$ ist. Dies ist höchstens für den gewichteten Umfang möglich.

Für $k = 2$ kann sich das Nichtkompaktheitsmaß nur für $p \geq 4 \cdot a - 1$ vergrößern. Für endliche Mengen S ist dies aber nicht möglich. Daraus folgt: Wenn $k \geq 2$ ist, dann verkleinert sich das Nichtkompaktheitsmaß durch Elimination von P in jedem Falle.

Besonders einfach liegen die Verhältnisse bei p_s und K_s:

Satz 1: P sei Randpunkt von S. Dann gilt:

> P auf dem inneren Rand $\quad \Longleftrightarrow \quad p_s(S') \geq p_s(S)$
> $\qquad\qquad\qquad\qquad\qquad\quad \Longleftrightarrow \quad K_s(S') > K_s(S)$,
> P nicht auf dem inneren Rand $\Longleftrightarrow \quad p_s(S') = p_s(S) - 1$
> $\qquad\qquad\qquad\qquad\qquad\quad \Longleftrightarrow \quad K_s(S') < K_s(S)$.

Komplizierter, aber auch interessanter, ist die Untersuchung des gewichteten Umfangs. Es gilt der

Satz 2: P sei ein Punkt auf dem inneren Rand von S.
> Ist P einfach, dann ist $p_w(S') \geq p_w(S)$ und $K_w(S') > K_w(S)$.
> Ist P nicht einfach, dann ist $p_w(S') \leq p_w(S)$ mit Gleichheit
> genau für die folgende Konfiguration:

x	o	x		
x	x	P	x	x
x	o	x		

x = Punkt aus S

o = Punkt aus ¢S

Eliminiert man also einen einfachen Punkt des inneren Randes, dann vergrößert sich dadurch das gewichtete Nichtkompaktheitsmaß. Durch Untersuchung der Änderung des gewichteten Umfanges kann man bei einem Punkt des inneren Randes immer entscheiden, ob dieser einfach ist oder nicht (sofern man die obige Konfiguration erkennen kann). Da man wegen Satz 1 durch Untersuchung des einfachen Umfangs (bzw. Nichtkompaktheitsmaßes) entscheiden kann, ob ein Punkt zum inneren

Rand gehört oder nicht, hat man - wenigstens für Punkte des inneren Randes - ein Kriterium, das ausschließlich auf Randlängenänderungen basiert. Da für Grauwertbilder Definitionen der Randlänge vorliegen ("fuzzy perimeter" von Rosenfeld 1984), hat man hier also eine Möglichkeit, direkt eine Grauwertverdünnung zu definieren. Noch deutlicher wird die Situation für perfekte Randpunkte (Eckhardt und Maderlechner 1989; dort als D-perfekte Punkte bezeichnet). Ein Punkt P einer digitalen Menge S heißt *perfekt*, wenn er auf dem inneren Rande liegt und wenn es einen 4-Nachbarn von P gibt, der Innenpunkt ist, so daß der gegenüberliegende 4-Nachbar von P nicht in S liegt.

<u>Satz 3</u>: Ist P ein perfekter Punkt, dann gilt

$p_w(S') \geq p_w(S) \iff$ P einfach.

Für nicht perfekte Punkte des inneren Randes gilt

$p_w(S') > p_w(S) \iff$ P einfach.

In beiden Fällen ist für einfaches P stets $K_w(S') > K_w(S)$.

Es ist höchst interessant, daß bei paralleler Elimination aller einfachen und perfekten Punkte sich in der Regel beide Umfänge verkleinern während sich die Nichtkompaktheitsmaße vergrößern. Dies ist ein bemerkenswerter Unterschied zwischen paralleler und sequentieller Verdünnung - zumindest was die Elimination von Punkten des inneren Randes anbelangt. Im Beispielbild hätte man bei paralleler Elimination mit dem von Eckhardt und Maderlechner (1989) vorgeschlagenen Verfahren sowie Nachverdünnung vermittels eines einfachen sequentiellen Verfahrens die folgenden Zahlen:

	P_s	P_w	a	K_s	K_w
Original	20 523	20 800	33 692	12 501.29	12 841.03
parallel verdünntes Bild	14 567	20 378	14 577	14 577.01	28 487.54
sequentiell nachver- dünntes Bild	10 049	19 490	10 051	10 047.00	37 793.26

Dieses hier an einem Beispiel vorgestellte Verhalten wurde durchweg beobachtet. Man kann jedoch leicht Beispiele konstruieren, bei denen sich der Umfang bei Anwendung des genannten parallelen Verfahrens vergrößert.

5. Schlußfolgerungen. Das von Eckhardt und Maderlechner (1989) angegebene Verfahren zeichnet sich durch eine Anzahl von Eigenschaften
aus. Wir nennen hier nur die wichtigsten Punkte:

- Das Verfahren ist wohldefiniert, das heißt insbesondere, imple-
  mentationsunabhängig,
- Es ist invariant gegen alle Bewegungen der digitalen Ebene,
- Es ist ohne weitere zusätzlichen Regeln parallel ausführbar.

Die Menge der bei diesem Verfahren zur Elimination zugelassenen
Punkte ist eine Obermenge der hier definierten perfekten Punkte,
damit hat das hier vorgestellte Verfahren ebenfalls diese Eigenschaften. Zusätzlich erlaubt es noch, wie in den Sätzen 1 bis 3
gezeigt wurde, eine bemerkenswerte Charakterisierung der einfachen
Punkte auf dem inneren Rand bzw. der einfachen Punkte unter den
perfekten.

Als weitere Besonderheit des hier beschriebenen Verfahrens ist anzumerken, daß es sich auf natürliche Weise als Markierungsalgorith-
mus (ähnlich der Distanztransformation) formulieren läßt: Jeder
perfekte Punkt gibt dem ausgezeichneten Innenpunkt, dem er direkt
benachbart ist, eine Statusinformation weiter, die eine Rekonstruktion ermöglicht. Man hat damit ein umkehrbares Verfahren und kann
demgemäß nicht erwarten, daß die erhaltenen Skelette "dünn" sind.
Das abgebildete Beispielskelett wurde auf diese Weise erzeugt. Man
benötigt also noch ein geeignetes Nachverdünnungsverfahren, das dann
auf jeden Fall nicht mehr die Eigenschaften der Wohldefiniertheit,
Invarianz, Rekonstruierbarkeit und kanonischen Parallelisierbarkeit
hat. Unter allen Verfahren mit diesen Eigenschaften ist das hier
beschriebene jedoch bestmöglich.

Wendet man das Verfahren auf das Beispielproblem an, dann ergeben
sich die folgenden Werte:

	P_s	P_w	a	K_s	K_w
Original	20 523	20 800	33 692	12 501.29	12 841.03
parallel verdünntes Bild	21 335	22 896	21 352	21 318.01	24 551.65
sequentiell nachver- dünntes Bild	10 877	21 098	10 877	10 877.00	40 923.56

5.1.1 Testing the Goal for a N

If you have created a goal for the module
may evaluate the (*condition*) in this goa
syntax for this command is quite straight

:   run_goal

The effect of this command is to have Pl
goal using the execute command. Of c
depend on what output predicates appeal
contain write, print conditions etc.).

However, since PDSS uses the execute co
always see *timing* information (cpu tim
backtracks) displayed on the screen. Also,

5.1.1 Testing the Goal for a N

If you have created a goal for the module
may evaluate the (*condition*) in this goa
syntax for this command is quite straight

:   run_goal

The effect of this command is to have Pl
goal using the execute command. Of c
depend on what output predicates appeal
contain write, print conditions etc.).

However, since PDSS uses the execute co
always see *timing* information (cpu tim
backtracks) displayed on the screen. Also,

Man beachte hier das völlig konträre Verhalten gegenüber der vorhergehenden Tabelle. Interessant ist auch, daß sich die Werte in
den letzten Zeilen der beiden Tabellen nur geringfügig unterscheiden.

Das hier beschriebene Verfahren läßt sich auf Grauwertbilder übertragen. Hierfür liegen erste experimentelle Resultate vor.

Literatur

CHRISTIANSEN H (1987) Eine industrielle Anwendung der Bildanalyse
zur Objekterkennung und -vermessung unter Verwendung des Randlini-
encodierverfahrens (RLC). ATE '87, Wiesbaden, 3.6.1-3-6-18

ECKHARDT U, MADERLECHNER G (1989) Thinning of binary images.
Hamburger Beiträge zur Angewandten Mathematik, Reihe B, Bericht 11,
April 1989

PAL SK, ROSENFELD A (1988) Image enhancement and thresholding by
optimization of fuzzy compactness. Pattern Recognition Letters
7:77-86

PAL SK (1989) Fuzzy skeletonization of an image. Pattern Recognition
Letters 10:17-23

ROSENFELD A (1974) Compact figures in digital pictures. IEEE Trans.
SMC-4:221-223

ROSENFELD A (1984) The fuzzy geometry of image subsets. Pattern
Recognition Letters 2:311-317

ROSENFELD A (1979) Digital topology. American Mathematical Monthly
86:621-630

VOSS K (1988) Theoretische Grundlagen der digitalen Bildverarbeitung.
Informatik - Kybernetik - Rechentechnik, Band 23. Berlin: Akademie-
Verlag

Erweiterte gefilterte Rückprojektion
bei der 3D-Rekonstruktion
von Elektronenmikroskop-Kippserien

Michael Cop, Joachim Dengler

Abteilung Medizinische und Biologische Informatik
(Leiter: Prof. Dr. C. O. Köhler)
Deutsches Krebsforschungszentrum Heidelberg

Kurzfassung

Im folgenden wird eine Methode zur 3D-Rekonstruktion von Transmissionselektronenmikroskop-Kippserien vorgestellt, bei der nur eine begrenzte Anzahl an Projektionen aus bekannten Winkeln vorhanden ist. Zur Reduktion der aus der gefilterten Rückprojektion aus wenigen Projektionen resultierenden Fehler werden interpolierte Projektionen zwischen den Originalprojektionen eingeführt. Außerdem kommen Methoden der Projektion auf konvexe Mengen und aus der algebraischen Rekonstruktion bekannte Techniken der Verwendung von Residualanteilen zur iterativen Verbesserung der Rekonstruktionsergebnisse zum Einsatz.

1. Einleitung

Die Standardtechnik zur 3D-Rekonstruktion aus Elektronenmikroskop-Kippserien (EM) ist die Methode der gefilterten Rückprojektion [De Rosier et al. 68; Crowther et al. 75; Rademacher et al. 78]. Da für diese Methode allerdings vollständige Information aus allen Raumrichtungen und eine präzise Ausrichtung (Alignment) der Einzelprojektionen Voraussetzung ist, stellen sich bei Verwendung der gefilterten Rückprojektion zwei Probleme:

Das erste grundlegende Problem ist die Ausrichtung der verschiedenen Projektionen auf einen gemeinsamen Ursprung, insbesondere bei unsymmetrischen Objekten. Im Gegensatz zur Computertomographie kann die Ausrichtung der Projektionen nicht mechanisch erfolgen, da die Größe der Objekte nur wenige *nm* beträgt. Das verwendete Verfahren bestimmt die Verschiebung zwischen jeder Projektion und der entsprechenden Pseudoprojektion von einem vorläufigen Modell. Es nimmt für jede Projektion ein (im Raum) veränderliches Verschiebungsvektorfeld (VVF) an, das durch die vier Parameter der Translation, Rotation und Skalierung kontrolliert wird. Das VVF wird durch die Minimierung der Grauwertunterschiede in einem einzigen Minimierungsvorgang geschätzt [Dengler et al 89].

Das zweite Teilproblem ist der sogenannte "Missing Cone", bzw. die begrenzte Anzahl an Aufnahmen im zugänglichen Winkelbereich. Da aus apparativen Gründen bei EM-Aufnahmen nur ein maximaler Kippwinkel von 60 Grad möglich ist, fehlt Information in dem Bereich 60-90 Grad ("Missing Cone").

Zur Lösung dieses Problems wurden verschiedene Ansätze vorgeschlagen. Es kann durch apriori Wissen der Objektsymmetrie gelöst werden [Provencher u. Vogel 88]. Es konnte aber ebenfalls gezeigt werden, daß ein Winkelbereich von -60 bis +60 Grad in vielen Fällen auch für unsymmetrische Objekte ausreichend ist [Skoglund et al. 86]. Trotzdem ist im Bereich fehlender Projektionen nur eine begrenzte Raumauflösung vorhanden.

Da das Objekt insbesondere bei gewünschter hoher Raumauflösung unter dem Einfluß des Elektronenstrahles schnell altert und sich so verändert, ist auch in dem zugänglichen Winkelbereich nur eine sehr begrenzte Anzahl von Einzelaufnahmen möglich (in der Regel bis zu 25). Die

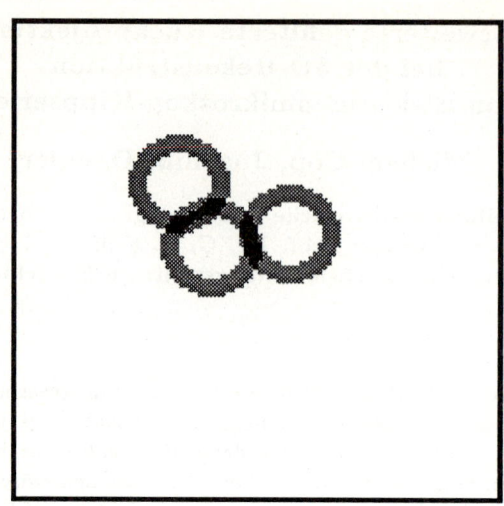

Abbildung 1: Original 2D-Objekt dreier überlagerter Ringe. Das Bild ist 100 ∗ 100 Pixel groß.

daraus resultierenden Fehler und Möglichkeiten sie zu beheben soll im fFolgenden behandelt werden.

2. Die gefilterte Rückprojektion

Bekanntlich wird die bestmögliche Rekonstruktion in einem Schritt durch die gefilterte Rückprojektion FB erreicht [Radermacher et al. 78,Rosenfeld et al. 82]:

$$R_{FB} = FB\{P_i\},\tag{1}$$

mit einem Satz von n Projektionen

$$\{P_i\} = \{P_1.....P_n\}.\tag{2}$$

Das resultierende Objekt R_{FB} ist allerdings nicht ideal, wenn die Winkelauflösung schlecht ist. Dies ist aber bei elektronenmikroskopischen Kippserien oft der Fall, ganz besonders im Bereich des "missing cone". Anhand einer künstlich erzeugten 2D Struktur sei dies demonstriert. Die Projektionen P_i wurden in 5° Schritten im Bereich von −60° bis +60° generiert. Abb. 1 zeigt das Originalobjekt, Abb. 2 die Standardrekonstruktion mit gefilterter Rückprojektion. Durch das Faltungstheorem ist es irrelevant, ob die Filterung als Faltung im Ortsraum, oder als Multiplikation im Fourierraum durchgeführt wird. Es zeigt sich, daß bei einer begrenzten Anzahl an Projektionen (hier 25) die Faltung mit einer relativ kleinen Filtermaske ohne meßbarem Qualitätsverlust vorgenommen werden kann (27 Pixel, bzw. effektiv 15 Pixel). Daher ist es effizienter alle Rechnungen im Ortsraum durchzuführen. Außerdem können Randwertprobleme im Ortsraum einfacher behandelt werden als im Fourierraum, z.B. durch einfache Erweiterung des Bildes. Zudem gibt es keine speziellen Bildgrößen wie Potenzen von 2.

3. Die Auflösung

Die größte zu erreichende Auflösung d im rückprojezierten Objekt D ist im Falle von n vorhandenen Projektionen [Crowther et al. 70],

$$d = \pi D/n\tag{3}$$

Abbildung 2: Rekonstruktion des künstlichen 2D-Objekts durch gefilterte Rückprojektion ausgehend von 25 Projektionen in 5° Schritten im Bereich von −60° bis +60°. Die duch die gefilterte Rückprojektion entstehenden Streifen sind deutlich sichtbar.

Bei einer gegebenen Anzahl an Projektionen, einer gegebenen Gitterauflösung und einer gegebenen Objektgröße wird in Standardverfahren das rekonstruierte Objekt oder die Originalaufnahmen tiefpaß gefiltert, um so die Auflösung zu begrenzen [Herman 80, Frank et al. 86]. Diese Art der Regularisierung vernachlässigt einen Teil der gegebenen Information um eine dichte Darstellung des Objekts im Fourierraum zu erhalten.

Hier wird ein anderer Lösungsansatz verfolgt. Es wird dabei die hohe Auflösung in radialer Richtung, aber geringe Auflösung in azimuthaler Richtung (im Fourier-Raum) berücksichtigt. Durch lineare Interpolation zwischen aufeinanderfolgenden Projektionen werden genügend Projektionen erzeugt um den Fourierraum bis zur benötigten Auflösung zu füllen. Ein ähnlicher Ansatz wurde auch von Cormack [Cormack 64] gewählt. Dort wird eine eindimensionale Fourierinterpolation entlang von Ringen um den Ursprung des Fourierraums zur Auffüllung benutzt.

Der entsprechende Operator $AS_{\alpha\beta}\{P_i\}$ bewirkt eine Art Winkelglättung, indem im Bereich vorhandener Projektionen - bzw. "missing cone" Bereich- soviele Projektionen eingeführt werden, bis die Winkelauflösung besser als α, respektive β, wird. Die gefilterte Rückprojektion ist damit zu

$$R_{FB}^{\alpha\beta} = FB\{AS_{\alpha\beta}P_i\} \qquad (4)$$

erweitert.

Selbstverständlich erhöht dieses Verfahren nicht die gegebene Winkelauflösung. Es konnte aber gezeigt werden, daß durch die Interpolation die Auflösung eines rekonstruierten Punktes von der Lage im Rekonstruktionsraum abhängt [Hoppe et al. 80]. Im allgemeinen ist die Auflösung besser als bei einer genügend starken Tiefpassfilterung, insbesondere im Bereich der Kippachse. Der Regularisierungseffekt der Winkelglättung wird als wichtig erachtet, da dadurch das Rekonstruktionsproblem gutartig wird. Der in Abb. 3 sichtbare Effekt der Regularisierung ist die Reduktion der Artefaktlinien, die durch die gefilterte Rückprojektion entstanden sind.

Es sollte betont werden, daß diese Methode keine neue Information erzeugen kann und daher keine Lösung für das "missing cone" Problem ist. Sie kann aber das systematische Rauschen der gefilterten Rückprojektion reduzieren.

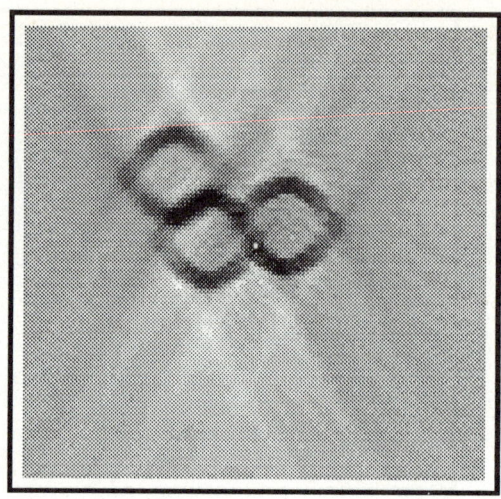

Abbildung 3: Rekonstruktion des künstlichen 2D-Objekts durch gefilterte Rückprojektion mit interpolierten Zwischenprojektionen. Ausgehend von 25 Projektionen in 5° Schritten im Bereich von $-60°$ bis $+60°$ wurde für die interpolierten Projektionen $\alpha = 2$ und $\beta = 10$ gewählt. Die durch die gefilterte Rückprojektion entstehenden Streifen sind nun geglättet.

4. Projektion auf konvexe Mengen

Die Verwendung von Projektionen auf konvexe Mengen (POCS Projections onto Convex Sets) kann die Ergebnisse der gefilterten Rückprojektion erheblich verbessern. Schon die einfache Bedingung, daß das rekonstruierte Objekt positive Dichte und die Werte kleiner als das punktweise Minimum der ungefilterten Rückprojektion sein müssen, führt zu einer tatsächlichen Verbesserung. Statt iterativ den vollen Satz an Projektionsoperatoren zu benutzen, wobei einige die 3D Fouriertransformation des gesamten rekonstruierten Objekts beinhalten, wurden hier nur die beiden einfachen, direkt die Dichte betreffenden Projektoren auf 0 und $R_B^{\min}$ benutzt.

Zusammen mit der gefilterten Rückprojektion wird dies nun als die erweiterte gefilterte Rückprojektion (EFB) definiert:

$$R = EFB\{P_i\} = \max\left[0, \min[R_B^{\min}, R_{FB}^{\alpha\beta}]\right]. \tag{5}$$

Durch die nichtlineare Natur der konvexen Bedingungen ist es nicht möglich den EFB-Operator durch eine Punktantwort zu beschreiben. Die Antwort des Operators ist von der Struktur des Objekts selbst abhängig. Im schlimmsten Fall, z.B. bei stark konvexen Gebilden, deren Grauwerte im Bereich des Hintergrundes sind, reagiert der Operator wie sein linearer Anteil. Dieses Verhalten ist bekannt und wurde bereits beschrieben [Hoppe et al. 80]. Wenn das Objekt aber Löcher besitzt, oder aus einer Anordnung kleinerer Objekte besteht, erlauben die konvexen Bedingungen gegenüber der Theorie eine wesentlich verbesserte Auflösung.

5. Iterativ erweiterte Rückprojektion

Vergleicht man die Originalprojektionen mit den aus dem mit EFB rekonstruierten Objekt R generierten Pseudoprojektionen, so zeigt sich, daß die Daten P_i noch mehr Information enthalten, als in einem einzigen Schritt von EFB genutzt wurde. Die Ausnutzung dieser Residuen RES_i zwischen den Originalprojektionen P_i und Pseudoprojektionen $PP_i(R)$ der momentanen

Abbildung 4: Rekonstruktion des künstlichen 2D-Objekts durch gefilterte Rückprojektion EFB mit interpolierten Zwischenprojektionen und Berücksichtigung der konvexen Bedingungen. Die außerhalb des Objekts liegenden Artefakte sind nun völlig verschwunden. Nur in Kavitäten, d.h. Randbereichen der Ringe, sind noch Unregelmäßigkeiten zu erkennen.

Rekonstruktion ist die Grundidee der algebraischen Rekonstruktionstechniken wie ART oder SIRT [Gordon et al. 70,Gilbert 72]:

$$RES_i = P_i - PP_i(R). \qquad (6)$$

Die Residuen werden ebenfalls rückprojiziert und zu den Ergebnissen der vorhergehenden Rückprojektion aufaddiert. Die erwähnten Verfahren benutzen allerdings die ungefilterte Rückprojektion zur Verbesserung der aktuellen Rekonstruktion. Dabei bleibt die wichtige Erkenntnis unberücksichtigt, daß die Filterung den Rekonstruktionsschritt im Sinne kleinster Quadrate verbessert.

Die ungefilterte Rückprojektion ist algebraisch der transponierte Operator der Pseudoprojektion, wobei die gefilterte Rückprojektion eine Approximation des inversen Operators ist.

Es wurde vorgeschlagen die iterative gefilterte Rückprojektion zur Rekonstruktion zu benutzen [Hoppe et al. 80], doch wurde über die Anwendung nichts berichtet. Benutzt man die nicht modifizierte gefilterte Rückprojektion für das Aktualisierungsverfahren, so erhält man ein divergentes Verhalten. Der genaue Grund für dieses Verhalten muß weiter erforscht werden, doch ist es mit der ungenügenden Winkelauflösung der Projektionen und der Einwirkung unkorrelierter Signale hoher Ortsfrequenzen verbunden.

Hier wurde ein anderer Ansatz gewählt. Die Idee ist dabei, daß nur die Anteile des Residuums für die Aktualisierung benutzt werden sollen, die miteinander positiv korrelieren. Hierbei wird die Tatsache genutzt, daß die Residuen zwischen Originalprojektionen und den momentanen Pseudoprojektionen sowohl positiv als auch negativ sein können.

Die Residuen RES_i werden in positive und negative Anteile aufgeteilt, sodaß beide nicht negativ sind:

$$RES_i^+ = \begin{cases} RES_i & RES_i > 0 \\ 0 & sonst; \end{cases} \qquad (7)$$

$$RES_i^- = \begin{cases} -RES_i & RES_i < 0 \\ 0 & sonst. \end{cases} \qquad (8)$$

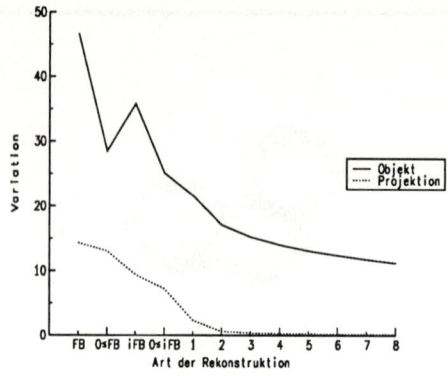

Abbildung 5: Konvergenzverhalten des gesamten Algorithmus. Aufgetragen ist die Varianz der Residualanteile gegen die Zahl der Iterationen (gestrichelte Linie). Die durchgezogene Linie zeigt die Varianz des Unterschiedes zwischen Originalobjekt und rekonstruiertem Objekt.

Zur iterativen Verbesserung der momentanen Rekonstruktion werden die gefilterten Rückprojektionen der vorzeichenabhängigen Residualanteile RES_i^+ und RES_i^- genutzt. Die Ergebnisse werden auf 0 projiziert, bevor sie zur Aktualisierung der Objektrekonstruktion R aufaddiert werden:

$$R \longleftarrow R + \left(\max\left[0, FB\left\{AS_{\alpha\beta}\{RES_i^+\}\right\}\right]\right) - \left(\max\left[0, FB\left\{AS_{\alpha\beta}\{RES_i^-\}\right\}\right]\right). \qquad (9)$$

Der vollständige EFB-Operator hat sich für den Aktualisierungsschritt als zu restriktiv erwiesen, da hier ein negatives Residuum am Punkt einer Projektion keine positive Änderung des Objektes entlang des ganzen Rückprojektionsstrahles zuließe. Zudem haben Versuche mit dem vollständigen EFB-Operator gezeigt, daß die Abnahme des Residuums viel zu langsam geht. Die andere Beobachtung war, daß nur bei adäquater Winkelglättung der Residualanteile Konvergenz erreicht werden kann, da so die Korrekturterme in die Raumfrequenzen fortgesetzt werden, die sonst undefiniert bleiben.

Auch hier kann die Verbesserung der Rekonstruktion aufgrund der nichtlinearen Charakteristik des Rekonstruktionsprozesses nicht durch eine Punktantwort beschrieben werden. Daher muß ein anderes Qualitätsmaß eingeführt werden. Als globaler Parameter für die Qualität der Rekonstruktion wird der Anteil der gesamten Varianz aller RES_i im Verhältnis zur gesamten Varianz aller Projektionen genommen. Diese mißt die Kompatibilität zwischen Rekonstruktion und gegebenen Daten. Bei der ersten Iteration nimmt dieses Maß rapide ab und wird dann flacher (siehe gestrichelte Linie, Abb. 5). Das Verfahren wird abgebrochen, wenn die relative Abnahme dieser Varianz unter einen gewissen Schwellwert ϵ fällt.

Bei dem gezeigten künstlichen Beispiel wurde auch das Verhältnis der Varianz des Unterschiedes zwischen Originalobjekt und rekonstruiertem Objekt und der Varianz des Objektes berechnet (durchgezogene Linie in Abb. 5). Dieses Maß kann natürlich nicht aus reellen Daten gewonnen werden, Abb. 5 zeigt aber, daß dieses Verhältnis stark mit der Abnahme der Varianz in den Residualanteilen der Projektionen korreliert ist.

Die Konvergenz dieses Verfahrens ist wesentlich schneller als traditionelle algebraische Rekonstruktionsverfahren. 4 bis 6 Iterationen sind in der Regel ausreichend. Wie die Abnahme der

Abbildung 6: Rekonstruktion des künstlichen 2D-Objekts durch iterativ erweiterte gefilterte Rückprojektion nach 6 Iterationen. Auch innerhalb der Ringe sind die Fehler nun reduziert.

Varianz der Residuen zeigt, werden dabei auch die Ergebnisse der gefilterten Rückprojektion wesentlich verbessert. Abb. 6 zeigt ein Beispiel einer Rekonstruktion mit sechs Iterationen.

6. Biologisches Beispiel

Als Beispiel wurden 25 Aufnahmen eines Herpes-Virus gewählt und auf drei verschiedene Arten rekonstruiert:

- gefilterte Rückprojektion FB,

- gefilterte Rückprojektion FB mit interpolierten Zwischenprojektionen

- und iterativ erweiterte gefilterte Rückprojektion EFB mit den konvexen Bedingungen unter Berücksichtigung der Residuen.

Abb. 7a zeigt eine Originalaufnahme des Herpes-Virus, Abb. 8 Schnitte durch die rekonstruierten 3D-Dichtewürfel. Deutlich ist die Reduktion der Artefakte zu erkennen. Nur in unmittelbarer Umgebung der Hülle ist noch ein geringer Hintergrund vorhanden. Das Hintergrundsrauschen ist bei der Projektion mit POCS-Bedingungen nahezu vollständig unterdrückt und stört so auch nicht bei der Darstellung mit einem Grauwert-Ray-Tracing Algorithmus.

Wie auch der Vergleich zwischen Originalaufnahmen und Projektionen basierend auf den 3D-Rekonstruktionen in Abb. 9 zeigt, hat die Varianz als Maß für die Objekttreue bei der Rekonstruktion mit der iterativ erweiterten gefilterten Rückprojektion stark abgenommen.

7. Zusammenfassung

Ausgehend von den speziellen Fragestellungen bei der 3D-Rekonstruktion von transmissionselektronenmikroskopischen Kippserien wurde zur Überwindung der auf der mangelnden Winkelauflösung basierenden Artefakte ein Verfahren vorgestellt, daß die Fehler herkömmlicher Rekonstruktionstechniken reduziert und die Restinformation in die Rekonstruktion mit einbezieht. Es wurden dabei konvexe Bedingungen benutzt, die alleine von der positiven Dichte des Objekts, und der Tatsache ausgehen, daß nur dort ein Objekt sein kann, wo auf allen

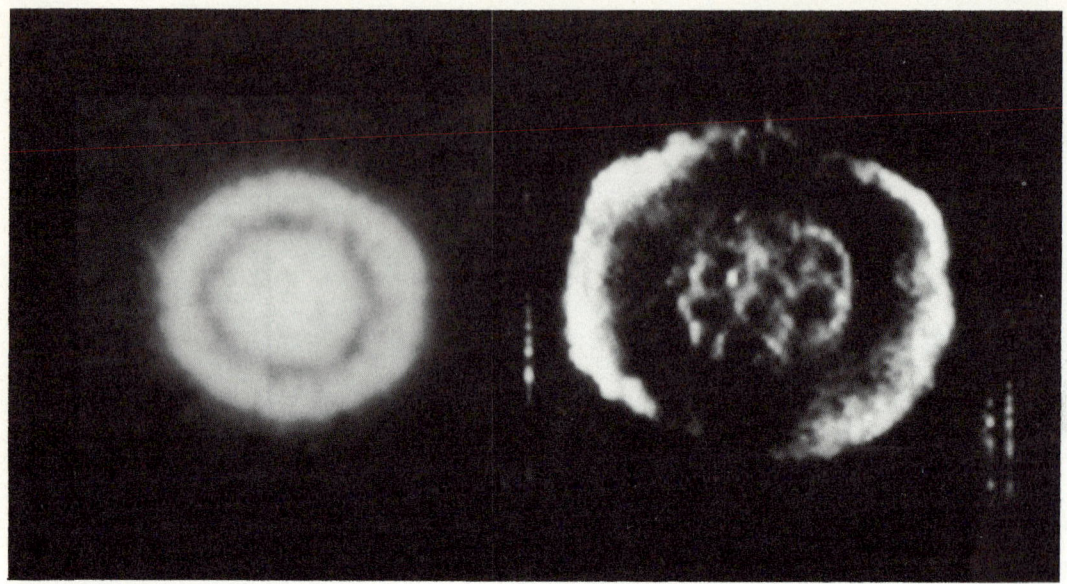

Abbildung 7: Original Elektronenmikroskopaufnahme eines Herpes-Virus (a) und das mit einem Ray-Tracing Verfahren dargestellte 3D-Objekt nach der Rekonstruktion aus 25 Projektionen (b).

Projektionen ein Objekt vorhanden ist.

Außerdem konnte gezeigt werden, daß eine iterative Rekonstruktion der Residuen eine sehr gute Nutzung der Restinformation ermöglicht.

8. Literatur

[**Crowther et al. 70**] R.A. Crowther und A.Klug, Proc. Roy. Soc. (London) a37 (1970) 319

[**Crowther et al. 75**] R.A. Crowther und A.Klug, Structural Analysis of Macromolecular Assemblies by Image Reconstruction from Electron Micrographs, Annu. Rev. Biochem. 44 (1975) 161

[**Dengler 89**] J. Dengler, A Multi-Resolution Approach to the 3D-Reconstruction from an Electron Microscope Tilt Series Solving the Alignment Problem without Gold Particles, Ultramicroscopy 30 (1989) 337-348

[**Dengler et al 89**] J. Dengler, M. Cop, Ein Mehrgitterverfahren zur Korrespondenzfindung bei der 3D-Rekonstruktion von Elektronenmikroskop-Kippserien in: Informatik Fachberichte 219, Eds. H.Burkhardt, K.H.Höhne, B.Neumann) 39 (Springer 1989), 440

[**De Rosier et al. 68**] D.J. De Rosier und A. Klug, Reconstruction of Three Dimensional Structure from Electron Micrographs,

[**Frank et al. 86**] J. Frank und M. Radermacher, Three-Dimensional Reconstruction of Nonperiodic Macromolecular Assemblies from Electron Micrographs, in: Advanced Techniques in Biological Electron Microscopy, Ed. J. Koehler (Springer, Berlin, 1986) 1 Nature 217 (1968)130

[**Gilbert 72**] P. Gilbert: J. Theor. Biol. 36 (1972) 105

[**Gordon et al 70**] R. Gordon, R. Bender, G. T. Herman: J. Theor. Biol. 29 (1970) 471

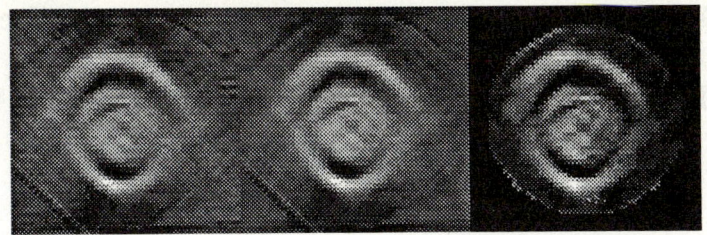

Abbildung 8: Schnitt durch das rekonstruierte 3D-Objekt. Bild a, zeigt die Rekonstruktion durch gefilterte Rückprojektion, b, mit interpolierten Projektionen und c, nach 2 Iterationen mit den POCS-Bedingungen.

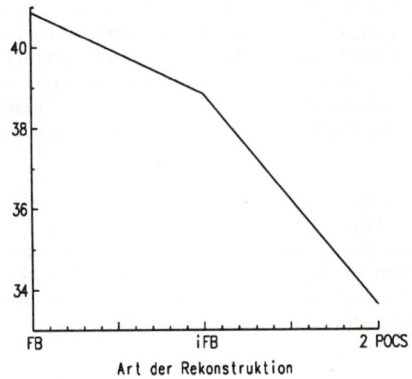

Abbildung 9: Vergleich der Varianz zwischen Originalprojektionen und den Projektionen basierend auf den rekonstruierten Objekten.

[**Herman 80**] G.T. Herman, Image Reconstruction from Projections: The Fundamentals of Computerized Tomography, (Academic Press, New York, 1980)

[**Hoppe et al. 80**] W. Hoppe und R. Hegerl, in: Computer Processing of Electron Microscope Images, Topics in Current Physics 13, Ed. P.W. Hawkes (Springer, Berlin,1980) 127

[**Provencher et al. 88**] S.W. Provencher und R. Vogel, Three-Dimensional Reconstruction from Electron Micrographs of Disordered Specimens, Ultramicroscopy 25 (1988) 209

[**Radermacher et al. 78**] M. Radermacher und W.Hoppe: 3-D Reconstruction from Conically Tilted Projections, Proc. 9th Int. Congr. Electron Microsc., Microscopical Society of Canada, Toronto, Vol. 1 (1978) 218

[**Rosenfeld et al. 82**] A. Rosenfeld und A. Kak: Digital Image Processing (Academic Press, New York, 1982)

[**Skoglund et al. 86**] U.Skoglund und B.Daneholt, Electron Microscope Tomography, Trends in Biochemical Sciences 11, No. 12 (1986) 499

Entwicklung dreidimensionaler Fusionstechniken für Abstands- und Intensitätsbilder auf der Basis eines doppelt synchronisierten Laser-Scanners

Wei J.*, Levi P.**

*Forschungszentrum Informatik (Gruppe: Prof. Dr.-Ing. U. Rembold), Haid- und Neu-Str. 10-14, 7500 Karlruhe
**Technische Universität München, Institut für Informatik, Orleansstr. 34, 8000 München 80

Kurzfassung

Dieser Beitrag beschreibt vor allem die Anwendung von wissensbasierten Techniken zur Fusionierung von Abstands- und Intensitätsdaten. Die fusionierten Bildmerkmale erstrecken sich auf die Kanten-und Krümmungsebene. Für die Krümmungsanalyse wurden spezielle Operatoren entwickelt, die im Gegensatz zu den üblichen Operatoren, die geometrischen Merkmale bei der Transformation vom Abstandsbild in das Intensitätsbild invariant lassen. Die Konsistenz der Kantenfusionierung wird durch ein Verfahren der Bedingungsausbreitung (Waltz'scher Algorithmus) verifiziert. Die interne, dreidimensionale Objektmodellierung erfolgt durch semantische Netze. Die Erzeugung von Sichtbarkeitsklassen wird durch den Einsatz einer Gauß'schen Kugel unterstützt.

Die meßtechnische Basis für diese Fusionierungsverfahren liefert ein selbst entwickelter, doppelt synchronisierter Laser-Scanner, der nach dem Triangulationsprinzip arbeitet. Durch die Verwendung eines PSD's können die Abstands- und Intensitätsdaten simultan und pixelgenau korreliert aufgenommen werden. Anwendungen finden die beschriebenen Fusionstechniken in dem Montagebereich von Baugruppen mittlerer Komplexität (z. B. Cranfield Montagesatz, Laugenpumpe) durch stationäre Roboter. Der mittlere Zeitaufwand für einen vollständigen Fusionierungsvorgang der Objekte des Montagesatzes beträgt ca. 2 Minuten.

1   Doppelt-Synchronisierter Laser-Scanner für die dreidimensionale Datenerfassung

Das Prinzip der Triangulation ist allgemein bekannt. Mit einer Laser - Quelle ist es auch für industrielle Abstandsmessungen gut verwendbar. Dieses einfache Verfahren hat einen sehr großen Nachteil. Die von der Ablenkung kommenden Änderungen in der detektierten Position des Laserstrahles überlagern sich mit den von der Abstandsänderung herrührenden Werten. Ein zusätzliches Problem ist der enge Zusammenhang zwischen der Auflösung des Gesamtsystems und dem Blickwinkel, d.h. bei der Anwendung eines bestimmten Detektors sind die Abstandsauflösung und die maximalen Ablenkwinkel umgekehrt proportional.

Die Vorteile der Verwendung einer Optik mit großer Fokuslänge (erhöhte Abstandsauflösung und größere Lichtempfindlichkeit, aber geringerer Blickwinkel) und des großen Scanbereichs läßt sich theoretisch durch die synchronisierte Bewegung des Laserstrahles und der optischen-Detektor-Einheit kombinieren. Eine "Ablenkung" dieser Einheit ist aber praktisch nicht durchführbar.

Das Prinzip der eindimensionalen Synchronisation ist in Bild 1 dargestellt. Der Laserstrahl wird zuerst durch den Galvanometerspiegel abgelenkt, dann durch die festen Spiegel reflektiert und schließlich durch die Rückseite des Galvanometerspiegels abgelenkt. Das durch den Galvanometerspiegel abgelenkte Bild fällt (unterstützt durch entsprechende Optik) auf die Oberfläche des Detektors.

Solange die Gesamtlänge des einfallenden Laserstrahles ($l_1 + l_3$) und die Objektentfernung ($l_2 + l_4$) gleich sind, verursacht eine Bewegung des Galvanospiegels keine Änderung in der Position des Lichtpunktes auf der Detektoroberfläche /Levi 88/. Je größer der Unterschied zwischen diesen Werten ist, desto größer ist die Abweichung der Positionen des Punktes. Trotz dieser Abweichung ist aber die Verwendung einer Optik mit kleinem Öffnungswinkel und gleichzeitig verhältnismäßig großer Ablenkung des Strahles möglich. Die in Bild 1 dargestellte Anordnung ist nur für die Ablenkung des Laserstrahles entlang einer Linie geeignet / Rioux 84/. Verwendet man einen zweiten Spiegel für die Ablenkung des Strahles in einer vertikalen Richtung, dann können die Vorteile des eindimensionalen Synchron - Scanners mit den Eigenschaften einer 3D-Kamera auf der Basis der Doppel-Synchronisation kombiniert werden (Bild 2).

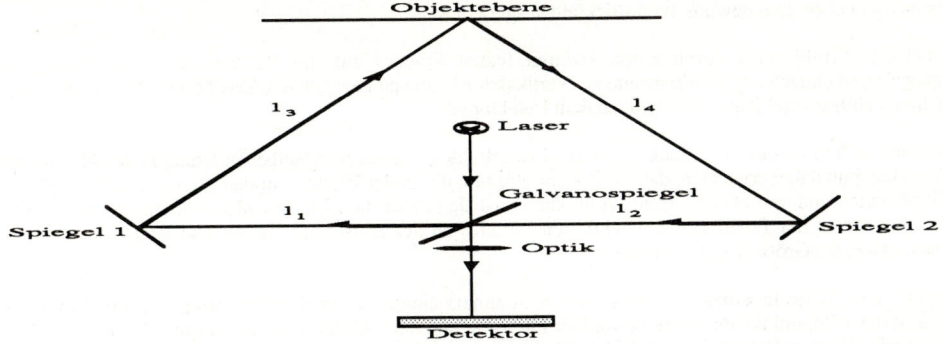

Bild 1: Prinzip der horizontalen (eindimensionalen) Synchronisation

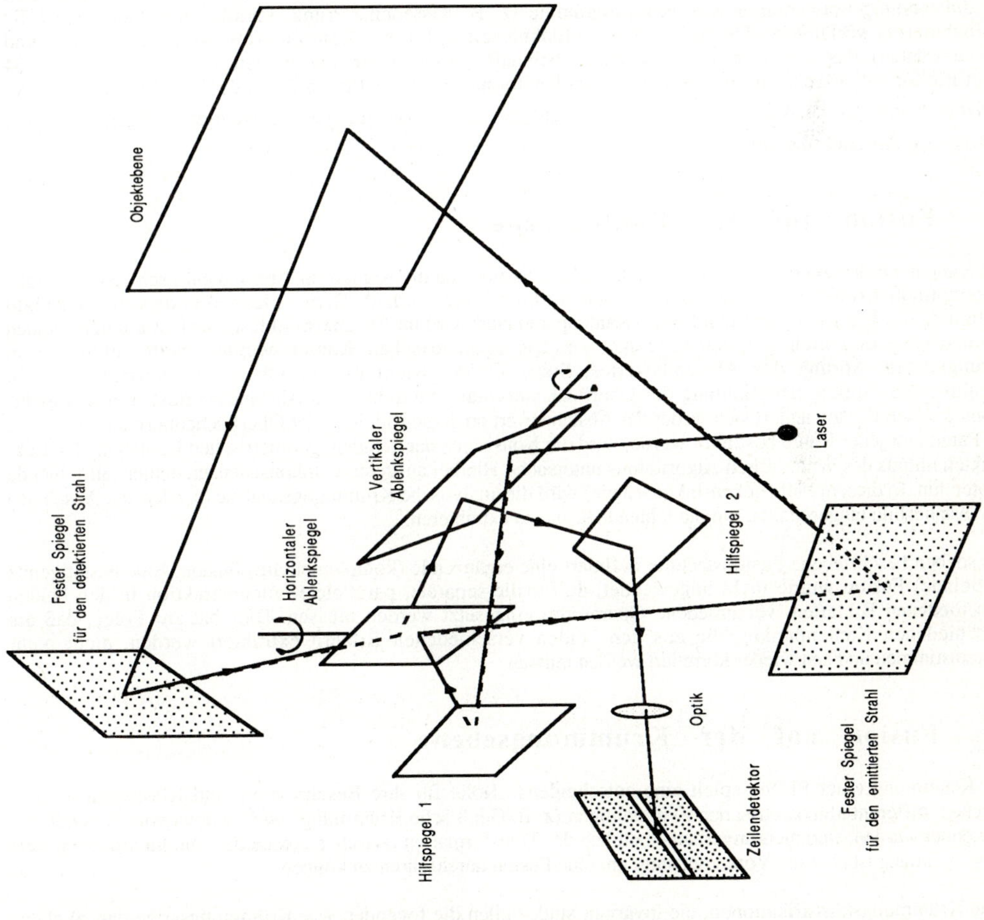

Bild 2: Schematische Darstellung der Doppelsynchronisation

Der von dem Laser kommende Strahl wird dem vertikalen Ablenkspiegel zugeleitet, dessen Oberfläche auch für die Ablenkung des Strahles dient. Der reflektierte Strahl wird mit Hilfe des Hilfsspiegels 1 zu dem festen Spiegel für die horizontale Ablenkung weitergeführt. Die vertikale Ablenkung verursacht eine Punktbewegung entlang der Rotationsachse des horizontalen Ablenkungsspiegels. Der in beiden Richtungen abgelenkte Strahl ist mit einem festen Spiegel zu dem gewünschten Blickfeld ausgerichtet.

Der reflektierte Strahl wird durch einen zweiten festen Spiegel auf die Rückseiten des horizontalen Ablenkspiegels und danach auf die Frontseite des vertikalen Ablenkspiegels geleitet. Das doppelt abgelenkte Bild wird durch den Hilfsspiegel 2 und die Optik zu dem Detektor geführt .

Eine Änderung in dem vertikalen Ablenkwinkel des Laserstrahles verursacht dieselbe Änderung in der Ablenkung des Bildes. Man muß dabei erwähnen, daß die Synchronisation nur in der Blickfeldmitte (d.h. dieselbe Strahllänge für den detektierten und emittierten Strahl) vollkommen ist. Je größer die Ablenkwinkel sind, desto größer sind die Abweichungen in der Position des detektierten Strahles an der Sensoroberfläche. Die Breite des Linien-Sensors beschränkt die Größe des Blickfeldes.

Die wesentlichen Vorteile eines synchronisierten Scanners liegen a) in der Trennung der kombinierten Abhängigkeit des Bildpunktes im Detektor von der Intensität und dem Abstand des Objektpunktes und b) in der schnelleren und genaueren Verarbeitung der Abstandsdaten.

Zum Abschluß dieser Systembeschreibungen seien einige technische Daten des Laser - Scanners erwähnt. Die kürzeste Aufnahmezeit für 256 x 256 Bilder beträgt ca. 2,5 Sekunden. Bedingt durch die minimale Intensitätsmenge, die der Positionsdetektor (PSD) benötigt, um korrekt zu arbeiten (Integrationszeit) und durch die Anwendung notwendiger Korrekturprogramme (z. B. Kissenentzerrung, Parallaxenproblem) wird die Aufnahmezeit verlängert. Die folgenden Aufnahmezeiten für ein kombiniertes Bild (Intensitäts- und Abstandsdaten), das auch Korrekturprogramme beinhaltet, konnten erreicht werden: 10 Sek. für ein 64 x 64 Pixel Bildformat; 40Sek. für ein 128 x 128 Pixel Bildformat; 160 Sek. für ein 256 x 256 Pixel Bildformat. Der horizontale und der vertikale Öffnungswinkel beträgt jeweils 10^0. Das relative Auflösungsvermögen beträgt 0.6 mm auf 1m Abstand (0.6 ^{0}/oo).

2 Fusion auf der Kantenebene

Die Kanten werden zuerst aus dem Intensitätsbild extrahiert, da die Kanten im Abstandsbild schwieriger (hohe Störempfindlichkeit) zu erkennen sind. Danach wird der Kantenverlauf (Gerade, Kurve) in diesem Kantenbild bestimmt. Der Typ jeder einzelnen Kante (Kantenparameter) wird im Abstandsbild festgelegt. Wir unterscheiden geometrische und nicht-geometrische Kanten. Die geometrischen Kanten werden weiter unterteilt in Sprungkanten (Sprung des Abstandswertes, Stetigkeit der Richtung der Oberflächennormale) und in Schnittkanten (Sprung der Richtung der Oberflächennormale, Stetigkeit des Abstandswertes). Bei den nicht-geometrischen Kanten ändert sich weder der Abstandswert noch die Richtung der Oberflächennormale. Nachdem der Parameter jeder Kante bestimmt wurde, wird die Konsistenz der geraden, geometrischen Kanten an den Eckpunkten mittels des Waltz´schen Algorithmus untersucht. Hierbei auftretende Inkonsistenzen deuten auf fehlende Kanten hin. In diesem Fall (Ecken-Inkonsistenz) wird die analytische Krümmungsanalyse (s. nächsten Abschnitt) im Abstandsbild eingeschaltet, um die fehlende Kante zu extrahieren.

Die soeben beschriebene Fusionstechnik definiert eine ergänzende (komplementäre) Fusion. Eine bestätigende (mittelnde) Fusion wurde nicht angewendet, da für die separate, parallele Kantenextraktion in den beiden verschiedenen Bildarten, verschiedene Operatoren eingesetzt werden müssen. Dies hat zur Folge, daß die verschiedenen Kantenpunkte, die aus den beiden verschiedenen Bildern extrahiert werden, nicht mehr übereinstimmen und erst wieder korreliert werden müssen.

3 Fusion auf der Krümmungsebene

Die Krümmung einer Fläche spielt eine entscheidende Rolle für ihre Beschreibung und Klassifikation. Die üblichen, differentialgeometrischen Krümmungen (z. B. Gauß´sche Krümmung) wie sie etwa von /Haralick 83/ verwendet wurden, sind nicht invariant bezüglich der Transformation zwischen Abstands - und Intensitätsbildern. Diese Invarianz ist aber die Voraussetzung, um eine Fusion durchführen zu können.

Neue Krümmungsklassifikationen, die invariant sind, stellen die fogenden vier Krümmungsarten dar: a) ebene Fläche, b) verallgemeinerte Zylinderflächen, c) verallgemeinerte Kegelflächen, d) verallgemeinerte Kugelflächen /Wei 89/.

Als Operatoren zur Krümmungsanalyse werden kompaßartige Masken in 16 definierte Richtungen (Prüflinien) verwendet. Das Verhältnis von maximaler Höhe zu dem Abstand zweier Endpunkte der Prüflinie wird als approximative Krümmung definiert.

Treten auf diesen Prüflinien innerhalb einer Kantenschleife Knickpunkte auf, so ist dies ein Indiz dafür, daß eine Kante im fusionierten Kantenbild übersehen wurde. Wenn die gefundenen Knickpunkte auf einer Linie liegen (Hough Transformation), dann wird diese neue Kante in das Kantenbild nachträglich eingefügt und der alte Bereich in dem diese Kante lag, wird in zwei neue Bereiche (Kantenschleifen) geteilt.

Statt dieser zeitaufwendigen (ca. 7 s) analytischen Krümmungsanalyse wurde auch eine schnellere (ca. 0.5 s), regelbasierte Hypothesenbildung über die Krümmungsarten (z. B., wenn eine Kante gekrümmt und eine Kurve ist, dann ist die Krümmungsart eine verallgemeinerte Kugelfläche). Auf diesen Regeln aufbauend, wird eine Krümmungskonsistenz überprüft. Im Konfliktfall (verschiedenartige Krümmungen einer Kantenschleife) wird die zuvor erwähnte analytische Krümmungsanalyse aufgerufen.

Die Krümmungsanalyse kann sowohl im Abstands- als auch im Intensitätsbild durchgeführt werden. Üblicherweise wird mit der regelbasierten Krümmungsanalyse und Konsistenzprüfung im Abstandsbild begonnen. Treten hierbei Inkonsistenzen auf, dann wird die analytische Krümmungsanalyse auf dieses Abstandsbild "angesetzt". In der Praxis ist es häufig so, daß die Abstandsbilder zu gestört sind, um diese Analyse durchführen zu können. Dann wird das entsprechende Intensitätsbild mittels der analytischen Krümmungsanalyse untersucht und wir haben den Fall der ergänzenden Fusion vor uns.

Die Systemsteuerung kann aber auch gleich zum Beginn der Bildinterpretation eine bestätigende Fusion anstoßen, falls beide Bildarten nicht zu stark gestört sind, um eine höhere Zuverlässigkeit der Krümmungsinformation zu erhalten. Hierfür wird die Krümmungsanalyse (analytisch, regelbasiert) in den beiden verschiedenen Bildarten separat durchgeführt und danach werden die Resultate verglichen.

4   Objekmodellierung

Die dreidimensionale Modellierung der Objekte ist hierarchisch in 5 Ebenen unterteilt: Objekt, Komponenten, Flächen, Kanten und Ecken. Auf jeder Ebene ist die Datenstruktur ein semantisches Netz, das in der nächst höheren Abstraktionsebene als ein Knotern erscheint.

Eine quantisierte Gauß'sche Kugel (60 Raumwinkel) wird eingesetzt, um die möglichen Teilansichten zu erzeugen. Diese 60 Sichtbarkeitsklassen werden automatisch zu Aspekten verschmolzen. Ein Beispiel hierfür ist ein Oberflächenaspekt. Er umfasst sämtliche Sichtbarkeitslassen, in denen die selben Oberflächen sichtbar bzw. unsichtbar sind.

Bevor der reale Bildvergleich stattfinden kann, werden die Aspekte auf eine zweidimensionale Ebene projiziert (Teilansichtsmodell), um z. B. Ecken und Kanten, die im 3D-Modell nicht vorhanden sind und die durch die Projektion entstehen, in den modellgesteuerten Vergleich mit einbeziehen zu können.

5   Systemsteuerung und Vergleich

Ausgehend von einem 3D Objektmodell und einer Gauß'schen Kugel, welche die möglichen Orientierungen dieses 3D Objektes angibt, wird eine Hypothese über die Orientierung des aufgenommenen Objektes erstellt (Bild 3). Mit Hilfe dieser Hypothese wird ein Teilansichtmodell generiert. Der Interpreter versucht, eine Übereinstimmung zwischen diesem Modell und den Bildmerkmalen zu erzielen, welche durch die Fusion von Abstands- und Intensitätsbilddaten (zuerst auf Kantenebene) extrahiert wurden. Bei einem gelungenen Vergleich wird die Identität des Objektes verifiziert und seine Orientierung in einem festgelegten Koordinatensystem angegeben. Ein mißlungener Vergleich wird eine der folgenden drei möglichen Konsequenzen haben:

-    Die Informationen der extrahierten Bildmerkmalen sind nicht ausreichend, um ein zuverlässiges Vergleichsergebnis zu erhalten. Demzufolge wird automatisch eine zusätzliche Fusion (Krümmungsanalyse) zur Extraktion weiterer Bildmerkmale aktiviert (①). Der Vergleich wird anschließend automatisch erneut durchgeführt.

-    Die Hypothese über die Position und Orientierung (Sichtbarkeitsklasse) des Objektes ist falsch, sie muß erneut vorgenommen werden ②, und der Vergleich wird anschließend erneut von System durchgeführt.
-    Alle möglichen (erneuten) Vergleichsversuche scheitern, und das Ergebnis der Objekterkennung ist negativ.

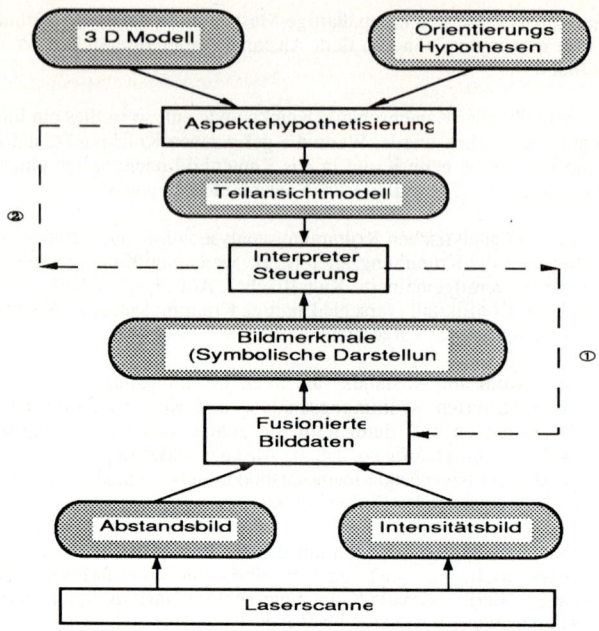

Bild 3: Ablaufskizze für die Systemsteuerung für die Objekterkennung

Die Strategie der Systemsteuerung zeichnet sich dadurch aus, daß sie eine Mischung der "top down" und "bottom up"- Verfahren ist. Die Merkmalsextraktion wird zuerst auf der Kantenebene durchgeführt und die Ergebnisse werden für den Vergleich (matching) bereitgestellt. Wenn beim Vergleich festgestellt wird, daß es Inkonsistenzen in diesen Merkmalen gibt, oder daß manche dieser Merkmale sich nicht interpretieren lassen, so daß der Vergleich mißlingt, dann besteht der Bedarf genauerer Untersuchung für diese Merkmale. In diesem Fall wird die Krümmungsanalyse aktiviert und neue Informationen, wie beispielsweise die Krümmung eines Bereiches oder eine fehlende Kante innerhalb eines Bereiches, werden von den Eingabebildern extrahiert. Eine gezielte Merkmalsextraktion wird somit möglich.

Da die Datenstruktur des Objektmodells mehrerer Repräsentationsebenen hat und die Datenstruktur der extrahierten Bildmerkmalen auch nach dem gleichen Schema aufgebaut wurde, führt der Interpreter den Vergleich zwischen dem Modell und den Bildmerkmalen auch auf einzelnen Ebenen durch. Dabei wurde als Vergleichsmethode das Clique-Verfahren implementiert. Allerdings wurde dieses Verfahren in unserer Implementierung modifiziert, damit es die Anforderungen der realen Szenen-Interpretation erfüllen kann. Diese Modifikation besteht darin, daß für jede der 5 Abstraktionsebenen gewichtete Bewertungsfunktionen definiert wurden. Auf der Krümmungsbereichsebene z. B. trägt ein Bereich mit größerem Flächenmaß mehr zur Beschreibung des Objektes bei als ein kleiner Bereich. Und auf der Kantenebene ist eine längere Kante aussagefähiger als eine kürzere. Nach solchen Kriterien wurden die Gewichte festgelegt.

6   Anwendungsbeispiele

Das in dieser Arbeit eingesetzte Laserscannersystem wird durch einen VME-Rechner mit zwei MOTOROLA-68020 Prozessoren gesteuert. Die Aufnahme eines Abstands- und Intensitätsbildpaars (256x256x8) dauert bis zu drei Minuten. Die Bilder werden nach der Aufnahme als binärkodierte Dateien in eine VAX-Maschine (Vax-Station 2000) transferiert, auf der die Fusionierungsalgorithmen implementiert wurden. Die Programmiersprache für die Implementierung ist im wesentlichen PASCAL (zum Teil auch FORTRAN und C). Bei der Implementierung wurde auch das Bildverarbeitungs-Software-Paket SPIDER (FORTRAN) benutzt. Der Umfang bzw. der Speicherbedarf des gesamten Quellprogramms beträgt ca. 250 Kb.

Anwendungen finden die beschriebenen Fusionstechniken in dem Montagebereich von Baugruppen mittlerer Komplexität (z. B. Cranfield Montagesatz, Laugenpumpe) durch stationäre Roboter. Der mittlere Zeitaufwand für einen vollständigen Fusionierungsvorgang (ohne Bildaufnahme) beträgt ca. 2 Minuten. Hier beschränken wir uns auf den Pendelrahmen des Cranfield-Benchmark-Montagesatzes. Bild 4 zeigt das fusionierte Kantenbild, wobei die nicht-geometrischen Kanten gelöscht worden sind und viele unterbrochene und gestörte kurze Kantenstücke bereits verbunden worden sind. Diese "low level" Operationen sind sehr zeitintensiv. Der Aufwand für die Extraktion dieses und ähnlicher fusionierter Kantenbilder liegt bei maximal 2 Minuten.

Nachdem die Kanten und ihre Attribute aus den Intensitäts- und Abstandsbildern extrahiert worden sind, werden einige offene Enden der Kanten im Kantenbild gefunden (Bild 4). Diese deuten an, daß an diesen Stellen Kanten, die tatsächlich existieren, im Bild fehlen. Die regelbasierte Krümmungsanalyse wird in den entsprechenden Bereichen aktiviert, um nach diesen Kanten zu suchen. Als Ergebnisse der Krümmungsanalyse werden die fehlenden Kanten aus dem Abstandsbild extrahiert und in das Kantenbild eingetragen.

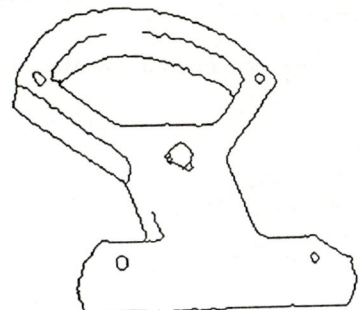

Bild 4:   Erstes fusioniertes Kantenbild. Nicht-geometrische Kanten wurden gelöscht

Nun wird anhand der extrahierten Merkmale eine Hypothese über die Sichtbarkeitsklasse des Objektes erstellt und ein Teilansichtmodell (Bild 5) aus dem 3D Modell generiert. Der Vergleich findet jetzt zwischen diesem Teilansichtmodell und den extrahierten Merkmalen statt.

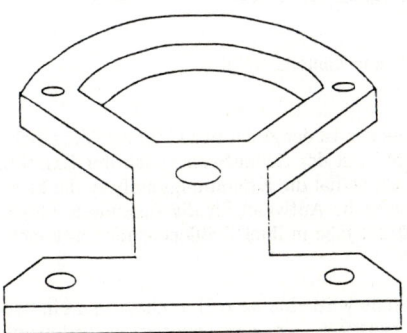

Bild 5:   Die erste Hypothese: ein Teilansichtmodell

Beim Vergleich wird festgestellt, daß zwei Komponenten aus den extrahierten Merkmalen nicht an diejenigen des Teilansichtmodells angepaßt werden können und übrig bleiben (Bild 6).

Die analytische Krümmungsanalyse wird wegen des nicht gelungenen Vergleichs aktiviert und in den Bereichen durchgeführt, die zu diesen zwei Komponenten gehören. Als Ergebnisse werden wiederum drei neue (fehlende) Kanten aus dem Abstandsbild extrahiert und dem Kantenbild hinzu gefügt (Bild 7).

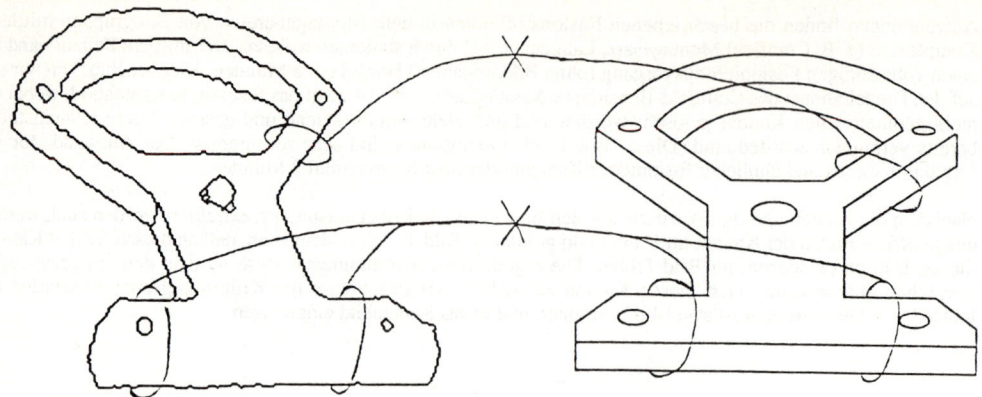

Bild 6: Zwei Komponenten aus den extrahierten Merkmalen können nicht interpretiert werden

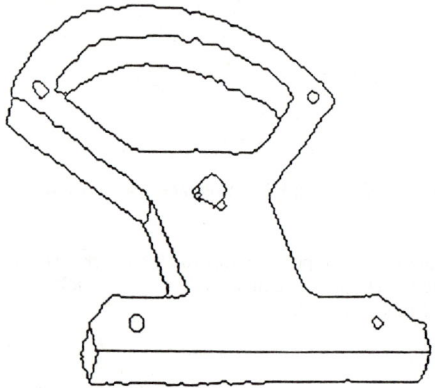

Bild 7: Erneute Kantenextraktion

Verglichen mit den "low level" Operationen ist der Zeitaufwand für das Vergleichs- bzw. Interpretationsverfahren relativ gering. In diesem Experiment liegt der Zeitaufwand nach der Extraktion des Kantenbildes bis zum Endergebnis etwa bei 15 Sekunden. Daran hat die Krümmungsanalyse, die hier erforderlich war, einen großen Anteil (ca. 10 Sek.). Der gesamte zeitliche Aufwand für die fusionierte Objekterkennung beträgt in diesem Beispiel höchstens 135 Sek. Diese Zeitangabe in ihrer Größenordnung gilt auch für alle anderen Elemente des Benchmark-Satzes.

Aufgrund der neu extrahierten Merkmale wird eine neue Hypothese und ein neues Teilansichtmodell generiert (Bild 8). Der Vergleich wird nun zwischen dem neu generierten Teilansichtmodell und den Merkmalen durchgeführt, und diesmal ist das Ergebnis positiv - das aufgenommene Objekt ist somit erkannt.

Für komplexere Objekte wie Teile einer Laugenpumpe (z.B. Lüftrad) oder der Schaft eines automatischen Getriebes dauert der Objekterkennungsvorgang (ohne Aufnahmezeit) etwa 15 Minuten. Dieser zeitliche Mehraufwand liegt vor allem in der Korrektur der fehlerhaften Bereiche und der Lokalisierung der darin auftretenden Feinheiten (z.B. einzelne Schaftzähne). Der Zeitaufwand des modellgestütztes Vergleichs bewegt sich daher in der Größenordnung von 6 Minuten. Diese aufwendige Vergleichszeit ist vor allem auf die Anzahl von zu vergleichenden Knoten zurückzuführen. Bei dem Pendel belief sich die Gesamtanzahl der Knoten auf etwa 60 Knoten. Bei dem Schaft sind es ca. 1200 Knoten. Dabei wird z.B. jeder Zahn durch fünf Flächenknoten, und jeder Flächenknoten durch vier Kantenknoten und zwei Eckenknoten dargestellt. Dies bedeutet, daß pro "Zahn" bis zu 40 Knoten zu vergleichen sind. Insgesamt hat der Schaft 30 "Zähne".

322

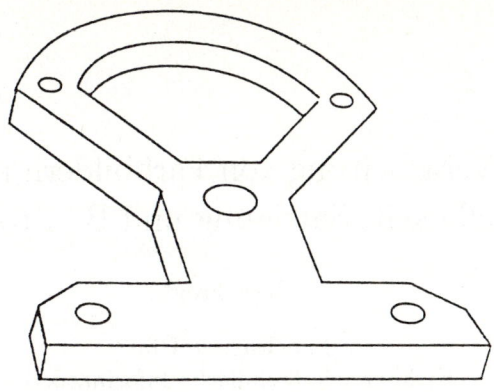

Bild 8: Das letztlich generierte Teilansichtmodell

Danksagung

Die Arbeiten, die in diesem Beitrag beschrieben wurden, sind durch die Deutsche Forschungsgemeinschaft (DFG) im Rahmen des Projektes "Multisensorsystem" (Le 525/2) ganz wesentlich gefördert worden. Herrn Prof. Dr.-Ing. U. Rembold möchten die Autoren vor allem dafür danken, daß er diese Arbeiten im FZI ermöglicht hat und sie stark unterstützt hat. Besonderer Dank gebührt auch den ungarischen Kollegen Dr. L. Vajta, Dr. L. Lantoz und B. Varkonyi, die den Aufbau des Laser-Scanners teilweise auch außerhalb der DFG-Förderung tatkräftig unterstützt haben.

Literaturverzeichnis

/Haralick 83/   Haralick, R. M. et al.: The topographical primal sketch, The Intern. Journal of Robotics Research, Vol. 2, 50 - 71, Spring 1983

/Levi 88/   Levi, P.; Vajta, L.: Development of a combined laser/camera robot vision system, NATO-ASI Series, F. 52, 187 - 194, Springer-Verlag, 1988

/Rioux 84/   Rioux, M.: Laser range finder based on synchronized scanners, Applied Optics, 3837 - 3844, Nov. 1984

/Wei 89/   Wei, J.: Modellgesteuerte Szenen-Interpretation durch Fusion von Intensitäts-und Abstandsbilder, Dissertation, Universität Karlsruhe, Fakultät für Informatik, Dez. 1989

Die Verarbeitung von Farbbildern nach Helligkeit, Sättigung und Buntton

Herbert Frey*

Fachhochschule Ulm
Fachbereich Technische Informatik
Prittwitzstr. 10, 7900 Ulm

Zusammenfassung

Eine bekannte Transformation für Farbbilder aus dem RGB-Farbraum in den Farbraum "Helligkeit, Sättigung, Buntton" (YST) wird erläutert und wichtige Eigenschaften der Transformation und des entstehenden Farbraumes werden quantitativ untersucht und beschrieben. Durch die Einführung der Buntheit (Sättigung und Buntton) als komplexe Größe wird die Anwendung klassischer Methoden (Glättungsoperatoren, Fouriertransformation) im Polarkoordinatensystem des YST-Farbraumes ermöglicht. An praktischen Beispielen werden einige Möglichkeiten der Bildverarbeitung im YST-Farbraum demonstriert: Histogramme für Farbbilder, Histogramm-Modifikationen und Bildsegmentierung.

1 Einleitung

Technische Farbsensoren erzeugen Farbwertsignale, indem die spektrale Strahlungsleistungsverteilung, der Farbreiz, in drei breitbandigen Spektralbereichen (Rot, Grün und Blau) bewertet wird (RGB-Farbraum). Auf dem Farbmonitor entsteht das Bild durch additive Mischung aus den Primärvalenzen Rot, Grün und Blau (Bildschirmphosphore) [1]. Auch das Farbensehen beim Menschen basiert auf Rezeptorebene auf diesem Prinzip. Ins Bewußtsein des Menschen tritt aber nicht dieser RGB-Farbraum, sondern ein Farbraum, in dem Farbe nach den Kriterien Helligkeit, Sättigung und Buntton (YST-Farbraum) bewertet wird. Der Buntton wird umgangssprachlich am ehesten mit Farbe in Verbindung gebracht, Bunttöne sind etwa Blau, Gelb, Violett, Rot. Die Farbe eines bestimmten Bunttons kann in verschiedener Stärke auftreten, von einer eben merklichen Spur über Pastelltöne bis zu einem Höchstwert. Man bezeichnet diese Eigenschaft einer Farbe als Sättigung, unbunte Farben haben die Sättigung Null, jede bunte Farbe hat einen endlichen Sättigungswert. Buntton und Sättigung werden als Buntheit bezeichnet, Farben gleicher Buntheit können schließlich noch unterschiedlich hell sein. Damit kann jede Farbe durch Buntton, Sättigung und Helligkeit eindeutig beschrieben werden. Diese Arbeit beschäftigt sich mit digitaler Bildverarbeitung in diesem "psychologischen" Farbraum.

Da die additive Farbmischung den Regeln der Vektoraddition gehorcht, kann der RGB-Farbraum als dreidimensionaler Vektorraum betrachtet werden (Bild 1) und damit kann

*Die Arbeiten entstanden in der Abteilung Pathologie der Universität Ulm

jede Farbe durch einen Punkt im Vektorraum dargestellt werden. Jede Farbvalenz wird durch die Vektorgleichung

$$\vec{F} = R_F \cdot \vec{r} + G_F \cdot \vec{g} + B_F \cdot \vec{b} \tag{1}$$

beschrieben. Der Farbvalenz wird dabei ein vom Schwarzpunkt S ausgehender Ortsvektor zugeordnet. Basisvektoren des Systems sind die Primärvalenzen R, G und B. R_F, G_F und B_F sind die Farbwerte der Farbvalenz $\vec{F}$, mit diesen Anteilen für Rot, Grün und Blau kann die Farbvalenz additiv ermischt werden. Die Verbindung zwischen Schwarzpunkt S und Weißpunkt W ist die Unbuntgerade U, auf ihr liegen alle unbunten Farben (Schwarz, Weiß und die Grautöne).

2 Transformation in den YST-Farbraum

Legt man in den RGB-Vektorraum nach Bild 4 links eine Einheitsebene E, so durchstößt jeder Farbvektor $\vec{F}$ diese Ebene in dem Punkt F, der seiner Buntheit entspricht. Die Ebene E (Bild 4 rechts) ist eine Farbtafel in Form eines gleichseitigen Dreiecks. Die Buntheit setzt sich aus Sättigung und Buntton zusammen. Die Transformation wird nach [2,3,4] folgendermaßen ausgeführt: Die Helligkeit Y ist konstant für Ebenen, die parallel zur Ebene E liegen und berechnet sich zu

$$Y = \frac{(R + G + B)}{3} \tag{2}$$

Der Buntton T ist der Winkel zwischen den Geraden Unbuntpunkt-Primärvalenz Rot $\overline{UR}$ und Unbuntpunkt-Farbort $\overline{UF}$. Die Sättigung S ist das Verhältnis der Strecke Unbuntpunkt-Farbort $\overline{UF}$ zu der Strecke Unbuntpunkt-Außenseite der Farbtafel $\overline{UF'}$ (Bild 4 rechts). S und T ergeben sich durch trigonometrische Rechnung aus der Farbtafel zu

$$S = 1 - 3 \cdot \frac{\min\{R, G, B\}}{(R + G + B)} \tag{3}$$

$$T = \arccos \left[\frac{1/2 \cdot ((R - G) + (R - B))}{\sqrt{(R - G)(R - G) + (R - B)(G - B)}} \right]$$

$$\text{falls} \quad B > G \quad \text{dann} \quad T = 2\pi - T$$

Es kann gezeigt werden, daß durch diese Transformation die Sättigung auf die Helligkeit, der Buntton auf Helligkeit und Sättigung normiert sind. Die Helligkeit eines Objektes hängt nicht nur von seinem Transmissions- oder Reflektionsfaktor ab, sondern auch von der Beleuchtungsfunktion und von Sensorinhomogenitäten. Mit Sättigung und Buntton stehen zwei Farbmerkmale zur Verfügung, die von der Helligkeit unabhängig sind, was insbesondere für eine Bildsegmentierung von Vorteil ist.

Zur Darstellung des Farbbildes im YST-Farbraum werden die transformierten Werte quantisiert im Bildspeicher abgelegt. Bild 2 zeigt als berechnetes Farbbild einen Farbkreis, bei dem sich mit dem Winkel der Buntton, mit dem Radius die Sättigung ändert. Bild 3 zeigt oben die Repräsentation dieses Farbbildes im RGB-Farbraum, unten die YST-Bilder. Hier liegt das Farbbild nach den Kriterien Helligkeit, Sättigung und Buntton geordnet vor. Der Buntton, der nach seiner Definition eine Winkelvariable ist, wird hier als skalare Größe durch den Grauwert des Bildes dargestellt. Deshalb springt der Grauwert von seinem Maximal- auf seinen Minimalwert beim Übergang von Violett nach Rot.

3   Eigenschaften des YST-Farbraumes

Die Transformation von S und T haben nicht behebbare singuläre Stellen: Die Sättigung S für den Schwarzpunkt ($R = G = B = 0$) und der Buntton T für die gesamte Unbuntgerade ($R+G+B$). Der Buntton ist auf der Unbuntgeraden nicht definiert, unbunte Farben haben keinen Buntton. Die singulären Stellen müssen bei der Transformation vermieden werden. Es wird zunächst geprüft, ob die Differenzen der Farbwerte eine vorgegebene Schwelle unterschreiten. Ist dies der Fall, so wird dem Buntton willkürlich der Wert 0 zugewiesen. Bei der Quantisierung des Bunttons belegen die bunten Farben den Wertebereich 1 bis $2^n - 1$ (n: Wortbreite in bit).

Der entstandene YST-Farbraum kann nach Bild 5 wieder als dreidimensionaler Vektorraum betrachtet werden. Entweder in kartesischen Koordinaten (Bild 5 links) oder in einem Zylinderkoordinatensystem (Bild 5 rechts) mit der Sättigung als Radius, dem Buntton als Winkel und der Helligkeit als Höhe. Die erste Möglichkeit entspricht der Art, wie der YST-Farbraum im Rechner gespeichert ist, die zweite Darstellung entspricht eher der Natur der Farbe. Der Bereich im YST-Farbraum, der oberhalb der schraffierten Flächen in Bild 5 liegt, kann vom RGB-Raum aus nicht belegt werden. Für hohe Sättigungen nimmt die Helligkeit einer Farbvalenz ab, Farbe entsteht gerade dadurch, daß Anteile des weißen Lichtes absorbiert werden — farbige Objekte sind bei gleicher Beleuchtung immer dunkler als ein ideal weißes. Durch Manipulationen im YST-Farbraum ist es möglich, daß Farborte in diesen Bereich fallen. Bei der Rücktransformation in den RGB-Raum müssen diese Werte skaliert werden, da sonst der RGB-Wertebereich überschritten wird.

Sind die Farbwerte im RGB-Farbraum gleichverteilt, so treten im YST-Farbraum artifizielle Lücken und Anhäufungen auf. Ursache dafür sind die Divisionen in den Transformationsgleichungen für S und T. Bei quantisierten RGB-Werten springen die YST-Werte, insbesondere bei kleinen Sättigungs- und Helligkeitswerten. Diese Tatsache ist bei Verfahren wie Cluster Analysen, Region Growing und Kantendetektion zu berücksichtigen, da Farbvalenzen, die im RGB-Farbraum benachbart sind, im YST-Raum durch mehrere Amplitudenstufen getrennt sein können. Allgemein sollte der YST-Farbraum in der Reihenfolge Helligkeit, Sättigung, Buntton bewertet werden. Für geringe Helligkeiten sind die Sättigung und der Buntton instabil und empfindlich gegen zum Beispiel additives Rauschen. Bei geringer Sättigung hat der Buntton keine hohe Aussagekraft.

Weiterhin ist die notwendige Informationsmenge zur Darstellung der YST-Werte bei Änderung der RGB-Werte um eine Amplitudenstufe nicht konstant, sondern bei S und T abhängig vom Ort im YST-Farbraum. Bild 6 zeigt diesen Zusammenhang: Ein "RGB-Würfel" mit Kantenlänge $\Delta R = \Delta G = \Delta B = 6$ Amplitudenstufen wurde an verschiedene Stellen des YST-Farbraumes transformiert und die Eckpunkte miteinander verbunden. Eine große Ausdehnung des entstehenden Körpers bedeutet eine große Empfindlichkeit gegen additive Störungen, eine geringe Ausdehnung bedeutet eine hohe Informationsmenge zur Darstellung von S und T. Quantitative Untersuchungen [5] haben gezeigt, daß zur Darstellung der Sättigung bei hoher Helligkeit und hoher Sättigung bis zu 16 bit notwendig sind, während bei geringer Helligkeit und geringer Sättigung 5 bit genügen. Dasselbe gilt für die Darstellung des Bunttons, auch hier werden für hohe Helligkeiten bei hohen Sättigungen bis zu 16 bit benötigt, während bei geringen Helligkeits- und Sättigungswerten 3 bis 4 bit genügen. Da die Helligkeit eine lineare Abbildung aus dem RGB-Raum darstellt, sind hier Stabilität und Informationsmenge im gesamte YST-Raum konstant, die Informationsmenge beträgt 9.59 bit.

Die Rücktransformation in den RGB-Farbraum ergibt sich direkt durch Umformen der Transformationsgleichungen[5].

4 Die Buntheit als komplexe Größe

Da der Buntton eine Winkelvariable ist, die als Bunttonbild im Bildspeicher durch eine skalare Größe dargestellt ist, können viele klassische Methoden der Bildverarbeitung, wie Mittelwertbildung (Tiefpaßfilterung) und Fouriertransformation nicht auf dieses Bunttonbild angewandt werden. Eine Lösung dieses Problems besteht darin, die Buntheit als komplexe Größe $b(x, y)$ darzustellen, wobei der Buntton $t(x, y)$ der Phase, die Sättigung $s(x, y)$ dem Betrag entspricht [5]:

$$b(x, y) = s(x, y) \cdot e^{j \cdot t(x,y)} \qquad (4)$$

Durch Aufspalten des komplexen Bildes nach der Eulerschen Formel kann zum Beispiel eine Mittelwertsbildung getrennt auf Real- und Imaginärteil angewendet werden, danach wird wieder in das komplexe Polarkoordinatensystem umgerechnet. Für eine Fouriertransformation kann direkt das komplexe Buntheitsbild als Ortsfunktion verwendet werden [5].

5 Anwendungen

Im folgenden werden einige Anwendungen im YST-Farbraum gezeigt. Bild 7 zeigt Farbtöpfe aus dem Malkasten. Bild 8 zeigt dazu ein Buntheitshistogramm in Polarkoordinaten, senkrecht zur dargestellten Ebene steht die Helligkeitsachse, entlang dieser Achse wurde projiziert, um eine zweidimensionale Darstellung zu erreichen. Die dargestellte Helligkeit ist proportional der Häufigkeit der Bildpunkte mit dieser Buntheit. Die Zahlen bei den Clustern im Histogramm entsprechen den numerierten Farbtöpfen in Bild 7. Die Darstellung der Buntheitsebene zeigt, wie die Farbvalenzen der Objekte im YST-Farbraum verteilt sind und daß für dieses Beispiel mit einem guten Segmentierungsergebnis im YST-Raum zu rechnen ist.

Bild 9 zeigt einen immunhistologischen Schnitt, Bild 11 zeigt links das Histogramm der Buntheit in kartesischen Koordinaten zu diesem Farbbild. Rechts ist das Histogramm gezeigt, nachdem selektiv für jeden Buntton die Sättigung entsprechend ihrer Belegung im Histogramm maximal gespreizt wurde. Bild 10 zeigt das Ergebnis: Die rot angefärbten Bereiche zeigen jetzt einen höheren Farbkontrast, was die visuelle Interpretaion der Bilder verbessert. Ein ähnliches Verfahren ist im RGB-Farbraum nicht möglich.

Als letztes Beispiel zeigt Bild 12 den histologischen Schnitt eines Hauttumors, die Tumorzellen sind rot angefärbt. Durch Schwellwertoperationen im Sättigung- und im Bunttonbild kann eine gute Segmentierung der Tumorzellen erreicht werden (Bild 13), ohne daß diese Schwellwerte von der Helligkeit des Bildes und von Beleuchtungsänderungen abhängen, da Sättigung und Buntton auf die Helligkeit normiert sind.

Literatur

[1] **Lang** H. *Farbmetrik und Farbfernsehen.* München, Wien: Oldenburg 1978.

[2] **Tenenbaum** J. M., Weyl S. *A Region-Analysis Subsystem for Interactive Scene Analysis.* Proc. of 4th Int. Joint Conf. on Artificial Intelligence, 682–687, 1975.

[3] **Kender** J. R. *Saturation, Hue, and Normalized Color: Calculation, Digitization Effects, and Use.* TR, Dep. of Computer Science, Carnegie-Mellon University, 1976.

[4] **Ito** T. *Digital Color Picture Processing.* Signal Processing: Theories and Applications, 71–82, Amsterdam: 1980.

[5] **Frey** H. *Digitale Bildverarbeitung in Farbräumen.* Dissertation am Lehrstuhl für Nachrichtentechnik der Technischen Universität München, 1988.

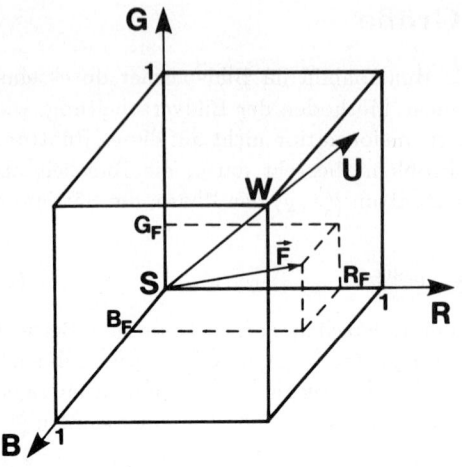

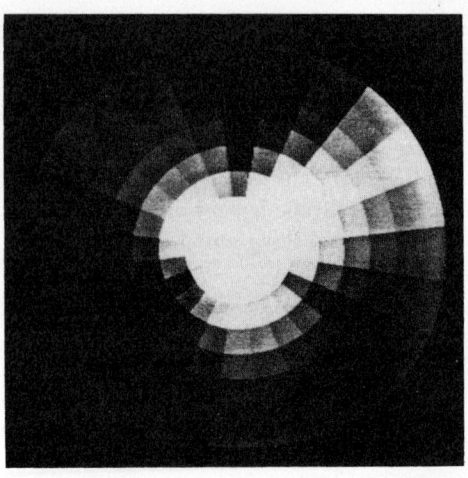

Bild 1: Der RGB-Vektorraum. R,G,B Primärvalenzen, $\vec{F}$ Farbvalenz mit den Farbwerten R_F, G_F, B_F, S Schwarzpunkt, W Weißpunkt, U Unbuntgerade.

Bild 2: Berechnetes Farbbild, mit dem Winkel ändert sich der Buntton, mit dem Radius die Sättigung. **(Farbabb. s. S. XIX)**

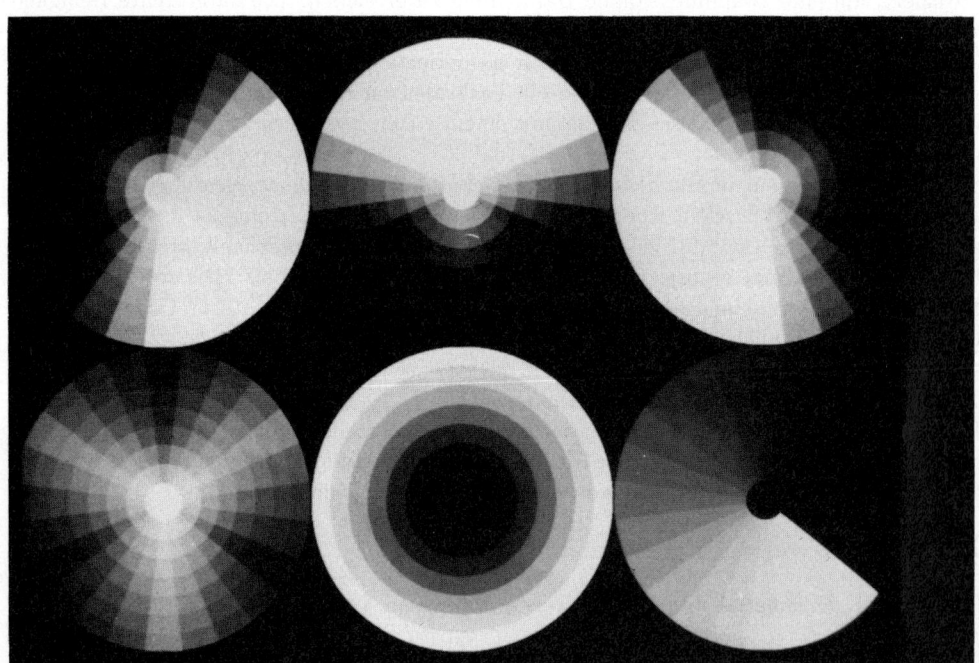

Bild 3: Darstellung von Farbbild 2 im RGB-Farbraum (oben) und im YST-Farbraum (unten). Oben von links: Rot-, Grün-, Blauauszug, unten Helligkeits-, Sättigungs-, Bunttonbild.

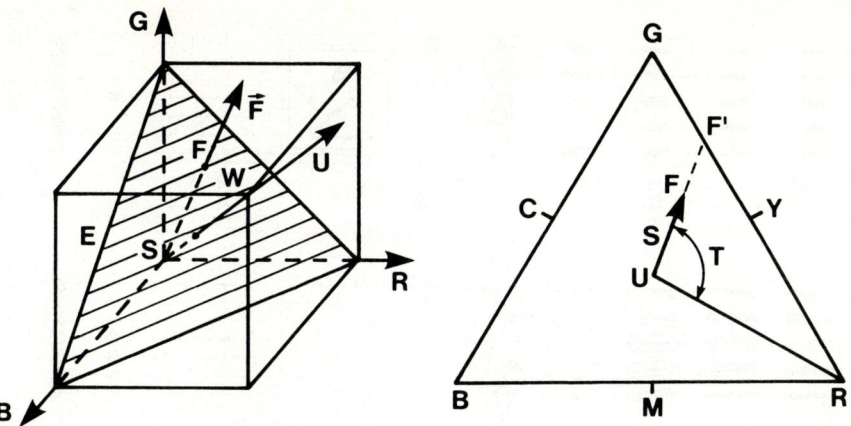

Bild 4: Berechnung von Helligkeit, Sättigung, Buntton. Links: Der RGB-Farbraum als Würfel. Für die Ebene E gilt $R + G + B = 1$. Rechts: Definition von Buntton T und Sättigung S in der Farbtafel.

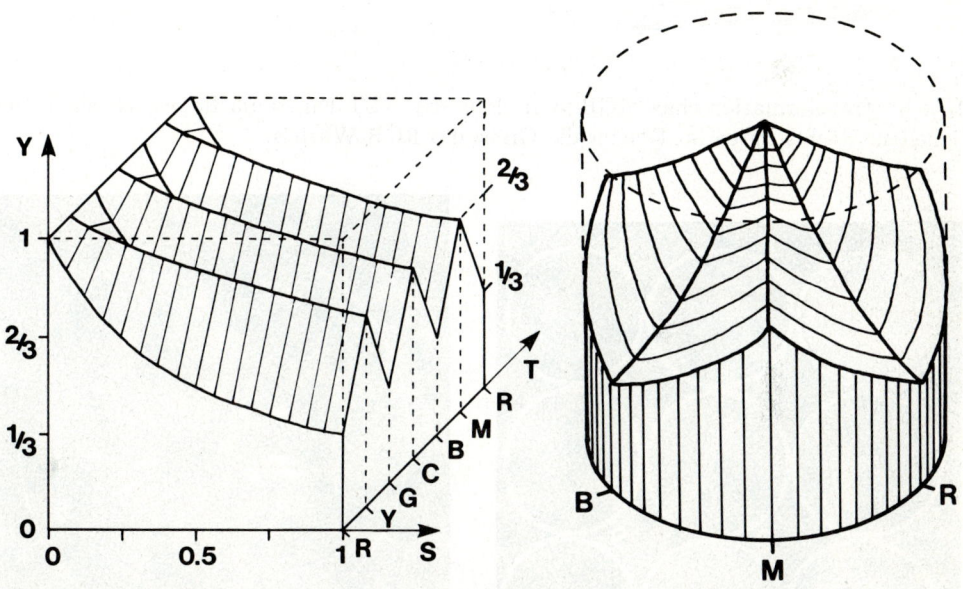

Bild 5: Der YST-Farbraum. Links als Würfel mit kartesischen Koordinaten, rechts als Zylinder mit Polarkoordinaten. Der Bereich oberhalb der schraffierten Fläche ist vom RGB-Raum aus nicht belegbar.

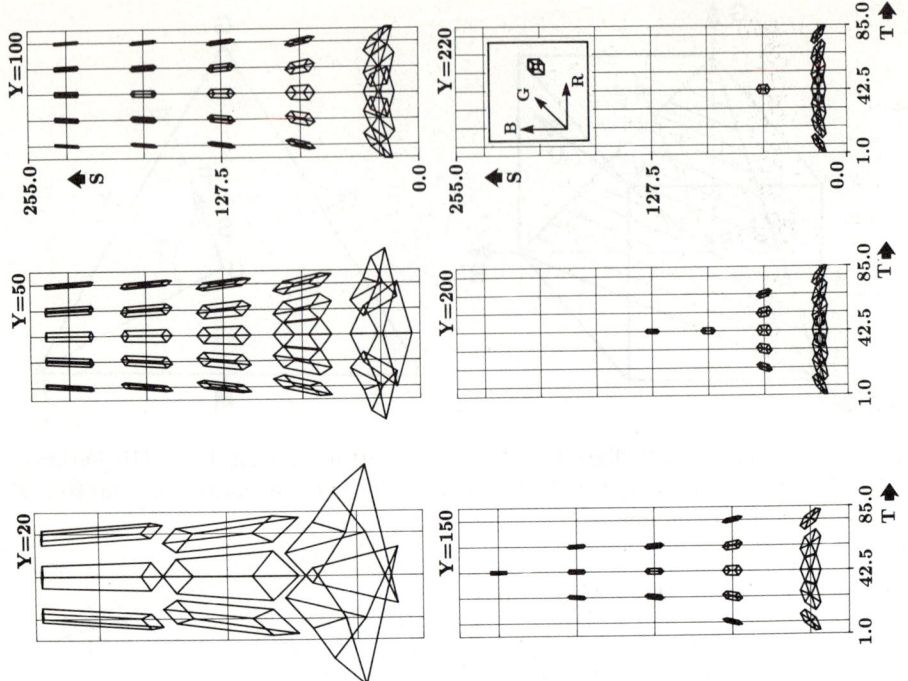

Bild 6: Transformation eines RGB-Würfels in den YST-Farbraum für verschiedene Helligkeiten. Rechts unten im Fenster die Größe des RGB-Würfels.

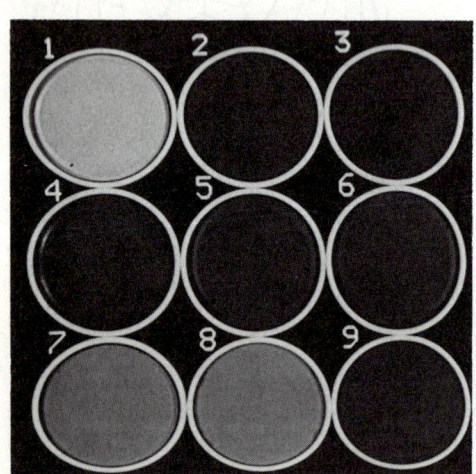

Bild 7: Wasserfarbentöpfe.

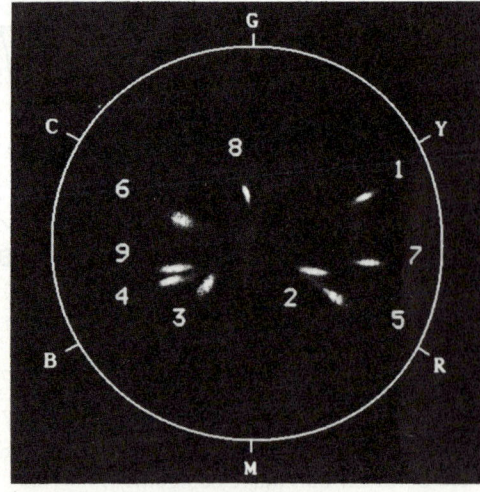

Bild 8: Buntheitshistogramm in Polarkoordinaten zum Farbbild 7: Wasserfarbentöpfe.

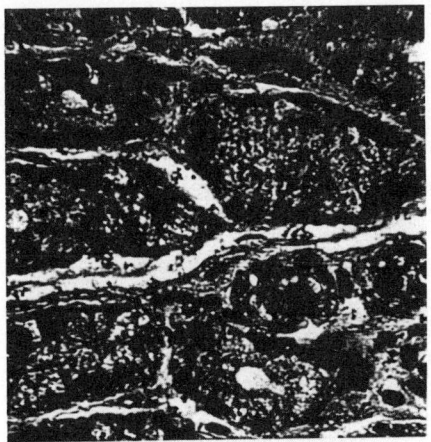

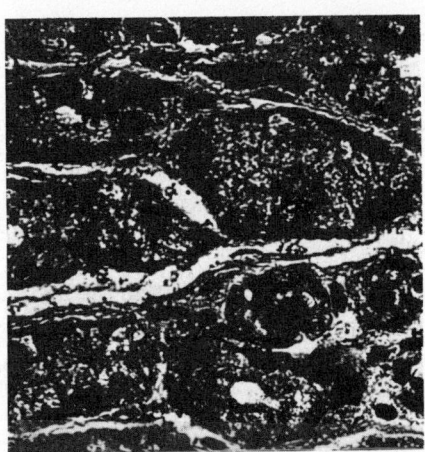

Bild 9: Histologischer Schnitt.
(Farbabb. s. S. XIX)

Bild 10: Histologischer Schnitt nach Erhöhung des Farbkontrastes.(Farbabb. s. S. XIX)

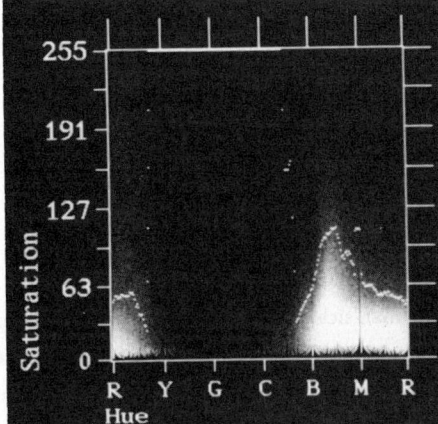

Bild 11: Histogramme zur Erhöhung des Farbkontrastes. Histogramme der Buntheit links
vor (Farbbild 9), rechts nach Modifikation (Farbbild 10).

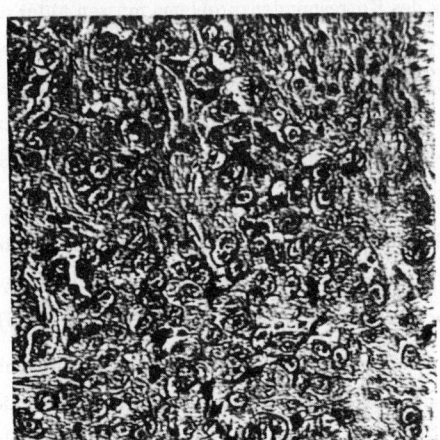

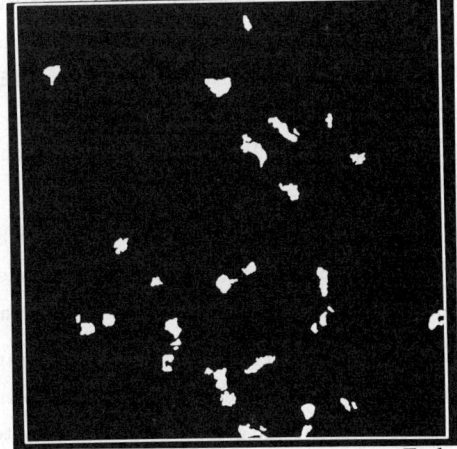

Bild 12: Immunhistologischer Schnitt eines
Hauttumors. (Farbabb. s. S. XIX)

Bild 13: Segmentierungsergebnis zum Farbbild 12 als Binärbild.

Strukturvergleich ebener Kurven mit lokalen Formelementen

Stephan Frydrychowicz

Lehrstuhl für Informatik 5 (Mustererkennung)
Universität Erlangen-Nürnberg
D-8520 Erlangen

Zusammenfassung

In dieser Arbeit wird eine allgemeine, problemunabhängige Methode zur Segmentierung von Strukturen aus gekrümmten Kurven vorgestellt. Mit Hilfe dieser Strukturen, die wir *lokale Formelemente* nennen, lassen sich Konturen unabhängig von ihrer Lage, ihrer Größe und sogar invariant bzgl. affiner Verzerrungen vergleichen. Ein weiteres Anwendungsgebiet ist die Detektion von Symmetrien bzw. affinen Symmetrien. Für Strukturvergleiche werden die lokalen Formelemente als Knoten in einem attributierten Graphen repräsentiert. Der Vergleichsalgorithmus wird kurz skizziert. Für die oben aufgelisteten Anwendungsgebiete werden Ergebnisse mit realen Daten dargelegt.

Einführung

Bei vielen Anwendungen in der Bildverarbeitung beschränkt man sich auf die Untersuchung der Kontur von Objekten, die auf einer ebenen Unterlage aufliegen. Die verschiedenen stabilen Lagen des Objekts müssen getrennt bearbeitet werden. Bleibt der Kameraabstand fest, so unterscheiden sich Konturen, die aus unterschiedlichen Aufnahmen desselben Objekts gewonnen wurden, durch eine ebene Bewegung, d.h. durch eine Translation und eine Rotation. Wird der Kameraabstand variiert, so verändert sich zusätzlich die Größe der Kontur. Für die Objekterkennung oder für die Lösung des Korrespondenzproblems müssen unter diesen Voraussetzungen Kurven bewegungs- und gegebenenfalls zusätzlich maßstabsinvariant verglichen werden. Wenn es sich bei den Konturlinien nicht um Polygonzüge sondern um stetig gekrümmte Kurven handelt, so erschwert das den Konturvergleich. Bei Polygonen muß nämlich nur die Korrespondenz der Polygonstützstellen ermittelt werden ([Dav79]), während bei Kurven ohne signifikante Punkte kein solcher Vergleich möglich ist.

Sind die Objekte vollständig sichtbar und sind deshalb die Konturlinien geschlossen, so lassen sich für den bewegungsinvarianten Vergleich globale Merkmale wie z.B. die eingeschlossene Fläche und die Länge der Umrißlinie berechnen. Ein zusätzlich maßstabsinvariantes Merkmal ist der Formfaktor ([Nie83], S.106).

Bei geschlossenen Konturen kann für den maßstabsinvarianten Vergleich die Krümmung über der Bogenlänge verwendet werden. Die Länge der Umrißlinie wird normiert, und das Leistungsspektrum der so normierten Krümmungsfunktion ist ein geeigneter Merkmalsvektor ([Bur79], Kap.3). Sind die Objekte nur teilweise sichtbar, so muß anders vorgegangen werden. In [LQ88] ist ein Verfahren beschrieben, das mit Korrelationstechniken einen maßstabsinvarianten Konturvergleich bei offenen Kurven ermöglicht. Ein anderes Verfahren wurde auf der DAGM-89 vom Author vorgestellt ([Fry89]). Dieses Verfahren wurde erweitert und läßt sich nun auch für den Vergleich affin verzerrter Kurven verwenden.

Affine Transformationen treten dann auf, wenn ebene Objekte aus verschiedenen Blickrichtungen betrachtet werden. Ist nämlich $(x, y, z)^T$ eine Objektpunkt und wird das Objekt mit der Rotationmatrix R und dem Translationsvektor $(t_0, t_1, t_2)^T$ im Raum bewegt,

$$
\begin{pmatrix} x' \\ y' \\ z' \end{pmatrix} = R \begin{pmatrix} x \\ y \\ z \end{pmatrix} + \begin{pmatrix} t_0 \\ t_1 \\ t_2 \end{pmatrix} = \begin{pmatrix} r_{00} & r_{01} & r_{02} \\ r_{10} & r_{11} & r_{12} \\ r_{20} & r_{21} & r_{22} \end{pmatrix} \begin{pmatrix} x \\ y \\ z \end{pmatrix} + \begin{pmatrix} t_0 \\ t_1 \\ t_2 \end{pmatrix}
$$

und orthogonal auf die xy–Ebene projeziert, so erhält man

$$
\begin{pmatrix} x' \\ y' \end{pmatrix} = \begin{pmatrix} r_{00} & r_{01} \\ r_{10} & r_{11} \end{pmatrix} \begin{pmatrix} x \\ y \end{pmatrix} + \begin{pmatrix} r_{02} \\ r_{12} \end{pmatrix} z + \begin{pmatrix} t_0 \\ t_1 \end{pmatrix}
$$

Liegen aber alle Objektpunkte in einer Ebene, d.h. gilt $z = \alpha x + \beta y + \gamma$, so folgt damit

$$
\begin{pmatrix} x' \\ y' \end{pmatrix} = \begin{pmatrix} r_{00} + \alpha r_{02} & r_{01} + \beta r_{02} \\ r_{10} + \alpha r_{12} & r_{11} + \beta r_{12} \end{pmatrix} \begin{pmatrix} x \\ y \end{pmatrix} + \begin{pmatrix} t_0 + \gamma r_{02} \\ t_1 + \gamma r_{12} \end{pmatrix}
$$

Diese Tatsache gibt einen Anlaß, sich mit affinen Transformationen

$$
\begin{pmatrix} x' \\ y' \end{pmatrix} = A \begin{pmatrix} x \\ y \end{pmatrix} + \begin{pmatrix} b_0 \\ b_1 \end{pmatrix} = \begin{pmatrix} a_{00} & a_{01} \\ a_{10} & a_{11} \end{pmatrix} \begin{pmatrix} x \\ y \end{pmatrix} + \begin{pmatrix} b_0 \\ b_1 \end{pmatrix}
$$

zu beschäftigen. Eine wichtige Eigenschaft solcher Transformationen ist, daß Flächenverhältnisse erhalten bleiben, was bei der Segmentierung der lokalen Formelemente ausgenutzt wird.

Bisher wurden affin–invariante Konturvergleiche nur für geschlossene Kurven durchgeführt. Bei geschlossenen Konturen können Momente und Fourierdeskriptoren ([MN83],[Arb89]) verwendet werden. Mit den im nächsten Abschnitt definierten lokalen Formelementen ist erstmals ein affin–invarianter Vergleich auch bei offenen Konturen möglich.

Segmentierung

Für einen Vergleich müssen bei den zu untersuchenden u.U. offenen Kurven lokale Strukturen segmentiert werden. Je nachdem, ob die Konturen bewegungs-, maßstabs- oder affin–invariant verglichen werden sollen, müssen diese Strukturen unabhängig von der entsprechenden Transformation sein. Aus den Lageattributen korrespondierender Strukturen lassen sich die Transformationsparameter bestimmen.

Einzelne Punkte sind für diese Korrespondenzbildung ungeeignet. Es gibt für Punkte keine affin–invarianten geometrischen Attribute und außer bei Knickpunkten lassen sich auch keine maßstabs- und bewegungsinvarianten Merkmale bestimmen, die zur Einschränkung der möglichen Punktkorrespondenzen herangezogen werden könnten. Die Tangentenrichtung ist rotationsabhängig und die Krümmung ist maßstabsabhängig.

Statt Punkte wählen wir deshalb charakteristische Abschnitte auf der Kontur.

Für jedes Punktepaar P_0, P_1 lassen sich von dem Kurvenabschnitt $\widetilde{P_0 P_1}$ [1], der zwischen P_0 und P_1 liegt, folgende Merkmale berechnen (s. Abb.1):

---

[1] Für geschlossene Kurven wird zwischen den Abschnitten $\widetilde{P_0 P_1}$ und $\widetilde{P_1 P_0}$ unterschieden. Welcher Kurvenabschnitt gemeint ist hängt von dem gewählten Umlaufsinn der Konturlinie ab.

b	die Bogenlänge des Kurvenstücks
$\vec{s}$	die Sehne zwischen den beiden Endpunkten
$\vec{p_0}$	Koordinaten des Anfangspunktes P_0 der Sehne

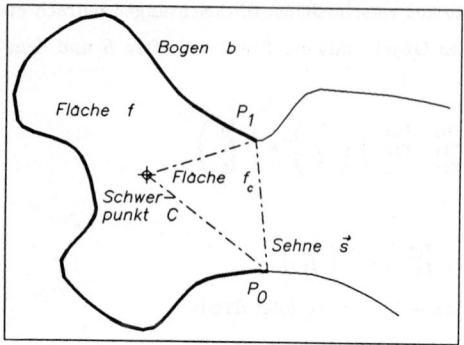

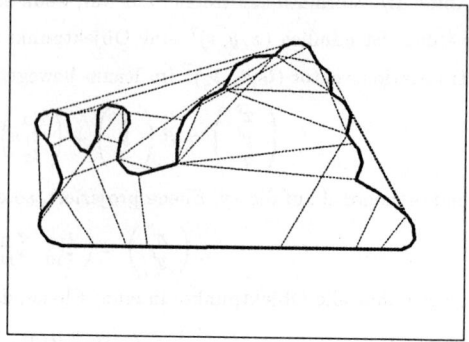

Abbildung 1: Ein lokales Formelement

Abbildung 2: Lokale Formelemente (maßstabsinvariant) bei einer realen Kontur

Hat die Sehne zwischen P_0 und P_1 mit dem zugehörigen Kurvenabschnitt keine Schnittpunkte, so lassen sich noch weitere Merkmale bestimmen:

f	die Fläche der Region zwischen Kurve und Sehne [2]
$\vec{c}$	die Koordinaten des Flächenschwerpunktes
f_c	die Fläche des Dreiecks zwischen Schwerpunkt und Sehne

Aus der Vielzahl von Kurvenabschnitten müssen, damit die Korrespondenzen in vertretbarer Zeit berechnet werden können, einige wenige charakteristische ausgewählt werden. Der Auswahlprozeß muß abhängig von der Aufgabenstellung bewegungs-, maßstabs- oder affin–invariant sein.

Um dieses sicherzustellen, definieren wir abhängig von der Aufgabenstellung ein Kriterium $\kappa(P_0, P_1)$. Es werden nun nur die Kurvenabschnitte ausgewählt, für die $\kappa(P_0, P_1)$ lokal maximal ist und für die die Sehne $\overline{P_0 P_1}$ den zugehörigen Kurvenabschnitt nicht schneidet. Bei Variation der Endpunkte P_0, P_1 wird der Wert von κ also kleiner. Diese lokal optimalen Kurvenabschnitte bezeichnen wir als *lokale Formelemente*.

Für den maßstabs- und bewegungsinvarianten Vergleich wählten wir $\kappa = f / \|\vec{s}\|^2$. Andere mögliche Kriterien sind in [Fry89] angegeben. Mit dem Kriterium $\kappa = f / f_c$ wurde die affin–invariante Aufgabenstellung bearbeitet. Da der affin transformierte Schwerpunkt einer Fläche gleich dem Schwerpunkt der affin transformierten Fläche ist und da ferner Flächenverhältnisse invariant sind, ist f / f_c affin–invariant.

Um die Rechenzeit für die Bestimmung der lokalen Formelemente merklich zu reduzieren, können diese statt aus dem Kettencode auch näherungsweise aus einer Polygonapproximation der Kontur berechnet werden. Für den maßstabsinvarianten Konturvergleich ist das Verfahren in [Fry89] beschrieben.

---

[2] Es kann mit Hilfe eines Vorzeichens unterschieden werden, ob die Fläche links oder rechts von der Sehne liegt.

Abbildung 1 zeigt die Konturlinie eines Teils aus einem Tastspiel für Kleinkinder (Blinde Kuh, Ravensburg). Das Teil ist durch ein Polygon mit 54 Strecken approximiert. Es sind diejenigen lokalen Formelemente, deren Fläche kleiner als die halbe Gesamtfläche ist, mit ihren Sehnen eingezeichnet.

Konturvergleich

Modellierung

Für den Konturvergleich werden die Kurven als attributierte Graphen repräsentiert. Ein solcher Graph (M, R_1, R_2) besteht aus einer Knotenmenge M, aus der Kantenmenge M^2 sowie aus Knotenattributen $R_1 : M \to W_1$ und Kantenattributen $R_2 : M \to W_2$.

Als Knotenmenge M wurden hier die lokalen Formelemente gewählt. Für die Knotenattribute sind die Merkmale $b, \vec{s}, \vec{p_0}, f, \vec{c}, f_c$ des lokalen Formelementes m geeignet zu kombinieren, so daß das Attribut [3] je nach Aufgabenstellung die entsprechende Invarianz–Eigenschaft aufweist. Beim Kantenattribut der Kante (m, m') sind die zugehörigen Merkmale $b, \vec{s}, \vec{p_0}, f, \vec{c}, f_c$ und $b', \vec{s'}, \vec{p_0'}, f', \vec{c'}, f_c'$ zu verwenden.

Bei unserer Implementierung definierten wir bei dem maßstabsinvarianten Konturvergleich für jeden Knoten den reellwertigen Attributvektor $R_1(m) = (f/\|\vec{s}\|^2, f/b^2) \in I\!R^2 = W_1$. Bei dem affin–invarianten Vergleich verwendeten wir nur ein reelles Attribut, $R_1(m) = f/f_c \in I\!R = W_1$.

Für die Kanten wählten wir bei beiden Aufgabenstellungen den reellwertigen Attributvektor $R_2(m, m') = (f/f', \|\vec{s} \times \vec{s'}\|/(f+f'))\in I\!R^2$. Weitere mögliche Kantenattribute wären $\|(\vec{c} - \vec{c'}) \times (\vec{s} + \vec{s'})\|/(f + f')$ und im maßstabsinvarianten Fall auch b/b' oder $\|\vec{c} - \vec{c'}\|/\|\vec{s} + \vec{s'}\|$.

Korrespondenzbildung

Um zwei attributierte Graphen $(M, R_1, R_2),(P, S_1, S_2)$ zu vergleichen, werden korrespondierende Knoten gesucht. Jeder Knoten $m \in M$ bzw. $p \in P$, der kein Gegenstück in P bzw. M hat, wird im Abstandsmaß mit einer Konstanten μ bewertet. Für Knotenpaare (m, p), d.h. für Knoten $m \in M$ mit einem Gegenstück $p \in P$, wird die Attributabweichung der Knotenattribute $R_1(m)$ bzw. $S_1(p)$ und die Abweichungen der Kantenattribute $R_2(m, m')$ bzw. $S_2(p, p')$ aller inzidenten Kanten berücksichtigt.

Def. 1 *Sind M, $R_1 : M \to W_1$, $R_2 : M^2 \to W_2$ und P, $S_1 : P \to W_1$, $S_2 : P^2 \to W_2$ zwei attributierte Graphen, wobei (W_1, δ_1) und (W_2, δ_2) metrische Räume sind, ist $\mu > 0$ eine Konstante, $f \subset M \times P$ eine Korrespondenz, d.h. ist f eine links- und rechtseindeutige Relation und ist $M_f = \{m \in M \mid \exists p \in P : (m, p) \in f\} \subset M$ sowie $P_f = \{p \in P \mid \exists m \in M : (m, p) \in f\} \subset P$, so wird der Unterschied von M und P bzgl. f wie folgt gemessen:*

$$E_f(M, P) = (|M \backslash M_f| + |P \backslash P_f|) \cdot \mu \quad + \sum_{(m,p) \in f} \max_{i=1,2} \{\Delta_i(m, p)\}$$

Hierbei ist $\Delta_1 = \delta_1(R_1(m), S_1(p))$, $\Delta_2 = \max_{(m',p') \in f}\{\delta_2(R_2(m, m'), S_2(p, p'))\}$ und $|..|$ die Anzahl der Elemente.

---

[3] Das Attribut kann auch vektorwertig, d.h. ein Attributvektor sein.

Def. 2 (Abstandsmaß E(M,P)) *Für zwei attributierte Graphen M und P wird durch*

$$E(M, P) = \min_{\substack{f \subset M \times P \\ Korrespondenz}} \{E_f(M, P)\}$$

ein Abstand definiert.

Eine beste Korrespondenz [4] kann in der im allgemeinen sehr großen Menge von möglichen Korrespondenzen mit Hilfe eines Graphsuchverfahrens, wie z.B. dem A^*–Algorithmus (s. [Ric89]), bestimmt werden.

Lagebestimmung

Aus den korrespondierenden lokalen Formelementen können die Transformationsparameter mit Hilfe der Methode der kleinsten Fehlerquadrate berechnet werden. Beispielhaft beschreiben wir das Vorgehen für den affin–invarianten Konturvergleich. Die bei der Korrespondenzbestimmung ermittelten k Paare bezeichnen wir mit $(m_1, p_1), \ldots, (m_k, p_k)$. Den jeweiligen Schwerpunkt der lokalen Formelemente m_i bzw. p_i bezeichnen wir mit $\vec{c}_{m,i}$ bzw. $\vec{c}_{p,i}$. Die Transformationsmatrix A und der Verschiebungsvektor $(b_0, b_1)^T$ der affinen Transformation, wie im einführenden Abschnitt beschrieben, lassen sich mit Hilfe der gemeinsamen Schwerpunkte

$$\vec{c}_m = \frac{1}{k} \sum_{i=1}^{k} \vec{c}_{m,i}$$

$$\vec{c}_p = \frac{1}{k} \sum_{i=1}^{k} \vec{c}_{p,i}$$

und den Hilfsmatrizen

$$K_{pp} = \sum_{i=1}^{k} (\vec{c}_{p,i} - \vec{c}_p)(\vec{c}_{p,i} - \vec{c}_p)^T$$

$$K_{pm} = \sum_{i=1}^{k} (\vec{c}_{p,i} - \vec{c}_p)(\vec{c}_{m,i} - \vec{c}_m)^T$$

wie folgt berechnen:

$$A = K_{pp}^{-1} K_{pm}$$

$$\begin{pmatrix} b_0 \\ b_1 \end{pmatrix} = \vec{c}_m - A^{-1} \vec{c}_p$$

Beim maßstabs- und bewegungsinvarianten Konturvergleich ist die Matrix D und der Verschiebungsvektor $(b_0, b_1)^T$ der Transformation

$$\begin{pmatrix} x' \\ y' \end{pmatrix} = D \begin{pmatrix} x \\ y \end{pmatrix} + \begin{pmatrix} b_0 \\ b_1 \end{pmatrix} = \begin{pmatrix} d_{00} & d_{01} \\ -d_{01} & d_{00} \end{pmatrix} \begin{pmatrix} x \\ y \end{pmatrix} + \begin{pmatrix} b_0 \\ b_1 \end{pmatrix}$$

zu bestimmen, was hier aus Platzgründen nicht weiter ausgeführt wird.

---

[4] Theoretisch sind mehrere gleich gute Korrespondenzen möglich, was in der Praxis aber nicht vorkommt.

Symmetriebestimmung

Bei der Symmetriebestimmung kann im Prinzip so vorgegangen werden wie beim Konturvergleich. Statt eine Korrespondenz der lokalen Formelemente zweier verschiedener Kurven zu ermitteln, muß jetzt die Kontur, die auch offen sein darf, mit sich selbst verglichen werden.

Bei der Spiegelsymmetrie wird die Kontur mit der um die y-Achse gespiegelten Kontur bewegungsinvariant [5] verglichen. Aus den korrespondierenden Formelementen läßt sich mit der Methode der kleinsten Fehlerquadrate die Symmetrieachse bestimmen.

Ehe das Vorgehen bei der affinen Symmetrie skizziert wird, wollen wir erklären, was wir unter *affin symmetrisch* verstehen.

Def. 3 *Eine Kontur ist* **affin symmetrisch**, *wenn es eine affine Transformation gibt, mit der die transformierte Kontur spiegelsymmetrisch ist. Die Gerade, die dabei in die Symmetrieachse abgebildet wird, bezeichnen wir als* **affine Symmetrieachse**.

Bei der affinen Symmetrie wird die Kontur mit der um die y–Achse gespiegelten Kontur affin–invariant verglichen. Auch hier läßt sich aus den korrespondierenden Formelementen unmittelbar die affine Symmetrieachse bestimmen.

Ergebnisse

Die Funktionstüchtigkeit der Segmentierungsmethode wurde an einer Reihe von realen Testobjekten überprüft Als Objekte wählten wir Teile aus einem Tastspiel für Kleinkinder. In Abbildung 3 sind vier dieser Teile zu sehen.

Abbildung 3: Eine Auswahl von Testobjekten

Die Teile wurden in verschiedener Größe und Schräglage aufgenommen, dann binarisiert und anschließend durch ein Polygon approximiert. In den Abbildungen 4 bis 9 sind die extremsten Größen und Schräglagen

---

[5] Maßstabsinvarianz wird hierbei nicht gebraucht.

verwendet. Bei der größten Aufnahme und bei einer Schräglage wurde das Teil absichtlich nur teilweise sichtbar aufgenommen. Der Größenunterschied der Konturen in Abbildung 4 beträgt ca. 3.3 . Die Schräglagen in Abbildung 6 sind so gewählt, daß bei der einen Kontur das Schneckenhaus nach vorn und bei der anderen nach hinten geneigt erscheint.

Für die vier Konturen in den Abbildungen 4 und 6 wurden zwischen 34 und 47 lokale Formelemente segmentiert. Bei dem maßstabsinvarianten Vergleich konnten 23 und bei dem affin–invarianten 20 lokale Formelemente mit Gegenstücken assoziiert werden. In den Abbildungen 5 und 7 sind die Resultate des maßstabs– bzw. affin–invarianten Konturvergleichs veranschaulicht. Dabei ist jeweils die geschlossene Kontur mit den errechneten Parametern zurücktransformiert.

Für die 57 Formelemente der Blume in Abbildung 8 wurden bei der Symmetriedetektion 13 Paare korrespondierender Formelemente bestimmt. Die aus der Korrespondenz berechnete Symmetrieachse ist gestrichelt eingetragen. Bei der affinen Symmetrie in Abbildung 9 waren es 31 Formelemente und 10 Paare.

Die Algorithmen wurden auf einer *CADMUS*-Workstation in *C* implementiert. Die Berechnung der lokalen Formelemente benötigte, abhängig von der Anzahl der Polygonstützstellen, maximal etwa eine CPU-Minute. Für den Strukturvergleich der zugehörigen attributierten Graphen wurden etwa zwei CPU-Minuten gebraucht. Für die Bestimmung der Korrespondenz wurde hierbei allerdings nicht der A^*–Algorithmus, sondern ein in diesem Beitrag nicht näher beschriebenes heuristisches Graphsuchverfahren verwendet.

Literatur

[Arb89] K. Arbter. Affine-invariant fourier descriptors. In J.C. Simon, editor, *From Pixels to Features*, pages 153–164, North-Holland, Amsterdam, 1989.

[Bur79] H. Burkhardt. *Transformationen zur lageinvarianten Merkmalgewinnung. Fortschrittbericht, Reihe 10: Angewandte Informatik, Nr. 7*, VDI, Düsseldorf, 1979.

[Dav79] L.S. Davis. Shape matching using relaxation techniques. *IEEE Trans. on Pattern Analysis and Machine Intelligence*, 1(1):60–72, 1979.

[Fry89] S. Frydrychowicz. Ein neues Verfahren zur Kontursegmentierung als Grundlage für einen maßstabs– und bewegungsinvarianten Strukturvergleich bei offenen, gekrümmten Kurven. In H. Burkhardt, K.H. Hoehne, and B. Neumann, editors, *Mustererkennung 1989*, pages 240–247, Springer, Berlin Heidelberg, 1989.

[LQ88] C.-H. Lee and G.P Quek. Partial matching of two dimensional shapes. In *Proc. 9th Int. Conf. on Pattern Recognition*, pages 64–68, 1988.

[MN83] M.T. Miyatake and M. Nagao. Affine transform invariant curve recognition using fourier descriptors. *Trans. Inf. Process. Soc. Japan 24 no.1*, 64–71, 1983.

[Nie83] H. Niemann. *Klassifikation von Mustern*. Springer, Berlin, 1983.

[Ric89] M.M. Richter. *Prinzipien der Künstlichen Intelligenz*. B.G. Teubner, Stuttgart, 1989.

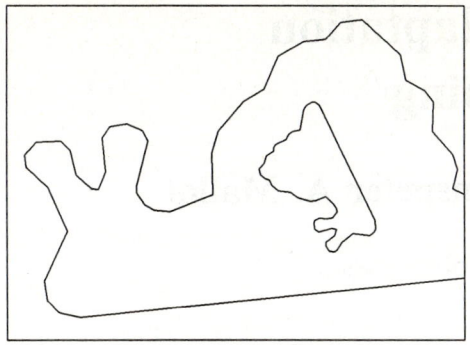

Abbildung 4: Zwei Konturen in
unterschiedlicher Lage und Größe

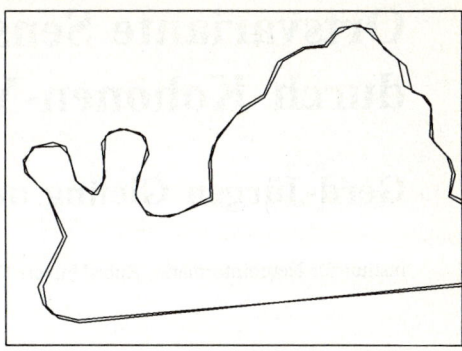

Abbildung 5: Maßstabsinvarianter
Konturvergleich

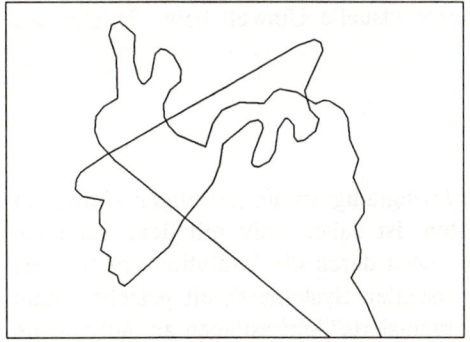

Abbildung 6: Zwei affin verzerrte Konturen

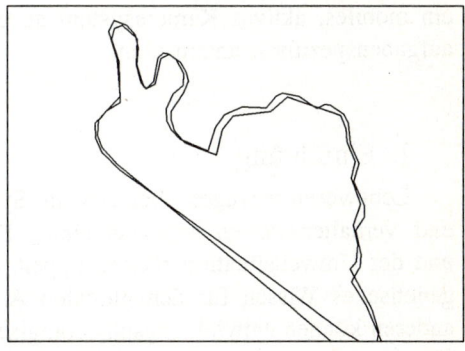

Abbildung 7: Affin–invarianter Konturvergleich

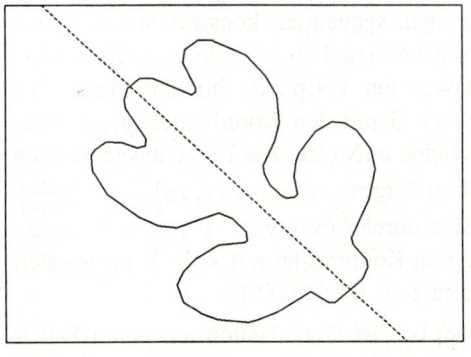

Abbildung 8: Bestimmung der Symmetrieachse

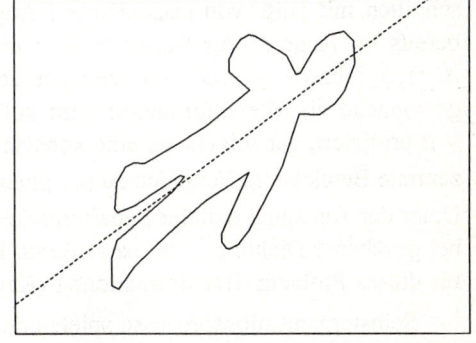

Abbildung 9: Bestimmung der *affinen*
Symmetrie

Ortsvariante Sensoradaptation durch Kohonen-Mapping[1]

Gerd-Jürgen Giefing und Hanspeter A. Mallot

Institut für Neuroinformatik, Ruhr-Universität Bochum, D-4630 Bochum

Zusammenfassung. Es wird ein Verfahren vorgestellt, das mit Hilfe des Kohonen-Mapping-Algorithmus [Koh84] durch visuelle, stochastische Reizung eine selbstorganisierende, ortsvariante Abtastung (Kartierung) eines Bildes erlaubt, um eine gezielte Informationsreduktion oder geschickte Datenrepräsentation zu erzielen. Damit ist es möglich, ein mobiles, aktives Kamerasystem an eine bestimmte visuelle Umwelt bzw. Bildklassen aufgabenspezifisch anzupassen.

I. Einführung

Lebewesen verfügen über visuelle Systeme, die hochgradig an die jeweiligen Umwelten und Verhaltensweisen angepaßt sind. Das Sehsystem ist dabei aktiv mit dem Verhalten und der Umweltsituation rückgekoppelt. Zum einen wird durch die Evolution erworbenes, genetisches Wissen für den globalen Aufbau des visuellen Systems bereit gestellt. Zum anderen können entwicklungsphysiologisch "selbst-organisierte" Anpassungen an individuelle Umweltsituationen geleistet werden. Als genetisch vorgegebene Anpassung an Lebensraum bzw. Wahrnehmungsstrategie ist Ortsabhängigkeit des visuellen Auflösungsvermögens zu sehen.

Höhere Primaten, die die visuelle Repräsentation ihrer Umwelt aus konzentrierten Ausschnitten mit Hilfe von sakkadischen Augenbewegungen sequentiell konstruieren, verfügen bereits im Auge in der Retina R über eine inhomogene Ganglienzellverteilung der Dichte $\rho(x_1, x_2)$ bzw. $\varrho(r, \varphi)$, die von der zentralen Fovea zur Peripherie hin abnimmt. Die gewonnene visuelle Information wird auf den Sehnerv G mit den Koordinaten y_1, y_2 bzw. s, ϑ projiziert, der seinerseits eine konstante Axon-Dichte aufweist. Als Folge davon werden zentrale Bereiche im Vergleich zu peripheren vergrößert dargestellt mit $\rho(x_1, x_2) = \left| \frac{\partial(y_1, y_2)}{\partial(x_1, x_2)} \right|$. Unter der Annahme radialer Separierbarkeit lassen sich durch Lösen von $\varrho(r, \varphi) = \frac{s}{r} \cdot s_r \cdot \vartheta_\varphi$ bei gegebener Dichte $\varrho(r, \varphi)$ bzw. durch Forderung von Konformität mit $s_r = \frac{s}{r} \cdot \vartheta_\varphi$ speziell für dieses Problem Transformationen (Karten) konstruieren [MalGie90].

Selbstorganisationsprozesse spielen demgegenüber bei der Organisation rezeptiver Felder (Größe, Orientierung) eine große Rolle. Durch visuelle Reizung können diese Felder, d. h. die Feature-Detektoren der frühen Bildverarbeitungsstufen umweltspezifisch angepaßt werden [Hai78, Bla78].

---

[1]   gefördert vom Bundesministerium für Forschung und Technologie unter der Nr. ITR8800K4

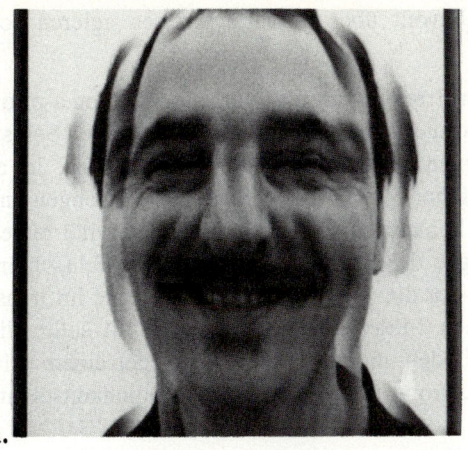 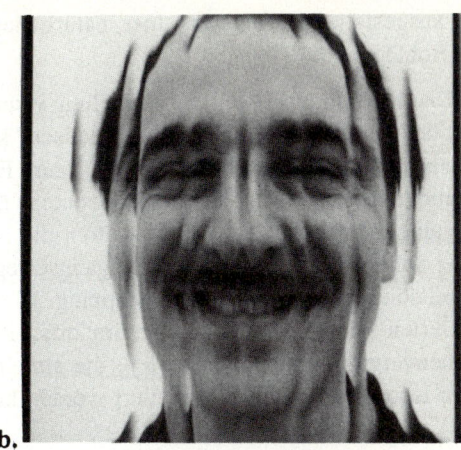

a.   b.

Abb. 1 Die Bilder des rechten und linken Auges werden streifenförmig in den Cortex bei konstanter Zellvermehrung projiziert. Zur Veranschaulichung dient ein Kamerabild ohne Disparität. **a.** zeigt die Projektion bei jeweils sinusartigem, um π verschobenen Verlauf der Zelldichte (Kleinkind). **b.** Bei zunehmender Reifung des Sehsystems nimmt die Durchmischung der Projektionen ab und es bilden sich Streifen, die hier durch eine Taylorentwicklung bis zum Grad 3 angenähert sind.

Ein weiteres Adaptationsphänomen ist die Ausreifung von Okularitätsstreifen. So werden binokulare Kartierungen in Cortexschichten mit der visuellen Reifung des Sehsystems zunehmend deutlicher ausgeprägt. Abbildung 1 zeigt den Effekt einer Reifung cortikaler Okularitätsstreifen bei konstanter Zellvermehrung (cellular magnification).

Durch die Abbildung mit ortsvariantem Flächenvergrößerungsfaktor - entsprechend der Auflösung - in ein Zielareal zur Weiterverarbeitung liegen verschiedene Auflösungsbereiche des Scale-Space direkt in einem Bild vor. Dadurch lassen sich Vorteile nutzen, die verschiedene Auflösungsstufen mit sich bringen (Auflösungspyramide [BurAde83], Scale-Space [Wit83]), ohne für bestimmte Aufgaben umkodieren zu müssen (Quad-Tree [Ros84]). Verfahren zur Bildrestaurierung [Pra78] verwenden zum Teil ähnliche Verarbeitungsschritte.

Durch eine derartige Transformation entstehen Bildverzerrungen. Nachfolgende Prozesse müssen in der Lage sein, solche Formverzerrungen zu verarbeiten oder diese zur Vereinfachung ihrer Berechnungen (z. B. Hindernisvermeidung, optischer Fluß [MalSchSto89]) zu benutzen. Umgekehrt können bereits vorhandene Ortszeitfilter durch Koordinatentransformationen für bestimmte Aufgaben wie etwa aktives Tracking für ein dynamisches Kamerasystem einfach angepaßt werden.

Unterschiedlich dicht abgetastete Bereiche können auch funktionell durch verschiedene Prozesse bearbeitet werden, wodurch eine Trennung des Datenstroms zum Beispiel in Mustererkennungs- und Flußfeldbestimmungsanteil auf niederem Niveau erfolgt, gestützt durch ortsvariante Abtastung.

Derartige neuronale Strukturen bieten sich für den Einsatz in einem autonomen, mobilen Fahrzeug an, das auf der sensorischen Seite mit einem beweglichen Doppelkamerasystem ausgestattet ist und in einer natürlichen Umwelt über Verhaltensweisen agieren soll [SchBohDosFuh90].

Da die Wahrscheinlichkeitsverteilung visueller Erregung für eine visuelle Situation a-priori nicht bekannt ist, also auch nicht "genetisch" konstruiert werden kann, wurde auf einen Selbstorganisationsprozeß (Kohonen-Modell) zum Erlernen einer Kartierung zurückgegriffen, der es gestattet einen zur Wahrscheinlichkeitsdichte ähnlichen Verlauf des Mappings zu erzeugen und gegenüber rein konstruktiven Verfahren die Möglichkeit zur permanenten Adaptivität bietet. Dabei sollen bei stochastischer Eingangserregung e des Kameratargets mit der Wahrscheinlichkeitsdichte $P(x)$ durch ein Mapping $M : x \rightarrow y$ die Wahrscheinlichkeitsdichte im transformierten Bild $P(y)$ möglichst im ortszeitlichen Mittel konstant sein. Somit sollte die Flächenvergrößerung $|det\, J_M(x)|$, die als eine Bedeutung im Gesichtsfeld oder einem mittleren Informationsfluß interpretiert werden kann, proportional zur Wahrscheinlichkeitsdichte $P(x)$ sein.

II. Kohonen-Mapping

Aufbauend auf dem selbst-organisierenden Feature-Maps-Modell von Kohonen [Koh84] wurde die topologische Zuordnung von einem sensorischen Eingangsareal R (Retina) in ein Zielareal G (Axone der Ganglienzellschicht, Sehnerv) bei gegebener Zelldichte $\rho(x_1, x_2)$ in R untersucht. Das Areal R besteht aus einer Matrix $r_{x_1 x_2}$ der Größe 512×512 (Pixel). Die visuelle Information wird auf das 128×128 (Pixel) große Areal G mit den Zellen $g_{y_1 y_2}$ projiziert. Da jedes Pixel in R und G 256 Graustufen wiedergibt, wird die Kanalkapazität um den Faktor 16 gesenkt. Beim Menschen wird im Vergleich dazu die Information von 130 Millionen Rezeptoren auf 1 Million Ganglienzellen projiziert.

Das Standardmodell von Kohonen benötigt für jede Zielzelle $g_{y_1 y_2}$ eine Verknüpfung zu jeder Zelle in R. Dadurch ergeben sich für das gesamte Feature-Mapping eine Synapsenzahl von $512^2 \times 128^2 \approx 4,295 \cdot 10^9$. Dieses präzise Modell hat den Vorteil, daß neben dem Mapping auch die Form des rezeptiven Feldes simulierbar ist. Auf einfachen, sequentiellen Rechnern wird dabei jedoch schnell die Rechnerkapazität überschritten.

Aus neurophysiologischen Studien ist jedoch bekannt, daß in der untersten Schicht des visuellen Systems das rezeptive Feld durch eine Gaußfunktion bzw. ihre Ableitung oder Differenzen approximierbar ist. Man kann sich daher mit der Kenntnis des Schwerpunktes $s_{y_1 y_2}$ in R des rezeptiven Feldes einer Zelle $g_{y_1 y_2}$ aus G begnügen (ähnlich zu [CotFor86]). Betrachtet man nur den Schwerpunkt eines rezeptiven Feldes, so ergeben sich insgesamt 128×128 Schwerpunkt-Ortsvektoren (Abb.2). Das Modell wird somit auf zwei Eingangszellen reduziert, welche die Koordinaten des Schwerpunktes repräsentieren. Auf deren Aktivitätsverteilung werden die Gewichte von 128^2 Ausgangszellen abgebildet.

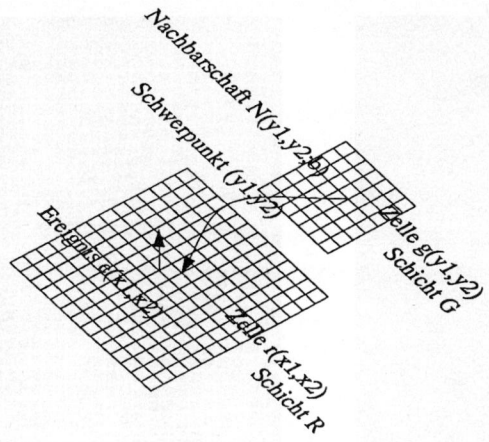

Abb. 2 Die zum Reiz $e\,(t_k)$ ähnlichsten ($N_{best_{y_1}\ best_{y_2}}$) Schwerpunkte der rezeptiven Felder $s_{y_1y_2}$ der Zellen aus $g_{y_1y_2}$ nähern sich diesem an.

Über diesen Ortsvektoren wird folgende "topologische Nachbarschaft" mit der Kopplungsbreite b definiert (=Kreise zur Maximums-Norm):

$$N_{g_{ij}}\,(b) = \{g_{y_1y_2} \in G \mid i - b \leq y_1 \leq i + b, j - b \leq y_2 \leq j + b\}\ b \in N_0.$$

Zu jedem Zeitschritt wird nach [Koh84] ein Ereignis gelernt mit:

$$\|\,e\,(t_k) - s_{best\ y_1\ best\ y_2}\,\| = \min_{y_1y_2} \{\|e\,(t_k) - s_{y_1y_2}\,(t_k)\|\}$$

$$s_{y_1y_2}\,(t_{k+1}) = \begin{cases} s_{y_1y_2}\,(t_k) + \alpha\,(t_k)\,[e\,(t_k) - s_{y_1y_2}\,(t_k)] & y_1, y_2 \in N_{best\ y_1\ best\ y_2}\,(b\,(t_k)) \\ s_{y_1y_2}\,(t_k) & y_1, y_2 \in N_{best\ y_1\ best\ y_2}\,(b\,(t_k)) \end{cases}$$

Die Konvergenz wird durch die Verkleinerung von $\alpha\,(t)$ für $t \to \infty$ und Verkleinerung der Nachbarschaftsbindung $b\,(t)$ der Ortsvektoren der Schwerpunkte erreicht. Die Dichte $\rho\,(x_1, x_2)$ der Ortsvektoren $s_{y_1y_2}$ nähert sich im eindimensionalen Fall nach einem Potenzgesetz der Wahrscheinlichkeitsverteilung von $e\,(t_k)$ asymptotisch an [RitSch86]. Dieser Effekt wird in Bild 3 veranschaulicht. Die Dichte des Mappings ist in der Mitte höher und hat einen ähnlichen Verlauf wie die Wahrscheinlichkeitsdichte. Da die entstehende Rezeptordichte nur ähnlich zu P verläuft, muß der Prozeß in einen Regelkreis eingebettet werden, falls die Gleichheit von Rezeptordichte und Wahrscheinlichkeitsdichte stärker angeglichen werden muß.

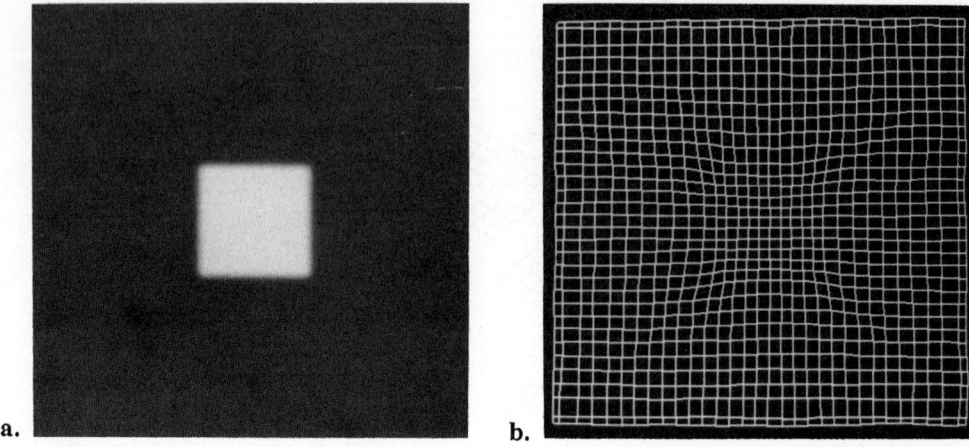

Abb. 3 a. zeigt die Wahrscheinlichkeitsverteilung der visuellen Ereignisse e (verkleinert). $P_{weiss} = 2P_{grau}$. **b.** Mapping auf 32×32 Zellen. Die Knotendichte hat nach Ablauf der Lernphase einen ähnlichen Verlauf wie die Wahrscheinlichkeitsdichte von e.

Für eine verbleibende Fähigkeit zur Adaption ist es denkbar, $\alpha(t)$ nicht asymptotisch gegen Null konvergieren zu lassen, sondern gegen $0 < \alpha(t) \ll 1$.

Das Bild muß entsprechend der Rezeptordichte zuerst ortsvariant Gauß- bzw. Laplace-gefiltert werden, um Aliasingeffekte zu vermeiden, bevor es mit einer derartig erstellten Karte unterabgetastet werden kann[MalGie90]. Für gegebene Karten können auch optimale abtastende rezeptive Felder analytisch bestimmt werden [MalSeeGia90].

Die Schwerpunktvektoren $s_{y_1 y_2}$ können zufällig initiiert werden. Durch geschickte Initialisierung kann die Konvergenzgeschwindigkeit erheblich erhöht werden. Bei einer rein zufälligen Initialisierung kann das verarbeitete Bild um $n \cdot \frac{\pi}{2}$ rotiert und seitenverkehrt sein, da nur lokale Nachbarschaftsbeziehungen gegeben sind.

III. Anwendungsbeispiele
Fovealisierung

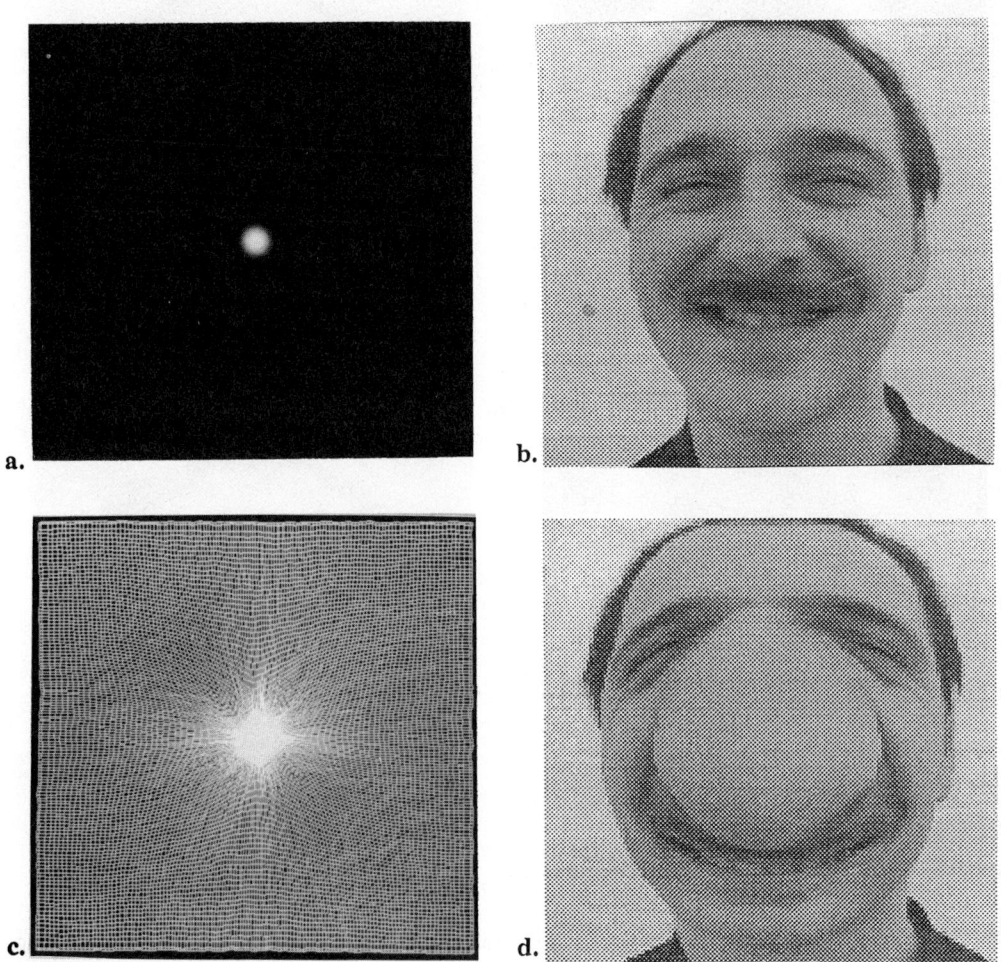

Abb. 4 a. zeigt die Wahrscheinlichkeitsverteilung von e (verkleinert). Helle Gebiete entsprechen Bereiche hoher Wahrscheinlichkeitsdichten. **b.** Ausgangsbild der Größe 512×512 Pixel (verkleinert dargestellt). **c.** erzeugte Karte. Jede Zelle ist mit Verbindungen zu ihren 4 Nachbarn eingezeichnet. **d.** kartiertes Bild.

Durch neurophysiologische Messungen sind die Rezeptorverteilung und Ganglienzelldichten vieler Tiere bekannt. Aufgrund der enormen Absolutanzahl der Rezeptoren im Vergleich zu Standart-CCD-Chips müssen jedoch technische Randbedingungen eingehalten werden, um sinnvolle Bilddaten zu erhalten. In der Abbildung 4 ist das Ergebnis einer möglichen Kartierung zu sehen.

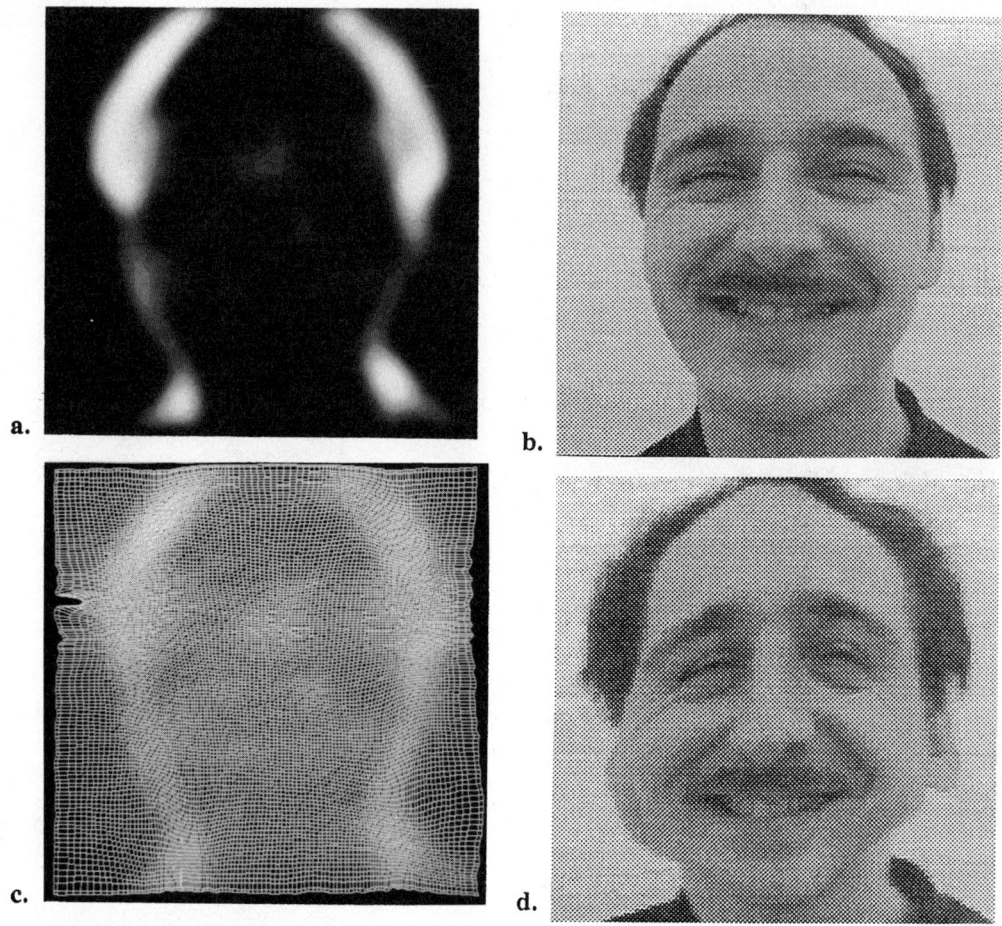

Abb. 5 a. zeigt die durch Bandpaß-Filterung erzeugte Wahrscheinlichkeitsdichte. **b.** Ausgangsbild der Größe 512 × 512 Pixel (verkleinert dargestellt). **c.** erzeugte Karte. **d.** kartiertes Bild (128 × 128 Pixel). Der Bereich um das Haar und um das Kinn nimmt nun einen höheren Bildanteil ein.

Bei Aufgaben eines Kamerasystems mit mechanischen Freiheitsgraden wie etwa das Tracking von bewegten Objekten kann es von Nutzen sein, die gefundenen Objektgrenzen mit besonderer Aufmerksamkeit zu verfolgen. Andere Bildteile werden nur soweit verarbeitet, daß noch ein anderes Modul höherer Priorität bei einer auftretenden Situation angestoßen werden kann, um spezialisiert eingreifen zu können. Für eine Vorgabe der Wahrscheinlichkeitsdichte soll ein Bandpaß-gefiltertes Bild in der Abbildung 5 dienen. Die Kantenbereiche (Haare, Kinn) werden aufgebläht im Vergleich zum gleichmäßig verkleinerten Bild. Falls die Gebiete hoher Texturdichte nicht zu groß sind, erhalten Mustererkennungsprozesse, die auf der Basis von Texturanalyse arbeiten, nach einer derartigen Kartierung die gleiche, unkartierte Fläche ihrer Arbeitsbereiche im Bild, da Gebiete hoher Texturdichte in der Relation stark aufgebläht sind.

IV. Zusammenfassung und Ausblick

Mit Hilfe eines Kohonen-Algorithmus ist es möglich, selbst-organisierend Karten zu erstellen, um Bildaufnahmesensoren an bestimmte Umwelten bzw. Bildklassen anzupassen. Der vorgegebene Parameter ist dabei die visuelle Aktivitätsverteilung im Ausgangsbild.

Prozesse, die zum Beispiel die aufgabenbezogene, semantische Wichtigkeit in Klassen von Eingangsbildern feststellen, können permanent die ortsvariante Auflösung des Eingang regeln. Eine konstante Anzahl von Wellenzügen (Ortsfrequenzgehalt) pro abtastende Zelle ist als anderes Kriterium zur Vorgabe einer Wahrscheinlichkeitsdichte denkbar. Falls die Anzahl der abtastenden Zellen variabel ist, läßt sich ein solches Verfahren für selbst-organisierte Bildkompressionen einsetzen. Der Rechenaufwand für Einzelbilder steht dem aber im Wege.

V. Literatur

Blakemore, C. (1978) Maturation and Modification in the Developing Visual System. Handbook of Sensory Physiology, Volume VIII, Springer-Verlag.

Burt, P.J., Adelson, E. H. (1983) The Laplacian Pyramid as a Compact Image Code. IEEE Trans. Communications, Vol. COM-31, April, S. 532–540.

Cottrell, M., Fort, J. C. (1986) A Stochastic Model of Retinotopy: A Self-Organizing Process. Biol. Cybern. 53: 405–411.

Haith, M. M. (1978) Visual Competence in Early Infancy. Handbook of Sensory Physiology, Volume VIII, Springer-Verlag.

Kohonen, T. (1984) Self-Organization and Associative Memory Springer Verlag.

Mallot, H. A., Giefing, G.-J. (1990) Retinal Sampling Grids and Space-Variant Image Processing. ICNC Proceedings

Mallot, H. A., Schulze, E., Storjohann, K. (1989) Neural Network Strategies for Robot Navigation. In G. Dreyfus and l. Personnaz, editors, Neural Networks from Models to Applications, pages 560–569, Paris I.D.S.E.T.

Mallot, H. A., von Seelen, W., Giannakopoulos, F. (1990) Neural Mapping and Space-Variant Image Processing. Neural Networks, in press.

Pratt, W. K., (1978) Digital Image Processing. Wiley, New York.

Ritter H., Schulten,K. (1986) On the Stationary State of Kohonen's Self-Organizing Sensory Mapping. Biol. Cybern. 54: 99–106.

Rosenfeld, A., ed. (1984) Multiresolution Image Processing and Analysis. Springer Verlag.

Schulze, E., Bohrer, S., Dose, M., Fuhrmann, S. (1990) An Active Vision System for Navigation in a Natural Environment. Proc. of IJCNN, San Diego.

Witkin, W. K., (1983) Scale-Space Filtering. Proc. of IJCAI, 1019–1021, Karlsruhe.

Estimation of position and orientation of objects from stereo images

A.J. de Graaf, M.J. Korsten and Z. Houkes
University of Twente, Measurement Laboratory
POB 217, 7500 AE Enschede/NL

INTRODUCTION

This paper presents a method combining shape, shading and camera models in order to obtain estimations of 3D position and orientation directly from image grey values. The problem is considered as an application of optimal parameter estimation theory, according to Liebelt [9]. This theory has been applied previously, where the emphasis was laid on time–delay, Burkhardt [2], and motion estimation, Diehl [3], Houkes [7]. It is applied here to provide an environment in which somewhat more complicated models can be designed with relative ease and to indicate how the behaviour of the parameters can be investigated. A shading model is added, offering explicit prediction of image grey values. We consider a stereo camera setup. In a similar way image sequences have been incorporated by Korsten [8]. The resulting non–linear estimation problem is linearized about a last parameter guess [9], so that a linear estimator can be applied to compute a new estimate. The various stages of the modelling process are separated by introducing several coordinate systems. Coordinate transformations will show the object from other points of view, and perform a perspective projection of the 3D scene into the 2D image plane. The explicit grey value prediction yields a template, having a definite extent in the image. This method requires no gradient images, as in the case of estimating shape from motion [7] or stereo [6]. To demonstrate the usefulness and the flexibility of our method, we consider a solid cube, illuminated by a point light source. The image is a reflection image originating from the interaction of light with the cube surface.

PARAMETER ESTIMATION

Linearization. Estimation theory is concerned with the optimal estimation of a vector of parameters α from a vector of measurements θ, related by

$$\theta = \theta(\alpha) \tag{1}$$

Linearization of relation (1) offers a systematic way to obtain a solution, independent of the specific form of (1), so that afterwards a model can be put in. In accordance with Liebelt [9] the following quantities are introduced:

$$\delta\theta = \theta(\alpha) - \theta(\hat{\alpha})$$
$$\delta\alpha = \alpha - \hat{\alpha}$$

$$B = \left.\frac{\partial\theta(\alpha)}{\partial\alpha}\right|_{\alpha=\hat{\alpha}} \qquad (2)$$

Here $\hat{\alpha}$ is the last estimate of the parameter vector α, and $\theta(\hat{\alpha})$ is the 1st order approximation of $\theta(\alpha)$. The matrix B is the Jacobian of the measurements θ with respect to the parameters. With these definitions from (1) a linearized matrix equation

$$\delta\theta = B\delta\alpha + \underline{n} \qquad (3)$$

is obtained, where $\underline{n}$ is a noisy term taking into account additive measurement noise and the fact, that the higher order terms in the Taylor series expansion are ignored. Equation (3) is the linear form for the observations in a linear parameter estimation problem [9].

Optimal estimation of the parameter vector. The least squares estimator for $\delta\alpha$ is:

$$\hat{\delta\alpha} = (B^T B)^{-1} B^T \delta\theta \qquad (4)$$

and Liebelt [9] discusses the conditions under which this estimator is unbiased. We assume that these conditions are met. An implementation can be performed according to the scheme of fig. 1. Equation (4) is used to update the parameter vector which is used again in the models to compute a new prediction of the image grey values.

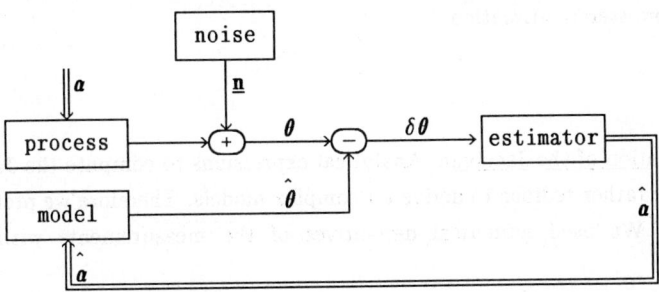

Figure 1 Scheme for the linearized estimator

Estimation theory and shape from shading. The shape from shading problem fits the framework of parameter estimation naturally, if the image grey values are chosen as the measurements from which the body parameters have to be estimated. However, the grey values depend also on properties of the camera system and the radiation source, irradiating the object, which will yield additional parameters. Some of these parameters may be a priori known, others have to be estimated together with the body parameters. The models, required to obtain a prediction of the image grey values, are discussed in detail in the next section. An implementation of an estimation algorithm can be deduced directly from fig. 1, where in this case the measurement vector θ is composed of a set of grey values belonging to several positions V_i:

$$\theta(\alpha) = [I(V_1;\alpha), I(V_2;\alpha), \ldots\ldots]^T \tag{5}$$

Processing stereo images. To estimate shape from stereo images, the model in fig. 1 is extended with an extra model of the camera. This model, used in fig. 2, produces the predicted images $\hat{\theta}_1$ of the first camera ,and $\hat{\theta}_2$ of the second camera. The differences $\delta\theta_1$ and $\delta\theta_2$ of these images with the real world images, are put together in a new measurement vector $\delta\theta$, which again is used in the estimator (4) to perform estimates of the parameter vector, extended with the second camera parameters.

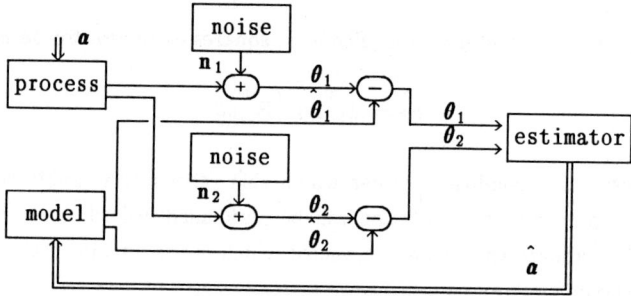

Figure 2 shape from stereo estimation

Numerical computation of the Jacobian. Analytical expressions to compute the Jacobian depend on the models and are rather tedious to derive for complex models. Therefore we prefer to compute the Jacobian directly. We used numerical derivatives of the measurements with respect to each parameter.

$$b_{ij} = \frac{\theta_i(\hat{\alpha}, \Delta\alpha_j) - \theta_i(\hat{\alpha})}{\Delta\alpha_j} \tag{6}$$

Here $\theta_i(\hat{\alpha}, \Delta\alpha_j)$ is the prediction of measurement θ_i with parameter $\hat{\alpha}_j$ changed to $\hat{\alpha}_j + \Delta\alpha_j$. So a prediction is computed at the current estimate $\hat{\alpha}$, and an other prediction for each parameter to be estimated.

SHAPE, SHADING AND STEREO MODELS

In this section we address the design of the various models used. To obtain information from the image(s), a priori knowledge about the scene is necessary, which is brought into the algorithm with the help of parametric models. With these models grey values are predicted. Several coordinate systems will be introduced to make the modelling transparent and modular.

Coordinate systems. The design of the various models is simplified by the use of several coordinate systems (see figure 3). The cube is described in a suitably chosen system of body coordinates (X_1, X_2, X_3). The camera can be described conveniently in the camera coordinates (C_1, C_2, C_3). The coordinate systems are defined relative to a reference system (W_1, W_2, W_3). The image plane is chosen perpendicular to the C_3-axis of the coordinate system, $C_3 = -f$, where f is the perpendicular distance (3.5 cm) from the pinhole position to the image plane. The position and orientation of the body with respect to the reference system appears in the transformation between body and reference coordinates, consisting of successive rotations around the X_3, X_2 and X_1-axes (Euler angles Ez, Ey, Ex), and a translation along a certain vector (Ox, Oy, Oz).

Homogeneous coordinates. To achieve compact notations, homogeneous body coordinates (x_1, x_2, x_3, x_4) with $x_4 = 1$, and camera coordinates (c_1, c_2, c_3, c_4) are introduced, analogous to Duda and Hart [4]. In common with robotics, the transformations between the coordinate systems are conveniently described by

$$c = M_{cw} \, M_{wx} \, x \qquad (7)$$

with M_{wx} a transformation from body coordinates to reference coordinates, and M_{cw} from reference to camera coordinates. Both matrices can be written as a product of matrices describing rotations, and a translation. The transformation between coordinate systems is defined by 6 parameters, the Euler angles and the origin position (Ox, Oy, Oz).

Shape of the cube. The body coordinates are chosen such that a symmetry axis of the cube coincides with one of the axes of the body coordinate system. This simplifies the description of the cube considerably. The edge size of the cube is d. The points in space being part of the cube obey all relations (in homogeneous coordinates)

$$a_i^T \, x <= 0, \quad i = 1, .., 6 \qquad (8)$$

where each a_i describes the shape of a part of the bounding surface of the cube.

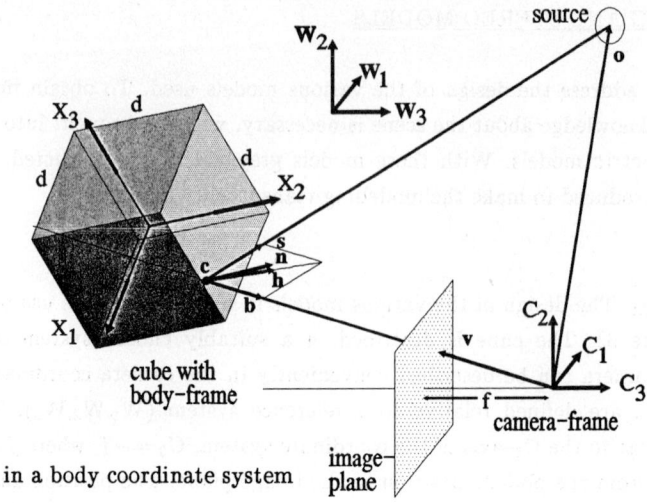

Figure 3 The cube in a body coordinate system

Position and orientation of the cube. In order to obtain a description of the body from the camera point of view, (8) must be transformed to camera coordinates according to (7). So the transformation of the body coordinates to the camera coordinates defines the position and orientation of the cube relative to the camera coordinate system.

Prediction of image grey values. We compute the grey value $I(v;\alpha)$ as a function of the parameter vector α and the image position $v = (j\ \delta x, i\ \delta x, -f, 1)$. (i, j) is the image pixel coordinate and $\delta x = 0.0147$ cm the size of a pixel. First we examine which position x at the cube surface is projected onto the image position v. Subsequently the grey value in v is computed, taking into account the reflection properties of the surface of the cube at position x.

First stage, the imaging geometry. To find the position of a body point x as a function of the corresponding image coordinate v, a projection line is constructed through the pinhole and the image plane at position v.

$$p = \lambda\ v \tag{9}$$

where λ is the running parameter along the line. The description of the shape of the cube is transformed to camera coordinates, and the intersections of projection line and surfaces of the cube are computed. The nearest point of intersection in front of the camera, obeying relation (8), is the visible body point. Thus the body point x corresponding to image position v is determined.

Next we have to find out if the body point is illuminated by the light source. A line connecting the body point and the source position o (transformed to camera coordinates) is constructed. The intersection with the cube surface nearest to the source must be the point of the body x. If not, then the body point is a shadow point, not illuminated by the source.

Second stage, the image grey values. From the interaction between the cube surface and the light source, the image grey value $I(\mathbf{v}; \boldsymbol{\alpha})$ has to be predicted. From Torrance & Sparrow [10] and Healy & Binford [5] a reflection model is derived that has meaningful parameters accounting for Lambertian and off–specular reflection of roughened surfaces.

$$I(\mathbf{v}; \boldsymbol{\alpha}) = \rho\left[(1-\alpha_s)\,(\mathbf{n}\cdot\mathbf{s}) + \alpha_s\,\exp\{-[acos(\mathbf{n}\cdot\mathbf{h})/m]^2\}\right]/\|\mathbf{x}-\mathbf{o}\|^2 \qquad (10)$$

where $\rho = I_0\cdot\rho_s\cdot\rho_c$ with I_0 the source intensity (cd), ρ_s the surface albedo and ρ_c a factor accounting for camera aperture and conversion to image grey values. α_s is the specular reflection coefficient and m is the roughness of the surface (degrees). $\mathbf{h}$ is the unity bisector vector of the vectors $\mathbf{s}$ and $\mathbf{b}$, pointing to point source and camera pinhole respectively. $\mathbf{n}$ is the unity surface normal vector at the body point.

Stereo images. To obtain grey level predictions of stereo images, an extra camera is introduced. The prediction of the second image is completely analogous to the first image.
From the combined models of shape, shading and camera, parameters can be estimated. The parameter vector of the total model consists of the following twelve parameters: Ez, Ey, Ez, Ox, Oy, Oz, d, I_0, ρ_s, ρ_c, α_s, m (orientations in degrees, positional parameters and size of the cube in centimeters).

ROBUSTNESS AND ACCURACY OF THE RESULTS

Experiments were performed using synthetic images computed with the same models. The first camera coordinate system is defined relative to the reference system by Euler angles (0, –30, 0) and position (–10, 0, 0). The second camera coordinate system by Euler angles (0, 30, 0) and position (10, 0, 0). The following parameters were kept fixed: $\alpha_s = 0.3$, $\rho_s = 1.0$, $\rho_c = 1.0$, m = 50 deg, $I_0 =$ 100000 cd. The reference images (64 x 64 square pixels, 1 pixel = 0.0147 cm) were computed at cube position (Ox, Oy, Oz) = (0, 0, –17.32) and orientation (Ez, Ey, Ex) = (30, 30, 30) using cube edge size d = 2.0 cm. Next the reference images were corrupted by Gaussian zero–mean noise.

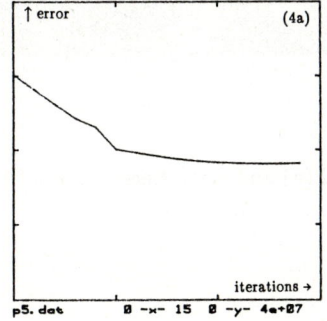
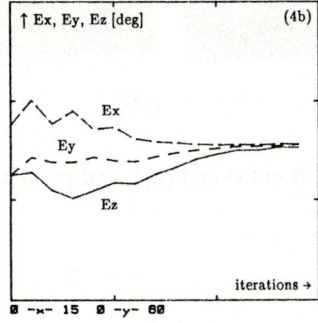
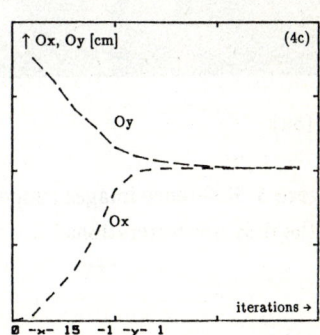

353

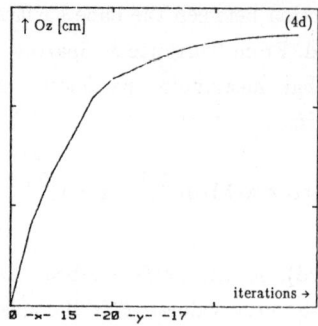
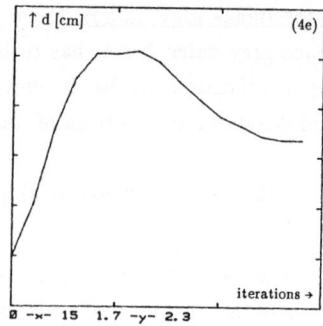

Figure 4 Simultaneous estimation of seven unknown model parameters

The initial estimate of the parameter vector was (Ez, Ey, Ex, Ox, Oy, Oz, d) = (25, 25, 35, –1, 1, –20, 1.8). The estimator used a smoother with $\sigma_{psf} = 1$ pixel (needed to make all observations $\boldsymbol{0}$ differentiable functions of the parameters).

Figure 4 shows the estimations of the parameters using reference images corrupted by noise with σ_n = 50 LSB (the incremental grey value of the pixels). The error in figure 4a is defined as $\delta\boldsymbol{\theta}^T\delta\boldsymbol{\theta}$, with $\delta\boldsymbol{\theta}$ from (2). The estimation proces was almost exactly the same as for σ_n = 20, 10, and 0 respectively. Angles were estimated with 1 degree accuracy, the size of the cube and positional parameters with 0.02 cm accuracy.

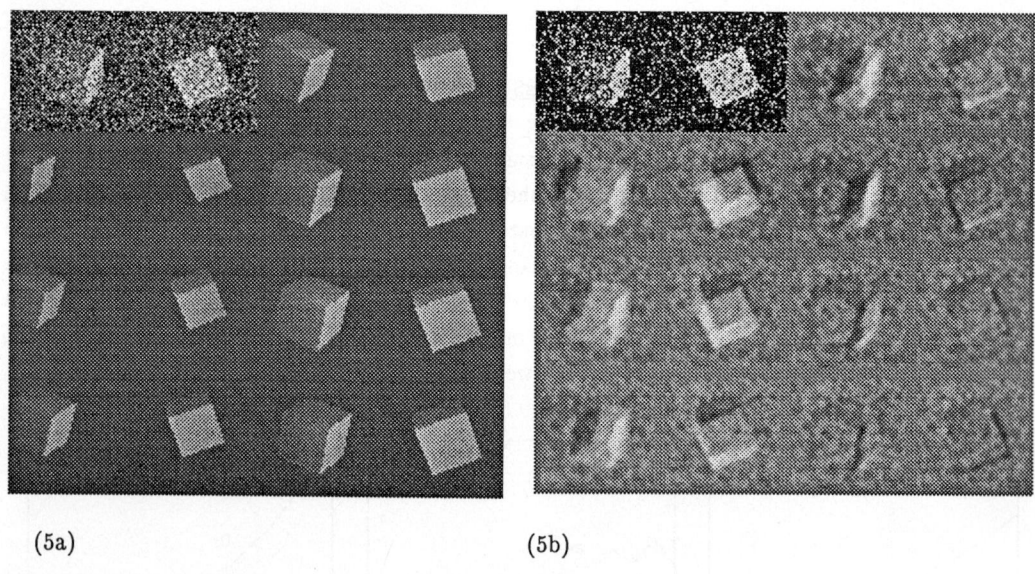

(5a)   (5b)

Figure 5 Reference images (upper left of (a) and (b)), and predicted (a) and error stereo images (b) of the first seven iterations

SUMMARY AND CONCLUSIONS

Shape and shading of a cube were systematically modelled. An algorithm was derived, which combines these models to predict image grey values. The predicted grey values, together with the corresponding grey values from a real world image, are used in an estimator based on successive linearization about the actual estimate of the parameter vector, to improve the estimate. Experiments, using synthetic images instead of real world images, were carried out. The obtained results show that simultanuous estimation of position, orientation and other model parameters is possible, even if the "real world images" are corrupted by noise.

REFERENCES

1. Ballard, D.H., and Brown, C.M., 1982, "Computer Vision", Prentice—Hall Inc., Englewood Cliffs, New Yersey, USA.

2. Burkhardt, H., and Moll, H., 1979, "A modified Newton—Raphson search for the model—adaptive identification of delays", Proceedings of the IFAC—Conference on "Identification and system parameter identification", Pergamon, New York, USA

3. Diehl, N., 1988, "Methoden zur Allgemeinen Bewegungsschatzung in Bildfolgen", VDI Verlag, Dusseldorf, FRG.

4. Duda, R.O., and Hart, P.E., 1973, "Pattern Recognition and Scene Analysis", John Wiley & Sons, New York, USA.

5. Healy, G., and Binford, Th.O., 1988, "Local shape from specularity", Computer Vision, Graphics and Image Processing 42, USA

6. Houkes, Z., 1985, "Distance measurement by stereo vision", Proceedings of the Int. Conf. on "Robot Vision and Sensory Controls", Amsterdam, NL.

7. Houkes, Z., 1983, "Motion parameter estimation in TV—pictures", NATO ASI series Vol. F2, "Image processing and dynamic scene analysis", Ed. by Th.S. Huang, Berlin, FRG.

8. Korsten, M.J., 1989, "Three—dimensional body parameter estimation from digital images", University of Twente, Enschede, The Netherlands.

9. Liebelt, P.B., 1967, "An introduction to optimal estimation", Addison Wesley, Reading, MA, USA.

10. Torrance, K.E., Sparrow E.M., 1967, "Theory for off—specular reflection from roughened surfaces", Journal of the Optical Society of America 57, 9, pp 1105—1114, USA.

Parallele Implementierung eines hierarchischen linienbasierten Stereoverfahrens[†]

Stefan Posch
Lehrstuhl für Informatik 5 (Mustererkennung)
Universität Erlangen-Nürnberg
posch@informatik.uni-erlangen.de

Zusammenfassung: Die Möglichkeiten des Einsatzes von Parallelrechnern werden auch im Bereich der Bildanalyse zunehmend untersucht. In diesem Artikel wird als Anwendungsbeispiel aus dem Bereich der problemunabhängigen Methoden eines Bildanalysesystems die Parallelisierung eines hierarchischen linienbasierten Stereoverfahrens auf einem speichergekoppelten Multiprozessorsystem dargestellt. Die Parallelisierung wird dabei sowohl mit Daten- also auch mit Funktionspartitionierung vorgenommen. Die erzielte Geschwindigkeitssteigerung für verschiedene Parallelisierungsvarianten werden beschrieben und diskutiert.

1 Einleitung

Die Untersuchung und Entwicklung paralleler Rechnerarchitekturen und paralleler Algorithmen ist in den letzten Jahren zunehmend in den Blickpunkt des Interesses getreten. Denn der Einsatz konventioneller von-Neumann-Rechner mit entsprechend sequentiellen Algorithmen stößt bei der Bearbeitung von immer komplexeren Aufgabenstellungen der Informationsverarbeitung, trotz der immensen Geschwindigkeitssteigerung der Hardware-Komponenten, oft an die Grenze deren Leistungsfähigkeit. Motiviert durch große Datenmengen, komplexe Verarbeitungsschritte und den Wunsch nach hoher Verarbeitungsgeschwindigkeit werden Möglichkeiten des Einsatzes von Parallelrechnern auch im Bereich der Bildanalyse untersucht. Eine Übersicht über parallele Rechnerarchitekturen, die zum Teil speziell für Aufgaben in der Bildanalyse konzipiert sind, findet sich z.B. in [Ree84], [Lim87], [Uhr87], [Mar88], [Fre88] und [Lev88].

In dieser Arbeit wird die Parallelisierung eines hierarchischen linienbasierten Stereoverfahrens auf einem speichergekoppelten MIMD-Multiprozessorsystem untersucht. Damit steht ein vollständiges Teilproblem aus dem Bereich der problemunabhängigen Bildverarbeitung zur Verfügung, dessen Algorithmentypen einen weiten Bereich der relevanten Verarbeitungsverfahren in diesem Bereich abdecken. Die Wahl der Rechnerkonfiguration ist natürlich wesentlich durch die derzeitigen Möglichkeiten im Rahmen eines laufenden Sonderforschungsbereichs (SFB 182) beeinflußt. Unabhängig davon ist aber die Verwendung von Standard-Unixrechnern auch wegen der gewohnten Programmierung sowie der vorhandenen Entwicklungsumgebung attraktiv und die Untersuchung ihrer Eignung für parallele Bildverarbeitung von Interesse.

2 Das hierarchische linienbasierte Stereoverfahren

Aufgabe eines Bildanalysesystems ist das Erstellen einer symbolischen Beschreibung einer Szene anhand bildhafter Sensorinformation. Für die Analyse dreidimensionaler Szenen kann die Rekonstruktion von dreidimensionaler Information über die Szene, die bei der Bildaufnahme verloren geht,

---

[†]Die Arbeiten wurden von der DFG im Rahmen des SFB 182 unterstützt

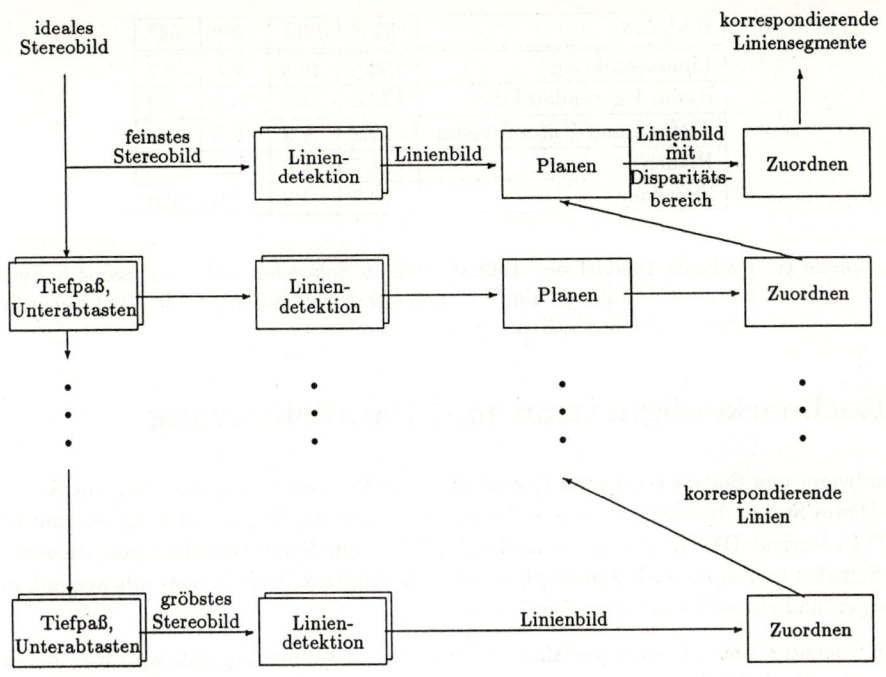

Abbildung 1: Übersicht und Datenfluß des hierarchischen linienbasierten Stereoverfahrens.

einen wichtigen Beitrag leisten. Eine Klasse von Verfahren hierzu sind Stereoverfahren, bei denen die dreidimensionale Information aus zwei, im allgemeinen auch mehreren Projektionen derselben Szene aus verschiedenen Standpunkten gewonnen wird (s. [Bar82], [Pos90]). Der wesentliche Schritt ist dabei das Zuordnen von korrespondierenden Bildpunkten bzw. Bildbereichen, worunter hier beispielsweise Kantenelemente, Konturstücke oder Regionen verstanden werden. Aus der Verschiebung korrespondierender Bildpunkte, der Disparität, kann dann bei Kenntnis der Kameraeigenschaften deren dreidimensionale Position berechnet werden. In [Pos88] und [Pos90] wird ein Stereoverfahren vorgeschlagen, das als Bildbereiche für das Zuordnen gerade Liniensegmente benutzt und eine Auflösungshierarchie der Stereobilder zur Einschränkung der erlaubten Disparitäten einsetzt. In Abbildung 1 ist die Systemübersicht des gesamte Verfahrens ausgehend von einem idealen Stereobild dargestellt.

In den Teilschritten finden sich wesentliche Algorithmentypen der problemunabhängigen Methoden eines Bildanalysesystems: zweidimensionale Faltung bei der Tiefpaßfilterung, Liniendetektion mit Maskenoperationen, Konturverfolgung und Approximation sowie symbolisch orientierte Relaxation beim Zuordnen der Liniensegmente. Der Rechenzeitbedarf für die einzelnen Teilaufgaben ist in Tabelle 1 aufgelistet.

Bildgröße	512^2	256^2	128^2	64^2
Liniendetektion	158.8	39.3	9.5	2.2
davon Kantendetektion	138.0	34.0	8.2	2.0
Tiefpaß und Unterabtasten	39.2	9.9	2.5	
Planen	4.7	1.6	0.5	
Zuordnen	12.2	4.2	1.6	0.6

Tabelle 1: Rechenzeitbedarf der Teilaufgaben in Sekunden auf einer Sequent Symmetry. Diese Zeiten sind i.a. von der Szene abhängig, die Variationen ist jedoch nicht wesentlich.

3 Rechnerkonfiguration und Parallelisierung

Als Hardware- und Software-Umgebung wird für diese Parallelisierung eine Sequent Symmetry benutzt. Dieses System besteht aus 16 identischen und gleichberechtigten Prozessoren und wird unter dem UNIX-Derivat DYNIX betrieben (siehe [Lov88]). Zur Synchronisation von Prozessen stehen neben Signalen und *pipes* auch *named pipes* sowie das *System V* IPC-Paket mit Semaphoren, Warteschlangen und *shared memory* zur Verfügung.

Wie die Übersicht über das Stereoverfahren in Abbildung 1 veranschaulicht, wird man bei der datengetriebenen Verarbeitung von Bildern mit problemunabhängigen Methoden in der Regel verschiedene Teilaufgaben vorliegen haben, die teilweise parallel bearbeitet werden können. Neben der Verwendung einer Auflösungshierarchie im vorliegenden Problem sind dies beispielsweise verschiedene Segmentierungsprozesse (z.B. Liniendetektion und Regionendetektion) oder verschiedene Verfahren zur Gewinnung dreidimensionaler Information ("shape from shading" und Stereoverfahren) (siehe hierzu [Nie85]). Daher liegt es nahe, diese probleminhärente Parallelität auch in der Parallelisierung des Verfahrens durch Funktionspartitionierung auszunutzen. Dazu werden die einzelnen Teilaufgaben, die im Datenflußgraphen in Abbildung 1 mit Kästchen symbolisiert sind, jeweils als eigenständige Prozesse realisiert und entsprechend dem Datenfluß synchronisiert.

Um die damit erreichbare, sehr grobe Granularität zu verfeinern, können zusätzlich einzelne Teilaufgaben weiter zerlegt werden. Dies wird im folgenden durch Datenpartitionierung des rechenzeitintensivsten Schritts – der Liniendetektion – erreicht. Dazu wird der erste Schritt der Liniendetektion – die Kantendetektion – in mehreren Prozessen unabhängig auf k disjunkten horizontalen Streifen des Bildes durchgeführt. Die Anzahl und Aufteilung der Streifen ist dabei frei wählbar. Bei den anschließenden Schritten der Liniendetektion wird dann wieder das gesamte Bild in einem Prozeß bearbeitet. Der Datenflußgraph ist dann entsprechend der gewünschten Streifenanzahl zu modifizieren.

Im Gegensatz zu [Car88] und [Fle89] wird also in diesem Parallelisierungsansatz neben einer Datenpartitionierung auch eine Funktionspartitionierung eingesetzt.

Für die Realisierung wurden folgende Entwurfsentscheidungen getroffen:

- Synchronisation der Prozesse

  Hierfür wird der Semaphor-Mechanismus des Betriebssystems eingesetzt. Dieses Vorgehen hat gegenüber rechnerabhängigen Synchronisationsmechanismen den Vorteil, leicht portierbar zu sein.

- Datenaustausch

  Der Austausch von Zwischenergebnissen zwischen den Prozessen, der im Datenflußgraph jeweils durch einen Pfeil dargestellt ist, erfolgt durch Dateien.

- *Scheduling* der Prozesse

  Für das *Scheduling* wurden drei verschiedene Möglichkeiten vorgesehen: Zum einen ist dies für Vergleichszwecke die rein sequentielle Ausführung auf einem Prozessor. Die zweite Möglichkeit ist das *Scheduling* durch das UNIX-Betriebssystem. Hierbei werden alle Befehle, versehen mit den nötigen Synchronisationsmechanismen, parallel gestartet. Das Betriebssystem ist dann für die Zuteilung von Prozessen zu den Prozessoren zuständig. Als dritte Möglichkeit ist ein vom Betriebssystem unabhängiger, eigener *Scheduling*-Mechanismus realisiert worden, der die maximale Anzahl von parallelen Prozessen des Stereoverfahrens begrenzt.

Ausgehend von einer textuellen Repräsentation des Datenflußgraphen in Abbildung 1 mit den Befehlsmustern zum Starten der einzelnen Prozesse erfolgt die parallele Ausführung des Stereoverfahrens in drei Schritten:

Schritt 1: Linearisieren

Für jeden Befehl werden zunächst aus dem Datenflußgraphen die für die Synchronisation benötigten Semaphoren bestimmt. Der Graph von Befehlen wird dann zu einer Befehlsfolge linearisiert, die folgende Eigenschaften besitzt:

- Jeder Befehl kann nach den erforderlichen P-Operationen ohne weitere Vorbedingung gestartet werden.

- Für jeden Befehl liegen spätestens nach dem Beenden seiner Vorgänger in der linearisierten Folge alle benötigten Eingabedaten vor, so daß er dann auch selbst beendet werden kann. Eine Folge, die diese Eigenschaft besitzt, ist durch eine totale Ordnung gegeben, welche durch Erweiterung der vom Datenflußgraphen definierten partiellen Ordnung auf den Befehlen entsteht.

Beide Teilschritte werden automatisch unter Minimierung der Anzahl benötigter Semaphore durchgeführt.

Schritt 2: Konfigurieren

Beim Konfigurieren einer so erzeugten Befehlsfolge werden nun die einzelnen Befehlsmuster modifiziert, indem z.B. konkrete Bildnamen eingesetzt werden, so daß die konfigurierten Befehle direkt ausführbar sind. Im Gegensatz zu Schritt 1 ist die Konfigurierung der Befehlsfolge speziell auf das Stereoverfahren zugeschnitten und muß für die Parallelisierung anderer Algorithmen entsprechend angepaßt werden. Er umfaßt jedoch in der Regel nur einfache Textersetzungen oder kann gegebenfalls auch ganz entfallen.

Schritt 3: Ausführen

Nun kann die linearisierte und konfigurierte Befehlsfolge ausgeführt werden. Dies ist Aufgabe des Programms *execute*. Im Fall des sequentiellen *Scheduling* startet es die einzelnen Befehle nacheinander. Im Fall des *Scheduling* durch das Betriebssystem dagegen startet es parallel alle Befehle sofort, die erzeugten Prozesse werden dabei mit Hilfe der im Schritt 1 erzeugten Informationen automatisch über Semaphore synchronisiert. Im dritten Fall wird zunächst die gewünschte Anzahl von Kind-Prozessen erzeugt, denen dann auf Anforderung jeweils ein Befehl zur Bearbeitung übergeben wird. Die Synchronisation wird wiederum automatisch mit Sempahoren durchgeführt.

Neben der Ausführung und Synchronisation der Befehle werden in *execute* auch die benötigten Semaphore erzeugt und abschließend wieder zerstört sowie Zeitmessungen und Protokollierung durchgeführt.

Wie erwähnt, ist – neben dem Datenflußgraphen – nur der Schritt 2 vom speziellen Verfahren abhängig, während die anderen Schritte unverändert auch für andere Algorithmen eingesetzt werden können.

4 Ergebnisse

Das im letzten Abschnitt beschriebene Vorgehen wurde für ein Stereobild mit den verschiedenen *Scheduling*-Strategien in Hinblick auf die erzielbare Leistungssteigerung durch die Parallelisierung untersucht. Dabei wurden folgende Datenpartitionierungen angewendet:

1-1 Die Liniendetektion wird ausschließlich monolithisch berechnet.

2-1,4-1,8-1 Auf der feinsten Auflösungsstufe werden zwei, vier bzw. acht Streifen verwendet, sonst wird monolithisch gearbeitet.

4-2,8-2 Auf der feinsten Auflösungsstufe werden vier bzw. acht Streifen, auf der nächst gröberen Ebene werden zwei Streifen verwendet. In allen anderen Auflösungsebenen wird monolithisch gearbeitet.

Es werden alle drei *Scheduling*-Strategien untersucht, wobei bei der dritten Variante die maximale Prozeßanzahl von zwei bis zur vorhandenen Prozessoranzahl variiert wird. Zur Beurteilung der erzielten Ausnutzung der Prozessoren werden die gemessenen Verweilzeiten herangezogen. Da der Rechner im normalen Mehrbenutzermodus betrieben wird, wurden die Tests in Zeiten geringen Rechenbetriebs durchgeführt, um Verfälschungen der Ergebnisse durch die Prozesse anderer Benutzer möglichst gering zu halten. Für die verschiedenen Konfigurationen ist jeweils die *Durchsatzsteigerung* (oder *speedup*) $S(p)$ angegeben, die das Verhältnis der Verweilzeit der sequentiellen Version $V(s)$ zu der Verweilzeit einer parallelen Ausführung $V(p)$ wiedergibt:

$$S(p) = \frac{V(s)}{V(p)}$$

Die *Effizienz* der Parallelisierung ist durch

$$E(p) = \frac{S(p)}{p}$$

gegeben, wobei p die Anzahl der eingesetzten Prozessoren ist. Der zusätzliche Mehraufwand für die Synchronisation, Protokollierung und das *Scheduling* der sequentiellen Version im Vergleich zu einer direkten sequentiellen Abarbeitung der Befehle ist mit weniger als ein Prozent relativ gering.

Die Abbildungen 2 und 3 zeigen die Effizienz und Durchsatzsteigerung, die erreicht wurden. Bei Verwendung weniger Prozessoren wird eine sehr hohe Effizienz von über 0.80 erzielt. Sie nimmt dann jedoch ab, wobei dieser Abfall umso schneller verläuft, je gröber die Granulariät der Parallelisierung ist. Hierbei ist jedoch zu beachten, daß die maximal erreichbare Durchsatzsteigerung durch den Quotienten von der Verweilzeit im sequentiellen Modus zu der Rechenzeit des längsten Weges durch den Datenflußgraphen begrenzt ist. Die Werte hierfür sind in Tabelle 2 wiedergegeben. Diese maximal

Effizienz

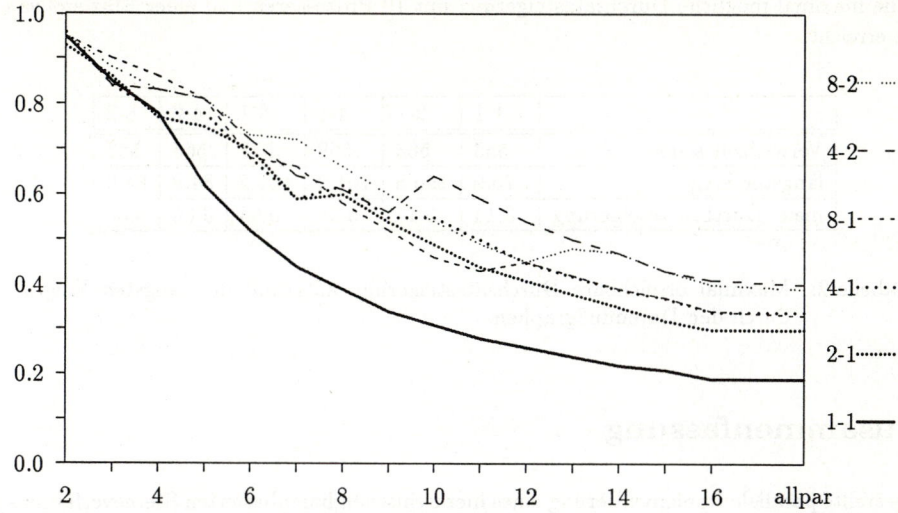

Abbildung 2: Erzielte Effizienz der Parallelisierung. Die Ergebnisse sind für eine maximale Prozeßanzahl von zwei bis 16 sowie für *Scheduling* durch das Betriebssystem angegeben.

Durchsatzsteigerung

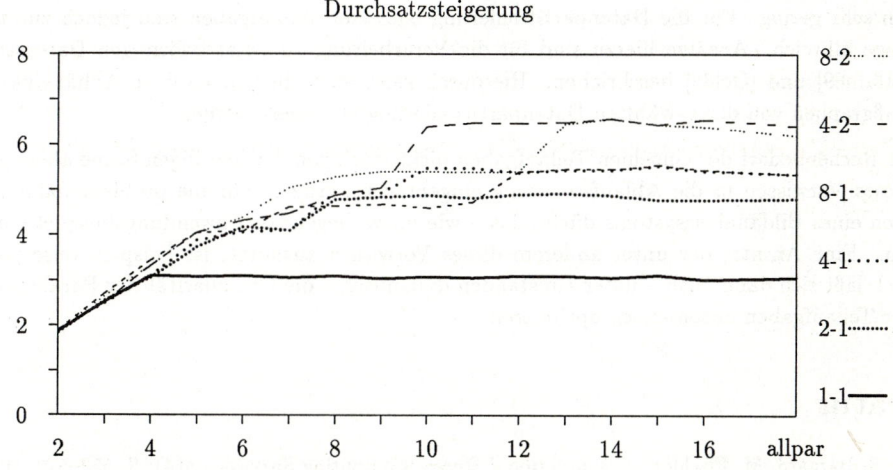

Abbildung 3: Erzielte Durchsatzsteigerung der Parallelisierung. Die Ergebnisse sind für eine maximale Prozeßanzahl von zwei bis 16 sowie für *Scheduling* durch das Betriebssystem angegeben.

mögliche Durchsatzsteigerung wird auch immer annähernd erreicht, bei ungünstigem Verhältnis der Granularität bei der Parallelisierung der einzelnen Teilschritte (z.B. 8-1 und 8-2) jedoch bei geringer

Effizienz. Bei einem ausgewogenem Verhältnis ist dieses Verhalten jedoch deutlich besser. So wird bei 4-2 die maximal mögliche Durchsatzsteigerung mit 10 Prozessoren und einer Effizienz von noch 0.64 fast erreicht.

	1-1	2-1	4-1	8-1	4-2	8-2
Verweilzeit sequentiell	553	563	569	571	566	567
längster Weg	175.9	190.5	101.2	101.2	84.9	84.9
max. Durchsatzsteigerung	3.14	5.14	5.64	5.64	6.66	6.66

Tabelle 2: Maximal erreichbare Durchsatzsteigerung aufgrund des längsten Weges durch den Datenflußgraphen

5 Zusammenfassung

Die vorgestellte parallele Implementierung eines hierarchischen linienbasierten Stereoverfahrens zeigt, daß bei genügend feiner Granularität der Parallelisierung auf dem MIMD Multiprozessor mit *shared memory* eine gute Effizienz erreichbar ist. Das gewählte Anwendungsbeispiel deckt dabei eine repräsentative Menge von Algorithmentypen aus der problemunabhängigen Bildverarbeitung ab. In diesem Bereich ist es sinnvoll, sowohl Daten- als auch Kontrollpartitionierung einzusetzen.

Der zusätzliche Entwicklungsaufwand für die Parallelisierung ist durch die erstellten Hilfsmittel zur Linearisierung von Datenflußgraphen und zur Ablaufsteuerung inklusive der Synchonisation der Teilaufgaben sehr gering. Für die Datenpartitionierung einzelner Teilaufgaben sind jedoch zusätzliche Werkzeuge hilfreich. Ansätze hierzu sind für die Verarbeitung von matrixförmigen Datenstrukturen in [Ham89] und [Oel89] beschrieben. Hierdurch kann auch die unhandliche Abhängigkeit des Datenflußgraphen von der gewählten Datenpartitionierung eliminiert werden.

Falls der Rechenbedarf der einzelnen Teilaufgaben nicht stark von der jeweiligen Szene abhängig ist, kann dieses Vorwissen in die Ablaufsteuerung eingebracht werden. Für die problemunabhängigen Methoden eines Bildanalysesystems dürfte das – wie im vorliegenden Anwendungsbeispiel – oft der Fall sein. Eine Ansatz, der unter anderem dieses Vorwissen ausnutzt, ist beispielsweise [Wei88]. Hierdurch läßt sich dann auch – unter Umständen dynamisch – die Granularität der Parallelisierung einzelner Teilaufgaben automatisch optimieren.

Literatur

[Bar82]   S. Barnard, M. Fischler: *Computational Stereo.* Computing Surveys, 14(4): S. 553–572, 1982.

[Car88]   L. Carrioli, S. Cunioli, M. Ferretti: *Image Processing Experiments on a Commercial MIMD System.* In S. Levialdi (Editor): *Multicomputer Vision*, S. 117–130, Academic Press, Orlando, 1988.

[Fle89]   G. Fleischmann, H. Jung: *Parallele Programmierung auf dem MPS 3280.* In G. Fleischmann, W. Hofmann, H. Jung (Editoren): *Erweiterung des UNIX-Betriebssystems für Multiprozessoren – Implementierung, Analyse und Test –*, S. 95–125, Bericht 89/4 des SFB 182, Teilbereich B2, Universität Erlangen-Nürnberg, Institut für mathematische Maschinen und Datenverarbeitung, Erlangen, 1989.

[Fre88]   H. Freeman (Editor): *Machine Vision. Algorithms, Architectures, and Systems*. Academic Press, New York, 1988.

[Ham89]   L. G. C. Hamey, J. A. Webb, I. Wu: *An Architecture Independent Programming Language for Low-Level Vision*. Computer Vision, Graphics and Image Processing (CVGIP), 48(2): S. 246–264, 1989.

[Lev88]   S. Levialdi (Editor): *Multicomputer Vision*. Academic Press, Orlando, 1988.

[Lim87]   H. S. Lim, T. Binford: *Survey of Parallel Computers*. In *Proc. Image Understandig Workshop*, S. 644–654, Los Angeles, 1987.

[Lov88]   T. Lovett, S. Thakkar: *The Symmetry Multiprocessor System*. Proc. Int. Conference on Parallel Processing, S. 301–310, 1988.

[Mar88]   M. Maresca, M. Lavin, H. Li: *Parallel Architectures for Vision*. Proceedings of the IEEE, 76(8): S. 970–981, 1988.

[Nie85]   H. Niemann: *Wissenbasierte Bildanalyse*. Informatik Spektrum, 8(4): S. 201–214, 1985.

[Oel89]   C. Oelrich: *Objektorientierte Methoden für massiv parallele Algorithmen*. In M. Fäusle, T. Ruf, P. Schlenk (Editoren): *Grundlagen verteilter und paralleler Systeme. Teil I*, S. 131–147, Bericht 89/5 des SFB 182, Universität Erlangen-Nürnberg, Institut für mathematische Maschinen und Datenverarbeitung, Erlangen, 1989.

[Pos88]   S. Posch: *Hierarchische linienbasierte Tiefenbestimmung in einem Stereobild*. In W. Hoeppner (Editor): *Proc. 12. German Workshop on Artificial Intelligence*, S. 275–285, Springer Verlag, Berlin, Sep. 1988.

[Pos90]   S. Posch: *Automatische Bestimmung von Tiefeninformation aus Grauwert-Stereobildern*. Dissertation IMMD 5, Univ. Erlangen-Nürnberg, erscheint 1990.

[Ree84]   A. Reeves: *Parallel Computer Architecture for Image Processing*. Computer Vision, Graphics and Image Processing (CVGIP), 25: S. 68–88, 1984.

[Uhr87]   L. Uhr (Editor): *Parallel Computer Vision*. Academic Press, Orlando, 1987.

[Wei88]   F. Weil, L. Jamieson, E. Delp: *An Algorithm Database for an Image Understandig Task Execution Environment*. In S. Levialdi (Editor): *Multicomputer Vision*, S. 35–51, Academic Press, Orlando, 1988.

Objektdetektion zur Ultraschall – Fernerkundung

D. Ruser

TU Gdansk, Inst. f. Telekommunikation

deleg.: Universität WPU Rostock

1. Einführung

Im Zuge der Automatisierung könnte man sich das Schema einer Mustererkennung für diesen Anwendungsfall der Ortung nach Bild 1 ähnlich wie in [1] vorstellen, das die einzelnen Etappen bis zur Entscheidungsfindung zeigt.

Aus den Schwankungsanteilen der Ortungsempfangssignale als N-dimensionale zufällige Variable werden in der Merkmalsextraktion Merkmalsvektoren x zusammengestellt, deren verschiedene Stichproben grundsätzlich selbst bei großem Signalrauschverhältnis S/N voneinander abweichen. Die Entscheidungen über vorhandene Objekte müssen diese Abweichungen berücksichtigen. Deshalb werden in einer Trainingsphase die Wahrscheinlichkeitsdichtefunktionen p(x) für einen Ausgangszustand der Objektverteilung geschätzt. Darauf aufbauend muß die Entscheidungsregel für die Klassifikation quantitativ formuliert werden,

$$D(x) \quad \begin{cases} > V : \text{Entscheidung über Objektentdeckung} \\ < V : \text{Entscheidung über Nichtvorhandensein von Objekten} \end{cases} \tag{1}$$

wobei man sich die Struktur der Diskriminanzfunktion D(x) und den Schwellwert V in automatisierten Ortungsanlagen vorgibt. Dagegen spielt in Mustererkennungssystemen, bei denen die unmittelbar auf dem Bildschirm abgebildeten Empfangssignale von einem Operateur ausgewertet werden, der Operateur u.a. die Rolle einer Schwellenschaltung. Den Entscheidungen der Mustererkennungsverfahren kann unter Umständen ein enorm hohes ökonomisches Risiko zukommen, dem die Tatsache entgegensteht, daß die Klassifikationen falsch sein können, da sie sowohl vom Zufallsvektor x selbst als auch von dessen geschätzter Wahrscheinlichkeitsdichte p(x) abhängen.

[1] zum polnischen Telekommunikationsentwicklungs-Programm CPBP 02.16.4.

2. Objektentdeckung mittels verschiedener Signifikanzniveaus

Um fälschlicherweise ausgelöste Alarme möglichst weitgehend auszuschließen, wird mit unterschiedlichen Signifikanzniveaus bezüglich
der Objektdetektion operiert. Wie in Bild 1 zu sehen, sollte das
Klassifizierungsresultat "Objektentdeckung" im Falle der niedrigeren
Signifikanz, also im Falle der höheren Wahrscheinlichkeit für einen
Fehlalarm, lediglich zu einer internen Information führen. Dagegen
sollten bei hohem Signifikanzniveau die Störungen N unmittelbar
analysiert werden, so daß schnell weitere Maßnahmen eingeleitet werden
können, wie Veränderungen der Verstärkung, Wichtungssteilheit,
Schwellenpegel V und Schwellenanzahl.

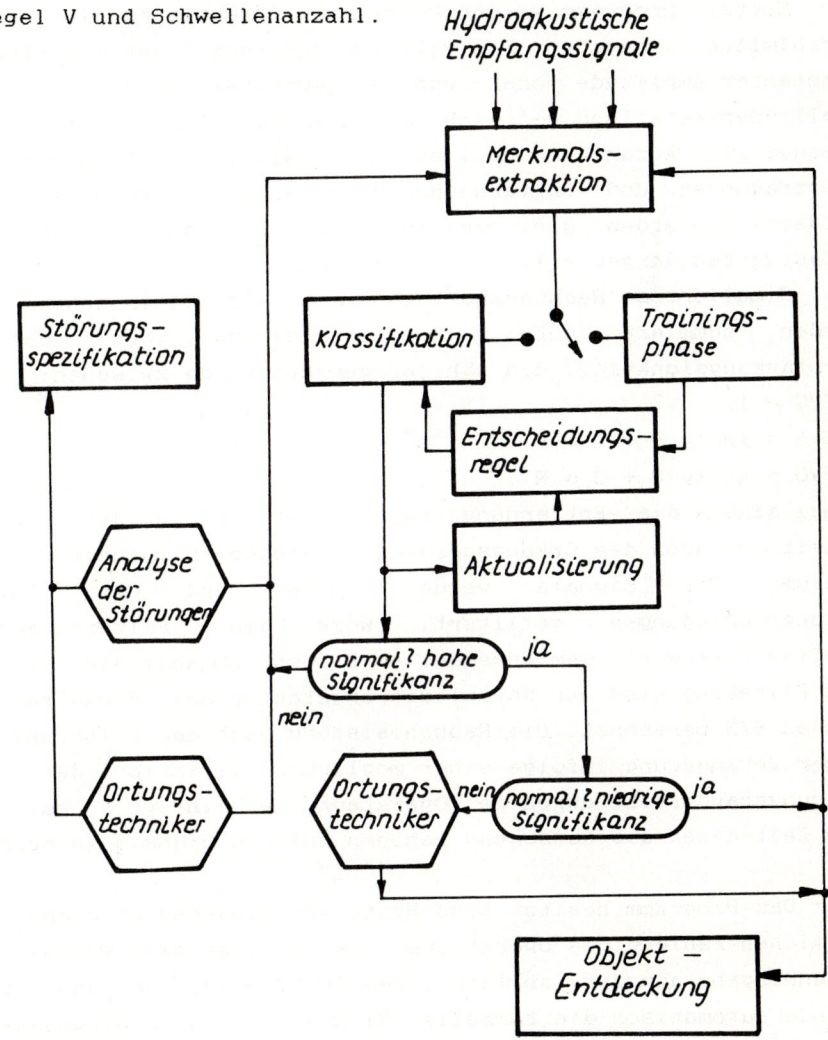

Bild 1: Objektdetektion zur Ultraschall-Fernerkundung in der Ortung

3. Simulation der Objektsituation und Signalgestaltung

Wegen der sehr unterschiedlichen und stark veränderlichen physikalischen Bedingungen im Anwendungsbeispiel der Ultraschall – Fernerkundung zur Unterwasserortung müssen diesem Automatisierungsentwurf u.a. Entscheidungs – Simulationsuntersuchungen vorausgehen, über die im Beitrag berichtet wird.

Die Simulierungsschaltung dient der Darstellung von stationären Objekten sowie von Ortungsempfangssignalen, die teilweise Reflexionssignale von ihnen sind, [2].

Mittels Programm werden konstante Objektlagen in der Ortungsstrahlmitte vorgegeben. Das gilt für jede der Signal–Übertragungen von konstanter Amplitude oder von – gewichtet gemäß Tschebyscheff = Amplitudenverteilung – sich verändernder Amplitude. Das Programm erzeugt eine Anzahl von null bis neun zufällig im Beobachtungsfeld der Übertragungen und Entfernungszellen angeordnete Objekte. Auf dem Bildschirm werden gleichzeitig –zig Übertragungen von je –zig Abtastwerten dargestellt.

Simuliertes Rechtecknutzsignal S und Gauss'sches Rauschen N werden summiert unter Berücksichtigung der zeitabhängigen Verstärkungsfunktion, die wählbar gemacht wurde zwischen:

- TVG = 1,
- TVG = 20 lg R + 2 α R
- TVG = 40 lg R + 2 α R .

Dabei sind R die Entfernung zum Objekt und α der auch von der Arbeitsfrequenz des Ortungsgerätes abhängige Dämpfungskoeffizient im Medium. Die Signale werden entsprechend den tatsächlichen Ortungsbedingungen gefiltert, wozu die Filterparameter und Koeffizientenwerte dem Anwender am Bildschirm angezeigt werden. Nach der Filterung wird der Normalisierungsfaktor des Signalrauschverhältnisses S/N berechnet. Die Rauschleistung nach der Filterung unterliegt einer Veränderung infolge einer möglichen Variation der Filterübertragungsbandbreite durch den Operateur. Deshalb gilt es automatisch die Zeitreihen des Rauschens bezogen auf die Signale zu normalisieren.

Das Programm besitzt eine Reihe von eingebauten Sicherheiten vor möglichen Fehlern des Operateurs. Sie beziehen sich vor allem auf die Dateneingabe aus der Tabulatur. Das Prinzip ist, daß das Programm im Grunde automatisch die formelle Richtigkeit der eingegebenen Daten innerhalb der Anwendbarkeit des Modells verfolgt.

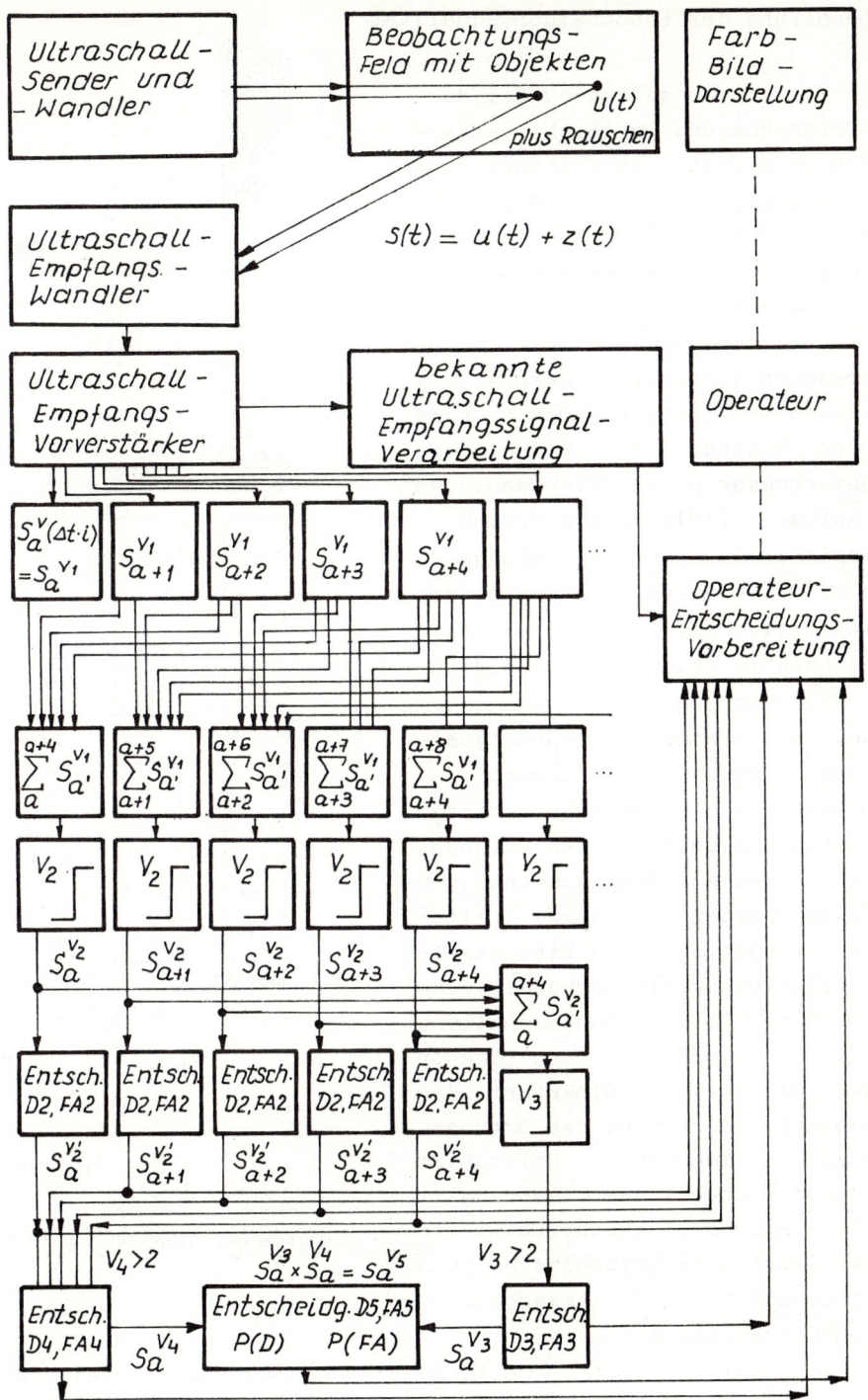

Bild 2: Ultraschall-Fernerkundungsortung mit Schwellwertentscheidung

4. Verbesserung der Entscheidungsqualität

Die Entscheidungsfindung bei der Objekt-Fernerkundung ist nicht fehlerfrei. Fehler bestehen im Nichterkennen vorliegender Ziele oder im Auffinden scheinbar auftretender Objekte. Der Hauptgrund für Fehlentscheidungen liegt in vorhandenen Störungen.

Die Entscheidungsqualität kann man verbessern durch Verminderung des Signalrauschverhältnisses S/N. Eine Klasse von Methoden zur Signalstörabstandsverbesserung in Ortungsanlagen beruht auf der Filterung der Ortungs – Empfangssignale. In Fernerkundungs – Geräten mit Bilddarstellung ist es das Ziel einer Filterung, das Monitor-Bild von Störungen zu reinigen und gleichzeitig die von Objekten aus dem Erkundungsraum stammenden Nutzsignale deutlicher hervortreten zu lassen.

Im mittels Simulationsmethoden erarbeiteten und untersuchten Ortungsempfänger werden auf den distinktiven Signaleigenschaften beruhende Filterungen angewendet. So wird hier parallel zum Signalverarbeitungskanal eine Mehrschwellen – Entscheidungsschaltung nach [3] eingeführt, von deren Ausgängen Signale in Binärform der Entscheidungsvorbereitung des Ortungs-Operateurs am Monitor – Bildschirm dienen. Bild 2 stellt das diesbezügliche Simulierungs-Blockschaltbild der Mehrschwellwert-Entscheidungsschaltung in Verbindung mit der Ultraschall – Fernerkundungsanlage dar.

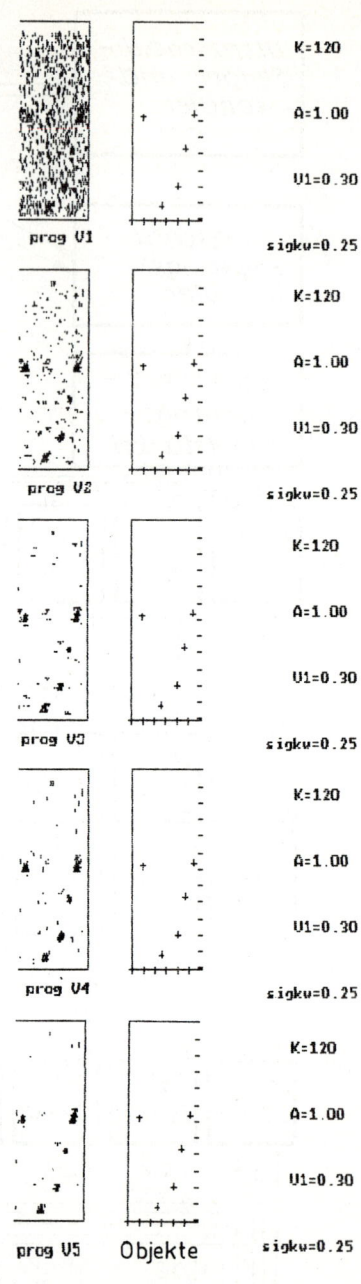

Bild 3: Simulationsergebnis bei Einsatz von Filterungen nach [3] in der Ultraschall-Fernerkundungsortung

5. Bilddarstellung in der bearbeiteten Simulierung zur Fernerkundung

Durch die Schwellenschaltungen (prog V 1 ...prog V 5) gelangen nur gerade jene Signalfragmente, welche die Entscheidungsschaltungen als Echosignale von Objekten klassifizieren. Dann werden diese Signale auf dem Farbbildschirm zur Anzeige gebracht.Die Farben auf dem Bildschirm sind verbunden mit den Augenblicksamplituden der Echosignale. Die endgültige Entscheidung über die Anwesenheit eines Objektes fällt der Operateur aufgrund der Bildbeobachtung am Monitor. Die Empfangs – und Falschalarm – Wahrscheinlichkeiten P(D) und P(FA) werden bestimmt aufgrund der Entscheidungen des Operateurs über den Empfang von Objektsignalen, D 1 ...D 5, und über das scheinbare Auftreten von Objekten falschen Alarms, FA 1 ...FA 5 .

Die Simulationsschaltung ermöglichte die Benutzung der einzelnen Entscheidungsschaltungen und die Untersuchung ihrer Auswirkung auf die Qualität der Bilddarstellung am Monitor, und damit auf die Wahrscheinlichkeitswerte P(D) und P(FA). Bild 3 zeigt den Einfluß der einzelnen Entscheidungsschaltungen auf die Objekterkundung.

Literatur:

[1] F.-P. Weiß   Anwendung einiger Verfahren der Mustererkennung für die rauschdiagnostische Schadensfrüherkennung an Kraftwerken. Dissertation.Akademie der Wissenschaften, Zentralinstitut für Kernforschung Rossendorf, 1985.

[2] D.Ruser   Fernerkennung in der Ortung. Informatik-Fachberichte Nr.219: Mustererkennung, S.183...187. 11.DAGM-Sympos. Hamburg, 1989. Springer Verlag, 1989.

[3] D.Ruser   A method of noise and reverberation limiting on SONAR monitors. IEEE Ultrasonics'88. Proceeding, p.891...894. Chicago, 1989.

Erhöhung der Schärfentiefe eines optischen Systems

Xiangchen Wu, Dieter Jördens

Universität Stuttgart, Inst. für Physikalische Elektronik

Pfaffenwaldring 47, 7000 Stuttgart 80

Zusammenfassung

Optische Abbildungssysteme mit hoher Apertur können räumliche Objekte oft nicht in ihrer ganzen Tiefe scharf abbilden. Zur Abhilfe werden mehrere Bilder aufgenommen, wobei jeweils auf eine andere Objektebene fokussiert wird. Mit geeigneten Verfahren können diese zu einem Bild mit erhöhter Schärfentiefe zusammengesetzt werden. Das hier vorgestellte Verfahren rekonstruiert im ersten Schritt die Objektebenen und setzt diese im zweiten Schritt zu einem Bild erhöhter Schärfentiefe zusammen.

1 Einleitung

Die Apertur eines optischen Abbildungssystems bestimmt neben dem Auflösungsvermögen auch die Schärfentiefe. Eine große Apertur bedeutet ein hohes Auflösungsvermögen, jedoch nur geringe Schärfentiefe. Dadurch können zum Beispiel in der Lichtmikroskopie räumliche Objekte meist nicht in ihrer ganzen Tiefenausdehnung scharf abgebildet werden.

Seit längerem wird versucht, mit den Mitteln der Bildverarbeitung für Abhilfe zu sorgen und die Schärfentiefe des Systems zu erhöhen. Dazu wurden verschiedene Verfahren entwickelt und vorgestellt[1,2,3,4,5].

So beschreibt Häusler in [1] ein Verfahren, bei dem während der Belichtung einer Photoplatte das Objekt kontinuierlich durch die Fokusebene des Abbildungssystems geschoben wird. Das resultierende Bild enthält also überlagert fokussierte und defokussierte Abbildungen jeder Objektebene. Dieses Bild wird mit einer Übertragungsfunktion, die durch Integration der Übertragungsfunktionen aller Objektebenen bezüglich der Bildebene entsteht, invers gefiltert. Das Ergebnis ist ein scharfes Bild des Objekts, die Tiefeninformation geht jedoch völlig verloren.

Einen anderen Weg beschritten Itoh u.a. [3]. Sie verwenden Fokusserien des Objekts mit variierender Fokuseinstellung. In der Umgebung ('Fenster') jedes Bildpunktes wird mit lokalen Operatoren der Kontrast gemessen, die Grauwerte aus den Bildern mit dem jeweils größten Kontrast werden in das Bild erhöhter Schärfentiefe übernommen. Bei Bildanteilen mit feinen Details werden gute Ergebnisse erzielt, größere homogene Flächen sind für das Verfahren weniger geeignet.

In diesem Beitrag wird ein Verfahren vorgestellt, das ebenfalls mit einer Fokusserie arbeitet. Im ersten Schritt werden die Objektebenen rekonstruiert, d.h. die defokussierten Objektanteile werden entfernt so daß nur die fokussierten erhalten bleiben[6]. Dazu dient ein Wienerfilter, mit dem überlagertes Rauschen berücksichtigt wird. Im zweiten Schritt werden diese scharfen Bilder der einzelnen Objektebenen zu einem Bild mit erhöhter Schärfentiefe zusammengesetzt.

2 Modellbildung

Um einzelne Objektebenen zu rekonstruieren, muß die optische Abbildung system-theoretisch beschrieben werden.

Nach der Huygens'schen Modellvorstellung wird jeder Objektpunkt als Lichtquelle aufgefaßt, von der eine divergierende Kugelwelle ausgeht. Ein Teil ihrer Energie tritt durch die Eingangspupille des optischen Systems und bildet den Objektpunkt als Helligkeitsverteilung in die Bildebene ab. Bei inkohärenter Beleuchtung soll das Bild durch lineare Überlagerung der Helligkeitsverteilungen aller Objektpunkte entstehen. Zusätzlich wird ein ortsinvariantes System vorausgesetzt, die Objektpunkte einer Ebene werden also optisch gleich abgebildet.

Aufgrund dieses linearen systemtheoretischen Ansatzes kann jedes Kamerabild $b_i(x,y)$ als Linearkombination der Objektinformation $o_1(x,y), ..., o_n(x,y)$ der einzelnen Objektebenen gefaltet mit der jeweiligen Impulsantwort $h_{i,j}(x,y)$ zuzüglich eines unbestimmten, unkorrelierten Rauschterms $n_i(x,y)$ beschrieben werden.

$$b_i(x,y) = \sum_{j=1}^{n} h_{i,j}(x,y) * o_j(x,y) + n_i(x,y) \tag{1}$$

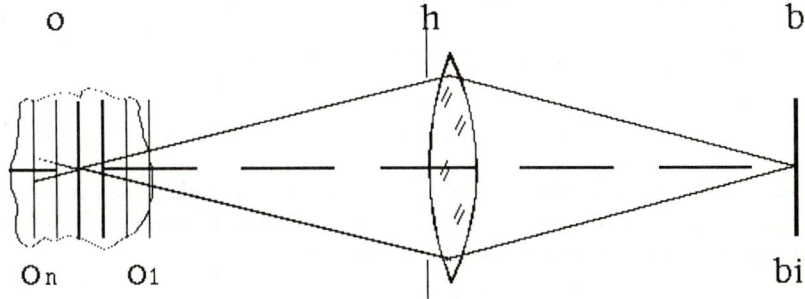

Bild.1 Modellbildung des Abbildungsvorgangs

Durch Übergang in den Ortsfrequenzbereich erhält man die zu Gl.(1) äquivalente lineare Gleichung

$$B_i(u,v) = \sum_{j=1}^{n} H_{i,j}(u,v) \cdot O_j(u,v) + N_i(u,v) \tag{2}$$

Dieses Modell eignet sich vor allem zur Beschreibung der Abbildung von selbstleuchtenden Objekten ohne Eigenabsorption oder undurchsichtigen Objekten, die auftreffendes Licht reflektieren. Es dürfen jedoch nur solche Bereiche einer Objektebene berücksichtigt werden, die - vom Objektiv aus gesehen - nicht durch andere Objektteile verdeckt werden.

3 Rekonstruktion einzelner Objektebenen

Wird bei n Aufnahmen jeweils auf unterschiedliche Objektebenen fokussiert ($i = 1, ..., n$), so bekommt man n voneinander linear unabhängige Bilder, die sich aus einzelnen Teilbildern zusammensetzen.

Für ein lineares Modell (Gl.(2)) wird ein Wienerfilter zur Rekonstruktion der Objektebenen verwendet. Ohne die Rauschterme könnten die Objektebenen O_i durch eine Invertierung der aus den $H_{i,j}$ gebildeten Matrix zurückgewonnen werden. Wegen der statistischen Eigenschaften der Rauschterme können nur Schätzungen $\hat{O}_i$ für die Spektren der Objektebenen O_i berechnet werden. Sie sollen mit geeigneten Filtern aus den Bildspektren berechnet werden:

$$\hat{O}_i = \sum_{j=1}^{n} L_{i,j} \cdot B_j \tag{3}$$

Die besten Schätzungen erhalten wir, wenn die Erwartungswerte der Abweichungen minimal sind.

$$
\begin{aligned}
E(\mu_i) &= E(|\hat{O}_i - O_i|^2) \\
&= E(|\sum_{k=1}^{n}\sum_{l=1}^{n} L_{i,k} \cdot H_{k,l} \cdot O_i + \sum_{k=1}^{n} L_{i,k} \cdot N_k - O_i|^2)
\end{aligned}
\tag{4}
$$

Die Annahme statistischer Eigenschaften für das Rauschen und die Objektebenen erlaubt einige Vereinfachungen. So seien die Rauschterme weder untereinander noch mit den Objektebenen korreliert, d.h. im Ortsfrequenzbereich gelte:

$$E(N_i \cdot N_j^*) = \begin{cases} E(|N_i|^2) = R & \text{für } i = j \\ 0 & \text{für } i \neq j \end{cases} \tag{5}$$

$$E(N_i \cdot O_j^*) = 0 \tag{6}$$

wobei R der Erwartungswert der Rauschleistung ist, er wird als gleich in allen Bildern angenommen. Auch die Objektebenen kann man als Realisationen von Zufallsprozessen betrachten; sie seien untereinander nicht korreliert:

$$E(O_i \cdot O_j^*) = \begin{cases} E(|O_i|^2) = S_i & \text{für } i = j \\ 0 & \text{für } i \neq j \end{cases} \tag{7}$$

wobei S_i der Erwartungswert für die Signalleistung in der Objektebene O_i ist. Dieser Zusammenhang ist für die Gleichanteile allerdings nicht erfüllt!

Bei dem Ausmultiplizieren der Gl.(4) können damit alle gemischten Produkte von Werten der Objekt- und Rauschspektren weggelassen werden. Einen minimalen Wert $E(\mu_i)$ erhält man, wenn die Ableitungen der Erwartungswerte nach den Teilfiltern $L_{i,j}$ Null sind. Wir lassen einige Zwischenschritte weg und erhalten damit n Gleichungssysteme, deren Lösungen die $n \cdot n$ Teilfilter sind:

$$\sum_{k=1}^{n}\sum_{l=1}^{n} L_{i,k} \cdot H_{k,l} \cdot S_l \cdot H_{j,l}^* + L_{i,j} \cdot R - S_i \cdot H_{j,i}^* = 0 \tag{8}$$

mit $i, j = 1, ..., n$

Die Rauschleistung kann meßtechnisch bestimmt werden. Meist wird man jedoch 'weißes' Rauschen annehmen und damit hat man einen konstanten Erwartungswert über den gesamten Frequenzbereich. Zur Abschätzung der spektralen Leistungen in den Objektebenen kann man auf diejenigen der Bilder zurückgreifen. Es hat sich bewährt,

S_i ebenfalls über den Frequenzbereich konstant zu halten und durch den Mittelwert der Leistung ohne Gleichanteil im zugehörigen Bildspektrum B_i abzuschätzen.

Bei der Rekonstruktion müssen zunächst die Bilder der Fokusserie fouriertransformiert werden. Für jeden Punkt der Frequenzebene sind dann mit geeignet abgeschätzten Leistungen in den Objektebenen und dem Rauschanteil durch Lösen der Gleichungssysteme (8) die Filter zu bestimmen und mit diesen nach Gl. (3) die Schätzungen für die Spektren der Objektebenen. Der Gleichanteil ist gesondert zu behandeln, z. B. kann er für jede Objektebene aus dem zugehörigen Bild übernommen werden. Anschließend werden die rekonstruierten Spektren invers in den Ortsbereich transformiert.

Die Rekonstruktion der einzelnen Objektebenen ist hier allerdings nur die Vorbereitung für das Bild mit erhöhter Schärfentiefe. Sie erfolgte nach dem Linearen Modell. Dieses Modell sollte daher auch hier verwendet werden. Demnach kann das scharfe Bild durch Überlagerung der oben rekonstruierten Objektebenen berechnet werden.

$$O = \sum_{j=1}^{n} \hat{O}_j \qquad (9)$$

Der Gleichanteil muß wieder gesondert behandelt werden. Wurden oben die Gleichanteile aus den Bildern einfach in die zugehörigen Objektebenen übernommen, so muß dem scharfen Bild der Mittelwert aus den Gleichanteilen der Bilder zugeordnet werden.

4 Experimentelle Ergebnisse

Für die experimentelle Erprobung des Verfahrens wurde die in Bild 2 gezeigte Fokusserie aufgenommen. Bei den Objektweiten 400mm, 500mm, 600mm befand sich jeweils eines der Objekte aus verschieden hellem Karton, den Hintergrund bildete ein schwarzes Filztuch. Beleuchtet wurde diese Szene mit Mischlicht aus Leuchtstoffröhren und Glühlampen. Die Aufnahmen wurden mit der Panasonic WV-CD50-Kamera und einem 36mm-Objektiv (gemessene Brennweite: f= 37.0mm) bei Blende k=2,8 durchgeführt. Die Übertragungsfunktionen zur Fokusserie wurden mit der in [7] angegebenen Formel und den entsprechenden geometrisch-optischen Parametern berechnet. Bei der Berechnung wurden die Eigenschaften der verwendeten Kamera berücksichtigt. In Bild 3 sind als Beispiel die (reellen) Übertragungsfunktionen skizziert. Bild 5 zeigt das Bild mit erhöhter Schärfentiefe.

5 Diskussion

Bild 4 zeigt die aus der Fokusserie rekonstruierten Objektebenen. Offensichtlich konnten die niederfrequenten Anteile der defokussierten Objektteile nicht vollständig entfernt werden. Es können im Gegenteil sogar zusätzlich Störungen in diesem Frequenzbereich auftreten. Ursache dafür ist, daß sich die Werte der Übertragungsfunktionen $H_{i,j}$ in der Umgebung des Gleichanteils kaum voneinander unterscheiden, schon geringe Fehler, z.B. in den Schätzungen für die Signalleistungen können sich stark auf die Berechnung der Filter aus den Gleichungssystemen (8) auswirken. Dennoch erhält man bei der Überlagerung der rekonstruierten Objektebenen ein scharfes Bild der Szene. Die in den Objektebenen enthaltenen Fehler kompensieren sich gegenseitig, da sowohl die Rekonstruktion als auch die Überlagerung nach dem linearen Modell erfolgt.

Das Verfahren liefert gute Ergebnisse, sofern die in Kapitel 2 erwähnten Bedingungen erfüllt sind. Wir haben noch eine etwas natürlichere Szene aufgenommen (Bild 6-8). Das Ergebnis entspricht der Erwartung. Die genaue Kenntnis der Übertragungsfunktionen spielt bei der Rekonstruktion eine wichtige Rolle. Wir haben die Übertragungsfunktionen für die oben erwähnte Makroaufnahme sowohl berechnet als auch gemessen. Die berechneten stimmen gut mit den gemessenen überein.

Für transparente Objekte ist die Beschreibung durch ein nichtlineares Modell sinnvoller[9]. Die Objektinformation $o_i(x,y)$ stellt dann die Verteilung von Transmissionskoeffizienten dar. Das ist bei der Durchlichtmikroskopie meist der Fall. Als Fortführung der hier vorgestellten Arbeit wird eine nichtlineare Beschreibung untersucht. Die Rekonstruktion der einzelnen Objektebenen erfolgt iterativ, da ein entstehendes nichtlineares Gleichungssystem nicht analytisch zu lösen ist. Das Zusammensetzen der Objektebenen zu einem scharfen Bild erfolgt dem Modell entsprechend ebenfalls nichtlinear.

6 Literatur

[1] G. Häusler: A method to increase the depth of focus by two step image processing, Optics Communications, Vol.6, No.6, p.38, 1972

[2] G. Häusler, E.Körner: Expansion of depth focus by "image de-puzzing", Proc. of the 6. Int. Conf. on Patern Reg. München, 1982

[3] K. Itoh, A. Hayashi, Y. Ichioka: Digitized optical microscopy with extended depth of field, Applied Optics, Vol.28, No.15, p.3487, 1989

[4] R. J. Pieper, A. Korpel: Image processing for extended depth of field, Applied Optics, Vol.22, No.10, p.1449, 1983

[5] S.A. Sugiomoto, Y. Ichioka: Digital composition of images with increased depth of focus considering depth information, Applied Optics, Vol.24, No.14, p.2076, 1985

[6] G.A. Laub, R. Lenz, E.R. Reinhardt: Three dimensional object representation in microscopic imaging systems, Optical Engineering, Vol.24, p.901, 1985

[7] A. Stokseth: Properties of a defocused optical system, J. Opt. Soc. Amer., Vol. 59, No.10, p.1314, 1969

[8] R. Lenz: Zur Genauigkeit der Videometrie mit CCD-Sensoren, Mustererkennung 1988 (10.DAGM-Symposium), Springer-Verlag, s.179, 1988

[9] P. Schwarzmann, X.C. Wu: Nonlinear approach to the reconstruction of microscopic objects, Acta Stereologica Vol.8, No.2/2, p.563, 1989

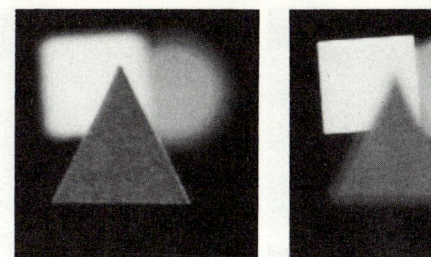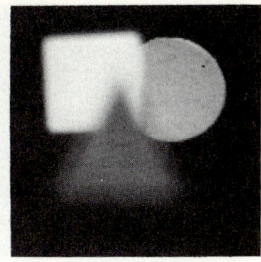

Bild 2: Fokusserie einer realen Szene. Objektweiten: 400mm (Dreieck), 500mm(Quadarat) und 600mm(Kreis). Objektiv: f = 37mm, k = 2,8. Kamera: Panasonic WV-CD50.

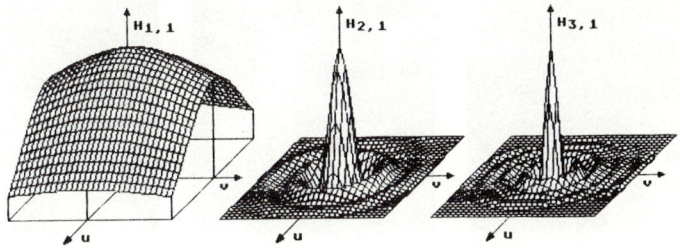

Bild 3: Übertragungsfunktion der vorderen Objektebene in die Bildebenen der Fokusserie bei Fokussierung auf die vordere (links), mittlere (mitte) und hintere (rechts) Objektebene.

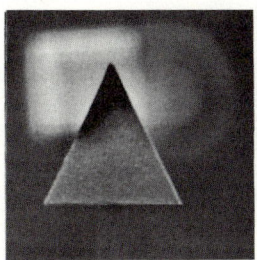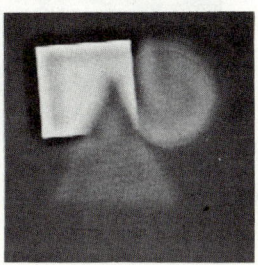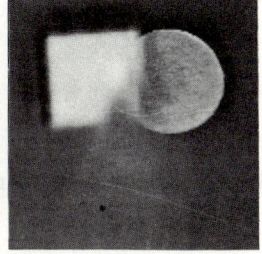

Bild 4: Aus der Fokusserie von Bild 2 rekonstruierte Objektebenen.

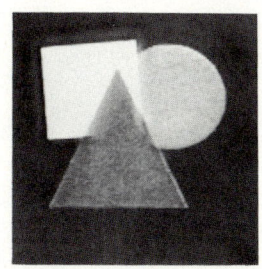

Bild 5. Bild mit erhöhter Schärfentiefe zu den rekonstruierten Objektebenen von Bild 4.

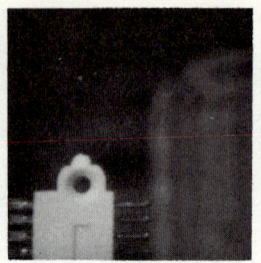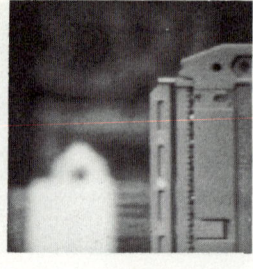

Bild 6: Fokusserie einer zweiten Szene. Objektweiten: 560mm (links), 800mm(mitte) und 1810mm(rechts). Objektiv: f = 37mm, k = 2,8. Kamera: Panasonic WV-CD50.

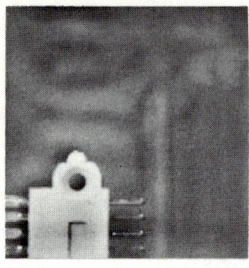

Bild 7: Aus der Fokusserie von Bild 6 rekonstruierte Objektebenen.

Bild 8. Bild mit erhöhter Schärfentiefe zu den rekonstruierten Objektebenen von Bild 7.

Trainable Look-Up-Tables versus   Neural Networks
for Real-time Colour Classification

Robert Massen, Joachim Gässler, Pia Böttcher, Wolfgang Reichelt

Transfer Centre Constance for Image Data Processing
Reichenaustr. 81c D-7750 Constance (FRG)

ABSTRACT

The pixel-wise classification of CCD colour images into previously learned colour classes at video-rate is a demanding vision task, both with regard to the complicated cluster shapes encountered in natural scenes and to the required computing power for real-time operation. We discuss the use of a perceptron Neural Network and propose an alternative simple and low-cost classifier based on appropriately trained look-up-tables. Two different learning rules for the supervised training of this LUT classifier are presented . This LUT classifier shows all the positive features of a 3-layer perceptron Neural Network, but performs 60.000 times faster then the Neural Network PC-simulation.

1. MACHINE VISION IN BIOTECHNOLOGY

Applying vision to the automation of biotechnogical tasks such as greenhouse control, culture selection in a Petri-dish etc. requires the use of colour:

a)   as a powerful feature to segment "natural" objects against mostly complex backgrounds
b)   as a natural feature to quantify the growth of a culture or a plant

The core problem for a vision system in this context is the fast, and , if possible, real-time classification of the pixels from an image into colour classes in a way which comes close to the intuitive human colour interpretation. We therefore face two basic requirements:

1.   the colour metrics in use should be intuitively understandable to the layman user.
2.   the classifier must be trainable by showing typical samples , since the adjustment of at least three colour primary settings simultaneously is well beyond the skill of both laboratory and green-house work forces.

We report on a new VME-bus vision system, which has been partly developed within an EEC project (BAP-0036- (D) B, "Automation in DNA sequencing"). The system has been implemented on a novel, look-up-table based vision processor architecture /1/ and compares favourably with the non-algorithmic intelligence of Neural Network classifiers, especially in view of real-time performance.

2. CLASSIFICATION IN THE IHS COLOUR SPACE

A human inspector does not use RGB colour metrics when judging f.i. the quality of a plantlet. He thinks and speaks of the "colour" of the leaves (meaning the HUE), the "purity" of a colour (meaning the SATURATION) and he does so largely independent from the actual lightness (the INTENSITY). The Intensity-Hue-Saturation (IHS) colour space is therfore a more natural choice to build an automatic classifier upon. I, H and S components are much less correlated then R, G, B signals, which have a common dependency on illumination. The transformation from R,G,B to I.H.S is non-linear:

$$I = (R+G+B)/3$$

$$S = 1 - \{ 3* \min (R,G,B)\}/ I \qquad (1)$$

$$H = \arccos \{ 0.5* [(R-G)+(R-B)] \}/ \sqrt{ \{(R-G)\uparrow 2 + (R-B)*(G-B)\}}$$

if R=G=B then S= 0 (no colour information)

We quantize the Green signal with 6 Bits and Red and Blue with 5 Bits each in order to store a complete colour pixel in one 16 Bit word. The conversion from RGB to IHS is performed in real-time with a 64k by 16 Bit SRAM look-up-table. The approbriately scaled conversion rules (1) are loaded at startup from the hard-disk into the LUT.

3. REAL-TIME COLOUR CLASSIFICATION ON LEARNED CLUSTERS

Our goal is to classify an incoming IHS image, pixel-wise and at pixel clock rate into a set of previously learned colour classes. The result is still a pixel image, but the value associated to each pixel is now the class label. For plantlet inspection for example, we will have a "green" class corresponding to the leaves, possibly a " yellow" class for the plant stem and a "background" class for everything else. The background in a greenhouse is particularly complex : dark brown or clear yellow soil up to pure white styropor container material. It is clearly impossible to segment a plant from such a complex background based on grey-level intensity alone.

In contrast to synthetic industrial products, the colours of natural objects tend to form clusters of complicated shape. "Green" from a plant leaf usually shows a large range of saturation values; dissociated colour clusters for a given plant part are common. We will discuss in the following two different colour classification schemes and refrain for the sake of simplicity to a 2-dimensional colour feature vector with the HUE and the SATURATION components only.

3.1. The Neural Network classifier - good and slow

A simple 1-layer feed-forward perceptron neural network computes a linear partition of the feature space and thus is able to perform a linear 2-class classification (/2/, /3/). A 3-layer perceptron with 2 input nodes, N nodes in the inner layer and 2 output nodes can partition an object cluster in the 2-dimensional $\underline{C}$ (H,S) feature space with a contour approximated by N straight line segments. This classifier is trained by showing a large number of plant pixels to the neural network and adjusting the originally randomly fixed weights according to the back-propagation learning rule /4/. The rather high number of required learning samples is not a problem in plant inspection, as a single colour image easily contains some 100.000 pixels on the plant. The approximation of even very complicated-shaped clusters is easy and accounts for the documented good classification results with this type of neural network.

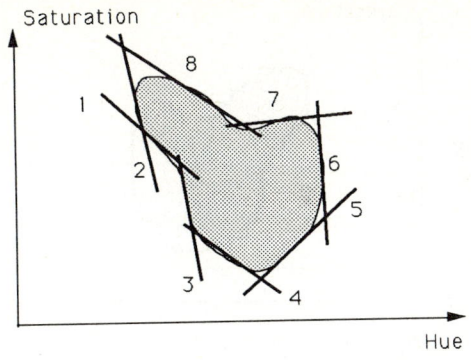

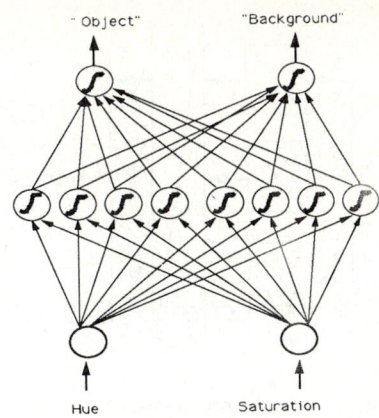

Fig. 1   A 3 layer feed-forward perceptron neural network with N = 8 nodes in the inner layer realizes
any H,S feature space partition with 8 line-segment approximations.

We have simulated a 3-layer perception on an IBM-PC using the Neural Ware simulation package /5/.
It performed well, but was extremely slow .Even with advanced signal-processors, transputer arrays or
specialized N.N chips, yet to be produced, it will be very hard to achieve the 2 Giga-Ops, which are required, if the classification has to be completed in every pixel clock period, i.e. every 70 ns.
Neural Networks thus are a nice solution for times to come, but unfortunately not for the real-time
business of today.

3.2. The trainable look-up-table classifier - good and fast

The most natural way to partition a feature space is certainly not to use any analytical discriminant
function at all but to let nature itself build up the partitioning clusters. This implies, in our favorite
case of a 3-dimensional $\underline{C}$ (I, H, S) feature vector, to map the feature space one-by-one into a memory
table, a look-up-table (LUT). The IHS components are used as a pointer to address a 64k by 8 Bit
SRAM which has been previously trained and labelled as a classifier (Fig. 2). Apart from the resolution
limited by the quantisation of the I, H, S components there is no restriction on the shape or the
number of clusters which can be stored in a LUT-classifier. It is an inherent parallel processing device
easily operatable beyond 20 MHz clock rate.

The price to pay for this appealing scheme is:
a)   we must find an intelligent way to train the LUT
b)   we have to restrict the classifier to, say ,a maximum of 24 Bit in total of input vector components (i.e.16 Mbyte LUT) because of the exponential increase of memory size with number
and quantization levels of the feauture vector components.

The LUT classifier approach is therefore confined to rather small dimensions of   the feature vector. It
bears some interesting relations to the Neural Network approach using Boolean functions in the output layer as described by / 6 / . Training the LUT classifier however is much simpler and there are
no algorithmic computing circuits envoloed whatsoever.

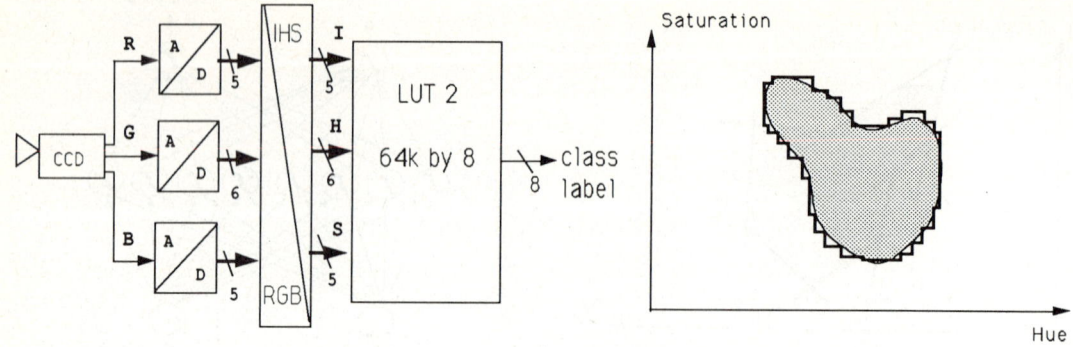

Fig. 2 left: Real time classifier using a LUT for partitioning the colour feature vector space in any possible way.

right: very good approximation to the natural clustering is possible even with rather low number of quantization levels. The numbers of classes into which classification can be done in parallel is only limited by the quantization of the feature vector.

We discuss two different learning rules we have successfully applied to colour classification using the LUT approach.They both offer a different solution to a central training problem: even with a very large number of training samples, the clusters will rarely be completedly filled. We have instead to cope with sparsely populated trained clusters and find ways to fill them without changing the overall shape.

4. THE " INCREMENT AND CLOSE" LEARNING RULE

The LUT classifier is trained under supervision of a human expert who takes sample image of the object to be segmented against the background or other classes. For the example of the segmentation of plantlets from difficult backgrounds , the operator snaps an image and marks with a cursor typical regions which belong to the class to be trained. The content of the LUT is trained as follow:

step 1	reset all LUT memory cells to zero
step 2	take a sample image containing objects and background. Interactively mark regions belonging to the class to be learned (e.g. the leaves of the plantlet)
step 3	for all pixels within the marked regions: - use digitzed IHS signals as LUT address pointer - read , increment and write back the content of addressed cells
step 4	use a fixed threshold to binarize and label the contents of all LUT cells according to the rule: if content of cell(i) > threshold then cell(i) = object else cell(i) = background
step 5	label all cells corresponding to a low saturation value as "background"
step 6	use a 3- dimensional morphological CLOSING operation (DILATATION followed by EROSION) on the binary LUT content. Label all closed cells as "object " class

Step 3 builds up a 3-dimensional histogramm of the C (I, H, S) feature vectors from the training set. The thresholding operation of step 4 deletes spurious misclassifications as often encountered on the edges of a plant. Step 5 takes into account, that the RGB ->IHS conversion is unstable for low saturation values ("colour" is meaningless when saturation reaches zero, i.e. for near black or near white regions). Step 6 closes the sparsely filled clusters and smoothes their outer hull. Fig. 3/4 show two examples of colour classification using this strategy: a synthetic scene (a test colour chart) and a natural scene (a plantlet against a coloured, black and white background).

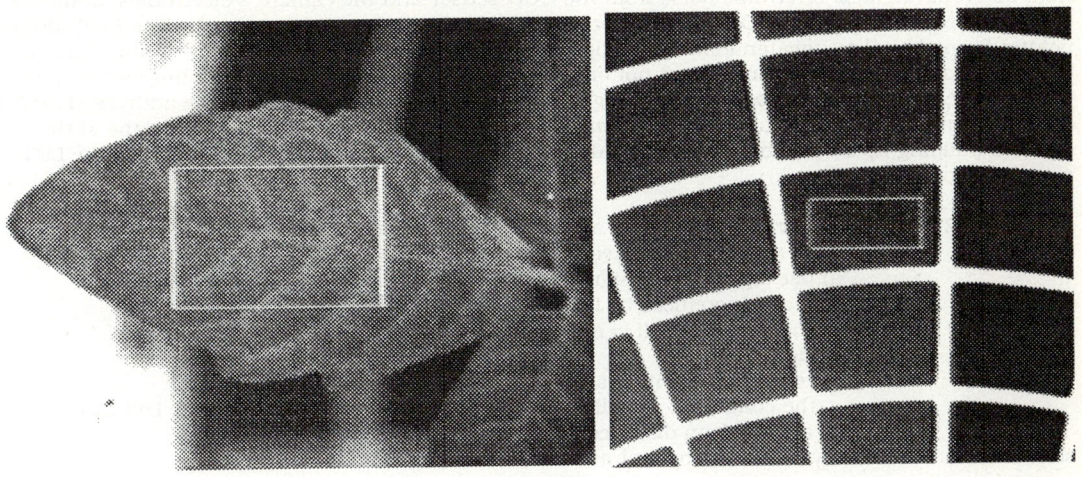

Fig3.   Natural scene (green leaf on multi-coloured background) and synthetic scene (colour chart)
         The white rectangle is the pixel set used for training the classifier

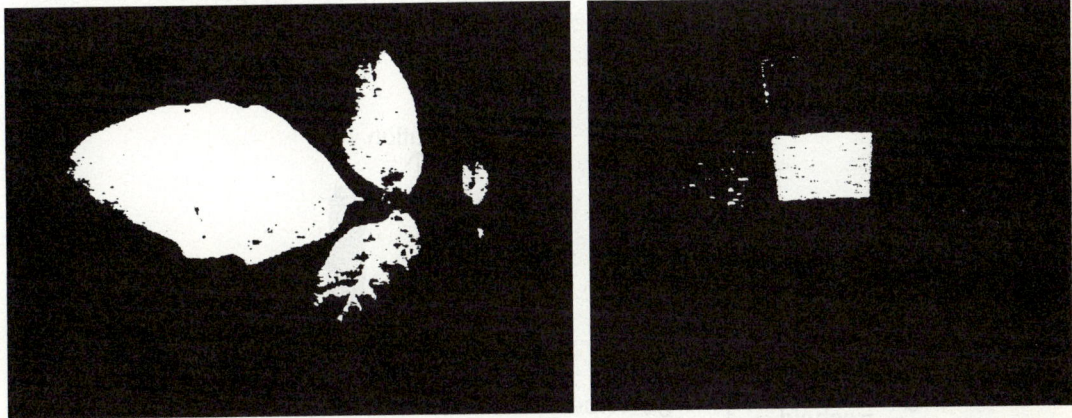

Fig.4   Result of classification using the "Increment and Close" learning rule. This rule gives a good
         discrimination in synthetic scenes, but leads to rather high false classifications especially on
         the edges of natural objects.

5. THE " INCREMENT AROUND " LEARNING RULE

The colour feature vector C (I, H, S) associated with every pixel in a colour image is corrupted by noise from different origines: electronic noise from the CCD sensor and the camera´s electronics, quantization noise from the Analog-to-Digital converter , noisy colours in a natural scene etc. The LUT address pointer formed by the concatenation of the digitized I, H and S signals is a random variable. To achive 3-dimensional averaging ,we increment not only the actual addressed memory cell, but also its neighbours in the IHS space by a factor decreasing with the encleudian distance from the addressed center cell (see step 3 below). Incrementing the geometric neighbours around equally fills the gaps in the clusters building up so that no morphological closing operation is required. The training of the LUT runs as follow:

step 1 and 2: same as with the " increment and close" learning rule
step 3:   for all pixels within the marked training windows
      a) use digitized IHS signals as LUT address pointer
      b) read , increment by factor k and write back the content of
       the adressed cell (= center cell)
     And
      read ,increment by a decreasing factor $k/r\uparrow2$ and write back
      the content of all cells which are geometric neighbours in the IHS space
      at euclidean distance r from the center cell
step 4 and 5: same as with the "increment and close" learning rule

Fig. 6 shows, that the "Increment Around" **learning** rule improves the classification of natural scenes but smears the classification results for well-defined synthetic scene.This is a logical result as colour clusters from natural scene have more scatter then those from a synthetic scene. The averaging action of incrementing the neighbour feature vectors during the learning phase thus produces classification regions with smoother contours. Fig. 5a shows the HS clusters trained on a plant leaf with the "increment and close" rule. Fig.5b gives the same cluster after the "increment around" training" has been completed

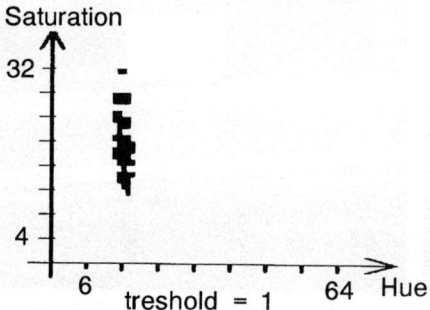 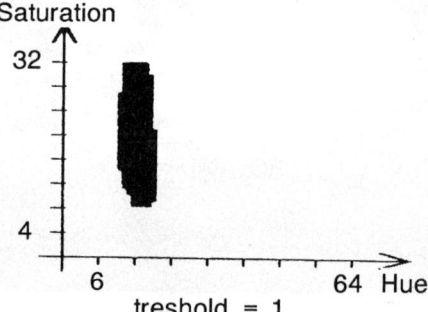

Fig.5a HS-cluster trained with the "increment   Fig.5b HS-cluster trained with the
     and close" rule   "increment around" rule

 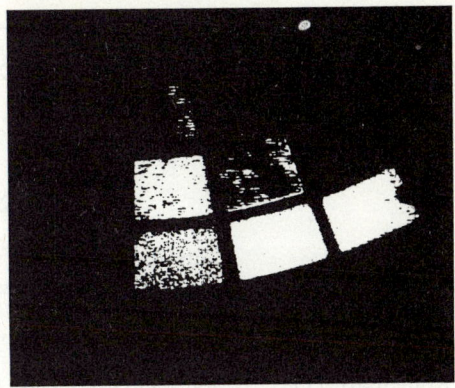

Fig. 6 Plantlet and colour chart classified with the "increment around" learning rule.
Good classification for a scene with naturally highly scattered colour clusters but
less selective classification for a synthetic scene

CONCLUSIONS

The trainable look-up-table classifier together with an approbriate learning rule is an interesting alternative to the Neural Network classifier, at least for feature vectors digitized into typically not more
then   24 Bits in total. The LUT classifier performs real-time classification at pixel clock rates up to 20
MHz with very modest hardware requirements. It can partition the feature space into any number of
clusters without limitation to the complexity of the cluster shape. Two different learning rules have
been developed which allow the LUT classifier to be trained by the layman.The " Increment and Close
" learning rule results into to well populated clusters even for a small number of training samples. It
achieves precise feature space partitions and is well suited for clusters with a small intra-class variance like those encountered in industrial scenes. The " Increment Around " rule shows very good results for highly scattered clusters as often found in natural scenes. By assigning a multi-bit class
label to every member of a class , the classification result can be a class label associated to a signifi-
cance level, f.i. the distance of the actual feature vector to the nearest boundary of the cluster´s hull.
Multi-level classification images can thus be computed at video-rate . This is a powerful preprocessing tool both for segmentation and pattern recognition tasks and research is going on on that topic.

The performance of the trainable LUT classifier has been demonstrated on the problem of real-time
pixel-wise classification of RGB CCD-colour camera signals into IHS clusters learned by supervised
training. The classifier can readily be implemented on the " Fast Frame Processor", a novel , commercially available image processor architecture.

ACKNOWLEDGEMENTS

We acknowledge the financial support of the EEC under the Biological Action Programme for parts of the work discussed in this paper.

REFERENCES

/1/   Janke,P.   Internal report and commercial documentation of the Opto-Tech
        Breuckmann, K.   " Fast Frame Processor " VME-Bus vision processor (1989)
                                OptoTech GmbH, Meersburg , FRG

/2/   Lippmann, R.   Introduction to Computing with Neural Nets. IEEE Trans. ASSP,
                                April 1987

/3/   Rumelhart, D.E.   Parallel Distributed Processing : Exploration in the Microstructure
                                of Cognition. Vol. I, Foundations, MIT Press 1986

/4/   Rumelhart, D. E.   Learning internal representations by error propagation. Neural Net-
                                works, Vol. 1. ed. by Rumelhart, 1986

/5/   Product information of the NeuralWorks simulation package. Neural
                                Ware Inc. Pittsburgh USA

/6/   Strobach, P.   A Simplex Design of Linear Hyperplane Decision Networks. in: Pattern
                                Recognition 1989. 11th DAGM Symposium, Hamburg October 1989.
                                ed. Burkhardt. Springer-Verlag

Symbolic Contour-based Image Processing with a Real-time Polygon Extraction Processor

E. Herre, R. Massen, F. Hallmann

Transfer Centre Constance for Image Processing
Reichenaustr. 81c D-7750 Constance
tel. +49-7531-57502 fax +49-7531-53740

Abstract

A newly developed VME-bus image preprocessor for the extraction of a symbolic CAD-like description of contoured objects from a greylevel image at video frame rate is presented. Based on a 6-stage pipeline architecture and using hardwired rule-based algorithms, the PolyGen processor computes a polygon approximation of contours extracted by gradient methods from greylevel or classified colour images without binarization. A list of sorted vectorized contours is dumped into a symbol memory for further symbolic processing by programmable processors. The real-time operation of the 2-board PolyGen processor is independent from the resolution of the original image. Data compression factors up to 1000 can be reached independent of the size and of the rotation of the objects in the scene. The paper discusses typical applications, like the fast identification and positioning of punched metal objects from a set of 6000 different products and robust OCR.

1.Introduction

Using symbolic image processing methods is a sharply needed method in view of finding a more general and less problem specific approach to the generally very fast image processing tasks encountered in machine vision applications like parts identification and positioning, precision measurement at specific object coordinates, extracting CAD-model data from real-life scenes etc.

The extraction of just the most primitive symbols from a greylevel image such as a list of vectorized contours and of corners already requires some 200 operations/ per pixel. At a pixel clock frequency of 20 MHz this means that we need a sustained computing power of 4 Giga-Operation per second for a truly real-time, i.e. video-rate performance.

The actual approaches mostly work on contours extracted from binarized images and use Run-Length coding or the Boarder-Line Code /1/ as well as dedicated binary or boolean hardwired processors. The use of programmable processors like transputers would envolve a prohibitively large number of several hundered processors and seems us to be the wrong approach to a rather dedicated task. Rule-based systems working on computers programmed in Prolog /3/ are a nice research tool, but 3 to 4 orders of magnitude too slow for real-life industrial requirements.

Based on our experience in fast hardware based image processors for correlation, template matching and surface inspection, we decided to look for a low-cost hardware-based solution working directly on grey-level images and not using any critical binarization at all. The symbol extractor may be confined to the lowest level of a symbolic description of objects in a scene, i.e. a list of sorted vectorized contours (polygon approximations of the edges within the image). This CAD-like description should be computable at video-frame rate for any type of existing image sensors such as CCD-line and matrix cameras including the high- resolution MEGAPLUS camera as well as to laser scanners with up to 16k pixels per line. The final symbolic description should allow a user definable degree of polygon approximation of the object contours; the final data structure should be an ordered list of closed vectorized contours giving as well a high degree of data compression and a simple data structure for furher fast symbolic processing in software on programmable processors.

2. A 6-stage pipeline architecture with dedicated hardwired processors

As all actual image sensors do sequentially read out the pixels along a scan line, a pipeline architecture working directly on the digitized pixel flow and needing therefore no image buffering at all seems to be the most promising approach for achieving some 4 GOPS of computing power on a few VME-bus boards. Our PolyGen processor uses a 6- stage pipeline (see fig. 1) composed of:

stage 1: a set of two 8 by 8 convolution processors(LSI Logic chips) to compute the horizontal and the vertical edges fx and fy. The filter coefficients are freely programmable; a good choice is a set of perpendicular difference-of-gaussians (DOG´s) with a width adapted to the spatial frequencies of the image /2/.

stage 2: a set of look-up-tables to compute the gradient magnitude and the gradient orientation , both scaled to 8 bit resolution.

stage 3: a direction-controlled detector and follower of the local gradient maximum. The gradient magnitude of the central pixel is compared to that of those neighbour pixels which lie on a line perpendicular to its own gradient angle (in a 3 by 3 neighbourhood). A central pixel is labelled as a possible contour pixel if its *magnitude is larger or equal* to that of those neighbours.

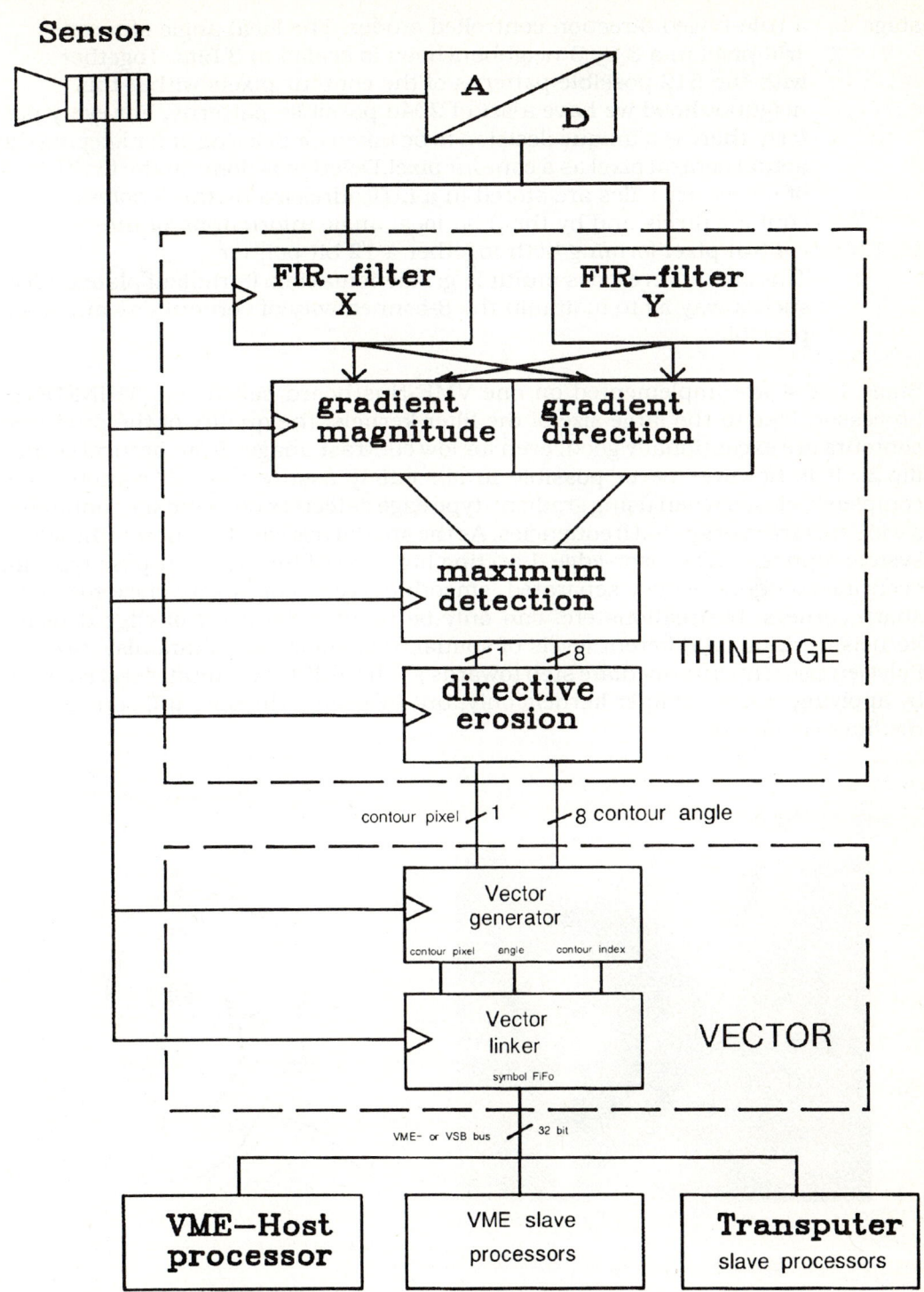

Fig. 1   The PolyGen processor is 6 stage pipeline on two VME-bus boards.

stage 4:   a rule-based direction controlled eroder. The local angle of a central pixel in a 3 by 3 neighbourhood is scaled to 3 bits. Together
with the 512 possible patterns of the contour pixels within this
neighbouhood we have a set of 2048 possible patterns. For every pat
tern, there is a unique decision to be taken for deleting or for keeping the
actual central pixel.Deletion is done on the fly. The set
of necessary rules are stored in a LUT adressed by the 9 potential
contour pixels and by the 3 bit local angle information of the
central pixel forming both together a 12 bit pointer.
This operation erodes multiple gradient maxima ("gradient plateaus") in
such a way as to maintain the 8-connectivity of contours as much as
possible.

Stage 1 to 4 are implemented on one VME-Bus board called the "THINEDGE"
processor. Due to the large size of the filter kernels, the quality of the produced
contours are exceptionally good, even for low contrast images from natural scenes
(fig.2). It is however never possible to absolutely assure that all contours are
completely closed when using gradient-type edge detectors on an image containing
a wide spectrum of spatial frequencies. As the spatial transfer function of the whole
system "optics-CCD sensor-edge detecting high-pass filter" is band-pass type, all
occuring contours (widely separated, smooth curve´s, edges very close together,
sharp corners, bifurcations etc. can only be handled by a set of edge-detector
kernels working on different levels of spatial frequencies simultanoulsy /4/.
PolyGen takes an intermediate step towards such a full-blown multi-level solution
by applying one set of filter kernels only, but by giving the user full control over
the filter coefficients.

Fig. 2 Extraction of thinned contours with the THINEDGE pipeline stage

stage 5:   the output of the THINEDGE section is an 8 bit pixel data flow with one
bit of contour member label and 7 bit of local contour angle for every
pixel.A rule-based finite state machine detects in a 3 by 3 neigbourhood
the start and the the end of contours (fig. 3). Every closed
contour is indexed as 2 separated partial contours (one with
clockwise, one with anti-clockwise direction) . The contour pixels
are linked into a straight line segment up to the next "corner". A
"corner" is defined as the knot of the polygon approximating the
contour. A contour pixel is stated as being a "corner" if its local
orientation (computed with 8 bit accuracy in the 2nd pipeline stage)
deviates from the actual polygon angle   by more then threshold value
which set by the user.
This threshold thus defines the degree of approximation of the
contour by polygons. A threshold of 45 degree will approximate a
circle by 8 straight line segments, a threshold of 2 degrees by 180
line segments. The absolute adresses of every corner are dumped
on the fly into a symbol FiFo memory together with the partial contour
index .

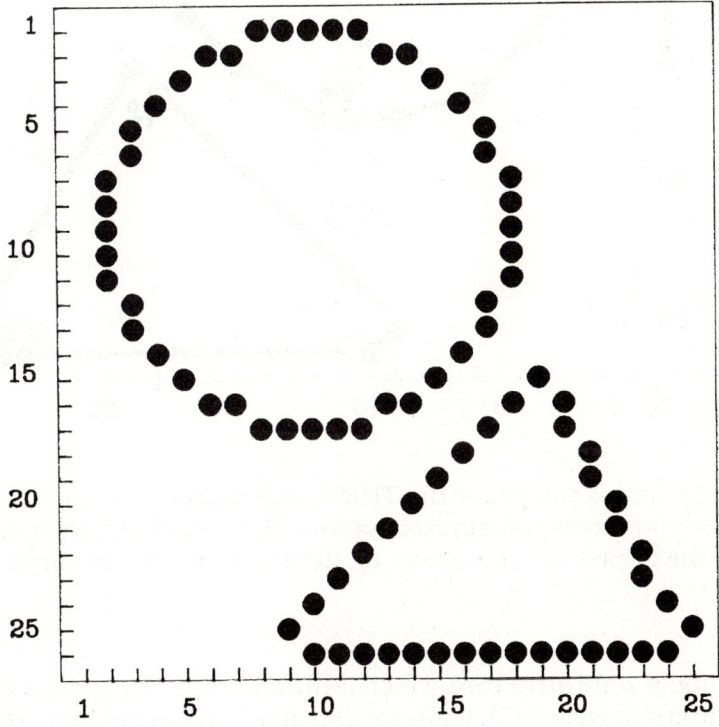

Fig.3   Operation of stage 5 of the pipeline. The thinned contour image is
a pixel image with 1 bit of contour member label and 8 bit of local
contour   angle. This example contains two closed contours to be
approximated by a polygon.

stage 6:   In order to facilitate the linking of partial contours into an ordered
           set of closed contours, starting and ending points of contours
           which are neighbours within 1 pixel distance are linked. A pointer
           is attributed to every partial contour pair which are neighbours
           at the start and at the end (fig. 4) .

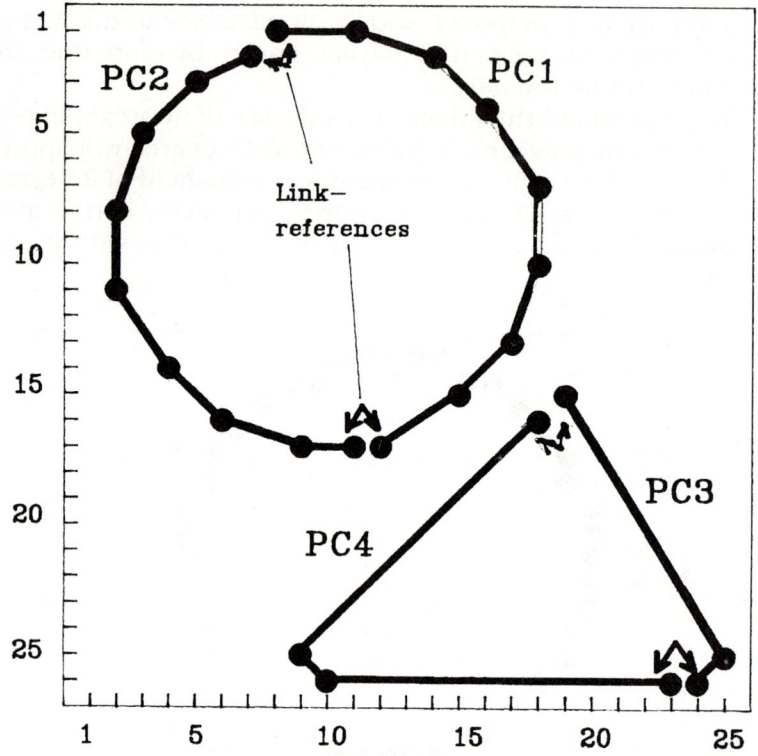

Fig. 4   Stage 5 and 6 compress the THINEDGE image into partial contours PCi
         reduced to a polygon approximation. The threshold angle defining the
      error of the approximation is set to 20 degree in this example.

The final symbolic data structure which is dumped into the symbol FiFo at the end
of the pipeline is shown in fig.5. It is a data structure very similar to a CAD structure
and is composed of the following entries:

1. A set of partial contour lists comprising the running contour index PCi,
2. the start and end pointers linking the partial contour PCi to it's neighbouring partial contour PCj
3. the list of all corner adresses of the polygon approximating the partial contour PCi

The symbol FiFo can be accessed via the VME- or the VSB-Bus allowing the simultanous read-out in a multiprocessor VME-Bus system.

The section stage 5 and stage 6 are implemented on a second VME-bus board called the "VECTOR" processor. The only speed limit is the upper pixel clock frequency of actually 20 MHz. The on-board static FiFos can be extended up to 16 k allowing the processing of very high-resolution sensor images such us the MEGAPLUS camera, 6000 pixels line cameras or 16k pixel/line laser scanners. The latency time which the data take to flow through the pipeline is 14 line scan periods.PolyGen is a purely static processor using no dynamic data storage and therefor friendly to interface even to the most difficult image sensors.It is a really low-cost solution and will be commercially available from 4th quarter 1990 under licence from a major german VME-Bus board and system producer (/4/).

Contour nr.	PC1		PC2			PCn	
References	Neighb	Direct	Neighb	Direct		Neighb	Direct
Start– reference	2	from top to bottom	1	from top to bottom			
End– reference	2	from bottom to top	1	from bottom to top			
Corner adr.	Y	X	Y	X		Y	X
Startpoint	1	8	2	7		Pn1	
.	1	11	3	5		Pn2	
.	2	14	5	3		Pn3	
.	4	16	8	2		.	
.	7	18	11	2		.	
.	10	18	14	4		.	
.	13	17	16	6		.	
.	15	15	17	9		.	
Endpoint	17	12	17	11		.	

Fig. 5 Data structure extracted from grey-level images at video frame rate and dumped into a 2-port symbol FiFo

3. Symbolic processing using the PolyGen generated symbols

As PolyGen uses an 8 bit contour angle extracted from an 8 by 8 neighbourhood, it produces far quieter polygons then solutions working in a 3 by 3 neighbourhood only . The degree of approximation and thus the achieved data compression is under control of the user.Fig. 6 shows a punched metal part vectorised with different approximations.We currently work on a part identification problem involving more then 6000 different items. An identification problem often can tolerate rather crude approximations if robust geometric features like area, centroids, number of holes or blobs, concave/convex discrimination, Ferret-measures, Euler numbers, axes of symmetry, moments of inertia etc. are used.Lists and histograms of local line segment angles are feature vectors which are rather robust against crude approximation. They often can be computed during scan-time as the symbol memory is rather seldom adressed by the VECTOR stage (only when a corner is detected). This leaves typically more then 80% of a frame period free for the host or slave processor to adress the symbol FiFo.

The sorted list of partial contour pairs is a highly parallel data structure well adapted to be processed on individual transputers which acces the symbol FiFo via the VSB- or the VME- bus and perform processing of symbolic contour data in parallel.

The PolyGen data structure is wellcome to office automation as well. It represents a simple Postcript data structure limited to "line_to" elements. PolyGen thus can perform a crude raster image-to-Postcript conversion at real-time.As the data compression is completely rotation independent (in contrast to familiar run-length coding schemes) and also to a very high degree independent of scale, stable compression factors and robust features are obtained for OCR algorithms.

Fig. 7 gives an idea of the data compression factors achievable in contour-dominated "natural" scenes. Compression factors up to 1000 are possible without loosing too much of information. Typical applications of PolyGen is this field of application are the computing of sketch- or cartoon-type images from real-life scenes for the movie and graphics industry, for the conversion of real-life images into a deaf-sketch image at video frame rate for communicating with deaf people over reduced communication channels etc.

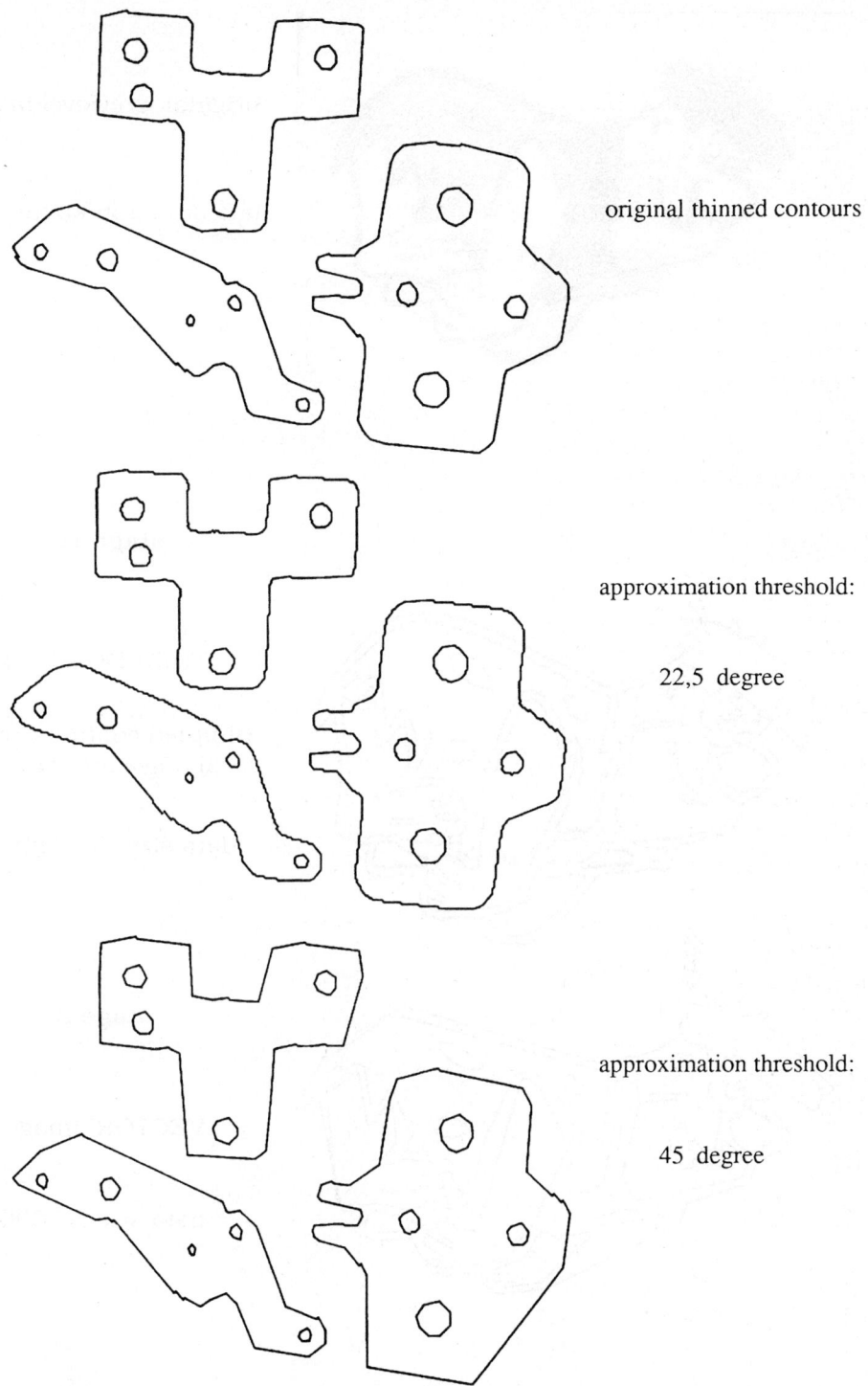

original thinned contours

approximation threshold:

22,5 degree

approximation threshold:

45 degree

Fig. 6 Punched metal parts to be identified shown at different degrees of
polygon approximation.

original greylevel image

data size: 256 kbyte

stage 1:

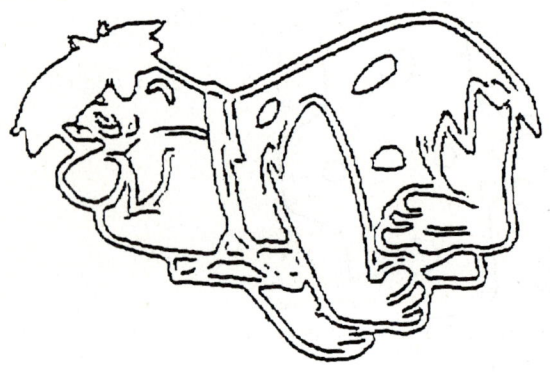

THINEDGE image

(thinned contours with 7 bit
local angle attribute)

data size : 256 kbyte

stage 2:

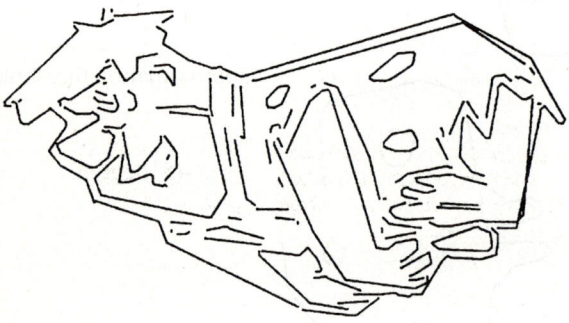

VECTOR image

data size : 1600 byte

Fig. 7 Images produced by Polygen on a colour cartoon scene. High data
compression are possible without loosing too much of information

4. References

/1/ N. Bartneck, "Ein Verfahren zur Umwandlung der ikonischen Bildinformation digitalisierter Bilder in Datenstrukturen zur Bildauswertung" Dissertation, Techn. Univ. Braunschweig, 1987.

/2/ A.F. Korn, "Toward a Symbolic Representation of Intensity Changes in Images", IEEE Trans. Pattern Anal. Mach. Intell., Vol 10, Nr. 5 pp. 610-625, Sept. 1988.

/3/ M. Baessmann, Ph.W. Besslich, "Konturorientierte Verfahren in der digitalen Bildverarbeitung", Springer Verlag, 1989.

/4/ S. Marschall, "Review of shape coding techniques", Image and Vision Computing, Vol 7, Nr. 4, Nov. 1989

/5/ Advanced product information, Eltec GmbH Mainz, 1990.

/6/ R. Massen, T. Regele, P. Boettcher, "Colour and Shape Classification with Competing Paradigms: Neural Networks versus Trainable Table Classifiers" ECO 3 Congress, The Hague, March 1990.

/7/ R. Massen, P. Janke, J. Roesch, M. Simnacher,"Real-time symbol extraction from grey-level images", Int. Symposium on Technology for Optoelectronics. SPIE 16-20 Nov. 1987, Cannes.

VisionCluster, ein transputerbasiertes Bildverarbeitungssystem

R. Föhr, L. Thieling, (Rogowski-Institut, RWTH Aachen)
G. Peise, T. Vieten (Fa. Parsytec, Aachen)

1 Einführung

In vielen Bereichen der Bildverarbeitung, z.B. im industriellen, medizinischen und kartographischen Umfeld, sind die hohen Anforderungen an die Verarbeitungsgeschwindigkeit nur mit Parallelrechnerarchitekturen zu erfüllen. Die effiziente Nutzung der hierdurch zur Verfügung stehenden Rechenleistung ist jedoch nur dann gewährleistet, wenn entsprechend leistungsfähige Kommunikationswege zum Datentransfer zwischen den Prozessoren existieren. Shared-Memory-Architekturen sind zwar wegen der Bereitstellung und Aufnahme von gemeinsamen Daten für die Bildverarbeitung naheliegend; sie beinhalten jedoch auf Grund der begrenzten Speicherbandbreite einen vorprogrammierten Engpaß.

Im Gegensatz dazu stellen Message-Passing-Architekturen, wie beispielsweise transputer-basierte Systeme, eine mit Anzahl der Prozessoren wachsende Transferbandbreite zur Verfügung. Hinzu kommt, daß die Hardware dieser Systeme heute zur Verfügung steht und durch geeignete Entwicklungsumgebungen und Betriebssysteme bedienbar und in angemessenen Zeiten programmierbar geworden ist. Für den Einsatz in der Echtzeitverarbeitung großer, zusammenhängender Bilddatenmengen hat sich das Transputer-Konzept durch die für viele Anwendungen relativ niedrige Übertragungsrate (max. 1.6 Mbyte/s) auf einer einzelnen Link bisher noch nicht durchsetzen können. Insbesondere führt die Bearbeitung des gleichen Datenmaterials durch unterschiedliche Prozessoren zu einem Kommunikationsaufkommen, das im Extremfall über 90 % der Rechenzeit belegt. Zusätzlich benötigt das Zusammenführen der verteilt in den lokalen Speichern erzeugten Teilergebnisse eine ähnliche Organisation der Kommunikation, die die einzelnen beteiligten Prozessoren überproportional bindet.

Aus diesem Grund wurde das neuartige transputer-basierte Parallelrechnersystem VisionCluster entwickelt, das durch Bereitstellen extrem schneller Datenpfade (100 Mbyte/s) die skizzierten Engpässe umgeht. Eine hierarchisch aufgebaute Software-Umgebung garantiert hierbei eine benutzerfreundliche Handhabung der Hardware, sowohl auf der Betriebssystem- als auch auf der Bildverarbeitungsebene.

2 Merkmale des VisionCluster-Systems

Das VisionCluster besitzt ein neuartiges Hardwarekonzept für Parallelrechnersysteme, in dem die Vorteile des Shared-Memory- und des Message-Passing-Konzepts vereint werden. Durch die verbesserte Kommunikationsstruktur werden die Transferzeiten für große Datenmengen wesentlich verkürzt. Insbesondere bei Echtzeitproblemstellungen kann nun mit höheren Prozessorzahlen auf dem Bildmaterial gearbeitet und dabei die volle Rechenkapazität der angeschlossenen Prozessoren ausgenutzt werden. Folgende wesentliche Merkmale kennzeichnen das System:

- Zusätzlich zu den Links sind die Prozessoren über schnelle Datenpfade mit einer Übertragungsrate von 100 Mbyte/s verbunden

- Hardwaremäßige Unterstützung der für die Bildverarbeitung wichtigen Betriebsarten:

    Broadcasting:
    Gleichzeitiges Verteilen von Bilddatenmengen auf eine beliebige Anzahl von Prozessoren, die parallel aus Teilbereichen dieser Bilder Teilbereiche eines Ergebnisbildes erzeugen.

    Gathering:
    Erstellen eines Ergebnisbildes durch Zusammenfügen von Teilergebnisbildern der Prozessorknoten

- Möglichkeit der Einbindung von Spezialprozessoren (programmierbare VLSI-Filter oder Signalprozessoren).

- Der modulare Aufbau des Systems erlaubt eine flexible Anpassung an verschiedenste Aufgabenstellungen.

- Möglichkeit zur Ankopplung bereits existierender transputer-basierter Parallelrechnersysteme.

- Der Zugang von Entwicklungsumgebungen auf Workstations und PCs zum System wird durch ein geeignetes Betriebssystem (HELIOS) und die von ihm verwalteten Links sichergestellt.

3 Der Aufbau des VisionCluster-Systems

3.1 Das Ein-Bus-System

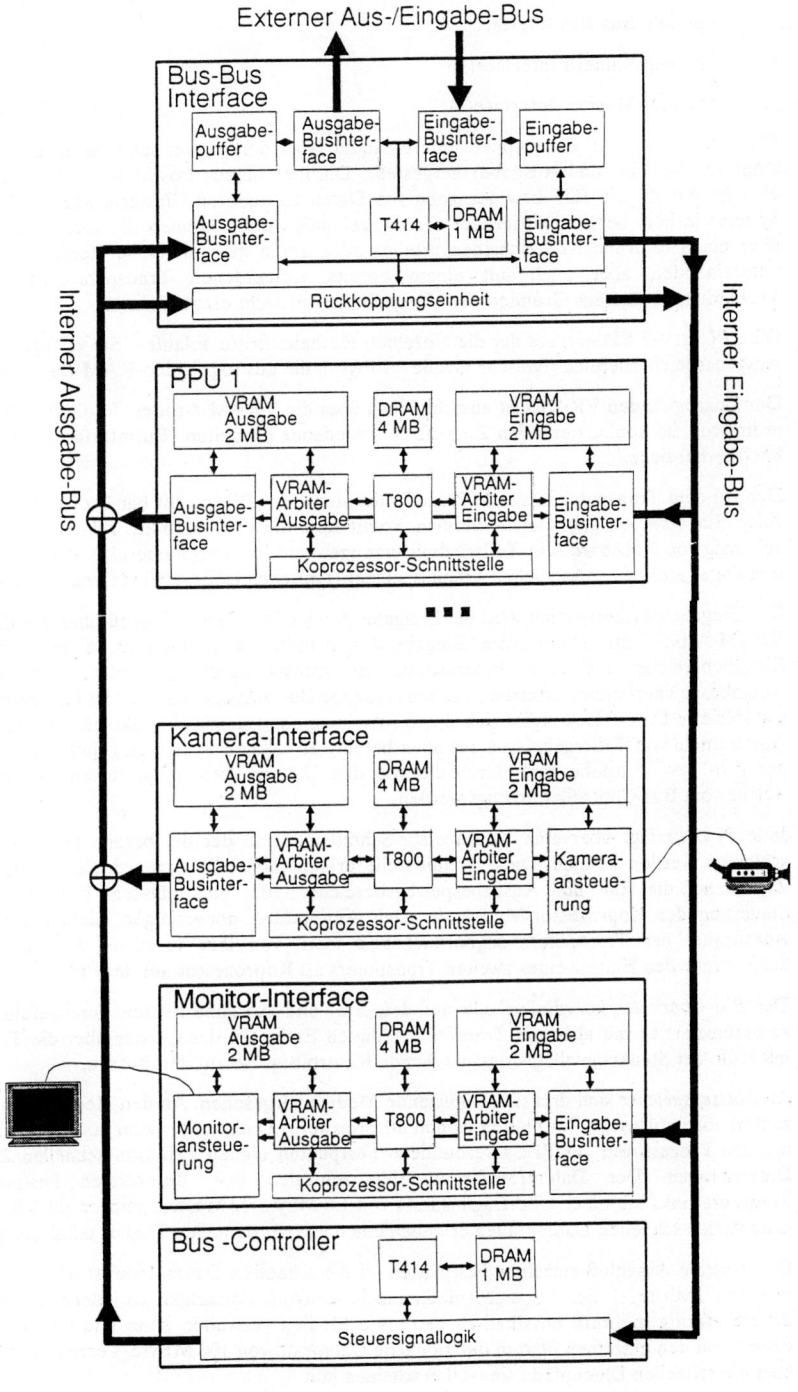

Bild 1: Aufbau eines Clusters

Das in Bild 1 dargestellte Ein-Bus-System (Cluster) besteht aus folgenden Baugruppen:

mehrere Parallel Processing Units (PPU)

Bus-Controller

optional Bus-Bus-Interface

optional Kamera-Interface(s)

optional Monitor-Interface(s)

Die Verbindung der Baugruppen untereinander wird durch zwei schnelle 32 Bit breite interne Datenpfade (je einer für die Ein- und Ausgabe) hergestellt. Darüber hinaus existieren noch zwei weitere externe Datenpfade gleicher Art für die Ein- bzw. Ausgabe von Daten zu anderen Clustern. Für die Einbindung des VisionCluster-Systems in eine bereits existierende Hardwarekonfiguration können die Links der Transputer aller Baugruppen über einen externen Kreuzschienenverteiler oder durch eine manuelle Verdrahtung (feste Link-Konfiguration) untereinander, aber auch mit einem bereits vorhandenen Transputercluster verbunden werden. Diese Verbindungen sind aus Gründen der Übersichtlichkeit nicht eingezeichnet.

Die *PPU* ist die Einheit, auf der die einzelnen Rechenschritte ablaufen. Sie verfügt über einen Eingabe- und einen Ausgabespeicherbereich (typische Größe 2 Mbyte), die aus sog. Video-RAM-Bausteinen (VRAM) aufgebaut sind.

Der Zugang zu den VRAMs ist ausschließlich über die VRAM-Arbiter für die Ein- bzw. Ausgabe möglich. Sie koordinieren die konkurrierenden Zugriffe verschiedener Einheiten (Businterface, Transputer, Koprozessor) auf die Speicherbereiche.

Der auf dem Transputer laufende Prozeß mit intensivem Bildzugriff hat über diese Arbiter Zugang zu seinem lokalen Ein- bzw. Ausgabespeicherbereich. Somit kann dieser Prozeß aus Bilddatenmaterial im Eingabebereich unabhängig von Nachbarn sein Teilergebnis erzeugen und im Ausgabebereich ablegen. Für das Programm und weitere Daten steht ein zusätzlicher Arbeitsspeicher (typische Größe 4 Mbyte) zur Verfügung.

Der Eingabespeicherbereich wird bei Freigabe durch einen Server-Prozeß über das Eingabe-Businterface und den VRAM-Arbiter mit Daten vom Eingabe-Bus gefüllt. Es ist möglich, einen Datenblock gleichzeitig in die Eingabebereiche mehrerer Prozessoren zu transportieren (Broadcasting-Funktion). Analog wird der Ausgabespeicherbereich arbitriert auf den Ausgabe-Bus ausgegeben. Der als Gesamtresultat auf den Ausgabe-Bus transferierte Datenblock ergibt sich durch Mischung aller gleichzeitig aktivierten Ausgabebereiche, d.h. durch ein Aufsammeln von Teilergebnissen aus allen beteiligten lokalen Speichern (Gathering-Funktion). Das Zeitverhalten der Ein- bzw. Ausgabe wird durch die von den Datenpfaden mitgeführten Synchronisationssignale bestimmt, welche vom Bus-Controller erzeugt werden.

Jede PPU verfügt über eine Koprozessor-Schnittstelle, an der die bereits erwähnten Spezialprozessoren angeschlossen werden können. Diese Schnittstelle erlaubt über die zugeordneten VRAM-Arbiter einen wahlfreien Zugriff auf die Ein- und Ausgabespeicherbereiche. Über einen Daten- bzw. Adreß-Bus können die für die Steuerung der Koprozessor-Module je nach Anwendung notwendigen Einheiten (z.B. Adreßgeneratoren) im Adreßraum des Transputers angeordnet und somit von ihm verwaltet werden. Insbesondere erlaubt diese Schnittstelle den Einsatz eines zweiten Transputers als Koprozessor auf der PPU.

Der *Bus-Controller* koordiniert alle auf den Ein- und Ausgabe-Bussen durchgeführten Datentransfers. Hierzu kommuniziert er mit allen am Transfer beteiligten Einheiten des Cluster über die Transputerlinks und generiert mit Hilfe der Steuersignallogik entsprechende Kontrollsignale auf den Bussen.

Als *Massenspeicher* sind drei sich ergänzende Medien vorgesehen. An den Host-Systemen des HELIOS-Netzwerks zentral angeschlossene Festplatten dienen als preiswerte Datenträger zum langfristigen Speichern. Mehrere direkt mit den Prozessoren der PPUs verbundene Festplatten eignen sich zum schnellen Zwischenspeichern größerer Datenmengen. Der Datentransfer zu den zentralen bzw. dezentralen Festplatten geschieht über die Transputerlinks mit einer Übertragungsrate von 1.6 Mbyte/s. Massenspeicher auf VRAM-Basis mit direktem Zugang zu den schnellen Datenpfaden erlauben einen extrem schnellen Zugriff selbst auf größte Datenmengen.

Der zentrale Anschluß einzelner Festplatten an die schnellen Datenpfade ist wegen der niedrigen Übertragungsrate (typ. 1Mbyte/s) dieser Speichermedien nicht sinnvoll. Vorstellbar ist jedoch eine Massenspeicherschnittstelle, die gleichzeitig mehrere physikalisch getrennte Medien verwalten kann und durch ein Multiplexen der Datenströme von den einzelnen Platten die mögliche Datenrate von 100 MByte/s erreicht und somit einen Datentransfer über die schnellen Datenpfade sinnvoll erscheinen läßt.

Die *Kamera-* und *Monitor-Interfaces* bestehen im wesentlichen aus einer PPU, bei der das Eingabe-Businterface durch eine Einheit zur Kameraansteuerung bzw. das Ausgabe-Businterface durch eine Einheit zur Monitoransteuerung ersetzt ist. Beim Kamera-Interface werden aus den von der Kamera erzeugten Analogsignalen durch die Ansteuerungshardware digitale Bilddaten erzeugt und in das Eingabe-VRAM der PPU eingelesen. Analog erfolgt beim Monitor-Interface die Darstellung eines Bildes durch Auslesen des Ausgabe-VRAM und Umwandeln der digitalen Bilddaten in Ansteuerungssignale für den Monitor. Sowohl das Kamera- als auch das Monitor-Interface sind echtfarbenfähig mit einer Auflösung von acht Bit pro Farbe und unterstützen mehrere Video-Formate (z.B. RS170, PAL).

Das *Bus-Bus-Interface* erlaubt sowohl die Verbindung der internen Datenpfade untereinander (Rückkopplung des Ausgabe-Busses auf den Eingabe-Bus) als auch einen gepufferten Datentransfer zwischen den internen und den externen Datenpfaden. Unter Ausnutzung dieser externen Datenpfade lassen sich mehrere Cluster zu Systemen mit komplexeren Bus-Strukturen (Mehr-Bus-System) verschalten. Auf die Eingabepuffer der Bus-Bus-Interfaces kann vom externen Ausgabe-Bus aus schreibend und vom jeweiligen cluster-internen Eingabe-Bus aus lesend zugegriffen werden. Analog ist auf die Ausgabepuffer der Bus-Bus-Interfaces vom externen Eingabe-Bus aus der lesende bzw. vom internen Ausgabe-Bus aus der schreibende Zugriff erlaubt. Ist der Aufbau komplexerer Systeme nicht erforderlich, so kann auf das Bus-Bus-Interface verzichtet und statt dessen der Ausgabe-Bus mit Hilfe eines Flachbandkabels auf den Eingabe-Bus rückgekoppelt werden.

3.2 Das Mehr-Bus-System

Wie in Bild 2 dargestellt, lassen sich mehrere Cluster zu einem Mehr-Bus-System zusammenfassen. Auch hier existieren 32 Bit breite Datenpfade (je einer für Ein- und Ausgabe) mit einer Übertragungsrate von 100 Mbyte/s. Alle auf diesen externen Ein- bzw. Ausgabe-Bussen durchgeführten Datentransfers zwischen den Bus-Bus-Interfaces sind analog zu denen zwischen den PPUs innerhalb der Cluster und werden vom jeweiligen Bus-Controller koordiniert.

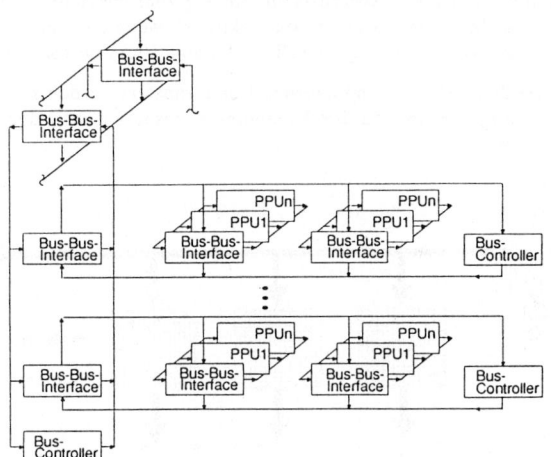

Bild 2: Mehr-Bus-System

Der Einsatz von Bus-Bus-Interfaces und Bus-Controller zur Bildung von komplexeren Bus-Strukturen ist nicht auf die Cluster beschränkt, vielmehr ermöglichen sie das Erstellen eines beliebig großen Mehr-Bus-Systems mit selbstähnlicher, baumartiger Bus-Struktur, bei der die Knoten Busse und die Zweige Bus-Bus-Interfaces darstellen. Die Wurzel des Baums entspricht dem höchstwertigen Bus und die Blätter stellen die niederwertigsten (cluster-internen) Busse dar.

Der wesentliche Vorteil eines solchen Mehr-Bus-Systems gegenüber einem Ein-Bus-System ist eine höhere zur Verfügung stehende Transferbandbreite; denn eine Vielzahl der Datentransfers sind auf Teilbäume der Bus-Struktur beschränkt und können somit parallel durchgeführt werden.

4 Arbeitsweise

Auf den Prozessoren aller Baugruppen laufen Server-Prozesse, die die jeweilige Hardware verwalten und zwecks Koordination der Datentransfers untereinander mit Hilfe des vom Betriebssystem HELIOS /PERI89/ bereitgestellten Message-Passing Konzepts über Links kommunizieren.

Typische Transfers sind das Verteilen eines Bildes auf die Eingabespeicherbereiche mehrerer PPUs, das Zusammenstellen eines gemeinsamen Ergebnisbildes durch Zusammenfügen der von den PPUs erzeugten Teilergebnisse sowie das Verteilen dieses Ergebnisbildes zur weiteren Bearbeitung auf die PPUs.

Folgende Reihenfolge ist für einen Datentransfer vorgesehen:

- Ein initialer Prozeß installiert unter Verwendung des HELIOS Message-Passing die Rechenprozesse auf die PPUs und teilt den an der Kommunikation beteiligten Bus-Controller-Prozessen die Orte der Rechenprozesse und deren Kommunikationsstruktur mit.

- Jeder Datentransfer zwischen Einheiten verschiedener Cluster läßt sich durch eine Sequenz von cluster-in und externen Datentransfers realisieren.

- Zur Generierung interner Transfers melden die an ihm beteiligten lokalen Cluster-Einheiten (PPUs Monitor- bzw. Kamera-Interface, Bus-Bus-Interface) dem entsprechenden Bus-Controller-Prozeß ihre Bereitschaft zur Aufnahme oder Ausgabe von Daten. Sind alle am internen Datentransfer beteiligten Einheiten bereit, so aktiviert der Bus-Controller durch Ausgabe von Kontrollsequenzen auf den Ausgabe-Bus die Datenübertragung. Insbesondere werden bei diesem Transfer die vom externen Bus einzulesenden bzw. auf ihn auszugebenden Daten aus den Eingabe- bzw. in die Ausgabepuffer der Bus-Bus-Interfaces transferiert. Allen am internen Transfer beteiligten Einheiten wird hiernach vom Bus-Controller-Prozeß der erfolgreiche Transfer quittiert.

- Beim externen Datentransfer melden die an ihm beteiligten Bus-Bus-Interfaces dem jeweiligen Bus-Controller-Prozeß ihre Übertragungsbereitschaft. Analog zum internen Datentransfer wird auch hier die Datenübertragung erst dann vom Bus-Controller aktiviert, wenn alle an ihr beteiligten Bus-Bus-Interfaces bereit sind. Auch ihnen wird der erfolgreiche Transfer vom Bus-Controller-Prozeß quittiert.

- Sequenzen aus solchen externen und internen Datentransfers werden solange generiert, wie die Rechenprozesse auf den jeweiligen Einheiten ihre Kommunikationsbereitschaft dem für sie zuständigen Bus-Controller-Prozeß mitteilen.

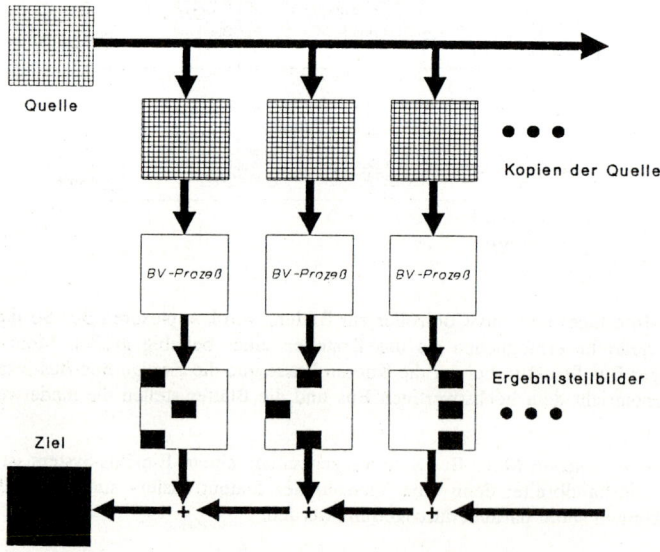

Bild 3: Geometrische Parallelisierung

Vielfach ist eine parallele Bearbeitung einzelner Bilder durch eine geometrische Aufteilung unmittelbar möglich (Bild 3). Jede PPU erhält dabei mitlles Broadcasting eine Kopie des Eingabebildes. Durch eine feste oder dynamische Aufteilung (beispielsweise mit dem Prozessor-Farm-Paradigma) werden unterschiedliche Bearbeitungsbereiche des Bildes asynchron und parallel von den PPUs bearbeitet. Hierbei steht jeder PPU zwar das ganze Bild zur Verfügung, jedoch wird von ihr nur aus einem Teil dieses Bildes der korrespondierende Teil eines Ergebnisbildes im Ausgabebereich erzeugt. Dieser gültige Ausschnitt des Ausgabebereichs ist durch ein Kriterium (Grauwert in jeder Speicherzelle ist ungleich Null) gekennzeichnet, das mit jedem Schreibzugriff automatisch erzeugt wird. Dabei muß durch die Anwenderprogramme gewährleistet sein, daß sich die gültigen Ausgabeteilbereiche der parallel arbeitenden PPUs nicht überschneiden. Ein Verletzen dieser Regel beeinträchtigt nicht die Arbeitsweise des Systems, sondern erzeugt lediglich falsche Ergebnisdaten.

Nach Beendigung aller parallelen Arbeitsprozesse wird eine Sequenz aus externen und internen Datentransfers generiert, die alle in den verschiedenen PPUs liegenden Teile eines Ergebnisbildes vereint und zur weiteren Verarbeitung in die Eingabespeicherbereiche einer oder mehrerer PPUs kopiert.

Bei den dazu notwendigen internen Datentransfers werden die beteiligten PPUs zum synchronen Auslesen der Ausgabebereiche angestoßen, wobei durch das Gültigkeitskriterium nur die bearbeiteten Daten transferiert werden. Somit ist gewährleistet, daß aus den vielen Teilergebnissen der PPUs ein größeres Teilergebnisbild auf den internen Ausgabe-Bus ausgegeben und in den Ausgabepuffer des Bus-Bus-Interfaces transferiert wird.

Nachdem alle Teilergebnisbilder der verschiedenen Cluster in den Bus-Bus-Interfaces vorliegen, werden diese analog zum internen Datentransfer durch einen externen Datentransfer auf der nächsthöheren Bus-Ebene zu einem größeren Teilergebnisbild zusammengefügt. Durch gleiches Vorgehen auf allen benötigten höheren Bus-Ebenen erhält man das vollständige Ergebnisbild. Dieses kann nun durch wiederholten Datentransfer in die Eingabebereiche der Bus-Bus-Interfaces der jeweils nächstniedrigeren Bus-Ebene bis zu den Clustern weitergereicht werden. Von dort wird das Ergebnisbild zwecks weiterer Bearbeitung durch interne Datentransfers in die Eingabebereiche der PPUs eingelesen.

5 Handhabung des VisionCluster-Systems

Der Zugriff des Benutzers auf die schellen Datenpfade wird über ein hierarchisches Software-Konzept ermöglicht, bei dem in der *ersten Software-Ebene* für den Benutzer verdeckt die im Abschnitt 4 beschriebenen Control-Server-Prozesse die Koordination der Datentransfers übernehmen.

In der *zweiten Software-Ebene* werden, aufbauend auf die Control-Server-Prozesse, die schnellen Datenpfade als Erweiterung des Message-Passing-Konzepts im Rahmen des Betriebssystems HELIOS verwaltet. In Form einer Programmbibliothek stehen dem Benutzer Funktionen zur Verfügung, mit denen die Prozesse über Software-Kanäle (Multi-Ports), ähnlich den Ports unter HELIOS, Daten austauschen. Bei dem erweiterten Message-Passing über diese Multi-Ports ist die Kommunikationsstruktur nicht auf Punkt-zu-Punkt Verbindungen beschränkt, vielmehr können mehrere Prozesse gleichzeitig senden und empfangen. Hierbei findet nach dem Rendezvous-Prinzip erst dann eine Kommunikation (Datentransfer) statt, wenn alle an ihr beteiligten Prozesse dazu bereit sind. Durch die Multi-Ports wird das Broadcasting und Gathering auch auf Betriebssystemebene unterstützt. Im Gegensatz zur Punkt-zu-Punkt-Verbindung, bei der die Kommunikationsstruktur implizit vereinbart ist, muß sie der Benutzer hier explizit beschreiben, denn nur so kann festgestellt werden, ob alle am Rendezvous beteiligten Prozesse zur Kommunikation bereit sind. Zum Kommunikationsaufbau installiert ein initialer Prozeß unter Verwendung des Message-Passing über Links die Rechenprozesse auf den PPUs und teilt einem zentralen die Hardware verwaltenden Prozeß die Orte dieser Rechenprozesse und deren Kommunikationsstruktur mit. Daraufhin werden für den Benutzer verdeckt die im Abschnitt 4 beschriebenen Datentransfers durchgeführt.

In der *dritten Software-Ebene* befindet sich das verteilte und netzwerkfähige Bildverarbeitungssystem UTOPIA (Unix oriented TOols for PIcture-processing Applications). Es ermöglicht eine komfortable, standardisierte und hardwareunabhängige Bilddaten- und Gerätehandhabung /THIE89/. Hierbei ist auf der Programmebene die Zugriffsstrategie auf Bilder analog zu der auf Dateien im UNIX-Filing-System.

Wesentliche Funktionen sind "bopen" zum Öffnen und "bclose" zum Schließen eines Bildes. "bopen" verlangt als Eingabeparameter den Namen des Bildes (Bildpfad) und eine Information über die Art des Bildzugriffs (z.B. "r+" für den lesenden <u>und</u> schreibenden Zugriff auf ein existierendes Bild.) Zurückgegeben wird ein Bilddeskriptor, der unter anderem Informationen über die Größe des Bildes sowie über den Ort des Bilddatenmaterials enthält. Der wahlfreie Zugriff auf Bildpunkte erfolgt mit Hilfe der Funktion "pixel", der als Eingabeparameter der Bilddeskriptor und die Position des Bildpunktes (Zeile, Spalte) mitgegeben werden. Der Name des Bildes enthält den vollständigen Suchpfad unter dem das Bild zu finden ist und somit auch eine Aussage über den Ort des Bildes.

Jedes Bild kann je nach Art seines Ortes einer der drei Bildklassen zugeordnet werden:

  lokale Bilder

  externe Bilder

  Stream-Bilder

Lokale Bilder befinden sich im lokalen Speicherbereich des bearbeitenden Prozessors und können somit ohne Verwendung des schnellen Datenpfades erreicht werden.

Externe Bilder befinden sich im Speicherbereich eines anderen Prozessors und sind somit nur indirekt erreichbar. Hierzu bedient sich UTOPIA des Client-Server-Konzeptes, indem die Speicherbereiche der PPUs durch Speicher-Server verwaltet werden. Der Zugriff eines Client-Prozesses auf ein externes Bild mit Hilfe der Funktion "pixel" bewirkt eine Anforderung an den jeweiligen externen Speicher-Server die gewünschten Bilddaten unter Verwendung des erweiterten Message-Passing über die schnellen Datenpfade zuzuschicken. Die so in den lokalen Speicherbereich des Client gelangten Bilddaten werden von diesem bearbeitet und beim schreibenden Zugriff durch Kommunikation mit dem Speicher-Server über die schnellen Datenpfade an die ursprünglichen Datenorte zurückgeschrieben. Ein von UTOPIA verwaltetes Anlegen von Bildkopien im lokalen Speicherbereich des Client und ein cache-gesteuerter Bilddatenzugriff senken hierbei den Kommunikations-Overhead.

Stream-Bilder zeichnen sich im Gegensatz zu den lokalen und externen Bildern dadurch aus, daß sie keinem festen Prozessor (Ort) zugeordnet sind, sondern vielmehr von einem Prozessor zum anderen bzw. von mehreren Prozessoren zu mehreren Prozessoren unter Verwendung des erweiterten Message-Passing weitergereicht werden. Angelehnt an die Parallelprogrammierung mit Hilfe der CDL unter HELIOS ermöglicht UTOPIA durch Verwaltung dieser Stream-Bilder die Generierung von parallel arbeitenden Bildverarbeitungsprozessen mit vorgegebener Kommunikationsstruktur (BV-Tasks). Die Struktur der BV-Task wird in einem Skript beschrieben. Konstrukte zur Erzeugung von Kommunikationsstrukturen zum Pipelining, Farming, Broadcasting und Gathering von Bilddaten sind Grundelemente dieses Skripts. Durch Auswerten des Skripts werden Prozesse erzeugt, die für den Benutzer verdeckt die Installation und den Kommunikationsaufbau der auf den verschiedenen PPUs arbeitenden BV-Prozesse veranlassen.

6 Anwendungen

Konkret sind zur Zeit zwei Anwendungen aus dem Bereich der medizinischen und der industriellen Bildverarbeitung in Vorbereitung. Im Rahmen des ESPRIT-Projekts AVICA ("Advanced video Endoscopy Image Communication and Analysis") werden französische und belgische Partner das System zur Interpretationsunterstützung von Farbvideobildern einer Endoskopiekamera einsetzen. Dabei wird die On-line-Fähigkeit des Systems bei der Hervorhebung markanter (kranker) Gewebebereiche noch während der Untersuchung, später sogar während der Operation benötigt. Dem Farbbildangebot von über 20 MByte/s auf der Kameraseite stehen verarbeitete Bilddaten von 60 MByte/s gegenüber. Neben der schnellen Farbkodierung werden parallel unterschiedliche Operatoren auf dem Bildmaterial ausgeführt und nach vorherigem Training zur Klassifikation der markanten Regionen benutzt. Das hierarchische Konzept von einfachen aber schnellen Bildverarbeitungskoprozessoren einerseits und einem MIMD-Prozessornetzwerk für die Klassifikationsfunktionen andererseits stellt in dieser Anwendung erst die erforderliche Rechenleistung zur Verfügung.

Im Sonderforschungsbereich 208 wird an der RWTH Aachen das System zur Überwachung von flexiblen Fertigungszellen eingesetzt werden (/FÖHR89/, /MEIS89/). Dabei gilt es, Bilder von mehreren Videokameras gleichzeitig, bewegt oder in Ruhe, aufzunehmen und auf verschiedenen Hierarchiestufen miteinander zu verknüpfen. Auf niedrigster Ebene müssen Korrespondenzpunkte zwischen unterschiedlichen Ansichten berechnet werden, während das gemeinsame Erzeugen eines Arbeitsraummodells den schnellen Austausch von Detailinformationen erfordert.

Das hier vorgestellte Parallelrechnersystem ist also überall dort einsetzbar, wo viele parallele Prozesse auf große Mengen gemeinsamer Daten zugreifen. Durch die Gewährleistung eines schnellen Datentransfers zwischen den Prozessoren kann die zur Verfügung stehende Rechenleistung, selbst bei der Bearbeitung sehr grosser Datenmengen, voll ausgenutzt werden. Das Broadcasting und Gathering von Daten ohne Belastung der Prozessoren ist ein weiteres wesentliches Merkmal dieses Systems. Die Einbindung der schnellen Datenpfade in das Message-Passing- Konzept von HELIOS und ein darauf aufbauendes Bildverarbeitungssystem (UTOPIA) stellen dem Benutzer eine komfortable Entwicklungsumgebung zur Verfügung, die das Umsetzen von parallelisierbaren Algorithmen insbesondere im Bereich echtzeitfähiger Bildverarbeitung ermöglicht.

7 Literatur

/FÖHR89/   R. Föhr, W. Ameling
Photogrammetric Registration of Spatial Information Using Standard CCD Cameras
Int. Workshop on Sensorial Integration for Industrial Robots,
Architectures & Applications, Proceedings, Zaragoza 1989

/MEIS89/   A. Meisel, M. Beccard, R. Föhr, L. Thieling, W. Ameling
Schnelle 3D-Positionsbestimmung mit Hilfe einer CCD-Videokamera
VDI-Berichte 787, VDI-Verlag Düsseldorf, 1989

/PERI89/   Perihelion Software
HELIOS operating system
Prentice-Hall, 1989

/THIE89/   L. Thieling, R. Föhr, M. Beccard, A. Meisel, W. Ameling
UTOPIA, ein Bildverarbeitungssystem auch unter HELIOS
TAT 89, Informatik Fachberichte , im Druck,
Springer-Verlag,1989

Automatic Synthesis of Cheap Hardware Accelerators for Signal Processing and Image Processing

R. W. Hartenstein, A. G. Hirschbiel, M. Riedmüller, K. Schmidt, M. Weber

Universitaet Kaiserslautern, F.B. Informatik, Bau 12,
Postfach 3049, D - 6750 Kaiserslautern, F. R. G.
phone: (+49-631) 205-2606 or: (+49-7251) 3575

Abstract. This paper introduces a novel (non-von Neumann) paradigm of parallel computation supporting a much more efficient implementation of parallel algorithms. Acceleration factors of up to more than 2000 have been obtained experimentally on the MoM architecture for a number of important applications - although using a hardware being more simple than that of a single RISC microprocessor. The machine organization and the most important hardware features of xputers are briefly introduced. The programming paradigm and its flexibility is illustrated by simple DSP and image processing examples.

1. Introduction

For a number of real-time applications extremely high throughput (up to several kiloMIPS) is needed at very low hardware cost. For at least another decade this mostly will be possible only with dedicated hardware, but not with programmable von-Neumann-type universal hardware. Even technologically advanced processors very often will be still too slow and/or to expensive. Also parallel or concurrent computers do not meet the requirements, or, are by far too expensive. Sustained average performance is by orders of magnitude lower, than the peak rate. The reason is, that communication mechanisms offered by this hardware are not sufficiently powerful and/or too inflexible: the hardware is compiler-hostile, since most of the dense data dependencies of parallel algorithms cannot be mapped onto it. Next section gives more details.

1.1 Implementing Parallel Algorithms on Contemporary Hardware

Communication mechanisms within concurrent computer systems are extremely hostile to optimizing compilers. Also vector machines have fundamental performance bottle necks [Vec, Ve3] and their sustained average performance is by several orders of magnitude lower, than their peak rate [Ha, Vec], even when creative coding techniques help the compiler [Ve2]. VLIW (Very Long Instruction Word) architectures [Eli, Ced] are much more optimizer-friendly by lower level of parallelism (at instruction level) [Bul, Para, Ga2] and relatively good optimization results have been reported for systolizable algorithms [Bul], but only for algorithms with only locally regular data dependencies (systolic or systolizable algorithms). VLIW architectures still have substantial drawbacks.

Also data flow machines are optimizer-hostile, since indeterministic operation does not permit optimization at compile time. Also data flow machines throughput is also affected by a number of other drawbacks: several new kinds of bottlenecks have been introduced. Code causes an enormous addressing overhead and data accessing conflicts [Gaj].

A higher degree of parallelism may be achieved by Application-specific Array Processors (ASAPs). Even ASAPs have substantial draw-backs: extensive I/O overhead is caused by scrambling and unscrambling of data streams, expensive design of special hardware is required. A more important drawback is, that only algorithms with **locally** regular data dependencies (systolic or systolizable algorithms and others) are supported. This drawback also holds for parallel computer architectures for systolic emulation [Wp].

1.2 Data-driven Ultra Micro Parallelism

A more detailed comparative analysis has been published elsewhere [Mch]. We strongly believe in the following fundamental requirements to avoid most of these problems, to obtain sufficiently optimizer-friendly hardware, to avoid most of the massive overhead caused (within software and hardware) by von Neumann principles. To obtain sufficiently flexible communication mechanisms parallelism should be implemented at a level much lower than usual: (1) below instruction level (*ultra micro parallelism*). Optimization (parallelization) should be

application area	algorithm example		acceleration factor	r-ALU size **	r-ALU size *
VLSI design automation	CMOS design rule check (pattern matching)		>2000	45	4
	electrical rules check		>300	5	0.5
	Lee routing		>160	5	0.5
digital signal processing and image processing	vector-matrix multiplication	• single scan cache	>9	7	0.5
		• double scan cache	150	7	0.5
	two-dimensional filtering (3 by 3 window)		>300	< 0.5	0.02

*) number (or fraction) of PLD chip(s) needed with Plessey ERA 60400, **) with Altera MAX EPM 5128

Fig. 1. Acceleration factors by single processor MoM xputer - compared to a VAX-11/750.

based on very fine granularity resource allocation and scheduling (2) - determined at compile time to a much larger extent than usual (3). The paradigm should be deterministically **data**-driven (4).

The non-von Neumann *xputer paradigm* being introduced in this paper is an approach into this direction. Its novel processor organization (and its hardware implementation) supports parallel algorithms in a drastically more efficient way by avoiding overhead via *residual control* (which we also call *sparse control*), very fine granularity *intra-ALU parallelism* (which we call *ultra micro parallelism*) and deterministic *data scan cache* use.

It is based on *data sequencing* (in contrast to the *control flow sequencing* paradigm of von Neumann machines), so that also optimization methods based on **data-dependencies** are efficiently supported. We are not aware of any other development of programmable hardware machine principles, which yields such a good utilization of hardware. In many DSP and image processing applications xputer use can avoid the need for special DSP processors or expensive image processing computers.

1.3 Technology-independent Cost / Performance Evaluation

Encouraging performance results (fig. 1) have been obtained experimentally on the MoM xputer architecture at Kaiserslautern [MoM, CE] showing, that in several important applications a single xputer processor may even outperform larger parallel computer systems. A computer-to-xputer performance comparison seems to be the best possible way to evaluate the merits of these results. Since an xputer does not have a hardwired "instruction set", it does not make sense to use MIPS, normally used for computer-to-computer comparison - to indicate the progress of technology and physical design, rather than the efficiency of machine principles. But also other computational devices benefit from progress of technology. That's why we prefer the technology-independent measure of *acceleration factor* obtained experimentally (fig. 1) from two equivalent implementations of the same algorithm (compare fig. 15): one from a computer (VAX-11/750) and one from the technologically comparable MoM xputer [MoM]. We also have found out, that for computed accele-

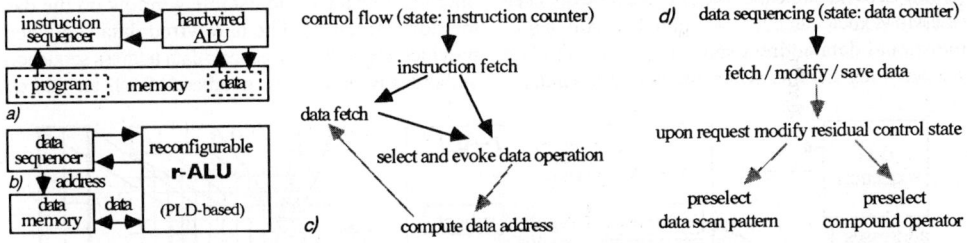

Fig.2. Computers vs.xputers. basic structure: a) computers, b) xputers; causality in c) computers, d) xputers.

ration factor estimates a good model is obtained from comparing the total number or duration of primary memory cycles.

Another important measure is the rALU size depending on the computation needed for a particular application and on the number of applications resident simultaneously. A rough measure of expense is the number of PLDs needed of a particular type. PLDs (programmable logic devices) are available

commercially from a billion US-dollar world market. Fig. 1 shows some such expense figures obtained experimentally on the MoM [MoM] xputer with code from an optimizing compiler having been implemented and tested at Kaiserslautern [CE].

2. Xputer Machine Organization

For clarification xputers are compared to **computers**. The ALU of computers is a very narrow bandwidth device: it can carry out only a single simple operation at a time. Xputers, however, use a PLD-based *rALU* ([MoM] fig. 2 b), reconfigurable such, that several highly parallel data paths form also powerful *compound operators,* which need only a few nanoseconds per execution, due to highly parallel dedicated intra-chip read / modify / write interconnect between register files (scan caches) and rALU (fig. 4 a). The rALU is configured only during loading, not at run time, so that PLD set-up slowness does not affect performance: dedicated wires are fast and avoid buses' multiplexing overhead [Bus]. Although 2 ns gate delay PLDs are available commercially, PLDs might be slower than traditional ALU technologies. This is more than compensated by its micro parallelism and other xputer features.

In computers control flow is the primary activator (fig. 2 c): the instruction counter is the control state register. The rate of control flow is very high (*control flow overhead*): for each single data manipulation action at least one preceding control action is needed, which requires at least one memory cycle each. If no emit address nor emit data is used, additional control flow and even data operations are needed for address computation (*addressing overhead*).

Driven by the data sequencer, a hardwired data address generator (fig. 2 b, instead of computers'

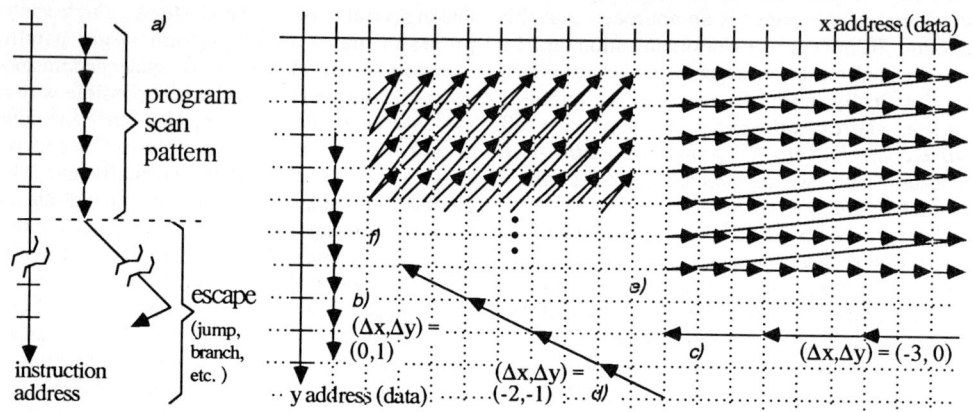

Fig. 3. Scan pattern(s): a) von Neumann control "scan" pattern, b through f) some xputer scan pattern examples

instruction sequencer: fig. 2a), xputers are data-driven (fig. 2d). Let's illustrate the role of this data sequencer by the MoM xputer architecture example featuring a 2-dimensional data address space (fig. 3 b - f). The MoM has 4 register files which we call *scan windows* or *scan caches* (fig. 4 a), because each such cache operates like a size-adjustable window on the data memory (fig. 4 b). The hardwired data sequencer provides a repertory of generic data address sequences without any addressing overhead. Such an address

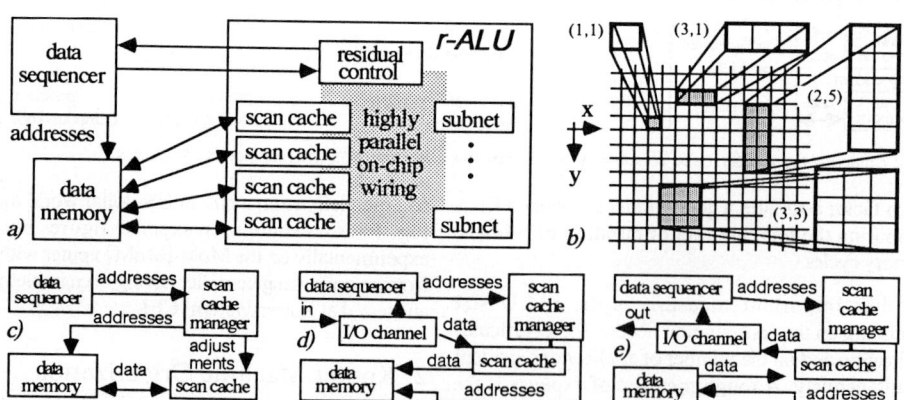

Fig. 4. The MoM xputer architecture: a) basic hardware structure, b) scan cache size adjustment examples c) details of data memory interface, d) scan cache input sequencing, e) scan cache output sequencing.

sequence makes a scan cache move through data memory space, step by step, scanning a predefined 1- or 2-dimensional segment of primary memory space along a path, which we call a *scan pattern*.

Figures 3 b - d show examples of linear scan patterns (step width / direction indicated by vector ($\triangle$x,$\triangle$y): a relative jump). Fig. 3 e shows a *video scan* pattern useful e. g. in 2-D filtering. Other scan pattern examples (also see fig. 8) are: reflect, shift, shuffle, butterfly etc. Also special scan patterns to emulate systolic arrays, as well as data-dependent scan patterns (e. g. for image preprocessing etc.), are available in hardwired form (i. e. free of any overhead) [CE, MoM]. For more about particular scan patterns and their applications see [MoM, CE]. For a textual scan pattern language see [PP, We]. For stack-based hardware support of nested scan patterns see [Hir].

Looking back at computers: their control flow has only a single *"scan pattern"* (fig. 3 a, compare 3 b) scanning instructions one by one (as long as no branch nor jump is encountered, which we consider to be an *escape* from the scan). In contrast to those of xputers

this scan pattern is not free of overhead: each step requires its own instruction fetch. Each instruction fetch requires a memory access cycle. This especially makes iterative operations inefficient, since the same instruction is fetched again and again. Looping instructions cause additional *control overhead* and thus additional memory access cycles. From this point of view it is obvious, that the computer paradigm is extremely overhead-prone, whereas the xputer paradigm strongly tends to avoid most kinds of overhead.

3. The Data Sequencing Paradigm

For high level programming of xputers we use a simple model which we call *data sequencing paradigm*, and, which will be illustrated here by 2 simple algorithm examples. The first example (a systolic algorithm: fig. 5) is not a good one to demonstrate the merits of xputers over vector machines.It has been selected for easy illustration of the data sequencing paradigm. Fig. 5 a shows it textually and fig 5 b its *data dependence graph (DG)*.

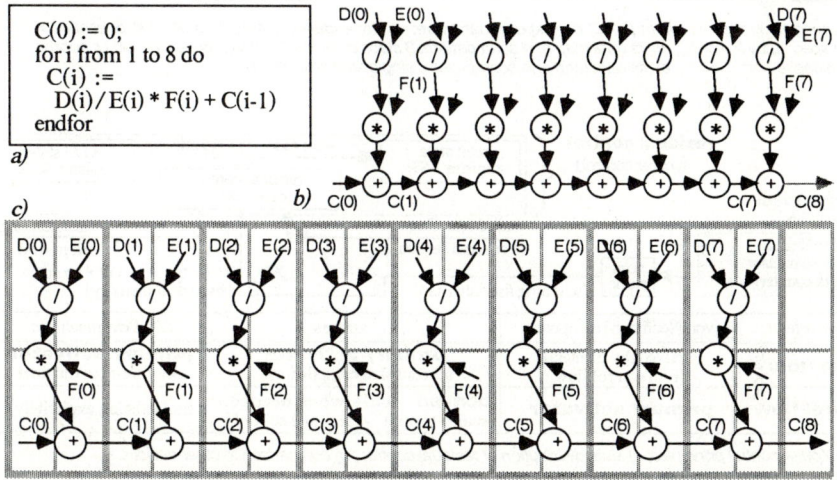

```
C(0) := 0;
for i from 1 to 8 do
    C(i) :=
        D(i) / E(i) * F(i) + C(i-1)
endfor
a)
```

Fig. 5. Systolic algorithm example: a) procedural, b) data dependency graph (DG), c) derive data map from DG

From this DG the compiler derives: a *data map* (fig. 5 c + 6 c), from this map (s. partial data map in fig 6 a) a *cache format spec* (middle of fig. 6 b) and rALU *subnet spec* including wiring (left side in fig. 6 b, derived from a single iteration in fig. 6 a), and finally a *scan pattern* (arrows in fig. 6 c). At each step of a scan the rALU subnet currently activated applies a read / modify / write cycle to the cache(s) currently active. In our example 8 steps (width = 2) are carried out (fig. 6 c shows initial and final cache locations).

Fine Granularity Scheduling. This first example has illustrated the task of the innovative kind of

compilers needed for xputer [CE, We]: a kind of fine granularity scheduling (or: *ultra micro scheduling*) of data words, caches and rALU subnets. This is fundamentally different from sequentially piling up sequential code like conventional compilers do it for computers. Later in a section on xputer high performance features a more detailed view onto this scheduling task will be given.

3.1 Organization of Residual Control

At the end of the above data sequence example the cache finds a *tagged control word* (TCW: fig. 6 c)

407

which then is decoded (right side in fig. 6 b) to change the state of the *residual control logic* (fig.4a) to select further actions of the xputer. This sparse TCW insertion into data maps we call *sparse control*. Note, that the control state changes only after many data operations (driven by the data sequencer). That's why we use the term *residual control* or *sparse control* for this philosophy. Note, that xputer operation

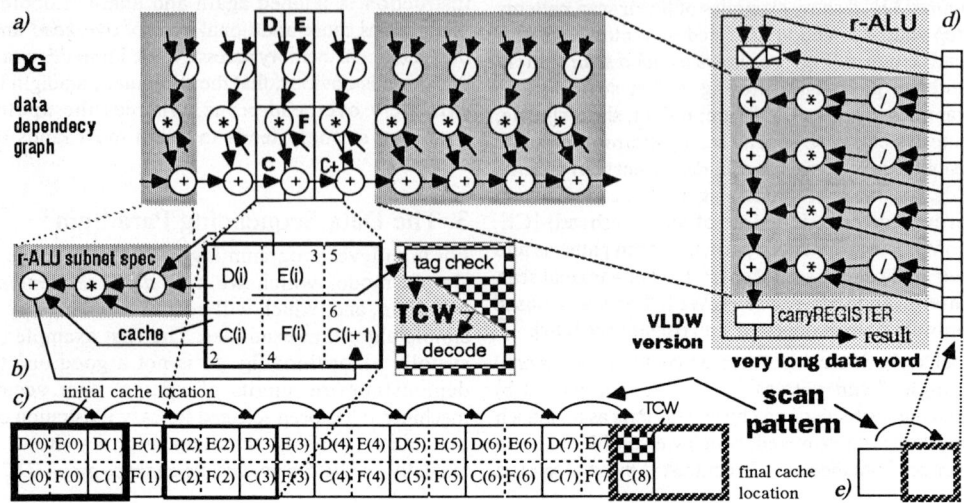

Fig. 6. Mapping a parallel algorithm (fig. 5) onto xputer hardware: a) dependency graph, b) a rALU subnet spec + cache size spec (3 by 2 words), c) its data map and scan pattern: 8 steps of width=2; d) VLDW version rALU subnet spec (scan cache size: 1 by 1), e) its data map and scan pattern: single step of width=1.

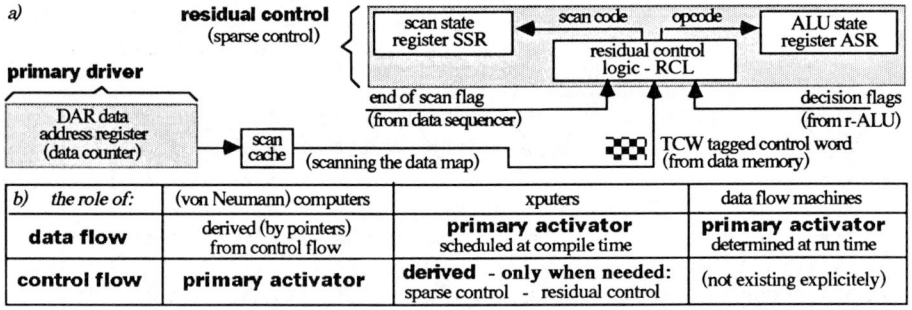

b) the role of:	(von Neumann) computers	xputers	data flow machines
data flow	derived (by pointers) from control flow	**primary activator** scheduled at compile time	**primary activator** determined at run time
control flow	**primary activator**	derived - only when needed: sparse control - residual control	(not existing explicitly)

Fig. 7. Xputer control principles; a) state distribution of residual control , b) comparison to other devices.

is data-driven so that TCWs may be encountered only from within a data sequence. A TCW decoder is defined at compile time and configured as a subnet within the rALU. Fig. 7 a illustrates distribution of the residual control state between a scan state register (holding scan pattern select code and parameters), an ALU state register (holding subnet select code) and residual control state register.

We define, that only conditional branching, operator select and scan pattern select, but not data addressing, are control actions. Thus during a scan there is **no**

control action: the data counter is not a state register. But **escape** from a scan **is** a control action (like in computers, see fig. 3 a). Escapes are (fig. 7 a): *normal escape* (by *end of scan flag* from data sequencer), *delimiter escape* (on TCW encounter), *off-limits escape* (address exceeds memory segment limits), *conditional branch escape* (by decision data from rALU), and, *event escape* (by external event flag). Upon off-limits escape, branch escape, or event escape a *remote control word* (RCW) or *remote address word* (RAW) is fetched from a remote memory segment via an *escape cache*. A second decision mechanism (*implicit branching,* because residual control state is not affected) is activated only **within** *data-dependent scans* (i. e. without escape: curve following etc. [CE, MoM]). Such a data-dependent scan may be exited by conditional branch escape or off-limits escape.

To achieve xputer universality generic scan patterns are not sufficient: also non-generic scans and individual data accessing are needed, implemented by list-directed scan: next data address is read from a TAW (tagged address word) within the data map or from a RAW (in case of an escape). This list mode can be entered directly during a scan upon TAW encounter. If no TCW is found, a TAW does not activate residual control. Reading addresses from primary memory means addressing overhead, so that list-driven sequencing is slower than hardwired scan patterns. But also in this mode of operation the xputer paradigm is still superior to the computer paradigm.

3.2 I/O Data Sequencing

Xputer I/O is simple: the scan-cache-based data sequencing hardware (more details in fig. 4 c) is linked to an I/O channel (fig. 4 d/e), which is more powerful than DMA known from computers. The data streaming in are not just downloaded into a memory segment. Via a suitable scan pattern selection, along with proper scan cache adjustment, the data sequencer sets up a structured data map already during input operation (thus avoiding sorting overhead). Also during output (fig. 4 e) data may be picked (by the data sequencer) from memory in a structured way.

3.3 Highly Flexible Cost / Performance Ratio

Xputer word lengths are compiler-defined: data path, cache, and control words. Thus extensible xputer architectures are feasible, upgradable by inserting more PLDs into free rALU sockets and more boards into free memory slots. E. g. it is easy to design a VWL memory (Variable Word Length memory), where data word length could be changed under software control to support VLDW (very large data word) strategies for more parallelism.

Figure 6 d/e shows the VLDW version of fig. 6 a-c. Instead of only a single iteration of the DG this time the rALU subnet spec is derived from 4 iterations: the new version of the compound operator (fig. 6 d) is 4 times as powerful. Its use requires a vertical cache format (VLDW cache at right side in fig. 6 d), where a single word holds 14 operands. The scan pattern is very short, so that the 1-by-1 cache visits only 2 locations (fig. 6 e). In total the number of primary memory semi-cycles has been reduced from 41 to 2, so that a speed-up by about a factor of 20 has been

obtained. This illustrates the extremely high flexibility of the xputer paradigm with respect to cost/performance trade-off.

3.4 Data Address Generator Hardware

This section illustrates the address generator operation. Fig. 9 a shows the structure of a stepper unit. The MoM uses a twin stepper for (x, y) addresses, providing a separate twin for each cache. The address stepper generates linear address sequences (A, A+∆A, A+2*∆A, ...) between limits B and L (e.g. fig. 3 b,c,d). The B stepper generates linear sequences B = (B0, B0+∆B, ...) up to limit L and within F...C, to group bursts of A sequences. The L stepper operation is independent of that of the B stepper. Fig. 9 b shows a 2 cache example for a shuffle exchange scan, where 2 steppers cooperate synchronously on the y address only. A simple linear scan is applied to cache no. 1, a 3-by-3 warped scan to cache no. 2, where shuffling is controlled by equidistant B and L slides within boundaries defined by F and C.

4. Non-systolizable Algorithms

The introductory application in fig. 5 / 6 has been a systolic algorithm, being easy to convert into a data sequencing scheme because of the locality of data communication. In digital signal processing, however, also non-systolizable algorithms are very important. In contrast to parallel computer systems and VLSI arrays, xputers smoothly accept also non-systolic data sequencing schemes.

Fig 8 shows such an algorithm (a 16 point example constant geometry FFT). Fig. 8 a shows the DG, including also non-local data communication (also see fig. 8 c). Fig. 8 b illustrates the ease of deriving a data map from fig. 8 a. Fig. 8 c shows, how the rALU subnet spec (fig. 8 d) and a 3 cache configuration are easily derived from fig. 8 a: we just take a single iteration (see spider-shape). Fig. 8 b also shows initial and final locations of the 3 caches being scanned in parallel.

Also with non-systolizable algorithms a VLDW strategy may be used. Figures 8 f-h illustrate the VLDW version of the example from fig. 8 a-e. Instead of a single spider (iteration) 4 adjacent "spiders" are picked from the DG (compare fig. 8 f). Fig. 8 g shows the VLDW data map holding 6 operands in a single very long data word. Fig. 8 h shows the more powerful VLDW version rALU subnet and its connections to the scan caches. Compared to the above example this VLDW version yields a speed-up factor of about 5. Due to their high performance xputers may replace specialized digital signal processors. Due to their universality xputers

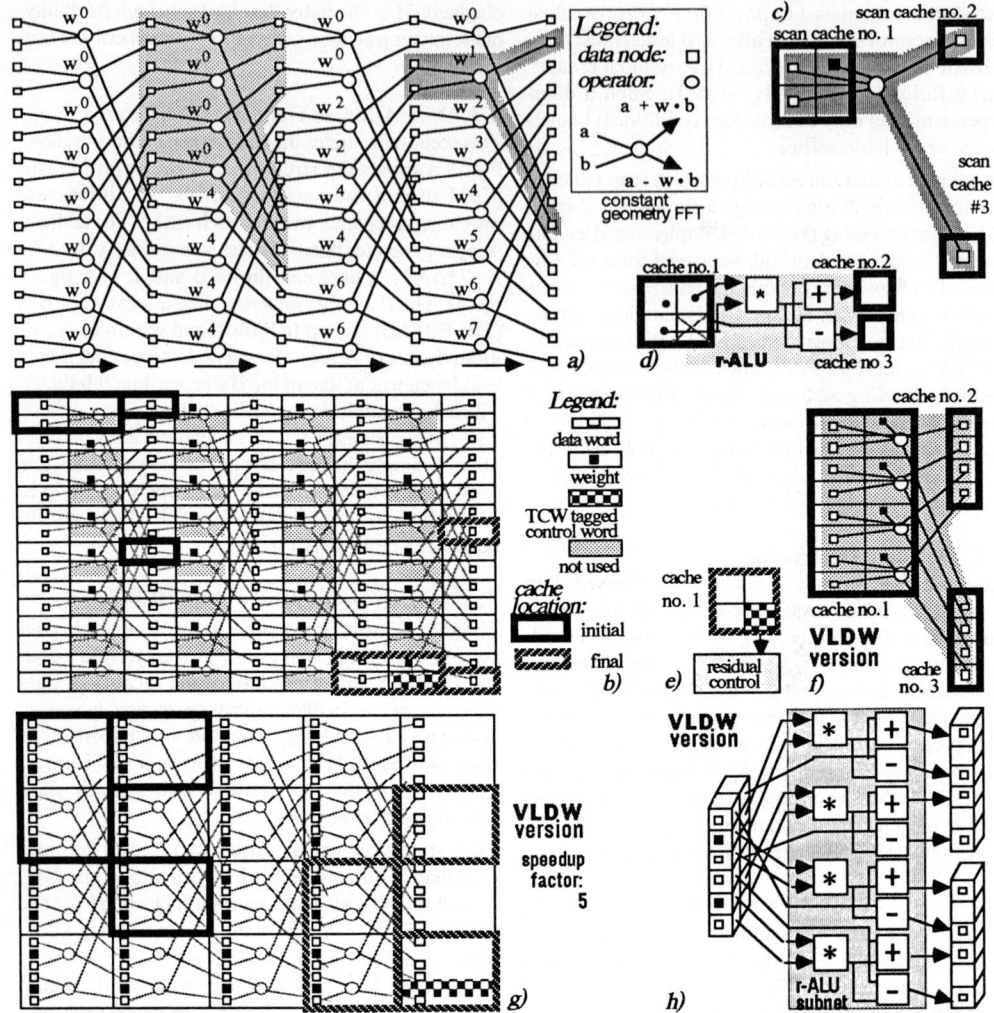

Fig. 8. Non-systolizable algorithm example (FFT): a) dependency graph (DG), b) deriving a xputer data map, c) deriving a rALU configuration and cache assignment / size adjustment, d) rALU compound operator from c, e) detect end of scan pattern, f) deriving a VLDW implementation from fig. a, g) VLDW version data map, h) VLDW version rALU subnet specification.

may accelerate also any other kind of parallel algorithms. For mass production applications xputers may also be used in stand-alone mode, so that no host is needed which substantially reduces the total chip count.

5. Xputer High Performance Features

Having explained introductory sequencing examples we may obtain deeper insight into xputer performance issues easily. Xputer performance stems from a number of different phenomena and concepts. Fig. 11 surveys the most important mechanisms contributing

to the efficiency of parallel algorithm implementations running on xputers, which will be discussed throughout this chapter. Important roots of xputer efficiency are: the rALU's ultra micro parallelism, the data sequencing paradigm, and, the high flexibility of xputer memory interface architecture.

Much wider varieties of optimization strategies than possible with computers can be efficiently mapped onto this innovative methodology. Compound operators' ultra micro parallelism reduces memory access by substantially minimizing the number of stored intermediate variables. Often the rALU's

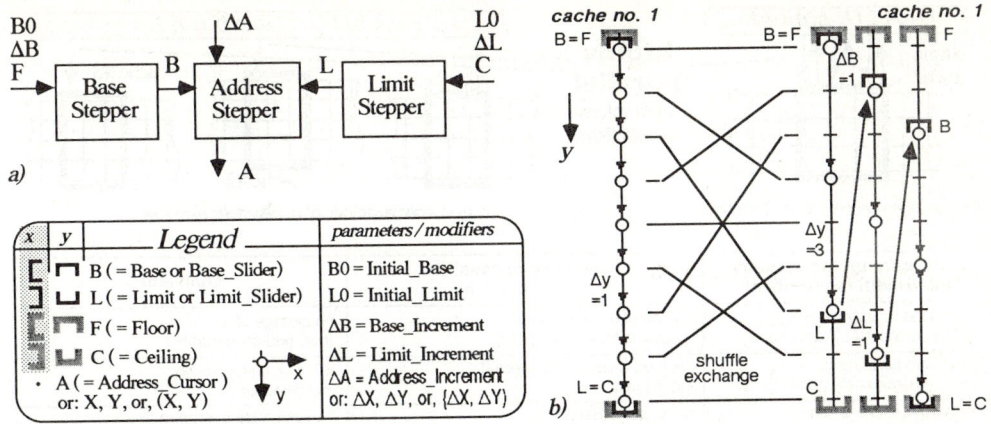

Fig. 9. Address Generator: a) Block Structure, b) Snapshots of Shuffle Exchange Addressing Operation

flexible data path width facilitates better utilization of rALU space (e. g. see 2-D filtering example in next chapter). Dedicated intra-rALU interconnect avoids using buses being slow and causing *multiplexing overhead* [Bus].

The data sequencing paradigm obviously is by far less over-head-prone, than the von Neumann control flow paradigm. Control flow overhead is almost completely avoided (also no instruction fetch cycles are needed). The above examples have demonstrated, that addressing overhead is substantially reduced not only by hardwired address generator (also see the pattern matching example in next chapter). Not yet all mechanisms of overhead reduction in xputer programs are well understood: we propose basic research also covering overhead mechanisms of the von Neumann paradigm.

Now let's look at memory bandwidth. We may distinguish two kinds of factors: reduced memory bandwidth requirements due to the xputer paradigm, the rALU concept, and optimizing compilers (see above), and, providing higher memory bandwidth. Interface flexibility offers an extremely wide variety of strategies (optimum data maps) to meet the bandwidth requirements having been left over, where the xputer scan cache model is an important concept in finding such strategies. Important means are wide memory data paths (VLDW approaches, see above) supported by VWL memories (Variable Word Length memories, see above).

More hardware features having been developed for the MoM xputer [Aq, Hir, MoM] support further reduction of memory access time. Special *access mode tags* per cache word reduce the number of memory semi cycles needed for cache updating. For demonstration let's see the cache configuration in fig.

6 b: using a *read-only* tag for words no.1-4, *write-only* tag for word no.6, and an *ignore* tag for word no. 5, reduces the number of semi cycles per scan step from 12 to 5. The MoM cache mechanism also makes possible very high hit rates in interleaved memory access utilization. See example in fig. 6 c: if in a 4-phase interleaving scheme the groups of all C[i], all D[i], all E[i], and of all F[i] would be stored in separate memory banks, the number of semi cycles for cache update (see cache in fig. 6 b) would be further reduced from 5 to 2 (total speed-up factor: 6).

In unit step sequencing of large caches memory bandwidth bottlenecks can be reduced (due to optimizing compiler strategies) by another cache feature reducing repetitive access to memory locations. The MoM 2-D cache hardware also provides a multidirectional shift path, separately for each dimension, such that, for instance for e. g. a 4-by-4 cache in a video scan (see example in fig. 13) the number of semi cycles is reduced from 32 to 8 [MoM]. By combination of this feature with interleaving the memory access rate may be further reduced to 2 (total speed-up factor: 16). Thus several relatively cheap hardware features supporting optimization may total up another order of magnitude of acceleration.

Let's revisit the implementation of parallel algorithms by a second look at xputer communication mechanisms - from a higher level point of view. The highly parallel dedicated combinational path between cache(s) and rALU (fig. 10) is the basic communication mechanism of xputers (also compare fig. 2 a). Single cache use only supports local communication (systolizable algorithms only), such as e. g. between a data subarray [i] and subarray [i+1] (fig. 10 a) by overlapping cache positioning. Multiple cache use may also support global communication

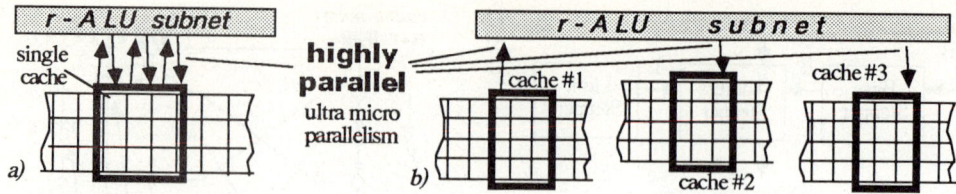

Fig.10. Scan cache: the xputer's basic communication mechanism. a) systolic example, b) non-systolic example

feature, reducing memory bandwidth requirement	memory access cycles saved by:	comment
compound functions [1] (highly parallel r-ALU data paths)	≥ 1 complex expressions computed combinationally	no storage of intermediate variables
ultra micro parallelism [1] (very fine granularity parallelism)	each on-chip wire connected individually [1]	run time performance not affected [1]
no multiplexing overhead	no buses within CPU	(buses cause overhead [Bus])
data sequencing [2]	sparse control [2]	avoids control overhead
generic scan patterns [2]	avoids addressing overhead	with parallel algorithms
non-generic scan patterns [2]	reduces addressing overhead	with 'glue' software
minimized cache updating [1]	access mode tag-controlled [2]	
high hit rate memory interleaving [2]	by optimized data map [1]	
VLDW - very long data word [2]	by VWL (variable word length) memory [1,2]	xputers don't impose format constraints
xputer programming paradigm	by far less overhead-prone [4]	in all levels of software [3]

1) set-up or adjusted at compile time or loading time
2) hardwired feature
3) experimental results: reasons not yet well understood
4) - than von-Neumann-based organization, or, model, rspectively

Fig. 11. Influence factors contributing to Xputer Efficiency - compared to those of Computers

between different data arrays (fig. 10 b) or between distant subarrays. Also comparing acceleration factors in lines no. 4 and 5 within the table in fig. 1 shows, that here multiple-cache solutions tend to be much more efficient. Like cache memories of computers, scan caches in xputers help to reduce performance degradation due to the memory access bottleneck. It is obvious that xputer cache use is fully deterministic, due to a data scheduling strategy being completely compiler-driven.

That's why a much larger variety of optimization strategies may be applied, in contrast to computers permitting only probabilistic strategies which yield only low hit rates. By xputer cache use, however, extraordinarily high hit rates may be achieved, since cache traffic can be scheduled very precisely in detail to the optimum, tailored to any particular sequencing problem. This is because xputer hardware accepts almost any optimized schedule which always provides the right data at the right location at the right time. Thus compilation for xputers is a kind of *very high level synthesis,* where the number of visits to data locations in memory is minimized. This has similarities to the travelling salesman problem, where space-to-time mapping derived from systolic array synthesis methodology is an important method [Kil, Lem].

6. Xputers in Image Processing

Xputers are especially well suitable for image preprocessing, so that no specialized and much more expensive image processing computers are needed. Due to its universality also other kinds of parallel algorithms may be accelerated by the same xputer, and, in mass product applications stand-alone xputer use substantially reduces the total chip count. In image preprocessing systolizable algorithms (mainly using simple scan patterns, see fig. 3 e, f) and methods using data-dependent scan patterns are dominating. This section illustrates xputer use here by electronics design automation examples having been implemented at Kaiserslautern, where integrated circuit layout uses data structures being quite similar to those, well known from image preprocessing.

6.1 Two-dimensional digital filtering

Fig. 12 shows a 2-D digital filtering example implemented at Kaiserslautern: a systolic algorithm example in image preprocessing. A video scan pattern (fig. 12 b) is used to move a 3-by-3-sized single scan cache, which at each location recomputes the center pixel c4, by an expression shown in fig. 12 a. The cache map in fig. 12 a shows integer weight distribution. The rALU subnet (fig. 12 c) is derived from the local DG in fig. 12 a. Although including 18

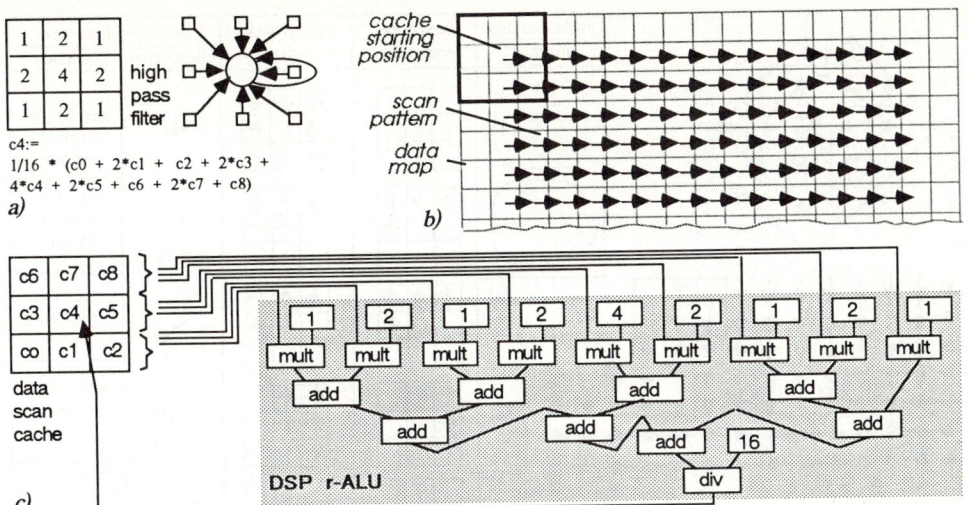

Fig. 12. Xputers in image preprocessing: 2-dimensional filtering example. a) filtering expression and cache map of weights, b) scan pattern example, c) rALU subnet derived from DG in fig. a.

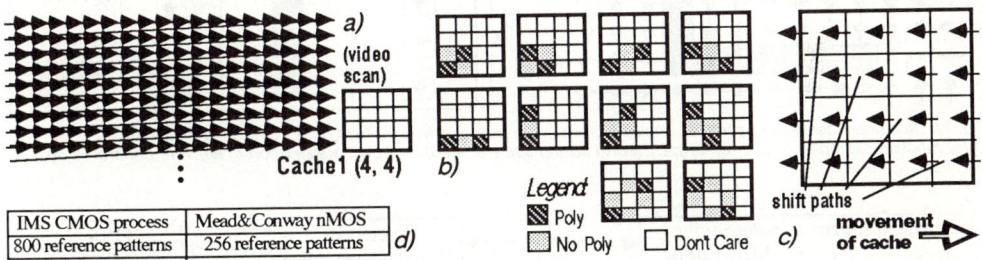

Fig. 13. Image preprocessing method used for grid-based design rule check: a) scan pattern and cache size, b) reference pattern examples (poly-to-poly distance ≥ 2), c) on-cache shift paths to minimize memory access d) number of reference patterns needed

arithmetic functions this compound function is purely combinational and fits on a small fraction of a single 5128 chip (last line in fig. 1) - due to extraordinarily efficient minimization made possible by the high flexibility of xputer rALUs. Since xputer data path width is not hardwired a low path width (e. g. 8 bits for the adders in fig. 12) may save PLD space. Multiplication by 1 saves a multiplier entirely. Binary coded integer multiplication by 2 or 4 (see fig. 12) may be replaced by a shift left by 1 bit, or, by 2 bits, respectively. All this demonstrates xputers' high acceptance of a wide variety of optimization strategies. Further minimization yields from memory accessing strategies, possible with xputers only. On-cache shift paths (compare fig. 13 c for 4-by-4 example) minimize the number of memory access cycles needed to 1 per word and video scan per line. Combined with suitable memory interleaving this may total up to an order of magnitude (see section 5 for explanations).

6.2 Pattern Matching on Xputers

We use pattern matching examples to illustrate image preprocessing capabilities of xputers, such as applicable also to integrated circuit layout verification and routing using grid-based design rules [MC, Ly]. A DRC may be carried out by a finite state machine [Eu] or combinational logic [San]. Such algorithms run very fast on ASIC hardware which, however, have to be reimplemented for new design rules and for portation. Due to very large primary memories modern work stations also conventional software implementation is feasible which, however, is very inefficient because of sequential processing of the large number of reference patterns. But to measure acceleration factors such implementations are needed: the MoM-DE environment with tools like a reference pattern generator and the PISA [San] package facilitate comparative performance measurement by convenient generation of such pattern matching algorithms (fig. 15).

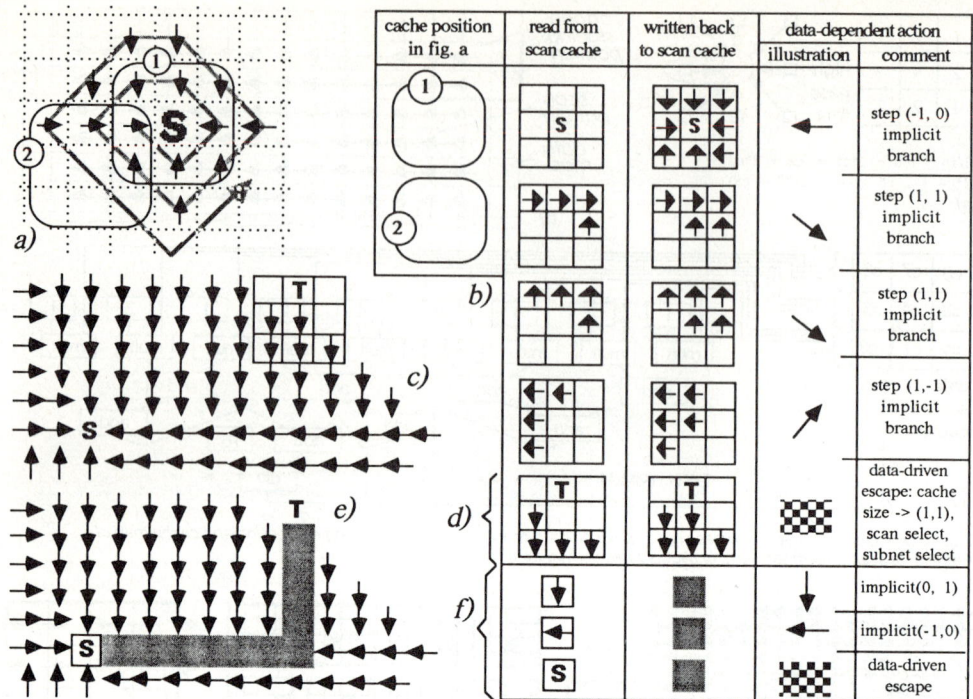

cache position in fig. a	read from scan cache	written back to scan cache	data-dependent action	
			illustration	comment
1	S	→S←	←	step (-1, 0) implicit branch
2			↘	step (1, 1) implicit branch
			↘	step (1,1) implicit branch
			↗	step (1,-1) implicit branch
	T	T	▨	data-driven escape: cache size -> (1,1), scan select, subnet select
			↓	implicit(0, 1)
			←	implicit(-1,0)
	S		▨	data-driven escape

Fig. 14. Data-dependent scan pattern examples a) spiral scan pattern driven by feed back from cache input data, b) a few rALU function examples from a; c) target T found during spiral scan d) new cache size upon c, e/f) wire generated by backtracking from T

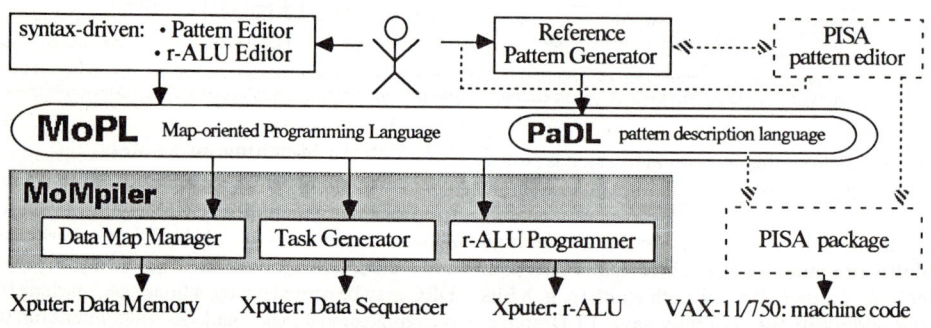

Fig. 15. Block structure of the MoM-DE development environment

In contrast to computers, here the performance of xputers is competitive to ASIC solutions. E. g. for a grid-based design rule check (DRC) the MoM xputer has been programmed such, that a single video scan over the layout is sufficient (fig. 13 a). Substantial acceleration is obtained also for other kinds of grid-based layout processing, such as Lee routing [Aq, CE], ERC (electrical rules check [Bak]), compaction [Cpn], fault extraction [CVT], etc. Reference patterns are configured combinatorially into the rALU as a single very powerful compound function linked with a video scan sequence within a 2-dimensional bit map memory segment. A single read-modify-write data loop is performed per cache location without using decision data (figure 13 a). Experimental results in grid-based DRC with 4-by-4 cache are acceleration factors of up to 2000 (CMOS design rules [IMS]).

The extremely high acceleration factor is due to mainly two reasons: all (hundreds of) reference patterns (fig. 13 d) are bundled by a huge compound Boolean operator (massive ultra micro parallelism) and caching

414

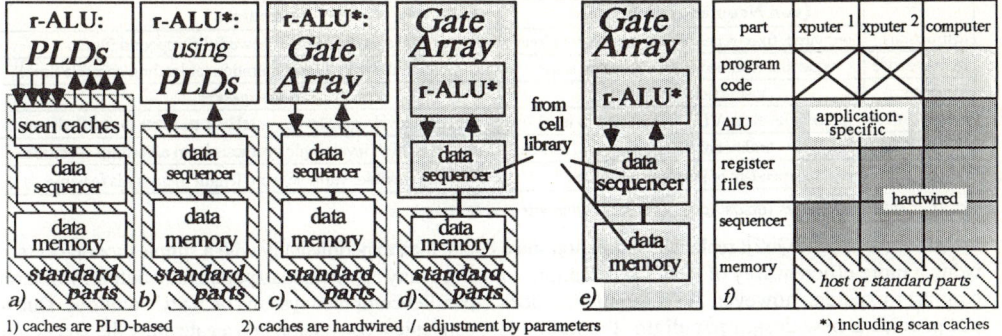

part	xputer[1]	xputer[2]	computer
program code			
ALU	application-specific		
register files			
sequencer			hardwired
memory			

1) caches are PLD-based   2) caches are hardwired / adjustment by parameters   *) including scan caches

Fig. 16. Xputer alternatives: a/b) programmable xputer, c) specialized xputer, d) embedded xputer ASIC (exASIC), e) exASIC with embedded memory, f) compared to computer technology.

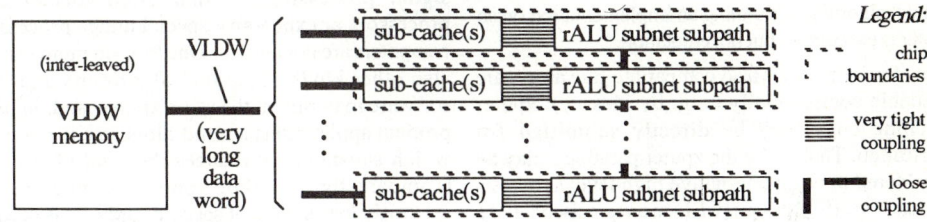

Fig. 17. Illustrating partitioning schemes for applications needing very large (multi-chip) rALUs

completely avoids addressing overhead (an analysis of the VAX version of this algorithm has shown about 90% CPU time for addressing). Also MoM on-cache shift and access mode flag features (fig. 13 c, also see section 5) contribute to the high per-formance by minimized storage access time.

Also the Lee routing algorithm [Lee, Le2, LKL] is an image preprocessing example. But this time data-dependent scan patterns are dominating, such as e. g. in curve following: decision data from the rALU influence data sequencer operation telling to which nearest neighbor location to go next (fig. 14 b,d,f). In Lee routing the cache (size 3-by-3) first performs a spiral scan around the start cell S, propagating a wavefront around S (fig. 14 a) until the target T is found (fig. 14 c). This is an example of a data-dependent scan pattern (compare fig. 14 b). When T has been found, a (hardwired) data-driven escape is started (fig. 14 d) after switching cache size to 1-by-1 and activating another rALU subnet. Back-tracking from T (fig. 14 f) generates the wire (fig. 14 e). Also this scan pattern is exited by a data-driven escape (conditional branch, see last line in fig. 14 f). Note, that also the data-dependent scan patterns are hardwired, which prevents address computation overhead by direct rALU / sequencer interaction. For the Lee algorithm (160 reference patterns) an acceleration factor > 160 has been achieved.

6.3 Application Development Support

MoM-DE, the MoM application development environment is running on a host (a µVAX [Mch]) featuring a self-explanatory syntax-driven editor for a high level language MoPL (Map-oriented Programming Language), roughly a Pascal extension (fig. 15). MoPL sources are accepted by the MoMpiler the "code generator" of which includes a commercial PLD programming tool needed for rALU personalization.

MoPL includes a sublanguage PaDL, which efficiently supports pattern matching applications in general. An optimizing reference pattern generator has been implemented [San], which accepts VLSI layout design rules [Aq]. Fig. 13 b shows an example: 10 reference patterns needed to detect the violation of minimum poly-to-poly separation by 2 lambda. For inclusion of other kinds of pattern matching applications an interactive graphic pattern editor has been implemented [We] for easy editing, modification, inspection and surveying of sets of reference patterns.

7. Embedding and Technology Issues

The most common PLD application is hardware prototyping. But recently an innovative kind of PLD use has been commercialized: ASIC emulation from

415

	(von Neumann) computers	xputers
instructions	hardwired, fixed repertory of simple operations	tailored at compile time: powerful compound functors
machine code	sequential: scanned from a program store	combinational: for PLD configuration (at loading/compile time)
sequencer	instruction sequencer	data sequencer
parallelism at	process level or (VLIW:) instruction level	data path level - gate level: **ultra micro parallelism**
compilation techniques:	traditional: from procedural sources	data-driven high level+logic synthesis from algorithm specific'n
data format	dependant of instruction format	highly flexible: variable word length memory is feasible

Fig. 18. Computer features versus Xputer features: Summary and Conclusions

netlist sources [Qu1, Qu2]: replacing simulation since being a more efficient way of ASIC verification. In contrast to xputers, however, ASIC emulation does not provide a new design paradigm: the netlist is imported: the result of a separate (conventional) hardware design process. Xputers have a programming paradigm: a very high level model of parallel algorithms. Running an implementation on an xputer is execution - but not emulation.

Since for some PLDs also compatible gate arrays are available commercially (e. g. by Plessey): xputer machine code may be directly submitted for fabrication. That's why the xputer paradigm may be considered to be an alternative high level synthesis approach to ASIC design [CE] - more precisely: *very high level synthesis*. ASIC emulation nor simulation is needed, since direct execution is available for design verification. Fig. 16 gives a survey, which illustrates different degrees of embedding customized xputers and compares it to computers.

Partitioning large rALUs. To avoid communication bandwidth problems, cache(s) and rALU should be on the same chip (fig. 16 b / c). If for "large" applications or for VLDW approaches more than a single PLD chip is needed for the rALU, also more expensive **inter**-chip wiring is needed - in addition to the very efficient **intra**-chip wiring. This is rather a packaging issue of than a performance issue, since still primary memory access remains the only critical bottleneck. In implementing several such "large algorithms" we have experienced, that we could always find heuristically a clever partitioning scheme, e. g. by slicing caches into multi-bit slices and distributing the compound operator such, that only loose coupling is required between chips (fig. 17).

8. Conclusions

With xputers an innovative computational machine paradigm has been introduced and implemented which achieves for parallel algorithms (also non-systolizable ones) drastically much better performance and hardware utilization and drastically more (compiler-) optimizer-friendliness than the von Neumann paradigm (comparative summary: fig. 18). Acceleration factors up to more than 2000 have been obtained experimentally with a simple monoprocessor. For many applications xputers may outperform large parallel computer systems or ASIC solutions. Due to convenient conversion into a gate array the xputer also provides an alternative ASIC design methodology.

Xputers fit well to image preprocessing and digital signal processing, so that often special DSP processors or expen-sive special image processing computers are not needed. Due to xputer universality also other kinds of parallel algorithms and glue software may run on the same xputer, and, in mass product applications a stand-alone use is possible, which substantially reduces the total chip count (compare fig. 16). For xputer architectures an extremely low amount of specific hardware is needed, not being performance-critical, so that it's easy to keep up with technology.

An exciting new R&D scene has been opened up: immature, thus promising and challenging. Not really a new theory, but a new mix of backgrounds is needed, derived from languages, compilation, algorithms and applications. Not yet all phenomena are well understood which contribute to the high acceleration factors found experimentally. We need a new direction of *(very) high level synthesis*, a new direction in hardware / software performance evaluation redefining the notion of *overhead,* and, a data-sequencing-oriented new direction of research in programming languages..

9. Acknowledgements

Early versions of MoM concepts have been developed in the multi university E.I.S. project, having been jointly funded by the German Federal Ministry of Research and Technology and the Siemens-AG, Munich, F.R.G., coordinated by GMD Birlinghoven. We also acknowledge the various kinds of personal support we have received from Elfriede Abel, Herwig Heckl, Gustl Kaesser from GMD and Klaus Woelcken (now with the Commission of the European Communities). We also appreciate valuable ideas from Klaus Singer at eltec GmbH at Mainz, F.R.G. Last but not least we appreciate the contributions of more than 30 of our students.

10. Literature

[Aq] R. W. Hartenstein, A. G. Hirschbiel, M. Weber: MoM - Map Oriented Machine, in: Chiricozzi, D'Amico: Parallel Processing and Applications, North Holland, Amsterdam / New York 1988.

[Bak] C. M. Baker, C. J. Terman: A Tool for Verifying Integrated Circuit Designs; Lambda 1st Qu. 1980

[Bil] A. Ast, et al.: Using Xputers as Inexpensive Universal Accelerators in Digital Signal Processing; Int'l Conf. on New Trends in Signal Processing, Communication and Control, Ankara, Turkey, July 1990, North Holland 1990

[Bul] J.Fisher, J.Ellis, J. Ruttenberg, A. Nicolau: A Parallel Compiler and a Dumb Machine; Proc. ACM SIGPLAN '84 Symp on Compiler Correctness; SIGPLAN Notices 19,6 (June 1984)

[Bus] R.W.Hartenstein, G.Koch: The Universal Bus Considered Harm-ful; in: R.Hartenstein, R.Zaks: The Microarchitecture of Com-puting Systems; North Holland, Amsterdam/New York 1975;

[CE] R. Hartenstein, A. Hirschbiel, M. Weber: MoM - a partly custom-designed architecture compared to standard hardware; Proc. IEEE Comp Euro '89, Hamburg, FRG, IEEE Press, 1989

[Ced] D. D. Gajski, et al.: CEDAR; COMPCON Spring 1984

[Cpn] D. Boyer, N.Weste: Virtual Grid Compaction using the most recent Layer Algorithms; ICCAD 1983

[CVT] I. Stamelos et al.: A Multi-Level Test Pattern Generation and Validation Environment; Int'l Test Conf. 1986

[Eis] T. Mayer: POLU (Problem Oriented Logic Unit), Diplomarbeit, Universität Kaiserslautern, 1989.

[Eli] J. A. Fisher: Very Long Instruction Word Architectures and the ELI-512; Proceedings 10th ISCA, 1983

[Eu] R. Eustace, A. Mukopadhyay: Deterministic Finite Automaton Approach to Design Rule Check for VLSI; Proc. DAC 1982

[Gaj] D. D. Gajski, D. A. Padua, D. J. Kuck, R. H. Kuhn: A Second Opinion on Data Flow Machines; Computer, 15, 2 (Febr. 1982)

[Ga2] D.D. Gajski, D. J. Kuck, D. A. Padua: Dependence Driven Computation; Proc. COMPCON Spring 1981, IEEE Press 1981

[Ha] J. J. Hack: Peak versus Sustained Performance in Highly Concurrent Vector Machines; Computer, Sept. 1986

[Hir] A. G. Hirschbiel: (Ph. D. thesis), Univ. Kaiserslautern, 1990

[IMS] G. Zimmer: Lambda Designregeln für das EIS-Projekt; report; IMS Duisburg, F.R.G., 1986.

[Kil] R. W. Hartenstein, A. G. Hirschbiel, M. Weber: Mapping Systolic Arrays onto the Map-Oriented Machine (MoM), Proc. 3rd Int'l Conf. on Systolic Arrays, Kilarney, Ireland, May 1989.

[Lee] C. Y. Lee: An Algorithm For Path Connections And Its Applications. IEEE TrC-10 (Sept. 1961)

[Le2] M. A. Breuer and K. Shamsa: A Hardware Router. In: Journal of Digital Systems, 4, 4, 1981.

[Lem] R. Hartenstein, K. Lemmert, SYS3 - A CHDL-Based CAD System for the Synthesis of Systolic Architectures, Proceedings IFIP CHDL '89, North Holland, Amsterdam / New York 1989.

[LKL] I. Velten: Implementierung des Lee-Algorithmus auf der MoM, Dipl. Thesis, Univ. Kaiserslautern, 1987

[Ly] R. F. Lyon: Simplified Design Rules for VLSI Layout; Lambda, 1st quarter 1981

[MC] C. Mead, L. Conway: Introduction to VLSI Systems, Addison-Wesley, 1980.

[MoM] R. W. Hartenstein, A. G. Hirschbiel, M. Weber: MoM - Map Oriented Machine; in: Ambler et al.: (Prepr. Int'l Worksh. on) Hardware Accelerators, Oxford 1987, Adam Hilger, Bristol 1988.

[Mch] R. Hartenstein et al.: Xputers: an Open Family of non-von-Neu-mann Architectures; Proc. GI/ITG Conf. on the Architecture of Computing Systems, Munich, 1990; VDE-Verlag Berlin 1990

[Para] D. Padua, D. Kuck, D. Lawrie: High Speed Multiprocessors and Compilation Techniques; IEEE TC-29, 9 (Sept 1980)

[PP] R. W. Hartenstein, A. G. Hirschbiel, M. Weber: The Machine Paradigm of Xputers: and its Application to Digital Signal Processing Acceleration; ICPP-90 Int'l Conf. on Parallel Processing, 1990; IEEE Press, Wash., D.C., 1990

[Qu1] M. D'Amour, et al.: ASIC Emulation cuts Design Risk; High Performance Systems, Oct. 1989

[Qu2] P. A. Kaufman: Wanted: Tools for Validation, Iteration; Computer Design, Dec. 1989

[San] R. W. Hartenstein, R. Hauck, A. G. Hirschbiel, W. Nebel, M. Weber: PISA - A CAD package and special hardware for pixel oriented layout analysis, Proc. ICCAD 1984, Santa Clara 1984.

[SK] S. Y. Kung: VLSI Array Processors; Prentice-Hall, 1988

[Vec] J. J. Hack: Peak vs. Sustained Performance in Highly Concurrent Vector Machines; Computer, Sept 1989

[Ve2] J. J. Dongarra, E. Eisenstat: Squeezing the Most out of an Algorithm in Cray Fortran; report, ANL/MCS-TM-9, 1983

[Ve3] J. J. Dongarra: A Survey of High Performance Computers; COMPCON Spring 1987

[Wel] M. Weber: (Ph. D. thesis), Univ. Kaiserslautern, October 1990

[Wp] M. Annarratone et al.: The Warp Computer: Architecture, Implementation, and Performance; IEEE TC-36(12), (Dec. 1987)

Ein Multi-Prozessorsystem für Robotikaufgaben auf der Basis des Hierarchischen Strukturcodes HSC

Manfred Dresselhaus, Georg Hartmann[*]

Universität-Gesamthochschule-Paderborn, Fachbereich Elektrotechnik

Pohlweg 47-49, 4790 Paderborn

Zusammenfassung

Das vorgestellte Multi-Prozessorsystem extrahiert die für ein Handhabungssystem notwendigen Informationen in geeigneter Form und echtzeitnah aus Folgen hierarchisch-strukturcodierter Bilder. In früheren Beiträgen [Drü87], [Dre88] wurden bereits die Strategien zum Erkennen, Positionserfassen und Verfolgen von Objekten vorgestellt. In diesem Beitrag wird das Prozessorsystem vorgestellt, in dem die Teilaufgaben "Erkennen", "Wiedererkennen", "Positionserfassen" und "Verfolgen" eigenständige Prozesse bilden und mit weiteren Prozessen, die die Datenversorgung und die Ergebnisverarbeitung durchführen, unter eine gemeinsame Kontrolle gestellt werden. Es werden Konzepte zur Inter-Prozeßkommunikation vorgestellt, die zur Steuerung des Multi-Prozessorsystems erforderlich sind. Die Realisierung des Systems erfolgte auf einer VME-Bus-Workstation mit MC68020 Prozessoren.

1. Einführung

Die in einem Handhabungssystem anfallenden Bildverarbeitungsaufgaben lassen sich durch verschiedene Teilaufgaben beschreiben. Zur Lösung dieser Teilaufgaben werden unterschiedliche Strategien angewendet, um die zugehörigen Informationen zu extrahieren. Die Teilaufgaben umfassen:

- Erstmaliges **Erkennen** eines unbekannten Objekts aus der Menge der definierten Objekte durch einen Erkennungsvorgang, bei dem die aus dem Bild extrahierten Merkmale mit allen Objektmodellen verglichen werden.
- **Wiedererkennen** eines bereits erkannten Objekts durch einen Erkennungsvorgang, bei dem die aus dem Bild extrahierten Merkmale mit einem vereinfachten Modell des bereits erkannten Objekts verglichen werden.
- Genaue **Positionserfassung** eines langsam bewegten Objekts oder eines Objektdetails in einem für jedes Bild einer Bildfolge ablaufenden Vorgang, bei dem nur die relevanten Bildinhalte auf hochauflösenden Bildebenen ausgewertet werden.
- **Verfolgen** der Position und Orientierung eines schnell bewegten Objekts in einem von Bild zu Bild ablaufenden Vorgang, bei dem möglichst wurzelnahe Knoten von Codebäumen zur Extraktion des Bewegungszustands ausgewertet werden.

Die dargestellten Erkennungsstrategien wurden bereits in [Drü87] und [Dre88] ausführlich vorgestellt. Für die einzelnen Teilaufgaben "Erkennen und Wiedererkennen", "Positionserfassen" und

[*] Wir danken dem Minister für Wissenschaft und Forschung des Landes Nordrhein-Westfalen für die Unterstützung des Projekts.

"Verfolgen" werden jeweils angepaßte Modelle der Objekte erzeugt und zum Vergleich mit den extrahierten Merkmalen eingesetzt. Der Hierarchische Strukturcode, der durch bildunabhängige Transformationen aus Grauwertbildern erzeugt wird, enthält die gesamte Strukturinformation der abgebildeten Objekte in einer pyramidenförmigen Datenstruktur und ermöglicht sowohl einen schnellen Zugriff auf wurzelnahe Knoten für die Teilaufgabe "Verfolgen", als auch höchstmögliche Genauigkeit für die Teilaufgabe "Positionserfassen" durch die hochauflösenden Codeelemente an den wurzelfernen Blättern der Codebäume.

2. Objektorientiertes Systemkonzept

Für die Teilaufgaben werden eigenständige Prozesse innerhalb des Multi-Prozessorsystems definiert, die unter eine gemeinsame Kontrolle gestellt werden. Die Kommunikation zwischen den Prozessen erfolgt über definierte Kommunikations- und Datenschnittstellen. Alle Prozesse durchlaufen beim Systemstart eine Initialisierungsphase, in der die Kommunikationskanäle aufgebaut werden und alle Vorbereitungen für den Betrieb getroffen werden. Anschließend treten sie in einen Wartezustand in dem sie verbleiben, bis sie durch einen anderen Prozeß einen Auftrag erhalten. Nach Abschluß der Berechnungen und Ermittlung der Ergebnisse werden diese dem aufrufenden Prozeß zurückgemeldet; die Prozesse kehren anschließend wieder in den Wartezustand zurück. Die Prozesse und die Botschaften und globalen Speicher zur Realisierung der Kommunikations- und Datenschnittstellen bilden die Objekte des objektorientierten Systems (nach [Sto83]).

2.1 Aufgabe des Systems

Das vorgestellte System extrahiert die für ein Handhabungssystem notwendigen visuellen Informationen aus Folgen hierarchisch strukturcodierter Bilder. Der Prozeß ROBOTER, der den Steuerungsrechner des Roboters repräsentiert, erteilt die Aufträge an die Bildauswertungsprozesse. Soll z. B. ein Objekt durch den Robotergreifer gegriffen, anschließend in einem schnellen Bewegungsvorgang in die Nähe der Endposition gebracht und in einer abschließenden langsamen Positionierungsphase genau abgelegt werden, erteilt der Prozeß ROBOTER zunächst an den Prozeß ERKENNEN den Auftrag zur Identifikation des Objekts. Der Prozeß ERKENNEN verläßt seinen Wartezustand, fordert vom Prozeß DATEN die Zeiger auf die aktuellen Bilddaten an und führt anschließend die Operationen, die aus der Modellbibliothek gelesen werden, zur Extraktion der Ergebnisse und Merkmale aus. Die berechneten Zustandsgrößen des Objekts werden im Zustandsspeicher abgelegt. Nach der Identifikation des Objekts teilt der Prozeß ERKENNEN dies dem Prozeß ROBOTER mit und kehrt in den Wartezustand zurück. Für den schnellen Bewegungsvorgang wird anschließend der Prozeß VERFOLGEN aktiviert, der anhand eines vereinfachten Modells sehr schnell Position und Orientierung des erkannten Objekts aus jedem folgenden Bild der Bildfolge extrahiert. Die aktuellen Bilddaten werden für jedes neue Bild vom Prozeß DATEN angefordert. Nach Erreichen des Zielbereichs beendet der Prozeß ROBOTER den Verfolgungsvorgang durch eine Botschaft und aktiviert den Prozeß POSITIONSERFASSEN, der in ähnlicher Weise wie der Prozeß VERFOLGEN für alle folgenden Bilder abläuft. Der Prozeß POSITIONSERFASSEN arbeitet mit einer anderen Modellvariante und extrahiert genaue Positions- und Orientierungsdaten aus den höchstauflösenden Ebenen des HSC. Die Ergebnisse werden ebenfalls im Zustandsspeicher abgelegt und vom Prozeß ROBOTER mit den Sollgrößen verglichen. Bei Übereinstimmung von Ist- und Sollwert wird der Prozeß POSITIONSERFASSEN durch eine erneute Botschaft beendet. **Abb. 1** enthält beispielhaft den Ablauf im Systemzustand "Verfolgen".

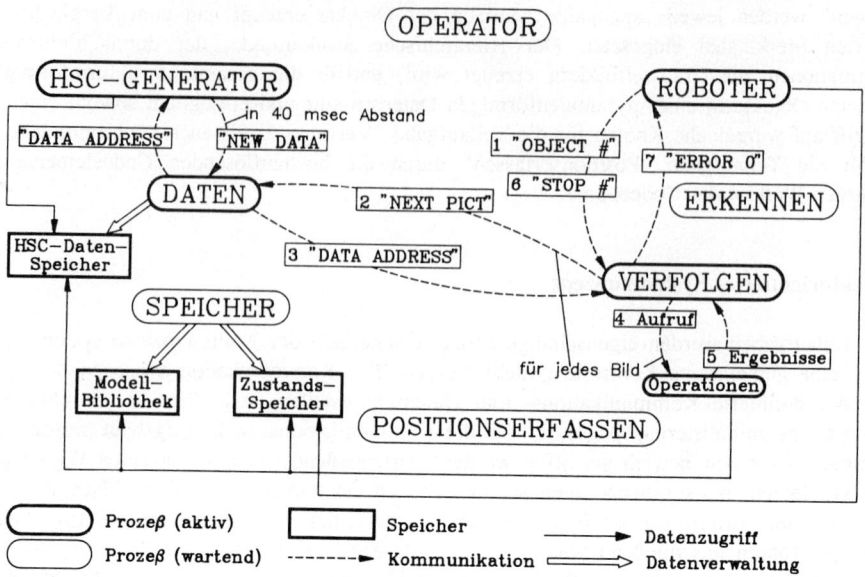

Abb. 1. Ablauf im Systemzustand "Verfolgen".

2.2 Prozesse

Neben den Bildauswertungsprozessen **ERKENNEN**, **POSITIONSERFASSEN** und **VERFOLGEN**, welche die bereits vorgestellten Teilaufgaben repräsentieren, werden weitere Prozesse zur Datenversorgung und zur Verarbeitung der Ergebnisse in das System integriert, die im Einzelnen folgende Aufgaben erfüllen.

Der Prozeß **DATEN** steuert den Zugriff auf die Daten des HSC. Er verwaltet die Schnittstelle zwischen dem System zur Erzeugung des HSC - dem HSC-Generator - und dem Multi-Prozessorsystem zur Codeauswertung, die durch den HSC-Datenspeicher gebildet wird. Der HSC-Datenspeicher ist als Wechselpuffer organisiert, der in mehrere Speicherbereiche aufgeteilt ist, die jeweils den HSC eines Bildes aufnehmen können. Der Prozeß DATEN hat zwei Aufgaben. Die erste besteht darin, die vom HSC-Generator erzeugten Daten zyklisch auf die Speicherbereiche des HSC-Datenspeichers zu verteilen. Die Bereitstellung der jeweils aktuellen Bilddaten für die Bildauswertungsprozesse ist die zweite Aufgabe des Prozesses DATEN. Um die Auswertung des HSC unabhängig von der Erzeugung des HSC zu halten, wird der Datenbereich, auf den die Auswertungsprozesse zugreifen, für den HSC-Generator gesperrt. Bei Anforderung neuer Bilddaten durch die Auswertungsprozesse wird der gesperrte Bereich wieder freigegeben und der zuletzt durch den HSC-Generator beschriebene Speicherbereich gesperrt.

Der Prozeß **SPEICHER** verwaltet die globalen Speicher "Modellbibliothek" und "Zustandsspeicher", die die Datenschnittstellen zwischen den Auswertungsprozessen bilden. In der Initialisierungsphase lädt der Prozeß die Daten der Modellbibliothek in den Arbeitsspeicher und initialisiert den Zustandsspeicher. Während des Betriebs teilt der Prozeß SPEICHER allen anfragenden Prozessen die Adressen der globalen Speicher mit.

Der Prozeß **ROBOTER** hat die Aufgabe, Aufträge an das Prozessorsystem zu senden und die zurückgelieferten Ergebnisse zu verwalten. Die Aufträge werden den Bildauswertungsprozessen durch definierte Botschaften mitgeteilt, die Ergebnisse der Auswertung werden dem Prozeß ROBOTER über den globalen "Zustandsspeicher" bereitgestellt. Zur Steuerung der Initialisierung des Systems und zur Kontrolle des Betriebs wurde ein weiterer Prozeß konzipiert - der Prozeß **OPERA-TOR**. Dieser Prozeß ist besonders in der Implementierungs- und Testphase wichtig, da mit ihm auch eine interaktive Kontrolle über die Systemfunktionen erfolgen kann.

2.3 Kommunikations- und Datenschnittstellen

Die Kommunikation zwischen den Prozessen erfolgt über folgende Kommunikationsschnittstellen: *Ereignisse* (events), *Botschaften* (messages) und *asynchrone Signale* (signals). Weitere Kommunikationsmöglichkeiten werden durch die Datenschnittstellen der *globalen Speicher* geschaffen. Die Kommunikationsschnittstellen werden durch das verwendete Betriebssystem bereitgestellt. Das Format der Botschaften muß global innerhalb des Systems definiert werden, damit sie von den Kommunikationspartnern korrekt interpretiert werden. Durch Ereignisse werden Informationen mit festem Inhalt und durch Botschaften Informationen mit variablem Inhalt ausgetauscht. Durch asynchrone Signale werden ebenfalls nur Informationen mit festem Inhalt an einen Empfänger gesendet, der Empfängerprozeß wird in diesem Falle aber unterbrochen und eine zugeordnete Serviceroutine gestartet. Die globalen Speicher eignen sich besonders für den Austausch großer Datenmengen zwischen mehreren Prozessen und in mehrere Richtungen gleichzeitig, sie müssen zur Vermeidung undefinierter Zustände mit einer Schreib-/Lesesynchronisation versehen werden.

Die *Modellbibliothek* enthält die Modelle aller Objekte, die durch das Multi-Prozessorsystem verarbeitet werden. Die Modellierung, die bereits in [Drü86] vorgestellt wurde erfolgt in hierarchisch-sequentieller Form. Die Objektmodelle werden in Form von Büchern und Kapiteln abgelegt. Jedes Objekt entspricht einem Buch, jedes Merkmal bzw. die dazugehörige Operation einem Kapitel. Da für die Teilaufgaben "Positionserfassen" und "Verfolgen" eigene Modellvarianten erforderlich sind werden die Bücher in drei Abschnitte für die Modellvarianten unterteilt. Im *Zustandsspeicher* werden alle formalen < ERGEBNISSE > abgelegt, die zur Beschreibung von Position, Orientierung und Bewegungszustand erforderlich sind. Da zur Berechnung des Bewegungszustands Information aus mehreren Bildern benötigt werden, enthält der Zustandsspeicher mehrere identische Speicherbereiche, die bei der Verarbeitung von Bildfolgen zyklisch mit aktualisierten Zustandsdaten beschrieben werden.

2.4 Systemaufbau

Das Konzept für den Aufbau des Bildauswertungssystems basiert auf der Idee eine möglichst freie Kommunikation zwischen allen Einzelprozessen des Systems zuzulassen. Alle Prozesse erfüllen selbständig ihre Teilaufgaben und kommunizieren bei Anforderungen an andere Prozesse direkt miteinander. Der Vorteil dieses Konzepts besteht darin, daß es von der Struktur her die Möglichkeit bietet, daß Prozesse parallel ablaufen. Zur Leistungssteigerung können leicht zusätzliche Prozesse in das System integriert werden. Dadurch besteht die Möglichkeit mehrere parallel arbeitende Prozeß-gruppen aufzubauen, die jeweils Funktionsblöcke bilden und ihren Ablauf durch enge Kommunikation untereinander steuern. Die Kommunikation zu anderen Funktionsblöcken findet dagegen nur in relativ großen Zeitabständen statt; sie ist prinzipiell durch alle Prozesse eines Funktionsblocks möglich.

2.5 Systembetrieb

Beim Betrieb des Bildauswertungssystems durchlaufen alle Prozesse zunächst die Initialisierungsphase, in der die Kommunikationskanäle aufgebaut, die globalen Speicher initialisiert und alle weiteren Vorbereitungen für den Betrieb getroffen werden. Nach der Initialisierung werden in 40 msec Abständen die Datenbereiche des HSC-Datenspeichers aktualisiert, die Auswertungsprozesse warten auf Aufträge des Prozesses ROBOTER. Neben dem Normalfall des Betriebs, der in Abschnitt 2.1 dargestellt ist, entstehen innerhalb eines Systemzustands Situationen in denen Übergange zu anderen Systemzuständen erforderlich werden. Diese Übergänge werden vom Bildauswertungssystem selbständig ausgeführt. Eine solche Situation entsteht z. B., wenn während des Systemzustands "Positionserfassen" die Objektgeschwindigkeit über eine Grenze steigt, die für die genaue Positionserfassung noch zulässig ist (s. [Dre88]). Das Überschreiten der Geschwindigkeit macht einen Übergang zum Systemzustand "Verfolgen" notwendig. Der Prozeß POSITIONSERFASSEN sendet einen Auftrag zur Objektverfolgung an VERFOLGEN und tritt selbst in den Wartezustand. Der Prozeß VERFOLGEN führt die Operationen zur Verfolgung schnell bewegter Objekte aus, bis die Geschwindigkeit wieder unter die Grenze abgesunken ist. Anschließend wird der Prozeß POSITIONSERFASSEN wieder aktiviert.

3. Realisierung

Die Realisierung des Multi-Prozessorsystems erfolgte auf einer VME-Bus-Workstation der Firma Motorola. Das Kernstück der Entwicklungsumgebung bildet ein Ein-Platinen-Computer mit Prozessor MC68030, Coprozessor MC68882 und einem Hauptspeicher von 8 MByte. Auf der Prozessorplatine befinden sich daneben alle Interfaces zu externen Geräten: vier serielle und eine parallele Schnittstelle, ein Ethernet-Anschluß und ein Interface zum SCSI-Peripheriebus, an dem Festplatte, Streamer-Tape und Floppy-Laufwerk angeschlossen sind.

Das Entwicklungssystem befindet sich mit zwei Zielsystemen auf dem VME-Bus, der den Aufbau eines Multi-Prozessorsystems unterstützt [Rud82]. Die 32-Bit-Architektur ermöglicht einen theoretischen Speicherausbau bis über 4 GByte. Es können z. B. zusätzliche externe Speicherplatinen zur Erweiterung des Arbeitsspeichers oder zusätzliche Prozessorplatinen, die jeweils über lokalen Speicher verfügen, in das System eingefügt werden und unabhängig voneinander arbeiten. Die Kommunikation erfolgt über den VME-Bus. Die im vorgestellten System integrierten Zielsysteme enthalten einen MC68020 Mikroprozessor mit Coprozessor MC68882 und 4 MByte lokalen Speicher. Über eine serielle Schnittstelle ist eine direkte Kommunikation der Prozesse auf den Zielsystemen nach außen möglich. **Abb. 2** zeigt das eingesetzte Rechnersystem in der oben beschriebenen Ausbaustufe.

Das Entwicklungssystem wird unter dem Betriebssystem UNIX System V/68, einem Multi-User-Betriebssystem, das keine Echtzeitfähigkeit besitzt, betrieben. Die Software wurde in der zu UNIX gehörenden Programmiersprache C entwickelt. Dadurch wird eine Standardumgebung geschaffen, die eine weite Verbreitung gefunden hat und leistungsfähige Entwicklungswerkzeuge umfaßt. Zum Betrieb der entwickelten Software auf den Zielprozessoren wurde die Entwicklungsumgebung VMEexec der Firma Motorola eingesetzt. Grundlage der Entwicklungsumgebung bildet der Echtzeit-Betriebssystemkern pSOS+, der auf die Zielprozessoren heruntergeladen wird. Für den Echtzeitkern ist über die RTEID-Definition (Real-Time Executive Interface Definition) ein Satz von Betriebssystemfunktionen festgelegt, mit deren Hilfe alle Echtzeitfunktionen über C-Unterprogrammaufrufe durchgeführt werden. Durch die in der RTEID festgelegten Funktionen können alle in einer Echtzeitumgebung vorkommenden Objekte wie Tasks, Warteschlangen, Ereignisse, asynchrone Signale oder Semaphoren verwaltet werden [Van]. Die von UNIX System V/68 bekannte Programmschnittstelle SVIDlib (System V Interface Definition Library), die alle bekannten C-Systemfunktionen enthält, ist ebenfalls im Betriebssystemkern von pSOS+ enthalten. Durch die beiden vorhandenen Softwareschnittstellen ist es möglich, Applikationssoftware mit Echtzeitfunktionen und "normalen" UNIX-Funktionsaufrufen zu entwickeln. Das VMEexec-System enthält darüber hinaus Werkzeuge zur Softwareentwicklung, zum Laden der Software auf die Zielsysteme und zum direkten Debuggen der Software auf den Zielsystemen.

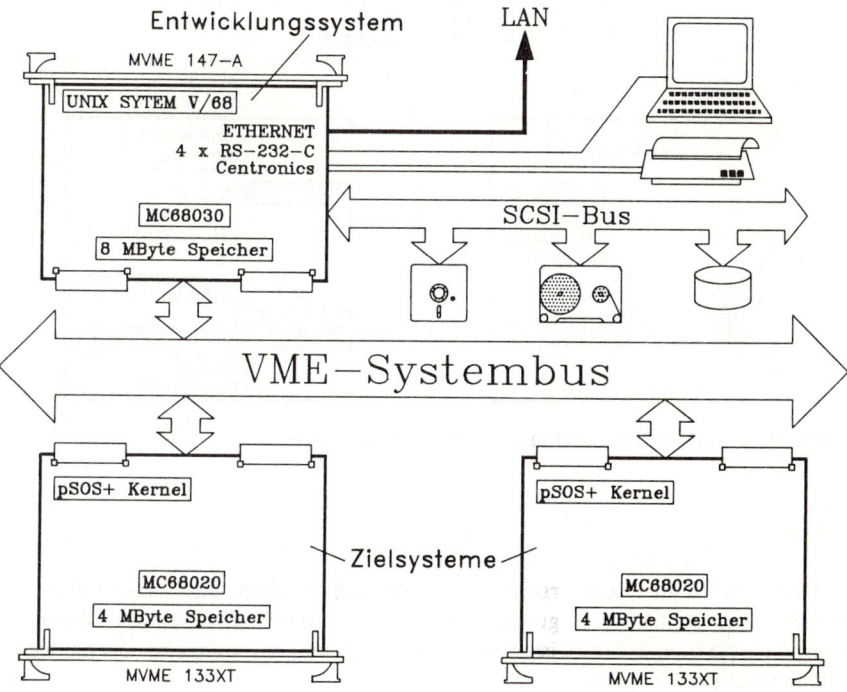

Abb. 2. Das eingesetzte Rechnersystem.

Die Prozesse werden als eigenständige Tasks realisiert, wobei die Tasks OPERATOR und ROBO-TER auf dem Entwicklungssystem, dem Host-System, und alle übrigen Tasks auf den Zielsystemen laufen. Da das VMEexec-System alle Objekte, die als Kommunikations- und Datenschnittstellen dienen, unterstützt, können diese durch Funktionsaufrufe aus der RTEID-Bibliothek erzeugt und verwaltet werden. Die gesamte Inter-Prozeßkommunikation kann ebenfalls durch eine Reihe von Unterprogrammaufrufen realisiert werden. **Abb. 3** zeigt die realisierte Verteilung der Prozesse und Daten auf den Prozessoren des Multi-Prozessorsystems.

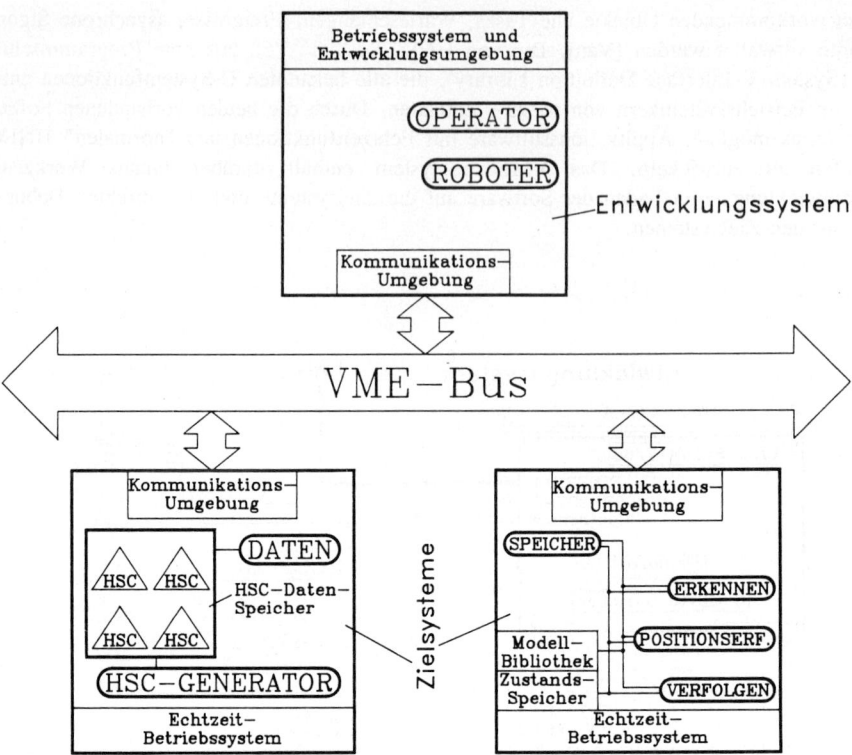

Abb. 3. Verteilung der Prozesse und Daten auf die Prozessoren.

4. Ergebnisse

Mit dem realisierten Multi-Prozessorsystem ist es erstmals möglich, das Zeitverhalten der Auswertung des HSC unter Echtzeitbedingungen zu testen, die durch das Echtzeit-Betriebssystem, die Datenhaltung von HSC und Ergebnissen im Speicher und durch optimierte Operationen und Kontrollstrukturen geschaffen wurden.

Im Hinblick auf die echtzeitnahe Extraktion der Informationen für ein Handhabungssystem, die besonders für den Systemzustand "Verfolgen" erforderlich ist, wurden zunächst Zeitmessungen bei diesem Betriebszustand durchgeführt. Zur Ermittlung des Zeitverhaltens wurde eine besondere Auftragsart geschaffen, mit der die Auswertung einer festen Anzahl von Bildern angefordert und die Start- und Endezeit genau gemessen wird. Aus Zeitdifferenz und Bildanzahl wird das Zeitverhalten des Systems bestimmt.

Durch Laufzeitmessungen an mehreren Bildfolgen verschiedener Objekte konnte gezeigt werden, daß die schnelle Erfassung von Position und Orientierung eines Objekts im Mittel in einer Zeit von ca. 90 msec durchgeführt werden kann. D. h. es werden durchschnittlich ca. 11 Bilder pro Sekunde - das entspricht etwa jedem 2. Bild der Kamera - durch das realisierte System verarbeitet. Kamera-Echtzeit, die 40 msec pro Bild beträgt, ist durch weitere Optimierungen an der Datenstruktur des HSC und durch weiter verbesserte Operationen also durchaus erreichbar.

5. Literatur

[Dre88] **Dresselhaus, M., Hartmann, G., Mertsching, B.**: Positionserfassung und Verfolgung von Objekten in hierarchisch codierten Bildern.
In: Bunke, H. (Ed.): Mustererkennung 1988. Informatik-Fachberichte 180. Berlin (Springer-Verlag) 1988, 165-171

[Drü86] **Drüe, S., Hartmann, G.**: Modellgestützte Erkennung hierarchisch codierter Objekte.
In: Hartmann, G. (Ed.): Mustererkennung 1986. Informatik-Fachberichte 125. Berlin (Springer-Verlag) 1896, 245-249

[Drü87] **Drüe, S., Hartmann, G., Mertsching, B.**: Wissensbasierte Erkennung von komplexen Objekten mit linien- und flächenhaften Komponenten im Hierarchischen Strukturcode (HSC).
In: Paulus, E. (Ed.): Mustererkennung 1987. Informatik-Fachberichte 149. Berlin (Springer-Verlag) 1987, 133-137

[Rud82] **Rudyk, M.**: VME-Bus.
Elektronik, Heft 10, 1982, 90-96

[Sto83] **Stoyan, H., Görz, G.**: Was ist objektorientierte Programmierung?
In: Stoyan, H., Wedekind, H. (Ed.): Objektorientierte Software- und Hardwarearchitekturen. Stuttgart (Teubner-Verlag) 1983, 9-31

[Van] **Vanderlin, R., Raynoha, P., Hansche, B., Dion, L.C.**: RTEID: Die Suche nach Echtzeitstandards.
Motorola Microcomputer Division, Tempe, AZ, USA, ohne Jahresangabe.

Aufbau eines Multisensorsystems auf Transputerbasis für die industrielle Automatisierung

Klaus Fuchs, Lothar Zunker
Prozeßsteuerung in der Schweißtechnik, RWTH Aachen
Reutershagweg 4, 5100 Aachen

1. Einleitung und Motivation für Transputer in der Sensorik

Die technischen Fortschritte in den letzten Jahren, insbesondere der verstärkte Einsatz von Industrierobotern, führte zu einer stetig zunehmenden Ausbreitung und Automatisierung der Produktionstechnik. Für die Realisierung automatisierter Fertigungssysteme stellt die Sensortechnik eine wesentliche Voraussetzung dar, weil Toleranzen in der Lage und der Position der Bauteile bzw. Werkstücke auftreten.

Da mit zunehmendem Mechanisierungsgrad des Fertigungsvorganges auch eine höhere Flexibilität der Automatisierung erwartet wird, wachsen auch die Anforderungen an die Leistungsfähigkeit der Sensorsysteme bezüglich der Erfassung und Verarbeitung mehrerer Prozeßgrößen. Diese Aufgaben werden in der Praxis noch vorwiegend in mehreren Single-Sensorsystemen zur lokalen Informationsgewinnung erfüllt, wobei die Informationen der einzelnen Sensorsysteme unabhängig voneinander zur Steuerung einzelner Prozeßparameter verwendet werden. In vielen Produktionsprozessen sind die einzelnen Prozeßparameter jedoch derart untereinander korreliert, daß eine erfolgreiche Prozeßsteuerung nur durch die gleichzeitige Auswertung mehrerer Sensorinformationen erfolgen kann. Zur vollständigen Deutung dieser Sensorinformationen und der damit verbundenen Beschreibung derartiger Prozesse ist es meist auch notwendig, entsprechendes Expertenwissen über den Prozeß in der Prozeßsteuerung zu verwerten.

Die Realisierung solcher komplexen wissensbasierten Multisensorsysteme scheiterte bisher sowohl an den Rechnerarchitekturen als auch an der Rechenleistung heutiger konventioneller Sensorrechner.

Aus diesen Gründen sind zukünftig neue intelligente Multisensorsysteme auf der Basis moderner Rechnerarchitekturen erforderlich, die fähig sind:

1. gleichzeitig alle relevanten Prozeßgrößen über entsprechende Sensoren zu erfassen,
2. die erfaßten Daten (auch bei den großen Datenmengen, z.B. der Bildverarbeitung) in Echtzeit zu verarbeiten und
3. a-priori-Wissen über den Prozeß in die Deutung der erhaltenen Sensor-Informationen einzubeziehen.

Multiprozessorsysteme auf Mikroprozessorbasis und Mainframes stellen in dieser Hinsicht eine Lösung dar. Mainframes scheiden in den typischen Anwendungsgebieten in der industriellen Automatisierung aus, da ein überproportionales Ansteigen des Preis-Leistungs-Verhältnisses für die erforderlichen höheren Rechner-Leistungen charakteristisch ist /1/. Um ein annähernd lineares Preis-Rechenleistungs-Verhältnis zu erzielen, erscheint es deshalb für die Hardware des Multisensorsystems erstrebenswert, eine Erhöhung der Rechenleistung durch schaltungstechnische Parallelisierung der Mikroprozessoren durchzuführen.

Im vorliegenden Beitrag wird ein Konzept für ein Multisensorsystem auf der Basis eines Transputernetzwerkes für den Einsatz in einer Robotersschweißzelle vorgestellt.

2. Architektur des wissensbasierten Multisensorsystems

Ein Ziel heutiger industrieller Fertigungsmethoden ist der Aufbau von Fertigungszellen, die es ermöglichen, auch Kleinserien unter Verwendung von Robotern zu fertigen. Dies beinhaltet sowohl moderne Methoden der Roboterprogrammierung als auch die Entwicklung leistungsfähiger intelligenter Sensorsysteme, die es dem Roboter ermöglichen, auf sich ändernde Bearbeitungsaufgaben flexibel zu reagieren.

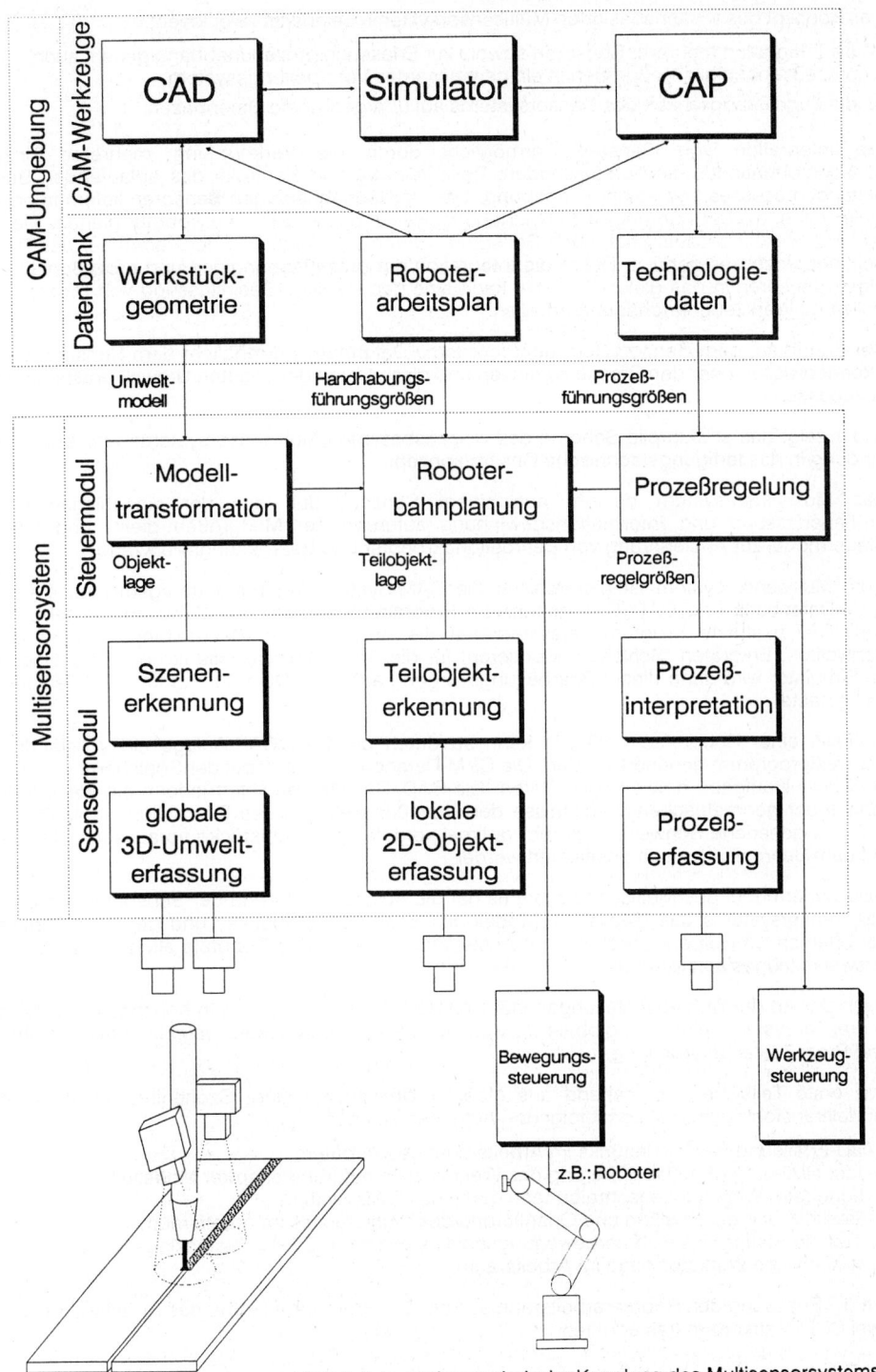

Bild 1: Informationstechnische Kopplung des Multisensorsystems

Das Konzept des wissensbasierten Multisensorsystems beinhaltet zwei Ideen:

1. die Integration mehrerer Sensoren sowohl zur Erfassung prozeßunabhängiger als auch prozeßabhängiger Meßgrößen in ein gemeinsames Verarbeitungssystem,

2. die Zugriffsmöglichkeit des Sensorsystems auf übergeordnete Datenbasen.

Die Integration von Sensoren ermöglicht durch die Verknüpfung mehrerer Einzelsensorinformationen eine umfassendere Beschreibung und Kontrolle des ablaufenden Bearbeitungsprozesses und seiner Umgebung. Die prozeßunabhängigen Sensoren liefern in erster Linie Daten, die der Führung des Handhabungswerkzeuges durch den Roboter dienen. Die Informationen der prozeßabhängigen Sensoren werden zur Steuerung der Parameter des Bearbeitungsprozesses genutzt. Durch die Integration der prozeßabhängigen und prozeßunabhängigen Sensoren in das gleiche System kann eine gegenseitige Beeinflussung von Prozeßkontrolle und Werkzeughandhabung erfolgen.

Der Zugriff auf dem Sensorsytem übergeordnete Datenbasen ermöglicht dem Sensorsystem, Expertenwissen über den Prozeß zu nutzen und diese Daten der erfaßten Umwelt entsprechend anzupassen.

Bild 1 zeigt das strukturelle Schema des wissensbasierten Multisensorsystems und seine Einbindung in das fertigungstechnische Gesamtkonzept.

Das Multisensorsystem besteht aus einem Sensormodul, das der eigentlichen Meßgrößenerfassung und Informationsgewinnung aufgrund der Meßgrößen dient, und einem Steuermodul zur Ansteuerung von Bearbeitungsroboter und Bearbeitungswerkzeug.

Dem Multisensorsystem ist hierarchisch die CAM-Systemumgebung übergeordnet, die aus CAM-Datenbank und CAD/CAP-gestütztem Programmiersystem und Simulator besteht. Das CAD/CAP-gestützte Programmiersystem hat die Aufgabe, den Bearbeitungsvorgang (z.B. Schweißen, Entgraten, Schleifen, Montieren) für die Roboterarbeitszelle flexibel zu definieren. Im Simulator wird dann dieser Bearbeitungsvorgang auf seine Durchführbarkeit und Fehlerfreiheit getestet.

Im Falle einer Roboterschweißzelle kann so durch die CAD/CAP-Anlage ein vollständiges Schweißprogramm generiert werden. Die CAM-Datenbank dient dabei der Speicherung aller für die Schweißaufgabe notwendigen Daten. Die CAD/CAP-Anlage liefert jedoch ein idealisiertes Modell der geometrischen Verhältnisse der Prozeßumwelt und des Bearbeitungsablaufes, so daß das generierte Schweißprogramm optimal vorgefertigte Werkstücke voraussetzt, die ideal auf dem Bearbeitungstisch positioniert werden.

Das Steuermodul des Multisensorsystems hat die Aufgabe, aufgrund der Sensorinformationen des Sensorsystems das idealisierte Modell des Bearbeitungsablaufes und der Prozeßumwelt der erfaßten Umwelt entsprechend zur Ansteuerung sowohl des Roboters als auch des Roboterswerkzeuges anzupassen.

Nach der Art der Aufgabenstellungen läßt sich das Multisensorsystem in horizontaler Richtung in drei Teilsysteme einteilen: globale Umweltdatenverarbeitung, lokale Objektdatenverarbeitung und Prozeßdatenverarbeitung.

Das erste Teilsystem, bestehend aus globaler Umwelterfassung, Szeneninterpretation und Modelltransformation, hat somit folgende Aufgaben zu erfüllen:

- 3D-Erfassung des Werkstücks im Arbeitsraum des Roboters,
- Identifizierung und Klassifizierung des Werkstückes aufgrund erlernter Modelle bzw. adäquater Werkstückbeschreibungen durch das CAD-System,
- Bestimmung der Position und Orientierung des Werkstückes im Arbeitsraum,
- Transformation des Roboterbewegungsablaufs von der Modellwerkstücklage in die tatsächliche Werkstücklage im Arbeitsraum.

Die 3D-Erfassung des Roboterarbeitsraumes kann z.B. durch Aufnahme des Arbeitsraumes mit zwei CCD-Matrix-Kameras erfolgen.

Durch die Bildverarbeitungsverfahren der Stereoskopie kann in der Szenenerkennung aus den beiden Kamerabildern in einem Rekonstruktionsprozeß eine 3D-Werkstückbeschreibung gewonnen und durch Vergleich mit den Werkstückbeschreibungen der Werkstückdatenbank das Werkstück klassifiziert werden. Gleichzeitig wird in der Szenenerkennung die Position und Orientierung des Werkstückes bestimmt.
Der Modelltransformator kann dann den Roboterbewegungsablauf des klassifizierten Werkstücktyps von seiner Modellposition und Orientierung auf die tatsächliche Position und Orientierung des Werkstückes transformieren.

Die Aufgaben des ersten Teilsystems werden vor Bearbeitungsbeginn durchgeführt, d.h. sobald ein neues Werkstück der Roboterarbeitszelle zugeführt wurde. Aus diesem Grunde ist eine Echtzeitverarbeitung im ersten Teilsystem nicht zwingend erforderlich.

In dem transformierten Bewegungsablauf sind jedoch noch nicht die in der Praxis stets bestehenden Werkstücktoleranzen aufgrund der Fertigungsvorbearbeitung berücksichtigt.

Dies ist Aufgabe des zweiten Teilsystems, das aus folgenden Teilstufen besteht:

- lokaler Objekterfassung,
- Teilobjekterkennung und
- Roboterbahnplanung.

Das zweite Teilsystem erfüllt damit folgende Funktionen:

- Erfassung der für die Roboter wichtigen Werkstückgeometrien,
- Planung der Bewegunstrajektorie des Roboters,
- adäquate Ansteuerung der angeschlossen Robotersteuerung,
- Roboterbahnkorrektur aufgrund lokaler Werkstücktoleranzen.

Damit eine Vorplanung der Robotertrajektorie entlang des Werkstückes erfolgen kann, ist es notwendig, entsprechende Sensoren vorlaufend vor dem Bearbeitungswerkzeug an der Roboterhand zu montieren. Als Sensoren kommen hier verschiedene Sensoren mit induktivem, kapazitivem oder optischem Meßprinzip in Frage.

Das dritte Teilsystem, bestehend aus den Teilkomponenten Prozeßerfassung, Prozeßinterpretation und Prozeßregelung, dient der eigentlichen Prozeßsteuerung des Bearbeitungsprozesses mit dem Ziel der hochwertigen Bearbeitungsqualität. Aus der Beobachtung der die Qualität der Bearbeitung beschreibenden Prozeßgrößen und ihrer gegenseitigen Beeinflussung werden über entsprechende Regelwerke die charakteristischen Prozeßparamter zur Steuerung des Bearbeitungsprozesses bestimmt. Der Schweißprozeß ist beispielsweise durch folgende Parameter beeinflußbar:

- Schweißspannung zwischen Kontaktrohr der Schweißpistole und Werkstück,
- Drahtvorschubgeschwindigkeit des Schweißdrahtes,
- Schweißgeschwindigkeit,
- Abstand zwischen Kontaktrohr der Schweißpistole und Werkstück,
- Orientierung der Schweißpistole,
- Schutzgasart bzw. Schutzgasmischung.

Die Qualität einer Schweißnaht kann dabei durch Beobachtung folgender Prozeßgrößen beurteilt werden:

- Fugengeometrie,
- Schweißstrom durch Lichtbogen,
- Schweißbadgeometrie,
- Form und Lichtintensitätsverteilung des Schweißlichtbogens,
- Geräuschentwicklung des Schweißprozesses.

In der Prozeßinterpretationsstufe werden dann die Sensorinformationen der einzelnen lokalen Prozeßsensoren derart verknüpft, daß man eine möglichst umfassende Prozeßbeschreibung erhält.

Aufgrund der Prozeßbeschreibung und den Technologievorgaben des Datenbanksystems führt die Prozeßregelung dann die Ansteuerung der Werkzeuges durch.

Die Integration der globalen Umweltdatenverarbeitung, der lokalen Objektdatenverarbeitung und der Prozeßdatenverarbeitung in ein Multisensorsystem bietet gegenüber konventionellen Sensorsystemen den Vorteil, durch die Verknüpfung der Sensorinformationen der verschiedenen Sensoren zusätzliche Informationen zu gewinnen, die durch einzelne Sensoren nicht geliefert werden können. So kann die Bearbeitungsprozeßregelung unmittelbar in die Roboterbahnplanung eingreifen. Umgekehrt können die Sensoren der lokalen Objekterfassung Kenngrößen (z.B. Schweißfugengeometrie) für die Bearbeitungsprozeßregelung liefern. Die durch die Verknüpfung der Sensorinformationen auftretenden Informationsredundanzen tragen zur Steigerung der Meßsicherheit bei und können zu Plausiblitätskontrollen herangezogen werden.

3. Der Einsatz eines Transputer-Clusters als Echtzeitsensorrechner

Wie bereits erwähnt, reicht die Leistungsfähigkeit üblicher Prozeßrechnersysteme in der Mehrheit aller Echtzeitanwendungen, in denen große Datenmengen verarbeitet werden müssen, nicht mehr aus. Tastet man beispielsweise das Bild einer Kamera mit 512 x 512 Pixeln bei einer Bildwiederholrate von 32 Hz ab, so erhält man eine Datenflut von 8 MByte/s, die durch das angeschlossene Echzeitbildverarbeitungssystem verarbeitet werden müssen. Bei dieser Datenflut ist ein herkömmliches Einprozessorsystem bei der Echzeitbildverarbeitung meistens überfordert. Deshalb erscheint es sinnvoll, spezielle Rechnerarchitekturen zu entwickeln, die auf die Problemanwendungen zugeschnitten sind.

Bilddaten einer Kamera zeichnen sich durch die natürliche Parallelität in ihrem zeitlichen Auftreten aus, so daß es nahe liegt, entsprechende parallele Rechnerarchitekturen einzusetzen. Der Aufbau paralleler Rechnerarchitekturen läßt sich prinzipiell soweit erweitern, daß schließlich pro Bildpixel ein Pixelprozessor zur Verfügung steht. Dieses Konzept mag im Einzelfall sinnvoll sein, scheitert jedoch in dem Augenblick, in dem die einzelnen Pixelprozessoren, bedingt durch den Bildverarbeitungsalgorithmus intensiv miteinander kommunizieren müssen.

Hauptproblem bei der Implementierung von Algorithmen auf Multiprozessorsystemen ist die Aufspaltung des Algorithmus in einzelne Teilalgorithmen und die gleichmäßige Belastung aller Prozessoren des Multiprozessorsystems derart, daß die Summe der Wartezeiten aller Prozessoren und damit die Bearbeitungszeit minimal wird. Praktisch ist dies für viele Algorithmen nur in unzureichendem Maße zu verwirklichen. Dafür gibt es folgende vier Gründe /2/:

1. Einzelne Prozessoren müssen auf den Zugriff auf gemeinsame Resourcen des Multiprozessorsystems warten (z.B. auf gemeisamen RAM oder gemeinsame I/O).
2. Einzelne Prozessoren müssen auf Ergebnisse anderer Prozessoren warten, die eine höhere Arbeitungsbelastung haben.
3. Die Prozessoren werden durch die Arbeitsaufteilung verschieden stark belastet. Prozessoren mit weniger umfangreichen Teilaufgaben sind daher nicht voll ausgelastet.
4. Algorithmen mit hohem Kommunikationsaufwand zwischen den einzelnen Prozessoren lassen die Prozessoren aufgrund der Kommunikationszeiten warten.

Aus einem Einzelprozessorsystem läßt sich mit dem gleichen Prozessortyp auf prinzipiell zwei Arten ein Multiprozessorsystem aufbauen. Bild 2a zeigt das busgekoppelte Multiprozessorsystem mit globalem Speicher für alle Prozessoren und Bild 2b zeigt das busgekoppelte Multiprozessorsystem mit lokalem Speicher der einzelnen Prozessoren. Der Nachteil der Architektur laut Bild 2a ergibt sich dadurch, daß alle Prozessoren sich den gemeinsamen Bus für den Zugriff auf die RAM-Daten teilen müssen. Ist die Anzahl der Prozessoren gering, so daß eine Master-Slave-Beziehung ohne zu große Verwaltungszeiten hergestellt werden kann, und sind die Berechnungszeiten der einzelnen Prozessoren groß gegenüber den Datenzugriffszeiten, so lohnt ein solcher Aufbau (z.B. die Verwendung eines Arithmetik-Koprozessors). Der Nachteil des Systems laut Bild 2b ist die Notwendigkeit, die I/O-Daten vor der Verarbeitung auf die lokalen Speicher der einzelnen Prozesoren zu verteilen. Demgegenüber steht der Vorteil, daß dann jeder Prozessor autonom seine Teilaufgabe auch bei intensivem Speicherzugriff und geringen Verarbeitungszeiten ohne Wartezeiten durchführen kann. Nachteilig bei beiden Systemen ist der Umstand, daß die Anzahl der Prozessoren durch die Interprozessorkommunikation über den gemeinsamen Bus begrenzt wird. Um die Vorteile beider Systemtypen zu vereinen, liegt es nahe, ein Hardwarekonzept vorzuziehen, das sowohl lokalen RAM für die einzelnen Prozessoren zur Verfügung stellt als auch den Zugriff auf globalen RAM erlaubt.

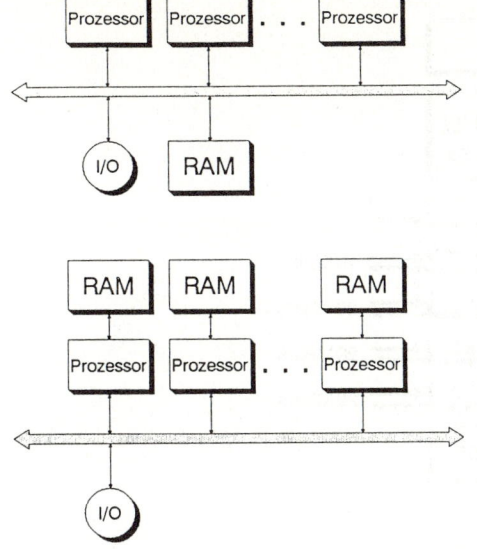

Bild 2a
Mehrprozessorsystem mit Bus-
kopplung der einzelnen Prozessoren
und globalem Speicher für alle
Prozessoren

Bild 2b
Mehrprozessorsystem mit Bus-
kopplung und lokalem Speicher der
einzelnen Prozessoren

Bild 2: Busgekoppelte Mikroprozessorsysteme

Neben der Datenstruktur ist die Wahl einer bestimmten Rechnerarchitektur auch stark davon abhängig, welche Typen von Algorithmen angewendet werden.

Im Bereich der parallelen Bildverarbeitung lassen sich allgemein zwei Techniken der Implementierung von Algorithmen unterscheiden /3/: bild-parallele und bild-serielle Implementierung.

Beim bild-parallelen Ansatz führt jeder Prozessor den Algorithmus vollständig durch, wobei jedoch jeder Prozessor in einem anderen Bildbereich arbeitet. Dieser Ansatz ist besonders dann effektiv, wenn der Algorithmus von derart paralleler Natur ist, daß der Algorithmus auf jedes einzelne Datum der Gesamtdatenmenge angewendet werden muß und die Reihenfolge der Daten dabei keine Rolle spielt. Da in diesem Falle keinerlei Synchronisation zwischen den Prozessoren erforderlich ist, kann jeder Prozessor seine Teilaufgabe autonom und ohne Wartezeiten erfüllen. Typische Beispiele sind die Pixel-Operationen, bei denen jeder Bildpunkt des Ausgangsbildes eine Funktion des jeweiligen Eingangsbildpunktes ist (z.B. Kontrastmanipulation oder Schwellwertbildung), und die Mehrpixel-Algorithmen, bei denen jeder Bildpunkt des Ausgangsbildes eine Funktion der Bildpunkte in einer wohldefinierten lokalen Umgebung um den Bildpunkt des jeweiligen Eingangsbildpunktes ist.

Bei der bild-seriellen Implementierung von Algorithmen wird der gesamte Algorithmus in einzelne Teilsegmente aufgeteilt, die auf die Prozessoren der Pipeline verteilt werden. Dort durchlaufen alle Bilddaten nacheinander die einzelnen Prozessoren bzw. Teilalgorithmen. Diese Form der Implementierung ist besonders für Algorithmen geeignet, bei denen die Reihenfolge wichtig ist, in der Teilalgorithmen auf das Bild angewendet werden.

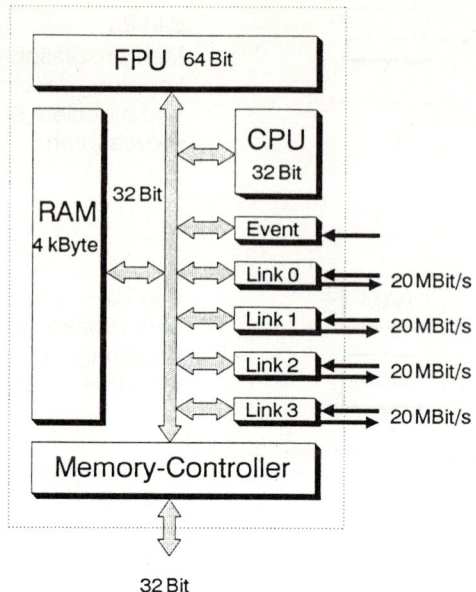

Bild 3: Architektur des Transputers T800 /4/

Je nach Art des Algorithmus machen die folgenden beiden Gründe eine bildserielle Implementierung ineffektiv:

- der hohe Komminaktionsaufwand zwischen den Pipeline-Stufen,
- die ungleiche Aufteilbarkeit des Algorithmus auf die Prozessoren der
  Pipeline und damit ungleiche Belastung der einzelnen Prozessoren.

Aus den dargelegten Gründen wurde eine auf die Anwendung des Multisensorsystems angepaßte Hardwarelösung verwendet. Als Prozessor wurde der Transputer T800 gewählt. Im Gegensatz zu anderen Mikroprozessoren besitzt dieser neben der eigentlichen 32-Bit CPU weitere periphere Funktionsblöcke auf dem Chip (Bild 3), von denen besonders die vier seriellen Hochgeschwindigkeitskanäle für den Anwender interessant sind /3/. Diese vier sogenannten "Links" stellen eigenständige DMA-Kanäle dar, die ohne Einschränkungen voll-duplex-fähig sind und somit unabhängig von der CPU Datenübertragung von und zum Speicher vornehmen können. Diese Links dienen der Datenübertragung zwischen zwei Transputern oder einem Transputer und einem Peripheriebaustein (Link-Adaptor). Sie besitzen eine Kanalkapazität von 20 MBit/s. Nach Abzug eines entsprechenden Kommunikationsoverheads besitzen die Links eine effektive Übertragungsrate von 1,5 MByte/s. Diesen Links kommt besondere Bedeutung beim Aufbau von Multiprozessorsystemen zu. Je nach Anwendung werden die Prozessoren zu einem Ring, einem Gitter, einem Baum oder einer beliebigen anderen Struktur miteinander verbunden (Bild 4), wobei jeder Transputer seine lokalen Arbeitsspeicher besitzt.

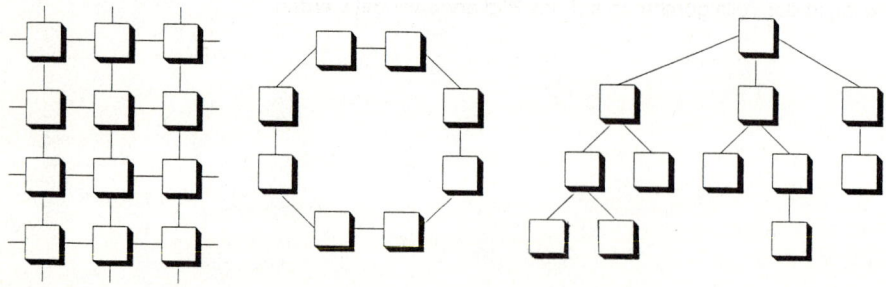

Bild 4: Topologien für Transputernetzwerke /5/

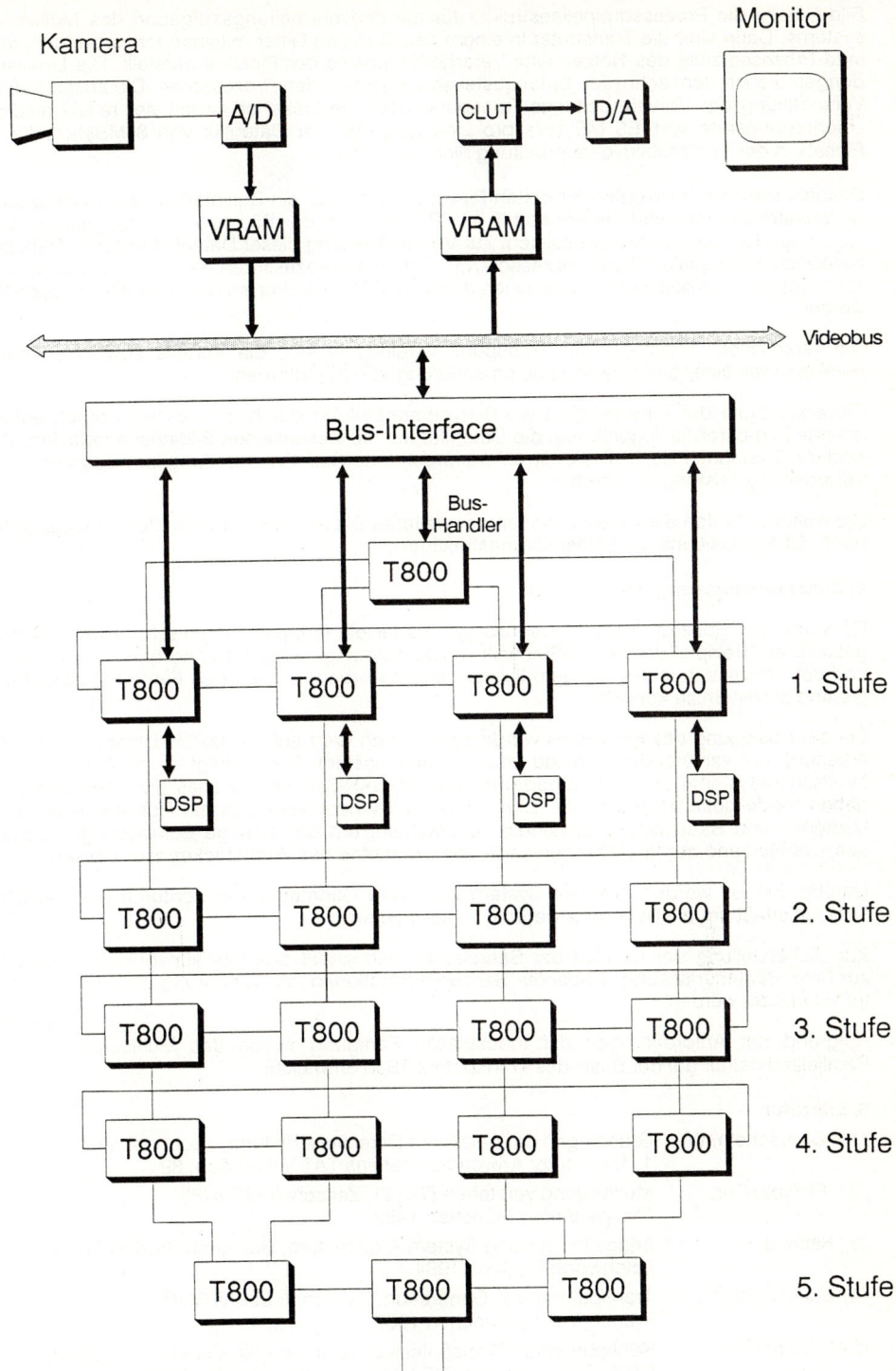

Bild 5: Hardwareaufbau des Bildverarbeitungsteilsystems

Bild 5 zeigt die Prozessorpipelinestruktur für die Bildverarbeitungsaufgaben des Multisensor-systems. Darin sind die Transputer in einem netzförmigen Gitter miteinander verbunden, in der jede Prozessorzeile des Netzes eine Verarbeitungsstufe der Pipeline darstellt. Die Linkverbin-dungen dienen dem schnellen Datenaustausch zwischen den Prozessoren. Die ausschließliche Verschaltung der Vorverarbeitungs-Transputer über die Links ist wegen der relativ niedrigen Übertragungsrate von 1,5 MByte/s pro Link aufgrund der Datenflut von 8 MByte/s für den Einsatz in der Echtzeitbildvorverarbeitung nicht geeignet.

Deshalb sind die Transputer der ersten Pipeline-Stufe über ein Businterface zum Videobus der Bildaufnahmeeinheit verbunden, sodaß alle Prozessoren der Bildvorverarbeitungsstufe Direkt-zugriff auf den Videospeicher besitzen. Zur Vorverarbeitung dieser Datenflut sind die Transputer zusätzlich mit digitalen Signalprozessoren (DSP) als Koprozessoren nachrüstbar. Zur Kontrolle kann das vorverarbeitete Bild über einen Ausgabevideospeicher an einen Monitor ausgegeben werden.

Die verschaltete Topologie der Transputer vereinigt in sich die Vorteile sowohl einer bild-parallelen wie einer bild-seriellen Implementierung von Algorithmen.

Die erste Stufe der Pipeline führt die Bildvorverarbeitung durch, d.h. es wird durch entspre-chende bild-parallele Algorithmen die Datenflut auf die wesentlichen Bildinhalte reduziert. Dazu sind die Transputer der 1. Stufe durch entsprechende Signalverarbeitungsprozessoren in ihrer Verarbeitungsleistung erweiterbar.

Die weiteren Stufen der Pipeline dienen der weiteren Bildanalyse mit dem Ziel der Objekterken-nung, Objektpositions- und Orientierungsbestimmung.

4. Zusammenfassung und Ausblick

Es wurde das Konzept eines Multisensorsytems für die fertigungstechnische Anwendung vor-gestellt. Am Beispiel der Schweißtechnik wurde dargelegt, welche Kenngrößen des Prozesses und des Prozessumfeldes mit dem System erfaßt werden, um auf den Fertigungsablauf korri-gierend einwirken zu können.

Bei der Auslegung des Konzeptes wurde besonderen Wert auf die flexible Umstellung der Ber-arbeitung auf variierende Produkte und Aufgaben gelegt. Dies erfolgt durch Anbindung des Multisensorsystems an ein übergeordnetes CAD/CAP-System, welches die Bearbeitungsauf-gaben modellgestützt beschreibt. Durch das Multisensorsystem ist ein Roboter in der Lage, Bauteilart und Bauteillage selbständig zu ermitteln, um das richtige Bearbeitungsprogramm auszuwählen und der tatsächlichen Lage und Geometrie des Werkstückes anzupassen.

Darüber hinaus werden mit dem System Lage und Geometrie von Konturen der Bauteile in Echtzeit erfaßt um die Roboterbewegung zu korrigieren.

Zur Sicherstellung der Qualität der Bearbeitung verwendet das Multisensorsystem Sensoren zur Prozeßdatenerfassung, wobei die Sensorinformationen zur Steuerung der Prozeßparame-ter verwendet werden.

Aufgrund der Anforderungen der industriellen Fertigung wurde das Multisensorsystem in Parallelarchitektur auf der Basis des Transputers T800 entwickelt.

5. Literatur

/1/ Oberschelp, W.   Grundlagen der parallelen Datenverarbeitung, Tagungsband des
                     1. Transputer Anwender-Treffens TAT '89 im Sep. 89

/2/ Phillips, Chr.   Multitasking verstehen (Teil 2), Zeitschrift MC 4/89
                     Francis Verlag München 1989

/3/ Kittler J.   Image Processing System Architecture, Research Studies Press Ltd.,
                     Letchworth England 1984

/4/ Eckelmann, P.   Transputer der 2. Generation, Zeitschrift ELEKTRONIK 9/87,
                     Francis Verlag München 1987

/5/ Krämer O.   Konfigurierbare Transputerarchitekturen - die Supercluster-Serie,
                     CHIP-Sonderbeilage 8/88, Vogel-Verlag Würzburg 1988

Bildinterpretationssprache TRIAS-1

Technische Universität München
Institut für Informatik, Lehrstuhl Prof. Radig
Wolfgang Eckstein

Zusammenfassung

Vorgestellt wird eine neue Sprache zur Bildanalyse und Bildinterpretation. TRIAS-1 vereint Prinzipien von logik- und regelbasierten Systemen mit Petrinetzen. Syntaktisch wird ein Programm durch Regeln und darauf aufbauenden Prozeduren beschrieben, mit denen prozedurales und deklaratives Wissen dargestellt werden kann. Die Sprache stellt darüberhinaus Mechanismen zur Analyse des dynamischen Programmverhaltens zur Verfügung. Zur Realisierung der Bildverarbeitung wurde das Bildverarbeitungssystem HORUS verwendet.

Einleitung

TRIAS-1 ist eine Sprache zur Entwicklung von wissensbasierten Bildinterpretationssystemen auf Workstations. Dabei wurde der Versuch unternommen, aus zwei für die Bildinterpretation wichtigen Programmierparadigmen (logikorientiert und regelbasiert) die hierfür wesentlichen Teile zu extrahieren und mit den Techniken von Petrinetzen zu vereinigen.

Analog zu Petrinetzen werden Anweisungen und Abläufe durch Graphen mit Ereignissen und Bedingungen beschrieben. Dabei werden in TRIAS-1 Ereignisse durch Operationen (z.B. für die Bildverarbeitung) und Bedingungen durch die Werten *true* und *false* als Marken dargestellt. Neben der üblichen Ablaufstrategie bei Petrinetzen verwendet TRIAS-1 logische Verknüpfungen von Marken und Backtracking. Zur Modularisierung werden Graphen zu Regeln strukturiert, die im wesentlichen aus einer Vorbedingung, einem Aktionsteil und einer Parameterleiste bestehen. Regeln mit gleicher Funktionalität werden (logisch) zu Prozeduren zusammengefaßt, wobei eine Regel eine mögliche Realisierung einer Prozedur darstellt. Die Ablaufsteuerung auf dieser Ebene verwendet die Vorbedingungen zur Auswahl einer geeigneten Regel und Backtracking für die Suche.

Im folgenden werden die wesentlichen programmiertechnischen Elemente der Sprache vorgestellt.

Programmstruktur

Ein Programm besteht aus einer Menge von <u>Prozeduren</u>, (auch Transitionen) die durch ihren Namen und ihre Funktionalität gekennzeichnet sind. Eine Prozedur beinhaltet einen aussagenlogischen und einen Datenverarbeitungsaspekt.

<u>Aussagenlogischer Aspekt</u>: Jede Prozedur läßt sich interpretieren als eine Abbildung:

$$\text{Boole} \times \cdots \times \text{Boole} \rightarrow \text{Boole}^+$$

wobei Boole = {*true*,*false*}, und Boole$^+$ = Boole $\cup$ {*void*}. Die booleschen Variablen werden <u>Stellen</u> (Knoten mit Marken) genannt, die über Kanten mit den Prozeduren verbunden sind. Stellen sind spezielle Variable, die zur Logikprogrammierung und zur Ablaufsteuerung verwendet werden: Die booleschen Werte (*true*,*false*) steuern durch ihren Datenfluß die Auswahl der Prozeduren. Der Wert *void* dient zum Unterbrechen eines Datenflusses.

<u>Datenverarbeitungsaspekt</u>: Eine Prozedur kann sowohl Bilddaten als auch numerische und symbolische Daten verarbeiten. Dabei wird zwischen Bildobjektparametern (O) und Steuerparametern (S) unterschieden. Weiterhin werden Eingabe- (OE,SE) und Ausgabeparameter (OA,SA) getrennt. Diese strikte Aufteilung erlaubt eine gute statische Analyse der Parameter.

Eine Prozedur besteht aus einer Menge von <u>Regeln</u> mit gleichem Namen und gleicher Funktionalität. Sie können dynamisch erzeugt und gelöscht werden. Eine Regel besteht aus den drei <u>Graphen</u>

> Vorbedingung,
> Aktionsteil und
> Fehlerbehandlung,

die alle die gleiche Struktur haben. Die <u>Vorbedingung</u> enthält nur Operationen ohne Seiteneffekte und entscheidet über die Anwendbarkeit der Regel beim Aufruf der Prozedur: Wenn die Vorbedingung *true* liefert, wird der <u>Aktionsteil</u> ausgeführt. Die Vorbedingung gilt als erfüllt, wenn eine ausgezeichnete Stelle (sog. Bedingungsstelle) mit dem Wert *true* belegt wird. Im Aktionsteil wird die eigentliche Verarbeitung bzw. Analyse der Daten durchgeführt. Der Aktionsteil wird beendet, wenn terminale Stellen (ohne abgehende Kanten) einen beliebigen Werte (auch *void*) erhalten. Das Ergebnis der Regel wird durch diesen Wert bestimmt. Tritt während der Abarbeitung ein Laufzeitfehler auf (z.B. falscher Parameterwert) , wird die (optionale) <u>Fehlerbehandlung</u> angesprungen. Hier kann der Fehler analysiert und eine entsprechende Aktion eingeleitet werden. Dabei gibt es zwei Möglichkeiten, das Programm fortzusetzen: Entweder wird die Regel nach der Analyse mit *<u>exception</u>* beendet und ein Fehler in der aufrufenden Prozedur erzeugt oder die Prozedur wird aus der Fehlerbehandlung heraus verlassen, als ob kein Fehler aufgetreten wäre. Im ersten Fall besteht die Möglichkeit, eine Fehlerinformation aufzubauen (bzw. zu modifizieren), die beim Aufrufer im Fehlerbehandlungsteil analysiert werden kann. Im zweiten Fall kann vor dem Verlassen der Fehler behoben oder eine alternative Verarbeitungsfolge ausgeführt werden.

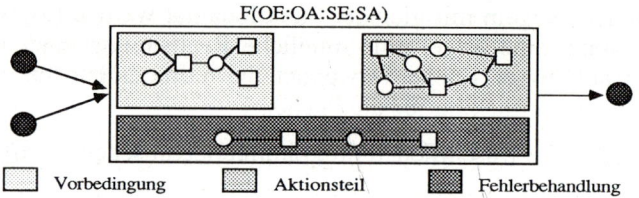

Drei Graphen einer Regel mit den Ein- und Ausgabestellen und den formalen Parametern

Einen Sonderfall stellen Regeln ohne Rumpf (d.i. ohne Vorbedingung, Aktionsteil und Fehlerbehandlung) dar. Mit ihnen kann deklaratives Wissen dargestellt werden. Diese entsprechen den Fakten in Prolog.

Ablaufsteuerung (Graphebene)

Jeder der drei Bestandteile einer Regel wird analog zu Petrinetzen als gerichteter bipartiter Graph realisiert, wobei die eine Klasse von Knoten die booleschen Werte, die andere die Prozeduren repräsentiert. Dabei steuern die Wahrheitswerte durch ihren Datenfluß den Programmablauf auf der <u>Graphebene</u>. Dies geschieht nach folgenden Regeln:

1. Sind alle Eingablstellen einer Prozedur mit Werten belegt (*true, false*) und die Ausgabestelle nicht belegt, kann die Prozedur ausgeführt werden.

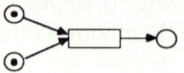

2. Vor der Ausführung einer Prozedur werden die Eingabestellen gelöscht (konsumiert). Nach der Berechnung wird die Ausgabestelle mit dem Ergebnis (*true,false,void*) besetzt.

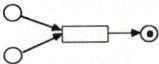

3. Verwenden mehrere Prozeduren die gleiche Stelle als Eingabe, so wird der Wert von genau einer Prozedur konsumiert.

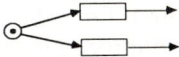

4. Sind bei einer Prozedur mehrere Stellen als Ausgabe vorhanden, dann erhält jede den gleichen Wert.

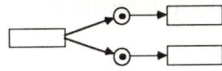

Die Netzstruktur unterstützt (im Gegensatz zur Logikprogrammierung) Schleifen. Deshalb sind die üblichen Schleifentypen repeat, while und for Bestandteil der Syntax.

Ablaufsteuerung (Prozedur / Regel)

Beim Aufruf einer Prozedur wird nach einer Regel gesucht, die anwendbar, d.h. deren Vorbedingung erfüllt ist. Gelingt dies, wird deren Aktionsteil ausgeführt. Wird eine Regel getestet und ihre Vorbedingung liefert *false*, so scheitert sie (*fail*) und es wird die nächste Regel getestet. Sind alle Regeln gescheitert, so scheitert die Prozedur. Hierdurch wird Backtracking eingeleitet und die davor aufgerufene Prozedur wird mit *redo* erneut aufgerufen. Dies bewirkt, daß eine weitere Regel dieser Prozedur gesucht wird, die anwendbar ist (d.h. deren Vorbedingung *true* liefert). Gelingt dies, so wird diese ausgeführt und der Graph wieder mit Vorwärtsverkettung abgearbeitet, ansonsten wird das Backtracking innerhalb des Graphens angewandt. Hierbei wird halbchronologisch vorgegangen: innerhalb unabhängiger Pfade des Programmgraphen wird Backtracking über den kausalen (≠chronoloisch) Vorgänger durchgeführt; an Verzweigungsstellen muß die zeitliche Reihenfolge beachtet werden. Erfolgt das Backtracking über den Graphen hinaus (Eingabestellen), so wird ein *exception* erzeugt (Anspringen der Fehlerbehandlung der Regel). Backtracking in TRIAS-1 führt keine erschöpfende Suche aus, da bei einem *redo* die nächste Regel einer Prozedur angewandt wird und da das Backtracking an den Graphgrenzen abgebrochen wird.

Für Prozeduren ergibt sich ein 5-Wege Modell für die Abarbeitung. Der Aufruf erfolgt mit:

entry   Erstaufruf der Prozedur (finde erste anwendbare Regel)
redo   Folgeaufrufe im Backtracking (die nächste anwendbare Regel wird ausgeführt)

Für die Beendigung einer Prozedur gibt es drei verschiedene Fälle:

succeed   Eine Regel wurde vollständig und ohne Fehler ausgeführt und liefert als Ergebnis die Werte *true, false* oder *void*.
fail   Es wurde (bei Erst- oder Folgeaufruf) keine anwendbare Regel gefunden.
exception Während der Abarbeitung einer Regel ist ein Laufzeitfehler aufgetreten, der gegebenenfalls im Fehlerteil bearbeitet wurde.

Negation wird in TRIAS-1 (im Gegensatz zu Prolog u.ä.) nicht durch Scheitern (*fail*), sondern durch (*false*) dargestellt.

Kontrollprozeduren

Zur Überwachung und Analyse des dynamischen Programmverhaltens dienen die sog. Kontrollprozeduren. Diese werden beim Eintritt bestimmter <u>Ereignisse</u> aufgerufen, um den Zustand des Programms zu untersuchen und gegebenenfalls Aktionen auszuführen. Dabei besteht Zugriff auf Daten wie Parameterwert und Zustand der relevanten Regel bzw. Prozedur, Trace, Fehlerzustand oder Konfliktmengen der Ablaufsteuerung. Kontrollprozeduren haben die gleiche syntaktische Struktur wie "normale" Prozeduren, verhalten sich aber wie ein Bestandteil der Ablaufsteuerung.

Ein Ereignis (zur Aktivierung) wird durch Prozeduren und deren dynamisches Verhalten festgelegt. Beispielsweise kann eine Kontrollprozedur aufgerufen werden, wenn bestimmte Prozeduren scheitern (*fail*). Ereignisse können prozedur- oder regelspezifisch sein; weiterhin hängen sie vom Zustand der Operation ab. Sobald ein Ereignis eintritt, wird die zugehörige Kontrollprozedur ausgeführt, bevor das Programm mit der normalen Abarbeitung fortsetzt.

Ein Ereignis wird durch folgende Faktoren bestimmt:

- Name der Prozedur
- *succeed* (*true, false, void*), *fail, exception, entry, redo*
- Regel, Prozedur

Der Anwendungsbereich der Kontrollprozeduren liegt insbesondere im Bereich des maschinellen Lernens und bei Tutorsystemen. Hierfür werden in TRIAS-2 (in der Planung) weitere Funktionalitäten zur Verfügung gestellt.

Bildverarbeitung

Zur Realisierung der Bildverarbeitungsoperationen wurde das HORUS-System [Eck87] verwendet, das über eine Sprachschnittstelle verfügt, die leicht an TRIAS-1 angepaßt werden konnte. HORUS beinhaltet eine große Palette von Prozeduren zur Bildvorverarbeitung, Segmentation und Interpretation. Darüberhinaus stellt es den abstrakten Datentyp <u>Bildobjekt</u> zur Verfügung.

Definition: Ein Bildobjekt $O = (R, B_1, .. , B_n)$ besteht aus einer <u>Region</u> R und den <u>Bildfunktionen</u> B_i mit folgenden Eigenschaften:

Seien X,Y Indexbereiche eines Bildes, dann gilt für eine Region R:

$$X \times Y \supseteq R$$

R sei die Menge aller Regionen. Eine Bildfunktion B_i ist eine Abbildung:

$$B_i: R \to G$$
$$(x,y) \mapsto B_i(x,y)$$

mit G = Byte + Integer + Float.

Eine Bildfunktion ordnet jedem Bildpunkt (x,y) einer Region einen Grauwert $B_i(x,y)$ zu. Die Anzahl der Bildfunktionen eines Bildobjektes ist beliebig. Aus der Definition für ein Bildobjekt ergeben sich folgende Eigenschaften:

Objektfokus: Im Mittelpunkt der Verarbeitung steht das Bildobjekt. Es bildet die Basis der ikonischen Verarbeitung und liefert die Daten für die symbolische Verarbeitung (z.B. Attributierung mit Merkmalen). Bildverarbeitungsoperationen lassen sich anhand ihrer Wirkung auf Bildobjekte charakterisieren. Hierzu einige Beispiele:

Filteroperation f (mit einem Ein- und einem Ausgabebild)

$$(R, B_1, .., B_i, .., B_n) \quad \mapsto \quad (R, B_1, .., B_i, .., B_n, f(B_i))$$

Alle Komponenten des Eingabeobjektes werden unverändert in die Ausgabe übernommen; zusätzlich wird eine neue Bildfunktion (Ergebnis der Filterung) hinzugefügt.

Morphologische Operation m

$$(R, B_1, .., B_n) \quad \mapsto \quad (m(R), B_1, .., B_n)$$

Die Bildfunktionen werden unverändert übernommen; die Region des Ergebnisobjektes ist das Ergebnis der Operation m angewandt auf R.

Segmentation s: Sei $o = (R, B_1, .., B_n)$ und $\mathbf{O}$ die Menge aller Bildobjekte; s ist Äquivalenzrelation auf R und es gilt:

$$\forall\, r\, \varepsilon\, R \quad \exists \text{ genau ein } o'\, \varepsilon\, \mathbf{O}, \text{ derart daß } \quad o' = ([r]_s, B_1, .., B_n)$$

Aus dem Eingabeobjekt werden neue Objekte erzeugt, wobei jedes Objekt eine Teilregion enthält.

Die allgemeine Definition eines Bildverarbeitungsoperators F in HORUS lautet:

$$F: P(\mathbf{O}) \to P(\mathbf{O})$$

Es werden also bei jedem Aufruf (beliebig) viele Bildobjekte verarbeitet (typisch sind 100 bis 10000 Objekte).

<u>Überlappungsinvarianz</u>: Jedes Bildobjekt besitzt eine eigene Datenstruktur. Probleme, die bei Implementierungen mit Binärbildern auftreten (z.B. Zusammenwachsen bei Dilatation), werden hierdurch vermieden.

<u>Regionenabhängige Verarbeitung</u>: Die Operatoren werden nur innerhalb der Region eines Objektes angewandt (insbesondere bei Filterung und Segmentation). Dies führt bei vielen Anwendungen zu einer signifikanten Verbesserung der Laufzeit.

Syntax der Sprache

Im folgenden wird eine Übersicht zu den wesentlichen Teilen der Syntax gegeben.

<u>Regelkopf</u>	Angabe des Regelnames und der formalen Parameter, unterteilt in die 4 Klassen (OE:OA:SE:SA). Die Namen der Parameter sind beliebig. Beispiel (Berechnung eines Kreises): `circle(:Kreis:x,y,r:)`:
<u>Rumpf</u>	Drei Graphen (alle optional), die mit den Schlüsselwörtern `IF>`, `THEN>` und `EXCEPTION>` beginnen. Ein Graph ist dabei eine Folge von Linksausdrücken.
<u>Typen</u>	Steuerparameter: Integer, Real, String (Syntax wie Pascal) und Tupel von diesen Typen. Beispiele für Konstanten: `1.5` und `['text',5,7,6.2]`
	Bildobjekte: siehe Kapitel Bildverarbeitung
<u>Parameterausdrücke</u>	übliche Arithmetik auf Integer und Real. Tupel: Direktzugriff, Konkatenation und Länge. Bildobjekte: Vereinigung, Durchschnitt und Differenz.

Ein- und Ausgabeparameter werden "per Value" übergeben.

Datenfluß

Stellen werden einschließlich der Flußrichtung durch ">" dargestellt; d.h. ohne Benennung der Stelle. Beispiel: `Proc1() > Proc2()`

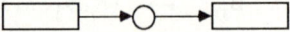

Linkoperatoren

Für Verzweigungen werden Linkoperatoren verwendet. Alternative Verwendung von Marken werden durch "->" und parallele Verwendung durch "|>" dargestellt. Dies entspricht den folgenden Graphen, wobei die Linkoperatoren gestrichelt dargestellt sind:

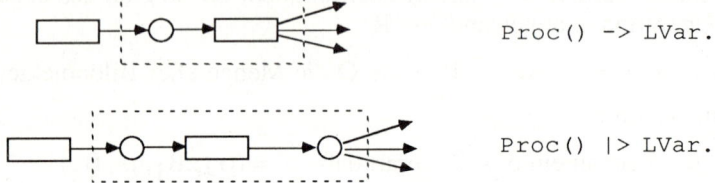

`Proc() -> LVar.`

`Proc() |> LVar.`

Durch einen Linkoperator wird eine Linkvariable benannt (im Beispiel: `LVar`), die den syntaktischen Bezug zwischen den Datenflüssen herstellt. Hierdurch können sowohl einmündende

```
Proc1() -> LVar.  Proc2() -> LVar.
```

als auch abgehende Kanten erzeugt werden.

```
LVar > Proc3().  LVar > Proc4().
```

Prozeduren münden in Linkoperatoren und gehen von ihnen aus.

Linkausdrücke

Sequenzen von Prozeduren (auch mit Linkoperatoren) sind Linkausdrücke. Diese können mit dem logischen Operationen *und* (",") bzw. *oder* (";") verknüpft werden. Linkausdrücke werden mit einem Punkt abgeschlossen.

Programmbeispiele

Anhand einiger Beispiele soll die Programmierung in TRIAS-1 vorgestellt werden. Dabei werden nur einfache Techniken verwendet (kein Backtracking oder Kontrollprozeduren und einfache Graphen).

Beispiel A: Objektmodelle

Es sollen einfache geometrische Objekte anhand ihrer Form erkannt werden. Als Ergebnis sollen die Objektklasse (Strings: ´Kreis´ bzw. ´Linie´) und einige typische Merkmale berechnet werden. Dies wird durch die Prozedur `modell` realisiert, die als Eingabe ein Objekt und als Ausgabe die Klasse und ein Tupel von Merkmalen hat. Für jede Klasse wird eine Regel implementiert; im Beispiel sind dies Kreis und Linie.

```
modell(Objekt:::´Kreis´,[Radius,x,y]):
        IF>     (eulernumber(Objekt:::Num),anisometry(Objekt:::Aniso))>
                (if(::Num=1:),if(::Aniso<1.2:)).

        THEN>   area(Objekt:::Flaeche,x,y)>
                calc(::sqrt(Flaeche/3.1416):Radius).
```

```
modell(Objekt:::'Linie',[Laenge,Phi]):
    IF>     elliptic_axis(Objekt:::Achse1,Achse2,_)>
            calc(::Achse2/Achse1:H) >
            (if(::Achse1<2.0:),if(::H>15.0:)).

    THEN>   min_rectangle(Objekt:::a,b,Phi)>
            calc(::2*a:Laenge).
```

Wenn ein Objekt aus den vorhandenen Klassen gefunden wird (Vorbedingung *true*), so werden die zugehörigen Merkmale berechnet. Gehört das Objekt zu keiner der angegebenen Klassen, dann scheitert die Prozedur `modell`.

Im obigen Beispiel ist darauf zu achten, daß einige Operationen über das nichtdeterministische (parallele) *und* verknüpft sind (die Reihenfolge der Auswertung ist beliebig). Eine feste Abarbeitungsreihenfolge kann hier mit den Datenflußpfeil ">" erreicht werden.

Beispiel B: <u>Zellbildsegmentation</u>

Gegeben ist das Bild von einem Abstrich, auf dem große, helle Teile und kleine Partikel (die sich kaum von Hintergrund abheben) zu erkennen sind. Beide Objektklassen sollen gefunden und deren Anzahl und durchschnittliche Fläche berechnet werden. In diesem Beispiel werden Bildfunktionen verwendet; diese werden über Namen identifiziert (hier "`original`","`lp`").

Große Objekte werden durch eine einfache Schwelle gefunden. Bei den kleinen Partikeln wird eine dynamische Schwelle verwendet (lokale Umgebung von 30 x 30) und anschließend `opening` mit einer Kreismaske zur Elimination von zu kleinen Regionen angewandt. Nach der Segmentation werden jeweils die Zusammenhangskomponenten berechnet (`connection`). Der Operator "| |" berechnet die Anzahl und "‖ ‖" die Vereinigung von Objekten.

```
grosse_objekte(Bild:Obj::):
    THEN>   threshold(Bild:Segm:100,255,'original':)>
            connection(Segm:Obj::).
kleine_objekte(Bild:Obj::):
    THEN>   lowpas(Bild:Lp:30:30,'original','lp')>
            dyn_threshold(Lp,Seg1:5,'original','lp':)>
            circle(:Circle:100,100,3:) >
            opening(Seg1,Circle:Segm::) >
            connection(Segm:Obj::).
merkmale(Obj:::|Obj|,Flaeche):
    IF>     if(::|Obj|>0:).
    THEN>   area(||Obj||:::F,_,_) >
            calc(::F/|Obj|:Flaeche).
segmentiere(Bild:::Anzahl_k,Flaeche_k,Anzahl_g,Flaeche_g):
    THEN>   grosse_objekte(Bild:Gross::),
            kleine_objekte(Bild:Klein::) >
            merkmale(Gross:::Anzahl_g,Flaeche_g)>
            merkmale(Klein:::Anzahl_k,Flaeche_k).
```

Einige Regeln haben nur einen Aktionsteil. Dies entspricht der Vorbedingung *true*.

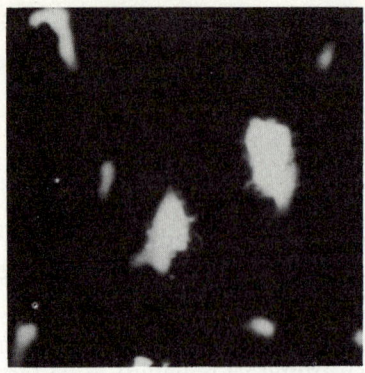
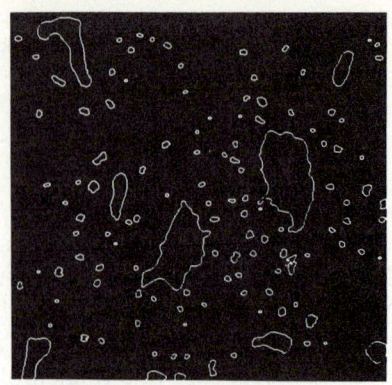

Originalbild	Segmentation

Beispiel C: <u>Echtzeitbildverarbeitung</u>

Bei einer Straßenszene soll der Rand- und der Mittelstreifen verfolgt werden. Dazu wird in vier Suchfenstern (50 x 50), die dem Straßenverlauf folgen, die optische Kante gefunden und bewertet. Dargestellt wird die Regel, die Kantensuche und Merkmalsextraktion ausführt. Eingabeparameter sind das Bild und die Position des Suchbereichs. Ausgegeben wird der Schwerpunkt und die Orientierung der Kante (falls vorhanden).

```
suche_kante(Bild:Kante:Ecke_x,Ecke_y:Schwerp_x,Schwerp_y,phi):
    IF>      rectangle(:R:Eck_x,Eck_y,Eck_x+50,Eck_y+50:)>
             add_greyfunction(R,Bild:Rechteck:'original':)>
             sobel(Rechteck:Sob:'original','sobel':)>
             threshold(Sob:Seg1:30,255,'sobel':)>
             connection(Seg1:Seg2::) >
             if(::|Seg2|>0:).
    THEN>    select_shape(Seg2:Seg3:'area','max':)>
             elliptic_shape(Seg3:::_,_,phi)>
             area(Seg3:::_,Schwerp_x,Schwerp_y).
```

Wird keine Kante im Suchbereich gefunden (|Seg2|=0), dann scheitert die Regel. Als relevante Kante wird die Region mit der größten Fläche verwendet.

Die Ausführungszeit von suche_kante beträgt auf einer DEC-Station 3100 ca. 30 ms.

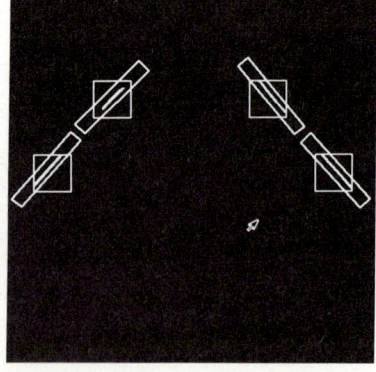

Randfindung mit vier Suchbereichen

Implementierung

TRIAS-1 ist eine Interpretersprache und erlaubt das dynamische Konsultieren und Rekonsultieren von Dateien. Dabei werden Regeln intern durch die zugehörige Datei charakterisiert. Die Realisierung erfolgte in C (K&R Standard) und wurde bereits auf verschiedenen Workstations getestet (z.B.: DEC (Vax, Mips), Sparc, HP). Dies wurde insbesondere dadurch ermöglicht, daß HORUS als Bildverarbeitungs-Toolbox auf vielen Architekturen verfügbar ist. Über HORUS kann auch Spezialhardware für Echtzeitanwendungen eingebunden werden.

Zur Gestaltung von Benutzeroberflächen wurde X-Window verwendet. Dabei hat der Anwender Zugriff auf OSF/Motif. Zusätzlich stehen die Ausgabe- und Interaktionsprozeduren des HORUS-Systems zur Verfügung, die speziell für Bilddaten ausgelegt sind. Als Dokumentation steht ein Online-Manual zur Verfügung, für das momentan ein Hypertextsystem entwickelt wird.

Literatur

McKeown D.M., McDermott J., "*Toward Expert System for Photo Interpretation*", IEEE conference on trends and applications, 1983

Riseman E.M., Hanson A.R., "*A methodology for the development of general knowledge-based vision systems*", IEEE Proc. Workshop on Principles of Knowledge-based Systems, Denver, 1984

TailorA., Cross A., Hogg D.C., Manson D.C., "*Knowledge-based interpretation of remotely sensed images*", image and vision computing, vol4, no 2, Mai 1986

Guanxiong Zhou, He Zhang, Haiming Zou, "*The Research of a basic Language of Expert Systems for Pattern Recognition*", Proc. 9. ICPR, Rome 1988

Takashi Matsuyama, "*Expert System for Image Processing: Knowledge-Based Composition of Image Analysis Processes*", Computer Vision, Graphics, and Image Processing, Vol 48, 1989

Eckstein W., "*PSIWAG-A Language for Logic Programming in Image Analysis*", Proc. 8. ICPR, Paris 1986

Eckstein W., "*Das ganzheitliche Bildverarbeitungssystem HORUS*", Proc. 10. DAGM Symposium, Zürich 1988

Peterson J.L., "*Petri Net Theory and modeling of Systems*", Prentice-Hall Inc., England Cliffs, N.J. 07632 ISMN 0-13-661983-5 (1981)

Reisig W. "*Petrinetze*", Springer Verlag, Berlin, 1986

Reisig W. "*Petri Nets and Algebraic Specifications*", SFB-Bericht Nr. 342/1/90B, TU-München, März 1990

Konzeption und Realisierung des netzwerkfähigen Bildverarbeitungssystems HORUS

W. Langer, W. Eckstein
Technische Universität München
Institut für Informatik / Lehrstuhl Prof. Radig
Orleansstraße 34, 8000 München 80

Zusammenfassung

Das netzwerkfähige HORUS ist ein System, daß eine gleichmäßige Auslastung von Rechner-resourcen in einem Netzwerk (LAN) realisiert. Dazu werden über einen Daemon beliebig viele Rechner unterschiedlichster Bauart zu einem Cluster zusammengefaßt, auf die die verteilte HORUS-Applikation zugreifen kann. Bei einer Berechnungsabfolge zur Bildverarbeitung wird für jede Operation zur Laufzeit überprüft, welches Clustermitglied (Rechner) diese am schnellsten bearbeiten kann. Bei der Realisierung wurde auf eine vollkommene Transparenz für den Benutzer geachtet, d.h. das Bildverarbeitungssystem HORUS verhält sich zum Benutzer hin wie eine Single-Task. Der notwendige Datentransfer zwischen den Prozessen wurde, so weit möglich, optimiert, so daß eine dem Aufwand entsprechende Laufzeitverkürzung erreicht wurde.

1. Motivation

Ein Problem bei der Bildverarbeitung sind die komplexen und enorm rechenintensiven Algo-rithmen. Um Wartezeiten bei der Berechnung von Bilddaten zu minimieren, ist jeder Benut-zer bestrebt, seine Algorithmen auf einem möglichst schnellen Rechner ausführen zu las-sen. Dies ist in einer Netzwerkumgebung mit einer Vielzahl unterschiedlicher Rechnerty-pen prinzipiell möglich.

Der offensichtliche Nachteil einer solchen Handhabung liegt darin, daß der, oder die wenigen schnellen Rechner in so einem Netzwerk oft mit derlei rechenintensiven Aufgaben überladen werden, während kleinere Workstations, die diese Aufgabe ebenfalls bearbeiten könnten, nicht ausgelastet sind.

(Stichwort: Load-Balancing)

Folge:

> Die Gesamtproduktivität aller Rechnerkapazitäten im Netz wird geringer.

Um solche Verzerrungen in der Auslastung von Rechnern zu vermeiden, wurde für das Bildverarbeitungssystem HORUS [2] ein Konzept entwickelt, welches eine effizientere Aus-nutzung der vorhandenen Computer-Resourcen zum Ziel hat. Die Idee ist, daß eine Kontrol-linstanz existiert, die für jede komplexe Bildverarbeitungsfunktion die geeignetste Ma-schine im Netz wählt. Beim Systementwurf wurde auf eine vollständige Transparenz geach-tet, d.h. dem Benutzer und den von HORUS unterstützten Hochsprachen sollte die Sicht einer zentralen Anwendung vermittelt werden.

Grundlage für dieses Konzept war die Entwicklung einer netzwerkfähigen Schnittstelle für das Bildverarbeitungssystem.

2. Systemübersicht

Die gebräuchlichste Methode bei verteilten Applikationen ist das *Client / Server* Modell [6].
In diesem Schema nimmt ein Clientprozess einen Service von einem Serverprozess in An-
spruch.
Allgemeiner:
In einem Netzwerk existieren

    n *Clientprozesse,*   die Dienstleistungen von
    m *Serverprozessen*   in Anspruch nehmen können.

Diese Grundidee ist auch bei der netzwerkfähigen Version des Bildverarbeitungssystems
HORUS zu finden. Eine Erweiterung erfährt das obige Konstrukt durch einen Netzwerkdae-
monen, der permanent mit allen Rechnern, auf denen ein *Server* läuft, in Verbindung steht.
Das Gesamtsystem besteht also aus drei logischen Bestandteilen:

    - Der **HORUS-Client**   (**n**-mal im Netz vertreten)
    - Der **HORUS-Server**   (**m**-mal im Netz vertreten)
    - Der **HORUS-Daemon**   (genau 1-mal vorhanden)

(s. Abb. 1 HORUS Systemaufbau)
Für den Benutzer, der sich mit der Benutzerumgebung des HORUS-Client-Prozesses in
einer ihm vertrauten Umgebung sieht, bleibt der darunterliegende Mechanismus zum Datentransfer mit dem HORUS-Daemon und dem HORUS-Server vollkommen verborgen. Die Idee
ist, daß für jede komplexe Bildverarbeitungsoperation die geeignetste Maschine ausgewählt
wird.

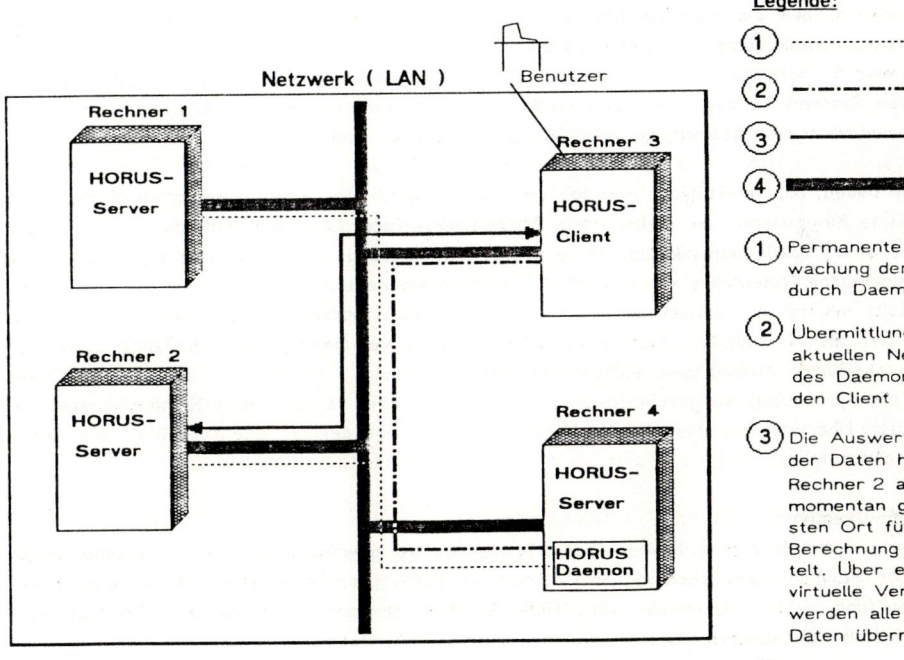

Abbildung 1 : HORUS Systemaufbau

3. Interprozess - Kommunikation

Grundlage der erstellten Netzwerkschnittstelle ist die Interprozess-Kommunikationserweiterung des 4.3 BSD UNIX [3]. In dieser Implementierung wurde als abstrakter Kommunikationsendpunkt für Prozesse der sogenannte *Socket* definiert.

Obwohl die Handhabung von Sockets problemlos ist, treten bei der Kommunikation zwischen Prozessen, die auf verschiedenen Architekturen residieren, Probleme bei der Datenübermittlung auf. Als Hauptgrund dafür kann die oft unterschiedliche Darstellung von Zahlen (Stichwort: Byteordering, unterschiedliche Mantissen) genannt werden.

Um diese Schwierigkeiten zu umgehen, wurde der Datentransfer auf das XDR-Protokoll abgestützt. Mit Hilfe dieses Protokolls werden alle Daten in einer architekturunabhängigen Weise serialisiert bzw. deserialisiert (Sender bzw. Empfänger).

Bei der Entwicklung der Netzwerkschnittstelle wurde auf eine einfache Implementierung geachtet (Tatsächlich konnte der Verbindungsaufbau auf einen Funktionsaufruf minimiert werden). Als Verbindungsart wurde der *STREAM-SOCKET* gewählt, der eine virtuelle Verbindung zwischen den beiden Kommunikationspartnern aufbaut. Diese Verbindungsart ist vollduplex und garantiert eine zuverlässige, sequentielle Datenübertragung.

4. Systemkomponenten

Übersicht:

In seiner Grundversion besteht das HORUS aus den drei Komponenten *Bildverarbeitung*, *Datenverwaltung* und *EIN / AUSGABE*. Zusammengefaßt werden diese Einheiten von dem Systemkern, der als zentrale Kommunikations- bzw. Typanpassungsschnittstelle zwischen den Komponenten betrachtet werden kann.

Über eine Sprachanpassungsschnittstelle können Hochsprachen (z.B. PROLOG, LISP, OPS5) auf den Systemkern zugreifen. Dies entspricht einer Erweiterung der jeweiligen Sprache um Bildverarbeitungsoperationen, die HORUS zur Verfügung stellt.

In der neuen, netzwerkfähigen Version von HORUS wird über einen erweiterten Systemkern als vierte Komponente, ein einheitliches *Netzwerkinterface*, integriert. Aufgabe dieser Einheit ist die Interprozeßkommunikation. Dazu gehören Verbindungsaufbau, Verbindungsabbau sowie der eigentliche Datentransfer. (s. Abb. 2 Systemkomponenten)

Ebenfalls neu ist die Dreiteilung des Systems in einen *Server*, einen *Client* und ein *Daemon*, der als Netzadministrator dient. Client und Server besitzen grundsätzlich denselben netzwerkfähigen Aufbau des HORUS-Systems, allerdings verfügt nur der HORUS-Client über die Sprachanpassungsschnittstelle. Der Daemon, eine gänzlich neue Systemkomponente, wird zur Überwachung des Netzes benötigt und verfügt deshalb ebenfalls über die Netzwerkschnittstelle.

HORUS-Daemon:

Um eine optimale Auswahl eines Serverprozesses zu gewährleisten, ist es unumgänglich, daß alle Rechner, auf denen ein HORUS-Server läuft, permanent überprüft werden. Diese Überprüfung wird nicht direkt vom HORUS-Client gemacht, da dies den Programmlauf unverhältnismäßig bremsen würde, sondern vom HORUS-Daemon.

Aufgaben des HORUS-Daemons sind:

- Ständige Überprüfung der Betriebsbereitschaft aller Rechner im Netz auf denen ein HORUS-Server läuft.
- Überprüfung der CPU-Belastung dieser Rechner.
- Kommunikationsendpunkt (socket) für einen HORUS-Client bereitstellen.
- Bereithalten aller relevanten Informationen die für einen Verbindungs- aufbau zwischen Client und Server nötig sind.
- Übermittllung dieser Daten bei Anforderung durch einen Client.

Der HORUS-Daemon residiert nur auf einem Rechner im Netzwerk, der allen HORUS-Clienten bekannt sein muß.

HORUS-Server:
Ein HORUS-Server wird (im allgemeinen) auf allen Rechnern im Netz die für die Bildverar- beitung geeignet sind installiert und läuft dort als Hintergrundprozess ab. An einem Kom- munikationsendpunkt (Socket) wartet der Server-Prozess auf den Verbindungswunsch ei- nes Clienten. Ist eine Verbindung aufgebaut, übermittelt der Client alle nötigen Daten an den Server, die er zur Ausführung seiner Dienstleistung benötigt. Liegen mehrere Ver- bindungswünsche zur gleichen Zeit an, werden diese in einer Warteschlange eingeordnet und der Reihe nach (FIFO-Prinzip) abgearbeitet.

Aufgaben der HORUS-Server sind:

- Bildverarbeitungsfunktionen bereitstellen.
- Kommunikationsendpunkt für HORUS-Client bereitstellen.
- Bei Verbindungswunsch virtuelle Verbindung zu HORUS-Client erstellen.
- Benötigte Daten von Client anfordern.
- Angeforderte Bildverarbeitungsfunktion ausführen.
- Ergebnisdaten an HORUS-Client übermitteln.
- Verbindungsabbau.

HORUS-Client:
Der HORUS-Client ist vollständig abwärtskompatibel zur HORUS-Grundversion. Da der Client die Dreiteilung des Systems vollständig verbirgt, weiß der Benutzer nicht, ob seine Berechnung lokal, oder extern berechnet wird. Vielmehr wird ihm suggeriert, daß **alle** Operationen lokal ablaufen.

Aufgaben des HORUS-Client (zur Laufzeit) sind:

- Hohe Fehlertoleranz bei Ausfall eines Servers zur Laufzeit realisieren.
- Selbständiges erkennen von fehlenden Systemkomponenten (Daemon / Server).
- Selbständiges erkennen von neuen Systemkomponenten (Daemon / Server).
- Selbständige Auswahl des geeignetsten Rechners (HORUS-Servers).
- Realisieren des Load-Balancing im Netz.

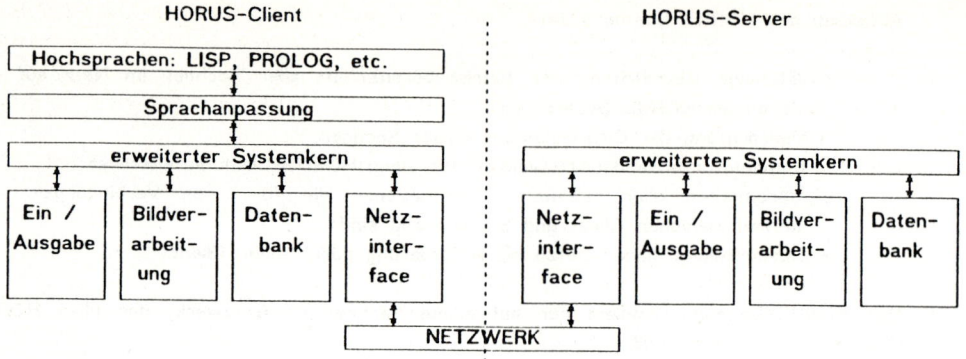

Abbildung 2: Systemkomponenten

5. Auswahl des optimalsten Rechners

Bevor eine Bildverarbeitungsoperation (d.h. der Aufruf einer solchen Operation durch eine Hochsprache) ausgeführt wird, überprüft der Systemkern des HORUS-Client, ob es sinnvoll ist, diese Operation an einen Server zu übertragen. Dazu werden die Daten des HORUS-Daemons benötigt.

Die Auswahlentscheidung wird von den Verarbeitungsgeschwindigkeiten (besonders interessant bei Spezialhardware) der verschiedenen Rechner auf denen ein Server installiert ist und deren CPU-Auslastung (load) beeinflusst.

Zunächst wird der lokale Verarbeitungsfaktor V_{lokal} (Rel. Verarbeitungsgeschwindigkeit / CPU-Belastung) ermittelt. Dieser Wert wird noch mit einem Wichtungsfaktor D (D > 1) multipliziert, der die Übertragungszeit der Daten an einen Server repräsentiert. Anschließend werden alle Informationen des HORUS-Daemon inspiziert und die externen Verarbeitungsfaktoren V_e berechnet. (e = 0, ... , AAS wobei AAS = AnzahlAktiverServer)

Über die einfache Maximumsfunktion

$$\text{MAX} (\ V_{lokal} * D, \ V_e \ ) \qquad e = 0, \ ... \ , \ \text{AAS}$$

wird aus diesen Verarbeitungsfaktoren der größte Wert ermittelt.

Fall 1:

Der größte Wert ist gleich V_{lokal} ==> Die Operation wird lokal ausgeführt.

Fall 2:

Der größte Wert ist ungleich V_{lokal} ==> Die Operation wird auf dem Rechner mit dem Verarbeitungsfaktor V_{max} ausgeführt, wobei gilt: 0 < max <= AAS

6. Datenhaltung - Datenübermittlung

Die Datenverwaltung von HORUS entspricht in etwa dem NF^2-Relationenmodell [5]. Bei der

448

Relationenalgebra wurden im wesentlichen die Vorschläge von Schek [4] verwirklicht. Um eine eindeutige Objektidentifizierung zu erreichen, wird automatisch ein Primärschlüssel (Surrogat) vergeben, der vom Benutzer nicht beeinflusst werden kann. Um möglichst kurze Antwortzeiten zu erreichen, werden die Relationen im Hauptspeicher gehalten und können bei Bedarf ausgelagert werden.

Mit dem erweiterten Systemkern der netzwerkfähigen Version ist zu den bereits vordefinierten Relationen

      Bildobjekte   ($T\#$, Region, $Grauwert_1$, ... , $Grauwert_n$)

      Regionsdaten   ($T\#$, Sehnenanfang, Sehnenende, AnzahlSehnen)

      Grauwertdaten ($T\#$, Pixeldaten, Pixeltyp)

die zur Darstellung der Bilddaten benötigt werden, ein Katalog [1] definiert, der zur Lokalisierung von Daten im Netzwerk dient.

      Objektkatalog   ($ID\#$, $T_{ID}\#$, $T_{Lokal}\#$, Info)

Ein Bildobjekt besteht aus Regionsdaten (Pixelkoordinaten) und dazugehörigen Grauwertdaten (Bildmatrizen). ($ID\#$) ist eine eindeutige, netzweite Kennung die jeder HORUS-Client zur Bootzeit erhält. Übermittelt ein Client ein Bildobjekt mit dem Datenbanksurrogat ($T_{ID}\#$) an einen Server, so speichert dieser das empfangene Objekt in seiner Datenbank unter ($T_{Lokal}\#$) ab. Zur eindeutigen Zuordnung trägt der Server die Kennung des Clients ($ID\#$), dessen Datenbanksurrogat ($T_{ID}\#$) und das eigene, korrespondierende Surrogat ($T_{Lokal}\#$) in den Katalog ein. Unter Info sind zusätzliche Verwaltungsinformationen (z.B. Ankunftszeit des Objektes) abgelegt.

Die Übermittlung von Bildobjekten an den Server wird über einen Quittierungsmechanismus gesteuert. Dabei erhält der Sender eine negative Quittung, wenn der Empfänger dieses Objekt noch nicht besitzt und eine positive Quittung, falls das Objekt beim Empfänger existiert (also ein Katalogeintrag existiert).

Vom HORUS-Server erzeugte Bildobjekte werden an den HORUS-Client zurückgesendet.

7. Laufzeitverhalten

Bei einem Test wurde als HORUS-Client eine VAXstation-2000 und als HORUS-Server eine SUN-SPARCstation benutzt. Die Verarbeitungsgeschwindigkeit der SUNstation ist ca. 12-mal höher als die der VAXstation. Das Testobjekt war eine 512*512 Bildmatrix (262 144 Bildpunkte). Auf dieses Objekt wurde als Bildverarbeitungsoperation ein *Lowpas* mit einer Filtermatrixdimension von 30*30 angewendet. Der Testlauf fand ohne Serverbelastung durch andere Anwendungen statt, so daß in diesem Test der Aspekt der Lastaufteilung nicht berücksichtigt ist.

Ermittelte Zeiten für

☐ Verbindungsaufbau/abbau Client/Server   150   ms
☐ Senden/Empfangen von Steuer- u. Kontrollparameter 450   ms
☐ Senden/Empfangen eines Bildobjektes
   (Graubild und Regionsdaten)   1,3   s

☐ Gesamtzeit der Berechnung
   (Verbindungsaufbau/abbau + Senden aller Daten + Empfangen aller Daten)

A. Bildobjekt noch nicht beim Server: 5,1   s
B. Bildobjekt bereits beim Server: 3.8   s

Zum Vergleich:
Eine VAXstation 2000 ohne Serveranschluß benötigt **ca. 15 s** für diese Bildverarbeitungsoperation. Die obigen Werte entstanden aus dem arithmetischen Mittel über 100 Ausführungen.

8. Zusammenfassung und Ergänzung

Die netzwerkfähige Version von HORUS ist momentan im Informatiknetz der Technischen
Universität München installiert und läuft dort in der Erprobungsphase. In der Testkonfigura-
tion kann auf zehn Rechnern unterschiedlicher Architektur (HP-Workstation, VAXstation,
SUN-SPARCstation) ein HORUS-Client gestartet werden, der wiederum von drei Servern
unterstützt wird. Es können jedoch jederzeit (d.h. zur Laufzeit) weitere Rechner in den
Verbund aufgenommen, bzw. daraus entfernt werden. Einzige Voraussetzung für die Aufnahme eines Rechners ist
        ein 4.3 BSD UNIX kompatibles Betriebssystem und
        ein C-Compiler der dem Kernighan, Ritchie - Standard   genügt.
Bei einer schwachen Auslastung der Rechner, wird eine Steigerung der Verarbeitungsgeschwindigkeit erzielt, da ein Client den schnellsten Server auswählen wird. Bei einer hohen
Belastung der Server, wird eine gleichmäßige Lastaufteilung erreicht, da der HORUS-Client
bei der Auswahl der Rechner die CPU-Last berücksichtigt. Entstehen während einer externen Berechnung (Server) Fehler, wertet der Client die Operation als nicht berechnet und
vergibt den Auftrag neu.

Literatur

[1]   R. Bayer, Klaus Elhardt: *Verteilte Datenbanksysteme*, Informatik-Spektrum 7, Sprin-
       ger Verlag, Berlin Heidelberg, 1984, 1 - 19

[2]   W. Eckstein: *Das ganzheitliche Bildverarbeitungssystem HORUS*, Informatik-Fachbe-
       richte 180, Springer Verlag, Berlin Heidelberg, 1988

[3]   S.J. Leffler, M.K. McKusick: *The Design an Implementation of the 4.3 BSD UNIX
       Operating System*, Addison Wesley, 1989

[4]   H.J. Schek, M.H. Scholl: *Die NF^2 Relationenalgebra zur einheitlichen Manipulation ex-
       terner, konzeptueller und interner Datenstrukturen*, Sprachen für Datenbanken, Fach-
       gespräch auf der 13. GI-Jahrestagung, Hamburg, Informatik-Fachberichte 72, Sprin-
       ger-Verlag, Berlin Heidelberg, 1983

[5]   Gunter Schlageter, Wolfried Stucky: *Datenbanksysteme, Konzepte und Modelle*, B. G.
       Teubner 1983

[6]   M. Stumm: *Verteilte Systeme: Eine Einführung am Beispiel V*, Informatik-Spektrum 10,
       Springer Verlag, Berlin Heidelberg, 1987, 246 - 261

3D-Bilderzeugung und -verarbeitung für medizinische Anwendungen

E. R. Reinhardt, G. Laub, Siemens AG Erlangen

3D-BILDERZEUGUNG

Auf dem Gebiet der 3D-Bilderzeugung für medizinische Fragestellungen
hat in den letzten Jahren insbesondere auf dem Gebiet Kernspintomographie (MR), aber auch auf dem Gebiet der Computertomograpie CT)
eine rasante Entwicklung stattgefunden. In der CT werden einzelne
Schnittbilder des dreidimensionalen Körpers gemessen. Die Aufgabe
besteht nun darin, in möglichst kurzer Zeit viele dicht beieinander
liegende parallele Schichten mit hoher örtlicher Auflösung zu messen.
Mit einer neuen Generation von CT-Gerätem, bei denen die für die
Bilderzeugung erforderlichen Röntgenquelle kontinuierlich um das
zu untersuchende Objekt kreist, konnten die Meßzeiten erheblich
reduziert werden. Damit werden in der Praxis bis zu 100 Schichtbil-
der mit einer Schichtdicke von 2 mm und einer örtlichen Auflösung
von 0,5 mm erreicht.

Nachteilig bei dieser Technik ist die anisotrope örtliche Auflösung
des 3D-Datensatzes sowie die relativ hohe Strahlenbelastung des
Patienten.

Bei MR ist man in der Lage, das zu untersuchende 3dimensionale
Objekt mit isotroper Auflösung zu messen. Im Gegensatz zu CT wird
das gesamte zu untersuchende Volumen gleichzeitig angeregt und gemessen. Daraus resultiert eine deutliche Verbesserung im Signal
zu Rauschen. Dieses ermöglicht auch größere Datensätze in relativ
kurzer Zeit zu messen. Mit modernen Geräten können heute 3D- Datensätze mit 128 x 128 x 256 Voxel in weniger als 6 Minuten erfaßt
werden. So kann zum Beispiel der gesamte Kopf bei einer örtlichen
Auflösung von etwa 1 mm mit einer einzigen Messung untersucht
werden.

Damit sind sowohl für die Computertomographie wie auch für die
Kernspintomographie aus physikalischer und technischer Sicht die
Voraussetzungen gegeben für klinische Routineanwendungen, um 3D-
Datensätze zu erstellen.

3D-BILDAUSWERTUNG

Die 3dimensionale Bildgebung hat den entscheidenden Vorteil, daß
aus dem gemessenen 3D-Datensatz neue Bilder rekonstruiert werden
können. Die Weiterentwicklung der 3D-Bilderzeugung erfordert leistungsfähigere Auswerteverfahren. Die Verarbeitung dreidimensionaler
Bilddaten gewinnt für klinische Anwendungen zunehmend an Bedeutung.
Dabei gibt es zur Zeit 3 Schwerpunkte für die Verarbeitung dreidimensionaler Bilddaten.

1. Datenvorverarbeitung

Für die Betonung der relevanten Bildinformation wurden in der Vergangenheit häufig zweidimensionale Filteroperatoren angewandt. Um die vorhandene Information optimal zu verarbeiten, müssen solche Operatoren dreidimensional arbeiten. Typische Anwendungen für solche Fragestellungen sind: Verbesserung des Signal- zu Rauschverhältnisses, modifizierte Verfahren zur Bildrekonstruktion, insbesondere auch zur Unterdrücken von Kantenoszillationen sowie die Aufbereitung der Datensätze für aufwendige Auswerteverfahren wie die Darstellung von Gefäßbäumen. Die neueren bildgebenden Verfahren wie MR, CT und PET basieren auf digitalen Daten. Deshalb werden solche Systeme auch zunehmend vernetzt. Damit ergibt sich eine neue interessante Fragestellung für die Bildverarbeitung: die Überlagerung der verschiedenen Bilddatensätze, um somit die Information optimal zu kombinieren.

2. Multiplanare Rekonstruktion

Darunter versteht man die Rekonstruktion von Bilddaten entlang von Ebenen, die nicht primär gemessen wurden. Dies ist insbesondere dort von großer Bedeutung, wo die anatomische Struktur nicht in einer Ebene verläuft, wie das z. B. bei Wirbelsäulenverkrümmungen der Fall ist. Für komplexe Anatomien und Pathologien kann die Rekonstruktion entlang gekrümmter Flächen von diagnostischem Interesse sein. Diese Anwendungen sind insbesondere für leistungsfähige Interpolationsverfahren wichtig. Bei MR-Datensätzen hat sich hierzu eine binlineare Interpolation aufgrund der geringen Rechenzeiten bewährt.

3. Oberflächenrekonstruktion

Die Zielsetzung der Oberflächenrekonstruktion besteht darin, die räumliche Information, die aus der Summe der einzelnen Bilder gewonnen werden kann, in Form von perspektivischen Darstellungen wiederzugeben. Damit ist die räumliche Zuordnung einzelner anatomischer Strukturen wesentlich vereinfacht. Für einen sinnvollen Einsatz dieser Techniken, die im allgemeinen auf dem Prinzip des "Ray Racing" basieren, ist es allerdings notwendig, den gesamten 3D-Datensatz in einzelne zusammengehörige Bereiche zu zerlegen, d. h. zu segmentieren. Für diesen Segmentationsprozeß gibt es Ansätze aus dem Bereich der Mustererkennung. Die menschliche Anatomie ist sehr komplex, die biologische Varianz sehr groß, so daß sich dieser Themenkreis als eine äußerst schwierige Aufgabe darstellt. Eine manuelle Durchführung der Segmentation ist sehr zeitintensiv und für praktische klinische Anwendungen deshalb nicht akzeptierbar. Die Durchsetzung solcher Methoden erfordert daher zwingend zumindest halbautomatische Verfahren. Bewährt haben sich in diesem Zusammenhang Segmentationsmethoden, die auf einer bildpunktweisen Klassifikation beruhen und jeweils an den einzelnen Objekten gelernt wurden. Man ist damit in der Lage, z. B. an einer Schicht des Objektes den Algorithmus interaktiv zu trainieren und ihn dann auf 127 weitere Schichten anzuwenden. Die Verarbeitungzeit wird dadurch drastisch reduziert.

ANWENDUNGEN

Für die verschiedenen bildgebenden Modalitäten ergeben sich unterschiedliche Anwendungen, die kurz beschrieben werden sollen:

Computertomographie

Aufgrund des geringen Weichteilkontrasts ist die Computertomographie speziell für die Skelettinformation geeignet. Spezielle Anwendungen sind insbesondere in der Operationsplanung zu erkennen, wo man in einer Computersimulation vorab das Ergebnis eines operativen Eingriffs beurteilen kann. Darüber hinaus bietet sich die 3D-Technik auch für den anatomisch optimalen Entwurf von Knochenprothesen sowie für die plastische Chirurgie an.

MR

Der Schwerpunkt der 3D-Bildgebung bezieht sich auf Untersuchung des Kopfes sowie der Gelenke, hier vor allem des Knies. Die MR ist die derzeit einzige bildgebende Methode, die nicht invasiv die komplexe Anatomie des Kniegelenks einschließlich der Sehnen, Bänder und Meniski darstellt. Von wachsender klinischer Bedeutung ist die MR-Angiographie. Bei diesen Verfahren macht man sich zunutze, daß bewegte Protonen unterschiedliche NMR-Signale abgeben und somit auch spezielle Kontraste in MR-Bildern erzeugen. Mit Hilfe der sog. "Maximumintensitätsprojektion" ist man in der Lage, einen kontinuierlichen Gefäßbaum in einem einzigen Bild zu rekonstruieren. Die Information über die 3dimensionale Verteilung liegt vor, so daß man verschiedene Projektionen dieses Gefäßbaumes erstellen kann. Mit Hilfe einer Cine-Technik kann der Gefäßbaum um alle möglichen Raumachsen gedreht werden. Der Vorteil dieser Technik liegt darin, daß die Gefäßdarstellung nicht invasiv ohne Verwendung von Kontrastmitteln erfolgt. Diese "Maximumintensitätsprojektion" ist ein relativ einfaches Verfahren. Es hat jedoch zu erstaunlichen Ergebnissen geführt. Leistungsfähigere Methoden, die auch aufwendige dreidimensionale Filterprozesse mit einschließen, sind in Bearbeitung und lassen erwarten, daß die Diagnosemöglichkeiten noch verbessert werden.

Biomagnetismus

Dieses Verfahren ist wohl das neueste diagnostische Verfahren, das 3D-Datensätze erzeugt. Hierbei werden kleinste magnetische Felder, die von den Hirnströmen erzeugt werden, gemessen. Aufgrund dieser Feldverteilung kann man Rückschlüsse auf die räumliche Verteilung der Stromdipole machen. Für klinische Anwendungen ist es erforderlich, diese geometrisch gewonnenen Daten mit der Anatomie zu korrellieren. Dazu werden vom gleichen Objekt kernspintomographische Aufnahmen gemacht und beide Datensätze dann überlagert. Anwendungen für diese Technik sind: dynamische Untersuchungen für Epillepsiekranke und die Untersuchung von Herzrhythmusstörungen. Im Falle der Herzuntersuchung wird die Ursache der Herzrhythmusstörung nicht invasiv lokalisiert. Ferner werden auch Untersuchungen zur Bestimmung optisch und akustisch evozierter Potentiale durchgeführt.

Der menschliche Organismus zeigt in vielfältiger Hinsicht eine große Dynamik. Man ist deshalb bemüht, diese zu beschreiben. In experimentellen Studien werden deshalb bereits 4dimensionale Datensätze - die neben den drei räumlichen Koordinaten auch noch die Zeit erfassen - gemessen. Ein interessantes Beispiel hierzu ist das dreidimensional schlagende Herz. Neben der Zeit als vierte Dimension kann auch die chemische Verschiebung als zusätzliche Informationsquelle benutzt werden. Damit eröffnen sich völlig neue Anwendungen, da sowohl morphologische als auch funktionelle Informationen gemessen werden können. Die digitale Bildverarbeitung bleibt für medizinische Anwendungen interessant und bietet auch in Zukunft noch viele herausfordernde Fragestellungen.

Ein Expertensystem zur quantitativen Analyse histologischer Schnitte

Autoren: Dr. sc. hum. Wilfried Naves, Michael Walz, Dr. Ivan Zuna; Institut für Radiologie und Pathophysiologie des Deutschen Krebsforschungszentrums, Heidelberg

1. Einleitung

Im Institut für Radiologie und Pathophysiologie des Deutschen Krebsforschungszentrums in Heidelberg werden seit einigen Jahren bildanalytische Verfahren zur Analyse von Ultraschallbildern entwickelt und eingesetzt. Ein Ergebnis der Forschungsbemühungen ist ein computergestütztes System, welches es gestattet, eine markierte Region des Ultraschallbildes auf der Basis von Bildtexturparametern und diskriminanzanalytischen Verfahren zu klassifizieren (Schlaps et al, 1986; Zuna et al, 1987). In einer aktuellen Studie der Arbeitsgruppe wird nun untersucht, inwieweit sich ein Zusammenhang zwischen den Ausprägungen von Texturparametern und den quantitativen Parametern von histologischen Schnitten des gleichen Gewebes besteht (Abb. 1, Abb. 2).

Ultraschallbild

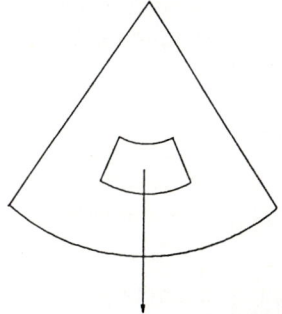

Texturparameter

histologischer Schnitt

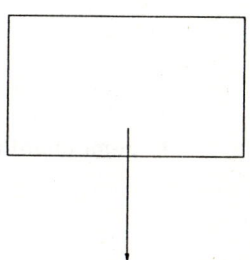

quantitative Daten

Abbildung 1: Vergleich von Ultraschalltexturparametern mit quantitativen histologischen Daten

Texturparameter

- Statistiken des Grauwert-histogramms

- Parameter aus der Gradientenverteilung

- Grauwertabhängigkeits-matrix (Coocurrence)

- Verlaufslängenstatistik

Quantitative Histologie

- Fläche von Gewebean-teilen

- Form von Gewebeanteilen

- Verteilung von Gewebe-anteilen

Abbildung 2: Vergleich zwischen Texturparametern und quantitativer Histologie

Sinn der Studie ist es, ein besseres Verständnis für die beobachteten Bildtexturen und die daraus abgeleiteten Parameter zu erreichen. Die quantitative Beschreibung von histologischen Schnitten stellt dabei eine besonders detaillierte Betrachtung eines Schnittes dar. Im allgemeinen wird über einen histologischen Schnitt von einem Histologen eine rein qualitative Beschreibung abgegeben, die für die üblichen Fragestellungen auch vollkommen ausreicht. Für den angestrebten Vergleich sind jedoch genaue Informationen über die Flächenanteile und Form von Gewebeanteilen von Interesse, die auch eine strukturelle Beschreibung des Gewebes zulassen (Abb 3).

- qualitative Beschreibung 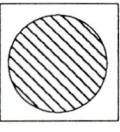 histologische Diagnose

- semi quantitative Beschreibung 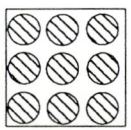 statistische Erfassung des Aufbaus

- automatische quantitative Beschreibung 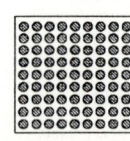 quantitative Erfassung von Fläche und Struktur

Abbildung 3: verschiedene Beschreibungen von histologischen Schnitten

Zur Quantifizierung von Schnittbildern lassen sich prinzipiell 3 Methoden unterscheiden.

1. Eine dedizierte Gerätekombination wird zur Analyse verwandt, welche in der Lage ist, die Schnitte zu digitalisieren und auf Basis einfacher Verfahren, wie z.B Grauwertschranken, zu segmentieren und zu quantifizieren.

2. Die digitalisierten Schnitte werden unter Verwendung von komplexeren Segmentierungs- und Klassifizierungsalgorithmen mit Methoden der klassischen DV verarbeitet.

3. Methoden der künstlichen Intelligenz werden verwandt, um den Einsatz der Methoden zur Segmentierung und Klassifizierung der Schnitte zu optimieren und mit Expertenwissen zu ergänzen.

Zur Entscheidung für eine geeignete Bearbeitungsmethode muß man einen Blick auf die Qualität von histologischen Schnitten aus dem Blickwinkel der Bildverarbeitung werfen. Durch Schrumpfungs- und Dehnungsartefakte, durch Färbeunterschiede sowie durch andere Inhomogenitäten der Schnitte scheint eine Bearbeitung mit einer spezialisierten Gerätekombination bzw. mit Bildverarbeitungsmethoden der klassischen Methoden der DV nur bedingt geeignet, wenn es um eine große Anzahl von zu untersuchenden Schnitten geht (Abb. 4).

O   Schrumpfungs- und Dehnungsartefakte, die zu Rissen
        im Gewebe führen

O   ungleichförmige Färbung aufgrund von:
        ·   verschiedener Schichtdicken
        ·   pH - Wert
        ·   Färbedauer
        ·   Lösungszusammensetzung

O   zufällige Inhomogenitäten des Gewebes

Abbildung 4: Probleme bei der Bearbeitung von histologischen Schnitten

Der Einsatz der künstlichen Intelligenz stellt den flexibelsten, aber auch den aufwendigsten Lösungsweg dar. Durch die mögliche Integration von Methodenwissen in Form von Bildverarbeitungsmethoden
mit dem Expertenwissen eines Histologen, sowie durch die Möglichkeit zu einer schrittweisen Erweiterung der Wissensbasis, sind die Aussichten jedoch gut, eine optimale Quantifizierung zu erreichen. Auf
der Basis dieser Überlegungen fiel in unserer Arbeitsgruppe die Entscheidung für den Einsatz von
Methoden der künstlichen Intelligenz. In Abbildung 5 wird ein Überblick über das zu untersuchende
medizinische Material gegeben.

○   180 histologische Schnitte von Schilddrüsengewebe

·   Knotenstruma
·   follikuläres Adenom
·   diffuse hyperthyreote Struma
·   Karzinom
·   Sonstige

○   Masson Goldner Färbung

○   digitalisiert in drei Farbauszügen (rot, grün und blau)
     mit Farbfiltern und Schwarz-Weiß- Kamera, Auflösung
     256 x 256 Punkte

Abbildung 5: Medizinisches Material

2. Aufgaben des Expertensystems

Betrachtet man die Aufgaben des wissensbasierten Systems, so lassen sich drei Bereiche unterscheiden:

○   Segmentierung der digitalisierten histologischen Schnitte

○   Klassifizierung der Segmente

○   Ermittlung der quantitativen Parameter

Für die Bearbeitung der Schnittbilder lassen sich eine Reihe von Methoden der Bildverarbeitung nutzen,
die bereits bei der Klassifizierung der Ultraschallbilder erprobt wurden. Bei der Bildsegmentierung
zeigte es sich, daß einfache Grauwertschranken auf der Basis der Rot- , Grün- und Blaubilder bzw. auf
der Basis von Intensität-, Sättigung- und Farbtonbildern alleine nicht in der Lage waren, eine

zufriedenstellende Segmentierung in allen Bildern zu erreichen. Zur Segmentierung wird daher eine abgestimmte Kombination aus Clusteranalyse, flexiblen Grauwertschranken und regionalen Wachstumsmethoden verwandt (Abb. 6).

Segmentierungsmethoden

- ○ Clusteranalyse

- ○ flexible Grauwertschranken

- ○ regionales Wachstum

Gütekriterien der Segmentierung

- ○ Grauwerthistogrammanalyse

- ○ Diskriminanzanalyse

- ○ Umgebungsinformationen

Abbildung 6: Segmentierung

Die Güte der schrittweisen Segmentierung wird dabei durch diskriminanzanalytische Verfahren auf der Basis von Texturparametern und durch eine Grauwerthistogrammanalyse überwacht. In Teilbereichen zeigt sich dabei durchaus die Eignung einer Grauwertschranke zur Trennung von Gewebebestandteilen (Abb. 7), während an anderer Stelle nur die Ausnutzung regionaler Informationen eine Segmentierung möglich macht.

Am Ende des Segmentierungsschrittes stehen bis zu 64 gefundene Einzelsegmente. Diese müssen im zweiten Bearbeitungsschritt klassifiziert und zusammengeführt werden. Hierzu wird neben Methoden der Bildverarbeitung auch verstärkt Expertenwissen bei der Betrachtung von Nachbarschaftsbeziehungen von Regionen im Bild verwandt (Abb. 8). Im letzten Bearbeitungsschritt werden dann Flächenanteile und Formbeschreibungsparameter für jeden gefundenen Gewebeanteil berechnet, die dann die Basis für den Vergleich mit den Texturparametern des Ultraschallbildes des gleichen Gewebes bilden.

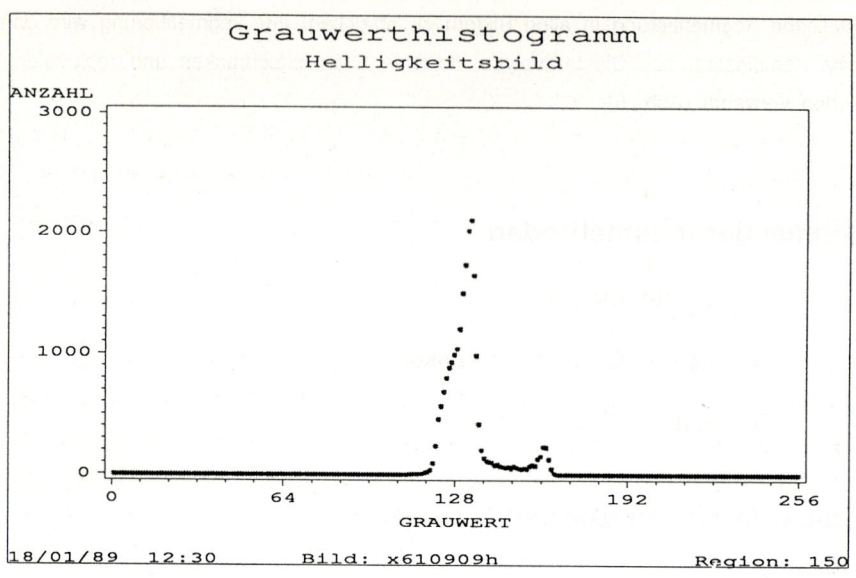

Abbildung 7: Grauwerthistogramm des Helligkeitsbildes mit zwei Gipfeln

○   **Diskriminanzanalyse auf der Basis einer regionenweise Berechnung von Textur- parametern**

○   **Grauwert - Histogrammanalyse einzelner Regionen in verschidenen Farbauszügen**

○   **regionale Analyse (Nachbarschaftsbe- ziehung)**

○   **Formanalyse**

○   **Plausibilitätskontrollen (Ausschlußkriterien)**

Abbildung 8: Klassifizierung der Bildregionen

460

3. Aufbauprinzip des wissensbasierten Systems

Betrachtet man die typischen Komponenten eines Expertensystems, so ist im vorliegenden System besonderes Gewicht auf die Ausgestaltung des Inferenzmechanismusses und auf die Integration von Methodenwissen gelegt worden. Direkte Fragen an den Systembenutzer zur Ermittlung von fallspezifischen Wissen, wie es kennzeichnend für viele wissensbasierte Systeme ist, spielen nur eine geringe Rolle.

Passiv - deklaratives Wissen

Die Wissensbasis ist unter Verwendung des Strukturprinzips der Frames aufgebaut. Sämtliches fallspezifisches Wissen wird in dieser objektorientierten, hierarchischen Darstellung abgelegt. Durch die Existenz von Mustereinträgen zu jedem Faktum der Datenbank in den entsprechenden Slots der vorhandenen Objektklassen lassen sich inkonsistente Datensituationen wirksam schon bei der Entstehung vermeiden. Die Wissensbasis ist dabei so aufgebaut, daß der Name eines Objektes, die Bezeichnung des Sloteintrages und die Herkunft aus einer der Objektklassen als assoziatives Tripel den Zugriff auf die Wissensbasis gestatten.

Abbildung 9 zeigt ein einfaches Beispiel für eine mögliche Frameausprägung:

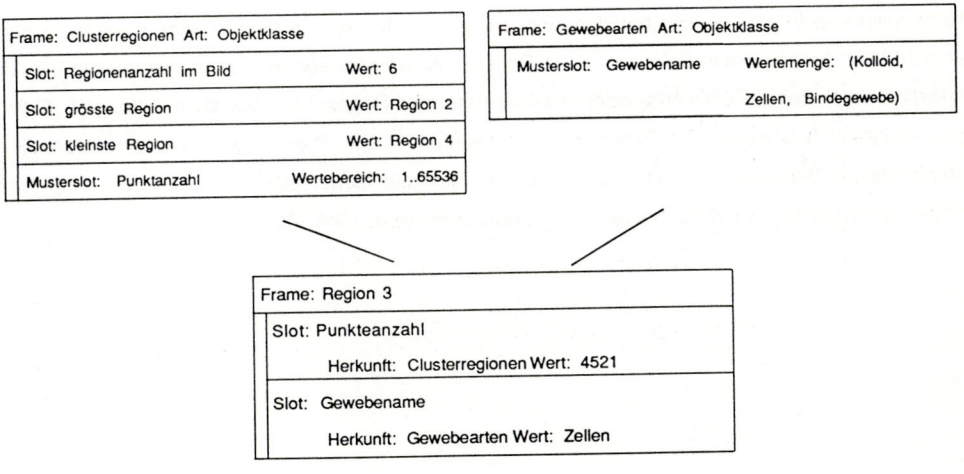

Abbildung 9: Beispiel für die Strukturierung von passiv - deklarativem Wissen

Prozedurales Wissen

Zur Implementierung des prozeduralen Wissens wird die Form von strukturierten Produktionsregeln verwandt. Der Inferenzmechanismus unterscheidet dabei prinzipiell drei Regeltypen mit jeweils einem anderen Aufgabengebiet:

○   Rückwärtsregeln

○   Vorwärtsregeln

○   Aktionsregeln

Rückwärtsregeln stellen die Standardregelform dar. Sie dienen jeweils der gezielten Herleitung eines Faktums in der Datenbasis. Gemeinsames Zeichen von Rückwärtsregeln ist es, daß in der Konklusion genau ein Faktum der Datenbank angesprochen wird, während die Regelprämisse aus beliebig strukturierten Datenbankreferenzen bestehen kann.

Vorwärtsregeln dienen der eher ereignisgesteuerten Veränderung der Wissensbasis. Sie lassen dabei auch eine regelgesteuerte Manipulation des Evaluierungsablaufs zu. Sie stellen damit eine Möglichkeit zur Implementierung von Metawissen dar. Diese Regeln werden aktiviert, sobald ein Eintrag in die Datenbank erfolgt, welcher in der Regelprämisse angesprochen wird. Die Konklusion kann dann mehrere neue Einträge in die Datenbank durchführen oder über spezielle Steuerbefehle den Evaluierungsablauf aktiv beeinflussen.

Aktionsregeln ähneln vom Prinzip her den Vorwärtsregeln. Sie werden jedoch vom Inferenzmechanismus nicht beim Eintrag eines Faktums in die Datenbank aktiviert, sondern dann, wenn eine benötigte Information durch keine Rückwärts- oder Vorwärtsregel der Regeldatenbank zu ermitteln ist. Aktionsregeln können in ihrer Konklusion Benutzerfragen stellen oder aber Dienstprogramme aktivieren, die als Methodenwissen benötigte Informationen herleiten. Beispiele hierfür sind die Clusteranalyseprozeduren bzw. die Routinen zur Berechnung von Texturparametern. (Abb. 10)

Rückwärtsregel:

Prämisse: Suche Schiefe im Differenzbild und

die Schiefe ist größer 1.4

Konklusion: Lage im Differenzbild ist rechts_schief

Vorwärtsregel:

Prämisse: Suche Ergebnis der Evaluierung mit Regelgruppe 1 und

das Ergebnis ist 'nicht ermittelt'

Konklusion: Beende die Bearbeitung mit Regelgruppe 1 und

Aktiviere die Bearbeitung mit Regelgruppe 2

Aktionsregel:

Prämisse: Suche den Bildnamen des zu bearbeitenden Bildes und

der Bildname ist unbekannt

Konklusion   Frage den Benutzer nach dem Bildnamen und

Trage den Bildnamen in die Datenbank ein und

Rufe das Programm zur Clusteranalyse auf.

Abbildung 10: Beispiel für Produktionsregeln

Inferenzmechanismus

Der Inferenzmechanismus lehnt sich an das "Blackboardprinzip" an. Im Mittelpunkt der Blackboardar-
chitektur steht ein zentrales Verzeichnis, welches den aktuellen Evaluierungszustand des Systems zu
jedem Zeitpunkt darstellt. Voneinander prinzipiell unabhängige Komponenten beobachten das Blackboard und werden aktiv, sobald sie eine ihnen zugedachte Informationen vorfinden. Die Komponenten
sind in der Lage, Informationen auf das Blackboard zu übertragen bzw. zu entfernen. Dabei können die
Komponenten selbst wieder einfache Expertensystem sein (Abb. 11). In Anlehnung an die Blackboar-
darchitektur benutzt das vorliegende System ein zentrales Zielverzeichnis, welches ebenfalls den
aktuellen Evaluierungszustand widerspiegelt. Jeder Eintrag im Zielverzeichnis steht für einen Daten-
bankeintrag, der aktuell unbekannt ist, der aber für die weitere Bearbeitung benötigt wird. Ist das
Zielverzeichnis leer, so ist die Evaluierung beendet, d.h. es sind keine Fagen mehr offen. Der
Inferenzmechanismus bearbeitet das Zielverzeichnis zyklisch nach bestimmten Kriterien und wählt die
Ziele aus. Vorwärts- und Aktionsregeln können selbst aktiv das Verzeichnis ändern. Abbildung 12 zeigt
das Zusammenspiel von Inferenzmechanismus und Zielverzeichnis am Beispiel der Bearbeitung mit
Rückwärtsregeln.

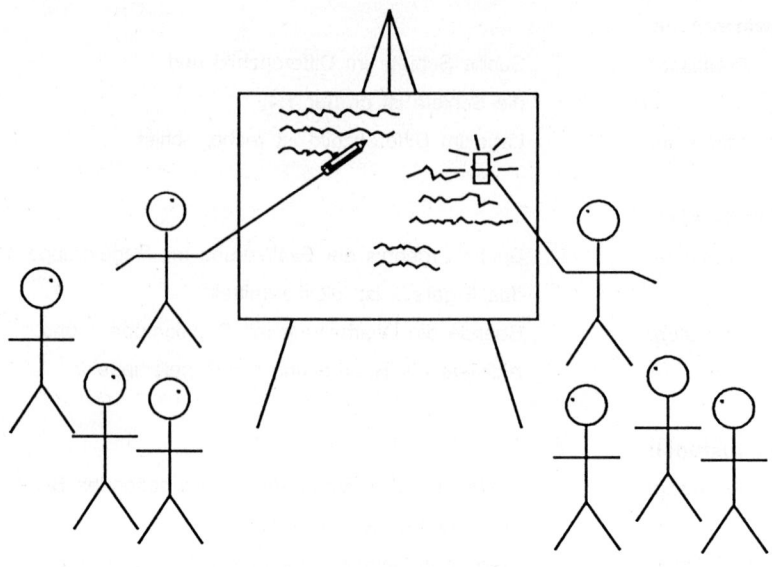

Abbildung 11: Prinzip der Blackboard - Architektur (aus: Winston, 1987)

Inferenzmechanismus

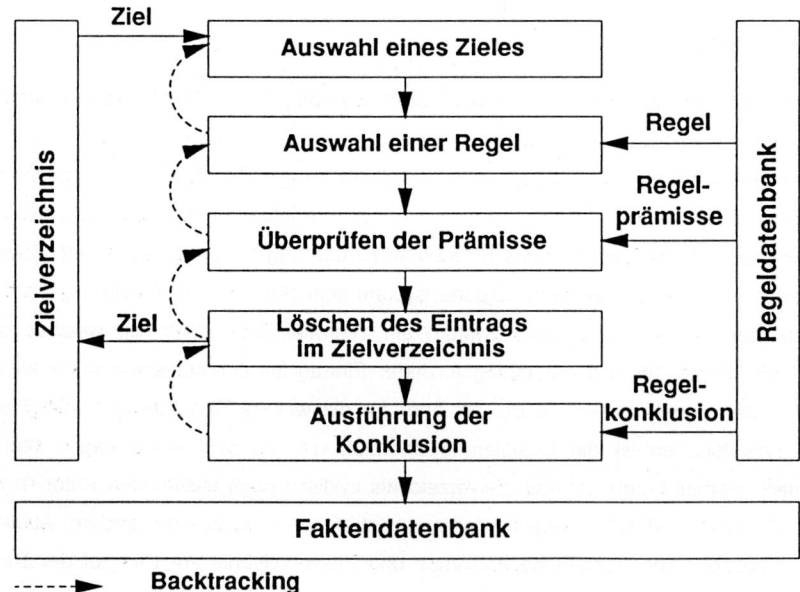

Abbildung 12: Zusammenspiel von Zielverzeichnis und Inferenzmaschine

4. Implementierung

Das wissensbasierte System ist unter Verwendung der Programmiersprache PROLOG auf dem Zentralrechner des DKFZ (IBM 3090 unter VM/CMS) implementiert. Die PROLOG Programme werden ergänzt durch eine Reihe von Dienstprogrammen, die in FORTRAN geschrieben sind bzw. die das Statistikpaket SAS benutzten. Diese Programme stellen das Methodenwissen zur Verfügung. Die Dienstprogramme laufen dabei in einer zweiten virtuellen Maschine der IBM oder aber als parallele Task auf dem VAX-Rechner des Instituts ab, der über ein LAN mit dem Zentralrechner gekoppelt ist (Abb. 13). Die Regelbasis umfaßt ca. 150 Regeln. Ein Bearbeitungszyklus beansprucht ca 10 CPU-Minuten. Die Bearbeitungszeit liegt darüber, da einige Zeit für die Synchronisierung der insgesamt drei parallelen Komponenten sowie durch die Datenübertragung verloren geht. Es bestehen daher noch eine Reihe von Optimierungsmöglichkeiten zur Beschleunigung der Bearbeitung.

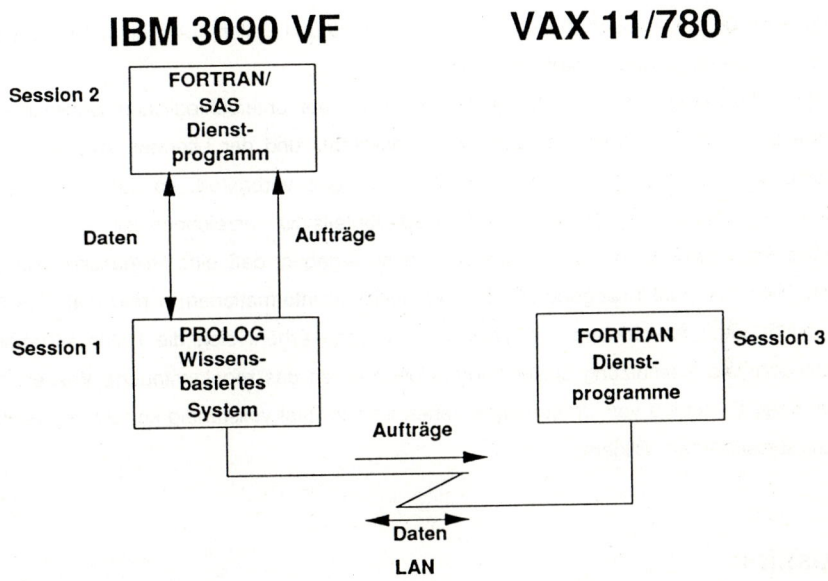

Abbildung 13: Struktur des Gesamtsystems

5. Ergebnisse

Das System ist in der Lage, die Flächenanteile der Gewebetypen mit einer maximalen Abweichung von 10% zu bestimmen (Abb. 14 und 15).[1] Gleichzeitig kann durch die Texturparameter, insbesondere aus der Gruppe der Verlaufslängen der strukturelle Gewebeaufbau exakt erfaßt werden. Die Vergleichbarkeit der quantitativen Ergebnisse ist für alle Daten gewährleistet.

Die Auswertung der 180 quantifizierten Schnitte aus der Schilddrüsenstudie zeigt, daß 94 % aller bearbeiteten Schnitte in die Vergleichsstudie aufgenommen werden konnten. Dabei wurde in 51% der Fälle die Segmentierung vollständig automatisch durchgeführt, d.h. ohne interaktiven Eingriff des Anwenders. Nur bei 6 % der Bilder war eine Erfassung des strukturellen und flächenmäßigen Aufbaus mit genügender Genauigkeit nicht möglich.

Zur Beurteilung der Quantifizierungsgüte des Expertensystems wurden die Flächenanteile von Gewebetypen in einigen histologischen Schnitten mit Hilfe eines computergestützten Digitalisiertabletts morphometrisch bestimmt. Dabei ergab sich eine sehr gute Übereinstimmung, z.B. beträgt der durchschnittliche Flächenanteil des Gewebetyps Kolloid in den Ergebnissen des Expertensystems 27,9 % (s = 26,2), während er beim morphometrischen Digitalisiersystem bei 28,2% (s = 23,7) liegt. Die mittlere Differenz beträgt 4,7% (s = 2,7).

Die semiquantitative Bestimmung der Gewebetypen Kolloid und Zellen korreliert mit r = 0,74, bzw. r = 0,72 mit der Auswertung des Expertensystems.

Betreffend der Flächenanteile von Gewebebestandteilen bei unterschiedlichen Schilddrüsenpathologien entsprechen sich die Ergebnisse des Expertensystems und der Literatur. Allerdings erscheinen dünne Epithelleisten auflösungsbedingt im digitalisierten Bild verbreitert, so daß eine systematische und damit korregierbare Vergrößerung des Ephitelzellanteils zu verzeichnen ist.

Retrospektive Auswertungen der Segmentierungsphase ergeben, daß eine Reklassifikation der Gewebetypen mit Hilfe von punktbezogenen Farb- und Helligkeitsinformationen in maximal 77,9 % möglich ist. Unter zusätzlicher Anwendung von Texturinformationen erhöht sich die Reklassifikationsrate auf 86,4 %. Die optimale Ausnutzung dieser Informationen durch das regelgesteuerte Wissen des Expertensystems unter Einschluß von Umgebungskriterien führt zu fast vollständig korrekt segmentierten und letztendlich klassifizierten Bildern.

6.Diskussion

Das vorgestellte System stellt eine interessante Ergänzung zu bisher verfügbaren Methoden zur Quantifizierung dar. Der Aufbau einer entsprechenden Wissensbasis ist relativ aufwendig und zeitraubend. Das System ist jedoch in der Lage, auch Bilder mit schwankender Qualität ausreichend genau zu bearbeiten. Der Entwicklungsaufwand wird sich vor allem auch in verwandten Aufgabengebieten bezahlt machen, in denen das System durch Austausch der Wissensbasis einsetzbar ist.

---

[1] Farbabbildungen 14 und 15 s. S. XX

7. Literatur

Haralick, R., M.

Statistical and structural approaches to texture

Proc IEEE 67, 786-804, 1979

Naves, W.:

Entwicklung und Einsatz eines wissensbasierten Systems zur quantitativen Analyse von histologischen Schnittbildern

Dissertation, Universität Heidelberg, 1989

Schlaps, D., Räth, U., Volk, J.F., Zuna, I., Lorenz, A., Lehmann, K.J., Lorenz, D., Kaick, G. van, Lorenz, W.J.:

Ultrasonic Tissue Characterization Using a Diagnostic Expert System, in:

Bacherach, S.L.: Information Processing in Medical Imaging:

Martinus Nijhoff Publishers, Dordrecht, Boston, Lancaster, 343-363, 1986

Winston, P.H.

Künstliche Intelligenz

Addison-Wesley, Bonn, 1987

Zuna, I., Räth, U., Volk, J., Walz, M., Lorenz, A., Lorenz, D., Kaick, G. van, Lorenz, W.J.

Image features for tissue characterization

Proceedings of the 9th Annual Conference of the IEEE Engineering in Medicine and Biology Society 1, 425-426, 1987

Representation and description of complex 3D objects from medical volume data

X. Cheng and G. Gerig

Institute for Communication Technology
Image Science Division
ETH-Zentrum
CH-8092 Zurich, Switzerland

Abstract

The representation and description of 3D objects from volume data is a quite new field in computer vision. In the past years the analysis of 3D medical data has been largely limited to different low level segmentation and 3D visualization techniques. But there is more and more need for a change of representation which results in a symbolic description of complex 3D objects, giving access to qualitative and quantitative parameters. This paper presents an algorithm which generates automatically a decomposition and a symbolic description of 3D objects from volume data. Complex objects are decomposed using morphological shrinking and reexpansion operations. The resulting set of compact subobjects is approximated in terms of volumetric primitives and sets of elliptical cylinders. The output description is unique for a certain object in different spatial position and orientation. In this sense, the generated description is invariant of translation and rotation of the object. The algorithm has been successfully applied to image data of the bone structure of a human knee which was acquired in medicine by computed tomography (CT) imaging.

1 Introduction

In the last few years there has been growing interest in the analysis of 3D volume data (spatial image sequences). The reason is perhaps the rapid progress in data acquisition techniques. Fast imaging techniques in computer tomography (CT) and magnetic resonance (MR) allow the acquisition of volume data in clinical practice, producing very large amounts of data.

Different techniques have been developed to analyze 3D volume data towards computer assisted medical diagnosis. So far, the main effort in 3D image data processing was concentrated on the development of efficient surface and volume rendering techniques to visualize 3D structures in a way better understandable by our cognitive system. The segmentation of medically meaningful object surfaces is most often performed by thresholding or is partly replaced by a sophisticated soft-rendering scheme. As the visualization of 3D surfaces becomes a standard tool available on arbitrary kind of workstations and as additional software tools for CT- and MR-scanners, clinicians are calling for methods to analyze anatomical structures not only on a 3D display, but also by a qualitative and quantitative description giving valuable information for diagnosis, monitoring and planning. Moreover, a segmentation of complex 3D data into anatomical components requires a priori knowledge about structural and physical properties of the parts of interest, thus requiring a segmentation scheme guided by a symbolic model description.

Common in image processing schemes is a subdivision into three levels: a low-level process to extract local features from the original image data, an intermediate level stage to combine local features to global image structures and a high-level processing for describing and understanding objects. In the last stage a change of representation and a symbolic description of structures and their interrelations is performed, which allows a match of configurations of image structures with specific world models based on an abstract, simple description. The high level description of specific parts could be fed back to guide the medium level processing, resulting in a model-guided segmentation scheme.

For the purpose of describing the structure of objects, we are building a system to generate a hierarchical symbolic description of 3D objects extracted from medical volume data. Unlike many other attempts, we do not apply 2D processes on a slice-by-slice basis, but it is our aim to develop methods to treat the volume image as one three-dimensional data set. As a first step towards a symbolic description, an algorithm has been developed which generates a gross description of objects in terms of compositions of elliptical cylinders, a subset of generalized cylinders. The input data are volume data containing objects marked with unique labels, output is a description of objects in terms of elliptical cylinders and the spatial relations between them. As a result of our fully three-dimensional processing, the output description is unique for identical objects in different spatial positions and orientations. In this sense, the generated description is invariant of translation and rotation of the objects. The algorithm has been successfully applied to computed tomography (CT) data of the human knee, where a symbolic description of the bone structures meeting at the joint is desired.

In the next section, we review briefly existing systems, which generate symbolic object descriptions in terms of volumetric primitives from volume data. Section 3 presents the details of our system. Section 4 shows the results of the application to describe the bone structure of a human knee. Finally, Section 5 summarizes our contribution.

2   Review of Existing Systems

Only few work has been done in the field of extracting a high level description of medical objects in terms of volumetric primitives. There are two mainly different approaches: One is completely slice oriented, obtaining descriptions of 3D objects by examining slices through spaces in which such objects are embedded and generating a set of 2D slice descriptions. The other one is volume oriented, extracting descriptions of 3D objects by first decomposing them into compact subobjects and then approximating each subobject by a volume primitive.

A well known volume primitive is the generalized cylinder (GC), which is proposed first by Binford [1]. An object is described by two features: the symmetry axis (a space curve) and the cross-section function, associated with every point on the symmetry axis. Most elongated objects can be described as compositions of GCs under the operations of union and intersection. In research the GCs have been so far limited to one of its subset, called "elliptical cylinders"(ECs). They have straight-line axis and elliptical cross sections. The lengths of the major and minor axes of the cross sections change linearly and independently along the length of the cylinder. Twisting is not permitted.

Soroka and Bajcsy [2,3] proposed an algorithm for representing complex three-dimensional objects by elliptical straight cylinders. The input data is a three-dimensional lattice of points, where the objects are easily separable from its background. The output description is generated in terms of elliptical straight cylinders and their mutual spatial relationship. The algorithm is based on the local examination of slices and on aggregating the noncomplex elliptical regions into individual cylinders according to similarity criteria. Although the volume data are treated as three perpendicular sets of slices, the main limitation of this algorithm is the output description being slicing-direction dependent. Only crude 2D shape classification was performed, a subdivision of complex 2D shapes into simpler primitives was not applied.

Phillips and Rosenfeld [4] designed a system that decomposes complex three-dimensional objects into a set of compact subobjects. Each of the compact subobjects is then approximated by an ellipsoid. The idea is that each complex object can be represented as a composite object of several volumetric primitives under set operations. For the decomposition of three-dimensional solids, the model *convex enclosure* is introduced as an approximation of 3D convex hull and the *enclosure deficiency* is defined as a measure of convexity or compactness. Complex objects are subdivided using shrinking, connected component labeling and reexpanding operations based on 3D discrete Euclidean distance transform. The final output is a tree structure, whose nodes are the compact subobjects. Each node of the tree is an ordered list of parameters describing the corresponding subobject in terms of ellipsoid primitives. The algorithms are tested on artificial data containing three ellipsoids, resulting in correct decomposition and perfect approximation of touching objects. This system has the advantage that the total process is 3D oriented and therefore invariant of rotation and translation.

Mohr and Bajcsy [5] presented an algorithm for packing spheres in an arbitrary shaped volume. This algorithm is similar to Blum's transform in that it fits spheres into a volume, but it is different in that it fits only tangential spheres. Thereby the data reduction is larger than by Blum's transform. The input data is the 3D Euclidean distance map generated on binarized volume data. The result of this algorithm is a graph where the nodes represent the centers of spheres and the arcs correspond to connections between two tangent spheres. Spheres are of variable radii, which enables to achieve a hierarchy of intrinsic volume properties, i.e. from coarse to finely detailed.

Other contributions concerning the description of 3D objects are due to R. Bajcsy and F. Solina[6], T.H.Phillips[7], and D.Terzopoulos, A.Witkin, M. Kass[8].

3 Symbolic description of complex volumetric structures

The algorithm proposed here consists of three major steps: *Segmentation*, *Decomposition* and *Approximation*. First the input volume data will be segmented into anatomically meaningful objects which need to be described. In the next step, each object will be decomposed into simple subobjects if it is recognized as a complex object. Finally all the subobjects will be approximated by volumetric primitives. The block diagram of the algorithm is shown in Fig 1.

- **Segmentation of volume data**

  The input gray-value volume data will be segmented to extract objects of interest. The discussion of 3D segmentation methods is not a matter of the present paper and can be found elsewhere (Gerig et.al.[9]). The output of the segmentation step is a binary volume data set, where object voxels are labeled as "1" and background as "0".

- **Decomposition of complex objects**

  The basic idea is that a complex object, for example two touching objects, can be represented by the union of simple subobjects. Decomposition of overlapping subobjects is achieved by applying shrinking and expansion processes, based on the assumption that the diameter at the junction is usually smaller than the diameters of the touching objects. A shrinking process (erosion) breaks the complex structure into isolated kernels, which are labeled and transformed back to their original size by reexpansion (dilation). The shrinking and expansion processes are carried out by means of 3D distance-transform (see [10]). The 3D Euclidean distance transform procedure has been implemented by extending Danielson's algorithm [11] to three dimension.

  First, an object will be tested on compactness. We applied the *convex enclosure* model proposed by Phillips[4]. It is obtained by the intersection of the three perpendicular cylinders with cross-sections defined by the convex hulls of the three projections of a given object onto a "projection box". The degree of approximation of the 3D convex object to the original object is expressed with the *enclosure deficiency*, classified as either compact or complex. If the object is classified to be complex, it will be shrunken into several kernels, uniquely labeled using 3D connected component labeling. After expanding the individual kernels, the object is represented by the union of all the subobjects.

- **Approximation of compact subobjects**

  In the approximation step, each subobject will be approximated by a volume primitive (ellipsoid, cylinder, etc) or a sequence of elliptical cylinders (ECs).

  i) **Approximation by a volume primitive:**

  Suppose the object and the volume primitive have the same eigenmatrix, the parameters of the volume primitive can be determined easily if the volume primitive possesses symmetry. Let λ_1, λ_2, λ_3 be the three eigenvalues and vol the volume of the object. The formulas for the ellipsoid and the cylinder are the following:

  Ellipsoid:

  $$a = \sqrt{\frac{5\lambda_1}{vol}} \qquad b = \sqrt{\frac{5\lambda_2}{vol}} \qquad c = \sqrt{\frac{5\lambda_3}{vol}}$$

  The directions of the three axes a, b, c are the directions of the three eigenvectors.

Cylinder with elliptical cross-section:

$$h = 2\sqrt{\frac{3\lambda_1}{vol}} \qquad a = 2\sqrt{\frac{\lambda_2}{vol}} \qquad b = 2\sqrt{\frac{\lambda_3}{vol}}$$

where h is the height and a, b are the radii of the ellipse (cross-section), $h > a > b$.

ii) Approximation by a sequence of ECs:

This procedure is based on the analysis of cross-sections through the object. In order to overcome the slicing-direction problem and to generate an unique description for identical objects in different spatial orientations, each isolated subobject will be initially rotated so that its principal axis is oriented along the z-axis. The principal axis of an object is defined as the vector corresponding to the largest eigenvalue of the object. The z-axis is chosen as the new slicing direction along which the volume data are reformatted.

The volume primitive adapted here is the elliptical cylinder (EC). It has straight-line axis and elliptical cross sections. The lengths of the major and minor axes of the cross sections change linearly and independently along the length of the cylinder.

In each slice the centroid of the binary 2D region is computed. The locii of the centroid points across the slices are approximated by a sequence of straight lines (Figure 2). This sequence of straight lines is an estimation of the medial axis. Each binary 2D region will be fitted by an ellipse. Again, the parameters of the major and minor axes are approximated along the slicing direction by a sequence of linear functions. A set of slices with straight line approximation of the centroid points and linear approximation of the ellipsoid parameters defines an elliptical cylinder. Now, the complete input object is approximated by a sequence of ECs with nonlinear surface function. The union of the ECs determines a volumetric approximation of the input object.

4   Application: Decomposition of CT Data of the human knee

The decomposition and symbolic description procedure has been applied to CT volume data of the human knee.

Segmentation of the bone structure is performed by selecting an appropriate threshold to separate bone from soft tissue and background. As the processing proposed here is based on compact volumes the hollow bone structures are filled using a 3D connected component algorithm. The shrinking, labeling and reexpansion process decomposes the bone structure of the knee into the meaningful four pieces tibia, femur, fibula and patella. The enclosure deficiency measure caused great problems when applied to original data. The enclosure deficiency is highly sensitive to discretization effects, which often violate the convexity property of objects. The number of shrinking operations applied here was based on a priori knowledge about the anatomical situation. Fig 3 shows the 3D visualization of the isolated bones from different views.

Each of the four isolated bones has been approximated by a set of ECs with linear surface functions (see table 1). A preceding calculation of the principle axis and a reslicing guarantees rotation invariance of the resulting description. The eigenvalues and the eigenvectors of the four isolated objects are printed in table 2. Fig 4 shows a set of slices with labeled object regions and the contours of the approximating EC cross-sections. Fig 5 represents the 3D visualization of the symbolic description of the bone structure of the human knee. The results demonstrate that, despite of limiting assumptions, the algorithm could be successfully applied to deriving a coarse description of a complex real 3D object in terms of ECs. Each section of the reformatted slices is approximated by an ellipse described by a major and minor axis and a rotation angle. The slice representation (Fig 4) clearly shows that the ellipse is a good first approximation for a large part of the elongated bone structures. The joint region, however, will not be correctly fitted (Fig 6), intuitively better would be a union of two ellipses. The approximation error is clearly visible in the 3D reconstructions of the simplified descriptions, where the joint region is approximated by a planar shape instead of two convex shaped surface parts (Fig 5). The decomposition of complex 2D regions into sets of compact areas will be a matter of future development.

5 Conclusion

We have presented a processing scheme which generates a high level description of complex objects from medical volume data. The slicing-direction problem of [2] is solved by introducing an object dependent reslicing step, resulting in rotation invariant descriptions of objects. Complex objects are decomposed into sets of compact subobjects using morphological processes. The isolated subobjects are described either by volume primitives (ellipsoid, cylinder) or by a sequences of elliptical cylinders.

As a first step towards a hierarchical symbolic description, we generated a high level coarse description of objects. Such a description could be used as a model to guide the segmentation process, because it allows to focus special processing tasks to specific locations. Another potential application is a match of 3D object prototypes to analogue descriptions derived from actual medical data, i.e. to recognize deviations from normal cases or to describe abnormalities quantitatively by comparing the object and the anatomical model.

The high level processing has been successfully applied to CT volume data of a human knee to describe the complicated bone structure at the knee joint. An important result of this research will be to gain experience about the expense necessary for generating appropriate descriptions of real-world data. As approximation and description problems are by far not completely solved in 2D image processing, the algorithmic and computational problems in 3D represent additional obstacles. Nevertheless the first results seem very promising and encourage a further refinement of the decomposition and approximation process.

As discussed in the text, a major requirement is the generation of a rotational invariant 3D description, which only will guarantee a reproduceable description a different image data representing the same anatomical region (we cannot expect to obtain identical slice orientations in each examination).

References

[1] T.O.Binford, *Visual perception by computer*, invited paper at IEEE Systems, Science, and Cybernetics Conference, Miami, Florida, December 1971.

[2] B.I.Soroka and R.K.Bajcsy, *Generalised Cylinders From Local Aggregation of Sections*, Pattern Recognition, Vol. 13, No. 5, pp. 353-363, 1981

[3] B.I.Soroka, *Generalized Cones From Serial Sections*, Computer Graphics and Image Processing 15, 154–166, 1981

[4] T.H.Phillips and A.Rosenfeld, *Decomposition and Approximation of Three-Dimensional Solids*, CVGIP 33, 307-317, 1986.

[5] R.Mohr and R.Bajcsy, *Packing Volumes by Spheres*, PAMI-5, no.1, Jan, 1983.

[6] R. Bajcsy and F. Solina, *Three Dimensional Object Representation Revisited*, Proceedings First International Conference on Computer Vision, June 1987, pp 231-240

[7] T.H.Phillips, *Decomposition of 3D objects into compact subobjects by analysis of cross-sections*, Image and Vision Computing, vol.6 no. 1 feb, 1988.

[8] D.Terzopoulos, A.Witkin, M. Kass, *Symmetry-Seeking Models For 3D Object Reconstruction*, Proceedings First International Conference on Computer Vision, June 1987, pp 269-276

[9] G. Gerig, R. Kikinis, W. Kuoni and O. Kübler *Medical Imaging and Computer Vision: An integrated approach for diagnosis and planning*, 11th DAGM-Symposium Mustererkennung, Informatik Fachberichte IFB 219, Springer Verlag, Berlin, pp 425-432, 1989

[10] X. Cheng *3D Distanztransformation und Skelettierung*, Students project 1987, ETH-Zürich, Institute für Kommunikationstechnik, Division for Computer Vision, Zürich, Switzerland, July 1987

[11] P.E. Danielsson, *Euclidean Distance Mapping*, CGIP 14, 1980, 227-248

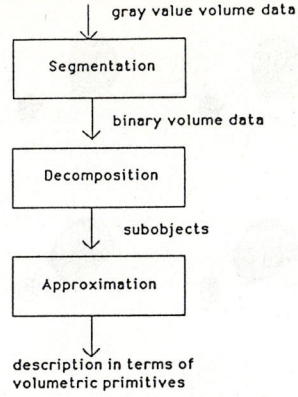

Figure 1: Block diagram of the 3D decomposition and approximation process

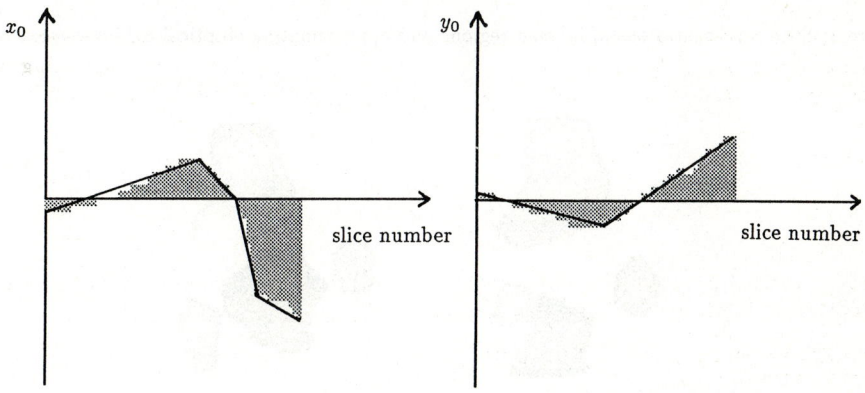

Figure 2: Piecewise linear fit of centroid coordinates

Figure 3: 3D visualization of isolated bones at the knee joint

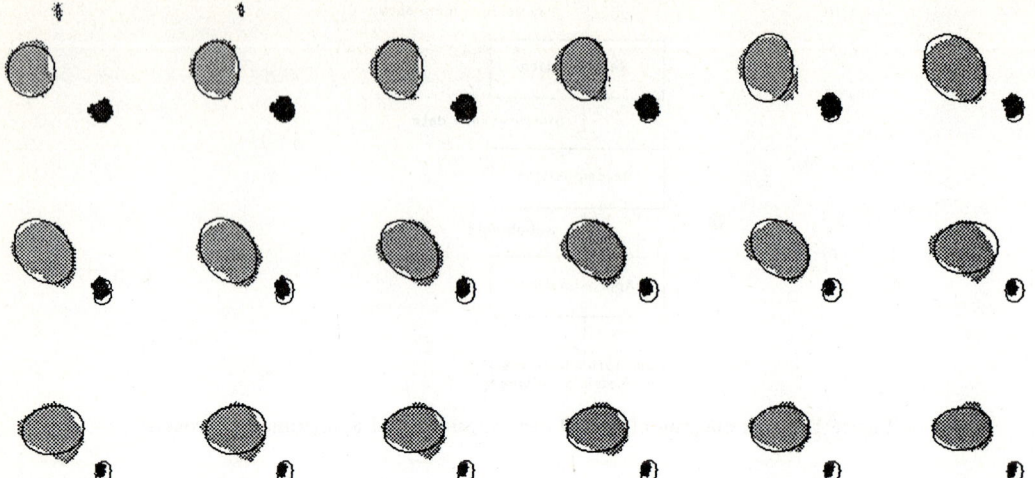

Figure 4: Slice representations of labeled regions and approximating elliptical cylinder cross-sections

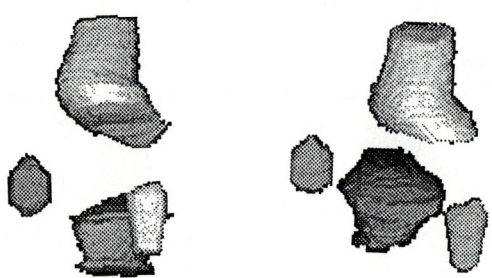

Figure 5: 3D visualization of the symbolically described bones

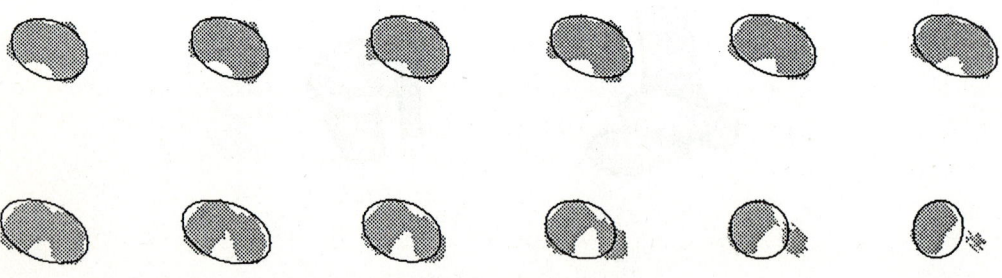

Figure 6: Slice representations showing still insufficient approximation

label of subobject	1	2	3	4
name	femur	patella	tibia	fibula
number of ECs	5	4	5	2

Example : decomposition of fibula	
1st EC	$a(k) = k - 79$ $b(k) = 6/5 * (k - 81) + 2$ $\alpha(k) = -17°, \ k = 81 \ldots 86$
2nd EC	$a(k) = -1/10(k - 87) + 8$ $b(k) = -6/40 * (k - 87) + 10$ $\alpha(k) = 7°, \ k = 87 \ldots 127$

a, b, α: ellipse parameters

k: slice number

Table 1: Parameters of the approximating set of elliptical cylinders

Subobject (label/name)	Eigenvalues $\lambda_{1,2,3}$	Eigenvectors $\vec{v}_{1,2,3}$
1 femur	$\lambda_1 = 27891524$ $\lambda_2 = 10918605$ $\lambda_3 = 6044723$	$\vec{v}_1 = (-0.19, 0.16, 1.00)$ $\vec{v}_2 = (1.00, 0.00, 0.19)$ $\vec{v}_3 = (0.03, 1.00, -0.16)$
2 patella	$\lambda_1 = 208923$ $\lambda_2 = 101457$ $\lambda_3 = 65772$	$\vec{v}_1 = (1.00, 0.09, -0.01)$ $\vec{v}_2 = (0.04, -0.39, 1.00)$ $\vec{v}_3 = (-0.09, 1.00, 0.39)$
3 tibia	$\lambda_1 = 9603803$ $\lambda_2 = 5626629$ $\lambda_3 = 3883121$	$\vec{v}_1 = (0.34, -0.13, 1.00)$ $\vec{v}_2 = (1.00, -0.36, -0.39)$ $\vec{v}_3 = (0.36, 1.00, 0.00)$
4 fibula	$\lambda_1 = 737044$ $\lambda_2 = 56113$ $\lambda_3 = 44027$	$\vec{v}_1 = (0.01, 0.09, 1.00)$ $\vec{v}_2 = (0.37, 1.00, -0.10)$ $\vec{v}_3 = (1.00, -0.37, 0.02)$

Table 2: Eigenvalues and eigenvectors of the four isolated objects

Modellgestützte Bestimmung
nicht umittelbar extrahierbarer Bildeigenschaften

Manfred Guckes, Joachim Dengler

Deutsches Krebsforschungszentrum
Abteilung Medizinische und Biologische Informatik
Im Neuenheimer Feld 280, 6900 Heidelberg

Kurzfassung

In der frühen Brustkrebsdiagnose durch Analyse von Mikroverkalkungen in Mammographien ist die Bestimmung der Form einer oder mehrerer Fleckengruppen von entscheidender diagnostischer Bedeutung. Der vorgestellte Gruppierungsprozeß beruht auf einem mustertheoretischen Modell, bei dem eine Konfiguration von sogenannten Generatoren durch einen Prozeß stochastischer Relaxation gefunden wird. Das Vorwissen über das Modell wird durch eine A-priori-Wahrscheinlichkeitsverteilung von Verbindungsrelationen vorgegeben. Die Bestimmung der optimalen Konfiguration aus der Bildinformation erfolgt durch Maximierung der A-posteriori-Wahrscheinlichkeit im Konfigurationsraum. Im vorliegenden Fall der zu bestimmenden äußeren Form von Fleckengruppen bestehen die Generatorkonfigurationen aus geschlossenen Polygonzügen.

1. Medizinische Fragestellung

In der frühen Brustkrebsdiagnose spielen Mikroverkalkungen eine entscheidende Rolle (Lanyi 1986). Solche Kalkflecken sind in Röntgenaufnahmen der Brust, den Mammographien, erkennbar. Abbildung 1 zeigt das Ergebnis einer segmentierten Mammographie. Zu sehen sind die Mikrokalzifikationen, die typischerweise in Fleckengruppen auftreten. Von entscheidender diagnostischer Bedeutung sind sowohl die Erscheinungsformen der Einzelflecken, als auch Eigenschaften der Fleckengruppen. Wichtige Eigenschaften sind:

- Fleckengröße
- Fleckenkontrast
- Fleckenform
- Gruppengröße
- Gruppenform

Alle die Einzelflecken betreffenden Merkmale lassen sich zuverlässig und elegant mit Methoden der Mathematischen Morphologie extrahieren. Bei Gruppenmerkmalen ist dies nicht ohne weiteres möglich. Die Parameter der Segmentation sind so eingestellt, daß der Anteil der nicht gefundenen (falsch negativen) Flecken minimal wird, also entsprechen im wesentlichen die zusätzlich auftretenden (falsch positiven) Flecken dem Rauschen (Holder, Dengler, Desaga 1988). Diese Rauschpunkte sind der Grund, weshalb rein morphologische Umrandungsalgorithmen nicht geeignet sind. Durch morphologische Filter kann dieser Einfluß zwar gemildert werden, aber bei stärkerer Filterung hängt das Ergebnis zu sehr von der vorgegebenen Form der morphologischen Filter ab. Verfahren zur Ermittlung der konvexen Hülle sind ebenfalls nicht geeignet, da nicht vorausgesetzt werden kann, daß die zu findende Gruppe eine konvexe Form hat. Darum wird für den Gruppierungsprozeß ein anderer, modellgestützter Ansatz gewählt. Dabei sollte das Modell sowohl Kenntnis über die möglichen biologischen Formen als auch ihrer Variationsbreite haben.

Ein besonders einfaches und flexibles Modell zur Beschreibung einer Umrandung ist das unregelmäßige Vieleck oder Polygon. Dieses Modell ist hier auch medizinisch motiviert, da die diagnostisch relevanten Fleckengruppen z.B. als "trapezförmig", "dreieckig" oder "schwalbenschwanzförmig" bezeichnet werden.

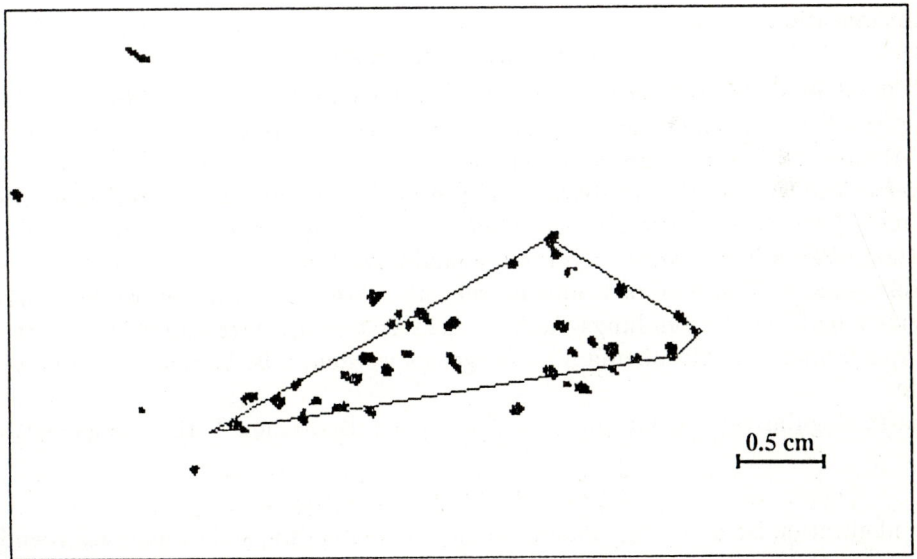

Abbildung 1: *Eine durch ein Polygon modellierte Gruppe von Mikroverkalkungen.*

477

2. Allgemein Muster-Theoretischer Ansatz

Das im Folgenden erläuterte Modell beruht auf Arbeiten von Grenander (1983, 1989). Es beschreibt eine verallgemeinerte Form der stochastischen Relaxation für Markovprozesse auf Graphen, deren Prinzip durch Geman & Geman (1984) in der Bildanalyse bekannt wurde. Der allgemein Muster-Theoretischen Ansatzes besteht aus vier Komponenten:

Generatoren $(g \in G)$
Verbindungsgraph $(\sigma \in \Sigma)$
Verbindungsbeziehung (ρ, A)
Identifikationsbeziehung (R)

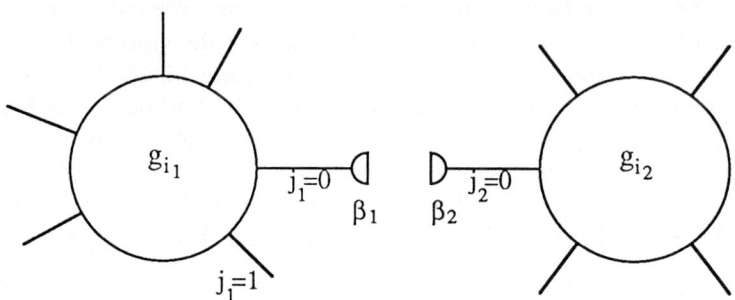

Abbildung 2: *Wechselwirkende Generatoren*

Eine Konfiguration

$$c = \sigma(g_1, g_2, ..., g_n) \in \mathcal{C}$$

besteht aus dem Verbindungsgraphen σ und den Generatoren g (Abbildung 2). Der Verbindungsgraph σ (aus einer Familie Σ von Graphen) beschreibt, welche der Generatoren über Verbindungsrelationen miteinander wechselwirken. Jeder Generator sendet Verbindungswerte $\beta \in B$ an seine Nachbarn. Entsprechend, wie die zwei betreffenden β's übereinstimmen, beeinflussen sich die Generatoren gegenseitig direkt deterministisch oder im Sinne einer Wahrscheinlichkeit. Nur miteinander verbundene Generatoren beeinflussen sich direkt. Andere Paare können nur indirekt über Wege im Graphen wechselwirken. Im allgemeinen muß der Verbindungsgraph σ nicht fest sein; stattdessen kann eine Menge von Graphen oder eine Graphenfamilie festgelegt werden; z.B. baumartige oder zyklische Graphen.
Eine starre Regularität des Graphen wird mit einer Boolschen Verbindungsrelation definiert.

$$\rho : B \times B \rightarrow (wahr, falsch)$$

Eine Konfiguration ist dann regelmäßig, wenn alle Verbindungsrelationen wahr sind (erste Strukturformel):

$$\bigwedge_{(i_1, i_2) \in \sigma} \rho[\beta_{j_1}(g_{i_1}), \beta_{j_2}(g_{i_2})] = wahr$$

Durch diese Verbindungsrelationen wird die Konfiguration geometrisch sinnvoll. Der Graph σ repräsentiert eine logische Struktur oder ein Modell. Er erzeugt die globale Regularität, während die Verbindungsrelationen eine lokale Regularität ausdrücken.

Die starre Regularität läßt sich im Sinne einer Wahrscheinlichkeit lockern oder ergänzen. Dies führt eine A-priori-Wahrscheinlichkeit ein (zweite Strukturformel):

$$P(c) = \frac{1}{Z} \prod_{(i_1, i_2) \in \sigma} A[\beta_{j_1}(g_{i_1}), \beta_{j_2}(g_{i_2})] \prod_{i=1}^{n} Q(g_i) .$$

$$Q : G \to \Re^+, \quad A : B \times B \to \Re^+$$

Z normiert diesen Ausdruck zu einer Wahrscheinlichkeit. Q versieht die einzelnen Generatoren mit Gewichten. Die Akzeptorfunktion A, eine relative Wahrscheinlichkeit für die Verbindung, drückt die Stärke einer Kopplung aus. Als Maß für diese Kopplung wird vielfach ein Parameter, die Temperatur, eingeführt: Hohe Temperatur bedeutet geringe - niedrige Temperatur starke Kopplung.

Die Identifikationsrelation R erzeugt aus der Konfiguration c das Bild $I =$R(c). Diese Relation ist im allgemeinen nicht invertierbar. Verschiedene Konfigurationen c' und c'' können dieselben Bilder $I =$R$(c') =$R(c'') erzeugen, d.h. ein Bild kann zu verschiedenen Konfigurationen c analysiert werden. Das Bild ist das, was der Beobachter sieht, während c die Analyse oder Erklärung dafür ist.

Die beiden typischen Probleme der Mustertheorie sind Mustersynthese und Musteranalyse. Bisher wurden nur Elemente zur Synthese vorgestellt. Die Synthese ist die grundlegendere der beiden Fragestellungen. Sie besteht aus der Konstruktion eines Modells für die Muster. Dies geschieht hier durch die Wahl der Generatoren, der Verbindungen, der Akzeptorfunktion und durch die Definition der Beziehung zwischen Bild und Konfiguration. Wenn eine Synthese eines Muster erreicht wurde, ist die Analyse theoretisch einfach eine direkte Anwendung der Bayesischen Theorie.

Wir müssen eine Konfiguration finden, für die die Wahrscheinlichkeit unter der Bedingung des beobachteten Bildes maximal wird.

$$P(I|I^D) = \frac{P(I)P(I^D|I)}{P(I^D)}$$

Für eine direkte Berechnung dieser Maximum-A-posteriori-Wahrscheinlichkeit ist jedoch der Zustandsraum, das ganze Bild, zu groß. Stattdessen kann eine Modifikation des Metropolisalgorithmus angewandt werden. Die Grundidee ist dabei, die Markoveigenschaft auf dem Graphen auszunutzen. Die Wahrscheinlichkeit eines Generators hängt nur von seinen direkten Nachbarn ab, mit denen er über Verbindungsrelationen verknüpft ist. Wir können also einzelne Generatoren, entsprechend der, durch ihre Nachbarn bedingten Wahrscheinlichkeit, verändern. In welcher Reihenfolge die Generatoren verändert werden, wird in einer *sweep strategy* festgelegt. Es muß nur garantiert sein, daß alle Generatoren in einem

Durchlauf aktualisiert werden. Durch diese stochastische Relaxation erhält man eine Markovkette von Konfigurationen, deren Wahrscheinlichkeitsverteilung gegen ein eindeutiges Gleichgewicht, das der Maximum-A-posteriori-Wahrscheinlichkeit, konvergiert.

Die stochastische Relaxation läßt sich im vereinfachten Graphen in Abbildung 3 veranschaulichen: In dieser Drei-Niveau-Inferenz-Maschine repräsentiert das obere Niveau die Konfiguration, die durch die Generatoren, den Graphen und die Akzeptorfunktion bestimmt wird. Das mittlere Niveau enthält das reine Bild, das über die Identifikationsrelation mit der Konfiguration verknüpft ist. Das untere Niveau stellt das beobachtete Bild dar. Dies ist mit dem reinen Bild über die Deformation D verbunden. Während der stochastischen Relaxation bleiben alle Generatoren des beobachteten Bildes unverändert, während die anderen entsprechend der *sweep strategy* aktualisiert werden. Nach dem Relaxationsprozeß enthält das zweite Niveau eine Schätzung für das restaurierte Bild. Die Konfiguration entspricht dann der Analyse oder dem Verständnis des restaurierten Bildes.

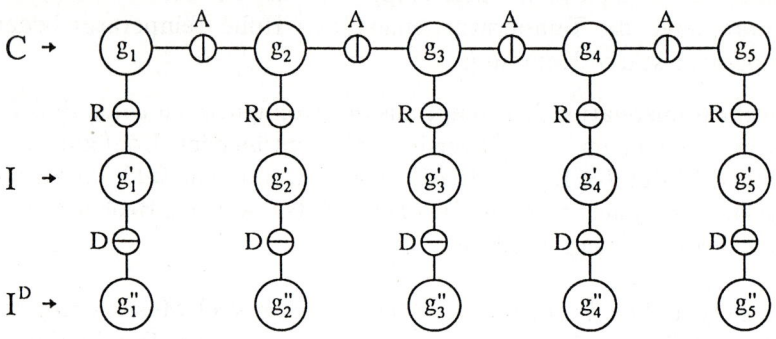

Abbildung 3: *Beziehung zwischen Modell C, restauriertem Bild I und deformiertem Bild I^D in einer Inferenz-Maschine.*

3. Realisierung des Ansatzes

Die Bedeutung der einzelnen Ansatzkomponenten für die Modellierung der Fleckengruppen durch Polygone ist in Abbildung 4 zusammengestellt. Die Generatoren repräsentieren gerichtete Linienelemente. Die Verbindungsrelation bedingt, daß die Linienelemente benachbarter Generatoren aneinander gehängt werden, und der zyklische Graph garantiert das Schließen des Polygons. Die Identifikationsrelation legt fest, was innerhalb das Linienzugs ist. Dieses reine Bild, ein ausgefülltes Polygon, wird erst durch die Deformation mit einem beobachteten vergleichbar. Hier ist die Deformation einfach das stochastische Auftreten von Flecken außerhalb der Gruppe und Fleckenzwischenräume innerhalb.

$$P(I^D|I) = a^{Anzahl\ falsch\ positiver\ Pixel} \times b^{Anzahl\ falsch\ negativer\ Pixel}$$

$$\times (1-a)^{Anzahl\ richtig\ negativer\ Pixel} \times (1-b)^{Anzahl\ richtig\ positiver\ Pixel}$$

a: Wahrscheinlichkeit für falsch positive Pixel
b: Wahrscheinlichkeit für falsch negative Pixel

Die Anzahl der Linienelemente wird über die Gewichtsfunktion der Generatoren geregelt. Die Akzeptorfunktion wichtet die Linienlängen und die Winkel zwischen den Linienelementen, wobei jeweils von einer Normalverteilung ausgegangen wird. Diese Form der Verteilungen entspricht einem Muster mit seiner Variationsbreite.

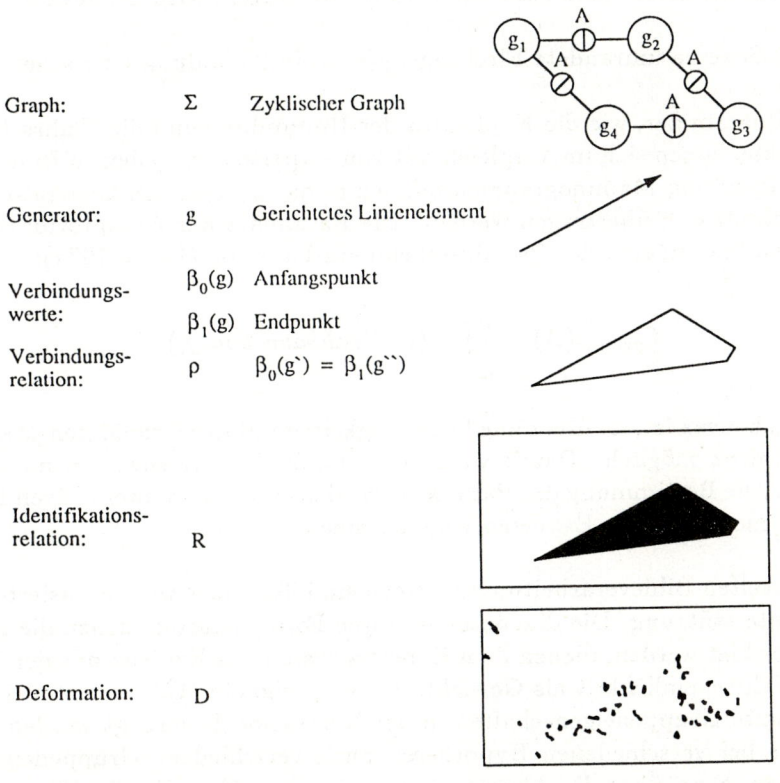

Graph: Σ   Zyklischer Graph

Generator: g   Gerichtetes Linienelement

Verbindungs- $\beta_0(g)$ Anfangspunkt
werte: $\beta_1(g)$ Endpunkt

Verbindungs-   ρ $\beta_0(g`) = \beta_1(g``)$
relation:

Identifikations-
relation: R

Deformation: D

Abbildung 4: *Identifikation zwischen den Komponenten der Muster-Theorie und der Modellierung einer Fleckengruppe durch ein geschlossenes Polygon.*

Die eigentliche Maximierung der A-posteriori-Wahrscheinlichkeit erfolgt im allgemeinen Fall durch stochastische Relaxation; es zeigte sich, daß im vorliegenden Fall auch die deterministische T=0 Approximation, der sogenannte ICM-Algorithmus (= iterated conditional modes) (Besag 1986) zum Ziel führt. Dieser Grenzfall läßt sich als Variante des A^*-Algorithmus auffassen, was konzeptionell interessante Perspektiven hinsichtlich der stochastischen Erweiterung des A^*-Algorithmus aufzeigt.

Die Anpassung eines Vielecks an die Fleckengruppen umfaßt folgende Punkte:

(1) Die Ecken werden nacheinander optimiert, bis für einen Umlauf an allen Ecken keine Verbesserung erzielt werden kann.

(2) Liegt eine Ecken nahe an der Verbindungslinie zwischen ihren jeweiligen beiden Nachbarn, so werden sie gelöscht und Algorithmus wird beendet.

(3) Wird eine deutliche Verbesserung beim Einfügen einer Ecke erreicht, so wird wieder mit Punkt (1) begonnen.

(4) Ist es nirgends sinnvoll, eine zusätzliche Ecke einzufügen, wird der Algorithmus beendet.

Ein mit diesem Schema umrandete Fleckengruppe ist in Abbildung 1 zu sehen.

Die Modellparameter, wie die Koplexität der Umrandung und die Wahrscheinlichkeit für Rauschpunkte, lassen sich im Vergleich mit von Experten analysierten Bildern bestimmen. Diese analysierten Mammographien müssen in das System von Generatoren, also in den Konfigurationsraum übertragen werden. Die Parameter der Akzeptorfunktion erhält man dann durch Maximieren der Pseudo-Likelihood-Funktion (Besag 1974):

$$L_{pseudo}(A) = \prod_{i=1}^{n} p_a(g_i | Nachbarn \ von \ g_i)$$

Da L_{pseudo} konvex ist, ist dies ohne Schwierigkeiten mit der Gradienten-Methode oder ähnlichen Techniken möglich. Damit wird medizinisches Expertenwissen für das Modell parametrisiert. Die Bestimmung der Parameter wird also in einem interaktiven Lernprozeß zusammen mit medizinischen Experten vorgenommen.

Die entwickelten Bildeverarbeitungsroutinen sind Teil eines wissensbasierten Systems zur Diagnoseunterstützung. Die diagnoserelevanten Formenklassen, denen die gefundenen Gruppen zugeordnet werden, dienen dem Expertsystem als Evidenz mit der Maximum-A-posteriori-Wahrscheinlichkeit als Gewicht. Durch geeignete Wahl der Modellparameter können bestimmte Gruppeneigenschaften in der Relaxation bevorzugt werden (Hypothetisieren). Falls bei verschiedenen Hypothesen auch verschiedene Gruppeneigenschaften gefunden werden, kann über die Akzeptanz eine Aussage über die Signifikanz dieser Eigenschaften gemacht werden. So kann das Expertensystem in komplexer Weise mit dem bildnahen Teil des Systems kommunizieren.

Literatur

Besag, J.
Spatial interaction and statistical analysis of lattice systems
J. Roy. Statist. Soc. Ser. B 36 192-236 (1974)

Besag, J.
On the Statistical Analysis of Dirty Pictures.
J. R. Statist. Soc. B 48 259-302 (1986)

Geman, D.; Geman, S.
Stochastic relaxation, Gibbs distributions and the Bayesian restoration of images.
IEEE Trans. Pattern Anal. Machine Intelligence 6 721-741 (1984)

Grenander, U.
Advances in Pattern Theory.
Annals of Statistics, Vol. 17 No. 1 1-30 (1989)

Grenander, U.
Tutorial in Pattern Theory.
Brown University, Division of Applied Mathematics (1983)

Holder, S.; Dengler, J.; Desaga, J. F.
Lokalisation von Mikrokalzifikationen in Mammographien.
In Bunke, H.; Kübler, O.; Stucki, P.(Hrsg.): Mustererkennung 1988, Proc. 10. DAGM-Symposium Zürich, 17-23, Informatikfachberichte 180, Springer, Berlin - Heidelberg - New York - London - Paris - Tokyo 1988

Lanyi, M.
Diagnostik und Differentialdiagnostik der Mammaverkalkungen.
Springer Verlag, Berlin Heidelberg New York Tokyo 1986

Regelbasierte Segmentierung von 3D-Datensätzen der Kernspintomographie

Regine Auer, Hans-Heino Ehricke

Siemens Medizintechnik, SMA1, Henkestr. 127, D-8520 Erlangen

Abstract: Die automatische Segmentierung von Gewebestrukturen aus kernspintomographischen Bildern stellt eines der Hauptprobleme bei der Verarbeitung dreidimensionaler Magnetresonanz-Datensätze dar. Auch die Anwendung leistungsfähiger Segmentierungsoperatoren führt in Teilbereichen eines 3D-Datensatzes zu befriedigenden Ergebnissen, erlaubt aber keine zuverlässige Segmentierung eines gesamten Datenvolumens. Der daraus resultierende Interaktionsaufwand für Kontrolle und Korrektur der Segmentierung ist klinisch nicht akzeptabel. Durch den Einsatz von Wissen aus unterschiedlichen Disziplinen (Anatomie, Bildverarbeitung, MR-Physik) ist es möglich, die Zuverlässigkeit und Präzision automatischer Segmentierungsverfahren deutlich zu verbessern.
Dieser Artikel beschreibt ein regelbasiertes System, mit dessen Hilfe 3D-Datensätze schrittweise in immer feinere anatomische Details untergliedert werden können. Dabei werden von einem in PROLOG realisierten Steuerungssystem einzelne low-level-Operatoren aus einem Pool von unterschiedlichen Segmentierungsprozeduren ausgewählt, an die jeweilige Aufgabenstellung angepaßt, angesteuert und kontrolliert. Bei der Konzeption des Systems wurde besonderer Wert darauf gelegt, das verwendete Wissen möglichst in nichtprozeduraler Form zu repräsentieren. Die dadurch erzeugte hohe Flexibilität kann dazu genutzt werden, das System von der Segmentierung von Kopfdatensätzen auf andere anatomische Fragestellungen (Knie, Abdomen, Wirbelsäule) zu übertragen.

1. Einleitung

Die Kernspintomographie erlaubt die Akquisition räumlicher Schnittbildfolgen, die die Information über die Anatomie der untersuchten Organe enthalten. Es existieren heute eine Vielzahl unterschiedlicher Algorithmen, die aus der Computergraphik abgeleitet wurden, mit deren Hilfe es möglich ist, aus diesen Schnittbildern dreidimensionale Rekonstruktionen der betrachteten Objekte zu erhalten (s. Abb. 1) [3,5,6,7,8,10]. Voraussetzung für diese Verfahren sind jedoch meist Bilder, in denen die betreffenden anatomischen Strukturen bereits segmentiert sind. Da ein 3D-Datensatz in der Regel aus mehr als hundert Schichten besteht und somit die manuelle Segmentierung durch Nachfahren von Organkonturen per Maus oder Lichtgriffel sehr mühsam ist, kommt der automatischen Segmentierung große Bedeutung zu.
Die Konturdetektion ohne Verwendung von a-priori-Wissen führt oft zu unbefriedigenden Ergebnissen bzw. macht zeitraubende Benutzerinteraktionen für Kontrolle und Korrektur notwendig.
Um bessere Ergebnisse in Bezug auf Zuverlässigkeit, Flexibilität und Qualität der Bildanalyse zu erreichen, wäre es wünschenswert, ein System zu entwickeln, das sowohl auf alle Schichten eines 3D-Datensatzes anwendbar ist, als auch mit geringen Änderungen übertragbar auf andere anatomische Modelle.

Die bisher im medizinischen Bereich entwickelten regelbasierten
Bildanalysesysteme arbeiten zum einen auf Bildern von anderen
Akquisitionsmodalitäten [14,16,17,19] und zum anderen auf
multispektralen MR-Daten [4,12,13,18]. Die Problematik der 3D-MR-
Segmentierung stellt sich insofern anders dar, als hier komplette
3D-Datensätze segmentiert werden sollen, wobei für jeden
anatomischen Schnitt nur jeweils eine einzelnes Schnittbild
vorliegt und nicht etwa eine Bildserie mit variablem Bildkontrast.
Neben der 3D-Darstellung gibt es weitere medizinisch relevante
Anwendungen für 3D-Segmentierungsverfahren wie z.B. Morphometrie,
Bestimmung der Bildkorrelation zwischen PET-, CT- und MR-Bildern
[9,15].

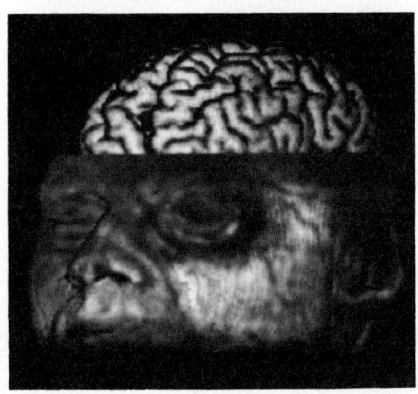

Abb. 1: 3D-Oberflächendarstellung

2. Systemüberblick

Es wurde ein hierarchisches System zur Segmentierung von axialen
MR-Bildern in Form eines Steuerungssystems mit automatischer
Ergebniskontrolle und Rückkopplungsmöglichkeiten entwickelt
(Abb. 2). Das System arbeitet top-down, d.h. es wird von einer
Problemstellung ausgegangen und überprüft, ob es Fakten gibt, die
die Behauptung erfüllen. Für jedes Bild werden Operationen
angesteuert, die es mit Hilfe von Wissen schrittweise in
anatomisch relevante Komponenten unterteilen (Abb. 3). Jede
angesteuerte Operation greift in Abhängigkeit von der speziellen
Problemstellung auf unterschiedliche low-level-Bildverarbeitungs-
prozeduren zu, mit denen das Bild segmentiert, kontrolliert und
nachverarbeitet werden kann.

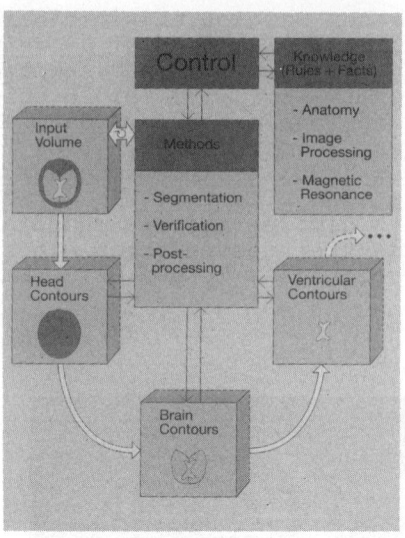

Abb. 2: Komponenten des regelbasierten Systems

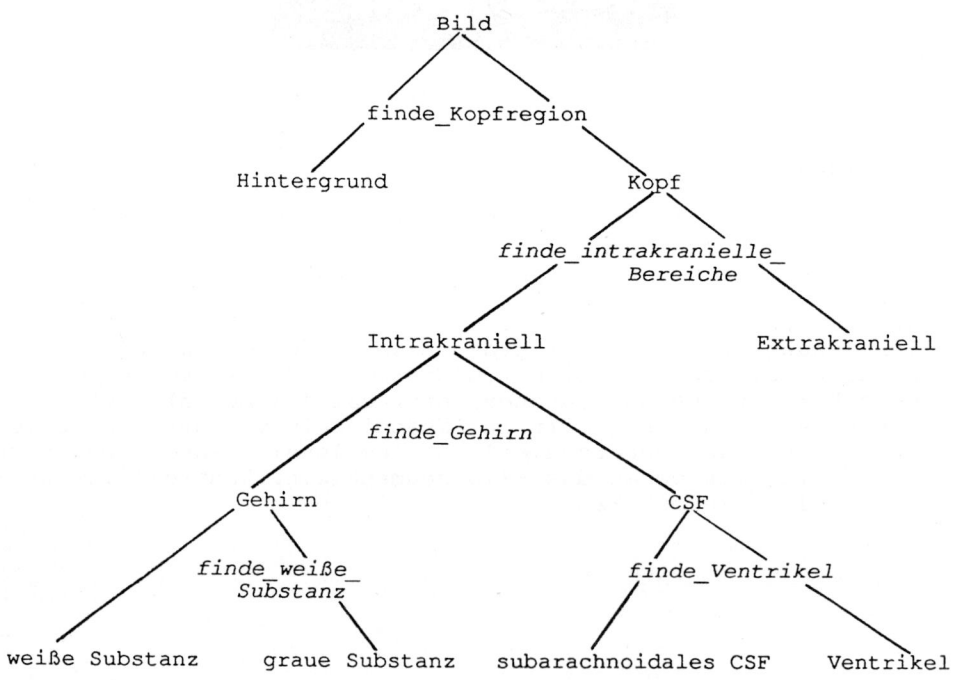

Abb. 3: Hierarchisches Segmentationsmodell

2.1. Low-level Bildverarbeitungsprozeduren

Das prozedurale Wissen ist in Form von Fortran-Funktionen
implementiert, die von der Kontrollstruktur aus aufgerufen werden.
Zur Verfügung stehen Segmentationsverfahren, Kontrollverfahren und
Nachverarbeitungsoperatoren.
Bei den Segmentationsverfahren unterscheidet man kanten- und
flächenorientierte Ansätze.
Erstere machen Gebrauch von lokalen Gradientenoperatoren 1. oder
2. Ordnung, um Objekte anhand ihrer Kanten zu erkennen. Für die
unterschiedlichsten Anwendungsbereiche wurden eine Vielzahl von
Kantenoperatoren entwickelt, von denen sich jedoch nur wenige auf
MR-Bilder übertragen lassen. Gute Ergebnisse liefert u.a. der
Mexican-Hat-Operator [1,2,11] bzw. mit dynamischer Programmierung
verknüpfte Gradientenoperatoren.
Bei flächenorientierten Ansätzen wird versucht, Pixel aufgrund
verschiedener Eigenschaften einer bestimmten Region zuzuordnen.
Beispiele hierfür sind Region Growing oder Klassifikationsver-
fahren.
Kontrollprozeduren sollen die Ergebnisse des jeweils letzten
Segmentierungs- und Zuordnungsschrittes analysieren und auf
Richtigkeit überprüfen. So umfaßt die gefundene Hirnregion einen
bestimmten minimalen und maximalen Flächeninhalt im Vergleich zur
bereits gefundenen Kopfregion.
Ebenso kann abgeprüft werden, ob die Fläche des im Schnittbild
gefundenen Hirngewebes ausgehend von den oberen Schichten zunächst
zu-¹ und dann wieder abnimmt.
Ergeben die Kontrollmechanismen ein nicht zufriedenstellendes
Ergebnis, so wird entweder eine Adaption des Segmentierungs-
operators oder ein Nachverarbeitungsverfahren zur Randkorrektur
angestoßen.

2.2. Kontrollstruktur

Die Kontrollstruktur wurde in PROLOG realisiert und besteht aus
Regeln, die einerseits die bereits oben erwähnten low-level Bild-
verarbeitungsprozeduren anstoßen und anderseits abprüfen, ob die
erzielten Ergebnisse sinnvoll sind.
Die unter 2.1 beschriebenen low-level Operatoren sind Prozesse,
die Informationen aus dem Bild extrahieren, die zur Bewertung und
Weiterverarbeitung herangezogen werden. Das System ist aus
Produktionsregeln aufgebaut, die folgendermaßen aussehen können:

```
finde_gehirn :-
    (In vorsegmentiertem Bild)
    suche_ausgangsregion,
    suche_umgebungsregionen(von_ausgangsregion),
    nachverarbeitung.

suche_ausgangsregion :-
    wähle aus den Regionen, die eine bestimmte Größe
        überschreiten, die hellste aus,
    prüfe ab, ob keine Verbindung zwischen Gehirn-
        ausgangsregion und Hintergrund bzw. Kopfkontur
        besteht,
    sonst Mexican-Hat-Verfahren mit anderen Parametern,
    suche_ausgangsregion.

suche_umgebungsregionen(von_ausgangsregion) :-
    suche alle Regionen,
    - die in einer gewissen Umgebung zur
        Ausgangsregion liegen, und
    - die einen bestimmten mittleren Grauwert
        überschreiten, und
    - die nicht in einem gewissen Abstand zur
        Kopfkontur liegen, und
    - die nicht im Bereich der Augen liegen.

nachverarbeitung :-
    Gehirnfläche weicht zu sehr vom vorherigen Bild ab,
    setze ausgangsregion = bereits gefundene
        Gehirnregionen,
    suche_umgebungsregionen(von_ausgangsregion).
```

2.3. Wissensrepräsentation

Das verwendete Expertenwissen stammt aus den Bereichen

- MR-Bildakquisition
- Bildverarbeitung
- Anatomie

Es ist einerseits in Form von Metaregeln abgelegt, die den
Segmentationsablauf steuern, und andererseits in Form von externen
Fakten beispielsweise über Grauwert, Lage, Fläche und Umfang von
anatomischen Regionen.
Zusätzlich wird Allgemeinwissen verwendet, das auf andere
Anwendungsbereiche übertragbar ist, z.B. der simple Sachverhalt,
daß die Berandung eines Objektes eine geschlossene Linie sein muß,
und das implizit in den verwendeten Algorithmen enthalten ist.

3. Ergebnisse

Das System wurde bisher an zehn verschieden Datensätzen des Kopfes
erprobt. Diese wurden mit Gradientenechosequenzen sowohl an
gesunden Probanden als auch an Patienten erzeugt. Es wurden dabei
jeweils 128 transaxiale Schnittbilder akquiriert, was einer
Schichtdicke von ca. 1.4 mm entspricht (s. Abb. 4).

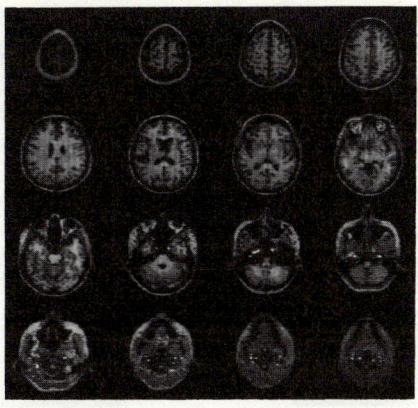

Abb. 4: Schnittbilder aus axialem 3D-Datensatz

In Abb. 5 sind die Regionen abgebildet, die sich nach Anpassung und Anwendung des Mexican-Hat Operators ergeben. Es zeigt sich, daß einige der Regionen sehr gut, andere hingegen nur mäßig mit der wahren Anatomie übereinstimmen. Der erste Schritt der Extraktion von Gehirnregionen führt zu dem in Abb. 6 dargestellten Zwischenergebnis. Nach einem Nachverarbeitungsschritt wie unter 2.2 beschrieben, kommt man zu Abb. 7. In Augenhöhe, wo häufig Verbindungen zwischen Gehirn und anderen Regionen auftreten, erhält man Abb. 8.

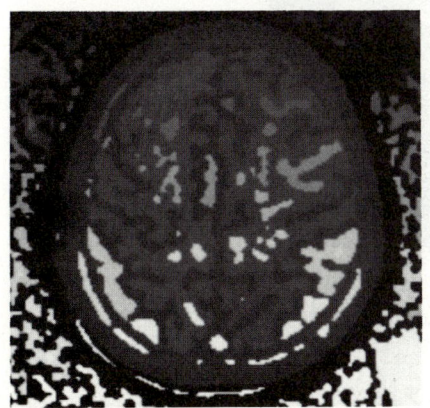

Abb. 5: Mexican-Hat-Regionenbild

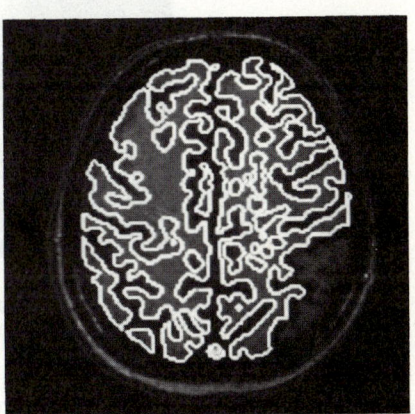

Abb. 6: Gehirnkontur
vor Kontrolle

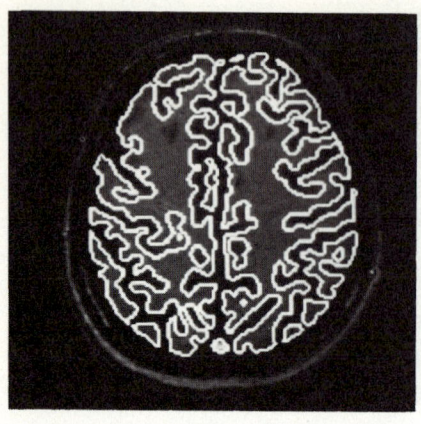

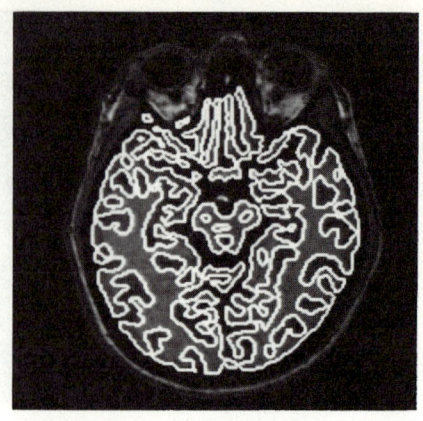

Abb. 7: Gehirnkontur
nach Kontrolle

Abb. 8: Gehirnkontur
in Augenhöhe

In Abb. 9 sind Ergebnisse aus den ersten Ebenen der Segmentie-
rungshierarchie (Abb. 2) dargestellt. Sie zeigen Kopf-, Hirn- und
Vertrikelkontur.

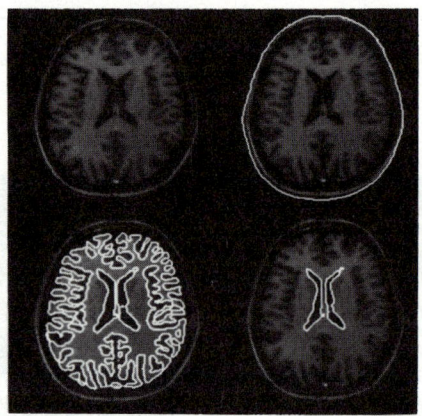

Abb. 9: Segmentationsergebnis (von l. o. nach r. u.)
Original, Kopfkontur, Gehirnkontur, Ventrikelkontur

4. Zusammenfassung und Diskussion

Ausgehend von dem in den letzten Jahren deutlich gewachsenen
Bedarf nach automatischen Segmentierungsalgorithmen für 3D-
Datensätze der Kernspintomographie wurde ein System konzipiert,
das durch Einsatz von bereichsunabhängigem und Expertenwissen aus
verschiedenen Disziplinen die Benutzerinteraktion bei der
Extraktion anatomischer Strukturen weitgehend minimiert. Dabei
werden 3D-Kopfdatensätze unter Verwendung einer PROLOG-Kontroll-
struktur hierarchisch in einzelne anatomische Teilregionen
untergliedert.

490

Unsere Ergebnisse zeigen, daß durch einen derartigen Ansatz die
Zuverlässigkeit einer automatischen Segmentierung gesteigert bzw.
der Interaktionsaufwand deutlich gemindert werden kann. Es
erscheint uns wichtig, darauf hinzuweisen, daß die Qualität des
Systems nicht nur von einer geeigneten Struktur der Wissens- bzw.
Regelbasis abhängt, sondern auch ganz wesentlich von der Eignung
und der Güte der verwendeten low-level-Bildverarbeitungs-
operatoren. Ein erheblicher Anteil des Entwicklungsaufwandes
entfiel deshalb auf die Erzeugung eines geeigneten Pools an low-
level-Operatoren.
Die Realisierung der Steuerungskomponente in PROLOG gestaltete
sich überraschend unkompliziert, was die besondere Eignung dieses
Programmier-Tools für derartige Fragestellungen unterstreicht.
Die Implementierung eines Großteils des verwendeten Expertenwissens in nichtprozeduraler Form bewirkt eine hohe System-
flexibilität, d.h. eine Übertragung auf andere Fragestellungen
(Knie, Abdomen, Wirbelsäule) erscheint mit vertretbarem Aufwand
möglich. Geplant ist die Entwicklung einer anatomisch unabhängigen
Regelbasis und Auslagerung von anatomischem Wissen in Form einer
graphenorientierten Datenbasis, die die Hierarchie der einzelnen
Segmentierungsschritte mit den jeweils zughörigen low-level-
Operatoren beschreibt.
Die Fehlerrate des Systems, die derzeit im Bereich von 10% liegt,
läßt sich durch Verwendung multispektraler Bilddaten deutlich
senken. Da die Erzeugung derartiger Datensätze aber einen erhöhten
Akquisitionsaufwand darstellt und damit klinisch wenig akzeptabel
ist, läßt sich eine Verbesserung des System vor allem durch Optimierung der low-level-Operatoren erreichen.
Durch Portierung des Systems von Micro-Vax-Rechnern auf leistungsfähige Workstations mit Parallelarchitektur würden sich die bisher
noch beträchtlichen Laufzeiten deutlich senken lassen. Außerdem
könnte aufgrund der Graphikfähigkeit die Dialogkomponente
wesentlich komfortabler gestaltet werden.
Wir sind der Überzeugung, daß ein darart optimiertes System für
die klinische Routine geeignet wäre und damit viele mögliche
Anwendungen der 3D-MR-Bildverarbeitung (3D-Oberflächendisplay,
Morphometrie, Datenkorrelation), die bisher durch das Fehlen
automatischer Segmentationssysteme blockiert wurden, nun zum
Einsatz kommen könnten.

Literatur

1. Bomans M, Riemer M, Tiede U, Höhne KH. 3D Segmentation von Kernspin-Tomogrammen. In: *Mustererkennung 1987.*Springer, 1988.
2. Ehricke H-H. Problems and approaches for tissue segmentation in 3D-MR imaging. In: Schneider RH, Dayer SJ, Jost RG, eds. *Proc. SPIE 90 Medical Imaging IV.*
3. Ehricke H-H, Laub G. 3D-visualization of intracranial vessels and brain anatomy in MRI. In: Schneider RH, Dayer SJ, Jost RG, eds. *Proc. SPIE 90 Medical Imaging IV.*
4. Härle W, Zuna I, Schad LR, et al. MR-tissue characterization and segmentation of human brain tissues using a prolog-based expert system. In: Higer HP, Bielke G, eds. *Tissue Characterization in MR Imaging.* Berlin: Springer, 1990.
5. Herman GT, Liu HK. Three-dimensional display of human organs from computed tomograms. *Compu Graph and Image Process* 1979; 9:1-21.
6. Höhne KH. 3D-Bildverarbeitung und Computer-Graphik in der Medizin. *Informatik-Spektrum* 1987;10:192-204.
7. Höhne KH, Riemer M, Tiede U. Viewing Operations for 3D-Tomographic Gray Level Data. In: Lemke HU, eds. *Proceedings of CAR 87.* Berlin: Springer, 1987:599-609.
8. Levin DN, Hu X, Tan KK, Galhotra S. Surface of the brain: Three-dimensional MR images created with volume rendering. *Radiology* 1989;1:277-280.
9. Levin DN, Hu X, Tan KK et al. The brain: Integrated three-dimensional display of MR and PET images. *Radiology* 1989;172: 783-789.
10. Levoy M. Display of surfaces from volume data. *IEEE Transac on Comput Graphics and Applic* 1988;3:29-32.
11. Marr D, Hildreth E. Theory of edge detection. *Proceedings of the Royal Society of London* 1980;207:187-217.
12. Menhardt W, Schmidt K-H. Automated interpretation of transaxial MR-images. In: Lemke HU, eds. *Proceedings of CAR 87.* Berlin: Springer, 1987:386-390.
13. Menhardt W. Ein Ansatz für die Interpretation von MR-Bildern. In: *Mustererkennung 1986.* S986. Springer: 250-254.
14. Newell JA, Sokolowska E. Model Based Recognition of CT Scan Images. In: Salamon R, Blum B, Jorgensen M, eds. *MEDINFO 86:* 619-623.
15. Pelizzari CA, Chen GTY, Spelbring DR, Weichselbaum RR, Chen C-T. Accurate three-dimensional registration of CT, PET and/or MR images of the brain. *J. Comput A Assist Tomogr* 1989;1:20-26.
16. Stansfield SA. ANGY: A Rule-Based Expert System for Automatic Segmentation of Coronary Vessels From Digital Subtracted Angiograms. *IEEE Transac on Pattern Analysis and Machine Intelligence* 1986;2:188-199.
17. Suetens P, Oosterlinck A. Using Expert Systems for Image Understanding. *Journal of Pattern Recognition and Artificial Intelligence* 1986;1:237-250.
18. Tolxdorff T. Wissensbasierte Diagnoseunterstützung bei der Gewebecharakterisierenden Kernspintomographie. *In: Mustererkennung 1987.* Springer 1988:242-246.
19. Wang H-Q, Ritchings RT, Colchester ACF. Image understanding system for carotid angiograms.

Beschreibung von Konturen medizinischer Objekte durch Krümmungsanalyse und Attribuierung

Tilman Jochems, Zheng Ren, Walter Ameling

Rogowski-Institut für allgemeine Elektrotechnik und Datenverarbeitungssysteme
Rheinisch-Westfälische Technische Hochschule Aachen
Schinkelstr. 2, 5100 Aachen

1 Einleitung

In der Literatur werden Verfahren und Datenstrukturen zur Darstellung von Konturen beschrieben: Das Streifenbaumverfahren (Strip Tree) ist ein iteratives Schema für eine hierarchische Zerlegung von Konturen. Durch Kettenkodierungen (Chain Code) bzw. Quadtrees können Kurven bzw. Flächen in einem diskreten Bildraum dargestellt werden. Zu einer strukturellen Auswertung bieten sich diese Verfahren jedoch nicht an. Die Methode der Fourieranalyse hat den Nachteil, nur vollständig extrahierte und verdünnte Konturkanten ohne eine Hierarchisierung zu beschreiben. Sie bietet keine Verknüpfungsmöglichkeit mit den Vorverarbeitungsmodulen. Die Hough-Transformation ist eine exakt definierte analytische Transformation, die linienhafte Kurvenstrukturen sehr gut erfassen kann. Bei Anwendungen in der Medizin werden Skelett- bzw. Organstrukturen abgebildet, die Beschreibung mit Hilfe linienhafter Grundstrukturen ist daher nicht sinnvoll. Krümmungsmodelle (Curvature Primal Sketch) stellen einen neuen Ansatz dar. Die Modellierung der Konturen wird hierbei in einem höheren Objektraum durchgeführt. So können einerseits beliebige Konturausprägungen anhand polynomialer Beschreibung genau analysiert bzw. dargestellt werden, andererseits kann durch eine Krümmungsanalyse die Konturbeschreibung hierarchisiert werden.

In dieser Arbeit werden offene Fragen bzgl. der Anwendung von Krümmungsmodellen diskutiert: Ausgehend von Kantenbildern werden Anforderungen an ein Modellieren aufgestellt und Lösungsansätze (Krümmungsberechnung, Scale-Space Image, Attibuierung) aufgezeigt. Die Synthese der vorgestellten Methoden soll den Aufbau einer modellhaften Beschreibung als Baumstruktur ermöglichen. Besonderes Augenmerk gilt dabei der medizinischen Bildverarbeitung. Eine Erweiterung der Ergebnisse auf weitere Anwendungsgebiete ist jedoch denkbar.

2 Kantenextraktion

Ziel eines ersten Verarbeitungsschritts ist es, Konturen, die als äußere Umrandungen von Objekten in zweidimensionaler Schnittbilddarstellung definiert sind, aus Grauwertbildern zu extrahieren. Dieser Schritt resultiert aus der Erfahrung, daß die meisten Objekte anhand ihrer Konturen erkannt werden können, außerdem ermöglicht die erzielte Reduktion der Datenmenge eine wesentlich einfachere Beschreibung der Objekte [1].

Ausgehend von der Annahme, daß sich Objekte von ihrer Umgebung durch ihre Grauwerte unterscheiden, wird ein vorgegebenes Bild geglättet und anschließend auf maximale Änderungen seiner Grauwertfunktion $F(x,y)$ hin untersucht. Als sinnvoller Operator erweist sich hierfür der LoG-Operator (LoG für Laplace of Gaussian) [8]:

$$
\begin{aligned}
F^*(x,y) &= \nabla\left(F(x,y) * G(x,y)\right) = F(x,y) * \left(\nabla G(x,y)\right) \\
&= F(x,y) * \left(\nabla\left(\frac{1}{2\pi\sigma^2} e^{-\frac{x^2+y^2}{2\sigma^2}}\right)\right) \\
&= F(x,y) * \left(\frac{1}{2\pi\sigma^4}\left(\frac{x^2+y^2}{\sigma^2} - 2\right) e^{-\frac{x^2+y^2}{2\sigma^2}}\right)
\end{aligned}
\tag{1}
$$

Die Glättung erfolgt durch Faltung mit der Gauß-Funktion $G(x,y)$, die Orte maximaler Grauwertänderungen ergeben sich an den Nullstellen der Funktion $F^*(x,y)$, der Parameter σ bestimmt dabei die Detailtreue (Abbildung 1).

Durch eine Nachbarschaftsanalyse der so bestimmten Nullstellen werden Kanten als geordnete Folgen von Rasterpunkten extrahiert [11]. Sie besitzen folgende Eigenschaften:

1. Bildquellen unterscheiden sich stark in der Qualität ihrer Bilder (Signal- Rauschverhältnis). Bei den im medizinischen Bereich üblichen Verfahren (Szintigramme, Ultraschallbilder, Computertomographie) reicht die Qualität nicht aus, gesamte Konturen zu extrahieren, sondern es ergeben sich Kantenstücke, deren Anzahl und Länge sowohl vom vorliegenden Bildmaterial als auch vom Parameter σ abhängen.

2. Verfahrensbedingt liegen die Nullstellen nicht exakt auf den Umrandungen der Objekte, sondern es entstehen Abweichungen, die mit wachsendem Parameter σ zunehmen [3].

3. Durch die diskrete Darstellung von Kanten durch Rasterpunkte entstehen Quantisierungsfehler. Der maximal entstehende Fehler ist der halbe Abstand zwischen zwei Rasterpunkten.

Abbildung 1 zeigt exemplarisch die Ergebnisse, wenn aus einem Computertomographie- und aus einem Ultraschallbild die Kanten bei unterschiedlicher Detailtreue extrahiert werden. Man erkennt, daß die die realen Objektkonturen in den Ergebnisbildern enthalten sind.

3 Anforderungen an ein Konturen beschreibendes Modell (Problembeschreibung)

Es soll eine modellhafte Beschreibung von Objekten anhand ihrer Konturen definiert werden. Durch Vergleich dieser Modell-Darstellungen mit der durch den LoG-Operator generierten Ergebnisse sollen die interessierenden Objektkonturen gefunden werden.

Aus dieser Vorgehensweise entstehen drei Anforderungen an das Modell, die direkt durch die Eigenschaften des Kantenbildes begründet sind:

1. Der Ort, die Größe und die Lage der Objekte in den Grauwertbildern ist nicht a priori bekannt. Die modellhafte Beschreibung muß also unabhängig von Translation, Rotation und Skalierung der Objekte sein.

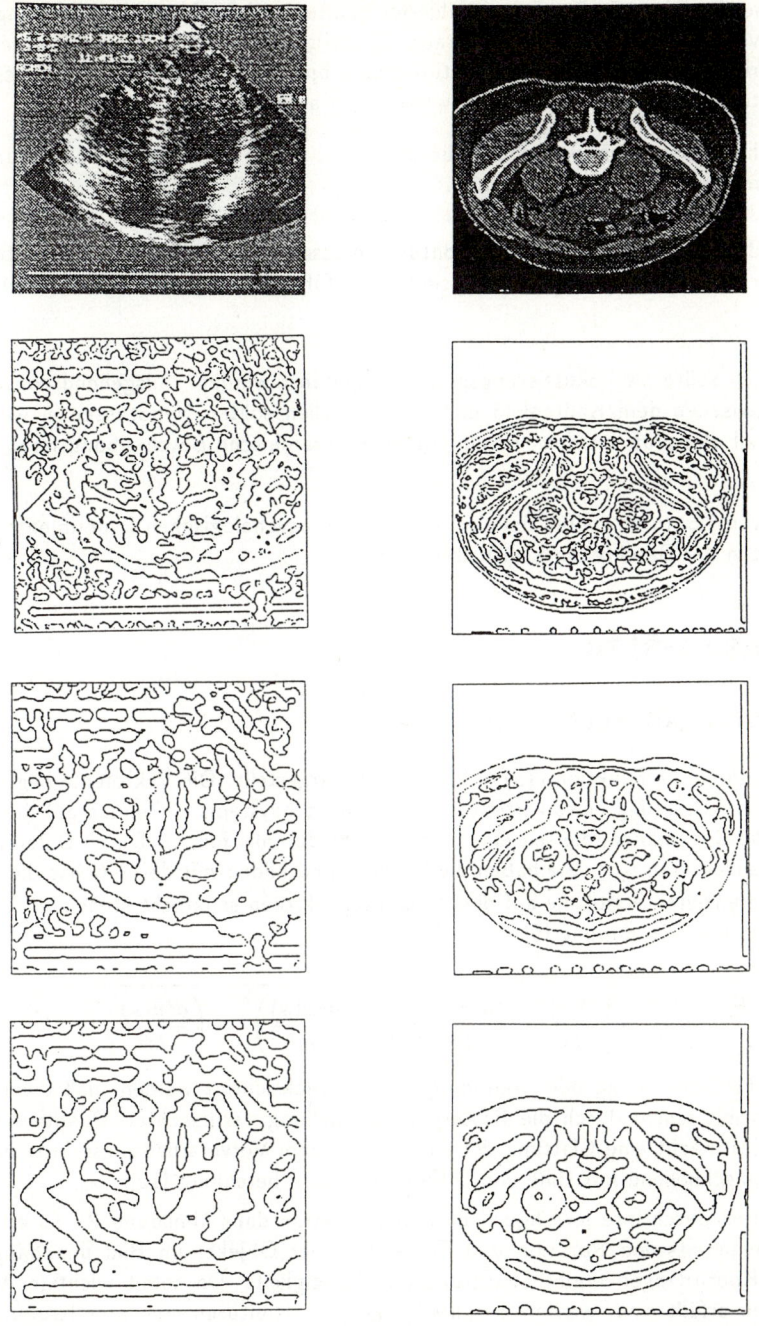

Abbildung 1: Kantenbilder eines Ultraschallbilds und eines Computertomographiebilds bei unterschiedlicher Detailtreue.

2. Lokale Abweichungen zwischen den extrahierten Kanten und der Modellbeschreibung ergeben sich zum einen verfahrensbedingt (LoG- Operator, Quantisierungsfehler). Sie resultieren zum anderen aus der Variation des Aussehens von natürlichen Objekten einer Klasse. Die Beschreibung muß also eine Stabilität gegenüber diesen Abweichungen aufweisen.

3. Die modellhafte Beschreibung sollte berücksichtigen, daß in den meisten Fällen nur Bruchstücke von Konturen extrahiert werden können.

Effiziente Methoden für den Vergleich von Konturen müssen definiert werden, die sowohl zuverlässig als auch vom Rechenaufwand her praktikabel sind. Dies führt zu zwei weiteren Anforderungen an das Modell:

4. Der Vergleich sollte als Fokussierungsprozeß ausgeführt werden: Ausgehend von einem groben Vergleich zwischen dem Kantenbild und den Modellen sollten Hypothesen in weiteren Schritten im Detail überprüft werden. Hierfür ist eine hierarchische Beschreibungsform der Konturen notwendig.

5. Merkmale von Konturen sollten definiert werden, die psychologischen Experimenten entsprechen und explizit in der Beschreibung enthalten sind.

4   Lösungsansätze

4.1   Krümmungsberechnung

Konturen werden durch die Funktion $\vec{r}(s) = [x(s), y(s)]$ dargestellt. Die Vektoren $\vec{r}$ beginnen in einem willkürlich gewählten Ursprung eines kartesischen Koordinatensystems, sie enden auf der Kontur. Der Parameter s sei die Bogenlänge, die seit einem Startpunkt durchlaufen ist. Durch Differenzieren erhält man die Tangentenvektoren $\vec{t}(s)$. Sie haben die Länge 1 und bilden mit der x-Achse die Winkel $w(s)$. Nochmaliges Differenzieren ergibt die auf den Tangentenvektoren senkrecht stehenden Vektoren $\vec{k}(s)$. Ihren Betrag nennt man Krümmung [6]:

$$\left|\vec{k}(s)\right| = \left|\frac{d\vec{t}(s)}{ds}\right| = \left|\frac{d^2\vec{r}(s)}{ds^2}\right| = \sqrt{\left(\frac{d^2x(s)}{ds^2}\right)^2 + \left(\frac{d^2y(s)}{ds^2}\right)^2} \tag{2}$$

Bei der praktischen Berechnung der Krümmung muß berücksichtigt werden, daß die Funktion $\vec{r}(s)$ in diskreter Form mit einem durch die Rasterpunktdarstellung verursachten Quantisierungsrauschen überlagert ist. Dies macht eine Glättung der Kontur in einem Vorverarbeitungsschritt notwendig, die Krümmung wird anschließend mit Hilfe von Differenzierfiltern berechnet [12].

Stellt man Konturen durch ihre jeweilige Krümmungsfunktion dar (Abbildung 2), so erhält man eine Beschreibung, die bereits von Rotation und Translation der Objekte im Bild unabhängig ist. Eine Normierung der Konturlängen ergibt Skalierungsunabhängigkeit. Da somit wichtige Anforderungen an ein Modellieren erfüllt sind, werden Beschreibungen der Konturen von ihrer Krümmungsfunktion abgeleitet [9].

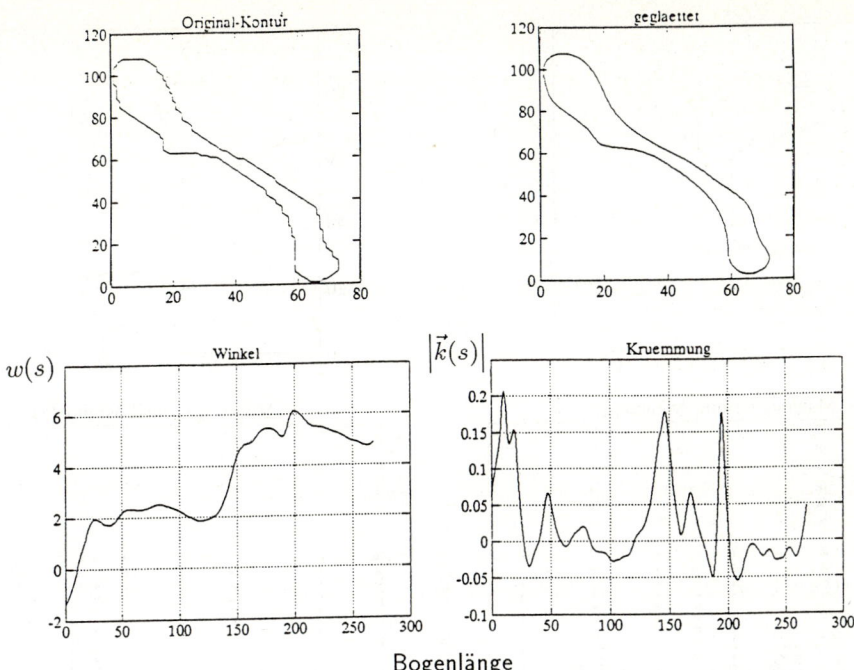

Abbildung 2: Darstellung einer Kontur durch ihre Krümmungsfunktion. Die Original-Kontur wird im ersten Schritt geglättet, die Winkel- $w(s)$ und Krümmungsfunktion $|\vec{k}(s)|$ werden mit Hilfe von Differenzierfiltern berechnet.

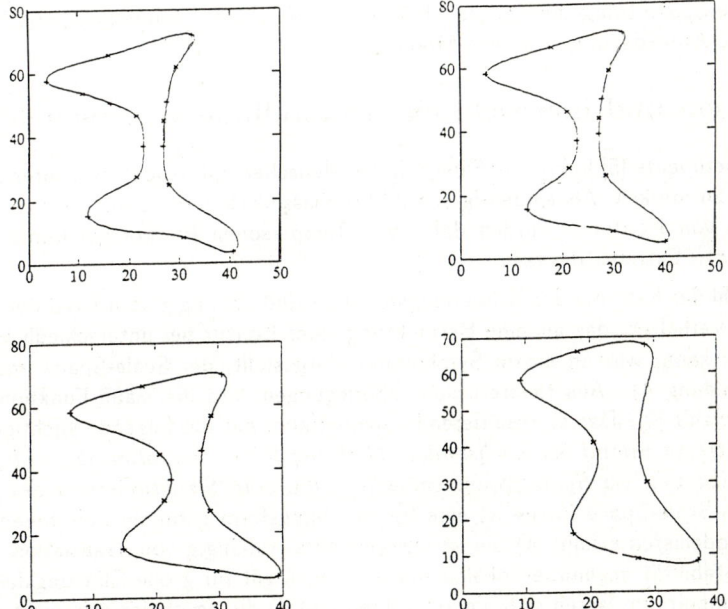

Abbildung 3: Abhängigkeit der Lage und der Anzahl der Extrema vom Grad der Glättung. Dieses Verhalten entspricht einer Betrachtung der Kontur bei unterschiedlicher Detailtreue.

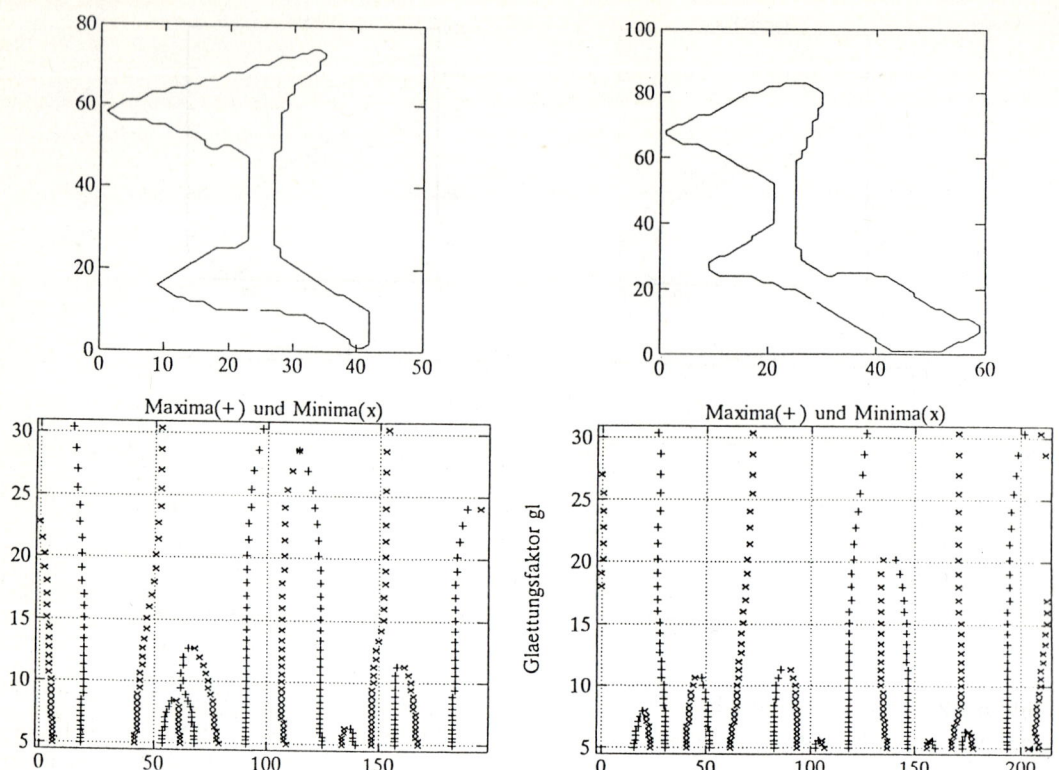

Abbildung 4: Scale-Space Image zweier visuell ähnlicher Konturen. Diese symbolische Darstellung erfüllt bereits viele Anforderungen an ein Modellieren.

4.2 Extraktion und hierarchische Darstellung wichtiger Merkmale

Psychologische Experimente [5] haben die Fähigkeit des Menschen untersucht, Konturen zu beschreiben und sich ihre Form zu merken. Als eindeutig sowohl für Klassifikationen als auch für Rekonstruktionen wichtige Merkmale von Konturen wurden dabei von Testpersonen Punkte bestimmt, an denen die Krümmungsfunktionen Extrema besitzen.

Die Lage und Anzahl der Extrema der Krümmungsfunktion sind abhängig vom Grad der Glättung (Abbildung 3). Dieses Verhalten, das als eine Betrachtung einer Kontur bei unterschiedlicher Detailtreue interpretiert werden kann, wird in einem Symbolraum dargestellt, der Scale-Space Image (SSI) [10] genannt wird (Abbildung 4). Aus theoretischen Überlegungen wird die Gauß-Funktion als Operator für die Glättung gewählt [2]. Das so resultierende Symbolraum hat die folgende wichtige Eigenschaft: *Die Anzahl der Extrema nimmt bei wachsendem Glättungsfaktor monoton ab, so daß Spuren von Extrema bzw. Nullstellen im Symbolraum entstehen, die eine Strukturierung des Symbolraums gestatten.* Mit dem Scale-Space Image ist eine Beschreibungsform gefunden, die bereits viele Anforderungen für ein Modellieren erfüllt. a) Sie ist weitgehend unabhängig von Translation, Rotation und Skalierung, b) die Stabilität gegenüber lokalen Abweichungen gilt für große Glättungsfaktoren, c) Beschreibungen im Symbolraum lassen sich hierarchisieren und d) die psychologisch wichtigen Merkmale (Extrema) sind in ihr enthalten.

4.3 Attribuierung

Die Berechnung des SSI für Stücke von Konturen ist zwar durch ihre Extrapolation möglich, um jedoch eine sinnvolle Auswertung vornehmen zu können, darf eine Mindestlänge nicht unterschritten werden. Um kürzere Konturenstücke eines Kantenbilds zu analysieren, werden die als Modell dienenden Konturen an ihren Extrema in Segmente unterteilt. Für eine Charakterisierung werden jedem Segment i drei Attribute zugeordnet:

$$a_1^i = \frac{l_i}{l_{ges}^i} \tag{3}$$

$$a_2^i = \overline{k(s)}\, l_i = \left(\frac{1}{l_i}\int_{s_0}^{s_1} k(s)ds\right) l_i = w(s_1) - w(s_0) \tag{4}$$

$$a_3^i = \overline{\left(\frac{dk(s)}{ds}\right)}\, l_i\, l_{ges}^i = \left(\int_{s_0}^{s_1}\frac{dk(s)}{ds}ds\right) l_{ges}^i = (k(s_1) - k(s_0))\, l_{ges}^i \tag{5}$$

Darin sind l_{ges}^i die Gesamtlänge der zum Segment i gehörenden Kontur, l_i die Länge des Segments, s_0 und s_1 die Ortsparameter zweier aufeinanderfolgender Extrema, $w(s)$ die Tangentenwinkel- und $k(s)$ die Krümmungsfunktion.

Attribut 1 stellt die Länge des Segments bzgl. der Gesamtlänge der Kontur dar.

Attribut 2 zeigt, in welche Richtung und um welchen Betrag sich der Tangentenwinkel im Verlauf des Segments ändert.

Attribut 3 gibt Auskunft über die Ab- bzw. Zunahme der Krümmung. Durch die Multiplikation mit der Gesamtlänge der Kontur wird eine Skalierungsunabhängigkeit erreicht.

Die so definierten Attribute wurden exemplarisch für vier Konturen berechnet und sind in Abbildung 5 dargestellt. Man erkennt, daß die Einträge der Attribute der Konturen C und D, die sich durch Translation, Rotation und Skalierung inenander überführen lassen und sich daher nur um Quantisierungsfehler unterscheiden, sehr nahe beieinander sind. Eine Zuordnung der Segmente anhand ihrer Attribute ist eindeutig möglich. Mathematisch wird die Zuordnung durch die Definition einer Distanzfunktion d_{seg} realisiert, welche den Grad der Ähnlichkeit zweier Segmente angibt:

$$d_{seg} = \sqrt{c_1(a_1^a - a_1^b)^2 + c_2(a_2^a - a_2^b)^2 + c_3\left(\frac{a_3^a - a_3^b}{l_{ges}^a + l_{ges}^b}\right)^2} \tag{6}$$

Den Konstanten c_i werden durch Abschätzung ihres Wertebereichs und durch experimentelle Untersuchungen die Werte $c_1 = 1/3$, $c_2 = 1/(48\pi^2)$ und $c_3 = 1/48$ zugewiesen.

In der Distanz-Matrix D (Abbildung 6) wurden die Distanzen für alle möglichen Kombinationen von Zuordnungen (100) zwischen den Segmenten der Konturen A und B berechnet. Die Diagonale der Matrix (Zahlen im **Fettdruck**) stellt die Zuordnung der Segmente zueinander dar, die bei der globalen Betrachtung der Konturen getroffen wird: Segment i der Kontur A wird dem Segment i der Kontur B zugeordnet. Durch Bestimmung des Minimums in jeder Zeile und in jeder Spalte der Distanz-Matrix wird eine Zuordnung (insgesamt 20) jedes Segments der einen Kontur zu dem Segment der anderen Kontur vorgenommen, zu dem es die geringste Distanz besitzt. Trotz der Abweichungen beider Konturen voneinander ergeben sich 17 global richtige Zuordnungen. Die *falsch* getroffenen Zuordnungen (Zahlen

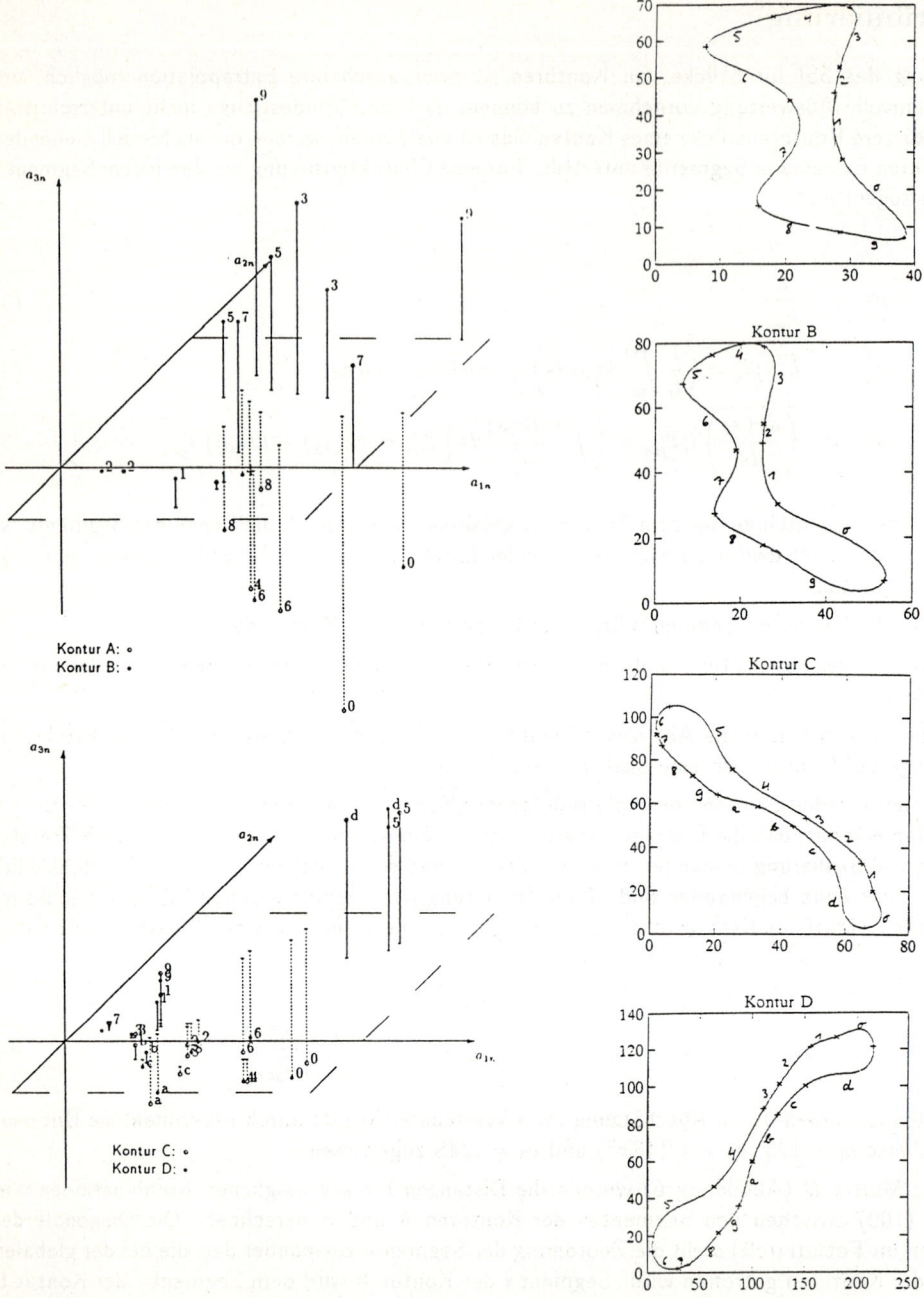

Abbildung 5: Zwei visuell ähnliche Konturen und zwei durch Translation, Rotation und Skalierung ineinander überführbare Konturen. Die Attribute der Segmente wurden berechnet und sind dreidimensional dargestellt.

K o n t u r   B

Kontur A	0	1	2	3	4	5	6	7	8	9
0	**0.031**	0.088	0.090	0.070	0.060	0.080	0.049	0.079	0.051	0.090
1	0.073	**0.015**	0.048	0.070	0.077	0.074	0.027	*0.034*	0.054	0.113
2	0.092	0.040	**0.008**	0.073	0.061	0.056	0.049	0.042	0.041	0.120
3	0.074	0.087	0.077	**0.019**	0.052	0.032	0.079	0.044	0.057	*0.055*
4	0.058	0.085	0.064	0.056	**0.020**	0.046	0.056	0.066	0.022	0.087
5	0.074	0.087	0.070	0.023	0.039	**0.018**	0.076	0.046	0.048	0.060
6	0.040	0.057	0.062	0.058	0.053	0.065	**0.019**	0.052	0.032	0.093
7	0.057	0.059	0.088	0.060	0.091	0.086	0.052	**0.047**	0.075	0.089
8	0.051	0.070	0.056	0.038	0.022	0.034	0.046	0.045	**0.014**	0.076
9	0.100	0.105	0.085	0.046	0.062	*0.037*	0.101	0.063	0.073	**0.070**

Abbildung 6: Distanz-Matrix D der Konturen A und B. Durch sie wird eine Zuordnung von Segmenten ermöglicht.

im *Kursivdruck*: A9/B5, B7/A1, B9/A3) sind hauptsächlich durch die starken Abweichungen der Segment 7 und 9 voneinander bedingt. Sie werden zusätzlich durch die Symmetrie der Konturen begünstigt.

5   Zusammenfassung und Diskussion

Kapitel 4 zeigte Methoden auf, wie die aus einem Grauwertbild extrahierten Kantenstrukturen mit einem Modell verglichen werden können. Grundlage war die Beschreibung von Konturen und Konturenstücken durch ihre Krümmungsfunktion. Mit ihr kann durch Variation des Glättungsparameters und durch jeweilige Bestimmung der Extrema ein Scale-Space Image konstruiert werden, das sich bereits gut für Klassifikationen eignet. Um den Vergleich kürzerer Konturenstücke zu ermöglichen, wurde das Verfahren der Attribuierung eingeführt und eine Distanzfunktion definiert.

Erstes Ziel weiterer Untersuchungen sollte die Synthese beider Verfahren sein. Die Definition einer Baumstruktur zum Abspeichern der modellhaften Beschreibung erscheint hierfür sinnvoll: Segmente und Segmentketten bilden die attribuierten Knoten, die Äste stellen eine hierarchische Zuordnung dar, die aus dem Scale-Space Image gewonnen wird.

Weitere Attribute (Orientierungen, Schwerpunkte, Symmetrieachsen, Momente, etc.) sollten definiert und überprüft werden. Zusätzlich können charakterisierende Merkmale aus der Anordnung mehrerer Objekte in einem Bild bzw. aus dem Änderungsprozeß [7] von Konturen in Bildfolgen extrahiert werden.

Verfahren zur Instanziierung [4] der Modelle müssen festgelegt werden. Insbesondere sollte hierfür die Distanzfunktion erweitert werden, so daß ein Vergleich von Baumstrukturen ermöglicht wird.

Ein weiteres noch ungelöstes Problem ist die Einstellung des Glättungsparameters für die Gauß-Filterung der Grauwertbilder und die Abschätzung des jeweils entstehenden Fehlers. Denkbar ist eine Bildanalyse durch einen Fokussierungsprozeß: Nachdem bei großer Glättung Hypothesen über das Vorhandensein von Objekten aufgestellt sind, werden nur noch die entsprechenden Bildausschnitte genauer überprüft.

Literatur

[1] JOHN ALOIMONOS AND CHRISTOPHER BROWN: *Robust Computation of Intrinsic Images form Multiple Cues.* In: Advances in Computer Vision, Volume 2, Lawrence Erlbaum Associoates, Inc., Hillsdale, New Jersy, 1988.

[2] JEAN BABAUD, ANDREW P. WITKIN, MICHEL BAUDIN AND RICHARD O. DUDA: *Uniqueness of the Gaussian Kernel for Scale-Space Filtering.* In: IEEE Transactions on Pattern Analysis and Machine Intelligence, Vol. 8, No. 1, Januar 1986.

[3] VALDIS BERZINS: *Accuracy of Laplacian Edge Detectors.* In: Computer Vision, Graphics and Image Processing 27, 195-210, 1984.

[4] H. BUNKE: *Modellgesteuerte Bildanalyse.* B. G. Teubner Stuttgart, 1985.

[5] MARTIN A. FISCHLER AND ROBERT C. BOLLES: *Perceptual Organisation and Curve Partitioning.* In: IEEE Transactions on Pattern Analysis and Machine Intelligence, Vol. 8, No. 1, Januar 1988.

[6] L. KUIPERS UND R TIMMANN: *Handbuch der Mathematik.* Walter de Gruyter & Co., Berlin, 1968.

[7] MICHAEL LEYTON: *A Process-Grammar for Shape.* In: Artificial Intelligence 34, 213-247, 1988.

[8] DAVID MARR: *Vision, a Computional Investigation into the Human Representation and Processing of Visual Information.* W. H. Freeman and Company, New York, 1979.

[9] EVANGELOS E. MILIOS: *Shape Matching Using Curvature Processes.* In: Computer Vision, Graphics and Image Processing 47, 203-226, 1989.

[10] FARZIN MOKHTARIAN AND ALAN MACKWORTH: *Scale-Based Description and Recognition of Planar Curves and Two-Dimensional Shapes.* In: IEEE Transactions on Pattern Analysis and Machine Intelligence, Vol. 8, No. 1, Januar 1986.

[11] D. J. WILLIAMS AND M. A. SHAH: *Multiple Scale Edge Linking.* In: Proceedings, Applications of Artificial Intelligence VII, Society of Photo-Optical Instrumentation Engineers, Bellingham, Washington, 1989.

[12] FRANCIS SCHEID: *Numerische Analysis, Theorie und Anwendung.* McGraw-Hill Inc., 1979.

Modellgesteuerte Konturverfolgung zur vollständigen Segmentierung von Bildern

Andreas Vieweg *;
Matthias F. Carlsohn **

Kurzfassung

Kantenorientierte Segmentierungsverfahren liefern häufig nur eine unvollständige Objektsilhouette. Die Konturlinie ist in einzelne Konturelemente aufgebrochen: Lücken, Doppelkonturen und isolierte Fragmente kennzeichnen das typische Ergebnis einer Kantenfilterung. Eine nachfolgende Konturverfolgung verbindet die einzelnen Konturelemente und beseitigt Störlinien. Die hier vorgestellte modellgesteuerte Konturverfolgung verwendet Vorwissen über die zu segmentierenden Objekte, um den Suchraum zum Auffinden der Konturlinie zu beschränken. Dazu werden in einem Hypothesengenerierungs- und Verifikationszyklus mögliche Fortsetzungen der Konturlinie mit Hilfe einer Modellkante gefunden. Der Prozeß liefert geschlossene Konturlinien.

1 Einleitung

In der industriellen Fertigungskontrolle ersetzt die automatisierte Sichtprüfung mittels Kamera und Computer zunehmend die Arbeit des menschlichen Kontrolleurs, wobei anstelle der 3-D-Prüflinge nur ihre 2-D-Abbilder analysiert werden. Es kann daher nicht erwartet werden, daß die aufgabenspezifische Trennung der Objekte sowohl vom Hintergrund als auch von weiteren Objekten durch eine universelle Segmentierungsprozedur geleistet werden kann.

Die Aufgabe der Bildsegmentierung besteht aus der Zerlegung eines Bildes in Bereiche konstanter Eigenschaften, separiert durch klar definierte Grenzen /2/. Man unterscheidet punkt-, regionen- und kantenorientierte Verfahren /8/. Letztere werden von der Tatsache beeinträchtigt, daß Rauschunempfindlichkeit und örtliches Auflösungsvermögen der Kantenoperatoren in wechselseitigem Widerspruch stehen. Dies hat eine unvermeidbare "Unschärfe" im Segmentierungsergebnis zur Folge /9/. Mehrdeutigkeiten der Pixel-Eigenschaften bezüglich des Unterscheidungskriteriums führen hierbei zu Lücken oder isolierten Fragmenten. Die Objektkonturen trennen die Objektflächen vom Hintergrund zunächst nur unvollständig; man erhält lediglich Teilstücke der Objektkontur.

Bekannte Segmentierungsverfahren /8/, /1/, /5/ versuchen dennoch, dem Anspruch der universellen Anwendung gerecht zu werden - und scheitern. Sie scheitern zumindest in realen Applikationen, weil sie zu rechenintensiv und damit zu langsam sind oder weil mangelnde Robustheit gegenüber kleinen Veränderungen (z.B. der Beleuchtung) die geforderte Zuverlässigkeit nicht sicherstellt. Der Hauptnachteil dieser Verfahren ist jedoch ihre unzureichende Flexibilität.

Der hier vorgestellte Lösungsansatz verwendet daher nur für die unspezifischen Vorverarbeitungsschritte universell anwendbare Algorithmen. Die aufgabenspezifische Komponente der eigentlichen Segmentierung wird dagegen in Form von a priori bekanntem Modellwissen /4/ eingebracht.

---

* *Diehl GmbH, Nürnberg;* ** *DST Deutsche System-Technik GmbH, Bremen*

Einige Segmentierungsverfahren /7/ verwenden nur Wissen über die Szenen-
bedingungen, wie z.B. die Beleuchtungsverhältnisse oder den Rauschanteil am
Bildsignal. Damit wird jedoch das Ziel einer zuverlässigen Segmentierung noch
verfehlt.

Erst das Einbringen von Wissen über die Objektformen (Modellwissen) schafft die
erforderliche Robustheit und Flexibilität für reale Inspektionsaufgaben. Bisherige
Verfahren verfolgen dabei symbolische Ansätze /3/. Sie liefern gute Ergebnisse,
sofern die Vorverarbeitung genügend Teilstücke der Objektsilhouette für eine
eindeutige Objektbestimmung geliefert hat. Die im folgenden dargestellte modellgesteuerte Konturverfolgung behebt das Problem fehlender Teilstücke und
erzeugt als Segmentierungsergebnis schließlich die vollständige Objektsilhouette.

2 Modell–Wissen

Folgendes Modell–Wissen wird a priori in die Entscheidungsabläufe der Konturverfolgung einbezogen, um eine wirklichkeitsgetreue und vollständige Segmentierung der Objekte zu erzielen:

a) Die Objekte haben flächenhaften Charakter.
b) Sie haben die Form eines Polygons.
c) Die Anzahl der Objektecken sowie die Reihenfolge
    ihrer Innenwinkel sind bekannt.
d) Die Objekte überlappen einander nicht.
e) Die Mindestlänge jeder Objektseite ist bekannt.
f) Die Objekte liegen innerhalb des Bildfeldes.
    Hieraus ergibt sich eine maximale Seitenlänge.

Alle Längenangaben erfolgen in einer normierten Bildpunktdistanz LE.

3 Vorverarbeitungschritte

Das Gradientenbild wird durch Faltung des Originalbildes mit dem Sobel-Operator
/8/, /1/ erzeugt. Man erhält für jede Pixelposition den Gradientenbetrag sowie
die Richtung der stärksten Grauwertänderung.

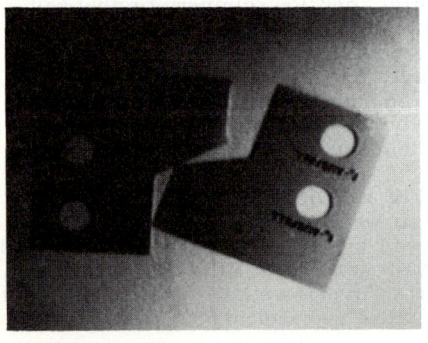

Abb. 1:   Originalbild   Abb. 2:   Gradientenbetragsbild

Das Binärbild wird durch einen Vergleich der Gradientenbeträge mit einem
Schwellwert gebildet. Es enthält zunächst nur "**Konturfragmente**". Ein Kontur-
fragment ist eine zusammenhängende Menge von Pixeln (in Abb. 3 weiß
dargestellt).

Aus den Konturfragmenten werden geradlinige **"Konturelemente"** (vgl. Abb. 4) gewonnen. Hierfür werden alle Konturfragmente zu Linien von 1 Pixel Breite verdünnt. Diese werden durch Ecken /6/ oder Verzweigungen in Linienabschnitte unterteilt. Linienabschnitte, die gekrümmt sind oder eine Länge von 10 Pixeln unterschreiten, werden gelöscht. Im somit "gereinigten" Binärbild sind anschließend nur noch sogenannte Konturelemente enthalten. Sie werden als Ausgangspunkte für die Konturverfolgung benutzt.

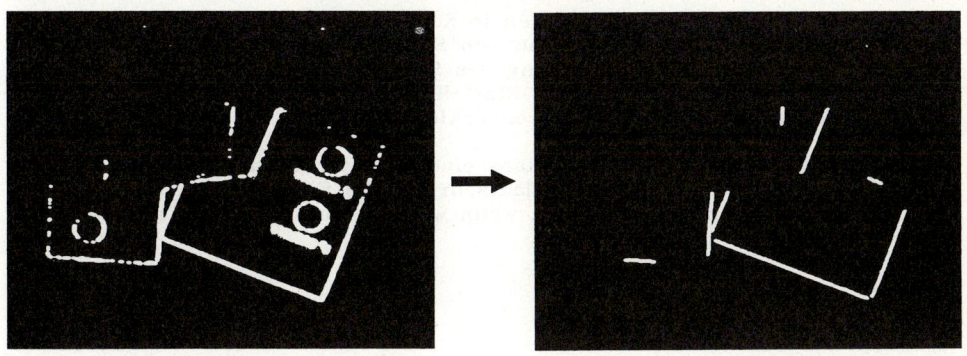

Abb. 3: Binärbild mit
         Konturfragmenten

Abb. 4: Binärbild mit
         Konturelementen

Abb. 5: Datenstruktur für Bilder (512 x 512 Pixel)

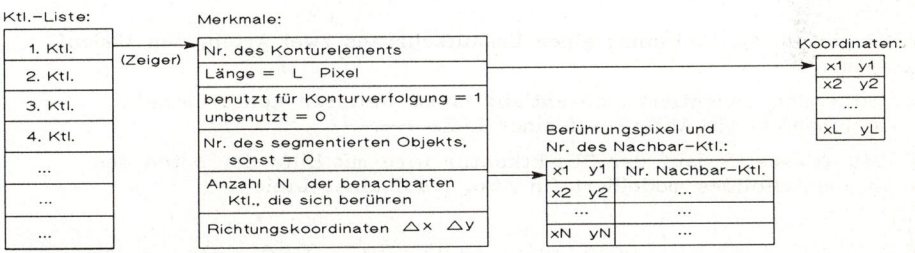

Abb. 6: Datenstruktur für Konturelemente (Ktl.)

4 Konturverfolgung

4.1 Objektumlauf

Die hier vorgestellte Konturverfolgung versucht, für jedes Konturelement einen vollständigen Objektumlauf durchzuführen. Dieser vollzieht sich in einzelnen Umlaufschritten. Mit jedem Schritt wird gleichzeitig ein Teilstück der gesuchten Konturlinie im Binärbild gebildet. Ein in sich geschlossener Objektumlauf erzeugt das zugehörige, vollständig segmentierte Objekt.

Jeder Objektumlauf beginnt mit einer "**Start-Hypothese**" (vgl. 4.2). Hierbei dient jeweils das längste verbleibende Konturelement als "**Start-Konturelement**". Es wird bis zu seinem Endpunkt durchlaufen und liefert dann das erste Teilstück der gesuchten Konturlinie. Damit ist der erste Umlaufschritt abgeschlossen. Nach jedem Umlaufschritt wird entschieden, wie der Umlauf fortgesetzt werden soll. Dazu wird für den nächsten Umlaufschritt eine "**Umlauf-Hypothese**" (vgl. 4.3) über den erwarteten Ort der nächsten Objektecke generiert.

Start- und Umlauf-Hypothesen werden in Kontrollzyklen überprüft und ggf. verworfen. Ein geschachtelter Aufbau von Start- und Umlauf-Hypothesen sorgt für die wissensgesteuerte Begrenzung des Suchraumes zur Fortsetzung der Konturlinie. Hierbei entsprechen die Start-Hypothesen dem äußeren Zyklus. Jede Umlauf-Hypothese bildet einen inneren Zyklus.

Mit jedem Schritt kann dabei höchstens eine Objektecke umlaufen werden (vgl. 4.4 Modellkante). Die Anzahl der Umlaufschritte, die für einen geschlossenen Umlauf notwendig sind, erhöht sich, wenn weitere Konturelemente auf dem Suchpfad liegen.

Beispiel:

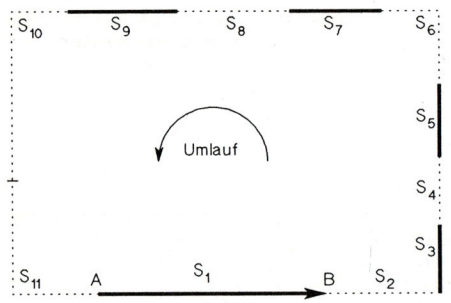

S_1 ist das Start-Konturelement,
es wird von A nach B durchlaufen.
A ist Start- und Endpunkt des Umlaufs.
────── ist ein Konturelement.
·········· ist eine Konturlinie, die durch eine
Modellkante gefunden werden muß.

Abb. 7: Binärbild mit 5 Konturelementen. 11 Schritte (S_1 bis S_{11}) sind für einen geschlossenen Objektumlauf erforderlich.

Generell gibt es am Endpunkt eines Umlaufschrittes zwei Arten, den Umlauf fortzusetzen:

1. Der Umlauf orientiert sich entlang einem weiteren Konturelement im Binärbild (in Abb. 7 auf einer Linie ──────).

2. Der weitere Verlauf der Objektkontur wird mit Hilfe der Daten des Gradientenbildes modelliert (in Abb. 7 auf einer Linie ·······).

Nachdem eine geschlossene Konturlinie gebildet oder ein Umlaufen der Kontur abgebrochen worden ist, beginnt die Konturverfolgung erneut beim längsten unbearbeiteten Konturelement des Binärbildes. Dieser Vorgang wiederholt sich so lange, bis alle Konturelemente abgearbeitet worden sind (d.h. in Abb. 6 Merkmal "benutzt" auf 1 gesetzt). Konturelemente, die keinem Objekt zugeordnet werden können, werden gelöscht (vgl. Abb. 8).

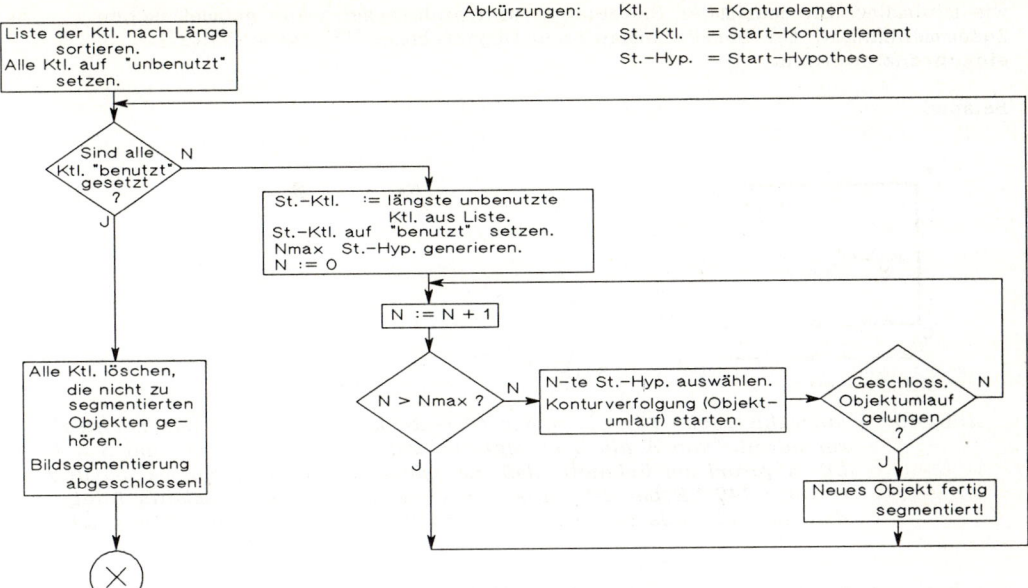

Abkürzungen: Ktl.   = Konturelement
                St.-Ktl. = Start-Konturelement
                St.-Hyp. = Start-Hypothese

Abb. 8:   Flußdiagramm für Start-Hypothesen bei Konturverfolgung

4.2   Start-Hypothesen

Beim Start eines Objektumlaufs an einem Konturelement ist nicht bekannt, auf
welcher Objektseite begonnen wird. Daher müssen bezüglich der Lage dieses
Objekts Start-Hypothesen generiert werden. Sie geben vor, um welchen Winkel
sich die Umlaufrichtung ändern muß, wenn eine Objektecke umlaufen werden soll.

Beispiel:

		Positive Laufrichtung					Negative Laufrichtung				
Normale Ansicht		1.)	α,	β,	γ,	δ	5.)	$-\delta$,	$-\gamma$,	$-\beta$,	$-\alpha$
		2.)	β,	γ,	δ,	α	6.)	$-\gamma$,	$-\beta$,	$-\alpha$,	$-\delta$
		3.)	γ,	δ,	α,	β	7.)	$-\beta$,	$-\alpha$,	$-\delta$,	$-\gamma$
		4.)	δ,	α,	β,	γ	8.)	$-\alpha$,	$-\delta$,	$-\gamma$,	$-\beta$
Spiegel-bild		9.)	δ,	γ,	β,	α	13.)	$-\alpha$,	$-\beta$,	$-\gamma$,	$-\delta$
		10.)	γ,	β,	α,	δ	14.)	$-\beta$,	$-\gamma$,	$-\delta$,	$-\alpha$
		11.)	β,	α,	δ,	γ	15.)	$-\gamma$,	$-\delta$,	$-\alpha$,	$-\beta$
		12.)	α,	δ,	γ,	β	16.)	$-\delta$,	$-\alpha$,	$-\beta$,	$-\gamma$

➤ ist Start-Konturelement (Richtung vom Anfangs- zum Endpunkt)

*Abb. 9:   Gegeben sei ein Viereck. 16 Start-Hypothesen werden für die
Abfolge der Innenwinkel während des Objektumlaufs gebildet.*

4.3   Umlauf-Hypothesen

Das Problem bei einem Objektumlauf besteht darin, daß der Ort der nächsten
Objektecke nicht bekannt ist. Diese Schwierigkeit beheben die Umlauf-
Hypothesen: Es wird davon ausgegangen, daß sich die nächste Objektecke auf
einer "Auswahlstrecke" befindet. Diese Strecke liegt in geradliniger Verlängerung
des aktuellen Umlaufs. Sie kann einerseits auf Grund a priori bekannter Daten

wie minimaler und maximaler Seitenlänge und andererseits aus geometrischen Zusammenhängen der bereits umlaufenen Objektseiten ("Vorgeschichte") eingegrenzt werden.

Beispiel:

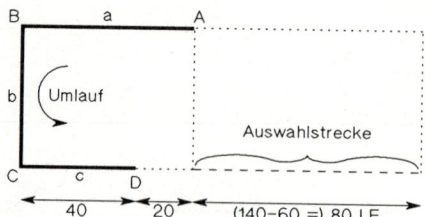

Abb. 10:   *Auswahlstrecke für die dritte Objektecke. Der Umlauf des Rechtecks sei bereits von A bis D erfolgt. Es gelte: a = 60, b = 50 und c = 40 LE. A priori sei bekannt, daß die Länge jeder Seite minimal 35 und maximal 140 LE betrage. Aus der Vorgeschichte des Umlaufs folgt, daß die Auswahlstrecke 20 LE nach D beginnt und 80 LE lang ist.*

Zur Fortsetzung des nächsten Umlaufschrittes wird die Methode der Hypothesengenerierung und -verifikation benutzt:

Generierung

Besteht die Auswahlstrecke aus p Pixeln, so werden auch p Umlauf-Hypothesen für den nächsten Umlaufschritt aufgestellt. Für jede Umlauf-Hypothese wird eine Modellkante generiert. Sie besteht aus einem Kantenstück vor und einem zweiten hinter der erwarteten nächsten Ecke (vgl. 4.4 Modellkante).

Beispiel:

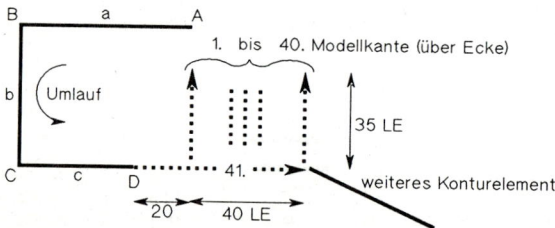

Abb. 11:   *41 Modellkanten werden generiert. Bezug zu Abb. 10: Die zunächst berechnete Auswahlstrecke von 140-60 = 80 LE reduziert sich auf 40, weil bei der Erzeugung der Modellkante im Binärbild auf ein weiteres Konturelement gestoßen wird.*

Verifikation

Die Verifikation der Umlauf-Hypothesen erfolgt, indem das Faltungsergebnis von Modellkanten-Pixeln und Sobel-Operator mit den Daten des Gradientenbildes verglichen wird. Hierzu werden sowohl ein <u>Betrags-</u> als auch ein <u>Richtungs-</u> <u>kriterium</u> (vgl. 4.4 Modellkante) überprüft. Diejenigen Modellkanten, die für beide Maße einen kritischen Wert (vgl. 4.4 Schwellwerte S_b, S_r) erfüllen, werden als **"Kandidaten"** für den nächsten Umlaufschritt bezeichnet.

Erhält man nur *einen* Kandidaten, so wird dieser für den nächsten Umlaufschritt ausgewählt. Bei mehreren Kandidaten wird die Strategie "trial and error" angewendet. Hierbei richtet sich die Reihenfolge der ausgewählten Kandidaten nach einem <u>Gütemaß</u>, mit dem das Betragskriterium erfüllt wird (vgl. 4.4). Der aktuelle Umlaufschritt wird immer dann zurückgenommen, wenn mit keinem Kandidaten und den daran anknüpfenden Umlaufschritten eine geschlossene Konturlinie gebildet werden konnte.

Sonderfall: Ist eine Modellkante deckungsgleich mit einem Konturelement, so wird sie automatisch ein Kandidat.

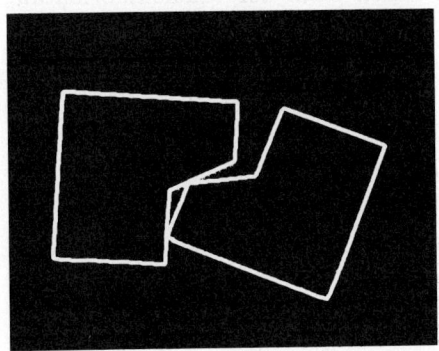

Zwei geschlossene Konturlinien wurden erzeugt. Damit sind beide Objekte vollständig segmentiert.

Abb. 12:   Segmentierungsergebnis

4.4 Modellkante

Für reale Grauwertkanten werden folgende Annahmen getroffen:

a) Für den mittleren Gradientenbetrag m gilt

$$m > S_b > 0 \qquad \text{für Punkte auf der Kante}$$
$$m \leq S_b \qquad \text{für Punkte der homogenen Bildbereiche.}$$

b) Die mittlere Gradientenrichtung weicht maximal um einen Winkel α_{max} von der Senkrechten zum Kantenverlauf ab.

Die Größen α_{max} und S_b werden für eine typische Situation der Anwendung experimentell ermittelt.

Beispiel:

Gegeben sei eine Modellkante aus maximal zwei Kantenstücken K_v mit v = {1, ... N} und $1 \leq N \leq 2$.

N = 2: K_1 liegt vor und K_2 hinter der vermuteten nächsten Ecke.

```
                                           ·   K₂
      Umlaufrichtung U ->        K₁      ·
      _____ · · · · · · · · · · ·
```

N = 2: In diesem Sonderfall wird die Lücke zwischen zwei Konturelementen nur durch K_1 modelliert.

```
      _____ · · · · · · · · · · _____
      Umlaufrichtung U ->                 K₁
```

$G(P_0)$ sei der Gradient am Punkt P_0. $G(P_0)$ wird z.B. durch Anwendung des Sobel-Operators auf das Grauwertbild berechnet. Das Kantenstück K_v hat die Richtung R_v und besteht aus $L(v)$ Pixeln ($P_{v,1}$ ... $P_{v,L(v)}$).

Ein <u>Betragskriterium I</u> überprüft die Annahme (für reale Grauwertkanten) bzgl.
der Gradientenbeträge von $G(P_{v,i})$:

$$m_v = \frac{\sum_{i=1}^{L(v)} |G(P_{v,i})|}{L(v)}$$

m_v: mittlerer Gradientenbetrag

I: $m_v > S_b$ gilt für alle $v = \{1, \ldots N\}$; S_b: Betrags-Schwellwert

Ein <u>Richtungskriterium II</u> überprüft die Annahmen bzgl. der Gradientenrichtung
von $G(P_{v,i})$:

$$H = \sum_{i=1}^{L(v)} G(P_{v,i})$$

H: Hilfsvektor für mittlere Gradientenrichtung

II: $\dfrac{|H \cdot R_v|}{|H| \cdot |R_v|} = |\cos(H, R_v)| \leq S_r = |\cos(\pi/2 - \alpha_{max})|$

gilt für alle $v = \{1, \ldots N\}$; S_r: Richtungs-Schwellwert

Das <u>Gütemaß Q</u> des Betragskriteriums ermittelt sich aus den mittleren
Gradientenbeträgen m_v der Kantenstücke K_v:

$Q = m_1$ für $v = 1$ und $Q = (m_1 + m_2)/2$ für $v = 2$.

5   Zusammenfassung und Ausblick

Die hier vorgestellte modellgesteuerte Konturverfolgung liefert eine vollständige
Objektsilhouette. Die Objektform wird dabei in einem Wissensmodul berücksichtigt, das neuen Formen leicht angepaßt werden kann. Erste Versuche für Objekt-
szenen mit 3-D-Charakteristik haben gezeigt, daß das Verfahren auch dann gute
Ergebnisse liefert, wenn Effekte, wie z.B. Schattenwürfe, auftreten. Das Verfahren
kann für Anwendungen dahingehend erweitert werden, daß auch gekrümmte Konturen modelliert und Teilverdeckungen der Objekte zugelassen werden können.

Danksagung

Diese Arbeit ist Teil einer Dissertation, die am Fachbereich 1 der Universität
Bremen durchgeführt wird. Besonderer Dank gilt dem Betreuer, Herrn Prof. Dr.
Ph. W. Beßlich, für seine hilfreiche Unterstützung des Vorhabens.

Literatur

/1/   **Bässmann H.; Besslich P.W.:** *"Konturorientierte Verfahren in der digitalen Bildverarbeitung".* Springer-Verlag 1989
/2/   **Gonzales, R.C.; Wintz, P.:** *"Digital image processing".* 1977
/3/   **Hättich, W.; Wandres, H.; Krause, P.–B.:** *"Automatisches Erlernen struktu- reller Modelle für ein wissensbasiertes Werkstückerkennungssystem".* DAGM 1989
/4/   **Liedtke, C.-E.; Ender, M.:** *"Wissensbasierte Bildverarbeitung".* Springer- Verlag 1989
/5/   **Rosenfeld, A.; Kak, A.C.:** *"Digital picture processing".* New York Academic Press, vol. 2, 1982
/6/   **Rutkowski, W.S.; Rosenfeld, A.:** *"A comparison of corner-detection techniques for chain-codes curves".* Computer Science Technical Report Series 1978, University of Maryland
/7/   **Sleigh, A.C.:** *"The extraction of boundaries using local measures driven by rules".* Pattern Recognition Letters 4 (1986) 247-258
/8/   **Wahl, F.M.:** *"Digitale Bildverarbeitung".* Springer-Verlag 1984
/9/   **Wilson, R.; Spann, M.:** *"Image segmentation and uncertainty".* John Wiley & Son 1988

Lagevermessung in Bildern mit Hilfe von Korrelation und Eigenwertzerlegung

Position Measuring in Images using Correlation and Singular Value Decomposition

K. Knupfer, R. Großkopf und K. Südland

Carl Zeiss, D-7082 Oberkochen

Bildverarbeitung, Lagevermessung, Korrelation, Eigenwertzerlegung, Singular Value Decomposition

The paper describes the position estimation of objects in images using correlation and singular value decomposition (SVD). The correlation is well known as an optimal method for position estimation in the presence of white noise, however in practice the method is often discarded by the high computational burden. The SVD allows to reduce this computational burden considerably without introducing any systematic error and typically only with a small degradation of the estimation variance. These features are prooven by simulations and real object measurements.

Der Beitrag beschreibt die Lageschätzung von Objekten in Bildern unter Einsatz der Korrelation und Eigenwertzerlegung (Singular Value Decomposition, SVD). Die Korrelation ist bei Annahme von weißem Rauschen als optimale Methode für die Lageschätzung lange bekannt, scheitert aber in der Praxis häufig an dem sehr hohen Rechenaufwand. Die SVD bietet nun die Möglichkeit, den Rechenaufwand wesentlich zu senken, wobei kein systematischer Fehler entsteht, und die Schätzvarianz im allgemeinen nur unwesentlich ansteigt. Simulationen und Messungen an realen Objekten bestätigen diese Aussage.

1. Einleitung

Eine der zentralen Aufgaben der Bildverarbeitung in der industriellen Meßtechnik ist die präzise Lagemessung von Objekten oder Teilen von Objekten, z. B. Bohrungen, Kanten, Umrisse usw. In sehr vielen Anwendungsfällen ist dabei die Form und näherungsweise Lage des zu vermessenden Objektes bereits bekannt, es handelt sich also nicht um die Detektion von "beliebigen Objekten in beliebiger Lage", sondern um eine in möglichst kurzer Rechenzeit durchzuführende Präzisionsmessung unter Ausnutzung von Vorwissen. Viele der heute zu

diesem Zweck eingesetzten Verfahren (Binarisierung, Auswerten von Profilschnitten usw.) werfen nützliche Bildinformationen weg, und erreichen daher
nicht die gewünschte hohe Genauigkeit oder sind sogar verfahrensbedingt auf
eine Genauigkeit von $\pm$ 1 Pixel beschränkt. Es ist daher wünschenswert, genauere Auswertemethoden zu finden, die jedoch mit einem begrenzten Rechenaufwand auskommen müssen.

2. Korrelation

Die allgemeine Korrelation /1/ im Sinne der Statistik liefert ein normiertes
Übereinstimmungsmaß zwischen einem Modell und einer Beobachtung (z. B.
zwischen einer bekannten Zeitfunktion und einer gemessenen Zeitfunktion). Bei
perfekter Übereinstimmung ist die Korrelation 1, wobei konstante additive oder
multiplikative Terme keinen Einfluß haben. Bei völliger Unabhängigkeit der beiden Signale ist die Korrelation 0, und bei Übereinstimmung mit umgekehrter
Polarität ist die Korrelation -1. Zur Schätzung der Lage einer gemessenen Funktion relativ zu einer Musterfunktion wird die Korrelation als Funktion einer Verschiebung δx zwischen der Musterfunktion und der gemessenen Funktion
berechnet und das Maximum gesucht. In der Signalverarbeitung (und insbesondere in der Bildverarbeitung) wird meist mit einer vereinfachten
Korrelationsfunktion gearbeitet, die bis auf ein Vorzeichen (Laufrichtung) dem
Faltungsintegral entspricht. In einem zeit- (bzw. ort-) diskreten Koordinatensystem wird daraus eine Faltungssumme. Diese vereinfachte Korrelation ist
zwar nicht identisch mit der vollen Korrelation, die Lage von Extrema stimmen
jedoch unter bestimmten, in der Bildverarbeitung häufig erreichbaren, Bedingungen überein. Bedingung ist, daß die Musterfunktion (das Template) am
Rand des betrachteten Musterintervalls verschwindet und ohne Fehler mit Nul-
len erweitert werden darf. Falls diese Eigenschaft nicht schon natürlicherweise
bei der betrachteten Musterfunktion erfüllt ist (z. B. helles begrenztes Objekt auf
schwarzem Hintergrund), läßt sich dies häufig durch Filtern oder Gewichten mit
einem Window erreichen. Beachtet man diese Nebenbedingung und sorgt man
bei der Aufnahme und Templategenerierung strikt für Einhaltung des Abtast-
theorems, so lassen sich mit der Korrelation Genauigkeiten erzielen, die praktisch nur noch vom Signal-Rauschverhältnis abhängen und weit in den
Subpixelbereich (z. B. 10^{-3} Pixel) reichen können. Die Schätzvarianz läßt sich
abschätzen als Quotient zwischen mittlerer Störleistung und Energie der ersten
Ableitung des Mustersignales im betrachteten Intervall.

Beispiel:

Ein links oben liegender Ausschnitt mit 180 x 180 Pixeln aus Bild 2 enthält das sobelgefilterte Bild eines der vier Gehäuse mit dem Grauwertbereich 0 bis 200. Es besitzt eine Summe der quadrierten x-Differenzen von $9,5 \times 10^6$. Nimmt man ein gleich verteiltes Rauschen von $\pm$ 10 Digitalisierungseinheiten an (Effektivwert 5,77), so errechnet sich die Standardabweichung der Schätzung in x-Richtung zu $1,9 \times 10^{-3}$ Pixel. Solche Genauigkeiten lassen sich in Simulationen auch tatsächlich bestätigen, wobei in der Praxis jedoch noch weitere Fehler (insbesondere Phasenrauschen der Digitalisierungseinrichtung) zu erwarten sind.

Ein Nachteil der Korrelation ist der relativ hohe Rechenaufwand, der proportional der Fläche des Templates multipliziert mit der Fläche des Suchbereiches ist. Die Korrelation etwa eines Bildes der Größe 512^2 mit einem Template der Größe 180^2 erfordert rund 4×10^9 multiply-add-Operationen. Der Rechenaufwand läßt sich dann erheblich reduzieren, wenn der Faltungskern separabel ist, d. h. wenn der als Matrix interpretierte Faltungskern sich als Produkt zweier Vektoren ergibt. Man kann leicht verifizieren, daß die an sich zweidimensionale Faltung dann durch 2 hintereinander ausgeführte eindimensionale Faltungen gleichwertig ersetzt werden kann. Allgemein gilt dieser Rechenvorteil für Faltungskerne, deren Rang kleiner ist als die kleinste Dimension. Eine Matrix vom Rang N kann nämlich durch die Summe von N Matrizen von jeweils Rang 1 dargestellt werden.

3. Singular Value Decomposition

Mit Hilfe der Singular Value Decomposition (SVD) /2/, /3/ und /4/ kann eine beliebige Matrix A in das Produkt dreier spezieller Matrizen U, S, V zerlegt werden. Die Matrizen U und V sind orthonormal, wogegen S eine Diagonalmatrix mit positiven Elementen ist. Die Zerlegung ist bis auf ein Vorzeichen eindeutig. War die Matrix A nicht von vollem Range, so verschwinden entsprechend Elemente in der Diagonalmatrix S (siehe Anhang). Durch Umformung obiger Zerlegung erhält man eine andere Interpretation der SVD:
Die SVD zerlegt eine beliebige Matrix A in eine gewichtete Summe von normierten Teilmatrizen jeweils vom Range 1. Die Anzahl der Teilmatrizen zur exakten Darstellung von A ist wiederum gleich dem Range von A. Eine besonders nützli-

che Form dieser Zerlegung erhält man, wenn man die gewichteten Teilmatrizen nach ihrem Gewichtungsfaktor in absteigender Folge ordnet. Diese Darstellung hat dann die Eigenschaft, daß bei Betrachtung von nur N Komponenten der Zerlegungssumme eine Matrix vom Rang N entsteht, die bei vorgegebenem Rang die bestmögliche Approximation (im Sinne der kleinsten Fehlerquadrate) an die Originalmatrix darstellt. Insbesondere hat man in Form des ersten Summanden eine separable Matrix mit der geringstmöglichen Abweichung von der Originalmatrix. Bezüglich der Lagevermessung stellt sich nun die Frage, in welcher Weise eine korrelative Lageschätzung verfälscht wird, wenn man das korrekte Template durch eine SVD-Näherung (z. B. 1. Grades) ersetzt. In Experimenten stellt man nun überrascht fest, daß diese, enorm Rechenzeit sparende, Maßnahme zu keinerlei systematischem Fehler in der Lageschätzung führt. Eine genauere theoretische Untersuchung zeigt, daß dies eine systematische Eigenschaft ist: Letztendlich werden bei der Berechnung der SVD-Näherungen die gleichen Optimalitätskriterien wie bei der Korrelation angesetzt.

4. Messungen und praktische Ergebnisse

In Simulationen sowie praktischen Messungen wurde die Richtigkeit obiger Aussagen überprüft und die Varianz der Lageschätzung unter verschiedenen Bedingungen ermittelt. Testobjekt war ein Bild, das vier gleichartige Steckergehäuse zeigt (Bild 1). Das Bild wurde Sobel-gefiltert (Bild 2) und ein links oben liegender Ausschnitt SVD entwickelt (Bild 3). Das gefilterte Bild wurde dann mit verschiedenen SVD-Entwicklungen (ersten, zweiten und dritten Grades) korreliert und das Maximum bestimmt. Die ganze Versuchsserie wurde wiederholt, wobei dem Originalbild unabhängiges Rauschen hinzugefügt wurde. Um eine gewisse statistische Aussage zu haben, wurden sämtliche Versuche 10x wiederholt, wobei das Rauschen jeweils neu generiert wurde. Die daraus resultierenden Ergebnisse zeigten folgende Tendenz:

Bei Bezug auf identische Bildausschnitte war der systematische Fehler bei verschwindendem Rauschen kleiner 1/1000 Pixel, wobei der Restfehler wahrscheinlich auf geringfügige Verletzung des Abtasttheorems, den in der Bildumgebung nicht ganz verschwindenden Hintergrund sowie Rundungsfehler zurückzuführen ist. Mit zunehmendem Rauschen stieg die Varianz der Schätzung entsprechend an, wobei die theoretische untere Fehlerschranke nahezu erreicht wurde. Diese günstigen Ergebnisse waren interessanterweise nahezu unabhängig von dem Grad der SVD-Näherung, wurden also auch schon bei 1. SVD-Näherung erreicht (Bild 4). Grund dafür mag das relativ "kartesische"

Objekt sein, bei dem waagerechte und senkrechte Linien stark dominieren, und das daher schon mit wenigen SVD-Näherungen ausreichend gut beschrieben werden kann.

Bei der Lageschätzung an nicht genau identischen Steckern ergab sich bezüglich des Einflusses von Rauschen ein ähnliches Bild (Bild 5), jedoch trat zusätzlich ein systematischer Fehler auf (Bild 6). Als "wahrer" Bezugspunkt wurde dabei die Schätzung mit der vollen Korrelation gewählt.

Bei nicht identischen Objekten ergibt sich hier allerdings die generelle Frage über die Definition eines Lageparameters, die naturgemäß vor der Bewertung von Meßverfahren geklärt werden müßte. Denn im Lageparameter spiegeln sich Eigenschaften des verwendeten Algorithmus bzw. des verwendeten Optimalitätskriteriums wider.

Literatur:

/1/   Pratt, W. : Digital Image Processing
        John Wiley & Sons, New York (1978)

/2/   Golub, H.; Reinsch, C.: Singular Value Decomposition and
        Least Squares Solutions
        Num. Mathem. 14 (1970), S. 403-420

/3/   Klema, V. C.; Laub, A. J.: The Singular Value Decomposition:
        Its Computation and some Applications
        IEEE Transactions on Automatic Control, Vol. AC 25, 2 (1980)

/4/   Forschungsbericht aus der Wehrtechnik, Teil 2.
        BMVg-FBWT 82-1 (1982)

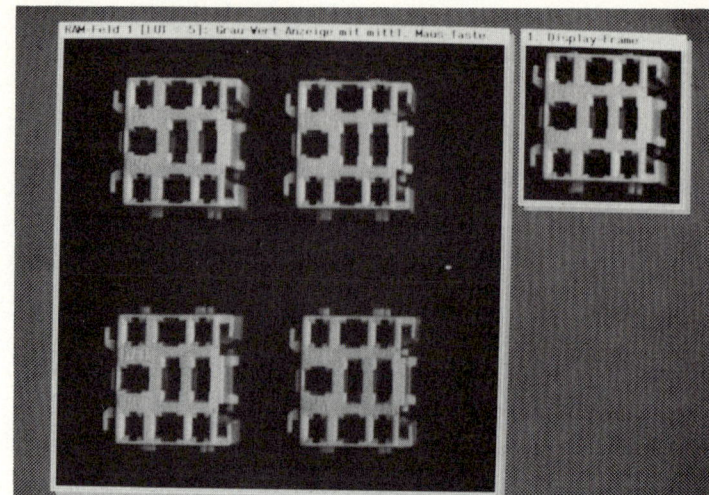

BILD 1

Original-Aufnahme
von 4 Stecker-
Gehaeusen mit dem
als Template be=
nutzten linken
oberen Bild-Aus=
schnitt

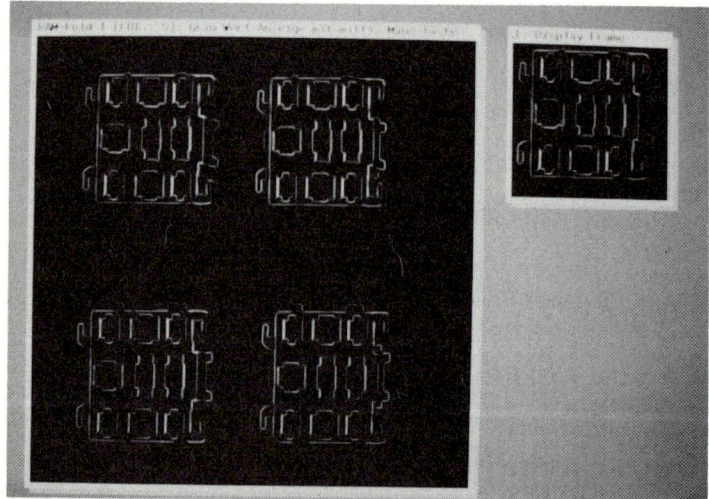

BILD 2

Original-Aufnahme
nach einer
Sobel-Filterung

BILD 3

SVD-Naeherungen
des Templates mit
Veranschaulichung
der generierenden
Vektor-Paare

1 Paar

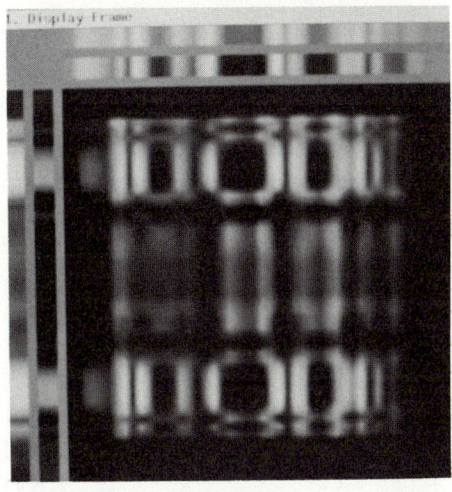

2 Paare

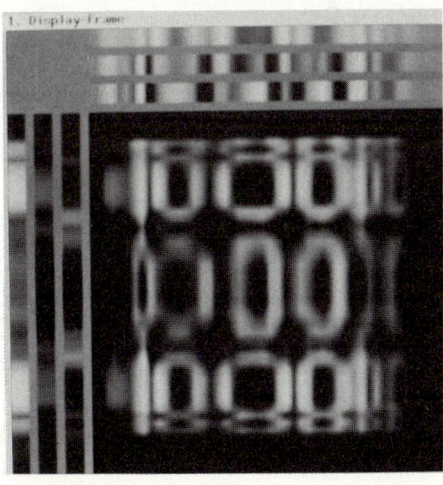

3 Paare

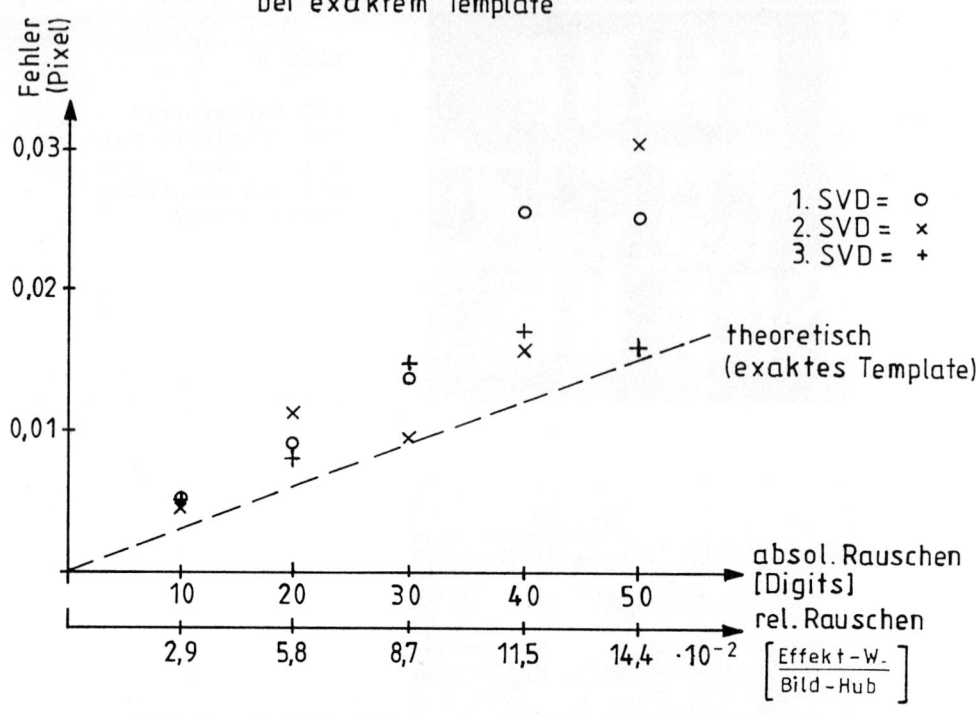

Bild 4 : Schätzfehler als Funktion des Rauschens bei exaktem Template

1. SVD = o
2. SVD = x
3. SVD = +

theoretisch (exaktes Template)

absol. Rauschen [Digits]
rel. Rauschen

$\left[\dfrac{\text{Effekt-W.}}{\text{Bild-Hub}}\right]$

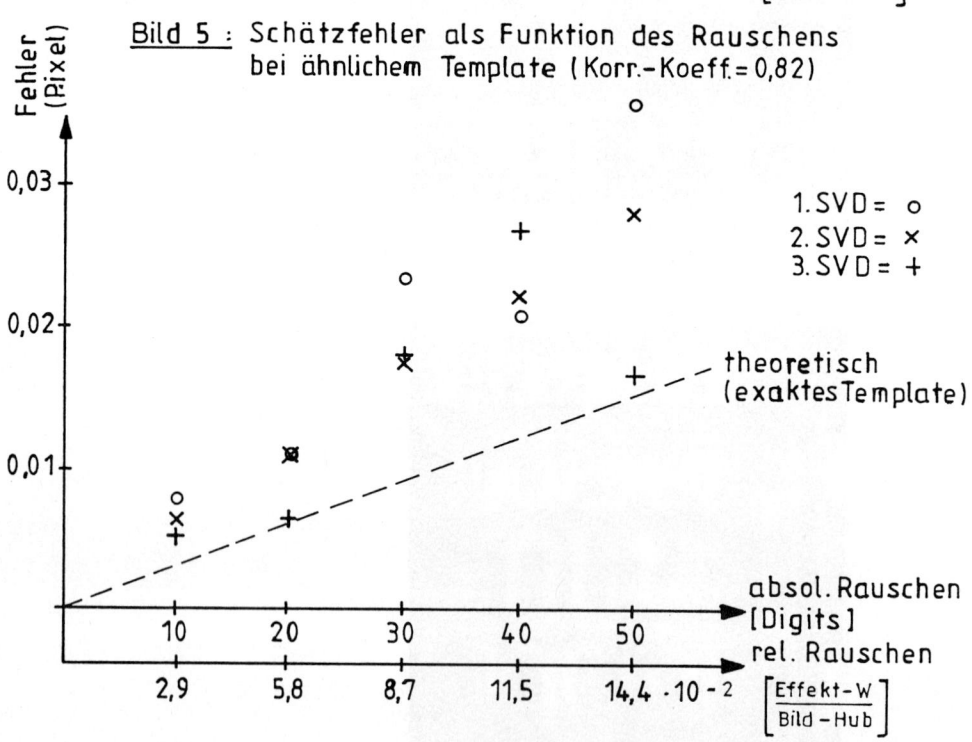

Bild 5 : Schätzfehler als Funktion des Rauschens bei ähnlichem Template (Korr.-Koeff.=0,82)

1. SVD = o
2. SVD = x
3. SVD = +

theoretisch (exaktes Template)

absol. Rauschen [Digits]
rel. Rauschen

$\left[\dfrac{\text{Effekt-W}}{\text{Bild-Hub}}\right]$

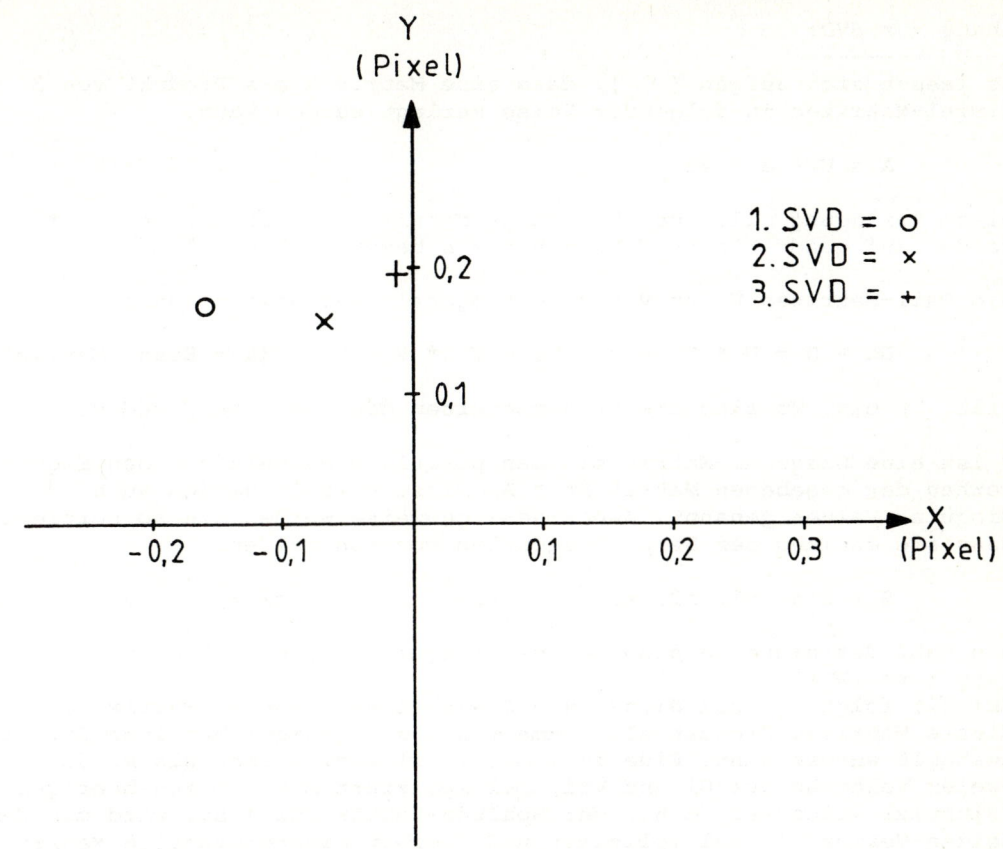

Bild 6: systematische Lageabweichungen bei
verschiedenen SVD-Näherungen
(kein Rauschen)

Anhang zur SVD:

Es laesst sich zeigen [2], dass eine Matrix A als Produkt von 3
Einzel-Matrizen in folgender Weise zerlegt werden kann:

$$A = U * S * Vt \tag{1}$$

Diese Zerlegung gilt fuer beliebige Matrizen, wobei wir uns im fol=
genden auf quadratische Matrizen n x n beschraenken wollen.

Die Teil-Matrizen U und V sind orthogonal, was heisst, dass

$$Ut * U = U * Ut = V * Vt = Vt * V = E \qquad (E = Einh.-Matrix)$$

gilt. Ut bzw. Vt sind die transponierten Matrizen von U und V.

S ist eine Diagonal-Matrix mit den positiven Wurzeln aus den Eigen=
werten der gegebenen Matrix At * A. Diese Wurzeln werden auch
Singular Values genannt. Zweckmaessigerweise werden sie so sortiert,
dass sie entlang der Haupt-Diagonalen monoton fallen:

$$S = diag(s1, s2, s3, ..., sn), \qquad s1 >= s2 >= ... >= sn >= 0$$

Die Zahl der nicht verschwindenden Singular Values entspricht dem
Rang r von A.
Aus (1) folgt mit dem Wissen von S als einer Diagonal-Matrix, dass
dieses Matrizen-Produkt als Summe von n einrangigen Matrizen Ti dar=
gestellt werden kann. Eine Teil-Matrix Ti ergibt sich als Produkt
zweier Vektoren aus Ui und Vti, multipliziert mit dem zugehoerigen
"Singular Value" si, d.h., der Spalten-Vektor (Ui * si) wird mit dem
Zeilen-Vektor Vti multipliziert und liefert eine einrangige Matrix.

$$Ti = si * Ui * Vti \tag{2}$$

Die Summe aller n (bzw. r) Teil-Matrizen Ti liefert wieder die
Ausgangs-Matrix A:

$$A = SUMME (Ti), \quad i = 1 ... r \tag{3}$$

Es laesst sich zeigen, dass eine Teil-Summe As aus (3)

$$As = SUMME (Ti), \quad i = 1 ... m, \quad mit \ m < r$$

die beste Naeherung im Sinne der kleinsten Fehler-Quadrate an die
Ausgangs-Matrix A bei vorgegebenem Rang m ist.

Insbesondere gilt fuer den Rang m = 1 bei der SVD:

$$|| A - T1 ||^2 \ -> \ Min. \tag{4}$$

Man kann dieses Ergebnis benutzen fuer folgenden Berechnungs-Weg:
Man geht von der einrangigen Matrix T1 als einem Produkt noch
zu bestimmender Vektoren aus und macht die Summe der Quadrate aller
Differenzen gleichliegender Elemente der Matrizen A und T1 zu einem
Minimum.

Das Produkt der Vektoren liefert die bestgenaeherte ein-rangige Matrix

$$A \sim T1 = M*N$$

mit A = n*n, M = 1*n und N = n*1 Elementen.

Ansatz:

$$\text{SUMME [SUMME (Aij - Mi*Nj)}^2 \text{] = Min!}$$

Es ergeben sich die je n Formeln fuer die Elemente Mi und Nj:

$$Mi = \frac{Ai1*N1 + Ai2*N2 + \ldots + Ain*Nn}{SUM (Ni^2)} \qquad (5)$$

$$Nj = \frac{A1j*M1 + A2j*M2 + \ldots + Anj*Mn}{SUM (Mj^2)} \qquad (6)$$

Das sind 2n Gleichungen 3. Grades fuer Mi und Nj, die nicht explizit
loesbar sind. Darum wird folgendermassen vorgegangen:

1) Der Vektor N wird am Anfang eines Iterations-Zyklus mit "statisti=
   schen" Werten vorgegeben.

2) Mi mit vorgegebenem N aus obiger Formel (5) ermitteln.

3) Dann Mi als vorgegeben betrachten und Nj mit den gerade ermittelten
   Daten in M aus (6) errechnen.

4) Ab 2) solange wiederholen, bis sich die Quadrat-Summen der Vektoren
   M und N gegenueber den jeweils zuvor berechneten nicht mehr aendern.

In einem naechsten Schritt wird die errechnete Teil-Matrix (ein-rangig)
von der Quell-Matrix abgezogen und mit dem Rest wie geschildert verfahren.
Es ist bei einer Matrix n*n dies n-mal moeglich. Man bekommt maximal
n Vektor-Paare bei dieser Zerlegung.

Anmerkung:

Die Vorgabe gemaess 1) muss nicht immer zu einer konvergierenden Loesung
fuehren, dann sollten andere Initialisierungs-Daten fuer N gewaehlt
werden.

Konturbasierte fehlertolerante Erkennung teilweise sichtbarer Objekte

R. Salzbrunn, K. Behnke

Lehrstuhl für Informatik 5 (Mustererkennung)

Universität Erlangen-Nürnberg

Martensstraße 3

8520 Erlangen, F.R. of Germany

Übersicht

Der Einsatz von Bildverarbeitungssystemen zur Objekterkennung gewinnt im industriellen Bereich für die Erhöhung der Flexibilität des Produktionsprozesses zunehmend an Bedeutung. Bei der Darstellung des von uns entwickelten konturbasierten Ansatzes gehen wir besonders auf die Probleme bei der Erkennung teilweise sichtbarer Objekte und die Behandlung von Fehlern ein, die bei der Segmentierung in der Regel auftreten. Das Konzept einer Strategie für die Bildinterpretation wird vorgestellt, das auf der Generierung und Verifikation von Hypothesen basiert und intensiven Gebrauch von der Propagierung geometrischer Beschränkungen macht. Es bildet den Rahmen für die von uns gewählte wissensbasierte Vorgehensweise, die eine Lösung der Teilprobleme mit begrenztem Aufwand erlaubt. Die Kontrolle der Interpretation erfolgt durch einen A*-Algorithmus, für den eine geeignete Bewertungsfunktion zum Vergleich von Hypothesen definiert wird. Anhand von Experimenten mit den Teilen eines Elektromotors wird gezeigt, daß die realisierte Vergleichsstrategie die gestellten Anforderungen in vollem Maß erfüllt.

1 Einführung

Die Forderung nach höherer Flexibilität bei der Gestaltung des industriellen Produktionsprozesses bildet den Hintergrund für die Entwicklung eines Systems zur konturbasierten Interpretation von Aufnahmen industrieller Szenen.

Ein konturbasierter Ansatz wurde gewählt, um zunächst Verfahren der Wissensrepräsentation, Wissensakquistition und der Wissensnutzung an Problemen mit eingeschränkter Komplexität erproben zu können. Eine erste Anwendung des Systems besteht in der Unterstützung bei der Montage von Elektromotoren. Hierfür wird die Identität und Position von Motorteilen bestimmt, die sich auf einer ebenen Plattform befinden [Sch90b].

In der folgenden Darstellung werden wir auf zwei Teilaspekte bei der Objekterkennung näher eingehen. Abhängig von der Aufnahmesituation können Objekte auftreten, die im Bild nicht vollständig sichtbar sind. Die Erkennung derartiger Objekte erfordert besondere Maßnahmen bei der Interpretation des Bildes. Fehler bei der Bildsegmentierung, die selbst unter optimierten Beleuchtungsbedingungen nicht vermeidbar sind, müssen ebenfalls während der Interpretation gesondert behandelt werden.

2 Teilweise Sichtbarkeit von Objekten und Fehlerarten bei der Bildsegmentierung

Die mit einer handelsüblichen Fernsehkamera aufgenommenen Szenen werden als Grauwertbilder mit 512^2 Pixeln und 8 Bit Tiefe abgelegt. Bei der *konturbasierten Segmentierung* wird das Bild in Regionen zerlegt. Im Idealfall korrespondiert eine Region im Bild mit einem Objekt in der aufgenommenen Szene. Die in vielen Anwendungen eingesetzten globalen Merkmale wie Formfaktor, Momente oder Trägheitsachsen sind für die Erkennung teilweise sichtbarer Objekte unbrauchbar. Stattdessen werden lokale "Merkmale" benötigt, beispielsweise Konturelemente oder Vertizes, die aus Teilen einer Region extrahiert werden können. Bei der von uns gewählten Segmentierung wird die äußere Kontur einer Region durch Geraden- und Kreisbogensegmente approximiert. Die inneren Konturen einer Region, die unter anderem von Löchern in einem Objekt herrühren, werden durch Vollkreise angenähert [Bru90]. Wir bezeichnen die Elemente der Approximation als *Segmentierungsobjekte* O_i, $i = 1,\ldots,n_O$. Diese Informationen bilden die *initiale symbolische Beschreibung* $\mathcal{A} = \langle O \rangle$ des Bildes. Sie ist ein Netzwerk von Segmentierungsobjekten.

Nicht immer ist vor der Aufnahme eine geeignete mechanische Vereinzelung der Objekte möglich, so daß ein einzelnes Objekt vollständig sichtbar in der Aufnahme erscheint. Die **teilweise Sichtbarkeit** eines Objekts wird zum einen durch seine Lage auf der Grenze des Szenenausschnitts hervorgerufen, der durch die Kamera abgebildet wird. Zum anderen resultiert sie aus der Verdeckung durch weitere Objekte in der Szene. Abbildung 1 zeigt Ergebnisse der 2D-Bildsegmentierung von typischen Szenen für beide Fälle.

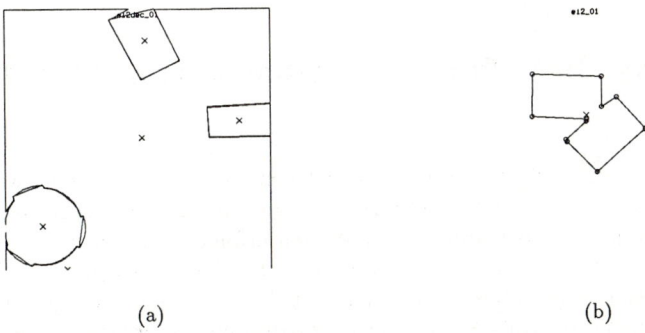

(a)   (b)

Abbildung 1: Teilweise Sichtbarkeit durch Bildgrenze (a) und gegenseitige Verdeckung (b)

Unter ungünstigen Beleuchtungsverhältnissen treten in der aufgenommenen Szene Schatten und Reflexionen auf. Weiterhin bewirkt ein ungeeigneter Hintergrund kontrastarme Aufnahmen. Bei der Segmentierung derartiger Aufnahmen treten im allgemeinen verschiedene Arten von **Segmentierungsfehlern** auf, die exemplarisch in Abbildung 2 dargestellt sind.

- Die Typen der Segmentierungsobjekte werden vertauscht. Ein in Wirklichkeit leicht gekrümmter Kreisbogen wird fälschlicherweise als Gerade approximiert und umgekehrt.

- Wegen zu geringen Kontrasts wird eine Objektkante in mehrere (bis zu etwa 100) Liniensegmente aufgespalten.

– Objektcharakteristika, zum Beispiel Löcher, werden nicht segmentiert. Ein Objekt wird in mehrere Regionen segmentiert, die Kontur ist unterbrochen.

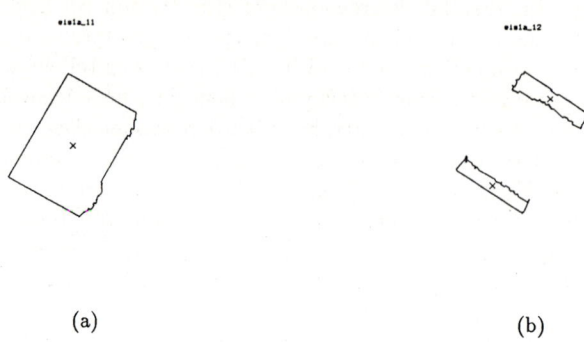

(a)   (b)

Abbildung 2: Aufspaltung von Liniensegmenten (a) und Segmentierungsausfall (b)

Die aufgezeigten Segmentierungsergebnisse führen bei einer Interpretation des Bildes, die nur korrekt approximierte, vollständige Liniensegmente berücksichtigt, zu unbrauchbaren Ergebnissen, da viele Objektkanten nicht gefunden werden können. Die im folgenden vorgestellten Eigenschaften der von uns eingesetzten Vergleichsstrategie ermöglichen eine Erkennung auch unter diesen Umständen.

3 Behandlung bei der wissenbasierten Objekterkennung

Für die konturbasierte Interpretation industrieller Szenen wurde von uns eine wissensbasierte Vorgehensweise gewählt, die in [Beh90] ausführlich dargestellt ist. Im Gegensatz zu der Bildsegmentierung, die ohne anwendungsabhängiges Wissen erfolgt, sind bei der wissensbasierten Objekterkennung explizite Informationen über das Aussehen der zu erkennenden Objekte vorhanden. Diese Informationen erlauben zusammen mit der Vergleichsstrategie, die intensiven Gebrauch von der Propagierung von geometrischen Beschränkungen macht (*"constraint propagation"*, zum Beispiel in [Bro81]), eine Behandlung der angesprochenen Probleme.

3.1 Aufbau der Objektmodelle

Das für die Interpretation notwendige deklarative anwendungsbezogene Wissen ist in Form von *geometrischen Objektmodellen* dargestellt. Sie beschreiben die 2D-Ansichten aller stabilen Lagen der Objekte. Die modellierten Ansichten sind auf die 2D-Begrenzungslinien der Objekte reduziert (*"boundary representation"*, [Spu84]). Bei dieser Modellierung erfolgt die Liniendarstellung wie bei der Segmentierung durch Geraden- und Kreisbogenabschnitte sowie Vollkreise. Die gewählten Primitiva werden als Modellelemente C_i, $i = 1, \ldots, n_C$ bezeichnet und in einem als Netzwerk aufgebauten Modell $\mathcal{M} = \langle C \rangle$ zusammengefaßt. Die Modelle sind in Form *semantischer Netze* repräsentiert [Nie90]. Eine Komponente zur automatischen Wissensakquisition unterstützt den Aufbau der Modelle. Als Informationsquellen dienen eine segmentierte Lernstichprobe und CAD-Daten [Sch90a]. In einer ersten Anwendung verfügt das System über Modelle von 13 Teilen eines Elektromotors. Abbildung 3 zeigt das Modell eines Ankereisens. Die ausgehenden Kanten kennzeichnen obligatorische Bestandteile der Objektansicht `Eisen1a`. Eine besondere Berücksichtigung von Segmentierungsfehlern durch optionale Bestandteile des Modells, zum Beispiel zur Darstellung von geraden Konturlinien durch mehrere Segmente, findet bei der Modellierung nicht statt. Das Modell entspricht einer Idealvorstellung von den zu erkennenden Objekten. Die Behandlung der angesprochenen Probleme muß deshalb durch das prozedurale Wissen für die Generierung von Korrespondenzen erfolgen.

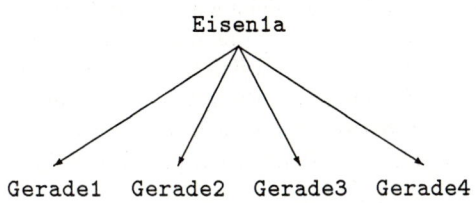

Abbildung 3: Strukturmodell eines Ankereisens

3.2 Vergleichsstrategie für die Erkennung

Durch den Vergleich der Segmentierungsobjekte eines Bildes und der vorgegebenen Objektmodelle wird eine Interpretation der initialen symbolischen Beschreibung mittels der zugeordneten Modelle generiert. Die *Interpretation* ist eine anwendungsabhängige symbolische Beschreibung des Bildes. In unserer Anwendung enthält sie unter anderem Informationen über die Identität und Position der Objekte in der aufgenommenen Szene für die Steuerung eines Handhabungssystems in einer Fertigungszelle. Die für die Interpretation entworfene Vergleichsstrategie basiert auf der *Generierung und Verifikation von Hypothesen* [Win84].

Während der **Hypothetisierungsphase** werden zu der initialen symbolischen Beschreibung *Objekthypothesen* aufgestellt. Sie verweisen auf mögliche Objektansichten, die in der Aufnahme vorhanden sein können. Ausgehend von den Strukturmodellen der Ansichten werden für alle Modellelemente Segmentierungsobjekte als Korrespondenzpartner gesucht. Für jedes Modellelement wird eine *Elementhypothese* gebildet, die die möglichen Korrespondenzpartner in Form einer Menge von Segmentierungsobjekten (*Partnermenge*) beschreibt. Dabei ist die Suche auf Segmentierungsobjekte eingeschränkt, die dem Modellelement aufgrund seiner geometrischen Beschreibung, zum Beispiel seiner Länge, ähnlich sind. Die Ähnlichkeit wird durch geeignete Bewertungsfunktionen festgestellt, die auf der Fuzzy-Mengen-Theorie basieren ([Zad75]). Ihre Konstruktion ist in [Sch90a] näher beschrieben. Hierbei werden als Korrespondenzpartner für ein gerades Modellelement auch Kreisbogenabschnitte genügend großer Ähnlichkeit (und umgekehrt) zugelassen. Dadurch wird eine Vertauschung bei der Segmentierung berücksichtigt.

Für die Generierung initialer Korrespondenzen wird diejenige Elementhypothese ausgewählt, deren Partnermenge nicht leer ist. Gibt es mehrere solche Elementhypothesen, so entscheidet der *Vorrang* der Modellelemente. Er wird während der Modellerstellung berechnet und charakterisiert die Eindeutigkeit der Modellelemente und die Sicherheit, mit der sie segmentiert werden können.

Anhand der Partnermenge werden Korrespondenzen erzeugt und in den Objekthypothesen gespeichert. Die Generierung von initialen Korrespondenzen wird fortgesetzt, bis ihre Anzahl in einer Objekthypothese groß genug ist, um eine Schätzung der Objektposition durchzuführen. Wegen der eingeschränkten Aufnahmebedingungen in unserer Anwendung kann eine erste Schätzung aufgrund von zwei Korrespondenzen erfolgen. Die geschätzte Objektposition wird der Objekthypothese hinzugefügt.

Eine so konstruierte Objekthypothese enthält die notwendigen Informationen, um teilweise sichtbare Objekte und Segmentierungsfehler in der sich nun anschließenden **Verifikationsphase** zu behandeln. Während der Verifikationsphase werden zu allen Elementhypothesen einer Objekthypothese passende Segmentierungsobjekte aus der initalen symbolischen Beschreibung gesucht und Korrespondenzen dafür generiert. Zu Beginn werden alle Partnermengen von Elementhypothesen auf Segmentierungsobjekte eingeschränkt, deren Lage konsistent mit der geschätzten Objektposition der jeweiligen Objekthypothese ist (*"viewpoint consistency constraint"*, [Low87]). Dazu werden alle Modellelemente einer Objekthypothese anhand der Objektposition in die Bildebene projiziert und die Lage ihrer Endpunkte bestimmt. Ein Segmentierungsobjekt ist konsistent zu einem projizierten Modellelement, wenn seine Endpunkte innerhalb einer vorgegebenen Umgebung um die geschätzten Endpunkte liegen.

Die Partnermenge einer Elementhypothese ist leer, wenn kein in Länge oder Position passendes Segmentierungsobjekt existiert. Hier werden nun drei Fälle unterschieden.

Teilweise Sichtbarkeit: Das Objekt befindet sich auf der Grenze des abgebildeten Szenenausschnitts. Die Schnittpunkte des projizierten Modelelements mit den Grenzen des Bildausschnitts werden berechnet. Hierbei ist zu berücksichtigen, daß eine rückprojizierte Modellgerade auch dann teilweise sichtbar sein kann, wenn ihre beiden Endpunkte außerhalb des sichtbaren Bildbereichs liegen. Dies ist der Fall, wenn sie Schnittpunkte mit zwei verschiedenen Bildgrenzen aufweist. Anschließend werden Endpunkte, Länge und Partnermenge der Elementhypothese neu bestimmt. Befindet sich das projizierte Modellelement außerhalb des abgebildeten Szenenausschnitts, so wird ein als nicht sichtbar markiertes Segmentierungsobjekt in die Partnermenge eingefügt. Wenn nach diesen Überprüfungen die Partnermenge dennoch leer ist, so findet eine Untersuchung auf Linienzüge statt. Andernfalls werden Korrespondenzen entsprechend der Partnermenge generiert.

Linienzug: Die gesuchte Objektkontur ist in mehrere Segmentierungsobjekte aufgespalten. Eine zusammenhängende Folge von Segmentierungsobjekten (*Linienzug*) zwischen den geschätzten Endpunkten der Elementhypothese wird gesucht. Dieses verhältnismäßig aufwendige Vorgehen kann nicht schon während der Segmentierung erfolgen, da dort alle möglichen Kombinationen von Segmentierungsobjekten zu Linienzügen gebildet werden müßten. Es ist jedoch aufgrund der Einschränkungen bei der modellgetriebenen Suche machbar.

Ersatzkorrespondenz: Treffen die beiden ersten Fälle nicht zu, so existieren keine passenden Segmentierungsobjekte. Eine Ersatzkorrespondenz wird generiert, um eine weitere Bearbeitung der Elementhypothese zu verhindern.

Mit der Erweiterung des Verfahrens auf teilweise sichtbare Objekte, die sich gegenseitig überlappen, wurde begonnen. Sie läßt sich problemlos in den gewählten Ansatz einfügen.

Die Verifikation einer Objekthypothese endet, wenn zu allen Modellelementen des entsprechenden Strukturmodells Korrespondenzen existieren.

Während des Vergleichs werden in der Regel *konkurrierende Hypothesen* generiert. Sie resultieren aus:

- konkurrierenden Objekthypothesen für die initiale symbolische Beschreibung,

• konkurrierenden initialen Korrespondenzen, die zu unterschiedlichen Schätzungen für die Position eines bestimmten Objekts führen.

Sie machen die Entwicklung von Kriterien für die Bewertung und den Vergleich von Hypothesen notwendig.

3.3 Bewertung und Vergleich von Hypothesen

Ein modifizierter A*-Graphsuch-Algorithmus wird für die Auswahl der zu bearbeitenden Hypothesen eingesetzt [Nil82]. Jeder Hypothese H wird aufgrund ihrer Korrespondenzen (C_i, O_j) eine *Bewertung* $\mathcal{B}(H)$ zugeordnet.

$$\mathcal{B}(H) \;=\; n_G(H)\,/\,n_C(H)\;\min_{C_i \in H} b(C_i) \tag{1}$$

$$b(C_i) \;=\; \begin{cases} b(C_i, O_j) & \text{wenn } (C_i, O_j) \text{ Korrespondenz} \\ 1 & \text{sonst} \end{cases} \tag{2}$$

Die Bewertung $\mathcal{B}$ ist das Minimum über die Bewertungen $b(C_i, O_j)$ der Korrespondenzen für die Hypothese H. Es wird mit der relativen Häufigkeit gefundener beziehungsweise unsichtbarer Modellelemente der Hypothese $n_G(H)/n_C(H)$ gewichtet. Die Bewertung einer Korrespondenz $b(C_i, O_j) \in [0,1]$ ist ein Maß für die Ähnlichkeit des Modellelements C_i und des Segmentierungsobjekts O_j. Sie wird aufgrund von Länge bzw. Umfang des Segmentierungsobjekts $l(O_j)$ mit einer Zugehörigkeitsfunktion aus der Fuzzy-Mengen-Theorie bestimmt. Die Zugehörigkeitsfunktion ist durch vier Parameter $l_1^i, \dots, l_4^i$ gegeben und wird während der Modellbildung für jedes Modellelement C_i konstruiert ([Sch90a]).

$$b(C_i, O_j) = \begin{cases} 0 & \text{wenn } l \leq l_1^i \text{ oder } l \geq l_4^i \\ \frac{l - l_1^i}{l_2^i - l_1^i} & \text{wenn } l_1^i < l < l_2^i \\ 1 & \text{wenn } l_2^i < l < l_3^i \\ \frac{l_4^i - l}{l_4^i - l_3^i} & \text{wenn } l_3^i < l < l_4^i \end{cases} \tag{3}$$

Ein Beispiel für ihren Verlauf zeigt Abbildung 4. Um der Forderung nach einer zulässigen

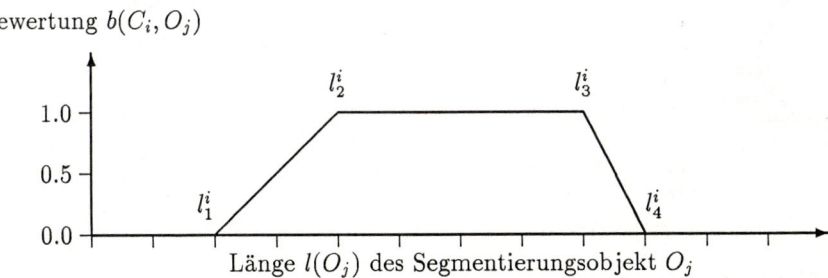

Abbildung 4: Korrespondenzbewertung $b(C_i, O_j)$

Bewertungfunktion zu entsprechen, wird eine optimistische Bewertung $b(C_i) = 1$ für Modellelemente C_i angenommen, die über kein korrespondierendes Segmentierungsobjekt verfügen.

Dies gilt sowohl für Elementhypothesen (Restschätzung), als auch für Ersatzkorrespondenzen. Während der Interpretation der initialen symbolischen Beschreibung wird diejenige Objekthypothese zur weiteren Bearbeitung ausgewählt, die über die höchste Bewertung $\mathcal{B}(H)$ verfügt.

Mit der realisierten fehlertoleranten Vergleichsstrategie wurde die Tragfähigkeit der vorgestellten Konzepte sowie des zugrundeliegenden Repräsentationsformalismus anhand einer Teststichprobe von Aufnahmen überprüft.

4 Experimente und Resultate

Für Experimente mit dem System und der Vergleichsstrategie steht eine Stichprobe von 13 verschiedenen Modellen und insgesamt 273 Aufnahmen zur Verfügung. Die aufgenommenen Szenen enthalten maximal drei Objekte. Die dargestellten Experimente wurden mittels einer Teilstichprobe mit 65 Aufnahmen von drei verschiedenen Objekten durchgeführt. Alle Aufnahmen entstanden unter "einsatznahen" Bedingungen. Die Szenen wurden mit einer Kaltlichtlampe beleuchtet, wobei keine besonderen Vorkehrungen zur Vermeidung von Reflexionen und Schattenwurf getroffen wurden. In 20 Aufnahmen sind Objekte nur teilweise sichtbar. Bei 15 Aufnahmen wurden durch eine Änderung der Beleuchtung und des Hintergrunds bewußt schlechte Aufnahmebedingungen geschaffen.

Die Ergebnisse für die anfangs aufgezeigten Problemfälle (s. Abschnitt 2) sind in Abbildung 5 graphisch dargestellt. Ohne die Erweiterungen des Verfahrens für die Ausnahmefälle

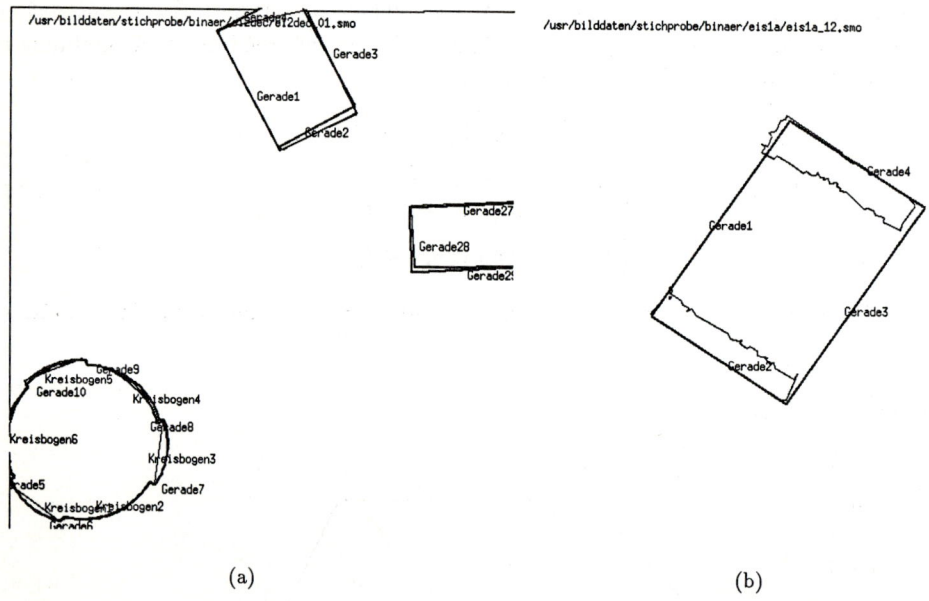

(a)   (b)

Abbildung 5: Zuordnungen für teilweise sichtbare (a) und fehlerhaft segmentierte Objekte (b)

betrug die relative Häufigkeit nicht erkannter Modellelemente 18 Prozent. Sie konnte auf acht Prozent gesenkt werden. Der verhältnismäßig hohe Unterschied bei der Auswertung ist auf den hohen Anteil teilweise sichtbarer oder fehlerhaft segmentierter Objekte in der verwendeten Teststichprobe zurückzuführen.

Die Zeit für das Erkennen eines Objekts beträgt im Mittel 20 Sekunden auf einer DEC MircoVAX 3500. Dabei ist zu berücksichtigen, daß der Schwerpunkt bei der Entwicklung der momentanen Version des Systems auf der Transparenz und Protokollierung der Systemaktivitäten und nicht auf der Optimierung des Zeitverhaltens lag.

Die Ergebnisse zeigen, daß die entwickelten Verfahren den gestellten Anforderung in vollem Maß gerecht werden.

Die Autoren danken der Siemens AG, Erlangen für die Zusammenarbeit und Unterstützung in dem "Projekt für flexibel automatisierte Produktionssysteme (PAP)".

Literatur

[Beh90] K. Behnke: *Konturbasierte fehlertolerante Analyse von teilweise sichtbaren Objekten*. Studienarbeit, Universität Erlangen-Nürnberg, IMMD5 (Mustererkennung), Erlangen-Nürnberg, 1990.

[Bro81] R. Brooks: *Symbolic Reasoning among 3-D Models and 2-D Images*. Artificial Intelligence, 17: S. 285–348, 1981.

[Bru90] H. Brünig: *Bildsegmentierung in einem System zur wissensbasierten Bildanalyse dreidimenionaler Szenen*. Dissertation, Universität Erlangen-Nürnberg, Erlangen, 1990.

[Low87] D. G. Lowe: *Three-Dimensional Object Recognition from Single Two-Dimensional Images*. Artificial Intelligence, 31: S. 355–395, 1987.

[Nie90] H. Niemann, G. Sagerer, S. Schröder, F. Kummert: *ERNEST: A Semantic Network System for Pattern Understanding*. IEEE Transactions on Pattern Analysis and Machine Intelligence, (): S. , 1990. In Vorbereitung.

[Nil82] N. Nilsson: *Principles of Artificial Intelligence*. Springer Verlag, Berlin, 1982.

[Sch90a] S. Schröder: *Integration einer Wissenserwerbskomponente in eine Systemumgebung für die Musteranalyse*. Dissertation, Universität Erlangen-Nürnberg, Erlangen, 1990.

[Sch90b] S. Schröder, H. Niemann, G. Sagerer, H. Brünig, R. Salzbrunn: *A Knowledge Based Industrial Vision System*. In R. Mohr, T. Pavlidis, A. Sanfeliu (Editoren): *Structural Pattern Analysis*, S. 95–111, World Scientific Pub. Co., Singapore, 1990.

[Spu84] G. Spur, F. Krause: *CAD-Technik*. Carl Hanser Verlag, München, 1984.

[Win84] P. Winston: *Artificial Intelligence*. Addison-Wesley, Reading, Mass., 1984.

[Zad75] L. A. Zadeh: *Fuzzy Sets and Their Applications*. In L. A. Zadeh, K. S. Fu, K. Tanaka, M. Shimura (Editoren): *Fuzzy Sets and Their Application to Cognitive and Decision Processes*, Academic Press, New York, 1975.

VIDEOTHERMOGRAFIE
Ein Verfahren der rechnergestützten Temperaturfeldananlyse auf der Basis von Silizium-Halbleiterelementen

Frank-J. Kleiner, Universität Dortmund, Lehrstuhl für
umformende Fertigungsverfahren

Einleitung

Die Temperaturabhängigkeit bestimmter physikalischer Effekte ist die Grundlage aller Temperaturmeßverfahren, die entsprechend der charakteristischen Meßprinzipien in zwei Hauptgruppen unterschieden werden.

Zu den Berührungsthermometern zählen u.a. Ausdehnungsthermometer, bei denen durch eine Korrelation zur Volumendehnung die Temperaturaussagen ermöglicht werden. Auch elektrische Thermometer werden zu den berührenden Meßmitteln gezählt. Eine typische Meßgröße ist die temperaturabhängige Änderung des elektrischen Widerstandes. Besonders verbreitet sind Thermoelemente, bei denen die durch Umkehrung des Peltierfektes entstehende temperaturproportionale Thermospannung bewertet wird.

Eine zweite Gruppe bilden die berührungslos arbeitenden Strahlungsthermometer. Als bekannteste Geräte dieser Gruppe sind die Pyrometer zu nennen, die in ihrer typischen Ausführung einen integralen Meßwert über einem begrenzten Meßfleck liefern.

Dieser Beitrag befaßt sich mit einer speziellen meßtechnischen Variante - einem video-thermografischen Meßsystem - das sich von anderen berührungslos arbeitenden Meßverfahren vor allem dadurch unterscheidet, daß zusammenhängende Temperaturfelder aufgezeichnet werden.

Strahlungsphysikalische Grundlagen

Die berührungslose Temperaturmessung ist an die Emission von Energie gekoppelt, die jeder Körper als elektromagnetische Wellen bei Temperaturen oberhalb des absoluten Nullpunktes emittiert. Diese als Strahlungswärme bekannte Energie wird durch den Strahlungsfluß charakterisiert, der innerhalb des infraroten Wellenlängenspektrums - d.h. etwa von 0,8 μm bis 40,0 μm - durch geeignete Sensoren detektiert werden kann. Der Bereich der IR-Strahlung schließt im elektromagnetischen Wellenlängenspektrum (BILD 1) unmittelbar an den Bereich des sichtbaren Lichtes an.

Das Meßprinzip ist schematisch in **BILD 2** wiedergegeben. Das Ausgangssignal S des Detektors ist dem vom Meßobjekt ausgehenden Strahlungsfluß $\phi_{1,2}$ proportional. Der von der Detektorfläche A_2 absorbierte Energieanteil ist die Bestrahlstärke, die durch die mit A_3 bezeichnete Blende beeinflußt wird.

Die quantitative Beschreibung der physikalischen Zusammenhänge erfolgt durch unterschiedliche Strahlungsgesetze.

Die allgemeingültigste Form ist das PLANCK'SCHE STRAHLUNGSGESETZ. Es gilt über alle Wellenlängen und beschreibt die Abhängigkeit der spezifischen spektralen Ausstrahlung von der Temperatur.

BILD 3 zeigt berechnete Isothermenverläufe am Beispiel des idealen Strahlers; die jeweilige Energieverteilung der infraroten Strahlung ist in Abhängigkeit von der Wellenlänge dargestellt. Die Integration über alle Wellenlängen führt zum Gesetz von STEFAN und BOLTZMANN; die Differentiation nach λ ergibt das WIEN'SCHE VERSCHIEBUNGSGESETZ.

KIRCHHOFF betrachtet die **strahlungsphysikalischen Eigenschaften.**

Die Absorption, die Transmission und die Reflektion sind ihrerseits abhängig von der Wellenlänge, der Temperatur, dem Werkstoff sowie der Oberflächenbeschaffenheit des Körpers. Auf diese meßtechnisch relevanten Randbedingungen bezieht sich der Emissionsgrad oder auch Strahlungskoeffizient, der ähnlich einem Wirkungsgrad die spektrale Strahlungsleistung realer Strahler unter der Voraussetzung gleicher Spektralbereiche und gleicher Temperaturen auf die Verhältnisse des sog. Schwarzen Strahlers bezieht.

Bei berührungslosen Temperaturmessungen ist die Genauigkeit absoluter Temperaturangaben direkt von der Kenntnis des Emissionsgrades abhängig. Hier ergeben sich besondere Schwierigkeiten, wenn der Emissionsgrad gleichzeitig von der Temperatur und der Wellenlänge beeinflußt wird. Das gilt z.B. für selektive Strahler.

Dazu zeigt **BILD 4** eine Unterteilung der Temperaturstrahler in drei charakateristische Gruppen. Auf der Grundlage ihrer strahlungsphysikalischen Merkmale gilt:

für	SCHWARZE STRAHLER	$\epsilon = $ const. und $\epsilon \equiv 1{,}0$;
für	GRAUE STRAHLER	$\epsilon = $ const. aber $\epsilon \leq 1$ und
für	SELEKTIVE STRAHLER	$\epsilon = f\ (\lambda, \theta)$.

Die Richtungsabhängigkeit der Strahldichte stellt schließlich eine weitere Einflußgröße dar. Dabei sind gewisse, werkstoffabhängige Grenzwinkel der Abstrahlung zu berücksichtigen. Eine Korrektur kann nach dem LAMBERTschen -(KOSINUS) - GESETZ erfolgen.

Meßtechnische Randbedingungen

Bei realen Meßaufgaben muß die emittierte Strahlungsenergie i.a. eine mit Wasserdampf und CO_2-Gasen angereicherte Atmosphäre durchdringen, die innerhalb bestimmter Spektralbereiche gegenüber der Strahlungsenergie vollkommen undurchlässig ist.

Gemäß **BILD 5** wird von sog. "atmosphärischen Festern" gesprochen, d.h. von spektralen Bereichen, in denen die durch Absorbtion bedingte Schwächung der Strahldichte unberücksichtigt bleiben kann. Folglich müssen Detektoren für Infrarotmessungen auch der jeweiligen spektralen, atmosphärischen Transmission entsprechen.

Diese Notwendigkeit verdeutlicht **BILD 6**, in dem die spektrale Empfindlichkeit einiger typischer Detektorwerkstoffe der atmosphärischen Transmission gegenübergestellt ist. Der interessante Spektralbereich für die überwiegende Applikation berührungsloser Temperaturmeßsysteme erstreckt sich bis ca. 5,5 μm.

In diesem Bereich liegt u.a. das 1. atmosphärische FENSTER. Hier können z.B. über SI-Detektoren Temperaturmessungen bis zu einer unteren Temperaturgrenze von etwa 450 °C durchgeführt werden. Der zugeordnete Spektralbereich endet bei etwa 2,5 μm. Das 2. atmosphärische FENSTER umfaßt das Wellenlängenspektrum von etwa 3,0 μm bis 5,5 μm. Hier sind Temperaturmessungen ab 100 °C möglich. Ein charakteristischer Detektorwerkstoff in diesem Spektralbereich ist ein stickstoffgekühlter InSb-Einkristall. Für "längerwellige" Detektoren wie z.B. das PYRIKON werden Grenzwellenlängen von etwa 40 μm erreicht. Damit ist auch deutlich der Bereich zwischen 8,0 μm und 14,0 μm überdeckt. In diesem 3. atmosphärischen FENSTER können z.B. mit HgCdTe-Detektoren bereits Temperaturen ab -20 °C gemessen werden.

Weitere gerätetechnische Randbedingungen sind mit dem spezifischen Transmissionsverhalten der "optischen" Materialien verbunden. Herkömmliche optische Gläser können im Spektralbereich bis ca. 2,0 μm eingesetzt werden, für längerwellige infrarote Strahlung hingegen sind sie "undurchlässig". Deshalb findet vor allem Germanium als besonders geeigneter Linsenwerkstoff in den Optiken von Infrarotmeßsystemen Verwendung.

Konzept des Videothermografie-Systems

Diesen physikalischen Randbedingungen entspricht ein Meßsystem, das speziell für Produktionsprozesse in der Gesenkschmiedeindustrie konzipiert worden ist. Temperaturmessungen beim Gesenkschmieden beziehen sich vorrangig auf die Temperaturverteilung der Werkstücke und damit speziell auf eine quantitative Bestimmung der zeitlich und örtlich instationären Temperaturfelder. Dabei ist in Abhängigkeit des jeweiligen Schmiedeverfahrens ein Temperaturintervall abzudecken, das bei 800 °C im Bereich des Halbwarmschmiedens beginnt und mit Maximalwerten von ca. 1300 °C für die übrigen Produktionsprozesse des Gesenkschmiedens endet.

Folgende Anforderungen sind an eine solche Meßeinheit zu stellen:

1.   Eine schnelle Temperaturerfassung soll Veränderungen der Temperaturfelder aufgrund von Temperaturausgleichvorgängen möglichst gering halten.

2. Die Aufnahmegeschwindigkeit des Meßsystems muß dem Verfahren angepaßt sein, da nur relativ kurze Zeitintervalle zwischen den einzelnen Umformstufen für die Aufnahme der Temperaturfelder zur Verfügung stehen.

3. Thermische und geometrische Auflösung müssen eindeutig zugeordnet werden können. Zielsetzung ist eine sichere Bestimmung der Orte extremer Temperatur-belastungen, um so Werkstückbereiche einzugrenzen, die speziell durch produktionsbedingte Temperaturerhöhungen gefährdet sind.

4. Besondere Anforderungen bestehen hinsichtlich der Betriebssicherheit, damit das Systems unter den relativ rauhen Bedingungen einer Gesenkschmiede störungsfrei arbeitet. Hier sind die vergleichsweise hohen Umgebungstemperaturen, Erschütterungen sowie Meßwertverfälschungen durch Fremdeinflüsse zu nennen.

5. Ein letzter sehr wesentlicher Aspekt ist eine praxisfreundliche Meßwertdokumentation mit der Möglichkeit, Meßdaten kurzfristig abrufen und quantitativ bewerten zu können.

Systemdarstellung

BILD 7 zeigt das Videothermografiesystem, wie es am Lehrstuhl für Umformende Fertigungsverfahren der Universität Dortmund entwickelt wurde. Eine solche voll ausgebaute Meßeinheit besteht aus drei Systemblöcken **(vgl. BILD 8):**

1. **Geräte zur Bilderfassung.** Dazu gehören
- die CCD-Halbleiter-Array-Kamera,
- geeignete IR-Filter zur Eingrenzung des spektralen Meßbereiches,
- ein Videorecorder für die analoge Bildspeicherung sowie
- ein Kontrollmonitor zur Auswahl der Meßposition.

2. **Bildverarbeitungsteil.** Die Basiseinheit bildet
- der PC in Form eines IBM-kompatiblen AT's in Verbindung mit
- der erforderlichen Bildverarbeitungshardware. Voraussetzung ist
- ein hinreichend schneller A/D-Wandler sowie eine
- interne CLOCK zur Generierung der Synchronsignale.

Ferner existieren
- zwei Colour-Look-Up-Tables (INPUT- und OUTPUT-CLUT),
- 4 interne Bildspeicher zur Bearbeitung der Meßwerte von Temperaturfeldern,
- eine RGB-Schnittstelle für eine farbige Wiedergabe der Temperaturfelder.

3. **Wiedergabeeinheit.** Hier sind insbesondere die unterschiedlichen Dokumentationsmöglichkeiten mit einzubeziehen.

Absicherung der Meßgenauigkeit

Die Meßgenauigkeit einer solchen Einheit hängt von mehreren Faktoren ab. Grundsätzlich gehen Meßfehlereinflüße von den einzelnen Systemkomponenten aus. Der Einsatz in der Gesenkschmiedeindustrie bedeutet speziell aufgrund der individuellen strahlungsphysikalischen Randbedingungen eine weitere Meßunsicherheit. Deshalb wurden umfangreiche Einmeßversuche zur Absicherung eines Meßgenauigkeit durchgeführt.

1. Einmessung unter Laborbedingungen

Die Quantifizierung der systemspezifischen Einflüsse auf die Meßergebnisse wurde unter idealen Strahlungsbedingungen am Schwarzen Strahler vorgenommen. Damit konnte von konstanten Temperaturverhältnissen ausgegangen und eine eindeutige Korrelation zwischen Temperatur und Videosignal erarbeitet werden (**BILD 9**). Es wurden u.a. Meßreihen durchgeführt, die mit Hilfe einer lokalen Ausblendung Aussagen zur Homogenität der Empfindlichkeit des Halbleiter-Arrays ermöglichten.

Aus den Meßreihen folgt, daß sowohl die Verstärkercharakteristik als auch die Signalübertragung über die Einmessung berücksichtigt werden. Die spezielle Betrachtung der Signalverteilung über das Array zeigt, daß auf eine Korrekturrechnung zur Kompensation von Detektivitätsunterschieden verzichtet werden kann.

2. Einmessung unter realen meßtechnischen Randbedingungen

Die Berücksichtigung der strahlungsphysikalischen Einflüsse beim Meßeinsatz in einem Gesenkschmiedebetrieb kann ebenfalls mit hinreichender Genauigkeit durch Einmeßreihen abgesichert werden. Ein spezieller Vergleichsstrahler bietet die Möglichkeit den zu verschmiedenden Werkstoff auf stationäre Temperaturzustände zu erwärmen. Damit können materialspezifische Strahlungseigenschaften vorab bestimmt werden und zwar unter den speziellen Randbedingungen des späteren, realen Meßeinsatzes.

Entsprechendes gilt für atmosphärische Einflüsse bei der Übertragungsstrecke vom Meßobjekt zum Detektor. Ein Einfluß des Wasserdampfanteils in der Luft wird unter der Annahme übertragbarer Randbedingungen nicht weiter spezifiziert. Hingegen wird bei Schmiedeprozessen üblicherweise graphithaltiger Schmierstoff eingesetzt, um dadurch thermische und mechanische Einflüsse auf die Schmiedgesenke zu verringern. Hier besteht die Möglichkeit, durch Testschmiedungen eine direkte Temperatur-Signal-Korrelation zu erarbeiten, um auf diese Weise den Einfluß des CO_2-Gehaltes auf die Meßergebnisse durch gezielte Einmeßversuche auszugrenzen.

Die Gesamtheit dieser Einmeßreihen ergab, daß für dieses Meßsystem eine Meßgenauigkeit von +/- 1,5 % angegeben werden kann.

Exemplarische Temperaturfeldanalyse an einem Schmiedeteil

Die **BILDER 10 und 11** zeigen einen Achsschenkel - einmal als Bauteilansicht, zum anderen als farblich differenzierte Wiedergabe des Temperaturfeldes. Für diese Darstellung gilt, daß mit Hilfe eines Colour-Synthezisers - als einer speziellen Systemmodifikation - eine analoge Umsetzung der Videopegel in willkürlich wählbare Farbstufen erfolgt ist. Jede Farbstufe charakterisiert einen mittleren Videopegel und ist damit dem integralen Meßwert des o.g. Pyrometers vergleichbar. Dabei handelt es sich folglich um quasi-isotherme Temperaturbereiche. Jeweils exakte Temperaturen werden durch die isothermen Grenzkurven zwischen zwei benachbarten Temperatur- (Farb-)Bereichen charakterisiert. Aus der Zuordnung der Farbfelder und der individuellen Aufnahmeparameter - insbesondere der Blenden- und Filterkombination - können bereits aus einer solchen Darstellung erste quantitative Temperaturaussagen abgeleitet werden.

Mit dieser Meßkonfiguration sind daher vor allem zeitsynchrone Temperaturfeldanalysen möglich, da eine zusätzliche Rechenzeit für eine Temperaturfeldbewertung entfällt. Diesem Vorteil stehen Einschränkungen entgegen, die einen direkten Einfluß auf die Meßgenauigkeit haben, da in dieser Meßanordnung eine genauere Berücksichtigung des aktuellen Strahlungskoeffizienten schwierig ist. Diesen Gegebenheiten trägt die rechnergestützte Bildauswertung Rechnung.

Bewertung der Meßergebnisse

Beispiele der Einzelbildbewertung werden durch das in **BILD 12** dargestellt Hauptmenue charakterisiert.

Die maßgebliche "Grundeinstellung für eine Bildbewertung" ist durch die Angabe der aktuellen Aufnahmeparameter sowie des spezifischen Strahlungskoeffizienten gegeben. Eine rechnerische Berücksichtigungen unterschiedlicher Strahlungsbedingungen ist z.Zt. dadurch möglich, daß frei wählbare Fenster gesetzt werden, für die eine differenziertere Angabe des Emissionsgrades vorgenommen werden kann.

Weitere Optionen ermöglichen die Darstellung isothermer Verläufe für maximal 7 vorwählbare Temperaturwerte, Temperaturprofile entlang horizontaler bzw. vertikaler Schnitte und die punktweise Ausgabe von Einzeltemperaturen. Im Rahmen der Auswertung kann durch Vorgabe von festen Temperaturgrenzen das zu bewertende Temperaturintervall festgelegt werden, so daß die insgesamt 16 dargestellten Farbstufen engeren Temperaturdifferenzen zugeordnet werden können.

Aus der systemspezifischen Normstruktur der Videotechnik ist darüber hinaus eine immanente Zeitachse gegeben, die beispielsweise für eine Bewertung von Bildsequenzen genutzt wird. Auf dieser Grundlage sind Temperatur-Zeit-Verläufe möglich, die mit Hilfe eines Zeit-Code-Generators in einer Genauigkeit von "+/- einem Bild" realisiert werden können, das entspricht einer absoluten Zeitangabe von +/- 40 ms.

Ausblick

Die Einsatzmöglichkeiten eines solchen Thermografie-Systems sind offensichtlich. Als wesentliche Grenzen wirken sich zwangsläufig die "Einblickmöglichkeiten" auf das Meßobjekt aus, die beispielsweise bei Fertigungsprozessen des Gesenkschmiedens zu Verzögerungen des Meßzeitpunktes führen können, da durch das formgebende Werkzeug größere Teilbereiche der Werkstückoberfläche abgedeckt sind. Andererseits ist durch eine Steigerung der Rechenleistungen im PC-Bereich die Entwicklung hin zu einer rechnergestützten "dynamischen Temperaturfeldanalyse" abzusehen. Das wäre dann der Schritt zu einer intelligenten Sensoreinheit zur Realisierung regelungstechnisch optimierter Fertigungsabläufe.

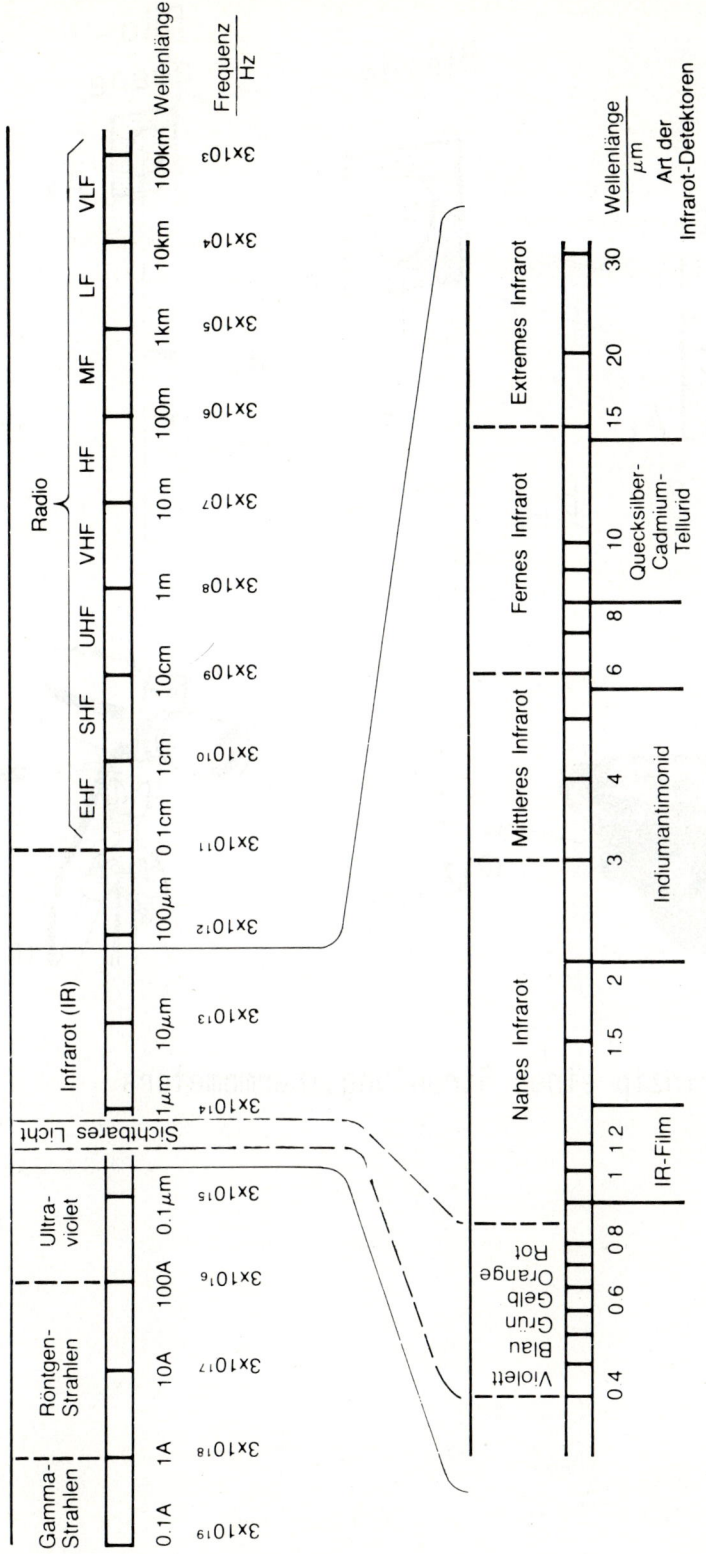

Bild 1: Elektromagnetisches Wellenlängenspektrum

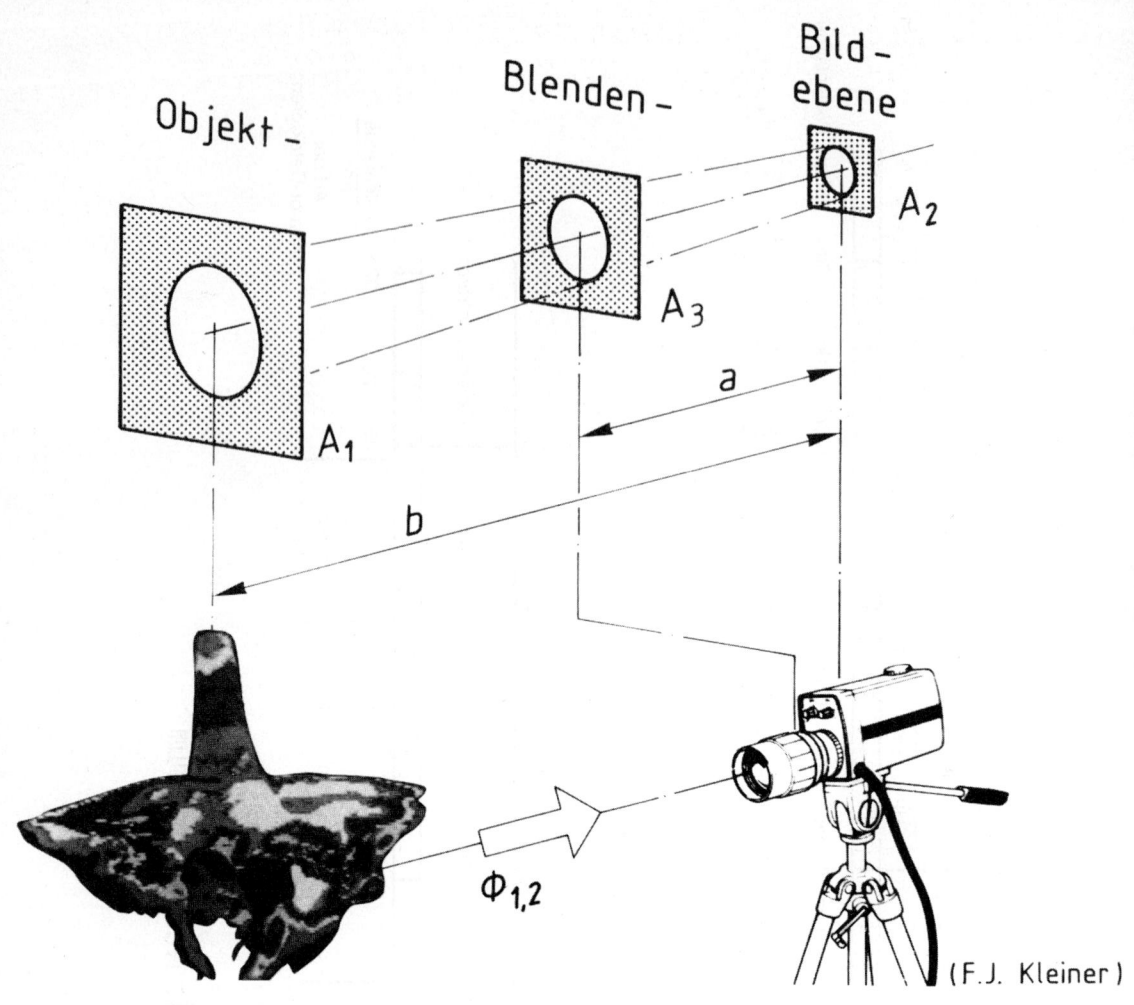

Objekt - A_1

Blenden - A_3

Bild - ebene A_2

a

b

$\Phi_{1,2}$

(F.J. Kleiner)

Bild 2:   Meßprinzip eines Strahlungsthermometers

538

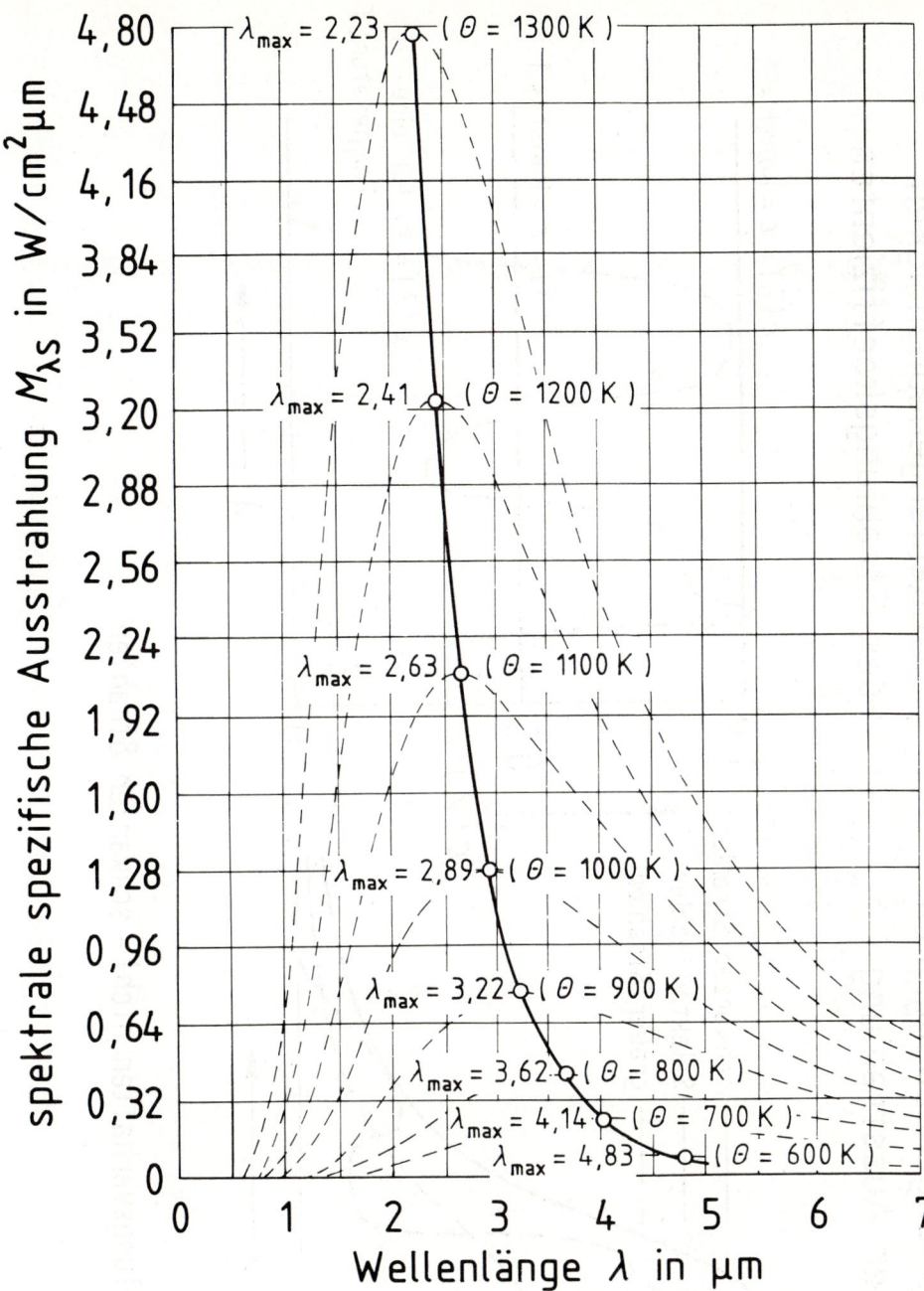

Bild 3: Spektrale Energieverteilung der IR – Strahlung
         – Maximalwerte des Wien'schen Verschiebungsgesetzes –

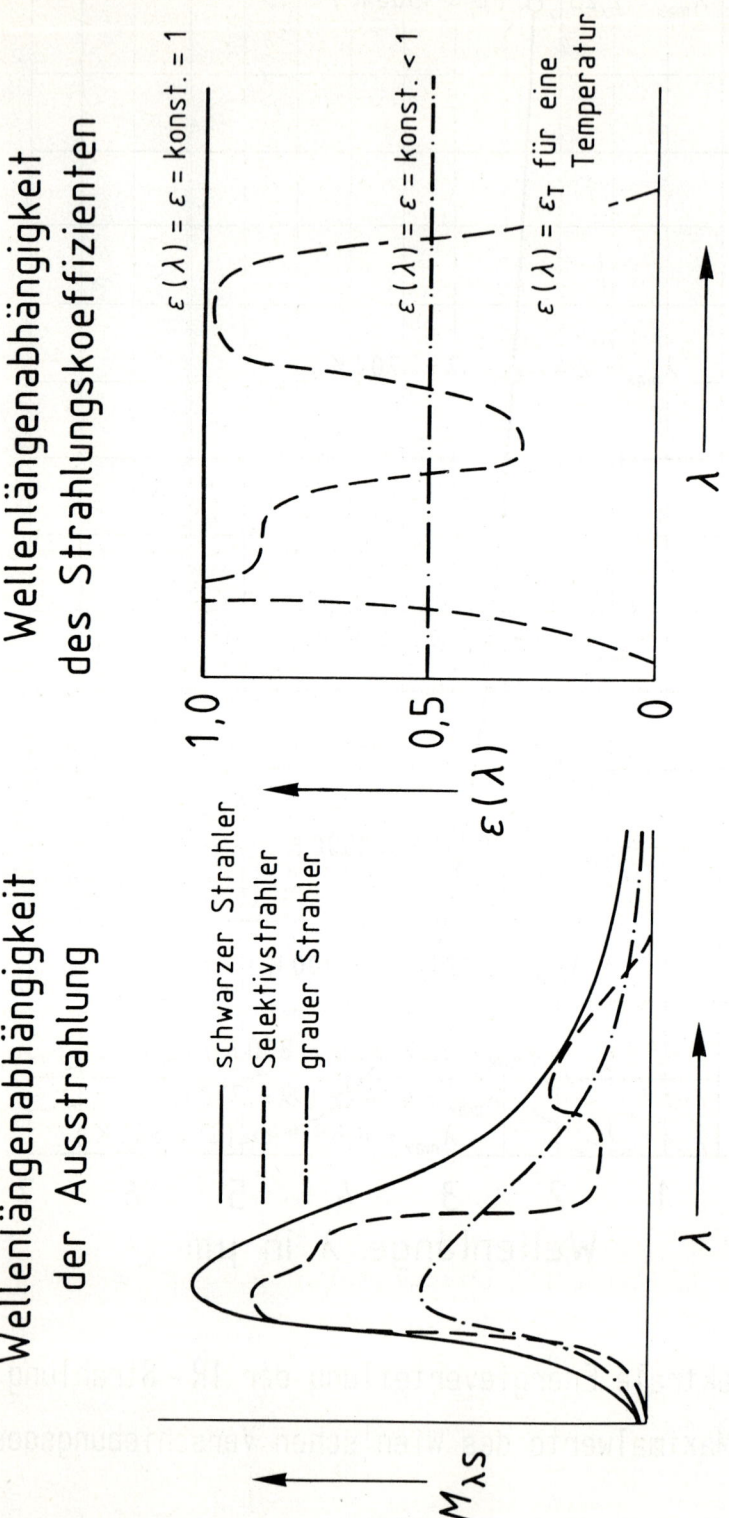

Bild 4: Strahlungsverhalten nicht – schwarzer Strahler

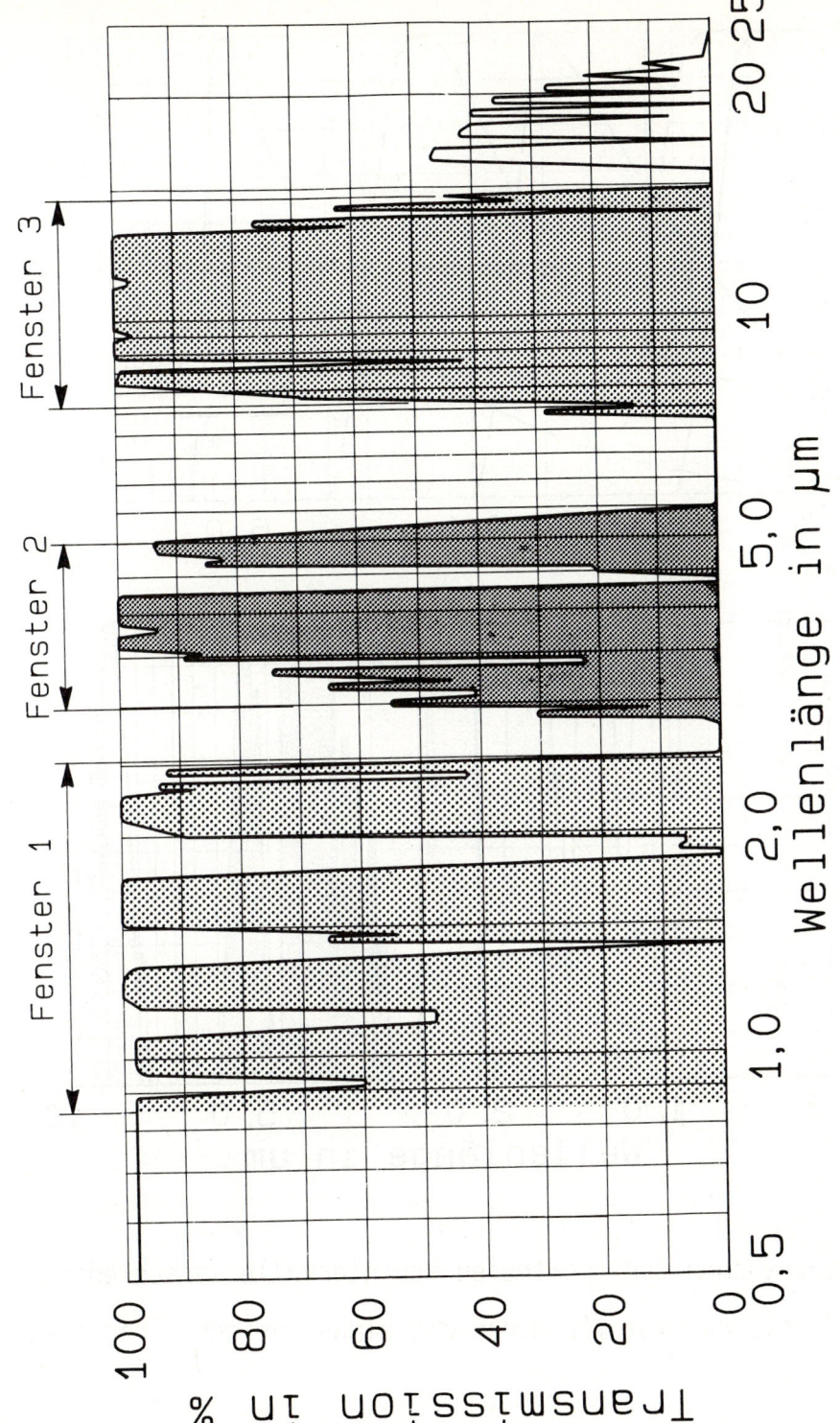

Bild 5:   Atmosphärische spektrale Transmission

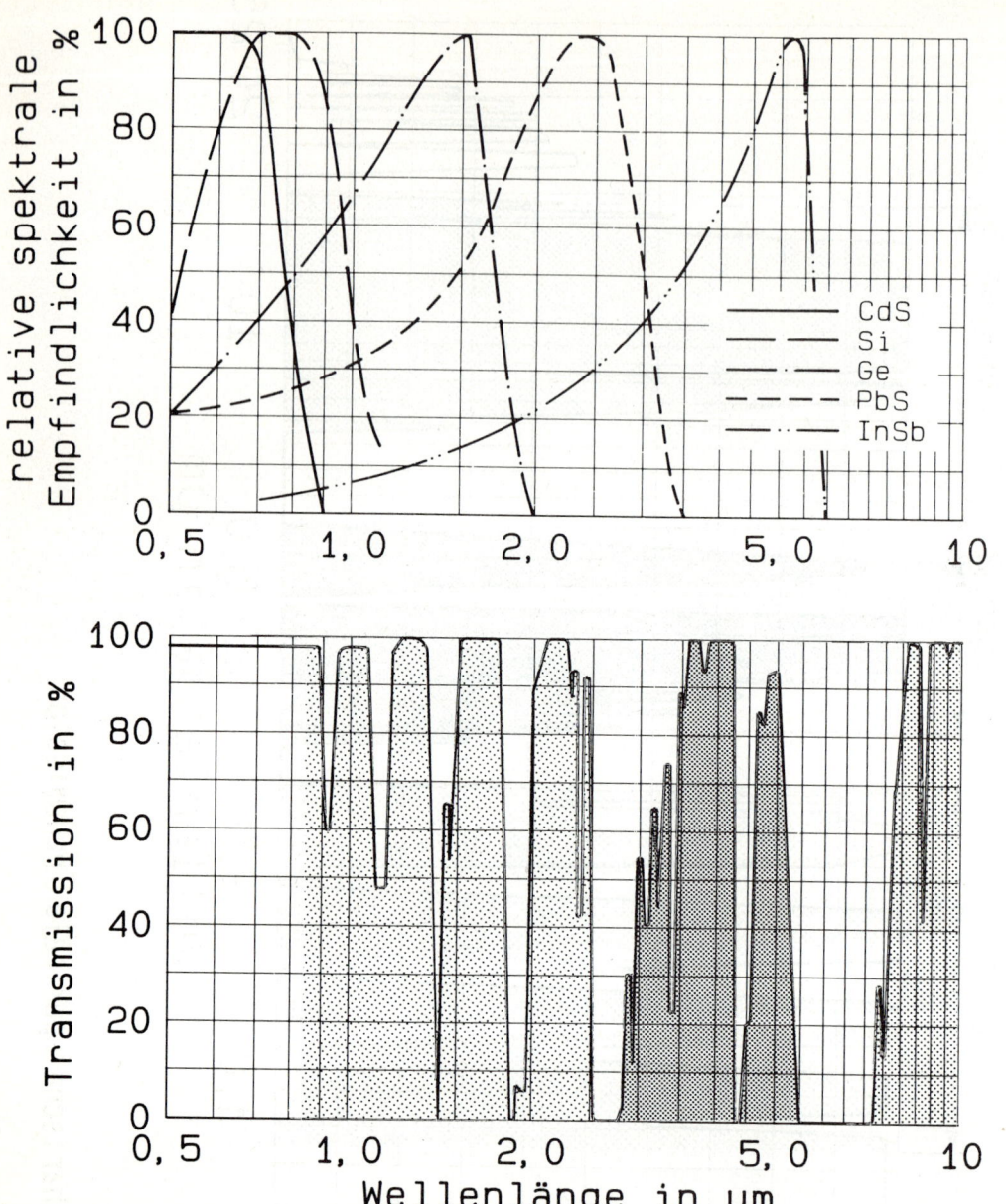

Bild 6:   Begrenzung der spektralen Meßintervalle verschiedener
          Detektorwerkstoffe durch die atmosphärische Transmission

Bild 7:   Gerätetechnischer Aufbau der Video – Thermografieanlage

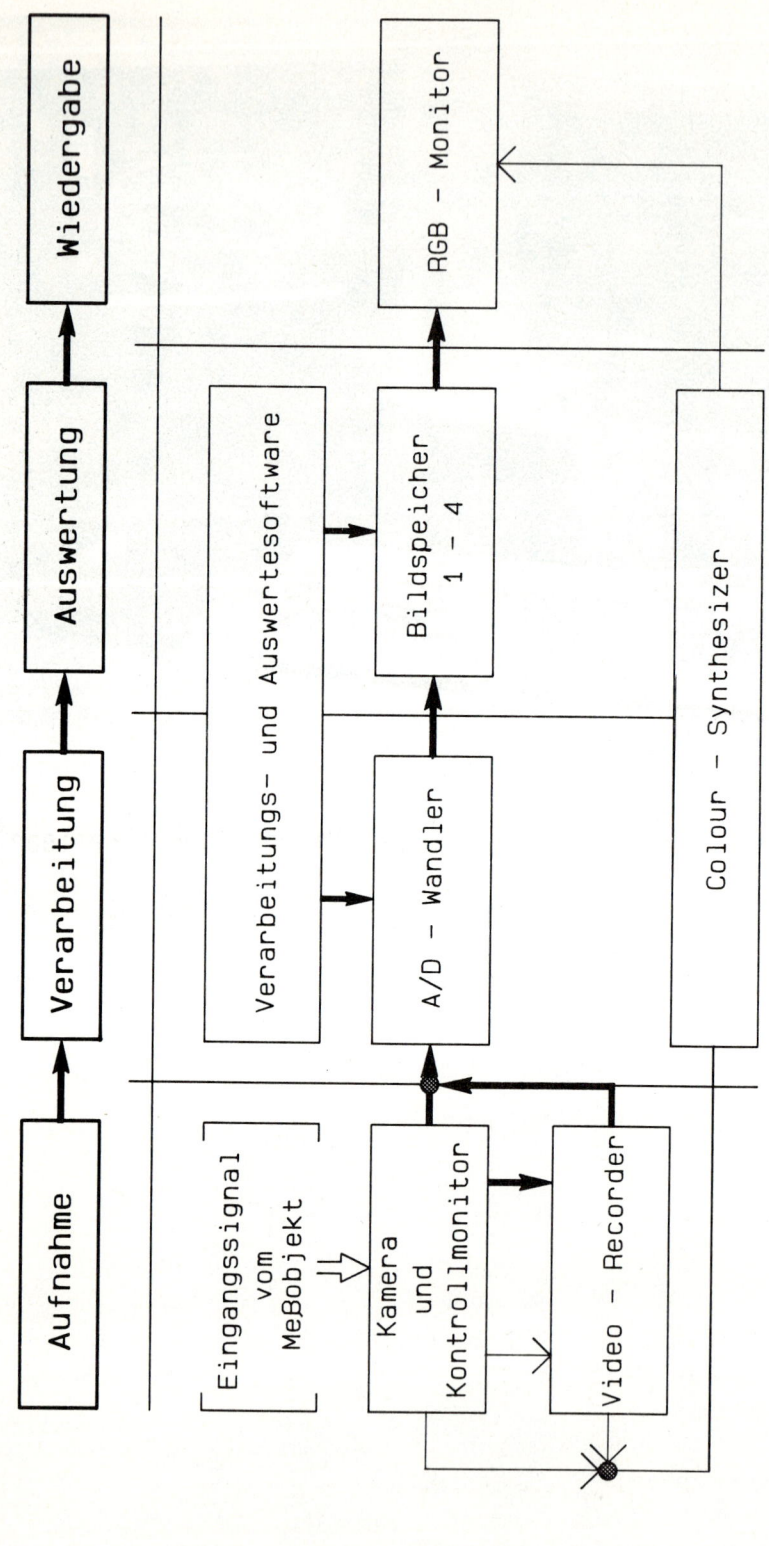

Bild 8: Video – Thermografie – Struktureller Aufbau

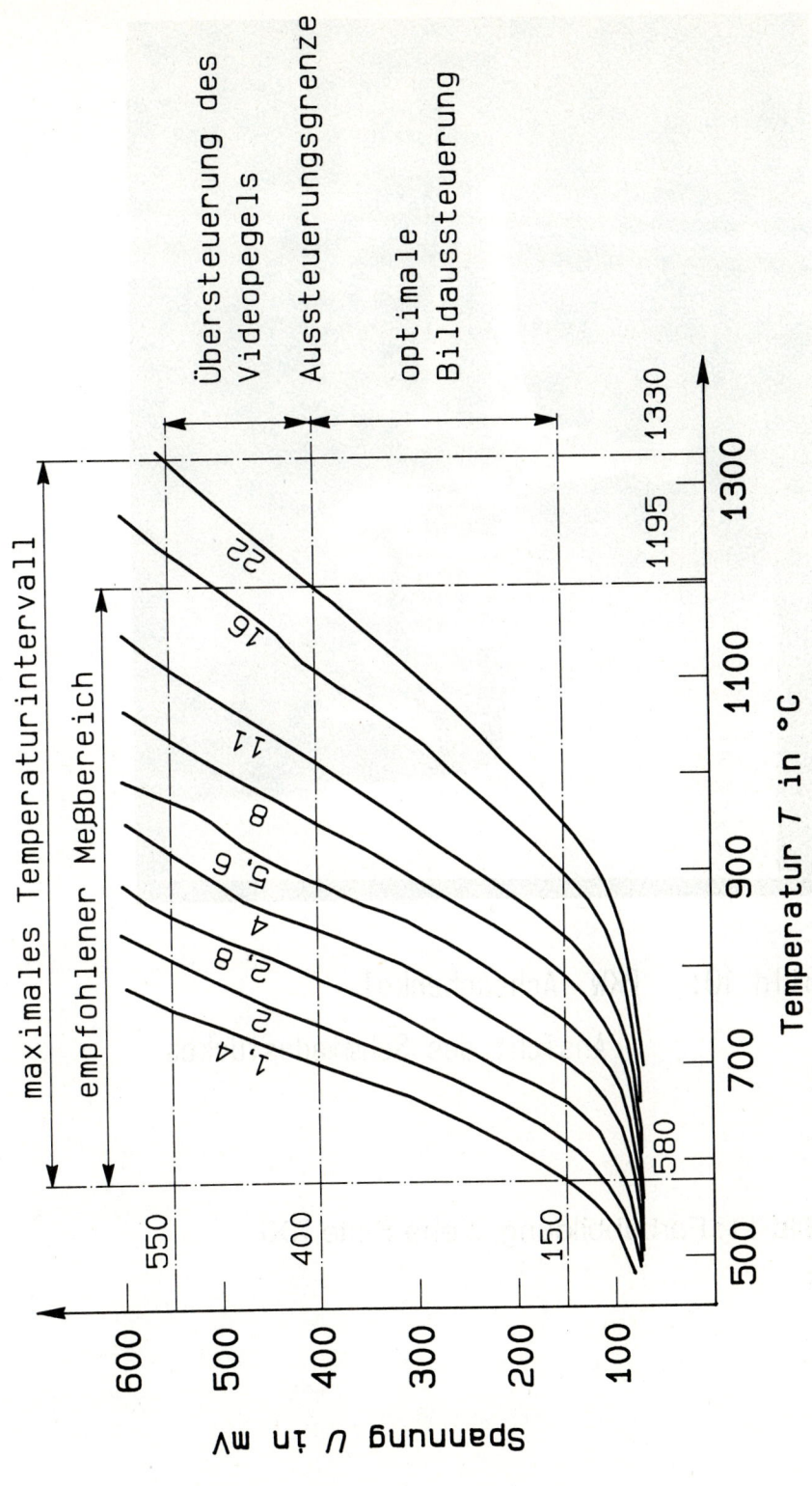

Bild 9: Video–Thermografie — Einmeßkurven

545

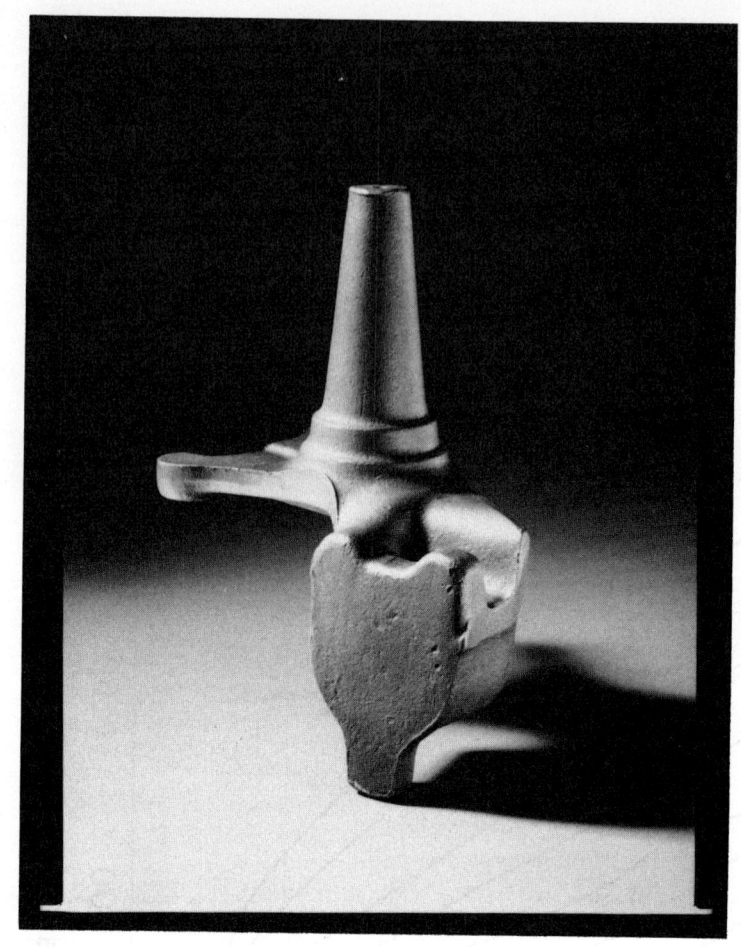

Bild 10:   PKW - Achsschenkel

            - Ansicht des Schmiedestückes

Bild 11: Farbabbildung, siehe Seite XXI

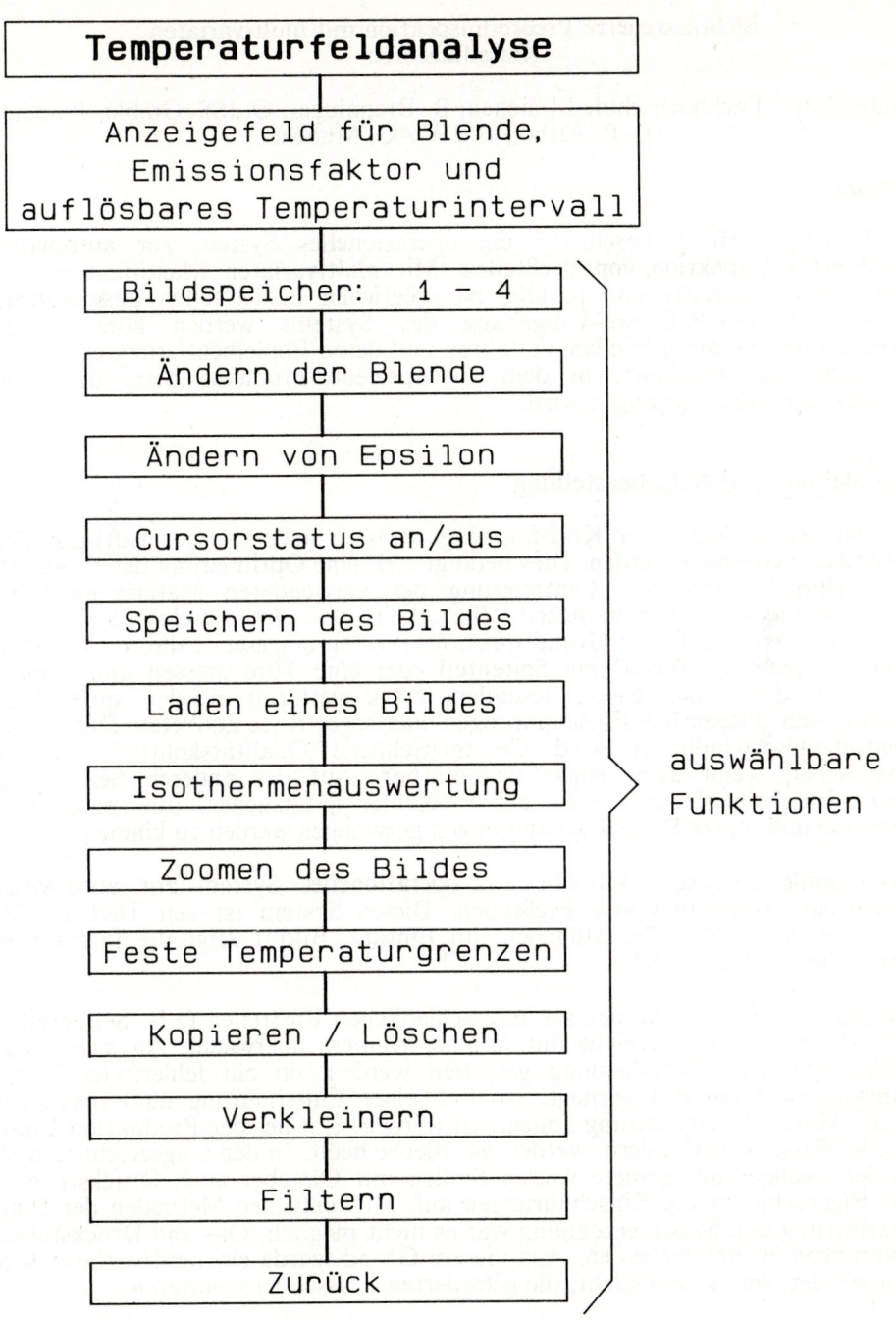

Bild 12: Menuestruktur zur Bewertung von Wärmebildern

Sichtgesteuerte Preßteilinspektion mit multivariaten Klassifikatoren

P. Haberäcker, Fachhochschule München; B. Brenninger, QuISS–GmbH, Puchheim; H.–P. Althof, BMW AG, München.

Kurzfassung

Der vorliegende Beitrag beschreibt ein operationelles System zur automatischen, sichtgesteuerten Inspektion von Preßteilen. Mit multivariaten Klassifikatoren werden Grauwertprofile senkrecht und parallel zu möglichen Fehlerstellen ausgewertet. Die Hardware und die Software–Umgebung des Systems werden kurz vorgestellt. Anschließend werden die speziellen Verfahren und deren Implementierung erläutert. Den Schluß bildet ein Abschnitt, in dem auf spezielle Probleme beim operationellen industriellen Einsatz eingegangen wird.

1.   Einleitung und Aufgabenstellung

Bei der Herstellung moderner Kraftfahrzeuge müssen äußerst wirtschaftliche Produktionstechniken verwendet werden. Dies bedingt z.B. eine Optimierung der Produktion in zeitlicher Hinsicht und eine Optimierung der verwendeten Materialien bezüglich Gewicht, Festigkeit, Verarbeitbarkeit, Sicherheit usw. Im Bereich der Karosserieherstellung werden aus diesem Grund moderne Pressen eingesetzt, die in kürzester Zeit aus dem Rohmaterial "Blech" ein Seitenteil oder eine Türe pressen und stanzen. In Bereichen, in denen das Blech besonders stark verformt werden muß, kann es vorkommen, daß gelegentlich Einschnürungen oder sogar Risse auftreten. Durch die hohe Verarbeitungsgeschwindigkeit wird die menschliche Qualitätskontrolle zunehmend problematischer, wenn nicht sogar unzumutbar. Auf der anderen Seite muß der Hersteller sicherheitsrelevante Teile auf Preßfehler untersuchen, um später nicht in unangenehme und teuere Regreßverhandlungen gezwungen werden zu können.

Der vorliegende Beitrag beschreibt ein **operationelles System zur automatischen, sichtgesteuerten Inspektion von Preßteilen**. Dieses System ist seit Herbst 1989 im Preßwerk bei der BMW AG, München, im Einsatz. Bild 1 zeigt die Integration des Systems in die Produktionslinie.

In der ersten Ausbaustufe werden an unterschiedlichen Preßteilen (z.B. Seitenteile links und rechts) jeweils zwei Bereiche mit je einer Kamera überwacht. An jeder Beobachtungsstelle muß eine Entscheidung getroffen werden, ob ein fehlerfreies Teil, eine Einschnürung oder ein Riß vorliegt. Im Fall einer Einschnürung muß zusätzlich der Betrag der Materialverminderung angegeben werden. Um bei der Produktion Einschnürungen oder Risse zu verhindern, werden die Bleche beölt. In den aufgezeichneten Videobildern der Beobachtungsgebiete weisen Stellen mit Öl, aber auch Druckstellen, sehr ähnliche Eigenschaften wie Einschnürungen auf. Mit einfachen Methoden der Digitalen Bildverarbeitung und Mustererkennung war es nicht möglich, Öl– und Druckstellen von Einschnürungen zu unterscheiden. Aus diesem Grund wurde ein multivariater Klassifikator verwendet, der es ermöglicht, die geforderten Klassen zu separieren.

Bild 1:   Operationelles System zur automatischen Inspektion von Preßteilen in der Produktionslinie im Preßwerk der BMW AG in München.

2.   Die Hard– und Software–Umgebung

Als Kernstück werden VMEbus–Rechner auf der Basis von Motorola 68020–Prozessoren verwendet. Das System ist so konzipiert, daß bei höherem Bedarf an Prozessorkapazität mehrere Prozessoren pyramidenartig konfiguriert werden können. Als Hintergrund-speicher sind, wie üblich, Festplatten und ein Diskettenlaufwerk vorhanden. Als Betriebssystem wird OS9 verwendet, das sich gut bei Echtzeitanwendungen einsetzen läßt. Die Software wurde in C entwickelt.

Die Bildverarbeitungshardware besteht aus einem Steckkartenset ITI150/151, das über den VMEbus angekoppelt ist [ITI 88]. Im Detail werden derzeit verwendet: ein Analog/Digital–Interface (ADI) mit zwei Matrix–Videokameras, ein Bildspeicher (Framebuffer, FB) mit einem Megabyte und eine arithmetische Einheit (ALU). Die einzelnen Baugruppen sind intern über schnelle Busverbindungen gekoppelt. Bei weiterem Bedarf an Echtzeit–Bildverarbeitungskapazität kann die Hardware jederzeit um zusätzliche Spezialmodule ergänzt werden. Im operationellen Einsatz in der Produktionslinie mußte darauf geachtet werden, daß die Hardware so gut wie möglich gegen Vibrationen, gegen Verschmutzung und die Videokameras vor allem gegen Dejustierung geschützt sind.

3.   Beschreibung der verwendeten Verfahren zur Bildverarbeitung und Mustererkennung

Die angewendeten Verfahren werden im folgenden am Beispiel eines der beiden Inspektionsorte eines Seitenteils dargestellt. In Bild 2–a ist diese Stelle mit einem Pfeil markiert. Bild 2–b zeigt das digitalisierte Videobild im Fall einer fehlerfreien Stelle. In Bild 2–c ist eine Einschürung mit ca. 0.35mm Materialverminderung abgebildet, Bild 2–d zeigt einen Riß und Bild 2–e die Inspektionsstelle mit überlagertem Öl.

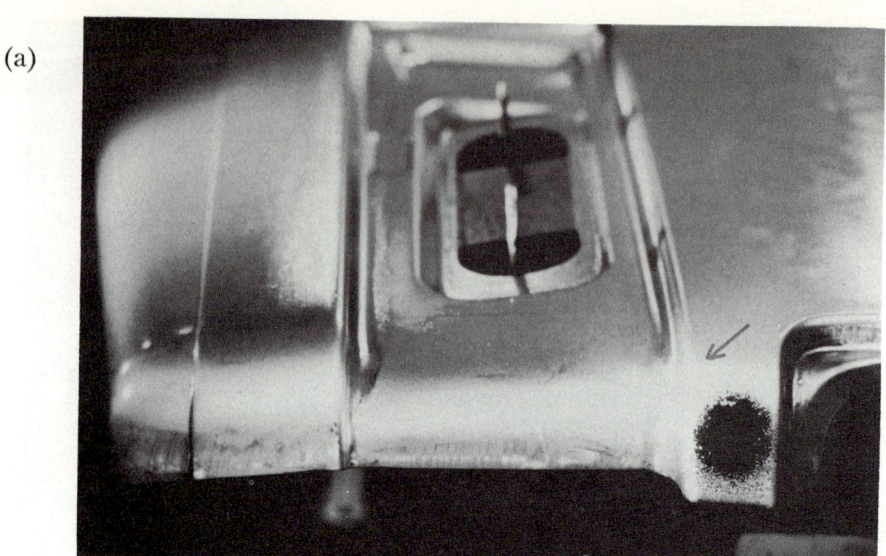

(a)

(b)

(c)

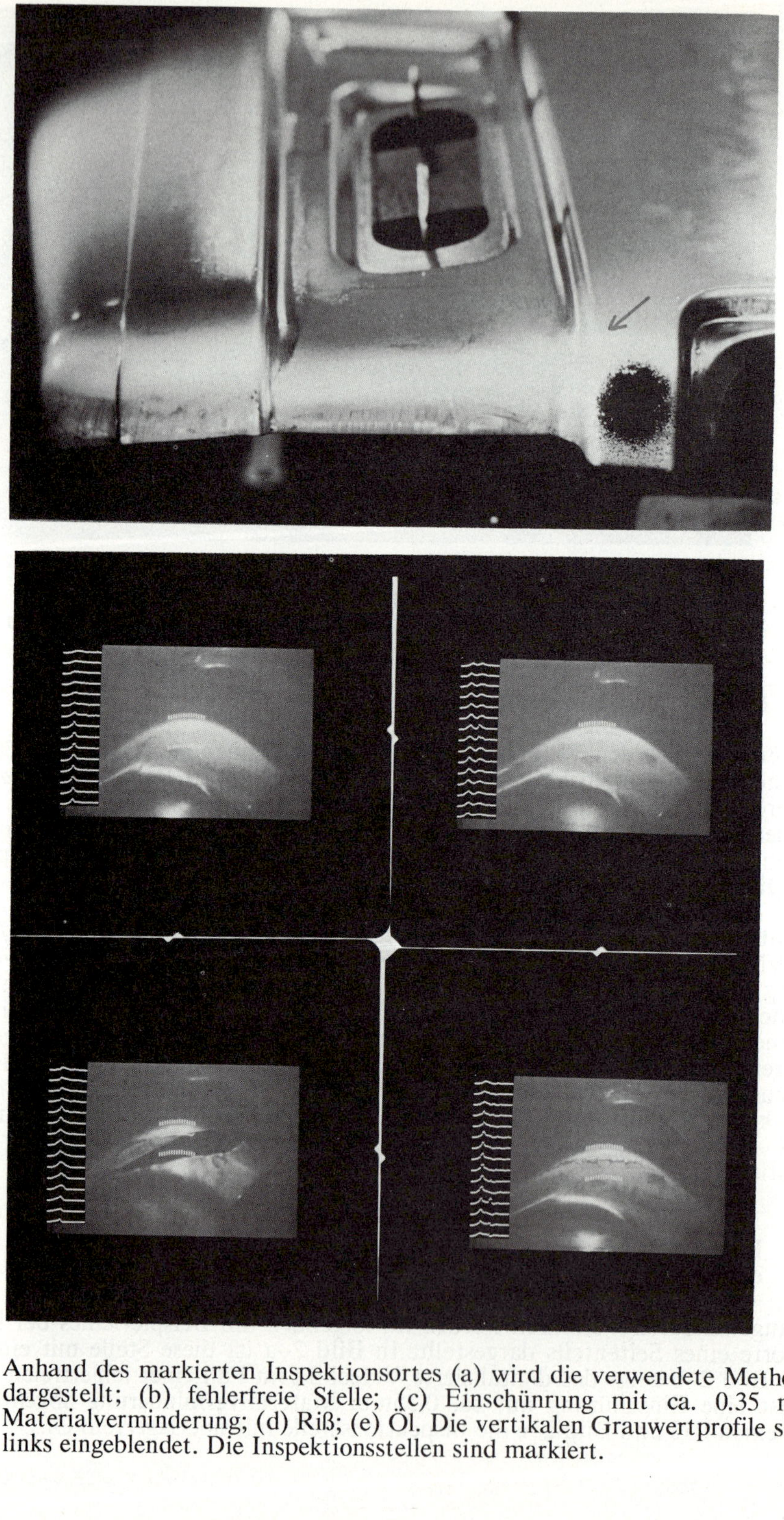

(d)

(e)

Bild 2: Anhand des markierten Inspektionsortes (a) wird die verwendete Methode dargestellt; (b) fehlerfreie Stelle; (c) Einschürrung mit ca. 0.35 mm Materialverminderung; (d) Riß; (e) Öl. Die vertikalen Grauwertprofile sind links eingeblendet. Die Inspektionsstellen sind markiert.

Die verwendete Methode besteht im wesentlichen aus der Extraktion von Grauwert-profilschnitten, die senkrecht und parallel zum Inspektionsort, also senkrecht und parallel zur möglichen Fehlerstelle, gelegt werden. Aus diesen Profilen werden Merkmale extrahiert, die die geforderten Klassen im Merkmalsraum trennen. Mit einem Klassifikator kann dann der untersuchte Inspektionsort einer der Klassen zugeordnet werden. Als Klassifizierungsverfahren wird ein **fest dimensionierter, überwachter Bayes'scher Klassifikator** verwendet. Um jedoch dieses grundlegende Verarbeitungs-prinzip anwenden zu können, sind vielfältige Arbeitsschritte notwendig, die im folgenden dargestellt werden. Auf eine streng mathematische Formulierung der einzelnen Schritte muß im Rahmen des vorliegenden Beitrags aus Platzgründen verzichtet werden. Es wird dazu auf die angegebene Literatur verwiesen.

3.1 Vorarbeiten

Zu den Vorarbeiten gehört zunächst die genaue Justierung des Sensors (Bild 3). Ein Sensor besteht aus einer Matrix–CCD–Kamera und einer Beleuchtungseinrichtung. In Vorversuchen muß für jeden Inspektionsort ein optimaler Standort des Sensors gefunden werden. Dieser Ort ist so zu wählen, daß die Einschnürungen oder Risse möglichst gut kontrastiert werden. Es ist aber zu beachten, daß der gewählte Ort keine Behinderung in der Produktionslinie darstellt. Bei häufigem Bauteilwechsel können die Sensoren auch von Robotern gehalten werden, die sie dann ohne Schwierigkeiten in eine neue Positionen bringen können.

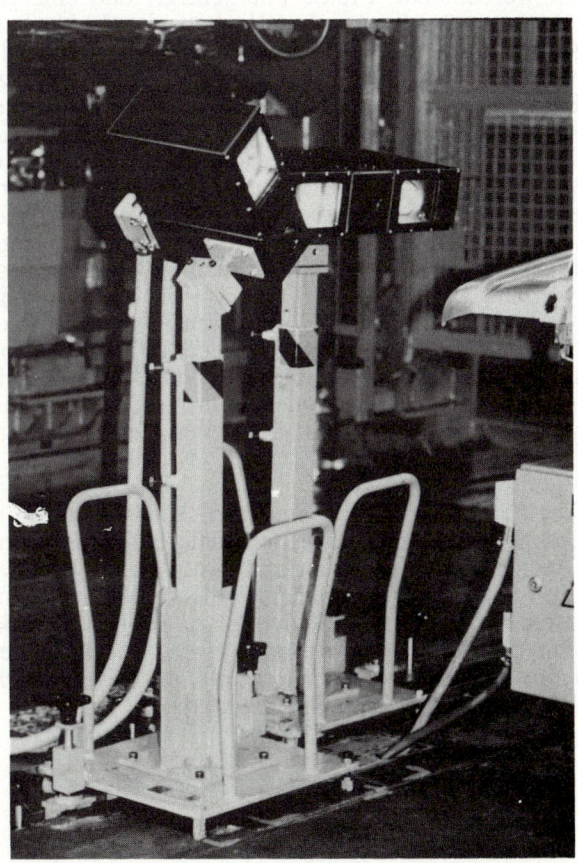

Bild 3:   Sensor des Systems mit Videokamera und Beleuchtungseinrichtung.

Nachdem der Bildausschnitt für die Kamera festgelegt ist, wird in einem ersten Bild, dem **Referenzbild**, ein Bereich festgelegt, der die Inspektionsstelle enthält. Außerdem werden anhand des Referenzbildes die Anfangskoordinaten und die Längen der Profilschnitte festgelegt. Die genaue Kenntnis des Inspektionsortes geht also hier als apriori–Wissen in das System ein.

3.2 Dimensionierung des Systems

Um später einen Klassifikator einsetzen zu können, muß das Klassifizierungssystem dimensioniert werden. Dazu wird pro Inspektionsort eine **repräsentative Stichprobe** von Bildern für die Klassen "fehlerfrei", "Einschnürung", "Riß" und "Öl" benötigt. Die Beschaffung dieser Stichprobe ist in der Praxis mit Problemen behaftet, die in Abschnitt 4 erläutert werden. Im folgenden wird davon ausgegangen, daß diese Stichprobe vorliegt.

Die Stichprobe wird nun aufgeteilt in eine Trainingsteilmenge und in eine Teilmenge zur Beurteilung der Güte. Als Daumenregel kann man hier verwenden: etwa $^2/_3$ der Stichprobe für das Training und $^1/_3$ für die Gütebeurteilung. Die Trainingsmenge sollte etwa aus $2 \cdot N \cdot t$ Elementen bestehen, wobei N die Anzahl der verwendeten Merkmale (die Dimension des Merkmalsraumes) und t die Anzahl der Klassen ist.

Im nächsten Schritt werden die einzelnen Bilder der Trainingsmenge verarbeitet. Da die Bilder gegenüber dem Referenzbild geringfügig verschoben sein können, muß eine Anpassung durchgeführt werden. Die Praxis hat gezeigt, daß eine **translatorische und eine rotatorische Korrektur** notwendig ist. Aus Rechenzeitgründen kann eine Bildkorrelation nicht über das gesamte Referenzbild und das anzupasssende Bild erstreckt werden. Aus diesem Grund wird in der Vorbereitungsphase im Referenzbild ein Fenster festgelegt, das zur Korrelationsberechnung verwendet wird. Dieses Fenster sollte möglichst markante Objekte des Bildes, wie z.B. Löcher oder Kanten, enthalten. Ebenfalls aus Zeitgründen wird die Korrelation nicht anhand des Korrelationskoeffizienten der beiden gesamten Bildausschnitte berechnet. Vielmehr werden in beiden Ausschnitten die Zeilen– und Spaltensummen der Grauwerte ermittelt. Es resultieren vier diskrete Funktionen, zwei für das Referenzbild und zwei für das gerade verarbeitete Trainingsbild. Das Funktionenpaar für das Referenzbild kann bereits in der Vorbereitungsphase berechnet werden. Es ist durch n bzw. m Stützstellen gegeben, wenn n die Zeilenanzahl und m die Spaltenanzahl des Korrelationsfensters im Referenbild ist. Das Funktionenpaar des aktuellen Bildes ist entsprechend durch n'>n bzw. m'>m Stützstellen gegeben, da das Korrelationsfenster im aktuellen Bild größer festgelegt ist. Aus der Korrelation der entsprechenden Funktionen kann jetzt die Translation in Zeilen– und in Spaltenrichtung berechnet werden. Mit ähnlichen Verfahren wird die rotatorische Korrektur durchgeführt.

Den Grauwertverlauf der Profilschnitte der einzelnen Klassen zeigen die Bilder 2–b bis 2–e. Aus diesen Profilschnitten werden nun **Merkmale** berechnet. Um die Inspektionssicherheit zu erhöhen, werden nicht nur Merkmale aus einem Profilverlauf, sondern es werden über die gesamte Fläche einer möglichen Fehlerstelle Profilschnitte gelegt. Jedes Profil ist 100 Bildpunkte lang. Es wird in Segmente zu je 10 Bildpunkten aufgeteilt. Zu jedem Segment i werden das Grauwertmaximum max_i, das Grauwertminimum min_i, sowie die dazugehörigen Positionen $posmax_i$ und $posmin_i$ berechnet. Mit diesen Rohdaten werden pro Profil Merkmale berechnet, wie z.B.:

$$max_i - min_i,$$

$$max_i - min_{i+1},$$

...

$$\text{Kurvenfläche von } \frac{posmax_i \text{ bis } posmin_i \text{ oberhalb von } min_{i+1}}{posmin_{i+1} - posmax_i},$$

...

Standardabweichung der Grauwerte innerhalb eines Profils,

längste Distanz, auf der die Grauwerte kleiner als der mittlere
Grauwert des Profils sind,

usw.

Diese Merkmale werden über alle Profile aufsummiert. Die Praxis hat gezeigt, daß zur besseren Separation der Klasse "Öl" auch Merkmale parallel zur möglichen Fehlerstelle berechnet werden müssen. Sie werden anhand von Parallel–Profilen in ähnlicher Weise wie oben dargestellt, berechnet. Zu jedem Inspektionsort werden derzeit ca. N=60 Merkmale ermittelt. Diese Merkmale werden, wie beschriebenen, für alle Bilder der Trainingsmenge berechnet.

Um die Verarbeitungszeiten zu reduzieren, ist es notwendig, den N–dimensionalen Merkmalsraum auf einen N'–dimensionalen Unterraum zu reduzieren, in dem die Klassen optimal getrennt sind. Diese Reduktion wird im hier beschriebenen System nicht generell, sondern partiell für einen Inspektionsort durchgeführt, da ja unterschiedliche Merkmalskombinationen an verschiedenen Inspektionsorten auch eine unterschiedliche Klassifizierungsgüte zur Folge haben können. Als Ergebnis der bisherigen Traingsphase liegen vor:

- die Kovarianzmatrix aller Klassen,
- der Mittelwertvektor aller Klassen,
- die Kovarianzmatrizen der Klassen i, i=1,...,4,
- die Mittelwertvektoren der Klassen i, i=1,...,4.

Pro Klasse kann aus diesen Größen der "Within–Class–Scatter" [Devi82] berechnet werden, der angibt, wie kompakt die einzelnen Klassen sind. Ebenso kann der "Between–Class–Scatter" ermittelt werden, der angibt, wie separat die Klassen voneinander liegen. Aufbauend auf diesen Größen werden in einem ersten, groben **Verfahren zur Merkmalsreduktion** diejenigen N'< N besten, signifikanten Merkmale gefunden, die innerhalb einer Klasse wenig, über den gesamten Merkmalsraum aber stark variieren.

Die Feinauswahl der Merkmale wird mit Hilfe eines **"Take–3–Add–2"–Algorithmus** durchgeführt, der letztlich N'–1 Kandidaten zur Dimensionierung des Klassifizierungssystem liefert. Als erster Kandidat wird die bei der Grobauswahl gefundene Kombination von N' Merkmalen verwendet. Davon werden die drei schlechtesten Merkmale entfernt. Die drei schlechtesten Merkmale werden mit einer Bewertungsfunktion gefunden, die letztlich aus dem Quotienten des "Between–Class–Scatters" und des "Within–Class–Scatters" besteht. Anschließend werden aus den verworfenen Merkmalen wieder die zwei besten Merkmale ausgewählt. Das liefert einen neuen Kandidaten zur Dimensionierung des Klassifizierungssystems, der ein Merkmal weniger besitzt. Dieses Verfahren wird solange fortgesetzt, bis der letzte Kandidat nur mehr zwei Merkmale besitzt.

Aus der Menge der N'−1 Kandidaten zur Dimensionierung des Klassifizierungssystems soll nun der Beste gefunden werden. Dazu werden die Stichprobenelemente der Menge zur **Gütebeurteilung** herangezogen. Der Reihe nach wird das System mit den N'−1 Kandidaten dimensioniert und dann ein Klassifizierungslauf durchgeführt. Als Distanzmaß für den Klassifikator wird die **Mahalanobis–Distanz** verwendet. Jedes der N'−1 Klassifizierungsergebnisse wird bewertet. Das Klassifizierungssystem wird letztlich mit derjenigen Merkmalskombination dimensioniert, die die beste Bewertung erzielt.

Als letzter Schritt ist noch eine Beziehung zwischen den berechneten Merkmalen und der Materialverminderung (Blechdicke) im Fall einer Einschnürung herzuleiten. Werden N Merkmale verwendet, so wird hier ein Ansatz über eine **N–dimensionale, lineare Regression** aufgestellt, der den Zusammenhang zwischen den N Merkmalen und der Blechdicke herstellt. Um Rechenzeit zu sparen, wird aber die Materialverminderung nicht in Abhängigkeit aller Merkmale, sondern nur aus einer Teilmenge mit drei Merkmalen berechnet. Diese drei Merkmale werden ermittelt, indem Regressionsansätze mit unterschiedlichen Kombinationen durchgerechnet werden. Letztlich wird diejenige Kombination verwendet, die den geringsten Fehler erwarten läßt.

3.3   Klassifizierung von Preßteilen in der Produktion

Die Verfahren von Abschnitt (3.2) dienten zur Dimensionierung des Klassifizierungssystems. Sie benötigen aufgrund der vielen Kombinationsmöglichkeiten einen nicht unerheblichen Anteil an Rechenzeit: Bei den gegebenen vier Klassen und den ca. 60 Merkmalen ergeben sich für einen gesamten Dimensionierungslauf etwa 60 Minuten. Allerdings kann dieser Lauf "off–line" und damit ohne Zeitdruck durchgeführt werden. Auch ist er bei einer gegeben Stichprobe von repräsentativen Teilen nur einmal notwendig.

Bei der **Klassifizierung der Preßteile** im Rahmen der Produktion sind natürlich wesentliche zeitliche Rahmenbedingungen gegeben, die pro Teil im Bereich einiger Sekunden liegen. Dabei sind die grundlegenden Schritte ähnlich wie in der Dimensionierungsphase: Bildeinzug, Anpassung an das Referenzbild durch die Korrelation, Berechnung der Merkmale, Klassifikation mit den in der Dimensionierung ausgewählten Merkmalen und schließlich im Fall der Klasse "Einschürung" Berechung der Materialverminderung. Der praktische Betrieb hat gezeigt, daß dazu pro Inspektionsstelle etwa 0.75 Sekunden benötigt werden. Nach einem etwa sechsmonatigem Betrieb des Systems kann die Klassifizierungsgüte mit größer als 99% angegeben werden. Die Materialverminderung im Fall der Klasse "Einschnürung" kann mit einer Genauigkeit von $\pm 2/_{100}$mm angegeben werden.

4.   Abschließende Bemerkungen

In diesem letzten Abschitt sollen noch einige Probleme erläutert werden, die sich aus dem industriellen Einsatz des Systems in der Produktionslinie ergeben.

Zunächst einige Bemerkungen zur **Trainingsphase**. Sie muß unter allen Umständen "vor Ort" durchgeführt werden, da sich die Preßteile mit der Zeit, z.B. durch die Beschaffenheit des Öls, verändern. Diese Veränderungen können aber schwerwiegende Einflüsse auf die Merkmale und damit die Klassifikationsergebnisse bedeuten.

Auch die **Beschaffung der Stichprobe** für das Training beinhaltet Probleme. Offensichtlich werden im Lauf einer Produktion viele Gutteile, viele Ölteile, wenig Einschnürungen und fast keine Risse auftreten. Das gehäufte Auftreten von Ölteilen, die praktisch als Gutteile gewertet werden können, ist ein Heinweis auf eine großzügige Einstellung der Beölungsanlage. Das Lernen der Klassen muß in mehreren Schritten durchgeführt werden. In einem ersten Dimensionierungslauf wird man nur zwei Klassen (fehlerfreie Stelle und Öl) lernen. Einschürung und Risse werden dann zurückgewiesen oder möglicherweise falsch klassifiziert. Da in dieser Phase ein versierter Beobachter das System überwacht, kann er die dazu gehörigen Bilder auf der Festplatte des Systems ablegen und mit dem Kennzeichen "Einschürung" oder "Riß" versehen. Wenn zu diesen Klassen der Stichprobenumfang ausreichend ist, kann die endgültige Dimensionierung erfolgen.

Nach der erfolgreichen Dimesionierung muß das System in der Produktion weitgehend selbständig arbeiten. Die **Benutzeroberfläche** mußte so gestaltet werden, daß sie von eingewiesenem Personal ohne besondere EDV–Kenntnisse bedient werden kann. Auch das Hochfahren und Abschalten des System muß automatisch mit der Produktionslinie gekoppelt sein. Schließlich müssen bei einem Teilewechsel die neuen Sensorpositionen einfach einzustellen sein. In einer zukünftigen Version kann das auch von Robotern durchgeführt werden.

Bei der **Gestaltung der Software** wird an den verschiedensten Stellen apriori–Wissen über den jeweiligen Inspektionsort verwendet. Das macht die Verarbeitungsverfahren schnell, bei geänderten Beobachtungsstellen kann dadurch auch eine Änderung der Software notwendig werden. Es wird derzeit untersucht, wie man das apriori–Wissen strukturieren und formalisieren kann, um so die Software weitgehend unabhängig vom jeweiligen Inspektionsort zu machen. Eine Zielsetzung wäre hier ein System, mit dem ein Bildverarbeitungsingenieur formalisiert einen speziellen Inspektionsort beschreibt (apriori–Wissen, Algorithmen, Toleranzen usw.) und das System daraus automatisch den Verarbeitungsablauf zusammenstellt. Hier können auch Strukturen aus der KI, z.B. semantische Netze, hilfreich sein.

Literatur

[Ande69]   Anderson T.W.
            An Introduction to Multivariate Statistical Analysis
            Wiley, New York, 1969

[Bren90]   Brenninger B.
            Anwendung der statistischen Mustererkennung in der Preßteilinspektion
            Interner Bericht, Fa. QuISS–GmbH, Puchheim bei München, 1990

[Devi82]   Devijver P., Kittler J.
            Pattern Recognition: A Statistical Approach
            Prentice Hall, London, 1982

[Habe89]   Haberäcker P.
            Digitale Bildverarbeitung
            Carl Hanser Verlag, München, 1989

[ITI 88]   Series 150/151 Reference Manual
            Imaging Technology Incorporated, Woburn MA, 1988

3D Szenenanalyse zur Werkstückerkennung auf der Basis von geometrischen Oberflächenmerkmalen aus räumlichen Abstandsbildern

W. Langer

Siemens AG, Zentralabteilung für Produktion und Logistik
Otto-Hahn-Ring 6, 8000 München 83

Zusammenfassung

In dieser Arbeit wird eine dreidimensionale Szenenanalyse zur Lageerkennung von sich berührenden und überlappenden Werkstücken in räumlichen Abstandsbildern vorgestellt. Die Erkennung beruht hierbei auf den lokalen geometrischen Oberflächeneigenschaften des gesuchten Werkstücks. Zunächst werden die zur Verfügung stehenden Eingangsdaten und die Modellbildung beschrieben. Ausgehend von diesem Modell und dem dreidimensionalen Abstandsbild wird die Problemstellung der Werkstückerkennung erläutert und ein Lösungsweg zur Lage- und Orientierungsbestimmung eines bekannten Werkstücks aufgezeigt. Abschließend wird die Implementierung der Algorithmen auf einem Minicomputer beschrieben und anhand eines Beispiels die Leistungsfähigkeit des Verfahrens und die Robustheit gegenüber Rauschen und Störungen im Bild verdeutlicht.

Einleitung

Mit der zunehmenden Automatisierung von industriellen Fertigungsprozessen werden immer flexiblere Lösungen benötigt. Für den Einsatz von Sensorsystemen zur Lageerkennung ist der Ordnungsgrad des Fertigungprozesses entscheidend. Liegen bei der Großserienfertigung die Werkstücke meistens in einer bekannten, festen Position vor, so ist es bei der Fertigung mit kleinen Losgrößen häufig erforderlich, an den einzelnen Prozeßzellen, Lage und Orientierung von Werkstücken zu bestimmen. Anforderungen an Bildverarbeitungssysteme, die für diese Aufgabe eingesetzt werden sollen, sind eine hohe Zuverlässigkeit bei der Erkennung sowie die weitgehende Unabhängigkeit von der Art und Form des Werkstücks und von äußeren Umgebungseinflüssen.
Eine wichtige Entscheidung ist daher die Wahl des Sensors. Bei Verfahren, die auf der Grundlage von einem ([1],[2]) oder mehreren Grauwertbildern ([3],[4]) arbeiten, ergibt sich die Schwierigkeit, die dreidimensionale Lage von Merkmalen im Raum aus dem zweidimensionalen Bildinhalt der Grauwertbilder zu bestimmen. Basiert das Verfahren auf mehreren Grauwertbildern (Stereoverfahren), die aus verschiedenen Richtungen aufgenommen werden, so ist das bekannte Korrespondenzproblem zwischen den Merkmalen des einen Bildes und denen der anderen Bilder zu lösen. Aus den Korrespondenzen lassen sich dann mit Hilfe der Trigonometrie die dreidimensionale Lage und Orientierung der einzelnen Merkmale berechnen. Wird nur ein einzelnes Grauwertbild ausgewertet, so kann die Erkennung nur mit einem hinreichend komplexen Modellwissen durchgeführt werden.

Reflexionseigenschaften der Oberfläche des Werkstücks und Umgebungseinflüsse wie zum Beispiel Beleuchtungseffekte erschweren die Lageerkennung mit diesen Verfahren zusätzlich. In dieser Arbeit wird deshalb anstatt der Grauwertbilder ein räumliches Abstandsbild verwendet, das von einem aktiven 3D-Scanner generiert wird. Damit erhält man direkt dreidimensionale Eingangsdaten, die von den Oberflächeneigenschaften des Werkstücks und den äußeren Betriebsbedingungen weitgehend unabhängig sind.

Im Hinblick auf industrielle Anwendungen sind einfache aber robuste Auswertealgorithmen, wie sie zum Beispiel in [5] vorgestellt werden, erforderlich. Auf eine Modellbeschreibung des Werkstücks mit speziellen Kantenmerkmalen wie Geraden, Ecken und Kreisen, oder mit Texturmerkmalen wird bewußt verzichtet, da diese die Formen von Werkstücken, die erkannt werden können, einschränken und bei stark verrauschter und gestörter Eingangsinformation nur unzuverlässig detektiert werden können ([6],[7]). Stattdessen wurde in Anlehnung an [8] und [9] ein Modell gewählt, das sich aus der Lage der Oberflächenpunkte eines Werkstücks und aus lokaler Zusatzinformation der Oberfläche zusammensetzt. Hierdurch ist man von der Form des Werkstücks weitgehend unabhängig und kann auf die sonst notwendige Merkmalssegmentierung verzichten. Bei dem hier vorgestellten Verfahren wird als lokale Zusatzinformation die Orientierung der Oberfläche verwendet.

Die Eingangsinformation

Als Sensor dient ein Infrarot-Laser-Scanner, der nach dem Triangulationsprinzip arbeitet ([10]). Der Aufnahmebereich beträgt $(100 \text{ mm})^3$ mit einer Auflösung von ca. $(0.4 \text{ mm})^3$/Voxel und es wird eine Aufnahmegeschwindigkeit von 10^5 Abtastwerten je Sekunde erreicht. Die Eingangsinformation liegt in Form eines gerasterten, zweidimensionalen Abstandsbildes vor, für das gilt:

$$z = h(x,y) \quad , \quad x,y,z \in \{0,1,2,\ldots,255\}$$

Das Bild enthält somit die Abstände von einer Grundebene zu der Oberfläche der aufgenommenen Szene. Es besteht aus den Höhenwerten z in Form von äquidistanten Abtastwerten. Hierbei sind nur die Teile der Oberfläche durch das Bild repräsentiert, die für den 3D-Sensor sichtbar sind (Bild 1).

Für die weitere Betrachtung ist es zweckmäßig, das zweidimensionale Abstandsbild als dreidimensionales Binärbild zu beschreiben. Ein solches Bild läßt sich wie folgt definieren:

$$d(\underline{x}_v) = d((x,y,z)^T) = \begin{cases} 1 \text{ für } x,y,z \mid z = h(x,y) \\ 0 \text{ für } x,y,z \mid z \neq h(x,y) \end{cases}$$

Jedem Voxel, das einen Oberflächenpunkt repräsentiert, wird eine '1' zugewiesen. Allen anderen Elementen des 3D-Bildes, die entweder keinen Oberflächenpunkt repräsentieren oder über die keine Aussage gemacht werden kann, weil sie für den 3D-Sensor nicht sichtbar sind ($z < h(x,y)$), wird eine '0' zugewiesen. Für jeden Punkt des Abstandsbildes wird zusätzlich die Normalenrichtung $\underline{n}(\underline{x}_v)$ der

Oberfläche berechnet:

$$\underline{n}(\underline{x}_v) = \frac{\underline{n}'(\underline{x}_v)}{|\underline{n}'(\underline{x}_v)|}$$

$$\underline{n}'(\underline{x}_v) = \begin{bmatrix} (h_1+h_3-h_2-h_4)/4 \\ (h_1+h_2-h_3-h_4)/4 \\ 1 \end{bmatrix}$$

mit: $\underline{x}_v = (x,y,z)^T$
$h_1 = h(x-1,y-1)$ $\qquad h_2 = h(x+1,y-1)$
$h_3 = h(x-1,y+1)$ $\qquad h_4 = h(x+1,y+1)$

Als Eingangsinformation für die Werkstückerkennung steht somit die Szene S, die eine Menge von Oberflächenpunkten und deren Normalenrichtung darstellt, zur Verfügung. Sie sei folgendermaßen definiert:

$$S = \{\ \underline{x} = (\underline{x}_v{}^T, \underline{n}(\underline{x}_v)^T)^T \mid d(\underline{x}_v) = 1\ \}$$

Die Werkstückbeschreibung

Zur Beschreibung des Werkstücks wird von einem auf das Werkstück bezogenen Referenzkoordinatensystem ausgegangen, das durch den Parametervektor $\underline{p}$ bestimmt sei. Es gilt:

$$\underline{p} = (\underline{x}_p{}^T, \underline{\varphi}_p{}^T)^T = (x_p, y_p, z_p, \alpha_p, \beta_p, \gamma_p)^T$$

Wobei x_p, y_p und z_p die Translationsparameter sind, welche die Translation des Referenzkoordinatensystems gegenüber einem Weltkoordinatensystem angeben, während α_p, β_p und γ_p die Rotationsparameter sind (Bild 2). Das Werkstück läßt sich dann allgemein durch eine Menge Q von Vektoren $\underline{x}$ wie folgt beschreiben:

$$Q = \{\ \underline{x} \mid g(\underline{x},\underline{p}) = 0\}$$

Entsprechend der zur Verfügung stehenden Eingangsinformation wird das Werkstück hier durch ein Modell der Werkstückoberfläche repräsentiert, das aus der Menge der Oberflächenpunkte und der Oberflächenorientierung besteht. Ist von einem Werkstück die Lage und Orientierung im Raum durch den Parametervektor $\underline{p}_0$ gegeben, so läßt sich jeder Oberflächenpunkt durch einen Merkmalsvektor $\underline{l}$ beschreiben:

$$\underline{l} = (l_1, \underline{l}_2{}^T, \underline{l}_3{}^T)^T$$

$$l_1 = |\underline{x}_v - \underline{x}_{p0}| \quad, \quad \underline{l}_2 = A^{-1}(\underline{\varphi}_{p0}) \frac{\underline{x}_v - \underline{x}_{p0}}{|\underline{x}_v - \underline{x}_{p0}|} \quad, \quad \underline{l}_3 = A^{-1}(\underline{\varphi}_{p0})\ \underline{n}(\underline{x}_v)$$

mit: $\underline{x}_v$:   Oberflächenpunkt
$\underline{n}(\underline{x}_v)$:   Normalenrichtung der Werkstückoberfläche
$A(\underline{\varphi}_p)$:   Drehmatrix

Hierbei ist l_1 der Abstand des durch $\underline{x}_v$ beschriebenen Voxels zum Ursprung des Referenzkoordinatensystems, $\underline{l}_2$ die auf das Referenzkoordinatensystem bezogene Richtung vom Ursprung desselben zum Voxel $\underline{x}_v$ und $\underline{l}_3$ die Normalenrichtung $\underline{n}(\underline{x}_v)$ der Objektoberfläche an der Stelle $\underline{x}_v$. Die Vektoren aller Oberflächenpunkte seien in der Menge L zusammengefaßt. Das Werkstück kann dann durch eine Menge Q von Vektoren $\underline{x} = (\underline{x}_v^T, \underline{n}(\underline{x}_v)^T)^T$ beschrieben werden:

$$Q = \{\ \underline{x}\ |\ g(\underline{x}, \underline{p}_o) = 0\}$$

Für die Funktion $g(\underline{x}, \underline{p}_0)$ gilt dabei:

$$g(\underline{x}, \underline{p}_0) = \begin{cases} 0 \text{ für: } \exists\ \underline{l} \in L\ | \begin{cases} |l_1 - |\underline{x}_v - \underline{x}_{p0}||\ <\ \varepsilon_1 \\[2mm] |\underline{l}_2\ -\ A^{-1}(\varphi_{p0})\ \dfrac{\underline{x}_v - \underline{x}_{p0}}{|\underline{x}_v - \underline{x}_{p0}|}|\ <\ \varepsilon_2 \\[2mm] |\underline{l}_3 - A^{-1}(\varphi_{p0})\ \underline{n}(\underline{x}_v)|\ <\ \varepsilon_3 \end{cases} \\[4mm] \neq 0 \text{ sonst} \end{cases}$$

Der Vektor $\underline{\varepsilon} = (\varepsilon_1, \varepsilon_2, \varepsilon_3)^T$ beschreibt hierbei ein Toleranzmaß, das Quantisierungsrauschen und Störungen im Bild ausgleicht. Für $g(\underline{x}, \underline{p})$ mit beliebigem $\underline{p}$ gilt dann:

$$g(\underline{x}, \underline{p}) = g\left(\ (\underline{x}_v^T, \underline{n}(\underline{x}_v)^T)^T,\ (\underline{x}_p^T, \varphi_p^T)^T\ \right)$$

$$= g\left(\ ((A(\varphi_{p0})\ A^{-1}(\varphi_p)\ (\underline{x}_v - \underline{x}_p) + \underline{x}_{p0})^T,\ (A(\varphi_{p0})\ A^{-1}(\varphi_p)\ \underline{n}(\underline{x}_v))^T)^T, \underline{p}_0\ \right)$$

$$\text{mit } p0 = (\underline{x}_{p0}^T, \varphi_{p0}^T)^T$$

Daraus folgt, daß $g(\underline{x}, \underline{p})$ und damit die Menge $Q = \{\ \underline{x}\ |\ g(\underline{x}, \underline{p}) = 0\}$, die das Werkstück in der Lage $\underline{p}$ beschreibt, für alle $\underline{p}$ bekannt ist, wenn $g(\underline{x}, \underline{p}_0)$ bekannt ist.

Die Problemstellung

Mit der zur Verfügung stehenden Eingangsinformation und der gewählten Werkstückbeschreibung ergibt sich die folgende Problemstellung:

Gegeben sei:
    Die Lage $\underline{p}_0$ eines Werkstücks.
    Die Menge Q der Oberflächenpunkte und -orientierungen.
    Ein Höhenbild $z = h(x, y)$.
Bekannt ist dann:
    Die Funktion $g(\underline{x}, \underline{p}_o)$, so daß gilt:
        $Q = \{\ \underline{x}\ |\ g(\underline{x}, \underline{p}_o) = 0\ \}$
    Und damit die Funktion $g(\underline{x}, \underline{p})$ für alle $\underline{p}$
    Die Menge S (Szene):
        $S = \{\ \underline{x}\ |\ z = h(x, y)\ \}$ mit: $\underline{x} = (\underline{x}_v^T, \underline{n}(\underline{x}_v)^T)^T$, $\underline{x}_v = (x, y, z)^T$

Gesucht ist:

Der Parametervektor $\underline{p}_{max} \in P$, für den $|S_g|$ maximal wird:

$$\underline{p}_{max} = \{\ \underline{p}\ |\ \max\{|S_g|\},\ \underline{p} \in P\ \} \qquad \text{mit: } S_g = \{\ \underline{x}\ |\ g(\underline{x},\underline{p}) = 0\ ,\ \underline{x} \in S\}$$

Die Erkennungsgüte:

$$E_g = \frac{|S_g(\underline{p}_{max})|}{|Q'(\varphi_{p_{max}})|} \qquad\qquad E_g = \{0\ldots1\}$$

Die Menge P enthält dabei eine endliche Anzahl von Parametervektoren, die durch eine möglichst gleichmäßige Quantisierung des gesamten Parameterraumes festgelegt sind. Der gesuchte Parametervektor $\underline{p}_{max}$ gibt dann die Lage und Orientierung des Referenzkoordinatensystems und damit des Werkstücks an, für die die Übereinstimmung der Szene mit dem durch die Funktion $g(\underline{x},\underline{p}) = 0$ beschriebenen Werkstückmodell am größten ist. Ein Punkt $\underline{x} \in S$ stimmt mit einem Modellpunkt des Werkstücks überein, wenn $g(\underline{x},\underline{p}) = 0$ gilt. Die Menge $Q'(\varphi_p) \subset Q$ enthalte die für den 3D-Sensor theoretisch sichtbaren Oberflächenpunkte des Werkstücks. Die Erkennungsgüte E_g nimmt dann den Wert '1' an, wenn zu jedem dieser theoretisch sichtbaren Werkstückpunkte ein entsprechender Punkt in der Szene gefunden wird.

Der Lösungsansatz

Der hier vorgestellte Lösungsansatz ist aus einer Erweiterung der in [11] beschriebenen verallgemeinerten Hough-Transformation für zweidimensionale Binärbilder entstanden. Das Erkennungsergebnis dieses Ansatzes entspricht dem einer Filterung mit einem angepaßten Filter. Durch die Verwendung lokaler Zusatzinformation, die sich bei Verfahren wie der Hough-Transformation einfach berücksichtigen läßt, ist der Rechenaufwand jedoch erheblich geringer. Es ergibt sich der folgende Algorithmus.

Für jeden Punkt x_i der Szene S sei die Funktion H_{ik} folgendermaßen definiert:

$$H_{ik}(\underline{x}_p) = \begin{cases} 1 & |\ g(\underline{x}_i, (\underline{x}_p{}^T, \varphi_{pk}{}^T)^T) = 0 \\ 0 & |\ g(\underline{x}_i, (\underline{x}_p{}^T, \varphi_{pk}{}^T)^T) \neq 0 \end{cases} \qquad \text{mit: } \underline{p} = (\underline{x}_p{}^T, \varphi_{pk}{}^T)^T \in P$$

Man berechne für alle Orientierungen φ_{pk} die Funktion G:

$$G(\underline{p}) = G((\underline{x}_p{}^T, \varphi_{pk}{}^T)^T) = H_k(\underline{x}_p) = \sum_{x_i \in S} H_{ik}(\underline{x}_p) \qquad \forall\ \varphi_{pk}$$

Die Funktion $G(\underline{p})$ stellt also eine Transformation der Szene S vom Bildraum in den Parameterraum dar. Lokale Maxima der Funktion $G(\underline{p})$ geben mögliche Positionen des Werkstücks in der Szene wieder. Man suche das $\underline{p}$, für daß G maximal wird:

$$P_{max} = \{\ \underline{p}\ |\ \max\{G(\underline{p})\}\ \}$$

Die wahrscheinlichste Lage und Orientierung wird durch $\underline{p}_{max}$ beschrieben. Die Erkennungsgüte E_g für ein Objekt in dieser Position ergibt sich dann folgendermaßen:

$$E_g = \frac{|G(p_{max})|}{|Q'(\underline{\varphi}_{p_{max}})|}$$

Bei dem hier vorgestellten Verfahren entspricht das Berechnen der das Objekt beschreibenden Funktion $g(\underline{x}, \underline{p}) = 0$ dem Lernvorgang. Das Berechnen der Szene S kann als Bildvorverarbeitung bezeichnet werden und das Erkennen des Werkstücks erfolgt durch Ermittlung der Funktion $G(\underline{p})$.

Die Realisierung

Das oben beschriebene Verfahren ist in der Programmiersprache PASCAL auf einer μVAX II implementiert worden. Für die Visualisierung der dreidimensionalen Daten steht ein 3D-Grafik-Terminal zur Verfügung und für Demonstrationszwecke ist ein Roboter angeschlossen. Bei der Implementierung des Verfahrens zur 3D Szenenanalyse stand zunächst nicht die Minimierung des Rechenaufwandes im Vordergrund sondern die Flexibilität, um das Verhalten bei verschiedenen Ortsauflösungen des Bildes und bei verschiedenen Quantisierungen des Parameterraumes zu untersuchen.

Das Lernen eines gegebenen Werkstücks, was dem Berechnen der Funktion $g(\underline{x}, \underline{p})$ - dem Modell - für dieses Werkstück entspricht, erfolgt hierbei nicht mit synthetisch erzeugten Objektdaten bzw. CAD-Daten sondern auf der Grundlage von realen 3D-Höhenbildern des Objektes. Es wird durch einen Grafik-Editor unterstützt, mit dem der Referenzpunkt und das Referenzkoordinatensystem des Objektes und die Objektoberfläche selbst bzw. Teile der Oberfläche markiert werden können.

Soll das Werkstück in allen Lagen und Orientierungen erkannt werden, so muß das Objekt aus mehreren Aufnahmen mit verschiedenen Ansichten des Objektes gelernt werden. Der implementierte Grafik-Editor ermöglicht dabei, daß in jeder Aufnahme der Referenzpunkt und das Referenzkoordinatensystem bezüglich des abgebildeten Objektes gleich gewählt werden. In jeder Aufnahme können so die sichtbaren Teile der zu lernenden Objektoberfläche markiert und aus den so markierten Flächen Teilmodelle erzeugt werden, die anschließend zusammengefaßt werden. Die Funktion $g(\underline{x}, \underline{p})$ wird dabei rechnerintern durch eine Liste von Merkmalsvektoren $\underline{l}$ repräsentiert. Mit dem Grafik-Editor lassen sich außerdem reduzierte Werkstückmodelle erstellen, die nur die relevanten Teile der Werkstückoberfläche repräsentieren. Bei zunehmender Reduktion der Modelle nimmt sowohl die Güte des Erkennungsergebnisses als auch der Zeitbedarf ab. Ein geeigneter Kompromiß ermöglicht eine geringe Rechenzeit bei ausreichender Erkennungsgüte. Möglichkeiten einer optimierten, automatischen Modellgenerierung sind noch zu untersuchen.

Die Suche nach Werkstücken in verschiedenen Orientierungen, was der Berechnung der Funktion $G(\underline{p})$ und der Suche von $\underline{p}_{max}$ entspricht, wurde hierarchisch implementiert. Die initiale Winkelauflösung beträgt $20°$. Im Bereich der Orientierung mit der höchsten Wahrscheinlichkeit wird dann eine genauere Berechnung mit $10°$ Winkelauflösung und anschließender Interpolation durchgeführt. Zur weiteren Reduktion des Rechenaufwandes wird nur nach dem Objekt gesucht, zu dem der höchste Punkt der Szene gehört. Damit ist der Suchbereich in der Szene und somit auch im Parameterraum eingegrenzt. Zunächst nur das höchste Objekt einer Szene zu erkennen, ist dabei keine große Einschränkung und bietet sich schon aufgrund der Tatsache an, daß dieses Objekt erfahrungsgemäß am wenigsten von anderen Objekten verdeckt wird.

In Bild 3 ist das Höhenbild einer Szene mit Schrauben als Grauwertbild dargestellt. Das Erkennungsergebnis für eine Schraube ist durch einen Rahmen verdeutlicht. Das Verfahren kommt ohne spezielle Kantenmerkmale aus und benötigt keine vorherige Segmentierung des Bildes. Es ist daher sehr robust gegenüber Störungen und Rauschen im Bild. Als Beispiel ist hier eine teilweise verdeckte Schraube in Bild 4 dargestellt. Die Rechenzeit für die Auswertung beträgt etwa 0.1-0.2 Sekunden pro möglicher Orientierung des Werkstücks. Bei vielen industriellen Anwendungen liegt das Werkstück in einer stabilen Lage auf einer Grundebene, so daß sich mit einer initialen Winkelauflösung von 20° eine Gesamtauswertezeit von etwa zwei bis vier Sekunden ergibt. Soll das Werkstück in allen möglichen Orientierungen erkannt werden so liegt der Bedarf an Rechenzeit bei etwa 5 Minuten.

Ausblick

Das hier vorgestellte Verfahren zur Werkstückerkennung in räumlichen Abstandsbildern erfüllt in Bezug auf die Robustheit und Zuverlässigkeit die Anforderungen, die an ein Bildverarbeitungssystem in einer industriellen Umgebung gestellt werden. Bei der Verwendung optimierter Algorithmen und unter Berücksichtigung der Parallelisierbarkeit des Verfahrens ist eine akzeptable Rechenzeit im Sekundenbereich realisierbar.

Literaturhinweise

[1] R.Haralick, H.Joo, '2D-3D Pose Estimation', Int. Conf. on Pattern Recognition, Rom 1988

[2] M.Heuser, C.-E.Liedtge, 'Ein attributiertes Relaxationsverfahren zur 3D-Lageerkennung von Objekten', DAGM-Symposium, Hamburg 1989

[3] S.Barnard, M.Fichler, 'Computational Stereo', ACM Computing Surveys 14, No.4, 553-572, 1982

[4] K.Sugimoto, H.Takahashi, F.Tomita, 'Scene Interpretation Based on Boundary Representations of Stereo Images', Int. Conf. on Pattern Recognition, Rom 1988

[5] G.Doemens, P.Mengel, R.Ziegner, 'Workpiece independent position and orientation detection from range data', Proc.9th Int. Conf. Automated Inspection & Product Control, May 1989

[6] M.Oshima, Y.Shirai, 'Object Recognition Using Three-Dimensional Information', IEEE PAMI-5, No.4, July 1983

[7] G.Xu, X.Wan, 'Description of 3D Object in Range Space', Int. Conf. on Pattern Recognition, Rom 1988

[8] M.Brendes, 'Ein neuer Ansatz zur Lage- und Orientierungsbestimmung bekannter Körper aus dreidimensionalen Abstandsbildern', Dissertation an der TU Braunschweig, 1988

[9] M.Chan, H.Tsui, 'Recognition of partially occluded 3D objects by depth map matching', Pattern Recognition Letters 7, June 1988

[10] G.Doemens, R.Bürger, W.Goebel, G.Haas, R.Schneider, 'A fast 3D Sensor with High Dynamic Range for Industrial Applications', Proc. of the Int. Conf. on Robot Vision and Sensory Controls, Paris 1986

[11] D.Ballard, 'Generalizing the Hough Transform to Detect Arbitrary Shapes', Pattern Recognition, Vol.13, No.2, 1981

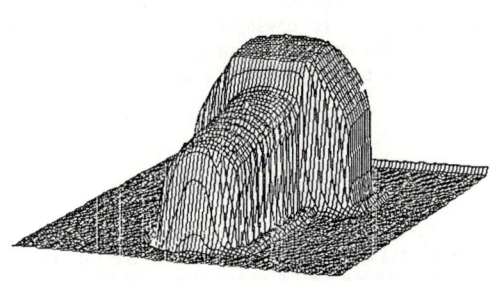

Bild 1: 3D-Plot eines Abstandsbildes

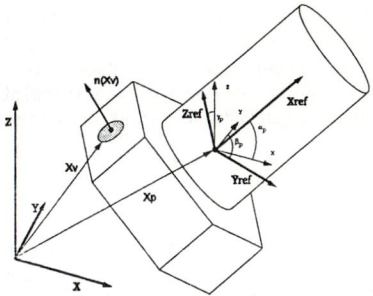

Bild 2: Geometrie des Weltkoordinaten- und des auf das Werkstück bezogenen Referenzkoordinatensystems

Bild 3: Abstandsbild mit eingezeichnetem Erkennungsergebnis. Weiß entspricht dem Höhenwert '255', schwarz entspricht '0'.

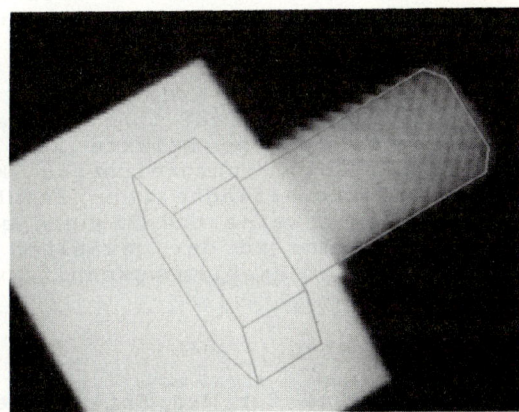

Bild 4: Erkennungsergebnis in einem Abstandsbild mit einer teilweise verdeckten Schraube.

Entwicklung und Implementierung von Verfahren zur Segmentation von Bondierungsstellen

W. Glock, W. Eckstein
Technische Universität München
Institut für Informatik / Lehrstuhl Professor Radig
Orleansstraße 34, 8000 München 80

Zusammenfassung

Das Ziel der Arbeit war die Entwicklung eines Prototyp-Systems zur automatischen, wissensbasierten Erkennung von Bondierungsdefekten bei der Mikrochipherstellung. Geeignete Bildverarbeitungsverfahren wurden entwickelt und ausgewählt, um aus Aufnahmen von Bondierungsstellen die bewertungsrelevanten Bildausschnitte zu segmentieren. Diese Bildinformation diente anschließend als Grundlage für die Berechnung geometrischer Daten zur Beurteilung der Bondierung bzw. des Mikrochips.
Um den flexiblen Einsatz bei unterschiedlichen Mikrochiptypen zu gewährleisten wurde besonderer Wert auf die Entwicklung einer Komponente zur Wissensaquisition gelegt. Diese erlaubt es, das System auf einen neu zu überwachenden Mikrochiptypen zu trainieren und die für die Analyse eingesetzten Bildverarbeitungsmethoden darauf abzustimmen.

Einleitung

Während Verfahren zur automatisierten, optischen Kontrolle von Leiterbahnstrukturen bei Platinen oder Mikrochips schon seit einiger Zeit eingesetzt werden, wird die überprüfung der Mikrochip-Bondierung meist noch visuell durchgeführt.
Der hier vorgestellte Prototyp ist konzipiert für die überwachung der Wedge-Bondierung von Mikrochips. Dies ist die älteste und am weitesten verbreitete Methode zur Verbindung der Mikrochip-Anschlüsse mit den entsprechenden Kontakten auf dem Mikrochipgehäuse. Der Kontakt wird bei diesem Verfahren durch einen 10 bis 50 Mikrometer dünnen Gold- oder Aluminiumdraht hergestellt, der mit Hilfe von Thermokompression und Ultraschall auf die Kontaktstellen aufgeprägt wird.
Der zu kontrollierende Bereich wurde auf die Verbindungsstellen von Bondierungsdraht und Kontaktsockel auf dem Mikrochip beschränkt. Typische Defekte für diesen Komplex sind fehlende Bondierungsdrähte, unzureichende Kontaktierung durch Verschmutzung der Kontaktoberfläche oder Beschädigung bei Mehrfachbondierungen. Die Funktionsweise und Eignung eines derartigen automatischen Kontroll-Systems und der gewählten Analyseverfahren, soll im folgenden an diesem Problemausschnitt verdeutlichen werden.

Systemvorgaben

Die Grundlage für den Entwurf des Systems bildeten die Qualitäts-sicherungs-Richtlinien für die optische Kontrolle der Mikrochipbondierung der Firma DEC [DEC 88]. Die Entwicklungsumgebung bestand aus einer Workstation (VAX-Station 3200) unter dem Betriebssystem VMS und einem Transputersystem mit einem Normallicht-Mikroskop zur Bilderstellung[1]. Für die Implementierung wurde die Produktionsregelsprache VAX-OPS5 Version 2.2 [BRO 85, RAD 87] und

---

1 Bildformat 512x512 Pixel mit 256 Graustufen

C verwendet. Die Bildverarbeitungsoperationen stellte das Bildin-
terpretationssystem HORUS zu Verfügung, das über eine Sprachschnittstelle in VAX-OPS5 eingebunden ist.
Neben diesen Vorgaben zeichnet sich die Problemstellung durch folgende Charakteristik aus.

o Es werden sichtbare, 3-dimensionale Oberflächenstrukturen eines Mikrochips analysiert.
o Die Szene beinhaltet sowohl lageinvariante[2] (z.B. Leiterbah-
  nen), als auch lagevariante (Bondierungsdraht) Strukturen.
o Aus der hohen Packungsdichte der Mikrochips ergeben sich viele unterschiedliche Texturen in den Bildern.
o Die Fokusierung und Schärfentiefe des Objektivs der Aufnahmevorrichtung spielen eine entscheidende Rolle.
o Der Zeitaufwand für die Analyse der Bondierung darf die Bon-
  dierungsdauer nicht überschreiten.
o Die Segmentationsverfahren müssen für unterschiedliche Mikrochiptypen geeignet, robust und adaptierbar sein.

Systemübersicht

Die genannten Entwurfskriterien führten zu einem Prototyp-System,
das sich aus drei Hauptkomponenten zusammensetzt. Die Entwicklung
und Implementierung des Systems unter OPS5 orientierte sich am modellorientierten Entwurfsansatzes für wissensbasierte Systeme. In
Bild 1 sind die Systemmodule und ihre Aufgaben zusammengefaßt dargestellt.

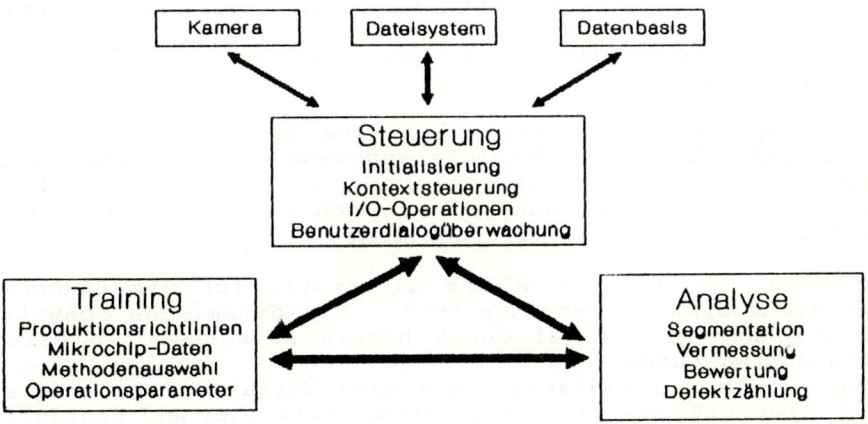

Bild 1   Die Systemkomponenten und ihre Aufgaben

2 Affine Transformationen der Bondierungsaufnahmen gleichen Verschiebungen oder Drehungen mit Hilfe
von Paßpunkten aus.

Verfahren zur Segmentierung der Bondierungsszene

Die Segmentierung der Bondierungsaufnahmen und Extraktion der für die Bewertung relevanten Bildsegmente, ist der entscheidene Schritt bei der automatischen Kontrolle.
Aus den verschiedenen Methoden, die die Bildverarbeitung kennt, wurden zwei Verfahren aus der Gruppe der Schwellwert- und Cluster-Verfahren ausgewählt. Diese erfüllen die Kriterien Geschwindigkeit, Robustheit und Flexibilität und werden als Operationen vom HORUS-System zu Verfügung gestellt.

(a) Dynamische Schwelle

Die erste Technik zur Segmentierung nutzt entscheidend die Fokusierung der Mikrochipstrukturen bzw. deren Unschärfe außerhalb des Schärfentiefebereichs des Objektivs.
Dazu wird ein Bild der Bondierungsstelle und ein entsprechendes, tiefpaß-gefiltertes Bild, zusammen mit einem vorgegebenen Offset verarbeitet. Ein Bildpunkt wird im Ergebnis markiert, falls er der folgenden Bedingung genügt:

$$\text{Grauwert}_{(\text{original})} >= \text{Grauwert}_{(\text{Tiefpaß-Bild})} + \text{Offset}$$

Mit dieser Methode werden fokusierte Bildregionen mit ihrer ausgeprägten lokale Strukturierung markiert. Die gekennzeichneten Bildbereiche bei einer auf die Substratebene fokusierten Aufnahme müssen negiert werden, um den Drahtbereich zu erhalten. Bei schlechten Aufnahmebedingungen kann das Ergebnis durch zusätzliche Verarbeitung einer wedge[3]-fokusierten Bondierungsaufnahme und anschließende Vereinigung der Teilergebnisse verbessert werden.

(b) 2-dimensionaler Klassifikator

Als weitere Methode zur Segmentation wurde ein Cluster-Verfahren ausgewählt, dessen 2-dimensionaler Merkmalsraum durch die Grauwerte einer tiefpaßgefilterten Aufnahme und dem zugehörigen Original aufgespannt wird.

Im Anschluß an beide Verfahren wird eine binäre Medianfilter-Operation auf die markierten Bereiche angewendet, und diese zu großen zusammenhängenden Regionen verschmolzen. Die Kontur der erhaltenen Segmente wird durch Anwendung eines Opening mit Kreismasken grob geglättet und Störungen werden beseitigt.

Die Verfahren (a) und (b) werden alternativ für die Segmentation des Bondierungsdrahtes bereitgestellt. Die dynamische Schwellwert-methode zeichnet sich dabei durch höhere Robustheit in Bezug auf Beleuchtungschwankungen aus.
Zur Segmentation des Kontaktsockels wird Verfahren (b) eingesetzt. Der hohe Grauwert der unbeschädigten, metallischen Kontaktfläche läßt eine signifikante Merkmalsklassenbildung zu. Beschädigte Abschnitte des Kontakts sind dagegen in ihrem Erscheinungsbild sehr unterschiedlich und schwer zu klassifizieren. Eine Möglichkeit der eindeutigen Einordnung von Oberflächendefekten des Kontaktsockels

---

3 Anpressungsstelle des Bondierungsdrahtes auf dem Kontaktsockel

liegt in einer zweistufigen überprüfung dieses Bereichs vor und nach dem Bondierungsvorgang.

Bei dem vorliegenden Prototyp-System erhält man die defekten Bereiche durch Schnittbildung der Drahtregion und dem approximierten, minimal umschließenden Rechteck, der zuvor berechneten unbeschädigten Abschnitte des Kontaktsockels.

Beispiele für die Segmentation sind in Bild 4 und 5 dargestellt.

Bewertung der Bondierungsstelle

Grundlage für die Bewertung der Bondierungsstellen waren die Produktionsrichtlinien der Firma DEC für die Bondierungsüberprüfung. In dem vorliegenden Prototypen wurden die Kriterien für die geometrischen Daten des Bondierungsdrahtes, die Lagebeziehungen von Draht und Kontaktsockel und die Defektgesamtzahl auf einem Mikrochip berücksichtigt.

Um die Geometrie des Drahtsegments zu überprüfen, wurde dessen Kontur mit Hilfe einer Operation, die auf einem kubischen Spline basiert, geglättet. Anschließend werden die Drahtdicke, die Länge und Breite der Anpressungsstelle und die Länge des Drahtendes berechnet und mit den Vorgaben verglichen. Das Vermessungsergebnis für ein Drahtsegment wird in Bild 6 gezeigt.

Die Lagekriterien wurden anhand von Regionengröße und Schwerpunkt überprüft, zu deren Ermittlung das HORUS-System die entsprechenden Operationen zu Verfügung stellt.

Training

Um die angeführten Verfahren an den jeweiligen Mikrochip-Typ anzupassen und die geforderte Flexibilität zu erreichen, wurde ein Trainingsmodul implementiert. Damit können interaktiv die Segmentationsverfahren festgelegt und die Parameter entsprechend angepaßt werden. Trainiert wird anhand von Bondierungsaufnahmen, die unter Realbedingung aufgenommen werden.

Auf diese Weise können zum Beispiel Schwellwerte, Operatorgrößen oder die Merkmalsklassen für das Clusterverfahren ermittelt werden. Neben der Werteeingabe besteht für bestimmte Parameter auch die Angabe von Werteintervallen. Das System berechnet dann für jeden Wert innerhalb des Intervalls das entsprechende Ergebnis und präsentiert diese dem Trainer zur Auswahl des günstigsten. überwachtes Lernen oder automatische Konfiguration ist in einer späteren Ausbaustufe vorgesehen.

Nach erfolgreichem Training werden diese Daten für den entsprechenden Mikrochip gespeichert und zu Beginn jeder überwachungssitzung geladen.

Implementierungsbeispiel in VAX-OPS5 und HORUS

Die bisherigen Ausführungen beschäftigten sich mit den theoretischen Aspekten und der Arbeitsweise der gewählten Methoden. Anhand einer einfachen OPS5-Regel soll ein Eindruck von der Umsetzung eines kleinen Problemausschnitts vermittelt und die Einbindung des HORUS-Systems demonstriert werden.

Die folgende Regel segmentiert den Bondierungsdraht mit Hilfe des Schwellwertverfahrens und wendet auf das Ergebnis den binären Medianoperator an.

```
(P Bond_Wire_Segmentation
   ( Control    ^ActContext bond_wire_segmentation_with_dyn_threshold )
   ( ImageObj   ^IState loaded  ^IType <focus>  ^Imagel <image> )
   ( BondPara   ^BPState loaded  ^BondType <focus>  ^WireFilterSize <fsize>
                ^WireDyn_Thresh <dyn_thr_offset>
                ^WireCountSize <csize> ^WireCountThresh <cthresh> )
-->
   ( BIND <Z1> (f_lowpas <image> <fsize> <fsize> 1 2 ) )
   ( BIND <Z2> (f_dyn_threshold <Z1> <dyn_thr_offset> 1 2 ) )
   ( BIND <Z3> (f_count <Z2> |full| <csize> <csize> <cthresh> ) )
   ( MAKE ImageObj
          ^Imagel <Z3>  ^IType <focus>  ^BondNo <BNo>  ^IState ltc_ready)
)
```

Der Bedingungsteil dieser Regel, überprüft den Arbeitsspeicher des OPS5-Systems auf Kontextelemente zur Programmsteuerung und bindet die zu analysierenden Szenen und Verfahrensparameter an Variablen. Diese werden im Anweisungsteil unter Verwendung der Bildverarbeitungs-Operationen des HORUS-Systems verarbeitet und das Ergebnis im Arbeitsspeicher abgelegt.

Zusammenfassung und Ausblick

Vorgestellt wurde ein System-Prototyp zur automatischen, optischen Kontrolle von Bondierungsstellen bei Mikrochips.
Das insbesondere zur Drahtsegmentation gewählte Schwellwertverfahren, verknüpft mit der Konturglättung durch eine Spline-Operation, zeigte sich als geeignet für die Extraktion der benötigten, geometrischen Daten aus den Bondierungsaufnahmen. Für das Cluster-Verfahren zur Kontaktsockel-Segmentierung konnte die prinzipielle Eignung gezeigt werden. Um die Robustheit dieser Methode zu erhöhen sind jedoch Versuchsreihen mit alternativen Merkmalskombinationen durchzuführen, wie zum Beispiel die thermische Antwort der Mikrochipoberfläche bei IR-Bestrahlung.

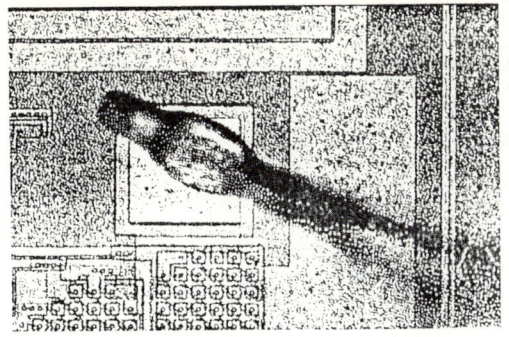

Bild 2　Testbild für die
Bondierungsanalyse

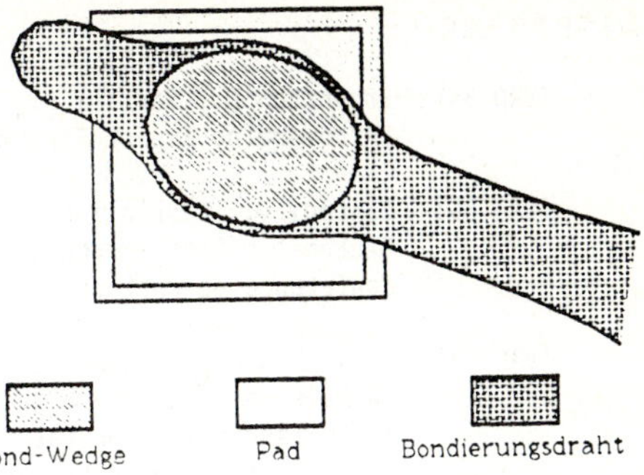

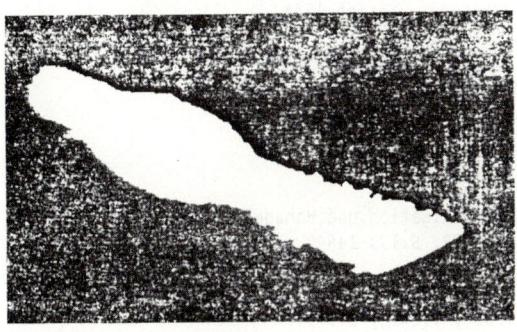

Bild 3　Schema einer Bondierungsstelle

Bond-Wedge　　　Pad　　　Bondierungsdraht

Bild 4　Segmentationsergebnis:
Bondierungsdraht

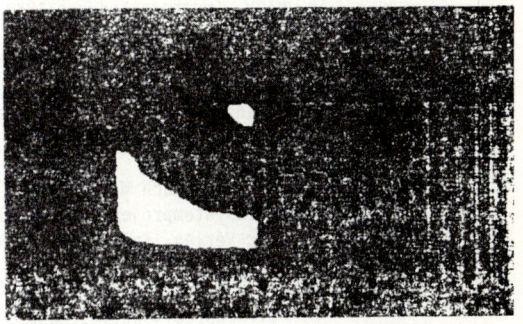

Bild 5　Segmentationsergebnis:
Kontaktsockelbereich
(kein Oberflächendefekt)

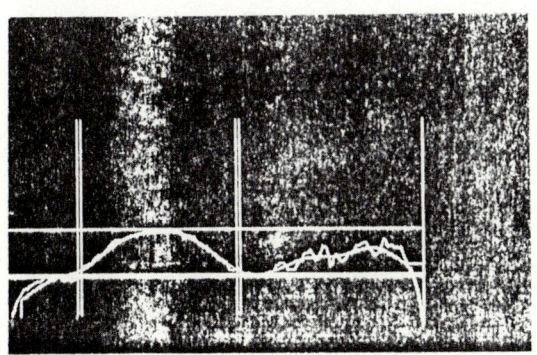

Bild 6　Vermessungsbeispiel
für ein Drahtsegment

Literatur

[BRO 85]   Brownston L., Farrell R., Kant E., Martin N.:
"Programming Expert Systems in OPS5", Addison-Wesley, 1985;

[CAN 86]   Cantoni V., Carrioli L., Cozzi L., Ferretti M, Ziliani R.:
"Automatic Pads Recognition for I.C. Bonding",
Conference on Pattern Recognition 1986

[DAR 88]   Darwish A.M., Jain A.K.:
"A Rule Based Approach for Visual Pattern Inspection"
IEEE Transactions on Pattern Analysis and Machine Intelligence,
Vol. 10, No 1, January 1988

[DEC 88]   "Ceramic Pre-Seal Inspection Criteria",
document no. AYA20046F, DEC, February 1988;

[ECK 88]   Eckstein W.:
"Das ganzheitliche Bildverarbeitungssystem HORUS",
10. DAGM - Mustererkennung 1988, Proceedings, Zürich 1988

[HAY 88]   Hara Y., Doi H., Karasaki K., Iida T.:
"A System for PCB Automated Inspection Using Fluorescent Light",
IEEE Transactions on Pattern Analysis and Machine Intelligence,
Vol. 10, No. 1, January 1988

[KUR 89]   Kurbel K., Pietsch W.:
"Expertensystemprojekte:Entwicklung, Organisation,und Management"
Springer-Verlag, Informatik-Spektrum 12/89, S.133-146

[RAD 87]   Radig B., Krickhahn R.:
"Die Wissensrepräsentationssprache OPS5", Vieweg, 1987;

[SPÄ 83]   Späth H.:
"Spline-Algorithmen zur Konstruktion glatter Kurven und Flächen",
Oldenbourg-Verlag, 1983;

[YOD 88]   Yoda H., Ohuchi Y., Taniguchi Y., Ejiri M.:
"An Automatic Wafer Inspection System Using Pipelined Image Processing Techniques",
IEEE Transactions on Pattern Analysis and Machine Intelligence,
Vol. 10, No. 1, January 1988

Goal Directed, Adaptive Computer Vision
for IC Bond Inspection

Josef Pauli

Technische Universität München
Institut für Informatik
Orleansstr. 34, 8000 München 80

Abstract

This paper presents an architecture of a goal directed, adaptive computer vision system. Principally, the system will be used for automatically detecting faulty Integrated Circuits (ICs). We work on the inspection problem in its entirety of image segmentation, 2D structure identification and 3D object interpretation. At first, 3D model objects which represent IC components are geometrically projected into the 2D space to get a 2D model of the image structures. Afterwards, procedures for extracting regions and identifying complex image structures are adaptively executed by taking the 2D model into account. Finally, the 3D model objects are validated and modified according to the actual identifications. A CCD camera which is tied to a microscope is used for taking the images. The focus plane of the microscope can be steered horizontally and vertically to change focus and position on the top of the IC. Based on the modifications of the 3D model, the section of interest will be changed automatically.

1. Introduction

It is widely accepted to segment images not exclusively by utilizing grey level attributes, like discontinuities in the grey level function, but additionally exploit information from 2D models of the image structures [KHR 87]. The 2D models in turn are principally used to identify complex image structures [Rad 84]. Modifying control parameters for segmentation and identification is a means for adapting the procedures [Mat 89] to real world scenes in order to successively reach the goals provided by the 2D models. However, rather then acquiring 2D models by user interaction, they should be computed by projectively transforming [Kan 89] 3D model objects into the 2D space. By combining the top-down oriented model transformation with the bottom-up oriented, adaptive segmentation and identification of images we get a goal directed, integrated computer vision system [IrW 88].

Having these aspects in mind we are currently implementing an advanced vision system (see figure 1) . Continuously, the system will be tested in the real world application area of IC inspection.

2. Application area

The electrical functions of an IC are accessible through metallized components, e.g. bonding pads and bonding wires (see figure 2). Before being fitted onto the package substrate, the IC must be optically inspected [NgK 89, JRK 89] for bond related defects like missing, broken (see figure 5), crossing (see figure 11) or contacting wires. The bonding wires are vertically inclined and of longish shape. A computer vision system can be included between the die-bonding system and the IC assembly in order to automatically detect and remove the defect ICs.

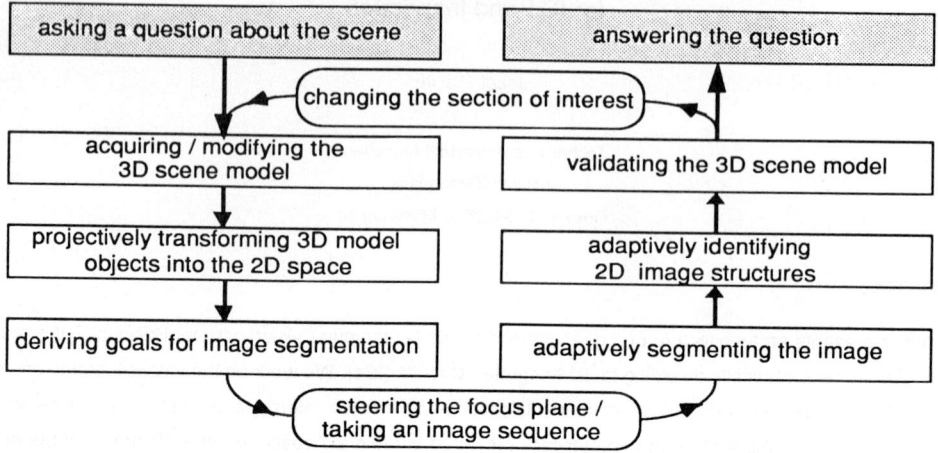

Figure 1: Architecture of a goal directed, adaptive computer vision system: Top-down oriented speci-fication of models and goals; bottom-up oriented image sequence interpretation and change of the section of interest.

With the use of an ordinary CCD camera, which is tied to a metallurgical light microscope, we can take images from the top of the IC. A motor, which is connected with the microscope, both steers the focus plane vertically and horizontally in spatial increments to an exactness of 2 micron (see figure 3). Therefore, the 3D space on the top of the IC can be serially sectioned. For a secure error detection the whole bonding wires will be inspected by taking and interpreting image sequences. Thus, the vision system must have an **active function** [Bal 89] to automatically transmit steering signals to the motor and therefore **control the section of interest**.

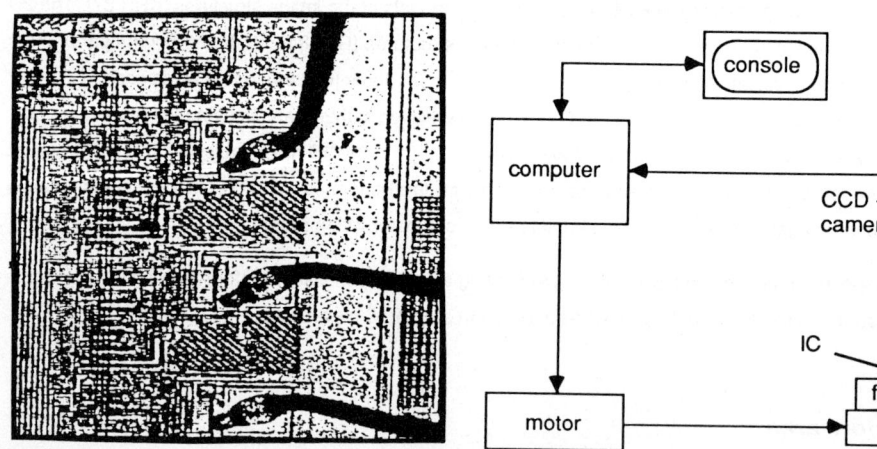

Figure 2: Grey level image of an IC including three bonding pads and sections of bonding wires.

Figure 3: Block diagram for vision based IC inspection.

3. Specification of models and goals

3.1 Acquiring the 3D scene model

By modelling 3D scene objects we ask questions with regard to the content of the scene and therefore provide **goals for interpretation**.

According to the application area the user specifies a **3D IC-model** which comprises model objects for bonding wires, bonding pads, neighbouring relationships between each other, and for various other IC components. For illustrating the principles of the system we concentrate on the 3D model for a bonding wire and designate the model as **3D model bond**. It consists of a 2D circle which is sweeping along a 3D curve. Therefore, each primitive bonding wire is modelled as a **generalized cylinder**. An a priori specified bonding layout diagram provides the locations of the bonding pads. Thus, within the 3D IC-model we can align the 3D model bonds appropriately [Ull 89]. The 3D model curve is in fact a succession of parameterized **Hermite** curves [Mor 85], each of which being **conic** and **plane** (for brevity, we name them as **HCP curves**). A Hermite curve is uniquely defined by the coordinates and the tangent vectors at the endpoints of the curve. A classification of 3D model curves is reached by different numbers of HCP curves in the succession and different continuity conditions between the HCP curves.

3.2 Projectively transforming 3D model objects into the 2D space

Based on the 3D scene model and the imaging arrangement, hypotheses about visibility and sharpness of scene components [CoK 88] are generated and represented as **2D model structures** for an image sequence.

Due to the limited aperture of the microscope, in a single image we only can recognize partial segments of the vertically inclined bonding wires. The focus plane can be moved in equal distances along a 3D space curve in order to aggregate the momentary visible bond segments in an image sequence. Thus, we completely monitor a selected bonding wire by systematically changing the section of interest. For detecting a bonding wire in the sequence of images a **2D model bond** (in contrast to the 3D model bond) is needed. The 2D model bond will be taken as a hypothesis for the succession of visible bond segments in the image sequence. Simply, for each image the 2D model bond describes a **2D model region**. A 2D region is characterized by the following attributes: length and tilt of the principal axis, center of gravity, area and convexity.

Along the image sequence the succession of model regions will be subdivided into several phases. Each phase of the subdivision describes a "sub-sequence" of region attributes and will be approximated by a linear function. Therefore, the 2D model bond of a 3D bonding wire is in fact a succession of **sub-sequences**. Each one is represented by the region attributes at the beginning of the sub-sequence together with the gradients of the succeeding course of the attributes.

The criteria for subdividing depend on the characteristics of the projection geometry and the attributes of the 3D model bond. For this purpose, significant features of the 3D model bond are the attributes slope, curvature and diameter of a 3D bonding wire (see figure 4).

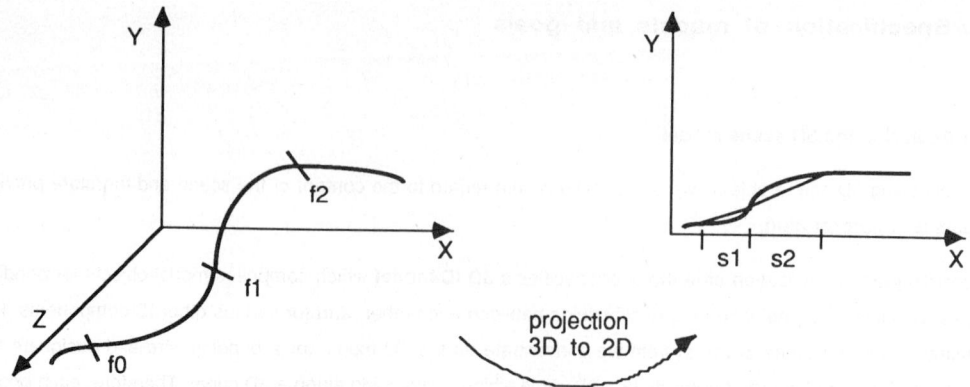

Figure 4: Projecting a 3D curve on the X - Y plane by setting the components on the Z-axis equal to 0; determining "sub-sequences" s1 and s2 in the 2D curve according to significant attributes f0, f1 and f2 of the 3D curve.

Altogether, a two-step procedure is used to compute the 2D model bond for the image sequence: First, we specify the camera attributes by defining an orthogonal projection. Second, we simulate a gradual movement of the focus plane within the 3D space and compute orthogonal projections of the 3D model bond onto the plane.

3.3 Deriving goals for image segmentation

First of all, an image contains regions of the momentary focused bonding wire. Additionally, regions from neighbouring bonding wires or segments from the IC ground are included in the images. In order to provide goals for image segmentation, we compute **hypotheses** about the area of **visible bonding wire segments** and determine from these the smallest and largest one. Therefore, image segmentation can be directed by the **margins for the area attribute** of regions. For computing the hypotheses for the area attribute we proceed as follows: First, we determine all 3D model bonds from the 3D IC-model, being of interest according to the current camera position. Second, we project the 3D model bonds onto the 2D image plane in order to get 2D model regions. That is, we take the curvature, the slope and the diameter attributes of the bonding wires into account to predict the area attribute of the 2D regions. Finally, we select the smallest and largest area under all 2D model regions and add tolerance bands to get robust margins for the area attribute of regions.

3.4 Steering the focus plane and taking an image sequence

We select a concrete 3D model bond for inspecting a certain bonding wire. The 3D model curve of the 3D model bond is the basis for taking images. The motor steers the focus plane along the course of the space curve. In fact, this will be executed at a constant focusing distance to the object-lens of the microscope. Step by step, images will be taken in equal intervals along the curve, in order to gradually photograph the whole bonding wire.

4. Goal directed, adaptive interpretation of an image sequence

4.1 Adaptively segmenting the images

By modifying control parameters the procedures for image segmentation have to be adapted to the actual scene. The **adaptation cycle** comprises the steps of parameter modification, image segmentation, evaluation of the results and verification of the goals of segmentation. The cycle comes to end as soon as the extracted image primitives are similar to the primitives of the 2D model of the image structures. The principal problems with adaptive segmentation arise from undesired imaging effects, like "out of focus noise" and reflection (see figure 10) on the bonding wires. We use a multilevel binarization technique, an accumulative difference picture technique and morphological operators (dilatation and erosion). Control parameters are **greylevel thresholds** and **morphological masks**. For automatically controlling the procedures we have to define **functional dependencies** between control parameters on the one hand and the segmentation results on the other hand.

4.2 Adaptively identifying 2D image structures

For identifying 2D structures in the segmented images a matching algorithm is used to construct assignments between model and image descriptions. We take the formalism of **relational structures** for model and image representation and compute hierarchically arranged **subgraph isomorphisms (comorphism)** [Rad 84]. The algorithm is automatically adaptable by modifying **tolerance parameters**. The adaptation cycle comprises the steps of parameter modification, comorphism computation, evaluation of the results and verification of **model based evaluation criteria** [Pau 90]. The cycle comes to end as soon as the evaluation criteria are met. The principal problems with the matching algorithm arise from uncertain region extraction, deviations between the real world bonding wire and the 3D model bond and the uncertain projection geometry.

Based on the matching algorithm, a procedure for computing correspondence relations in the image sequence will be executed. The procedure exhaustively takes into account the type of the 2D model bond which is built up as a subdivision of model regions along the sequence. We omit a detailled explanation of the procedure.

4.3 Validating the 3D scene model

If the system failled to segment the images and/or to identify 2D structures, maybe **unqualified 3D model attributes** were chosen. Thus, an appropriate **model modification** has to take place. As we carefully have organized the 3D model curve into a succession of HCP curves, the 3D model of the bonding wire can be locally modified by changing the tangent vectors and/or the location of the endpoints for a HCP curve. Partly, a new image sequence has be taken according to the new HCP curve and an adaptive segmentation and identification will be executed once more. If the system succeeded, obviously a **qualified 3D model** was used. Thus, partly the bonding wire is identified and the **next HCP curve** in the 3D model curve has to be selected. Now, adaptive segmentation and identification will be executed for the **new section of interest**.

The procedures of adaptive segmentation and identification will be repeated for all HCP curves in order to inspect the whole bonding wire. If the system continuously fails to identify the image structures, another type of a 3D model bond has to be specified. Maybe, the new type of a 3D model bond consists of a deviating number of HCP curves and/or deviating continuity conditions between the HCP curves of the 3D model curve. At the current state of implementation it is up to the user to adjust or completely change the type of the 3D model bond.

5. Experimental results

The system has been charged to recognize parts of bonding wires from various test images. Figures 5, 6 and 7 illustrate image digitization, 2D structure modelling and recognition of principal parts from three bonds. The bonding wires of the bonds are attached to the IC ground. Figures 8, 9 and 10 illustrate image digitization, 2D structure modelling and recognition of a part of one bonding wire. The wire is vertically inclined. Figures 11, 12 and 13 illustrate image digitization, 2D structure modelling and recognition of parts of two bonding wires. The wires are vertically inclined and form a crossing.

6. Conclusions

The process of image segmentation is adaptively executed by intensively using information from 2D models of the image structures. Therefore, the subsequent process of identification is based on appropriate segmentation results and in turn will be adaptively executed by modifying tolerance parameters. It constructs correspondence relations between 2D model and 2D image structures. The 2D model is systematically computed by geometrical projection from the 3D scene model. In dependence on the outcome of segmentation and identification the 3D scene model will be tested for validity. Therefore, we get a strong coupled cooperation between adaptive segmentation, adaptive identification, model validation and modification, and change of section of interest (see figure 1). Principally, the system is intended for detecting manufacturing errors on ICs (see figures 2 and 5 up to 13). However, in our opinion the architecture is general enough to use the system not only in the micro world of IC inspection but also in the macro world of robot guidance.

7. State of Implementation

Several procedures for segmenting images and for recognizing 2D image structures have been implemented and tested, successfully. Currently, we work on techniques for automatically controlling the parameters of the procedures. Strategies for appropriately modifying the tolerance parameters of the recognition procedure have already proved useful in various domains [Pau 90]. The future work deals with designing techniques to automatically control the parameters of the segmentation procedures. Additionally, we have to implement techniques for efficiently editing 3D scene models and computing the projection to get 2D models of the image structures. The system will be implemented in C and PROLOG and works within the UNIX (and derivations) environment.

Figure 5: Digitized image taken from the ground of an IC: Three bonding wires, attached to the ground, partly visible.

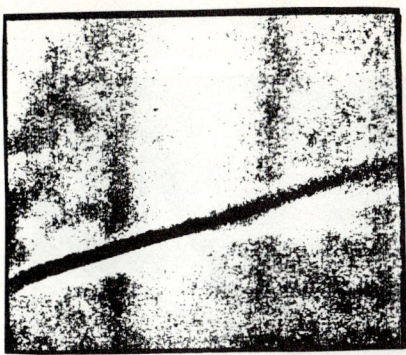

Figure 8: Digitized image taken at a certain distance from the ground of an IC: One bonding wire, vertically inclined, partly visible.

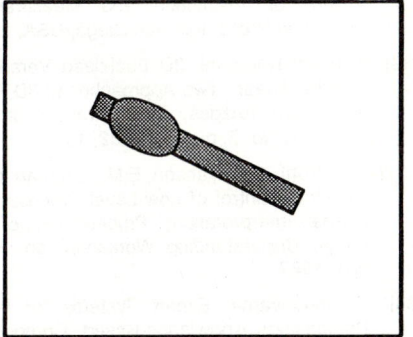

Figure 6: 2D model of a correct IC bond, consisting of the wire`s tail, the wire`s die and the visible section of the wire`s main part.

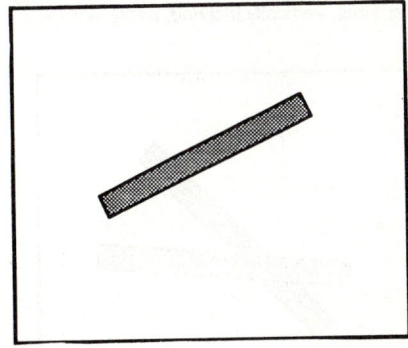

Figure 9: 2D model of a part of a bonding wire.

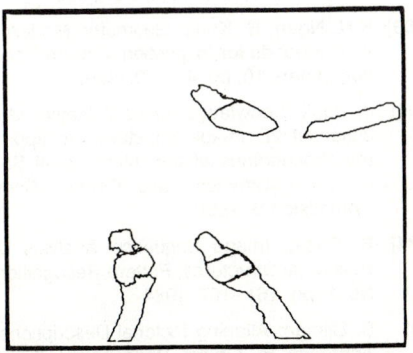

Figure 7: Recognition result: three bonds consisting of the wire`s tail, the wire`s die, and the visible section of the wire`s main part.

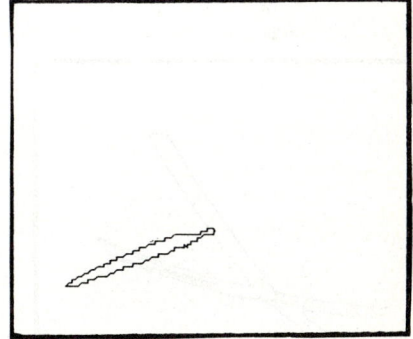

Figure 10: Recognition result: a part of a bonding wire.

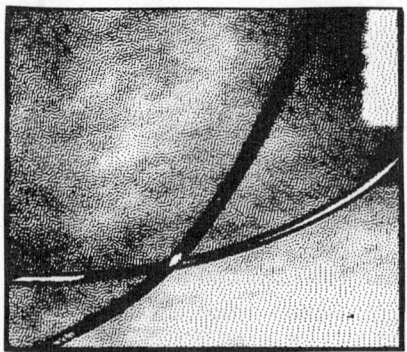

Figure 11: Digitized image taken at a certain distance from the ground of an IC: Two crossing bonding wires, vertically inclined, partly visible.

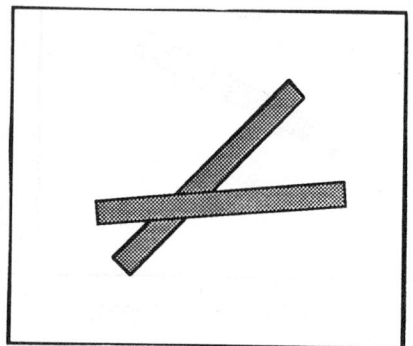

Figure 12: 2D model of two crossing bonding wires.

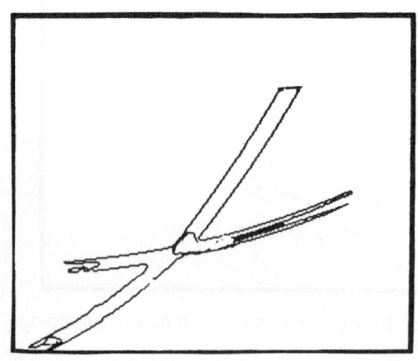

Figure 13: Recognition result: two crossing bonding wires.

Literature

[Bal 89] D.H. Ballard: Reference Frames for Animate Vision; Proceedings of the IJCAI, pp. 1635 - 1641, 1989.

[CoK 88] C.K. Cowan, P.D. Kovesi: Automatic Sensor Placement from Vision Task Requirements; IEEE Transactions on PAMI 10, No. 3, pp. 407 - 416, 1988.

[IrW 88] P.D.S. Irwin, A.J. Wilkinson: An Integrated Segmentation / Image Analysis System; Lecture Notes in Computer Science 301, (ed.) J. Kittler, Pattern Recognition, pp. 26 - 37, 1988.

[JRK 89] R. Jain, A.R. Rao, A. Kayaalp, et al.: Machine Vision for Semiconductor Wafer Inspection; pp. 283 - 314; in H. Freeman (ed.): Machine Vision for Inspection and Measurement; Academic Press, Inc. San Diego, USA, 1989.

[Kan 89] Ken-Ichi Kanatani: 3D Euclidean Versus 2D Non-Euclidean: Two Approaches to 3D Recovery from Images; IEEE Transactions on PAMI 11, No. 3, pp. 329 - 332, 1989.

[KHR 87] C.A. Kohl, A.R. Hanson, E.M. Riseman: Goal-Directed Control of Low-Level Processes for Image Interpretation; Proceedings of the Image Understanding Workshop, pp. 538 - 551, 1987.

[Mat 89] T. Matsuyama: Expert Systems for Image Processing: Knowledge-Based Composition of Image Analysis Processes; Computer Vision, Graphics and Image Processing 48, pp. 22 - 49, 1989.

[Mor 85] M.E. Mortenson: Geometric Modeling; John Wiley & Sons, New York, USA, 1985.

[NgK 89] K.N. Ngan, B. Kang: Geometric Modelling of IC Die Bonds for Inspection; Pattern Recognition Letters 10, pp. 47 - 52, 1989.

[Pau 90] J. Pauli: Knowledge-Based Adaptive Identification of 2D Image Structures; to appear in the Proceedings of the International Society for Photogrammetry and Remote Sensing; Commision V, 1990.

[Rad 84] B. Radig: Image Sequence Analysis Using Relational Structures; Pattern Recognition 17, No. 1, pp. 161 -167, 1984.

[Ull 89] S. Ullman: Aligning Pictorial Descriptions: An Approach to Object Recognition; Cognition 32, pp. 193 - 254, 1989.

Kantenverfolgung in topografischen Höhenkarten mit Ringoperatoren

R. Malz, A. Queisser

Institut für Technische Optik,
Universität Stuttgart,
Pfaffenwaldring 9, 7000 Stuttgart 80

Kurzfassung: Ein Operator, der in Höhenkarten zur Kantenverfolgung eingesetzt werden kann, wird vorgestellt. Diesem wird ein Operator, der für die globale Bearbeitung von Höhenkarten entworfen wurde, vergleichend gegenübergestellt. Die Synthese in einem Hybrid–Operator wird vorgeschlagen.

Stichwörter: range data, edge detection, 3–D sensing.

1. Einleitung

Verfahren, die zur Kantendetektion in Graubildern entwickelt wurden, sind in dreidimensionalen Bildern (Höhenkarten) nur bedingt einsetzbar, da sich die Bedeutung und Ausprägung von Kanten in dreidimensionalen Bildern von der der Graubilder unterscheidet. Außer den sogenannten Sprungkanten (Jump Boundaries), sind in dreidimensionalen Bildern vor allem Knickkanten (Crease Edges) von Interesse.

Der hier vorgestellte Kantenverfolger sucht von einem bekannten Kantenpunkt ausgehend zunächst in der momentanen Bewegungsrichtung einen Nachfolger, d.h. den nächsten Kantenpunkt. Im Vergleich zu globalen Verfahren, die auf ein Gesamtbild angewendet werden, ist diese Methode weniger rechenintensiv.

Um eine Spezialisierung für eine bestimmte Objektklasse zu vermeiden, operiert der Kantenverfolger mit möglichst wenig *a priori* Wissen über die beobachtete Szene. Eine weitere wichtige Grundvoraussetzung ist die Beschränkung auf den unmittelbaren Umgebungsbereich der Kante, im Gegensatz zu Verfahren, die auf der Berechnung der Normalenrichtungen in einer größeren Umgebung der Kante beruhen.

Die im Objektbereich existierenden Kanten werden auf zwei verschiedene Kantenarten in den Bildbereich abgebildet. Im Bildbereich entstehen *Sprungkanten* und *Knickkanten*, wobei sich erstere durch einen sprunghaften Übergang des Höhenwertes auszeichnen, letztere durch einen sprunghaften Übergang in der Normalenrichtung. Abbildung 1.1 zeigt die verschiedenen Kantenarten.

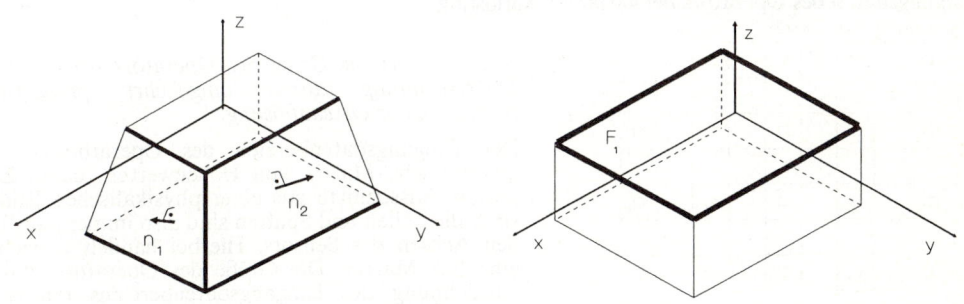

Abb. 1: Entstehung von Knickkanten (links): Flächenstücke, deren Normalenrichtungen weniger als 90° gegen die Kameraachse z geneigt sind. Sprungkanten (rechts) entstehen, wenn die Normalenrichtung eines Flächenstücks 90° oder mehr zur Kameraachse z geneigt ist.

2 Geometrischer Ringoperator

In diesem Abschnitt wird ein Kantenoperator beschrieben, der aus einer zweidimensionalen Matrix von Höhenwerten einen neuen Kantenpunkt unter der Voraussetzung berechnet, daß der Mittelpunkt der Matrix schon ein Kantenpunkt ist. Der neue Kantenpunkt wird mit seiner Umgebung dann als neuer Ausgangspunkt für den Operator benutzt, wodurch eine Bewegung entlang der Objektkante entsteht.

Vergleich mit globalen Verfahren

Das lokale Verfahren der Kantenverfolgung hat im Vergleich zu globalen Verfahren, entscheidende Vorteile bei der Behandlung von dreidimensionalen Bildern künstlicher Objekte, insbesondere wenn die Menge der auftretenden Kanten näherungsweise bekannt ist. Bei globalen Verfahren muß das gesamte Bild bearbeitet werden, obwohl oft nur wenige Elemente des Bildes von Interesse sind, ferner ist die Bestimmung von Kanten aus dem vorverarbeiteten Bild eine weitere rechenintensive Operation. Da der Kantenverfolger einen Anfangspunkt für die weitere Suche nach Kantenpunkten benötigt, die Suche nach diesem Startpunkt aber eine globale Operation darstellt, kann das vorgestellte Verfahren als Mischverfahren bezeichnet werden.

Die Codierung der Kantenpunkte ist bei dem vorgestellten Verfahren sehr einfach, da nur der im Bild zurückgelegte Weg des (im folgenden *Kantenoperator*) genannten Verfahrens aufgezeichnet werden muß. Das Ergebnis des Operators ist ein Kettencode, der die Punktfolge der Kantenpunkte in drei Dimensionen beschreibt. Dieser Kettencode kann dann mit Codemustern bekannter Objekte verglichen werden, oder weiterverarbeitenden Algorithmen als Eingangsdaten dienen. So kann aus dem Kettencode eine geometrische Beschreibung der Kanten gewonnen werden. Bei Höhenkarten, die aus einer Aufnahmesequenz berechnet werden, ergibt sich eine erhebliche Zeitersparnis, wenn die Höhenwerte nur entlang der Kante berechnet werden. Bei dieser Arbeit wurden reale Höhenkarten hoher Qualität verwendet, die aus einer Folge von Aufnahmen berechnet wurden [1].

Anforderungen

Damit ein Kantenverfolger zuverlässig arbeitet, müssen im wesentlichen drei Bedingungen gegeben sein:

- Die Kantenpunkte müssen zuverlässig vom Rauschen getrennt werden können.
- Eine Kante sollte nicht aufgrund anderer, naher Kanten verloren werden.
- Das Verfahren sollte zuverlässig am Kantenende abbrechen.

Zwischen diesen Punkten muß ein Kompromiß geschlossen werden, da sie nicht unabhängig voneinander sind. So wirken sich die erste und dritte Bedingung entgegen, da eine Rauschunempfindlichkeit sich auch negativ auf die Kantenempfindlichkeit auswirkt.

Eingangsdaten des Operators bei variabler Auflösung

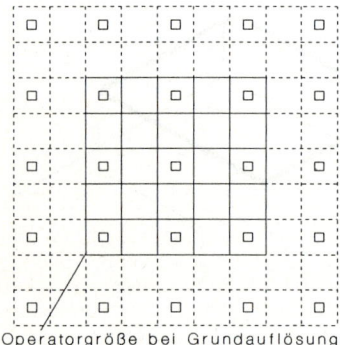

□ Operatorgröße bei Grundauflösung
□ Samplepunkte bei Auflösungsstufe 2

Abb. 2: Variable Größe des Operators bei konstanter Matrixordnung durch umgekehrt proportionale Änderung der Ortsauflösung.

Der Eingangsdatenbereich des Operators ist eine quadratische Matrix von Höhenwerten, deren Zeilen jeweils Ausschnitte aus einer physikalischen Bildzeile sind, die Zeilen und Spalten sind also immer parallel zu den Achsen des Sensors. Hierbei handelt es sich um eine 5x5 Matrix. Die Größe des Operators, d.h. die Ausdehnung des Eingangsdatenbereichs relativ zur Objektgröße, ist entscheidend für die zuverlässige Detektion von Kanten schwacher Intensität, sowie von Kanten, die stark abgerundet sind und sollte deshalb variabel gehalten werden. Dabei sollte die Ordnung der Matrix konstant sein, denn andernfalls erhielte man eine variable Auflösung von Raumrichtungen. Es ist nicht sinnvoll, die Richtungsauflösung bei Kanten schwächerer Intensität zu steigern, daher wird die Pixelauflösung umgekehrt proportional zur Größe des Operators variiert.

Planaritätstest als Abbruchbedingung

Bevor der Kantenoperator auf die Eingangsmatrix angewendet wird, wird die Matrix auf Planarität untersucht. Hierzu wird ein Verfahren angewendet, welches von Duda et.al. [2] beschrieben wird. Dabei werden um die Regressionsebene der Eingangsdaten zwei "Sandwichebenen" gelegt. Die Verteilungskurve für die Abstände der Datenpunkte von der Regressionsebene wird innerhalb des Sandwiches approximiert. Strebt die Verteilung einer Normalverteilung zu, handelt es sich um eine Ebene, bei einer Gleichverteilung ist damit zu rechnen, daß sich mehrere Ebenenabschnitte innerhalb des Sandwiches befinden. Unterbrechungen der Kante, die aufgrund des Planaritätstests entstehen, Übergänge von Kanten in planare Bereiche bei komplexen Oberflächen oder Kreuzungen mehrerer Kanten werden nicht vom Operator selbst erkannt, um Geschwindigkeit und Flexibilität nicht zu beeinträchtigen. Diese Fälle müssen von modellgestützten, übergeordneten Verfahren behandelt werden

Strategie zur dynamischen Veränderung der Parameter des Operators

Die Sandwichdicke des Planaritätstest und die Größe des Operators beeinflussen die Wirkungsweise des Operators. Da eine möglichst kleine Operatorgröße wünschenswert ist, um nahe aneinander liegende Kanten trennen zu können, eine größere Operatorausdehnung im Bereich schwacher Kanten günstiger ist, sollen die Parameter nach jedem Schritt angepaßt werden. Für die Operatorgröße ist die Kantenintensität, für den Planaritätstest das Rauschen im Eingangsdatenbereich entscheidend.

Geometrische Bestimmung des Firstpunktes

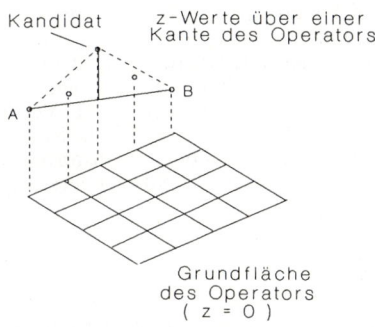

Abb. 3: *Die Bestimmung der möglichen Nachfolger für die aktuelle Position geschieht, indem auf einer ringförmigen Umgebung um den Operatormittelpunkt die Abweichung von einem ebenen Verlauf der Höhenwerte bestimmt wird. Alle nicht planaren Bereiche führen zu einer Abweichung, die als Kantenintensität interpretiert wird. Um diese Abweichung zu bestimmen, werden auf den Seiten und den Diagonalen des Operators Dreiecke aus den Bildpunkten an den Ecken und jeweils einem der dazwischen liegenden Punkte gebildet. Derjenige dieser Zwischenpunkte, der den größten Abstand zur Grundlinie hat, wird Kandidat dieser Seite genannt. Anschaulich läßt sich die Berechnung der Abstände zur Grundlinie mit der Bestimmung der Höhe eines Dachfirstes vergleichen.*

Es wären so sechs Kandidaten für den nächsten Kantenpunkt möglich, von denen einer jeweils der vorherige Kantenpunkt ist. Da dieser bekannt ist wird er nicht berechnet, um ein Umkehren "auf der Stelle" zu verhindern. Naturgemäß werden die Kandidaten auf den Diagonalen zumeist die aktuelle Position sein, tritt dieser Fall ein, so wird die Bewegungsrichtung des Operators senkrecht zur Diagonalen vorausgesagt.

Bewertung der Kandidaten, Richtungsabhängigkeit

Die Bestimmung der Kandidaten läßt fünf Bewegungsrichtungen offen, eine Bewertung der einzelnen Kandidaten ist nötig. Diese Bewertung erfolgt über drei Kriterien. Als erstes wird die Kantenintensität der Kandidaten mit der Änderung der Bewegungsrichtungen gewichtet, die der jeweilige Kandidat bewirken würde. Diese Bewertung ist für die meisten künstlichen Objekte günstig, da dadurch geradlinige Verläufe begünstigt werden. Das Hauptkriterium bleibt die Intensität, wie stark die einzelnen Faktoren einwirken, ist je nach Anwendung anpaßbar. Danach wird die daraus resultierende neue Position mit dem Planaritätstest untersucht. Ist die neue Position schon in einem ebenen Bereich, wird die Position sofort verworfen und die nächstwahrscheinliche Position wird untersucht, bis ein neuer Kantenpunkt oder ein Abbruch gefunden wird.

3 Ringoperator mit FFT

Eine Alternative zu dem bisher beschriebenen Operator, der die Eingangswerte direkt geometrisch auswertet, ist der von Inokuchi [3] vorgeschlagene "Edge–Region Operator". Die Stärke dieses Operators ist, daß in einem Schritt eine Segmentierung in die Klassen "Planar", "Knickkante" und "Sprungkante" durchgeführt wird, sowie die Richtung der Kante bzw. die Orientierung der Fläche berechnet wird. Ferner ist ein Rauschfilter, der Störungen hoher Ortsfrequenz ignoriert, als erwünschter Nebeneffekt im Algorithmus enthalten. Der Operator von Inokuchi ist besonders im Bereich der Segmentierung, bzw. der Klassifikation in Kantenarten sehr geeignet, jedoch bereitet die Kantenverfolgung größere Probleme als mit dem geometrischen Operator.

Die Funktionsweise des Operators beruht auf der Auswertung des Fourierspektrums des Höhenwertverlaufs entlang eines ringförmigen Bereichs um den zu klassifizierenden Punkt. Die Größe der kreisförmigen Umgebung entspricht genau der als Operatorausdehnung bezeichneten Größe des geometrischen Operators. Die Anzahl der Stützstellen auf dem Kreisring soll wieder konstant gehalten werden, aus den schon genannten Gründen der Gleichheit der Anzahl der Bewegungsrichtungen die der Kantenverfolger durchführen könnte. Auch muß die Anzahl der Stützstellen eine Zweierpotenz sein, da eine FFT (Fast Fourier Transform) der Werte durchgeführt wird. Sinnvolle Werte sind n = 8 oder n = 16.

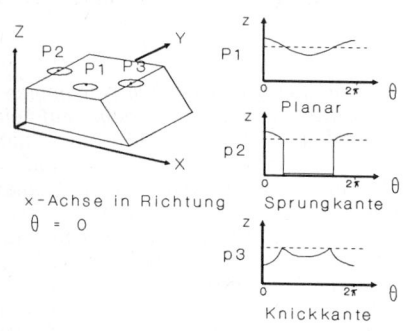

x-Achse in Richtung
θ = 0

Abb. 4: Für die verschiedenen Kantenarten entstehen Kurvenverläufe f(θ) der Höhenwerte in Abhängigkeit des Winkels θ.

Diese Kurvenverläufe sollen nach den drei Kantenarten unterschieden werden. Die Funktion f ist auf dem Kreisumfang definiert und somit 2π–periodisch, eine Voraussetzung für die Anwendung der Fouriertransformation. Mit der Amplitude und der Phase der ersten drei Komponenten des Fourierspektrums stehen Kennwerte zur Verfügung, mit denen eine Segmentierung möglich ist. Da die Werte diskret sind, wird die Fouriertransformation als DFT (Diskrete Fourier Transformation) berechnet:

$$F_k = \sum_{n=0}^{N-1} f_n \cdot e^{-j(2\pi/N)n \cdot k}$$

Die Klassifizierung wird mit Hilfe der Komponenten F_k niedriger Ortsfrequenz des Fourierspektrums durchgeführt. Es zeigt sich, daß eine Klassifizierung mit den ersten drei Komponenten des Fourierspektrums möglich ist, da sich die verschiedenen Kurvenverläufe der Funktion $f(\varphi)$ in den ersten drei Komponenten F_k unterscheiden. Die Strategie zur sequentiellen Klassifizierung in die drei Kantenarten zeigt Abb. 5.

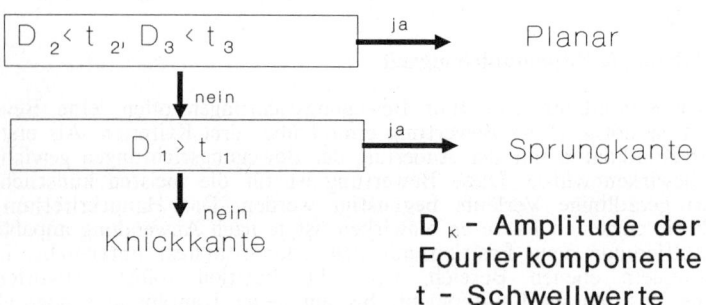

Abb. 5: Sequentielle Segmentierung in drei Kantenklassen.

4 Kombiniertes Verfahren (Hybrid–Operator)

Die Funktionsweise des Edge–Region Operators von Inokuchi beruht auf der Transformation der Höhenwerte der einzelnen Pixel in der Umgebung des Operators in eine Beschreibung des Kurvenverlaufs entlang dieser Pixel. Für die Bestimmung der Bewegungsrichtung des Kantenverfolgers bedeutet dies, daß im Gegensatz zum geometrischen Operator nicht mehr ein Vektor vom Mittelpunkt des Operators zu einem wahrscheinlichen Nachfolger vorgeschlagen wird, sondern lediglich ein Winkel, der der augenblicklichen Kantenrichtung entspricht. Zum einen kann aber dieser Winkel aufgrund von Störungen von der wirklichen Kantenrichtung abweichen, zum anderen wird der Kantenoperator bei gekrümmten Kantenverläufen die momentane, tangentiale Richtung berechnen. Für den Operator bedeutet dies, daß die Kante verlassen wird und der Operator in das planare Gebiet angrenzender Flächen gerät.

Für den geometrischen Operator gibt es hierfür Korrekturmöglichkeiten, denn man kann den letzten Schritt rückgängig machen und den nächstwahrscheinlichen Kandidaten probieren. Mit dieser heuristischen Methode kann der geometrische Operator die Kante nie verlassen.

Beim Edge–Region Operator besteht keine Korrekturmöglichkeit für den Operator, denn die Phasenrichtungen der einzelnen Fourierkomponenten, aus denen die Bewegungsrichtung ermittelt werden, stehen fest. Es ist zwar sehr wahrscheinlich, daß die Kantenrichtung tatsächlich in der ungefähren Richtung der Phase der entsprechenden Fourierkomponente liegt, es kann aber keine Wahrscheinlichkeit dafür ermittelt werden, daß der in Phasenrichtung liegende Punkt ein Kantenpunkt ist oder ob er schon neben der Kante liegt. Dafür wären wieder geometrische oder analytische Operationen nötig, die mit dem fourierbasierten Operator vermieden wurden.

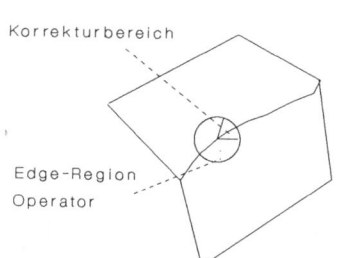

Korrekturbereich

Edge–Region
Operator

Abb.6: Da eine Verbindung der Überlegenheit des Edge–Region Operators im Bereich der Segmentierung und der Vorteile der geometrischen Bewertung einzelner Punkte gute Ergebnisse liefert, wird ein Hybrid–Kantenverfolger vorgeschlagen, der die Kantenart und Richtung aus dem Fourierspektrum errechnet, danach den Bereich der Kante, der sich aus aktueller Position und einem Winkelbereich um die errechnete Richtung ergibt, mit geometrischen Verfahren korrigiert.

Die Synthese der guten Segmentierungsergebnisse des Edge–Region Operators mit Stabilität des geometrischen Verfahrens für die Kantenverfolgung ergibt einen sicheren und schnellen Operator, der wie der rein geometrische Operator die Kante nie verläßt. Der Planaritätstest als Abbruchbedingug wird beim Hybrid–Operator durch die Klassifikation "Planar" des Edge–Region Operators ersetzt. Die Größe des Operators kann wieder über die Kantenintensität bestimmt werden, wobei die Kantenintensität aus dem geometrischen Korrekturverfahren ermittelt wird.

Ein Problem, welches beim Hybrid–Operator im Gegensatz zum geometrischen Operator entsteht, ist die lokale Lösung von Konflikten, die bei Kreuzungen auftreten. Dieses Problem ist beim geometrischen Operator dadurch lösbar, daß alle möglichen Kantenfortsetzungen bekannt sind, beim Hybrid Operator nicht, da hier nur eine Richtung der Kantenfortsetzung aus dem Phasenspektrum bestimmt wird. Deshalb sind noch übergeordnete Verfahren nötig, die solche Konflikte beseitigen. Es bleibt zu untersuchen, ob durch eine aufwendigere, parallele Segmentierungsstrategie Kreuzungspunkte als eigene Klasse bestimmt werden können, wobei zusätzlich das Problem der verschiedenen Richtungen aus dem Phasenspektrum ermittelt werden muß.

Der Hybrid–Operator besitzt folglich weniger lokale Intelligenz als der geometrische Operator, denn er kann nur jeweils eine Kante verfolgen. Ob dies ein Nachteil oder Vorteil ist, wird von der speziellen Problemstellung im Anwendungsbereich des Operators abhängen. Es werden immer modellgestützte Systeme, die Objektwissen beinhalten nötig sein, die den Operator über das Bild bewegen und die Anfangsbedingungen festlegen.

5 Ergebnisse mit realen 3-D-Daten

Der Kantenverfolger wurde auf verschiedene dreidimensionale Bilder angewendet, hier soll das reale Bild einer Pyramide zur Illustration dienen. Die Grundfläche dieser Pyramide ist nicht parallel zur Grundfläche, wodurch sich die Assymetrie erklären läßt. Die Pyramide hat eine Größe von etwa 150x150 Pixel mit einem Wertebereich von 0 bis 1000.

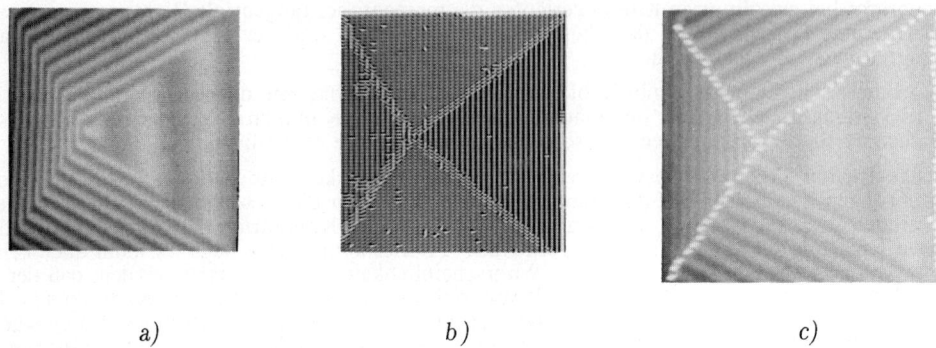

a)   b)   c)

Abb 7 a) Originalbild der Pyramide, b) vom Edge–Region Operator segmentiert, c) einige Kanten, die vom Hybrid-Operator verfolgt wurden.

6 Diskussion und Ausblick

In dieser Arbeit wurde gezeigt, daß eine Synthese aus einem geometrischen Verfahren zur Bestimmung dachförmiger Höhenwertverläufe und einem für globale Verarbeitung ausgelegten Operator zur Klassifizierung nach Kantenarten die Verfolgung von Knick– und Sprungkanten ermöglicht. Eine Kantenverfolgung hat als lokales Verfahren Geschwindigkeitsvorteile bei der Bearbeitung bekannter Objekte, insbesondere wenn die geometrische Objektinformation aus mehreren Bildern gewonnen wird. In diesem Fall kann die meist rechenintensive Bestimmung der Höhenkarte auf den Bereich der jeweils verfolgten Kante begrenzt werden.

Der Hybrid–Operator zur Kantenverfolgung soll in einem kamerageführten Robotersystem eingesetzt und erprobt werden. Hierzu sollen die Algorithmen auf eine spezielle Bildverarbeitungs–Hardware angepaßt werden, die eine schnelle Berechnung der Kanten ermöglichen.

7 Literatur

[1]   Reinhard Malz: "Adaptive Light Encoding for 3–D–Sensing with Maximum Measurement Efficiency", Proceedings 11.DAGM–Symposium Musterverarbeitung 1989, Springer–Verlag

[2]   R. O. Duda, D. Nitzan and P. Barrett: "Use of range and reflectance data to find planar surface regions", IEEE Transactions on Pattern Analysis and Machine Intelligence, vol. PAMI–1, S. 259–271, 1979

[3]   S. Inokuchi et al.: "A three dimensional edge region operator for range pictures", Proceedings 6th ICPR, 1982, S. 918–920

Kontextsensitive Bildanalyse in Luftbildern

H. Füger [1], K. Lütjen [1], K. Jurkiewicz [2]

Forschungsinstitut für Informationsverarbeitung und Mustererkennung (FIM/FGAN)
Eisenstockstr. 12, D 7505 Ettlingen 6

Einleitung

In Abbildungen, die aus großer Höhe lotrecht aufgenommen werden, kann die Höhe einzelner Objekte vernachlässigt und das Objekt näherungsweise als zweidimensional angesehen werden. Im vorgestellten Verfahren werden in Einzelbildern Objekte mit Hilfe zweidimensionaler Modelle klassifiziert, indem die Struktur der Objekte analysiert wird. Als zu klassifizierende Objekte wurden Reihenhaussiedlungen und spezielle Fabrikdächer ausgewählt.

Die in einem Vorverarbeitungsschritt aus dem Bild extrahierten Objektprimitive (z. B. kurze Geradenstücke) werden modellgestützt zu immer komplexeren Objektstrukturen (z. B. Streifen) aufgebaut, bis die zu klassifizierenden Objekte (z. B. Siedlung) generiert sind.

Im folgenden wird ein Verfahren, welches in der Plakataustellung präsentiert wird, beschrieben, das modellgestützt und strukturorientiert unter Einsatz eines Blackboardsystems [Erman 80, Füger 87, Lütjen 86, Nii 86] Objekte in Luftbildern klassifiziert, indem die Struktur der Objekte analysiert wird. Dabei werden alle Objektstrukturen, die nach den für die Analyse vorliegenden Modellen zusammengesetzt werden können, parallel aufbaut, symbolisch beschrieben und abgespeichert. Auftretende Fehler aus der Bildvorverarbeitung können zu 'falschen' Objektstrukturen führen. Da jedoch zum Aufbau von komplexeren Objektstrukturen mehrere einfachere Objektstrukturen in bestimmten Anordnungen vorhanden sein müssen, findet im allgemeinen keine Fehlerfortpflanzung statt, so daß die 'falschen' Objektstrukturen nicht weiter berücksichtigt werden.

Kontextsensitive Bildanalyse

Ausgehend von Objektprimitiven, die in der Bildvorverarbeitung extrahiert werden, werden strukturorientiert immer komplexere Objektstrukturen aufgebaut, bis die zu klassifizierenden Objekte generiert sind. Man kann das hier eingesetzte blackboardbasierte Verfahren als Parser interpretieren [Aho 72, Fu 82, Gonzalez 78], der Bildobjekte analysiert, indem mittels geeigneter Produktionen im allgemeinen Teilgraphen zu Ableitungsgraphen zusammengefaßt werden. Die Produktionen sind als Verarbeitungsmodule eines Blackboardsystems realisiert. Die Objektstrukturen werden in einem Blackboardspeicher zum assoziativen Zugriff abgelegt. Um alternative Bildinterpretationen betrachten zu können, werden alle Produktionen dieses Parsers im Blackboardsystem parallel angewendet. Einmal generierte Teilgraphen werden nicht gelöscht. Teilgraphen können Teile verschiedener Ableitungsgraphen sein.

Symbolische Beschreibung der Objektstrukturen

Die Objektstrukturen werden symbolisch beschrieben und in einem Blackboardspeicher zum assoziativen Zugriff abgelegt. Zur Beschreibung der Objektstrukturen werden Attribute definiert, die jeweils einen Wert annehmen können. Neben Attributen, die allgemeine Aussagen über Objektstrukturen angeben, wie Farbe, räumliche Koordinaten usw., gibt es auch ein Attribut, das

---

[1]FIM Mitarbeiter
[2]DFG Förderung: Ka 414/8

die Bewertung der Objektstruktur angibt, das heißt ein Gütemaß dafür darstellt, wie 'gut' die analysierte Objektstruktur mit dem Modell dieser Struktur übereinstimmt.

Für die Klassifikation gibt es z. B. ein Attribut 'Objektstruktur', das als Werte alle in Frage kommenden Objekttypen (z. B. 'verlängertes Geradenstück', 'Streifen', 'Häuserreihe') annehmen kann. Die Objektstruktur 'verlängertes Geradenstück' z. B. wird wiederum mittels der Attribute 'erste Endpunktkoordinate', 'zweite Endpunktkoordinate', 'Orientierung', 'Länge' und 'Gütemaß' beschrieben. Der assoziative Zugriff auf Objektstrukturen im Blackboard geschieht mittels Mengenverknüpfungen über diese Attributwerte. Dazu werden Werte oder Intervalle über Attribute angegeben. So erhält man z. B. alle Objektstrukturen vom Typ 'verlängertes Geradenstück', die eine 'ähnliche' Orientierung wie ein vorgegebenes α haben, indem man eine erste Menge von Objekten bestimmt, die als Wert für das Attribut 'Orientierung' einen Wert innerhalb eines Intervalls $\alpha - \Delta$ bis $\alpha + \Delta$ besitzen und diese Menge mit einer zweiten Menge von Objekten schneidet, die für das Attribut 'Objektstruktur' den Wert 'verlängertes Geradenstück' besitzen.

In den Produktionen wird mittels dieser assoziativen Mengenbildungen, die durch Spezialhardware unterstützt werden, für eine als nächstes zu verarbeitende Objektstruktur modellgesteuert eine Menge von zusätzlich geforderten Objektstrukturen gebildet, die mit der zu verarbeitenden Objektstruktur zusammen eine komplexere Objektstruktur aufbauen. Ist die Menge leer, so kann die komplexere Objektstruktur nicht aufgebaut werden. Wie die Menge zu bilden ist, wird durch das Modell der aufzubauenden Objektstruktur bestimmt, wobei dieses Modell einer 'idealen' Objektstruktur mittels Translation und Rotation in Abhängigkeit der zu verarbeitenden Objektstruktur auf die zu analysierende 'reale' Objektstruktur angepaßt werden muß. So gibt es beispielsweise ein Modell 'Streifen', welches angibt, wie, ausgehend von einer Objektstruktur 'verlängertes Geradenstück', eine Objektstruktur 'Streifen' aufgebaut wird. Das Modell gibt an, daß nach anderen Objektstrukturen vom Typ 'verlängertes Geradenstück' gesucht werden muß, die einen ungefähren Abstand d zum zu verarbeitenden 'verlängerten Geradenstück' haben und parallel dazu liegen. In der Produktion, die nach diesem Modell die gesuchte Objektstruktur aufbaut, muß zuerst die Orientierung des zu verarbeitenden 'verlängerten Geradenstücks' ermittelt werden und danach der Suchraum (links bzw. rechts von der zu verarbeitenden Objektstruktur) für die anderen Objektstrukturen aufgebaut werden. Ist diese Menge nicht leer, so wird mit diesen Objektstrukturen die Objektstruktur 'Streifen' aufgebaut.

Bildvorverarbeitung

In einem Bildvorverarbeitungsschritt wird das Grauwertgebirge des gewählten Bildausschnittes in mehreren Ebenen geschnitten. Der so gewonnene Höhenlinienverlauf wird anschließend mit Geradenstücken (Objektprimitiven) approximiert. Die approximierten Objektprimitive werden in Abhängigkeit von ihrer Approximationsgüte bewertet und in den Datenspeicher (Blackboard) eingetragen. Sie dienen dem Klassifikationsverfahren als Eingangsdaten, aus denen Hypothesen über immer komplexere Objekte abgeleitet werden [Lütjen 86].

Modelle und Produktionen

Für die zu klassifizierenden Objekte 'Häuser in einer Siedlung und bestimmte Dachkonstruktionen von Industrieanlagen (schräggestellte Fensterreihen) wurden Modelle erstellt und Produktionen, welche Objektstrukturen entsprechend der Modelle aufbauen, als Verarbeitungsmodule implementiert. Im vorgestellten Verfahren werden sowohl 'kontextfreie' als auch 'kontextsensitive' Produktionen eingesetzt.

Dabei bedeutet 'kontextfrei', daß alle Objektstrukturen, die zum Aufbau einer komplexeren Objektstruktur verwendet werden, ausschließlich innerhalb dieser komplexeren Objektstruktur liegen und somit bei der Analyse ein Ableitungsbaum entsteht. Deshalb wird innerhalb der Produktionen nicht nachgeprüft, ob die Teile zusammenzufassender Objektstrukturen untereinander kompatibel sind.

Für die Klassifikation komplexerer Objekte ist der Einsatz 'kontextfreier' Produktionen eine zu starke Einschränkung. Beispielsweise könnte ein Modell 'Häuserreihe' aus einer Gruppe von Häusern, in den Abbildungen kurz 'Gruppe' genannt, aufgebaut sein, die neben einem als Straße interpretierten Streifen liegt. Dieser Streifen könnte aber auch zum unmittelbaren Aufbau des Objekts 'Industriedach' verwendet werden. Beide Interpretationen sind möglich und sollten deshalb parallel für alternative Auswertungsergebnisse betrachtet werden; sie dürfen jedoch nicht zusammengefaßt werden und gemeinsam eine neue Objektstruktur (z. B. 'Straße einer Siedlung') aufbauen (vgl. Abbildung 1, die unzulässige Zusammenfassung ist hier mit der waagerechten Linie angedeutet).

Anders liegt der Fall, wenn zwei Gruppen von Häusern so neben einem Streifen angeordnet sind, daß eine Gruppe auf der einen Seite des Streifens liegt, während die andere Gruppe auf der anderen Seite des Streifens liegt. In diesem Fall werden zwei Objektstrukturen 'Häuser parallel zur Straße' erzeugt, und es ist zulässig, die beiden Objektstrukturen zu einer neuen Objektstruktur 'Straße einer Siedlung' zu verbinden. Es wird also aus zwei elementaren Objektstrukturen eine abstraktere Objektstruktur aufgebaut, wobei eine Objektstruktur (im Beispiel der Streifen) zum Aufbau beider elementarer Objektstrukturen verwendet wird, so daß bei der Analyse ein Ableitungsgraph entsteht, wie er in Abbildung 2 dargestellt ist.

Da die Häuser der Siedlung in Gruppen von Einzelhäusern auftreten, die einander ähnlich und in Reihen mit untereinander ähnlichem Abstand angeordnet sind, wurde ein Gruppierungsmodell 'Gruppe' erstellt. Ausgehend von den Objektprimitiven 'kurzes Geradenstück' wird die Objektstruktur 'Rechteck' aufgebaut, die zusammen mit einem direkt danebenliegenden Rechteck die Objektstruktur 'Doppelrechteck' aufbaut. Ausgehend von diesem 'Doppelrechteck' werden ähnliche 'Doppelrechtecke' mit untereinander ähnlichem Abstand zum Aufbau der Objektstruktur 'Gruppe' gesucht. Das Schema eines Ableitungsbaums einer Gruppe ist in Abbildung 3 gegeben. Dieses Modell wird ausschließlich mittels kontextfreier Produktionen realisiert.

Für die Klassifikation der Industriedächer wird dasselbe Gruppierungsmodell verwendet, jedoch ist hier der Abstand der Objektstrukturen 'Doppelrechteck' untereinander gleich Null.

Aufbauend auf dem Modell 'Gruppe' wurden folgende weitere Modelle erstellt, für die sowohl kontextfreie als auch kontextsensitive Produktionen eingesetzt werden: 1. 'Häuserreihe parallel zu einer Straße'; 2. 'Häuserreihe im Winkel von 90° zu einer Straße'; 3. 'Häuserreihe parallel zu einer anderen ähnlichen Häuserreihe'; 4. 'Industriedach parallel zu einer Straße'; 5. 'Industriedach im Winkel von 90° zu einer Straße'; 6. 'Straße einer Siedlung' (Das Modell 'Straße einer Siedlung' wird von mehreren Modellen 1. bis 5. aufgebaut).

Die Realisierung dieser Modelle geschieht in Produktionen, die als Verarbeitungsmodule realisiert sind. In dem vorgestellten Blackboardsystem wurden folgende Produktionen eingesetzt:

P1: kurzes Geradenstück, kurzes Geradenstück (Kollinear) $\longrightarrow$ verlängertes Geradenstück

P2: verlängertes Geradenstück, verlängertes Geradenstück (Parallel) $\longrightarrow$ Streifen

P3: Streifen, kurzes Geradenstück, verlängertes Geradenstück ('offenes Rechteck' bildend) $\longrightarrow$ U-Struktur

P4: U-Struktur, kurzes Geradenstück, verlängertes Geradenstück (Rechteck bildend) $\longrightarrow$ Rechteck

P5: Rechteck, Rechteck (Parallel) $\longrightarrow$ Doppelrechteck

P6: Doppelrechteck, Doppelrechteck (Parallel) $\longrightarrow$ Paar

P7: Paar, Doppelrechteck (Parallel) $\longrightarrow$ Gruppe

P8: Gruppe, Doppelrechteck (Parallel) $\longrightarrow$ Gruppe

P9: Streifen, Gruppe (Parallel) $\longrightarrow$ Häuserreihe parallel zu Straße

P10: Streifen, Gruppe (Parallel) $\longrightarrow$ Industrie parallel zu Straße

P11: Streifen, Gruppe (90°) $\longrightarrow$ Häuserreihe 90° zu Straße

P12: Streifen, Gruppe (90°) $\longrightarrow$ Industrie 90° zu Straße

P13: Straße einer Siedlung, Häuserreihe, Industrie (Konsistent) $\longrightarrow$ Straße einer Siedlung

Dabei bedeutet der Pfeil, daß die Produktionen, ausgehend von einer links stehenden Objektstruktur, die Objektstruktur auf der rechten Seite aufbauen können, wenn die andere bzw. eine der anderen links noch stehenden Objektstrukturen vorliegen.

Beispielhaft ist das Schema eines Ableitungsbaums für das Modell 'Häuserreihe parallel zu Straße' in Abbildung 4 dargestellt. Das Modell wird aus den Objektstrukturen 'Gruppe' und 'Streifen' aufgebaut. Der Aufbau der Objektstruktur 'Gruppe' geschieht wie bereits oben gezeigt. Die Objektstruktur 'Streifen', die in diesem Zusammenhang als Straße interpretiert wird, setzt sich aus den Objektstrukturen 'verlängertes Geradenstück' zusammen, die wiederum von den Objektprimitiven 'kurzee Geradenstück' aufgebaut werden. Aus Platzgründen sind in den Abbildungen die 'verlängerten Geradestücke' als 'Lange Gerade' bzw. die 'kurzen Geradestücke' als 'Gerade' bezeichnet.

Ergebnisse

In Abbildung 5 sind einige erzielte Ergebnisse der Klassifikation von Häuserreihen bzw. Industriedächern dargestellt. Dabei sind die Häuser einer Häuserreihe weiß umrandet und untereinander verbunden und die als Straße interpretierten Streifen weiß gefüllt dargestellt. Die Ergebnisse bei der parallelen Anwendung der Produktionen für die Häusermodelle und das Industriedachmodell zeigt Abbildung 5 d). In Abbildung 5 c) wird die in der Mitte des Bildes senkrecht verlaufende Straße nicht erfaßt, da ein Modell für gekrümmte Straßenverläufe nicht implementiert ist. Die Erfassung der Umrisse der Häuser einer Häuserreihe erfolgte in manchen Fälle nur ungenau. Das lag vor allem an der Ungenauigkeit der Vorverarbeitung und dem vagen Modell zur Bildung der Doppelrechtecke. Jedoch wurden die Häuserreihen und das Industriedach bzgl. ihres Ortes und ihrer Ausdehnung in den meisten Fällen richtig klassifiziert, ebenso hinsichtlich der Positionen der Einzelhäuser der Häuserreihen bzw. der Doppelrechtecke des Industriedaches.

Literatur

[Aho 72] A.V. Aho, J. D.Ullman *The theory of parsing translation and compiling*, Vol. 1. Parsing, Prentice Hall., Englewood Cliffs, 1972

[Erman 80] L. D. Erman, F. Hayes-Roth, V. R. Lesser R. Reddy *The HEARSAY-II speech-understanding system*, Comp. Surveys 12, 1980

[Fu 82] K.S. Fu *Syntactic pattern recognition and applications*, Prentice Hall, 1982

[Füger 87] H. Füger, H.-J. Greif, K. Jurkiewicz, K. Lütjen *Auswahlverfahren für die wissensbasierte Bildauswertung mit dem Blackboard-basierten Produktionssystem BPI*
in: E. Paulus (Hrsg): DAGM 87,
Informatik-Fachberichte 149, Springer-Verlag, 1987

[Gonzalez 78] R.C. Gonzalez, M.G. Thomason *Syntactic pattern recognition*, Addison-Wesley, 1978

[Lütjen 86]   K. Lütjen *BPI: Ein Blackboard-basiertes Produktionssystem für die automatische Bildauswertung,* in : G. Hartmann (Hrsg): DAGM 86, Informatik-Fachberichte 125, Springer-Verlag, 1986

[Nii 86]   P. Nii *The blackboard model of problem solving'* AI Magazine 7, No. 2, 1986

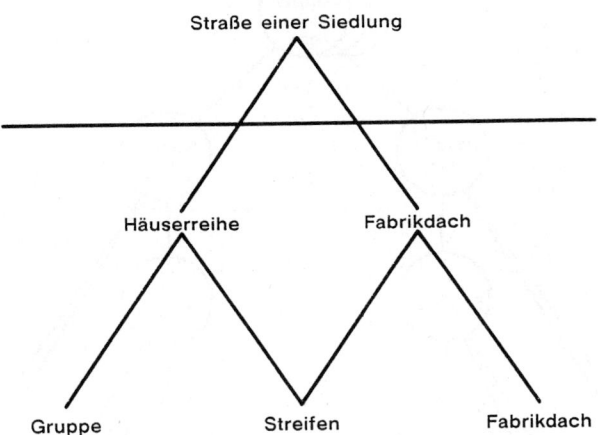

Abb. 1: Nicht zulässiger (vereinfachter) Ableitungsgraph: Straße einer Siedlung (Der Streifen müßte gleichzeitig Straße und Teil des Daches sein)

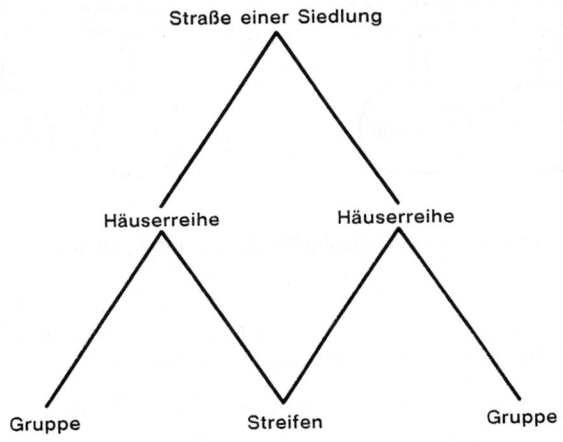

Abb. 2: Zulässiger (vereinfachter) Ableitungsgraph: Straße einer Siedlung (Der Streifen wird konsistent als Straße interpretiert)

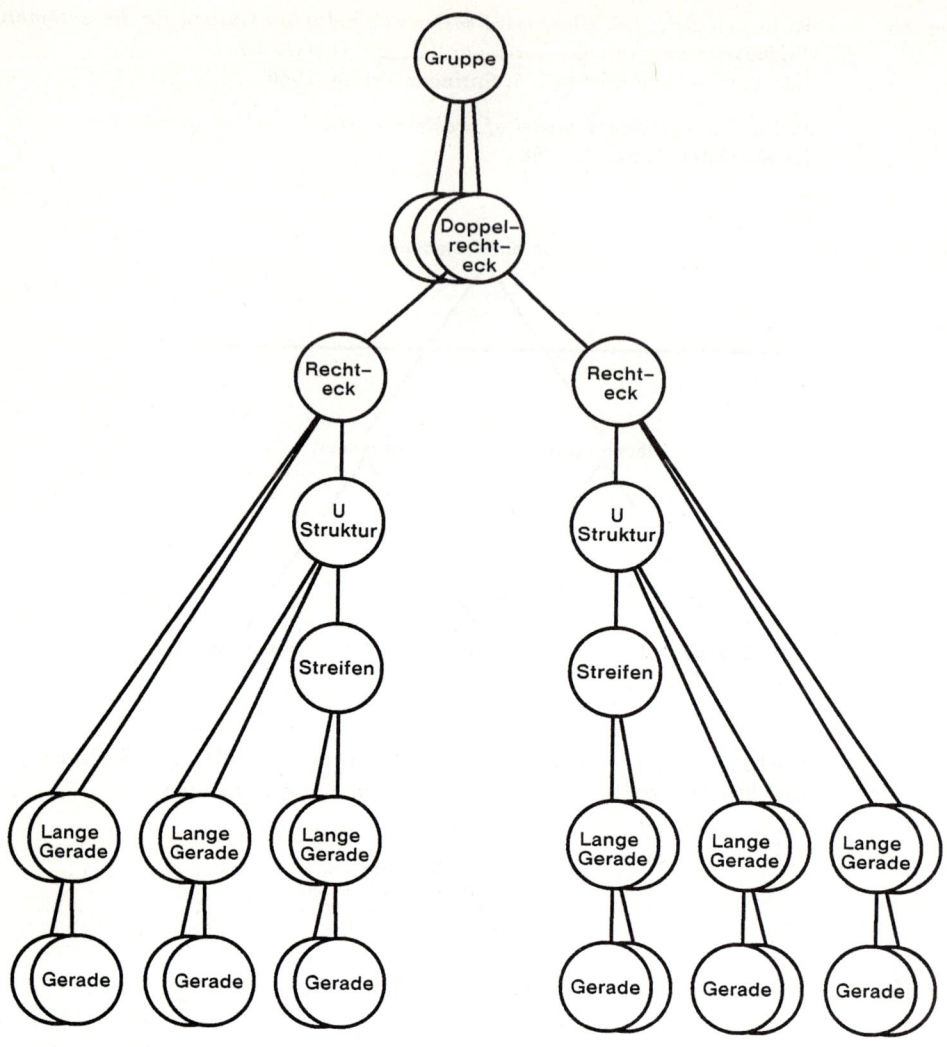

Abb. 3: Schema eines Ableitungsbaums für die Objektstruktur Gruppe

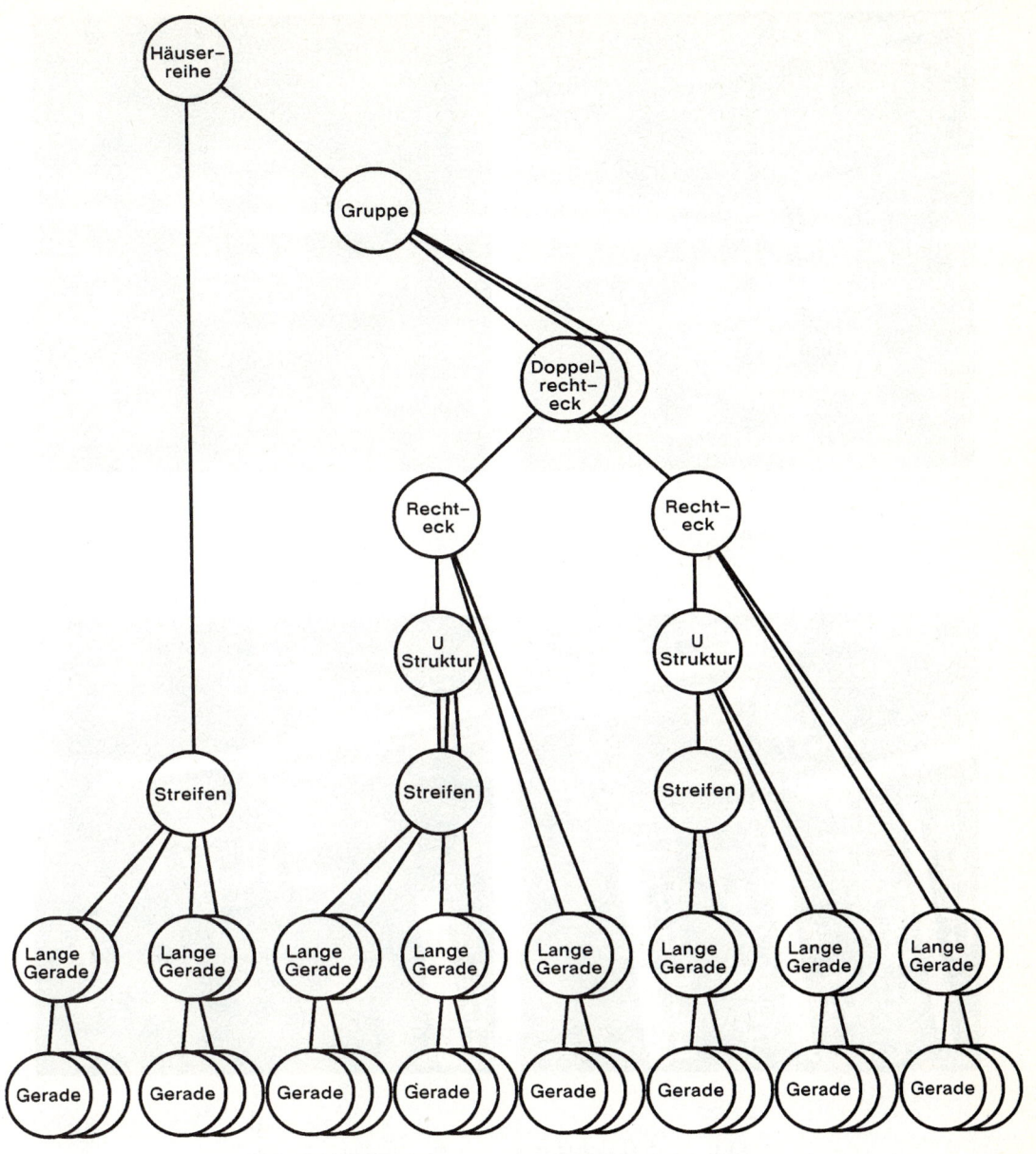

Abb. 4: Schema eines Ableitungsbaums für die Objektstruktur
'Häuserreihe parallel zu Straße'

591

a   b

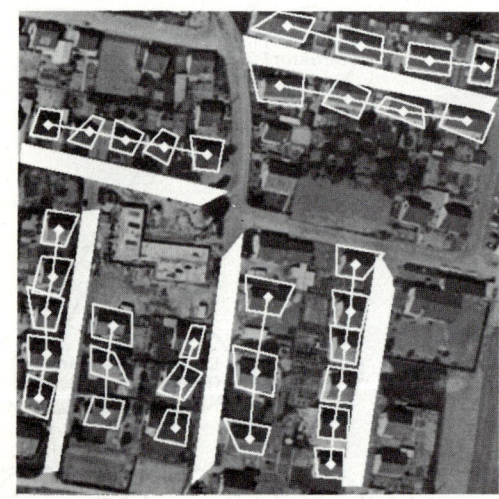

c   d

Abb. 5: Klassifikation von Siedlungsgebieten
a) und b) Ausgangsbilder
c) und d) Ergebnis der Klassifikation

Einsatz eines Bildverarbeitungssystems zur Qualitätssicherung in der Glasproduktion

S. Griesbeck

punctum, Gesellschaft für Software mbH
Ringseisstr. 10 a
8000 München 2

Einleitung

Qualitätssicherung und Qualitätskontrolle in der Fließbandferti-gung sind Aufgabengebiete, die angesichts des hohen Rechenauf-wands bei der Erfassung und Analyse von Bildern hohe Anforderun-gen an die Rechenleistung der Bildverarbeitungsrechner stellen. Aufgaben unter zeitkritischen Randbedingungen konnten deshalb oft nur von Bildverarbeitungssystemen gelöst werden, deren Verarbei-tungsalgorithmen als spezielle Hardware-Lösung implementiert wur-den.

Der Aufwand für die Entwicklung von spezialisierten Systemen ist in jedem Fall nur dann zu rechtfertigen, wenn entweder aufgrund der Einsatzhäufigkeit oder sehr hoher Anforderungen an die Ver-arbeitungsgeschwindigkeit eine flexible Realisierung durch Soft-ware unmöglich erscheint.

Durch immer leistungsfähigere Prozessoren können Bildverarbei-tungssysteme, deren Algorithmen als Software implementiert sind, im Echtzeitbetrieb zur Qualitätssicherung in der Fließbandferti-gung, mit Taktzeiten unter einer Sekunde, eingesetzt werden. Die Verwendung eines Bildverarbeitungssystems als Software-Lösung soll im folgenden am Beispiel der Qualitätssicherung in der Trinkglasfertigung vorgeführt werden.

Problemstellung

Für die Qualitätssicherung in der Trinkglasfertigung wird ein Bildverarbeitungssystem eingesetzt, mit dessen Hilfe die Voll-ständigkeit und Korrektheit des Eichstrichs, der dazugehörigen Beschriftung und des unter der Eichmarke befindlichen Firmen-signets geprüft wird.

Qualitätskriterien

Als Qualitätskriterien gelten dabei die Strichstärke, die Strich-schärfe, die Formen der einzelnen Beschriftungssegmente, die Gleichmäßigkeit des Drucks und die Lage der einzelnen Druckseg-mente zur Horizontalen.

Voraussetzungen

Die Gläser werden auf dem Fließband so positioniert, daß der Auf-druck mit einer Genauigkeit von +- 1 mm in x-, y- und z-Richtung im Bildfeld der Kamera liegt.

Leistungsanforderung

Die Prozeßzeit zur Prüfung und Bewertung des Eichdrucks darf dabei höchstens eine Sekunde betragen.

Bildverarbeitungssystem

Zur Lösung dieser Aufgabe wird ein interaktives Bildverarbeitungssystem mit einer 32-Bit Transputer CPU eingesetzt. Der T800 Prozessor mit seiner integrierten Arithmetik-Einheit sorgt für die in der Bildverarbeitung nötige Geschwindigkeit. (Anm.: Reicht die Bildverarbeitungsgeschwindigkeit des Ein-Transputer-Systems nicht aus, so besteht die Möglichkeit zur Parallelisierung von Bildverarbeitungsschritten, indem mehrere T800-CPU's über ihre Hardware-Links parallel konfiguriert werden.)

Durch Ausnutzung der vielseitigen Bildverarbeitungswerkzeuge, die das Bildverarbeitungssystem in einer **menügesteuerten interaktiven Oberfläche** zur Verfügung stellt, können stabile Bildvorverarbeitungsverfahren gefunden und die dazugehörige Parametrierung bestimmt werden, ohne daß dazu Programmierung im eigentlichen Sinn erforderlich ist. Das Bildverarbeitungssystem stellt neben Bildvorverarbeitungsalgorithmen (Tiefpaßfilter, Hochpaßfilter, Algorithmen für Binärbildübergang, Elimination, Segmentation usw.) auch Algorithmen zur interpretativen Auswertung des Segmentationsergebnisses zur Verfügung.

Die Bestimmung der einzelnen Bildverarbeitungsschritte erfolgt interaktiv, die Modularität der Bildverarbeitungssoftware ermöglicht eine schnelle Adaption des Bildverarbeitungsverfahrens.

Ein so ermittelter Gesamtablauf läuft anschließend automatisch, ggf. gesteuert durch Signale von außen, ohne Bedieneingriff ab. Nur so können die geforderten Taktzeiten erreicht werden.

Die obengenannte Aufgabenstellung erforderte die Lösung folgender Probleme:

- Belichtung

- Bildvorverarbeitung

- Elimination von Störsegmenten

- Bewertung

Belichtung

Bei der Bildaufnahme von Glas kommt der Belichtung eine elementare Bedeutung zu. Die Beleuchtung muß so gewählt werden, daß Reflexionen auf der Glasoberfläche und Streulicht aus dem Fertigungsumfeld keinen Einfluß auf das Segmentationsergebnis haben. Dies erfordert eine Bündelung des Lichts auf die zu analysierende Fläche.

Durch Experimentieren wurden zwei Belichtungstechniken als

brauchbar identifiziert:

(1) Belichtung einer Milchglasscheibe von oben, die in die Glas-
öffnung schräg eingeführt wird. Die Milchglasscheibe erzeugt den
Effekt eines Leuchtpults, sodaß der Eichdruck als dunkler
Schriftzug auf hellem Hintergrund erscheint. (Abb.1)

(2) Belichtung des Eichdrucks schräg von hinten. Der Einfallswinkel
des Lichts auf die Eichdruckfläche beträgt dabei ca. 45 Grad.
Durch diese Belichtungstechnik leuchtet die Eichdruckfarbe hell
auf, der Hintergrund ist dunkel. (Abb.2, Abb.3)

Bildvorverarbeitung zu Belichtungstechnik (1):

Zur Kantendetektion wird ein Subtraktionsverfahren angewandt,
wobei das tiefpaßgefilterte Originalbild vom Originalbild subtrahiert wird. Als Tiefpaßfilter wird der Standardtiefpaßfilter mit
einer Matrixgröße von 100x100 Pixeln verwendet. Der Binärbildübergang wird mit festem Schwellwert durchgeführt. Der Schwellwert wird dynamisch unter Einbeziehung einer im Bild definierten
Schwarzschulter berechnet.

Bildvorverarbeitung zu Belichtungstechnik (2):

Durch die Belichtung des Eichdrucks von hinten steht der Eichdruck in starkem Kontrast zu seiner Umgebung. Da der Eichdruck
deutlich heller ist als Störsegmente, die durch Staub oder Spie-
gelungen entstehen, kann auf eine Tiefpaßfilterung verzichtet
werden. Um die Stabilität gegenüber Lichtschwankungen zu erhöhen,
wird dem statischen Binärbildübergang ein Delineationsfilter vor-
geschaltet. Dadurch werden die Kanten zusätzlich verstärkt. Der
Schwellwert für den Binärbildübergang wird, wie im obigen Verfahren, durch Einbeziehung der im Bild definierten Schwarzschulter
berechnet. (Abb.4, Abb.5, Abb.6)

Beide Verfahren zeichnen sich vor allem durch hohe Kantengenauig-
keit aus. Durch die dynamische Schwellwertbestimmung und den
Einsatz des Delineationsfilters im zweiten Verfahren kann eine
hinreichende Stabilität gegenüber Lichtschwankungen erreicht werden.

Entfernen von Störsegmenten aus dem Binärbild

Nach der Binärkantensuche werden aus dem Binärbild Störsegmente,
die durch Staub auf der Glasoberfläche entstehen, entfernt. Die
Schwierigkeit hierbei besteht darin, Staub, Farbspritzer und
Löcher im Druck zu unterscheiden. Löcher im Druck werden auf
Grund ihrer topologischen Tiefe erkannt, die größer als eins ist.
Farbspritzer werden nur dann als Farbspritzer klassifiziert, wenn
sie eine größere Fläche als Staub haben. Dies geschieht durch
Anwendung eines Eliminationsalgorithmus mit Flächen- und Topolo-
giekriterien. Es werden alle Segmente, deren Fläche kleiner ist
als eine definierte Mindestfläche (ca. 0.2 mm^2) und deren topologischen Tiefe eins ist, entfernt.

Das so bereinigte Bild kann nun vermessen werden.

Bewertung des Segmentationsergebnisses

Ein Eichdruck wird dann als gut befunden, wenn die Anzahl der gefundenen Segmente stimmt und die Merkmale eines jeden Segments innerhalb bestimmter Toleranzen liegen. Als Segmentmerkmale werden die Form, die Fläche, der Schwerpunkt, die Linienglätte der Strichkante und die Ausrichtung zur Horizontalen betrachtet.

Erkennung von Löchern und Farbspritzern

Stimmt die Anzahl der gefundenen Segmente nicht mit der vorgegebenen Anzahl überein, so kann das Segmentationsergebnis sofort als fehlerhaft befunden werden. Farbspritzer und Löcher im Eichdruck werden als zusätzliche Segmente erkannt und führen somit zu einer negativen Bewertung des Eichdrucks.

Für jedes Segment werden die oben genannten Merkmale zur Klassifikation der Güte des Segments berechnet:

Segmentform und Segmentlage

Die Form eines Segments wird durch ein lage- und größeninvariantes Fourierspektrum mit 256 Merkmalen beschrieben. Durch den Druck deformierte Segmente (z.B. unvollständiger Eichstrich, verschmierte Zeichen, usw.) werden hiermit erkannt.

Durch den Winkel der längeren Hauptachse (längere Hauptachse der Grundellipse, die bei der Berechnung der Fourierdeskriptoren mit drei Merkmalen abfällt) zur Horizontalen wird die Ausrichtung des Segments geprüft.

Der Schwerpunkt gibt Aufschluß über die Plazierung des gedruckten Segments. Dabei wird der Abstand des Schwerpunkts relativ zum Schwerpunkt eines signifikanten Segments mit einer Genauigkeit von 0.05 mm berechnet.

Prüfung der Druckstärke und der Druckschärfe

Ein zu dicker Druck kann über die Flächengröße festgestellt werden. Durch das Flächenkriterium werden Deformierungen erkannt, die größer als 1 mm^2 sind.

Als Maß für die Linienglätte der Strichkante wird aus dem Kettencode der Kontur des Segments der Mittelwert über den Tangentenwinkel der Kontur berechnet.

Ausblick

Es ist möglich, alle Verarbeitungsschritte von der Aufnahme des Bildes bis zur Feststellung des Prüfergebnisses innerhalb der geforderten Zeit von einer Sekunde durchzuführen. Damit wird der Einsatz dieser reinen Software-Lösung sinnvoll.

Ein weiterer, bisher nicht erwähnter Vorteil besteht in der einfachen Anpaßbarkeit der Toleranzen an unterschiedliche Qualitätsanforderungen sowie die Fähigkeit des Systems, die anzuwendenden Toleranzen anhand einer Serie von "guten" Gläsern selbst zu ermitteln.

Erweiterungen des Systems um Module zu Produktions-Statistik und Trend-Analyse sind auf einfache Weise möglich.

Abbildungen

Bild 1 : Aufnahme eines Eichdrucks mit hellem Hintergrund
Bild 2 : Aufnahme eines Eichdrucks mit dunklem Hintergrund
Bild 3 : Aufnahme eines fehlerhaften Eichdrucks
Bild 4 : Kantenbild eines guten Eichdrucks
Bild 5 : Binärbild eines fehlerhaften Eichdrucks mit folgenden
         Fehlern: - ungleichmäßiger Druck des Eichstrichs
                  - deformierte "1"
                  - Farbspritzer
Bild 6 : Delineationsfilter auf fehlerhaften Eichdruck

Literatur

/1/ Kasch Systemtechnik : Dokumentation der Transputer-Routinen
                          für das Bildverarbeitungssystem VISION
    München, 1990

/2/ Kasch Systemtechnik : Dokumentation der Pascal-Schnittstelle
                          zum Bildverarbeitungssytem VISION
    München, 1990

/3/ R.C. Gonzales, P. Wintz : Digital Image Prozessing
    Addison Wesley, 1987

/4/ INMOS : Transputer Development System
    Prentice Hall, New York, 1988

/5/ Eckelmann : OCCAM und Transputer - im Einsatz für parallele
                Signalverarbeitung
    Elekronik-Industrie, 1984

/6/ Haberäcker : Digitale Bildverarbeitung - Grundlagen und
                 Anwendungen
    Hansa-Verlag, München, 1987

Abb. 1

Abb. 2

Abb. 3

Abb. 4

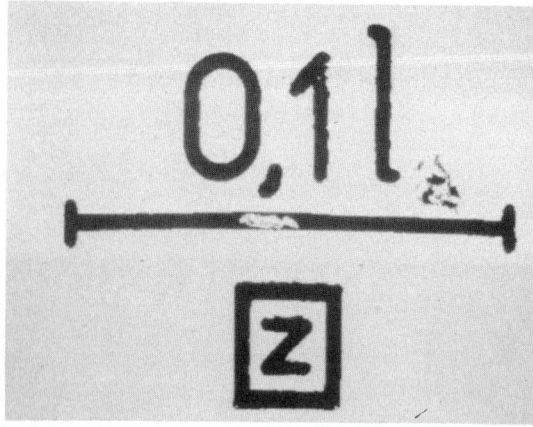

Abb. 5

Abb. 6

Interpretieren räumlicher und zeitlicher Bildfolgen: Einsatz eines Transputernetzwerks für schnelle konfokale Fluoreszenzmikroskopie

Clemens Storz und Ernst H.K. Stelzer

Europäisches Laboratorium für Molekularbiologie (EMBL), Arbeitsgruppe für dreidimensionale Lichtmikroskopie, Programm für Physikalische Instrumentation, Meyerhofstraße 1, Postfach 10.2209, D-6900 Heidelberg.

Zusammenfassung

Die schnelle Version eines modularen konfokalen Mikroskops (FMCM) am EMBL in Heidelberg produziert bis zu 24 Bilder pro Eingangskanal. Da dynamische Prozesse in drei Dimensionen erfaßt werden, zeichnet das FMCM sehr große Datenmengen auf, die in kurzer Zeit zu verarbeiten sind. Typische Verarbeitungsschritte sind die Anwendung von Filtern und die dreidimensionale Rekonstruktion des beobachteten Objekts. Bestandteil einer Arbeitsumgebung, die diese anspruchsvollen Aufgaben löst, ist ein Transputernetzwerk, das die Datenaufzeichnung und die Berechnungen durchführt. Das System wird von einer Graphik-Workstation und einem analogen Bildplattenspeicher unterstützt.

Hintergrund

Die Gruppe für Lichtmikroskopie am EMBL in Heidelberg konzentriert sich auf die Entwicklung konfokal arrangierter Fluoreszenzlichtmikroskope für immunozytologische Untersuchungen. In Zusammenarbeit mit anderen Programmen am EMBL, mit der Universität Heidelberg sowie in internationalen Kollaborationen werden alle drei wesentlichen Aspekte der konfokalen Lichtmikroskopie (KLM) behandelt:

a)   Entwicklung neuer Instrumente,

b)   Unterstützung biologischer Experimente und

c)   Datenverarbeitung.

Instrumentenentwicklung

Zunächst in Zusammenarbeit mit G.J. Brakenhoff (1979a, b) wurde 1980-1984 ein konfokal arrangiertes objektrasterndes Mikroskop entwickelt (Marsman *et al.* 1983; Wijnaendts-van-Resandt *et al.* 1985; Stelzer und Wijnaendts-van-Resandt 1986; CSSLM: Confocal Stage Scanning Laser Microscope), das bis 1987 von Wissenschaftlern des EMBL für diverse Untersuchungen eingesetzt wurde. Ein Instrument, in dem der Strahl mit einem Spiegel bewegt wird und das Objekt immer in Ruhe ist, wird seit 1987 benutzt (Stelzer *et al.* 1988; CBSLM: Confocal Beam Scanning Laser Microscope). Eine weitere Neuentwicklung ist das modulare konfokale Mikroskop (MCM: Modular Confocal Microscope), das 1989 das erste Mal für wissenschaftliche Untersuchungen verwendet

Datenverarbeitung
    Die Verarbeitung von Bildfolgen läßt sich momentan in zwei Bereiche aufteilen. Auf der einen Seite steht die Verarbeitung während der Datenaufzeichnung, und auf der anderen Seite steht die Verarbeitung bereits gespeicherter Bilder sowie die Verknüpfung von Daten, die mit unterschiedlichen Geräten aufgezeichnet wurden (z.B. mit dem KFLM und einer Videokamera). Typische Bildverarbeitungsaufgaben sind die Berechnung von Stereopaaren und Projektionsserien, die Überlagerung von Bildern unterschiedlicher Kontraste, die Anpassung von Farb- bzw. Graustufen sowie die Erstellung von Kopien und die Dokumentation der Bilder.

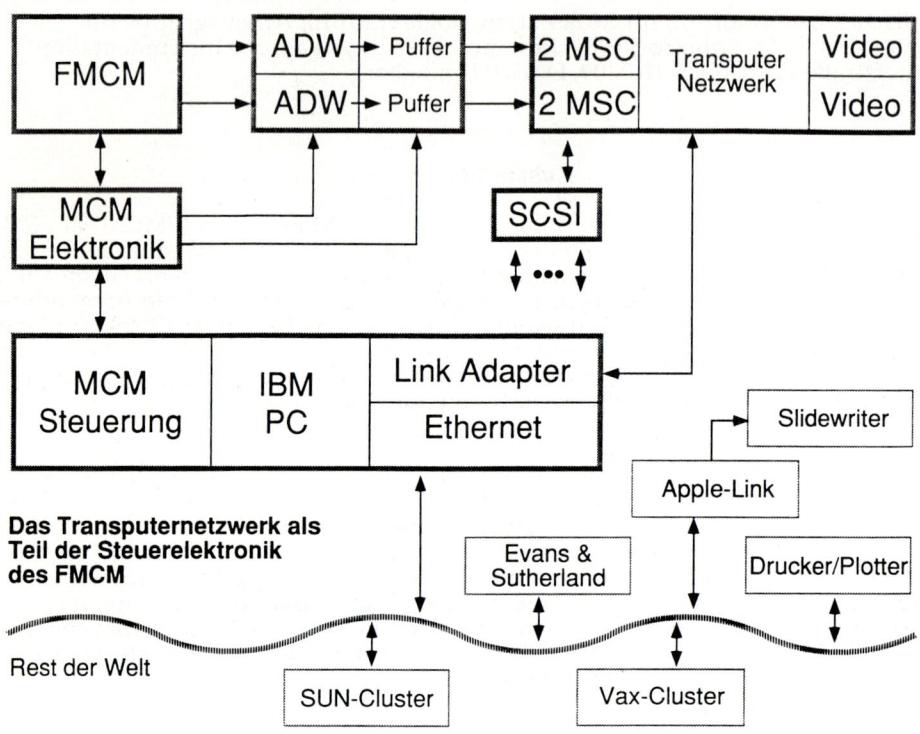

Abbildung 1: Übersicht über die Beziehungen zwischen der Hardware des schnellen konfokal arrangierten Fluoreszenzmikroskops, der Elektronik, dem Steuercomputer und dem Transputernetzwerk. Das Transputernetzwerk übernimmt die Daten aus je zwei Puffern. Um die Daten zwischen zu speichern, werden sie über SCSI auf schnellen Festplatten abgelegt. Ein IBM PC dient als Benutzerschnittstelle, übernimmt Daten vom Transputernetzwerk und verfügt über Ethernet zu einer Verbindung mit den übrigen Computern am EMBL.

Kurzbeschreibung FMCM

    Das FMCM basiert auf der Hardware des MCM, d.h. das optische Arrangement, die Mechanik, große Teile der Elektronik und der Computerprogramme sind direkt übernommen. Der wesentliche Unterschied sind die Abtastmechanik und die Hardware zur Datenaufzeichnung und Datenverarbeitung. Dem Anwender stehen zwei simultan arbei-

wurde (Bré *et al.* i.V.). Die Neuentwicklungen zeichnen sich durch eine Erhöhung der Abtastgeschwindigkeiten aus, die, kombiniert mit einer verbesserten Detektionseffizienz, deutlich kürzere Aufzeichnungszeiten zulassen, ohne gleichzeitig die Probenbelastung zu erhöhen.

Tabelle 1: Vergleich der am EMBL entwickelten konfokalen Fluoreszenzmikroskope.

Instrument	Entwicklung	Verwendung	Zeilen/sec	Pixel/Z	1/Bild	Parallele Kanäle
CSSLM	1980-1984	1983-1987	10-70	256	25 sec	1
CBSLM	1985-1987	1987-1989	200	512	2.8 sec	1
MCM	1988-1989	1989- ?	900	512	0.6 sec	2
FMCM	1990- ?	1990- ?	8000	1024	0.14 sec	2

Instrument ist der Name des Instrumentes, **Entwicklung** ist der Zeitraum, der für die Entwicklung des Instrumentes aufgewandt wurde, **Verwendung** ist der Zeitraum, über den das Instrument benutzt wurde, **Zeilen/sec** ist die Frequenz der Zeilenrasterung, **Pixel/Z** ist die Zahl der abgetasteten Pixel innerhalb einer Zeile, **1/Bild** ist die Zeit, die für das Abtasten eines Bildes benötigt wird, **Parallele Kanäle** ist die Anzahl gleichzeitig erfaßter Detektionskanäle.

Im Rahmen eines Konzepts zur Integration aller Techniken, die in der Lichtmikroskopie für die Zytologie relevant sind, ist das MCM ein Meilenstein, auf dessen Grundlage seit diesem Jahr die Entwicklung eines schnellen konfokalen Mikroskops (FMCM: Fast **MCM**) steht. Letzteres verwendet für die Datenaufzeichnung und die schnelle Datenverarbeitung ein Transputernetzwerk.

Anwendung
Die Vorteile der konfokal arrangierten Fluoreszenzlichtmikroskopie (KFLM) kommen bei hohen Zellen (z.B. Epithelzellen), Gewebeschnitten sowie an dichten Stellen in den Zellen zur Geltung. Nicht alle Zellen, Fragestellungen oder Anwendungen profitieren von KFLM.

Die meisten Anwendungen am EMBL sind bislang mit Epithelzellen durchgeführt worden und haben ihren Niederschlag in einigen Originalartikeln und unter anderem in mehreren Erfahrungsberichten gefunden (Stelzer und Bacallao 1989; Bacallao und Stelzer 1989). Hervorzuheben sind außerdem die Kolokalisation des Golgi Komplexes und der Mikrotubuli in Vero-Zellen (Ho *et al.* 1989), die Kolokalisation mehrerer Proteine von Hühnermagenmuskelzellen (Draeger *et al.* 1989), die Untersuchung verschiedener Stadien im Metabolismus von C6-NBD-Ceramid in MDCK-Zellen (Van-Meer *et al.* 1987), die Entwicklung polarer MDCK-Zellen (Bacallao *et al.* 1989, 1990), die Endozytose in polarisierten Zellen (Bomsel *et al.* 1989), die Kolokalisation von anti-SgI IgG und SgI in PC12 Zellen (Rosa *et al.* 1989) und die Analyse der Verteilung von Chromosom 18 in amniotischen Zellen (Popp *et al.* i.V.). Dazu kommen zahlreiche kurze Besuche, Untersuchungen für später durchzuführende Experimente sowie das laufende Programm am EMBL (Stelzer und Wijnaendts-van-Resandt 1989), in dem unter anderem die Rolle der Miktrotubuli während der Zellteilung untersucht wurde (Merdes 1989). Da das EMBL sich auf zytologische Fragestellungen konzentriert, sind <u>nicht</u> alle mit KFLM sinnvoll bearbeitbare Probleme erwähnt worden!

tende Kanäle zur Verfügung, die er aus einem Satz von vier bis sechs Detektoren beliebig wählen kann. Das FMCM soll konfokale Serien in kurzer Zeit (8-24 Bilder/sec) aufzeichnen, um so dynamische Vorgänge *in vivo* zu untersuchen. Eine interessante Fragestellung ist z.B. die Änderung in der Verteilung von Organellen während der Mitose von Lungenepithelzellen. Da diese eine Tiefe bis zu 8 Micron erreichen, müssen bis zu 15 Bilder aufgenommen werden, um einen Eindruck der dreidimensionalen Struktur zu erhalten. Da das FMCM *ca.* 8000 Zeilen pro Sekunde aufzeichnet, können (8000/512 = 15,6, 8000/256 = 31,3) je nach der Anzahl an Zeilen pro Bild zwischen 15 und 30 Bilder pro Sekunde aufgezeichnet werden. Innerhalb von vier Sekunden ist eine komplette Serie auf zwei Kanälen aufzuzeichnen, wobei 8 MByte an Daten anfallen. Während der interessanten Phase der Mitose soll alle 10 *sec* ein kompletter dreidimensionaler Datensatz aufgezeichnet werden. Das heißt, es stehen 6 *sec* für die Datenverarbeitung zur Verfügung. Wird die Zeit nicht verwendet, so sammeln sich in 3 *min* 160 MByte bzw. 600 Bilder an. Was macht man mit 600 Bildern?

Ein Workstation-Konzept für Mikroskopie

Der Hintergedanke der MCM- und der FMCM-Entwicklung ist das Konzept einer Mikroskopworkstation, die nicht einfach Daten aufzeichnet und digital ablegt, sondern Daten soweit aufbereitet, daß die wesentlichen Fragen sofort beantwortet werden. Im idealen Fall verläßt der Benutzer das Gerät nicht mit einer großen Anzahl an Bildern, sondern mit einigen exemplarischen Illustrationen, sowie den Zahlen, die für ihn von Interesse sind. Im Mittelpunkt eines solchen Instrumentes steht immer ein hochwertiges, konventionelles Mikroskop. Mit ihm lassen sich alle konventionellen Untersuchungmethoden einsetzen; zusätzlich stehen aber Videokameras und eine konfokale Einrichtung zur Verfügung. Über leistungsfähige Computer lassen sich alle wesentlichen Teile des Mikroskops steuern. Entsprechende Software verknüpft alle aufnehmbaren Daten miteinander. Die einzelnen Aufzeichnungsverfahren und damit die Bilder, Meßwerte *etc.* sind nicht mehr isoliert, sondern direkt vor Ort miteinander zu verknüpfen. Da mit großen Datenmengen hantiert wird, sind ausgesprochen leistungsfähige Computer absolut essentiell. Ein Transputernetz hat in diesem System vier Aufgaben:

a) Datenaufzeichnung

b) Datenreduktion/Bildverarbeitung

c) Darstellung der Bilder bzw. Graphiken

d) Datenablage/Dokumentation.

Die Entwicklung des FMCM und der Mikroskopworkstation sind laufende Projekte am EMBL. Der Schwerpunkt des Computereinsatzes liegt auf absehbare Zeit bei der Benutzung des Instrumentes. Das heißt, es werden Bilder aufgezeichnet und es wird möglichst schnell festgestellt, ob die Qualität dieser Bilder bzw. dieses Objektes den Anforderungen des Benutzers genügt.

Drei-dimensionale Datenverarbeitung mit Transputern

Die Erfolge der Fluoreszenzmikroskopie und hier besonders der konfokalen Fluoreszenzmikroskopie sind ohne die moderne Antikörpergenese nicht denkbar. Da nur ein Protein markiert und detektiert wird, der Kontrast also sehr groß ist, erübrigt sich eine komplizierte Bildanalyse. Nur das Target trägt zum Bild bei. Desweiteren sind die Grundelemente der Struktur *a priori* bekannt. Wegen des hohen Kontrasts und der damit verbundenen Diskriminierung gegen alle anderen Bestandteile einer Zelle ist die Mehrfachmarkierung, die mehrere Farbstoffe verwendet und verschiedene Targets sichtbar werden läßt, sehr wichtig. Sie dient in vielen Fällen nur der Orientierung innerhalb der Zelle. Man kann daher im allgemeinen davon ausgehen, daß immer zwei Bildfolgen mit gleichen Zellen, aber orthogonaler Information, verarbeitet werden.

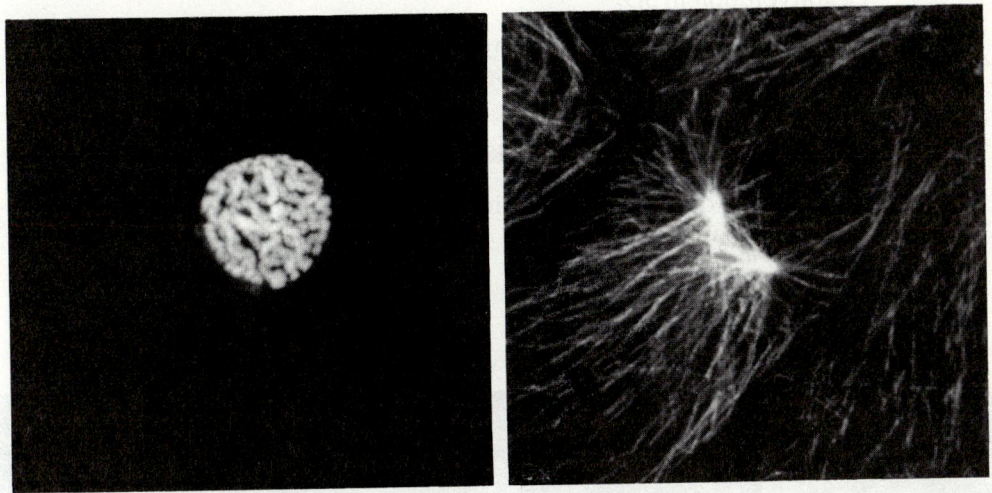

Abbildung 2: Projektionen eines dreidimensionalen Datensatzes. Zwei Fluoreszenzkanäle wurden gleichzeitig erfaßt, um eine MDCK-Zelle in der Prophase aufzuzeichnen. Die linke Projektion gibt die Chromosomenmarkierung des Prophasekerns durch Propidiumjodid wieder, die rechte die Markierung der Mikrotubuli mit FITC-Antikörpern. Die Höhe der Zelle beträgt *ca.* 10 μm und die Größe des Ausschnittes ist 60μmx60μm (Objekt von A. Merdes und J. De Mey, EMBL).

Je nach Anwendung bieten sich folgende Datenverarbeitungsprozesse an:

a) **Es werden Stereodatensätze bzw. Serien von Projektionen berechnet.** Zwei Paare zu je fünfzehn Bilder werden auf ein Stereopaar oder neun und mehr Projektionen reduziert. Geht es nur um das Bild, so können die Resultate dieser Berechnungen ohne weiteres auf Videoband bzw. Bildplatte geschrieben werden.

b) **Die Bilddaten werden auf graphische Strukturen reduziert.** Aus den Elementen des Zytoskeletts werden Vektoren (Polylinien), Endosomen werden zu Kugeln und Chromosomen und Membranen werden auf ihre Oberflächen, also auf eine endliche Anzahl von z.B. Dreiecken, reduziert. Die Datenreduktion kann dann durchaus den Faktor 100 erreichen, so daß auf jeden Fall eine gesamte Serie im Kernspeicher des Transputernetzes gehalten werden kann.

Die Vorteile einer Datenreduktion sind, da weniger Bildelemente bearbeitet werden müssen, eine Verringerung der Rechenzeit bei Auswertungen, eine schnellere Berechnung von Projektionen und die Möglichkeit, Daten schnell ablegen bzw. Daten schnell übertragen zu können.

Eine weitere Anwendung, die auf absehbare Zeit nicht in Echtzeit zu bewältigen ist, liegt in der Applikation bestimmter Filter und der Entfaltung der Daten, um die dreidimensionale Auflösung zu verbessern. Damit kann eine bessere Ausgangssituation für eine dreidimensionale Rekonstruktion geschaffen werden. Der ideale Fall läßt sich wie folgt zusammenfassen:

1. Aufzeichnung der Rohdaten

2. Applikation von Filtern

3. Dekonvolution in 3D

4. Datenreduktion auf Vektoren, Flächen etc.

5. Berechnung von Projektionen

6. Rekonstruktion überlappender Kanäle

7. Übertragung der Bild-/Graphikinformationen

8. Kopieren auf Bildplatte

9. Erstellen von digitalen Kopien

10. Erstellen der Dokumentation

Abbildung 3: Berechneter vertikaler Schnitt durch den Zellkern entlang der optischen Achse (xz-Ebene) einer MDCK-Zelle in Prophase (siehe Abbildung 2). Diese Schnitte sind aus dem gleichen Datensatz, der für die Kalkulation des Stereopaares in Abbildunbg 1 verwendet wurde, gerechnet worden. Im allgemeinen werden diese Ebenen direkt abgetastet.

Bisherige Resultate

Die Arbeitsgruppe begann zunächst mit einem Transputersystem mit vier Transputern (Parsytec), das inzwischen auf zehn Transputer erweitert wurde. Damit stehen acht Prozessoren für die Datenaufnahme bzw. Datenverarbeitung zur Verfügung (jeweils 1 T800/20MHz bzw. T800/25MHz mit 4 MByte DRAM), ein Prozessor für die Entwicklungsumgebung TDS und ein Transputer für die Graphikausgabe. Geht man von einer Serie von zwölf Bildern mit je 512 Zeilen zu 512 Pixel aus, so benötigen 2 Transputer 2 Sekunden pro Projektion, acht Transputer also etwa eine halbe Sekunde. Damit ist dieses System zwar schnell, aber nicht echtzeitfähig. Das System ist in der Lage, Bilder in Echtzeit aufzuzeichnen und gleichzeitig Mittelungen durchzuführen. Anschließend können Stereopaare, Projektionsserien und einige andere Dreidimensionalen Darstellungen berechnet werden. Diese Bilder werden mit bis zu 20 Bildern/sec dargestellt und digital auf einem Massenspeicher abgelegt. Es ist aber im FMCM-Projekt auf absehbare Zeit nicht daran gedacht, von der reinen Bildverarbeitung abzuweichen und auf die Reduktion zu graphischen Strukturen zu kommen.

Literatur

Bacallao, R., Stelzer E.H.K. (1989). Preservation of biological specimens for observation in a confocal fluorescence microscope and operational principles of confocal fluorescence microscopy. In Tartakoff A.M. (edt): "Methods in Cell Biology", Orlando: Academic Press, 437-452.

Bacallao, R., Antony, C., Dotti, C., Karsenti, E., Stelzer, E.H.K., Simons, K. (1989). The subcellular organization of Madin-Darby Canine Kidney Cells during the formation of a polarized epithelium. J. Cell Biol. 109:2817-2832.

Bacallao, R., Bomsel, M., Stelzer, E.H.K., De Mey, J. (1990). Guiding principles of specimen preservation of confocal fluorescence microscopy. In J. Pawley (Hrsgb.): "Handbook of biological confocal microscopy", New York: Plenum Press, 197-205.

Bomsel, M., Prydz, K., Parton, R.G., Gruenberg, J., Simons, K. (1989). Functional and topological organization of apical and basolateral endocytic pathways in MDCK cells, J. Cell Biol. 109:3243-3258.

Brakenhoff, G.J., Blom, P., Barends, P. (1979a). Confocal scanning light microscopy with high aperture immersion lenses. J. Microsc. 117:219-232.

Brakenhoff, G.J. (1979b). Imaging modes in confocal scanning light microscopy (CSLM). J. Microsc. 117:233-242.

Draeger, A., Stelzer, E.H.K., Herzog, M., Small, J.V. (1989). Unique geometry of actin-membrane anchorage sites in avian gizzard smooth muscle cells. J. Cell Sci. 94:703-711.

Ho, Wai C., Allen, V.J., van-Meer, G., Berger, E.G., Kreis, Th. E. (1989). Reclustering of scattered Golgi elements along microtubules. Eur. J. Cell Biol. 48:250-263.

Marsman, H.J.B., Brakenhoff, G.J., Blom, P., Stricker, R., Wijnaendts-van-Resandt, R.W. (1983). Mechanical scan system for microscopic applications. Rev. Sci. Instrum. 54:1047-1052.

Merdes, A. (1989). Untersuchungen zum Mechanismus der polwärts gerichteten Chromosomenbewegung in früher Prometaphase. Diplomarbeit, Fakultät f. Biologie, Ruprecht-Karls-Universität Heidelberg.

Rosa, P., Weiss, U., Pepperkok, R., Ansorge, W., Niehrs, C., Stelzer, E.H.K., Huttner, W.B. (1989). An antibody against secretogranin I (Cromogranin B) is packaged into secretory granules. J. Cell Biol. 109:17-34.

Stelzer, E.H.K., Wijnaendts-van-Resandt, R.W. (1986). Applications of fluorescence microscopy in three dimensions: Microtomoscopy. SPIE 602:63-70.

Stelzer, E.H.K., Wijnaendts-van-Resandt, R.W. (1987). Nondestructive sectioning of fixed and living specimens using a confocal scanning laser fluorescence microscope: Microtomoscopy. SPIE 809:130-137.

Stelzer, E.H.K., Stricker, R., Pick, R., Storz, C., Wijnaendts-van-Resandt, R.W. (1988). Serial sectioning of cells in three dimensions with confocal scanning laser fluorescence microscopy: Microtomoscopy. SPIE 909:312-318.

Stelzer, E.H.K., Bacallao, R. (1989). Confocal fluorescence microscopy of epithelial cells. SPIE 1028:167-168.

Stelzer, E.H.K., Wijnaendts-van-Resandt, R.W: (1989). Fluorescence microscopy in three dimensions: Microtomoscopy. In E. Cohen (edt): "Cell Structure and Function by Microspectrofluorometry", San Diego, Academic Press, 131-143.

Stelzer, E.H.K. (1989). The intermediate optical system of laser scanning confocal microscopes. In J. Pawley (Hrsgb.): "Handbook of biological confocal microscopy", New York: Plenum Press, 93-103.

Van Meer, G., Stelzer, E.H.K., Wijnaendts-van-Resandt, R.W., Simons, K. (1987). Sorting of sphingolipids in epithelial (MDCK) cells. J. Cell Biol. 105:1623-1635.

Wijnaendts-van-Resandt, R.W., Marsmann, H.J.B., Kaplan, R., Davoust, J., Stelzer, E.H.K., Stricker, R. (1985). Optical fluorescence microscopy in three dimensions: microtomoscopy. J. Microsc. 138:29-34.

3D-Vision mittels Stereobildauswertung

bei Videobildraten

Rainer Lotz und Ernst Fröschle[1]

Universität GH Siegen FB 12 TEB
Lehrstuhl für Technische Elektronik
Hölderlinstr. 3
5900 Siegen

1. EINLEITUNG

Im Gegensatz zu den aktiven Methoden wie Ultraschall, Radar oder Laserstrahlen bietet die Stereoskopie eine Möglichkeit, Entfernungsmessungen rein passiv mit optischen Mitteln durchzuführen. Solche Verfahren wurden viel untersucht. Eine Übersicht gibt z.B. BAKER /1/,/4/. Obgleich in vielen Fällen sehr große Rechner eingesetzt wurden, waren die Auswertezeiten relativ hoch.

Unser Ziel war es, die Entfernungen von Objekten aus Videobildern nach der Fernsehnorm CCIR in Videoraten zu bestimmen (25 vollständige Bilder pro Sekunde). Dies schloß die Verwendung rechenzeitintensiver Korrelationsmethoden von vornherein aus und erforderte eine Realisierung des Geräts in Hardware unter Verwendung des Pipeline-Verfahrens. Um den Aufwand in Grenzen zu halten, erfolgte die Auswertung streng zeilenorientiert. Die Grundlagen für das verwendete Verfahren wurden 1986 von LÖCHERBACH /2/,/3/ durch Rechnersimulation an einem softwaremäßig verschobenen und verrauschten Einzelbild untersucht.

2. KANTENDETEKTION

Zur stereoskopischen Abstandsmessung benötigt man 2, oder, wie unten gezeigt wird, besser 3 synchronisierte Videokameras (siehe Abb. 3), welche mechanisch sehr stabil aufgebaut und so justiert sein müssen, daß die Bilder aller Kameras für weit entfernte Gegenstände deckungsgleich sind. Unser Gerät sieht zur leichteren Justierung Möglichkeiten zur Bildüberlagerung vor.

Die Entfernung läßt sich am besten aus der abstandsbedingten Verschiebung der Kanten in den Bildern bestimmen. Die ideale Kante besteht aus einem Sprung S der Helligkeit H(x) einer Zeile. Die analogen Videosignale werden digitalisiert und die Kantenlagen in den einzelnen Bildern bestimmt. Unter der Voraussetzung eines ideal integrierenden Analog-Digital-Wandlers erwies sich folgender viergliedrige /2/,/3/ Algorithmus zur Bestimmung von Sprunghöhe und Lage von Kanten als besonders geeignet:

$$Z(x) = H(x-1) - H(x) - H(x+1) + H(x+2)$$

Hierbei sind H(i) die A/D-gewandelten Mittelwerte der Helligkeiten zwischen den Punkten i-1 und i. Ihren Verlauf an einer Kante zeigt Abb.1.

---

1 Jetzt: Prof. em. Dr. E. Fröschle
7000 Stuttgart 75, Mendelssohnstr. 36

Z(x) hat als Näherung der zweiten Ableitung einen Nulldurchgang an der Kante, welche demnach grob durch den Ort v des davorliegenden Vorkantenpixels charakterisiert werden kann. Für die Sprunghöhe folgt

$$S = Z(x) - Z(x+1).$$

Bei ideal integrierenden Wandlern kann man die Kantenlage X_a mit der Feinkantenlage a auf Subpixelgenauigkeit bestimmen:

$$X_a = v + a = v + [Z(v) / [Z(v) - Z(v+1)]]$$

Dabei ist es empfehlenswert, folgende Nebenbedingungen zu berücksichtigen:

1. $|Z(v) - Z(v+1)| > T_1$

2. $|H(v+3) - H(v-1)| \geq T_2$ ("Weite Differenz")

3. sign $Z(v)$ = sign $[H(v+3) - H(v-1)]$

oder: 2a. $|H(v+2) - H(v)| \geq T_2$ ("Enge Differenz")

           3a. sign $Z(v)$ = sign $[H(v+2) - H(v)]$

Die erste Nebenbedingung unterdrückt durch Rauschen vorgetäuschte Kanten. T_1 sollte dazu mindestens auf den zwei- bis dreifachen Wert des mittleren Rauschspannungsquadrats eingestellt werden /2/. Die zweite und dritte Nebenbedingung soll gewährleisten, daß die detektierte Kante wirklich den Charakter eines Sprunges hat und nicht eine durch die Digitalisierung des realen Helligkeitsverlaufs entstandene "Phantom"-Kante /5/ ist. Vorteilhaft sind Schwellwerte $T_1/3 < T_2 < T_1$ /3/ und gleiches Vorzeichen von Differenz und Auswertefunktion $Z(v)$. Die Verwendung der "weiten Differenz" reduziert die Kantenzahl bei kantenreichen Bildinhalten wie Dachpappe oder Waschbeton. Bei Verwendung der "engen Differenz" erhält man bis zu 100% mehr Kanten, von denen sich aber die meisten nicht in beiden Bildern zuordnen lassen. Dadurch kommt es bei den genannten Bildinhalten zu Problemen.

Bei ideal integrierender Abtastung und idealem Helligkeitssprung (Kantenübergangsbereich W=0) ist die Differenz der Kantenlagen einer Objektkante in zwei oder mehr Kamerabildern, synchronisierte Abtastung vorausgesetzt, unabhängig vom Abtastzeitpunkt. Bei Abweichungen vom idealen Sprung (W>0) , z.B. infolge optischer Unschärfe oder elektrischer Tiefpaßfilterung, tritt ein Kantenlagefehler auf, welcher von der Lage des Abtastpunktes relativ zum Sprung abhängt. Für eine Tiefpaßfilterung erster Ordnung wird die Sprungfunktion zur Exponentialfunktion $H(x) = \exp(-x/W)$. Dabei steigt der maximale Kantenlagefehler Δx_{max} mit W an, bleibt aber (ohne Kompression) bis W =3 Pixel unter 0,15 Pixel (siehe Abb. 2a).

Die üblichen AD-Wandler für Videofrequenzen, wie sie auch in unserem Gerät eingesetzt wurden, tasten jedoch nur punktweise ab (Flash-Wandler). Durch Tiefpaßfilterung des Videosignals kann man eine Integration annähern und den maximalen Abtastfehler, wie Abb. 2b zeigt, auf etwa 0,2 Pixel verringern. Eine weitere Verbesserung ergibt sich, wenn man jeweils zwei benachbarte Pixel zusammenfaßt (Kompression). Die Kurve hat ein Minimum bei W = 1.24 nichtkomprimierten Pixeln mit Δx_{max} = 0.157 nichtkomprimierten Pixeln. Günstig für die Hardware ist, daß sich durch die Pixelkompression die Verarbeitungsfrequenz halbiert.

Beim ausgeführten Gerät wurde der Meßbereich für die Differenz Ka - Kb auf 16 (komprimierte) Pixel beschränkt, welche je in 16 Subpixel aufgeteilt wurden. Der mittlere Fehler der Kantenverschiebung bei der 2-Kamera-Messung Ka - Kb war etwa ±2...±6 Subpixel bei einem Meßbereich von 256 Subpixel, je nach Bildkontrast.

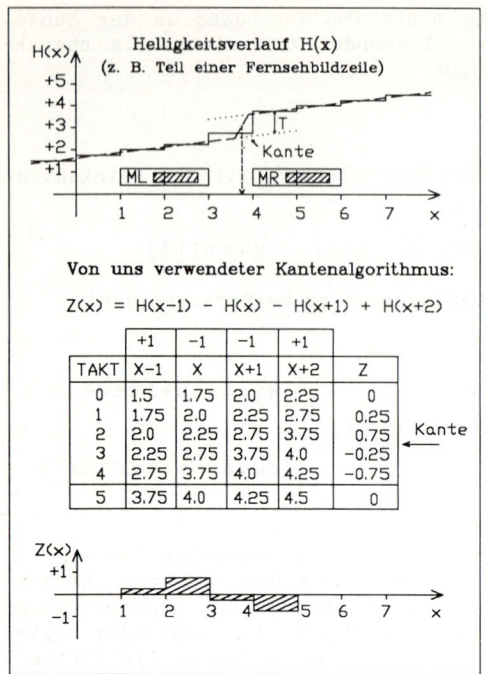

Helligkeitsverlauf H(x)
(z. B. Teil einer Fernsehbildzeile)

Von uns verwendeter Kantenalgorithmus:

$Z(x) = H(x-1) - H(x) - H(x+1) + H(x+2)$

	+1	−1	−1	+1	
TAKT	X−1	X	X+1	X+2	Z
0	1.5	1.75	2.0	2.25	0
1	1.75	2.0	2.25	2.75	0.25
2	2.0	2.25	2.75	3.75	0.75
3	2.25	2.75	3.75	4.0	−0.25
4	2.75	3.75	4.0	4.25	−0.75
5	3.75	4.0	4.25	4.5	0

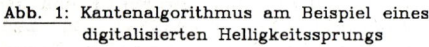

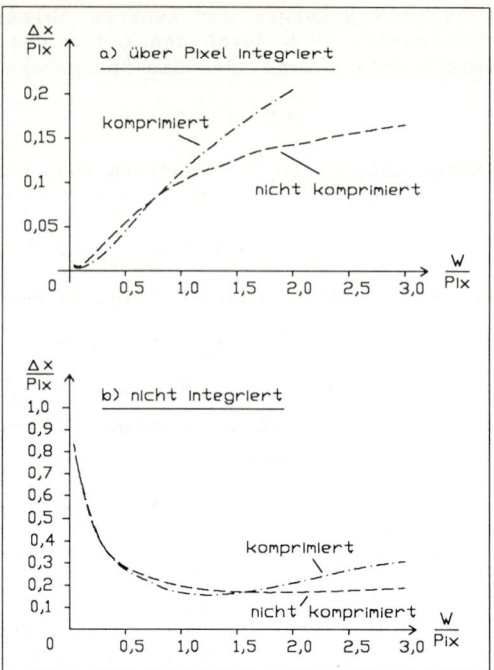

Abb. 1: Kantenalgorithmus am Beispiel eines digitalisierten Helligkeitssprungs

Abb. 2: Resultierender maximaler Abtastfehler
a) bei integrierender
b) bei nichtintegrierender Abtastung

3. KANTENZUORDNUNG

Das Hauptproblem der stereoskopischen Abstandsmessung ist die Zuordnung der Kanten im Meßbereich der einzelnen Kamerabilder. Da nur mit Schwarz-Weiß-Kameras gearbeitet wurde, kamen daher, wenn man sich auf die Auswertung einer Zeile beschränkt, als Merkmale nur die Helligkeiten links und rechts der Kante in Frage. Dabei hat es sich als besonders günstig erwiesen /2/, wenn man den Ort der Merkmalsmessung entsprechend der berechneten Feinkantenlage a nachschiebt, das heißt z.B. als Merkmale ML und MR die linear interpolierten Helligkeitswerte in einem Pixel Abstand links und rechts der Kante verwendet (siehe Abb. 1).

$ML = H(v-1) + a[H(v) - H(v-1)]$

$MR = H(v+2) + a[H(v+3) - H(v+2)]$

Das Problem der Kantenzuordnung besteht dann darin, Merkmale der Kanten vom Kamerabild A innerhalb einer gewissen Toleranz DM, im Meßbereich des Kamerabilds B wiederzufinden. Nur wenn zumindest ein Merkmalsvergleich erfüllt ist, besteht die Wahrscheinlichkeit einer richtigen Zuordnung:

$ML_a - DM \leq ML_b \leq ML_a + DM$ (Vergleich der linken Merkmale)

$MR_a - DM \leq MR_b \leq MR_a + DM$ (Vergleich der rechten Merkmale)

Bei Übereinstimmung der linken und rechten Merkmale spricht man von einer "Innenkante". Diese treten besonders bei Strukturbegrenzungen innerhalb einer

Fläche auf (Bemalung, Schatten,...). Kanten, bei denen nur 1 Merkmal übereinstimmt, wurden als "Außenkanten" bezeichnet. Sie treten an der Begrenzung einer Vordergrundfläche gegenüber einem Hintergrund auf, wenn dessen Helligkeit, wegen der unterschiedlichen Perspektive der beiden Kameras, um mehr als DM verschieden ist.

Die durch das Kamerarauschen verursachte Standardabweichung der Differenz der Helligkeit zweier nicht zu weit voneinander entfernter Pixel hatte bei den verwendeten Kameras verschiedene Werte zwischen 0,4 und 1,1% der maximal zur Verfügung stehenden Graustufen, weitgehend unabhängig von der Bildhelligkeit. DM muß daher mindestens zweimal so groß sein, damit nicht zu viele richtige Zuordnungen durch das Rauschen ausfallen. Ferner nimmt die Empfindlichkeit unserer Kameras von der Bildmitte zu den Rändern etwa parabelförmig um 8% bis 12% ab, was bei größeren Verschiebungen zusätzliche Merkmalsausfälle gibt. Experimentell wurden die besten Ergebnisse mit DM ≈ 5% der möglichen 256 Graustufen erreicht. Bei DM < 2, d.h. bei etwa dem doppelten Rauschen, treten viele Merkmalsausfälle auf, welche das Verhältnis "Innenkanten" zu "Außenkanten" mit nur einfacher Zuordnung von üblicherweise etwa 3 auf etwa 0,5 reduzieren. Eine hardwaremäßig vorgesehene Korrekturmöglichkeit zum multiplikativen Ausgleich der Empfindlichkeitsänderung konnte wegen der starken Nichtlinearität der Kamerakennlinien nicht erfolgreich eingesetzt werden. Mehrfachkanten, das heißt wenn verschiedene Kanten zufällig innerhalb der zulässigen Merkmalsdifferenz DM gleiche Merkmale haben, wurden zur Erhöhung der Zuordnungssicherheit grundsätzlich nicht ausgewertet.

Wenn die Merkmalszuordnung gelingt, kann man den Kehrwert des Abstandes der abgebildeten Kante des Gegenstandes bis auf eine, durch die optische Anordnung gegebene, Konstante durch einfache Differenzbildung der Kantenlagen in den Kamerabildern A und B errechnen. Bei unserer Anlage entsprach eine Kantenverschiebung AB von 100 Subpixeln =6,25 komprimierten Pixeln einem realen Abstand von 9,44 m.

Man kann die Meßgenauigkeit bei 2-Kamera-Anordnungen erhöhen, wenn man den Bereich der zulässigen Pixelverschiebung vergrößert. Dadurch steigt jedoch bei gleichem DM die Zahl falsch oder doppelt erkannter Kanten stark an. Besonders problematisch ist dies bei Objekten wie Blättern von Bäumen, Waschbeton oder Ähnlichem. Durch zusätzliche Verwendung einer dritten Kamera kann man die Meßgenauigkeit wesentlich erhöhen und trotzdem den Anteil der falsch zugeordneten Kanten stark verringern. Mit den ersten beiden Kameras A und B sucht man bei unserer Anlage im gesamten Auswertebereich von 16 Pixeln nach korrespondierenden Kanten. Mit der dritten, viermal weiter rechts stehenden Kamera C wird nur im Streubereich der Kantenverschiebung des mit den ersten Kameras A und B ermittelten Abstandswertes gesucht. Er wurde üblicherweise auf 5 Pixel der Kamera C eingestellt. Die Wahrscheinlichkeit zufälliger Fehlzuordnungen ist dann nur etwa 1/3 derjenigen bei der Messung AB. Die Ergebnisse des Vergleichs beider Anordnungen werden am Ende der Arbeit dargestellt.

4. H A R D W A R E - R E A L I S I E R U N G

Zur Bildaufnahme wurden handelsübliche CCD-Videokameras (500 x 582 Bildpunkte, schwarz-weiß) mit selektierten Objektiven (1,7 / 17,14 mm) verwendet. Die Kameras sind auf einer optischen Bank nebeneinander im Abstandsverhältnis AB/AC = 110mm/440mm montiert und streng parallel ausgerichtet. Abb. 3 zeigt das Blockschaltbild der gesamten Anlage. Bis auf wenige Ausnahmen wurden alle Schaltungen in ALS-TTL-Technologie realisiert. Wegen der Pixelkompression wird ein Bild von 266 x 575 (komprimierten) Pixeln ausgewertet, wobei die Kantenlagen in Subpixeln von 1/16 Pixel bestimmt werden. Die Auswertung eines vollständigen Bildes erfolgt in 0,04 s.

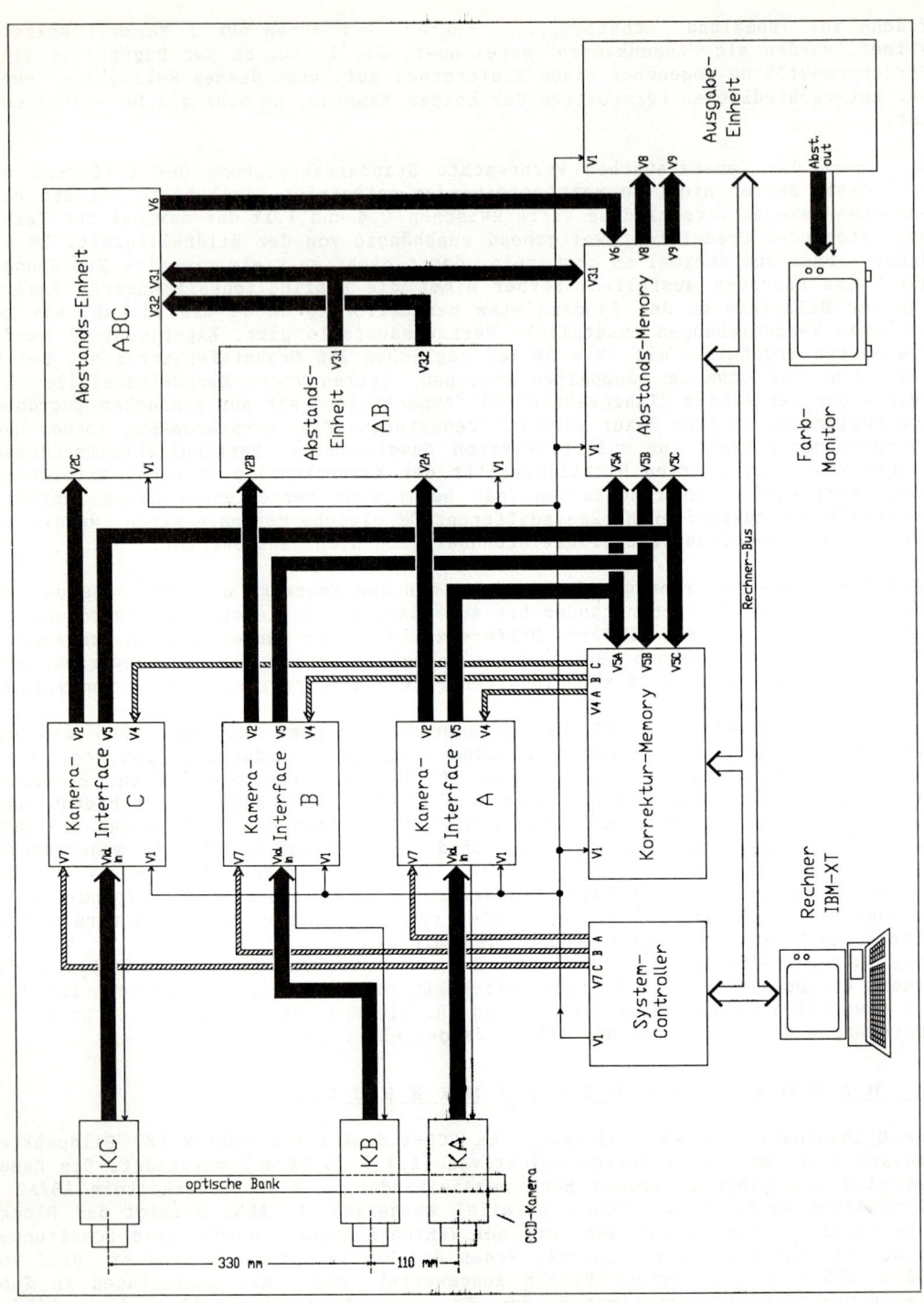

Abb. 3: Blockschaltbild der Entfernungsmessanlage

Der **Systemcontroller** versorgt die Anlage mit Takt- und Synchronsignalen. Mit Ausnahme der A/D-Wandlung in den Kamerainterfaces (10 MHz) beträgt die Takt-frequenz 5 MHz.

Die Anforderungen an das **Kamerainterface** sind:

1. Signal-Klemmung
2. Analog-Digital-Wandlung des BAS-Signals der Videokameras
3. Pixel-Kompression
4. Extraktion von Kanten mit dem beschriebenen Kantenalgorithmus
5. Charakterisierung jeder Kante durch individuelle Merkmale

Die **Abstandseinheit AB** ist zuständig für die Kantenzuordnung der Kamerabilder A und B. Aufgrund der zeilenweisen Abtastung der Bilder von links nach rechts tritt eine Kante im Kamerabild B zeitlich früher (bzw. im Unendlichen gleichzei-tig) auf als die gleiche Kante im Bild der Kamera A. Die Daten eines Kanten-pixels aus Bild B werden daher gespeichert, um dann, wenn im Bild A eine gültige Kante auftritt, durch Vergleich der Merkmale mit denen der gespeicherten Kanten aus Bild B eine mögliche Zuordnung zu finden. Bei eindeutiger Zuordnung zweier Kantenpixel wird die Verschiebung Dab = Ka - Kb in Subpixeln als Maß für die Entfernung berechnet. Dab wird hierbei mit 8 Bit aufgelöst.

Die **Abstandseinheit ABC** erhält die aus den Kamerabildern A und B errechneten Abstandswerte von der Abstandseinheit AB. Gleichzeitig liegen die Kantenlagen der Kanten des Kamerabildes A vor. Aus der Kantenlage Ka und dem Abstandswert Dab kann dann auf die Kantenlage der entsprechenden Kante im Kamerabild C geschlossen werden. Um rauschbedingte Streuungen auszuschließen, erfolgt die Suche der Kante im Bereich von ± 2 Bildpixeln um die vermutete Kantenlage Kc. Der Merkmalsvergleich verläuft analog zur Abstandseinheit AB. Die Differenz der Kantenlagen Ka - Kc ergibt den Abstandswert Dac, der dann mit einer Auflösung von 10 Bit zur Verfügung steht.

Das **Ausgabememory** hat die Aufgabe, die Ergebnisdaten der Abstandseinheiten AB und ABC zu speichern. Zahlreiche logische Bildverknüpfungen sind möglich. Besonders die "Oder"-Verknüpfung der Grauwertbilder ist für die genaue Justierung der Kameras sehr hilfreich.

Die **Ausgabeeinheit** dient der Darstellung der Meßergebnisse auf einem Analog-Farbmonitor. Neben der entfernungsabhängigen Einfärbung detektierter Kanten und deren Überlagerung mit dem Graubild von Kamera A lassen sich auch Meßfenster positionieren und unter variabler Vorgabe von Tiefen-Schwellen Meß-Quader ein-richten, deren Entfernungsmittelwerte in Metern alle 40 ms über den PC aus-gegeben werden.

Das **Korrekturmemory** hat zwei Aufgaben zu erfüllen:

1. Verwendung als Bildspeicher (6 Speicherblöcke a 160K x 8 Bit) für zahlreiche Untersuchungen welche mit dem Gerät nicht möglich sind, z. B. zur Software-simulation von Auswerteverfahren. Es kann vom Steuerrechner, einem XT-Personalcomputer, ausgelesen und auf Disketten gespeichert werden.

2. Bereitstellung von Korrekturwerten, um die anfangs vorgesehene dynamische Korrektur jedes einzelnen Bildpixels in 8-Bit Offset und 8-Bit Steigung nach einer Geradengleichung zu ermöglichen.

Ein funktionsfähiger Prototyp der beschriebenen Anlage wurde 1989 auf der "Hannover-Industrie-Messe" vorgestellt.

5. ERGEBNISBILDER

Abb. 4 zeigt ein mit unserer Anlage aufgenommenes Grauwertbild und Abb. 5 das entsprechende Entfernungsbild eines fahrenden Autos auf einer Kreuzung mit Ampel. Die Bilder der 3 Kameras wurden gleichzeitig, während 40 ms, in den Korrekturmemories gespeichert. Aus ihnen wurde softwaremäßig, mit dem gleichen Verfahren wie bei der Hardware, die Entfernung bestimmt. Die zugeordneten Kanten im Bereich der Kantenverschiebung von 30 bis 35 Subpixeln bezogen auf AB, welcher einem Entfernungsbereich von 31,5 m bis 27,0 m entspricht, sind durch ausgefüllte Quadrate dargestellt. Kanten des Vordergrunds sind kleine waagrechte, diejenigen des Hintergrunds kleine senkrechte Striche. Im gekennzeichneten Bereich ist das Auto, 2 Ampeln, Straßenmarkierungen und die Spitze der Äste eines Baums deutlich zu erkennen. Bei der Hardware werden die verschiedenen Abstandsbereiche durch unterschiedliche Farben dargestellt.

Als Beispiel für die erreichbare Meßgenauigkeit bei einem kontrastreichen Bild zeigt Abb. 6 einen Ausschnitt aus einem, wie oben erzeugten, Abstandsbild mit einer Hand. Alle Kantenentfernungen sind dabei in cm umgerechnet. Die statistische Auswertung des Bildausschnitts ergibt eine Entfernung von 4,079 m ± 0,017 m. Die relative Standardabweichung von 0,4 % schließt auch die verschiedenen Entfernungen der natürlich nicht ganz senkrecht gehaltenen Hand ein.

6. VERGLEICH 2- UND 3-KAMERAVERFAHREN

Um die Fehlerunterdrückung durch die verwendete dritte Kamera zu untersuchen, wurden gleiche Aufnahmen nach den verschiedenen Verfahren statistisch ausgewertet. Abb. 7 und Abb. 8 zeigen für die Meßwerte der Abb. 5 die typischen Ergebnisse. Abb.7 bezieht sich auf die übliche Auswertung nach Abb.5 und zeigt erstens die Häufigkeitsverteilung der mit den Kameras ABC gemessenen reziproken Abstände und als rechte Kurve den Betrag der Differenz der Messungen ABC und AB, alles in Subpixeln der Verschiebung Ka - Kb gemessen. Die Streuung der Differenz beträgt, nachdem man zweimal die oberhalb von 3 σ liegenden Ausreißer abgezogen hat, ± 5.1 Subpixel. Außerhalb von 3σ liegen 0,011 % der Differenzwerte.

In Abb. 8 wird das 2-Kamerabild AC mit dem 3-Kamerabild ABC verglichen. Da der Abstand in beiden Fällen aus den Abständen AC bestimmt wird, ist die Differenz meistens 0. Jedoch werden 19,496% außerhalb liegende Ausreißer gemessen, was auf viele Zuordnungsfehler bei der AC-Messung schließen läßt.

Auswertungen an über 20 verschiedenen Bildern mit "optimalen" Parametern, welche mit unserer Anlage experimentell "on line" ermittelt wurden, ergaben folgendes:

- Die Abstandsbestimmung durch die 3-Kamera-Messung ergibt durchschnittlich ca. 25% weniger Entfernungswerte wie die Abstandsbestimmung mit den eng zusammenstehenden Kameras A und B.

- Die Mehrdeutigkeiten (mehrere zuordnungsfähige Kanten gleichzeitig im Merkmalsbereich) sind bei der AC-Messung vier- bis fünfmal so groß wie bei der AB-Messung. Die Wahrscheinlichkeit von Fehlzuordnungen ist dementsprechend größer.

- Die 2-Kamera-Messung mit den Kameras A und C ergibt ca. 35% weniger (!) zugeordnete Kanten wie die AB-Messung und ca. 10% weniger (!) Zuordnungen wie die 3-Kamera-Messung, weil Mehrfachkanten gelöscht werden.

Abb. 4:

Grauwertbild
einer Kreuzung
mit fahrendem
Auto

Abb. 5:

Abstandsbild mit
3–Kameraanord-
nung ABC von
Abb. 4.
Markierter Bereich
27.0 bis 31.5 m

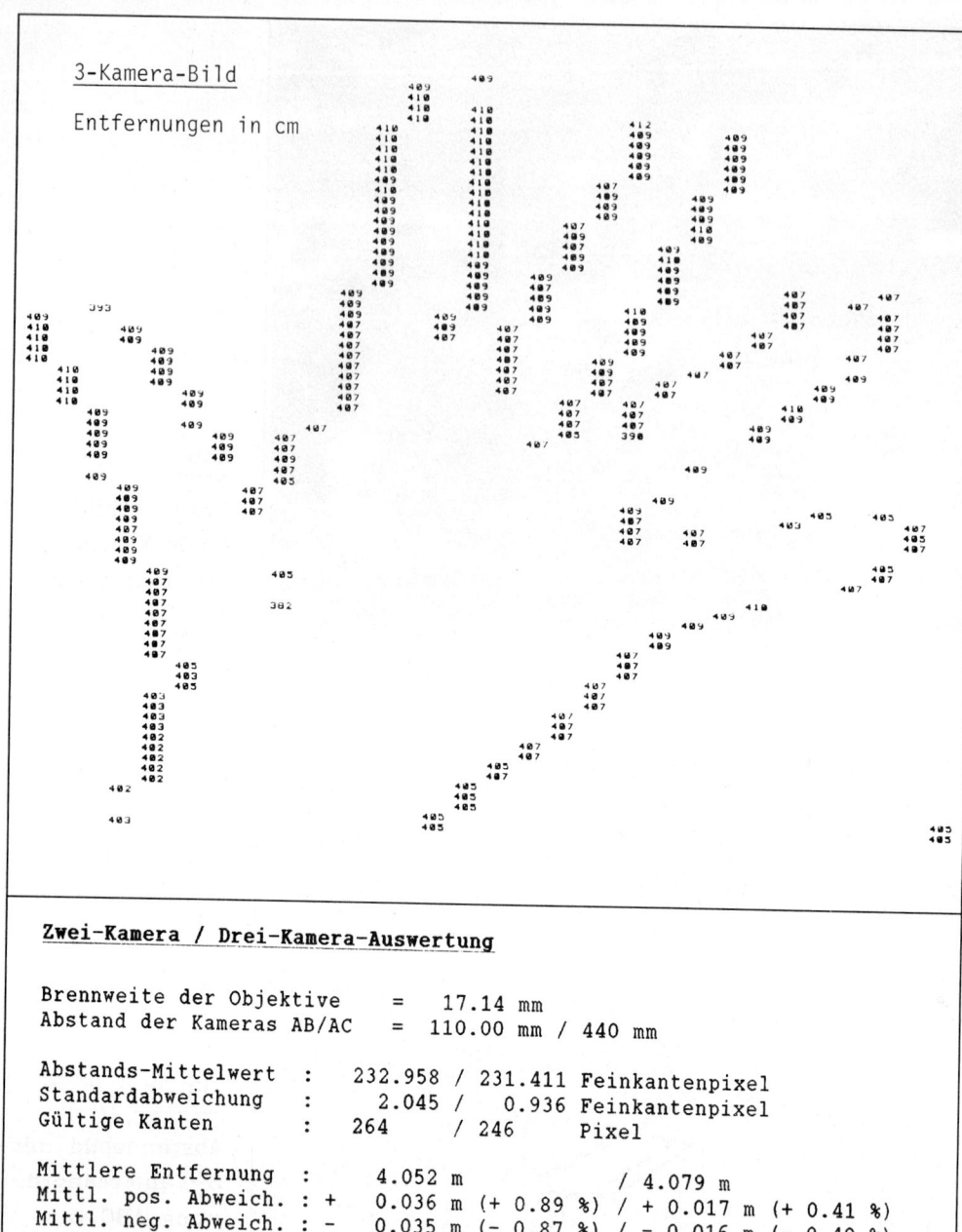

Abb. 6: Entfernungswerte einer Hand

614

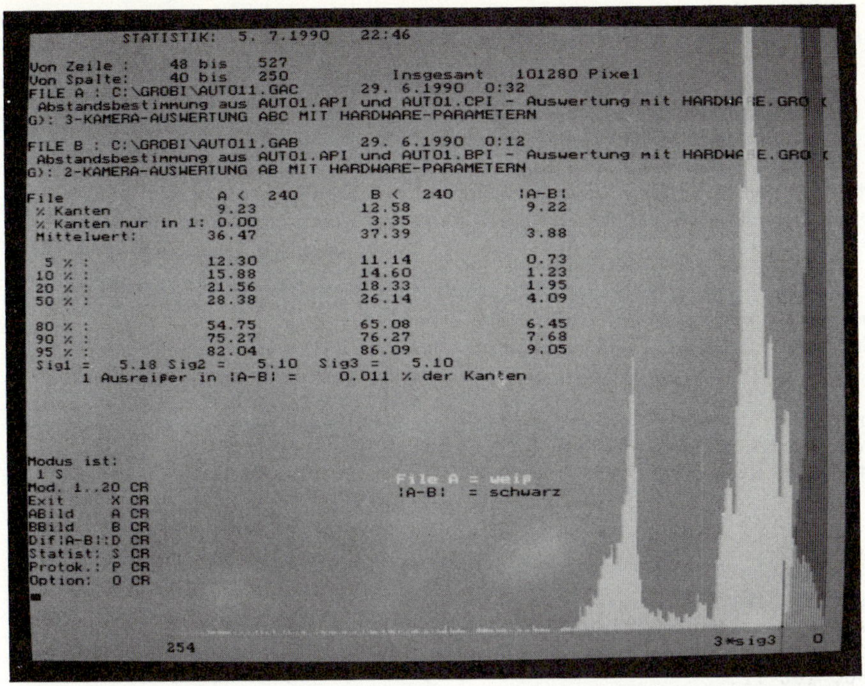

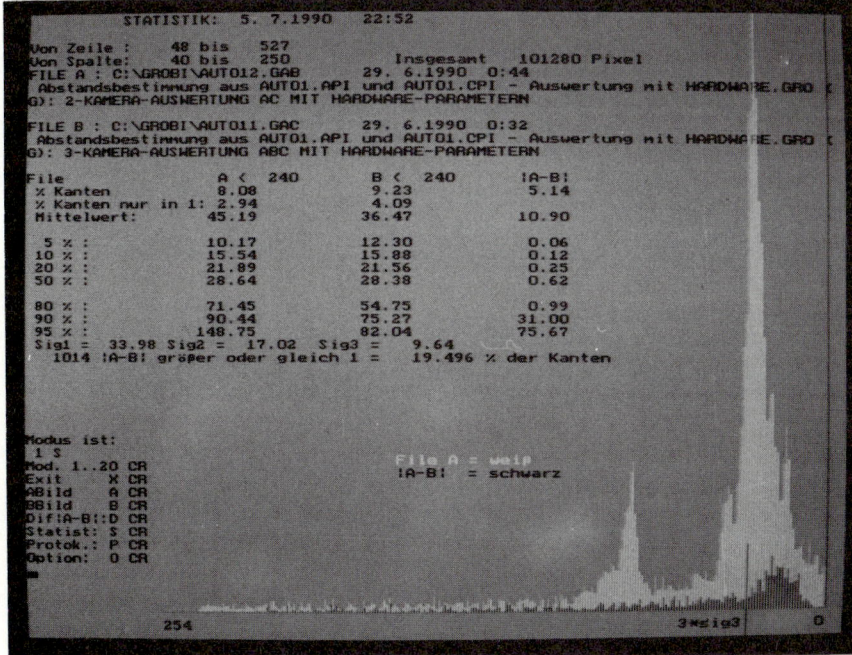

Abb. 7:

Reziproke Entfernung von Abb. 5 mit ABC und Differenz |ABC−AB|

Abb. 8:

Reziproke Entfernung von Abb. 5 mit AC und Differenz |AC−ABC|

- Vergleicht man die Abstandswerte der AB- mit der AC-Messung, so ergeben sich ca. 10% sogenannte Ausreißer, die außerhalb der dreifachen Standardabweichung liegen.

- Vergleicht man die Abstandswerte der ABC- mit der AC-Messung, so sind durchschnittlich ca. 20% nicht identisch.

Bei Bildausschnitten mit vielen Bäumen oder Sträuchern ist die AC-Auswertung noch schlechter. Bei Bildausschnitten mit geometrischen Strukturen, wie beispielsweise Gebäuden, halten sich die Fehler noch in Grenzen. Die 3-Kamera-Auswertung ist aber jeder 2-Kamera-Auswertung weit überlegen.

Abschließend möchten wir uns bei den Herren Diplom-Ingenieuren Bock, Hain, Kattenbach, Martin, Schmidt und Stephan, welche einen großen Teil der beschriebenen Hard- und Software im Rahmen von Studien- und Diplomarbeiten erstellt haben, sowie bei Herrn Hermann recht herzlich bedanken. Ferner danken wir dem "Zentrum für Sensorsysteme" der Universität Gesamthochschule Siegen, insbesondere den Herren Professoren Dr.-Ing. R. Schwarte und Dr.-Ing. M. Böhm, für die Unterstützung dieser Arbeit.

Literaturverzeichnis:

/1/   H.H. Baker
       "Edge Based Stereo Correlation"
       Proc. Image Understanding Workshop, College Park, Maryland,
       April 1980, 168 ff.

/2/   E. Löcherbach
       "Ein Beitrag zur On-line-Entfernungsbestimmung mittels
       Stereo-Bildauswertung"
       Dissertation, Universität Gesamthochschule Siegen, 1986

/3/   E. Löcherbach, E. Fröschle
       "Verfahren und Gerät zur schnellen Bestimmung der Entfernung
       aus der Kantenverschiebung von zwei oder mehr Videobildern"
       Deutsche Patentschrift Nr.: DE 3626208 C2

/4/   H.H. Baker
       "Depth from edge and intensity based stereo"
       Stanford Artif. Intell. Lab., Stanford Univ., Stanford, CA,
       Tech. Rep. AIM-347, 1982

/5/   James J. Clark
       "Authenticating Edges Produced by Zero-Crossing Algorithms"
       IEEE Transaction on Pattern Analysis and Machine Intelligence, Vol. 11
       NO. 1, January 1989

Automatische Erzeugung dreidimensionaler Kantenmodelle aus mehreren zweidimensionalen Objektansichten

H. Helmke [1] *   R. Janssen [2]   G. Saur [1]

[1] **Fraunhofer-Institut für Informations- und Datenverarbeitung (IITB)**
Fraunhoferstr. 1, D–7500 Karlsruhe 1

[2] **Daimler Benz AG, Forschungsinstitut Ulm**
Wilhelm-Runge-Str. 11, D–7900 Ulm (Donau)

Zusammenfassung

Viele Verfahren zur Werkstückerkennung mittels bildgebender Sensoren benutzen explizite geometrische Modelle der zu erkennenden Objekte. Solche Modelle lassen sich durch Auswertung mehrerer Kamerabilder automatisch erzeugen. Das hier vorgestellte Verfahren erzeugt ein Kantenmodell eines vorgelegten Objektes in drei Schritten. Die Abbildungsgeometrie jeder Aufnahmeanordnung wird durch Vermessung von in den Kamerabildern sichtbaren Kalibriermarken erreicht. Aus korrespondierenden Bildkanten in einzelnen Aufnahmepaaren werden durch Stereorekonstruktion 3D-Kanten berechnet und in einem vorläufigen Modell akkumuliert. Nicht jede rekonstruierte Kante entspricht jedoch einer wahren Objektkante. Durch anschließende Ballungsanalyse werden deshalb isolierte Messungen ausgesondert. Für Objektkanten, die durch ähnliche Messungen bestätigt werden, werden Repräsentanten in das endgültige Modell übernommen. Die Leistung des Verfahrens wird anhand der durchgeführten Experimente diskutiert.

1   Einleitung

Die Auswertung von Bildern dreidimensionaler Szenen beschäftigt sich mit der Beschreibung und Erkennung räumlich ausgedehnter Objekte unter Verwendung bildgebender Sensoren. Die Lösung vieler Erkennungsaufgaben erfordert eine geometrische Beschreibung der beobachteten Szene und geometrische Modelle für die in der Szene enthaltenen Objekte. Der hier beschriebene Ansatz verfolgt das Ziel, aus mehreren zweidimensionalen Bildern einer stationären Szene eine dreidimensionale geometrische Beschreibung von Szenenbestandteilen zu erzeugen. Eine solche Beschreibung soll dabei die wesentlichen Parameter dreidimensionaler Strukturen und deren Lagerelationen enthalten.

Bei der modellgestützten Bilderkennung werden die aus den Bildern rekonstruierten dreidimensionalen Strukturen mit entsprechenden Strukturen dreidimensionaler Objektmodelle verglichen. Weit verbreitet ist es, als Objektmodell ein CAD-Modell zu verwenden (vgl. Gmür [1]), das aber mehr auf die Konstruktion und Fertigung des Werkstücks als auf dessen optische Erkennung ausgerichtet ist. Beim vorgestellten Ansatz wird jedoch das Objektmodell aufgebaut, indem allein aus mehreren Ansichten des zu modellierenden Objektes eine geometrische Beschreibung abgeleitet wird. Für dieses Verfahren gibt es eine Reihe von Motivationen:

- Wenn das Objekt zwar durch ein CAD-Modell ausreichend beschrieben werden kann, aber kein Modell vorliegt, kann ein Modell durch „Vorzeigen" des Objektes erzeugt werden.

- Wenn sich das Modell auf dreidimensionale Objektprimitive beschränken soll, die in den Bildern des Objektes als zweidimensionale Merkmale „sichtbar" sind, liegt es nahe, das Modell nur

---

*jetzt: Deutsche Forschungsanstalt für Luft- und Raumfahrt (DLR), Institut für Flugführung, D–3300 Braunschweig–Flughafen

aus solchen Bildbereichshinweisen aufzubauen. Durch geeignete Wahl der Aufnahmeanordnung kann sogar eine Reduktion des Modells auf für eine vorgegebene Aufgabenstellung spezifische Objektansichten erreicht werden.

- Ein als Gerüst für das Objektmodell verwendetes CAD-Modell kann um aus den Objektansichten abgeleitete nicht-geometrische Beschreibungselemente, wie etwa die Signifikanz von Kanten, erweitert werden.

- Wenn es bei einer großen Zahl von Objektklassen oder großer Variabilität der Objektgeometrien unzweckmäßig oder gar unmöglich ist, zu allen betrachteten Objekten Modelle zur Verfügung zu stellen, kann eine aktuelle geometrische Beschreibung der in der Szene enthaltenen Objekte unmittelbar aus ihren Bildern gewonnen werden.

Als Komponente eines Systems zur Werkstückerkennung beschreiben Hättich et al. [2] ein Verfahren zur automatischen Generierung zweidimensionaler Modelle aus Bildern, die das Objekt in verschiedenen Drehlagen zeigen. Sie motivieren ihren Ansatz ebenfalls damit, daß auf diese Weise die Relevanz der Objektmerkmale für die Erkennungsaufgabe abgeleitet werden kann. In der dem vorgestellten Verfahren zugrundeliegenden Arbeit nutzt Helmke [3] die Redundanz in mehreren Objektansichten für den automatischen Aufbau eines dreidimensionalen Modells aus.

2   Vorgehensweise

Bei der Modellgenerierung wird eine Aufnahmeanordnung verwendet, die die Veränderung von Kamera- und Objektposition erlaubt. Bild 1 zeigt den für die Experimente verwendeten Aufbau. Das zu modellierende Objekt ist auf einer Kalibrierplatte plaziert. Zur Bildaufnahme werden eine oder mehrere Kameras eingesetzt. Die verschiedenen Ansichten des Objektes erhält man

- durch Veränderung der Objektlage (etwa Verwendung eines Drehtellers),
- durch Veränderung der Kameralage oder
- durch Verwendung mehrerer Kameras.

Zunächst wird für jedes Objektbild in einem Kalibrierschritt durch Auswertung der sichtbaren Marken der Kalibrierplatte die jeweilige Relativlage zwischen Objekt und Kamera bestimmt. Dies erfordert, daß das Objekt mit der Kalibrierplatte fest verbunden ist oder daß die Marken auf dem Objekt selbst aufgebracht sind.

Als charakteristische Merkmale des Objektes werden dessen gerade Körperkanten verwendet. Diese erscheinen in den Kamerabildern als geradlinige Segmente der Konturlinien, die mit geeigneten Verfahren extrahiert werden können. Durch Verwendung von zwei Ansichten mit bekannter Aufnahmegeometrie können die Bildkanten einander zugeordnet und die räumlichen Parameter der Objektkanten berechnet werden. Der Aufbau eines Kantenmodells erfolgt nun in zwei Stufen:

1. Zunächst werden aus einer Folge von Aufnahmepaaren sukzessiv 3D-Kanten berechnet und in einem vorläufigen Modell akkumuliert. Parallel dazu werden die im Modell schon vorhandenen Kanten in das aktuelle Kamerabild projiziert, wo sie durch hinreichend übereinstimmende Bildkanten verifiziert werden können.

2. Nach dem Durchgehen der vorgegebenen Aufnahmepaare erfolgt eine Bereinigung des Modells. Durch eine Ballungsanalyse werden Häufungen der Kanten detektiert. Aus der Ausdehnung und der Elementanzahl der einzelnen Ballungen kann auf die Reproduzierbarkeit und Lokalisierbarkeit der entsprechenden Objektkanten geschlossen werden. Aufgrund der Redundanz bei Verwendung von mehreren Objektansichten führen Fehlzuordnungen zu isolierten 3D-Kanten, die durch die Forderung nach einer Mindestanzahl von Kantenkandidaten pro Ballung ausgesondert werden können. In einem letzten Schritt erfolgt die Berechnung der endgültigen Modellkanten durch Stereorekonstruktion unter Beteiligung aller den Ballungen zuzuordnenden Ansichten.

Das resultierende Kantenmodell des Objektes steht dann für weitere Analyseschritte oder für Erkennungsaufgaben zur Verfügung.

3 Systemkomponenten

3.1 Vermessung der Aufnahmeanordnung

Zur Anwendung von Stereoverfahren müssen die verwendeten Objektansichten zueinander in Bezug gebracht werden. Dies geschieht durch Messung der abbildungsbeschreibenden Parameter (Kalibrierung). Die von der Kameralage unabhängigen, internen Kameraparameter, wie etwa die Bildweite und die Pixelgröße, geben die *innere Orientierung* der Kamera an. Die externen Kameraparameter beschreiben die *äußere Orientierung* der Kamera durch ihre Position und Blickrichtung.

Die Gesamtheit der inneren und der (auf eine Referenzlage des zu modellierenden Objektes bezogenen) äußeren Orientierungen für die vorliegenden Bildaufnahmen der Modellierszene wird im folgenden als deren Aufnahmegeometrie bezeichnet. Das hier verwendete Vorgehen besitzt folgende Eigenschaften:

- Die Messung der inneren Orientierungen der Kameras erfolgt in einem separaten Schritt aus mehreren Aufnahmen eines Kalibrierkörpers und erfordert keine weiteren technischen Angaben über die Kameras.

- Die äußere Orientierung für eine vorliegende Aufnahme wird aus den im Bild sichtbaren Kalibriermarken nach Zuordnung zu dem Kalibrierkörpermodell berechnet. Dadurch wird der Einsatz einer aufwendigen mechanischen Dreh- oder Verschiebeeinrichtung für definierte Objektbewegungen vermieden. Außerdem gestattet dieses Vorgehen eine weitgehend freie Wahl des Aufnahmestandortes.

- Mit Hilfe der äußeren Orientierung läßt sich die Lage des abgebildeten Objektes in eine Referenzlage transformieren, die sich auf das Kalibrierkörpermodell bezieht. Dadurch ergibt die Stereorekonstruktion aus einem beliebigen Aufnahmepaar jeweils eine Beschreibung der 3D-Kante bezüglich dieser Referenzlage.

Für die Durchführung der Kalibrierung werden Paßpunktpaare verwendet, die aus Markierungspunkten des vermessenen Kalibrierkörpers und deren zugehörigen Bildpunkten bestehen. Für die praktische Durchführung hat sich eine mit Rechtecken bedruckte Metallplatte als zweckmäßig erwiesen. Dabei dienen die Diagonalenschnittpunkte der Rechtecke als Referenzpunkte.

Die Vorgehensweise bei der Kalibrierung gliedert sich in zwei Schritte (Bild 2). Die Kalibrierung des gesamten Kameramodells erfordert Meßpunkte in der Szene, die nicht alle in einer Ebene liegen. Solche Paßpunktpaare erhält man aus mehreren Aufnahmen der senkrecht angehobenen Kalibrierplatte. Zur Lagebestimmung werden mehrere Paßpunktpaare, die alle in einer Ebene liegen, sowie die zuvor gemessene innere Orientierung herangezogen. Numerische Verfahren für diese Kalibrierungsschritte lassen sich leicht aus den im Bereich der Bildverarbeitung bekannten Ansätzen ableiten (vgl. Tsai [4]).

3.2 Merkmalextraktion

In den Kamerabildern werden nur zweidimensionale Projektionen der Szenenmerkmale beobachtet. Voraussetzung für die Rekonstruktion und Verifikation der Szenenmerkmale ist eine geometrische Beschreibung dieser Projektionen. Die Vorgehensweise für die Extraktion zweidimensionaler Kanten aus dem Kamerabild wurde dem von Hättich et al. [2] angewendeten Verfahren entnommen und gliedert sich in folgende sechs Schritte:

1. Hervorhebung von Kanten durch Bandpaßfilterung,

2. Detektion von Kantenpunkten durch Auswertung des lokalen Kontrastes,

3. Verkettung benachbarter Kantenpunkte,

4. Auswahl relevanter Kantenelementketten,

5. Segmentation der Ketten an Stellen extremer Richtungsänderung und

6. Approximation der Segmente durch geradlinige Strecken.

3.3 Inkrementeller Modellaufbau

Die einzelnen Ansichten des Objektes werden jeweils paarweise bearbeitet. Ein Bildpaar kann aus der Aufnahme mit einer Stereokameraanordnung oder aus sequentiellen Aufnahmen mit der gleichen Kamera von verschiedenen Beobachtungspositionen hervorgehen. Beim sukzessiven Durchgehen dieser Paare erfolgt je ein Rekonstruktions- und ein Verifikationsschritt. Das Ergebnis dieser Schritte bewirkt jeweils eine Modellerweiterung.

Die Rekonstruktion einer 3D-Kante erfolgt aus korrespondierenden Bildkanten in den beiden Kamerabildern. Dazu wird die Schnittgerade der beiden Ebenen bestimmt, die durch die Sehstrahlen der Punkte auf den Bildkanten festgelegt sind. Die Länge der Modellkante ergibt sich aus der Vereinigung der beiden durch die Bildkanten gegebenen Abschnitte auf der 3D-Geraden (Bild 3 und 4). Als Kriterien für die Auswahl der Bildkanten für die Rekonstruktion werden verwendet:

- Der Winkel zwischen den beiden Ebenen muß einen vorgegebenen Mindestwert übersteigen. Dieser Winkel ist für die Empfindlichkeit der Modellkantenorientierung gegenüber Änderungen der Bildkantenrichtung wesentlich. Durch die Vorgabe eines Mindestwinkels wird der Bereich um den singulären Fall gemieden, in dem eine Bildkante zum Geradenbüschel des Epipols der anderen Kamera gehört.

- Die beiden durch die Bildkanten vorgegebenen Abschnitte auf der 3D-Geraden müssen einen Durchschnitt einer vorgegebenen Mindestlänge besitzen. Diese Bedingung entspricht der bekannten Epipolarbedingung für Punktepaare.

- Die rekonstruierte Kante muß komplett innerhalb eines vorgegebenen Szenenvolumens liegen.

- Die rekonstruierte Kante muß sich nach Projektion in ein anderes Bild durch eine dort extrahierte Bildkante verifizieren lassen.

- Bildkanten, die mit Kanten des Kalibrierkörpers identifiziert werden können, werden nicht zum Modellaufbau verwendet.

Das hier benutzte Verfahren für die Stereozuordnung kommt ohne die Verwendung von weiteren Kanteneigenschaften, wie etwa dem lokalen Kontrast oder Relationen zu Nachbarkanten, aus. Neben dem Neuaufbau von Kanten wird für jedes Bildpaar auch eine Verifikation der im Modell schon vorliegenden Kanten durchgeführt. Jede Modellkante wird auf das aktuelle Bild projiziert und es wird ein Verweis auf eine passende Bildkante in das Modell eingetragen. Nach Bearbeitung aller vorgegebenen Aufnahmepaare ergibt sich ein aus den rekonstruierten Kanten akkumuliertes, vorläufiges Modell, das Verweise auf die zur Rekonstruktion und Verifikation verwendeten Bildkanten enthält.

3.4 Bereinigung des Modells

Das inkrementell aufgebaute Kantenmodell des Objektes enthält zum einen verschiedene Rekonstruktionen von Objektkanten, die aus mehreren Bildpaaren berechnet wurden, und zum anderen Rekonstruktionen von fehlerhaften Korrespondenzpaaren, die keinen wahren Objektkanten entsprechen. Aus dem vorläufigen Modell wird nun ein bereinigtes Modell abgeleitet, indem inkonsistente Messungen von Kanten ausgesondert und konsistente Messungen zusammengefaßt werden (Bild 5). Hierfür wird ein hierarchisches, agglomeratives Ballungsverfahren eingesetzt, das Merkmalballungen in mehreren Schritten durch Verschmelzen von Unterballungen erzeugt (vgl. Späth [5]).

Am Anfang besteht jede Unterballung aus nur einem Punkt im Merkmalraum, hier also den Parametern einer 3D-Kante. Mit jedem Schritt werden die beiden einander ähnlichsten Unterballungen verschmolzen. Dieser Prozeß wird abgebrochen, wenn der Abstand unter den ähnlichsten Ballungen eine Schwelle überschreitet. Als geeignetes Maß für den Abstand zweier Kanten hat sich ein gewichtetes Mittel aus Längendiffernz, Richtungsdifferenz und Schwerpunktabständen herausgestellt. Darin, wie sich der Abstand zwischen zwei Ballungen aus den Abständen der in ihnen enthaltenen Unterballungen herleitet, unterscheiden sich die einzelnen Varianten des Ballungsverfahrens. Beim für die gestellte Aufgabe gewählten „Complete link"-Verfahren ist der Abstand zweier verschmolzener Ballungen zu einer dritten der größere der einzelnen Abstände. Dieses Verfahren zeigt die Tendenz zu einer gleichmäßigen Aufteilung des Merkmalraums, wobei die Ausdehnungen der Ballungen und nicht ihre Dichte die dominierende Rolle spielen.

In das bereinigte Modell werden nur „robuste" 3D-Kanten übernommen, die aus vielen verschiedenen Aufnahmepaaren rekonstruiert werden konnten. Diese Kanten werden durch Ballungen mit einer Mindestzahl von Mitgliedern repräsentiert. Ballungen mit weniger Elementen werden falschen Zuordnungen bei der 3D-Rekonstruktion zugeschrieben (Bild 6). Kanten, die kürzer als das ϑ-fache des längsten Ballungselementes sind, werden aus der Ballung entfernt ($0 < \vartheta < 0,5$). Bei der Berechnung des Ballungsrepräsentanten werden von den verbleibenden Elementen nur die berücksichtigt, die länger als das 2ϑ-fache der größten Kante sind. Die in das Objektmodell übernommene Raumkante wird nun unter simultaner Verwendung aller Bildkanten, aus denen Elemente der Ballung hervorgegangen sind, erneut rekonstruiert.

4 Experimente

Als Versuchsobjekt diente ein Wickelkörper für Transformatoren (Bild 7 und 8). Das Werkstück wurde auf der mit Kalibriermarken versehenen Platte plaziert, in Winkelinkrementen um eine vertikale Achse gedreht und in elf unterschiedlichen Lagen mit einem Stereokamerapaar aufgenommen. Bild 9 a-d zeigt, welche 3D-Kanten beim inkrementellen Modellaufbau nach Auswertung von einem, zwei, fünf und zehn Bildpaaren rekonstruiert werden konnten. In Bild 10 a-d sind die Repräsentanten von Ballungen mit mindestens einem, zwei, vier und sieben Elementen dargestellt. Ballungen mit nur einem oder zwei Elementen enthalten noch eine Reihe falscher 3D-Kanten. Aber selbst deutlich ausgeprägte Kanten sind aufgrund von Beleuchtungsverhältnissen und Verdeckungen nicht in allen Ansichten des Objektes sichtbar, weshalb die Mindestzahl von Ballungselementen nicht zu groß gewählt werden darf. Ein Dendrogramm (Bild 6) kann dabei helfen, die Mindestzahl richtig einzustellen. Es veranschaulicht, bei welchen auf der Abszisse aufgetragenen Abständen Unterballungen von dem Ballungsverfahren zusammengefaßt wurden.

Die Kalibrierung der Aufnahmeanordnung konnte so genau durchgeführt werden, daß die in die Bilder projizierten Punkte des Kalibrierkörpers einen mittleren Fehler von etwa einem Bildpunkt haben. Die dreidimensionalen Koordinaten des Kalibrierkörpers wurden mit einer relativen Genauigkeit von 0,5% bzgl. eines Szenenvolumens von $30 \times 20 \times 10$ cm^3 rekonstruiert, womit die Grenzen für die Genauigkeit des ermittelten Objektmodells abgesteckt waren. Parallele Kanten des Wickelkörpers sind auch in dem erzeugten Modell mit einer Abweichung in der Größenordnung von 1–2 Grad parallel. Von Ausreißern abgesehen wurden die Kantenlängen mit einer Genauigkeit von 1–5% gemessen.

5 Ausblick

Das vorgestellte Verfahren ist ein erfolgversprechender Ansatz, der in verschiedenen Richtungen weiterentwickelt werden muß. Soweit es implementiert und experimentell erprobt wurde, unterliegt es noch gewissen Einschränkungen:

- Das erzeugte Objektmodell enthält nur dreidimensionale Kanten als Szenenmerkmale.

- Die Bilder des Objektes werden von einer oder mehreren festen Kamerapositionen aus aufgenommen, auf die die automatische Modellerzeugung keinen Einfluß mehr hat.

- Der Zusammenhang zwischen Aufnahmeanordnung und Verdeckung von Szenenmerkmalen geht nicht in das Objektmodell ein.

Bei Fortführung der Arbeiten soll das Verfahren um folgende Eigenschaften erweitert werden:

- Neben Kanten sollen auch andere Szenenmerkmale wie Ecken, gekrümmte Konturen und Flächenstücke zur Modellierung der Objekte verwendet werden. Dabei ist für jeden Typ eines Szenenmerkmals ein Verfahren zur Rekonstruktion und Verifikation aus Merkmalen der Kamerabilder anzugeben. Aus einfachen Szenenmerkmalen werden komplexere topologische Strukturen zusammengesetzt. Ein Beispiel für solche Strukturen sind Gruppen von Kanten, die gewisse Symmetriebedingungen erfüllen.

- Um ein Objektmodell zu erzeugen, das alle Ansichten des Objektes beschreibt, muß eine Aufnahmeanordnung verwendet werden, in der Kamera- und Objektpositionen mehr Freiheitsgrade haben. Die für die Vermessung der Abbildungsgeometrie beschriebene Vorgehensweise läßt es zu, eine durch einen Roboterarm bewegte Kamera für beliebige Ansichten der Szene zu kalibrieren. Die Strategie beim inkrementellen Modellaufbau läßt sich dann dadurch verfeinern, daß zur Erweiterung des Modells geeignete Beobachtungspositionen angefahren werden.

- Die Modellierung der Sichtbarkeit von Szenenmerkmalen in den verschiedenen Ansichten soll zur Verifikation und modellgestützten Objekterkennung herangezogen werden. Information über die Sichtbarkeit oder Unsichtbarkeit von Objektmerkmalen kann zum Beispiel dazu eingesetzt werden, die Zahl der Objektlagehypothesen erheblich einzuschränken.

- Zur Modellierung der Objektunterseite ist es notwendig, sich von der Einschränkung einer starr mit dem Objekt verbundenen Kalibrierplatte zu lösen. Dies scheint dann möglich zu sein, wenn das Objekt Kanten und Ecken besitzt, die in einem Modellierschritt vermessen wurden und eine zuverlässige Relativlagebestimmung erlauben.

Dank

H.-H. Nagel und J. Schürmann danken wir für die hilfreichen Anregungen und kritische Durchsicht des Beitragsentwurfs.

Literatur

[1] Gmür, E.: *Ein Roboter-Sichtsystem basierend auf CAD-Modellen*, Dissertation, Philosophisch-naturwissenschaftliche Fakultät, Universität Bern, 1989.

[2] Hättich, W.; Wandres, H.; Krause, P.-B.: *Ein wissensbasiertes Werkstückerkennungssystem mit automatischer Modelloptimierung*, in „Ausgewählte Verfahren der Mustererkennung und Bildverarbeitung", Schwerdtmann, W. (Hrsg.), Fortschritt-Berichte VDI Reihe 10, Nr. 114, VDI Verlag Düsseldorf 1989, S. 66–83.

[3] Helmke, H.: *Benutzergeführte Generierung von 3D-Modellen aus 2D-Ansichten für die automatische Werkstückerkennung*, Diplomarbeit, Fakultät für Informatik, Universität Karlsruhe, 1989.

[4] Tsai, R.Y.: *An efficient and accurate camera calibration technique for 3-D machine vision*, IEEE Proc. CVPR 1986, Miami, USA, pp. 364–374.

[5] Späth, H.: *Cluster-Analyse-Algorithmen*, Oldenbourg Verlag München, 1975.

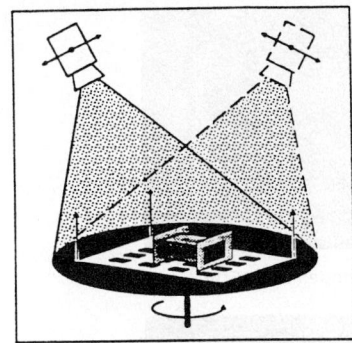

Bild 1: Anordnung der Modellierszene.

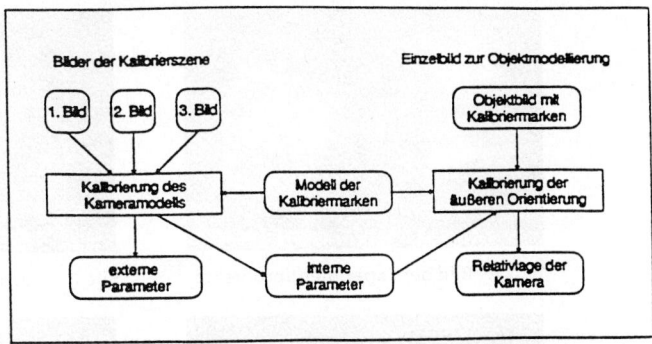

Bild 2: Kamerakalibrierung mit Bildern einer Kalibrierszene und Kameralagebestimmung für ein vorliegendes Einzelbild.

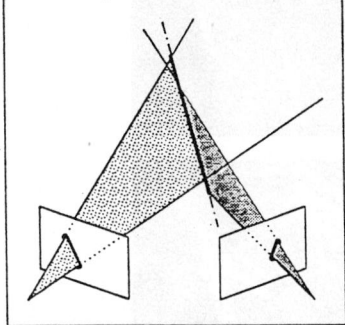

Bild 3: Stereorekonstruktion mit Bild-kantenpaar.

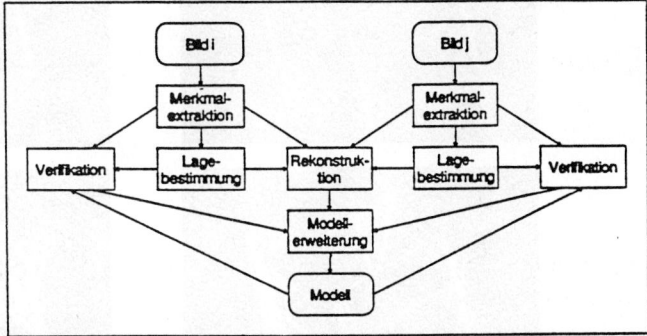

Bild 4: Inkrementelle Modellerweiterung unter Verwendung eines Bildaufnahmepaares (i,j).

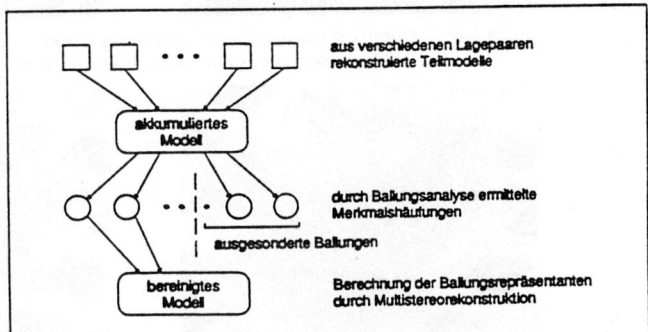

Bild 5: Bereinigung des Modells durch Ballungsanalyse.

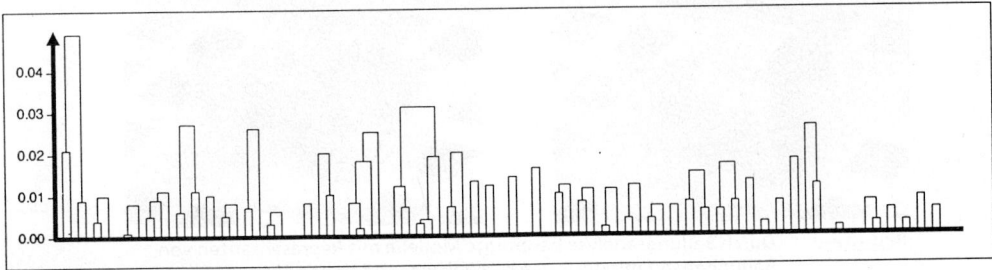

Bild 6: Dendogramm zur durchgeführten Ballungsanalyse.

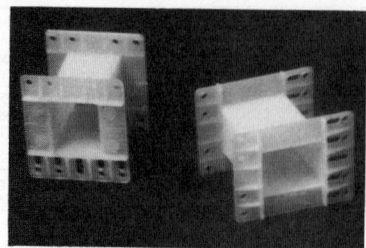 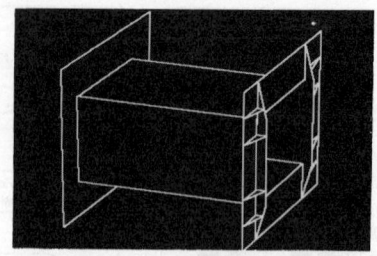

Bild 7: Bild der Experimentierobjekte   Bild 8: Flächenmodell des Wickelkörpers

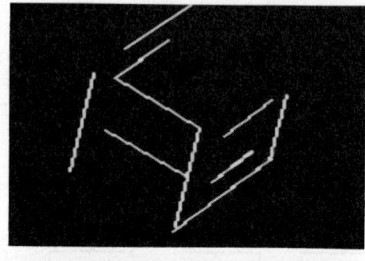 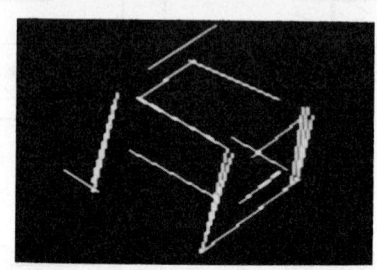

 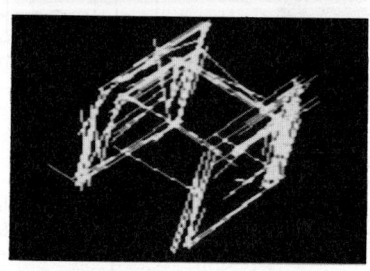

Bild 9 a-d: Durch inkrementellen **Modellaufbau** akkumuliertes Modell nach Rekonstruktion aus ein, zwei, fünf und zehn Aufnahmepaaren

 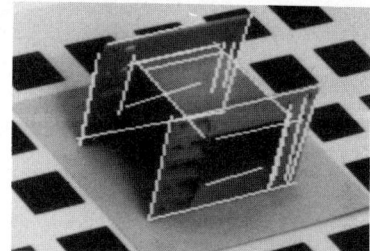

Bild 10 a-d: Durch Ballungsanalyse **bereinigte** Modelle mit Repräsentanten von Ballungen mit mindestens ein, zwei, vier und sieben Elementen

624

Ein robustes Verfahren zur Detektion und Verfolgung bewegter Objekte in Bildfolgen

D. Koller   H.-H. Nagel
Institut für Algorithmen und Kognitive Systeme
Fakultät für Informatik der Universität Karlsruhe (TH)
Postfach 6980, D-7500 Karlsruhe 1

Zusammenfassung

Am Beispiel einer Straßenverkehrsszene wurde ein Verfahren so weiterentwickelt, daß Trajektorien der in der abgebildeten Szene befindlichen bewegten Objekte weitgehend kontextunabhängig ermittelt werden können. Durch Analyse weniger aufeinander folgender Bilder werden auch Bewegungen auf stark gekrümmten Bahnen registriert. Eine hierarchische Zuordnung von Bildmerkmalen aus verschiedenen Bandpaßkanälen der gefilterten Bildfolgen erlaubt die Segmentierung von Verschiebungsbereichen auch bei beträchtlichen Variationen der Merkmalsverschiebungen zwischen zwei aufeinander folgenden Aufnahmen. Es sind damit die Voraussetzungen verbessert worden, bewegte Objekte in Bildfolgen zu detektieren und in weiten Bildbereichen und Verschiebungsgrößen ununterbrochen zu verfolgen.

1 Motivation

Das Ziel dieser Arbeit ist die Bereitstellung eines Programmsystems zur Ermittlung von Trajektorien bewegter Objekte in Videobildfolgen. Da die Objekttrajektorien als Eingabedaten für die Generierung einer natürlichsprachlichen Beschreibung auf der Abstraktionsebene der *Episode* verwendet werden sollen ([Schirra *et al.* 87], [Nagel 88], [Walter 89]), wird von diesen eine gewisse Komplexität verlangt. Dies stellt hohe Anforderungen an die Bildfolgenauswertesysteme, die diesen Aufgaben bislang nur zum Teil oder in speziellen Fällen gerecht wurden ([Koller 89]). So sollten die ermittelten Daten möglichst präzise ein tatsächlich sich bewegendes Objekt repräsentieren und frei von störenden Fehldetektionen sein.

Ausgangsbasis waren Verfahrensansätze zur Schätzung von Verschiebungsvektoren über eine Zuordnung von Merkmalen, die der *Monotonie-Operator* generiert [Kories & Zimmermann 86], und zur Ballungsanalyse dieser Verschiebungsvektoren zur Segmentierung von Verschiebungsbereichen [Sung & Zimmermann 86], [Sung 88].

2 Schätzung von Verschiebungsvektoren

Der Schätzung von Verschiebungsvektoren liegt hier ein merkmalsorientierter Ansatz zugrunde [Kories & Zimmermann 86]. Dabei erhält man Verschiebungsvektoren aus der paarweisen Zuordnung der Schwerpunkte von Flecken[1], welche durch den sog. *Monotonieoperator* generiert werden. Entsprechend der Terminologie der Klassifikation von Bildpunkten in eine von 9 Klassen durch den Monotonieoperator werden die Bildbereiche eines lokalen Grauwertminimums als Fleck der Klasse $M0$ und Bildbereiche eines lokalen Grauwertmaximums als Fleck der Klasse $M8$ bezeichnet. Die Ermittlung der Verschiebungsvektoren läuft dabei nach dem in Abbildung 1 gezeigten Schema ab.

---

[1]Bezeichnung für lokale Grauwertmaxima und -minima einer gewissen Mindestfläche in einem bandpaßgefilterten Bild

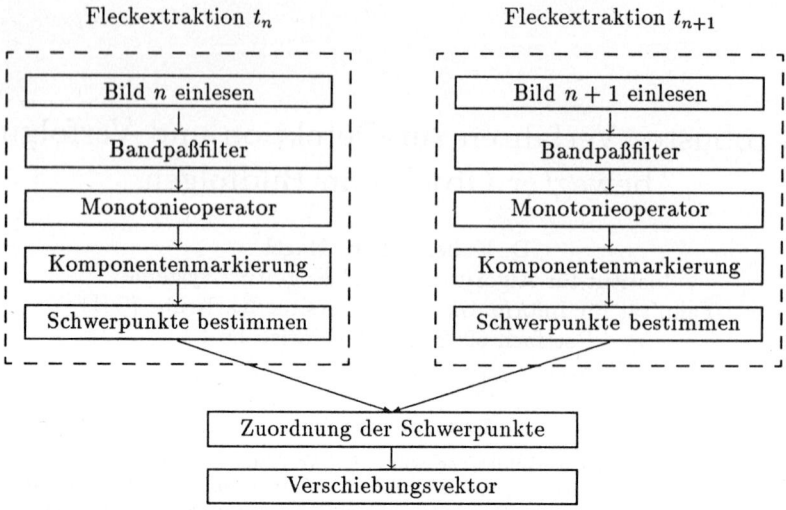

Abbildung 1: Ablaufschema der Extraktion und Zuordnung von Flecken

2.1 Zuordnungsstrategien von Fleckmerkmalen

Zugeordnet werden jeweils die ermittelten Schwerpunkte von Flecken derselben Klasse von Bild n zum Zeitpunkt t_n zu Bild $n+1$ zum Zeitpunkt t_{n+1}. Entsprechend der Eigenschaft des angewandten Bandpaßfilters mit Maximum im Ortsfrequenzspektrum bei $2L$ (L bezeichnet die sog. *Abgriffweite* des Monotonieoperators) wird die Topologie der Grauwertstruktur auf die charakteristische Länge $2L$ eingeschränkt. Dies begründet die Annahme einer eindeutigen Zuordnung zweier Flecken in zwei aufeinander folgenden Bildern, falls der Suchbereich für einen korrespondierenden Fleck im Zielfleckbild auf einen Kreis mit Radius L um den Schwerpunkt des Startfleckens beschränkt bleibt.

Rauschen, Unsicherheiten bei der Detektion des Videozeilen-Beginns und kleine strukturelle Veränderungen im Grauwertverlauf können bei diesem Verfahren Fehlzuordnungen von Flecken verursachen, welche Verschiebungen der Grauwertstruktur vortäuschen. Eine detaillierte Analyse solcher Fehlzuordnungen ergab folgende Erklärung: längliche Grauwertstrukturen im Bild ergeben auch einseitig ausgedehnte Flecken, die an besonders dünnen Stellen aufbrechen bzw. verschmelzen können. Die Folge ist eine signifikante Verschiebung der Schwerpunkte und nach Zuordnung die Bildung eines Verschiebungsvektors, dem jedoch keine Verschiebung der Grauwertstruktur zugrunde liegt (siehe Abbildung 2).

Die Erfahrung zeigt, daß bei besonders einseitig ausgedehnten Flecken die Schwerpunkte der beiden Spaltungsflecken oft außerhalb der Reichweite L des Suchbereiches vom Schwerpunkt des Ausgangsfleckens liegen. Um auch solche Spaltungssituationen zu erkennen, wurde der Suchbereich bei der Suche nach Zuordnungskandidaten auf ein Fenster der Breite $4L \times 4L$ ausgedehnt. Erlaubte Zuordnungen müssen jedoch innerhalb der Reichweite L liegen. Die Behandlung verschmelzender Flecken läuft analog zu derjenigen bei aufbrechenden Flecken (die einzelnen Verfahrensschritte sind in [Koller 90] genauer erläutert).

2.2 Ein hierarchischer Ansatz zur Schätzung von Verschiebungsvektoren

Wie die meisten Verfahren zur Schätzung von Verschiebungsvektoren hat auch dieses den Nachteil, daß die Größe der Verschiebungslänge grob bekannt sein muß. Denn für eine eindeutige Zuordnung der Merkmale ist der Suchbereich auf einen Kreis mit Radius L beschränkt. Die Abgriffweite bestimmt also die maximale zu erkennende Verschiebung zwischen zwei aufeinander folgenden Bildern.

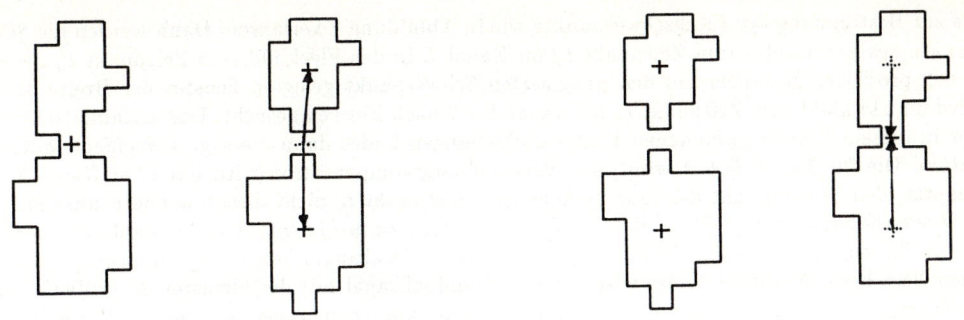

Abbildung 2: Aufbrechende und verschmelzende Flecken

In komplexeren Bildszenen, in denen sich Objekte mit unterschiedlichen Geschwindigkeiten bewegen oder sich die Größe und Verschiebung einzelner Objekte infolge der Bewegung über weite Bildbereiche stark ändert, ist man entweder gezwungen, die Parameter der Analyse an der maximalen Verschiebung eines Objekts auszurichten oder die Szene mit verschiedenen Parametern zu bearbeiten.

Das folgende Verfahren löst dieses das Problem, indem ausgehend vom Wissen um die Verschiebung bei großer Abgriffweite der Suchbereich für die Bestimmung bei kleinerer Abgriffweite um diesen Betrag *vorverschoben* wird (das Ablaufschema ist in Abbildung 3 grob skizziert). Aus Symmetrieforderungen der Faltungsmasken ist die Abgriffweite L des Monotonieoperators nur für eine ungerade Anzahl von Pixeln definiert (siehe z. B. [Kories & Zimmermann 89]). Bei einem hierarchischen Modell sind deshalb nur die Abgriffweiten $3, 5, 7, 9, 11 \cdots$ möglich, welche den Bandpaßfiltern mit maximalem Durchlassbereich bei den Wellenlängen $6, 10, 14, 18, 22 \cdots$ entsprechen. Im vorliegenden Fall werden gerade diese ersten fünf Bandpaßkanäle benutzt.

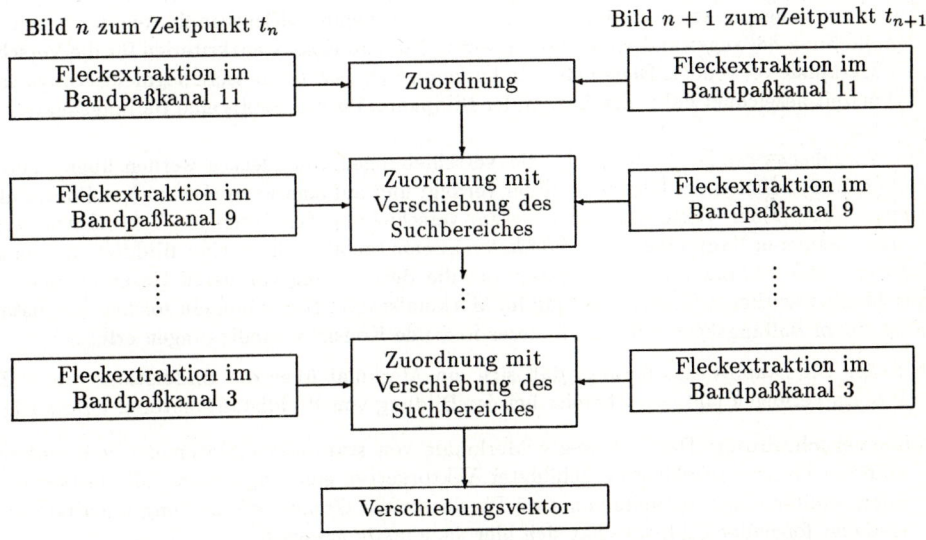

Abbildung 3: Ablaufschema der hierarchischen Zuordnung von Flecken

Dazu wird im Bandpaßkanal mit der größten Abgriffweite $L = 11$ zunächst eine Fleckzuordnung nach üblichem Verfahren bestimmt. Für die darunter liegenden Bandpaßkanäle $L = 9, 7, 5, 3$ wird bis zur Bestimmung der Fleckschwerpunkte wie in Abbildung 1 verfahren. Dann werden die Schwerpunkte des Fleckbildes zum Zeitpunkt t_n im Kanal L in das Fleckbild zum Zeitpunkt t_n im Kanal $L + 2$ projiziert. In einem um den projizierten Schwerpunkt gelegten Fenster der Breite $4L \times 4L$ wird im Fleckbild zum Zeitpunkt t_n im Kanal $L + 2$ nach Flecken gesucht. Das arithmetische Mittel der in diesem Fenster gefundenen Fleckverschiebungen bildet dann die sog. *Verschiebungskompensation.* Die im Kanal $L + 2$ ermittelte Verschiebungskompensation wird dann im Kanal L dazu benutzt, den Schwerpunkt des Startfleckens zum Zeitpunkt t_n nicht direkt, sondern um diesen Betrag verschoben in das Zielfleckbild zum Zeitpunkt t_{n+1} zu projizieren. Die Auswahl der Zuordnung der in diesem verschobenen Suchbereich gefundenen Fleckkandidaten erfolgt dann nach dem üblichen Verfahren. Auf diese Weise wird bis zum Bandpaßkanal mit der kleinsten Abgriffweite $L = 3$ verfahren, wo letztendlich die Verschiebungsvektoren ausgegeben werden (vgl. [Koller 90]). Durch Projektion bis zum Bandpaßkanal mit der kleinstmöglichen Abgriffweite erhält man außerdem ein dichtes Verschiebungsvektorfeld (vgl. dazu Abbildung 4, wo bei verschiedenen Abgriffweiten ermittelte Verschiebungsvektoren dargestellt sind. Da die Verschiebung des dort abgebildeten Objekts bei etwa 5 Bildpunkten liegt, werden bei der Abgriffweite L = 3 keine, bei L = 5 einige und ab L = 7 fast alle Fleckmerkmale auf dem Objekt zugeordnet. Man erkennt deutlich den Vorteil des hierarchischen Ansatzes, bei dem das Verschiebungsvektorfeld, bei meist richtigen Zuordnungen, so dicht ist wie bei Abgriffweite L = 3).

Die Größe des Suchfensters im Kanal $L + 2$ ist erforderlich, um auch mit Sicherheit einige Flecken im Kanal $L + 2$ zu treffen, welche ihre Verschiebung dann in den Kanal L weitertragen. Um den Mittelwert weiter zu verbessern, wird der Schwerpunkt des Fleckens, unabhängig von seiner Merkmalsklasse, sowohl in das M0- als auch in das M8-Fleckbild projiziert, wo jeweils die Verschiebungen ermittelt werden.

3 Analyse von Ballungen geschätzter Verschiebungsvektoren

Das Ballungsverfahren versucht, aus dem im vorherigen Abschnitt bestimmten Verschiebungsvektorfeld Bereiche zu extrahieren, welche durch eine sehr ähnliche Verschiebung der darin befindlichen Merkmale Ausgangspunkt für die Hypothese auf Existenz eines Objektkandidaten darstellen. Entgegen dem in [Sung 88] angewandten Verfahren werden andere Konsistenzkriterien für die Verschiebungen der Merkmale verwendet. Diese liefern in kürzeren Zykluszeiten bessere Segmentierungsresultate. Die Zykluszeit bezeichnet dabei die Anzahl der Bildpaare, für die jeweils eine Ballungsanalyse durchgeführt wird.

Die Vorgehensweise ist die folgende: die Verschiebungen von Flecken werden über eine gewisse Anzahl (z. B. 3) aufeinander folgender Bilder verfolgt und auf eine Vektorkette abgebildet. Fußpunkt des ersten Vektors der Vektorkette und Gesamtverschiebung des durch die Vektorkette verfolgten Merkmals definieren dann einen sog. *Bilddistanzvektor* (gebildet über eine Bilddistanz von z. B. 3 Bildpaaren). Die Bildung von Vektorketten und die Betrachtung von deren Gesamtverschiebungen entspricht einer zeitlichen Tiefpaßfilterung im Merkmalsraum. Bevor nun ein solcher Bilddistanzvektor $\vec{u}$ zu einem Ballungskeim wird, muß dieser folgende Konsistenzbedingungen erfüllen:

Stabilität: Die Stabilitätsforderung, daß sich ein Merkmal über die Bilddistanz von z. B. drei Bildern verfolgen läßt, wird bereits bei der Bildung von Bilddistanzvektoren untersucht.

Mindestverschiebung: Damit bewegte Merkmale von stationären Merkmalen getrennt werden, muß die Gesamtverschiebung gebildeter Vektorketten eine angegebene Mindestverschiebung überschreiten. Eine Schwelle von zwei Pixeln für die Gesamtverschiebung innerhalb drei aufeinander folgender Bildpaare hat sich hier als günstig erwiesen.

Kohärenz: Dies ist die wichtigste Forderung, welche bereits eine Aussage über die Ähnlichkeit der Einzelvektoren innerhalb der Kette macht. Dazu wird für die Verschiebungen der Vektoren in x- und y-Richtung der sog. *Varianzkoeffizient v* bestimmt. Dieser berechnet sich aus der Standardabweichung σ, dividiert durch den Mittelwert m: $v = \sigma/m$. Infolge der Skaleninvarianz von

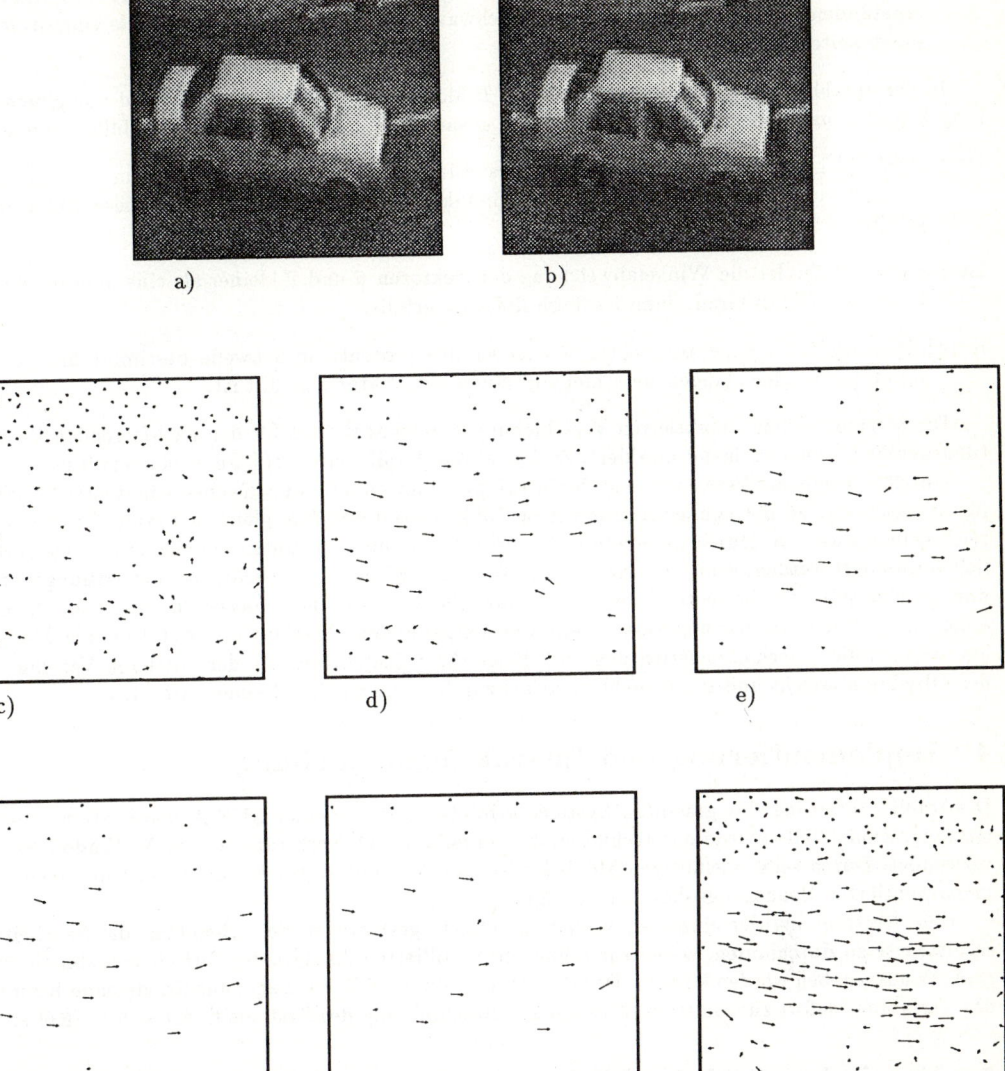

Abbildung 4: Verschiebungsvektoren, ermittelt bei verschiedenen Abgriffweiten. Abgebildet ist jeweils ein 128 × 128 Bildpunkte großer Ausschnitt aus einem 512 × 512 großen Bild, kodiert in 256 Grauwertstufen. Das dargestellt Fahrzeug verschiebt sich um etwa 5 Bildpunkte nach rechts. **a)** Originalbild 150, **b)** Originalbild 151, Vektoren bei Abgriffweite **c)** L = 3, **d)** L = 5, **e)** L = 7, **f)** L = 9, **g)** L = 11, **h)** hierarchischer Ansatz (L = 3,5,7,9,11).

v läßt sich eine von der Gesamtverschiebung unabhängige Schwelle definieren. Vektorketten, deren Varianzkoeffizient über der Schwelle liegt, werden danach als eine aus Fehlzuordnungen entstandene Kette oder als statistische Schwankung eines ruhenden Merkmals eingestuft und nicht weiter analysiert.

In der anschliessenden Ballungsanalyse von Bilddistanzvektoren wird ausgehend von einem Ballungskeim ($\vec{u}$) nach benachbarten Vektoren ($\vec{v}$) gesucht, die folgende Relationen erfüllen müssen:

ist_nah($\vec{u}, \vec{v}$): Liegt der Fußpunkt des Vektors $\vec{v}$ innerhalb eines Kreises mit dem als Parameter angegebenen Suchbereich r um den Fußpunkt des Vektors $\vec{u}$, dann gilt diese Relation als erfüllt.

ist_parallel($\vec{u}, \vec{v}$): Ist die Winkelabweichung der Vektoren $\vec{u}$ und $\vec{v}$ kleiner als eine angegebene Toleranzschwelle in Grad, dann ist diese Relation erfüllt.

ist_gleichlang($\vec{u}, \vec{v}$): Eine auf Vektor $\vec{u}$ angewandte prozentuale Schwelle bestimmt hier, ob die Relation der gleichlangen Verschiebungslänge mit Vektor $\vec{v}$ erfüllt ist.

Die Merkmale eines detektierten Verschiebungsbereiches werden für den nachfolgenden Bearbeitungszyklus als zu verfolgend markiert. Zu Verfahrensdetails wird auf [Koller 90] verwiesen.

Durch konsequente Verwendung skaleninvarianter Parameter und Schwellen konnte das Verfahren für unterschiedliche Bewegungssituationen im Bildmaterial mit dem gleichen Parametersatz erfolgreich getestet werden. Durch geeignetere Konsistenzforderungen konnten die Fehldetektionen erheblich vermindert werden, womit es durch Vergrößerung der Toleranzschwellen bei der Ballungsanalyse nun auch möglich ist, bewegte Objekte über partielle Verdeckungen hinweg zu verfolgen. Denn bei einer eintretenden Verdeckung verschmelzen objektgebundene Merkmale mit stationären Merkmalen, wonach die Verschiebungsrichtung und -länge ihrer Trajektorie von der mittleren Verschiebung des Objekts abweicht und somit nicht mehr als zur Ballung gehörend eingestuft wird.

4 Implementierung und Interaktionsumgebung

Die Implementierung des gesamten Systems erfolgte in C auf einer SUN-Arbeitsstation. Als Benutzungsschnittstelle wurde das rechnerunabhängige und netzwerktransparente X-Window-System verwendet. Durch seine vielfältigen Möglichkeiten ist X-Window gut für die Gestaltung einer problemorientierten Benutzungsoberfläche geeignet.

Eine Auftrennung der einzelnen Verfahrensschritte gestattet es dem Benutzer, die Bearbeitung schrittweise zu durchlaufen, wobei zur schnellen detaillierten Analyse der Zwischenergebnisse diese grafisch ausgegeben werden können. Der Benutzer ist dadurch in der Lage, unbefriedigende Resultate des Verfahrens sofort zu ermitteln. Eine genaue Beschreibung des Systems findet sich in [Koller 90].

5 Ergebnisse und Ausblick

Das Verfahren ist sowohl in der Lage, die Trajektorie eines einparkenden Fahrzeugs trotz partieller Verdeckung in einer Bildfolge aus ca. 400 Bildern zu ermitteln als auch ein zunächst ruhendes, dann beschleunigendes Fahrzeug zu verfolgen (siehe Abbildung 5 und 6). Eine Ausdehnung der Untersuchung auf weitere Szenen ist vorgesehen.

Obwohl das Verfahren auf Ganzbildern arbeitet, d. h. keine vorherige Segmentierung bzw. Detektion von Änderungsbereichen erforderlich ist, ist es verhältnismäßig schnell. Der mittlere Zeitaufwand—von der Eingabe der rohen Bilddaten bis zur Ausgabe von Beschreibungen ermittelter Objektkandidaten—beträgt ca. zwei Minuten pro Bild auf einer SUN 4/110. Damit ist es möglich, bei noch vertretbarem Rechenaufwand auch längere komplexe Bewegungsabläufe für die weiterführenden Schritte, z. B. auf der Ebene einer Episodenbeschreibung ([Walter 89]), zu untersuchen. Durch den Einsatz bereits verfügbarer Spezialrechner für die signalnahen Bearbeitungsschritte bei der Schätzung von Verschiebungsvektoren, welche im Zeitaufwand mit etwa 95% zu Buche schlagen, kann das Verfahren noch erheblich beschleunigt werden.

Zur Fortführung der Trajektorie bei großen partiellen oder totalen Verdeckungen müßte ein Prädiktionsalgorithmus herangezogen werden, der aus den zuletzt geschätzten Verschiebungen die Trajektorie bis zum abermaligen Auftauchen des Fahrzeugs fortsetzt, wonach der Verfolgungsalgorithmus wieder aufsetzen kann.

Die alleinige Verwendung von Fleck-Merkmalen zur Beschreibung von Verschiebungsbereichen reicht in manchen Fällen nicht aus. An besonders kritischen Stellen, an denen sich die Ansicht des Fahrzeugs infolge stark gekrümmter Trajektorie schnell ändert, stehen entweder zu wenig konsistente Merkmale zur Verfügung oder es werden fahrzeugfremde Merkmale hinzugezogen. Die Folge sind die Ausgabe von zu kleinen oder zu großen Verschiebungsbereichen, die sich nicht mit dem Abbild des Objekts decken. Eine Ausdehnung auf die Beschreibung mit stärker objektgebundenen Kantenelementen läßt hier bessere Ergebnisse erwarten. Entsprechende Untersuchungen sind noch nicht abgeschlossen.

Literatur

[Koller 89] D. Koller, *Erweiterung des Ballungsprogramms von C.-K. Sung zur Segmentierung von Verschiebungsbereichen in Bildfolgen sowie eines Programms zur Ermittlung von Verschiebungsvektoren als Vorverarbeitung*, Interner Bericht Nr. 10187, Fraunhofer-Institut für Informations- und Datenverarbeitung (IITB), Karlsruhe, Sept. 1989.

[Koller 90] D. Koller, *Ein hierarchischer Ansatz zur Schätzung von Verschiebungsvektoren*, Interner Bericht (in Vorbereitung), Institut für Algorithmen und Kognitive Systeme, Fakultät für Informatik der Universität Karlsruhe, Karlsruhe, Juni 1990.

[Kories & Zimmermann 86] R. Kories, G. Zimmermann, A Versatile Method for the Estimation of Displacement Vector Fields from Image Sequences, in *Proc. of Workshop on Motion: Representation and Analysis*, Kiawah Island Resort, Charleston S. C, May 7-9, 1986, pp. 101–106.

[Kories & Zimmermann 89] R. Kories, G. Zimmermann, Eine Familie von nichtlinearen Operatoren zur robusten Auswertung von Bildfolgen, in W. Schwerdtmann (Hrsg.), *Ausgewählte Verfahren der Mustererkennung und Bildverarbeitung*, Reihe 10: Informatik/Kommunikationstechnik **114**, VDI-Verlag, Düsseldorf, 1989, pp. 96–119.

[Nagel 88] H.-H. Nagel, From image sequences towards conceptual descriptions, *Image and Vision Computing* **6**:2 (1988) 59–74.

[Schirra *et al.* 87] J. R. J. Schirra, G. Bosch, C. K. Sung, G. Zimmermann, From Image Sequences to Natural Language: A First Step towards Automatic Perception and Description of Motion, *Applied Artificial Intelligence* **1** (1987) 287–307.

[Sung 88] C.-K. Sung, Extraktion von typischen und komplexen Vorgängen aus einer Bildfolge einer Verkehrsszene, in H. Bunke, O. Kübler, P. Stucki (Hrsg.), *Mustererkennung 1988*, Zürich, Informatik-Fachberichte **180**, Springer-Verlag, Berlin, Heidelberg, New York, London, Paris, Tokyo, 1988, pp. 90–96.

[Sung & Zimmermann 86] C.-K. Sung, G. Zimmermann, Detektion und Verfolgung mehrerer Objekte in Bildfolgen, in G. Hartmann (Hrsg.), *Mustererkennung 1986*, Paderborn, Informatik-Fachberichte **125**, Springer-Verlag, Berlin, Heidelberg, New York, London, Paris, Tokyo, 1986, pp. 181–184.

[Walter 89] I. Walter, *Datenbankgestützte Repräsentation und Extraktion von Episodenbeschreibungen aus Bildfolgen*, Informatik-Fachberichte **213**, Reihe Künstliche Intelligenz, Springer-Verlag, Berlin, Heidelberg, New York, London, Paris, Tokyo, 1989.

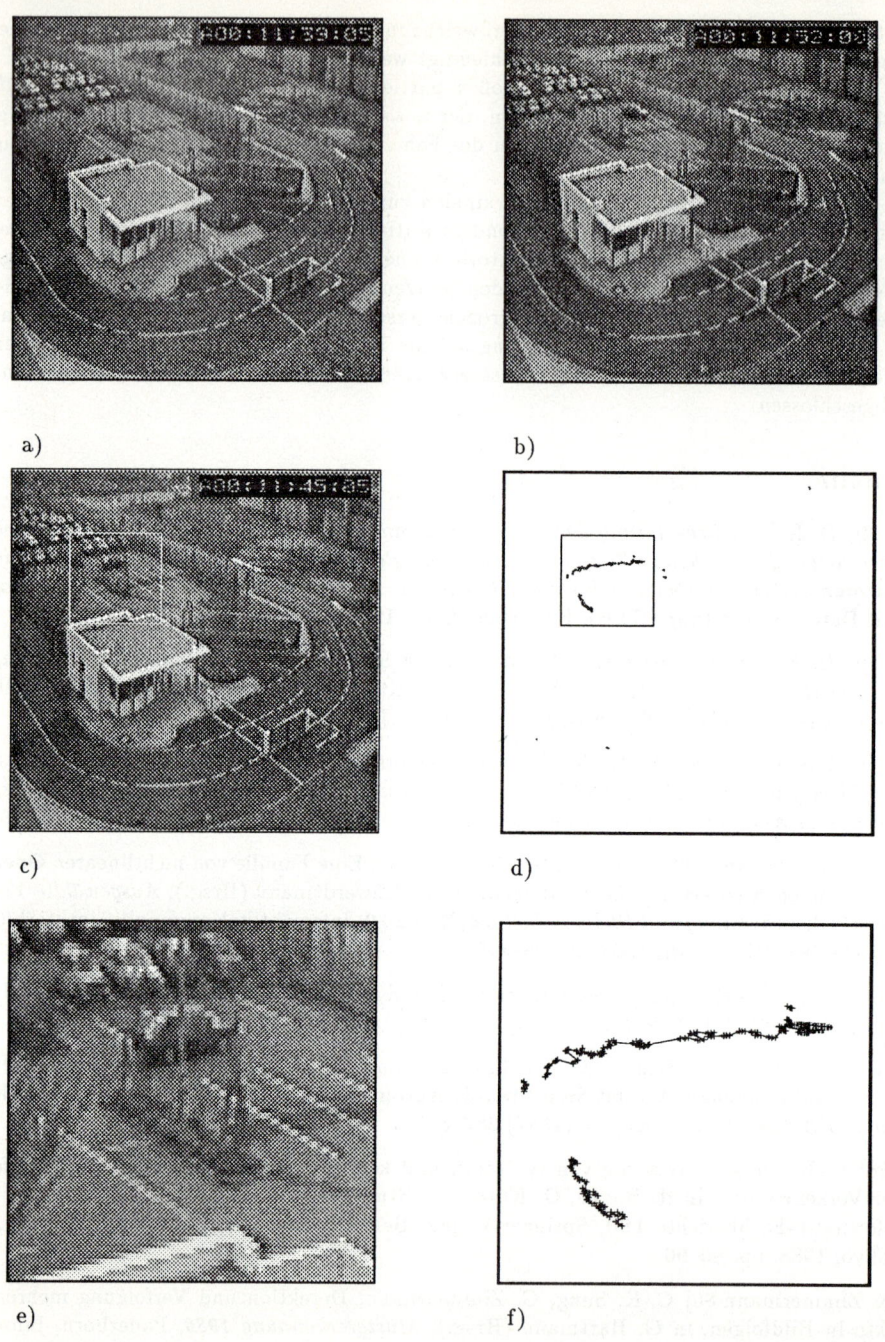

Abbildung 5: a) erstes Bild und **b)** letztes Bild einer Szene mit einem einparkenden Fahrzeug (oben links im Bild) aus einer Bildfolge von 400 Bildern; **c)** das einparkende Fahrzeug hinter partieller Verdeckung; **d)** die ermittelte Trajektorie dieser Szene; **e)** Vergrößerung des in c) markierten Ausschnitts und **f)** Vergrößerung des in d) markierten Ausschnitts.

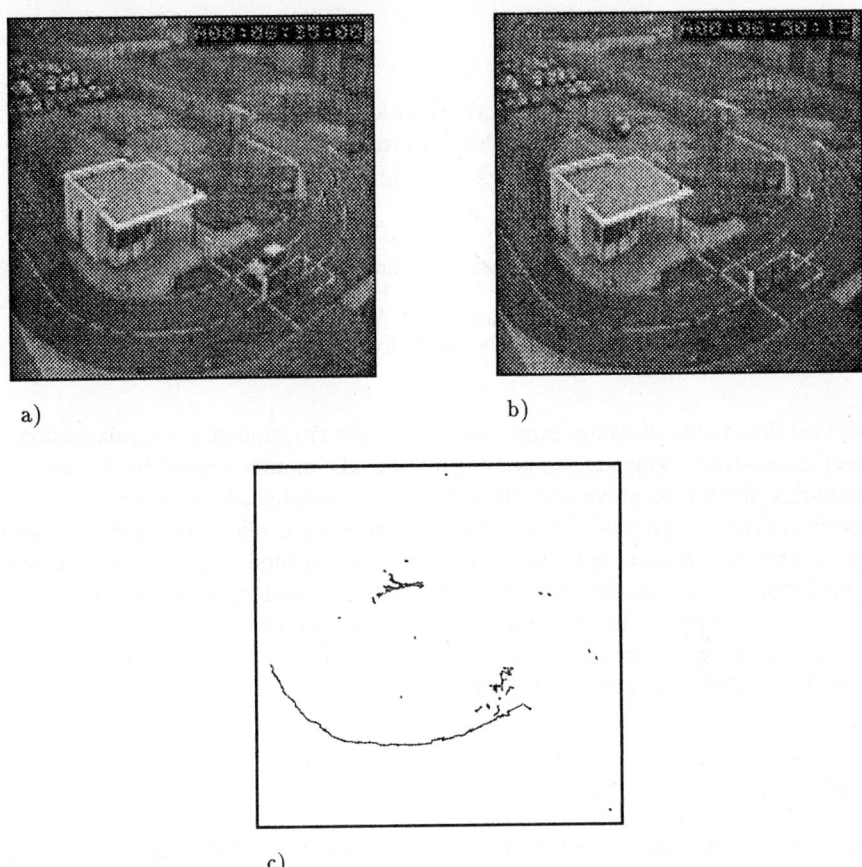

a)

b)

c)

Abbildung 6: a) erstes Bild und **b)** letztes Bild einer Szene mit einem einparkenden Fahrzeug (in der Bildmitte hinter dem Pförtnerhaus) und einem beschleunigenden Fahrzeug (unten rechts vor der Schranke); **c)** ermittelte Trajektorien dieser Szene. Die partiellen Detektionen über dem anfahrenden Fahrzeug werden von der aufgehenden bzw. sich senkenden Schranke hervorgerufen.

Hierarchical Block Matching
Using Edge Preserving Smoothness
for Optical Flow Field Estimation

Achim v. Brandt, Stefan Lanser
Siemens AG, Corporate Research and Development
ZFE IS INF 11, Otto-Hahn-Ring 6
D-8000 München 83, W. Germany
e-mail: brandt@ztivax.uucp

In optical flow field estimation, smoothness measures are required for regularization. At object boundaries, however, smoothing of the 2D motion vector field across the boundaries should be prevented. This can be accomplished by means of suitable smoothness criteria that either are controlled by intensity gradients or are based on non-quadratic vector norms, or both. In this report, the application of a smoothness measure for hierarchical block matching is presented which is based on the Euclidean norm for small displacement vector differences and on the absolute value norm for large differences. This results in displacement vector fields that are suitable for the segmentation and tracking of moving objects.

1. Introduction

For the purpose of object tracking with a moving camera as well as for structure from motion and for the derivation of 3D object shapes from several 2D views, the estimation of displacement vector fields (DVFs) is required that are a reliable approximation to the true optical flow field. This means that the estimated DVF should be smooth wherever the optical flow field is smooth, i. e. almost everywhere, specifically within those image areas that are the projection of smooth surfaces of 3D objects onto the image plane ([Na86, Jä89]); however, at object edges and occluding boundaries, the DVF should contain the corresponding edges and discontinuies.

If DVF estimation is formulated as the task of minimizing a suitable cost function, smoothness of the DVF is accomplished by including a certain smoothness measure in the cost function. This is likewise true for differential methods [Ho81, Na86] as for matching procedures that are designed to yield dense motion vector fields [Br87]. The first smoothness measure, introduced by [Ho81], gives rise to DVFs where the motion vectors are smoothed out across these boundaries. Subsequently, several approaches have been proposed for achieving DVFs where boundaries of moving objects are preserved; these can be classified as follows (see also [Jä89], pp. 261-269):

1) Controlling the local smoothness term in the cost function by the local intensity gradient. A survey of these approaches is given in [Na86]. A block matching scheme based on controlled smoothness has recently been presented by H. Kirchner [Ki89]. The smoothness term can even be switched off along intensity edges, as has been incorporated in the analog CMOS chip for motion estimation designed by Koch et al. [Ko89, Hu88].

2) Changing the smoothness measure in order to prevent over-penalization of large differences between neighbouring motion vectors [Sh89]. This means to use non-quadratic norms for measuring vector differences. Recent examples can be found in [Bl87], [Br87], and [Sh89].

3) Combining DVF estimation and moving object segmentation, i. e. based on the initial, non-smoothed DVF, moving object segmentation and motion parameter fitting is performed and the result is used in a feedback loop for correcting individual motion vectors, as in the "dynamic motion analysis" of Burt et al. [Bu89].

Since moving object segmentation based on noisy DVFs is not very reliable, a favourable choice for obtaining correct DVFs will be an intensity gradient controlled non-quadratic smoothness measure, i. e. a combination of the approaches no. 1 and 2. This will provide a reliable basis for subsequent object segmentation and motion parameter fitting.

Such a smoothness measure and a related cost function are introduced in section 2. In section 3 a hierarchical block matching procedure for minimization of the cost function is presented. As to the decision between differential and matching (correlation) procedures, the latter has been preferred because it accommodates longer-range motion and does not rely on numerical precision of derivatives ([Li89, Bü89]). Simulation results are shown in section 4.

2. The Cost Function

2.1. Measuring Similarity

The first component of any cost function for motion estimation is a measure of the similarity or dissimilarity of displaced image areas. We assume that each picture is divided into $M*N$ non-overlapping blocks $B_{m,n}$ ($m = 1,...,M$; $n = 1,...,N$) of identical size usually being a power of two in the range from 1x1 to 16x16 pixels. To every block $B_{m,n}$ a displacement vector $u_{m,n} = (u_{m,n}, v_{m,n})^T$ is to be assigned. The set of all displacement vectors $\{u_{m,n}, m = 1,...,M, n = 1,...,N\}$ is called the motion vector field U. The dissimilarity of the block $B_{m,n}$ in the present frame compared to a block in the previous frame displaced by a displacement vector $u = [u,v]^T$ relative to $B_{m,n}$ is measured by the Displaced Frame Difference

$$\text{DFD}_{m,n}(u,v) = \sum_{(x,y)^T \in B_{m,n}} |g_t(x,y) - g_{t-1}(x+u,y+v)| \qquad (2.1)$$

where $g_t(x,y)$ denotes the grey level of the picture element at position $x = [x,y]^T$ in the picture at time t. This kind of dissimilarity measure has been applied in many "correlation based" motion estimation schemes, e. g. [Bü89, Ki89, Br87]. Besides being more easily computable, the sum of absolute values may even be more adapted to the probability distribution function of pixel differences.

2.2. Smoothness constraint

The smoothness of U can be expressed for the horizontal and the vertical displacement vector components separately (cf. [Ki89]). The complete smoothness term is defined to be the sum of the smoothness of the horizontal and the vertical motion vector components. In this section we first focus on the horizontal components $\{u_{m,n}, m = 1,...,M, n = 1,...,N\}$.

2.2.1 Non-Euclidean Norms

The smoothness measure proposed by Horn and Schunk [Ho81] is based on the Euclidean norm:

$$h_{HS}(d) = d^2 \qquad (2.2.1)$$

where d is the difference between displacement vector components, i. e. $d=u_{m,n}-u_{m,n+1}$. It has been noticed [Na86] that this difference measure gives rise to overly smooth DVFs. This is partly caused by the fact that large spatial differences in the DVF are over-penalized by the Euclidean distance measure. As a remedy, Blake and Zisserman ([Bl87], ch. 6) - using the analogy of a weak membrane - derived the following difference measure for surface interpolation problems:

$$h_{BZ}(d) = \begin{cases} d^2 & \text{if } |d| < T \\ T^2 & \text{else} \end{cases} \qquad (2.2.2)$$

This means that the cost increment for non-smoothness is limited by an upper bound T^2 and any increase of the differences between neighbouring motion vectors beyond the value $|d|=T$ is no more penalized. This enables DVF discontinuities as are required at the boundaries of moving objects.

Unfortunately, this kind of non-smoothness measure gives rise to a highly non-convex cost function to be minimized. So Shulman and Hervé [Sh89] suggested another difference measure that corresponds to the two previous ones for small differences but turns into the absolute value norm for large differences:

$$h_{SH}(d) = \begin{cases} d^2 & \text{if } |d| < T \\ 2T|d| - T^2 & \text{else} \end{cases} \qquad (2.2.3)$$

This difference measure yields a convex smoothing component in the total cost function. At the same time this measure $h_{SH}(d)$ encourages DVF discontinuities since large differences between motion vectors of neighbouring blocks are no longer "over-penalized" as in the distance measure of eq. (2.2.1). If $h_{SH}(d)$ is normalized by the factor $1/(2T)$ we obtain

$$h'_{SH}(d) = \begin{cases} d^2/(2T) & \text{if } |d| < T \\ |d| - T/2 & \text{else.} \end{cases} \qquad (2.2.4)$$

In this case we can calculate the limit for $T \to 0$ which results in the absolute value (L_1) norm:

$$h_{L1}(d) = \lim_{T \to 0} h'_{SH}(d) = |d| \qquad (2.2.5)$$

This is what has been suggested in [Br87] for obtaining smoothed optical flow field estimates without blurring the moving object boundaries. In **Fig. 1** the three difference measures $h_{BZ}(d)$, $h'_{SH}(d)$, and $h_{L1}(d)$ are displayed for comparison. In fact, $h_{L1}(d)$ tends to preserve DVF discontinuities since it penalizes non-monotonic variations in the DVF only. The effect is similar to Median filtering. On the other hand, within moving object regions or within the static background where motion vector differences tend to be smaller, a stronger type of smoothing would be desirable, corresponding to low pass filtering. This is the aim of the normalized Shulman measure $h'_{SH}(d)$ of eq. (2.2.4) which is therefore adopted for the present procedure.

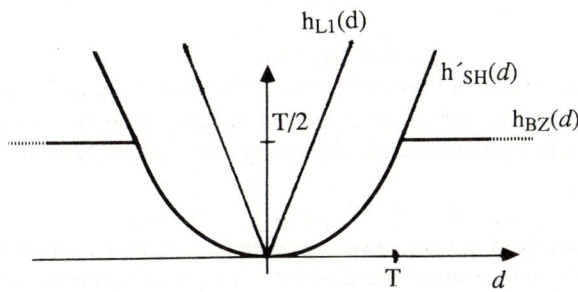

Fig. 1: Comparison of difference measures for edge-preserving smoothness.

2.2.2 Controlled Smoothness Measure

Since discontinuities in image intensity values and motion vectors tend to be correlated, the weighting of the smoothness measures is controlled by the local intensity gradient as follows. Let us consider the horizontal components of the displacement vectors of the four neighbouring blocks of a block $B_{m,n}$:

$$
\begin{aligned}
u_1 &= u_{m,n-1} \\
u_2 &= u_{m,n+1} \\
u_3 &= u_{m-1,n} \\
u_4 &= u_{m+1,n}
\end{aligned}
\tag{2.2.6}
$$

With these abbreviations the local smoothness measure for the horizontal displacement vector component u for block $B_{m,n}$ is defined as:

$$
SMO_{m,n}^{hor}(u) = \sum_{i=1}^{4} w_i \, h'_{SH}(u-u_i)
\tag{2.2.7a}
$$

Similarly for the vertical component v:

$$
SMO_{m,n}^{ver}(v) = \sum_{i=1}^{4} w_i \, h'_{SH}(v-v_i)
\tag{2.2.7b}
$$

These two are added to yield the total smoothness component for block $B_{m,n}$:

$$
SMO_{m,n}(u,v) = SMO_{m,n}^{hor}(u) + SMO_{m,n}^{ver}(v)
\tag{2.2.8}
$$

The weights w_i in (2.2.7a,b) are controlled by the interblock intensity differences. Consider the average pixel intensity within a block $B_{m,n}$:

$$\bar{g}_{m,n} = \frac{1}{L^2} \sum_{(x,y)^T \in B_{m,n}} g_t(x,y) \qquad (2.2.9)$$

where L^2 is the number of picture elements in block $B_{m,n}$. This enables the calculation of interblock intensity differences s_i $(i=1,...,4)$ between $B_{m,n}$ and its four neighbours:

$$\begin{aligned}
s_1 &= \bar{g}_{m,n} - \bar{g}_{m,n-1} \\
s_2 &= \bar{g}_{m,n} - \bar{g}_{m,n+1} \\
s_3 &= \bar{g}_{m,n} - \bar{g}_{m-1,n} \\
s_4 &= \bar{g}_{m,n} - \bar{g}_{m+1,n}
\end{aligned} \qquad (2.2.10)$$

The larger the absolute values of these differences, the smaller the corresponding weights for DVF smoothing should be chosen (cf. [Ki89]). So the weights w_i $(i=1,...,4)$ are calculated from the intensity differences s_i by a monotonically decreasing non-negative function, e. g.

$$w_i = \max (0, \ 1 - |s_i|/T_g) \qquad \text{for } i=1,...,4 \qquad (2.2.11)$$

where T_g is a fixed threshold. So whenever the interblock intensity difference between two blocks exceeds the threshold T_g it is assumed that the blocks are parts of different objects and any smoothing across the block boundary is suppressed.

2.3. Displacement Vector Length

In some cases smoothness is still an insufficient constraint for the DVF. From all smooth DVFs we like to select that with the minimum average displacement vector length. This may be accomplished by the vector length measure

$$LEN_{m,n}(u,v) = |u| + |v| \qquad (2.3)$$

2.4. Overall Cost Function

The total cost for a block $B_{m,n}$ is a weighted sum of DFD, SMO and LEN:

$$C_{m,n}(u,v) = DFD_{m,n}(u,v) + L^2 \big[\alpha \cdot SMO_{m,n}(u,v) + \beta \cdot LEN_{m,n}(u,v) \big] \qquad (2.4.1)$$

where L^2 is the number of pixels per block. The overall cost for an image frame is obtained by taking the sum over all the blocks in the image:

$$C(U) = \sum_{m,n} C_{m,n}(u_{m,n}) \qquad (2.4.2)$$

3. Minimization

3.1. Coarse-to-Fine Strategy

A coarse-to-fine control strategy similar to that presented in [Br87] is applied for minimization of the cost function. However there are two kinds of resolution to be controlled: (1) the block size, expressed in pixels of the original image, and (2) the image resolution itself which is identical to the achievable motion vector quantization since at any stage the displacements are calculated with integer pixel accuracy.

So for any specified image resolution and any DVF block size there are several different course-to-fine strategies for achieving that goal. **Table 1** shows a typical example for a final block size of 1*1 pixels (i. e. a dense DVF) and full image resolution. In this example the first two DVF estimation steps where the block size is 16 and 8 pixels, resp., are carried out with subsampled images while step three to five are based on full resolution images. At any stage DVF optimization is done by a *relaxation* scheme that is continued until no more improvement is achievable under the given conditions. Then the resulting DVF is used as the starting point for the next step after suitable scaling of the displacement vectors.

Step No.	Block Size	Image Resolution
1	16*16	1:4
2	8*8	1:2
3	4*4	1:1 = full resolution
4	2*2	1:1
5	1*1	1:1

Table 1: Course-to-fine strategy for a dense displacement vector field.

3.2. Relaxation

The procedure corresponding to the schedule of **table 1** starts by calculating an initial displacement vector for all blocks by full search matching within a given search area. The computational load for this full search step is affordable due to the reduced image resolution. Then in a sequence of iterations, the procedure tries to improve every displacement vector $u_{m,n} = (u_{m,n}, v_{m,n})^T$ with respect to its local cost function, by searching within an *adaptive search area*:: the searching range for the horizontal component of the new displacement vector $u_{m,n}$ is given by the minimum and maximum of the vector components in the set $\{u_{m,n}, u_{m,n-1}, u_{m,n+1}, u_{m-1,n}, u_{m+1,n}\}$, and the vertical searching range is likewise determined. This means that the optimization process is focussed to those image areas where there are large differences or "tensions" between neighbouring motion vectors.

When no more improvement can be achieved by this strategy at a given block size and resolution, control switches to the next step (see table 1).

4. Simulation Results

The procedure has been applied to image sequences from the areas of traffic monitoring, autonomous vehicle navigation, communications, and sports. **Fig. 2** shows an image taken from traffic monitoring where the displacement vector field clearly displays the translatory motion of the cars. It can be noticed that the support area of the non-zero segments in the motion vector field coincide with the true shape of the objects.

5. Conclusion

A smoothness measure for displacement vector field (DVF) estimation has been introduced that meets the requirement of preserving moving object boundaries by combining two features:

1) It is based on a special distance measure for rating local differences or "tensions" or "non-smoothness" in the DVF: the measure is equivalent to the Euclidean norm for small vector component differences while for large differences the absolute value norm is preferred, thus preventing over-penalization [Sh89] of large differences.

2) The factor for weighting this non-smoothness measure is locally adapted to the image intensity gradient, thus encouraging DVF discontinuities to be positioned at grey value edges ("controlled smoothness" [Jä89]).

This smoothness measure is part of a global cost function to be minimized. Minimization is carried out by hierarchical block matching with local search area adaptation and course-to-fine strategy with respect to the resolution of both the image and the DVF.

Experiments with scenes from traffic surveillance, vehicle navigation, sports and visual telephony showed that a good approximation to the true optical flow can be obtained and moving object segmentation based on these DVFs is feasible. Future extensions of the procedure will be directed towards time recursive processing based on DVF prediction and recursive object segmentation [Ka90].

Fig. 2: An outdoor scene from traffic monitoring (left) and the corresponding displacement vector field (right). The final image resolution was 288 lines by 256 pixels, the final block size is 4*4 pels. Every second displacement vector horizontally and vertically has been displayed.

References

[Bl87]   A. Blake, A. Zisserman, Visual Reconstruction. MIT Press 1987

[Br87]   A. v. Brandt, W. Tengler, "Obtaining smoothed optical flow fields by modified block matching," Proc. 5th Scand. Conf. on Image Analysis, Stockholm, June 2-5, 1987, pp. 523-529

[Bu89]   P. J. Burt, J. R. Bergen, R. Hingorani, R. Kolczynski, W. A. Lee, A. Leung, J. Lubin, H. Shvaytser, "Object tracking with a moving camera," Proc. Workshop on Visual Motion, Irvine, CA, March 20-22, 1989, pp. 2-12

[Bü89]   H. H. Bülthoff, J. J. Little, T. Poggio, "A parallel motion algorithm consistent with psychophysics and physiology," Proc. Workshop on Visual Motion, Irvine, CA, March 20-22, 1989, pp. 165-172

[Ho81]   B. K. P. Horn, B. G. Schunk, "Determining optical flow," Artificial Intelligence, Vol. 17, pp. 185-203, 1981

[Hu88]   J. Hutchinson, C. Koch, J. Luo, C. Mead, "Computing motion using analog and binary resistive networks," Computer, pp. 52-63, March 1988

[Jä89]   B. Jähne, Digitale Bildverarbeitung. Springer-Verlag 1989

[Ka90]   K.-P. Karmann, A. v. Brandt, R. Gerl, "Moving object segmentation based on adaptive reference images," Proc. EUSIPCO-90, Barcelona, Spain, Sept. 18-21, 1990

[Ki89]   H. Kirchner, "Blockmatching with column and row oriented optimization," Proc. 3rd Workshop on Time-Varying Image Processing and Moving Object Recognition, Florence, Italy, May 29-31, 1989

[Ko89]   C. Koch, H. T. Wang, B. Mathur, A. Hsu, H. Suarez, "Computing optical flow in resistive networks and in the primate visual system," Proc. Workshop on Visual Motion, Irvine, CA, March 20-22, 1989, pp. 62-72

[Li89]   J. J. Little, A. Verri, "Analysis of differential and matching methods for optical flow," Proc. Workshop on Visual Motion, Irvine, CA, March 20-22, 1989, pp. 173-180

[Na86]   H.-H. Nagel, W. Enkelmann, "An investigation of smoothness constraints for the estimation of displacement vector fields from image sequences," IEEE Trans. PAMI, Vol. PAMI-8, No. 5, pp. 565-593, 1986

[Sh89]   D. Shulman, J.-Y. Hervé, "Regularization of discontinuous flow fields," Proc. Workshop on Visual Motion, Irvine, CA, March 20-22, 1989, pp. 81-86

Tracking: ein Verfahren zur Stabilisierung bewegter Objekte mit einer aktiven Kamera *

Sebastian Tölg und Hanspeter A. Mallot
Institut für Neuroinformatik, Ruhr–Universität, D–4630 Bochum, FRG

Abstract: Es wird ein Verfahren zur Stabilisierung des Kamerabildes bewegter Objekte durch aktive Nachführung der Kamera vorgestellt. Der beschriebene Algorithmus ist durch biologische Modelle der menschlichen Augenbewegungen motiviert.

1 Einführung und Motivation

Ziel des Forschungsprojektes „Informationsverarbeitung in neuronaler Architektur" ist die Untersuchung und Anwendung neuronaler Strukturprinzipien (Neural-Instruction-Set), die aus der vergleichenden Anatomie und der Physiologie bekannt sind [7]. An unserem Institut wird dies am Beispiel der visuellen Steuerung eines autonomen, mobilen Roboters durchgeführt.

Das System wird die Fähigkeit besitzen, eine komplexe, natürliche Umgebung zu erkunden, und sich darin zu orientieren. Informationen aus seiner Umwelt nimmt das System über ein aktives Stereo-Kamerasystem auf. „Aktiv" bedeutet hier: die Kameras werden schon während der Datenaufnahme in einem geschlossenen Regelkreis so gesteuert, daß bevorzugt Informationen aufgenommen werden, die für die aktuelle Aufgabe relevant sind. Dieser biologische Ansatz der aufgabenabhängigen Informationsextraktion ermöglicht, durch die intern gebildete Erwartungshaltung gesteuert, eine starke Verringerung der Bandbreite des Informationskanales. Auch der Mensch nimmt über sein visuelles System nur bestimmte von Heuristiken oder Hypothesen ausgewählte Aspekte der Umwelt wahr. Dabei wird die aufgenommene Datenmenge durch Augenbewegungen und inhomogene Abtastung auf der menschlichen Retina (Fovea) stark reduziert.

In dem von uns verfolgten Konzept entsteht komplexes Verhalten (Explorieren, Orientieren) innerhalb einer evolutionierbaren Hierarchie von Verhaltensmodulen durch Integration einfacher Verhaltensleistungen (Hinderniserkennung/-vermeidung, Kursstabilisierung, Tracking, Positionsbestimmung). Innerhalb dieser Hierarchie werden die für eine bestimmte Aufgabe benötigten Informationen auf einer möglichst frühen Verarbeitungsstufe gewonnen und die Ergebnisse auf den aktiven Sensor zurückgeführt. Die Aufgabe des „Tracking-Modules" innerhalb dieser Hierarchie besteht darin, die Kameras so zu steuern, daß das Bild eines bewegten Objektes in einem zentralen Bereich des visuellen Sensors bleibt und stabilisiert wird. Diese Verhaltensleistung ist für eine weitere Analyse (Mustererkennung, Klassifikation, usw.) unerlässlich.

2 Das biologische Modell

Bei Menschen wird die Aufgabe der Fovealisierung des Bildes eines bewegten Objektes durch den Augenbewegungstyp der Folgebewegung (pursuit eye movement) erfüllt. Die Augenfolgebewegung ist in der Psychophysik [1] und durch Tierexperimente [3] gut untersucht. Aufgrund

*Unterstützt vom Bundesminister für Forschung und Technologie (BMFT), Förder Nr. ITR8800K4

der empirischen Ergebnisse wurden Funktionsmodelle ausgearbeitet und Korrelationen zu neuronalen Strukturen hergestellt [5].

Die Augenfolgebewegung erfolgt unwillkürlich und kann nur durch ein bewegtes Objekt initiiert werden. Sie setzt sich aus zwei Komponenten zusammen. Einer glatten, die retinale Objektgeschwindigkeit verringernden Komponente, und aus saccadischen Augenbewegungen, die die glatte Bewegung unterbrechen. Einige Merkmale der glatten Komponente sind in der folgenden Tabelle zusammengefaßt:

- Regelkreis mit negativer Rückkopplung

- zeitlich kontinuierliche Steuerung

- Latenzzeit während der Initialphase (90–130ms)

- verringert die retinale Geschwindigkeit

- ist bei kleinen Objektgeschwindigkeiten besonders wirkungsvoll

- das Verhältnis von Augengeschwindigkeit zu Objektgeschwindigkeit ("gain") ist immer < 1

- im efferenten Pfad befindet sich ein Geschwindigkeitsspeicher

Wesentliche Eigenschaften der saccadischen Komponente sind:

- abgetastete Datenaufnahme (sample & hold)

- zeitlich diskrete Steuerung

- eine gestartete Saccade kann durch visuelle Reize nicht mehr beeinflußt werden

- nach einer Saccade besteht eine Refraktärzeit von 150–200ms

- Saccaden dauern 10–80ms; wobei die Zeit mit der Amplitude wächst

Die glatte Folgebewegung stabilisiert das retinale Bild eines bewegten Objektes nicht vollständig sondern verringert nur seine retinale Geschwindigkeit. Der Verstärkungsfaktor (das Verhältnis zwischen Augengeschwindigkeit zu Objektgeschwindigkeit) hängt von Stimulus ab und liegt in den meisten Fällen zwischen 0,4 und 0,9. Die glatte Bewegung wird bis zu 4 mal pro Sekunde von Saccaden unterbrochen, wenn die kumulierte Abweichung des Objektes vom Zentrum der Fovea zu groß wird.

Die Saccaden reduzieren im Mittel den Positionsfehler durch Korrektur der Augenstellung. Es wurden aber auch Saccaden beobachtet, die zu einer Vergrößerung des Positionsfehlers führten [1]. Die Häufigkeit der Korrektursaccaden nimmt mit wachsender Objektgeschwindigkeit zu. Die saccadische Komponente gleicht die geringe Verstärkung der glatten Komponente aus, so daß im zeitlichen Mittel die Gesamtverstärkung gleich eins ist.

Unser visuelles System benutzt die Relativbewegung zwischen Objekt und Hintergrund um dessen Anwesenheit zu erkennen und um seine Umrisse zu lokalisieren. Nur durch Segmentierung aufgrund von Diskontinuitäten im optischen Fluß können Objekte erkannt werden, die sich vor einem Hintergrund gleicher Textur befinden.

3 Das Verhaltensmodul Tracking

3.1 Beschreibung des Algorithmus

Aufgabe des Tracking-Moduls ist die Stabilisierung des Bildes eines bestimmten bewegten Objektes unter mehreren anderen durch Steuerung der Kamerabewegung. Die visuelle Umgebung ist eine natürliche Szene mit texturiertem Hintergrund und normalen Beleuchtungsbedingungen. Vereinfachende Annahmen (z.B. hoher Kontrast zum Hintergrund oder geradlinigen Umgrenzung) über die Objekte werden nicht benötigt. Jedes physikalische Objekt, das innerhalb seiner Kontur ein genügend gleichförmiges optisches Flußfeld erzeugt, kann verfolgt werden. Die Segmentierung erfolgt unter der Annahme, daß Bereiche mit ähnlicher Geschwindigkeit zum gleichen Objekt gehören. In der Initialisierungsphase wird die Szene zunächst in Gebiete hinreichend gleichförmiger Bewegung segmentiert. Durch Auswahl des größten Gebietes oder des Gebietes mit der höchsten Geschwindigkeit wird ein dominantes Objekt bestimmt. Während der Latenzzeit können auch höhere, „kognitive" Prozesse zur Auswahl des Objektes involviert sein (Aufmerksamkeitssteuerung). Mit zunehmendem Wissen über das dominante Objekt bildet das Programm ein Formmodell (shape model). In zunehmendem Maße werden nur noch Bildbereiche ausgewertet, an denen das Objekt erwartet wird. Abbildung 1 gibt einen Überblick.

Bewegungsdetektion: Im ersten Schritt wird eine *räumliche Tiefpassfilterung* durch Faltung mit einer Gaußfunktion durchgeführt. Dabei wird ein sehr effizienter FIR-Algorithmus verwendet, der die Gaußfilterung durch wiederholte Faltung mit einer Fensterfunktion der Höhe eins approximiert [8]. Nach der räumlichen Tiefpassfilterung wird das Bild unter Ausnutzung des Abtast-Theorems an jedem zweiten Pixel abgetastet. Dadurch reduziert sich die Datenmenge um den Faktor vier.

Die *zeitliche Filterung* besteht aus der Faltung

$$\overline{f}(t) = \int_{-\infty}^{\infty} f(t')w(t-t')dt'$$

mit einer exponentiell abfallenden Gewichtungsfunktion

$$w(t) = \exp(-\frac{t}{\tau}) \quad \text{für} \quad t > 0.$$

Dieser kausale Tiefpassfilter ist in einer schnellen, rekursiven Form realisiert (IIR-Filter):

$$\overline{f}(t) = (1-\alpha)\cdot\overline{f}(t-\Delta t) + \alpha\cdot f(t) \quad \text{mit} \quad \alpha = \frac{\Delta t}{\tau}$$

Der *optische Fluß* wird durch ein Gradientenverfahren aus der Folge der Grauwertbilder berechnet [2]. Dabei wird durch Verwendung von räumlichen Ableitungen zweiter Ordnung die lokale Krümmung der Helligkeitsmuster berücksichtigt [6] und das sog. schwache Aperturproblem vermieden. Der berechnete optische Fluß ist eine gute Schätzung für das 2-dimensionale Bewegungsfeld (motion field). Leser, die an der mathematischen Herleitung des Verfahrens nicht interessiert sind, können Abschnitt 3.2 überspringen.

Kompensation der Eigenbewegung: Das durch *Eigenbewegung* erzeugte Bewegungsfeld $\vec{v} = \vec{v}^t + \vec{v}^r$ besteht aus einem translatorischen und einem rotatorischen Anteil [4]. Bezeichnet $\vec{t} = (U, V, W)^T$ die Translation des Projektionszentrums und $\vec{\omega} = (A, B, C)^T$ die Rotation um eine Achse durch dieses Zentrum, so kann das Bewegungsfeld an einer Bildposition (x, y) nach

$$v_x^t = \frac{-U + xW}{Z} \quad \text{und} \quad v_y^t = \frac{-V + yW}{Z}$$

$$v_x^r = Axy - B(x^2+1) + Cy \quad \text{und} \quad v_y^r = A(y^2+1) - Bxy - Cx.$$

berechnet werden. Für eine reine Rotation der Kamera um eine Achse durch das Projektions-zentrum ist das Bewegungsfeld unabhängig von der 3-dimensionalen Struktur der Umgebung. In diesem Fall kann das Bewegungsfeld aus der gemessenen, wirklichen Kamerabewegung an allen Bildkoordinaten (in Einheiten der Brennweite) eindeutig berechnet werden. Zur Kompensation der Eigenbewegung wird dieses Bewegungsfeld von optischen Flußfeld vektoriell subtrahiert.

Bildsegmentierung: In einem 2-dimensionalen *Geschwindigkeitshistogramm* wird die An-zahl der Pixel gezählt, deren Geschwindigkeit in einem bestimmten Intervall liegt. Für jede Zelle des Histogramms werden die Koordinaten der Pixel, die diese Zelle inkrementiert ha-ben, in dynamischen Listen gespeichert. Diese Datenstruktur ermöglicht eine ein-eindeutige Zuordnung zwischen Geschwindigkeitsraum und der Position im Bild. Durch Rückprojektion (backprojection) können die Pixel mit einer bestimmten Geschwindigkeit markiert werden. Die Segmentierung erfolgt durch Bestimmung des absoluten Maximums im Geschwindigkeitshisto-gramm. Anschließend wird die Umgebung des Maximums mit einer Clusterstrategie untersucht. Die Pixel aller signifikanten Histogrammzellen werden zu einem Objekt zusammengefaßt. Nach Entfernung der schon verarbeiteten Daten wird das Verfahren wiederholt und so alle signifikan-ten Maxima gefunden. Zur weiteren Verarbeitung wird das größte oder das schnellste Objekt ausgewählt.

Der Algorithmus trennt sich in einen schnellen Zweig, der auf der Regelung der retinalen Ob-jektgeschwindigkeit beruht, und einen Zweig, der den retinalen Positionsfehler berücksichtigt.

Geschwindigkeitsregelung: Im *Geschwindigkeitszweig* wird die Objektgeschwindigkeit v_{obj} durch gewichtete Mittelung über die zugehörigen Histogrammzellen berechnet. Die Geschwin-digkeit der Kamerabewegung wird nach $v_{cam} = g \cdot v_{obj}$ berechnet, wobei der Verstärkungsfaktor (gain) $g < 1$ ist.

Der *Geschwindigkeitsspeicher* ist ein Tiefpass erster Ordnung. Falls keine neuen Daten verfügbar sind bewirkt er eine exponentielle Abnahme der Geschwindigkeit bei konstanter Bewegungsrich-tung. Dies ist nach Saccaden oder wenn das Objekt verschwindet der Fall. Die Werte zur Ansteuerung der Kameramotoren werden mit Parametern berechnet, die vom Positionszweig kalibriert werden.

Positionsregelung: Im *Positionszweig* werden die Pixel der zum Objekt gehörenden Histo-grammzellen aus den, in den dynamischen Listen gespeicherten Koordinaten, in die Bilddar-stellung zurückprojeziert. Durch zeitliche Tiefpassfilterung über mehrere Rückprojektionen und räumliche Mittelung über eine Umgebung wird das Formmodell (shape model) gebildet.

Aus diesem *Formmodell* kann der Schwerpunkt und die Größe des Objektes ermittelt werden. Der retinale Positionsfehler ist durch den Abstand zwischen diesem Schwerpunkt und der Bild-mitte gegeben. Übersteigt diese Abweichung einen vorgegebenen Schwellwert, so wird die Ka-meraposition durch eine saccadische Bewegung in Richtung Objektschwerpunkt korrigiert.

Die Werte an einer bestimmten Stelle des Formmodells können als Wahrscheinlichkeit aufgefaßt werden mit der dieses Pixels zum Objekt gehört. In den Berechnungen des nächsten Bildes werden nur die Stellen berücksichtigt, die mit genügend großer Wahrscheinlichkeit zum Objekt gehören. Dadurch wird die „Aufmerksamkeit" des Programms auf die Gebiete fokusiert an denen es das dominante Objekt erwartet. Das Programm kann nicht durch andere bewegte Objekte „abgelenkt" werden und die Rechenkapazität wird auf relevante Bereiche konzentriert.

3.2 Berechnung des optischen Flußes

Für einen ebenen Objekt mit Lambert'scher-Oberfläche, das sich unter gleichmäßiger Beleuch-tung parallel zur Bildebene translatorisch bewegt, gilt:

$$\nabla E(x_1, y_1, t_1) = \nabla E(x_0, y_0, t_0)$$

D.h. der Gradient der Bildhelligkeit ist stationär in der Zeit. Benutzt man eine Taylorentwik-klung erster Ordnung für die Funktion der Bildhelligkeit $E(x, y, t)$, so ist dies identisch mit:

$$\frac{d}{dt} \nabla E = 0$$

Daraus kann der optische Fluß $\vec{v}_{OF}$ berechnet werden:

$$H_E \cdot \vec{v} = -\nabla \frac{\partial}{\partial t} E \qquad \text{wobei} \qquad H_E = \begin{pmatrix} E_{xx} & E_{xy} \\ E_{yx} & E_{yy} \end{pmatrix} \tag{1}$$

die Hesse-Matrix von E ist. Für $\det(H_E) \neq 0$ kann das Gleichungssystem nach $\vec{v}$ aufgelöst werden:

$$v_x = \frac{E_{yt} \cdot E_{xy} - E_{xt} \cdot E_{yy}}{\det(H_E)} \qquad \text{und} \qquad v_y = \frac{E_{xt} \cdot E_{xy} - E_{yt} \cdot E_{xx}}{\det(H_E)}$$

Verschiedene Maßnahmen werden benötigt, um die numerische Stabilität der Ergebnisse sicher-zustellen. In den meisten relevanten Fällen liefert das Verfahren verläßliche Wert, auch wenn die oben genannten Voraussetzungen nicht exakt erfüllt sind. Die Güte der Schätzung wird in einem nachfolgenden, zweiten Schritt geprüft. Unzuverlässige Werte werden entfernt. Gleichung (1) ist ein Sonderfall einer allgemeineren Operatorgleichung, die sich aus einem Kommutator ergibt:

$$\left[\nabla, \frac{d}{dt} \right]_{-} = J_v^T \nabla \qquad \text{wobei} \qquad J = \begin{pmatrix} \frac{\partial}{\partial x} & \frac{\partial}{\partial y} \\ \frac{\partial}{\partial x} & \frac{\partial}{\partial y} \end{pmatrix}$$

der Joccobi-Operator ist. Angewandt auf E ergibt sich die folgende Identität, die in der gesamten Bildebene gültig ist:

$$\nabla \frac{dE}{dt} - \frac{d}{dt} \nabla E = J_v^T \nabla E$$

Dies kann umgeformt werden zu:

$$H_E \cdot \vec{v} = -\nabla \frac{\partial}{\partial t} E + \nabla \frac{dE}{dt} - J_v^T \nabla E \tag{2}$$

Unter Voraussetzung einer gleichmäßigen Beleuchtung und einer Lambert'schen-Oberfläche ver-schwindet $\frac{dE}{dt}$ in (2). Gleichung (2) reduziert sich zu (1) wenn der letzte Term Null ist. Dies ist exakt nur für ein konstantes Geschwindigkeitsfeld erfüllt. In den meisten praktischen Fällen genügt es jedoch, wenn

$$\delta = \left| J_v^T \nabla E \right| / \left| \nabla \frac{\partial E}{\partial t} \right| \ll 1.$$

Wie Experimente ergaben, ist diese Bedingung an den meisten Stellen erfüllt, mit Ausnahme von verdeckenden Kanten. Werte des optischen Flußes an diesen Stellen werden verworfen und gehen nicht mehr in die weiteren Berechnungen ein.

4   Experimentelle Ergebnisse

Die Bilder am Ende des Artikels (Abb.4–3) demonstrieren die Fähigkeit des Programms, kom-plexe, Objekte vor einem stark strukturierten Hintergrund zu erkennen, ihre Geschwindigkeit zu schätzen, und sie zu stabilisieren. Die Szene besteht aus einer Pflanze, die von rechts nach links bewegt wird. Für diese Demonstration wurde eine Sequenz von 32 aufeinanderfolgen-den Videobildern (256×256 Pixel) mit einer fixierten CCD-Kamera aufgenommen(8-bit). Die Kamerabewegung wurde hier durch die Verschiebung eines Fensters simuliert. Das Bild im Be-zugsystem diese Fensters entspricht dem Bild einer aktiv nachgeführten Kamera. In Kürze wird das Tracking-Modul direkt mit dem aktiven Stereo-Kamerasystem gekoppelt.

Das Programm ist in C geschrieben und ist zur Zeit auf einer SUN 4/330 Workstation implementiert. Numerik und Speicherzugriff wurden auf Geschwindigkeit optimiert. Es wird ein hoher Durchsatz von ca. 3 Bildern/s erreicht (Fenstergröße 128×128 Pixel). Dies ist ausreichend um langsam bewegte Objekte in Echtzeit zu verfolgen.

5 Diskussion

Im Gegensatz zu technischen Lösungen für ähnliche Probleme, die auf Grauwertsegmentierung oder Korrelationsverfahren beruhen, setzt das beschriebene Verfahren kein Vorwissen oder vereinfachende Annahmen über die Objekte (bestimmte Form, starker Kontrast zum Hintergrund, usw.) voraus. Die Tatsache, daß die gestellte Aufgabe mit relativ geringem Rechenaufwand bewältigt, ist in der strukturellen Ähnlichkeit zu der biologischen Lösung begründet. Die Kompensation der Kamerabewegung wird durch das biologische Reafferenz-Prinzip motiviert. Die Verstärkung g des Geschwindigkeitszweiges ist kleiner als Eins. Dies ist eine notwendige Voraussetzung für eine Segmentierung aufgrund des optischen Flußes während der glatten Folgebewegung. Wäre die Verstärkung genau eins, so würde das Bild vollständig stabilisiert (retinale Geschwindigkeit gleich Null) und die Bewegungsdetektoren würden nicht reagieren. In neuronalen Systemen werden Informationen über Ort und Geschwindigkeit vermutlich in zwei getrennten Pfaden verarbeitet. Auch der vorgestellte Algorithmus verwendet einen Positions- und einen Geschwindigkeitszweig, die über die Rückprojektion zusammenhängen. In beiden Fällen ist ein Geschwindigkeitsspeicher im efferenten Pfad vorhanden [5].

6 Zukünftige Arbeiten

Zukünftige Arbeiten werden sich mit Erweiterungen und der Integration des Moduls in die Hierarchie befassen:

- Das Programm läuft derzeit auf einem konventionellen, sequentiellen Computer. Die verwendeten Algorithmen lassen sich jedoch durch Funktionale- oder Datendekomposition leicht parallelisieren. Die numerischen Berechnungen können mit spezieller Bildverarbeitungs-Hardware (realtime-convolver, time averager, histogram/feature extractor) durchgeführt werden. Auch die Implementierung auf einem Transputersystem wird eine große Steigerung der Rechengeschwindigkeit ermöglichen.

- Zur Integration des Moduls in die Hierarchie wurde ein Verfahren für die Initialisierung ausgearbeitet. Wie beim Menschen erkennt ein schnelles Modul (fast phase) Bewegung und entscheidet, ob diese in eine einheitliche Richtung verläuft. In diesem Falle wird eine Kamerabewegung in diese Richtung gestartet. Erst in der langsamen Phase (slow phase) wird eine Segmentierung durchgeführt und die Objektgeschwindigkeit sowie seine Position berücksichtigt.

- Sobald durch andere Module (Stereo, kinetische Tiefe, usw.) ein Raummodell zur Verfügung steht, kann die derzeitige Beschränkung — Rotation der Kamera um eine Achse durch den Hauptpunkt des Objektives — aufgehoben werden. Dann sind auch translatorische Kamerabewegungen und die Fixation eines Objektes bei Eigenbewegung möglich.

- Obwohl die Berechnung des optischen Flußes für die gestellte Aufgabe ausreichend ist, wird ein Verfahren zur Schätzung an Kanten entwickelt. Dabei wird durch numerische Iteration die partielle Differentialgleichung gelöst. Die Ergebnisse des derzeitigen Verfahrens werden dabei als Startwert verwendet.

Literatur

[1] Han Collewijn and Ernst P. Tamminga. Human smooth and saccadic eye movements during voluntary pursuit ... *J. Physiol.*, 351:217–250, 1984.

[2] Bernd Jähne. *Digitale Bildverarbeitung*. Springer-Verlag, 1989.

[3] S. G. Lisberger, E. J. Morris, and L. Tychsen. Visual Motion Processing and Sensory–Motor Integration for Smooth Pursuit Eye Movements. *Ann. Rev. Neuroscience*, 10:97–129, 1987.

[4] H.C. Longuet-Higgins and K. Prazdny. The interpretation of a moving retinal image. *Proc. R. Soc. Lond. B*, 208:385–397, July 1980.

[5] David A. Robinson. *Handbook of Physiology*, volume The Nervous System II, Part 2, chapter 28, pages 1275–1320. American Physiolagical Society, 1981.

[6] S. Uras, F. Girosi, A. Verri, and V. Torre. A Computational Approach to Motion Perception. *Biological Cybernetics*, 60:79–87, 1988.

[7] W. von Seelen and H. A. Mallot. Informationsverarbeitung in neuronaler Architektur. *Naturwissenschaften*, 1990. in preparation.

[8] William M. Wells. Efficient Synthesis of Gaussian Filters by Cascaded Uniform Filters. *IEEE Trans. Pat. Anal. Mach. Intell.*, PAMI-8(2):234–239, March 1986.

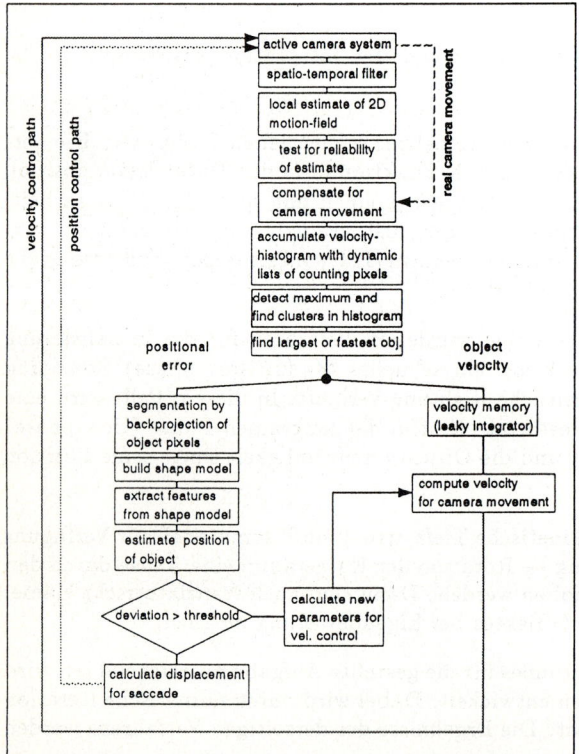

Abbildung 2: Das Bild zeigt ein Geschwindigkeitshistogramm (20×20 Zellen). Die Anzahl der Pixel, deren Geschwindigkeit im Intervall einer Zelle liegt, ist als Grauwert dargestellt (dunkel bedeutet große Anzahl).

Abbildung 1: Schema des Verhaltensmoduls Tracking

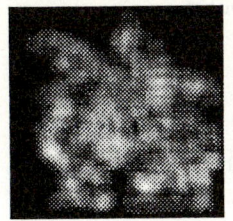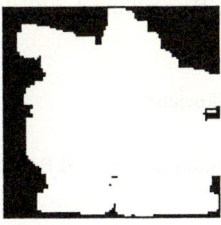

Abbildung 3: Dargestellt ist das Formmodell innerhalb des Fensters nach Bild #10. Die Grauwerte im linken Bild visualisieren die Wahrscheinlichkeit der Pixel zum Objekt zu gehören. Das rechte Binärbild zeigt das Formmodell nach der Schwellenoperation. Das nächste Videobild wird nur in den weißen Bereichen ausgewertet.

Abbildung 4: Die Abbildungen zeigen Bild #1,#10 und #32 der Serie (siehe Abschnitt 4). Das Objekt ist von einem grauen Fensterrahmen umgeben, dessen Verschiebung die Kamerabewegung simuliert. Im ersten Bild ist noch kein Formmodell aufgebaut. Im zweiten Bild ist die, aus dem Formmodell geschätzte, Objektposition durch ein kleines Kreuz markiert. Das kleine weiße Quadrat in der Mitte des Fensters stellt die „Fovea" dar. Eine Korrektursaccade wird ausgeführt, wenn sich das Kreuz außerhalb dieses Quadrates befindet. In diesem Experiment wurde eine Saccade zwischen Bild #20 und #21 ausgeführt. Die Objektgeschwindigkeit beträgt etwa 0,9 Pixel/Bild. Nach 32 Zeitschritten ist das Objekt noch sehr gut zentriert.

Bildtelefon mit virtueller Kamera zur Herstellung des Blickkontakts

J.Liu und R.Skerjanc

Heinrich-Hertz-Institut, Einsteinufer 37, D-1000 Berlin 10

Beim Bildfernsprechen können sich die Teilnehmer nicht in die Augen sehen, wenn die Kameraachse nicht mit der Augenposition des auf dem Monitor dargestellten Gesprächspartners zusammenfällt. Dadurch fehlt die in natürlichen Gesprächssituationen gegebene Möglichkeit zum Blickkontakt. Das Ziel der Arbeiten ist die Entwicklung eines trinokularen Stereoanalyse- und Bildrekonstruktionsverfahrens, das es ermöglicht, Zwischenbilder einer virtuellen Kamera in einer Position zwischen den drei Aufnahmepositionen zu berechnen. Bei Multipoint-Konferenzen ist eine programmierbare Positionierung der virtuellen Kamera möglich.

1. Problemstellung

Die Anordnung einer Kamera über dem Bildschirm eines Bildtelefons führt zwangsläufig dazu, daß der jeweilige Partner sich nicht angesehen fühlt, da die Blickrichtung nicht mit der Kameraachse zusammenfällt, sondern auf den Monitor weist, wobei der Austausch von non-verbalen Signalen zu mißverständlichen Interpretationen führen kann. Die Störwirkung, die von diesem Umstand ausgeht, hängt mit der Größe des bestehenden Blickfehlwinkels zusammen (Bild 1).

In der Vergangenheit wurden zur Lösung dieser Problematik diverse Versuche unternommen, indem z.B. die Kamera und der Monitor über einen Strahlteiler zusammengespiegelt werden. Diese Lösung versagt aber bei Multipoint-Konferenzen, bei denen mehrere Gesprächspartner auf verschiedenen Bereichen des Bildschirms sichtbar gemacht werden. Moderne Workstation-Arbeitsplätze mit einem Großmonitor und der Möglichkeit, beliebige Fenster mit Bewegtbildern einer Multi-Point-Telekonferenz zu öffnen, sind kommerziell schon verfügbar. Jeder Teilnehmer sollte sich in einer derartigen Umgebung nur dann angeschaut fühlen, wenn der Teilnehmer auf der anderen Seite in das entsprechende Fenster blickt.

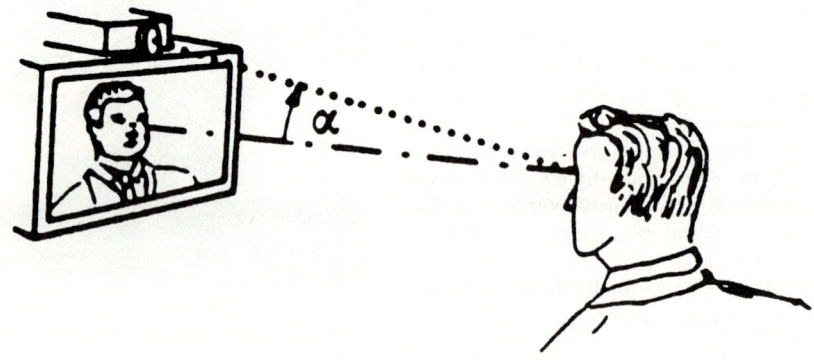

Bild 1: Fehlwinkel α zwischen Blickrichtung auf den Monitor und der Kameraaufnahmeachse

2. Aufbau

Diese o.g. Gesprächsanordnung erfordert die Synthese eines Bildes einer virtuellen Kamera in einer Position hinter diesem Fenster. Dies ist möglich, wenn die Tiefenstruktur der aufgenommenen Szene bekannt ist, und das Bild kann mittels dieser Tiefeninformation und den reellen Aufnahmen rekonstruiert werden. Die Voruntersuchungen mit binokularen Stereoanalyseverfahren zeigten, daß die Berechnung eines fehlerfreien Zwischenbildes ausgeschlossen ist, da die Bestimmung der Tiefenstruktur nicht für alle notwendigen Bildpunkte mit ausreichender Sicherheit durchführbar ist und für horizontale Kanten vom Prinzip her unmöglich ist.

Unser Ansatz ist die Berechnung eines Zwischenbildes aus den Signalen dreier Kameras. Durch die Einführung einer dritten Kamera ist es im Rahmen des Möglichen, zufriedenstellende Zwischenbilder zu berechnen und zu praxisnäheren und für die Echtzeitverarbeitung geeigneten Algorithmen zu kommen. Ferner wird zusätzlich die beliebige Verschiebung der virtuellen Kamera hinter der zweidimensionalen Fläche des Videomonitors ermöglicht.

Die Kameras werden links, rechts und oben am Monitor angebracht, wobei die Kameraachsen zur Vereinfachung der Algorithmen parallel ausgerichtet sind (Bild 2).

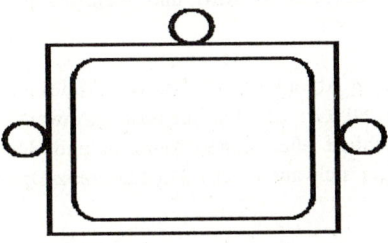

Bild 2: Geometrische Anordnung der drei Kameras um den Bildschirm

3. Verfahren zur Berechnung des Zwischenbildes

Um ein Bild einer virtuellen Kamera aus reellen Aufnahmen zu erzeugen, muß zunächst die Tiefenstruktur der aufgenommenen Szene rekonstruiert werden. Sie steht nach der Lösung des Korrespondenzproblemes zur Verfügung. Unter dem Korrespondenzproblem wird die Zuordnung von Bildelementen verstanden, die aus verschiedenen perspektivischen Abbildungen eines Objektpunktes hervorgegangen sind. Die Abstände korrespondierender Bildpunkte (Disparitäten) sind bei den gewählten Aufnahmepositionen ein Maß für die Tiefe der abgebildeten Objektpunkte in der Szene. Für andere Aufnahmepositionen würden sich von denselben Objektpunkten andere Disparitäten ergeben. Umgekehrt lassen sich die Disparitäten aus den ursprünglichen Bildern so skalieren, daß mit ihrer Hilfe Bilder rekonstruiert werden können, die zu Zwischenpositionen gehören.

Das Verfahren zur Berechnung des Zwischenbildes umfaßt folgende Schritte:

- Vorverarbeitung der Kamerabilder zur Merkmalsextraktion,

- Schätzen der Disparitäten aus den trinokularen Kantenbildern (Korrespondenzsuche),

- Interpolation der unvollständigen Disparitäten entlang der Kantenkonturen und

- Rekonstruktion des Zwischenbildes aus den Disparitäten und den Originalbildern.

In den Verarbeitungsschritten bildet die Korrespondenzsuche den Punkt, der die meisten Schwierigkeiten bereitet und in der Literatur viel diskutiert wird. Zum Lösen dieses Problems sind viele Verfahren entwickelt worden, die sich in den Aufnahmesystemen und den Anwendungsgebieten unterscheiden. Im allgemeinen lassen sich die Verfahren in zwei Gruppen einteilen: in die flächenorientierten Verfahren (z.B. Ger '86, Gru '87) und in die merkmalorientierten Verfahren (z.B. Bar '80, Gri '85), wobei eine gemischte Durchführung beider Verfahren möglich ist.

Im folgenden stellen wir zwei Verfahren für die Korrespondenzsuche dar, die für unsere spezielle Kameraanordnung geeignet sind und zwar die Korrespondenzsuche durch die dynamische Programmierung und durch die lokale Blockkorrelation.

3.1. Kantenextraktion

Die Korrespondenzsuche erstreckt sich bei beiden Verfahren auf lokale Änderungen des Luminanzsignals (Kanten). Vorteile gegenüber den flächenorientierten Verfahren liegen darin, daß die Datenmenge zur Korrespondenzsuche stark reduziert wird und mehrdeutige Zugehörigkeiten der Bildelemente erheblich verringert werden.

Zur Kantenextraktion wird die zweite Ableitung des Grauwertbildes gebildet. Die Nulldurchgänge zeigen die Lage der Kanten an (Mar '80, Gri '81). Die für unsere Anwendung günstigen Eigenschaften dieser Methode sind die Geschlossenheit aller Kantenkonturen und die Vermeidung von isolierten Punkten. Die Kantenrichtungen lassen sich aus einem 3*3 Differenz-Operator (z.B. Sobel-Operator) gewinnen.

3.2. Korrespondenzsuche

Der Suchbereich für die Korrespondenz in beiden Verfahren kann auf Epipolarlinien eingeschränkt werden, die durch eine feste Kameraanordnung definiert sind. Für die Suche werden lediglich die Kantenpunkte auf der gleichen Epipolarlinie herangezogen (Intra-Liniensuche) und die Ähnlichkeiten der Luminanzverläufe in der Umgebung von Kanten betrachtet. Weitere Einschränkungen wie die Suche innerhalb eines maximalen Disparitätsbereichs, Eineindeutigkeit und Monotonie der Disparitäten werden ebenfalls in den Verfahren berücksichtigt, um Fehlkorrespondenzen zu vermeiden und den Suchprozess zu beschleunigen.

3.2.1. Korrespondenzsuche durch dynamische Programmierung

Die dynamische Programmierung ist eine Technik zum Ermitteln des Minimums oder Maximums einer nicht analytisch gegebenen Funktion. Die Intra-Liniensuche der Korrespondenzen zwischen Kanten im linken und im rechten Bild kann als ein Problem zur Suche eines optimalen Weges auf einer 2D-Ebene behandelt werden. Bild 3 stellt diese 2D-Ebene dar.

Die Luminanzsignale auf einer Epipolarlinie im linken Bild sind auf vertikaler Achse und die Luminanzsignale auf der gleichen Epipolarlinie im rechten Bild auf horizontaler Achse eingetragen. Die horizontal gestrichelten Linien zeigen die Kantenpositionen im linken Bild und die Vertikalen zeigen die Kantenpositionen im rechten Bild. Schnittpunkte dieser Linien werden Knoten genannt. Legale Wege sind alle Geraden zwischen den Knoten, die von links oben (Anfangsknoten (0,0)) nach rechts unten (Endknoten (M,N)) verlaufen. Zu finden ist der Weg vom Anfangsknoten zum Endknoten auf dieser Ebene, der einen minimalen Wert einer Kostenfunktion liefert. Dies geschieht in zwei Schritten: Zuerst werden alle möglichen und zulässigen Wege vom Anfangsknoten bis zum Endknoten mit den zugehörigen Kostenfunktionen vorwärts aufgezeichnet. Danach sorgt das Verfahren dafür, daß der optimale Weg unter den anderen rückwärts vom Knoten (M,N) bis zum Knoten (0,0) gefunden wird. Das Grundprinzip und der Verlauf der dynamischen Programmierung sind in Oht '85 geschildet.

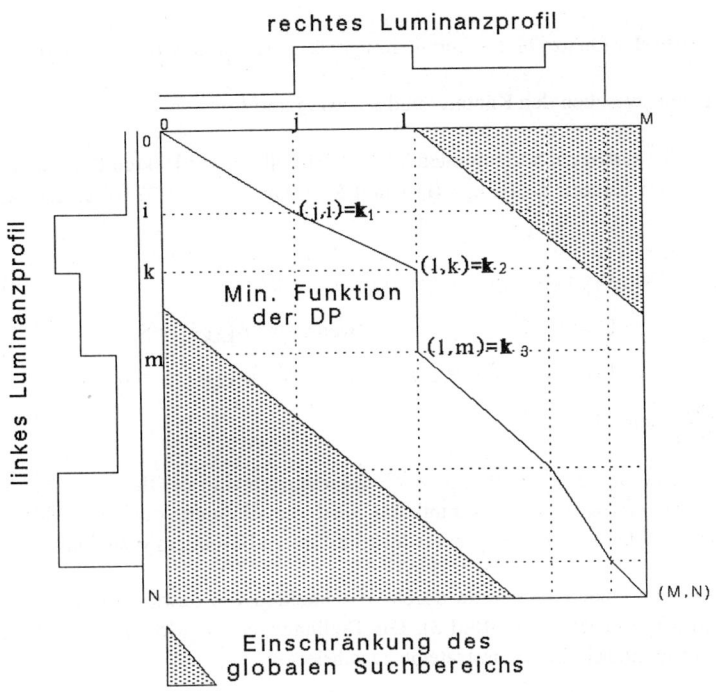

Bild 3: Schematische Darstellung der dynamischen Programmierung

Zur Lösung unseres Problems wurde eine geeignete Kostenfunktion entwickelt. Sie besteht aus einer lokalen Funktion und einer globalen Funktion. Die lokale Funktion beschreibt die Ähnlichkeit der betrachteten Kantenpunkte. Dafür werden zuerst die Unterschiede der Kantenrichtungen betrachtet und die Unterschiede der Luminanzsignale in den Umgebungen der betrachteten Kantenstellen im linken und im rechten Bild berechnet. Falls sie innerhalb vorgegebener Toleranzbereiche liegen, wird das dritte Bild zur Verifikation herangezogen. Hierfür wird der entsprechende Korrespondenz-kantenpunkt durch Triangulation im oberen Bild gesucht und der Unterschied der Kantenrichtung sowie des Luminanzsignals in den Umgebungen zwischen dem linken Bild und dem oberen Bild berechnet. Wenn ein Kantenpunkt im oberen Bild gefunden wurde und auch die Unterschiede unterhalb einer Schwelle liegen, wird die lokale Funktion an dieser Stelle markiert. Diese Markierung deutet eine mögliche Zuordnung der betrachteten Kantenpunkte an.

Die globale Funktion stellt die Beziehungen zwischen den Kantenpunkten dar. Es werden Ähnlichkeiten zwischen Intervallen im linken und im rechten Bild ausgewertet, die durch Kanten abgegrenzt sind. Gleichungen (1) - (3) zeigen den allgemeinen Rechenprozeß für die globale Funktion ($GF(k_1,k_2)$) zwischen dem Knoten $k_1 = (j,i)$ und dem Knoten $k_2 = (l,k)$ (Bild 3):

$$m\_lr_{(k1,k2)} = (m_{ik} + m_{jl})/2 \tag{1}$$

$$var\_lr_{(k1,k2)} = (var_{ik} + var_{jl})/2 - m\_lr_{(k1,k2)}^2 \tag{2}$$

$$GF(k_1,k_2) = var\_lr_{(k1,k2)}*(L_{ik}^2 + L_{jl}^2)^{1/2} \tag{3}$$

wobei:

m_{ik}, m_{jl}: Mittelwerte des Luminanzsignals zwischen den Kanten i und k sowie j und l;

var_{ik}, var_{jl}: Mittelwerte der Quadrate des Luminanzsignals zwischen den Kanten i und k sowie j und l;

L_{ik}, L_{jl}: Intervallängen zwischen den Kanten i und k sowie j und l.

Für die waagrecht oder senkrecht verlaufenden Wege (im Fall der verdeckten Kanten) wird die globale Funktion zwischen zwei Knoten (z.B. $k_2 = (l,k)$ und $k_3 = (l,m)$ im Bild 3) folgendermaßen berechnet (Gln. (4) - (5))

$$var\_lr_{(k2,k3)} = (var\_lr_{((l-1,k),(l,m))} + var\_lr_{((l,k),(l+1,m))})/2 \tag{4}$$

$$GF(k_2,k_3) = \begin{cases} L_{km}*S, & \text{wenn } var\_lr_{(k2,k3)} > S \\ L_{km}*(2*S - var\_lr_{(k2,k3)}), & \text{wenn } var\_lr_{(k2,k3)} <= S \end{cases} \tag{5}$$

mit S als vorgegebene Schwelle.

Die pysikalische Bedeutung der oben angegebenen Gleichungen sind in Oht'85 anschaulich dargestellt. Durch die Benutzung von der globalen Funktion wird die Gesamttextur der Bilder entlang einer Epipolarlinie betrachtet. Dies ist im Fall von verdeckten Kanten besonders vorteilhaft.

Die Suche nach dem optimalen Weg kann durch Abschneiden von unwahrscheinlichen Randgebieten weiterhin eingeschränkt werden (siehe Bild 3). Die Bedingungen für Monotonie und Eineindeutigkeit der Disparitäten werden durch die Suchestrategie gewährleistet.

3.2.2. Korrespondenzsuche durch lokale Blockkorrelation

Ein weiteres von uns benutztes Verfahren zur Intra-Linien-Korrespondenzsuche ist die lokale Blockkorrelation. Unter lokaler Blockkorrelation wird hier die Bildung der mittleren quadratischen Differenz zwischen den Luminanzsignalen des linken und rechten Bildes in den Umgebungen der betrachteten Kantenstellen verstanden und dient als Entscheidungsmaß. Die Punkte, die die kleinste Differenz liefern, werden als Korrespondenzpunkte registriert. Um die Sicherheit bei der Korrespondenzsuche zu erhöhen, wurde eine zweistufige Suchestrategie entwickelt.

In der ersten Stufe werden zu jedem Kantenpunkt im linken Bild maximal drei Kandidaten für eine Korrespondenz durch die lokale Blockkorrelation und die trinokulare Methode, welche ähnlich der Berechnung der lokalen Funktionen in der dynamischen Programmierung ist, ausgesucht und in eine Kandidatenliste eingetragen. In der anschließenden Stufe wird die Kandidatenliste einer Nachprüfung der Monotoniebedingung der Disparitäten unterzogen. Unter gleichzeitiger Berücksichtigung der Blockkorrelation und der Kontinuität wird der jeweils beste Kandidat als Korrespondenz markiert.

Im Vergleich zu der dynamischen Programmierung stellt dieses Verfahren eine einfachere Lösung zum Korrespondenzproblem dar. Eine zufriedenstellende Qualität des Verfahrens konnte durch die oben beschriebene Weise erreicht werden.

3.3. Zwischenbildberechnung

Mit Hilfe der Disparitäten kann ein Bild einer virtuellen Kamera aus dem linken und dem rechten Kamerabild in beliebiger Zwischenposition erstellt werden.

Die bei der Korrespondenzsuche ermittelten Disparitäten sind meistens unvollständig und sehr spärlich verteilt. Um ein befriedigendes Zwischenbild berechnen zu können, müssen zumindest einige Stützpunkte pro Zeile bekannt sein. Sie werden durch Interpolation aus den bekannten Disparitäten ermittelt. Diese Interpolation kann z.B. längs der Kantenkonturen erfolgen. Die Verwendung der interpolierten Disparitäten für die Zwischenbildberechnung führt zu einer erheblichen Quatitätsverbessung.

Die Berechnung des Zwischenbildes erfolgt zeilenweise. Die Bildpunkte des linken und des rechten Bildes werden mit Hilfe der Disparitäten in horizontalen Richtungen nichtlinear verzerrt. Die Luminanzsignale des rekonstruierten Zwischenbildes werden aus dem linken und dem rechten Bild gemittelt, somit werden die Beleuchtungsunterschiede zwischen den beiden Bildern ausgeglichen. Beispiele für berechnete Zwischenbilder aus Disparitäten durch dynamische Programmierung zeigt Bild 5.

4. Zusammenfassung und Ausblick

In dem Beitrag wurden Verfahren zur Herstellung des Blickkontaktes beim Bildfernsprechen beschrieben. Sie basieren auf digitalen 3D-Bildverarbeitungsalgorithmen.

Die Verfahren werden zur Zeit weiterentwickelt, um sichtbare Fehler im Zwischenbild zu beseitigen, die überwiegend durch Fehlkorrespondenzen verursacht werden. Verbesserte Algorithmen für Korrespondenzsuche durch z.B. Inter-Liniensuche werden entwickelt und für die Verarbeitung von Bildsequenzen erweitert. Auch wenn für ein Standbild ein Zwischenbild mit sehr guter Bildqualität erzielt werden kann, ist nicht sichergestellt, daß das Verfahren auch für Bewegtbilder eine zufriedenstellende Qualität liefert. Hierbei sind neu hinzukommende Probleme zu beachten, es können z.B. unterschiedliche Korrespondenzentscheidungen in Bereichen verdeckter Kanten bei Bildfolgen als unstetige Bewegungen sichtbar werden. Neue Lösungsansätze, wie z.B. die Modellbildung der Disparitäten und die Bewegungsschätzung für eine Bildsequenz, sind in Vorbereitung. Des weiteren soll ein echtzeitfähiges Hardwaresystem aufgebaut werden, um die Effekte bei der Blickkontaktherstellung realistisch untersuchen zu können.

Die Forschungsarbeit wird durch BMFT unter dem Kennzeichen TK 436 8 finanziell gefördert. Die Autoren übernehmen die Verantwortung für den Inhalt dieser Arbeit.

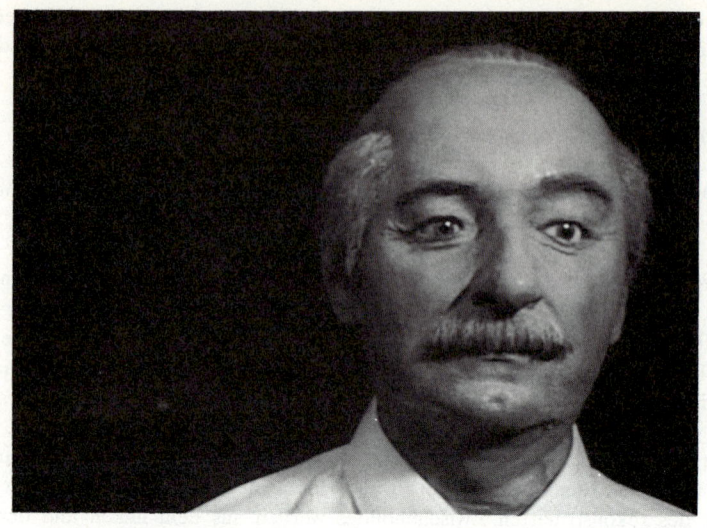

Bild 4a: Originalbild aus der linken perspektivischen Aufnahme

Bild 4b: Originalbild aus der rechten perspektivischen Aufnahme

Bild 4c: Originalbild aus der oberen perspektivischen Aufnahme

Bild 5: Berechnetes Zwischenbild aus Disparitäten und Originalbildern

5. Literatur

Barnard, S.T.; Thompson, W.B.: "Disparity Analysis of Images"; IEEE Trans. on Pattern Analysis and Machine Intelligence, Vol. PAMI-2, No.4, July 1980.

Gerhard, A.; Platzer, H.; Steur, J.; Lenz, R.: "Depth Extraction by Stereo Triplets and a Fast Correspondence Estimation Algorithm"; 8th Int. IEEE Conf. on Pattern Recognition, 1986.

Grimson, W.E.L.: "A Computer Implementation of a Theory of Human Stereo Vision"; Phil. Trans. Royal Soc., Series B, No.292, 1981.

Grimson, W.E.L.: "Computational Experiments with a Feature Based Stereo Algorithm"; IEEE Trans. on Pattern Analysis and Machine Intelligence, Vol. PAMI-7, No.1, July 1985.

Gruen, A.W., Baltsavias, E.P.: "Geometrically Constrained Multiphoto Matching"; Proc. Intercommission Conf. on Fast Processing of Photogrammetric Data, Juni 2-4, 1987.

Ohta, Y.; Kanade, T.: "Stereo by Intra- and Inter-Scanline Search Using Dynamic Programming"; IEEE Trans. on Pattern Analysis and Machine Intelligence, Vol. PAMI-7, No.2, March 1985.

Strukturorientierte 3D-Szenenanalyse in Bildfolgen

H. Füger, K. Lütjen, E. Michaelsen, G. Schwan
Forschungsinstitut für Informationsverarbeitung und Mustererkennung (FIM/FGAN)
Eisenstockstr. 12, D 7505 Ettlingen 6

Einleitung

Für die Identifikation und Klassifikation von Objekten einer dreidimensionalen Szene unter Einbeziehung von Schrägsicht, Verdeckungen etc. werden mehrere Bilder der Szene analysiert. Im vorgestellten Verfahren führen in den Einzelbildern gewonnene Analyseergebnisse, die mehrdeutig, vage und widersprüchlich sein können, über mehrere Interpretationsschritte zu Objektbeschreibungen in der 3D-Szene.

In den Einzelbildern werden 2D-Objektstrukturen (z. B. Flächen im Bild) aus 2D-Objektprimitiven (z. B. kurzen Geradenstücken), die unmittelbar aus den Bilddaten extrahiert werden, aufgebaut. Ausgehend von diesen 2D-Objektstrukturen können Aussagen über 3D-Objektprimitive (z. B. Flächen im Raum) in der Szene abgeleitet werden [Connoly 89]. Werden Aussagen über gleiche 3D-Objektprimitive in verschiedenen Einzelbildern gemacht, so werden die 3D-Objektprimitive generiert. Diese 3D-Objektprimitive werden wiederum zu immer komplexeren 3D-Objektstrukturen zusammengesetzt, bis sie den zu beschreibenden 3D-Objekten der Szene entsprechend aufgebaut sind.

Im folgenden wird ein Verfahren, welches in der Plakatausstellung präsentiert wird, beschrieben, das modellgestützt und strukturorientiert unter Einsatz eines Blackboardsystems [Erman 80, Füger 87, Lütjen 86, Nii 86] eine 3D-Szene analysiert. Dabei werden alle Objektstrukturen, die nach den für die Analyse vorliegenden Modellen zusammengesetzt werden können, parallel aufgebaut, symbolisch beschrieben und abgespeichert. Auftretende Fehler aus der Bildvorverarbeitung können zu 'falschen' Objektstrukturen führen. Da jedoch zum Aufbau von komplexeren Objektstrukturen mehrere einfachere Objektstrukturen in bestimmten Anordnungen vorhanden sein müssen, findet im allgemeinen keine Fehlerfortpflanzung statt, so daß die 'falschen' Objektstrukturen nicht weiter berücksichtigt werden.

Strukturorientierte Szenenanalyse

Bei dem hier verfolgten Ansatz einer strukturorientierten Szenenanalyse werden die Objektstrukturen einer Szene analysiert, indem, ausgehend von Objektprimitiven, modellgesteuert immer komplexere Objektstrukturen zusammengesetzt werden, bis die zu beschreibenden Objektstrukturen der Szene aufgebaut sind. Man kann das hier eingesetzte blackboardbasierte Verfahren als Parser interpretieren [Aho 72, Fu 82, Gonzalez 78], der Bildobjekte analysiert, indem mittels geeigneter Produktionen Teilbäume zu Ableitungsbäumen zusammengefaßt werden. Die Produktionen sind als Verarbeitungsmodule eines Blackboardsystems realisiert. Um alternative Bildinterpretationen betrachten zu können, werden alle Produktionen dieses Parsers im Blackboardsystem parallel angewendet. Einmal generierte Teilbäume werden nicht gelöscht. Teilbäume können Teile verschiedener Ableitungsbäume sein. Einem Analyseergebnis entspricht somit ein Ableitungsbaum, dessen Blätter (Terminale) von den Objektprimitiven und dessen Wurzel (Startsymbol) von der analysierten Objektstruktur gebildet werden.

Symbolische Beschreibung der Objektstrukturen

Die Objektstrukturen werden symbolisch beschrieben und in einem Blackboardspeicher zum assoziativen Zugriff abgelegt. Zur Beschreibung der Objektstrukturen werden Attribute definiert, die jeweils einen Wert annehmen können. Neben Attributen, die allgemeine Aussagen über Objektstrukturen angeben, wie Farbe, räumliche Koordinaten usw., gibt es auch ein Attribut, das die Bewertung der Objektstruktur angibt, das heißt ein Gütemaß dafür darstellt, wie 'gut' die analysierte Objektstruktur mit dem Modell dieser Struktur übereinstimmt.

Für die 3D-Szenenanalyse gibt es z. B. ein Attribut 'Objektstruktur', das als Werte alle in Frage kommenden Objekttypen (z. B. 'verlängertes Geradenstück', 'Streifen', 'Fläche im Raum') annehmen kann. Die Objektstruktur 'verlängertes Geradenstück' z. B. wird wiederum mittels der Attribute: 'erste Endpunktkoordinate', 'zweite Endpunktkoordinate', 'Orientierung', 'Länge' und 'Gütemaß' beschrieben. Der assoziative Zugriff auf Objektstrukturen im Blackboard geschieht mittels Mengenverknüpfungen über diese Attributwerte. Dazu werden Werte oder Intervalle über Attribute angegeben. So erhält man z. B. alle Objektstrukturen vom Typ 'verlängertes Geradenstück', die eine 'ähnliche' Orientierung wie ein vorgegebenes α haben, indem man eine erste Menge von Objekten bestimmt, die als Wert für das Attribut 'Orientierung' einen Wert innerhalb eines Toleranzintervalls $\alpha - \Delta$ bis $\alpha + \Delta$ besitzen und diese Menge mit einer zweiten Menge von Objekten schneidet, die für das Attribut 'Objektstruktur' den Wert 'verlängertes Geradenstück' besitzen.

In den Produktionen wird mittels dieser assoziativen Mengenbildungen, die durch Spezialhardware unterstützt werden, für eine als nächstes zu verarbeitende Objektstruktur modellgesteuert eine Menge von zusätzlich geforderten Objektstrukturen gebildet, die mit der zu verarbeitenden Objektstruktur zusammen eine komplexere Objektstruktur aufbauen. Ist die Menge leer, so kann die komplexere Objektstruktur nicht aufgebaut werden. Wie die Menge zu bilden ist, wird durch das Modell der aufzubauenden Objektstruktur bestimmt, wobei dieses Modell einer 'idealen' Objektstruktur mittels Translation und Rotation in Abhängigkeit der zu verarbeitenden Objektstruktur auf die zu analysierende 'reale' Objektstruktur angepaßt werden muß. So gibt es beispielsweise ein Modell 'Streifen', welches angibt, wie, ausgehend von einer Objektstruktur 'verlängertes Geradenstück', eine Objektstruktur 'Streifen' aufgebaut wird. Das Modell gibt an, daß nach anderen Objektstrukturen vom Typ 'verlängertes Geradenstück' gesucht werden muß, die einen ungefähren Abstand d zum zu verarbeitenden 'verlängerten Geradenstück' haben und parallel dazu liegen. In der Produktion, die nach diesem Modell die gesuchte Objektstruktur aufbaut, muß zuerst die Orientierung des zu verarbeitenden 'verlängerten Geradenstücks' ermittelt werden und danach der Suchraum (links bzw. rechts von der zu verarbeitenden Objektstruktur) für die anderen Objektstrukturen aufgebaut werden. Ist diese Menge nicht leer, so wird mit diesen Objektstrukturen die Objektstruktur 'Streifen' aufgebaut.

Im vorgestellten Ansatz führen 2D-Bildanalysen in Einzelbildern zu 2D-Objektstrukturen, aus denen Aussagen über 3D-Objektprimitive der Szene abgeleitet werden können. Ausgehend von diesen 3D-Objektprimitiven werden die 3D-Objektstrukturen der Szenen im 3D-Raum analysiert, wobei die 2D-Bildanalyse und die Analyse der 3D-Objektstrukturen parallel durchgeführt werden.

Extraktion der 2D-Objektprimitive und 2D-Bildanalyse

Um Aussagen über 3D-Objektprimitive machen zu können, müssen zuerst möglichst aussagekräftige 2D-Objektstrukturen im Einzelbild aufgebaut werden. Dazu wird bei der 2D-Analyse im jeweiligen Einzelbild die Anordnung der aus einer Bildvorverarbeitung extrahierten 2D-Objektprimitive (z. B. kurze Geradenstücke) analysiert.

Zur Gewinnung der 2D-Objektprimitive wird in einem Bildvorverarbeitungsschritt das Grauwertgebirge aller drei Farbauszüge des gewählten Bildausschnittes in mehreren Ebenen geschnitten. Der so gewonnene Höhenlinienverlauf wird anschließend mit Geradenstücken, Kreisen und Ecken approximiert. Die approximierten 2D-Objektprimitive werden in Abhängigkeit von ihrer Approximationsgüte bewertet und in den Datenspeicher (Blackboard) eingetragen [Lütjen 86].

Ausgehend von diesen 2D-Objektprimitiven werden mittels der Produktionen (modellgesteuert) immer komplexere 2D-Objektstrukturen aufgebaut, bis solche aufzubauenden 2D-

Objektstrukturen (z. B. Fläche im Bild) generiert sind, aus denen Aussagen über mögliche 3D-Objektprimitive abgeleitet werden können.

In der 2D-Bildanalyse werden z. B. für die Identifikation eines Würfels in der 3D-Szene folgende Produktionen eingesetzt:

P1: kurzes Geradenstück, kurzes Geradenstück (Kollinear) $\longrightarrow$ verlängertes Geradenstück

P2: verlängertes Geradenstück, verlängertes Geradenstück (Parallel) $\longrightarrow$ Parallele

P3: Parallele, verlängertes Geradenstück ('offenes Trapez' bildend) $\longrightarrow$ Dreiseiter

P4: Dreiseiter, verlängertes Geradenstück (Trapez bildend) $\longrightarrow$ Trapez

Dabei bedeutet der Pfeil, daß die Produktionen, ausgehend von einer links angegebenen Objektstruktur, die Objektstruktur auf der rechten Seite aufbauen können, wenn die andere links noch stehende Objektstruktur vorliegt. Die Objektstrukturen ergeben sich aus den möglichen Ansichten eines Würfels in einer 2D-Abbildung. Dabei wurde von einer Lochkameraprojektion ausgegangen, die unter Verwendung von vergleichsweise langen Brennweiten die Seiten eines Würfels näherungsweise als Trapez abbildet.

In Abbildung 1 ist dazu beispielhaft ein Ableitungsbaum für eine 2D-Objektstruktur 'Trapez' angegeben. Dabei sind aus Platzgründen die Objektstrukturen 'kurzes Geradenstück' und 'verlängertes Geradenstück' als 'Gerade' bzw. 'lange Gerade' abgekürzt. Die geschachtelt gezeichneten Objektstrukturen sollen andeuten, daß mehrere dieser Objektstrukturen eine komplexere Objektstruktur aufbauen.

Aus der Abbildung kann nochmals der Aufbau des Trapezes entnommen werden: ausgehend von mindestens zwei Objektprimitiven 'kurzes Geradenstück' (angedeutet durch die geschachtelten Kreise) werden modellgesteuert die Objektstrukturen 'verlängertes Geradenstück' aufgebaut. Aus diesen werden wiederum die Objektstrukturen 'Parallele' und daraus, falls die freien Enden einer Seite der 'Parallele' mit einer oder mehreren Objektstrukturen 'verlängertes Geradenstück' verbunden werden können, die Objektstruktur 'Dreiseiter' aufgebaut. Kann die verbleibende offene Seite der Objektstruktur 'Dreiseiter' mit einem oder mehreren 'verlängerten Geradenstücken' verbunden werden, ist die 2D-Objektstruktur 'Trapez' aufgebaut.

Aus der so gewonnenen 2D-Objektstruktur läßt sich nun eine Aussage über ein mögliches 3D-Objektprimitiv im Raum ableiten.

Aussagen über 3D-Objektprimitive

In einem Zwischenschritt zwischen 2D-Bildanalyse und 3D-Szenenanalyse werden Aussagen über 3D-Objektprimitive aus den Projektionen von Objekten der 3D-Szene, die in einem Bild identifiziert wurden, gewonnen. Dazu werden mittels einer Art 'Rückprojektion' aus den analysierten komplexen 2D-Objektstrukturen 3D-Merkmale abgeleitet und als 'fiktive 3D-Objekte' abgespeichert. So führt z. B. ein in einem Bild identifiziertes Trapez (Wurzel im Baum Abbildung 1) zu einer Aussage über eine Fläche in der 3D-Szene. Diese Aussage wird als Pyramide im 3D-Raum repräsentiert. Die Fläche muß mit ihren Ecken auf den Kanten der Pyramide (Blatt im Baum Abbildung 3) liegen, deren Spitze im Projektionszentrum der Kamera liegt und deren Pyramidenflächen jeweils von einer Kante des Trapezes und dem Projektionszentrum festgelegt werden. Jeder Kante der 2D-Objektstruktur 'Trapez' wird somit eine Pyramidenfläche zugeordnet, in der diese Kante liegen muß.

Werden in mehreren Bildern der Bildfolge die 2D-Objektstrukturen 'Trapez' identifiziert, so gehört zu ihnen jeweils eine Pyramide in der 3D-Szene. Können diese Pyramiden zum Schnitt gebracht werden, so legen sie eine Fläche in der 3D-Szene (3D-Objektprimitiv) fest (Abbildung 2). Jedem Terminal (Blatt) im Baum einer 3D-Objektstruktur liegt somit ein Ableitungsbaum einer 2D-Bildanalyse zugrunde.

3D-Szenenanalyse

Bei der anschließenden 3D-Analyse werden die 3D-Objektprimitive zu immer komplexeren 3D-Objektstrukturen zusammengesetzt, bis sie den 3D-Objektstrukturen (z. B. Würfel im Raum) der Szene entsprechend aufgebaut sind. Der Aufbau der 3D-Objektstrukturen geschieht somit im 3D-Raum in gleicher Weise wie der Objektstrukturaufbau in der Einzelbildanalyse. Dazu werden die 3D-Objektstrukturen in geeigneter Weise durch Koordinaten, Flächennormalen, Farben usw. im 3D-Raum beschrieben.

Für die 3D-Szenenanalyse zur Identifikation eines Würfels (dabei ist die Bodenfläche nicht sichtbar) werden z. B. folgende Produktionen eingesetzt:

P5: Pyramide, Pyramide (Kanten schneidend) $\longrightarrow$ Fläche

P6: Fläche, Fläche (zwei aneinanderliegende Flächen eines Würfels) $\longrightarrow$ Zweiflächler

P7: Zweiflächler, Fläche (drei aneinanderliegende Flächen eines Würfels) $\longrightarrow$ Dreiflächler

P8: Dreiflächler, Fläche (vier aneinanderliegende Flächen eines Würfels) $\longrightarrow$ Vierflächler

P9: Vierflächler, Fläche (fünf aneinanderliegende Flächen eines Würfels) $\longrightarrow$ Würfel

In Abbildung 3 ist dazu ein Ableitungsbaum dargestellt. Ausgehend von 'Pyramiden' aus verschiedenen Ansichten der 3D-Szene werden die 3D-Objektprimitive 'Fläche' im 3D-Raum erstellt. Diese bauen wiederum über die Objektstrukturen 'Zweiflächler' (zwei benachbarte Flächen eines Würfels), 'Dreiflächler' (drei benachbarte Flächen eines Würfels) und 'Vierflächler' das 3D-Objekt 'Würfel' auf.

Aufnahmestandpunkt für das nächste Bild der Folge

Bei der 3D-Szenenanalyse gibt es das generelle Problem, daß auf Grund von Verdeckungen oder fehlender Ansichten Objekte der Szene nicht vollständig aufgebaut bzw. verifiziert werden können.

Die nach Abschluß einer Analyse noch nicht vollständig aufgebauten Objekte können daraufhin untersucht werden, aus welchen Aufnahmebereichen zusätzliche Aufnahmen erfolgen sollten, um alle zum Aufbau der Objekte notwendigen Ansichten zu erhalten. Ergebnisse der 2D-Bildanalyse dieser nächsten Aufnahmen können dann zu den bereits bestehenden hinzugefügt und zum vollständigen Aufbau der Objekte verwendet werden. So kann das Analyseergebnis vervollständigt werden.

Ergebnisse

Im folgenden Beispiel wurde eine Bildfolge mit vier Bildern einer 3D-Szene bestehend aus einem Würfel bearbeitet. Dabei waren nur drei Seiten des Würfels sichtbar, so daß nur die 3D-Objektstruktur 'Dreiflächler' aufgebaut werden konnte.

In Abbildung 4 a) bis c) sind die letzten drei Bilder der zur Analyse verwendeten Bildfolge dargestellt. In Abbildung 4 d) ist das Ergebnis der Bildfolgenauswertung aus der Blickrichtung des letzten Bildes der Bildfolge (Abbildung 4 c) dargestellt. Es wurden die drei aus der Bildfolge sichtbaren Seiten eines Würfels erkannt und zur drei Seiten des Würfels umfassenden 3D-Objektstruktur ('Dreiflächler') zusammengesetzt. Wie im Ergebnisbild zu erkennen ist (linke senkrechte Linien oben), wurden zwei 'Dreiflächler' aufgebaut. Dies geschah auf Grund von Ungenauigkeiten in den Angaben über die Kamerapositionen, weswegen mehrere ähnlich im Raum angeordnete Deckflächen aufgebaut wurden. Solche Störungen wirken sich in der Regel bei der weiteren Analyse nicht aus, da für die folgenden noch aufzubauenden komplexeren Teilobjekte die immer stärker werdenden Restriktionen der Anordnung der aufzubauenden Teilobjekte eine Fehlerfortpflanzung im allgemeinen verhindern bzw. zu einer schwächeren Bewertung der Objektstrukturen führen, die aus fehlerhaften Objektstrukturen aufgebaut wurden. So wurden durch die Bildstörung sieben Deckflächen für den Würfel gefunden, jedoch konnten zum Aufbau der 'Dreiflächler' nur zwei weiterverwendet werden, wobei der eine 'Dreiflächler' auf Grund der räumlich schlechteren Deckfläche (nicht waagerecht) eine schlechtere Bewertung erhält.

Mit dem vorgestellten Verfahren wurden neben dieser einfachen Szene eines ungestörten Würfels auch erste Analysen von Szenen mit Objekten üblicher Komplexität (z. B. ein PKW auf einer Wiese vor einem Wald) vorgenommen. Desweiteren ist geplant, das Verfahren zukünftig auch auf die Analyse von komplexeren, nicht eben begrenzten Objekte zu erweitern.

Literatur

[Aho 72]   A.V. Aho, J. D.Ullman *The theory of parsing translation and compiling,* Vol. 1. Parsing, Prentice Hall., Englewood Cliffs, 1972

[Connoly 89]   C. I. Connolly, J. R. Stenstrom *3D Scene Reconstruction from Multiple Intensity Images,* in proceedings zu: workshop on interpretation of 3D scenes, Austin, Texas, IEEE computer society press, 1989

[Erman 80]   L. D. Erman, F. Hayes-Roth, V. R. Lesser, R. Reddy *The HEARSAY-II speech-understanding system,* Comp. Surveys 12, 1980

[Fu 82]   K.S. Fu *Syntactic pattern recognition and applications,* Prentice Hall, 1982

[Füger 87]   H. Füger, H.-J. Greif, K. Jurkiewicz, K. Lütjen *Auswahlverfahren für die wissensbasierte Bildauswertung mit dem Blackboard-basierten Produktionssystem BPI* in: E. Paulus (Hrsg): DAGM 87, Informatik-Fachberichte 149, Springer-Verlag, 1987

[Gonzalez 78] R.C. Gonzalez, M.G. Thomason *Syntactic pattern recognition,* Addison-Wesley, 1978

[Lütjen 86]   K. Lütjen *BPI: Ein Blackboard-basiertes Produktionssystem für die automatische Bildauswertung,* in : G. Hartmann (Hrsg): DAGM 86, Informatik-Fachberichte 125, Springer-Verlag, 1986

[Nii 86]   P. Nii *The blackboard model of problem solving'* AI Magazine 7, No. 2, 1986

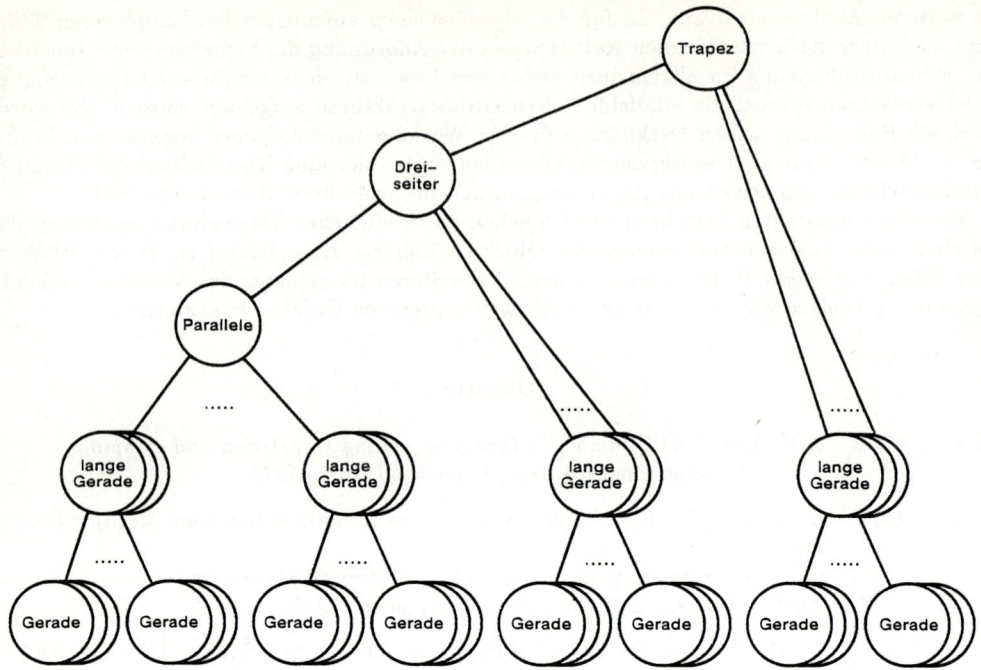

Abb. 1: Ableitungsbaum einer 2D-Objektstruktur: Trapez
(Objekte zweidimensional beschrieben)

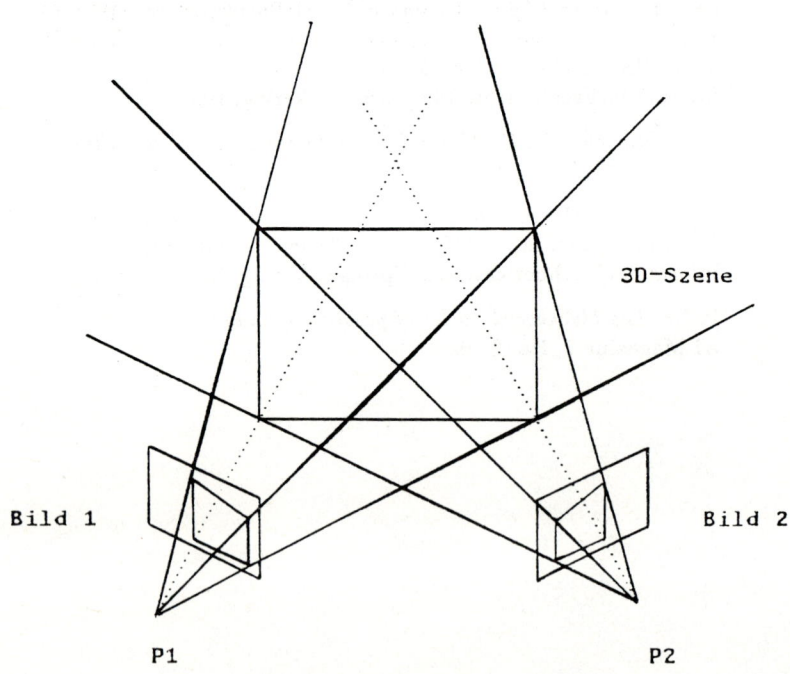

Abb. 2: Generierung eines 3D-Objektprimitivs 'Fläche'

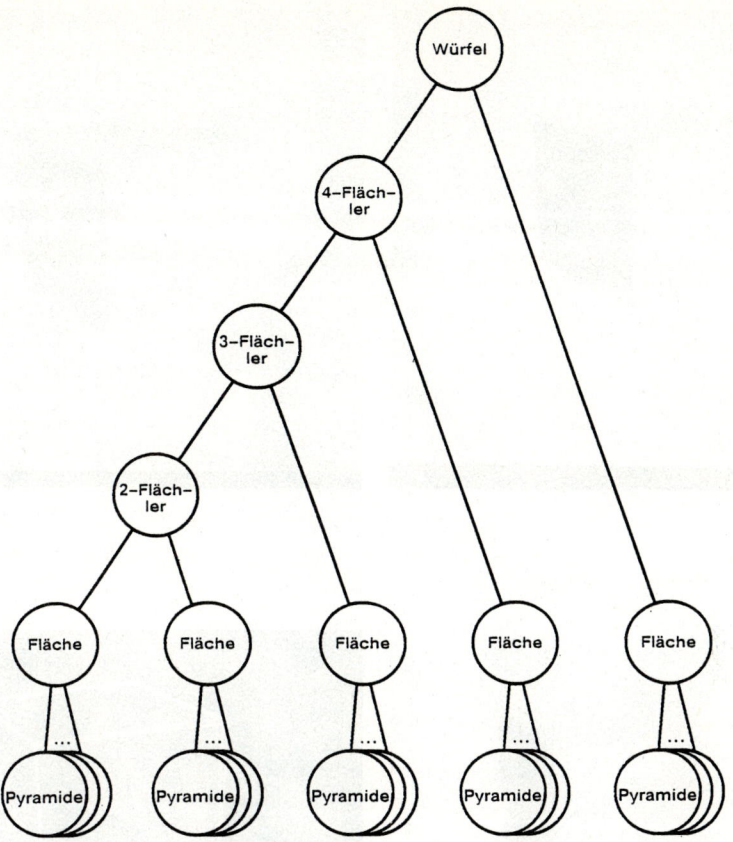

Abb. 3: Ableitungsbaum einer 3D-Objektstruktur: Würfel
(Objekte dreidimensional beschrieben)

a

b

c

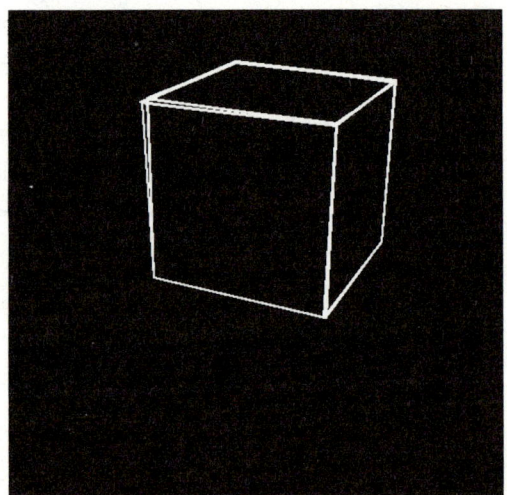

d

<u>Abb. 4:</u> Identifikation eines Würfels im 3D-Raum
a) bis c) Darstellung der letzten drei Bilder der Bildfolge
d) Ergebnis der Identifikation (in Blickrichtung
des letzten Bildes der Bildfolge)

Robuste und effiziente Erkennung von 3D Objekten mittels Hypergraph-Homomorphismen

E. Gmür
Institut für Informatik und angewandte Mathematik
Universität Bern
Länggassstr. 51, 3012 Bern, Switzerland

1 Einleitung

Grauwertbilder stellen eine wichtige Grundlage zur Erkennung von Werstücken in Roboter Sichtsystemen dar. Die Verwendung solcher Bilder bei der Identifikation und Lokalisation von 3D Objekten birgt etliche Probleme. Der Aufnahmeprozess ist sehr störungsanfällig. Rauschen, Schatten, Reflexionen in den Objektoberflächen und verschmutzte Werkstücke führen zu fehlerhaften Merkmalen im Bild, die keine Korrespondenz im Modell haben. Geringer Kontrast und Verdeckungen lassen Merkmale vermissen, die bei der Erkennung von Nutzen wären. Bildverarbeitungs- und Segmentierungsprozesse bilden weitere zusätzliche Fehlerquellen.

In einer früheren Arbeit stellten wir ein Roboter Sichtsystem für 3D Objekte vor, bei dem Kanten und Ecken die entscheidenden Merkmale bildeten [Gmu-88a]. Sowohl für die Bildrepräsentation, wie auch für die 3D Modelle wurde eine einheitliche attributierte Graphenstruktur verwendet. Die Erkennung beruhte auf einem zweistufigen Prozess: Generierung von Hypothesen durch Suche nach Subgraphisomorphismen und Verifikation durch Projektion des Modells in die Bildebene mit Voraussage weiterer Ecken und Kanten im Bild.

Das hier beschriebene System baut auf dem obengenannten auf. Die frühere relationale Struktur wird um eine zusätzliche Relation "Teil eines Objekts" erweitert. Vom graphtheoretischen Standpunkt aus kann dies als eine Verallgemeinerung von Graphen zu Hypergraphen formuliert werden. Durch die flexiblere Repräsentation soll die Robustheit der Erkennung verbessert werden. Lu et al. [Lu-89] verwenden ebenfalls eine attributierte Hypergraph Repräsentation zur Beschreibung von 3D Objekten durch Flächen und Nachbarschaften von Flächen. Ein Objekt wird durch einfachere Teilkörper aufgebaut, wobei jeder dieser sogenannten "primitiven Blöcke" durch eine Hyperkante repräsentiert wird. Ein Nachteil der Flächennachbarschaften liegt in ihrer Empfindlichkeit auf fehlende Kanten, was hohe Anforderungen an die Vorverabeitung stellt.

2 Attributierte Hypergraph Repräsentation

Ein Hypergraph ist eine graphtheoretische Umschreibung einer beliebigen heterogenen Relation, indem wir den Begriff Inzidenz erweitern [Schm-89]. Für die Objekterkennung benötigt man ausserdem Attribute, welche die geometrischen und topologischen Gegebenheiten im Modell und Bild erfassen. Ein attributierter Hypergraph wird folgendermassen definiert:

Definition 1 *Ein attributierter Hypergraph ist ein 6-Tupel $H = (N, E, A_N, A_E, \mu, \epsilon)$ über den Mengen $A_N \cup A_E$, wobei*

N	*die endlichen Menge der Knoten,*
E	*eine Familie von nicht leeren Teilmengen $X_i \subseteq N$ (im folgendem Hyperkanten genannt),*
A_N	*die Menge der Knotenattribute,*
A_E	*die Menge der Hyperkantenattribute,*
$\mu : N \to A_N$	*eine Funktion zur Zuordnung der Knotenattribute,*
$\epsilon : E \to A_E$	*eine Funktion zur Zuordnung der Hyperkantenattribute*

ist.

Definition 1 bildet die Grundlage für die folgende Modell- und Bildbeschreibung.

2.1 Generierung des Modellhypergraphen

Die Modelle werden mit dem CAD-System PRIME-MEDUSA entworfen. In einem Offline-Schritt werden die CAD-Modelle in die Hypergraphenrepräsentation automatisch umgewandelt [Glau-89]. Wir sprechen hier vom *Modellhypergraphen*.

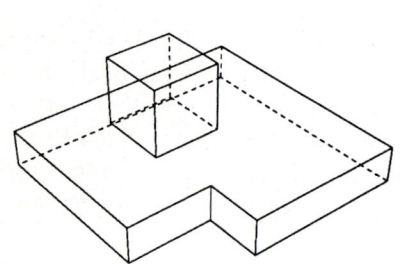 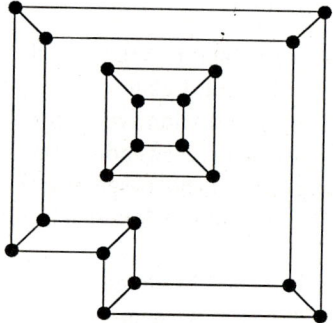

Abbildung 1: Linienzeichnung eines 3D Modells und korrespondierender Hypergraph

In Abb. 1 ist die Linienzeichnung eines 3D Modells mit dem korrespondierenden Hypergraphen dargestellt. Für jede Ecke des Modells konstruiert man einen Knoten im Hypergraph. Jeder Kante im Modell entspricht einer Hyperkante mit genau zwei Knoten im Hypergraphen, die im folgendem einfach mit "Kante" bezeichnet wird. Im weiteren wird für jede zusammenhängende Komponente des bisher definierten Graphen eine Hyperkante gebildet. Solche Hyperkanten mit mehr als zwei inzidenten Knoten werden im weiteren Text mit "Hyperkante" bezeichnet. Durch Hyperkanten werden im Modell einfachere Körper definiert, die zusammen das ganze Objekt aufbauen. In Abb. 1 sind zwei Teilobjekte vorhanden, die Grundplatte und der aufgesetzte Würfel.

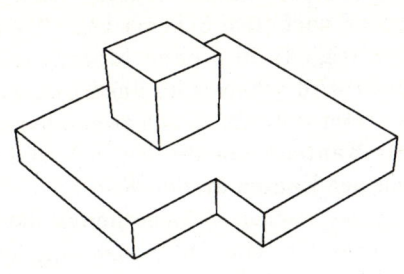 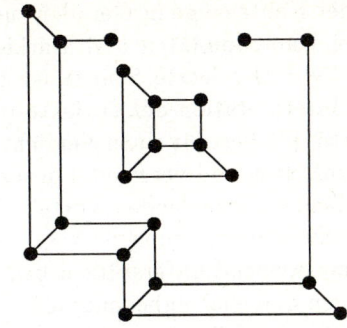

Abbildung 2: 2D Objekt und korrespondierender Hypergraph im idealen Fall

2.2 Generierung des Bildhypergraphen

In Abb. 2 ist links die Projektion des Modells aus Abb. 1 dargestellt. Ausgehend von der idealen Linienzeichnung konstruiert man in analoger Weise zum Modell die Knoten, Kanten und Hyperkanten im Hypergraph, wir sprechen hier vom *Bildhypergraphen*. Bei Kanten, die hinter einer sichtbaren Fläche verschwinden, entstehen Verbindungen mit einer "T"-Form, die keiner Ecke im Modell entsprechen. Entfernt man die T-Verbindungen so kann der Bildgraph in den Modellgraph eingebettet werden. Die Erkennung lässt sich als ein Subgraphisomorphismus Problem formulieren [Wong-85]. Die Verallgemeinerung auf einen Hypergraph-Monomorphismus ist jedoch nicht möglich. Bei extremen Eigen- oder Fremdüberdeckungen kann der Graph eines Teilobjekts in mehrere Komponenten zerfallen, sodass mehrere Hyperkanten entstehen. Die Hyperkantenabbildung ist dann nicht mehr 1:1, man erhält den allgemeineren Fall eines Hypergraph-Homomorphismus.

Schwieriger zu untersuchen sind Hypergraphstrukturen, die aus Bildern extrahiert werden, siehe Abbildungen 3 und 6. Es fehlen Ecken und Kanten, durch Schatten und Reflexe entstehen zusätzliche Kantenstücke. Es treten falsche Kantenkonfigurationen auf, z.B. werden T-Verbindugen durch Fehlen einer Kante oft in V-förmige Ecken umgewandelt, wobei zwei Hyperkanten zusammenhängend werden.

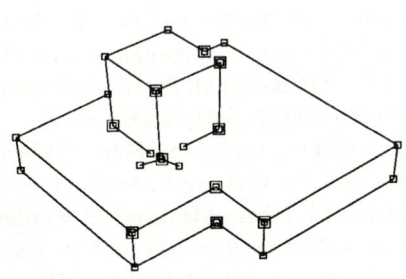 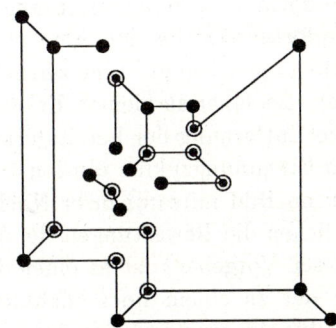

Abbildung 3: Aus dem Grauwertbild extrahierte Ecken und Kanten und der korrespondierende Hypergraph

Die Kanten und Ecken werden in drei Hauptschritten extrahiert [Gmu-88a]: 1) Kantendetektion mit Gauss-Laplace Operator und Verbinden der Kantenpunkte, 2) Segmentierung der Kantenzüge in Geraden- und Bogenstücke, 3) Verbinden von Kantenendpunkten bei den Knotenpunkten und Markierung der Knoten nach dem Schema von Chakravarty [Chak-79]. Der letzte Schritt ist besonders schwierig, da hier ohne Modellwissen eine lokale Interpretation der Objektform vorgenommen wird (shape fom linedrawing). Lowe [Lowe-87] plädiert für einen Verzicht auf räumliche Interpretationen von zweidimensionalen Bildstrukturen und verwendet deshalb nur isolierte Kantensegmente. Unser Verfahren hat aber einen entscheidenden Vorteil. Das Verbinden der Kanten an den Knotenpunkten ist ein Merkmalgruppierungsprozess, der trotz der geometrischen Unsicherheiten die Erkennung massgebend unterstützen kann. Ausserdem kann hier eine Differenzierung zwischen wichtigen und eher unbedeutenden oder kritischen Merkmalen vorgenommen werden, was von Lowe ebenfalls vorgeschlagen wird. Dazu führen wir eine heuristische Bewertung der Knoten ein, in der zur Hauptsache die lokale Konfiguration der Kanten eingeht. Kritische Knoten mit einer Bewertung unterhalb einem definiertem Schwellwert sind in Abbildung 3 in der Linienzeichnung als Doppelquadrat und im Graph als Punkt mit konzentrischem Kreis dargestellt. Diese Knoten werden nun als sogenannte *Teilungsknoten* des Graphen interpretiert. Würde die Verbindung bei einem Teilungsknoten aufgehoben und durch Endpunkte ersetzt, so zerfällt der Bildgraph im mehrere Komponenten, die jeweils durch eine Hyperkante repräsentiert werden. Jede Hyperkante sollte dann mit einer hohen Wahrscheinlichkeit zu genau einem Objekt gehören. Durch diese neue "Teil eines Objekts" Relation zerfällt das Bild in kleinere Unterstrukturen, z.B. enthält der Hypergraph in Abb. 3 26 Kanten und 12 Hyperkanten. In der Verifikationsstufe des Erkennungsalgorithmus in Kapitel 3 werden diese Unterstrukturen wieder zu ganzen Objekten zusammengesetzt.

3 Erkennung durch Hypothesengeneration und Verifikation

Die Aufgabe der Erkennungsprozedur liegt in der Identifikation und Lokalisation der Objekte im Bild. Die Modelle der möglichen Werstücke sind in der Modelldatenbank des Erkennungsprogramms gespeichert. Es muss nun ein Zyklus mehrmals durchlaufen werden, bei dem eine Teilstruktur des Bildes mit allen Modellen verglichen wird. Das Ziel ist eine optimale Übereinstimmung mit einem der Modelle zu finden. Dieser Zyklus wird solange fortgesetzt bis genügend viele Objekte erkannt sind oder weiteres Probieren keinen Erfolg mehr bringt. Eine zeitliche Begrenzung des Erkennungsvorgangs wäre ebenfalls denkbar. Bei einer zu kleinen Erkennungsrate ist eine Veränderung des Kamerastandortes oder die Entfernung der bereits erkannten Teile durch den Roboter sinnvoller.

Pro Erkennungzyklus werden zwei Stufen durchlaufen: Im ersten Schritt werden alle Knoten im Bild mitsamt ihrer Nachbarn einer weiteren Bewertung unterzogen, wobei im wesentlichen die Bewertungen der Knoten aus Kapitel 2 lokal aufsummiert werden. Das Ziel dieser Vorgehens ist es einen Untergraph von 4–6 zusammenhängenden Knoten zu finden, der zu einem noch nicht erkannten Objekt gehört und eine hohe Wahrscheinlichkeit für das Zustandekommen von Hypothesen hat. Danach werden die Hypothesen durch Suche nach Subgraphisomorphismen zwischen dem erwähnten Untergraph und allen Modellgraphen bestimmt. Dabei werden geometrische, topologische und projektive Einschränkungen genutzt um den Suchbaum und die Zahl der generierten Hypothesen klein zu halten. Die "Teil eines Objekts" Relation wird wegen der erwähnten Überzerlegung noch nicht verwendet. In der zweiten Stufe wird für jede Hypothese das Modell in die

Bildebene projiziert. Man erhält den sogenannten *Projektionshypergraphen*. Durch eine
"in die Breite zuerst" Traversierung der Projektionshypergraphen wird nun überprüft,
ob die vorausgesagten Ecken und Kanten im Bild vorhanden sind. Nach der Traversierung wird die Übereinstimung zwischen Projektion und Bild durch ein kantenbasiertes
Graphdistanzmass gemessen. Hier geht der Anteil der nicht zugeordneten Kanten im Projektionshypergraph und im geringerem Masse auch die geometrischen Abweichungen ein.
Passt die Projektion mit der geringsten Graphdistanz genügend gut in die Bildstruktur,
so kann für jede gefundene Hyperkante des Bildes ihr Anteil an der totalen Graphdistanz
berechnet werden. Dadurch wird bei einer erfolgreichen Erkennung die Güte der Korrespondenz zwischen Modell- und Bildhyperkanten festgelegt.

Die Zeitkomplexität des Erkennungsalgorithmus bei Graphen wurde in [Gmu-88b] detailliert untersucht. Die Ergebnisse sollen hier kurz zusammengefasst werden. Betrachtet wurde der Aufwand für den Vergleich eines Objektgraphen mit genau einem Modellgraphen. Der Aufwand für die Generierung aller Hypothesen durch Suche der Subgraphisomorphismen beträgt $O(n)$, wobei n die Zahl der Knoten im Modellgraphen ist. Voraussetzungen hierfür sind eine begrenzte Suchtiefe und ein zusammenhängender Untergraph.
Die maximale Zahl der Hypothesen ist linear begrenzt (speziell $\leq 6n$ bei trihedralen Polyedern [Wein-66]). Der Aufwand für eine Verifikation liegt bei $O(n)$. Bei Hypergraphen
nimmt die Rechenzeit durch die Kontrolle der Hyperkanten während der Verifikation etwas zu, ist aber proportional zur Zahl der Hyperkanten im Bild. Die Zeitkomplexität
des gesamten Erkennungsalgorithmus bei Hypergraphen beträgt somit $O(n^2)$. Bei unregelmässigen Körpern liegt sie sogar näher bei $O(n)$, da nur wenige Hypothesen generiert
werden.

4   Experimentelle Resultate

Das ganze System ist auf SUN Workstations in Pascal implementiert und wurde mit verschiedenen Bildern getestet. In den Abbildungen 4–7 ist ein typisches Beispiel dargestellt:
Grauwertbild, Kantenzüge nach dem Verbinden der Kantenpunkte, Bildhypergraph und
Bildhypergraph mit den erkannten Modellen. In Abb. 6 und 7 werden die Ecken als Quadrate oder als Doppelquadrate im Falle der Teilungsknoten des Hypergraphen dargestellt.
Die zugeordneten Modelle sind mit gestrichelten Linien gezeichnet. Im Bild treten etliche Kanten- und Eckenkoinzidenzen auf, nebst falschen Verbindungen bei überlappenden
Objekten. Bei der Erkennung wurden 6 Teilstrukturen im Bild mit jeweils 5 Modellen
verglichen. Die totale Rechenzeit betrug 15 Sekunden auf einer SUN Sparcstation 1.

Um die Erkennungsrate besser abschätzen zu können, wurden 22 Bilder mit jeweils 4–5
Objekten aus einem Satz von 9 Werstücken verarbeitet. Der einfachste Modellhypergraph
enthielt 10 Knoten, der komplizierteste 72 Knoten. Von den total 103 Objekten wurden
81 korrekt erkannt, 3 falsch identifiziert und 19 überhaupt nicht erkannt. Im letzteren
Fall handelte es sich meist um eine zu starke Verdeckung durch ein anderes Objekt oder
Segmentierungsfehler, welche die Hypothesengeneration verunmöglichten.

5   Zusammenfassung

Es wurde ein neuer Repräsentationsformalismus für die Erkennung von 3D Objekten in
Grauwertbildern vorgestellt. In dieser Repräsentation werden Ecken, Kanten und eine

Zwischenstufe "Teil eines Objekts" als relationale Struktur modelliert, wobei diese Struktur als Hypergraph aufgefasst werden kann. Die Erkennung der Objekte kann dann als Suche nach optimalen Hypergraph-Homomorphismen zwischen Bild- zu Modellhypergraphen formuliert werden. Die flexiblere Datenstruktur hat die Erkennung überlappender Objekte in komplexeren Szenen wesentlich verbessert ohne die Zeitkomplexität zu verschlechtern. Dies konnte an einer grossen Zahl von Bildern demonstriert werden.

Literaturverzeichnis

[Chak-79]   I. Chakravarty,   A Generalized Line and Junction Labeling Scheme with Application to Scene Analysis,   IEEE Transactions on Pattern Analysis and Machine Intelligence, PAMI-1, April 1979, pp. 202–205

[Glau-89]   T. Glauser, E. Gmür, X.Y. Jiang, H. Bunke,   Deductive Generation of Vision Representations from CAD-Models,   Proc. 6th Scandinavian Conference on Image Analysis, Oulu, Finland, June 1989, pp. 645–651

[Gmu-88a]   E. Gmür, H. Bunke,   PHI-1: Ein CAD-basiertes Roboter Sichtsystem, In Proc. Mustererkennung 1988, H. Bunke (Hrsg.),   10. DAGM Symposium, Zürich Sept. 1988,   Informatik Fachberichte 180, Springer Verlag, pp. 240–247

[Gmu-88b]   E. Gmür, H. Bunke,   3-D Object Recognition Based on Subgraph Matching in Polynomial Time, In Structural Pattern Analysis, R. Mohr (Ed).,   Series in Computer Science Vol 19, World Scientific Publishing Co. 1989, pp. 131–147

[Lowe-87]   D. G. Lowe,   Three-Dimensional Object Recognition from Single Two-Dimensional Images,   Artificial Intelligence 31 (1987), pp. 355-395

[Lu-89]   S. W. Lu, A. K. C. Wong, M. Rioux,   Recognition and Shape Synthesis of 3-D Objects Based on Attributed Hypergraphs,   IEEE Transactions on Pattern Analysis and Machine Intelligence, PAMI-11, No. 3, March 1989, pp. 279–290

[Schm-89]   G. Schmidt, Th. Ströhlein,   Relationen und Graphen,   Springer 1989

[Wein-66]   L. Weinberg,   On the Maximum Order of the Automorphism Group of Planar Triply Connected Graphs,   J. SIAM Appl. Math., Vol. 14, No. 4, July 1966, pp. 729–738

[Wong-85]   E. K. Wong, K. S. Fu,   A Graph-Theoretic Approach to 3-D Object Recognition and Estmation of Position and Orientation, In J. T. Tou (Ed.) Computer Based Automation, Plenum Press, New York and London, (1985), pp. 305–343

Abbildung 4: Grauwertbild mit verschiedenen Werstücken

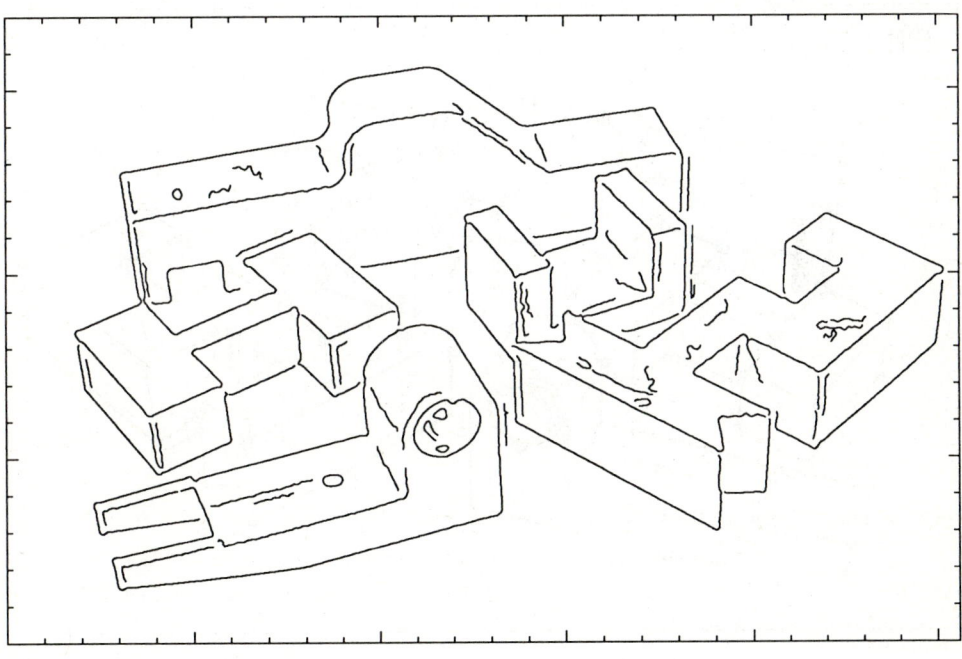

Abbildung 5: Kantenzüge nach Kantendetektion und Kantenverbinden

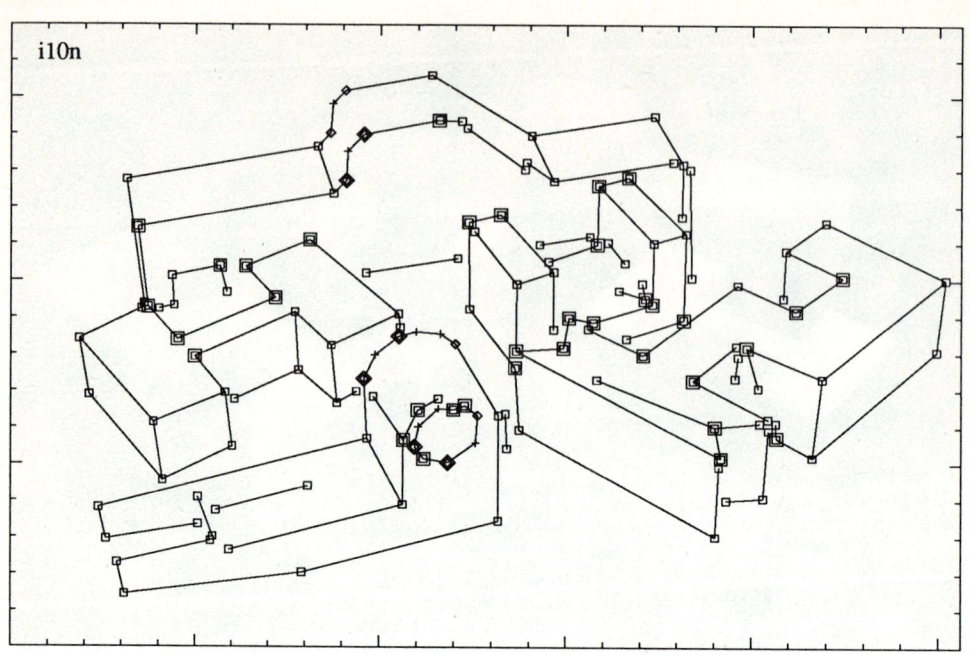

Abbildung 6: Ecken und Kanten im Bildhypergraph

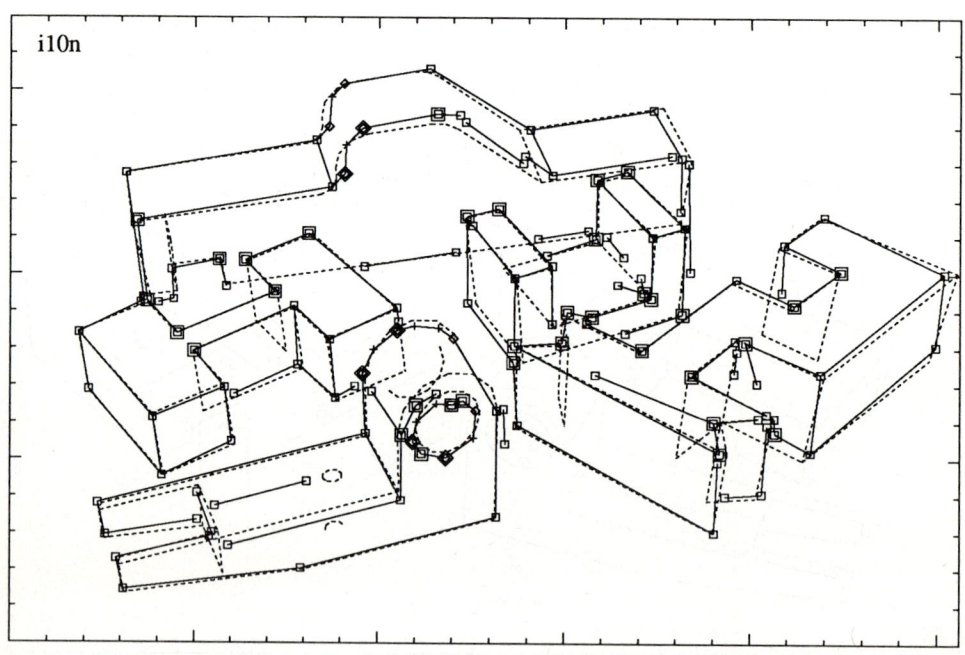

Abbildung 7: Bildhypergraph mit den erkannten Modellen

Detektion bewegter starrer Objekte in Realwelt-Bildfolgen mit Hilfe von Differenzbildern

Thomas Voegtle und Rainer Jäger

Institut für Photogrammetrie und Fernerkundung, Universität Karlsruhe
Geodätisches Institut, Universität Karlsruhe
Englerstr. 7, 7500 Karlsruhe

1. Einleitung

Im Rahmen eines Projektes zur Erfassung von Verkehrsdaten mit Hilfe automatischer Bildauswertung (VOEGTLE 89) wurden verschiedene Verfahren zur Detektion von bewegten starren
Objekten diskutiert, wobei sich im wesentlichen zwei Gruppen unterscheiden lassen :

1. Änderungsdetektion

2. Modellgestützte Segmentation

Die Modellansätze segmentieren aus dem Bildinhalt die relevanten Objekte aufgrund spezifi-
scher Merkmale wie Form, Struktur u.a., sind aber zumeist sehr aufwendig und können bei
zeitkritischen Anwendungen – wie in diesem Fall – oft nicht realisiert werden. Die Änderungs-
detektionen, die sich den Umstand zunutze machen, daß bewegte Objekte bei stationärer
Kameraposition Grauwertänderungen in der Bildfolge verursachen, lassen sich zwar – z.B.
durch die Erzeugung von Differenzbildern – i.a. sehr schnell durchführen, jedoch stellt sich
das Problem der Interpretation dieser Änderungen, da neben den Bewegungen von Objekten
auch Beleuchtungsänderungen, Rauschen u.a. als Ursache berücksichtigt werden müssen. Der
hier vorgestellte Ansatz versucht, die Vorteile beider Methoden in einer zwei-stufigen Lösung
zu verknüpfen.

2. Konzeption eines zwei-stufigen Verfahrens

In einem ersten Schritt werden Grauwertänderungen durch die Erzeugung von Differenzbildern detektiert :

$$\Delta g\,(\,x_i',\,y_j',\,t_k\,) \quad = \quad g\,(\,x_i',\,y_j',\,t_{k-1}\,) - g\,(\,x_i',\,y_j',\,t_k\,) \tag{1}$$

mit $\quad i = 1,\ldots,n \quad\quad j = 1,\ldots,m \quad\quad n,m$ – Dimension der Bildmatrix

Dabei können Beleuchtungsänderungen bei dieser Art der Differenzbilder aufgrund der kurzen
Bildfolgezeiten vernachlässigt werden (VOEGTLE 89).

Auf diese Grauwertänderungen werden nun in einem zweiten Schritt verschiedene Modellansätze angewandt, die die Bildbereiche bewegter Objekte segmentieren.

Im folgenden sollen hierzu drei unterschiedliche Ansätze vorgestellt werden.

2.1 Statistischer, adaptiver Schwellwert

Ziel dieses Ansatzes ist es, einen Schwellwert s für die Binärisierung der Differenzbilder zu definieren, der eine statistisch abgesicherte Aussage über das Auftreten signifikanter Grauwertänderungen (durch Objektbewegung) gegenüber dem Rauschen zuläßt.

Betrachtet man die einzelnen Grauwertdifferenzen als gleichgewichtige direkte Beobachtungen und den Rauschanteil in erster Näherung als normalverteilt, so läßt sich ein Gauß–Markov–Modell zur Schätzung von Parametern formulieren. Ausgehend von der allgemeinen statistischen Beschreibung (z.B. KOCH 75; VAN MIERLO, HAHN 87)

$$E(\Delta g) \;=\; A\,x \tag{2}$$

und dem stochastischen Modell

$$C \;=\; \sigma_r^2 \, P^{-1} \tag{3}$$

mit   A – Designmatrix (Konfigurationsmatrix)
        x – Vektor der Unbekannten
       σ_r – Standardabweichung des Rauschens
       P – Gewichtsmatrix

kann für den Erwartungswert der Beobachtung Δg geschrieben werden

$$E(\Delta g_i) \;=\; 0 \qquad\qquad \text{für statische Bildteile}$$
$$E(\Delta g_k) \;=\; s \qquad\qquad \text{für Grauwertänderungen durch bewegte Objekte}$$

Geht man nun auf das Gauß–Markov–Modell über, indem x durch seinen Schätzwert $\hat{x} = s$ ersetzt wird, so gilt

$$\Delta g + v \;=\; A\,s \tag{4}$$

oder

$$\Delta g + v \;=\; \left\{ \begin{array}{ll} 0 & \text{für statische Bildteile} \\ s & \text{für dynamische Bildteile} \end{array} \right\}$$

Die Elemente der Designmatrix A, die sich in diesem Fall zu einem Vektor vereinfacht, ergeben sich somit zu

$$a_i \;=\; \left\{ \begin{array}{ll} 0 & \text{für statische Bildteile} \\ 1 & \text{für dynamische Bildteile} \end{array} \right\}$$

Aufgrund des Schätzprinzips $v^T P\,v$ (Methode der kleinsten Quadrate) kann für s geschrieben werden

$$s = (A^T P A)^{-1}\, A^T P \Delta g \tag{5}$$

Betrachtet man einen Bildbereich mit N Grauwertdifferenzen, der n Elemente enthält, die einem bewegten Objekt zuzurechnen sind, so gilt für gleichgewichtige Beobachtungen

$$s = \frac{1}{n} \cdot \sum_{i=1}^{N} a_i \, \Delta g_i \tag{6}$$

Formuliert man die Null- und die Alternativhypothese zu

$$
\begin{aligned}
H_0 &: & E(\Delta g) &= 0 \\
H_a &: & E(\Delta g) &= \eta \neq 0
\end{aligned}
$$

so lautet die Testgröße T

$$T = \frac{s^T \, Q_s^{-1} \, s}{\hat{\sigma}_r^2} \qquad\qquad T \sim F_{1,r} \qquad\qquad \text{mit} \quad Q_s = (A^T P A)^{-1} = \frac{1}{n} \tag{7}$$

Unter Berücksichtigung von Gl. 6 vereinfacht sich die Testgröße T zu

$$T = \frac{n \, s^2}{\hat{\sigma}_r^2} \tag{8}$$

und man erhält den gesuchten Grenzwert von s über den Test $T \leq F_{1,r,1-\alpha}$ zu

$$|s| = \frac{1}{\sqrt{n}} \sqrt{F_{1,r,1-\alpha}} \cdot \hat{\sigma}_r \tag{9}$$

Damit wird die Nullhypothese H_0 unter der Wahrscheinlichkeit $(1-\alpha)$ angenommen, falls die Anzahl m der Ausreißer – i.e. die Anzahl der Pixel, die den Schwellwert s übersteigen – $m < n$ wird. Diese Prüfung läßt sich nach der Binärisierung des Differenzbildes mit dem Schwellwert s sehr einfach – und damit äußerst schnell – durch Auszählen der entspechenden Pixel realisieren (Abb. 2).

Aus Gleichung 9 geht weiter hervor, daß mit wachsendem n der Schwellwert s zurückgeht und somit auch Objekte mit geringerem Kontrast zur Umgebung detektiert werden können. Da nicht grundsätzlich angenommen werden kann, daß die Standardabweichung $\hat{\sigma}_r$ des Rauschens konstant bleibt (WIESEL, VOEGTLE 86), ist $\hat{\sigma}_r$ regelmäßig aus den Differenzbildern zu ermitteln und der Schwellwert s entsprechend Gl. (9) anzupassen.

Zur Verminderung der Fehler 1. Art (z.B. NAGEL 85) werden die detektierten signifikanten Grauwertänderungen in der zweiten Stufe dieses Verfahrens einer modellgestützten Analyse unterzogen : Analog zu einer Objektbeschreibung 'Fahrzeug' durch einen Satz von Merkmalen, läßt sich auch die Abbildung bewegter Objekte in Differenzbildern – speziell bei Fahrzeugen – beschreiben, auch wenn hier i.a. nur die bewegten Kanten dargestellt werden (Abb. 1, 2) :

Form: Die Kante besitzt einen glatten, kontinuierlichen Verlauf ohne Unstetigkeiten, starke Krümmungen oder Unterbrechungen. Diese gegenseitige Relation der an der Kante beteiligten Pixel läßt sich auf einfache Weise mathematisch formulieren.

Größe: Die Länge der Umrißkanten liegen unter Berücksichtigung des Bildmaßstabes zwischen bekannten Mindest- und Höchstgrenzen (z.B. Breite des Fahrzeugs).

Mit dieser Modellvorstellung lassen sich zufällige Häufungen aufgrund des Rauschens weitgehend von der systematischen Erscheinung bewegter Kanten trennen.

2.2 Iteratives Data-Snooping und weitere robuste Schätzverfahren

Eine zweite Möglichkeit zur Gewinnung signifikanter Grauwertänderungen in Differenzbildern stellt das Data-Snooping dar. Geht man wiederum davon aus, daß sowohl statische wie auch dynamische Bildteile vorhanden sein können – für die jeweils ein konkreter Erwartungswert annehmbar ist (vgl. Abschnitt 2.1) –, so führt dies auf das Problem der Separation zweier Datenmengen mit jeweils N_1 bzw. N_2 Beobachtungen unterschiedlicher Erwartungswerte s_1 bzw. s_2. Daneben besteht u.U. noch eine diskrete Anzahl von Beobachtungen $N_3 \in N_2$, die weder den Erwartungswert s_1 noch s_2 besitzen und die als grobe Fehler (z.B. Fehlregistrierung, Blooming u.a.) aufzufassen sind.

Der Vorteil des auf der L_2–Norm basierenden iterativen Data-Snoopings besteht darin, daß die geschätzte Unbekannte $\hat{s}$ effizienter – d.h. genauer – ist als mittels L_1–Norm. Dagegen führt die L_1–Norm Schätzung in diesem Fall sofort zu einer Lösung, während das iterative Data-Snooping $(1 + N_2)$ Rechengänge benötigt.

Der erste Rechengang bei iterativem Data-Snooping besteht in einer einfachen L_2–Norm Ausgleichung aller Beobachtungen, wonach eine erste Schätzung für $\hat{s}$ erhalten wird (Gl. (5))

$$\hat{s} = (A^T P A)^{-1} \, A^T P \Delta g \tag{10}$$

Die Designmatrix hat nun aufgrund der unbekannten Beobachtungszuordnung die Gestalt

$$a_i = 1 \qquad i = 1, (N_1 + N_2) \qquad \text{für statisch und dynamische Bildbereiche}$$

Vor dem Hintergrund einer auf Signifikanz zu prüfenden Störgröße ∇g_i läßt sich nun für jede Beobachtung Δg_i eine Testgröße

$$T_i = \frac{v_{\Delta g_i}}{\sigma_{v_{\Delta g_i}}} \qquad\qquad \sim N (0, 1)$$

bilden. Aus den m Beobachtungen, deren Testgröße mit

$$T_j > k \qquad\qquad j = 1, m$$

den kritischen Wert k des α–Fraktils überschreiten, wird in den folgenden Schritten sukzessiv jeweils diejenige Beobachtung eliminiert, die nach jedem Schritt die maximale Testgröße aufweist (KOK 84). In jedem Schritt ist somit eine neue Schätzung $\hat{s}$ durchzuführen und neue Testgrößen müssen berechnet werden (sequentielle Berechnungsmethode, z.B. SCHULTE 89). Das Verfahren ist abgeschlossen, wenn nach insgesamt $(1 + N_2)$ Schritten die N_2 Beobachtungen mit dem Erwartungswert $E(s_2) \neq s_1$ eliminiert worden sind, d.h. keine signifikanten Testgrößen mehr auftreten und sich für die verbleibenden N_1 Beobachtungen $E(\hat{s}) = s_1$ ergibt. Die Analyse der detektierten Grauwertänderungen kann dann analog zu Abschnitt 2.1

erfolgen, wobei jedoch eine höhere Trennschärfe zum Rauschen erreicht wird, d.h. mit iterativem Data-Snooping lassen sich noch feinere Kontraste zwischen Objekt und Umgebung detektieren.

2.3 Spektralzerlegungen der Differenzbildmatrix

Spektralzerlegungen von Bildmatrizen sind in der digitalen Bildverarbeitung – z.B. für die Bildrestauration oder Filterung – wohlbekannt (z.B. ANDREWS, HUNT 77; ROSENFELD, KAK 82). Diese sollen nun zur Detektion von Fahrzeugen auf Differenzbilder angewandt werden. Dabei besteht der Grundgedanke darin, daß sich die spezielle Erscheinung bewegter Fahrzeuge in Differenzbildern (spezifische Häufung signifikanter Grauwertänderungen in dynamischen Bildbereichen) in den niederfrequenten Anteilen der Bildfunktion darstellt, während das Rauschen den hochfrequenten Anteilen zuzurechnen ist (vgl. Abb. 2). Somit lassen sich dynamische Bildteile durch Analyse der Spektralkoeffizienten detektieren.

Die Spektralzerlegung einer $n * m$ Bildmatrix B läßt sich zurückführen auf einen allgemeinen Satz linearer unabhängiger Zeilenvektoren u_i und v_i der Länge m bzw. n (JÄGER, KALTENBACH 90). Die Matrizen U und V, welche diese Zeilenvektoren u_i und v_i beinhalten, bilden die *Spektrale Basis* :

$$U \quad = \quad (\dots u_i \dots) \qquad i = 1, m \qquad (11)$$

$$V \quad = \quad (\dots v_i \dots) \qquad i = 1, n \qquad (12)$$

Aus dieser können $(m * n)$ unterschiedliche spektrale Rang 1–Basismatrizen B_{ij} mittels dyadischer Produkte zusammengesetzt werden :

$$B_{ij} \quad = \quad u_i \cdot v_j^T \qquad (13)$$

Die Basismatrizen B_{ij} werden in der Bildverarbeitung üblicherweise durch analytische Funktionen (Trägerfunktionen) – z.B. Fourier-, Walsh-, Cosinus-Funktionen – gebildet.

Das Spektrum der Matrix B ist durch den $(m * n)$ Vektor

$$\Lambda \quad = \quad (\lambda_{11} \dots \lambda_{ij} \dots \lambda_{mn}) \qquad (14)$$

der Spektralkoeffizienten λ_{ij} repräsentiert, wobei die λ_{ij} aus den B_{ij} über

$$\lambda_{ij} \quad = \quad B_{ij} \oplus B \equiv u_i^T B v_j \qquad \oplus - \text{elementweise Produkte} \qquad (15)$$

erhalten werden können. Falls das Spektrum Λ in einer $(m * n)$ Matrix Λ_{ij} dargestellt wird, so lä'st sich schreiben

$$\Lambda \quad = \quad U^T B V \qquad (16)$$

Kann oder soll keine Trägerfunktion a priori festgelegt werden, kann die Spektralzerlegung auch mit Hilfe von Eigenvektoren durchgeführt werden. Die Eigenwert- / Eigenvektor-Gleichung für eine quadratische, symmetrische $(m * m)$ Matrix B lautet

$$B \cdot m_i \ = \ \lambda_i \cdot m_i \qquad\qquad i = 1, m \qquad\qquad (17)$$

wobei λ_i die Eigenwerte darstellen und m_i die Eigenvektoren von B. Aufgrund der Orthogonalität der Eigenvektoren m_i dient die $(m * m)$ Matrix M – bestehend aus den m_i – als geeignete Basis für die Spektralzerlegung von B. Führt man die Matrix M ein, so erhält man

$$B \cdot M \ = \ M \cdot \Lambda \qquad\qquad\qquad (18)$$

Λ ist hierbei die $(m * m)$ Diagonalmatrix, die die Eigenvektoren λ_i beinhaltet. Durch Vormultiplizieren dieser Gleichung von links mit M^T folgt sofort

$$\Lambda \ = \ M^T \cdot B \cdot M \qquad\qquad\qquad (19)$$

Vergleicht man dazu Gl. (17), so stellt dies offensichtlich die Spektralzerlegung von B dar – die Eigenwerte Λ bilden die Spektralmatrix – unter Berücksichtigung der Basis M der Eigenvektoren.

$$\Lambda \ : \qquad \lambda_i \ = \ B_i \oplus B \ = \ m_i^T \cdot B \cdot m_i \qquad\qquad \text{mit } B_i = m_i \cdot m_i^T \qquad (20)$$

Zur Bestimmung der Eigenvektoren als Trägerfunktion ist damit aber – im Gegensatz zu einer a priori festgelegten – ein gewisser Rechenaufwand erforderlich.

Die Detektion eines bewegten Objektes in einem Differenzbild kann nun in beiden Fällen z.B. durch Vergleich der relevanten Spektralkoeffizienten mit denen eines Referenzbildes ohne Objekt (Fahrzeug) erfolgen.

Literatur

ANDREWS, HUNT 77 : Digital Image Restoration, Prentice Hall Inc., 1977

JÄGER, KALTENBACH 90 : Concepts and Aspects of Spectral Analysis and Optimization of Geodetic Networks, Manuscripta Geodetica, Springer Verlag, Berlin, 1990 (in Druck)

KOCH 75 : Wahrscheinlichkeitsverteilungen für statistische Beurteilung von Ausgleichungsergebnissen, Mitteilungen aus dem Institut für Theoretische Geodäsie der Univ. Bonn, Nr. 38, Bonn 1975

KOK 84 : On Data Snooping and Multiple Outlier Testing, NOAA Technical Report NOS NGS 30, Rockville, 1984

NAGEL 85 : Analyse und Interpretation von Bildfolgen, Teil I
Informatik Spektrum, Band 8 Heft 4, Springer Verlag, August 1985, S. 178-200

VAN MIERLO, HAHN 87 : Konsequenzen für die Zuverlässigkeitsmaße infolge der Elimination von Beobachtungen, Allgemeine Vermessungsnachrichten, Heft 3/1987, S. 111–117, Wichmann Verlag, Karlsruhe 1987

ROSENFELD, KAK 82 : Digital Picture Processing, Academic Press, Vol.1/2, 789 p., 1982

SCHULTE 89 : Theoretische Aufarbeitung, Erweiterung und softwaremäßige Realisierung ausgewählter robuster Schätzverfahren zum Gauß–Markov–Modell, Diplomarbeit am Geodätischen Institut der Universität Karlsruhe, Karlsruhe 1989 (unveröff.)

VOEGTLE 89 : Erfassung von Straßenverkehrsdaten mit elektro-optischem Sensor und automatischer Bildauswertung, DGK Reihe C, Heft 352, Verlag der Bayerischen Akademie der Wissenschaften, München 1989

WIESEL, VOEGTLE 86 : Evaluation of a solid state camera for photogrammetric applications, Proc., ISPRS Symposium on 'Progress in Imaging Sensors', November 1986, S. 405-408

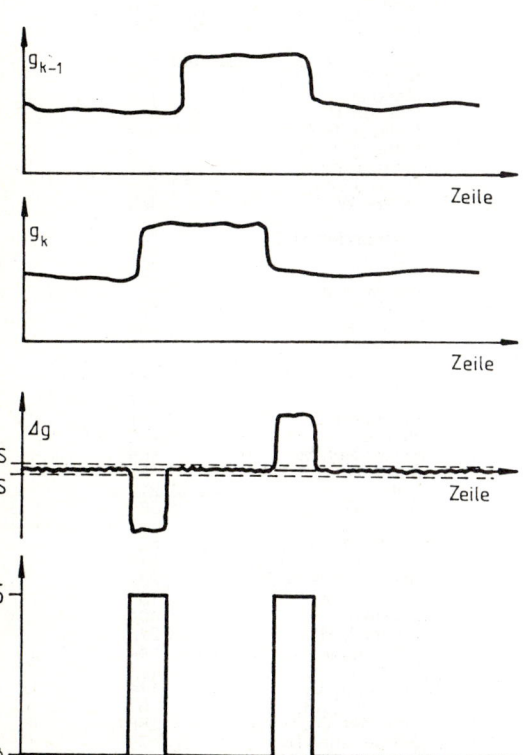

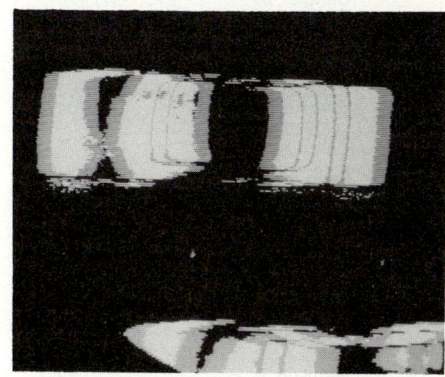

Abb. 2a :   Original einer Bildfolge mit Fahrzeugen

Abb. 1 :   Abbildung bewegter Objekte in Differenzbildern

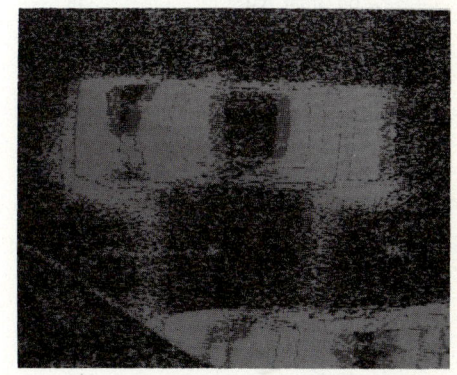

Abb. 2b :   Differenzbild (binärisiert) mit hohem
Schwellwert s (geringes Rauschen in der
Bildinformation)

Abb. 2c :   Differenzbild (binärisiert) mit niederem
Schwellwert s (hohes Rauschen in der
Bildinformation)